信息技术和电气工程学科国际知名教材中译本系列

Foundations of Analog and Digital Electronic Circuits

模拟和数字电子电路基础

Anant Agarwal
Jeffrey H. Lang   著

于歆杰 朱桂萍 刘秀成 译

清华大学出版社
北京

Foundations of Analog and Digital Electronic Circuits

Anant Agarwal，Jeffrey H. Lang

ISBN：1558607358

Copyright © 2005 by Elsevier. All rights reserved.

Authorized Simplified Chinese translation edition published by the Proprietor.

ISBN：981-259-578-3

Copyright © 2008 by Elsevier(Singapore)Pte Ltd. All rights reserved.

Printed in China by Tsinghua University Press under special arrangement with Elsevier(Singapore)Pte Ltd. This edition is authorized for sale in China only，excluding Hong Kong SAR and Taiwan. Unauthorized export of this edition is a violation of the Copyright Act. Violation of this Law is subject to Civil and Criminal Penalties.

本书简体中文版由清华大学出版社与 Elsevier(Singapore)Pte Ltd. 在中国大陆境内合作出版。本版仅限在中国境内(不包括香港特别行政区及台湾)出版及标价销售。未经许可之出口，视为违反著作权法，将受法律之制裁。

本书封面贴有 Elsevier 防伪标签，无标签者不得销售。

版权所有，侵权必究。举报：**010-62782989，beiqinquan@tup. tsinghua. edu. cn**

图书在版编目(CIP)数据

模拟和数字电子电路基础/(美)爱格瓦尔(Agarwal，A.)，(美)朗 J. H. (Lang，J. H.)著；于歆杰，朱桂萍，刘秀成译. —北京：清华大学出版社，2008.7(2024.11重印)

(信息技术和电气工程学科国际知名教材中译本系列)

书名原文：Foundations of Analog and Digital Electronic Circuits

ISBN 978-7-302-17144-7

Ⅰ. 模…　Ⅱ. ①爱…　②朗…　③于…　④朱…　⑤刘…　Ⅲ. ①模拟电路－高等学校－教材②数字电路－高等学校－教材　Ⅳ. ①TN710 ②TN79

中国版本图书馆 CIP 数据核字(2008)第 028126 号

责任编辑：王一玲
责任校对：时翠兰
责任印制：宋　林

出版发行：清华大学出版社
　　　　　网　　　址：https://www.tup.com.cn，https://www.wqxuetang.com
　　　　　地　　　址：北京清华大学学研大厦 A 座　　　　邮　　编：100084
　　　　　社 总 机：010-83470000　　　　　　　　　　邮　　购：010-62786544
　　　　　投稿与读者服务：010-62776969，c-service@tup. tsinghua. edu. cn
　　　　　质 量 反 馈：010-62772015，zhiliang@tup. tsinghua. edu. cn
印 装 者：三河市铭诚印务有限公司
经　　销：全国新华书店
开　　本：185mm×260mm　　　印　　张：42.5　　　字　　数：1019 千字
版　　次：2008 年 7 月第 1 版　　　　　　　　印　　次：2024 年 11 月第 17 次印刷
定　　价：129.00元

产品编号：018780-05

译者序

本书是美国麻省理工学院(MIT)电气工程与计算机科学系(EECS)二年级本科生必修的 6.002 课程(电路与电子学)教材的中译本。

MIT 是美国乃至世界最著名的研究型大学之一,其 EECS 系在工科领域更是闻名遐迩。除在电气工程和计算机科学领域取得一系列令人瞩目的研究成果之外,MIT EECS 历来重视本科生教学,重视教学改革,重视教材建设,每个时期均会产生能够影响世界的经典教材。这其中既包括我国 20 世纪 70 年代翻译的电路教材[①],也包括目前影响最大的信号与系统教材[②]、算法设计与分析教材[③]和电力电子教材[④]……

MIT EECS 有 4 门本科生必修的课程,即 6.001(计算机程序结构与解释),6.002(电路与电子学),6.003(信号与系统)和 6.004(计算结构)。其中 6.001 关于软件设计,6.004 关于计算机体系结构,二者共同构成了计算机科学(CS)的基础;6.002 关于电路,6.003 关于信号,二者共同构成了电气工程(EE)的基础。

为了进一步说明 6.002 课程的地位及其在本科生培养中的作用,我们用表 1 列出了 MIT EECS 电路类课程及其与我国相关课程的对照[⑤]。

表 1　MIT 电路类课程与我国相应课程对照

MIT 课程名称	类　　型	与我国相近的课程
6.002 电路与电子学	必修	电路、模拟电路、数字电路
6.004 计算结构	必修	数字电路、计算机组成原理
6.101 模拟电子学实验引论	限选、任选	模拟电路及其实验
6.111 数字系统实验引论	限选、任选	FPGA 等
6.012 微电子器件与电路	限选	模拟电路、数字电路、微电子学

---

① 德陶佐等著,江缉光等译. 系统、网络与计算:基本概念. 人民教育出版社,1978 年;阿坦斯等著,宗孔德等译. 系统、网络与计算:多变量法. 人民教育出版社,1979 年

② 奥本海姆等著,刘树棠译. 信号与系统. 西安交通大学出版社,1998 年

③ Cormen et. al.. Introduction to Algorithms. second edition. The MIT Press,2001

④ Kassakian et. al.. Principles of Power Electronics. Addison-Wesley Publishing,1991

⑤ 对 MIT EECS 本科生课程体系感兴趣的读者可参阅:郑君里,于歆杰. 美国 MIT EECS 系本科生课程设置简介. 电气电子教学学报. 2006,28(2):9-11

可以发现,MIT EECS 6.002 课程把电路和电子学紧密结合起来。EECS 把我国的数字电子技术课程的基础部分放入 6.002 课程,实验部分放入 6.111 课程,高级部分放入 6.004 课程和 6.012 课程。与此同时,模拟电子技术课程的基础部分也放入 6.002 课程,实验部分放入 6.101 课程,高级部分放入 6.012 课程。也就是说,6.002 课程中包含了电路分析方法及其在数字和模拟电路中的基础应用,这也是该课程成为本科必修课的原因。此外,通过这种整合方式,还很好地解决了电路类课程数量过多,总学时数过大的问题。既让学生在较短时间内掌握更丰富完整的知识,又为后续高级课程提供了广阔的舞台。

这一点和我国 20 世纪 70 年代翻译的 MIT 电路课程教材改革思路迥异。那时的趋势是将电路课程和信号与系统课程进行整合,试图用系统的观点和全局的方法建立电路分析的理论框架,从而使得学生掌握扎实的分析功底。这一时期同时还诞生了其他类似的经典教材①。在这一时期,除 MIT 趋向于把电路与系统相结合外,美国加州大学伯克利分校把网络函数、图论和状态变量等内容融入电路分析中,成功地建立起电路理论体系②。

毫无疑问,20 世纪 60～80 年代进行的电路理论化进程使得电路这一课程更为系统化,对我国电路教学起到了很好的促进作用。但应该看到,自 20 世纪 80 年代起,美国电路课程教学的思路逐渐发生改变,涌现出一批更贴近实际电路、更能体现 EE 和 CS 学科发展趋势、更符合学生认知规律的新教材。引入晶体管模型、加强对运算放大器的讨论、涉及更多实际电路等方面已经成为当前流行电路教材的普遍趋势,当然 MIT EECS 的这本教材就是其中的佼佼者③。据译者所知,该教材不仅在 MIT EECS 使用,同时还成为斯坦福大学电路课程的教材。

结合翻译本书的心得和译者在清华大学从事"电路原理"课程教学的体会,可以总结出将电路与电子学相结合的几个原因。

(1) EE 和 CS 的学科发展使然。科学技术的发展虽然使得模拟系统和数字系统都取得了长足的进步,但数字系统表现得更为抢眼。Internet、CDMA、iPod 等眩目的字眼无不映射出数字系统的勃勃生机。因此在 EE 和 CS 领域的第一门课程中应该涉及初步的数字系统。

(2) 电路元件的发展使然。一方面,非线性元件、开关元件的大量使用使得我们不能仅关注集总线性非时变电路;另一方面,MOSFET 和运算放大器等元件已事实上成为电路的基本元件。因此电路课程中应该让 MOSFET、运算放大器具有与电阻、电容和电感相同的地位。

(3) 工程教育的需求使然。电路是 EE 和 CS 领域第一门具有工程性质的课程。与学生熟悉的科学类课程不同,工程类课程中应该对成本、精度、复杂度等方面的折中有所涉及,从而让学生了解到"创造世界上没有的东西"这一工程实践过程中需要考虑的诸多因素。电路和电子学的结合为这一思想提供了很好的平台。

要想能够在电路课程中体现上述思想(即涉及数字系统,让 MOSFET、运算放大器具有

---

① 郑钧著,毛培法译. 线性系统分析. 科学出版社,1979 年
② 狄苏尔等著,林争辉等译. 电路基本理论. 人民教育出版社,1979 年
③ 其他比较有代表性的教材有 Nilsson,et. al.. Electric Circuits. 7th edition. Pearson Education,2005 和 Hayt,et. al.. Engineering Circuit Analysis. 7th edition. McGraw-Hill Companies,2007

与电阻、电容和电感相同的地位,使电路成为一门工程类课程),需要授课教师(或作者)一方面具有丰富的科研经验,另一方面有长期从事本科生基础课教学的经历。MIT 的 Agawral 教授和 Lang 教授完全具备这样的资质。Agarwal 教授的科研方向是微处理器设计和应用,属于 CS 学科;Lang 教授的科研方向是机电系统的分析、设计与控制,属于 EE 学科。二人均长期从事电路课程教学。得益于这两位教授的学术背景和教学背景,本书相当多内容引人入胜。(如第 11 章讨论数字电路中的能量与功率,第 14 章对谐振的讨论,各章后习题中涉及 EE 和 CS 领域方方面面的实用例子……)

除了在内容方面较传统电路教材有较大创新之外,本书在可读性上也考虑颇多。比较突出的特点有两个。其中之一在于书中反复提到直觉对于工程师的重要作用。在元件建模和电路分析时经常通过列方程求解和用直觉解法求解相对比,借此循序渐进地培养读者对电路分析的直觉。这种直觉往往是决定工程师分析能力和创新能力的重要基础。其次,本书用较大篇幅讨论了电路元件的建模,同时提供了大量电路分析方法在数字和模拟电子电路中的应用,其中既讨论分立元件电路,也涉及集成电路。读者会发现,电路模型往往是实际元件重要电气性质的数学表达(而不是"电路学家"挖空心思编出来的公式),电路分析方法在若干实际电路中有非常重要的应用(而不是仅仅用于求解教师精心编出来的例题和习题)。这些讨论和例子对于拓展学生视野、激发学生兴趣和使学生真正牢固掌握基本概念和基本分析方法来说都有很大帮助。

还应注意到,"电路课该怎样上才更好"这一问题并不存在唯一的答案,会随着时间和地点的变化而变化。虽然目前看来将电路和电子学相结合更符合学科发展和学生培养的规律,但随着新分析方法和新元件的产生,电路与电子学、信号与系统、自动控制原理、电磁场[①]等几门课程的关系还可能发生变化。即可能出现新的更适合电路课程的教学理念。此外,不同类型的学校也应结合自己的师资和学生特点进行教学改革。在任何历史时期,完全照搬别人的成功经验都不意味着会取得成功。

当然这本书也存在着一些不完全适合我国电路课程教学的地方。比如对正弦激励下动态电路的稳态分析讨论过少(尤其是功率部分)、未涉及三相电路、对互感以及变压器讨论很少……但综合以上介绍不难发现,本书的出版对我国电路课程改革仍然具有较大借鉴意义。它是学习电路课程、讲授电路课程很好的参考读物,同时可作为其他相关课程的辅助材料。

本书译者均为清华大学电机系电路原理课程教学组教师。翻译分工为:于歆杰负责序言和第 1~8 章的翻译,朱桂萍负责 9~14 章的翻译,刘秀成负责 15~16 章和附录的翻译。全书由于歆杰统稿。

其他值得说明的地方包括:

- 书中电阻、独立源、受控源等符号与我国习惯不同,电压以 v 表示;
- 作者对角频率 ω 和频率 f 并没有严格加以区分;
- 支路量的符号和我国习惯有所不同,以支路 A 两端的电压为例,v_A 表示总的瞬时量,V_A 表示直流或工作点量,v_a 表示小信号量,V_a 表示相量(其中模为 $|V_a|$,相角为 $\angle V_a$);

---

① 俄罗斯一直以来坚持"场-路-场"的电路教学体系。有代表性的教材包括:克鲁格著,俞大光等译. 电工原理. 东北教育出版社,1952 年;聂孟等著,哈尔滨工业大学电工基础研究室译. 电工理论基础. 高等教育出版社,1985 年

- 书中大多数正弦激励表示为 $\cos(\omega t)$ 的形式；
- 原书有部分内容在网上（参见前言），因此正文中有公式和图的编号不连续的情况，也有正文引用网上公式和图的情况，请感兴趣的读者自行查阅相关网页。

此外，译者还要特别向清华大学出版社王一玲编辑和陈志辉编辑表示深深的谢意。你们的热情与专业素质是激励我们的强大动力。

由于我们水平有限，对原著的理解难免存在不够准确之处，译文中一定存在不少缺点和错误，热诚欢迎读者批评指正。来信请寄："北京市清华大学电机系 于歆杰（100084）"，email 地址为 *yuxj@tsinghua.edu.cn*。

于歆杰　朱桂萍　刘秀成

2007 年 10 月

关于作者

　　Anant Agarwal 是麻省理工学院(MIT)电气工程与计算机科学系(EECS)教授,1988 年成为教师。讲授的课程包括电路与电子学,VLSI,数字逻辑与计算机结构。1999—2003 年任计算机科学实验室(LCS)副主任。Agarwal 教授获斯坦福大学电气工程博士和硕士学位,印度 IIT Madras 大学电气工程学士学位。Agarwal 教授领导的研究小组于 1992 年开发了 Sparcle 多线程微处理器,于 1994 年开发了 MIT Alewife 可扩展共享存储器微处理器。他同时还领导着 MIT 的 VirtualWires 项目,并为 Virtual Machine Works 公司的创始人。该公司于 1993 年将 VirtualWires 的逻辑仿真技术应用于市场。目前 Agarwal 教授在 MIT 领导 Raw 项目。该项目旨在开发新型可重配置的计算芯片。他带领其团队开发了世界上最大的麦克风阵列 LOUD,可以在噪音中定位、跟踪并放大语音,因此于 2004 年被授予吉尼斯世界记录。他还与他人共同创建了 Engim 公司。该公司开发多通道无线混合信号芯片集。Agarwal 教授还于 2001 年获得 Maurice Wilkes 计算机结构奖,于 1991 年获得 Presidential Young Investigator 奖。

　　Jeffrey H. Lang 是麻省理工学院(MIT)电气工程与计算机科学系(EECS)教授,1980 年成为教师。他分别于 1975 年、1977 年和 1980 年在 MIT 的 EECS 获得学士、硕士和博士学位。他在 1991 年至 2003 年期间任 MIT 电磁与电子系统实验室(LEES)副主任,在 1991 年至 1994 年任 Sensors and Actuators 杂志副主编。Lang 教授的研究与教学兴趣在于分析、设计与控制机电系统,尤其关注电机、微传感器和驱动器以及柔性结构等方面。他在 MIT 讲授电路与电子学课程。他撰写过超过 170 篇论文并在机电、电力电子和应用控制等方面拥有 10 项专利。他还获得过 4 次 IEEE 协会的最佳论文奖。Lang 教授是 IEEE 的 Fellow,同时是原 Hertz 基金会的 Fellow。

前 言

模拟和数字电子电路基础

方法

本书可用作电气工程或电气工程与计算机科学专业第一门课程的教材,使学生在大学二年级完成从物理世界向电子和计算机世界的转换。本书试图实现两个目的:将电路和电子学以统一的、完整的方式来处理,并建立起电路与当今数字和模拟世界的紧密联系。

这两个目的来自于这样的事实,即用传统电路分析课程来介绍电气工程的方法日显过时。我们的世界正逐渐数字化。电气工程领域中大部分学生都将要进入与数字电子学或计算机系统相关的工业界或研究生阶段,甚至那些继续留在电气工程核心领域的学生也受到了数字领域的深刻影响。

由于更加强调数字领域,因此基础电气工程教学必须从两个方面进行改变。首先,传统的那种无视数字领域而讲授电路和电子学的方法必须被强调数字和模拟领域共同的电路基础的方法所取代。由于电路和电子学中大多数基本概念均可同时用于数字和模拟领域,这就意味着,我们首先要强调电路与电子学对数字系统的更为广阔的影响,并借此来激励学生。比如说,虽然传统的对一阶 RC 电路动态过程的讨论对于进入数字系统的学生来说并无兴趣,但如果用相同的方法介绍由开关和电阻器构成的反相器连接到非理想容性导线时的开关行为,则会使人兴趣盎然。类似地,我们可以用观察带有寄生效应的 MOSFET 反相器的行为来激发学生对二阶 RLC 电路阶跃响应的兴趣。

其次,在考虑计算机工程的附加需求后,许多系提供了过多关于电路和电子学的独立课程。因此更适合将其组合成为一门课程[1]。电路课程讨论无源元件网络,如电阻、电源、电容和电感。电子学讨论无源元件和有源元件网络,如 MOS 晶体管。虽然本书对电路与电子学进行了统一的处理,但也可以将其划分为两个学期连续的课程,一个强调电路,另一个强调电子学,二者的基础内容相同。

本书使用"抽象"的概念来试图构建物理世界与大型计算机世界的联系。特别地,本书试图将电气工程与计算机科学统一起来,使其作为不断进行创造性和

---

[1] Yannis Tsividis 在 1998 年 Int. Symp. Circuits and Systems(ISCAS)会议上发表的论文 Teaching Circuits and Electronics to First-Year Students 给出了将电路与电子学集成为一门课程的精彩实例。

探索性抽象的艺术,从而可解决在创建有用的电气系统所导致的复杂问题。简而言之,计算机系统就是一种电气系统。

为了将电路和电子学结合为一个整体,本书采取的方法是较为深入地讨论一些非常重要的主题,并尽可能选择新的元件。比如,本书使用 MOSFET 作为基本的有源元件,而将对其他装置(如双极晶体管)的讨论限制在练习和例子中。此外,为了让学生理解基本电路概念,而不是沉迷于特定的元件,本书在例子和练习中还介绍了若干抽象元件。我们相信这种方法可使学生学会用现有元件和以后发明的元件进行设计。

最后,下面列出了本书与本领域相关书籍的其他区别。

- 本书通过介绍如何从麦克斯韦方程利用一系列简化假设直接得到集总电路抽象,在电气工程和物理间建立了清晰的联系。
- 本书中始终使用抽象的概念,以统一在模拟和数字设计中所进行的工程简化。
- 本书更为强调数字领域。但我们对数字系统的处理却强调其模拟方面。我们从开关、电源、电阻器和 MOSFET 开始,介绍 KCL、KVL 应用等内容。本书表明,数字特性和模拟特性可通过关注元件特性的不同区域而获得。
- MOSFET 装置的介绍采用循序渐进的方式进行:从 S 模型,到 SR 模型,再到 SCS 模型和 SU 模型。
- 本书表明,可用非常简单的 MOSFET 模型对数字电路的静态和动态工作进行大量而深入的分析。
- 元件的不同特性,如电容的记忆特性或放大器的增益效益,均与其在模拟电路和数字电路中的应用相关。
- 从直觉角度强调了暂态问题的状态变量观点,这样处理的原因在于可方便地得到线性或非线性网络的计算机解。
- 能量和功率的问题在模拟和数字电路中均进行讨论。
- 从数字领域中抽取大量 VLSI 的例子,这样可强调传统电路中分析的力量和普遍适用性。

我们相信,在具有上述特点后,本书为即将进入核心电气工程专业(包括数字和 RF 电路、通信、控制、信号处理、装置制造等领域)或计算机工程专业(包括数字设计、体系结构、操作系统、编译器和语言)的学生提供了足够的基础。

MIT 具有统一的电气工程与计算机科学系。本书作为 MIT 关于电路与电子学入门课程的教材。该课程每学期均开设,每年有约 500 名学生选修。

概述

第 1 章讨论抽象的概念并介绍集总电路的抽象。本章讨论如何从麦克斯韦方程中抽象出集总电路,提供了电气工程领域简化复杂系统分析过程的基本方法。然后,本章介绍了若干理想的集总元件,包括电阻、电压源和电流源。

本章还讨论了研究电子电路的两个主要动机:对物理系统建模和信息处理。本章介绍了模型的概念,并讨论如何用理想电阻和电源对物理元件进行建模。本章还讨论了信息处理与信号表示。

第 2 章介绍 KVL 和 KCL,并讨论其与麦克斯韦方程的关系。然后用 KVL 和 KCL 来分析简单电阻网络。本章还介绍了另一种有用的元件:受控源。

第 3 章给出了网络分析的更为一般的方法。

第 4 章介绍了简单非线性电路的分析方法。

第 5 章介绍了数字抽象,讨论了第二个重要的简化,使得电气工程师可解决创建大型系统所带来的复杂问题[①]。

第 6 章介绍开关元件并描述数字逻辑单元是如何构造的。本章还介绍了用 MOSFET 晶体管实现的开关。本章介绍了 MOSFET 的 S(开关)和 SR(开关-电阻)模型,并用前面介绍的网络分析方法分析简单的开关电路。接下来还讨论了数字系统中的放大和噪声容限的关系。

第 7 章讨论放大的概念。本章介绍了 MOSFET 的 SCS(开关电流源)模型,并构建了一个 MOSFET 放大器。

第 8 章继续进行对小信号放大器的讨论。

第 9 章介绍了存储元件,即电容和电感,讨论了电容和电感模型对于高速设计的必要性。

第 10 章讨论网络的一阶暂态。本章还介绍了一阶网络的若干重要应用,如数字存储。

第 11 章讨论数字系统的能量和功率,从而引入 CMOS 逻辑。

第 12 章分析网络的二阶暂态,同时从时域观点讨论 RLC 电路的谐振特性。

第 13 章讨论动态电路的正弦稳态分析。本章还介绍了阻抗和频率响应的概念。本章将设计滤波器作为重要的激发学生兴趣的应用。

第 14 章从频率观点分析谐振电路。

第 15 章介绍了运算放大器,将其作为模拟设计中应用抽象概念的重要例子。

第 16 章讨论二极管和简单二极管电路。

本书还包含了关于三角函数、复数和求解线性代数方程的附录,以帮助读者复习和查阅。

课程组织

各章顺序的排列是为了进行 1 或 2 学期完整的电路与电子学教学。一阶和二阶电路尽可能放到后面,使得学生在同时选修微分方程课程时可获得更好的数学基础。数字抽象尽可能早地介绍,以尽早地引起学生的兴趣。

此外,也可采用下面的顺序来组织电路课程和电子学课程。电路课程的顺序是:第 1 章(集总电路抽象),第 2 章(KVL 和 KCL),第 3 章(网络分析),第 5 章(数字抽象),第 6 章(MOSFET 的 S 和 SR 模型),第 9 章(电容和电感),第 10 章(一阶暂态),第 11 章(能量、功率和 CMOS),第 12 章(二阶暂态),第 13 章(正弦稳态),第 14 章(谐振电路的频率分析)和第 15 章(运算放大器抽象,任选)。

电子学课程的顺序是:第 4 章(非线性电路),第 7 章(放大器,MOSFET 的 SCS 模型),

---

① 在本书和相关的教学计划中如何引入数字抽象是让作者颇费苦心的问题。我们认为在此处引入数字抽象平衡了在教学计划中尽早引入数字系统以激励学生(尤其是通过实验)的需求和介绍足够的理论基础从而使得学生能够分析诸如组合逻辑这样的数字电路的需求。需要指出,我们认为应比 Tsividis 在 1998 年 ISCAS 会议文章所倡导的更早地介绍数字系统,同时我们完全同意他关于需要包含一定程度数字设计的思想。

第 8 章(小信号放大器),第 13 章(正弦稳态和滤波器),第 15 章(运算放大器抽象)和第 16 章(二极管和功率电路)。

网络补充材料

我们收集了相当丰富的材料帮助学生和教师使用本书。这些信息可通过 Morgan Kaufmann 网站获取：http://www.mkp.com/companions/1558607358。该网站包括：

- 附加的小节和例题,正文中用 **WWW** 的字样来标明这些小节和例题。
- 教师手册。
- 对 MIT OpenCourseWare 网站的连接,从中可访问作者开设的 6.002 电路与电子学课程。在该网站中包括：
  - ➢ 教学大纲。关于 6.002 教学目的和学习收获的介绍。
  - ➢ 阅读材料。对《模拟和数字电子电路基础》一书的阅读布置。
  - ➢ 讲稿。完整的讲稿,包括教学视频以及教师在课堂中对演示实验的说明。
  - ➢ 实验。4 个实验：戴维南/诺顿等效与逻辑门电路,MOSFET 反相放大器和一阶电路,二阶网络,声音回放系统。包括了关于仪器设备的补充材料和实验指南。实验包括实验前练习、实验中练习和实验后练习 3 个部分。
  - ➢ 作业。每周布置的作业,共 11 次。
  - ➢ 考试。2 次小测验和一次期末考试。
  - ➢ 相关资源。可用于自学电路与电子学课程的在线练习。

致谢

本书从 Campbell Searle 于 1991 年为 6.002 课程编写的初始讲义中演化而来。本书同时受到了不同时期 6.002 课程教员的影响,包括 Steve Senturia 和 Gerry Sussman。本书还受益于 Steve Ward、Tom Knight、Chris Terman、Ron Parker、Dimitri Antoniadis、Steve Umans、Gerry Wilson、Paul Gray、Keith Carver、Mark Horowitz、Cliff Pollock、Denise Penrose、Greg Schaffer 和 Steve Senturia 等人的深刻理解。作者还对 Timothy Trick、Barry Farbrother、John Pinkston、Stephane Lafortune、Gary May、Art Davis、Jeff Schowalter、John Uyemura、Mark Jupina、Barry Benedict、Barry Farbrother 和 Ward Helms 等人的反馈致谢。作者同时要向 Michael Zhang、Thit Minn 和 Patrick Maurer 在充实问题和例子方面的帮助,向 Jose Oscar Mur-Miranda、Levente Jakab、Vishal Kapur、Matt Howland、Tom Kotwal、Michael Jura、Stephen Hou、Shelley Duval、Amanda Wang、Ali Shoeb、Jason Kim 和 Michael Jura 在提供答案方面的帮助,向 Rob Geary、Yu Xinjie、Akash Agarwal、Chris Lang 和许多学生及同事在校读方面的帮助,向 Anne McCarthy、Cornelia Colyer 和 Jennifer Tucker 在绘图方面的帮助表示深深的谢意。我们还要向 Maxim 为本书提供的支持和 Ron Koo 使得支持成为现实致谢。Ron Koo 为本书提供了多个电子元件和芯片照片,他还促使我们以有经验的电气工程师分析电路时采用的快速直觉方式来讲授课程。本书中许多直觉分析均是在他的鼓励下完成的。我们同时还要感谢 Adam Brand 公司和 Intel 公司为我们提供奔腾 4 芯片的照片。

目　录

第1章

电路抽象

"工程就是有目的地应用科学"Steve Senturia

1.1 抽象的力量

工程就是有目的地应用科学。科学提供对自然现象的解释。科学研究包括试验这一重要手段。科学定律就是用来解释试验数据的简明陈述或公式。物理定律可看作试验数据与希望利用特定现象来实现其目标的研究人员之间的一层抽象表述,它使得研究人员无需关心得出定律的试验细节和数据。抽象通过人脑海中一些特别的目标来构造,在满足适当的约束时可以被应用。比如,牛顿运动定律是对刚性物体质量与外力间动力学关系的简单陈述。该定律在特定约束下应用,比如速度远小于光速。科学抽象或定律(比如牛顿定律)表述简单,易于应用。这使得人类能够据此将自然特性为我所用。

电气工程与计算机科学(或简称为电气工程)是诸多工程学科之一。电气工程是有目的地应用描述电磁现象的麦克斯韦方程(或抽象)。为了促进我们对电磁现象的应用,电气工程在麦克斯韦方程之上创建了一个新的抽象层,称作集总电路抽象。本书通过处理集总电路层,将物理与电气工程连接起来。本书将电气工程与计算机科学统一为持续地进行创造和抽象的艺术,这样可以解决在创建有用的电气系统过程中所导致的复杂问题。计算机系统简而言之就是一种电气系统。

由于抽象方法可以完成创建复杂系统的任务,因此非常有用。举例来说,考虑物体的受力方程

$$F = ma \tag{1.1}$$

物体的受力方程使我们能够在给定质量和受力后计算质点的加速度。上述简单的方程使我们忽略物体的许多特性,如尺寸、形状、密度和温度等。这些性质对于计算物体的加速度并不起实质作用。抽象还使我们忽略了无数得出该方程的试验和观察细节,并直接接受它。这样,科学定律和抽象使我们可以利用过去试验和工作的结果,并在其基础上进行工作。试想如果没有这一抽象,我们要实现相同的结果需要经历多少痛苦的试验。

在 20 世纪中,电气工程与计算机科学已发展出一套抽象方法,使我们可以完成从物理学到工程的转换,从而可以创建有用的复杂系统。

这套从科学转换到工程并使工程师无需考虑科学细节的抽象过程通常来自离散化原则（discretization discipline）。离散化也被称作集总化（lumping）。原则是一种自我强加的约束。离散化原则表明，我们将处理离散元件或范围，并为每个离散元件或范围指定单独的值。因此，离散化原则要求我们在离散元件中忽略各种量的分布。当然，该原则要求建立在其上的系统在适当的约束内运行，这样才能够维持单值假设。正如我们马上就要见到的那样，作为电气工程与计算机科学基础的集总电路抽象基于集总或离散化事物[①]。数字系统采用数字抽象，它基于信号值的离散化。时钟数字系统基于对信号和时间的离散化，数字脉动阵列基于对信号、时间和空间的离散化。

基于这套抽象（定义了从物理学到电气工程的转换），电气工程进一步创建了其他抽象来解决创建大型系统的复杂问题。一个集总电路元件通常用作具有复杂性质材料的抽象表示或模型。类似地，电路通常用来抽象表示内部有关联的物理现象。由简单的离散元件构成的运算放大器是一种有力的抽象，它可以简化创建大规模模拟系统的过程。逻辑门、数字存储器、数字有限状态机和微处理器是一系列抽象，可用来创建复杂的计算机和控制系统。类似地，计算机程序设计需要利用低级别基本单元创建一系列高级别抽象。

图 1.1 和图 1.3 分别给出了 EECS（Electrical Engineering and Computer Science）或 EE（Electrical Engineering）学生可能遇到的课程顺序，用来说明每个课程如何为创建有用电子系统引入若干抽象层。该课程顺序同时说明，采用本书讲授电路和电子学课程适用于一般的 EE 或 EECS 课程体系。

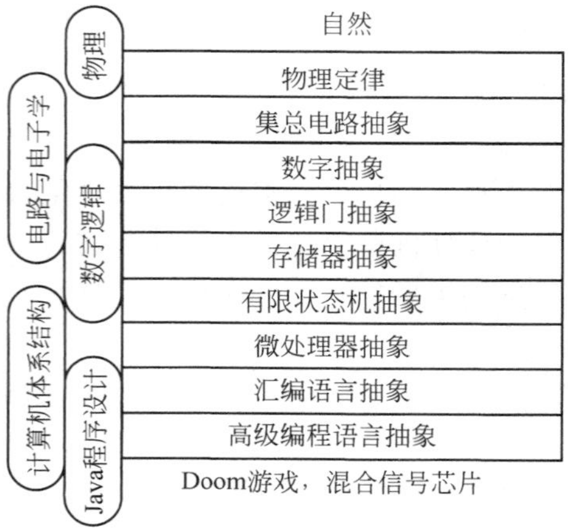

自然

物理	物理定律
	集总电路抽象
数字逻辑	数字抽象
	逻辑门抽象
	存储器抽象
	有限状态机抽象
计算机体系结构	微处理器抽象
	汇编语言抽象
Java程序设计	高级编程语言抽象

（左侧纵向标注：电路与电子学）

Doom游戏，混合信号芯片

图 1.1 课程和抽象层的顺序

该顺序是一种可行的 EECS 课程顺序，最终导致计算机游戏"Doom"或混合信号（包含模拟和数字成分）微处理器监控电路（如图 1.2 所示）的实现

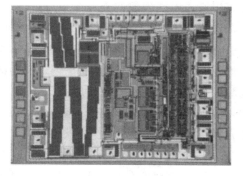

图 1.2 Maxim Integrated Products 公司的 MAX807L 微处理器监控电路照片

该芯片约 2.5mm×3mm。模拟电路在芯片的左侧和中间，数字电路在右侧（感谢 Maxim Integrated Products 公司提供照片）

---

① 注意，牛顿物理定律自身也基于离散化事物。牛顿定律通过将离散物体视作质点来描述其动力学规律。物理量在离散元件内部的空间分布被忽略了。

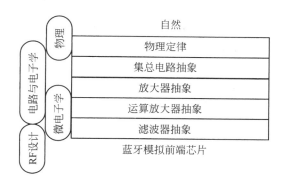

图 1.3　课程和抽象层的顺序

该顺序是一种可行的 EE 课程顺序,最终导致无线蓝牙模拟前端芯片的实现

1.2　集总电路抽象

现在考虑我们熟悉的照明灯泡。如果用一对导线将其与电池连接起来,如图 1.4(a)所示,灯泡将被点亮。假设我们对流过灯泡的电流值感兴趣。我们可以利用麦克斯韦方程并通过细致地分析灯泡、电池和导线的物理特性得出电流值。这是个相当复杂的过程。

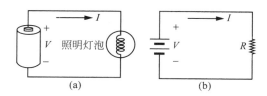

图 1.4　照明电路

(a)一个简单的照明灯泡电路;(b)集总电路表示

作为电气工程师,我们通常会对那些以设计复杂电路为目的的计算感兴趣,比如该电路可能包括多个灯泡和电池。因此怎样才能简化我们的任务? 观察到如果将自己限制在解决简单问题的范围内,比如只关注流经灯泡的净电流是多少,我们就可以忽略灯泡的内部属性而将灯泡表示为一个离散的元件。进一步,为了计算电流,我们可以建立一个离散元件,称作电阻,并用其替代灯泡[①]。我们定义灯泡的电阻 R 为加在灯泡上的电压与流经其电流之比值。换句话说

$$R = V/I$$

注意,如果将灯泡表示为电阻 R,则其实际形状和物理特性将不再影响我们计算电流。可以通过不关注灯泡内部特性来忽略其内部特性和灯泡内部的分布参数。换句话说,当问及电流时,我们可以将灯泡离散为一个集总元件,其唯一的特性是它的电阻。这种情况与质点的简化导致式(1.1)的关系式类似,在那里物体唯一的特性是它的质量。

---

① 需要指出,一般来说,实际灯泡中电压和电流之间的关系更为复杂。

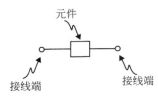

图 1.5　一个集总元件

如图 1.5 所示,一个集总元件可被理想化为通过少量接线端与外部相连的模块。接线端上的性质比模块内部性质的细节更为重要。即接线端上发生的变化比其内部发生的变化更为重要。换句话说,该模块是在灯泡用户和灯泡内部结构之间的一个抽象层。

电阻是我们感兴趣的灯泡特性。同样地,电池的电压也是我们最关心的特性。暂时忽略电池的内阻,我们可以将电池抽象为一个离散元件,也称作电池。它可提供恒定的电压 V,如图 1.4(b)所示。同样,如果我们在某种约束下(下面将要讨论)工作,并且对电池的内部特性(如电场的分布)不关心,则这种集总过程是可行的。事实上,现实生活中电池内部的电场是极其难以准确描述的。就这样,有了一些约束以后,就产生了集总电路抽象的基础,从而导致了巨大的简化,使得我们可以关注那些更感兴趣的特性。

还要注意,导线的方向和形状与我们的计算无关。我们可以使其以任何方式卷曲或打结。暂时假设导线是理想导体,没有电阻①。我们可以重新描述灯泡电路,用集总电路等价的电池、灯泡电阻来表示,并用理想导线连接,如图 1.4(b)所示。因此,图 1.4(b)称作照明灯泡电路的集总电路抽象。如果电池提供恒定的电压 V,并没有内阻,并且如果灯泡的电阻为 R,可以用简单的代数运算来计算流经灯泡的电流

$$I = V/R$$

电路中的集总元件需要有定义在其接线端的电压 V 和电流 I②。一般地,V 和 I 的比值并不是一个常数。仅当集总元件服从欧姆定律时,比值才是常数(称作电阻 R)③。包含若干集总元件的电路必须有定义在任意两点之间的电压和定义为流入接线端的电流。此外,元件之间除了通过接线端电流和电压之外不能相互影响。也就是说,使元件具有相应功能的内部物理现象必须仅通过元件的接线端与外部发生关系。正如我们将在 1.3 节所见,集总元件和用这种元件构成的电路必须满足一系列约束才能使这些定义以及接线端之间的相互作用有意义。我们将这些约束定义为集总事物原则(the lumped matter discipline)。

集总电路抽象(the lumped circuit abstraction)　用理想导线连接一系列满足集总事物原则的集总元件而构成一个具有特定功能的集合,这样就形成了集总电路抽象。

注意,集总电路简化类似于牛顿定律中的质点简化。集总电路抽象用代数符号表示了集总元件的相关特性。比如我们用 R 代表电阻的阻值。其他感兴趣的值如电流 I 和电压 V 通过简单的函数关系发生联系。用代数方程代替麦克斯韦方程设计和分析复杂电路所带来的简化将在以后的章节中体现得越来越清楚。

离散化的过程也可看作是一种对物理系统建模的方式。如果我们对给定电压下流经照明灯泡的电流感兴趣,则电阻可作为照明灯泡的模型。该模型还可以得出照明灯泡消耗的

---

①　如果导线有非零电阻,则(如 1.6 节所示)我们可以将每根导线表示为理想导线与电阻串联。

②　一般来说,电压和电流可以是随时间变化的,可以表示为更一般的形式 $V(t)$ 和 $I(t)$。对于具有多于两个接线端的元件,电压可定义在任何接线端与任何参考接线端之间,电流可定义为流入任何接线端。

③　应注意欧姆定律自身就是对阻性元件电气行为的抽象,这种抽象使我们可以将 V 和 I 的实验数据表格替换为一个简单的方程。

功率。类似地,正如我们将在 1.6 节所见,恒定电压源在电池内阻为零时是很好的模型。这样,图 1.4(b)也被称作照明灯泡电路的集总电路模型。模型需要在可应用的范围内使用。比如照明灯泡的电阻模型没有任何关于价格和预计寿命的信息。

简单的电路元件、将其进行组合的方法和进行抽象的方法构成了电路的图形化语言。电路理论是一个完整的学科。这种成熟性带来了广泛的应用。电路的语言已成为许多领域解决问题的手段。机械、化学、冶金、生物、热学甚至经济过程都经常用电路理论的术语来表示,其原因是用于分析线性和非线性电路的数学工具功能强大,而且发展完善。因此电子电路模型经常作为许多物理过程的类比对象。那些重点在电气工程某些领域而不是电子学的读者应该将本书中的材料更广泛地看作对动态系统建模的介绍。

1.3　集总事物原则

"这些方程的应用范围很广泛,它们构成了所有大型电磁器件的基本运行原理,这些器件包括电机、回旋加速器、电子计算机、电视机和微波雷达。"——Halliday and Resnick 对于麦克斯韦方程的评价。

集总电路包括用理想导线连接的集总元件(或离散元件)。集总元件的特性是可定义唯一的接线端电压 $V(t)$ 和接线端电流 $I(t)$。如图 1.6 所示,对于二端元件,V 是元件接线端之间的电压[①],I 是流经元件的电流[②]。此外,对于集总电阻性元件,我们可定义一种被称为电阻 R 的特性,该特性与接线端间电压和流经接线端的电流有关。

电压、电流和电阻都是某元件在特定的约束下定义的。我们把这些约束均称作集总事物原则(Lumped matter discpline),或简称为LMD。只要我们遵循集总事物原则,即可在电路分析中进行若干简化,并与集总电路抽象打交道。因此集总事物原则构成了集总电路

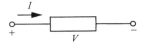

图 1.6　集总电路元件

抽象的基础,同时也是我们从物理领域向电气工程领域迈进的基本机制。我们将简要地陈述这些约束,但将对这些集总事物原则约束的进一步讨论放入附录 A 的 A.1 节中。A.2 节进一步给出了集总事物原则如何将麦克斯韦方程简化为集总电路抽象的代数方程。

集总事物原则在我们选择集总电路元件时施加了三条约束。

(1) 对集总元件边界的选择需要在所有时刻使元件与外部任何闭环链接的磁链的变化率为零。换句话说,需要选择元件的边界使得

$$\frac{\partial \Phi_B}{\partial t} = 0$$

对任何元件外部的闭通路成立。

(2) 对集总元件边界的选择需要在所有时刻使元件内部总的随时间变化的电荷量为

---

① 元件接线端之间的电压定义为将单位电荷(1 库仑,1C)从一个接线端逆着电场方向移动到另一个接线端所做的功。电压用伏特(V)计量,1 伏特等于 1 焦耳(J)每库仑(C)。

② 流经元件的电流定义为从一个接线端经过元件到达另一个接线端的电荷流动率。电流用安培(Amperes,A)计量,1 安培等于 1 库仑每秒。

零。换句话说,需要选择元件的边界使得

$$\frac{\partial q}{\partial t} = 0$$

成立。其中 q 是元件内部的总电荷。

（3）该元件在这样一种情况下工作：感兴趣的信号的时间尺度比电磁波通过集总元件时的传播延迟长得多。

第一个约束背后的直觉是：元件两点间电压(或电位差)定义为将带有单位电荷的微粒从一端沿着某条通路逆着电场力移动到另一端克服电场力所做的功。因为要遵循集总抽象,需要该电压是唯一的,从而使得电压值不依赖于路径的选择。我们可通过选择元件的边界使得元件外部没有随时间变化的磁链,从而使其成立。

如果第一个约束使我们能够在元件接线端上定义唯一的电压,那么第二个约束导致我们可定义唯一的流入并流出元件接线端的电流。如果随着时间变化,在元件内部没有电荷堆积或消耗,则可定义唯一的电流值。

满足两个约束之后,元件除了通过其接线端电流和电压外,相互之间不发生关系。注意前两个约束要求元件外部的磁链变化率和元件内部的净电荷变化率在所有时间内均为零[①]。它直接导致了元件外部磁链和电场也是零。因此,不存在由一个元件产生的场影响其他元件的可能。这使得每个元件的性质可独立进行分析[②]。这个分析结果导致我们可以总结元件接线端的电流电压关系,比如 $V = IR$。有关这种关系或者元件定律的更多例子将在 1.6.2 节中详述。此外,如果满足不相关约束,电路研究的焦点就集中在接线端电流和电压上,而不是元件内部的电磁场上。这样就使电流和电压成为电路中的基本信号。这种信号将在 1.8 节进一步讨论。

让我们稍微细致地考虑一下第三个约束。集总元件近似需要我们能够在元件的一对接线端上定义电压(比如在灯泡灯丝的两端)和流经一对接线端的电流。定义流经元件的电流意味着流入的电流必须等于流出的电流。现在考虑下面的假想实验。t 时刻在灯丝一端施加一个电流脉冲,观察 $t + dt$ 时刻(非常接近 t 时刻)流入该接线端和流出另一接线端的电流。如果灯丝足够长,或如果 dt 足够短,电磁波的有限速度可能导致我们测量出流入电流和流出电流不同。

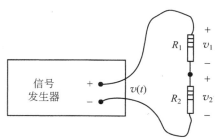

图 1.7 电阻支路与信号发生器相连

我们无法通过要求电流和电压恒定来解决该问题,因为我们对时变电压源驱动电路的情况非常感兴趣,如图 1.7 所示。

但是我们可以通过添加第三个约束来解决电磁波的有限传播速度带来的问题,即我们问题中感兴趣的时间范围比电磁波在通过元件时的传播延迟要大得多。换句话说,我们的集总元件的尺寸必须比

---

① 假设所有时间内电荷变化率为零保了电压和电流可以是任意时间函数。这一点在附录 A 中讨论。

② 大多数电路元件满足不相关约束,但偶尔也不满足。本书后面将讲到,两个彼此接近的电感器中的磁场可能超出各自的边界,从而在相互之间感应出明显的电场。在这种情况下,这两个电感器就不能被视为独立电路元件。但如果对这种分布的耦合现象进行合理的建模,它们还是可以被合在一起看作一个元件,称作变压器。受控源是另一个我们后面会讨论到的例子。在讨论受控源时,我们将有相互作用的电路元件一起看做一个元件。

与 V 和 I 信号有关的波长小得多[1]。

在上述速度约束下,电磁波可以被视为在集总元件中瞬间传播。通过忽略传播效应,集总元件近似可类比为质点简化。在质点简化中可以忽略元件的物理特性,如长度、形状、大小和位置。

至此,我们讨论了使单个元件成为集总元件的约束。现在可以将注意力放到电路中。正如前面定义的那样,电路是集总元件的集合,这些元件通过理想导线相互连接起来。集总元件外部的电流仅在导线中流动。理想导线在其两端不存在电压,与其承载的电流数量无关。进一步,我们认为导线也遵循集总事物原则,因此导线本身也是集总元件。

为使集总元件的电压和电流更具有意义,可将施加在元件上的约束应用于整个电路。换句话说,为了定义电路中任意两点之间的电压和任意导线上的电流,电路的每个部分都需要遵循类似于施加在单个集总元件上的若干约束。

因此,电路的集总事物原则可陈述为:

(1) 所有时刻与电路任意部分链接的磁链的变化率均为零。

(2) 所有时刻电路任意节点上电荷的变化率必须为零。节点就是电路中两个或更多元件接线端用导线相连的任意点。

(3) 信号的时间范围必须远大于电磁波通过电路的传播延迟。

注意,前两个约束直接从集总元件的对应约束获得(记住导线本身也是集总元件)。因此,前两个约束并未在集总元件的假设基础上添加任何新的约束[2]。

但对电路的第三个约束对信号时间范围的要求比对元件的更强,原因是电路可以比单个元件的物理范围更大。第三个约束表明,在感兴趣的最高工作频率下,电路必须在所有尺寸上比信号的波长小得多。如果该约束得到满足,则波现象对于电路的工作没有大的影响。电路准静止地工作着,信息在其中瞬时传递着。比如,真空中或空气中电路工作频率分别为 $1\mathrm{kHz},1\mathrm{MHz},1\mathrm{GHz}$,则其尺寸必须分别远小于 $300\mathrm{km},300\mathrm{m}$ 和 $300\mathrm{mm}$。大多数电路满足该约束。但有意思的是,工作于 $60\mathrm{Hz}$ 的一条长 $5000\mathrm{km}$ 的输电线路和工作于 $1\mathrm{GHz}$ 的 $30\mathrm{cm}$ 的计算机主板却不能满足该约束。这两个系统的尺寸近似等于其一个波长,因此波现象对其工作非常重要,必须据此对其进行分析。波现象对微处理器设计越来越重要。我们将要在 1.4 节详细讨论这个问题。

当电路满足这三个约束时,电路本身可进行抽象,就像可在集总元件外部接线端上定义电压和电流一样。满足集总事物原则的电路在电路分析中产生了其他简化。特别是第 2 章中将要看到的集总电路中的电压和电流满足简单的代数关系,这种关系可用两条定律来陈述:基尔霍夫电压定律(KVL)和基尔霍夫电流定律(KCL)。

1.4　集总电路抽象的局限性

我们可以利用集总电路抽象将图 1.4(a)所示的电路表示为图 1.4(b)所示的原理图。我们断言,如果元件满足集总事物原则,则可以忽略连接元件的导线的物理长度和拓扑结

[1]　更为精确的表示为,我们所指的波长是由信号产生的电磁波的波长。

[2]　在第 9 章中可以发现,电路中的电压和电流诱导电场和磁场,这样可能违反此处我们承诺的约束。大多数情况下,这种违反是可忽略的。但如果这些效应不可忽略,我们将用电容和电感元件来对其进行建模。

构,同时可定义元件的电压和电流。

集总事物原则的第三个要求让我们限制信号速度,使其明显低于电磁波传播速度。随着技术的进步,传播效应越来越难以忽略。特别地,计算机速度超过 GHz 范围后,不断增加的信号速度和固定的系统尺寸越来越有可能违反这一约束,因此工作在技术最前沿的工程师们必须经常检验抽象所依赖的原则,并做好如果约束被违反则求助于基本物理原理进行求解的准备。

比如,让我们进行关于微处理器的计算。微处理器中,导体通常被绝缘体(如硅的二氧化物)包围。这些绝缘体的介电常数通常是自由空间的 4 倍,因此电磁波在其中传播的速度是其在自由空间的一半。电磁波在真空中传播的速度约为每纳秒 1foot 或 30cm,因此它在绝缘体中以约每纳秒 6inch 或 15cm 的速度传播。由于现代微处理器(如 Digital/Compaq 的 Alpha)尺寸可达 2.5cm,电磁波穿过芯片的传输延迟是 1/6ns 的数量级。这些处理器在 2001 年接近了 2GHz 的时钟频率。对其取倒数,得到时钟周期为 1/2ns。这样,芯片中波的传播延迟约是时钟周期的 33%。虽然流水线等技术试图减少一个时钟周期内信号通过的元件数量(因此减小传输距离),但微处理器中的某些时钟信号或电源线可穿过整个芯片范围,因此产生较大的延迟。在这里必须明确地对波现象进行建模。

反过来,早期生产的慢速芯片更容易满足集总事物原则。比如,1984 年生产的 MIPS 微处理器的芯片边长 1cm。该芯片的运行速度为 20MHz,对应的时钟周期为 50ns。波通过芯片的传输延迟是 1/15ns,明显低于芯片的时钟周期。

另一个例子是 1998 年生产的奔腾 Ⅱ 芯片的时钟频率是 400MHz,但其芯片的尺寸与 MIPS 芯片差不多,即约边长 1cm。和前面的计算一样,1cm 芯片的波传播延迟约为 1/15ns。显然奔腾 Ⅱ 芯片 2.5ns 的时钟周期与波在芯片上的传播延迟相比仍然很大。

现在来考虑 2004 年生产的奔腾 Ⅳ 芯片,其时钟频率是 3.4GHz,边长约 1cm。0.29ns 的时钟周期只不过是芯片上波传播延迟的 4 倍!

如果感兴趣的信号速度与电磁波传播速度可比,则集总事物原则将被违反,因此我们无法使用集总电路抽象。于是,我们必须求助基于某些元件(如传输线和波导)的分布电路模型[①]。在这些分布元件中,任意时刻的电压和电流是元件中位置的函数。对分布元件的讨论超过了本书的范围。

如果信号随时间变化,则即使信号频率足够小,传输效应可被忽略,集总电路抽象也可能遇到其他问题。我们回顾图 1.7 所示的电路,该电路表示一个信号发生器驱动一个电阻。事实上,在某些条件下,信号发生器的频率和导线的长度及布局均可能对电压产生明显影响。如果信号发生器产生某个低频正弦波,如 256Hz(音乐术语中的中 C 调),则可以用第 2 章(式(2.138))中得出的分压关系来较精确地计算出 R_2 上的电压。但如果正弦波的频率是 100MHz(1×10^8 Hz),则会遇到麻烦。正如我们以后将要看到的那样,电阻和导线的电容和电感效应(由信号产生的电场和磁场)将严重影响电路的性质,这些都不能用我

---

　　① 读者可能对奔腾 4 或类似的芯片如何解决高速时钟的问题感兴趣。其关键在于设计和制版时使得大多数信号只在一个时钟周期内穿过芯片的一小部分。为使得以后的芯片时钟周期能更小,信号必须传输更短的距离。一种被称为流水线的技术是其中的关键。那些使得信号传输经过整个芯片的少量电路必须采用传输线分析的方法来设计。

们当前的模型来表示。在后面的第 9 章,我们将使这些效应分别成为新的集总元件,称作电容和电感,于是集总电路抽象可在高频继续应用。

本书中讨论的所有电路模型都在下列假设基础上得到:涉及的频率足够低,场的效应可用集总元件进行合理的建模。此外,第 1 章到第 8 章中我们假设涉及的频率更低,因此可以忽略所有电容和电感效应。

除了集总事物原则要求的约束之外是否还有其他实际的考虑?比如,忽略接触电位是否合理?将所有电池效应集总为 V 是否合理?我们能否忽略所有与导线有关的电阻并将所有的电阻效应集总为串联的电阻?当电阻接入电路并产生电流时电池电压 V 是否改变?这些问题将在 1.6 节和 1.7 节加以讨论。

1.5 实际二端元件

电阻和电池是我们最熟悉的两种集总元件。这些集总元件是电子电路的原始积木块。对元件的访问由其接线端(terminal)来实现。有时,接线端以自然的方式成对组合,构成端口(port)。端口提供了关于如何访问元件的另一种看法。一个带有两个接线端或一个端口的任意元件的例子如图 1.8 所示。其余元件可能有三个或更多接线端,因此形成两个或更多端口。

大多数电路分析在仅包含两接线端元件(简称二端元件)的电路中能够有效地进行。一部分原因是二端元件的广泛使用,另一部分原因是由于大多数(也许不是全部)具有多于两个接线端的元件都可用二端元件的组合来进行建模。这样就使得二端元件在所有电子电路分析中起显著作用。本节中将讨论两个熟悉的二端元件:电阻和电池。

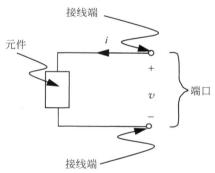

图 1.8　一个任意的两接线端电路元件

1.5.1　电池

手机电池、笔记本计算机电池、手电筒电池、手表电池、汽车电池、计算器电池都是我们生活中的常见器件。所有这些电池都是能量的来源,其能源来自内部的化学反应。

电池的重要规格是其标称电压、存储的总能量和内阻。本节将假设电池的内阻为零。一个电池在接线端上测量的电压本质上与释放能量的化学反应相关。比如,在手电筒电池中,碳芯棒相对锌外壳来说有 1.5V 的正电压,如图 1.9(a) 所示。在电路图中,这种单芯电池通常可表示为图 1.9(b) 的符号。当然,为了获得更大的电压,可串联若干电池:第一个电池的正端连接到第二个电池的负端,如此继续下去,如图 1.10 所示。多芯电池通常用图 1.10(b) 的符号表示(此符号中线段的数量和实际串联单元的数量之间没有特别的关系)。

电池的第二个重要参数是其存储的总能量,通常用焦耳 J 来计量。然而,如果找到一个便携式摄像机或者手电筒的电池,你会注意到额定值是安时 A·h 或瓦时 W·h。下面解释这个额定值。当电路中电池与阻性负荷相连时,电池释放功率。图 1.4(a) 所示的照明灯泡就是阻性负荷的例子。

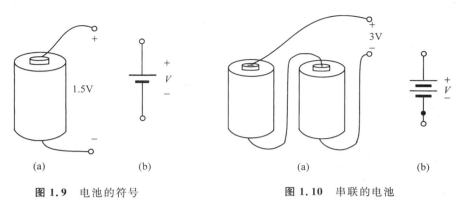

图 1.9　电池的符号　　　　　　　　图 1.10　串联的电池

> 电池释放的功率是电压和电流的乘积
> $$P = VI \tag{1.2}$$

当从电池的正接线端流出的电流 I 为正时电池释放功率。功率用瓦特（W）计量。如果 V 是 1V, I 是 1A, 则电池释放 1W 的功率。

功率是能量释放的速度。这样电池释放能量的数量就是功率的时间积分。

> 如果在时间间隔 T 中释放的功率恒定为 p, 则提供的能量 w 为
> $$w' = pT \tag{1.3}$$

如果电池 1s 提供 1w 的功率, 则其释放 1J 的能量。因此 J 和 W·s 就是相等的单位。类似地, 如果电池以 1W 的功率放电 1h, 则我们说它提供了 1W·h（3600J）的能量。

假设电池接线端电压恒定为 V, 由于电池释放的功率是电压和电流的乘积, 因此释放功率的等效表示就是供电的电流值。类似地, 电流与电池维持该电流的时间的乘积表示了电池的能量容量。比如, 一个汽车电池可能具有额定 12V 和 50A·h。这意味着电池可 50 小时提供 1A 的电流, 或 30min 提供 100A 的电流。存储于该电池中的能量为

$$12V \times 50A \cdot h = 600W \cdot h = 600W \times 3600s = 2.16 \times 10^6 J$$

例 1.1　锂离子电池　一台便携式照相机的锂离子电池额定为 7.2V 和 5W·h。求其以 mA·h 和 J 为单位的额定值表示。

解　由于 J 等效于 W·s, 5W·h 等于 $5 \times 3600 = 18000J$。

由于电池的电压为 7.2V, 电池的额定值为 5/7.2＝0.69A·h, 等效为 690mA·h。

例 1.2　能量比较　一个镍镉电池额定 6V, 950mA·h, 它存储的能量是否比额定为 7.2V, 900mA·h 的锂离子电池大?

解　我们可以通过将各自的能量转换为焦耳来比较这两个电池。镍镉电池存储了 $6 \times 950 \times 3600/1000 = 20520J$。锂电池存储了 $7.2 \times 900 \times 3600/1000 = 23328J$。因此锂电池存储了更多的能量。

如果电池与电阻相连, 如图 1.4 所示, 我们看到电池以某种速度释放能量。功率是释放能量的速度。这些能量到哪里去了? 能量被电阻以热的形式消耗了。如果电阻过热或爆炸, 则有时甚至是以光和声音的形式消耗能量! 我们将在 1.5.2 节讨论电阻及其功率消耗。

如果希望在不提高电压的前提下增加电池的电流容量, 则需要把单个电池并联起来, 如

图 1.11 所示。如果电池进行并联,则电池具有几乎相同的电压非常重要,这样可避免电池被破坏。比如一个 2V 的铅电池单元与 1.5V 的手电筒电池单元并联一定会产生大量的电流,从而破坏手电筒电池。关于串联的相应约束是所有电池单元具有相同的标称电流容量。多芯电池存储的总能量是串联、并联或者串并联电池的总能量。

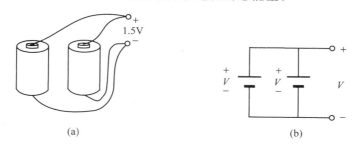

(a)   (b)

图 1.11 并联的电池

1.5.2 线性电阻

电阻具有多种形式(如图 1.12 所示),从烤面包机和电炉中长长的镍铬合金,到高度复杂的计算机芯片中的多晶硅平面层,再到电子器件中经常可以看到的胶木中的碳棒微粒。常用的电阻符号如图 1.13 所示。

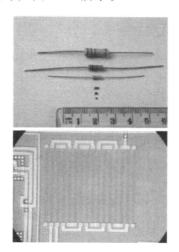

图 1.12 分立电阻(上)和沉积集成电路电阻(下)

下面的图是 Maxim 公司出品的 MAX807L 微处理器管理电路的一小部分,这是一种硅铬薄膜电阻阵列,每个电阻宽 $6\mu m$,长 $217.5\mu m$,标称阻值为 $50k\Omega$(感谢 Maxim 公司提供的照片)

图 1.13 电阻的符号

在满足一些电压和电流的范围限制之后,碳、导线和多晶硅电阻均服从欧姆定律

$$v = iR \tag{1.4}$$

即电阻接线端上测量到的电压与流经电阻的电流成线性正比关系。该比值称作电阻值。正如下面马上就要见到的那样,一种材料的电阻与其长度成正比,与其横截面面积成反比。

在图 1.4(b) 的例子中,假设电池额定为 1.5V。进一步假设灯泡的电阻为 $R=10\Omega$。假设电池的内阻为零。于是电流 $i=v/R=150\text{mA}$ 将流经灯泡。

例 1.3 更多关于电阻的讨论 在图 1.4(b) 所示的例子中,假设电池额定为 1.5V。假设我们通过某种手段观察到流经电阻的电流为 500mA。电阻的阻值是多少?

解 对于电阻,从式(1.4)可知

$$R = \frac{v}{i}$$

由于电阻上的电压 v 为 1.5V,流经电阻的电流为 500mA,电阻的阻值为 3Ω。

一段材料的电阻取决于其几何尺寸。如图 1.14 所示,假设电阻的导电通道横截面面积为 a,长度为 l,电阻率为 ρ。该通道在其两端终止,在那里有两个导电板延伸出来构成电阻的两个接线端。如果该段圆柱形材料满足集总事物原则并遵循欧姆定律,则有[1]

图 1.14 圆柱导线形状的电阻

$$R = \rho \frac{l}{a} \tag{1.5}$$

式(1.5)表明一段材料的电阻值与其长度成正比,与其横截面面积成反比。

类似地,长度为 l,宽度为 w,高度为 h 的立方体形电阻的阻值为

$$R = \rho \frac{l}{wh} \tag{1.6}$$

接线端从面积为 wh 的一对表面引出。

例 1.4 立方体的电阻值 确定边长为 1cm,电阻率为 $10\Omega \cdot \text{cm}$ 的正方体的电阻,从相对的表面引出接线端。

解 将电阻率 $\rho=10\Omega \cdot \text{cm}$,$l=1\text{cm}$,$w=1\text{cm}$,$h=1\text{cm}$ 代入式(1.6),得到 $R=10\Omega$。

例 1.5 圆柱体的电阻值 横截面半径为 r 的导线电阻比横截面半径为 $2r$ 的导线电阻大多少?

解 导线是圆柱形的。式(1.5)表示了圆柱体的横截面面积与电阻的关系。用横截面半径 r 为变量重写式(1.5)有

$$R = \rho \frac{l}{\pi r^2}$$

由上式很明显可以看出。半径为 r 的导线电阻 4 倍于半径为 $2r$ 的导线电阻。

例 1.6 碳芯电阻 小型碳芯电阻的范围是 1Ω 到 $10^6\Omega$。假设这些电阻芯的直径为 1mm,长度为 5mm,碳芯电阻的电阻率范围是多少?

解 给定 1mm 直径,碳芯的横截面面积为 $A\approx7.9\times10^{-7}\text{m}^2$。进一步,其长度为 $l=5\times10^{-3}\text{m}$。这样 $A/l\approx1.6\times10^{-4}\text{m}$。

最后用式(1.5),由于 $1\Omega\leqslant R\leqslant10^6\Omega$,得到其近似电阻率为 $1.6\times10^{-4}\Omega\text{m}\leqslant\rho\leqslant1.6\times10^2\Omega\text{m}$。

例 1.7 多晶硅电阻 一个薄多晶硅电阻厚度为 $1\mu\text{m}$,宽度为 $10\mu\text{m}$,长度为 $100\mu\text{m}$。如果该多晶硅的电阻率范围从 $10^{-6}\Omega\text{m}$ 到 $10^2\Omega\text{m}$,则其电阻的范围是多少?

解 电阻的横截面面积是 $A=10^{-11}\text{m}$,其长度 $l=10^{-4}\text{m}$,这样 $l/A=10^7\text{m}^{-1}$。用式(1.5)和给定的电阻率 ρ 范围可知,电阻满足 $10\Omega\leqslant R\leqslant10^9\Omega$。

例 1.8 芯片上平面材料的电阻值 图 1.15 给出了若干块具有不同几何形状的材料。假设所有材料

---

① 推导过程参见附录 A.3。

具有相同的厚度。换句话说，材料块是平面的。让我们确定这些材料块在给定接线端之间的电阻。对于给定的厚度，立方体形材料块的电阻由材料块长度与宽度的比值确定（式（1.6））。假设 R_0 是具有单位长度和宽度的平面材料块的电阻，于是一块长度为 L 宽度为 W 的材料块的电阻为 $(L/W)R_0$。

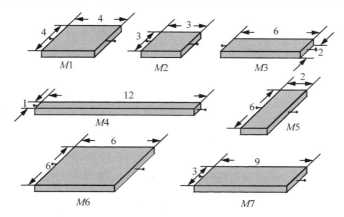

图 1.15　不同形状的电阻

解　由式（1.6）可知，长度为 L，宽度为 W，高度为 H、电阻率为 ρ 的立方体形材料的电阻为

$$R = \rho \frac{L}{WH} \tag{1.7}$$

给定 $L=1$，$W=1$ 的相同材料块的电阻为 R_0。换句话说

$$R_0 = \rho \frac{1}{H} \tag{1.8}$$

将 $R_0 = \rho/H$ 代入式（1.7）得到

$$R = \frac{L}{W}R_0 \tag{1.9}$$

现在，假设给定材料的 $R_0 = 2\text{k}\Omega$。假设图中所示材料块的单位是 μm，这些材料块的电阻是多少？

首先，观察到材料块 $M1$、$M2$ 和 $M6$ 具有相同的电阻 $2\text{k}\Omega$，原因在于它们都是正方形的（式（1.9）中注意到 $L/W=1$ 表示正方形）。

其次，$M3$ 和 $M7$ 应有相同的电阻，原因是它们的长宽比例 $L/W=3$。因此二者的电阻均为 $3 \times 2 = 6\text{k}\Omega$。$M4$ 具有最大的长宽比例 $L/W=12$。因此它有最大的电阻 $24\text{k}\Omega$。$M5$ 具有最小的长宽比例 $L/W=1/3$，因此具有最小的电阻 $2/3\text{k}\Omega$。

由于所有正方形材料块都来自具有相同电阻率的给定材料（当然需要假设材料具有相同的厚度），我们通常把具有给定厚度的平面材料的电阻表示为

$$R_\square = R_0 \tag{1.10}$$

其中 R_0 是该材料单位长度和宽度具有的电阻值。$R_\square$ 是方形该材料所具有的电阻值，发音为"R Square"。

例 1.9　更多关于平面电阻值的讨论　重新查看图 1.15，假设在材料加工过程中的误差导致每个尺寸增加了 e 倍。每个材料块的电阻变化了多少？

解　回忆起平面矩形材料块的电阻与 L/W 成正比。每个尺寸增加了 e 倍，则新长度为 $L(1+e)$，新宽度为 $W(1+e)$。电阻为

$$R = \frac{L(1+e)}{W(1+e)}R_0 = \frac{L}{W}R_0$$

电阻不变。

例 1.10　电阻值的比例　重新查看图 1.15，假设材料加工过程导致电阻的所有尺寸均收缩为原来的 α 倍（如 $\alpha=0.8$）。进一步假设电阻率由 ρ 以相同的比例改变为 ρ'。现在考虑一对阻值分别为 R_1 和 R_2，原

始尺寸分别为 L_1、W_1、L_2、W_2，厚度均为 H 的电阻。在尺寸收缩后，这两个电阻阻值的比例会怎样变化？

解　由式(1.7)，原来电阻值的比例为

$$\frac{R_1}{R_2} = \frac{\rho L_1/(W_1 H)}{\rho L_2/(W_2 H)} = \frac{L_1/W_1}{L_2/W_2}$$

设收缩后的阻值分别为 R_1' 和 R_2'。由于所有尺寸均收缩为原来的 α 倍，长度 L_1 会变为 αL_1。利用式(1.7)，新的电阻值比例为

$$\frac{R_1'}{R_2'} = \frac{\rho' \alpha L_1/(\alpha W_1 \alpha H)}{\rho' \alpha L_2/(\alpha W_2 \alpha H)} = \frac{L_1/W_1}{L_2/W_2}$$

换句话说，电阻值的比例不随尺寸的收缩而变化。

下面讨论平面电阻的比例特性。如果给定长度与宽度的比值，则具有给定厚度的矩形材料块的电阻与实际长度无关。这使得我们在无需改变芯片布局的前提下实现工艺尺寸收缩(比如从 $0.25\mu m$ 到 $0.18\mu m$)。工艺尺寸收缩通过以相同的比例变换芯片及其元件的平面尺寸来实现，从而产生更小的芯片。我们设计芯片使得相关的信号是电阻值比例的函数[①]，这样就可以确保在工艺尺寸压缩后制造出的芯片具有和原来一样的功能。

VLSI 代表超大规模集成的意思。基于硅的 VLSI 是当前大多数计算机芯片中采用的技术。这项技术中，集总的平面元件(如导线、电阻和其他一些很快就要介绍的元件)在被称作晶片的平面硅块上进行加工(例子见图 1.15 和图 1.12)。晶片的形状有点像墨西哥玉米圆饼或印度薄煎饼(参考图 1.16)。平面元件用平面导线连接在一起以形成电路。在加工结束后，每块晶片都被切成几百块芯片，通常每块芯片的大小像指甲一样。比如奔腾芯片就包括几百万个平面元件(图 1.17)。芯片被联接和封装起来(如图 12.34)，然后连在一块印刷电路板上，与其他诸如电阻、电容等分立元件一起构成电路(图 1.18)。

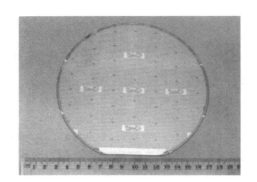

图 1.16　硅晶片

(感谢 Maxim 公司提供照片)

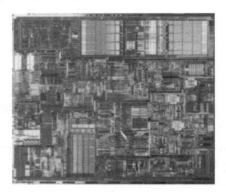

图 1.17　Intel 使用 $0.18\mu m$ 技术生产的 2GHz 奔腾 4 处理器芯片照片

该芯片边长约 1cm。(感谢 Intel 公司提供照片)

如果有更好的加工工艺，则 VLSI 的制造过程可在不需要进行明显设计变更的前提下压缩芯片尺寸。比如奔腾Ⅲ一开始是用 $0.25\mu m$ 工艺生产的，后来改用 $0.18\mu m$ 工艺。图 1.17 所示的奔腾 4 在 2000 年面世时采用 $0.18\mu m$ 工艺，后来分别在 2001 年和 2004 年改用 $0.13\mu m$ 工艺和 $0.09\mu m$ 工艺。

对于线性电阻有两个重要的极限情况：开路和短路。开路是无论一个元件端电压是多少始终没有电流的情况，就像线性电阻具有极限 $R \to \infty$ 一样。

短路是与之相对的极限情况。它是无论一个元件流经多少电流始终没有端电压的情况，

---

① 后续章节中将讨论很多这样的例子，包括 2.3.4 节中的分压器和 6.8 节中的反相器。

就像线性电阻具有极限 $R{\rightarrow}0$ 一样。可观察到短路元件实际上就是理想导线。注意,开路和短路都不消耗功率,原因是接线端变量(v 和 i)的乘积总是零。

通常将电阻视作非时变参数。但如果电阻的温度变化,则会改变其电阻。这样线性电阻就成为一个时变元件。

线性电阻是一大类阻性元件中的一种。需要指出,电阻不一定是线性的,也可以是非线性的。一般来说,二端电阻指的是任何瞬时接线端电流和瞬时接线端电压存在代数关系的二端元件。这种电阻可以是线性的,也可以是非线性的,可以是非时变的,也可以是时变的。比如,具有下列关系的元件都是一般电阻:

图 1.18 包含若干相互联接的芯片和分立元件的印刷电路板

其中电阻类似小盒子,电容是较高的圆柱体。(感谢 Raw 小组提供的照片)

$$\text{线性电阻:} \quad v(t) = i(t)R(t)$$
$$\text{线性非时变电阻:} \quad v(t) = i(t)R$$
$$\text{非线性电阻:} \quad v(t) = Ki(t)^3$$

但是,用下面这些关系表征的元件则不是电阻(参见第 9 章)。

$$v(t) = L\frac{\mathrm{d}i(t)}{\mathrm{d}t}$$

$$v(t) = \frac{1}{C}\int_{-\infty}^{t} i(t')\mathrm{d}t'$$

一般电阻的重要特性是其端电流和电压仅取决于对方的瞬时值。为方便起见,本书中未加声明地引用电阻时均指线性非时变电阻。

1.5.3 关联变量约定

式(1.4)在电压参考方向和电流参考方向的选择上隐含了一个特定的关系。该关系可用图 1.19 清楚地表示出来:箭头定义了电流的正方向(正电荷的方向),电流沿该方向流入电压标记为正的电阻接线端。这种称之为关联变量(associated variables)的约定可推广至任何一个元件,如图 1.20 所示。在本书中如果可能,则一般采用该约定。变量 v 和 i 称作元件的接线端变量。注意,这些变量的每个值都可能是正的,也可能是负的,其正负取决于实际的电流方向和实际的电压极性。

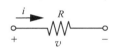

图 1.19 电阻的接线端变量
v 和 i 的定义

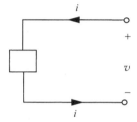

图 1.20 关联变量约定下二端元件
接线端变量 v 和 i 的定义

> **关联变量约定**（Associated Variables Conventions）**定义电流流入元件电压的正接线端。**

如果元件的电压 v 和电流 i 在关联变量约定下定义，则注入元件的功率在 v 和 i 均为正时是正的。换句话说，能量在正电流流入标记为正的电压接线端时注入元件。能量可能被消耗，也可能被存储起来，这取决于不同的元件特性。反过来，如果正电流流出标记为正的电压接线端，则元件向外提供能量。当电阻的接线端变量采用关联变量时，电阻消耗的功率是正值。这个结论与直觉吻合。

虽然图 1.20 非常简单，但却包含了若干重要的问题。第一，图 1.15 中的二端元件构成了一个端口，元件通过该端口进行连接。第二，电流 i 流经该端口。即流入一个接线端的电流在任何时刻都等于流出另一个接线端的电流。这样，根据集总事物原则，元件内部无法积累净电荷。第三，元件的电压 v 定义在端口上。这样，元件仅与其两个接线端之间的电位差发生关系，与单个接线端的电位无关。第四，电流的正向流动定义为从正电压接线端流入并从负电压接线端流出。正电压接线端的选择是任意的，但电流和电压之间定义的关系是确定的。最后，为了简单起见，通常不标出流出负电压接线端的电流，但读者要意识到它等于流入正电压接线端的电流。

例 1.11　接线端变量与元件特性　图 1.21(a) 和 (b) 给出了 3V 电池接线端变量的两种可能出现的合法定义。每种情况下接线端变量 v 的值是多少？

解　图 1.21(a) 中可看出接线端变量 $v=3$V，图 1.16(b) 中 $v=-3$V。

本例强调了接线端变量和元件特性的区别。3V 的电池电压是元件特性，v 是我们定义的接线端变量。元件特性通常写在元件符号中，在不方便写入时写在元件的旁边（如电池电压）。接线端极性和接线端变量写在接线端附近。

例 1.12　关于接线端变量的有趣讨论　图 1.22 表示某个二端元件在点 x 和 y 与任意一个电路相连。元件的接线端变量 v 和 i 根据关联变量约定定义。假设 2A 的电流流入电流接线端 x。求接线端变量 i 的值。

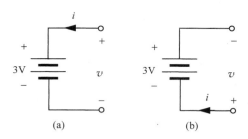

图 1.21　电池的接线端变量

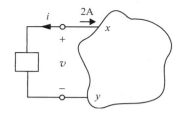

图 1.22　一个二端元件的接线端变量

解　由于接线端变量 i 的选择与 2A 电流相反，因此 $i=-2$A。

现在假设二端元件是一个电阻（图 1.23），其阻值为 $R=10\Omega$。确定 v 的值。

我们知道在关联变量约定下对于电阻接线端变量关系为

$$v = iR$$

给定 $R=10\Omega,i=-2$A，

$$v = (-2\text{A}) \times 10\text{V} = -20\text{V}$$

下面，假设二端元件是 3V 电池，其极性如图 1.24(a) 所示。确定接线端变量 v 和 i。

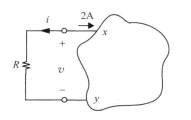

图 1.23　电阻的接线端变量

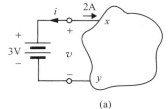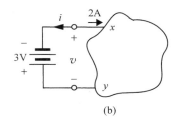

(a)　　　　　　　　　　　(b)

图 1.24　二端元件是电池

前面已经知道,$i=-2\text{A}$。对图 1.24(a)给定的电池极性,$v=3\text{V}$。

现在假设 3V 电池连接的极性如图 1.24(b)所示,确定 v 和 i 的值。

前面已经知道,$i=-2\text{A}$。将电池反向连接(如图 1.24(b))导致 $v=-3\text{V}$。

> 在关联变量约定下,向元件提供的瞬时功率 p 为
> $$p = vi \qquad (1.11)$$
> 其单位为瓦特(W)。

注意 v 和 i,以及瞬时功率 p 都可能是时间的函数。对于电阻,$p=vi$ 表示电阻消耗的瞬时功率。

> 相应地,关联变量约定下在时刻 t_1 和 t_2 间给元件提供的能量(单位是焦耳)为
> $$w = \int_{t_1}^{t_2} vi\,\mathrm{d}t \qquad (1.12)$$

对于电阻,由于式(1.4)给出 $v=iR$,因此该二端元件消耗的功率(式(1.11))可以等效写作

> $$p = i^2 R \qquad (1.13)$$

或

> $$p = \frac{v^2}{R} \qquad (1.14)$$

例 1.13　电阻吸收的功率　确定图 1.23 所示电阻的功率。从数学上验证功率实际上传递给了电阻。

解　我们知道 $i=-2\text{A}$ 以及 $v=-20\text{V}$。因此功率为

$$p = vi = (-20\text{V}) \times (-2\text{A}) = 40\text{W}$$

在关联变量约定下,乘积 $p=vi$ 表示提供给元件的功率。这样我们就可以验证有 40W 的功率提供给了电阻。从电阻的特性我们也知道该功率以热的形式被消耗掉了。

例 1.14　电池提供的功率　分别确定图 1.25(a)和图 1.25(b)中两种接线端变量定义情况下电池的功率。

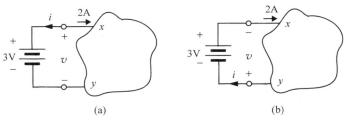

(a)　　　　　　　　　　　(b)

图 1.25　两种接线端变量的定义

解　对于图 1.25(a)所示的接线端变量的定义,$i=-2\text{A}$,$v=3\text{V}$。这样,根据关联变量约定,注入电池的功率为

$$p = vi = (3\text{V}) \times (-2\text{A}) = -6\text{W}$$

由于注入电池的功率为负,所以电池提供的功率为正。这样在图 1.25(a)的电路中,电池释放功率。

下一步我们分析图 1.25(b)所示接线端变量指定的相同的电路。对于这种指定,$i=2\text{A}$,$v=-3\text{V}$。它们构成关联变量,因此注入电池的功率为

$$p = vi = (-3\text{V}) \times (2\text{A}) = -6\text{W}$$

换句话说,电池释放 6W 的功率。由于电路相同,所以结果并不随着接线端变量的反向而变化。

例 1.15　电池发出和吸收的功率　在简单电路中(比如仅包含一个电池的电路),我们无需指定严格的关联变量来确定元件是吸收功率还是放出功率。在图 1.4(b)所示的照明灯泡电路中,假设电池额定值为 1.5V 和 1500J。假设电池内阻为零。进一步假设灯泡电阻为 $R=10\Omega$。电阻消耗的功率是多少?

解　电阻消耗的功率为

$$p = VI = \frac{V^2}{R} = \frac{1.5^2}{10}\text{W} = 0.225\text{W}$$

由于整个电路包含一个电池和一个电阻,我们不用太多分析就可以知道电阻消耗功率,电池提供功率。当电池连接到 10Ω 电阻时提供了多少功率? 假设电池的供电电流为 I。我们可以很快计算出该电流值为

$$I = \frac{V}{R} = \frac{1.5}{10}\text{A} = 0.15\text{A}$$

这样电池释放的功率为

$$p = VI = 1.5\text{V} \times 0.15\text{A} = 0.225\text{W}$$

电池释放的功率等于电阻消耗的功率,这一点并不奇怪。注意在图 1.4(b)中电流 I 定义为流出电池的正接线端。由于电流值为正,因此电池提供功率。

该电池连接至 10Ω 电阻后可供电多长时间? 电池供电功率为 0.225W。由于瓦特即以焦耳每秒来表示能量消耗,因此电池可持续 $1500/0.225=6667\text{s}$。

例 1.16　电阻的额定功率　在图 1.4(b)所示的电路中,电池的额定值为 7.2V 和 10000J。假设电池内阻为零。进一步假设电路的电阻为 $R=1\text{k}\Omega$。已知电阻能够消耗的最大额定功率为 0.5W。(换句话说,如果功率消耗大于 0.5W 则电阻会过热)确定流经电阻的电流。进一步确定电阻消耗的功率是否超过其最大额定值。

解　流经电阻的电流为

$$I = \frac{V}{R} = \frac{7.2}{1000}\text{A} = 7.2\text{mA}$$

电阻消耗的功率为

$$p = I^2 R = (7.2 \times 10^{-3})^2 \times 10^3\text{W} = 0.052\text{W}$$

显然,电阻消耗的功率在其许可范围之内。

1.6　理想二端元件

前面介绍了离散化过程可看作对物理系统的建模过程。比如电阻就是照明灯泡的集总模型。通过对物理系统建模可更有效地研究电子电路。在照明灯泡电路例子中采用集总电气元件来对灯泡和电池等电气元件建模。一般来说,对物理系统建模包括用一系列理想电气元件来表示实际物理过程,该过程可能是电气的、化学的或者机械的。本节介绍若干理想二端元件,包括电压源和电流源,理想导线和电阻,这些元件构成了电路的基本元素。

相同的理想二端元件既可用来构造信息处理系统,也可用来构造能量处理系统。信息

和能量处理包括信息或能量的通信、存储或变换,这是研究电子电路的第二个重要原因。无论我们是对系统建模还是对信号和能量处理感兴趣,用集总电路抽象来表示下列五个基本过程都是最重要的。

- 能量或信息的源
- 系统中能量或信息的流动
- 系统中能量或信息的损失
- 通过某种外力控制能量或信息的流动
- 能量或信息的存储

我们在本节中讨论的理想二端元件可表示这些过程的前三个,然后分别在第 6 章和第 9 章讨论控制和存储问题。

1.6.1　理想电压源、导线和电阻

我们日常生活中熟悉的一次能源包括阳光、石油和煤炭。二次能源可能是发电厂、汽油发电机、家庭加热炉或手电筒电池。在加热系统中,能量通过换热管道流动;在电气系统中,能量流动是通过铜线实现的[①]。类似地,信息源包括语音、书籍、CD、录像带和网络(至少其中一部分可看作信息)。语音系统中的信息流通过媒质如空气或水传播;电子系统(如计算机或电话)中的信息流动通过导线完成。麦克风、磁带磁头和光学扫描仪这样的传感器将信息从各种不同形式转换为电信号形式。这些元件不是理想的,因此我们的首要任务是发明理想能量或信息源以及供能量和信息流通的理想导体。

从概念上讲,容易从电池的已知特性得出结论:理想电压源要能够在其接线端维持恒定的电压,而不管流经接线端的电流数量是多少。为了将这样的理想元件和电池[②](图 1.26(a))区分开,我们用一个内部标明极性的圆圈来表示电压源,如图 1.26(b)所示。如果电压源提供电压 V,我们也在圆圈中包含 V 符号(如果没有足够空间,就在圆圈外面)。同样地,我们也可以将一个信息源(如麦克风或传感器)表示为输出时变电压 $v(t)$ 的电压源(图 1.26(c))。我们可以假设电压 $v(t)$ 仅依赖于麦克风信号,与从接线端流出的电流无关。(注意图 1.26 中的 V 和 $v(t)$ 是元件的值,而不是接线端变量)。

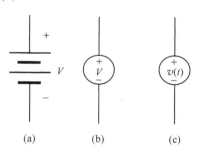

图 1.26　电压源的电路符号
(a) 电池;(b) 电压源;(c) 电压源

我们将要看到两种类型的电压源:独立电压源和受控电压源。独立电压源提供的电压独立于电路的其余部分。因此,独立电压源向电路提供输入。电源、信号发生器和麦克风都是独立电压源的例子。图 1.26(b)表示了独立电压源。与独立电压源相对的是受控电压源,它所提供的电压受到其所处电路中某个信号的控制。受控源通常用来对多于两个接线端的元件进行建模。它们用菱形符号表示,我们将在后面的章节中见到例子。

采用类似于建立理想电压源模型的方法,我们要求理想导体具有的特性为:流过任意

---

① 或者更精确地表示为通过线间的场流动的。
② 一般来说,实际电池有少量的内阻,我们在前面将其忽略。理想电压源和电池之间更为准确的讨论参见 1.7 节。

数值电流均无电压或功率损失。理想导体的符号如图 1.27(a)所示。注意该符号仅仅为一根线。理想导体与我们先前见过的理想导线一样。理想导体可用来表示水力系统中流体流动的通道。

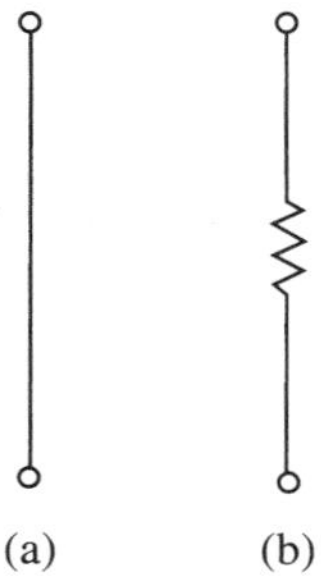

任何实际长度的导线都具有非零的电阻。电阻消耗能量并代表了系统的能量损失。如果在特定情况下该电阻很重要,可将导线建模为理想导体与电阻器串联的形式,如图 1.27(b)所示。为了保持一致,这里用图 1.19 所示的电阻符号表示理想线性电阻器,其定义遵循欧姆定律

$$v = iR \tag{1.15}$$

该式对所有电压和电流值均成立。电阻可用来为摩擦过程建模(该过程导致系统的能量损失)。注意,由于该元件性质对称,因此同时将电流和电压定义反向不会改变公式的表达。有时使用电阻的倒数表示更方便,即电导 G,其单位为西门子(Siemens,S)。此时

$$G = \frac{1}{R} \tag{1.16}$$

以及

$$i = Gv \tag{1.17}$$

电阻和电导通常视为非时变参数。但如果电阻器的温度改变,其电阻和电导也会改变。这样线性电阻就可能是时变元件。

图 1.27 理想导体的电路符号
(a) 纯导体;(b) 带有非零电阻的导线

1.6.2 元件定律

从电路分析的观点出发,二端元件最重要的特性就是其接线端上的电压电流关系,或简称为 v-i 关系。这种关系称作元件定律,以集总参数方式表示了元件的性质。比如,在式(1.15)中

$$v = iR$$

就是电阻的元件定律。元件定律有时被称作是构成关系,或元件关系。为了使元件定律的表示更为标准,所有二端元件的电流和电压均用关联变量约定进行定义,如图 1.19 所示。图 1.28 给出了 v 和 i 根据关联变量约定定义后电阻的 v-i 关系示意图。

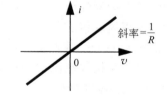

图 1.28 电阻的 v-i 关系示意图

图 1.26(b)中提供电压 V 的独立电压源的构成关系为

$$v = V \tag{1.18}$$

上式在电压源接线端变量定义如图 1.29(a)所示时成立,其 v-i 关系的示意图如图 1.29(b)所示。请观察元件参数 V 和元件接线端变量 v 与 i 之间的区别。

类似地,理想导线(或短路)的元件定律为
$$v = 0 \tag{1.19}$$

图 1.30(a)给出了接线端变量的指定,图 1.30(b)绘出了 v-i 关系。

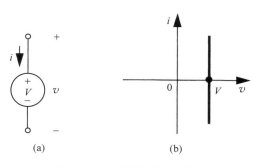

图 1.29 电压源及其 v-i 关系

（a）指定接线端变量后的独立电压源；（b）电压源的 v-i 关系

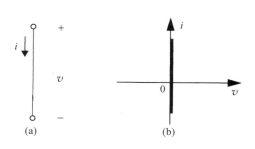

图 1.30 理想导线及其 v-i 关系

（a）理想导线及其接线端变量；（b）导线的 v-i 关系

最后，开路的元件定律为

$$i = 0 \tag{1.20}$$

图 1.31(a)给出了接线端变量的指定，图 1.31(b)绘出了 v-i 关系。

将图 1.28 所示的电阻 v-i 关系、图 1.30 所示的短路和图 1.31 所示的开路相比较可以看出，短路和开路是电阻的特殊情况。当电阻的阻值变为零时电阻成为短路。当电阻的阻值变为无穷时电阻成为开路。

例 1.17 **更多关于接线端变量与元件特性的讨论** 图 1.32 表示 5V 电压源在点 x 和 y 与某一电路相连。其接线端变量 v 和 i 采用图中的关联变量约定。假设 2A 的电流从 x 接线端流入电路。求 v 和 i 的值。

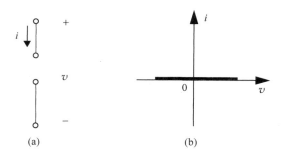

图 1.31 开路定律及其 v-i 关系

（a）开路及其接线端变量；（b）开路的 v-i 关系

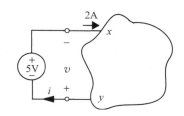

图 1.32 接线端变量与元件特性

解 图 1.32 指定的接线端变量中，$i = 2\text{A}$，$v = -5\text{V}$。

注意本例中接线端变量和元件特性的区别。电源电压 5V 是元件特性，v 是我们定义的接线端变量。类似地，圆圈中标明的极性是电源的特性，圆圈外标明的极性是电源接线端变量 v 的定义。我们尽可能将元件值写入元件符号，而将接线端变量写在外面。

例 1.18 **绘制 v-i 关系图** 可用实验的方法来测量二端元件 v-i 关系。将示波器、振荡器（或产生振荡输出的信号发生器）与元件用图 1.33 所示电路连接起来，可绘制其 v-i 关系。振荡器产生的电压为

$$v_i = V \cos(\omega t)$$

解 基本的方法是用振荡器将电流注入任意二端元件，并测量其电压 v_D 和 i_D。注意二端元件的接线端变量 v_D 和 i_D 根据关联变量约定来定义。可以从电路中看到，示波器的水平偏转与 v_D 成正比，垂直偏转与 v_R 成正比，即与 i_D 成正比（假设 R 满足欧姆定律），示波器水平和垂直的输入端放大器所吸收的电流可忽略。

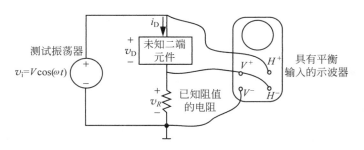

图 1.33 用示波器显示二端元件的 $v\text{-}i$ 关系

1.6.3 电流源——另一种理想二端元件

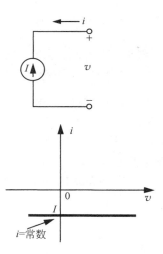

在某些工程领域存在两种相互对偶的电源。比如说，假设有一个空气泵。对于普通的轮胎泵来说，气压越高则人打气需要的力气越大。但考虑家用吸尘器，它也是一种空气泵，当流出机器的空气被堵住时可明显听到马达加速。如果测量马达的电流可验证在这样的条件下马达的功率下降了。

这种对偶听起来还算合理。下面考虑一种电源，它的特性与电池对偶，即电流和电压的角色相互交换了。从 $v\text{-}i$ 特性的角度来看比较简单。理想电压源在 $v\text{-}i$ 平面是一条垂直线，因此另一种电源（称作理想电流源），应该是一条水平线，如图 1.34 所示。这种电源具有的特性为：其输出电流始终维持于恒定值 I，无论其接线端电压是多少。

图 1.34 电流源的 $v\text{-}i$ 关系

> 电流源的元件约束是其提供的电流为
> $$i = I \tag{1.21}$$

如果这种电源在其接线端上未接任何东西，则至少从理论上讲，接线端电压将增加至无穷大，原因是恒定电流流经无穷大电阻产生无穷大电压。回忆与理想电压源有关的类似问题：如果理想电压源短路，则其接线端电流变成无穷大。

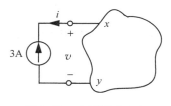

图 1.35 电流源的功率

例 1.19　电流源功率　如果图 1.35 中测量得到电压 $v = 5\text{V}$，确定 3A 电流源的功率。

解　从图 1.35 指定的接线端变量可知，$i = -3\text{A}$，此外我们还知道 $v = 5\text{V}$。则注入电流源的功率为
$$p = vi = (5\text{V}) \times (-3\text{A}) = -15\text{W}$$
由于注入电流源的功率为负，可确定电流源向外提供功率。

在继续讨论之前，需要区分二端元件的模型和元件本身。本节中表示的模型（或元件定律）都是理想化的。这些模型表示一种实际元件的简化性质（比如用电压源表示电池）。从这个观点出发，我们将关注仅包含理想元件的电路，只是偶尔考察一下实际情况。然而一定要意识到，电路分析的结果取决于分析所基于的模型。理论

分析和实验结果之间的差异说明了元件并不完全像其模型定律描述的那样工作。

v-i 关系对描述其他系统来说也很重要，而不仅仅是简单的二端元件(如电压和电阻)。当创建这些系统的电路模型时,通常发生的情况是:电子电路可抽象为通过少量接线端访问的黑盒子。进行任何抽象后,接口处(我们例子中的接线端)的特性要比黑盒子内部的特性更为重要。即接线端发生的变化比黑盒子内部的变化更为重要。此外,通常可以将接线端以自然的方式按照电路的功能组成端口。比如,复杂的放大器或滤波器通常描述为一对接线端或一个端口处的输入信号和另一个端口处输出信号的关系。这种情况下,接线端对或端口特别重要,端口上的电压和流经端口的电流成为描述电子电路行为的端口变量。

原则上,电子电路可以具有一个或多个端口,虽然实际上通常从简化问题的角度出发仅定义几个端口,比如放大器可用输入端口、输出端口和一个或多个用于连接电源的端口进行描述。其至最简单的网络元件,如电源、电阻、电容和电感也可看作一端口器件。电压定义在跨越端口两端,电流定义为流经端口,如图 1.36 所示。观察到 v 和 i 参考方向的指定遵循 1.5.2 节讨论的关联变量约定。

除电子电路中外,端口的概念还有更为阔广的应用领域。许多物理系统,如力学、流体和热学系统可以将其行为描述为若干端口,如表 1.1 所示。这些端口具有与电压和电流类似的跨越参数和流经参数。在这些系统的电路模型中,可用电压和电流来表示系统中对应的跨越变量和流经变量。

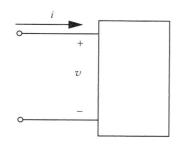

图 1.36　一个端口的电压和电流的定义

表 1.1　物理和经济系统中的流经变量和跨越变量

流 经 变 量	跨 越 变 量
电流	电压
力	运动
流量	压力
热通量	温度
消费	财富

1.7　物理元件的建模

到此为止,我们讨论了四种理想的基本元件并研究了其 v-i 特性。这些理想元件包括独立电压源、独立电流源、线性电阻和理想导体。现在让我们回过头来,对目前为止见到的物理元件用这几种理想元件进行建模。

事实上,图 1.27(b)就是这种模型的一个例子。我们将一个物理器件,即具有一定长度的铜导线建模成为两个理想的二端元件:理想导体和理想电阻。显然这种模型并不精确。比如,如果 1000A 电流流经一段 14 号铜导线(这是室内 15A 电流负荷的标准导线),导线将变热,发光,可能熔化,从而将其电阻的阻值从很小(如 0.001Ω)变化为无穷。而我们的模型包括理想导体与理想的 0.001Ω 电阻,不会产生这种行为。该模型流过 1000A 电流仅产生 1V 压降,消耗 1kW 功率,基本上都是以热的形式消耗掉。它不会冒烟,也不会燃烧。

类似地,我们可为电池提出一种用理想元件组成的模型。当把手电筒灯泡与新的标称为 6V 的电池连接时,电池接线端上的电压(通常称作端电压)从 6.2V 跌落至约 6.1V。这种跌落的原因是电池的内阻。为了表示这种效应,我们将电池建模为理想电压源与小电阻相串联的形式,如图 1.37(a)所示。如果 R 的值选择正确,则接入灯泡后的接线端电压跌落可以正确地用图 1.38 所示的电路来表示。然而该模型并不精确。比如,如果电灯泡与电池已经连接一段时间,随着电池能量的减少,其电压会慢慢降低。电池的模型却不会变化,持续地为灯泡提供相同的电压。

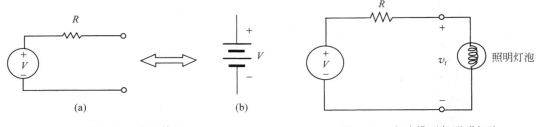

图 1.37　电池模型　　　　　　　　图 1.38　电池模型与照明灯泡

还可以为麦克风建立类似的模型。当信息处理系统(如放大器)与麦克风相连时,由于麦克风内阻的影响,其输出从 1mV 峰峰值降低为 0.5mV 峰峰值。和电池一样,我们可以把麦克风建模为电压源与电阻 R_m 相串联,如图 1.39 所示。虽然麦克风的输出电压不会随着时间下降,由于其他原因的影响,该模型也不是十分精确的。比如,信号的电压降实际上与信号的频率有关。

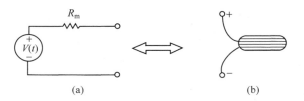

图 1.39　麦克风模型

显然模型中的“缺点”可通过建立更为复杂的模型而得到克服。但考虑到复杂性的增加,采用更精确模型的效果不一定更好。不幸的是,通常很难在给定问题中找到简化和精确之间的合理平衡点。基于以下的考虑,本书中始终坚持简化的观点。我们讨论的任何问题都可以用计算机求解,此时可以建立更为精确的模型。因此我们用电路元件来建模(而不是用计算机来建模)以求得对系统本身的深入理解(而不是精确求解)和简化表达(而不是复杂表达)是比较合理的。

在这个意义上,用实验绘制元件的 v-i 特性来验证上述模型的正确性是必要的。v-i 特性曲线可以用图 1.33 所示的方法绘制。首先,用一个 100Ω,1/10W 的电阻作为“未知”二端器件。如果振荡器电压是若干伏特,则从原点发出的斜率为 $1/R$ 的直线将会出现在屏幕上(见图 1.40),这表明欧姆定律起作用。然而,如果电压增加使 v_D 达到 5V 或 10V,则 1/10W 电阻会变热,其阻值将会改变。如果振荡器设置的频率很低,比如 1Hz,则电阻在电源的每个周期内被加热和冷却,因此得到的轨迹不是直线。如果振荡器的频率在中音频,如

500Hz,热惯性使得电阻不会很快改变其温度,因此达到某种平均温度。这样轨迹线将保持为直线,但其斜率将成为信号幅值的函数。

电阻自加热所带来的阻值改变显然在大多数电路应用中是不受欢迎的。因此制造商提供了电阻的额定功率,用来表明不引起明显阻值改变或电阻损坏的最大功率消耗(p_{max})。电阻的功率消耗为

$$p = vi \tag{1.22}$$

该函数是 v-i 平面的双曲线,如图 1.41 所示。理想电阻模型(以欧姆为单位表示的恒定值)仅在双曲线之间的范围内与实际电阻的行为相吻合。

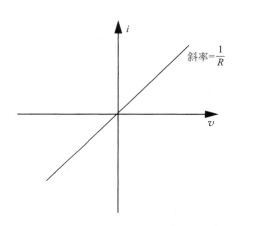

图 1.40　电阻的 v-i 图

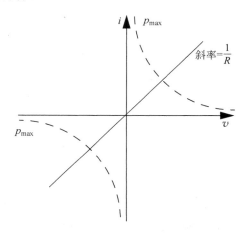

图 1.41　v-i 平面上电阻的功率约束

如果振荡器的频率非常高,则示波器屏幕上显示的轨迹也不会是直线。在这种情况下,电路的电容和电感效应将产生椭圆的轨迹。这一点将在以后的章节讨论。

现在绘制电池的 v-i 特性。电流水平较低时,轨迹表现为 v-i 平面上的垂直线(图 1.42)。但如果振荡器幅值增加,使得大量电流流经电池,在合理地改变示波器垂直方向比例尺度之后,轨迹依然保持直线,但明显地倾斜了,如图 1.43(a)所示,这表明非零串联电阻的存在。如果电池接线端电压和电流的定义如图 1.43(b)所示,则由图 1.43(c)所示的模型可知,接线端电压的合理表示为[①]

$$v_t = V + iR \tag{1.23}$$

注意,根据我们对变量的选择,第一象限中电流流进正接线端,即电池被充电,因此接线端电压实际上大于标称电压。轨迹是一条直线的现实验证了我

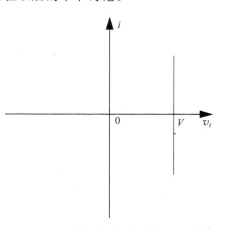

图 1.42　小电流水平下电池的 v-i 特性

① 现在我们仅给出方程,将其推导过程推迟到第 2 章进行(参见与图 2.61 有关的例子),那时候已经介绍了一些基本的电路分析方法。

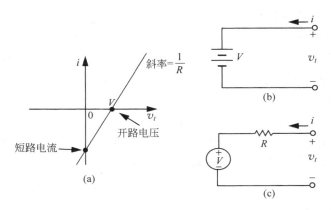

图 1.43　大电流水平下的电池特性

们关于电池可以建模为电压源与线性电阻串联的假设。进一步注意到图 1.43(a) 可仅用两个数字来表征：斜率和截距。斜率是 $1/R$，其中 R 是模型中的串联电阻。截距可用电压或电流来表征。如果我们选择电压，则由于截距定义在零电流点，因此称为开路电压。如果截距表征为电流，则由于定义在电压为零的点而被称为短路电流。这些术语将在第 3 章中从另一个角度出现：戴维南定理。

　　本节介绍了如何对电池和导线这样的物理元件用独立电压源、电阻和理想导线这样的理想二端元件进行建模。这些理想电路元件，如独立电压源和电阻，也可分别作为蓄水池和水管中的摩擦力这样的物理量的模型。在物理系统的电路模型中，水压自然地用电压表示，水流用电流表示。水压和水流（或对应的电压和电流）成为基本量。在这种系统中，我们也会考虑存储的能量和能量消耗的速度。

1.8　信号表示

　　前面几节讨论如何用集总电路元件对各种物理系统进行建模，或如何用集总电路元件进行信息处理。本节将建立物理系统中的变量与电路模型中变量的联系。本节还将讨论电气系统如何表示信息和能量。

　　如前所述，创建电子电路的动机之一就是处理信息或能量。处理过程包括通信、存储和计算。立体声放大器、计算机和收音机都是用于处理信息的电子系统的例子。电源和我们熟悉的照明灯泡电路是处理能量的电子系统的例子。

　　在这两种情况中，感兴趣的物理量（可能是信息或能量）在电路中用电气信号进行表示，即电流或电压。电路网络就是用来处理这些信号的。这样，电路实现其功能的方式即为电路处理其接线端电流和电压信号的方式。

1.8.1　模拟信号

　　物理世界中的信号通常是模拟的，即为数学上连续的值。声压就是这样的信号。手机天线获得的电磁信号是另一个模拟信号的例子。一点不奇怪，大多数与物理世界打交道的电路必须具有处理模拟信号的能力。

图 1.44 给出了若干模拟信号的例子。图 1.44(b)表示的是直流(DC)电流信号,其余均为不同形式的电压信号。

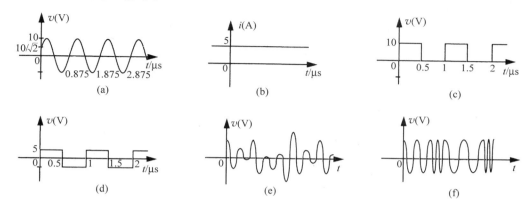

图 1.44 　若干模拟信号的例子
(a) 幅值 10V,相位偏置 π/4rad 的 1MHz 正弦信号;(b) 5A DC 信号;(c) 具有 5V 偏置的 1MHz 方波信号;
(d) 零偏置的 1MHz 方波信号;(e) 用幅值表征信息的信号;(f) 用频率表征信息的信号

图 1.44(a)给出了相位偏置为(或称为相移)π/4rad 的 1MHz 正弦信号。该频率还可以表示为 10^6 Hz 或 $2\pi 10^6$ rad/s,相位偏置也可以表示为 $45°$。频率的倒数是振荡的周期,在本例中周期为 $1\mu s$。该正弦信号的平均值为 0。该信号可表示为幅值(或最大值)10V,或正弦峰峰值 20V。

正弦信号是一类很重要的信号,在本书中经常出现。正弦信号 v 一般可表示为
$$v = A\sin(\omega t + \varphi)$$
其中 A 是幅值,ω 是用 rad/s 表示的频率(角频率),t 是时间,φ 是用弧度表示的相位偏置。

图 1.44(c)和(d)表示方波信号。图 1.44(c)的方波信号的峰峰值为 10V,平均值(或 DC 偏置)为 5V,图 1.44(d)的方波信号具有相同的峰峰值,但 DC 偏置为零。

信息可以用很多种方式来表示,如幅值、相位或频率。图 1.44(e)表示的信号(比如麦克风信号)用幅值表示信息,图 1.44(f)表示的信号用频率表示信息。

在本节的最后,我们简单介绍用均方根值(即为通常所说的有效值)来描述信号。图 1.44(a)所示信号可用幅值为 10V 的正弦信号来描述。该信号还可描述为均方根(rms)值($10/\sqrt{2}$)V。对于正弦信号,或任何周期为 T 的周期信号 v,其 rms 的计算方法为

$$v_{\text{rms}} = \sqrt{\frac{1}{T}\int_{t_1}^{t_1+T} v^2(t)\,\mathrm{d}t} \tag{1.24}$$

其中积分长度为整个周期。

周期信号均方根值的重要性可通过计算周期为 T 的信号 $v(t)$ 对电阻 R 供电的平均功率 $\bar{p}$ 来说明。对于周期信号来说,可通过在一个周期内对瞬时功率进行积分后除以周期来获得平均功率

$$\bar{p} = \frac{1}{T}\int_{t_1}^{t_1+T} \frac{v^2(t)}{R}\,\mathrm{d}t \tag{1.25}$$

对于线性非时变电阻来说,可将 R 移出积分号,即

$$\bar{p} = \frac{1}{R} \frac{1}{T} \int_{t_1}^{t_1+T} v^2(t)\,\mathrm{d}t \tag{1.26}$$

根据周期信号均方根值的定义(式(1.24)),我们可将式(1.26)重写为

$$\bar{p} = \frac{1}{R} v_{rms}^2 \tag{1.27}$$

利用式(1.24)的巧妙定义,我们可以获得类似于直流信号功率的表达式。换句话说,周期信号的均方根值对应消耗相同平均功率的直流信号值[①]。类似地,DC 信号的均方根值就是信号本身。

这样,均方根值为 v_{rms} 的正弦电压加在值为 R 的电阻上消耗的平均功率为 v_{rms}^2/R。

举例来说,美国的 120V,60Hz 配电插头的额定值就是用均方根值来表示的。即它可提供正弦电压的峰值为 $120 \times \sqrt{2} = 169.7\text{V}$。

直接的信号表示

有时电路信号是对物理量的直接表示,图 1.4 的照明灯泡例子就是这种情况。图 1.4(b) 的电路是图 1.4(a)物理电路的模型,该物理电路包括电池、导线和照明灯泡。物理电路的目的是将存储于电池中的化学能转换为光能。为了实现这一目的,电池将化学能转换为电能,导线随后将电能传递给灯泡,灯泡至少将部分电能转换为光能。这样,图 1.4 所示的电路构成了能量处理的基本形式。

图 1.4 所示电路是对物理电路的建模,用来确定流经照明灯泡电流及其消耗功率等物理量的数值。在这种情况下,比较自然地选择了集总参数电路的信号表示。该电路中感兴趣的数值(即电压和电流)用电路模型中相同的电压和电流来表示。这就是直接信号表示的例子。

非直接表示

更为有趣的是非直接信号表示。在这种情况下,电信号用来表示非电量,这在电子信号处理中很常见。比如,考虑一个电子扩音器。这种系统可能具有一个前端变换器(如麦克风)将声音信号转换为表示声音的电信号。然后可放大该电信号,可对其进行滤波以产生代表希望输出声音的信号。最后,一个后端变换器(如果喇叭)将处理过的电信号转换为声音信号。由于电信号可以方便地进行转换和处理,因此电子电路为信息处理提供了惊人的能力,几乎替代了所有的直接处理方法。比如,电子扩音器现在替代了锥形扩音器。

信号类型的选择(如电流或电压)通常依赖于所采用的变换器(将一种形式的能量转换为另一种形式能量(比如声音到电)的器件)能提供的信号、功率方面的考虑和可以利用的电路元件。电压是非常常见的表示方式,本书中通常采用电压表示信号。在后续章节中还会看到若干种情况,即在电子系统的处理过程中将电压信号转换为电流信号,或反之。

1.8.2   数字信号——数值离散化

与模拟信号的连续表示相对的,我们可将信号分段量化,使其成为离散或集总的信号值。数值离散化构成了数字抽象的基础,由此产生了一系列优点,如与模拟信号表示相比,

---

①　这种新的电压特征值(均方根值)是由电力工业的开创者首先提出的,用来在避免 DC 功率和 AC 功率之间产生混淆。

其抑制噪声能力强等。虽然大多数物理信号本质上是模拟的,但也需要指出,存在少量物理
信号本身就是离散的,因此可获得自然的离散信号表示。由于流通的货币通常认为是不能
无限可分的,因此财富就是这种信号的一个例子①。

为了说明数值离散化,考虑图 1.45 所示的电压离散化。这里我们将电压离散为有限数量
的信息值,如"0"和"1"。在离散化后,如果观察到的电压低于 2.5V,则将其理解为表示信息
"0"。如果其值高于 2.5V,则将其解释为信息"1"。相应地,为了产生信息"0",我们可使用
任何低于 2.5V 的电压。比如我们可以用 1.25V。相应地可用 3.75V 来产生信息"1"。

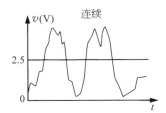 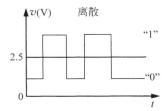

图 1.45 将电压值离散至两个值

第 5 章中将要讨论离散信号对于噪声的抑制比模拟信号要好,但却丧失了精度。如果
混杂了噪声的离散信号的物理值并未超过离散化的阈值,则噪声将被忽略。比如,假设
图 1.45 中信息"0"用 1.25V 信号来表示,信息"1"用 3.75V 信号来表示。倘若表示"0"的电
压不大于 2.5V,或表示"1"的电压不小于 2.5V,该信号将被正确解释。这样该离散信号表
示可免疫 ±1.25V 的噪声。但需要注意的是损失了精度——这种简单的二值表示方法无
法区分较小的电压变化②。

一般来说,我们可将信号离散化至任意数量的值,比如 4 个值。到目前为止所讨论的表
示方法是一种特定的数值离散化方法,称作二进制表示。我们将电压(或电流)转换为两个
信息:"0"和"1"。由于采用超过二值表示的系统实现比较困难,因此大多数目前使用的数字
系统采用二进制表示。因此,数字表示成为二进制表示的同义词。

直接和非直接信号表示

和模拟信号一样,离散信号也可分为直接和非直接信号表示。离散二进制值 1 和 0 就
是逻辑的直接表示,原因是它们很自然地对应于逻辑的真值和假值。此外,可通过使用具有
0 或 1 值的数字序列获得离散信号的非直接信号表示,对这些数字进行编码使其对应于感
兴趣的信号值。第 5 章将详细解释这个问题。

在设计一个非直接信息处理系统时,有许多种选择信号表示的方式。比如,使用电压还
是电流,或使用模拟还是数字来表示信号。每种表示方法都有其优点和不足,可适用于某种

---

① 注意在发明货币之前,以物易物的方式非常流行。在那种情况下,财富是模拟量。比如一块面包或一块土地在
理论上是无限可分的。

② 对于那些只关心信号是否高于或低于某阈值的应用场合,损失的精度没有影响,二值表示足够了。但对于其他
关心信号少量变化的应用来说,需要对基本的二值信号表示进行扩展。我们将在第 5 章解释实际数字系统可通过离散
化和编码的过程提供任意精度和噪声抑制能力。简而言之,为了在保持噪声抑制能力的同时获得某种精度,数字系统将
信号量化为很多值(比如 256 个值),然后将这些值用少量二进制数字(比如 8 个)进行编码。在这个例子中,每个二进制
数字可表示一条通路上的一个二值电压。该方法将一条通路上的模拟信号转换为若干条通路上的二进制编码信号,其
中的每个通路传输的电压可有两种取值。

处理过程。比如,数字表示提供了对噪声的抑制能力,但牺牲了精度。进行选择的原则因问题而异,通常依赖于可获得的变换器、功率、对噪声的考虑以及可用的元件。使用电压表示信号可能是最常用的,因此本书中经常采用。然而我们也会遇到信号的表示从电压转换到电流,并随着信号处理的过程转换回来的情况。

1.9   小结

- 将事物离散化为集总元件,比如电池和电阻,它们遵循离散事物原则,并将它们用理想导线连接起来,就构成了集总电路抽象的基础。
- 集总元件的集总事物原则包括下列约束:
  (1)元件的边界选择应满足任何时候元件外的任何闭环有
  $$\frac{\partial \Phi_B}{\partial t} = 0$$
  (2)元件必须在任何时候都没有净时变的电荷,即
  $$\frac{\partial q}{\partial t} = 0$$
  其中 q 是元件内的总电荷。
  (3)感兴趣的时间范围必须远长于电磁波在元件内部传递的时间延迟。
- 集总电路的集总事物原则包括下列约束:
  (1)与电路任何部分有关的磁通量变化率在任何时候都必须为零。
  (2)电路中任何节点上的电荷变化率在任何时候都必须为零。
  (3)信号的时间范围必须远长于电磁波在电路中传输的时间延迟。
- 关联变量约定:电流流入电压的正接线端。
- 器件消耗的瞬时功率为 $p(t) = v(t)i(t)$,其中 $v(t)$ 和 $i(t)$ 用关联变量约定定义。类似地,器件发出的瞬时功率为 $p(t) = -v(t)i(t)$。功率的单位是瓦特。
- 器件在时间段 $t_1 \rightarrow t_2$ 间消耗的能量 $w(t)$ 为
  $$w(t) = \int_{t_1}^{t_2} v(t)i(t)\,\mathrm{d}t$$
  其中 $v(t)$ 和 $i(t)$ 用关联变量约定定义。能量的单位是焦耳。
- 欧姆定律:遵循欧姆定律的电阻满足方程 $v = iR$,其中 R 是常数。一段均匀材料的电阻与其长度成正比,与其截面积成反比。
- 长度为 L,宽度为 W 的平面材料块的电阻为 $\frac{L}{W} \times R_{\square}$,其中 $R_{\square}$ 是正方形材料块的电阻。
- 定义了四种理想电路元件:理想导体、理想线性电阻、电压源和电流源。理想导体的元件定律为
  $$v = 0$$
  电阻为 R 的电阻的元件定律为
  $$v = iR$$
  电压 V 的电压源的元件定律为

$$v = V$$

电流 I 的电流源的元件定律为

$$i = I$$

- 讨论了用等效电路来表示物理系统参数的方法。
- 讨论了用模拟和数字电信号表示信息的方法。

在介绍元件及其定律的过程中,我们定义了不同物理量的符号和单位。这些定义总结于表 1.2。这些单位可进一步乘以若干词头。若干常用的词头及其对应的词头符号和值见表 1.3。

表 1.2 电气工程量、单位及其符号

量	符号	单位	符号
时间	t	秒	s
频率	f	赫兹	Hz
电流	i	安培	A
电压	v	伏特	V
功率	p	瓦特	W
能量	w	焦耳	J
电阻	R	欧姆	Ω
电导	G	西门子	S

表 1.3 用于构成十进倍数和分数单位的词头

词 头 名 称	词 头 符 号	所表示的因数
拍［它］(peta)	P	10^{15}
太［拉］(tera)	T	10^{12}
吉［咖］(giga)	G	10^{9}
兆(mega)	M	10^{6}
千(kilo)	k	10^{3}
毫(milli)	m	10^{-3}
微(micro)	μ	10^{-6}
纳［诺］(nano)	n	10^{-9}
皮［可］(pico)	p	10^{-12}
飞［母托］(femto)	f	10^{-15}

练　习

练习 1.1　石英加热器的额定值由其从 120V 交流 60Hz 电压源中获得的平均功率来确定。估计消耗 1200W 功率的石英加热器的电阻。

注：120VAC 60Hz 的电压波形为：

$$u(t) = 120\sqrt{2}\cos(2\pi 60t)$$

幅值上的系数 $\sqrt{2}$ 在计算平均功率时被抵消。一个有用的结论是 120V 插座里电压峰值约为 170V。

练习 1.2

(1) 汽车电池的额定值用 A·h 来表示,这样可以估计完全充电的电池以特定电流放电的使用时间。50A·h,12V 电池中存储了多少能量?

(2) 假设能量转换率为 100%,需要用 30m 高的水电站中的多少水对电池充电?

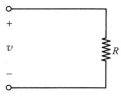

图 1.46 练习 1.3 图

练习 1.3 图 1.46 所示电路中,R 是线性电阻,$v=V_{DC}$ 是恒定电压。电阻上消耗的功率是多少?(用 R 和 V_{DC} 表示)

练习 1.4 在上一个练习的电路中(图 1.46),$v=V_{AC}\cos\omega t$,即峰值为 V_{AC},角频率为 ω(单位为 rad/s)的正弦电压。

(1) R 上消耗的平均功率是多少?

(2) 图 1.46 中,如果 V_{DC} 和 V_{AC} 在 R 上产生的功率相同,则 V_{DC} 和 V_{AC} 是怎样的关系?

问　　题

问题 1.1 确定边长为 1cm 立方体的电阻,电阻率为 $10\Omega\cdot cm$,将一对相对的表面作为接线端。

问题 1.2 绘制额定电压 10V,内阻为 10Ω 电池的 $v\text{-}i$ 特性示意图。

问题 1.3 某电池额定电压 7.2V,10000J,将其与照明灯泡相连。假设电池内阻为零。进一步假设照明灯泡的电阻为 100Ω。

(1) 画出包含电池和照明灯泡的电路图并根据关联变量约定标明电池和照明灯泡的接线端变量。

(2) 照明灯泡吸收的功率是多少?

(3) 确定电池吸收的功率。

(4) 证明电池吸收的功率和灯泡吸收的功率之和为零。

(5) 电池可维持照明多长时间?

问题 1.4 一个正弦电压源与 $1k\Omega$ 电阻相连,电压源为

$$v = 10\sin(\omega t)$$

(1) 绘制电源输出瞬时功率 $p(t)$ 的示意图。

(2) 确定电源输出的平均功率。

(3) 假设用方波发生器替换该电源。方波信号峰峰值为 20V,平均值为零,确定此时电源输出的平均功率。

(4) 进一步,如果方波电源峰峰值为 20V,平均值为 10V,确定此时电源输出的平均功率。

第2章

电阻网络

图2.1表示由1个电压源和4个电阻构成的简单电路。它可能是对某实际电气网络的抽象表达,也可能是某个其他物理系统的模型(比如房间中的热流问题)。我们要研究解决这类问题的系统化和一般性的方法,从而可以迅速求解任意复杂程度的电路。一般来讲,求解或分析电路要求找到每个电路元件上的电压和流经该元件的电流。系统化和一般性的方法可以实现自动求解,因此可以用计算机来分析电路。本章的余下内容和以后的章节将介绍如何合理地描述问题以促进直接进行计算机分析。

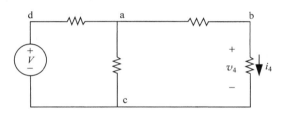

图 2.1 简单电阻网络

为了使问题具体化,我们假设给定电压源和电阻的值,希望得到图2.1中的电流i_4。原则上我们可以利用麦克斯韦方程来求解电路。但是这种方法实际上却不可行。如果电路遵循集总事物原则,麦克斯韦方程可以被大大简化,从而得到两个代数关系,称作基尔霍夫电压定律(KVL)和基尔霍夫电流定律(KCL)。本章将介绍这些代数关系,并用它们来导出求解电路的系统化方法,从而得到这个特殊例子中的i_4。

本章首先回顾讨论所需非常重要的一些术语。然后介绍基尔霍夫定律并计算一些例题以熟悉该定律。接下来用非常简单的电路介绍一种基于基尔霍夫定律的系统化方法。然后用这种系统化方法来求解更为复杂的例子,包括图2.1所示的例子。

2.1 术语

集总电路的元件是构造电子电路的基本部件。实际上,将多端元件建模成二端元件的组合后,所有的分析都在包含二端元件的电路中进行。我们已经见过若干二端元件,如电阻、电压源和电流源。通过接线端构成对元件的访问。

我们可以将一系列分立元件的接线端相互连接起来构成电子电路,如图2.2所示。两个或更多元件之间的连接点称作电路的节点。类似地,节点之间的连接称作电路的边或支路。注意图 2.2 中每个元件均构成一条支路。这样对于仅包含二端元件的电路来说,元件和支路是一样的。最后,电路的回路定义了电路中沿着支路的闭合路径。

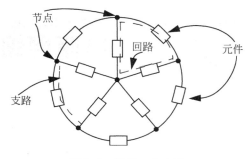

图 2.2 表示了若干节点、支路和回路。图 2.2 所示的电路中有 10 条支路(即 10 个元件)和 6 个节点。

另一个例子(图 2.1 所示电路)中,a 是一个 3 条支路交汇的节点。类似地,b 是 2 条支路交汇的节点。ab 和 bc 是电路中的支路。该电路有 5 条支路和 4 个节点。

由于我们假设电路中元件之间的连接是完美的(即导线是理想的),因此如果有若干元件

图 2.2　任意一个电路

连接到一个节点上,则没有必要一定要在电路图中将这个节点画为一个点。图 2.3 给出了一个例子。虽然图中的 4 个元件连接在一起,但图中并没有将其连接画到一个点上。而是采用分散连接的方式。由于连接线是完美的,因此该连接可以被看作是一个节点,如图所示。

电路中的基本信号是电流和电压,分别用 i 和 v 来表示。我们定义支路电流为流经电路中一条支路的电流(图 2.4),支路电压为支路上测量到的电位差。由于二端元件构成的电路中元件和支路相同,因此支路电压和支路电流与相应的构成支路元件的接线端变量相同。第 1 章中曾定义元件的接线端变量为元件两端的电压和流经元件的电流。

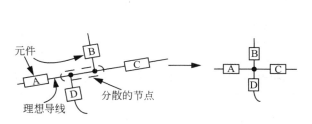

图 2.3　4 个电路元件的分布式连接构成一个节点

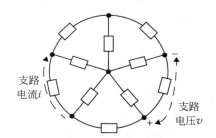

图 2.4　电路中支路上电压和电流的定义

比如图 2.1 中,i_4 是一个流经电路 bc 支路的支路电流。类似地 v_4 是支路 bc 上的支路电压。

2.2　基尔霍夫定律

基尔霍夫电流定律和基尔霍夫电压定律描述由集总参数电路元件构成一个电路时,其接线端上的关系。KCL 和 KVL 本身就是麦克斯韦方程的集总参数简化。本节定义 KCL 和 KVL,并用直观论据证明他们的有效性[①]。这两个定律将在本书的电路分析中不断使用。

① 感兴趣的读者可参考附录 A 中的 A.2 节关于在集总事物原则下从麦克斯韦方程导出基尔霍夫定律的介绍。

2.2.1　KCL

下面从基尔霍夫电流定律(KCL)开始。KCL 作用在电路的节点上,可以陈述为:

> **KCL**　电路中流出任何一个节点的电流一定等于流入该节点的电流。即流入任意节点的支路电流的代数和一定为零。

换句话说,KCL 的意思是某些支路流入一个节点的净电流一定从该节点的其余支路中流出。

从图 2.5 中可见,如果 3 条支路中流入节点 a 的电流为 i_a,i_b 和 i_c,则 KCL 可陈述为

$$i_a + i_b + i_c = 0$$

类似地,流入节点 b 的电流和一定为零。因此我们有

$$-i_b - i_4 = 0$$

可以对 KCL 进行直观的解释。从图 2.5 中类似于封闭盒子的节点可知,电流 i_a,i_b 和 i_c 之和一定为零,否则节点 a 上的电荷将持续累积。于是,KCL 就成为电荷守恒的一种简单表达。

下面用图 2.6 来说明对 KCL 的不同解释。采用哪种解释取决于方便性和待分析的特定电路。图 2.6 表示了一个 N 条支路交汇的节点。每条支路都包含一个二端元件,元件的性质与下面的讨论无关。注意流入节点的电流定义为正。由于 KCL 称一个节点不会有净电流流入,因此对于图 2.6 有等式

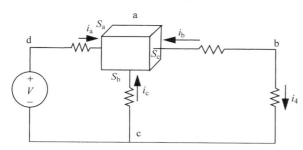

图 2.5　网络中流入一个节点的电流

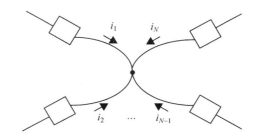

图 2.6　N 条支路交汇的一个节点

$$\sum_{n=1}^{N} i_n = 0 \tag{2.1}$$

下面对式(2.1)取负号,KCL 可以表示为

$$\sum_{n=1}^{N} (-i_n) = 0 \tag{2.2}$$

由于图 2.6 中 $-i_n$ 的定义是流出节点为正,因此这第二种 KCL 陈述的意思就是一个节点不会有净电流流出。最后式(2.1)可重新排列为

$$\sum_{n=1}^{M} i_n = \sum_{n=M+1}^{N} (-i_n) \tag{2.3}$$

该式说明若干支路中流入某节点的电流一定通过其余支路流出该节点。

有一种 KCL 的重要简化,它关注两个串联的电路元件,如图 2.7 所示。从 KCL 可知,没有流入节点的净电流。在两个元件之间的节点应用 KCL 有

图 2.7   两个串联的电路元件

$$i_1 - i_2 = 0 \rightarrow i_1 = i_2 \tag{2.4}$$

该结果表明流经两个串联元件的支路电流相同。这个结果非常重要。即电流 i_1 流入两个元件相连的节点后除了以等于 i_2 的方式的流出外没有其他去处。事实上,多次应用 KCL 可将该性质扩展至一系列串联的元件。该扩展表明,流经一系列串联元件的支路电流相同。

例 2.1   KCL 更一般的应用   为了说明更为一般的 KCL 应用,考虑图 2.8 所示电路。该电路包括 6 条支路,用 4 个节点连接起来。KCL 表明,没有流入节点的净电流。在该电路的 4 个节点上应用 KCL 有

$$节点 1: 0 = -i_1 - i_2 - i_3 \tag{2.5}$$
$$节点 2: 0 = i_1 + i_4 - i_6 \tag{2.6}$$
$$节点 3: 0 = i_2 - i_4 - i_5 \tag{2.7}$$
$$节点 4: 0 = i_3 + i_5 + i_6 \tag{2.8}$$

注意,由于每个支路电流都流入一个节点并从一个节点流出,因此式(2.5)至式(2.8)中每个支路电流都有一个正号表示和一个负号表示。如果式(2.5)至式(2.8)表示没有流出节点的净电流,这种情况也会出现。该性质通常可用来发现列方程时可能出现的错误。

同时由于每个支路电流都流入一个节点并从一个节点流出,将式(2.5)至式(2.8)相加可得到 $0 = 0$。这说明 4 个 KCL 方程是不独立的。事实上,有 N 节点的电路只有 $N-1$ 种独立的 KCL 方程组表达。因此需要完整分析一个电路时,在除一个以外的所有节点上应用 KCL 既是充分的,也是必要的。

如果电路中某些支路电流已知,则可能仅用 KCL 就可以找到电路中其他支路的电流。比如在图 2.8 所示电路中,$i_1 = 1A$,$i_3 = 3A$,如图 2.9 所示。用式(2.5),即节点 1 的 KCL 可知 $i_2 = -4A$。这是由图 2.9 所示电路给出的信息所能够得到的所有分析结果。

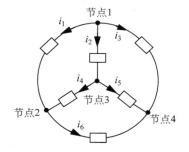

图 2.8   用于说明更为一般 KCL 应用的电路

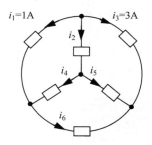

图 2.9   图 2.8 所示电路中有 2 条支路电流已知

但如果我们进一步知道 $i_5 = -2A$,则我们可从其余节点的 KCL 知道 $i_4 = -2A$,$i_6 = -1A$。

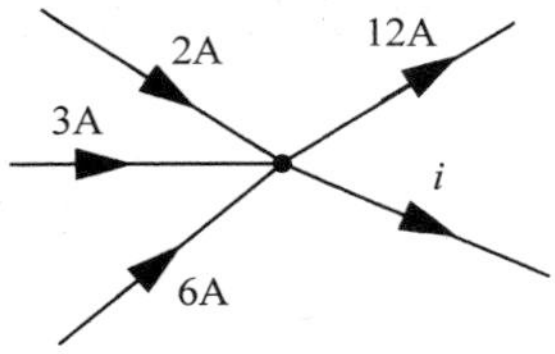

例 2.2   用 KCL 来确定未知支路电流   图 2.10 表示某电路中 5 条支路交汇于 1 个节点。如图所示,4 个支路电流已给定,确定 i。

解   由 KCL 可知,流入一个节点的电流之和一定等于流出该节点的电流之和。换句话说

$$2A + 3A + 6A = 12A + i$$

于是有 $i = -1A$。

例 2.3   将 KCL 应用于电路中的任意节点   图 2.11 表示从任意一个电路中找到一个节点 x 并将其拖出来单独显示。该节点是 3 条支路的交

图 2.10   5 条支路交汇于
1 个节点

汇,对应的电流为 i_1,i_2,i_3。对于给定的 i_1 和 i_2,确定 i_3 的值。

解　由 KCL 可知,流入节点的电流之和为 0。即
$$i_1 + i_2 - i_3 = 0$$
注意由于 i_3 的定义是流出节点为正,因此上式中 i_3 为负。于是 i_3 就等于 i_1 和 i_2 之和,即
$$i_3 = i_1 + i_2 = 3\cos(\omega t) + 6\cos(\omega t) = 9\cos(\omega t)\,\mathrm{A}$$

例 2.4　**更多关于 KCL 的讨论**　图 2.12 表示一个包含 3 条支路的节点,其中两条支路是电流源。确定 i 的值。

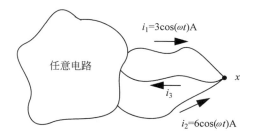

图 2.11　将电路中的节点 x 拖出来单独显示

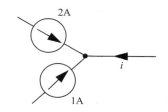

图 2.12　连接 3 条支路的节点

解　根据 KCL,流入一个节点的电流之和为 0,有
$$2\mathrm{A} + 1\mathrm{A} + i = 0$$
即 $i = -3\mathrm{A}$。

最后,需要认识到可用电流源来构造一个破坏 KCL 的电路。图 2.13 给出了若干用电流源构造的,每个节点均破坏 KCL 的电路例子。基于以下两个原因,我们将不讨论这种电路。首先,如果一个节点上 KCL 无法成立,则该节点上电荷一定累积。这与集总事物原则约束要求的 $\dfrac{\mathrm{d}q}{\mathrm{d}t}$ 为零不一致。其次,如果真正构成了一个违反 KCL 的电路,一定有某些元件改变性质。比如,电流源在彼此相对连接时不能再作为理想元件看待。无论如何,图 2.13 所示电路都不是实际电路的好模型,因此没有理由研究这种电路。

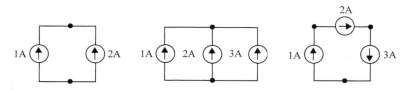

图 2.13　破坏 KCL 的电路

2.2.2　KVL

下面来关注基尔霍夫电压定律(KVL)。KVL 应用于电路中的回路,即电路中构成闭合路径的相互连接的支路。基尔霍夫电压定律可采用与 KCL 类似的方式陈述为:

KVL　网络中任何闭合路径上支路电压的代数和一定为零。

换句话说,它的意思是两个节点间的电压独立于计算该电压所选择的路径。

图 2.14 中,回路从节点 a 开始,经过节点 b 和 c,最终回到节点 a,构成闭合路径。换句话说,图 2.14 中由三条电路支路 a→b,b→c,c→a 定义的闭合回路是一个闭合路径。

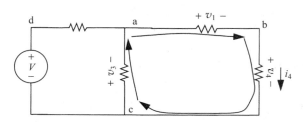

图 2.14   网络中闭合回路的电压

根据 KVL,该回路中支路电压之和为零。即

$$v_{ab} + v_{bc} + v_{ca} = 0$$

换句话说

$$v_1 + v_4 + v_3 = 0$$

其中由于回路的方向是从元件的正接线端到负接线端,因此上述 3 项均为正。在写闭合回路电压方程时考虑支路电压的极性是非常重要的。

> 有一种关于列写 KVL 方程的有效记忆方法,即在回路中遇到一个支路时将首先遇到的电压符号(+或−)作为方程中该支路电压的符号。

类似于 KCL,KVL 也有一个直观的解释。考虑到电路中一对节点之间的电压定义为两个节点之间的电位差。两个节点之间的电位差是两个节点之间任意路径上支路电位差之和。对于一个回路,起点和终点是相同节点,同一节点之间的电位差为零。因此,根据电位差等于电压,沿着回路的支路电压之和一定等于零。基于相同的理由,根据任何一对节点间的电压一定是唯一的,该电压一定独立于支路电压相加的路径。注意,从电压的定义可以看出,KVL 是能量守恒的一种简单表示。

KVL 的不同解释如图 2.15 所示,该图给出了一个包含 N 条支路的回路。考虑到图 2.15 中支路电压按照顺时针方向下降。KVL 表明,回路中支路电压之和为零,因此在图 2.15 所示电路中有

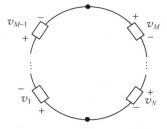

图 2.15   包含 N 条支路的回路

$$\sum_{n=1}^{N} v_n = 0 \qquad (2.9)$$

注意在上面的回路中电压相加时,如果路径首先进入支路的正端,则在方程中加入正的支路电压。反之则加入负支路电压。因此我们用顺时针方向通过回路就得到了式(2.9)。下面将式(2.9)反号,KVL 变成

$$\sum_{n=1}^{N} (-v_n) = 0 \qquad (2.10)$$

由于 $-v_n$ 是定义为与 v_n 方向相反为正的电压,因此第二种 KVL 的表示形式说明沿着回路顺时针或逆时针方向应用 KVL 均成立。

例 2.5   KVL 的路径独立性   考虑图 2.16 所示的回路,其中为了方便起见,某些电压的定义反过来了。对该回路应用 KVL 得到

$$\sum_{n=1}^{M-1} v_n + \sum_{n=M}^{N} (-v_n) = 0 \quad \Rightarrow \quad \sum_{n=1}^{M-1} v_n = \sum_{n=M}^{N} v_n \qquad (2.11)$$

式(2.11)的第二个等式说明两个节点之间的电压独立于计算电压所选择的路径。在这种情况下,第二个等式表明节点 1 和 M 之间的电压用左边路径计算和用右边路径计算的结果相同。

有一种 KVL 的重要简化,它关注两个并联的电路元件,如图 2.17 所示。从上边的节点出发,按照逆时针方向在两个电路元件中应用 KVL 有

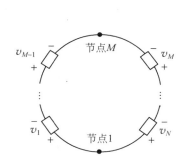

图 2.16　包含 N 条支路的一个回路,
其中某些电压定义反向

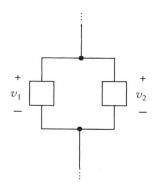

图 2.17　两个并联的
电路元件

$$v_1 - v_2 = 0 \quad \Rightarrow \quad v_1 = v_2 \tag{2.12}$$

该结果表明两个并联连接元件上的电压一定相同。这个结果非常重要。事实上,多次应用 KVL 可将这个性质扩展至一系列并联的元件。该扩展表明,一系列并联连接元件上的电压相等。

例 2.6　KVL 更一般性的应用　为了说明更为一般的 KVL 应用,图 2.18 表示了有 4 个节点 6 条支路的电路。图中还定义了 4 个回路方向。注意外部回路(回路 4),与其余 3 个不同。在这 4 个回路中应用 KVL 有

$$回路 1: 0 = -v_1 + v_2 + v_4 \tag{2.13}$$
$$回路 2: 0 = -v_2 + v_3 - v_5 \tag{2.14}$$
$$回路 3: 0 = -v_4 + v_5 - v_6 \tag{2.15}$$
$$回路 4: 0 = v_1 + v_6 - v_3 \tag{2.16}$$

注意,这里所采用的回路定义方式导致在一个回路中正的支路电压在另一个中刚好为负。正是由于这个原因导致式(2.13)至式(2.16)中每条支路电压刚好出现一次正值,也刚好出现一次负值。和 KCL 的应用类似,这种性质通常用来发现错误。

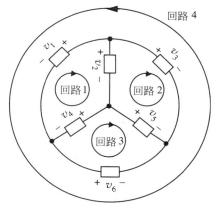

图 2.18　有 4 个节点 6 条支路的电路

同时由于每个支路电压仅出现一次正值和一次负值,因此将式(2.13)至式(2.16)加起来得到 0=0。这说明 4 个 KVL 方程是不独立的。一般来说,具有 N 个节点和 B 条支路的电路有 $(B-N+1)$ 个利用 KVL 可以建立独立方程的回路。因此应用 KVL 分析电路时需要注意回路的选择,确保每个支路电压至少被包含在一个回路中。

如果电路中某些支路电压已知,则可能仅用 KVL 就可以求得电路中其余支路电压。比如考虑图 2.18 所示电路中 $v_1 = 1\text{V}, v_3 = 3\text{V}$,如图 2.19 所示。用式(2.16)(即回路 4 的 KVL)可发现 $v_6 = 2\text{V}$。这是从图 2.19 给出信息所能得到的全部结果。但如果进一步知道 $v_2 = 2\text{V}$,则我们可利用其他回路的 KVL 方程得到 $v_4 = -1\text{V}, v_5 = 1\text{V}$。

最后,需要认识到可以用电压源来构造破坏 KVL 的电路。图 2.20 给出了若干用电压

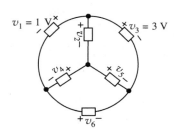

图 2.19 图 2.18 所示电路中两个支路电压数值已知

源构造的,每个回路均破坏 KVL 的电路例子。和破坏 KCL 的电路一样,基于如下两个原因,我们也不考虑破坏 KVL 的电路。首先,如果回路中 KVL 不能满足,则穿过回路的磁链将积累。这与集总事物原则约束要求的元件外部 $d\Phi_B/dt = 0$ 不一致。其次,如果真正构造了一个破坏 KVL 的电路,一定有某些元件改变性质。比如电压源在彼此相对连接时不再作为理想元件工作。或者回路的电感将增加磁链,从而导致很高的电流并最终破坏电压源或它们之间的相互连接。无论如何,图 2.20 所示电路都不是实际电路的好模型,因此没有理由研究这种电路。

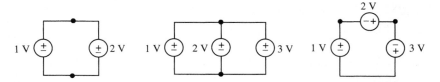

图 2.20 破坏 KVL 的电路

例 2.7 **电压源串联** 图 2.21 表示两个串联的 1.5V 电压源。它们外接线端的电压 v 是多少?

解 为了确定 v,可在电路中逆时针方向应用 KVL,将两个接线端构成的端口视作一个电压为 v 的元件。在这种情况下,$1.5V + 1.5V - v = 0$,解为 $v = 3V$。

例 2.8 **KVL** 图 2.22 中两个元件上的电压已经测得,另外两个元件上的电压 v_1 和 v_2 是多少?

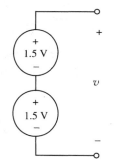

图 2.21 两个 1.5V 电池串联连接

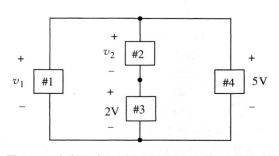

图 2.22 包括两个已测电压和两个未测电压的电路

解 由于元件#1 与元件#4 并联,因此它们的电压一定相同。即 $v_1 = 5V$。类似地,元件#2 和#3 串联后端口的电压也一定是 5V,因此 $v_2 = 3V$。这个结果也可通过在包括元件#2,#3 和#4 的回路中逆时针方向应用 KVL 得到。即为 $v_2 + 2V - 5V = 0$,同样得到 $v_2 = 3V$。

例 2.9 **在电路中验证 KVL** 验证图 2.23 中的支路电压满足 KVL。

解 将回路 e,d,a,b,e 上的电压相加得到

$$-3V - 1V + 3V + 1V = 0$$

类似地,将回路 e,f,c,b,e 上的电压相加得到

$$+1V - (-2V) - 4V + 1V = 0$$

最后,将回路 g,e,f,g 上的电压相加得到

$$-2V + 1V + 1V = 0$$

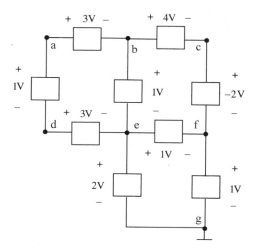

图 2.23　给出元件电压的电路

由于三个回路中电压和均为零,因此满足 KVL。

例 2.10　沿不同路径累加电压　下面,给定图 2.23 中所示的支路电压,通过累加路径 g,e,d,a 上的电压来确定节点 g 和 a 之间的电压 v_{ga}。然后表明该 v_{ga} 与通过路径 g,f,c,b,a 得到的一样。

沿着路径 g,e,d,a 累加电压有

$$v_{ga} = -2V + (-3V) + (-1V) = -6V$$

类似地,验证路径 g,f,c,b,a 累加有

$$v_{ga} = -1V - (-2V) + (-4V) + (-3V) = -6V$$

显然两条路径均得到 $v_{ga} = -6V$。

到此为止,第 1 章和第 2 章用两种类型的方程来描述了集总系统的性质。这两类方程为:描述某个元件性质的方程,或称为元件定律(第 1 章),和描述元件连接起来构成系统时相互关系的方程,或称为 KCL 和 KVL(第 2 章)。对于一个电子电路,元件定律描述元件支路电压和支路电路之间的关系。元件之间的关系用 KCL 和 KVL 来描述,这两个定律都用支路电流和支路电压作为变量。因此支路电流和支路电压就成为集总电子电路中的基本信号。

2.3　电路分析:基本方法

现在可以开始介绍求解电路的系统方法了。我们用仅由电源和线性电阻构成的简单电路来说明这种方法。通过研究这种电路可以理解许多重要的电路分析思想。求解电路需要确定电路中的所有支路电流和支路电压。实际情况中,某些电流或电压可能比其他量更为重要,但现在我们并不加以区分。

在回到分析图 2.1 所示特定电路问题之前,让我们首先用更简单的电路来得到系统的分析方法并形成对该方法的深入理解。前面我们讨论到,在集总事物原则框架下,麦克斯韦方程简化为基本的元件定律与代数形式的 KVL 和 KCL。因此网络的系统求解依赖于将这两类方程联立并求解。第一类方程包括网络中元件的构成关系(constituent relation)。第二类方程从基尔霍夫电流和电压定律的应用中得来。

> 这种电路分析的基本方法(也称作 KVL 和 KCL 方法或基本方法)可以用下面的过程简要介绍。
>
> (1)用一致的方式定义电路中支路电流和支路电压。不同支路的极性定义可以是任意的。但是对于给定的支路,则需要遵循关联变量约定(参见第 1 章 1.5.3 节)。换句话说,支路电流应定义为流入正电压接线端时为正。通过遵循关联变量约定,可以一致地应用元件定律,解也将以一种清晰的形式出现。
>
> (2)写出元件定律。这些元件定律可说明支路电流或支路电压(如果元件是独立源),也可以说明支路电流和支路电压关系(如果元件是电阻)。这些元件定律的例子参见 1.6 节。
>
> (3)应用 2.2 节讨论的基尔霍夫电流和电压定律。
>
> (4)联立求解第(2)步和第(3)步得到的方程从而得到第(1)步定义的支路变量。

本章的余下部分将介绍一些电路分析的例子,在这些例子中我们严格遵循上述步骤。

只要列出这两类方程(这是个相对容易的工作),电流分析就基本上成为一个数学问题了(如上面的第(4)步)。即将前面列好的方程联立求解出感兴趣的支路电流和电压变量。但由于求解该问题的方法不止一种,因此我们对电路分析的研究并不局限于上面介绍的方法。通过用不同方法求解电路可以大大节省时间并获得对电路本质的深入认识。这些认识对于本章和以后章节都是重要的。

2.3.1 单电阻电路

为了说明电路分析的基本方法,考虑图 2.24 所示的简单电路。该电路有一个独立(电流)源和一个电阻,因此有两条支路,每条支路各有一个电流和电压。我们进行电路分析的目的就是求解出这些支路变量。

分析的第(1)步是标注支路变量。图 2.25 表示了这个过程。由于有两条支路,因此有两套变量。注意电流源支路和电阻支路的支路变量都满足关联变量约定。

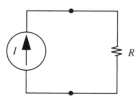
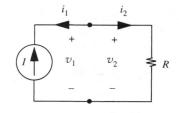

图 2.24 仅包含一个独立(电流)源和一个电阻的电路   **图 2.25** 支路变量的指定

下面进行第(2)步到第(4)步:根据元件定律列方程,应用 KCL 和 KVL,然后联立求解两套方程以完成分析过程。

电路有两个元件。由第(2)步可分别得到两个元件的元件定律(方程)为

$$i_1 = -I \tag{2.17}$$

$$v_2 = Ri_2 \tag{2.18}$$

其中,v_1、i_1、v_2 和 i_2 是支路变量。注意支路变量 i_1 和电源幅值 I 的区别。这里假设独立源(电流源)幅值 I 已知。

下面根据第(3)步,对电路应用 KCL 和 KVL。由于电路有两个节点,因此应该对一个节点列写 KCL 方程(参见 2.2.1 节的讨论)。对任一节点应用 KCL 有

$$i_1 + i_2 = 0 \tag{2.19}$$

该电路的两个支路可构成一个回路。根据 2.2.2 节的讨论,应该对一个回路列写 KVL 方程。从上面节点出发按照顺时针方向通过回路并应用 KVL 得到

$$v_2 - v_1 = 0 \tag{2.20}$$

注意我们采用了 2.2.2 节讨论的列写 KVL 方程的记忆方法。比如在式(2.20)中,由于在通过变量 v_2 支路时首先遇到正号,因此式中 v_2 的符号为正。类似地,由于在通过变量 v_1 支路时首先遇到负号,因此式中 v_1 的符号为负。

最后根据第(4)步,将式(2.17)至式(2.20)联立求解,从而确定图 2.25 中所有 4 个支路变量。结果为

$$-i_1 = i_2 = I \tag{2.21}$$

$$v_1 = v_2 = RI \tag{2.22}$$

于是完成了对图 2.25 所示电路的分析。

例 2.11 一个独立电压源和一个电阻构成的电路 现在考虑图 2.26 所示的另一个简单电路。该电路可用完全相同的方法分析。它也有两个元件,即一个电压源和一个电阻。图 2.26 已经给出了支路变量的定义,于是完成了第(1)步。

下面根据第(2)步,我们分别列写这些元件的元件定律

$$v_1 = V \tag{2.23}$$

$$v_2 = Ri_2 \tag{2.24}$$

这里假设独立电压源的幅值 V 已知。

下面根据第(3)步,对电路应用 KCL 和 KVL。由于电路也有两个节点,因此也应该对一个节点列写 KCL。对任一节点应用 KCL 得到

$$i_1 + i_2 = 0 \tag{2.25}$$

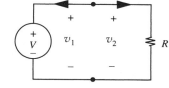

图 2.26 仅包含一个独立电压源和一个电阻的电路

该电路的两条支路也构成一个回路,因此也应该列写该回路的 KVL。以任一方向列写该回路的 KVL 得到

$$v_1 = v_2 \tag{2.26}$$

最后根据第(4)步,联立式(2.23)至式(2.26)以确定图 2.26 中的所有 4 个支路变量。即

$$-i_1 = i_2 = V/R \tag{2.27}$$

$$v_1 = v_2 = V \tag{2.28}$$

于是完成了图 2.26 所示电路的分析过程。

在图 2.25 所示电路中需要通过求解 4 个方程得到 4 个支路变量。一般来说,带有 B 个支路的电路有 $2B$ 个未知支路变量:B 个支路电流和 B 个支路电压。为了获得这些变量,需要 $2B$ 个独立方程,B 个方程从元件定律获得,(另外)B 个方程通过应用 KVL 和 KCL 得到。进一步,如果电路有 N 个节点,则 $N-1$ 个方程将从 KCL 得到,而 $B-N+1$ 个方程将从 KVL 得到。

虽然上面两个电路分析的例子都非常简单,但也说明了电路分析的基本步骤:标注支路变量,根据元件定律、KCL 和 KVL 列方程,求解这些方程并得到感兴趣的支路量。虽然在未来的章节中我们并不总是明确地使用这四个步骤,也不一定采用完全相同的顺序,但需要指出的是,我们处理的是完全相同的信息。

注意,图 2.25 所示电路分析的物理结果不依赖于支路变量极性的定义。认识到这一点很重要。我们将用一个例子来说明。

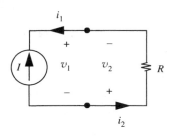

图 2.27 类似于图 2.25 的电路

例 2.12 支路变量的极性 考虑图 2.27 所示电路,该电路在物理上和图 2.25 所示电路是一样的。两个电路图的唯一区别在于 i_2 和 v 极性相反。图 2.27 所示电路同样具有两个元件,其元件定律同样是

$$i_1 = -I \tag{2.29}$$
$$v_2 = Ri_2 \tag{2.30}$$

注意 i_2 和 v_2 的极性相反并未影响式(2.18)所示的电阻元件特性,原因在于当接线端变量采用关联变量约定定义时,线性电阻的元件定律是对称的。该电路同样具有两个节点和一个回路。

在任一节点应用 KCL 得到

$$i_1 - i_2 = 0 \tag{2.31}$$

在回路中应用 KVL 得到

$$v_1 + v_2 = 0 \tag{2.32}$$

注意式(2.31)和式(2.32)与式(2.19)和式(2.20)不同,原因在于 i_2 和 v_2 的极性相反。最后联立式(2.29)至式(2.32)得到

$$-i_1 = -i_2 = I \tag{2.33}$$
$$v_1 = -v_2 = RI \tag{2.34}$$

于是完成了对图 2.27 所示电路的分析。

现在将式(2.33)和式(2.34)与式(2.21)和式(2.22)进行比较。关键之处在于除了 i_2 和 v_2 的极性相反以外,解完全相同。由于图 2.25 和图 2.27 所示电路在物理上是一样的,因此上述结论应该是成立的,即这两个电路的支路变量在物理上必须是一样的。由于在两个图中我们选择两个支路变量的定义极性不同,因此求解出的值应该具有不同的符号,这样它们就描述了相同物理支路的电流和电压。

2.3.2 单电阻电路的快速直觉分析

在进入更为复杂电路之前,值得用更为直观和便捷的方式来分析图 2.25 所示电路。这里将电源的元件定律直接表示为 $i_1 = -I$。下面在任一节点应用 KCL 得到 $i_2 = -i_1 = I$。换句话说,从电流源流出的电流完全流入电阻。下面根据电阻的元件定律可知 $v_2 = Ri_2 = RI$。最后在回路中应用 KVL 得到 $v_1 = v_2 = RI$,这样就完成了分析过程。

例 2.13 单电阻电路的快速直觉分析 本例考虑图 2.26 所示电路。这里将电压源的元件定律直接表示为 $v_1 = V$。下面在回路中应用 KVL 得到 $v_2 = v_1 = V$。换句话说,电源的电压直接加在电阻上。下面根据电阻的元件定律得到 $i_2 = v_2/R = V/R$。最后对任一节点应用 KCL 得到 $i_1 = -i_2 = -V/R$,这样就完成了分析过程。注意我们在第 1 章分析电池和照明灯泡电路中也采用了类似的直觉分析。

从上面的分析过程可以得到重要的启示:不必要首先列出所有电路方程,然后立刻求解这些方程。利用一些直觉可能会更快地用着另一种方式达到分析目的。2.4 节和第 3 章将进一步讨论这种方法。

2.3.3 能量守恒

一旦确定了电路的支路变量,就可以检查电路中能量的流动。通常这也是电路分析的一个重要部分。这种检查可以表明电路中的能量守恒。下面我们对于图 2.25 和图 2.26 所

示的电路进行验证。用式(2.21)和式(2.22)可以知道图 2.25 中注入电流源的功率为

$$i_1 v_2 = -RI^2 \tag{2.35}$$

注入电阻的功率为

$$i_2 v_2 = RI^2 \tag{2.36}$$

式(2.35)的负号表明电流源实际上提供功率。

类似地,用式(2.27)和式(2.28)可以得到注入电压源的功率为

$$i_1 v_1 = -V^2/R \tag{2.37}$$

注入电阻的功率为

$$i_2 v_2 = V^2/R \tag{2.38}$$

在两种情况中,电源发出的功率都等于电阻消耗的功率。即能量在两个电路中均守恒。

能量守恒本身也是求解许多电路(问题)的重要方法。它在包含储能元件(如电感和电容)的复杂电路中特别有效,这种方法将在后面章节介绍。能量方法通常可避免繁杂而乏味的数学推导而快速得到解。本书中将用到两种基于能量的方法。

(1) 一种基于能量的方法表述为:电路中由若干元件提供的能量等于其余元件消耗的能量。通常这种方法使电路中元件产生的能量等于电路消耗的能量。

(2) 另一种基于能量的方法是:系统的总能量在两个不同时间相同(假设电路中没有耗能元件)。

本节中将用若干例子来说明第一种方法,第 9 章 9.5 节将强调第二种方法。

例 2.14　能量守恒　用能量守恒方法确定图 2.28 所示电路中 v 的值。

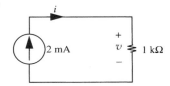

图 2.28　能量守恒例子

解　我们将要看到基本方法中乏味的数学推导可通过应用能量方法和一些直觉而简化。图 2.28 中,电流源维持电路的 $i = 0.002A$。为了确定 v,我们使电源提供的功率等于电阻消耗的功率。由于电流源和电阻共用接线端,因此电压 v 也加在电流源上。于是注入电源的功率为

$$v \times (-0.002A) = -0.002v$$

换句话说,电源提供的功率为 $0.002v$。

接下来,注入电阻的功率为

$$v^2/(1k\Omega) = 0.001v^2$$

最后,使电源提供的功率等于电阻消耗的功率得到

$$0.002v = 0.001v^2$$

换句话说,$v = 0.5V$。

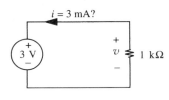

图 2.29　另一个能量守恒例子

例 2.15　用能量守恒法来验证结果　一个学生用基本方法求解图 2.29 所示电路并得到 $i = 3mA$。用能量守恒法检查该答案是否正确。

解　根据能量守恒,电源提供的功率等于电阻消耗的功率。采用该学生获得的电流值可计算出电阻消耗的功率为

$$i^2 \times 1k\Omega = 9mW$$

注入电压源的功率为

$$3V \times 3mA = 9mW$$

换句话说,电源提供的功率为 $-9mW$。显然电源提供的功率不等于电阻消耗的功率。因此 $i = 3mA$ 不正

确。注意到如果将 i 的极性反向,能量就守恒了。因此 $i=-3\text{mA}$ 是正确的答案。

2.3.4　分压器和分流器

下面来分析比上一节分析的电路(最简单的单回路、双节点、双元件电路)稍微复杂一点的几个电路,称作分压器或分流器。这些电路将包括 1 个回路和 3 个或更多元件,或者 2 个节点和 3 个或更多元件。分流器或分压器的作用是输出一部分输入的电流或电压,这种电路在以后的章节中经常遇到。但现在,它们却是练习电路分析的好例子,我们可以利用它们来获得对电路性质的重要直观认识。

分压器

分压器是由两个或更多电阻和一个电压源串联构成的回路。物理上分压器电路如图 2.30(a)所示。我们将两个电阻串联连接,并将这两个电阻通过导线连接至电池。如果希望在 v_2 接线端上获得部分电池电压(比如 10%),则这种电路非常有用。为了得到 v_2、电池电压和电阻阻值之间的关系,我们将该电路用电路图的方式表示,于是得到图 2.30(b)。然后遵循 2.3 节介绍的四步方法来求解该电路。

(1) 电路有 3 个元件(或支路),因此具有 6 个支路变量。图 2.31 给出了一种可能的支路变量指定方式。

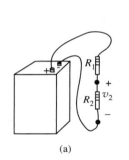

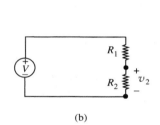

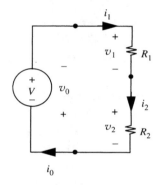

图 2.30　分压器电路　　　　　　　　　　　　　　　图 2.31　分压器支路变量的指定

为了求解支路变量,我们根据元件定律,使用适当形式的 KCL 和 KVL 列方程,然后同时求解所得到的方程。

(2) 三个元件定律是

$$v_0 = -V \tag{2.39}$$

$$v_1 = R_1 i_1 \tag{2.40}$$

$$v_2 = R_2 i_2 \tag{2.41}$$

(3) 下面应用 KCL 和 KVL。对上面两个节点应用 KCL 得到

$$i_0 = i_1 \tag{2.42}$$

$$i_1 = i_2 \tag{2.43}$$

对一个回路应用 KVL 得到

$$v_0 + v_1 + v_2 = 0 \tag{2.44}$$

(4) 最后求解式(2.39)至式(2.44)得出 6 个未知支路变量。即

$$i_0 = i_1 = i_2 = \frac{V}{R_1 + R_2} \tag{2.45}$$

$$v_0 = -V \tag{2.46}$$

$$v_1 = \frac{R_1}{R_1 + R_2}V \tag{2.47}$$

$$v_2 = \frac{R_2}{R_1 + R_2}V \tag{2.48}$$

这样就完成了两电阻分压器电路的分析。

从该分析的结果可以明显看出图 2.31 所示电路称作分压器的原因。注意到 v_2 是电源电压 V 的一部分(即 $R_2/(R_1 + R_2)$)。该部分是被测电压所在电阻与两电阻之和的比值。通过调整 R_1 和 R_2 的相对值,可以将该部分调整为 0 到 1 之间的任意值。比如,如果我们希望 v_2 是 V 的十分之一(即本例子开始希望的那样),则 R_1 应该是 R_2 的 9 倍。

注意到 $v_1 + v_2 = V$,而且由于 $v_1/v_2 = R_1/R_2$,两个电阻根据其电阻比例分配电压 V。比如,如果 R_1 是 R_2 的两倍,则 v_1 是 v_2 的两倍。

如果将电阻替换为电导,则式(2.48)所示的分压关系可用电导形式表示为

$$u_2 = \frac{1/G_2}{1/G_1 + 1/G_2}V \tag{2.49}$$

$$= \frac{G_1}{G_1 + G_2}V \tag{2.50}$$

因此用电导形式表示的分压关系即与希望电压相对的电导除以两个电导之和。

图 2.30 所示简单电路的拓扑经常遇到,因此由式(2.48)给出的分压关系将成为电路分析的基础。建立若干这样的基本结论(即知道答案的简单情况)对于加速电路分析以及帮助直觉理解都是有益的。

简单的记忆方法是:将与 v_2 相关的电阻除以两个电阻之和,然后乘以加在两个电阻上的电压可得到电压 v_2。

例 2.16 分压器 图 2.30 所示的分压器电路中 $V = 10V$,$R_2 = 1k\Omega$。选择 R_1 的值使得 v_2 是 V 的 10%。

解 根据式(2.48)所示的分压关系得到

$$v_2 = \frac{R_2}{R_1 + R_2}V$$

要想使 v_2 是 V 的 10%,必须满足

$$\frac{v_2}{V} = 0.1 = \frac{R_2}{R_1 + R_2}$$

已知 $R_2 = 1k\Omega$,R_1 必须满足

$$0.1 = \frac{1k\Omega}{R_1 + 1k\Omega}$$

即 $R_1 = 9k\Omega$。

例 2.17 温度变化 考虑图 2.31 所示电路中 $V = 5V$,$R_1 = 10^3\Omega$,$R_2 = [1 + T/(500℃)] \times 10^3 \Omega$,其中 T 是第二个电阻的温度。如果 T 的变化范围是 $-100℃ \leqslant T \leqslant 100℃$,则 v_2 的变化范围是多少?

解 给定温度范围后,R_2 在下列范围内变化

$$0.8 \times 10^3 \Omega \leqslant R_2 \leqslant 1.2 \times 10^3 \Omega$$

因此,根据式(2.48)有 $2.2\mathrm{V} \leqslant v_2 \leqslant 2.7\mathrm{V}$,温度较高的时候得到的分压也较高。

确定了支路变量后可以检查两电阻分压器的能量流动。用式(2.45)至式(2.48)可以看出注入电源的功率为

$$i_0 v_0 = -\frac{V^2}{R_1 + R_2} \tag{2.51}$$

注入每个电阻的功率为

$$i_1 v_1 = \frac{R_1 V^2}{(R_1 + R_2)^2} \tag{2.52}$$

$$i_2 v_2 = \frac{R_2 V^2}{(R_1 + R_2)^2} \tag{2.53}$$

由于注入电压源的功率与注入两个电阻的功率之和反号,因此两电阻分压器中能量守恒。即电压源产生的功率完全被两个电阻消耗了。

串联电阻

电子电路中经常出现串联的电阻,如图 2.31 和图 2.32 所示。比如第 1 章的照明灯泡电路中假设导线具有非零电阻,则流经导线的电流与若干串联的电阻阻值有关(包括导线的电阻和灯泡的电阻)。集总电路抽象和基尔霍夫定律使我们能够用简单的代数关系来计算这种组合方式的等效电阻。

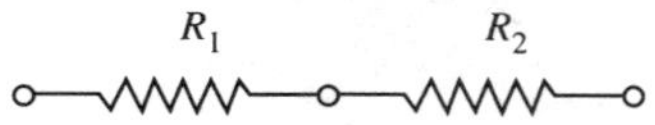

图 2.32 串联电阻

特别地,对于分压器的分析表明,串联的两个电阻可看作一个具有阻值 R_S(等于两个电阻 R_1 和 R_2 之和)的电阻。换句话说,串联增加电阻。

$$R_S = R_1 + R_2 \tag{2.54}$$

为了证明这一点,从图 2.31 中可以观察到电压源在两个电阻 R_1 和 R_2 上施加了电压 V,由式(2.43)可知两个电阻具有相同的支路电流 $i_1 = i_2$。进一步式(2.45)观察到该公共电流 $i = i_1 = i_2$ 与电源电压成线性关系。特别地,由式(2.45)可知,公共电流为

$$i = \frac{1}{R_1 + R_2} V \tag{2.55}$$

通过比较式(2.55)和式(1.4)可知,对于串联的两个电阻来说,从外接线端看进去的等效电阻是两个电阻值之和。特别地,如果用 R_S 表示串联电阻,则由式(2.55)可知

$$R_S = V/i = R_1 + R_2 \tag{2.56}$$

由于串联连接电阻从本质上讲增加了电阻的长度,因此上式与式(1.6)所示电阻的物理性质一致。

通过将电阻用电导替换,我们也可以得到一对串联电导的等效电导为

$$\frac{1}{G_S} = \frac{1}{G_1} + \frac{1}{G_2} \tag{2.57}$$

简化上式得到

$$G_S = \frac{G_1 G_2}{G_1 + G_2} \tag{2.58}$$

可以将两个串联电阻得到的结论推广到 N 个串联电阻(下面将详细讨论)为

$$R_S = R_1 + R_2 + R_3 + \cdots + R_N \tag{2.59}$$

这是另一个常用的电路基本结论,需要记忆。

例 2.18　N 电阻分压器　现在讨论更为一般的具有 N 个电阻的分压器,如图 2.33 所示。可以用与两电阻分压器相同的方法对其进行分析。唯一的区别在于需要求解更多的变量,因此需要求解更多的方程。一开始假设我们指定支路变量如图 2.33 所示。

元件定律为

$$v_0 = -V \qquad (2.60)$$

$$v_n = R_n i_n, \quad 1 \leqslant n \leqslant N \qquad (2.61)$$

下面对上部 $N-1$ 个节点应用 KCL 得到

$$i_n = i_{n-1}, \quad 1 \leqslant n \leqslant N \qquad (2.62)$$

对于回路应用 KVL 得到

$$v_0 + v_1 + \cdots + v_N = 0 \qquad (2.63)$$

最后求解式(2.60)至式(2.63)得到

$$i_n = \frac{V}{R_1 + R_2 + \cdots + R_N}, \quad 1 \leqslant n \leqslant N \qquad (2.64)$$

$$v_0 = -V \qquad (2.65)$$

$$v_n = \frac{R_n}{R_1 + R_2 + \cdots + R_N} V, \quad 1 \leqslant n \leqslant N \qquad (2.66)$$

于是完成了分析过程。

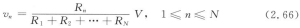

图 2.33　N 电阻分压器

和两电阻分压器的情况一样,上述分析表明,串联的电阻根据其阻值分配电压。该结论可由式(2.66)右边分式分子中的 R_n 得到。

此外,该分析过程也表明,串联使电阻相加。为了证明这一点,设 R_S 表示 N 个串联电阻的等效阻值。于是从式(2.64)可知

$$R_S = \frac{V}{i_n} = R_1 + R_2 + \cdots + R_N \qquad (2.67)$$

这个结论可用图 2.34 表示。

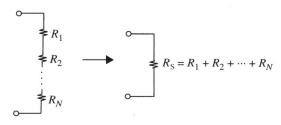

图 2.34　串联电阻等效

最后,这两个分压器的例子说明了一个重要观点,即由于串联元件接线端首尾相连,没有可引起电流转移的到其他支路的分叉,因此所有相互串联的元件流经相同的电流。该结论即式(2.42),式(2.43),式(2.62)所示的 KCL,这些式子说明了支路电流相等。

例 2.19　分压器电路　用(1)基本方法和(2)分压器的结论来确定图 2.35 所示分压器电路的 v_1 和 v_2,其中 $R_1 = 10\,\Omega, R_2 = 20\,\Omega, v(t) = 3\,\mathrm{V}$。

解　(1)首先用基本方法来分析电路

① 指定变量,如图 2.36 所示

② 写构成关系

$$v_0 = 3\,\mathrm{V} \qquad (2.68)$$

$$v_1 = 10 i_1 \qquad (2.69)$$

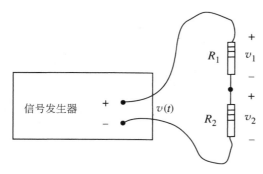

图 2.35 分压器电路

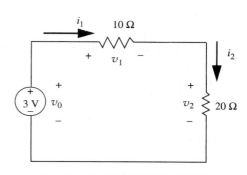

图 2.36 完成变量指定的分压器

$$v_2 = 20i_2 \tag{2.70}$$

③ 写 KCL 方程

$$i_1 - i_2 = 0 \tag{2.71}$$

④ 写 KVL 方程

$$-v_0 + v_1 + v_2 = 0 \tag{2.72}$$

现在从式(2.69),式(2.70),式(2.71)中消除 i_1 和 i_2,从而得到

$$v_1 = \frac{v_2}{2} \tag{2.73}$$

将该结论和 $v_0 = 3\text{V}$ 代入式(2.72)得到

$$-3\text{V} + \frac{v_2}{2} + v_2 = 0 \tag{2.74}$$

因此

$$v_2 = \frac{2}{3} \times 3\text{V} = 2\text{V} \tag{2.75}$$

由式(2.73)可知 $v_1 = 1\text{V}$。

(2) 用分压关系,可通过观察将 v_2 表示为电源电压的函数

$$v_2 = \frac{20}{10+20} \times 3\text{V} = 2\text{V}$$

类似地

$$v_1 = \frac{10}{10+20} \times 3\text{V} = 1\text{V}$$

分流器

分流器是由两个或更多电阻和一个电流源并联而成的具有两个节点的电路。两个分流器的例子如图 2.37 和图 2.38 所示,第一个有两个电阻,第二个有 N 个电阻。在这种电路中,电阻根据其电导的比例分配电源的电流。包括电压源和电阻的分压器公式和包括电流源和电导的分流器公式非常相似。因此,为了强调这两种电路之间的对偶性,我们把对分压器的讨论照搬过来。

考虑图 2.37 所示两电阻分流器电路。它具有 3 个元件(或支路),因此有 6 个未知支路变量。为了求解这些支路变量,我们再一次根据元件定律和 KCL 与 KVL 列方程,然后联立求解得到的方程。首先,对于 3 个元件有

$$i_0 = -I \tag{2.76}$$

$$v_1 = R_1 i_1 \tag{2.77}$$

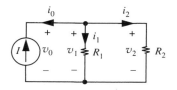

图 2.37　两个电阻的分流器

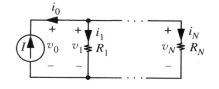

图 2.38　N 个电阻的分流器

$$v_2 = R_2 i_2 \tag{2.78}$$

接下来,在任一节点应用 KCL 有

$$i_0 + i_1 + i_2 = 0 \tag{2.79}$$

在两个内部回路中应用 KVL 有

$$v_0 = v_1 \tag{2.80}$$

$$v_1 = v_2 \tag{2.81}$$

最后,可求解式(2.76)至式(2.81)得到 6 个未知支路变量的表达式,即

$$i_0 = -I \tag{2.82}$$

$$i_1 = \frac{R_2}{R_1 + R_2} I \tag{2.83}$$

$$i_2 = \frac{R_1}{R_1 + R_2} I \tag{2.84}$$

$$v_0 = v_1 = v_2 = \frac{R_1 R_2}{R_1 + R_2} I \tag{2.85}$$

于是就完成了对两电阻分流器的分析过程。

如果我们用电导 G_1($G_1 \equiv 1/R_1$)和 G_2($G_2 \equiv 1/R_2$)的形式来表示,则式(2.83)和式(2.84)表示的分流器本质将更为明显。在上述定义下,式(2.83)和式(2.84)中的 i_1 和 i_2 变成

$$i_1 = \frac{G_1}{G_1 + G_2} I \tag{2.86}$$

$$i_2 = \frac{G_2}{G_1 + G_2} I \tag{2.87}$$

很明显有 $i_1 + i_2 = I$,由于 $i_1/i_2 = G_1/G_2$,因此这两个电阻按照其电导比例分配 I。比如,如果 G_1 是 G_2 的两倍,则 i_1 是 i_2 的两倍。

总结关于分流器的讨论,可以表述为:

电流 i_2 等于输入电流 I 乘以一个系数,该系数等于另一个电阻 R_1 与两个电阻之和之商(参见式(2.84))。

该关系也成为电路分析的基础结论。

和分压器的分析一样,我们现在来检查两电阻分流器的能量流动。由式(2.82)至式(2.85),可以看出注入电源的功率为

$$i_0 v_0 = -\frac{R_1 R_2 I^2}{R_1 + R_2} \tag{2.88}$$

每个电阻消耗的功率为

$$i_1 v_1 = \frac{R_1 R_2^2 I^2}{(R_1 + R_2)^2} \tag{2.89}$$

$$i_2 v_2 = \frac{R_1^2 R_2 I^2}{(R_1 + R_2)^2} \tag{2.90}$$

由于注入电源的功率与注入两个电阻的总功率反号,在两电阻分流器中能量守恒。即电流源产生的功率完全被两个电阻消耗了。

并联电阻

并联的电阻和串联的电阻都经常出现。两个并联的电阻如图 2.37 和图 2.39 所示。

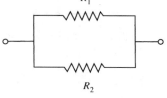

前面的分析表明,两个并联的电阻可看作一个电阻 R_P,其电导 G_P($G_P = 1/R_P$)等于两个电阻各自的电导之和。换句话说,并联增加电导。

图 2.39　并联电阻

$$G_P = G_1 + G_2 \tag{2.91}$$

为了证明这一点,观察图 2.37 中给两个并联电阻提供电流的电流源,从式(2.85)可知这些电阻的接线端上具有相同的电压 $v = v_1 = v_2$,该电压与电源流出的电流成线性比例关系。因此,从这两个电阻的公共接线端看进去,它们一起表现出一个电阻的性质。

设 G_P 表示并联电阻的电导。于是由式(2.85),利用 $G_1 \equiv 1/R_1$,$G_2 \equiv 1/R_2$ 以及 $v = v_1 = v_2$,可以得到

$$v = \frac{R_1 R_2}{R_1 + R_2} I \tag{2.92}$$

或用电导的形式表示为

$$v = \frac{I}{G_1 + G_2} \tag{2.93}$$

换句话说

$$G_P = \frac{I}{v} = G_1 + G_2 \tag{2.94}$$

因此,两个并联电阻的等效电导是其各自电导之和。这与式(1.6)所示电阻的物理特性一致,原因是并联从本质上讲是增加其横截面积。

实际情况中,虽然电导有时候更为方便,但人们更经常使用电阻。因此需要研究两个并联电阻的阻值如何用各自阻值来表示。设等效电阻为 R_P。于是由式(2.94)可知

$$\frac{1}{R_P} = G_P = G_1 + G_2 = \frac{1}{R_1} + \frac{1}{R_2} \tag{2.95}$$

由此得到两个并联电阻的等效电阻为

$$R_P = \frac{R_1 R_2}{R_1 + R_2} \tag{2.96}$$

即两个电阻阻值的乘积除以其和。该关系也可以从式(2.92)观察到,该式具有与欧姆定律(式(1.4))类似的形式。

并联电阻经常遇到,因此可采用一种速记符号表示:两个电阻用两个平行的垂直线分割开

$$R_1 \parallel R_2 = \frac{R_1 R_2}{R_1 + R_2} \tag{2.97}$$

下面马上就要说明,可以将该结果推广至 N 个并联的电阻。如果 N 个并联的电阻等效电阻为 R_P,则其倒数可用 $R_1, R_2, \cdots, R_N$ 表示为

$$\frac{1}{R_P} = \frac{1}{R_1} + \frac{1}{R_2} + \frac{1}{R_3} + \cdots + \frac{1}{R_N} \tag{2.98}$$

N 个并联电阻的等效电阻也是值得记忆的另一个基本结论。

N 个并联连接电阻的速记符号为

$$R_P = R_1 \parallel R_2 \parallel R_3 \parallel \cdots \parallel R_N \tag{2.99}$$

作为例子,对于 N 个电阻(每个电阻均为 R)并联,其等效电阻为

$$R_P = \frac{R}{N} \tag{2.100}$$

WWW 例 2.20 N 电阻分流器

例 2.21 平面电阻 图 2.41 描述了 VLSI 芯片中的平面电阻。假设 $R_\square = 10\Omega$,计算接线端 A 和 B 之间的等效电阻。

解 回忆起任何正方形给定材料的电阻为 $R_\square$,我们可以将平面电阻看作由三个串联正方形构成,每个电阻均为 $R_\square$,如图 2.42 所示。

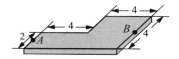

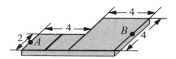

图 2.41 一个 VLSI 电阻   **图 2.42 用串联的正方形电阻来描述 VLSI 电阻**

因此 A 和 B 之间的等效电阻为 $3R_\square$。但在实际情况中,由于边缘效应的影响,这样一块材料的电阻很可能大于 $3R_\square$。1.4 节讨论了若干限制集总电路模型的效应。

例 2.22 等效电阻 计算图 2.43 所示混合连接的电阻的等效电阻。

解 图 2.44 中顺序采用了并联和串联简化,可以发现等效电阻为 $3k\Omega$。

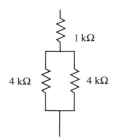

图 2.43 电阻的串-并联混合连接

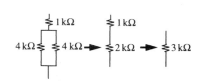

图 2.44 电阻串-并联混合连接的等效电阻

例 2.23 等效电阻组合 将三个 1000Ω 电阻进行串联和/或并联组合可能得到等效电阻是多少?

解 图 2.45 给出了三个电阻的可能组合方式。为了确定它们的等效电阻,利用 **WWW** 式(2.109)的并联组合结果和式(2.67)的串联组合结果。得到的等效电阻为(a)1000Ω,(b)500Ω,(c)2000Ω,(d)333Ω,(e)667Ω,(f)1500Ω,(g)3000Ω。

2.3.5 一个更为复杂的电路

现在可以处理更为复杂的电路了,比如图 2.1 所示的电路。进一步我们假设对 i_4 特别感兴趣。该电路包括两个回路和四个节点,适合于用前面介绍的四步求解过程。

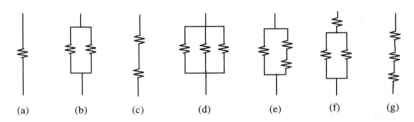

图 2.45 包括 3 个电阻的不同组合方式

第(1)步指定支路变量如图 2.46 所示。记住电压和电流变量的指定是随意的(但要遵循关联变量约定),此外变量的指定方式不会影响电路的解。

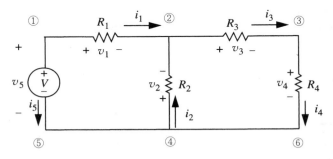

图 2.46 指定支路量

第(2)步列写每个元件的元件定律。该电路中电阻的构成关系具有 $v=iR$ 的形式,电压源的关系是 $v_5=V$。对于图 2.46 所示的变量来说,构成关系为

$$v_1 = i_1 R_1 \tag{2.110}$$

$$v_2 = i_2 R_2 \tag{2.111}$$

$$v_3 = i_3 R_3 \tag{2.112}$$

$$v_4 = i_4 R_4 \tag{2.113}$$

$$v_5 = V \tag{2.114}$$

第(3)步是列写电路的 KCL 和 KVL 方程。对于 KVL 来说,一种可能的闭合回路的选择方式如图 2.47 所示。如果根据首先遇到的符号确定电压的极性,可以看出,在回路 1 中, v_5 和 v_2 为负, v_1 为正。相应的 KVL 方程为

$$- v_5 + v_1 - v_2 = 0 \tag{2.115}$$

$$+ v_2 + v_3 + v_4 = 0 \tag{2.116}$$

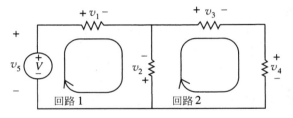

图 2.47 一种闭合路径的选择

另一种路径的选择如图 2.48 所示。根据这种选择列写的 KVL 方程与我们已经列写的不同。但是①它们也是正确的,②它们并没有带来新信息。在图 2.47 中添加第三条回路(图 2.48 中的回路 b)不会产生与式(2.115)和式(2.116)独立的 KVL 方程①。

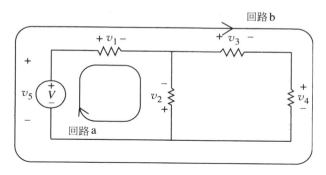

图 2.48 另一种路径的选择

现在列写 KCL 方程。由图 2.46 可知,节点 1 的 KCL 方程为

$$-i_5 - i_1 = 0 \qquad (2.117)$$

节点 2 的为

$$+i_1 + i_2 - i_3 = 0 \qquad (2.118)$$

节点 3 的为

$$i_3 - i_4 = 0 \qquad (2.119)$$

和回路的情况一样,也可列写节点 4 的 KCL,但该方程不独立于已经列写的方程。

可能有人想要列写节点 5 和节点 6 的方程,但这是不对的。4 和 6 之间的支路是理想导体,因此仅仅是连接电阻 R_4 的部分铜引线。基于这个原因,没必要为该支路定义另一个电流。类似的讨论也适用于支路 4-5。

另一种解释 5 和 6 不是真正节点的方法是将电路重新画成图 2.49 所示的形式。显然在电阻和电源相互连接关系的意义上电路的拓扑没有改变,但却取消了伪节点。结论是只有两个或更多电路元件相连的部分(而不是理想导体相交的部分)才能定义为节点。当若干电路元件与一个理想导体相连时(比如图 2.46 中的 5,4,6),仅产生一个节点。

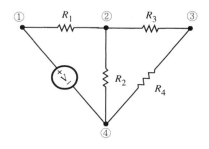

图 2.49 重画图 2.46 所示电路

现在得到了 10 个独立的方程(式(1.110)至式(2.119)),有 10 个未知量:5 个电压和 5 个电流。因此可通过这些方程用简单的代数运算求解出任意变量。比如要想得到 i_4,我们可以首先将构成关系式(2.110)至式(2.114)替代入式(2.115)和式(2.116)

$$-V + i_1 R_1 - i_2 R_2 = 0 \qquad (2.120)$$
$$i_2 R_2 + i_3 R_3 + i_4 R_4 = 0 \qquad (2.121)$$

---

① 对于这些有关拓扑问题的处理原则的详细讨论参见 Guillemain(Introduction Circuit Theory. Will,1953)或 Bose 与 Stevens(Introductory Network Theory. Harper and Row,1965)的论述。

现在用式(2.118)和式(2.117)消除 i_2 和 i_3

$$-V + i_1 R_1 + (i_1 - i_4)R_2 = 0 \tag{2.122}$$

$$(-i_1 + i_4)R_2 + i_4 R_3 + i_4 R_4 = 0 \tag{2.123}$$

整理得到的方程,将已知电压放到等号右边,有

$$i_1(R_1 + R_2) - i_4 R_2 = V \tag{2.124}$$

$$-i_1 R_2 + i_4(R_2 + R_3 + R_4) = 0 \tag{2.125}$$

可将其表示为矩阵形式

$$\begin{bmatrix} (R_1 + R_2) & -R_2 \\ -R_2 & (R_2 + R_3 + R_4) \end{bmatrix} \begin{bmatrix} i_1 \\ i_4 \end{bmatrix} = \begin{bmatrix} V \\ 0 \end{bmatrix} \tag{2.126}$$

这个矩阵方程具有下面的形式

$$\boldsymbol{Ax = b}$$

其中 $\boldsymbol{x}$ 是未知变量(i_1 和 i_4)的列向量,$\boldsymbol{b}$ 是驱动电压和电流的向量(在本题中就是 V)。该未知向量 $\boldsymbol{x}$ 可通过标准线性代数方法求得。

可应用克莱姆法则求得 i_4[①]

$$i_4 = \frac{VR_2}{(R_1 + R_2)(R_2 + R_3 + R_4) - R_2^2} \tag{2.127}$$

$$= \frac{VR_2}{R_1 R_2 + R_1 R_3 + R_1 R_4 + R_2 R_3 + R_2 R_4} \tag{2.128}$$

进一步可以求得其余支路变量为

$$-i_5 = i_1 = \frac{R_2 + R_3 + R_4}{R_1(R_2 + R_3 + R_4) + R_2(R_3 + R_4)}V \tag{2.129}$$

$$i_2 = -\frac{R_3 + R_4}{R_1(R_2 + R_3 + R_4) + R_2(R_3 + R_4)}V \tag{2.130}$$

$$i_3 = i_4 = \frac{R_2}{R_1(R_2 + R_3 + R_4) + R_2(R_3 + R_4)}V \tag{2.131}$$

$$v_5 = V \tag{2.132}$$

$$v_1 = \frac{R_1(R_2 + R_3 + R_4)}{R_1(R_2 + R_3 + R_4) + R_2(R_3 + R_4)}V \tag{2.133}$$

$$v_2 = -\frac{R_2(R_3 + R_4)}{R_1(R_2 + R_3 + R_4) + R_2(R_3 + R_4)}V \tag{2.134}$$

$$v_3 = \frac{R_2 R_3}{R_1(R_2 + R_3 + R_4) + R_2(R_3 + R_4)}V \tag{2.135}$$

$$v_4 = \frac{R_2 R_4}{R_1(R_2 + R_3 + R_4) + R_2(R_3 + R_4)}V \tag{2.136}$$

这样就完成了分析过程。

注意在图 2.46 中,电阻 R_1 和 R_2 并未构成分压器,原因是存在 R_3 和 R_4。但 R_3 和 R_4 却构成了分压器。此外,R_2、R_3、R_4 的等效电阻和 R_1 构成另一个分压器。

图 2.46 电路的分析遵循了本章介绍的一般性方法,一方面很容易操作,但另一方面却

---

① 克莱姆法则是求解 $\boldsymbol{Ax=b}$ 型方程(其中 $\boldsymbol{x}$ 和 $\boldsymbol{b}$ 是列向量)的常见方法。参见附录 D。

很冗长。幸运的是,电路分析存在许多不太麻烦的方法,我们将在第 3 章介绍。但在介绍那些方法之前,我们还能够利用本章前面几节的结论来简化分析过程。2.4 节将介绍如何利用等效并联和串联电阻以及分流器和分压器性质来构成直观而简单的求解许多电路的方法。

2.4　电路分析的直觉方法:串联与并联简化

首先我们通过图 2.50(a)所示的简单分压器来说明如何采用直觉方法。假设我们对确定电阻 R_2 上的电压感兴趣。图中标出了重要的变量。分析该电路的直觉方法就是用串联等效电阻替换两个电阻,如图 2.50(b)所示,然后利用欧姆定律确定 i_1。由式(2.56)知等效串联电阻为

$$R_{\mathrm{S}} = R_1 + R_2$$

由式(1.4)知

$$i_1 = \frac{V}{R_{\mathrm{S}}}$$

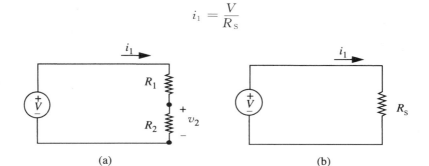

图 2.50　分析分压器电路的直觉方法

由于两个电路(图 2.50(a)和图 2.50(b))中 i_1 必须相同,因此我们可从图 2.50(a)中求出 v_2

$$v_2 = i_1 R_2 \tag{2.137}$$

$$= \frac{R_2}{R_1 + R_2} V \tag{2.138}$$

上述过程利用串联电阻和欧姆定律经过简单几步就确定了 v_2 的值。将来我们可以直接写出式(2.138)所示的分压关系。

对于上述直觉方法的若干"关键步骤"进行认真思考是十分必要的。该方法的基本步骤是首先压缩,然后扩展。注意,第一步是将若干电阻压缩为一个等效电阻。然后计算流经该等效电阻的电流。最后对两个电阻用扩展观点来确定感兴趣的电压。

下面用这种直觉方法来分析图 2.46 所示电路(方便起见,重绘为图 2.51(a))。很显然,直觉方法远比严格应用 2.3 节介绍的基本方法要引人入胜。

图 2.51(a)电路的新分析方法采用了前面介绍过的两个步骤:首先压缩,然后扩展。因此首先用等效并联和串联电阻来进行电路的压缩。该过程如图 2.51 所示。注意,压缩过程中所有可保留的支路变量均标注在图 2.51 中。首先串联电阻 R_3 和 R_4 组合产生图 2.51(b)所示电路。然后 R_2 与 R_3 和 R_4 的串联等效电阻并联,产生图 2.51(c)所示电路。最后将两个电

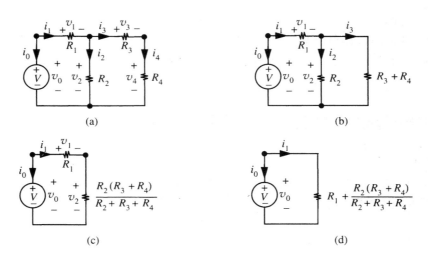

图 2.51　压缩电路

阻串联连接形成图 2.51(d)所示电路。

现在来分析图 2.51(d)所示的压缩后的电路。显然有

$$v_0 = V$$

和

$$i_0 = -i_1$$

现在根据 2.3.1 节得到的结论,或等效地直接应用欧姆定律,可知

$$i_1 = \frac{V}{R_1 + \dfrac{R_2(R_3 + R_4)}{R_2 + R_3 + R_4}}$$

这样就知道了 i_0、v_0 和 i_1。

接下来要用直觉方法对图 2.51(d)所示电路进行扩展。在扩展过程中,我们利用前面计算得到的变量值计算出尽可能多的变量值。扩展过程的第一步是将图 2.51(c)所示电路看作 v_0 的分压器。换句话说,i_1 乘以两个电阻分别得到 v_1 和 v_2。

$$v_1 = \frac{R_1}{R_1 + \dfrac{R_2(R_3 + R_4)}{R_2 + R_3 + R_4}}V$$

$$v_2 = \frac{\dfrac{R_2(R_3 + R_4)}{R_2 + R_3 + R_4}}{R_1 + \dfrac{R_2(R_3 + R_4)}{R_2 + R_3 + R_4}}V$$

接下来,由于 v_2 已知,可用 v_2 分别除以 R_2 及 R_3 和 R_4 的串联等效(图 2.51(b))求得 i_2 和 i_3。换句话说

$$i_2 = \frac{v_2}{R_2}$$

$$i_3 = \frac{v_2}{R_3 + R_4}$$

还可以将 R_2 与 R_3 和 R_4 的串联等效看作 i_1 的分流器,从而求得 i_2 和 i_3。

最后,由于 i_3 已知,图 2.51(a) 中的 R_3 和 R_4 可看作 v_2 的分压器。也可以用 $i_3 = i_4$ 分别乘以其电阻从而得到 v_3 和 v_4。即

$$v_3 = i_3 R_3$$

和

$$v_4 = i_3 R_4$$

至此完成了图 2.51(a) 电路的直觉分析过程。这里需要指出,图 2.51 表示的电路分析新方法比直接对电路进行分析简单。

例 2.24　电路分析简化　下面介绍另一个电路分析简化的例子,考虑图 2.52 所示 12 个电阻的网络。网络中每个电阻阻值均为 R,网络的外观是一个立方体。此外该网络的两个接线端分别为 A 和 B,从立方体相对的两角引出,形成一个端口。我们想要确定从端口看进去的等效电阻。

解　为了确定网络的电阻,我们将一个假定的电流源与网络的接线端相连,从而构成一个完整的电路,如图 2.53 所示。注意图 2.53 电路与图 2.25 电路基本相同,区别仅在于电流源连接的电阻网络的复杂程度。下一步我们来计算端口上随输入电流源变化的电压。该电压与电流源电流的比值就是网络从端口看进去的等效电阻。注意这种方法对于图 2.25 所示电路也适用,原因在于式(2.22)除以 I 就可以得到 $v_2/I = R$。

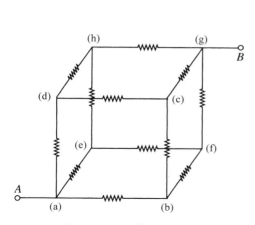

图 2.52　立方体电阻网络

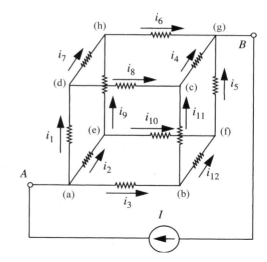

图 2.53　在立方体网络的 A、B 接线端引入电流源

现在来分析图 2.53 所示电路,需要确定 26 个支路变量,这看起来是个痛苦的过程。幸运的是,如果利用网络的对称性,分析过程可大大简化,这就是求解这道题的关键。由于电路的对称性,i_1、i_2 和 i_3 这 3 个支路电流相同,i_4、i_5 和 i_6 也相同。进一步在两个端口应用 KCL 可知,每组 3 个电流之和均为 I,即 6 个电流均为 $I/3$。

接下来再次应用电路的对称性发现,i_7 至 i_{12} 这 6 个支路电流是相同的。进一步在任何内部节点上应用 KCL 可以发现这 6 个支路电流均等于 $I/6$。现在所有支路电流均已知。

然后根据元件定律,12 个电阻的支路电压均可用电流 I 表示。这就使得电流源支路的电压成为唯一未知的变量。最后在任何经过电流源的回路中应用 KVL 都可以计算出电流源支路的电压为 $5RI/6$。将该电压除以 I 得到 $5R/6$,这就是立方体电阻网络的等效电阻。

虽然求得的结果是精彩的,但更重要的是对电路简化过程的分析。在本例开始分析之前利用了电路具有对称性的特点。

例 2.25 立方体网络的电阻 另一种确定图 2.52 所示电路等效电阻的方法是用串-并联简化。假设图 2.52 所示网络中每个电阻的阻值为 1kΩ。我们的目的是求出该电阻网络从 A、B 接线端看进去的等效电阻。

解 首先观察该电阻网络的对称性。从任意 8 个顶点来看,该网络都是相同的。因此任何由立体对角线((a)—(g),(b)—(h),(e)—(c)等)连接起来的顶点对之间的电阻都相同。进一步,从 A 接线端看进去,从(a)—(d)开始的从 A 到 B 的所有路径与从(a)—(b)开始的从 A 到 B 的所有路径都一样,也和从(a)—(e)开始的从 A 到 B 的所有路径都一样。因此当图 2.53 施加一个电流 I 时,该电流一定均匀分成 3 份,即 i_1、i_2 和 i_3 相同。类似地,流出网络也是均匀的,即 i_4、i_5 和 i_6 相同。由于相同的电流和相同的阻值导致电阻上相同的电压降,因此得到结论:相对于任意参考节点,节点(b)、(d)、(e)具有相同的电压,而且节点(h)、(c)、(f)也具有相同的电压。

注意到用理想导线将电压相同的点连接起来不会产生任何电流,也不会改变该电路的任何性质。因此为了计算电阻,我们可将所有电压相同的节点连接起来,得到的简化网络如图 2.54 所示。

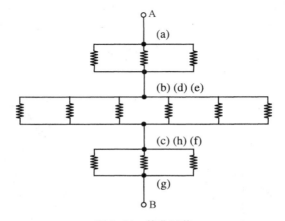

图 2.54 简化网络

现在可以应用串联和并联规则来确定等效电阻了

$$1k\Omega \parallel 1k\Omega \parallel 1k\Omega + 1k\Omega \parallel 1k\Omega \parallel 1k\Omega \parallel 1k\Omega \parallel 1k\Omega \parallel 1k\Omega + 1k\Omega \parallel 1k\Omega \parallel 1k\Omega$$

即

$$\frac{1}{\frac{1}{1k\Omega} + \frac{1}{1k\Omega} + \frac{1}{1k\Omega}} + \frac{1}{\frac{1}{1k\Omega} + \frac{1}{1k\Omega} + \frac{1}{1k\Omega} + \frac{1}{1k\Omega} + \frac{1}{1k\Omega} + \frac{1}{1k\Omega}} + \frac{1}{\frac{1}{1k\Omega} + \frac{1}{1k\Omega} + \frac{1}{1k\Omega}} = \frac{5}{6}k\Omega$$

例 2.26 电阻比例 考虑图 2.55(a)所示的更为复杂的分压器电路。电压源表示向电路其他部分提供功率的电池。此外假设我们对电压 V_O 感兴趣。注意,电压 V_S 和 V_O 有相同的负参考节点。电源和公共电压参考节点在电路语言中经常遇到,因此有必要建立习惯的表示方法。

图 2.55(b)给出了本书采用的速记符号。首先电池作为供电电源,通常并不明确画出,而是用向上的箭头符号来表示。V_S 代表电源电压。我们还经常对某点与参考节点(即所谓地节点)之间的电压感兴趣。该参考节点在左图中表示为上下颠倒的"T"字形符号。针对该节点的电压的极性符号通常不必明确表示出来。不难知道,负符号表示地节点,而正符号则应出现在电压变量附近的节点处[①]。

现在参考图 2.55(b)电路。假设 $R_1 = R_2 = R_3 = 10k\Omega$,我们如何选择 R_L 从而使得 $V_O < 1V$?

解 3 个并联电阻的等效电阻计算式见式(2.98)。于是有

---

① 第 3 章将更为详细地讨论地节点和节点电压的概念。

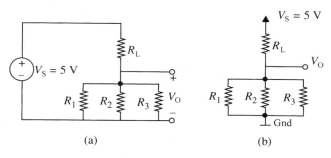

图 2.55 电阻电路

（a）更为复杂的分压器电路；（b）速记符号

$$R_{eq} = 10k\Omega \parallel 10k\Omega \parallel 10k\Omega = \frac{10}{3}k\Omega$$

利用分压关系，得到

$$v_O = \frac{R_{eq}}{R_L + R_{eq}}5V < 1V$$

这意味着 R_L 至少要是 R_{eq} 的 4 倍才行，换句话说

$$R_L > \frac{40}{3}k\Omega$$

2.5 更多例子

下面用基本方法分析若干电路。比如，考虑图 2.56 所示电路（我们将在第 3 章重新见到该电路）。这个电路的不同之处在于它包含两个电源。因此 2.4 节介绍的直觉方法不再适用。但却仍然可用 2.3 节介绍的基本方法来分析。

该电路的元件定律为

$$v_0 = V \tag{2.139}$$

$$v_1 = R_1 i_1 \tag{2.140}$$

$$v_2 = R_2 i_2 \tag{2.141}$$

$$i_3 = -I \tag{2.142}$$

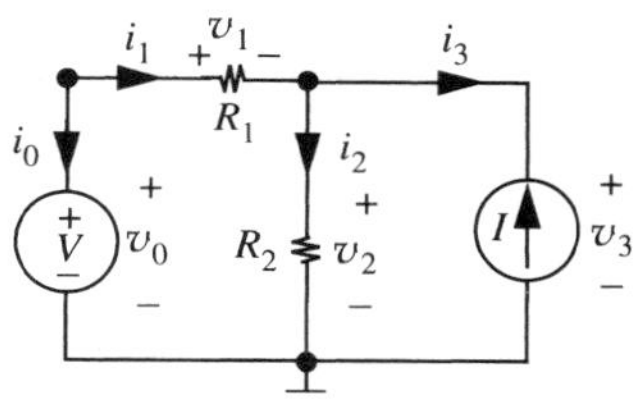

下面对上边的两个节点应用 KCL 得到

$$i_0 = -i_1 \tag{2.143}$$

$$i_1 = i_2 + i_3 \tag{2.144}$$

对两个内部回路应用 KVL 得到

$$v_0 = v_1 + v_2 \tag{2.145}$$

$$v_2 = v_3 \tag{2.146}$$

图 2.56 带有两个独立电源的电路

最后求解式(2.138)至式(2.145)可以得到

$$-i_0 = i_1 = -\frac{R_2}{R_1 + R_2}I + \frac{1}{R_1 + R_2}V \tag{2.147}$$

$$i_2 = \frac{R_1}{R_1 + R_2}I + \frac{1}{R_1 + R_2}V \tag{2.148}$$

$$i_3 = -I \tag{2.149}$$

$$v_0 = V \tag{2.150}$$

$$v_1 = -\frac{R_1 R_2}{R_1 + R_2} I + \frac{R_1}{R_1 + R_2} V \tag{2.151}$$

$$v_2 = v_3 = \frac{R_1 R_2}{R_1 + R_2} I + \frac{R_2}{R_1 + R_2} V \tag{2.152}$$

这样就完成了分析过程。

关于该分析结果最令人感兴趣的地方是式(2.147)至式(2.152)所示的支路变量均为 I 的一个比例项和 V 的一个比例项的线性组合。这意味着我们可以首先令 $V = 0$ 来分析电路,然后令 $I = 0$ 来分析电路,最后将两次分析的结果结合起来就是式(2.147)至式(2.152)。这种方法实际上是可行的,从而导致了另一种简化分析方法,我们将在第 3 章中详细介绍。

下面对若干其他例子练习基本方法。

例 2.27 有两个独立源的电路 用基本方法分析图 2.57 所示电路。进一步验证该电路中能量守恒。

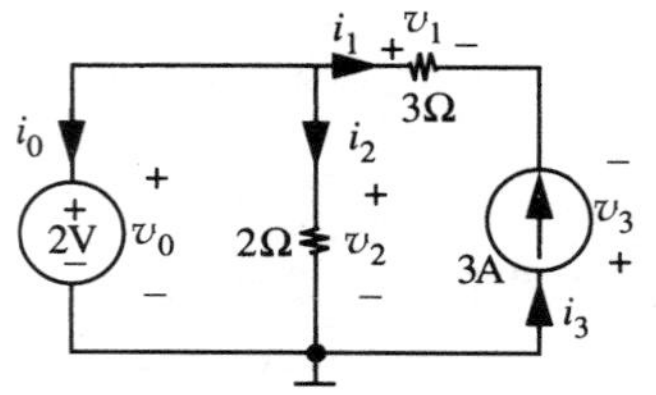

解 图中已经给出了支路变量的指定。电路的元件定律为

$$v_0 = 2V$$
$$v_1 = 3i_1$$
$$v_2 = 2i_2$$
$$i_3 = 3A$$

图 2.57 有两个独立电源的
另一个电路

对上边两个节点应用 KCL 得到

$$i_0 + i_1 + i_2 = 0$$
$$i_1 = -i_3$$

对两个内部回路应用 KVL 得到

$$v_0 = v_2$$
$$v_2 = -v_3 + v_1$$

求解上述 8 个方程得到:$v_0 = 2V$,$v_1 = -9V$,$v_2 = 2V$,$v_3 = -11V$,$i_0 = 2A$,$i_1 = -3A$,$i_2 = 1A$,$i_3 = 3A$。

为了验证能量守恒,我们需要比较电阻消耗的功率和电源产生的功率。注入电阻的功率为

$$(-9V) \times (-3A) + (2V) \times (1A) = 29W$$

注入电源的功率为

$$(2V) \times (2A) + (-11V) \times (3A) = -29W$$

容易看出,电阻消耗的功率等于电源产生的功率。因此能量守恒。

WWW 例 2.28 基本电路分析方法

例 2.29 确定电路的 v-i 特性 确定图 2.61(a)所示二端元件的 v-i 特性。如果 $R = 4\Omega$,$V = 5V$,绘制 v-i 特性的草图。如图所示,假设元件的内部可建模成电压源与电阻串联的形式。

解 我们在元件端口外加某种形式的激励并获得 v 和 i 的值,由此就找到了元件的 v-i 关系。我们施加的输入是电流源(它属于最简单的输入),提供的电流为 i_{test},如图 2.61(b)所示。图中也给出了支路变量的命名。

下面来求解支路变量 v_1,i_1,v_2,i_2,v_3,i_3,然后用支路变量来表示 v 和 i,从而获得 v-i 关系。采用基本方法,首先列写元件定律

$$v_1 = V$$
$$v_2 = i_2 R$$
$$i_3 = -i_{\text{test}}$$

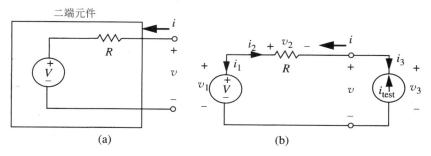

图 2.61　确定 v-i 特性

（a）二端元件；（b）为确定元件 v-i 特性而构造的电路的支路变量指定

下面对上边两个节点应用 KCL

$$i_1 = -i_2$$
$$i_2 = i_3$$

对回路应用 KVL

$$v_1 - v_3 - v_2 = 0$$

求解上述 6 个方程得到

$$i_1 = -i_2 = -i_3 = i_{\text{test}}$$

和

$$v_1 = V, \quad v_2 = -i_{\text{test}}R, \quad v_3 = V + i_{\text{test}}R$$

可写出 v 的表达式为

$$v = v_3 = V + i_{\text{test}}R$$

用 i 替代 i_{test} 可得到 v 和 i 之间的关系为

$$v = V + iR$$

换句话说，v-i 关系为

$$i = \frac{v - V}{R}$$

将 $V = 5\text{V}$ 和 $R = 4\Omega$ 代入得到

$$i = \frac{v - 5\text{V}}{4\text{A}}$$

v-i 关系绘于图 2.62。

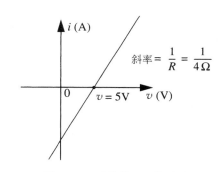

图 2.62　元件的 v-i 关系图

2.6　受控源和控制的概念

1.6 节介绍的电压源和电流源是理想的提供能量的模型。由于它们的值独立于电路的工作状态，因此可称其为独立源。但是还有一些电源的值不独立，即受系统中其他参数的控制。比如汽车中引擎输出的能量受加速器踏板控制，水龙头的水流受上面的阀门控制，房间中的灯光可能被开关（一种二进制或两状态元件）或调光器（一种连续控制元件）的控制。第 6 章将介绍另一种称作 MOSFET 的多端元件，该元件一对接线端上面的控制电压决定了另外一对接线端间的性质。因此，当多端受控元件接入电路后，该元件的性质可被电路中其余部分的电压或电流控制。

上面引用的例子中，仅需要很少的能量就可以控制输出端很大的能量。比如在汽车的例子中,很少的能量消耗控制了成百马力的能量。为了使这种情况更为理想化,我们假设实施控制不需要功率,并将这种元件称作受控源(controlled source)或依赖源(dependent source)。受控源的电气形式显然应该是我们已经见过的电源的扩展:受控电压源的电压受到某个电压或者电流的控制,而受控电流源的电流则可能受到某个电压或者电流的控制。受控源通常用于对多于两个接线端的元件进行建模。

图 2.63 表示理想压控电流源(VCCS)。图中该元件有 4 个接线端。一对接线端作为控制端口,另一对接线端作为输出端口。在许多场合中,控制端口也称作输入端口。图 2.63 还标注了输出端口的支路变量 v_{OUT} 和 i_{OUT} 以及输入端口支路变量 v_{IN} 和 i_{IN}。控制(输入)端口电压 v_{IN} 的值决定了输出端口的电流值 i_{OUT}。原则上这种受控源是需要提供功率的,但出于简洁的考虑没有显示电源内部的功率接线端。

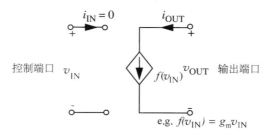

图 2.63 压控电流源

菱形符号表明该元件是一个受控源,内部的箭头表明该元件是电流源。箭头方向表示了受控电流的方向,该符号旁边的值表明受控电流的值。在图中的例子中,受控电流是电源 v_{IN} 的函数

$$i_{OUT} = f(v_{IN})$$

该元件接入电路中后,v_{IN} 可能就是电路中另一个支路的电压。

我们经常见到的是线性受控源。线性压控电流源的性质可表示为方程

$$i_{OUT} = g v_{IN} \qquad (2.173)$$

其中 g 是常数系数。如果受控源是压控电流源,则系数 g 称作转移电导(或跨导),具有与电导相同的单位。注意到式(2.173)就是通常用支路变量表示的受控源的元件定律。我们还需要总结输入端口的性质,这样受控源的性质就完整了。由于理想 VCCS 在其输入端口上不需要任何功率,因此输入端口的元件定律很简单,即

$$i_{IN} = 0 \qquad (2.174)$$

就是无穷大电阻的元件定律。对于本书所考虑的理想受控源来说,我们始终假设控制端口是理想的,即控制端口不吸收能量。

图 2.64 给出了包含受控源的一个电路。为了清楚起见,将受控源用虚线框起来。图中独立电压源(提供电压 V)连接至控制端口,电阻与输出端口相连。对于上述连接,由于

$$v_{IN} = V$$

因此输出电流 i_{OUT} 是输入电压 V 的 g 倍。我们很快就会完成对电路的分析,并发现受控源的出现并没有改变分析电路的方法。

图 2.65 给出了包含受控源的另一个电路。该电路中,控制端口连接在电阻 R_I 的两端。

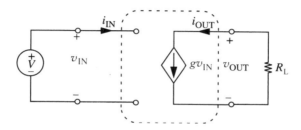

图 2.64 一个包括压控电流源的电路

因此 R_1 上的电压就成为受控源的控制电压了。

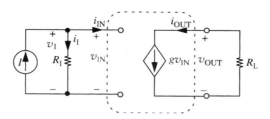

图 2.65 另一个包括压控电流源的电路

图 2.66 说明了四种线性受控源的类型。图 2.66(a) 表示我们已经熟悉的压控电流源。图 2.66(b) 表示另一种受控电流源,它的控制变量是支路电流。这种受控源称作流控电流源(CCCS)。

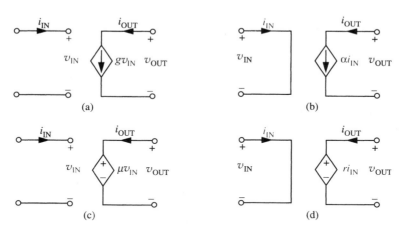

图 2.66 四种类型的受控源

(a) VCCS:压控电流源;(b) CCCS:流控电流源;(c) VCVS:压控电压源;(d) CCVS:流控电压源

图 2.66(b) 所示 CCCS 的元件定律为

$$i_{OUT} = \alpha i_{IN} \tag{2.175}$$

α 是无单位系数,称作转移电流比。此外,对于 CCCS 来说还有 $v_{IN} = 0$。

图 2.66(c) 和图 2.66(d) 表示受控电压源的符号。受控电压源所提供的支路电压是电路中某个其他信号的函数。图 2.66(c) 表示了压控电压源(VCVS),图 2.66(d) 表示了流控电压源(CCVS)。VCVS 的控制变量是支路电压,而 CCVS 的控制变量是支路电流。菱形

符号还是表示受控源,内部的±号表示是电压源。极性符号标明了受控电压的极性,符号旁边的标注表示受控电压的值。

对于图 2.66(c)表示的 VCVS,电源电压等于 μv_{IN},其中 v_{IN} 是电路中某个支路上的电压,μ 是无单位系数。于是图中 VCVS 的元件定律为

$$v_{\text{OUT}} = \mu v_{\text{IN}} \tag{2.176}$$

系数 μ 称作转移电压比。此外对于 VCVS 来说有 $i_{\text{IN}} = 0$。

对于图 2.66(d)表示的 CCVS,电源电压等于 ri_{IN},其中 i_{IN} 是电路中某个支路上的电流,r 是系数,具有与电阻相同的单位。因此,图中 CCVS 的元件定律为

$$v_{\text{OUT}} = ri_{\text{IN}} \tag{2.177}$$

系数 r 称作转移电阻(或跨阻)。

最后,对于受控电流源和受控电压源来说,在此需要强调定义电源所用的变量(如 g)和为了表示元件定律所定义的支路变量(如 $v_{\text{IN}}, i_{\text{IN}}, v_{\text{OUT}}, i_{\text{OUT}}$)之间的区别。特别地,有时候为了方便起见,支路变量的定义可能反号,这样可能导致元件定律中出现负号。

2.6.1 带有受控源的电路

下面回到图 2.64 所示电路的分析。该电路包含一个受控电压源,但这个电路也可用本章介绍的基本方法进行分析。

图 2.67 表示了支路变量的指定。支路变量包括 $v_0, i_0, v_{\text{IN}}, i_{\text{IN}}, v_{\text{OUT}}, i_{\text{OUT}}, v_R, i_R$。

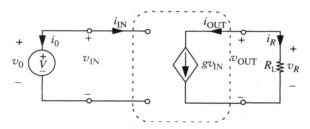

图 2.67 支路变量的指定

该电路的元件定律为

$$v_0 = V \tag{2.178}$$

$$i_{\text{IN}} = 0 \tag{2.179}$$

$$v_R = R_{\text{L}} i_R \tag{2.180}$$

$$i_{\text{OUT}} = g v_{\text{IN}} \tag{2.181}$$

下面对上边两个节点应用 KCL 得到

$$i_0 = -i_{\text{IN}} \tag{2.182}$$

$$i_{\text{OUT}} = -i_R \tag{2.183}$$

对两个回路应用 KVL 得到

$$v_0 = v_{\text{IN}} \tag{2.184}$$

$$v_R = v_{\text{OUT}} \tag{2.185}$$

最后求解式(2.178)至式(2.185)得到支路变量的解为

$$i_0 = i_{\text{IN}} = 0 \tag{2.186}$$

$$v_0 = v_{\text{IN}} = V \tag{2.187}$$

$$i_{\text{OUT}} = -i_R = -gV \tag{2.188}$$

$$v_R = v_{\text{OUT}} = -gVR_{\text{L}} \tag{2.189}$$

这样就完成了分析过程。

图 2.67 所示电路中出现受控源并未改变我们进行电路分析的方法。这个结论非常重要。此外可以对带有受控源电路的分析方法进行证明,结论是可分步骤地进行这种电路的分析。即可以首先分析电路的"输入侧",也就是独立电压源和受控源的输入;然后分析"输出侧",也就是受控电流源和电阻 R_{L}。我们将这种分析方法称作电路分析的**顺序方法**。

为了说明这种方法,可以观察到仅利用表示电路输入侧的方程(即式(2.178),式(2.179),式(2.182),式(2.184))就可以简单地求解出变量 v_0,i_0,v_{IN} 和 i_{IN} 的值(参见式(2.186)和式(2.187))。

然后将 v_{IN} 看作已知信号,则仅利用表示电路输出侧的方程(即式(2.180),式(2.181),式(2.183),式(2.185))就可以求解出 v_{OUT},i_{OUT},v_R,i_R 的值(参见式(2.188)和式(2.189)),该结果和图 2.25 所示电路的结果一样。

现在读者可能奇怪为什么能够采用这种顺序求解的方法来分析图 2.67 所示电路,同样的顺序方法对于图 2.46 所示电路却不适用。其原因在于理想化的受控源将电路解耦为两个部分:输入部分和输出部分。由于受控源模型在其支路变量为 v_{IN} 的接线端为开路,因此输入部分的性质与输出部分完全独立。换句话说,在确定输入部分解的时候,可以将输出部分看作不存在。但是输出部分却依赖于一个输入变量,即 v_{IN}。然而,一旦通过输入部分的分析过程确定了控制变量 v_{IN},它也就确定了受控源的值。因此在分析输出部分的时候可将受控源看作独立源。

这种电路的顺序分析方法通常应用于包含受控源的电路,其中受控源的控制端口和输出端口没有其他外部的耦合。我们将在以后的章节中利用这种方法。

带有理想受控源的电路分析还可以进一步简化。在理想受控源中,输入端口(或控制端口)在控制变量为电压时为开路。类似地,如果控制变量是电流,则输入端口为短路。因此输入端口的出现并未影响输入部分电路的行为。理想化的输入端口仅对支路电流或支路电压进行采样,并不改变已有的支路变量的值。因此没必要明确画出受控源的输入端口,这样也减少了需要分析的支路变量数。

比如,图 2.65 中受控源输入端口的支路变量为 v_{IN} 和 i_{IN},是一个开路。因此 $i_{\text{IN}} = 0$,$v_{\text{IN}} = v_1$(电阻 R_1 上的电压)。因此我们可以等效地用图 2.68 所示电路进行分析,其中受控源的输入端口并未明确画出来,受控源提供的电流直接用 v_1 来表示(电阻 R_1 上的电压)。这样就可以消除 v_{IN} 和 i_{IN} 变量,有利于分析的进行。

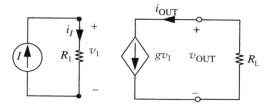

图 2.68 理想受控源的输入端口并未明确画出

如果控制支路变量是电流,也可以对受控源采用相同的简化,如图 2.69 所示。图 2.69(a) 表示包含一个流控电流源的电路,画出了控制端口,明确地标注了所有的支路变量。图 2.69(b)表示了经过简化后的同一个电路,其中控制电流用 i_1 来表示。后者电路图要整洁得多。

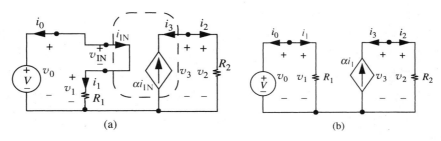

图 2.69 通过不明确画出控制端口来简化带有受控源的电路

(a) 明确标出控制端口和支路量;(b) 经简化的电路

例 2.30　流控电流源　下来考虑图 2.69(b)所示电路。该电路包括一个受控电流源。前面说过,没必要明确表示受控源的控制端。受控电流源的电流被 i_1 控制。

下面来分析电路。支路变量的指定如图 2.69(b)所示。

该电路的元件定律为

$$v_0 = V \tag{2.190}$$

$$v_1 = i_1 R_1 \tag{2.191}$$

$$v_2 = R_2 i_2 \tag{2.192}$$

$$i_3 = -\alpha i_1 \tag{2.193}$$

接下来对上边两个节点应用 KCL 得到

$$i_0 + i_1 = 0 \tag{2.194}$$

$$i_2 + i_3 = 0 \tag{2.195}$$

对两个回路应用 KVL 得到

$$v_0 = v_1 \tag{2.196}$$

$$v_2 = v_3 \tag{2.197}$$

最后求解式(2.190)至式(2.197)得到

$$-i_0 = i_1 = \frac{V}{R_1} \tag{2.198}$$

$$-i_3 = i_2 = \frac{\alpha V}{R_1} \tag{2.190}$$

$$v_0 = v_1 = V \tag{2.200}$$

$$v_2 = v_3 = \frac{\alpha R_2 V}{R_1} \tag{2.201}$$

这样就完成了分析过程。

例 2.31　CCCS 的直觉顺序方法　另一种方法是用直觉顺序法来分析该电路,仅需要几步即可。假设我们对与 R_2 有关的支路变量感兴趣。

采用顺序方法,首先处理电路的输入端口。由于 R_1 上有电压 V,因此流经 R_1 的电流为

$$i_1 = V/R_1$$

现在处理电路的输出端口。流经受控电流源的电路与 i_2 同向,因此有

$$i_2 = \alpha i_1 = \alpha \frac{V}{R_1}$$

应用欧姆定律得到

$$v_2 = \alpha \frac{VR_2}{R_1}$$

这个结果与式(2.201)相同,这一点也不奇怪。

例 2.32 支路变量 分析图 2.70 所示电路,确定所有支路变量的值。进一步验证该电路能量守恒。

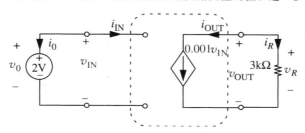

图 2.70 包含一个压控电流源的电路

解 我们用直觉方法来分析该电路,应用元件定律、KVL 和 KCL,并采用顺序方法。我们首先求解输入侧。由于电压源开路,因此容易看出 v_0 和 v_{IN} 都是 2V。类似地,i_0 和 i_{IN} 都是零。于是就确定了所有输入侧的支路变量。

下面来分析电路输出侧。由于知道了 v_{IN} 的值,因此可知道受控电流源的电流为

$$0.001v_{IN} = 0.002A$$

由于受控电流源电流与 i_{OUT} 同向,与 i_R 反向,由 KCL 可知

$$i_{OUT} = 0.002A$$

和

$$i_R = -0.002A$$

最后应用电阻的元件定律得到

$$v_R = 3 \times 10^3 i_R = -6V$$

通过 KVL 得到

$$v_{OUT} = v_R = -6V$$

于是求出了所有支路变量,完成了分析过程。

为了验证能量守恒,需要证明元件消耗的功率等于提供的功率。由于输入侧电流为零,因此输入侧没有能量消耗或能量提供。在输出侧,3kΩ 电阻消耗的功率为

$$3k\Omega \times i_R^2 = 0.012W$$

注入受控电流源的功率为

$$v_{OUT} \times i_{OUT} = -6 \times 0.002 = -0.012W$$

换句话说,电流源提供的功率为 0.012W。由于提供的功率等于消耗的功率,因此能量守恒。

更多包含受控源的例子参见 7.2 节。

WWW 例 2.33 压控电阻

WWW 2.7 适于用计算机求解的表示方式*

2.8 小结

- KCL:网络中流入任一节点的电流代数和一定为零。

- KVL：网络中任何闭合回路上的电压代数和一定为零。

  列写 KVL 方程的有效记忆方法：在回路中遇到一个支路时将首先遇到的电压符号（＋或－）作为方程中该支路电压的符号。

- 解决网络分析问题的基本方法(或称为 KVL/KCL 方法)为

  (1) 为每个元件指定电压和电流

  (2) 列写 KVL 方程

  (3) 列写 KCL 方程

  (4) 列写构成关系

  (5) 求解方程

- 串联并联简化方法是求解许多电路的直观方法。该方法首先将一系列电阻压缩为一个等效电阻。然后连续扩展压缩的电路并逐步确定所有支路变量的值。

- 两个串联电阻的等效电阻为：$R_S = R_1 + R_2$。

- 两个并联电阻的等效电阻为：$R_P = R_1 \parallel R_2 = R_1 R_2 / (R_1 + R_2)$。

- 分压关系：阻值为 R_1 和 R_2 的两个电阻与电压为 V 的电压源串联时，R_2 上的电压等于 $[R_2 / (R_1 + R_2)]V$。

- 分流关系：阻值为 R_1 和 R_2 的两个电阻与电流为 I 的电流源并联时，R_2 上的电流等于 $[R_1 / (R_1 + R_2)]I$。

- 本章讨论了四种类型的受控源：压控电流源、流控电流源、压控电压源和流控电压源。

- 电路分析的顺序方法是一种直觉方法，如果受控源的控制端口是理想的，则该方法通常可用于包含受控源的电路中。该方法首先分析受控源输入侧的电路，然后单独分析受控源输出侧的电路。

- 能量守恒是求解许多种电路的有效方法。能量方法属于直觉方法，可使我们避免乏味的数学推导而直接获得解。一种能量方法是电路中若干元件提供的能量等于电路中其余元件吸收的能量。另一种能量方法是系统中两个不同时间的总能量相同（假设电路中没有能量消耗）。

练　　习

练习 2.1　确定从图 2.72 所示网络的指定接线端对看进去的等效电阻。

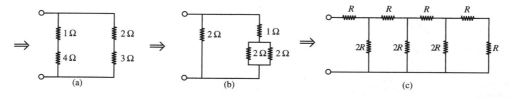

图 2.72　练习 2.1 图

练习 2.2　确定图 2.73 所示电路的 v_A 和 v_B（用 v_S 来表示）。

练习 2.3　确定从图 2.74 所示电路指定的接线端对看进去的等效电阻。

练习 2.4　确定图 2.75 所示网络中指定的支路电压或支路电流。

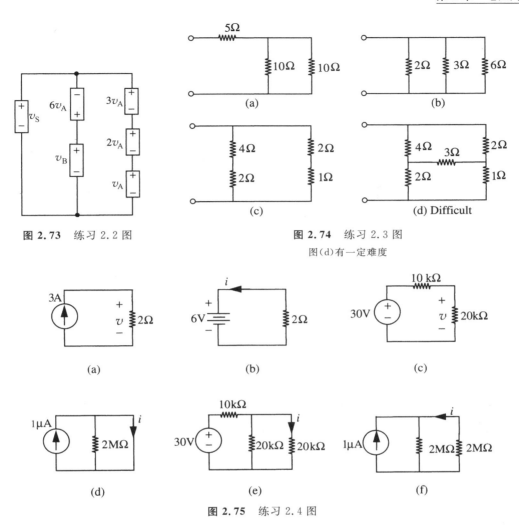

图 2.73　练习 2.2 图

图 2.74　练习 2.3 图

图(d)有一定难度

图 2.75　练习 2.4 图

练习 2.5　确定从图 2.76 所示网络指定的接线端对看进去的等效电阻。

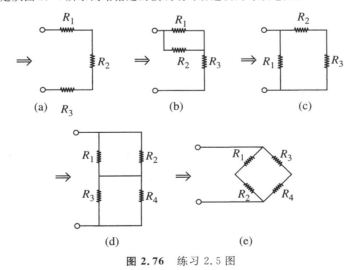

图 2.76　练习 2.5 图

练习 2.6　在图 2.77 所示电路中，v，i 和 R_1 已知，求 R_2。

$$v = 5V$$
$$i = 40\mu A$$
$$R_1 = 150k\Omega$$

练习 2.7　在图 2.78 所示电路中，$v_o = 6V$，$R_1 = 100\Omega$，$R_2 = 25\Omega$，$R_3 = 50\Omega$。是否有电阻消耗的功率少于 1/4W？如果有，请指出。

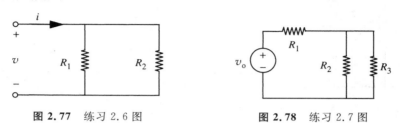

图 2.77　练习 2.6 图　　　　图 2.78　练习 2.7 图

练习 2.8　绘出图 2.79 所示电路的 v-i 特性曲线。标出截距和斜率。

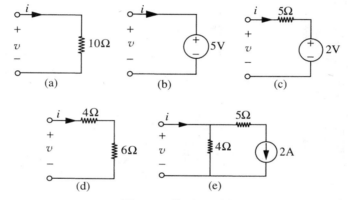

图 2.79　练习 2.8 图

练习 2.9

(1) 给图 2.80 所示网络中的每个元件指定支路电压和支路电流变量。采用关联参考方向。

(2) 该网络可写出多少线性独立 KVL 方程？

(3) 该网络可写出多少线性独立 KCL 方程？

(4) 写出该网络的 KVL 和 KCL 方程。

(5) 给每个支路电流指定非零值从而满足 KCL 方程。

(6) 给每个支路电压指定非零值从而满足 KVL 方程。

(7) 可通过下面方法检查结果的正确性。如果支路变量遵循 KVL 和 KCL，则网络中功率守恒。因此计算 $\sum v_n i_n$ 的值，该值应该是零。

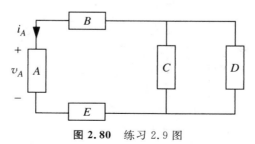

图 2.80　练习 2.9 图

练习 2.10　图 2.81 表示一个大网络的一部分。说明流入这部分网络的总电流一定为零。

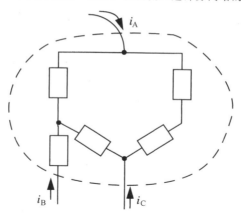

图 2.81　练习 2.10 图

问　　题

问题 2.1　图 2.82 是手电筒的示意图。两节电池相同,每节电池开路电压均为 1.5V。灯泡正常发光时的电阻为 5Ω。开关闭合后在灯泡上测量出 2.5V 的电压。每节电池的内阻是多少?

问题 2.2　用电阻串并联简化的方法确定图 2.83 所示电路中的电流 i_0。

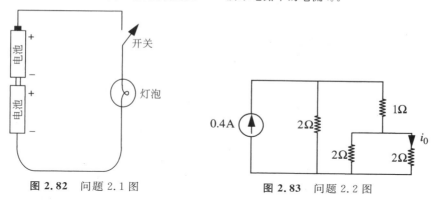

图 2.82　问题 2.1 图　　　　图 2.83　问题 2.2 图

问题 2.3　求图 2.84 所示电路 A、B 节点间的电阻。所有电阻均为 1Ω。

问题 2.4　在图 2.85 所示电路中,寻找分别满足下列条件的 R_1。

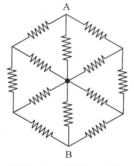

图 2.84　问题 2.3 图

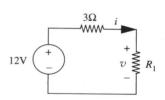

图 2.85　问题 2.4 图

(1) $v=3\mathrm{V}$；

(2) $v=0\mathrm{V}$；

(3) $i=3\mathrm{A}$；

(4) R_1 上消耗的功率为 12W。

问题 2.5 求图 2.86 所示每个电路指定端口看进去的等效电阻 R_T。

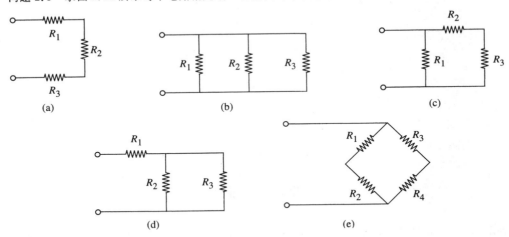

图 2.86 问题 2.5 图

问题 2.6 图 2.87 的每个网络中，求所有变量的数值。

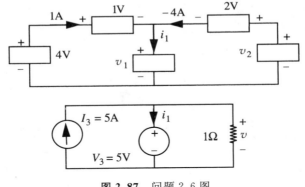

图 2.87 问题 2.6 图

问题 2.7 图 2.88 所示电路中，用电路其他参数来明确地表示 i_3。

问题 2.8 确定图 2.89 所示电路的 v_3。

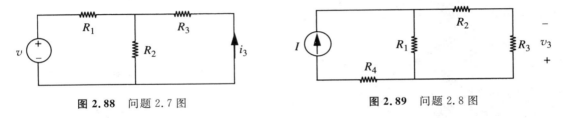

图 2.88 问题 2.7 图　　　　图 2.89 问题 2.8 图

问题 2.9 计算图 2.90 所示电路中电阻 R 消耗的功率。

问题 2.10 设计电阻衰减器，使得 $v_\circ=v_\mathrm{i}/1000$。采用图 2.91 所示电路，而且使用实验室中可以获得

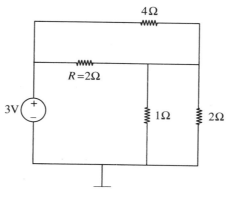

图 2.90　问题 2.9 图

的电阻值。该问题是不定问题,有许多个解。

　　问题 2.11　考虑图 2.92 所示的网络,一个非理想电池驱动一个负荷电阻 R_L。电池的模型是一个电压源 V_S 与一个电阻 R_S 串联。进行下列有关功率传输的证明。

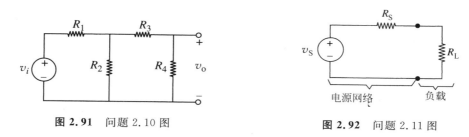

图 2.91　问题 2.10 图　　　　　　　　　　**图 2.92**　问题 2.11 图

　　(1) 证明如果 R_L 固定,R_S 改变,R_L 上消耗的功率当 $R_S = 0$ 时最大。

　　(2) 证明如果 R_S 固定,R_L 改变,R_L 上消耗的功率当 $R_S = R_L$ 时最大("电阻匹配")。

　　(3) 证明如果 R_S 固定,R_L 改变,R_L 获得最大功率的条件是 R_S 和 R_L 消耗的功率相同。

　　问题 2.12　绘出图 2.93 所示电路的 $v\text{-}i$ 特性,标出截距和斜率。

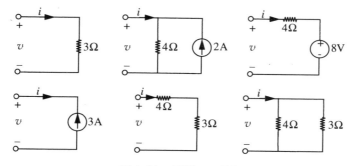

图 2.93　问题 2.12 图

　　问题 2.13

　　(1) 求图 2.94 所示电路的 i_1, i_2 和 i_3。注意 i_3 并不遵循常见的电流方向规范。

　　(2) 验证该网络中功率守恒。

　　问题 2.14　假设有一个由无源二端电阻元件组成的任意网络。该网络中任一元件的 $v\text{-}i$ 特性除经过原点外与 v 轴和 i 轴均无交点。证明网络中所有支路电流和支路电压均为零。

问题 2.15　给每个电阻指定电压变量和电流变量,求图 2.95 所示电路中电阻 R_4 上的电压。

图 2.94　问题 2.13 图　　　　　图 2.95　问题 2.15 图

问题 2.16　求图 2.96 所示电路中每个字母节点(A,B,C,D)和地节点之间的电位差。

问题 2.17　求图 2.97 所示电路中节点 C 与地节点之间的电压。

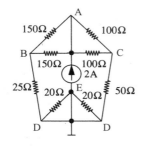

图 2.96　问题 2.16 图

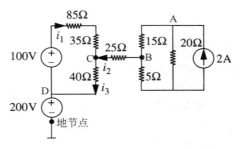

图 2.97　问题 2.17 图

第 3 章

网络定理

3.1 概述

第 2 章介绍的基本网络分析方法是基础,但还需要一些扩展。有一些我们经常遇到的复杂问题。在这些问题中,我们对与一个输入变量相关的另一个输出变量感兴趣。比如,在分析高保真音频放大器时,我们通常仅对输出端电压与输入端电压的关系感兴趣。我们对中间的电压和电流变量并没有兴趣。但如果采用第 2 章介绍的分析方法,我们需要定义所有变量,然后系统地消除那些不感兴趣的变量。更糟糕的是,带有 N 条支路的电路中,每条支路都需要求解电压和电流,一般来讲,这将导致 $2N$ 个未知支路变量。这就是说,需要同时求解 $2N$ 个方程才能完成分析过程。甚至对于一个比较简单的电路来说,$2N$ 个方程都可能难以处理。

幸运的是,电路分析有更为有效的方法。本章将介绍这些方法。本章中我们介绍若干电路定理,这些定理都基于第 2 章的基本方法,但却能够大大简化电路分析,并为我们提供深入了解电路性质的工具。这些定理还为我们提供了更多的电路分析基本结论和一些更高级别的抽象。

本章介绍的第一个有效方法称作节点法,它是电路分析的基础,可应用于任意电路(包括线性和非线性电路)。节点法求解的是一系列称作节点电压的变量。因此在介绍节点法之前,让我们首先讨论节点电压的概念,并熟悉有关节点电压的运算。

3.2 节点电压

在第 1 和第 2 章中我们主要求解支路电压。支路电压就是一个支路中元件两端的电位差。类似地,我们可以定义节点电压。

> 节点电压就是给定节点和另一个节点(称作参考节点)之间的电位差。参考节点也称为地。

电流总是从具有较高电位的节点流向具有较低电位的节点。

虽然事实上参考节点的选择是任意的,但通常选择连接电路元件数量最多的节点作为参考节点。该节点的电位定义为 0V,或地零电位(ground-zero potential)。在电气和电子电路中,该节点通常对应于系统的"共地",通常与系统的接地点相连。由于元件的性质仅与其支路电压有关,而与其接线端的绝对电压没关系,因此可以把地节点定义为零电位。我们可以给电路中所有接线端电压增加相同的任意常数电位而不影响电路的工作,这样就使得任意节点都可以被选择为地。如果某个节点的电位低于地节点电位,则该节点电位为负值。

图 3.1(a)表示了我们在第 2 章见过的一个电路,图中说明了一些符号。节点 c 被选作地。上下颠倒"T"字形符号用来表示地节点。节点 a 和 b 是该电路的另外两个节点,其节点电压 e_a 和 e_b 标注在图上。图 3.1(b)说明了节点电压测量的是相对地节点的电压。

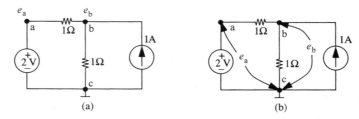

图 3.1　地节点和节点电压

下面来练习节点电压的运算。图 3.2 表示图 3.1 所示电路中一系列已知支路电压和支路电流的情况。下面来确定节点电压 e_a 和 e_b。节点电压 e_a 是节点 a 和节点 c 之间的电位差。为了计算出这个电位差,让我们从节点 c 开始沿着路径 c→a 累积电位差。从节点 c 开始,通过电压源并达到节点 a 有一个 2V 的电位增。因此 $e_a = 2V$。

类似地,e_b 是节点 b 和节点 c 之间的电位差。因此,从节点 c 出发,通过 1Ω 电阻达到节点 b,注意到这里有一个 1.5V 的电位增。于是 $e_b = 1.5V$。

根据 KVL 可知,给定节点的电压与进行电压累积的路径无关。因此,下面通过路径 c→a→b 来验证求得的 e_b 值与通过路径 c→b 求得的是否一样。从节点 c 开始,通过电压源并达到节点 a 时获得 2V 的电压增,然后继续向节点 b 进发,注意到 1Ω 电阻上有 0.5V 的电压降,从而得到 e_b 的值为 1.5V,和前面得到的一样。

下面章节很快就要讲到,节点法求解电路中所有节点电压。一旦求得节点电压,我们就可以确定所有支路变量。图 3.3 表示图 3.1 所示电路已知节点电压的例子。接下来确定支路变量的值。

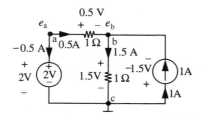

图 3.2　根据支路变量确定节点电压

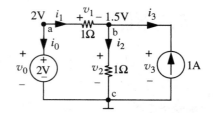

图 3.3　根据节点电压确定支路变量

首先来确定 v_1 的值。支路电压 v_1 是节点 a 和节点 b 之间的电位差。换句话说

$$v_1 = e_a - e_b = 2V - 1.5V = 0.5V$$

在根据一对节点电压确定支路电压时需要小心电压的极性。如图 3.4 所示,支路电压 v_{ab} 与节点电压 v_a 和 v_b 之间关系为

$$v_{ab} = v_a - v_b \qquad\qquad (3.1)$$

根据直觉可知,如果 $v_a > v_b$,则 v_{ab} 当其正号标在 v_a 电压节点处时为正值。

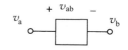

图 3.4　元件的支路电压和节点电压关系：$v_{ab} = v_a - v_b$

类似地,注意到地节点电位为 0V

$$v_0 = e_a - e_c = 2V - 0V = 2V$$

和

$$v_2 = v_3 = e_b - e_c = 1.5V - 0V = 1.5V$$

支路电流可根据支路电压和元件定律轻松求得。

$$i_1 = \frac{v_1}{1\Omega} = 0.5A$$

$$i_2 = \frac{v_2}{1\Omega} = 1.5A$$

$$i_0 = -i_1 = -0.5A$$

$$i_3 = -1A$$

例 3.1　节点电压　确定图 3.5 中节点 c 和 b 的电压。假设节点 g 是地节点。

解　设 v_c 和 v_b 分别表示节点 c 和节点 b 的电压。为了求 v_c,沿着路径 g→f→c 计算。由图可知,从 g 到 f 有 1V 的电位增,从 f 到 c 有 −2V 的电位增,从而导致节点 c 的累积电位增为 −1V,因此 $v_c = -1V$。

类似地,由于节点 b 比节点 c 高 4V,因此有

$$v_b = 4V + v_c = 4V - 1V = 3V$$

例 3.2　支路电压　图 3.6 所示电路中所有节点电压的测量都是相对节点 e 进行的,求该电路所有支路电压。

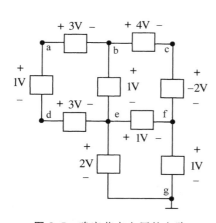

图 3.5　确定节点电压的电路

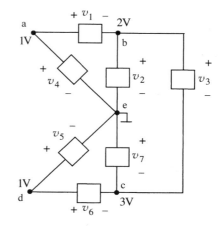

图 3.6　确定支路电压的电路

解　可通过计算相应节点间的电压差来求每个支路电压。如果用 v_i 来表示支路 i 的电压,则有

$$v_1 = v_a - v_b = -1V$$

$$v_2 = v_b - v_e = 2V$$

$$v_3 = v_b - v_c = -1V$$

$$v_4 = v_a - v_e = 1V$$

$$v_5 = v_d - v_e = 1V$$

$$v_6 = v_d - v_c = -2V$$

$$v_7 = v_e - v_c = -3\,\mathrm{V}$$

一旦求得所有支路电压,支路电流可根据支路电压和元件定律求得。比如如果支路电压 v_1 的元件是电阻,阻值为 $1\mathrm{k}\Omega$,则在关联变量约定下其支路电流 i_1 为

$$i_1 = \frac{v_1}{1\mathrm{k}\Omega} = -1\,\mathrm{mA}$$

到此为止,我们在本节中说明了一旦确定电路的节点电压,就可以通过应用 KVL 确定所有支路电压,然后根据支路电压和元件定律确定所有支路电流。由于可根据节点电压和元件定律来确定支路电流,因此也可以用节点电压和元件参数来列写网络中每个节点的 KCL 方程。虽然现在还看不出这样做的目的何在,但在 3.3 节中将利用这一观点。

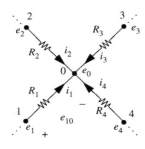

图 3.7 列写 KCL 的电路

比如,考虑图 3.7 所示电路。让我们直接用 e_0, e_1, e_2, e_3 和 e_4(相对于某个地节点)来列写节点 0 的 KCL。

首先确定流经 R_1 并注入节点 0 的电流。电阻 R_1 上的支路电压可根据 KVL 求得

$$e_{10} = e_1 - e_0$$

其中 e_{10} 的负号定义在节点 0 上。因此流经 R_1 并注入节点 0 的电流可根据电阻的元件定律求得

$$i_1 = \frac{e_{10}}{R_1}$$

用节点电压形式表达为

$$i_1 = \frac{e_1 - e_0}{R_1}$$

可以用类似的方法来确定注入节点 0 的其余电流。

$$i_2 = \frac{e_2 - e_0}{R_2}$$

$$i_3 = \frac{e_3 - e_0}{R_3}$$

$$i_4 = \frac{e_4 - e_0}{R_4}$$

现在可以用节点电压和元件参数来列写节点 0 的 KCL 方程。

$$\frac{e_1 - e_0}{R_1} + \frac{e_3 - e_0}{R_2} + \frac{e_3 - e_0}{R_3} + \frac{e_4 - e_0}{R_4} = 0 \tag{3.2}$$

例 3.3 KCL 证明 图 3.8 中电压为 $e = 7\mathrm{V}$ 的节点满足 KCL。

证明 如果节点电压为 e 的节点满足 KCL,则流出该节点的电流一定为零。换句话说

$$2\mathrm{A} + \frac{(7-0)\mathrm{V}}{1\Omega} + \frac{(7-0)\mathrm{V}}{7\Omega} - 10\mathrm{A}$$

一定为 0。容易看出,上述表达等于 0,因此满足 KCL。

例 3.4 更多的 KCL 图 3.9 表示包括 3 个节点(节点 1,节点 2 和节点 3)的一部分电路。相对于某个地的节点电压如图所示。

(1) 用节点电压和元件参数来列写图 3.9 中节点 2 的 KCL。

(2) 确定电流源的电流 I。

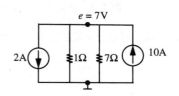

图 3.8 满足 KCL

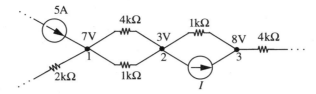

图 3.9 包含 3 个节点的部分电路

解 用节点电压和元件值来列写节点 2 的 KCL 为

$$\frac{3V-7V}{4k\Omega} + \frac{3V-7V}{1k\Omega} + \frac{3V-8V}{1k\Omega} + I = 0$$

简化上式得到 $I = 10\text{mA}$。

简言之,电压定义的是两点之间的电位差。支路电压即为支路接线端间的电位差,节点电压即为两个节点间的电位差。因此测量电压的仪器都有两个接头,一个用来连接待求节点,另一个用来连接参考节点或地节点。于是在我们指一个节点电压时,我们同时隐含地说明了参考一个公共地节点的意思。

有意思的是,两个节点之间的电位差很容易用一个在高压线上悬挂着的人来举例说明。虽然我们并不鼓励这样做,但是悬挂在高压线上的人是安全的,除非他身体的某个部分接触到地。但是,如果那个人接触到地或者具有不同电位的另一根线,则他的身体会通过致命的电流。

下一节的节点法将用节点电压作为变量。节点法求解出节点电压后,从本节的介绍可以看出,完全可以确定所有支路电压和支路电流。

3.3 节点法

可能节点法是电路分析诸多方法中最为强大的方法。节点法基于元件定律、KCL 和 KVL 的组合,可以和第 2 章介绍的方法一样视为基本求解方法。该方法并未引入新的物理概念,处理的也是相同的信息。但节点法将电路分析以一种更易处理的方式组织起来,这也就是节点法功能强大的原因之所在[①]。

下面用例子来说明方法。假设我们需要求图 3.10 所示电路中 R_1 上的电压和流经的电流。注意到图中的电路与我们用基本方法分析的图 2.56 所示电路完全一样,因此节点法分析必须得到与式(2.151)和式(2.147)一样的 R_1 上支路电压与电流的结果。对于节点法分析来说,不是定义网络中所有元件上的电压变量和电流变量,而是选择节点电压作为变量。

前面一节讨论过,由于节点电压是相对于一个公共参考点定义的,因此我们首先需要选择参考地节点。虽然可将任意节点选为地节点,但将有些节点选为地节点会更有利。这

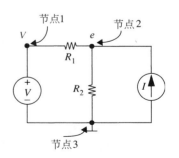

图 3.10 电阻电路

---

① 虽然一般来说节点法很简单,但如果出现浮动独立电压源和受控源,处理起来也比较复杂。注意浮动独立电压源没有任何一个接线端与地相连,这里指的相连为或者直接,或者通过一个或更多其他独立电压源相连的情况。但我们首先介绍不包括这些复杂情况的节点法,接下来处理这些复杂情况。

些更有利的节点包括连接电路元件数量最多的节点。另一种有利的节点是连接电压源数量最多的节点。有时选择一个特定的地节点可以增加对电路性质的直觉理解。此外,有时候相对某个节点的电压测量更为方便或安全,此时该节点自然就被选作地节点。

图 3.10 中定义了一种可能的地节点和对应的节点电压的选择方式。由于节点 3 有 3 条支路并且与电压源直接相连,因此适于将其选择为地节点。由于独立电压源的电压 V 已知,我们可以利用独立电压源的元件定律直接标注节点 1 的电压为 V。这样我们就只需求一个未知节点电压 e 了。节点电压自动满足 KVL。因此无需列写 KVL 方程。为了说明这一点,我们来列写回路中的 KVL 方程,得到

$$-V + (V - e) + e = 0 \tag{3.3}$$
$$-e + e = 0 \tag{3.4}$$

这两个方程对于所有的节点电压变量取值来说都恒等于零。因此可以说,这种电压变量的选择方式自动满足 KVL。因此求解电路无需列写 KVL 方程,而是直接列写 KCL 方程即可。此外为了节省时间,可直接利用节点电压和电阻值来列写 KCL 方程。由于我们只有一个未知变量 e,因此只需要一个方程。因此在节点 2 有

$$\frac{e - V}{R_1} + \frac{e}{R_2} - I = 0 \tag{3.5}$$

注意到上式实际上是将两步合并起来表示:(1)列写用支路电流表示的 KCL 方程和(2)根据 KVL 和元件定律用节点电压和元件参数来替代支路电流。将这两步合并可以无需定义支路电流。

注意到上面的介绍中仅有一个未知变量和一个方程,而用第 2 章介绍的 KVL 和 KCL 方法我们则需要列写 8 个方程,求解出 8 个未知变量。进一步注意到每个电阻的元件定律和所有该电路独立的 KVL 方程都在列写式(3.5)的过程中用到了。

现在可以得到确定电压 e 的方程

$$e\left(\frac{1}{R_1} + \frac{1}{R_2}\right) = I + \frac{V}{R_1} \tag{3.6}$$

此时检查量纲是明智的,上式中的每一项都应该具有电流的量纲。如果用电导来替换电阻并重写上式,将得到一些简化。

$$e(G_1 + G_2) = I + VG_1 \tag{3.7}$$

其中,$G_1 = 1/R_1$,$G_2 = 1/R_2$。进一步简化得到

$$e = \frac{1}{G_1 + G_2}I + \frac{G_1}{G_1 + G_2}V \tag{3.8}$$

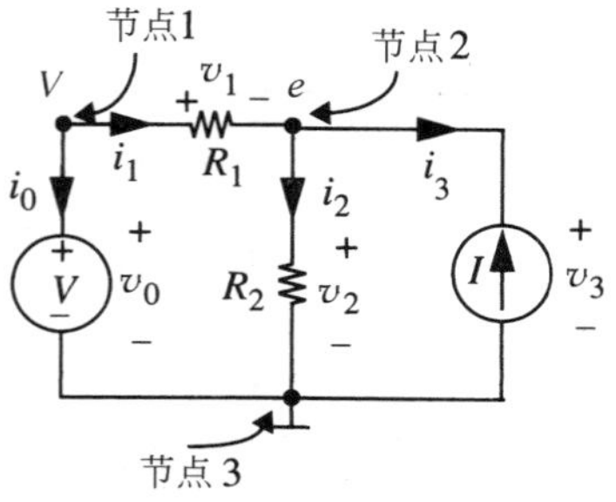

用电阻形式来表达即

$$e = \frac{R_1 R_2}{R_1 + R_2}I + \frac{R_2}{R_1 + R_2}V \tag{3.9}$$

一旦确定了节点电压的值,我们就可以轻松地利用节点电压并根据 KVL 和构成关系获得支路电流和支路电压。比如,假设我们仅对 R_1 上的 v_1 和流经 R_1 的 i_1 感兴趣,如图 3.11 所示。则

图 3.11 一个电阻电路

$$v_1 = V - e = -\frac{1}{G_1 + G_2}I + \frac{G_2}{G_1 + G_2}V \tag{3.10}$$

和

$$i_1 = (V - e)G_1 = -\frac{G_1}{G_1 + G_2}I + \frac{G_1 G_2}{G_1 + G_2}V \tag{3.11}$$

用电阻形式表示的 v_1 和 i_1 为

$$v_1 = -\frac{R_1 R_2}{R_1 + R_2}I + \frac{R_1}{R_1 + R_2}V$$

和

$$i_1 = -\frac{R_2}{R_1 + R_2}I + \frac{1}{R_1 + R_2}V$$

出于完整性的考虑，让我们继续确定其余支路电压和电流。

$$v_0 = V \tag{3.12}$$

$$v_2 = v_3 = e = \frac{1}{G_1 + G_2}I + \frac{G_1}{G_1 + G_2}V \tag{3.13}$$

$$i_0 = -i_1 = \frac{G_1}{G_1 + G_2}I - \frac{G_1 G_2}{G_1 + G_2}V \tag{3.14}$$

$$i_2 = eG_2 = \frac{G_2}{G_1 + G_2}I + \frac{G_1 G_2}{G_1 + G_2}V \tag{3.15}$$

$$i_3 = -I \tag{3.16}$$

这样就完成了分析过程。

将式(3.12)至式(3.16)所示结果与第 2 章式(2.147)至式(2.152)所示结果比较可知，节点法分析与直接分析得到的支路量表达式相同。但节点法分析以更简单的方式求得相同的结果。第 2 章讨论的直接分析需要同时求解 8 个方程，即式(2.139)至式(2.146)，节点法分析只需求解 1 个方程(即式(3.5))然后对解进行简单运算即可求得所有支路量。

　　总结一下，节点法所需的步骤为：

　　(1) 选择一个被称为地的参考节点，所有电压的测量都相对该节点。定义其电位为 0V。

　　(2) 标注其余节点关于地节点的电位。将任何通过独立电压源或受控电压源连接到地节点的节点标注为电压源的电压值。其余节点的电压构成待求解的未知量，需要进行标注。本章中我们将用符号 e 来表示未知节点的电压。由于一般电路中节点数比支路数少得多，因此节点分析需要确定的未知量要少得多。

　　(3) 为每个具有未知节点电压的节点列写 KCL 方程(地节点和通过电压源连接至地的节点无需列写)，根据 KVL 和元件定律用节点电压和元件参数来直接表示电流。

　　(4) 求解第(3)步得到的方程，求得未知的节点电压。这是分析过程中最困难的一步。

　　(5) 反过来求解支路电压和支路电流。具体来说，用节点电压和 KVL 来确定所需的支路电压。然后用支路电压、元件定律和 KCL 来确定所需的支路电流。

　　此时比较适合对节点法列写出来的方程进行一些评价。虽然在上述例子中，式(3.8)的电导组合项没有什么特别的意义，但在节点电压方程的一般形式中很有用。式(3.8)等号右边有两项。每个电源一项，而且电源项在方程中是相加，而不是相乘。如果电路由线性元件构成，则方程总是这种形式。事实上我们利用这种特性来定义线性网络：如果输入

ax_1+bx_2 的响应等于 a 乘以 x_1 独立作用的响应加上 b 乘以 x_2 独立作用的响应,则该网络是线性的。即如果 $f(x)$ 是某个激励 x 的响应,则线性系统的充要条件为

$$f(ax_1+bx_2)=af(x_1)+bf(x_2) \qquad (3.17)$$

3.3.1 节点法:第二个例子

第二个节点法分析的例子稍微复杂一点,即图 3.12 所示电路。该电路除增加了一个独立电流源外,其余与图 2.46 所示电路相同。特别地,假设我们对电阻 R_3 上的电压和电流感兴趣。

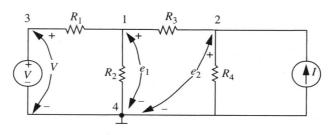

图 3.12 电阻电路

节点分析中的前两步(即选择地节点和标注节点电压)均已完成。如图所示,节点 4 被选作地节点,节点 3 标注为独立电源的电压 V,节点 1 和节点 2 分别标注为未知节点电压 e_1 和 e_2。由于节点 4 连接的支路数量最多,而且直接与电压源相连,因此最适合作为地节点。

接下来进行第(3)步,用未知节点电压在节点 1 和节点 2 上列写 KCL 方程。得到节点 1 的方程为

$$\frac{V-e_1}{R_1}+\frac{e_2-e_1}{R_3}-\frac{e_1}{R_2}=0 \qquad (3.18)$$

节点 2 的方程为

$$\frac{e_1-e_2}{R_3}-\frac{e_2}{R_4}+I=0 \qquad (3.19)$$

注意到在上面这一步中我们列写了 2 个方程,具有 2 个未知数,而第 2 章的 KVL 和 KCL 方法将列写具有 12 个未知数的 12 个方程。现在可用标准的线性代数方法来确定电压 e_1 和 e_2。首先重新整理方程,将电源项放到等号左边,变量放到等号右边。

$$\frac{V}{R_1}=e_1\left(\frac{1}{R_1}+\frac{1}{R_2}+\frac{1}{R_3}\right)-\frac{e_2}{R_3} \qquad (3.20)$$

$$I=-\frac{e_1}{R_3}+e_2\left(\frac{1}{R_3}+\frac{1}{R_4}\right) \qquad (3.21)$$

用电导的形式重写上式可简化计算

$$G_1V=e_1(G_1+G_2+G_3)-e_2G_3 \qquad (3.22)$$

$$I=-e_1G_3+e_2(G_3+G_4) \qquad (3.23)$$

应用克莱姆法则(参见附录 D)得到

$$e_1=\frac{VG_1(G_3+G_4)+IG_3}{(G_1+G_2+G_3)(G_3+G_4)-G_3^2} \qquad (3.24)$$

$$= \frac{V(G_1G_3 + G_1G_4) + IG_3}{G_1G_3 + G_1G_4 + G_2G_3 + G_2G_4 + G_3G_4} \tag{3.25}$$

类似地,我们也得到 e_2。

$$e_2 = \frac{G_1G_3V + (G_1 + G_2 + G_3)I}{(G_1 + G_2 + G_3)(G_3 + G_4) - G_3^2} \tag{3.26}$$

现在所有节点电压均已知,根据节点电压可利用 KVL 和构成关系求出电路中所有支路变量。比如假设 R_3 上的电压为 v_3,流经 R_3 的电流为 i_3,如图 3.13 所示。则

$$v_3 = e_1 - e_2$$

和

$$i_3 = \frac{e_1 - e_2}{R_3}$$

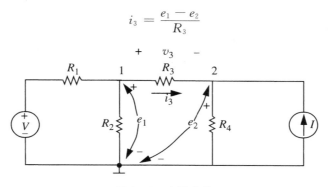

图 3.13　电阻电路

在图 3.12 所示电路中,如果 $I = 0$,则与图 2.46 所示电路完全相同,因此在 $I = 0$ 的前提下用基本方法和节点法分析这两个电路得到的结果应该相同。因此读者可将上面得到的 v_3 和 i_3 与式(2.135)和式(2.131)进行比较。

这个例子说明了一个重要的电路性质:节点方程的结构与电路的拓扑密切相关。下面我们就来简单介绍一下这个性质,3.3.4 节中将继续讨论这个问题。首先让我们写出式(3.22)和式(3.23)的矩阵形式如下

$$\begin{bmatrix} G_1 + G_2 + G_3 & -G_3 \\ -G_3 & G_3 + G_4 \end{bmatrix} \begin{bmatrix} e_1 \\ e_2 \end{bmatrix} = \begin{bmatrix} G_1 & 0 \\ 0 & 1 \end{bmatrix} \begin{bmatrix} V \\ I \end{bmatrix} \tag{3.27}$$

上述矩阵方程具有下面的形式

$$\boldsymbol{Ge} = \boldsymbol{Ss} \tag{3.28}$$

其中 e 是未知电压的列向量,s 是已知电源幅值的列向量。G 称作电导矩阵,S 称作电压矩阵。式(3.22)是关于 e_1 节点的方程,由图 3.12 可知 e_1 项的系数(G 矩阵第一行的第一项)就是与 e_1 节点相连的电导之和。类似地在式(3.23)中,e_2 项的系数(G 矩阵第二行的第二项)也是与 e_2 节点相连的电导之和。上述这些项通常称作"自"电导。非对角线系数代表了对应节点间的电导,称作"互"电导。比如在式(3.22)中,e_2 项的系数(G 矩阵第一行的第二项)就是 e_1 节点(由于这是关于 e_1 的方程)和 e_2 节点之间的互电导。对于线性电阻电路来说,如果方程中主对角线元素都是正的,则非对角线项都是负的。

不言而喻,在由线性电阻构成的电路中,e_1 与 e_2 之间的互电导等于 e_2 与 e_1 之间的互电导。因此节点方程中的两个非对角线元素相等。更为一般的结论是,线性电阻电路中节点方程的系数关于主对角线镜像对称,从 G 矩阵可以看出这个特点。但如果我们不在定义节

点电压的节点应用 KCL,则不存在这种有用的拓扑约束。虽然这种过程从数学上讲是正确的(新的方程可通过对原有方程式(3.22)和式(3.23)的代数变换得到),但得到的矩阵不再具有对称性。

有意思的是,SPICE 软件就利用节点法来求解电路。该程序将一个描述电路拓扑结构的文件作为输入,系统地进行节点分析,得到如式(3.27)所示的矩阵方程。然后该软件用标准的线性代数方法求解出未知向量 e。

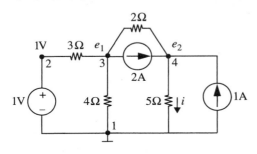

图 3.14 确定未知电流 i

例 3.5 节点法 确定图 3.14 所示电路中流经 5Ω 电阻的电流 i。

解 用节点法来求解该电路。在节点分析的第(1)步中将节点 1 选作地节点,如图 3.14 所示。

第(2)步标注其余节点关于地节点的电位。图 3.14 表示了标注的结果。由于节点 2 通过独立电压源与地节点相连,因此将其标注为电源电压,即 1V。节点 3 标注为节点电压 e_1,节点 4 标注为节点电压 e_2。

接下来进行第(3)步,在节点 3 和节点 4 上列写 KCL。
节点 3 的 KCL 为

$$\frac{e_1 - 1\text{V}}{3\Omega} + \frac{e_1}{4\Omega} + \frac{e_1 - e_2}{2\Omega} + 2\text{A} = 0$$

节点 4 的 KCL 为

$$-2\text{A} + \frac{e_2 - e_1}{2\Omega} + \frac{e_2}{5\Omega} - 1\text{A} = 0$$

下面进行第(4)步,求解上述方程并确定未知的节点电压。

$$e_1 = 0.65\text{V}$$

$$e_2 = 4.75\text{V}$$

可以确定 i 为

$$i = 4.75/5 = 0.95\text{A}$$

例 3.6 用节点法求解分压器电路 为避免读者形成这样的印象,即节点法仅适用于具有许多节点的复杂电路,我们将节点法应用于图 3.15 所示的简单分压器电路以求得 v_O。

解 图 3.15 表示了地节点的选择。图 3.15 所示电路只有 1 个未知节点电压(v_O),也标注于图中。因此第(1)步和第(2)步都完成了。

在第(3)步中,我们用未知节点电压列写节点的 KCL 方程

$$\frac{v_O - 9\text{V}}{1\text{k}\Omega} + \frac{v_O}{2\text{k}\Omega} = 0$$

等式两边都乘以 2kΩ 得到

$$2v_O - 18\text{V} + v_O = 0$$

解出

$$v_O = 6\text{V}$$

例 3.7 用节点法求节点电压 用节点法求图 3.16 所示电路的节点电压 v_O。

解 图 3.16 所示电路只有 1 个未知节点电压(v_O),如图所示。图 3.16 还标明了地节点,因此第(1)步和第(2)步都完成了。

在第(3)步中,我们用未知节点电压列写节点的 KCL 方程

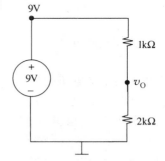

图 3.15 分压器电路

$$\frac{v_O - 5V}{1k\Omega} + \frac{v_O - 6V}{1k\Omega} = 0$$

等式两边都乘以 $1k\Omega$ 得到

$$v_O - 5V + v_O - 6V = 0$$

简化得到

$$v_O = (5V + 6V)/2$$

或

$$v_O = 5.5V$$

图 3.16 所示电路被称作加法器电路,原因是 v_O 与输入电压之和成比例。

例 3.8 更多关于节点法的例子 用节点法确定图 3.17 所示电路的节点电压 v。

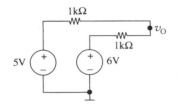

图 3.16 加法器电路

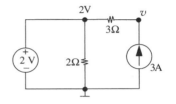

图 3.17 有两个独立源的电路

解 图 3.17 中已经给出地节点和未知节点变量。下面进行第(3)步,用未知电压列写节点的 KCL 方程

$$\frac{v - 2V}{3\Omega} = 3A$$

解得

$$v = 11V$$

请将此处的节点分析与第 2 章图 2.56 所示电路的基本分析方法进行对比。

WWW 例 3.9 更多关于节点法的例子

3.3.2 浮动独立电压源

上面介绍的节点分析方法对于包含浮动独立电压源的电路(如图 3.20 所示)并不适用。浮动独立电压源就是没有任何接线端直接或通过其他独立电压源与地节点相连的独立电压源。节点分析不成立的原因在于独立电压源的元件定律并未将其支路电流与支路电压联系

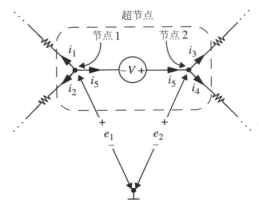

图 3.20 浮动独立电压源以及将其处理为超节点

起来。因此如果电路中包含有浮动独立电压源,则不能完成节点分析的第(3)步。此时需要稍微修改一下节点法。

要想在包含有浮动独立电压源的电路中应用节点分析,需要认识到电源接线端上的节点电压与该电压源的元件定律直接相关。比如在图 3.20 所示电路中应用 KVL 得到

$$e_2 = V + e_1 \tag{3.32}$$

鉴于此,电路的未知节点电压数量可立刻减少一个,原因是 e_1 和 e_2 可利用式(3.32)相互推导出来。因此用来确定未知节点电压的独立 KCL 方程数量也可以减少一个。于是图 3.20 中的节点 1 和节点 2 需要合在一起来完成节点分析第(3)步第一部分的一个 KCL 方程(即为每个未知节点电压列写该节点的 KCL 方程)。在这个 KCL 方程中不能包括电路 i_5,原因在于节点分析第(3)步第二部分(即根据 KVL 和元件定律直接用节点电压差和元件参数来表示电流)无法根据电压源的元件定律确定 i_5。

为了获得所需的节点 1 和节点 2 的 KCL 方程,我们可以画一个包括两个节点的闭合曲线,下面过程中称该曲线所包围的部分为超节点。然后可以为超节点列写 KCL 方程。在图 3.20 的例子中,在超节点上应用 KCL 得到(第(3)步的第一部分)

$$i_1 + i_2 + i_3 + i_4 = 0 \tag{3.33}$$

注意这个 KCL 方程就是下面两个方程之和

$$i_1 + i_2 + i_5 = 0 \tag{3.34}$$

$$i_3 + i_4 - i_5 = 0 \tag{3.35}$$

上面两个方程分别是节点 1 和节点 2 的 KCL 方程。然后在第(3)步的第二部分中,用节点电压和元件参数来替换电流。在这个例子中,i_1 和 i_2 用 e_1 与 i_1 和 i_2 流经的元件参数来确定。类似地,i_3 和 i_4 用 $e_1 + V$ 与 i_3 和 i_4 流经的元件参数来确定。这样只有 e_1 作为节点电压未知量。

当然也可以用 $e_2 - V$ 来确定 i_1 和 i_2,用 e_2 来确定 i_3 和 i_4,这样只有 e_2 作为节点电压未知量。最后需要指出,一串浮动独立电压源的处理方法和一个浮动独立电压源的处理方法完全一样。

现在用图 3.21 所示电路来说明包含浮动独立电压源电路的节点分析方法。该电路除了节点 2 选作地节点并且节点 1 和节点 3 的定义有所不同以外与图 3.10 所示电路完全一样。图中还画出了包含浮动电压源的超节点。

电路中的未知变量 e 是节点 3 的电压。同时注意到超节点的另一个节点(节点 1)上的电压用 $e + V$ 来表示。通过定义地节点和标记节点电压,我们完成了节点分析的第(1)和第(2)步。

下面对超节点进行第(3)步,得到

$$\frac{e+V}{R_1} + \frac{e}{R_2} + I = 0 \tag{3.36}$$

上式中 $(e+V)/R_1$ 是通过 R_1 支路流出超节点的电流(用节点电压和元件参数表示)。类似地 e/R_2 是通过 R_2 流出超节点的电流,I 是从超节点的第 3 条支路流出的电流。

接下来进行第(4)步,求解式(3.36)得到

$$e = -\frac{R_1 R_2}{R_1 + R_2} I - \frac{R_2}{R_1 + R_2} V \tag{3.37}$$

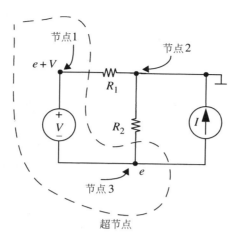

图 3.21　包含浮动独立电压源的电路

在最后完成节点分析之前,求得的 e 可用于节点分析的第(5)步以确定电路的支路电压和支路电流。虽然我们这里不进行这一步,但还是值得指出,如果支路电流和支路电压的定义不变,则这样得到的结果与式(3.10)至式(3.16)得到的结果一样。为了验证上面的话,观察式(3.37)中的 e,除了由于图 3.10 和图 3.21 中关于 e 的定义反号导致它与式(3.9)的符号不同以外,二者完全相同。

　　例 3.10　浮动独立电压源　图 3.22 表示了包含浮动独立电压源电路节点分析的另一个例子。该电路中值为 V_3 的电压源是唯一的浮动独立电压源。由于值为 V_1 的电(压)源在节点 5 连接至地,因此它不是浮动电源,从而节点 1 标记为节点电压 V_1。类似地,值为 V_2 的电源通过已知电压(源)V_1 连接至地,因此它也不是浮动电压源,于是节点 2 标记为已知节点电压 V_1+V_2。因此只有超节点包括的节点 3 和节点 4 的电压是未知的。图中节点 3 标记为未知节点电压 e,因此节点 4 标记为电压 $e+V_3$。

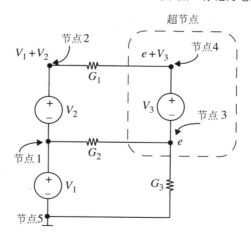

图 3.22　另一个包含浮动独立电压源的电路

　　下面我们对图 3.22 所示超节点执行节点分析的第(3)步,得到

$$G_1\left[(e+V_3)-(V_1+V_2)\right]+G_2(e-V_1)+G_3 e=0 \tag{3.38}$$

这里采用电导来简化表达。在第(4)步中求解式(3.38)得到

$$e = \frac{(G_1 + G_2)V_1 + G_1 V_2 - G_1 V_3}{G_1 + G_2 + G_3} \qquad (3.39)$$

最后,e 的解可在第(5)步中用来确定电路的支路电压和支路电流。我们就不进行这一步了。

3.3.3 节点法在含受控源电路中的应用

如果受控源的元件定律没有将其支路电流与支路电压联系起来,则受控源也有可能使节点分析复杂化。在这种情况下,同样无法应用第(3)步,因此同样需要稍微修改节点分析。由于存在 4 种类型的受控源,控制其运行的支路电压和支路电流可能分布在各种类型的电路元件上,因此无法讨论所有情况。这里我们介绍一种折中的简单方法,可以处理所有的受控源,然后用几个说明性的例子介绍如何使这种方法更为有效。我们将用图 3.23 所示电路来说明方法,该电路包含一个受控电流源,其电流是图中一个支路变量 i 的某种函数。

将节点分析应用于包含受控源电路的方法首先需要假设知道所有受控源的值。这种假设可以使我们将每个受控源看作独立源,并进行前面小节介绍的电路节点分析。比如,对于图 3.23 所示的受控电流源,我们用一个具有某个假设电流(即 I)的独立电流源替换该受控源(如图 3.24 所示),然后进行常规的五步节点分析。在该分析得到的结果中,可将控制受控源的支路变量用假设的电源值来表示。

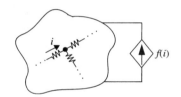

图 3.23　包含受控电流源的电路

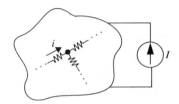

图 3.24　用假设电流值为 I 的独立电流源替代受控电流源

最令人感兴趣的是控制受控源的支路变量。在这个例子中,该支路变量为 i。接下来我们用这个控制变量的表达替换受控源的元件定律,求解得到的方程即得找到受控源的实际值。下面继续对图 3.23 所示的包含受控电流源的电路进行分析,假设 i 可表示为电流 I 的函数,即

$$i = g(I) \qquad (3.40)$$

我们将上面的支路变量的表达式代入到受控电流源的元件定律得到

$$I = f(i) = f(g(I)) \qquad (3.41)$$

并求解出 I。I 的解中不包含 i。注意如果式(3.40)中 i 的表达式中不包含 I,则不需要多余的工作来求解 I,因为 $f(g(I))$ 本身就是 I 的解。

最后我们将受控源的实际值替换回去,换句话说,将 I 的解替换进原来的节点分析,从而完成整个分析过程。

下面举一个具体的例子。假设受控源的函数为

$$f(i) = 10i$$

进一步假设我们求得的用电流 I 表示的 i 的函数为

$$i = g(I) = I/2 + 2\text{A}$$

于是根据式(3.41)有

$$I = f(g(I)) = 10(I/2 + 2\text{A})$$

求解上式得到

$$I = -5\text{A}$$

正如我们所希望的那样,I 的解中不包含变量 i。

这种对基本的节点分析的修改并不总是最有效率的方法,但总是有效的方法。如果受控源的元件定律能够明确用节点电压来表示,则可以采用一种更为直观的方法并不加修改地应用 3.3 节介绍的简单节点分析。在图 3.23 所示例子中,假设左边电路的节点电压如图 3.25 所示。此时容易看出,电流源的元件定律可以容易地用节点电压的形式写为

$$f(i) = f\left(\frac{e_\text{a} - e_\text{b}}{R}\right)$$

同时可不加修改地使用简单的节点分析。我们将用修改的和不修改的两种节点法来求解例题。

为了说明包含受控源电路的改进节点分析方法,请读者考虑图 3.26 所示电路的分析。该电路包括一个 CCCS。为了用节点法来分析该电路,我们首先将这个 CCCS 替换为一个具有未知电流 I 的独立电流源,然后分析该电路。这样得到的电路与图 3.10 所示电路完全一样,我们在 3.3 节中已经用节点法分析过这个问题了。注意图 3.10 中的 I 替换了图 3.26 中的 $a i_1$。于是我们就部分完成了图 3.26 所示电路的分析工作。

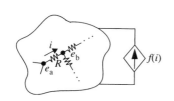

图 3.25　节点电压

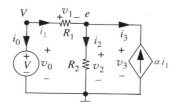

图 3.26　有受控源的电路

图 3.10 所示电路的分析结果可用式(3.10)至式(3.16)来表示。为了方便起见,这里我们重新写出这些公式(用电阻替换了电导)

$$v_0 = V \tag{3.42}$$

$$i_0 = \frac{R_2}{R_1 + R_2}I - \frac{1}{R_1 + R_2}V \tag{3.43}$$

$$v_1 = -\frac{R_1 R_2}{R_1 + R_2}I - \frac{R_1}{R_1 + R_2}V \tag{3.44}$$

$$i_1 = -\frac{R_2}{R_1 + R_2}I + \frac{1}{R_1 + R_2}V \tag{3.45}$$

$$v_2 = v_3 = \frac{R_1 R_2}{R_1 + R_2}I + \frac{R_2}{R_1 + R_2}V \tag{3.46}$$

$$i_2 = \frac{R_1}{R_1 + R_2}I + \frac{1}{R_1 + R_2}V \tag{3.47}$$

$$i_3 = -I \tag{3.48}$$

我们对上述解中的 i_1 特别感兴趣,原因在于 i_1 控制图 3.26 中的 CCCS。利用式(3.45)所示的 i_1 的解得到

$$I = \alpha i_1 = \alpha\left(-\frac{R_2}{R_1+R_2}I + \frac{1}{R_1+R_2}V\right) \tag{3.49}$$

式(3.49)的第一个等式表示图 3.26 中 CCCS 和图 3.10 中的独立电流源的相等关系。接下来的第二个等式用图 3.10 所示电路节点分析结果中的式(3.45)替换 i_1。由于在节点分析中 i_1 由 I 来确定,因此式(3.49)就是关于 I 的隐函数,可以从中求解出 I。

$$I = \frac{\alpha}{R_1+(1+\alpha)R_2}V \tag{3.50}$$

现在就知道 CCCS 的实际值了。

最后用式(3.50)(即 I 的实际值)代入到式(3.42)至式(3.48)得到

$$v_0 = V \tag{3.51}$$

$$i_0 = -\frac{1}{R_1+(1+\alpha)R_2}V \tag{3.52}$$

$$v_1 = \frac{R_1}{R_1+(1+\alpha)R_2}V \tag{3.53}$$

$$i_1 = \frac{1}{R_1+(1+\alpha)R_2}V \tag{3.54}$$

$$v_2 = v_3 = \frac{(1+\alpha)R_2}{R_1+(1+\alpha)R_2}V \tag{3.55}$$

$$i_2 = \frac{1+\alpha}{R_1+(1+\alpha)R_2}V \tag{3.56}$$

$$i_3 = \frac{-\alpha}{R_1+(1+\alpha)R_2}V \tag{3.57}$$

这样就完成了图 3.26 所示电路的分析过程。

虽然上述分析过程并不特别困难,但在许多情况下还是可以采用更有效率的方法。如前所述,由于该 CCCS 可以容易地用节点电压 e 来表示其元件定律,因此可以不加修改地使用 3.3 节介绍的简单节点分析方法。为了验证上述说法,我们从节点分析的第(3)步开始,在 e 定义的节点上应用 KCL 得到方程

$$\frac{e-V}{R_1} + \frac{e}{R_2} - \alpha\frac{V-e}{R_1} = 0 \tag{3.58}$$

注意式(3.58)中的第 3 项用 $(V-e)/R_1$ 来替换 i_1。

接下来的第(4)步求解式(3.58)得到

$$e = \frac{(1+\alpha)R_2}{R_1+(1+\alpha)R_2}V \tag{3.59}$$

该结果与式(3.55)一样。下面可以进行节点分析的其余步骤(即第(5)步)并得到式(3.51)至式(3.57)。但需要指出,包含受控源的节点分析并不总是能够用这种方式简化。

例 3.11 受控电流源 现在让我们来分析一个稍微不同的包含受控源的电路,如图 3.27 所示。图中标出了节点电压 v_0 和 v_1。受控电流源提供电流

$$i_O = f(x)$$

我们将考虑两种情况:

(1)第一种情况中 x 是电压 v_1,电流为

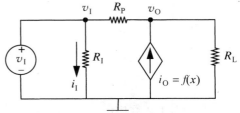

图 3.27 另一个受控电流源电路

$$i_O = -G_m v_I$$

（2）第二种情况中 x 是电流 i_I，电流为

$$i_O = -\beta i_I$$

假设在两种情况中我们均希望将 v_O 表示为 v_I 的函数。

解　先考虑第一种情况，即

$$i_O = -G_m v_I$$

注意到 i_O 直接用节点电压来表示，因此可不加任何修改地直接应用简单节点分析方法，但要记住在列写含未知电压变量 KCL 方程时用受控电流源的元件定律来表示。

由于图 3.27 已经标注了地节点和节点电压，因此节点分析的第（1）步和第（2）步已经完成。

在第（3）步中，我们通过求流入节点的电流来列写未知电压 v_O 节点的 KCL 方程，得到

$$\frac{v_I - v_O}{R_P} + (-G_m v_I) = \frac{v_O}{R_L} \tag{3.60}$$

注意到我们应用了受控电流源的元件定律，即

$$i_O = -G_m v_I$$

来代替从受控电流源流入节点的电流。

通过简化式（3.60）得到

$$v_O = \frac{(1 - G_m R_P)R_L}{R_P + R_L} v_I \tag{3.61}$$

于是我们达到了将 v_O 表示为 v_I 的函数的目的。

下面考虑第二种情况，即

$$i_O = -\beta i_I$$

虽然无法直接用节点电压来表示，但容易看出通过代入 $i_I = v_I/R_I$ 可以将 i_O 用节点电压来表示，即

$$i_O = -\beta v_I/R_I$$

于是和第一种情况一样，我们可以不加修改地应用简单节点分析方法。在节点分析的第（3）步中，我们通过求流入节点的电流来列写未知电压 v_O 节点的 KCL 方程，得到

$$\frac{v_I - v_O}{R_P} + \left(-\beta \frac{v_I}{R_I}\right) = \frac{v_O}{R_L} \tag{3.62}$$

注意到我们使用了受控电流源的元件定律，即

$$i_O = -\beta \frac{v_I}{R_I}$$

来替换受控电流源流入节点的电流。

通过简化式（3.62）得到

$$v_O = \frac{\left(1 - \beta \dfrac{R_P}{R_I}\right)R_L}{R_P + R_L} v_I \tag{3.63}$$

于是我们达到了将 v_O 表示为 v_I 的函数的目的。

WWW 例 3.12　一个更为复杂的受控电流源问题

WWW 3.3.4　电导和电源矩阵*

WWW 3.4　回路法*

WWW 例 3.13　回路法

3.5 叠加定理

3.5.1 独立电源电路的叠加规则

假设我们给图 3.12 所示电路增加一个电源,这样使得电路更加复杂,如图 3.33 所示。用前面介绍的节点分析方法得到

$$(V_1 - e_1)G_2 + (V_2 - e_2)G_2 + (e_2 - e_1)G_3 = 0 \tag{3.97}$$

$$(e_1 - e_2)G_3 - e_2 G_4 + I = 0 \tag{3.98}$$

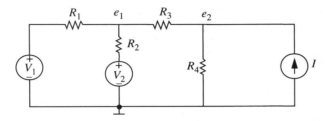

图 3.33 带有 3 个电源的电路

将电源项整理到等式左边得到

$$V_1 G_1 + V_2 G_2 = e(G_1 + G_2 + G_3) - e_2 G_3 \tag{3.99}$$

$$I = -e_1 G_3 + e_2(G_3 + G_4) \tag{3.100}$$

求解出 e_1 为

$$e_1 = \frac{(V_1 G_1 + V_2 G_2)(G_3 + G_4) + I G_3}{(G_1 + G_2 + G_3)(G_3 + G_4) - G_3^2} \tag{3.101}$$

$$= \frac{V_1 G_1 (G_3 + G_4) + V_2 G_2 (G_3 + G_4) + I G_3}{G_1 G_3 + G_1 G_4 + G_2 G_3 + G_2 G_4 + G_3 G_4} \tag{3.102}$$

注意到上面表达具有一定的结构特点:

- 所有分母项均具有相同的符号。因此对于任何非零电导值而言,分母不能为零。(如果分母为零,则对于有限的电源值将得到无穷的 e_1 值,这违背了能量守恒原则。)
- 等号右边的每一项均为一个电源项乘以一个电阻性(或电导性)参数。没有电源项之间的乘积。

现在我们希望将这些数学约束转换为电路约束,以助于寻找多电源网络更为简单的分析方法。特别地,我们希望通过观察图 3.33 就可以得到式(3.102)。从数学上讲,根据线性性质,将式(3.102)中后两个电源均置为 0 不会改变第一项。我们现在必须将这个说法转换为电路语言。数学上我们希望置 V_2 为 0,因此在电路语言中电源 V_2 的电压就是 0。根据定义,无论流经电源 V_2 的电流是多少,其电压均为零,即它成为短路。因此一般来说,将电压源置为零在电路语言中等效为用短路替换该电压源。类似地,将 I 置为零意味着没有电流流经它,这与它的接线端电压没有关系。因此将电流源置为零在电路语言中等效为用开路替换该电流源。这是两个非常重要的基本观点。在图 3.33 中应用这两个概念,我们可以得到式(3.102)中的第一项。通过将图 3.33 中 V_2 和 I 置为 0 构成一个子电路图(图 3.34(a)),

得到 e_1 与 V_1 的关系。于是在图 3.34(a) 中，e_{1A} 就是 V_1 独立作用产生的电压。现在可通过观察该电路，应用分压关系得到 e_{1A}。

$$e_{1A} = V_1 \frac{R_2 \parallel (R_3 + R_4)}{R_1 + R_2 \parallel (R_3 + R_4)} \tag{3.103}$$

式中的两条垂直线是"并联"的速记符号。比如在分子中，该式表示 R_3、R_4 的和与 R_2 并联。如果我们用电导来替代电阻，则计算可以得到简化。使用电导形式的分压关系（式(2.50)）得到

$$e_{1A} = V_1 \frac{G_1}{G_1 + G_2 + G_3 G_4 / (G_3 + G_4)} \tag{3.104}$$

其中两个串联电导 G_3 和 G_4 用式(2.58)来计算。在进行若干变换以后可以发现，这两种表达都与式(3.102)的第一项一样。注意，与式(3.101)和式(3.102)相比，式(3.104)的形式更为简单并体现本质，原因在于用分压关系推导结果体现了电路的基本结构。上面这部分讨论的主要目的就是：想知道 V_1 对于 e_1 的作用效果，可将 V_2 和 I 置为零从而构成一个很容易求解的子电路。

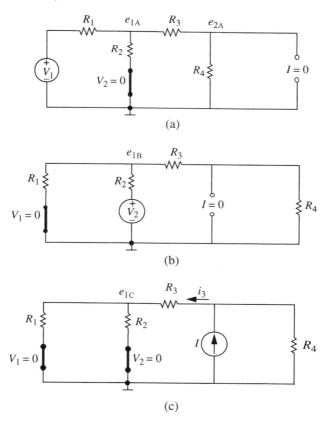

图 3.34　子电路

基于同样的讨论，V_2 和 I 对 e_1 的效果也可分别用图 3.34(b) 和图 3.34(c) 子电路计算出来。对于 V_2，将 V_1 和 I 置为 0 得到的子电路如图 3.34(b) 所示。显然电路图 3.34(a) 和电路图 3.34(b) 具有相同的拓扑，因此 V_2 对于 e_1 的效果可将式(3.103)中 R_1 和 R_2（或

式(3.104)中 G_1 和 G_2) 交换得到。这样就得到 e_{1B},即电压源 V_2 在 e_1 中的成分。

为了求 I 的效果,需要将 V_1 和 V_2 置为 0,即将这两个电压源替换为短路,如图 3.34(c) 所示。现在观察到电源左侧的总电导可由式(2.94)和式(2.58)得到

$$G = \frac{(G_1 + G_2)G_3}{G_1 + G_2 + G_3} \tag{3.105}$$

根据分流关系,流经 R_3 的电流为

$$i_3 = \frac{GI}{G + G_4} \tag{3.106}$$

现在可根据下面的关系求得 e_{1C}。

$$e_{1C} = \frac{i_3}{G_1 + G_2} \tag{3.107}$$

$$= \frac{GI}{(G + G_4)(G_1 + G_2)} \tag{3.108}$$

将式(3.105)代入上式并简化得到

$$e_{1C} = \frac{IG_3}{(G_1 + G_2)G_3 + G_4(G_1 + G_2) + G_3 G_4} \tag{3.109}$$

上式等于式(3.102)中的第三项。

这个例子既说明了如何用叠加法求解具有若干电源的网络,也介绍了如何利用基本结论(指前文所述的分压、分流关系式)通过观察求解电路。将上面的介绍概括起来可以发现,对于任何复杂的线性网络(比如图 3.35 所示网络)都可进行系统的网络分析,从而导致一系列具有如下形式的方程

$$V_1 G_{1a} + V_2 G_{1b} + \cdots + I_1 + \cdots = e_1 G_{11} + e_2 G_{12} + \cdots \tag{3.110}$$
$$V_1 G_{2a} + \cdots \cdots \cdots \cdots = e_1 G_{21} + e_2 G_{22} + \cdots$$
$$V_1 G_{3a} + \cdots \cdots \cdots \cdots = e_1 G_{31} + \cdots$$

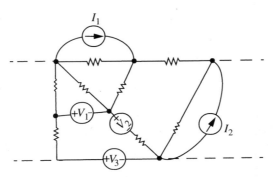

图 3.35　电阻网络

上式用标准形式写出,电源项在每个方程的左边。所有的未知变量均出现在等号右边,每一个均乘以电导(沿着主对角线项为"自"电导之和,其余部分为"互"电导之和)。

进一步,这种线性方程的解总是可以表示为式(3.102)的一般形式,其中待求的电压或电流等于若干仅包含一个电源的项之和。

叠加定理可陈述为:在有若干独立电源的线性网络中,可根据每个独立电源单独作用,其余独立源置为零所求得的响应之和来获得电路的响应。这些单个电源作用的响应可通过

构成一个独立源作用而其余置为零的子电路而容易地求出。

因此线性网络的叠加方法可以陈述为：

叠加方法

（1）为每个独立源构成一个其余独立源置为零的子电路。将电压源置为零意味着用短路替换电压源，将电流源置为零意味着用开路替换电流源。

（2）对于每个给定独立源对应的子电路，求该独立源单独作用的响应。这一步求得若干子响应。

（3）通过将这些子响应相加求得全响应。

例 3.14 平均值电路的叠加分析 用叠加方法验证图 3.36 所示电路中节点电源 v_O 是两个输入电压的平均值。

解 利用叠加方法可使每个电源单独作用的响应相加得到电压 v_O。我们首先求 v_{O5}，即 5V 电源单独作用的响应。5V 电源单独作用所对应的子电路如图 3.37 所示。注意我们短路了 6V 电源。

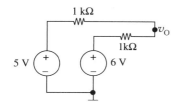

图 3.36 叠加分析用电路

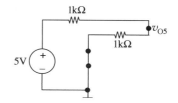

图 3.37 5V 电压源单独作用的电路

根据分压关系，我们知道

$$v_{O5} = \frac{1\mathrm{k}\Omega}{1\mathrm{k}\Omega + 1\mathrm{k}\Omega} \times 5\mathrm{V} = \frac{5}{2}\mathrm{V}$$

下面求 6V 电源单独作用的 v_{O6}。对应于 6V 电源单独作用的子电路如图 3.38 所示。此时我们短路了 5V 电源。

同样根据分压关系得到

$$v_{O6} = \frac{1\mathrm{k}\Omega}{1\mathrm{k}\Omega + 1\mathrm{k}\Omega} \times 6\mathrm{V} = 3\mathrm{V}$$

现在将两个部分响应相加得到

$$v_O = v_{O5} + v_{O6} = 5.5\mathrm{V}$$

容易看出，v_O 是两个输入电压的平均值。

例 3.15 叠加方法的应用 图 3.39 表示包含一个独立电压源和一个独立电流源的电路。确定电流 I。

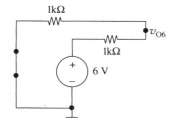

图 3.38 6V 电压源单独作用的电路

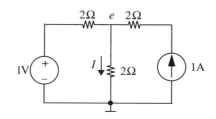

图 3.39 有两个独立源的电路

解 我们将用两种不同的叠加方法来求解该电路。首先，我们用叠加方法求得节点电压 e，然后用 e 的值来确定电流 I。第二种方法直接用叠加方法确定 I。

第一种方法：我们首先用叠加方法来确定 e 的值。利用叠加方法，可将每个电源单独作用的响应相加求得电压 e。我们先求 e_V，即电压源单独作用的响应。电压源单独作用对应的子电路如图 3.40 所示。注意，我们将电流源开路。

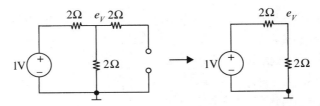

图 3.40 电压源单独作用对应的子电路

根据分压关系，有

$$e_V = \frac{2\Omega}{2\Omega + 2\Omega} \times 1\text{V} = \frac{1}{2}\text{V}$$

接下来求 e_I，即电流源单独作用的响应。电流源单独作用对应的子电路如图 3.41 所示。注意到我们将电压源短路。

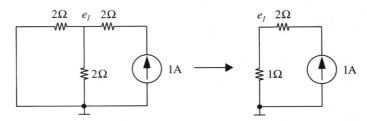

图 3.41 电流源单独作用对应的子电路

我们首先通过将两个 2Ω 的并联电阻替换为一个等效 1Ω 电阻来进行简化，如图 3.41 所示。然后由于 1A 电流源流经每个电阻，因此 1Ω 电阻上的电压等于 e_I。换句话说

$$e_I = 1\text{A} \times 1\Omega = 1\text{V}$$

现在将两个部分响应相加求得 e 的全响应。即

$$e = e_V + e_I = \frac{1}{2}\text{V} + 1\text{V} = 1.5\text{V}$$

可以确定 I 为

$$I = \frac{e}{2\Omega} = 0.75\text{A}$$

第二种方法：下面我们直接利用叠加方法确定 I。叠加定理确保可将每个电源单独作用产生的电流相加得到 I。我们首先求 I_V，即电压源单独作用产生的电流。电压源单独作用对应的子电路如图 3.42 所示。

子电路中的电流由电压除以电阻之和求得。换句话说

$$I_V = \frac{1\text{V}}{2\Omega + 2\Omega} = 0.25\text{A}$$

下面求 I_I，即电流源单独作用产生的电流。电流源单独作用对应的子电路如图 3.43 所示。

根据分流关系，容易看出 $I_I = 0.5\text{A}$（原因是电流源提供的 1A 电流均匀地流入图 3.43 所示子电路中的两个支路中）。

现在将两部分响应相加求得 I 的全响应。即

$$I = I_V + I_I = 0.25\text{A} + 0.5\text{A} = 0.75\text{A}$$

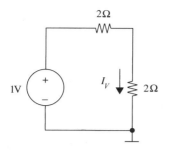

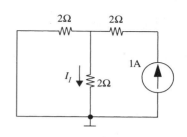

图 3.42 电压源单独作用对应的子电路   图 3.43 电流源单独作用对应的子电路

例 3.16 电阻加法器电路 图 3.44(a)表示了基本的电阻加法器电路。该电路可用于将若干麦克风信号在送入一个放大器之前相加。可注意到该电路是图 3.36 所示电路的推广。后面的章节中将讨论建立这种电路更好的方法,现在这个电路是说明叠加原理的好例子。

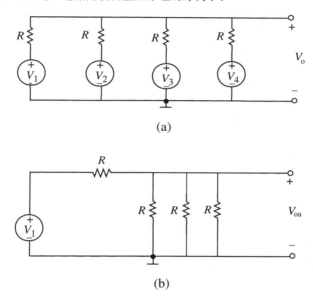

(a)

(b)

图 3.44 电阻加法器电路

解   根据前面的讨论可知,电源 V_1 单独作用对输出电压 V_o 的效果可通过求解一个其余独立电源均被置为零的子电路(本题中意味着用短路来替代 V_2,V_3 和 V_4)得到,如图 3.44(b)所示。设 V_{oa} 代表 V_1 单独作用的响应,可根据观察用分压关系求出

$$V_{oa} = \frac{R/3}{R + R/3}V_1 \tag{3.111}$$

全响应就是 4 个这样的项相加,在本题中 4 项具有相同的系数,即

$$V_o = \frac{1}{4}(V_1 + V_2 + V_3 + V_4) \tag{3.112}$$

注意到这里对于电源的性质没有任何限制(除第 1 章讨论的频率等限制外)。电源可以是直流、正弦波、方波、语音信号或这些信号的混合(信号)。式(3.112)说明输出是这些单独信号之和,每个信号都乘以一个常数(称作"比例系数")。如果输入是 4 个正弦波,每个都具有不同的频率,则输出就是经合比例变换的这 4 个正弦波之和。输出信号中不会出现其他频率的信号。线性系统的一个性质就是无论系统输入端是什么频率的信号,输出端只可能出现这些频率的信号。

WWW 例 3.17 在蜂窝状网络中应用叠加定理

3.5.2 受控源的叠加规则

如果控制规律是线性的,则受控源电路可用第 2 章和第 3 章讨论的分析方法求解。但在应用叠加方法的时候需要小心。叠加方法允许线性多独立源网络通过一次求解一个电源的响应(将其余独立源置为零)来进行求解。将电压源置为零意味着将其替换为短路;将电流源置为零意味着将其替换为开路。全响应是每个源作用的单独响应之和。

> 但是如何处理受控源?比较实际的方法是在电路中保留受控源。于是可以每次求解一个独立源作用(将其余独立源置为零)产生的响应,并将单独作用的响应相加求得全响应。

另一种方法是将受控源也视为独立源,同时在分析的最后一步,它们的控制关系必须用其余网络参数进行反向替代。然而这种方法不太实用。

例 3.18 受控源和叠加法 考虑图 3.49 所示电路。该电路包含两个独立源和一个受控源。采用叠加方法求解出输出电压 v_O。

解 我们将受控电流源保留在电路中,用叠加方法将每个独立源单独作用的响应相加求解电路。

1V 电压源单独作用 图 3.50 表示 1V 电压源单独作用所对应的电路,其中 v_{O1} 是对应的响应。注意受控源保留在电路中,2V 电压源变为短路。

根据分压关系可知

$$v_1 = 0.5\mathrm{V}$$

因此

$$v_{O1} = \frac{1}{100\Omega}v_1 \times 1\mathrm{k}\Omega = 5\mathrm{V}$$

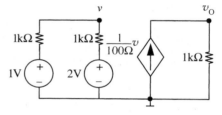

图 3.49 包含两个独立源和一个受控源的电路

2V 电压源单独作用 图 3.51 表示 2V 电压源单独作用所对应的电路,其中 v_{O2} 是对应的响应。

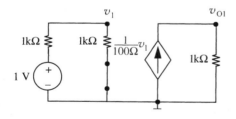

图 3.50 1V 电压源单独作用对应的子电路

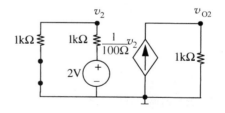

图 3.51 2V 电压源单独作用对应的子电路

根据分压关系可知

$$v_2 = 1\mathrm{V}$$

因此

$$v_{O2} = \frac{1}{100\Omega}v_2 \times 1\mathrm{k}\Omega = 10\mathrm{V}$$

相加两个响应得到全响应为

$$v_O = v_{O1} + v_{O2} = 15\mathrm{V}$$

例 3.19 多个受控源和叠加定理 下面考虑图 3.52 所示的更为复杂的例子。用叠加方法推导出输出电压 v_o 与 v_i 的关系。

解 该电路有两个受控电流源和两个独立电压源(v_1 和 v_2)。我们将两个受控电流源保留在电路中,对每个独立源单独作用产生的响应相加求得全响应。我们还定义两个中间变量,即节点电压 v_a 和 v_b。

v_1 单独作用 我们首先求 v_1 单独作用的响应。图 3.53 表示对应于 v_1 单独作用的电路。v_{o1} 是相应的响应。注意到受控独立源保留在电路中,v_2 被短路。由于 $v_2 = 0$,我们知道 $i_2 = 0$。换句话说,对应的受控电流源开路。

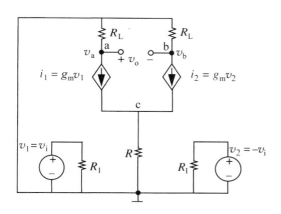

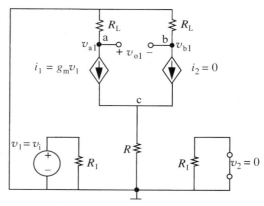

图 3.52 带有多个受控源的电路   **图 3.53** v_1 单独作用对应的子电路

首先要确定 v_{a1} 和 v_{b1},即 v_1 单独作用在节点 a 和 b 产生的节点电压。v_{o1} 即这两个节点电压之差。

由于 $i_2 = 0$,因此与节点 b 相连的电阻 R_L 上没有电压降。因此节点 b 具有地电位。换句话说

$$v_{b1} = 0$$

我们用 KVL 得到 v_{a1}

$$v_{a1} = 0 - i_1 R_L = -g_m v_1 R_L = -g_m v_i R_L$$

因此

$$v_{o1} = v_{a1} - v_{b1} = -g_m v_i R_L$$

v_2 单独作用 图 3.54 表示对应于 v_2 单独作用的电路。v_{o2} 是相应的响应。由于 $v_1 = 0$,我们知道 $i_1 = 0$。

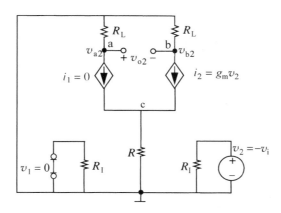

图 3.54 v_2 单独作用对应的子电路

由于 $i_1 = 0$,因此与节点 a 相连的电阻 R_L 上没有电压降。因此节点 a 具有地电位。换句话说

$$v_{a2} = 0$$

我们用 KVL 得到 v_{b2}

$$v_{b2} = 0 - i_2 R_L = -g_m v_2 R_L = -g_m (-v_i) R_L = g_m v_i R_L$$

因此
$$v_{o2} = v_{a2} - v_{b2} = - g_m v_i R_L$$
现在可将每个独立源单独作用的响应相加求得全响应。换句话说
$$v_o = v_{o1} + v_{o2} = -2 g_m v_i R_L$$

3.6 戴维南定理和诺顿定理

3.6.1 戴维南等效网络

如果将叠加的概念稍加扩展,就可以得到两个非常有用的网络定理。这两个定理可使我们避免许多电路分析的细节,并将注意力集中到真正感兴趣的那部分网络中。举例来说,考虑一节电池、一个高保真功率放大器、一个 110V AC 电源插座或一个计算机的电源。怎样才是描述上述系统在输出接线端电气性能的最简单方式?是需要 1 个参数,还是 10 个或者 50 个参数? 显然,用高质量电压表测量出来的电压是一个重要参数(即 1.7 节提到的开路电压)。同时我们还希望知道频率。电池的频率为零,电力线的频率为 60Hz(指北美标准,译者注,在其他国家中为 50Hz 或者 25Hz)等。除此之外,我们还发现了另外一个重要的效应。上述系统向外提供电流时,接线端的电压会降低。如果宿舍电源的接线质量不够好,则电烤箱投入使用时灯泡会变暗。1.7 节还介绍过手电筒的电池在与灯泡连接以后流出电流,同时电压也降低了。如何描述这种效应? 对于电池来说,是否需要测量 100 个不同电流时的接线端电压,然后绘制其特性曲线?

如果系统是线性的,则该问题的答案非常简单。我们下面就会讨论,一对接线端里面任何电压源、电流源和电阻的连接组合都可以表示成一个电压源和一个电阻串联或一个电流源与一个电阻并联的形式。图 1.43 已经提示了这个事实,我们要在这里更为正式地证明它。我们从包含电源和电阻的一般线性网络开始讨论,即图 3.55(a)中封闭曲线内部电路。假设只对出现在右侧的两个接线端感兴趣。我们希望找到这两个接线端中 v 和 i 的关系。

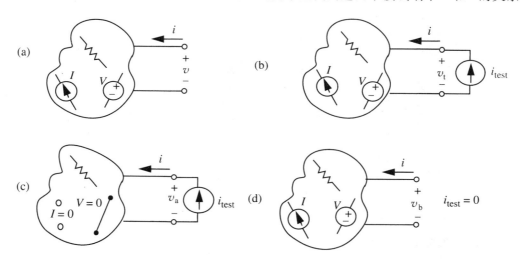

图 3.55 戴维南等效网络的推导

为了用 i 来表示 v，我们需要某种形式的激励并测量响应。如果用一个电压源或者电流源作为激励(而不是一个复杂的激励网络)，则推导过程是最简单的。图 3.55(b)中在端口施加了一个测试电流源。为了能够用叠加定理计算响应 v_t，首先我们将所有内部独立源置为零(如图 3.55(c)所示)并计算出电压 v_a。和 3.5.1 节的讨论一样，将受控源留在电路中。然后将 i_{test} 置为零(如图 3.55(d)所示)并计算 v_b。v_t 的值就等于 $v_a + v_b$。根据图 3.55(c)得到

$$v_a = i_{test} R_t \tag{3.113}$$

其中 R_t 是所有内部独立源置为零以后在两个接线端测量出的电阻。电阻 R_t 被称戴维南等效电阻。根据图 3.55(d)，v_b 显然就是原网络在接线端没有电流流通时的接线端电压，称之为开路电压。即

$$v_b = v_{oc} \tag{3.114}$$

根据叠加定理

$$v_t = v_a + v_b = v_{oc} + i_{test} R_t \tag{3.115}$$

如果网络是线性的，则无论网络的复杂程度如何，均可用这个接线端对上电压和电流的简单关系来描述网络。于是回到前面提出的问题，如果我们给出电池、计算机电源和插座的开路电压和戴维南等效电阻，则在系统可认为是线性的范围内，这些参数就代表了系统在接线端上的全部性质。

式(3.115)在 1.7 节也出现过。该式与式(1.23)一样，即电压源与电阻串联的电压-电流关系。用图形方式来描述就是该方程代表了一条 v-i 平面上的直线，斜率为 $1/R_t$，在电压轴上的截距是 v_{oc}。于是前面的公式可用图 3.56 所示的戴维南等效电路来表征。如果根据图 3.55(c)和图 3.55(d)计算出 v_{oc} 和 R_t，则图 3.56 所示电路和图 3.55(a)所示电路在给定接线端的任意测量值意义上是相同的。换句话说，这两个电路在给定接线端上的任意测量结果都相同。

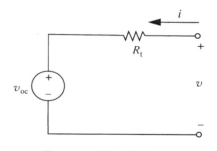

图 3.56　戴维南等效电路

确定戴维南模型的参数需要对电路进行两次独立的测量。下面介绍一种合理的测量方法。在接线端没有电流流通时测量或计算出给定接线端上的电压参数 v_{oc}。

$$v_{oc} = v_t \Big|_{i_{test}=0} \tag{3.116}$$

在所有内部独立源均置为零时测量或计算出 R_t。

$$R_t = \frac{v_t}{i_{test}} \Big|_{internal\ source=0} \tag{3.117}$$

总结一下，戴维南方法使我们可将线性网络在一对给定接线端上抽象为一个电压源和一个电阻的串联。该电压源与电阻串联电路被称为该网络的戴维南等效电路。戴维南等效电路可用来对给定网络对外部电路的作用效果进行建模。

确定戴维南等效电路的方法　任意线性网络在一对给定接线端上的戴维南等效电路包括一个电压源 v_{TH} 和一个电阻 R_{TH} 的串联。电压源 v_{TH} 和电阻 R_{TH} 的求解方法如下。

(1) v_{TH} 可通过原网络在给定接线端对上计算或测量开路电压得到。

（2）R_{TH}可通过将原网络内部所有独立源置为零后计算或测量从接线端对看进去的电阻得到。即用短路来替代独立电压源，用开路来替代独立电流源。但受控源需要保持不变。

例 3.20　戴维南方法　现在用一个简单例子来说明。图 3.57(a)给出了一个网络，图 3.57(b)是该网络从 aa′端口看进去的戴维南等效网络。确定 v_{TH} 和 R_{TH}。

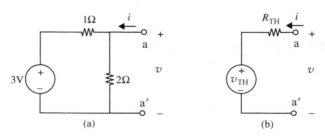

图 3.57　用于说明戴维南方法的电路

（a）原电路；（b）戴维南等效网络

解　戴维南方法的第一步是求给定网络 aa′端口的开路电压 v_{TH}。当没有外部电路元件连接至端口时网络 aa′端口上的电压就是开路电压。注意 2Ω 电阻属于网络的内部，不应该被去掉。图 3.57(a)表示了这种情况。aa′端口上测量的开路电压由分压关系确定

$$v_{\text{TH}} = \frac{2\Omega}{1\Omega + 2\Omega} \times 3\text{V} = 2\text{V}$$

戴维南方法的第二步是将网络内部独立电压源置为零后求从端口 aa′看进去的电阻。即用短路来替换电压源，如图 3.58 所示。

从 aa′端口看进去的电阻为

$$R_{\text{TH}} = 1\Omega \parallel 2\Omega = \frac{2}{3}\Omega$$

得到的戴维南等效电路如图 3.59 所示。

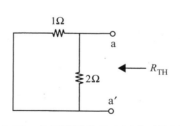

图 3.58　电压源被替换为短路后的网络

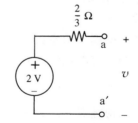

图 3.59　得到的戴维南等效电路

例 3.21　更多关于戴维南方法的讨论　现在用若干相关的例子来说明戴维南方法的作用。首先求图 3.60 所示电路中流经电压源上的电流 I_1。

解　下面用戴维南方法来求解。为了应用戴维南方法，需要将电压源左边的网络（即 aa′接线端对左边的网络，如图 3.61(a)所示）替换为其戴维南等效网络（如图 3.61(b)所示）。一旦完成替换（如图 3.62 所示），则可通过观察求出 I_1。

$$I_1 = \frac{v_{\text{TH}} - 1\text{V}}{R_{\text{TH}}} \tag{3.118}$$

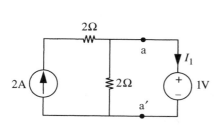

图 3.60 用于说明戴维南方法作用的例子

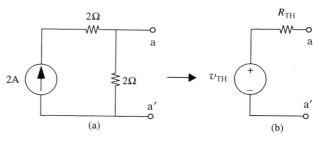

图 3.61 戴维南等效网络

其中 v_{TH} 和 R_{TH} 都是戴维南等效参数。戴维南方法的第一步是测量 v_{TH}。如图 3.63 所示，v_{TH} 是 aa′ 端口上测得的开路电压。

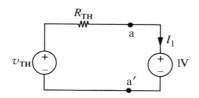

图 3.62 aa′ 端口左侧被戴维南等效电路替换后得到的电路

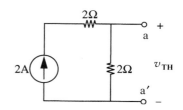

图 3.63 开路电压

由于图 3.63 中 2A 电流流经两个 2Ω 电阻，因此可通过观察求出 v_{TH}。

$$v_{\text{TH}} = 2\text{A} \times 2\Omega = 4\text{V}$$

戴维南方法的第二步是将网络内部独立电流源置为零后求从端口 aa′ 看进去的电阻。即用开路来替换电流源，如图 3.64 所示。容易看出

$$R_{\text{TH}} = 2\Omega$$

确定了戴维南等效参数 v_{TH} 和 R_{TH} 以后，可根据式 (3.118) 来确定 I_1。

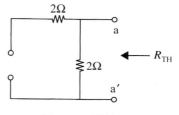

图 3.64 测量 R_{TH}

$$I_1 = \frac{4\text{V} - 1\text{V}}{2\Omega} = \frac{3}{2}\text{A}$$

注意，在这里例子中，戴维南方法使我们可以将一个给定问题（图 3.60 所示电路）划分成 3 个容易求解的子问题，即图 3.63、图 3.64 和图 3.62 所示电路。

为了进一步说明戴维南方法的作用，假设图 3.60 所示电路中用 10Ω 电阻来替换 1V 电源，如图 3.65 所示，需要我们来确定 10Ω 电阻上流经的电流 I_2。

首先可以注意到图 3.65 中 aa′ 接线端对左侧网络与图 3.60 完全一样。因此如果仅需要确定 aa′ 接线端对右侧的参数，则可以将 aa′ 接线端对左侧网络替换为前面求得的戴维南等效电路，如图 3.66 所示。

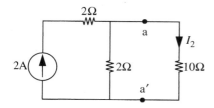

图 3.65 进一步说明戴维南定理
能力的例子

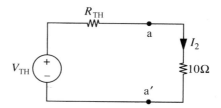

图 3.66 aa′ 端口左侧被戴维南等效电路替换
后得到的电路

从图 3.66 所示网络中可以很快求出电路 I_2。

$$I_2 = \frac{v_{\text{TH}}}{R_{\text{TH}} + 10\Omega}$$

已知 $v_{\text{TH}} = 4\text{V}, R_{\text{TH}} = 10\Omega$,因此 $I_2 = 1/3\text{A}$。

例 3.22 桥式电路 确定图 3.67 所示电路中支路 ab 上的电流 I。

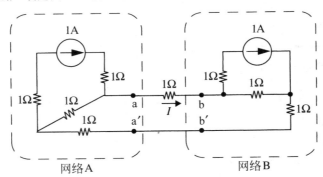

图 3.67 确定支路 ab 上的电流

解 可以有许多种方法来求 I。比如可利用节点法来确定节点 a 和节点 b 的节点电压,然后确定电流 I。但由于我们仅对电流 I 感兴趣,因此没有必要进行完整的节点分析。接下来我们分别求 aa′接线端对左侧子电路(网络 A)和 bb′接线端对右侧子电路(网络 B)的戴维南等效网络,然后利用这两个子电路求出电流 I。

首先来求网络 A 的戴维南等效。该网络如图 3.68(a)所示。设该网络的戴维南参数为 v_{THA} 和 R_{THA}。

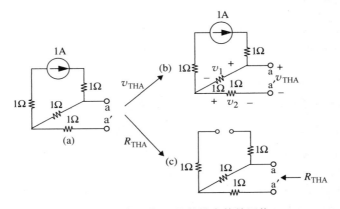

图 3.68 求网络 A 的戴维南等效网络

可在图 3.68(b)中测量 aa′端口的开路电压求得 v_{THA}。通过观察可发现

$$v_{\text{THA}} = 1\text{V}$$

注意到 1A 电流流经包含电流源回路中的每个 1Ω 电阻,因此 $v_1 = 1\text{V}$。由于与 a′接线端相连的电阻上没有电流,因此该电阻上的电压为 0。于是 $v_{\text{THA}} = v_1 + v_2 = 1\text{V}$。

可在图 3.68(c)中测量网络 aa′端口内部的电阻求得 R_{THA}。为了测量 R_{THA},电流源替换为开路。通过观察可以发现

$$R_{\text{THA}} = 2\Omega$$

接下来求图 3.69(a)所示网络 B 的戴维南等效。设该网络的戴维南参数为 v_{THB} 和 R_{THB}。

可在图 3.69(b)中测量 bb′端口的开路电压求得 v_{THB}。通过观察可发现

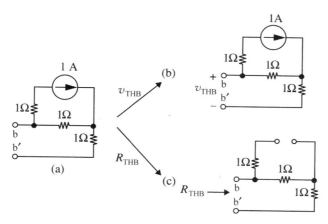

图 3.69　求网络 B 的戴维南等效网络

$$v_{THB} = -1V$$

可在图 3.69(c)中测量网络 bb′端口内部的电阻求得 R_{THB}。通过观察可以发现

$$R_{THB} = 2\Omega$$

将网络 A 和网络 B 分别替换为其戴维南等效电路就得到了图 3.70 所示的等效电路。

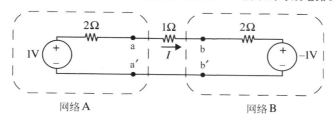

图 3.70　网络 A 和 B 用戴维南等效网络替换

电流 I 很容易确定

$$I = \frac{1V - (-1V)}{2\Omega + 1\Omega + 2\Omega} = \frac{2}{5}A$$

注意到在这个例子中,我们用 5 个子问题(即图 3.68(b),图 3.68(c),图 3.69(b),图 3.69(c)和图 3.70)的解构成了相对复杂的原问题的解,每个子问题都可通过观察求解。

例 3.23　含受控源电路的戴维南分析　求图 3.71 所示电路 aa′接线端对左侧网络的戴维南等效电路。注意该电路包含一个受控源。

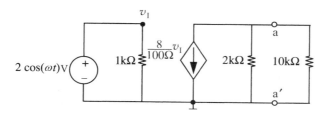

图 3.71　含受控源电路的戴维南分析

解　待求戴维南等效的网络如图 3.72 所示。设 v_{TH} 和 R_{TH} 是该网络的戴维南参数。

确定 v_{TH}　首先在图 3.72 中测量 aa′端口的开路电压求得 v_{TH}。我们用节点法来求这个电压。由于受控源的电流可直接用节点电压表示,因此可不加修改地应用节点法。

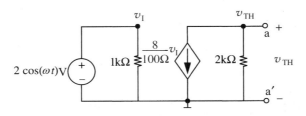

图 3.72 将被戴维南等效网络替换的电路

图 3.72 给出了地节点,并将两个其余节点标记为节点电压 v_I 和 v_{TH}。注意到 v_I 已知

$$v_I = 2\cos(\omega t)\text{A}$$

于是完成了节点法第(1)步和第(2)步的分析。

节点法的第(3)步中列写节点 a 的 KCL。

$$\frac{v_{TH}}{2\text{k}\Omega} + \frac{8}{100\Omega}v_I = 0$$

接下来的第(4)步中简化上式得到

$$v_{TH} = -160v_I = -320\cos(\omega t)\text{V}$$

由于我们仅对节点电压 v_{TH} 感兴趣,因此无需进行节点分析的第(5)步。

确定 R_{TH} 我们可以在图 3.73 中测量从网络 aa′端口看进去的电阻从而求得 R_{TH}。为了计算 R_{TH},将独立电压源替换为短路。但受控源保持在电路中。由于 $v_I = 0$,因此流经受控源的电流为 0,从而使得受控源表现出开路的性质。于是

$$R_{TH} = 2\text{k}\Omega$$

求得的戴维南电路如图 3.74 所示。

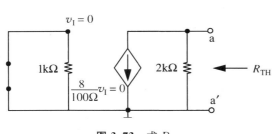

图 3.73 求 R_{TH}

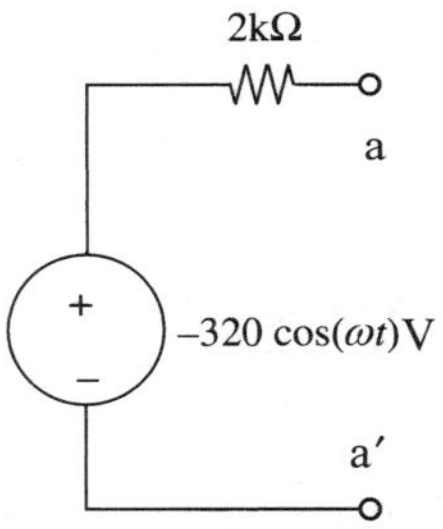

图 3.74 戴维南等效电路

3.6.2 诺顿等效网络

我们可以根据 3.6.1 节用类比的方式引出诺顿等效网络。对于图 3.75(a)所示电路,需要求其 v-i 关系,从而使我们能够用一个具有相同 v-i 关系的简单等效电路来替换原来的网络。现在我们用测试电压 v_{test} 来求 v-i 关系,如图 3.75(b)所示,即要求响应电流 i_t。利用叠加定理,求 i_t 所需的两个子电路分别如图 3.75(c)和图 3.75(d)所示。在图 3.75(c)中,v_{test} 为零,测量 i_a。在图 3.75(d)中,所有内部电流源置为零,测量 i_b。

$$i_t = i_a + i_b$$

对于图 3.75(c)所示电路有

$$i_a = -i_{sc} \tag{3.119}$$

其中 i_{sc} 是内部电源在网络接线端对短路时产生的响应电流,因此是短路电流。根据

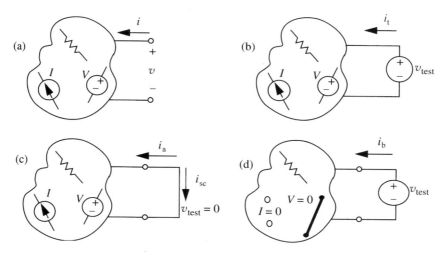

图 3.75　诺顿网络的推导

图 3.75(d)有

$$i_b = \frac{v_{test}}{R_t} \tag{3.120}$$

其中 R_t 是网络所有内部独立源均置为零以后从接线端对看进去得到的电阻。由于该电路的计算和图 3.55 所示电路的计算完全一样(除了激励不同以外),因此根据两次计算得到的参数 R_t 完全相同。

我们在推导的最后一步进行叠加

$$i_t = i_a + i_b = -i_{sc} + \frac{v_{test}}{R_t} \tag{3.121}$$

与戴维南定理的推导过程一样,该方程可用电路来解释。该方程表示接线端电流是两个成分之和,一个是电源电流 i_{sc},另一个是电阻电流 v_{test}/R_t。因此诺顿等效网络(如图 3.76 所示)可表示为一个电流源与一个电阻的并联。观察式(3.121)和式(3.115)或者观察图 3.76 和图 3.56 都表明,v_{oc} 和 i_{sc} 之间存在简单的关系。从图中可以看出,可根据式

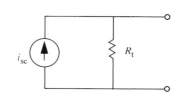

图 3.76　诺顿等效网络

$$v_{oc} = i_{sc}R_t \tag{3.122}$$

计算电路的开路电压。

因此我们就找到了从一个等效网络变换为另一个等效网络的简单方法。

要想确定某个电路的诺顿参数,同样需要进行两次独立的测量。可使电路接线端短路并测量短路电流,从而得到电源参数 i_{sc}。电阻参数的测量方法同前,即式(3.117)。注意电源参数 i_{sc} 和 v_{oc} 的关系如式(3.122)所示,因此在 v_{oc},i_{sc} 和 R_t 中任意测量出两个参数即可确定诺顿模型和戴维南模型。特别地,根据接线端上的两次简单测量并利用下式通常可方便地得到 R_t。

$$R_t = \frac{v_{oc}}{i_{sc}} \tag{3.123}$$

　　总结一下,诺顿方法使我们能够将线性网络的性质在一对给定接线端上抽象为一个电流源与一个电阻的并联。该电流源与电阻的并联电路被称作网络的诺顿等效电路。类似于戴维南等效,诺顿等效也可对给定网络对其外部电路的影响进行建模。

> **确定诺顿等效电路的方法**　任意线性网络在一对给定接线端上的诺顿等效电路包括一个电流源 i_N 和一个电阻 R_N 的并联。电流 i_N 和电阻 R_N 可通过下列方法获得。
>
> （1）i_N 可通过原网络在给定接线端对上计算或测量短路电流得到。
>
> （2）R_N 可通过将原网络内部所有独立源置为零后计算或测量从接线端对看进去的电阻得到。独立源置为零即用短路来替代独立电压源,用开路来替代独立电流源。

　　例 3.24　诺顿等效　图 3.77(a)表示了一个网络,图 3.77(b)表示了该网络从 aa′端口看进去的诺顿等效网络。确定 i_N 和 R_N 的值。

　　解　诺顿方法的第一步是在 aa′接线端对上进行短路,计算短路电流,从而求得电流 i_N。图 3.78 表示了 aa′接线端对短路时的网络。

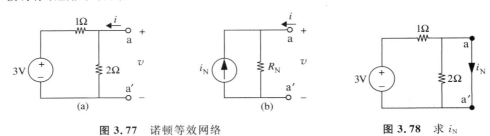

图 3.77　诺顿等效网络

(a)原网络；(b)诺顿等效网络

图 3.78　求 i_N

　　图 3.78 中流经 aa′接线端对短路线上的电流为

$$i_N = \frac{3\,\mathrm{V}}{1\,\Omega} = 3\,\mathrm{A}$$

　　诺顿方法的第二步是将所有内部独立电源均置为零以后测量网络 aa′端口看进去的电阻,从而求得 R_N。电压源替换为短路后该网络如图 3.79 所示。

　　从 aa′端口看进去的电阻为

$$R_N = 1\,\Omega \parallel 2\,\Omega = \frac{2}{3}\,\Omega$$

　　最后得到的诺顿等效电路如图 3.80 所示。

　　例 3.25　更多关于诺顿方法的讨论　用诺顿方法确定图 3.81 所示电路中流经电压源的电流 I_1。

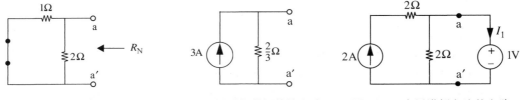

图 3.79　求 R_N

图 3.80　得到的诺顿等效电路

图 3.81　应用诺顿方法的电路

　　解　如果要用诺顿方法,则需要将 aa′接线端对左侧网络替换为其诺顿等效电路(包含电流源 i_N 和电阻 R_N 的并联)。诺顿方法的第一步是确定 i_N。可令 aa′端口短路(如图 3.82 所示),测量其短路电流,这样就求得 i_N。由于所有 2A 电流均流经短路端口,因此有

$$i_N = 2\,\mathrm{A}$$

诺顿方法的第二步中,可通过将原网络内部电流源置为零后测量从接线端对 aa′看进去的电阻得到 R_N,如图 3.83 所示。容易看出

$$R_N = 2\Omega$$

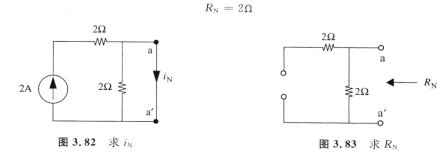

图 **3.82** 求 i_N 图 **3.83** 求 R_N

最后得到的诺顿等效电路如图 3.84 所示。

确定了诺顿等效电路以后,我们可以将该等效电路与 aa′接线端对右侧的电源连接起来并求得 I_1,如图 3.85 所示。

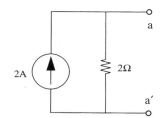

图 **3.84** 得到的诺顿等效电路   图 **3.85** 将诺顿等效电路接回原电路求 I_1

由于 2Ω 电阻上的电压为 1V,因此流经 2Ω 电阻的电路为 0.5A。在节点 a 应用 KCL 得到

$$-2A + 0.5A + I_1 = 0$$

结果是 $I_1 = 1.5A$。

例 3.26 诺顿等效网络 现在重新练习图 3.71 所示电路。这次我们来确定 aa′接线端对左侧的诺顿等效电路。设该网络的诺顿参数为 I_N 和 R_N。

解 确定 I_N 首先将 aa′接线端对短路(如图 3.86 所示),计算短路电流,这样就得到了 I_N。通过观察可知

$$I_N = -\frac{8}{100\Omega}v_1 = -\frac{4}{25}\cos(\omega t)\,A$$

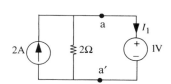

图 **3.86** 求 I_N

确定 R_N 下面计算图 3.87 从 aa′端口看进去的电阻,从而得到 R_N。和戴维南等效电路中的计算一样,我们有

$$R_N = 2k\Omega$$

最后得到的诺顿等效电路如图 3.88 所示。

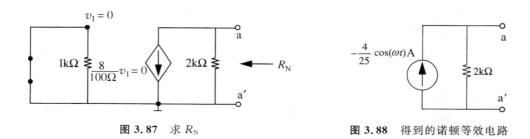

图 3.87 求 R_N 　　　　**图 3.88** 得到的诺顿等效电路

3.6.3 更多的例子

由于在图 3.55 和图 3.75 中施加比较强的电路约束(如开路或短路)以后容易求得诺顿等效和戴维南等效的两个参数,因此这两个定理非常有用。这种特性最好用例子来说明。假设给定的网络如图 3.89(a)所示,需要求 R_3 的值不同时 R_3 上的电压。我们可以用每个给定的 R_3 值来求解整个网络,但更为简便的方法是寻找驱动 R_3 的网络(即 xx′左侧网络)的戴维南等效。在这一个例子中,为了清晰起见,我们在图 3.89(b)中画出了这部分网络。

如上所述,有许多种不同的求解戴维南等效电路的方法,因此最好先考虑一下可行性,然后选择最容易的方法。图 3.89(b)中直接出现了开路电压。通过图 3.89(c)可求短路电流,通过图 3.89(d)可求 R_t。观察图 3.89(d)可知

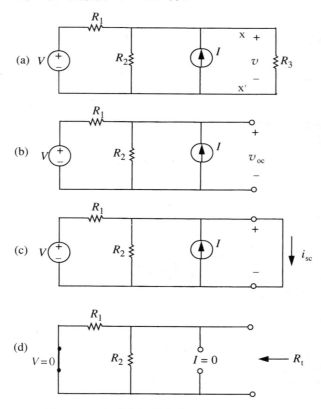

图 3.89 对不同 R_3 的值求 R_3 上电压的例子

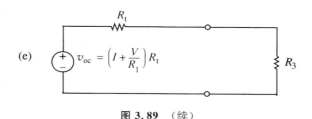

$$\text{(e)}\quad v_{\text{oc}} = \left(I + \frac{V}{R_1}\right)R_{\text{t}} \qquad R_3$$

图 3.89 （续）

$$R_{\text{t}} = R_1 \parallel R_2 \tag{3.124}$$

在图 3.89(c)所示电路中,该特殊电路存在短路,这使得计算 i_{sc} 比较容易。由于是短路,因此 R_2 上没有电压,因此也没有电流。现在通过观察可知

$$i_{\text{sc}} = I + \frac{V}{R_1} \tag{3.125}$$

在图 3.89(b)中计算 v_{oc} 是比较直观的,但与前面的步骤比起来稍微复杂一点,因此通常不用。但处于完整性的考虑,将两个电源叠加得到

$$v_{\text{oc}} = V \frac{R_2}{R_2 + R_2} + I \frac{R_1 R_2}{R_2 + R_2} \tag{3.126}$$

还可以根据式(3.122)、式(3.124)和式(3.125)方便地求出 v_{oc}

$$v_{\text{oc}} = \left(I + \frac{V}{R_1}\right)R_{\text{t}} \tag{3.127}$$

于是左边电路被戴维南等效替换以后的整个电路如图 3.89(e)所示。现在可通过观察获得不同 R_3 值对应的 R_3 上的电压了。需要指出的是,本例中诺顿等效一样有效。同样需要指出的是,由 R_{t},i_{sc} 和 v_{oc} 的定义所带来的电路约束通常会使得这些参数的计算甚至在复杂网络中都很容易。

例 3.27　桥式电路　另一个例子如图 3.90(a)所示。这是一个桥式电路,通常用于在实验室中通过与已知标准电阻比较来测量未知电阻。我们希望求 R_5 上的电压并找到使该电压为零的条件(调整其余电阻值)。直接应用节点分析将很麻烦,因此我们用其他方法求解。

解　为了求解该问题,首先求出从 R_5 看进去网络的戴维南等效,即图 3.90(b)所示电路的戴维南等效。该电路包含两个彼此独立的分压器,都连接至公共的电压源 V 上。虽然分压器的布局和图 2.36 所示电路不完全一样,但从拓扑结构上看是一样的。因此可通过观察分别计算出两个分压器的电压 v_{a} 和 v_{b},然后相减求得 v_{oc}。

$$v_{\text{oc}} = v_{\text{a}} - v_{\text{b}} = V\left(\frac{R_3}{R_1 + R_3} - \frac{R_4}{R_2 + R_4}\right) \tag{3.128}$$

接下来将电压源 V 置零以求戴维南等效电阻,即图 3.90(c)所示电路。该电路等效于图 3.90(d)所示电路,于是有

$$R_{\text{t}} = (R_1 \parallel R_3) + (R_2 \parallel R_4) \tag{3.129}$$

现在可以将整个电路在图 3.90(e)中表示出来。显然如果 v_{oc} 等于零,则 R_5 上的电压为零。于是条件为

$$\frac{R_3}{R_1 + R_3} = \frac{R_4}{R_2 + R_4} \tag{3.130}$$

或等效为

$$\frac{R_3}{R_1} = \frac{R_4}{R_2} \tag{3.131}$$

于是如果用一个电压表替换 R_5,则该电路可用来利用 3 个已知电阻求未知电阻(比如 R_3)。将其中一个电阻(比如 R_1)用已知电阻值的十进制电阻箱替代,调整 R_1 的值直到电压表读数为零。此时可用式(3.131)计算出 R_3 的值。

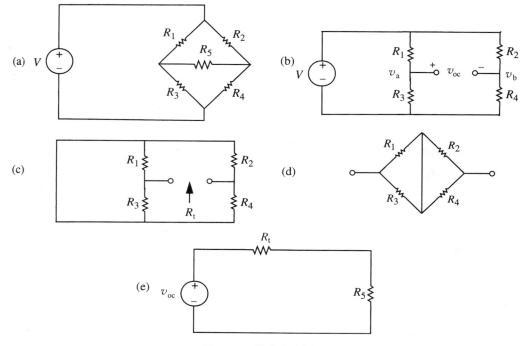

图 3.90　桥式电路例子

最后有两个讨论。首先,网络内部所有的电压和电流在用戴维南或诺顿电路替换以后都不存在了,只有接线端电压和电流保留下来。因此图 3.90(a)中 R_3 上的电流在图 3.90(e)的戴维南等效电路中不能确定。其次,如果希望在实验室中测量戴维南或诺顿参数,则需要两次独立的测量来确定模型中的两个参数。此时必须考虑若干实际的问题。比如,试图将大电池(比如汽车的蓄能电池)短路以测量其短路电流(如图 3.75(b)所示)通常是不明智的,而且事实上是危险的。更好的办法是首先测量开路电压,然后测量某个已知电阻连接至电池后的接线端电压。这两次测量即可用于计算 R_t。

例 3.28　诺顿和戴维南等效　求图 3.91 中两个电路的诺顿和戴维南等效网络及其 v-i 特性。

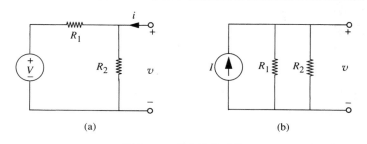

图 3.91　两个简单网络

(a) 网络 A；(b) 网络 B

解　先考虑网络 A。首先求戴维南等效电路。将电压源短路得到图 3.92。因此 $R_{TH} = R_N = R_1 \parallel R_2 = R_1 R_2/(R_1 + R_2)$,其中 R_{TH} 和 R_N 分别是戴维南和诺顿等效电阻。根据分压关系,开路电压 v_{oc} 为 $VR_2/(R_1 + R_2)$。这样就得到戴维南等效电路,如图 3.93(a)所示。

现在求网络 A 的诺顿等效电路。从图 3.94 中可知,短路电流 i_{sc} 为 V/R_1。因此诺顿等效网络如图 3.93(b)所示。

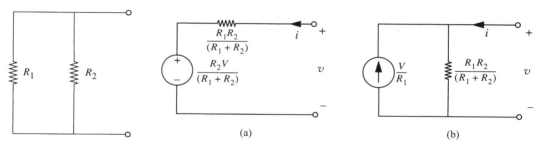

图 3.92　网络的等效电阻　　　　　　　　　　　　　　**图 3.93**　等效网络

电路的 v-i 曲线要通过点 $(v_{oc}, 0)$ 和 $(0, -i_{sc})$，如图 3.95 所示。

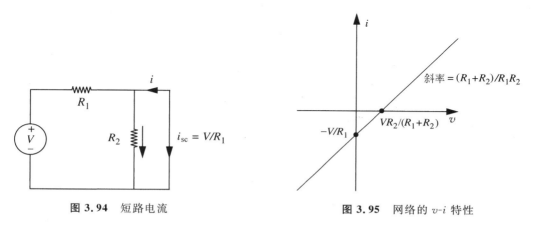

图 3.94　短路电流　　　　　　　　　　**图 3.95**　网络的 v-i 特性

现在来分析网络 B。将电流源置零得到图 3.92 所示电路，从而得到戴维南和诺顿等效网络中的等效电阻为 $R_1 R_2 / (R_1 + R_2)$。开路电压是 $I(R_1 \parallel R_2)$，于是 $v_{oc} = R_1 R_2 I / (R_1 + R_2)$。在图 3.96 中，所有电流都流经零电阻支路，因此 $i_{oc} = I$。

等效网络如图 3.97 所示，v-i 特性如图 3.98 所示。

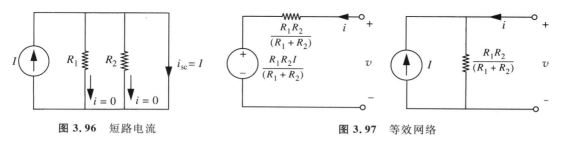

图 3.96　短路电流　　　　　　　　　　　**图 3.97**　等效网络

例 3.29　采用变化的戴维南方法　图 3.99 所示网络以前用戴维南方法求解过（图 3.90）。现在我们用少许变化的戴维南方法求解该网络。

解　观察到 x 点和 y 点的电压相同，因此可将电路变换为图 3.100 所示的等效电路。然后可以将（a）和（b）两部分各自转换为其戴维南等效网络。图 3.100(a) 部分的电源电压为 $VR_2 / (R_1 + R_2)$，等效电阻为 $R_1 \parallel R_2$。图 3.100(b) 部分的电源电压为 $VR_5 / (R_4 + R_5)$，等效电阻为 $R_4 \parallel R_5$。

新电路如图 3.101 所示。注意到新电路更容易分析。我们将余下的分析过程留做读者的练习。

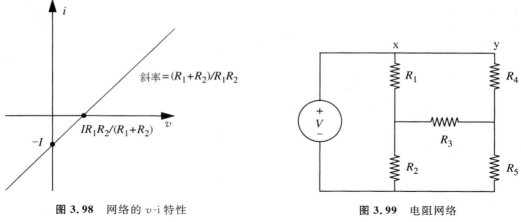

图 3.98　网络的 v-i 特性

图 3.99　电阻网络

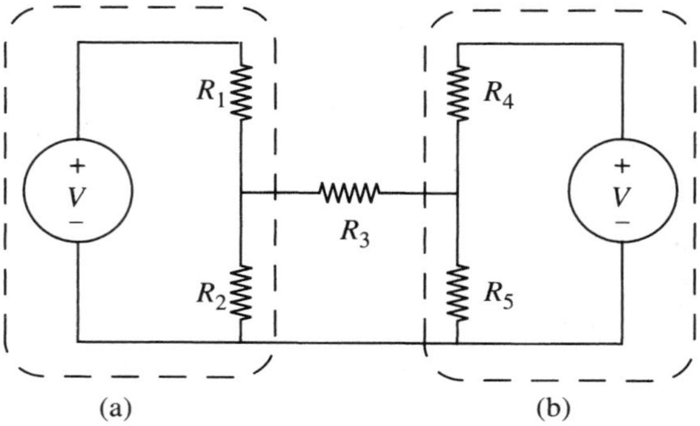

图 3.100　有两个电压源的等效电路

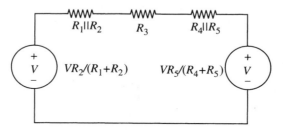

图 3.101　戴维南等效电路

3.7　小结

- 节点法：将一个节点指定为参考节点或地节点，所有其他节点电压的测量都相对该节点进行。列写方程时只需考虑 KCL 和构成关系。
- 回路法：电流定义为在回路中流动。回路电流的定义要确保所有支路都至少流经一个电流。只需列写 KVL 方程。
- 叠加定理：如果电路为线性多源网络，则可一次求解一个电源单独作用的响应，将其余独立源置为零。将电压源置为零意味着用短路替换之；将电流源置为零意味着用开路替换之。完整的响应是每个单独电源作用的响应之和。

    对于含受控源的网络来说,适用的方法是保留电路中的受控源。然后可一次求解一个独立源单独作用的响应(将其余独立源置为零),然后将所有子响应相加得到全响应。

- 任何线性网络在给定接线端对上的戴维南等效电路包括一个电压源与一个电阻的串联。戴维南等效电压源的值可通过计算或测量原网络指定接线端对上的开路电压而获得。等效电阻值可通过计算或测量原网络所有内部独立源均置为零以后从指定接线端对看进去的电阻而获得。

- 诺顿等效电路包含一个电流源与一个电阻的并联。诺顿等效电流源的值可通过计算或测量原网络指定接线端对上的短路电流而获得。和戴维南等效电阻一样,诺顿等效电阻值可通过计算或测量原网络所有内部独立源均置为零以后从指定接线端对看进去的电阻而获得。注意,戴维南和诺顿等效电路中等效电阻的值相同,即 $R_{TH} = R_N$。

- 由于戴维南等效电压 v_{TH},诺顿等效电路 i_N 和等效电阻 $R_{TH} = R_N$ 之间的关系为

$$v_{TH} = i_N R_{TH}$$

因此这些等效元件的值可通过计算或测量开路电压、短路电流、等效电阻中的任意两个而获得。

- 通常可用叠加定理或寻找戴维南或诺顿等效来简化电路分析,原因在于复杂电路可简化为简单电路,而简单电路的解可能我们已经知道了。

练 习

练习 3.1 列写图 3.102 所示电路的节点方程。求出节点电压,然后用这些节点电压求出支路电流 i。为了减少可能出现的错误并且便于查错,通常在代入参数的数值之前先列写字母的表达式。$V = 2V, R_3 = 3\Omega, R_1 = 2\Omega, R_4 = 2\Omega, R_2 = 2\Omega, R_5 = 1\Omega$。

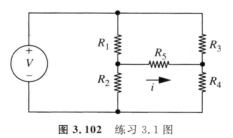

图 3.102 练习 3.1 图

练习 3.2 求图 3.103 中每个网络在指定接线端上的诺顿等效电路。

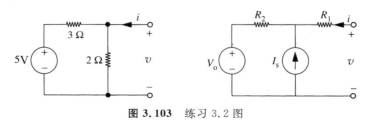

图 3.103 练习 3.2 图

练习 3.3 求图 3.104 中每个网络的戴维南等效电路。

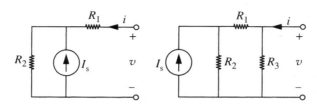

图 3.104 练习 3.3 图

练习 3.4 用叠加定理求图 3.105 所示电路(a)和(b)中的 v_0。

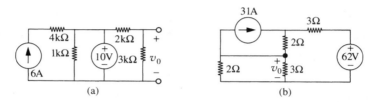

图 3.105 练习 3.4 图

练习 3.5 用叠加定理求图 3.106 所示网络中的电压 v。

练习 3.6 确定(并标注清楚)图 3.107 所示网络的戴维南等效电路。其中,$R_1 = 2\text{k}\Omega$,$R_2 = 1\text{k}\Omega$,$i_0 = 3\cos(\omega t)\text{mA}$。

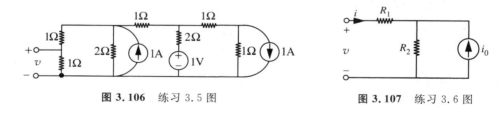

图 3.106 练习 3.5 图　　　　　　**图 3.107** 练习 3.6 图

练习 3.7 确定(并标注清楚)图 3.108 所示网络的诺顿等效电路。

练习 3.8 求图 3.109 所示电路在接线端 AA′ 上的戴维南等效电路。

练习 3.9 图 3.110 所示电路有两个激励电压源 $v_1(t)$ 和 $v_2(t)$。

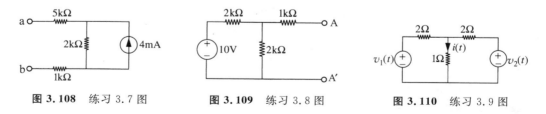

图 3.108 练习 3.7 图　　　**图 3.109** 练习 3.8 图　　　**图 3.110** 练习 3.9 图

(1) 将 1Ω 电阻中的电流 $i(t)$ 表示为 $v_1(t)$ 和 $v_2(t)$ 的函数。

(2) 确定 $v_1(t)$ 和 $v_2(t)$ 作用下在 T_1 到 T_2 时间段内 1Ω 电阻上消耗的总能量。

(3) 如果(2)部分求得的值可通过每个电源单独作用计算出的能量消耗相加而得到,求此时 $v_1(t)$ 和 $v_2(t)$ 需要满足的约束。

练习 3.10 求图 3.111 所示电路从 xx' 接线端看进去的诺顿等效电路。

练习 3.11 求图 3.112 所示电路从 AA′ 接线端看进去的戴维南等效电路。

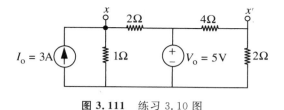

图 3.111　练习 3.10 图

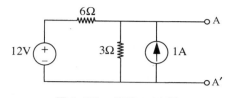

图 3.112　练习 3.11 图

练习 3.12　在图 3.113 所示网络中,求 v_2 的表达式。

练习 3.13　图 3.114 所示两个网络在接线端 AA′等效(即具有相同的 v-i 关系),求 v_T 和 R_T。

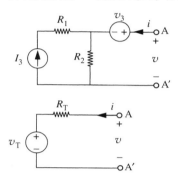

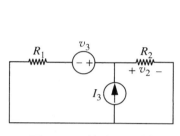

图 3.113　练习 3.12 图

图 3.114　练习 3.13 图

练习 3.14　在图 3.115 所示的每个电路中,求用节点法求解电路所需的独立节点变量个数。

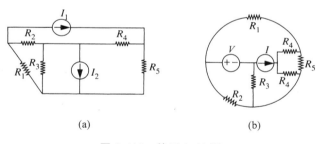

(a)　　　　　　　　(b)

图 3.115　练习 3.14 图

练习 3.15　在图 3.116 所示电路中,列写关于电压 v_a、v_b 和 v_c 的完整节点分析方程。用电导的形式表示。将该方程整理并表示为"标准"形式(具有 n 个未知量的 n 个线性方程)。不用求解该方程。

练习 3.16　在图 3.117 所示电路中,利用叠加定理将 v 表示为电阻和电源值的函数。

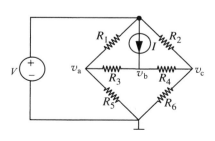

图 3.116　练习 3.15 图

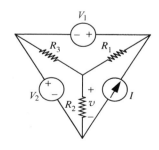

图 3.117　练习 3.16 图

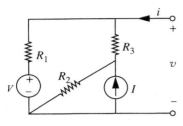

图 3.118 练习 3.17 图

练习 3.17 求图 3.118 所示电路在指定端口上的戴维南等效电路。

练习 3.18 图 3.119 所示电路具有 5 个节点,其中只有 3 个是独立的。将节点 E 作为参考节点,并将 A,B 和 D 视为独立节点。

(1) 用 v_A,v_B,v_D 和 V_1 来表示节点 C 上的电压 v_C。

(2) 列写完整的节点方程,根据该方程可求出电路中的未知电压。不用求解该方程,但需要对其进行整理。

练习 3.19 考虑图 3.120 所示电路。

(1) 求该电路接线端对 AA' 上的诺顿等效电路。

(2) 求(1)部分答案所对应的戴维南等效电路。

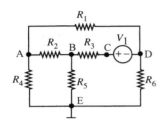

图 3.119 练习 3.18 图

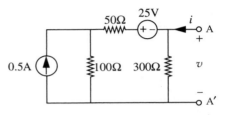

图 3.120 练习 3.19 图

练习 3.20 在图 3.121(a)中线性电路接线端 BB' 上测量得到的电压-电流特性如图 3.121(b)所示。已知这些测量得到的值是由电路内部独立电压源、独立电流源和电阻共同作用的结果。

(1) 求该电路的戴维南等效电路。

(2) 如果该电路吸收功率,则在 v-i 特性曲线上指出吸收功率的部分。

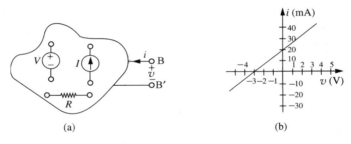

(a)   (b)

图 3.121 练习 3.20 图

练习 3.21

(1) 列写图 3.122 所示电路进行分析所需的最小数量节点方程的标准形式。

(2) 求出电流 i_4。

练习 3.22

(1) 求图 3.123 所示电路的戴维南等效电路。

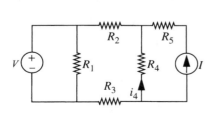

图 3.122 练习 3.21 图

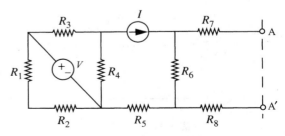

图 3.123 练习 3.22 图 1

（2）求图 3.124 所示电路的诺顿等效电路。

练习 3.23

（1）求图 3.125 所示电路的诺顿等效电路。

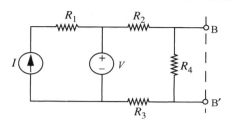

图 **3.124**　练习 3.22 图 2　　　　　　图 **3.125**　练习 3.23 图 1

（2）求图 3.126 所示电路的戴维南等效电路。

练习 3.24　求图 3.127 所示电路从接线端 ab 看进去的戴维南等效电路。

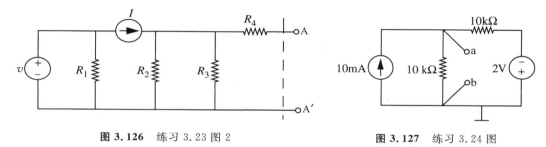

图 **3.126**　练习 3.23 图 2　　　　　　图 **3.127**　练习 3.24 图

练习 3.25　求图 3.128 所示电路中节点 E 的电位。

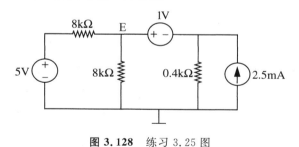

图 **3.128**　练习 3.25 图

练习 3.26　在图 3.129 所示电路中,列写节点方程。不用求解,但将方程写为矩阵形式:电源项在左边,未知变量在右边。

练习 3.27　用叠加定理求图 3.130 所示电路中的 v_1。

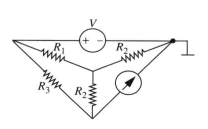

图 **3.129**　练习 3.26 图

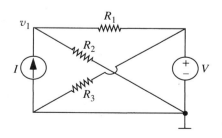

图 **3.130**　练习 3.27 图

问　　题

问题 3.1　保险丝是具有正温度系数电阻的一根导线(换句话说,它的电阻随着温度的上升而增加)。当电流流过保险丝时,功率通过保险丝消耗掉,这样就升高了它的温度。

利用下面的数据来确定图 3.131 中的保险丝熔断的电流 I_0(此时保险丝温度的上升没有限制)。

保险丝电阻:

$$R = 1 + \alpha T\ \Omega$$

$$\alpha = 0.001\ \Omega/\text{℃}$$

$$T = 高出周围环境的温度$$

温度的增加值:

$$T = \beta P$$

$$\beta = (1/0.225)\ \text{℃}/\text{W}$$

$$P = 保险丝消耗的功率$$

图 3.131　问题 3.1 图

问题 3.2

(1) 如果可能,证明下面每个陈述。如果某个命题不成立,说明其反例,然后添加适当约束后重新陈述定理,使其能够被证明。

① 仅包含线性电阻的网络中,每个支路电压和支路电流均为零。

② 仅包含线性电阻的单端口网络可等效为一个线性电阻。

(2) 为了说明你对叠加定理的理解,构造一个例子以说明包含有非线性电阻的网络不遵循叠加定理。你可以选择任意非线性元件(当然你需要知道它不是线性的)和任意包含该元件的简单网络。

问题 3.3　求图 3.132 所示电路中的 V_0。通过(1)节点法和(2)叠加定理来求解。

问题 3.4　考虑图 3.132 所示电路,求从右边接线端看进去该网络的诺顿等效电路。

问题 3.5

(1) 求图 3.133 所示电路右边接线端看进去的等效电阻 R_{eq}。

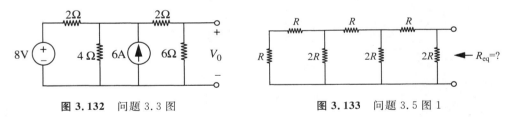

图 3.132　问题 3.3 图　　　　　图 3.133　问题 3.5 图 1

(2) 求图 3.134 所示电路右边接线端看进去的戴维南等效电路。

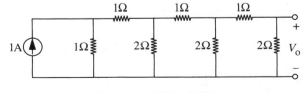

图 3.134　问题 3.5 图 2

问题 3.6　图 3.135 所示电路中 $I = 3\text{A}, V = 2\text{V}$,求 v_i。提示:为了避免数值误差,首先得到字母表达式,然后检查量纲。

问题 3.7　在图 3.136(a)和图 3.136(b)中

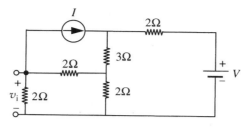

图 3.135 问题 3.6 图

（1）如果 $R_1 = R$，求 v_o；

（2）如果 $R_1 \neq R$，求 v_o；

（3）求点 AB 右边网络的戴维南等效电路（假设 $R_1 = R$）。

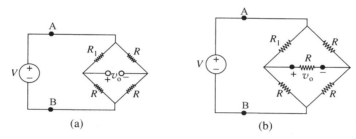

图 3.136 问题 3.7 图

问题 3.8

（1）求图 3.137 所示电路的 $v\text{-}i$ 关系方程；

（2）画出该网络的 $v\text{-}i$ 特性曲线；

（3）画出该网络的戴维南等效电路；

（4）画出该网络的诺顿等效电路。

问题 3.9 在图 3.138 中，通过（a）叠加定理和（b）节点法求 v_o。

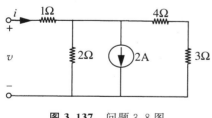

图 3.137 问题 3.8 图

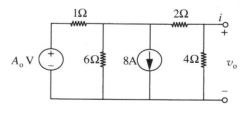

图 3.138 问题 3.9 图

　问题 3.10 用下面三种不同方法求图 3.139 所示电路中的 i。

（1）节点法

（2）叠加定理

（3）戴维南或诺顿变换

　问题 3.11 某学生有一个未知电阻网络，如图 3.140 所示。她希望确定该网络是否线性，如果是，则确定其戴维南等效电路。

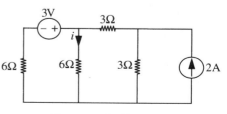

图 3.139 问题 3.10 图

该学生能够用的工具包括一块理想电压表,100kΩ 和 1MΩ 测量用电阻。这些工具可在测量过程中连接在接线端上,如图 3.141 所示。

图 3.140　问题 3.11 图 1　　　　图 3.141　问题 3.11 图 2

记录数据如下:

测量用电阻	电压表读数
空	1.5V
100kΩ	0.25V
1MΩ	1.0V

该学生从上述结果中能够得到的结论是什么？画出网络的 $v\text{-}i$ 特性曲线来支持你的结论。

问题 3.12

(1) 3 个任意质量的物体悬挂在棒的 3 个任意位置上,如图 3.142 所示,请设计一个包括电压源和电阻的电路来“计算”这根无质量棒的平衡点(重心)。我们希望该电路能够产生与平衡点位置正比关系的电压。列写你所设计的电路的方程,说明它满足要求。(利用电导和叠加定理来简化求解过程)

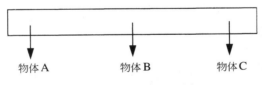

物体A　　　　物体B　　　　物体C

图 3.142　问题 3.12 图

(2) 将(1)中的结果扩展至二维空间中,即设计一个新的电路(比原来的电路有更多的电压源和更多的电阻),该电路可求出一个三角形在三个顶点上悬挂任意质量物体时的重心。该电路将给出两个电压,一个表示重心的 x 轴坐标,另一个表示重心的 y 轴坐标。该系统就是一个重心坐标计算器,可用于视频游戏的输入,或者用于仿真人眼中三原色的视觉效果。

问题 3.13

(1) 求图 3.143 所示网络在接线端 CB 处的戴维南等效电路。这里的电流源是一个受控源。流经电流源的电路是 βI_1,其中 β 是一个常数。

(2) 现在假设将一个负荷电阻连接至(1)中求得的等效电路的输出端,如图 3.144 所示。求向负荷提供最大功率时 R_L 的值。

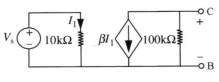

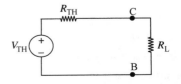

图 3.143　问题 3.13 图 1　　　　图 3.144　问题 3.13 图 2

问题 3.14 你被 MITDAC 公司雇用,任务是书写一种新的梯形电阻网络 4 位数/模转换器的产品描述。由于 VISI 芯片的掩膜公差,图 3.145 中每个电阻都保证不偏离其标准值的 3%。即如果 R_0 是标准设计电阻,则每个标注为 R 电阻的阻值可能是 $(1\pm0.03)R_0$ 范围中的任意值,每个标注为 $2R$ 电阻的阻值可能是 $(2\pm0.06)R_0$ 范围中的任意值。

要求你诚实地书写该产品的准确度。如果你夸大了准确度,公司将收到许多不满意客户的退货。如果你低估了准确度,公司不会有任何客户。

注意:该问题的一部分是如何描述这个问题,即如何描述准确度? 是否有明显的不能接受的误差水平? 你们的产品能否避免这样的误差水平? 是否存在容易分析的明显的"最差情况"? 努力完成这项有趣的任务吧。记住,重视常识是资深工程师的重要特点之一。

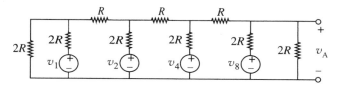

图 3.145 问题 3.14 图

问题 3.15 你有一个 6V 电池(假设是理想的)和一个 1.5V 手电筒灯泡。已知施加在灯泡的电压为 1.5V 时灯泡吸收 0.5 A 的电流(如图 3.146 所示)。在电池和灯泡之间设计一个电阻网络以确保灯泡接入时能够得到 $v_s=1.5V$ 的电压,同时还需要确保灯泡未接入时 v_s 的值不要超过 2V。

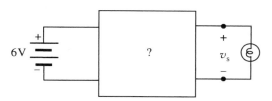

图 3.146 问题 3.15 图

第4章

非线性电路分析

到目前为止,我们已经讨论了若干种包含线性元件的电路,还介绍了由这些元件构成的线性电路的分析方法。本章中我们将电路元件的范围及其相应的分析方法进行扩展,引入一种称为非线性电阻的非线性二端元件。回忆起在 1.5.2 节中介绍过,非线性电阻就是接线端电流和接线端电压具有非线性代数关系的元件。二极管就是一个这样的元件,它就是一个非线性电阻。本章中将介绍包含非线性元件的电路的一般分析方法。如果可能,我们将尽量利用前面几章介绍过的分析方法。第 7 章将在非线性分析方面扩展本章的内容,而第 8 章将扩展本章中介绍的增量分析的概念。第 17 章将详细介绍二极管。

4.1 非线性元件简介

在开始分析非线性电阻之前,先通过例子用 v-i 特性曲线来说明几个非线性电阻元件,就像我们先前对电阻和电池的分析一样。我们讨论的第一个非线性元件就是二极管。图 4.1 表示了二极管的符号。二极管是一个二端非线性电阻,其电流是元件上电压的指数函数。

> 二极管电压 v_D 和电流 i_D 之间非线性关系的函数可以表示为
>
> $$i_D = I_s(e^{v_D/V_{TH}} - 1) \tag{4.1}$$
>
> 对于硅二极管来说,常数 I_s 的典型值为 10^{-12} A,常数 V_{TH} 的典型值为 0.025 V。该函数的图形如图 4.2 所示。

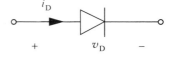

图 4.1 二极管的符号

另一个虚拟的非线性元件的电压 v_H 和电流 i_H 之间非线性关系的函数如式(4.2)所示。在方程中,I_K 是常数。函数关系如图 4.3 所示。

$$i_H = I_K v_H^3 \tag{4.2}$$

第三种二端非线性元件的 v-i 特性如式(4.3)所示。第 8 章图 8.11 将介绍这种非线性元件。这种元件的电流与其接线端电压的平方成正比。在式(4.3)中,K 和 V_T 都是常数。变量 i_{DS} 和 v_{DS} 是该元件的接线端变量。式(4.3)的函数关系如图 4.4 所示。

$$i_{DS} = \begin{cases} \dfrac{K(v_{DS} - V_T)^2}{2} & v_{DS} \geqslant V_T \\ 0 & v_{DS} < V_T \end{cases} \tag{4.3}$$

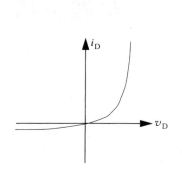

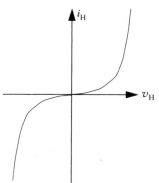

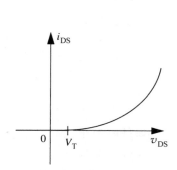

图 4.2　硅二极管的 $v\text{-}i$ 特性　　　　图 4.3　另一种非线性 $v\text{-}i$ 特性　　　　图 4.4　平方律元件的 $v\text{-}i$ 特性

例 4.1　平方律元件　对于服从图 4.4 所示平方律的非线性电阻元件来说，如果 $v_{DS} = 2V$，确定 i_{DS} 的值。已知 $V_T = 1V, K = 4mA/V^2$。

解　对于给定的参数（$v_{DS} = 2V$ 和 $V_T = 1V$），容易看出

$$v_{DS} \geqslant V_T$$

根据式（4.3），在 $v_{DS} \geqslant V_T$ 时 i_{DS} 的值为

$$i_{DS} = \frac{K(v_{DS} - V_T)^2}{2}$$

用已知数值代入得到

$$i_{DS} = \frac{4 \times 10^{-3}(2 - 1)^2}{2} = 2mA$$

如果 v_{DS} 加倍，则 i_{DS} 为多少？

如果 v_{DS} 加倍至 $4V$，则

$$i_{DS} = \frac{K(v_{DS} - V_T)^2}{2} = \frac{4 \times 10^{-3}(4 - 1)^2}{2} = 18mA$$

换句话说，v_{DS} 加倍以后 i_{DS} 增加到 $18mA$。

如果 v_{DS} 降低到 $0.5V$，则 i_{DS} 为多少？

对于 $v_{DS} = 0.5V$，同时 $V_T = 1V$，由于

$$v_{DS} < V_T$$

根据式（4.3）有

$$i_{DS} = 0$$

在某个电路中，测得具有平方律的这个元件的电流为 $8mA$，该元件上的电压是多少？

给定 $i_{DS} = 4mA$，由于有电流通过元件，则应用方程

$$i_{DS} = \frac{K(v_{DS} - V_T)^2}{2}$$

代入已知值为

$$8 \times 10^{-3} = \frac{4 \times 10^{-3}(v_{DS} - 1)^2}{2}$$

求解出 v_{DS} 为

$$v_{DS} = 3V$$

例 4.2　二极管例子　对于图 4.1 表示的二极管,确定 v_D 分别等于 0.5V,0.6V 和 0.7V 时的 i_D。给定 $V_{TH}=0.025V$,$I_s=1pA$。

解　根据式(4.1)给出的元件定律,i_D 的表达式为

$$i_D = I_s(e^{v_D/V_{TH}} - 1)$$

将已知数值 $v_D=0.5V$ 代入得到

$$i_D = 1 \times 10^{-12}(e^{0.5/0.025} - 1) = 0.49mA$$

类似地,对于 $v_D=0.6V$ 有 $i_D=26mA$,对于 $v_D=0.7V$ 有 $i_D=1450mA$。

注意,v_D 超过 0.6V 以后电流剧烈增加。

如果 $v_D=-0.2V$,则 i_D 是多少?

$$i_D = I_s(e^{v_D/V_{TH}} - 1) = 1 \times 10^{-12}(e^{-0.2/0.025} - 1) = -0.9997 \times 10^{-12}A$$

i_D 的负符号说明当 v_D 为负时,i_D 也为负。

在某个电路中,测量出流经二极管的电流为 8mA。此时二极管上的电压是多少?

给定 $i_D=8mA$,利用二极管的方程得到

$$8 \times 10^{-3} = I_s(e^{v_D/V_{TH}} - 1) = 1 \times 10^{-12}(e^{v_D/0.025} - 1)$$

简化上式得到

$$e^{v_D/0.025} = 8 \times 10^9 + 1$$

在等号两边取对数并求出 v_D 为

$$v_D = 0.025\ln(8 \times 10^9 + 1) = 0.57V$$

例 4.3　另一个平方律元件　图 4.5 所示的非线性元件的特性可以表示为

$$i_D = 0.1v_D^2 \quad v_D \geqslant 0 \tag{4.4}$$

如果 $v_D < 0$ 则 i_D 为 0。

图 4.6 中已知 $V=2V$,确定电路中的 i_D。

解　利用 $v_D \geqslant 0$ 时的元件方程得到

$$i_D = 0.1v_D^2 = 0.1 \times 2^2 = 0.4A \tag{4.5}$$

该非线性元件连接至某任意电路,如图 4.7 所示。采用关联变量约定,支路变量 v_B 和 i_B 的定义如图所示。假设测量出 $i_B=-1mA$,求此时 v_B 的值。

图 4.5　非线性元件

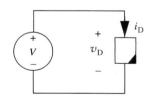

图 4.6　包含非线性元件的电路

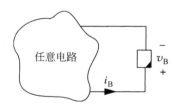

图 4.7　非线性元件接入任意电路

注意到图 4.7 中支路变量的极性与图 4.5 中相反。采用图 4.7 支路变量的定义,元件方程变成

$$-i_B = 0.1\,v_B^2 \quad v_B \leqslant 0 \tag{4.6}$$

当 $v_B > 0$ 时 i_B 为 0。

给定 $i_B=-1mA$,根据式(4.6)有

$$-(-1 \times 10^{-3}) = 0.1v_B^2 \quad v_B \leqslant 0$$

换句话说,$v_B=-0.1V$。

图 4.8 中已知 $V=2V$,求 i。

由于每个并联非线性元件上的电压均为 $v_D=2V$,因此每个非线性元件上的电流都和式(4.5)计算出来的一样。换句话说

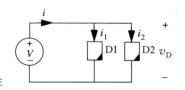

图 4.8　非线性元件并联

$$i_1 = i_2 = 0.4\text{A}$$

因此有 $i = i_1 + i_2 = 0.8\text{A}$。

在给出了非线性元件的函数表示以后(如式(4.1)所示的二极管函数),如何在简单电路中(如图 4.9 所示电路)计算电压和电流?在下面几节中我们将讨论 4 种求解这样的非线性电路的方法。

(1)直接分析

(2)图形分析

(3)分段线性分析

(4)增量或小信号分析

4.2 直接分析

我们首先用直接分析的方法求解图 4.9 所示的简单非线性电阻电路。假设图中非线性电阻的特性可表示为下列 $v\text{-}i$ 关系

$$i_D = \begin{cases} Kv_D^2 & v_D > 0 \\ 0 & v_D \leqslant 0 \end{cases} \tag{4.7}$$

常数 K 大于零。

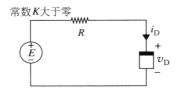
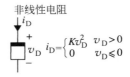

图 4.9 带有非线性电阻的简单电路

该电路可直接应用节点法来求解。回忆起节点法及其基础(基尔霍夫电压和电流定律)都是从麦克斯韦公式推导出来,推导过程并没有关于线性性质的假设。(但注意,叠加方法、戴维南方法和诺顿方法则需要线性性质的假设。)

应用节点法,我们首先选择地节点并标注节点电压,如图 4.10 所示。v_D 是唯一的未知节点电压。

接下来继续进行节点法,列写未知电压节点的 KCL 方程。在节点法中介绍过,我们可根据 KVL 和元件关系($i_D = Kv_D^2$)直接利用节点电压差和元件参数来表示电流。在电压为 v_D 的节点上

$$\frac{v_D - E}{R} + i_D = 0 \tag{4.8}$$

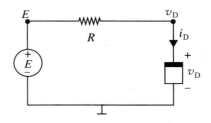

图 4.10 选择地节点并标注节点电压后的非线性电路

注意,由于出现了 i_D 项,因此这不完全是节点方程。为了得到节点方程,需要用节点电压来替换 i_D。回忆起元件的非线性 $v\text{-}i$ 关系为

$$i_D = Kv_D^2 \tag{4.9}$$

注意该元件在 v_D 大于零的时候才能工作。如果 $v_D \leqslant 0$,则 $i_D = 0$。

用元件的非线性 $v\text{-}i$ 关系替换式(4.8)中的 i_D 就得到了用节点电压表示的节点方程

$$\frac{v_D - E}{R} + K v_D^2 = 0 \tag{4.10}$$

注意该元件仅在 $v_D > 0$ 时式(4.9)才成立。如果 $v_D \leqslant 0$,则 $i_D = 0$。

简化式(4.10),得到下列二次方程

$$R K v_D^2 + v_D - E = 0$$

求出 v_D 并选择正解,即

$$v_D = \frac{-1 + \sqrt{1 + 4RKE}}{2RK} \tag{4.11}$$

对应的 i_D 表达可通过将上式替换进式(4.9)得到,即

$$i_D = k \left(\frac{-1 + \sqrt{1 + 4RKE}}{2RK} \right)^2 \tag{4.12}$$

值得讨论一下为什么我们抛弃了负解。如图 4.11 所示,在我们求解式(4.10)时可在数学上得到两个解。虽然图 4.11 所示的虚线也是式(4.9)的一部分,但不能在物理元件中出现。原因在于仅当 v_D 大于零时式(4.9)才成立。当 v_D 小于零时,i_D 为零,此时 v_D 等于 E。

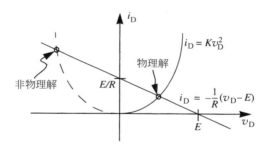

图 4.11　式(4.10)和式(4.9)的解

例 4.4　一个非线性元件,若干电源和电阻　图 4.12 所示电路中没有给出具体值。我们用这个电路来说明如何利用上面讨论的非线性分析方法在多于一个电源时求解非线性电路。让我们假设需要计算非线性元件的电流 i_D。

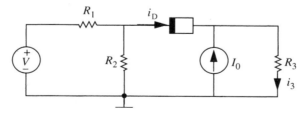

图 4.12　包含若干电源和电阻的电路

解　假设非线性元件的 $v\text{-}i$ 特性为

$$i_D = \begin{cases} K v_D^2 & v_D > 0 \\ 0 & v_D \leqslant 0 \end{cases} \tag{4.13}$$

非线性元件的接线端变量定义如图 4.9 所示,常数 K 大于零。

　　由于非线性元件的出现,因此诸如叠加方法等线性分析技巧无法应用于整个电路中。但由于电路中只有 1 个非线性元件,因此可以求出从非线性元件看进去的戴维南(或诺顿)等效(图 4.13(a)和图 4.13(b)),原因在于这部分电路是线性的。然后我们可以很容易地在图 4.13(b)中用式(4.11)和式(4.12)求出非线性元件的接线端电压和电流。

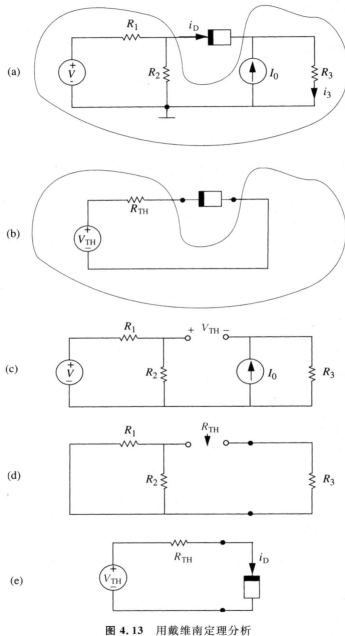

图 4.13　用戴维南定理分析

　　首先求开路电压。从非线性元件接线端看进去的线性电路如图 4.13(c)所示。现在可以用叠加法或任何其他线性分析方法来计算开路电压

$$V_{\mathrm{TH}} = V \frac{R_2}{R_1 + R_2} - I_0 R_3 \qquad (4.14)$$

戴维南等效电阻 R_{TH} 即将电源置为零后从端口看进去的电阻,图 4.13(d) 所示

$$R_{\mathrm{TH}} = R_1 \parallel R_2 + R_3 \qquad (4.15)$$

现在将非线性元件与求得的戴维南电路连接起来,如图 4.13(e) 所示,于是回到了熟悉的例子中(一个非线性元件,一个电源和一个电阻)。待求的元件电流 i_{D} 可利用非线性分析方法求得,就像求解图 4.9 所示电路那样。

这里再给出一个注释。如果需要求一个电阻上的电流,比如 i_3,而不是 i_{D},则戴维南方法(图 4.13(e))不能直接求得该电流。原因在于戴维南网络内部的电流一般情况下会消失,参见第 3 章的讨论。但是这里采用戴维南方法也许还是最好的策略,因为可以回到网络的线性部分寻找 i_3 与 i_{D} 的关系。此时,一旦计算出 i_{D},可以容易地在图 4.13(a) 中根据 KCL 知道

$$i_3 = i_{\mathrm{D}} + I_0 \qquad (4.16)$$

WWW 例 4.5 节点法

例 4.6 另一个简单非线性电路 下面直接用分析方法来求解图 4.16 中带有一个二极管的非线性电路。采用节点法,我们首先选择地节点并标记节点电压如图 4.17 所示。

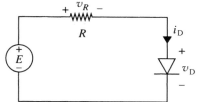

图 4.16 含有二极管的简单非线性电路

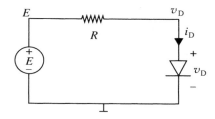

图 4.17 标记了地节点和节点电压的电路

接下来用未知节点电压列写节点的 KCL 和二极管的方程

$$\frac{v_{\mathrm{D}} - E}{R} + i_{\mathrm{D}} = 0 \qquad (4.18)$$

$$i_{\mathrm{D}} = I_s(e^{v_{\mathrm{D}}/V_{\mathrm{TH}}} - 1) \qquad (4.19)$$

如果将式(4.19)代入式(4.18)消除 i_{D},则会产生下面的超越方程。

$$\frac{v_{\mathrm{D}} - E}{R} + I_s(e^{v_{\mathrm{D}}/V_{\mathrm{TH}}} - 1) = 0$$

该方程需要通过尝试并求误差的方法求解。对于计算机来说很容易,但并未体现物理本质。

例 4.7 二极管串联 图 4.18 中二极管串联,确定 v_1, v_2, v_3 和 v_4。给定 $I = 2$A。二极管关系方程中的参数为 $I_s = 10^{-12}$A,$V_{\mathrm{TH}} = 0.025$V。

解 我们首先用节点法来求解这个问题。图 4.18 给出了地节点和节点电压。有 4 个未知节点电压。接下来在每个节点上列写 KCL 方程。在节点法中介绍过,我们用 KVL 和二极管关系(式(4.1))来直接用节点电压差和元件参数表示电流。对于电压为 v_1 的节点有

$$10^{-12}(e^{v_1/0.025} - 1) = 10^{-12}(e^{(v_2 - v_1)/0.025} - 1) \qquad (4.20)$$

上式等号左边项为用节点电压表示的最下面一个二极管的电流。类似地,等号右边项为倒数第二个二极管的电流。

类似地我们可列写 v_2 节点、v_3 节点和 v_4 节点的节点方程为

$$10^{-12}(e^{(v_2 - v_1)/0.025} - 1) = 10^{-12}(e^{(v_3 - v_2)/0.025} - 1) \qquad (4.21)$$

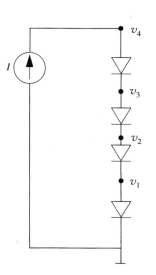

图 4.18 二极管串联

$$10^{-12} \left(e^{(v_3 - v_2)/0.025} - 1 \right) = 10^{-12} \left(e^{(v_4 - v_3)/0.025} - 1 \right) \tag{4.22}$$

$$10^{-12} \left(e^{(v_4 - v_3)/0.025} - 1 \right) = I \tag{4.23}$$

简化上式,并取对数得到

$$v_1 = v_2 - v_1 \tag{4.24}$$

$$v_2 - v_1 = v_3 - v_2 \tag{4.25}$$

$$v_3 - v_2 = v_4 - v_3 \tag{4.26}$$

$$v_4 - v_3 = 0.025 \ln(10^{12} I + 1) \tag{4.27}$$

给定 $I = 2\mathrm{A}$,我们可以求解出 v_1, v_2, v_3 和 v_4 为

$$v_1 = 0.025 \ln(10^{12} I + 1) = 0.025 \ln(10^{12} \times 2 + 1) = 0.71\mathrm{V}$$

$$v_2 = 2v_1 = 1.42\mathrm{V}$$

$$v_3 = 3v_1 = 2.13\mathrm{V}$$

$$v_4 = 4v_1 = 2.84\mathrm{V}$$

注意我们也可以直接地观察到相同的 2A 电流流经 4 个相同的二极管。因此每个二极管一定有相同的电压降。换句话说

$$I = 10^{-12} \left(e^{v_1/0.025} - 1 \right)$$

或

$$v_1 = 0.025 \ln(10^{12} I + 1)$$

给定 $I = 2\mathrm{A}$,求出

$$v_1 = 0.025 \ln(10^{12} \times 2 + 1) = 0.71\mathrm{V}$$

一旦求得 v_1,可以容易地根据下式计算出余下的节点电压。

$$v_1 = v_2 - v_1 = v_3 - v_2 = v_4 - v_3$$

WWW 例 4.8   进行简化假设

WWW 例 4.9   压控非线性电阻

4.3   图形分析

不幸的是,前面的例子都是相当特殊的情况。有许多非线性电路无法用直接分析的方法求解。图 4.16 所示的简单电路就是这样的例子。通常我们需要在计算机上用尝试并求误差的方法求解这样的问题。这种解法可以提供答案,但通常不能对电路的性能和设计给出深入的分析。另一方面,虽然图形解法牺牲了一定的精度,但可得到对电路的深刻理解。因此现在我们用图形解法重新解图 4.16 所示电路。为了使问题具体化,我们假设 $E = 3\mathrm{V}$,$R = 500\Omega$,希望确定 $v_\mathrm{D}, i_\mathrm{D}$ 和 v_R。

我们已经得到了同时描述电路的两个方程,即式(4.18)和式(4.19)。为了方便起见,进行少量改动后将其重写如下。

$$i_\mathrm{D} = -\frac{v_\mathrm{D} - E}{R} \tag{4.31}$$

$$i_\mathrm{D} = I_\mathrm{s} \left(e^{v_\mathrm{D}/V_\mathrm{TH}} - 1 \right) \tag{4.32}$$

为了能够用图形求解上述方程,我们将其画在同一个坐标下,并寻找交点。假设已经获得了非线性函数的图形(如图 4.2 所示),现在最简单的方法就是将式(4.31)所示的线性表达式画在这张图上,如图 4.20 所示。式(4.31)的线性约束通常称作"负荷线(或负载线)",这样称呼的原因是历史上研究放大器设计时提出了这条线(第 7 章将要见到)。

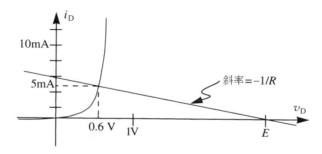

图 4.20 二极管电路的图形求解

图形中假设 $E=3V, R=500\Omega$

根据式 (4.31) 绘出的直线斜率为 $-1/R$，与 v_D 轴 $(i_D=0)$ 的交点为 $v_D=E$。斜率的负号看起来有点麻烦，但它并不表示负的电阻，而表示 i_D 和 v_D 采用了电阻的非关联变量表示方式。对于该电路的特殊值来说，从图中可以看出 i_D 大约为 5mA，v_D 大约为 0.6V。一旦我们知道 i_D 是 5mA，立刻就可以计算出

$$v_R = i_D R = 5 \times 10^{-3} \times 500 = 2.5V$$

从上面的讨论中可以看出，如果 E 增加为现在的 3 倍，则二极管的电压仅增加少量的数值，约为 0.65V。这说明了从图形分析中可以得到对电路的本质认识。

这种图形方法不仅能用于这道题的求解。对于包含任意电阻和电源，但只有一个非线性元件的电路来说，除那个非线性元件以外的其他电路都是线性的。因此（如例 4.4 所示），无论电路如何复杂，我们总可以利用戴维南定理将从非线性元件看进去的线性电路简化为图 4.16 所示的形式。

对于包含两个非线性元件电路，该方法的作用就比较小了，因为它涉及到用一个非线性特性来描述另一个非线性特性的问题。但是粗略地绘制一下图形也可提供很多对本质的理解。

例 4.10 半波整流器 下面我们将图 4.16 和图 4.20 所示的二极管-电阻例子进行扩展，让正弦波成为驱动电压。即设 $v_I = E_o\cos(\omega t)$。现在来计算电阻上的电压，而不是二极管上的电压（下面会给出这样做的原因）。图形求解和前面讨论的一样，区别仅在于我们必须对连续变化的 v_I 求解，同时用图形显示可能出现的随时间变化的输出波形。

该电路如图 4.21(a) 所示。二极管的特性和对应着若干不同 v_I 值的式 (4.31)（或负荷线）代表的直线如图 4.21(b) 所示。在图 4.21(c) 和图 4.21(d) 中我们分别绘出了输入正弦 $v_I(t)$ 和根据图 4.21(b) 图形求解出 $v_O(t)$ 的连续值。注意在图 4.21(a)（或式 (4.31)）中有

$$v_O = v_I - v_D \tag{4.33}$$

因此图形中 v_O 是负荷线上交点在 v_D 轴上的坐标到 v_I 的水平距离。

从这个简单例子可以得出若干令人感兴趣的结论。首先我们无需重复绘制负荷线 50 次以获得输出的波形。从图中容易看出只要输入电压为负，二极管电流将非常小，从而使 v_O 几乎为零。同时对于很大正值的 v_I，二极管电压在大约 0.6V 处基本保持恒定（由于指数函数的本质决定），因此电阻上的电压可近似等于 $v_I - 0.6V$。这种对电路本质的认识是图形方法的主要价值。

其次，与所有前面讨论的例题不同，本电路的输出波形与输入波形相比有较大失真。特别注意到输入电压波形的平均值为零（没有 DC 值），而输出则存在明显的 DC 成分，大约为 $0.3E$。大多数玩具采用的 DC 马达在连接至图 4.21(a) 中电阻位置上时将正常工作，但如果用正弦 $v_I(t)$ 来驱动却没有效果。由于该电路只提供输入电压波形的一半，因此被称作半波整流器。整流器出现在大多数电子元件的电源中，其作用是从 110V，60Hz（北美标准，译者注）的 AC 电源中产生 DC 输出。

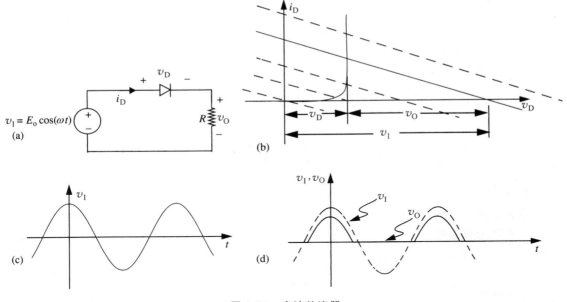

图 4.21 半波整流器

4.4 分段线性分析

下面介绍包含非线性元件电路的第 3 种分析方法。我们将每个非线性元件用一系列直线段来表示其 $v\text{-}i$ 特性,然后在每个直线段的范围内用已经掌握的线性分析工具进行分析。这种方法被称作分段线性分析。我们将首先用二极管的一个非常简单的分段线性模型(称作理想二极管模型)来介绍分段线性分析。

首先让我们来研究二极管的简单分段线性模型,并将其用于分析图 4.16 所示电路的分段线性分析中。

如图 4.22(a)所示,二极管的本质特性是,如果施加的正电压 v_D 超过 0.6V,则产生较大的电流,而负电压产生的电流很小。图 4.22(b)表示了用大比例尺绘制的 $v\text{-}i$ 曲线,用以强调下面将要进行的二分法分析。对这种二分法最粗略的近似如图 4.23(a)所示。图中的两个线性段在原点相交。其中一个线性段的斜率是零,表示开路的性质;另一个线性段的斜率是无穷大,表示短路的性质。这种抽象我们以后要经常遇到,这里用一个特殊符号来表

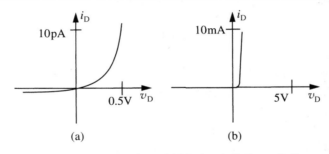

图 4.22 用不同比例尺绘制的硅二极管的 $v\text{-}i$ 特性

示,如图 4.23(b)所示。它也是一个基本电路语言,称作理想二极管。

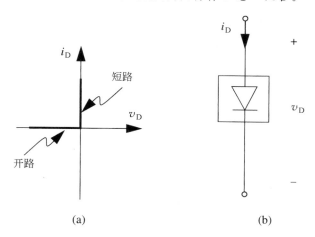

图 4.23　二极管的分段线性近似：理想二极管模型

这种分段线性模型的性质可总结为下面的两条结论：

二极管开通(短路)：$v_D = 0$　i_D 为正　　　　　　　　(4.34)

二极管关断(开路)：$i_D = 0$　v_D 为负　　　　　　　　(4.35)

现在我们用这种包含两条直线段的二极管模型来说明分段线性分析方法如何应用于图 4.16 所示电路(重绘于图 4.24(a)中)。特别地,我们要针对两种不同的输入电压 $E = 3\text{V}$ 和 $E = -5\text{V}$ 来确定电阻上的电压 v_R 和流经电阻的电流 i_D,给定 $R = 500\Omega$。

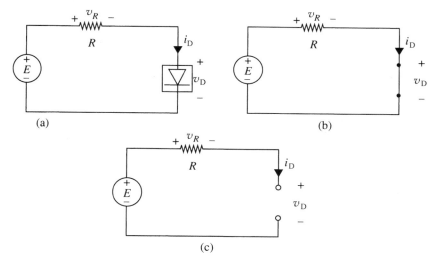

图 4.24　简单二极管电路的分段线性分析
(b) 短路段；(c) 开路段

分段线性分析中,我们一次只关注一个直线段,在每个直线段中用前面研究过的线性分析工具进行计算。注意我们能够应用线性分析工具的原因在于,非线性元件的性质在每段之内已经近似为线性的了。为了便于计算,首先绘出二极管每个直线段所对应的电路。

短路段：图 4.24(b)表示当二极管工作于短路部分时得到的电路。当 i_D 和 v_D 都位于元件性质中这个直线段时，简单的计算表明

$$i_D = \frac{E}{R} \tag{4.36}$$

$$v_R = i_D R = \frac{E}{R} R = E \tag{4.37}$$

开路段：图 4.24(c)表示当二极管工作于开路部分时得到的电路。当 i_D 和 v_D 都位于元件性质中这个直线段时，显然

$$i_D = 0 \tag{4.38}$$

$$v_R = 0 \tag{4.39}$$

组合结果：现在所需的就是当 $E=3\text{V}$ 和 $E=-5\text{V}$ 时应用哪个段的性质。直觉告诉我们当 $E=3\text{V}$ 时应该应用短路段。注意，电阻和二极管（非线性电阻）都不会产生功率，因此电流的方向一定使得电压源发出功率。换句话说，当 E 为正时，i_D 一定为正。根据式(4.34)可知，i_D 为正时，二极管开通。在该段中，根据式(4.36)和式(4.37)可知

$$i_D = \frac{E}{R} = \frac{3\text{V}}{500\Omega} = 6\text{mA} \tag{4.40}$$

$$v_R = 3\text{V}$$

将上述结果与前面 4.3 节用图形分析方法对于 $E=3\text{V}$ 求得的解进行比较，我们可以看出分段线性分析应用二极管的近似模型得到了比较准确的结果。（用一种方法求 i_D 的结果为 6mA，另一种为 5mA。用一种方法求 v_R 的结果为 3V，另一种为 2.5V）

直觉还告诉我们当 $E=-5\text{V}$ 时应该应用开路段。对于负的输入电压，v_D 为负。根据式(4.35)，当 v_D 为负时，二极管关断。在该段中，根据式(4.38)和式(4.39)可知，i_D 和 v_R 均为 0。

注意，分段线性分析方法使我们能够将一个非线性分析问题分解为若干线性问题，每个线性问题都比较简单。该方法的关键之处就在于找到每个非线性元件工作于哪个直线段。当电路中只有一个理想二极管这样的非线性元件时并不困难，但非线性元件数量增加时就具有挑战性了。这个例子中我们讨论的方法可进行推广，最终成为假设状态方法，我们将在第 16 章中对这种方法进行详细讨论。

例 4.11　虚拟非线性元件的分段线性分析　图 4.25(a)表示包含一个虚拟非线性元件的电路。我们将该元件的 v-i 性质近似用图 4.25(b)的分段线性来近似。这个非线性元件在接线端电压和电流如图 4.26(a)定义时，其真实的 v-i 特性如图 4.26(b)所示。图 4.26(c)表示了该元件实际 v-i 曲线和分段线性模型之间的对应。

解　这种非线性元件分段线性模型的性质可以总结为下面的两点

$$i_D \text{ 为正，电阻为 } R_1 \tag{4.41}$$

$$i_D \text{ 为负，电阻为 } R_2 \tag{4.42}$$

现在对图 4.25(a)所示电路应用分段线性分析方法。特别地，我们要确定独立电流源输出不同电流 I（$I=1\text{mA}$，$I=-1\text{mA}$ 和 $I=0.002\cos(\omega t)\text{A}$ 的正弦电流）时所对应的非线性元件上的电压 v_D。

我们采用分段线性分析方法，每次关注一个直线段。因此我们画出每段对应的电路。

R_1 段：图 4.25(c)表示了非线性元件工作于 R_1 段时所对应的电路，当 i_D 为正时应用该段。由于 $i_D = I$，因此当 I 为正时使用 R_1 段。在 R_1 电阻上简单应用欧姆定律得到

$$v_D = I R_1 \tag{4.43}$$

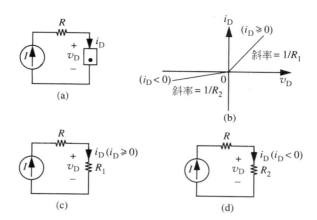

图 4.25 包含有非线性元件的电路

该分段元件的特性用非线性线性近似来建模。在图(b)中，$R_1 = 100\,\Omega$，$R_2 = 10\,\mathrm{k}\Omega$

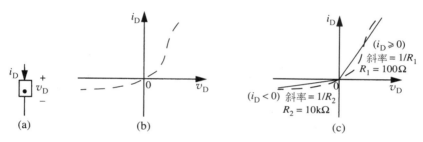

图 4.26 一个虚拟非线性元件

该元件的性质用分段线性近似来建模

R_2 段：图 4.25(d)表示了非线性元件工作于 R_2 段所对应的电路。当 i_D 为负时应用该段。换句话说，当 I 为负时得到

$$v_D = IR_2 \tag{4.44}$$

总结起来得到

$$I \geqslant 0 \text{ 时}, v_D = IR_1 \tag{4.45}$$

$$I < 0 \text{ 时}, v_D = IR_2 \tag{4.46}$$

于是对于 $I = 1\mathrm{mA}$，应用式(4.45)，得到

$$v_D = IR_1 = 0.001\mathrm{A} \times 100\,\Omega = 0.1\mathrm{V}$$

类似地，对于 $I = -1\mathrm{mA}$，应用式(4.46)，得到

$$v_D = IR_2 = -0.001\mathrm{A} \times 10000\,\Omega = -10\mathrm{V}$$

下面来根据图 4.27(a)表示的余弦输入来确定 v_D。当 $I \geqslant 0$ 时有

$$v_D = IR_1 = I \times 100\,\Omega$$

如图 4.27(b)所示。类似地，当 $I < 0$ 时有

$$v_D = IR_2 = I \times 10000\,\Omega$$

如图 4.27(c)所示。连接 $I \geqslant 0$ 和 $I < 0$ 所对应的两个结果得到图 4.27(d)所示的输出 v_D 的完整波形。

例 4.12 在线性段应用叠加 虽然前面的例子说明了分段线性分析方法，但它们并未充分说明这种方法的能力，原因在于每个线性段中对应的等效电路都非常简单(比如图 4.24(b)或图 4.24(c)所示电路，图 4.25(c)或图 4.25(d)所示电路)，因此无需采用那些依赖于线性的强大分析方法(比如叠加法)。下面

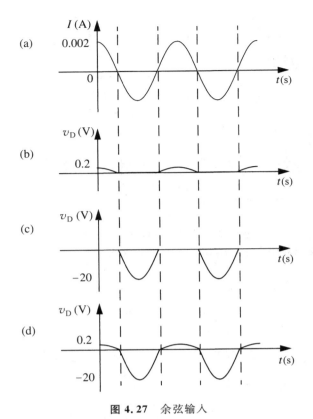

图 4.27 余弦输入

(b) $i_D \geqslant 0$;(c) $i_D < 0$;(d) 最后结果

我们讨论一个稍微复杂一点的例子,从而充分说明分段线性方法的能力。

解 考虑图 4.28 所示电路,该电路包含例 4.11 中介绍的虚拟非线性元件(如图 4.26(a)所示)和两个独立电源。假设我们要确定 v_B 的值。由于叠加定理依赖于线性性的假设,因此非线性元件的出现使我们无法应用叠加定理。

现在我们用分段线性分析方法来求解这个问题。元件性质的分段线性模型如图 4.26(c)所示。在 $i_D \geqslant 0$ 时,该非线性元件是一个值为 R_1 的电阻,当 $i_D < 0$ 时,该非线性元件是一个值为 R_2 的电阻。

根据图 4.28 中电流源和电压源的极性可知,非线性元件流经的电路 i_D 一定为正[①]。因此应用元件的 R_1 段,等效电路如图 4.29 所示。在图 4.29 中,我们用值为 R_1 的电阻替换了非线性元件。

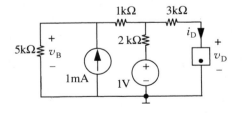

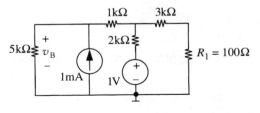

图 4.28 包含一个非线性元件和多个电源的电路 　　**图 4.29** 斜率为 $1/R_1$ 线性段所对应的等效电路

① 一般来说,我们可应用戴维南定理对从非线性元件看进去的电路进行简化。如果驱动元件的戴维南电压是正的,则 i_D 为正。

图 4.29 所示电路为线性电路,因此可用任意线性方法求解。我们用叠加法来求解该电路。根据叠加法的第(1)步,我们对每个独立源构成一个子电路(其余独立源置为零)。将电压源置为零意味着用短路替换电压源,将电流源置为零意味着用开路替换电流源。图 4.30(a)表示了将电压源置为零后的子电路,图 4.30(b)表示了将电流源置为零后的子电路。

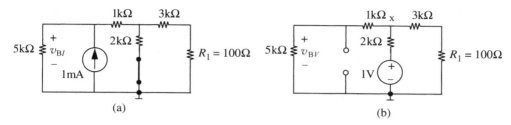

图 4.30　每个电源单独作用的电路

现在根据叠加法的第(2)步,我们求每个独立源单独作用的响应。下面用 v_{BI} 来表示电流源单独作用的响应,v_{BV} 来表示电压源单独作用的响应。

v_{BI}:我们将用 2.4 节讨论的串并联简化直觉方法来分析图 4.30(a)所示电路并求 v_{BI}。首先需要将所有电流源看去的电阻简化为一个等效电阻 R_{eq},然后将该电阻乘以 1mA。从电流源看进去的等效电阻为

$$R_{eq} = (((3k\Omega + 100\Omega) \parallel 2k\Omega) + 1k\Omega) \parallel 5k\Omega$$

简化上式得到

$$R_{eq} = 1.535k\Omega$$

将 R_{eq} 乘以电流源电流得到

$$v_{BI} = 1.535k\Omega \times 1mA = 1.535V$$

v_{BV}:我们现在来分析图 4.30(b)所示电路以求解 v_{BV}。还是利用 2.4 节介绍的直觉方法,首先压缩电路,然后扩展电路。

假设我们知道节点 x 的电压 v_x,则可以根据分压关系很容易求得 v_{BV}。我们可将图 4.30(b)电路先压缩为图 4.31 所示电路以求得 v_x,然后应用分压关系。图 4.31 所示电路中的 R_x 可通过将 1kΩ,5kΩ,3kΩ 和 100Ω 电阻压缩为一个等效电阻得到

$$R_x = (1k\Omega + 5k\Omega) \parallel (3k\Omega + 100\Omega) = 2.05k\Omega$$

根据分压关系有

$$v_x = 1V \times \frac{R_x}{2k\Omega + R_x} = 1V \times \frac{2.05k\Omega}{2k\Omega + 2.05k\Omega} = 0.51V$$

我们现在可以将图 4.31 所示电路扩展为图 4.30(b)所示电路,然后利用分压关系,从而求得 v_{BV}。

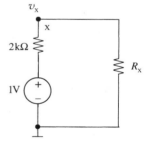

图 4.31　压缩的电路

$$v_{BV} = v_x \times \frac{5k\Omega}{1k\Omega + 5k\Omega} = 0.51V \times \frac{5k\Omega}{1k\Omega + 5k\Omega} = 0.425V$$

叠加法的最后一步通过将单独响应相加求得全响应。即

$$v_B = v_{BI} + v_{BV} = 1.535V + 0.425V = 1.96V$$

这样就得到了答案。注意,正是因为我们关注非线性元件在一个直线段中的性质,因此能够应用功能强大的叠加法进行分析。

www　**例 4.13**　重新讨论半波整流器

www　**非线性元件的改进分段线性模型***

www　**例 4.14**　用分段线性模型的另一个例子

www　**例 4.15**　二极管电阻

WWW 例 4.16   一个更为复杂的分段线性模型

4.5 增量分析

在电子电路的许多应用场合中,非线性元件仅在很小的电压或电流范围内运行,比如在许多传感器电路和大多数音频放大器中。在这种情况下,需要确定一种分段线性的元件模型以确保能够在很窄的运行范围内获得最大的精确度。这种在很窄运行范围内线性化元件模型的过程被称作增量分析或小信号分析。增量分析的好处是增量变量满足 KVL、KCL 以及窄运行范围内的线性 v-i 关系。

但是,我们注意到,这种非线性元件在窄运行范围内几乎线性的运行模式在 MOSFET 电路中(第 8 章将详细介绍)的应用比在非线性电阻中的应用多。由于非线性电阻电路比较简单,因此在这里引入增量分析的概念,同时要意识到主要的应用将在后面介绍。

我们将用二极管作为例子讨论增量分析。假设希望确定图 4.37 所示电路中二极管电流 i_D 的值。该电路中有一个二极管和两个电压源。其中一个电压源 V_I 具有固定值 0.7V,而另一个 Δv_I 则是幅值为 1mV 的正弦。这种形式的输入(一个 DC 值叠加一个小的随时间变化的成分)在实际情况中经常出现,因此需要找到一种简单的方法来求解这种输入类型的响应。我们当然可以用直接分析方法求解,即

$$i_D = I_s(e^{(0.7V+0.001\sin(\omega t)V)/V_{TH}} - 1) \tag{4.53}$$

但这样会导致复杂的表达,从中很难明显看出输出的形式。

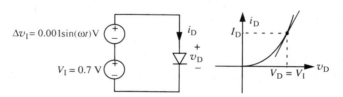

图 4.37   增量分析

我们放弃上述的直接分析方法,而是以一种稍微不同的方式来进行分析。显然,对于给定的输入来说,这种情况下二极管仅在其非线性 v-i 特性曲线中很有限的范围内运行。二极管上总有一个很大的正 DC 偏置电压(由 V_I 给定)。此外,由于有小信号 Δv_I 叠加在 DC 输入电压上,因此二极管电路仅在 I_D 附近很小的范围变化(如图 4.37 所示)。因此在二极管特性曲线的 I_D 附近用直线段进行建模是一种合理的方法,即用图 4.37 中与 (V_I, I_D) 点相切的一小段直线来表示,而不考虑曲线的其余部分。泰勒级数展开

$$y = f(x) = f(X_o) + \frac{\mathrm{d}f}{\mathrm{d}x}\Big|_{X_o}(x - X_o) + \frac{1}{2!}\frac{\mathrm{d}^2 f}{\mathrm{d}x^2}\Big|_{X_o}(x - X_o)^2 + \cdots \tag{4.54}$$

是完成这项任务的好工具。上式就是 x 与 y 的函数关系在点 $(X_o, f(X_o))$ 附近展开的结果。对于我们的 i_D 与 v_D 关系来说,有

$$i_D = f(v_D)$$

我们需要得到在 (V_D, I_D)(其中 $I_D = f(V_D)$)点附近的展开。

在这个例子中,电源电压 V_I 和 Δv_I 直接加在二极管上,因此对应的二极管电压为 $V_D =$

$V_I, \Delta v_D = \Delta v_I$。

于是用二极管参数来表示的在 $(V_D, f(V_D))$ 点对 $i_D = f(v_D)$ 进行泰勒级数展开得到

$$i_D = f(v_D) = f(V_D) + \frac{df}{dv_D}\bigg|_{V_D}(v_D - V_D) + \frac{1}{2!}\frac{d^2 f}{dv_D^2}\bigg|_{V_D}(v_D - V_D)^2 + \cdots \quad (4.55)$$

在二极管例子中,从数学上讲,我们希望在 (V_D, I_D) 点展开二极管方程

$$i_D = I_s(e^{(V_D + \Delta v_D)/V_{TH}} - 1) \quad (4.56)$$

用电路术语来表示就是当电压 $v_D = V_D + \Delta v_D$ 施加在二极管上时(图 4.37)计算响应 i_D。电流 i_D 的形式为

$$i_D = I_D + \Delta i_D \quad (4.57)$$

式(4.56)的泰勒级数展开为

$$i_D = I_s(e^{V_D/V_{TH}} - 1) + \frac{1}{V_{TH}}(I_s e^{V_D/V_{TH}})\Delta v_D + \frac{1}{2!}\left(\frac{1}{V_{TH}}\right)^2(I_s e^{V_D/V_{TH}})(\Delta v_D)^2 + \cdots$$

$$(4.58)$$

简化上式得到

$$i_D = I_s(e^{V_D/V_{TH}} - 1) + (I_s e^{V_D/V_{TH}})\left[\frac{1}{V_{TH}}\Delta v_D + \frac{1}{2!}\left(\frac{1}{V_{TH}}\right)^2(\Delta v_D)^2 + \cdots\right] \quad (4.59)$$

现在如果假设在 DC 工作点 (V_D, I_D) 上的偏移很小,因此 Δv_D 比起 V_{TH} 来说很小(在这个例子中,V_{TH} 的典型值为 $0.025V$,给定的 $\Delta v_D = 0.001V$),我们可以忽略展开表达式方括号中的第二项和更高的次数的项,因此得到

$$i_D = I_s(e^{V_D/V_{TH}} - 1) + (I_s e^{V_D/V_{TH}})\left[\frac{1}{V_{TH}}\Delta v_D\right] \quad (4.60)$$

已知输出由 DC 成分 I_D 和小扰动 Δi_D 组成。于是我们可以得到

$$I_D + \Delta i_D = I_s(e^{V_D/V_{TH}} - 1) + (I_s e^{V_D/V_{TH}})\left[\frac{1}{V_{TH}}\Delta v_D\right] \quad (4.61)$$

将对应的 DC 项和增量项取等号得到

$$I_D = I_s(e^{V_D/V_{TH}} - 1) \quad (4.62)$$

$$\Delta i_D = (I_s e^{V_D/V_{TH}})\frac{1}{V_{TH}}\Delta v_D \quad (4.63)$$

注意 I_D 仅为 DC 输入电压 V_D 对应的 DC 偏置电流。由于工作点值 I_D 和 V_D 满足式(4.1)所示的二极管方程,因此式(4.62)的等式成立。式(4.61)中消除了 DC 项以后就得到了式(4.63)所示的增量关系。

因此,如果 Δv_D 足够小,则电压 $V_D + \Delta v_D$ 所对应的电流包含两项:一个大的 DC 直流电流 I_D 和一个小的与 Δv_D 成正比的电流。

将该结果用图形进行解释是很有帮助的。如图 4.37 所示,式(4.61)表示 DC 工作点 (V_D, I_D) 上曲线的切线。如果加入式(4.58)中被忽略的高次项(即二次项,三次项等等)则可在更广的范围内改善精度。

对于二极管方程所对应的特殊例子的增量分析来说,我们通常对式(4.63)进行下列近似

$$\Delta i_D = I_s(e^{V_D/V_{TH}} - 1)\frac{1}{V_{TH}}\Delta v_D \quad (4.64)$$

其中的 -1 是我们人为加入的。之所以能够加入是因为它比起 $e^{v_D/V_{TH}}$ 来说小得多。加入 -1 以后我们可以进一步进行简化并写出二极管电流增量的近似表达式

$$\Delta i_D = I_D \frac{1}{V_{TH}} \Delta v_D \tag{4.65}$$

图 4.38 提供了式(4.62)和式(4.63)(或其简化形式式(4.65))的本质特征。式(4.62) 建立了工作点 (V_D, I_D) 或二极管的偏置点。I_D/V_{TH} 是二极管的 $v\text{-}i$ 曲线在点 (V_D, I_D) 处的 斜率。二极管的 $v\text{-}i$ 曲线在点 (V_D, I_D) 的斜率与施加在二极管上的小扰动电压(即 Δv_D)的 乘积就是对二极管电流扰动的近似 $\Delta i_D = \dfrac{I_D}{V_{TH}} \Delta v_D$。

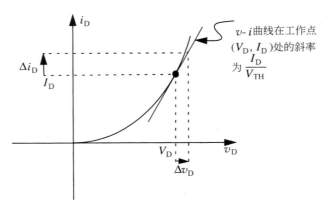

图 4.38 工作点和增量信号的图形解释

估计这种方法的误差并不困难。将式(4.58)中的第 3 项与第 2 项相比我们得到

$$\frac{\text{第三项}}{\text{第二项}} = \frac{1}{2} \frac{1}{V_{TH}} \Delta v_D \tag{4.66}$$

在室温下,V_{TH} 约为 25mV。如果我们希望第 3 项小于第 2 项的 10%,则 Δv_D 需要小 于 5mV。

没必要每次都通过泰勒级数展开而获得增量 Δi_D 和 Δv_D 的关系。可以根据 $i_D = f(v_D)$ 关系直接得到增量关系为

$$\Delta i_D = \frac{df}{dv_D}\bigg|_{V_D} \Delta v_D \tag{4.67}$$

式(4.67)的关系就是从泰勒级数展开中得到的。下面我们来证明这一点。根据 式(4.55),有

$$i_D = f(v_D) = f(V_D) + \frac{df}{dv_D}\bigg|_{V_D} (v_D - V_D) + \frac{1}{2!} \frac{d^2 f}{dv_D^2}\bigg|_{V_D} (v_D - V_D)^2 + \cdots \tag{4.68}$$

用 DC 值加增量值($i_D = I_D + \Delta i_D$)来替换 i_D,用 Δv_D 来替换($v_D - V_D$),并且利用下式

$$I_D = f(V_D) \tag{4.69}$$

然后可以将式(4.68)重写为

$$I_D + \Delta i_D = I_D + \frac{df}{dv_D}\bigg|_{V_D} \Delta v_D + \frac{1}{2!} \frac{d^2 f}{dv_D^2}\bigg|_{V_D} \Delta v_D^2 + \cdots \tag{4.70}$$

现在在等式两边消去 I_D, 并假设 Δv_D 足够小, 使得我们可以忽略 Δv_D 中的二次及更高次项, 从而得到

$$\Delta i_D = \frac{\mathrm{d}f}{\mathrm{d}v_D}\bigg|_{V_D} \Delta v_D \qquad (4.71)$$

换句话说, 电流的增量等于 $\mathrm{d}f/\mathrm{d}v_D$ 在 $v_D = V_D$ 点的值乘以电压的增量。

读者可通过将式(4.71)代入二极管方程

$$i_D = f(v_D) = I_s(\mathrm{e}^{v_D/V_{TH}} - 1)$$

来验证该式。结果得到与式(4.63)一样的 Δi_D 表达式。

从图 4.38 中也可以得到同样的结果。电流增量 Δi_D 就是 Δv_D 与 $v_D\text{-}i_D$ 曲线在点(V_D, I_D)的斜率的乘积。$v_D\text{-}i_D$ 曲线在点(V_D, I_D)的斜率为

$$\frac{\mathrm{d}f(v_D)}{\mathrm{d}v_D}\bigg|_{V_D}$$

下面完成图 4.37 所示的例题。我们要根据给定的 v_D 求得对应的 i_D。已知输入的形式为

$$v_I = V_I + \Delta v_I = 0.7\mathrm{V} + 0.001\sin(\omega t)\mathrm{V}$$

由于输入直接加在二极管上, 因此二极管电压为

$$v_D = V_D + \Delta v_D = 0.7\mathrm{V} + 0.001\sin(\omega t)\mathrm{V}$$

如果 Δv_D 足够小, 则 i_D 可以写成式

$$i_D = I_D + \Delta i_D$$

根据式(4.69)可知

$$I_D = f(V_D) = I_s(\mathrm{e}^{0.7\mathrm{V}/V_{TH}} - 1)$$

根据式(4.71)可知

$$\Delta i_D = \frac{\mathrm{d}f}{\mathrm{d}v_D}\bigg|_{V_D} \Delta v_D = I_s \mathrm{e}^{0.7\mathrm{V}/V_{TH}} \frac{1}{V_{TH}} 0.001\sin(\omega t)$$

将二极管参数 $I_s = 1\mathrm{pA}$ 和 $V_{TH} = 0.025\mathrm{V}$(室温下)代入上式得到 $I_D = 1.45\mathrm{A}$, $\Delta i_D = 0.058\sin(\omega t)\mathrm{A}$。

通过 I_D 和 Δi_D 的值可以验证 i_D 是 DC 项和小的随时间变化项之和。进一步观察到, 我们方便地得到了 i_D 的形式, 读者可将其与直接分析方法得到的但不能揭示问题本质的表达式(4.53)相对比。

虽然上述过程很快就得到了 i_D 的表达形式, 但如果应用线性电路的方法来求解该问题(正如本节介绍部分所说的那样), 则可进一步简化求解过程。我们从分析式(4.61)入手。式(4.61)当然是非线性的。但如果用增量的观点来解释问题, 则能够用线性电路的方法来求解问题。从式(4.62)中可以观察到, 式(4.61)中的第一项(DC 电流 I_D)与 Δv_D 相互独立, 它只取决于电路参数和 DC 电压 V_D(与 DC 电源电压 V_I 一样)。于是可设 Δv_D 为 0, 然后求解出 I_D。在此基础上式(4.61)的第二项是关于 Δv_D 的线性函数, 原因是 I_D 与 Δv_D 无关。第二项表示电流 i 的变化正比于电压 v 的变化, 因此可用线性电路来求解。

但怎样形式的线性电路才能计算出 Δi_D? 观察到 Δv_D 和 Δi_D 之间的比例常数为

$$\frac{\Delta i_D}{\Delta v_D} = g_d = \frac{1}{V_{TH}} I_D \qquad (4.72)$$

或者更一般地,根据式(4.71)得到

$$\frac{\Delta i_{\mathrm{D}}}{\Delta v_{\mathrm{D}}} = g_{\mathrm{d}} = \frac{\mathrm{d}f}{\mathrm{d}v_{\mathrm{D}}}\bigg|_{V_{\mathrm{D}}} \tag{4.73}$$

因此这个比例常数可用线性电导(v-i 特性曲线在点$(V_{\mathrm{D}}, I_{\mathrm{D}})$处的斜率)来表示。也可以将二极管表示为一个线性电阻,其阻值为

$$r_{\mathrm{d}} = \frac{V_{\mathrm{TH}}}{I_{\mathrm{D}}} \tag{4.74}$$

一般来说,非线性元件的增量性质都可以表示为线性电阻,阻值由下式给定。

$$r_{\mathrm{d}} = \frac{1}{\dfrac{\mathrm{d}f}{\mathrm{d}v_{\mathrm{D}}}\bigg|_{v_{\mathrm{D}}=V_{\mathrm{D}}}} \tag{4.75}$$

对于二极管来说,室温条件下 V_{TH} 约为 25mV,如果 $I_{\mathrm{D}}=1\mathrm{mA}$,则增量电阻 $r_{\mathrm{d}}=25\Omega$。类似地,如果 $I_{\mathrm{D}}=1.45\mathrm{A}$,则 $r_{\mathrm{d}}=0.017\Omega$。注意,一般来说增量电阻不等于图 4.33(c)(**WWW**)所示分段线性模型中的电阻 R_{d}。图 4.33(c)中电流变化范围较大,因此需要在不同阻值之间进行折中。R_{d} 与 r_{d} 之间的区别可通过比较两个图形解释(图 4.33(d)(**WWW**)和图 4.37)来理解。

在电路语言中,可用图 4.39 所示电路解释式(4.73)。现在可在图 4.39 所示的简单线性电路中求得 Δi_{D},其中 $r_{\mathrm{d}}=1/g_{\mathrm{d}}$。如果 $I_{\mathrm{D}}=1.45\mathrm{A}$,则室温下 $r_{\mathrm{d}}=0.017\Omega$,同时有

$$\Delta i_{\mathrm{D}} = \frac{\Delta v_{\mathrm{D}}}{r_{\mathrm{d}}} = 0.059\sin(\omega t)\,\mathrm{A}$$

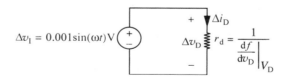

图 4.39　确定 Δi_{D} 值所需的线性电路

总结一下,我们需要确定二极管的输入电压为 DC 值(V_{D})加上小的随时间变化成分(Δv_{D})时的电流 i_{D}。式(4.61)说明二极管电流由两项组成,一个 DC 项 I_{D} 仅由施加的 DC 电压 V_{D} 确定,另一个小信号或增量项 Δi_{D} 取决于小信号电压和直流电压 V_{D}。但对于固定的 V_{D} 来说,增量电流 Δi_{D} 线性正比于 Δv_{D}。比例常数就是式(4.73)给定的电导 g_{d}。由于图 4.39 所示的增量电路模型直接表示了 Δi_{D} 和 Δv_{D} 之间的关系,因此该线性电路可直接用于求解 Δi_{D}。在许多场合中,人们仅对输出端的增量变化感兴趣,则我们的分析可到此结束。如果需要求出输出总电流 i_{D},则可将 Δi_{D} 与 DC 成分 I_{D} 相加。

于是,基于前面的讨论,我们可以归纳出求 v-i 关系为 $i_{\mathrm{D}}=f(v_{\mathrm{D}})$ 的非线性元件电压增量和电流增量关系的系统方法。

(1) 在原电路中设所有小信号为零,根据得到的子电路求出 DC 工作点 I_{D} 和 V_{D}。本节以前介绍的所有分析非线性电路的方法(直接分析法、图形法或分段线性法)均适用。

（2）将电路中的非线性元件替换为电阻 r_d（式（4.75））并将所有 DC 置为零（即用短路替换电压源，用开路替换电流源）得到增量子电路，从而求出输出电压增量和非线性元件电流增量（即在第（1）步中得到的 DC 值基础上的变化）。增量子电路是线性的，因此电压增量和电流增量可通过第 3 章介绍的任何线性分析方法（包括叠加定理、戴维南等效电路等）求得。

最后，在研究若干例子以说明小信号方法之前，我们需要讨论一下符号问题。为了方便起见，我们将使用下面的符号来区分总变量、DC 工作点或偏置值、在工作点上的增量。如图 4.40 所示，我们用小写字母和大写下标表示总变量，用大写字母和大写下标表示 DC 工作点变量，用小写字母和小写下标表示增量。于是 v_D 表示元件上的总电压，V_D 表示 DC 工作点，$v_d = \Delta v_D$ 表示增量。由于总变量等于两个成分之和，因此有

$$v_D = V_D + v_d$$

类似地，对于电流有

$$i_D = I_D + i_d$$

图 4.41 用上面介绍的新符号总结了二极管的大信号和小信号模型。

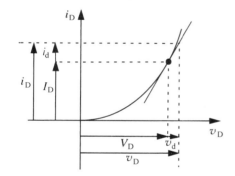

图 4.40　工作点、小信号和总变量的符号

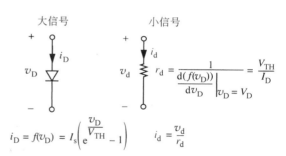

图 4.41　二极管的大信号和小信号模型

例 4.17　平方律元件的增量模型　求图 4.42(a)所示平方律元件的增量模型。假设该元件的性质是下列 v-i 关系

$$i_D = K v_D^2 \quad v_D > 0$$
$$i_D = 0 \quad v_D \leqslant 0$$

其中 $K = 1\,\text{mA/V}^2$，工作点的 V_D 和 I_D 值分别为 1V 和 1mA。

解　根据式（4.75）可知非线性元件的增量模型是一个值为 r_d 的电阻，如图 4.42 所示。电阻的值由下式决定。

$$r_d = \frac{1}{\left.\dfrac{\mathrm{d}f}{\mathrm{d}v_D}\right|_{v_D = V_D}}$$

将 $f(v_D) = K v_D^2$ 代入得到

$$r_d = \frac{1}{\left.2K v_D\right|_{v_D = V_D = 1\text{V}}} = 500\,\Omega$$

例 4.18　电阻的增量模型　下面来验证值为 R 的线性

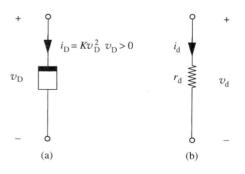

图 4.42　平方律元件及其增量模型

（a）平方律元件；（b）增量模型

电阻的增量模型还是值为 R 的电阻。直观感觉告诉我们,线性电阻的 v-i 关系是一条直线,其斜率(由 $1/R$ 决定)对于所有电阻电压和电流来说都相同。进一步由于增量电阻是斜率的倒数,因此有 $r=R$。

还可从数学上来证明这一点。电阻的 v-i 关系为

$$i = \frac{v}{R}$$

我们用式(4.75)求得电阻电压和电流分别为 V 和 I 时的增量电阻 r 为

$$r = \frac{1}{\left.\dfrac{\mathrm{d}(v/R)}{\mathrm{d}v}\right|_{v=V}} = R$$

例 4.19 平方律元件的增量分析 求图 4.43 所示电路中平方律元件的电流 i_D。该元件由一个 DC 电压源和一个小 AC 电压源串联起来驱动。平方律元件的性质可以表示为 v-i 关系:

$$i_\mathrm{D} = Kv_\mathrm{O}^2 \quad v_\mathrm{O} > 0$$

如果 $v_\mathrm{O} \leqslant 0$,则 $i_\mathrm{D} = 0$。假设 $K = 1\mathrm{mA/V^2}$。

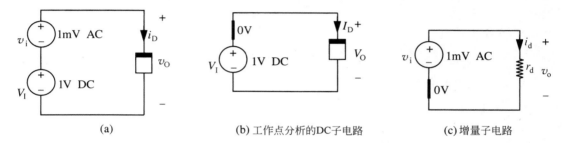

(a)   (b) 工作点分析的DC子电路   (c) 增量子电路

图 4.43 非线性电阻的增量分析
图(b)和图(c)分别表示 DC 和增量子电路

解 由于非线性元件的输入是 DC 成分和相对较小的 AC 成分之和,因此增量分析是比较合适的方法。增量分析包含下列两步:

(1) 设小信号电源为零,求 DC 工作点变量 I_D 和 V_O。

(2) 通过构成增量电路来求增量元件电流 i_d。在增量子电路中用值为 r_d(式(4.75))的线性电阻替换非线性元件,同时将 DC 电源置为零。

下面进行增量分析的第(1)步,画出 DC 子电路如图 4.43(b)所示,标出工作点变量 I_D 和 V_O。AC 电源置为零。观察图 4.43(b)电路可知

$$V_\mathrm{O} = V_\mathrm{I} = 1\mathrm{V}$$
$$I_\mathrm{D} = KV_\mathrm{O}^2 = 1\mathrm{mA}$$

接下来进行增量分析的第(2)步,在图 4.43(c)中绘出增量子电路。这里将 DC 电源置为零,并用值为 r_d 的线性电阻替换非线性元件。

$$r_\mathrm{d} = \frac{1}{\left.\dfrac{\mathrm{d}(Kv_\mathrm{O}^2)}{\mathrm{d}v_\mathrm{O}}\right|_{v_\mathrm{O}=V_\mathrm{O}}} = \frac{1}{2KV_\mathrm{O}}$$

将 $V_\mathrm{O} = 1\mathrm{V}$ 代入得到

$$r_\mathrm{d} = 500\Omega$$

在知道 r_d 的值以后我们就可以根据小信号电路求得小信号成分 i_d。因此有

$$i_\mathrm{d} = \frac{v_\mathrm{i}}{r_\mathrm{d}}$$

代入数值求得 AC 电流 i_d 幅值为 $2\mu\mathrm{A}$。于是总电流 i_D 就是 1mA 的 DC 电流和幅值为 $2\mu\mathrm{A}$ 的 AC 电流之和。这样就完成了分析过程。

例 4.20 基于非线性电阻的稳压器 为了说明增量分析的应用,我们研究一下图 4.44(a)所示的非线性电路。这是一个基于前面讨论过的虚拟非线性电阻的原始稳压器。假设 $R=1\mathrm{k}\Omega$,非线性元件的特性为下面所示的 $v\text{-}i$ 关系

$$i_D = Kv_O^2 \quad v_O > 0$$

如果 $v_O \leqslant 0$,则 $i_D = 0$。假设 $K = 1\mathrm{mA/V^2}$。

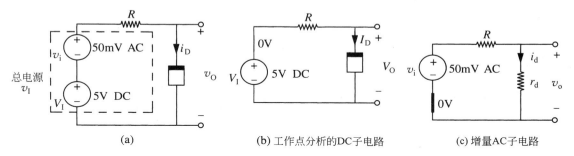

(a)　(b) 工作点分析的DC子电路　(c) 增量AC子电路

图 4.44 非线性电阻稳压器

图(b)和图(c)分别表示了 DC 和增量子电路。根据前面的讨论求得这两个子电路。更详细的关于 DC 和增量子电路的讨论参见第 8 章 8.2.1 节。

解 假设加在电路中的 DC 电源(V_I)为 5V,AC 电源(v_i,也称为纹波)为 50mV。稳压器的设计目的是减少 AC 成分与 DC 的相对值。设计稳压器的目的就是确定输出纹波的幅值,然后讨论为什么该稳压器能够减少纹波相对于 DC 电压的幅值。

为了理解电路的特性,我们对该电路进行增量分析,包括下面两步。

(1) 在原电路中设所有小信号为零,求出 DC 工作点变量 I_D 和 V_O。本节以前介绍的所有分析非线性电路的方法(应用节点法的直接分析法、图形法或分段线性法)均适用。

(2) 将电路中的非线性元件替换为电阻 r_d(式(4.75))并将所有 DC 量置为零,得到一个增量子电路,从而求出输出电压增量 v_o 和非线性元件电流增量 i_d。增量子电路是线性的,因此电压增量和电流增量可通过任何线性分析方法(包括叠加、戴维南等)求得。

根据增量分析第一步,画出图 4.44(b)所示的 DC 子电路并标记工作点为 I_D 和 V_O。注意到我们已将小信号电源置为零。

现在用直接分析方法来确定 I_D 和 V_O。通过观察图 4.44(b)可知

$$-V_I + I_D R + V_O = 0 \tag{4.78}$$

$$I_D = KV_O^2 \tag{4.79}$$

消去 I_D 得到

$$RKV_O^2 + V_O - V_I = 0$$

求出 V_O 为

$$V_O = \frac{-1 + \sqrt{1 + 4V_I RK}}{2RK} \tag{4.80}$$

用 $K = 1\mathrm{mA/V^2}$, $R = 1\mathrm{k}\Omega$, $V_I = 5\mathrm{V}$ 代入上式得到工作点值为

$$V_O = 1.8\mathrm{V}$$

$$I_D = 3.24\mathrm{mA}$$

V_O 是输出的 DC 成分。于是就完成了增量分析的第(1)步。

接下来进行增量分析的第(2)步,绘出图 4.44(c)所示的增量子电路。现在我们设 DC 电源为零,用值为 r_d 的线性电阻替换非线性电阻。

如果知道 r_d,则可从图 4.44(c)中求出 i_d 和 v_o。因此我们首先需要确定 r_d 的值。根据式(4.71)可知

$$i_\mathrm{d} = \left.\frac{\mathrm{d}(Kv_\mathrm{O}^2)}{\mathrm{d}v_\mathrm{O}}\right|_{v_\mathrm{O}=V_\mathrm{O}} v_\mathrm{o}$$

因此有

$$r_\mathrm{d} = \cfrac{1}{\left.\cfrac{\mathrm{d}(Kv_\mathrm{O}^2)}{\mathrm{d}v_\mathrm{O}}\right|_{v_\mathrm{O}=V_\mathrm{O}}}$$

简化上式得到

$$r_\mathrm{d} = \frac{1}{2KV_\mathrm{O}}$$

用数值代入求得 $r_\mathrm{d} = 1/(2\times1\times10^{-3}\times1.8) = 278\Omega$。

求得 r_d 的值以后即可根据图 4.44(c)所示电路获得输出电压的小信号成分 v_o。注意图 4.44(c)所示电路是一个分压器,因此有

$$v_\mathrm{o} = v_\mathrm{i}\,\frac{r_\mathrm{d}}{R+r_\mathrm{d}} \tag{4.81}$$

$$= 50\times10^{-3}\times\frac{278}{1000+278} = 10.9\mathrm{mV}$$

以及

$$i_\mathrm{d} = \frac{v_\mathrm{o}}{r_\mathrm{d}} = \frac{0.0109}{278} = 0.039\mathrm{mA}$$

这样就完成了分析过程[①]。

虽然输出电压的 DC 和 AC 成分都小于相应的输入成分,但最重要的参数是纹波系数即(AC 成分)与 DC 的比例。在输入端有

$$\text{纹波系数} = \frac{50\times10^{-3}}{5} = 10^{-2} \tag{4.82}$$

在输出端有

$$\text{纹波系数} = \frac{10.9\times10^{-3}}{1.8} \approx 0.6\times10^{-2} \tag{4.83}$$

因此,输入和输出纹波系数比为 1.7(1/0.6=1.7)。这种纹波消除水平还不足以让人激动。从式(4.81)可知,我们可以通过减小 r_d 的值来改进纹波消除水平。实现这一目的的一种方法就是将本例中的非线性电阻用 v-i 曲线更为陡峭的元件替代,下一个例题将讨论这种元件。

关于增量分析的数学基础和图 4.44 中两个子电路,有一点很重要,即它们不是利用叠加定理,而是对泰勒级数展开的一种特别解释。虽然我们仅保留了级数的前两项(如式(4.61)所示),但关系还是非线性的,依然无法应用叠加定理。

WWW 例 4.21 二极管稳压器

WWW 例 4.22 用分段线性二极管模型进行小信号分析

---

① 另一方面,我们还可以从数学上根据 v_O 与 v_I 的关系得到 v_o。

$$v_\mathrm{O} = \frac{-1+\sqrt{1+4v_\mathrm{L}RK}}{2RK}$$

观察到 v_O 的增量为 v_I 的增量与 v_O 和 v_I 曲线在 V_I 点斜率的乘积,我们得到

$$v_\mathrm{o} = \left.\frac{\mathrm{d}\left(\dfrac{-1+\sqrt{1+4v_\mathrm{I}RK}}{2RK}\right)}{\mathrm{d}v_\mathrm{I}}\right|_{v_\mathrm{I}=V_\mathrm{I}} v_\mathrm{i}$$

简化上式得到

$$v_\mathrm{o} = \frac{1}{\sqrt{1+4V_\mathrm{I}RK}}v_\mathrm{i} = 10.9\mathrm{mV}$$

上式和用小信号电路得到的表达式一样。

4.6　小结

- 本章介绍了非线性电路及其分析方法。非线性电路包含一个或多个具有非线性 $v\text{-}i$ 关系的非线性元件。非线性电路遵循 KVL 和 KCL,可利用基本的 KVL/KCL 方法或节点法来求解。注意 KVL/KCL 方法或节点法无需线性性质的假设。

- 本章讨论了 4 种求解非线性电路的方法:直接分析方法、图形方法、分段线性方法和小信号方法(也称作增量方法)。

  　　直接分析方法用 KVL/KCL 和节点法来列写电路的方程并直接求解。图形方法利用非线性元件 $v\text{-}i$ 关系曲线和描述电路约束的曲线求得工作点。分段线性方法将非线性元件的 $v\text{-}i$ 关系用一系列直线段来表示,然后在每个直线段中用线性分析方法进行计算。

  　　小信号方法适用于非线性元件仅在电压或电流值很小变化范围内工作的电路。对于电压或电流关于工作点的小扰动来说,非线性元件的性质可用分段线性模型在很窄的范围内进行比较有效的近似。于是增量变量不仅满足 KVL 和 KCL,还满足很窄工作范围内的 $v\text{-}i$ 线性关系。

- 我们用下面符号来区分总变量、DC 工作点值和小信号变量:
  ① 将总变量表示为小写字母和大写下标的形式,如 v_D;
  ② 将 DC 工作点变量表示为二者均为大写的形式,如 V_D;
  ③ 将增量值表示为二者均为小写的形式,如 v_d。

- 求包含有非线性元件(其性质表示为 $v\text{-}i$ 关系)电路的电压增量和电流增量的系统方法为:
  ① 从原电路中将所有小信号电源置为零得到 DC 子电路,从中求 DC 工作点变量 I_D 和 V_D。前面几节讨论的所有方法(直接分析法、图形法或分段线性法)都适用。
  ② 将非线性元件用值为 r_d 的电阻替换,线性电阻保持不变,所有 DC 电源置为零,从而获得增量子电路。根据增量子电路求得输出电压增量和非线性元件电流增量。关于 r_d 有

$$r_\mathrm{d} = \cfrac{1}{\left.\cfrac{\mathrm{d}f(v_\mathrm{D})}{\mathrm{d}v_\mathrm{D}}\right|_{v_\mathrm{D}=V_\mathrm{D}}}$$

增量子电路是线性的,因此可用任意的线性分析方法求得增量电压和电流。

练　习

练习 4.1　考虑图 4.47 所示的二端非线性元件,它的 $v\text{-}i$ 特性为

$$i_\mathrm{A} = f(v_\mathrm{A}) \tag{4.92}$$

试说明 DC 工作点 V_A, I_A 上随电压增量($\Delta v_\mathrm{A} = v_\mathrm{a}$)变化的电流增量($\Delta i_\mathrm{A} = i_\mathrm{a}$)为

$$i_\mathrm{a} = \left.\frac{\mathrm{d}f(v_\mathrm{A})}{\mathrm{d}v_\mathrm{A}}\right|_{v_\mathrm{A}=V_\mathrm{A}} v_\mathrm{a}$$

(提示:用 $i_\mathrm{A} = I_\mathrm{A} + i_\mathrm{a}$ 和 $v_\mathrm{A} = V_\mathrm{A} + v_\mathrm{a}$ 代入式(4.92),用泰勒级数展开,忽

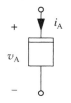

图 4.47　练习 4.1 图

略 v_a 中的二次和更高次项,使相应的 DC 和小信号项相等。)

练习 4.2 假设练习 4.1 中的二端非线性元件(图 4.47)的 $v\text{-}i$ 特性为

$$i_A = f(v_A) = \begin{cases} c_X v_A^2 + c_Y v_A + c_Z & v_A \geqslant 0 \\ 0 & \text{其余} \end{cases}$$

(1) 给定工作点电压 $V_A(V_A > 0)$,求工作点电流 I_A。

(2) 求在工作点 (V_A, I_A) 上的电压增量 (v_a) 带来的电流增量 (i_a)。

(3) 如果 v_a 改变了 $y\%$,则 i_a 改变的百分比为多少?

(4) 假设非线性元件的偏置是 V'_A,而不是 V_A,其中 V'_A 比 V_A 高 $y\%$。求在新偏置点附近电压增量 (v_a) 带来的电流增量 (i'_a)。求计算出来的 i'_a 与(2)部分计算出的 i_a 相差的百分比。

(5) 求参数 c_X 在正常值 C_X 附近的增量(给定 $\Delta c_X = c_x$)带来的电流增量 i_{acx}。假设 $v\text{-}i$ 的工作点值为 V_A, I_A。

提示:如果 i_A 依赖于 x_A 和 y_B,即

$$i_A = f(x_A, y_B)$$

则 y_B 的增量带来的 i_A 的增量为

$$i_{ay_b} = \frac{\partial f(x_A, y_B)}{\partial y_B} \bigg|_{y_B = Y_B} y_b$$

练习 4.3 图 4.48 所示电路中非线性元件的 $v\text{-}i$ 特性如图所示。已知 $R = 910\Omega$,求工作点 I_D 和 V_D。

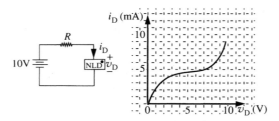

图 4.48 练习 4.3 图

练习 4.4

(1) 画出图 4.49 所示非线性网络的 i_A 与 v_A 关系特性。假设二极管是理想的。

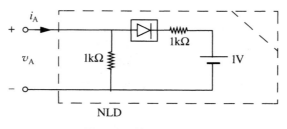

图 4.49 练习 4.4 图 1

(2) 将(1)部分中的非线性网络连接至图 4.50 所示电路中。在(1)部分的 $v\text{-}i$ 特性中画出负荷线并求 i_T。

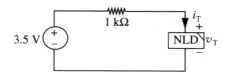

图 4.50 练习 4.4 图 2

练习 4.5　考虑两个完全相同的半导体二极管,其 $v\text{-}i$ 关系为

$$i_{\mathrm{D}} = I_{\mathrm{S}}(\mathrm{e}^{v_{\mathrm{D}}/V_{\mathrm{TH}}} - 1) \tag{4.93}$$

(1) 求图 4.51(a)中将这两个二极管并联连接后的 $v\text{-}i$ 关系。

(2) 求图 4.51(b)中将这两个二极管串联连接后的 $v\text{-}i$ 关系。

练习 4.6　在图 4.52 所示电路中,求 i 与 v 的输入特性和 i_2 与 v 的转移特性。I 固定为正值。用图形表示结果,标注所有斜率、截距和转折点的坐标。

练习 4.7　对于图 4.53 所示电路和下面给出的元件值,画出 $i(t)$ 的波形,并在图中标出何时理想二极管开通,何时关断。$v_{\mathrm{i}} = 10\sin(t)\,\mathrm{V}$,$V_0 = 5\mathrm{V}, R = 1\Omega$。

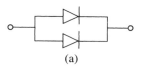

图 4.51　练习 4.5 图

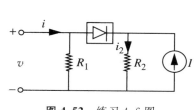

图 4.52　练习 4.6 图

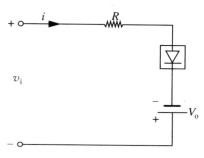

图 4.53　练习 4.7 图

问　　题

问题 4.1　考虑图 4.54 所示包含非线性元件 N 的电路。N 的 $v\text{-}i$ 关系为

$$i_{\mathrm{A}} = \begin{cases} c_2 v_{\mathrm{A}}^2 + c_1 v_{\mathrm{A}} + c_0 & v_{\mathrm{A}} \geqslant 0 \\ 0 & 其余 \end{cases}$$

(1) 用分析法求 i_{A} 和 v_{A}。

(2) 如果 $v_{\mathrm{I}} = V_{\mathrm{I}}$,$V_{\mathrm{I}}$ 为正,求非线性元件电压和电流的工作点值。

(3) 求 v_{I} 的增量(用 v_{i} 表示)带来的 i_{A} 的增量(用 i_{a} 表示)。

(4) 求 v_{I} 的增量(用 v_{i} 表示)带来的电阻 R 上的电压增量。

(5) 求 R 的值增加 2% 带来的 i_{A} 的增量。

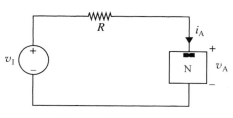

图 4.54　问题 4.1 图

(6) 求偏置点 $(V_{\mathrm{A}}, I_{\mathrm{A}})$ 上 v_{a} 的增量带来的 i_{A} 的增量。

(7) 假设我们用 DC 电压 V_{I} 与小的随时间变化的电压 $v_{\mathrm{i}} = v_0 \cos(\omega t)$ 来替换 v_{I}。求 i_{A} 中随时间变化的成分。

(8) 如果我们将 v_{I} 变为 $v_{\mathrm{I}} = V_{\mathrm{I}} + v_{\mathrm{i}}$,其中 $V_{\mathrm{I}} = 10\mathrm{V}, v_{\mathrm{i}} = 1\mathrm{V}$。

① 求对应于 $V_{\mathrm{I}} = 10\mathrm{V}$ 的偏置点 DC 电流 I_{A}。

② 用小信号分析求 $v_{\mathrm{i}} = 1\mathrm{V}$ 所对应的 i_{a} 值。

③ 用小信号分析求 i_{A} 的值 $(i_{\mathrm{A}} = I_{\mathrm{A}} + i_{\mathrm{a}})$。

④ 用分析方法求 $v_{\mathrm{I}} = V_{\mathrm{I}} + v_{\mathrm{i}} = 11\mathrm{V}$ 所对应的 i_{A}。

⑤ 现在用 $i_a = i_A - I_A$ 求 i_a 的实际值。

⑥ 用小信号方法计算出的 i_a 的误差是多少？

问题 4.2 图 4.55 所示电路包含两个非线性元件和一个电流源。图中给出了这两个非线性元件的特性。在下面不同条件下求电压 v。(1)$i_S = 1A$，(2)$i_S = 10A$，(3)$i_S = 1\cos(t)A$。

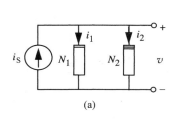
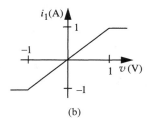
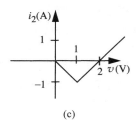

图 4.55 问题 4.2 图

问题 4.3 一个电池的虚拟 $v\text{-}i$ 特性(接线端电压作为流出电流的函数，注意不是关联变量)如图 4.56(a) 所示。

(1) 如果电池接线端上连接 2Ω 电阻，求电池的接线端电压和流经电阻的电流。

(2) 由于照明灯泡的自加热效应，它是一个非线性电阻。这种灯泡的虚拟 $v\text{-}i$ 特性如图 4.56(b) 所示。如果将该灯泡与电池连接，求灯泡的电流和电压。

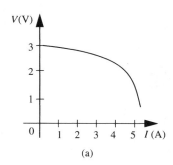
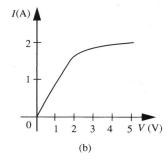

图 4.56 问题 4.3 图

(3) 建立电流在 $0 \sim 2A$ 范围内比较精确的电池的分段线性模型。

(4) 如果该灯泡与一个 2Ω 电阻串联连接在电池上，用上面得到的分段线性模型求电池电压和灯泡电流。

问题 4.4

(1) 假设二极管用理想二极管建模，$R_1 = R_2$，画出图 4.57 所示电路中 $v_o(t)$ 的波形。假设输入为三角波。写出 $v_o(t)$ 和 v_i，R_1，R_2 关系的函数。

(2) 如果三角波的峰值仅为 $2V$，$R_1 = R_2$，则必须用更为精确的二极管模型。假设二极管用理想二极

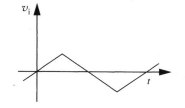
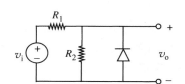

图 4.57 问题 4.4 图

管和 0.6V 电压源串联来建模,画出 $v_o(t)$ 并写出其表达式。画出 v_o 与 v_i 的传递曲线。

　　问题 4.5　图 4.58 表示了原始 Zener 二极管稳压器电路。

(1) 用增量分析从图中估计用 V 和 Δv 表示 v_o 的函数。

(2) 用 Zener 二极管的特性曲线求其模型参数,然后计算出输出电压中的 DC 值和 AC 值。

(3) 该电源的戴维南输出电阻是多少,即从 v_o 接线端看进去的戴维南电阻。

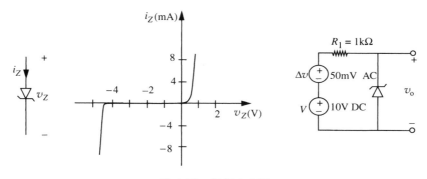

图 4.58　问题 4.5 图

　　问题 4.6　图 4.59(a)表示了一个太阳能电池单元的接线端电压-电流特性。注意这里接线端电压是流出电流的函数(即并非关联变量约定)。通过连接一共 100 个这样的单元来构成一个阵列:每 10 个太阳能单元串联连接成为一个串,然后将这 10 个串并联连接起来,如图 4.59(b)所示。

　　如果将一个 3Ω 电阻连接至新的二端元件(100 个单元的阵列),求电阻上的电压和电流。

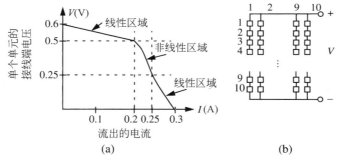

图 4.59　问题 4.6 图

　　问题 4.7　图 4.60(a)表示了结型场效应晶体管(JFET)的一种特定连接方式(栅极和源极连接在一起),这样就像一个二端元件一样。得到的二端元件的 v_D-i_D 特性如图 4.60(b)所示,当 v_D 超过 V_P(称作夹断电压)后,电流饱和于 I_{DSS}。在上面的二端结构中,JFET 的特性可以表示为

$$i_D = \begin{cases} I_{DSS}\big[2(v_D/V_P) - (v_D/V_P)^2\big] & v_D \leqslant V_P \\ I_{DSS} & v_D > V_P \end{cases}$$

　　可将该二端元件用于制造性能良好的 DC 电流源,如图 4.60(c)所示。如果该电流源与具有纹波的电压源相连接(表示为 v_S),这种电压源可以从常见的整流器电路得到。假设电压源 v_S 的平均值为 V_S,包含有 60Hz 的纹波成分 $v_r = a\cos(\omega t)$,如图 4.60(d)所示。

　　(1) 首先假设没有纹波($a=0$)。设 $R=1$kΩ,求流经电阻 R 的电流 i 与 V_S 的函数关系。V_S 等于多少时电流稳定在 I_{DSS}? 如果 R 值加倍,则上面求得的 V_S 等于多少? 请解释为什么。

　　(2) 现在假设 $a=0.1$V,$R=1$kΩ。分别在 $V_S=5$V,$V_S=10$V,$V_S=15$V 条件下近似求得电流波形。确

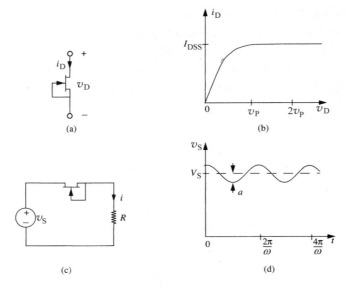

图 4.60 问题 4.7 图

定每种情况中电流 i 的平均值和电流中最大正弦成分的幅值与频率。

问题 4.8 一种光电能量转换器(太阳能单元)的电压-电流特性可以近似为

$$i = I_1(e^{v/V_{TH}} - 1) - I_2$$

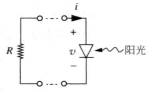

图 4.61 问题 4.8 图

其中第一项表示黑暗时该转换器表现为二极管,第二项取决于光密度。假设 $I_1 = 10^{-9}$ A,假设光照条件使得 $I_2 = 10^{-3}$ A。

(1) 画出太阳能单元的 v-i 特性。要标出开路电压和短路电流。(但要注意,该特性显然是非线性的。因此戴维南或诺顿等效不适用)

(2) 如图 4.61 所示,如果希望太阳能单元对电阻负荷的输出功率最大,确定电阻的最优值。此时该单元能提供多少功率?

问题 4.9

(1) 一种非线性元件 A 的 v-i 特性如图 4.62 所示。假设 S 是一个理想电压源,图中①,②,③哪种情况下消耗最大的功率。如果 S 是一个理想电流源则结果如何?

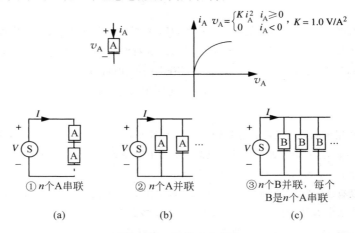

$$i_A \quad v_A = \begin{cases} K i_A^2 & i_A \geq 0 \\ 0 & i_A < 0 \end{cases}, \quad K = 1.0 \text{ V/A}^2$$

①n个A串联　②n个A并联　③n个B并联, 每个 B 是n个A串联

(a)　　　　　　(b)　　　　　　(c)

图 4.62 问题 4.9 图 1

(2) 另一种元件的 v-i 特性如图 4.63 所示。如果将元件 A 和 C 串联连接至一个 6V 理想电压源上，则电路中流通的电流为多少？（可用直接分析法或图形法求解）

问题 4.10　在图 4.64 所示电路中，假设 $v_1 = 0.5\text{V}$，$v_2 = A_2 \cos(\omega t)$，其中 $A_2 = 0.001\text{V}$。进一步假设 $V_{\text{TH}} = 25\text{mV}$。

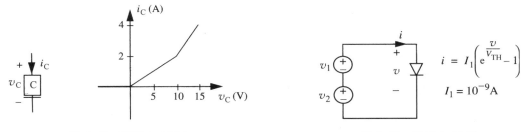

图 4.63　问题 4.9 图 2　　　　　　　　　图 4.64　问题 4.10 图

(1) 如果仅有 v_1 连接到电路中，求电流 i。

(2) 如果仅有 v_2 连接到电路中，求电流 i。

(3) 如果两个电源都连接到电路中，如图所示，求电流 i。是否可用叠加法？请解释。

(4) 基于你对(3)部分的答案，讨论电流中的正弦成分对 A_2 幅值的依赖性。不引起明显的谐波的情况下最大 A_2 是多少？提示：用泰勒定理。

问题 4.11　本问题考虑图 4.65 所示电路。

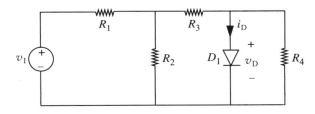

图 4.65　问题 4.11 图

其中，$R_1 = 1.0\text{k}\Omega$，$R_2 = 1.0\text{k}\Omega$，$R_3 = 0.5\text{k}\Omega$，$R_4 = 1\text{k}\Omega$　D_1：$i_D = I_S(e^{v_D/V_{\text{TH}}} - 1)$，其中 $I_S = 1 \times 10^{-9}\text{A}$，$V_{\text{TH}} = 25\text{mV}$。

(1) 求连接至二极管电路的戴维南等效电路。

(2) 假设在进行偏置点确定过程中二极管可用理想二极管与 0.6V 电压源串联模型来表示，在 $v_1 = 4\text{V}$ 时 v_D 和 i_D 是多少？

(3) 求在(2)部分求得的偏置点附近小信号增量工作的二极管线性等效模型。

(4) 如果 $v_I = 4\text{V} + 0.004\cos(\omega t)\text{V}$，用(3)部分得到模型来求 $v_d(t)$。

问题 4.12　考虑图 4.66 所示电路。电压源和电流源都是 DC 量和 AC 扰动之和。

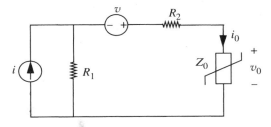

图 4.66　问题 4.12 图

$$v = V + \Delta v$$

$$i = I + \Delta i$$

已知 $V = 30\text{V(DC)}, I = 10\text{A(DC)}, \Delta v = 100\text{mV(AC)}, \Delta i = 50\text{mA(AC)}$

电阻的值为：$R_1 = R_2 = 0.5\Omega$。非线性元件 Z_0 的特性为

$$i_0 = v_0 + v_0^2$$

用增量分析求输出电压 v_0 的 DC 和 AC 成分。

注意：你可以在分析过程中假设该元件是一个无源元件，即消耗能量。

问题 4.13 图 4.67 所示电路包含一个非线性元件，其特性如下

$$i_N = \begin{cases} 10^{-4} v_N^2 & v_N > 0 \\ 0 & v_N < 0 \end{cases}$$

其中 i_N 的单位为 A，v_N 的单位为 V。

输出电压 v_{OUT} 可近似写为两项之和的形式

$$v_{OUT} \approx V_{OUT} + v_{out} \tag{4.94}$$

其中 V_{OUT} 是由 V_B 产生的 DC 输出电压，v_{out} 是由电压源增量 v_i 产生的输出电压增量。

假设 $v_i = 10^{-3} \sin(\omega t)$ V，V_B 使得非线性元件运行在 $V_N = 10$V 工作点上，求输出增量 v_{out}。

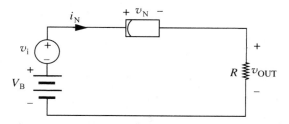

图 **4.67** 问题 4.13 图

问题 4.14 考虑图 4.68 所示的二极管网络。

本题中所有二极管的 i_D-v_D 特性均可精确地表示为

$$i_D = I_S e^{(v_D/25\text{mV})} \quad \text{其中 } I_S = 1\text{mA}/e^{25}$$

不要用分段线性模型。

(1) 首先假设 $\Delta i = 0$（即 $\Delta i_1 = \Delta i_2 = 0$），电压 V_1 和 V_2 的工作点电压是多少？

(2) 现在假设 Δi 不是零，但足够小，使得可用增量分析来确定 Δv_1 和 Δv_2。求 $\Delta v_1 / \Delta v_2$。

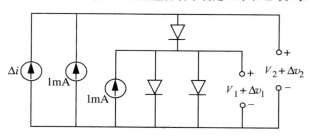

图 **4.68** 问题 4.14 图

第 5 章

数字抽象

数值离散化构成了**数字抽象**的基础。其主要思想是将一定范围内的信号值集总为一个值。我们在前面的图 1.45 见过一个数值离散化的例子(为了便于说明,在这里重复给出,如图 5.1 所示),其中电压信号离散化为两个值。在这个例子中,如果观察到的信号在 0V 和 2.5V 之间,则作为"0"处理,2.5V 和 5V 之间的值作为"1"处理。相应地,如果要在线路上传递逻辑值"0",则我们在线路上施加标称为 1.25V 的电压。类似地,为了传输逻辑"1",需要在线路上施加标称为 3.75V 的电压[①]。图 5.1 所示的离散信号包括逻辑值序列"0","1","0","1","0"。

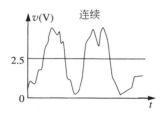 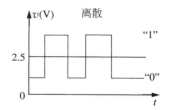

图 5.1 将数值离散化为两个电平

虽然看起来数字方法浪费了信号的动态变化范围,但它在存在噪声时比模拟传输具有明显的优点。可以看出,这种表示不受峰峰值小于 2.5V 的对称噪声的干扰。为了说明这一点,考虑图 5.2 所示的情况。图中,发送者希望将值 A 传递给接收者,该图说明了模拟情况和数字情况。在模拟情况下,假设值 A 为 2.4V。发送者通过在线路上将信号表示为 2.4V 进行传输。传输过程中的噪声(图中用 0.2V 噪声电压源表示)将该电压在接收者处改变为 2.6V,结果导致接收者将其误理解为 2.6V。

在数字情况中,假设信号 A 为逻辑"0"。发送者将 A 的值在线路上用 1.25V 来表示。由于串联噪声源的影响,接收者收到的电压水平为 1.45V。在这个情况下,由于接收者电压低于 2.5V 阈值,接收者正确地将其理解为逻辑"0"。这样,发送者和接收者能够在数字情况中无误差地通信。

为了进一步说明问题,考虑图 5.3 所示的波形。图 5.3(a)表示发送者产生的离散化信号波形对应着"0","1","0","1","0"序列。图 5.3(b)表示叠加了一定噪声的相同信号,噪

---

① 从电压范围到逻辑值的映射对数字电路的鲁棒性具有明显的影响,5.1 节将系统介绍选择映射的方法。现在请接受这个相当随意的选择映射方法,从而可以把注意力放到建立直观印象上。

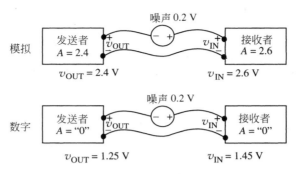

图 5.2 存在噪声时的信号传输

噪声用串联电压源表示

声的来源可能是传输过程经过了噪声的环境。如果图 5.3(b)所示的噪声水平足够小,使得逻辑 0 信号对应的电压不高于 2.5V,逻辑"1"信号对应的电压不低于 2.5V,则接收者将能够正确地接收该序列。特别地,注意到我们选择的二进制序列能够抵抗峰峰值小于 2.5V 的对称噪声。

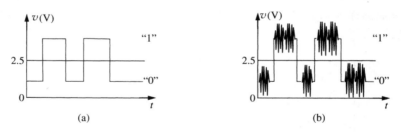

图 5.3 离散化信号抗噪声

（a）发送者产生的数字信号；（b）传输经过噪声环境后接收者接收到的信号

当然,离散表示也不是没有代价的。考虑图 5.1 中的例子。在模拟情况中,单条线路可传输任何值,比如 1.1V,2.9V,或 0.9999999V。但在数字情况中,一条线路只能传递"0"和"1"这两个值中的一个,因此明显损失了精度。

对许多应用来说两电平信号精度足够了。其中的一个例子就是逻辑计算所包含的信号通常在"真(TRUE)"和"假(FALSE)"两值中取一。事实上,本章的大部分内容(5.2 节,5.3 节和 5.4 节)专门讨论从这两个值中取值的信号。每个二值信号在一条线路上通信。但是,存在需要更高精度的应用场合。比如语音信号处理应用中可能包括带有 256 和更多个值的语言信号。实现更高精度的一种方法是用编码的方法来建立多数位(multi-digit)数字(number)。每一个数位在两个值中取值,这种数位称作**二进制数位**,或简称为位。我们熟悉的十进制用多位数来表示除 0 至 9 以外的数字,二进制同样用多位数来表示除 0 和 1 以外的数字。多位信号通常用多条线路来传递,每一条传递一位。有时也用一条线路分时传输多个位。5.6 节中将进一步讨论这种表示数字的方法。现在回到我们关于二值表示的讨论。

二值表示通常称作二进制表示。由于二值电路比多值电路更易于实现,因此事实上所有数字电路都采用二进制表示。二进制表示中的两个值有不同说法,可以是(a)真(TRUE)

或假(FALSE),(b)开(ON)或关(OFF),(c)1 或 0,(d)高(HIGH)或低(LOW)。

数字信号通常用电平来实现,比如 0V 表示假,5V 表示真。但可以观察到这种用特定物理值表示逻辑值的选择方法(即用 5V 表示逻辑真,用 0V 表示逻辑假)是相当随意的。我们同样可以选择 0V 表示逻辑真,5V 表示逻辑假。除非特别说明,本书采用的规则是用真和高来表示逻辑 1,用假和低来表示逻辑 0。表 5.1 介绍了这两种和其他若干种二进制信号(真和假)的物理实现。

表 5.1　二进制信号表示

真	假	真	假
0V	5V	开	关
5V	0V	$0V < v < 2.5V$	$2.5V < v < 5V$
2V	0V	$0V < v < 1V$	$4V < v < 5V$
0V	1V	$0\mu A$	$2\mu A$

注: v 表示某些参数的值

5.1　电平和静态原则

上一节介绍了若干种表示二进制值的方法。这些表示方法不仅在信号类型上有区别(比如电流和电压),在信号值上也有区别(比如用 5V 还是 4V 来表示逻辑 1)。由于我们需要不同制造商生产的数字器件能够彼此联系,因此这些器件必须坚持某种公共的表示。这种表示必须具有足够大的设计余地,这样才能用各种不同技术来生产器件。进一步说,这种表示需要能够在有噪声的条件下确保器件正常运行。

静态原则就是数字器件的一种规范。静态原则要求器件能够支持公共的表示。如果输入信号是遵循公共表示的有效逻辑信号,则静态原则要求器件能够保证正确理解该信号。如果器件接收到了有效的逻辑输入,则静态原则要求器件能够产生有效逻辑信号输出。通过坚持公共表示,基于不同技术或由不同制造商生产的数字器件就能够相互通信。

下面我们将从一个简单的表示开始,逐渐改善这个表示,最终使其成为静态原则的基础。以前见过的一种将电压范围划分为两个区间并使每个逻辑值与其中一个对应的表示,即

$$逻辑 0: 0.0V < V < 2.5V \tag{5.1}$$
$$逻辑 1: 2.5V \leqslant V < 5.0V \tag{5.2}$$

这种简单的表示方法如图 5.4 所示。根据这种表示,如果接收者在线路上看到 2V,就将其理解为逻辑 0。类似地,接收者将 4V 理解为逻辑 1。现在假设上述范围之外的值是无效的。

发送者应该在线路上施加多高的电平呢? 根据上面的表示,0V 和 2.5V 之间的任何值均可表示逻辑 0,2.5V 和 5V 之间的任何值均可表示逻辑 1。

遵循上述表示的器件可以成功地相互通信。换句话说,如图 5.4 所示,与接收器件相连的发送器件允许在 0V 和 2.5V 之间产生任何值(比如 0.5V)来表示逻辑 0,产生 2.5V 和

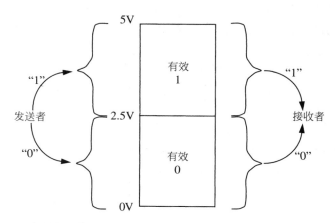

图 5.4 发送者和接收者采用一种电压水平和逻辑信号之间的约定映射

5V 之间的任何值（比如 4V）来表示逻辑 1。相应地，接收器件必须将所有 0V 和 2.5V 之间的值解释为逻辑 0，将所有 2.5V 和 5V 之间的值解释为逻辑 1。这样，有效逻辑 1 信号和逻辑 0 信号可以在一定范围内取值，因此我们的简单表示具有相当程度的灵活性。

但有一个问题。如果接收者发现线上电压为 2.5V 怎么办？是将其解释为逻辑 0 还是逻辑 1？为了消除这种混淆，我们进一步指定**禁止区域**（forbidden region），这样可以将两个有效区域分开。我们进一步允许接收者在其收到的电压处于禁止区域时不定义其行为。这样，从接收者角度看电压水平和逻辑信号之间的对应可能是

$$\text{逻辑 } 0: 0V < V < 2V \tag{5.3}$$

$$\text{逻辑 } 1: 3V \leqslant V < 5V \tag{5.4}$$

这种采用了禁止区域的表示方法如图 5.5 所示。在这种表示中，接收者将大于 3V 的信号解释为逻辑 1，小于 2V 的信号解释为逻辑 0。2V 和 3V 之间的信号是无效的。

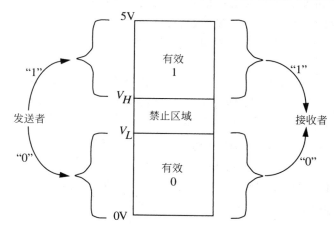

图 5.5 带有禁止区域的表示方法及从电压水平到逻辑值的映射

如图 5.5 所示，接收者解释为有效逻辑 0 的最大电压称为**低电压阈值**（V_L），接收者解释为有效逻辑 1 的最小电压称为**高电压阈值**（V_H）。

在具有禁止区域的表示中,发送者可以在 V_H 和 5V 之间发送任意值来表示逻辑 1,0V 和 V_L 之间发送任意值来表示逻辑 0。发送者不能输出禁止区域中的值。相应地,如图 5.5 所示,接收者必须将 V_H 和 5V 之间的任意值解释为逻辑 1,0V 和 V_L 之间的任意值解释为逻辑 0。在收到信号位于 V_L 和 V_H 之间时,接收者的行为可以不定义,原因是此时处于禁止区域。

在通常的情况中,实际电路可以正确解释超出极值点的并且满足一定安全限制的电压值(用低于 0V 电压表示逻辑 0 和用高于 5V 电压表示逻辑 1)。当器件可进行这种解释时,我们的带有禁止区域的表示允许发送者输出任何高于 V_H 的信号来表示逻辑 1。类似地,发送者可输出任何低于 V_L 的信号来表示逻辑 0。本书中将始终假设器件可安全地进行这种解释。图 5.6 说明了在该假设下一种简单而实用的表示方法。

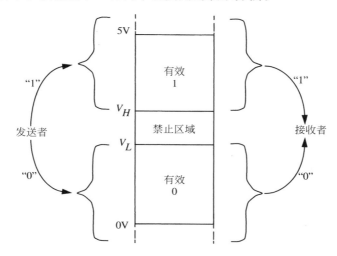

图 5.6　超出极值时的表示方法

对于许多实际器件,发送者可以输出任何高于 V_H 的电压值来表示逻辑 1,任何低于 V_L 的电压值来表示逻辑 0。

图 5.5 和图 5.6 所示的表示方法还有一个问题:它们不具备抗噪声能力。为了说明这一点,考虑图 5.5 表示的具有高和低电压阈值从而规定了禁止区域的表示方法。在这种表示方法中,发送者可以输出任何高于 V_H 并低于 5V 的电压来表示逻辑 1,低于 V_L 并高于 0V 的电压来表示逻辑 0。接收者必须相应地将高于 V_H 的输出电压解释为逻辑 1,低于 V_L 的电压解释为逻辑 0。

发送者希望在线路上传输逻辑 0,于是输出了电压 V_L,这个值在表示逻辑 0 的有效区域里。接收者观察到线路上传递过来的 V_L 值后,将会正确地将其解释为逻辑 0。但是哪怕有一点点的(正)噪声将使得线路上的电压信号进入禁止区域,从而导致信号无效。这样,我们说图 5.5 所示的表示方法没有噪声容限(noise margin)。

显然,我们希望表示方法能够在发送者和接收者的传输过程中具有最大的抗噪声能力。一种实现方法就是对于发送者能够发送的值给予比较严格的限制。举例来说,假设接收者可将低于 2V 的电压解释为逻辑 0。进一步假设限制发送者使其发出低于 0.5V 的电压来表示逻辑 0。这样至少需要 1.5V(正)噪声才能使接收者线路上的信号进入禁止区域。我们说这种电平的选择方式为逻辑 0 提供了 1.5 伏特的抗噪声能力[①]。

为了说明噪声容限的概念,考虑图 5.7 中的两种情况[②]。在第一个情况中,发送者通过使得线上的 $v_{OUT} = 0.5V$ 发出逻辑 0(对应着逻辑 0 的最高合法输出电压)。由于接收到的信号值在低输入电压阈值 2V 之内,因此接收者能够将其解释为逻辑 0。

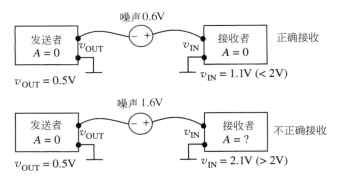

图 5.7　噪声容限和信号传输

但在第二个情况中,由于噪声水平为 1.6V,高于噪声容限 1.5V,因此接收者无法正确解释信号。

作为另一个例子,考虑逻辑 1。假设接收者可将任何高于 3V 的电压解释为逻辑 1。进一步假设发送者使其发出高于 4.5V 的电压来表示逻辑 1。这样至少需要 1.5V 噪声才能使发送者发出的电压信号进入禁止区域。我们说这种电平的选择为逻辑 1 提供了 1.5V 的抗噪声能力。

相对接收者而言,对发送者施加更加严格的电压限制将导致不对称的输入输出电压阈值。这种不对称用图 5.8 表示出来,该图给出了数字电路中常用的有效电平和逻辑信号之间的对应。

　　为了发出逻辑 0,发送者产生的输出电压值必须小于 V_{OL}。相应地,接收者必须将低于 V_{IL} 的输入电压解释为逻辑 0。

为了具有合理的噪声裕量,V_{IL} 必须大于 V_{OL}。

　　类似地,为了发出逻辑 1,发送者产生的输出电压必须大于 V_{OH}。接收者必须将高于 V_{IH} 的输入电压解释为逻辑 1。

为了具有合理的噪声容限,V_{OH} 必须大于 V_{IH}[③]。我们可以定义传输逻辑 1 和传输逻辑 0 的噪声容限。

---

① 如前所述,由于大多数实际接收者电路能够正确解释极值点之外的值(用低于 0V 电压表示逻辑 0 和用高于 5V 电压表示逻辑 1),因此我们就可以只考虑输出电压范围和禁止区域之间的噪声容限,而忽略噪声将电压值推出极值点之外的情况。

② 注意图中的信号电压是相对于发送者和接收者的公共地节点的。这个发送者和接收者公共的地节点通常不明显表示出来,但总是存在的! 许多新设计人员会忘记将子系统共地,这样就会发现系统不能正常工作。记住电流需要回路流通,接地连接提供了电流的返回通路。

③ 图 5.5 中的简单表示可看作 $V_{OH} = V_{IH} = V_H$,以及 $V_{OL} = V_{IL} = V_L$。注意图 5.5 的这种简单表示提供了零噪声容限。

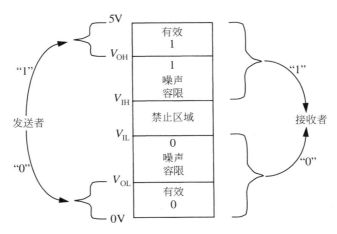

图 5.8　电压水平和逻辑信号之间的映射

该映射提供了噪声容限。对于逻辑 1,发送者的输出必须在 V_{OH} 和 5V 之间。对于逻辑 0,发送者的输出必须在 0V 和 V_{OL} 之间。接收者必须相应地将高于 V_{IH} 的值解释为逻辑 1,将低于 V_{IL} 的值解释为逻辑 0

> **噪声容限**:对于给定逻辑值,指定的输出电压和相应的接收者禁止区域电压阈值之差的绝对值称为该逻辑值的噪声容限。

就像定义中所说的那样,噪声容限在一定数量噪声添加到发送信号的情况下使得接收者能够正确解释线路上的电压。图 5.9(a)说明了发送者输出 01010 序列并产生合理输出电平(逻辑 1 在 V_{OH} 和 5V 之间,逻辑 0 在 0V 和 V_{OL} 之间)的情况。如果噪声未超过噪声容限(逻辑 0 的电压未超过 V_{IL},逻辑 1 的电压不低于 V_{IH}),接收者能够正确解释信号,如图 5.9(b)所示。

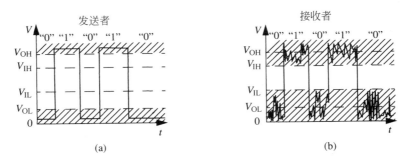

图 5.9　传送序列的实例

发送者发送逻辑 1 的输出电压必须在 V_{OH} 和 5V 之间,发送逻辑 0 的输出电压必须在 0V 和 V_{OL} 之间。相应地,接收者可将高于 V_{IH} 的值解释为逻辑 1,低于 V_{IL} 的值解释为逻辑 0。阴影区域是发送者和接收者的有效区域。

如图 5.8 所示,逻辑 0 的噪声容限为

$$NM_0 = V_{IL} - V_{OL} \tag{5.5}$$

逻辑 1 的噪声容限为

$$NM_1 = V_{OH} - V_{IH} \tag{5.6}$$

V_{IL} 和 V_{IH} 之间的区域是禁止区域。

坚持上述原则的器件可以相互进行通信,并对在噪声容限范围之内的噪声具有抗干扰能力。如果 NM_1 等于 NM_0,我们说噪声容限**对称**。

将阈值电压参数与我们例子中的数字相对应,V_{OH} 对应 $4.5V$,V_{OL} 对应 $0.5V$,V_{IH} 对应 $3V$,V_{IL} 对应 $2V$。该映射如图 5.10 所示。在这个例子中,逻辑 0 的噪声裕量 NM_0 是 $1.5V$ $(2V-0.5V)$,即 V_{IL}(接收者视为逻辑 0 的最大输入电压)和 V_{OL}(逻辑 0 的最高合法输出电压)之差。类似地,逻辑 1 的噪声容限 NM_1 也是 $1.5V(4.5V-3V)$,即 V_{OH}(逻辑 1 的最小合法输出电压)和 V_{IH}(接收者视为逻辑 1 的最小输入电压)之差。

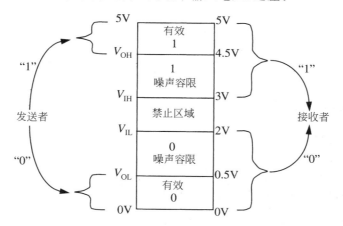

图 5.10　电压水平和逻辑值之间映射的一个例子

> **静态原则**　静态原则是数字器件的规范。静态原则要求器件能够正确地解释输入阈值(V_{IL} 和 V_{IH})规定范围内的电压。如果为器件提供了有效输入,该原则还要求器件能够产生满足输出阈值(V_{OL} 和 V_{OH})要求的有效输出电压。

在设计逻辑器件时,通常对扩大化噪声容限以实现最大抗噪声能力感兴趣。参考图 5.8,逻辑 0 的噪声容限 $NM_0=V_{IL}-V_{OL}$ 可以通过最大化 V_{IL} 和最小化 V_{OL} 来实现最大化。类似地,逻辑 1 的噪声容限 $NM_1=V_{OH}-V_{IH}$ 可通过最大化 V_{OH} 和最小化 V_{IH} 来实现最大化。我们在第 6 章中将要看到,器件的最大噪声容限受到器件特性或考虑低噪声容限和高噪声容限之间对称性的限制。

例 5.1　遵循静态原则　Yehaa 微电子器件公司开发了一种新处理技术,能够以很低成本大量生产某型号数字器件:加法器。如果输出逻辑 0,该加法器在输出端产生电平 $0.5V$。类似地,如果输出逻辑 1,该加法器在输出端产生电平 $4.5V$。此外,Yehaa 加法器能够将所有 $0V$ 和 $2V$ 之间的输入电压解释为逻辑 0,所有 $3V$ 和 $5V$ 之间的输入电压解释为逻辑 1。

Yehaa 的销售小组发现网络器件公司 Disco System 从他们的竞争者 Yikes 器件公司购买大量加法器器件。在进一步的研究中,Yehaa 销售小组发现 Disco System 产品线的硬件系统在下面电压阈值的静态原则下运行。

$$V_{IL}=2V, \quad V_{IH}=3.5V, \quad V_{OL}=1.5V, \quad V_{OH}=4V$$

换句话说,Disco System 静态原则中电压范围和逻辑值之间的映射如图 5.11 所示。

Yehaa 的销售小组希望将其加法器以比 Yikes 更低的价格卖给 Disco System。首先 Yehaa 需要确定他们的加法器是否能够安全地替代 Yikes 的加法器。该销售小组要求他们的开发工程师确定是否 Yehaa 的加法器满足 Disco System 系统运行的静态原则。

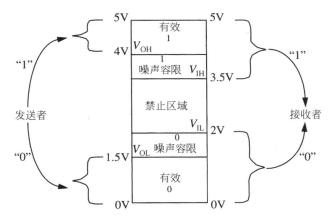

图 5.11　Disco System 所用静态原则的电平和逻辑值之间的映射

开发小组首先检查 Disco System 静态原则要求逻辑 1 的输出水平。Disco System 使用的静态原则要求器件能够产生 4V(V_{OH})和 5V 之间的电压表示逻辑 1。如图 5.12 所示,Yehaa 的器件产生 4.5V 来表示逻辑 1,在要求的范围之内,因此满足 V_{OH} 的要求。

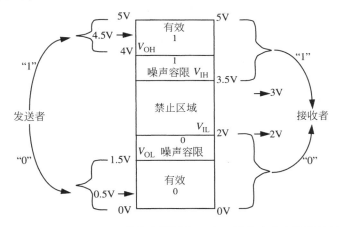

图 5.12　Disco System 的静态原则与 Yehaa 器件产生电平的比较

然后他们检查逻辑 0 的输出电压水平。如图 5.12 所示,Yehaa 的器件产生 0.5V 来表示逻辑 0,在 Disco System 静态原则规定的逻辑 0 在 0V 和 1.5V(V_{OL})范围之内。这样 Yehaa 的器件满足 V_{OL} 的要求。

工程师现在将注意力转移到 Disco System 静态原则要求的输入电压水平上。Yehaa 的器件能够将最高 2V 的电压解释为逻辑 0,因此可将任何 0V 和 2V(V_{IL})之间的电压解释为逻辑 0,刚好满足 Disco System 静态原则的要求。这样 Yehaa 的器件满足 V_{IL} 的要求。

类似地,Yehaa 的器件能将 3.5V(V_{IH})和 5V 之间的电压解释为逻辑 1,这也满足了 Disco System 静态原则对 V_{IH} 的要求。事实上,Yehaa 器件将 Disco System 禁止区域中的某些电压(即 3V 和 3.5V 之间的电压)解释为逻辑 1,但这没有关系。原因在于得到禁止区域中的值后,器件可允许有任何行为。

这样,开发工程师能够告诉他们的销售小组:Yehaa 的加法器满足 Disco System 静态原则的要求,因此他们可用来替代 Disco 现在使用的加法器。

例 5.2　违反静态原则　Yikes 发现 Disco System 正考虑转向 Yehaa 的加法器,原因是 Yehaa 的器件比 Yikes 的器件便宜。Yikes 销售小组在其产品列表中搜索,注意到可以将一种新的加法器以比 Yehaa 加法器更为低廉的价格销售给 Disco System。销售小组在大喜之余要求他们的开发工程师检查新加法器是否满足 Disco System 的静态原则。

Yikes 的新加法器具有如下特点。对于逻辑 0,新加法器产生 1.7V 输出电平。类似地,对于输出逻辑 1,该加法器产生 4.5V 电平。新的 Yikes 加法器将所有 0V 和 1.5V 之间的输入信号解释为逻辑 0,并将所有 4V 和 5V 之间的输入信号解释为逻辑 1。1.5V 和 4V 之间的输入信号产生的行为未定义。

进一步,回忆 Disco System 系统运行的静态原则具有下列的电压阈值：$V_{IL}=2V,V_{IH}=3.5V,V_{OL}=1.5V,V_{OH}=4V$。

Yikes 开发小组首先检查 Disco System 静态原则所需的输出电压水平。他们观察到,他们的新加法器产生的 4.5V 输出在 Disco System 表示逻辑 1 的合法范围内(在 $V_{OH}=4V\sim5V$),这样就满足的 V_{OH} 的要求。

接下来他们将注意力转移到逻辑 0 所需的输出电压水平上。令他们失望的是,他们发现,新加法器为逻辑 0 产生的 1.7V 的输出大于 Disco System 允许的 $V_{OL}=1.5V$ 的最大值。这样他们的新加法器违反了 V_{OL} 的要求。此时,Yikes 的开发小组不情愿地宣布他们的新加法器不能销售给 Disco System。

作为没有实际价值的练习,开发工程师进一步研究了输入电压水平。Disco System 的静态原则要求器件能够将任何 0V 和 2V(V_{IL})之间的电压解释为逻辑 0。因此 Yikes 的新加法器无法正常工作(Yikes 的新加法器无法将大于 1.5V 的电压解释为逻辑 0)。

下一步工程师研究了输入的高电压水平,但立刻发现情况更糟糕。Disco System 系统需要所有器件能够将 3.5V(V_{IH})和 5V 之间的电压解释为逻辑 1。不幸的是,他们的新加法器只能保证将 4V 到 5V 之间的电压解释为逻辑 1。输入电压在 3.5V 和 4V 之间时,加法器的行为未定义。由于 Disco System 的器件可以合法地产生这个范围内的逻辑 1,因此新的 Yikes 加法器无法与现有 Disco System 器件一起工作。

例 5.3　噪声容限　回忆 Disco System 产品线的硬件系统在下列电压阈值表征的静态原则范围内工作：$V_{IL}=2V,V_{IH}=3.5V,V_{OL}=1.5V,V_{OH}=4V$。计算噪声容限。

解　由式(5.5),逻辑 0 的噪声容限为

$$NM_0 = V_{IL} - V_{OL} = 2V - 1.5V = 0.5V$$

类似地,由式(5.6),逻辑 1 的噪声容限为

$$NM_1 = V_{OH} - V_{IH} = 4V - 3.5V = 0.5V$$

例 5.4　改进噪声容限的静态原则　Disco System 公司在其系统中时不时出现故障。他们的系统分析员发现原因在于他们所采用的静态原则不能提供足够的噪声容限,因此系统易于受到噪声影响。为了改善系统的噪声容限,他们决定升级系统至新的静态原则,其中将输出高电压阈值增加了 0.5V,输出低电压阈值降低了 0.5V。输入电压阈值保持不变。换句话说,改进的静态原则具有如下的电压阈值

$$V_{IL} = 2V, \quad V_{IH} = 3.5V, \quad V_{OL} = 1V, \quad V_{OH} = 4.5V$$

这种方法使其系统具有对称的噪声裕量 1V。换句话说,逻辑 0 和逻辑 1 的噪声容限相同,有

$$NM_0 = 2V - 1V = 1V$$

和

$$NM_1 = 4.5V - 3.5V = 1V$$

从 Disco System 得到这个升级的消息后,Yehaa 销售小组声称他们卖给 Disco 的加法器可在升级后的静态原则下使用。让我们验证他们的声明是否正确。

回忆起 Yehaa 的加法器性质如下。如果输出逻辑 0,他们的加法器在输出端产生电平 0.5V。类似地,如果输出逻辑 1,他们的加法器在输出端产生电平 4.5V。进一步 Yehaa 加法器能够将输入端所有 0V 和 2V 之间的电压解释为逻辑 0,所有 3V 和 5V 之间电压解释为逻辑 1。

为了能够在升级后的 Disco System 静态原则下运行,我们知道加法器必须在更加严格的输出阈值下运行：

- 如果输出为逻辑 1,产生的输出必须至少为 $V_{OH}=4.5V$。由于 Yehaa 的加法器产生 4.5V 输出以表示逻辑 1,因此刚好满足这个条件。

- 如果输出为 0,产生的输出必须不高于 $V_{OL}=1V$。由于 Yehaa 加法器产生 0.5V 输出以表示逻辑 0,因此轻松地满足该条件。

这样,我们就验证了 Yehaa 销售小组的说法是正确的。

例 5.5　比较噪声容限　下面两个静态原则中的哪个提供了更好的噪声容限?

静态原则 A 的电压阈值为

$$V_{IL} = 1.5V, \quad V_{IH} = 3.5V, \quad V_{OL} = 1V, \quad V_{OH} = 4V$$

静态原则 B 的电压阈值为

$$V_{IL} = 1.5V, \quad V_{IH} = 3.5V, \quad V_{OL} = 0.5V, \quad V_{OH} = 4.5V$$

解　对于静态原则 A

$$NM_0 = 1.5V - 1V = 0.5V$$

和

$$NM_1 = 4V - 3.5V = 0.5V$$

对于静态原则 B

$$NM_0 = 1.5V - 0.5V = 1V$$

和

$$NM_1 = 4.5V - 3.5V = 1V$$

这样,静态原则 B 的电压阈值提供了更好的噪声容限。

5.2　布尔逻辑

二进制表示自然地对应着逻辑表示,因此数字电路通常用于实现逻辑过程。比如,考虑 if 逻辑陈述

$$if(X \text{ 为真}) \text{ AND}(Y \text{ 为真}), then(Z \text{ 为真}), else(Z \text{ 为假})$$

我们可以用布尔等式来表示这个陈述为

$$Z = X \text{ AND } Y$$

在上述等式中,Z 仅当 X 和 Y 均为真时才为真,否则为假。简单起见,我们通常将这种情况用"·"表示 AND(与逻辑)

$$Z = X \cdot Y$$

类似于我们将代数式 $x \times y$ 表示为 xy,我们通常省略 AND 符号并写作

$$Z = X \cdot Y = XY$$

下面的陈述

$$if(A \text{ 为真}) \text{ OR}(B \text{ 为非真}), then(C \text{ 为真}), else(C \text{ 为假})$$

的布尔等式为

$$C = A + \bar{B}$$

上面的等式包含了另外两个有用的函数。OR(或逻辑)用"+"来表示,NOT(非逻辑)用横线符号来表示,如"$\bar{X}$",或者波浪线来表示,如"$\sim X$"。比如,我们将条件"B 为假"表示为 $\bar{B}$ 或 $\sim B$。我们将 $\bar{B}$ 称为 B 的补。到目前为止我们见到的逻辑算子总结为表 5.2。为了简便起见,我们不加区分地使用 1、真和高。类似地,我们不加区分地使用 0、假和低。

表 5.2　一些逻辑运算及其符号

算　子	符　　号
AND	·
OR	+
NOT	～

例 5.6　运动检测逻辑　下面来写一个关于运动检测器的布尔表示。如果不是白天,则当运动传感器

传来的信号 M 为高时需要产生信号 L 来点亮一系列路灯。假设光线传感器在白天产生的信号 D 为高①。

注意 L 通常为低。在 M 为高并且 D 为低时 L 变成高。因此可以写出

$$L = M\overline{D}$$

真值表　通常用真值表来表示布尔表达式比较方便。真值表列举所有可能的输入组合及其对应的输出值。

比如，$Z = X \cdot Y$ 的真值表如表 5.3 所示，$Z = X + Y$ 的真值表如表 5.4 所示，$Z = \overline{X}$ 的真值表如表 5.5 所示，而 $C = A + \overline{B}$ 的真值表如表 5.6 所示。我们还可以根据真值表得到逻辑表达式，5.4 节讨论这个问题。

表 5.3　$Z = X \cdot Y$ 的真值表

X	Y	Z
0	0	0
0	1	0
1	0	0
1	1	1

表 5.4　$Z = X + Y$ 的真值表

X	Y	Z
0	0	0
0	1	1
1	0	1
1	1	1

表 5.5　$Z = \overline{X}$ 的真值表

X	Z
0	1
1	0

表 5.6　$C = A + \overline{B}$ 的真值表

A	B	C
0	0	1
0	1	0
1	0	1
1	1	1

例 5.7　真值表　下面逻辑表达式的真值表如表 5.7 所示。

$$Output = \overline{AB + C + D}$$

表 5.7　$\overline{AB + C + D}$ 的真值表

A	B	C	D	$Output$
0	0	0	0	1
0	0	0	1	0
0	0	1	0	0
0	0	1	1	0
0	1	0	0	1
0	1	0	1	0
0	1	1	0	0
0	1	1	1	0
1	0	0	0	1
1	0	0	1	0
1	0	1	0	0
1	0	1	1	0
1	1	0	0	0
1	1	0	1	0
1	1	1	0	0
1	1	1	1	0

---

①　当然我们需要假设光线传感器不受运动传感器开启的灯光的影响。

5.3　组合门

另外一种表示布尔逻辑的方法就是利用组合门抽象。我们将在第 6 章看到如何用简单的集总电路元件构造这些门电路。现在让我们关注门水平的抽象。布尔等式 $Z = X \cdot Y$ 的数字门符号如图 5.13 所示。

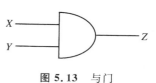

图 5.13　与门

组合门的输出是其输入的函数。因此组合函数总可以用真值表来枚举。组合门满足静态原则。假设它们的输入在有效的输入水平内,它们将产生满足有效输出阈值的输出。

> **组合门抽象**　一个组合门是满足下列两个特性的电路的抽象表示:
> (1) 它的输出仅为输入的函数;
> (2) 它满足静态原则。

图 5.14 给出了若干种有用的门符号。我们已经见过与逻辑的门表示。或门表示输入的或逻辑。非门取输入的补。为了方便起见,我们通常用"o"符号来表示 NOT。缓冲器或者恒等门简单地将输入复制到其输出,即 $A = A$。这种门的用处将在 6.9.2 节解释。NAND(与非逻辑)等于 AND 加 NOT。比如"$A = B$ NAND C"等效于"$A = \overline{B \text{ AND } C}$"。它也等效于下列陈述:$A$ 仅当 B 和 C 均为真时为假。类似地,NOR(或非逻辑)等效于 OR 加 NOT。

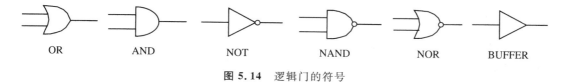

OR　　　　　AND　　　　　NOT　　　　　NAND　　　　　NOR　　　　　BUFFER

图 5.14　逻辑门的符号

表 5.8 给出了若干这种函数的真值表。

表 5.8　若干两输入函数的真值表

输	入	AND	OR	NAND	NOR
B	C	$B \cdot C$	$B+C$	$\overline{B \cdot C}$	$\overline{B+C}$
0	0	0	0	1	1
0	1	0	1	1	0
1	0	0	1	1	0
1	1	1	1	0	0

门可以有多个输入。比如一个四输入与门实现了函数 $E = A \cdot B \cdot C \cdot D$,如图 5.15 所示。

如图 5.16 所示,我们可以将数字门用导线进行结合以实现数字电路,从而创建更为复杂的布尔函数。

图 5.17 表示了图 5.16 所示数字电路的信号波形。注意在输入信号带有噪声时输出信号依然保持有效。

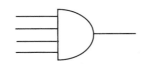

图 5.15 一个四输入与门

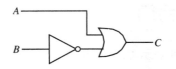

图 5.16 $C=A+\overline{B}$的门级数字电路

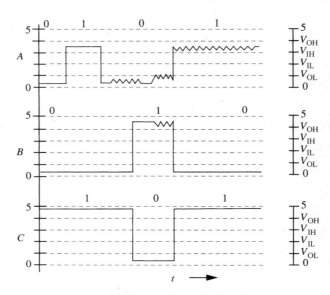

图 5.17 输入信号有噪声时数字电路的响应

门是用集总电路元件(如电阻和电源)来实现的,以后会清楚地看到这一点。换句话说,表示组合逻辑 F 的门是执行组合逻辑 F 的电路的一个抽象。与门的电路在其输入均为 5V 时产生 5V 的输出,此外产生 0V 的输出。我们将数字门的实际实现方法推迟到第 6 章介绍,现在可以方便地用门抽象来构造更为复杂的数字系统以进行信息处理。

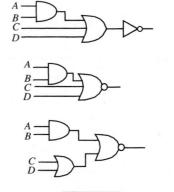

例 5.8 门级实现 下面用门来实现逻辑表达 $Output=\overline{AB+C+D}$。注意,实现该表达有不同的方法。我们可以用一个二输入与门,一个三输入或门和一个反相器来实现,如图 5.18 所示。我们也可以将或门和反相器替换为一个或非门。如将表达式重新写为

$$Output = \overline{((AB)+(C+D))}$$

则我们可用一个与门,一个或门和一个或非门来实现同样的功能。可以根据真值表来验证每个电路并确认结果是正确的。

图 5.18 $\overline{AB+C+D}$的实现

例 5.9 更多的门级实现 下面为表达$\overline{(A+B)CD}$设计一个电路。我们可将表达重写为

$$\overline{(A+B)CD} = \overline{((A+B)(CD))}$$

对应的门级实现如图 5.19 所示。

例 5.10 另一个门级实现 表达 $A+B\overline{B}+C$ 的一个电路如图 5.20 所示。该电路需要三个门。

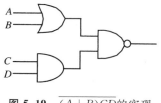

图 5.19　$\overline{(A+B)CD}$ 的实现

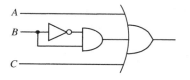

图 5.20　$A+B\overline{B}+C$ 的实现

5.4　标准乘积之和表示方式

前两节表明,逻辑表达可用真值表或逻辑门电路来表示。本节将讨论如何根据真值表自动得到对应的逻辑表达式。在讨论之前,有必要解释逻辑表达式的标准(或规范)形式:乘积之和形式。

> **乘积之和**　用乘积之和形式表示的逻辑表达采用两级操作。首先是一系列乘积项(AND),每项包含真值形式的变量(如 A)或补值形式的变量(如 $\overline{A}$),然后用 OR 逻辑将其组合起来。

比如逻辑表达 $AD+A\overline{B}C+\overline{A}B\overline{C}$ 就是一个乘积之和的表示,包含 3 个乘积项之和。第一项包含两个变量,其余两项各包含三个变量。表达式 $AB+C+\overline{D}+\overline{B}$ 也是乘积之和表示。

但表达式 $\overline{AB}+C$ 就不是乘积之和表示,$(A+B)(B+\overline{C})$ 也不是。5.5 节将讨论如何将这种表达式转换为乘积之和表示。

> 要想根据真值表写出乘积之和表示,首先需要根据真值表的每项逻辑 1 输出写出一项乘积表示,然后将这些乘积项相加。每个乘积项是包含所有输入变量的与逻辑。若真值表中某变量以逻辑 1 出现,则乘积项中该变量用真值出现;若真值表中某变量以逻辑 0 出现,则乘积项中该变量用补值出现。

比如表 5.4 所示真值表的逻辑表达就是

$$Z = \overline{X}Y + X\overline{Y} + XY \tag{5.7}$$

通过前述构造性方法可以得到这种乘积之和形式。该式的 3 个乘积项对应着真值表中输出列的三个逻辑 1。由于在真值表的第二行中输出为逻辑 1,X 和 Y 分别为 0 和 1,因此该列在最终的表达中表现为 $\overline{X}Y$。类似地,其余两个乘积项分别对应着真值表的第三行和第四行。

需要注意,看起来式(5.7)所示 Z 的表达和表 5.4 所示的表达式(即 $X+Y$)有所不同。但这两种表达实际上是相同的。由于二者均表示相同的真值表,因此很显然它们是相同的。此外,5.5 节(具体来说就是例 5.13)将表明如何简化表达,从而证明它们是相同的。

例 5.11　根据真值表得到逻辑表达　根据表 5.7 所示真值表写出逻辑表达。

解　表 5.7 所示真值表有三个输出为逻辑 1 的列,因此表达式中有三个乘积项。对应这第一个输出为逻辑 1 的乘积项是 $\overline{A}\,\overline{B}\,\overline{C}D$。类似地,其余两个乘积项是 $\overline{A}B\overline{C}\,\overline{D}$ 和 $A\overline{B}\,\overline{C}D$。用或逻辑将其组合起来就得到该真值表对应的逻辑表达

$$Output = \overline{A}\,\overline{B}\,\overline{C}D + \overline{A}B\overline{C}\,\overline{D} + A\overline{B}\,\overline{C}D \tag{5.8}$$

例 5.14 将表明该乘积之和表达等于表 5.7 标题所示逻辑表达。

5.5　简化逻辑表达

我们通常对于简化逻辑表达式感兴趣,这样可以最小化实现成本。比如说,虽然表达 $A+B\overline{B}+C$ 看起来需要三个门[①],但对其进行简化后仅需要一个门来实现。注意 $B\overline{B}$ 的结果总是 0(一个变量与其补的 AND 运算永远不会为真)。进一步观察到 $A+0$ 总是 A。根据这些观察,可以将该表达简化为

$$A+B\overline{B}+C=A+0+C=A+C$$

读者也可通过研究对应的真值表来验证表达 $A+B\overline{B}+C$ 和 $A+C$ 等效,如表 5.9 所示。

表 5.9　两个表达 $A+B\overline{B}+C$ 和 $A+C$ 的真值表

A	B	C	$A+B\overline{B}+C$	$A+C$
0	0	0	0	0
0	0	1	1	1
0	1	0	0	0
0	1	1	1	1
1	0	0	1	1
1	0	1	1	1
1	1	0	1	1
1	1	1	1	1

用于简化逻辑表达式的基本规则如下。

$$A \cdot \overline{A}=0 \tag{5.9}$$
$$A \cdot A=A \tag{5.10}$$
$$A \cdot 0=0 \tag{5.11}$$
$$A \cdot 1=A \tag{5.12}$$
$$A+\overline{A}=1 \tag{5.13}$$
$$A+A=A \tag{5.14}$$
$$A+0=A \tag{5.15}$$
$$A+1=1 \tag{5.16}$$
$$A+\overline{A}B=A+B \tag{5.17}$$
$$A(B+C)=AB+AC \tag{5.18}$$
$$AB=BA \tag{5.19}$$
$$A+B=B+A \tag{5.20}$$
$$(AB)C=A(BC) \tag{5.21}$$
$$(A+B)+C=A+(B+C) \tag{5.22}$$

读者可以利用真值表来验证这些规则的正确性。比如比较 $A+\overline{A}B$ 和 $A+B$ 的真值表如表 5.10 所示。

[①]　假设 $A,B,\overline{B}$ 和 C 均可作为输入。

表 5.10　比较两个表达式 $A+\overline{A}B$ 和 $A+B$ 的真值表

A	B	$\overline{A}B$	$A+\overline{A}B$	$A+B$
0	0	0	0	0
0	1	1	1	1
1	0	0	1	1
1	1	0	1	1

注,为了方便起见,我们增加了一列,用于表达中间变量 $\overline{A}B$。

下面是另一套有用的等式,称作 De Morgan 律。

$$\overline{A \cdot B} = \overline{A} + \overline{B} \tag{5.23}$$

$$\overline{A+B} = \overline{A} \cdot \overline{B} \tag{5.24}$$

De Morgan 律也可通过真值表来验证,如表 5.11 所示。注意 $\overline{A \cdot B}$ 列和 $\overline{A} + \overline{B}$ 列是相同的。类似地可观察到 $\overline{A+B}$ 列和 $\overline{A} \cdot \overline{B}$ 列是相同的,这样就验证了 De Morgan 律。

表 5.11　验证 De Morgan 律的真值表

A	B	$\overline{A}$	$\overline{B}$	$A \cdot B$	$A+B$	$\overline{A \cdot B}$	$\overline{A+B}$	$\overline{A} \cdot \overline{B}$	$\overline{A} + \overline{B}$
0	0	1	1	0	0	1	1	1	1
0	1	1	0	0	1	1	0	0	1
1	0	0	1	0	1	1	0	0	1
1	1	0	0	1	1	0	0	0	0

De Morgan 律可用图 5.21 所示的门符号来描述。图中右边所示的符号可用于表达对应的与非门或或非门。

上述规则可用来简化逻辑表达,从而减少用来实现逻辑的门电路的数量。比如,直接实现逻辑表达 $AB\overline{B}+BC+\overline{C}$ 需要五个二输入门,如图 5.22 所示。图 5.22 所示的实现假设每个变量的真值和补值均可作为输入。换句话说,对于每个变量 X,我们假设 X 和 $\overline{X}$ 都作为变量出现在输入端。否则我们另外需要两个反相器。

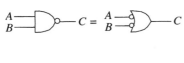
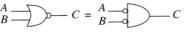

图 5.21　De Morgan 律所指的门电路等效

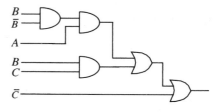

图 5.22　$AB\overline{B}+BC+\overline{C}$ 的直接实现

为了减少实现所需的门数量,我们可以简化表达 $AB\overline{B}+BC+\overline{C}$ 如下。首先用式(5.21)来合并项

$$AB\overline{B} + BC + \overline{C} = A(B\overline{B}) + BC + \overline{C}$$

然后用式(5.9)对其进行简化有

$$A(B\overline{B}) + BC + \overline{C} = A \cdot 0 + BC + \overline{C}$$

应用式(5.11)得到

$$A \cdot 0 + BC + \overline{C} = 0 + BC + \overline{C}$$

利用式(5.22)组合各项得到

$$0 + BC + \overline{C} = (0 + BC) + \overline{C}$$

应用式(5.20)和式(5.15)得到

$$(0 + BC) + \overline{C} = BC + \overline{C}$$

最后,意识到与逻辑和或逻辑都是可交换的(式(5.19)和(5.20)),应用式(5.17)可得到最终的简化形式

$$BC + \overline{C} = B + \overline{C}$$

实现 $B + \overline{C}$ 仅需用一个门,如图 5.23 所示。读者可以计算几组输入值来验证图 5.22 和图 5.23 所示的电路功能是完全一样的。

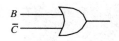

图 5.23 $B + \overline{C}$ 的实现
$B + \overline{C}$ 是 $AB\overline{B} + BC + \overline{C}$ 的化简结果

上述规则也可用来将逻辑表达简化为标准或规范形式。标准形式的表示便于比较不同实现的成本。5.4 节介绍了一种规范形式,即称作乘积之和形式。其意思如名字所示,这种形式的逻辑表达式用两级运算来表示,即 AND(与逻辑)项用 OR(或逻辑)来结合。比如,表达式 $AB + C + D$ 是一个乘积之和的形式。而表达式 $\overline{AB + C + D}$ 就不是。我们可以用下面的等效变换将该表达式转换为乘积之和的形式 $\overline{A}\,\overline{C}\,\overline{D} + \overline{B}\,\overline{C}\,\overline{D}$。

$$\overline{AB + C + D} = \overline{(AB) + (C + D)} \tag{5.25}$$

$$= \overline{(AB)}\ \overline{(C + D)} \tag{5.26}$$

$$= (\overline{A} + \overline{B})(\overline{C}\,\overline{D}) \tag{5.27}$$

$$= (\overline{A})(\overline{C}\,\overline{D}) + (\overline{B})(\overline{C}\,\overline{D}) \tag{5.28}$$

$$= \overline{A}\,\overline{C}\,\overline{D} + \overline{B}\,\overline{C}\,\overline{D} \tag{5.29}$$

我们也可利用恒等式将表达式简化为最简形式。通常采用的形式称作最小乘积和形式。比如,$A + A + \overline{A}C + D$ 是一个有效的乘积和表示。由于 $A + A = A$,$A + \overline{A}C = A + C$,因此对应的最小乘积和形式为 $A + C + D$。

前面所举的例子中 $\overline{A}\,\overline{C}\,\overline{D} + \overline{B}\,\overline{C}\,\overline{D}$ 也是最小乘积和形式。

例 5.12　最小乘积和形式　寻找布尔函数 $A + \overline{\overline{A}C} + B$ 的最小乘积和表示。

解　首先写出乘积和表示

$$A + \overline{\overline{A}C} + B = A + (\overline{\overline{A}} + \overline{C}) + B$$

$$= A + (A + \overline{C}) + B$$

$$= A + A + \overline{C} + B$$

$$= A + \overline{C} + B$$

上面所示的 $A + A + \overline{C} + B$ 是乘积和形式,但最小乘积和形式是 $A + \overline{C} + B$。

例 5.13　简化逻辑表达　求式(5.7)所示逻辑表达式的最小乘积和形式,原表达式为

$$Z = \overline{X}Y + X\overline{Y} + XY$$

解　下面的简化顺序表明 Z 的表达等效为 $X + Y$。

$$Z = \overline{X}Y + X\overline{Y} + XY$$

$$= \overline{X}Y + X(\overline{Y} + Y)$$

$$= \overline{X}Y + X \cdot 1$$

$$= \overline{X}Y + X$$

$$= Y + X$$

WWW 例 5.14　简化另一个逻辑表达式

例 5.15　**用或非逻辑来实现**　实际上某些类型的门相比其他门来说，或者占据空间较小，或者容易用某种技术来实现。我们可利用这些等效规则将电路从一种形式转换为另一种。让我们将与逻辑用两输入或非门来实现。换句话说，我们希望将表达式 $Z = A \cdot B$ 转换为仅用或非逻辑表示的形式。下面的步骤给出了如何从一个与逻辑表达式转换为三个或非逻辑。

$$A \cdot B = (A + A) \cdot (B + B) \tag{5.32}$$

$$= \overline{\overline{(A + A) \cdot (B + B)}} \tag{5.33}$$

$$= \overline{\overline{(A + A)} + \overline{(B + B)}} \tag{5.34}$$

WWW 例 5.16　用或非逻辑来实现的另一个例子

5.6　数字表示

正如前面讨论的那样，二进制表示将信号限制为高值或低值。这两个值可用来表示两个数字（number）：比如 0 和 1。如何表示其余数字？下面简要地介绍一种方法[①]。就如同一个十进制数位（digit）可用十个值（0，1，2，…，9）中的一个来表示一样，一个二进制数位（bit，称作位）用两个值（0，1）中的一个来表示。

更大的数字通过连接多个数位来构成。将十进制数位 i, j, k 连接起来形成的十进制多位数 ijk，其值为

$$i \times 10^2 + j \times 10^1 + k \times 10^0$$

类似地，将二进制数位 l, m, n 连接起来形成的二进制多位数 lmn 的值为

$$l \times 2^2 + m \times 2^1 + n \times 2^0$$

一般来说，二进制数 $A_n A_{n-1} \cdots A_2 A_1 A_0$ 的值为

$$\sum_{i=0}^{i=n} A_i 2^i \tag{5.38}$$

这样二进制数字 10 对应着十进制数字 2，二进制数字 11 对应着十进制数字 3，二进制数字 101 对应着十进制数字 5。为了将二进制数字 10 和十进制数字 10 区分开，在可能引起混淆的地方用 0b10 来表示二进制数字。

例 5.17　**二进制数字表示**　二进制数字 1110 的值是多少？

解　根据式（5.38），二进制数字 1110 的值为

$$1 \times 2^3 + 1 \times 2^2 + 1 \times 2^1 + 1 \times 2^0$$

即为 14（十进制）。

如何表示负数？一种简单的方法是将第一位当做符号位：0 表示正数，1 表示负数。因此数字 110 表示 -2，数字 010 表示 2。如果根据上下文不能明显看出首位的含义（是符号位还是值位），为了避免混淆，在写出二进制数时必说明采用的计数系统。

例 5.18　**负二进制数字表示**　考虑图 5.26 所示的八根排线，名字从 W_0 到 W_7。设导线 W_i 上的电压为 V_i。我们用 0V 表示逻辑 0，5V

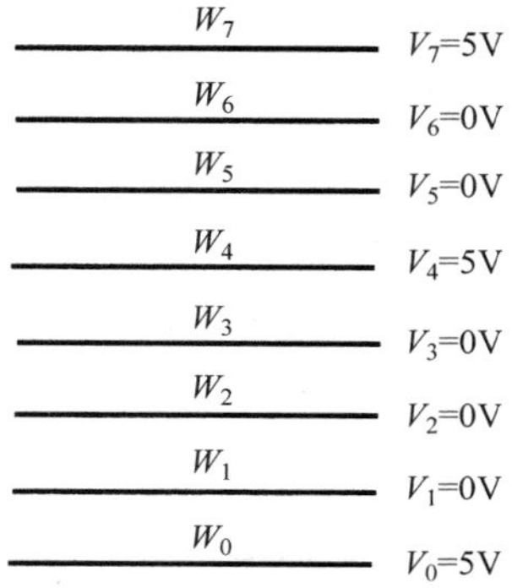

W_7　$V_7 = 5V$

W_6　$V_6 = 0V$

W_5　$V_5 = 0V$

W_4　$V_4 = 5V$

W_3　$V_3 = 0V$

W_2　$V_2 = 0V$

W_1　$V_1 = 0V$

W_0　$V_0 = 5V$

图 5.26　数字表示

---

①　数字表示这个问题本身具有丰富的内容，感兴趣的读者可参考 Ward 和 Halstead 所著的 Computation Structures。

表示逻辑 1。同时我们还用首位(W_7 的值)表示数字的符号。此时这排线表示的数字值为多少?

解 设线 W_i 上的逻辑值为 A_i。A_7 是符号位,$A_6A_5A_4A_3A_2A_1A_0$ 是二进制数字,该数字的十进制值由下式表示

$$(-1)^{A_7} \sum_{i=0}^{6} A_i 2^i$$

已经给定,$V_7=5\text{V},V_6=0\text{V},V_5=0\text{V},V_4=5\text{V},V_3=0\text{V},V_2=0,V_1=0\text{V},V_0=5\text{V}$。因此 $A_7=1,A_6=0,A_5=0,A_4=1,A_3=0,A_2=0,A_1=0,A_0=1$。换句话说,符号位为 1,二进制数字为 $A_6A_5A_4A_3A_2A_1A_0=0010001$。这样所对应的十进制数为 -17。

二进制数字的运算可以采用与十进制数字类似的方式进行。为了说明方法,图 5.27(a)给出了一对十进制数字 26 和 87 的加法过程,图 5.27(b)给出了另一对正二进制数字 11 和 11 的加法过程。在十进制和二进制的例子中都可以观察到,一列中数位的相加产生一个和数位(sum digit)以及一个到高级列中的进位数位(carry digit)[①]。进一步观察到一对两数位的数字相加有时会产生一个三数位的和。

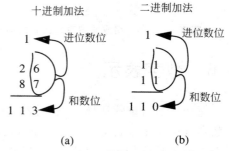

图 5.27 一对两位数字相加

例 5.19 一对两位正整数相加 假设我们希望将一对两位正整数 A:A_1A_0 和 B:B_1B_0 相加。我们将用两种方法实现两位加法器。第一种方法是对整个运算写真值表并直接实现。第二种方法先用真值表方法实现一个一位加法器,然后用一位加法器电路来构成一个两位加法器。下面将答案表示为 S:$S_2S_1S_0$。

解 第一种方法:我们首先将两位加法器的真值表表示在表 5.12 中。从真值表可知,可分别将 S_0、S_1 和 S_2 表示为乘积之和的形式

表 5.12 两位加法器的真值表

A_1	A_0	B_1	B_0	S_2	S_1	S_0
0	0	0	0	0	0	0
0	0	0	1	0	0	1
0	0	1	0	0	1	0
0	0	1	1	0	1	1
0	1	0	0	0	0	1
0	1	0	1	0	1	0
0	1	1	0	0	1	1
0	1	1	1	1	0	0
1	0	0	0	0	1	0
1	0	0	1	0	1	1
1	0	1	0	1	0	0
1	0	1	1	1	0	1
1	1	0	0	0	1	1
1	1	0	1	1	0	0
1	1	1	0	1	0	1
1	1	1	1	1	1	0

[①] 虽然二进制数位称作位(bit),但由于我们在这里数位(digit)既指十进制数位,也指二进制数位,因此还是沿用数位的称呼。

$$S_0 = \overline{A}_1\overline{A}_0\overline{B}_1 B_0 + \overline{A}_1\overline{A}_0 B_1 B_0 + \overline{A}_1 A_0 B_1 \overline{B}_0 + \overline{A}_1 A_0 B_1 \overline{B}_0$$
$$\qquad + A_1\overline{A}_0\overline{B}_1 B_0 + A_1\overline{A}_0 B_1 B_0 + A_1 A_0 \overline{B}_1 \overline{B}_0 + A_1 A_0 B_1 \overline{B}_0 \tag{5.39}$$
$$= \overline{A}_0 B_0 + A_0 \overline{B}_0 \tag{5.40}$$

$$S_1 = \overline{A}_1\overline{A}_0 B_1 \overline{B}_0 + \overline{A}_1\overline{A}_0 B_1 B_0 + \overline{A}_1 A_0 B_1 \overline{B}_0 + \overline{A}_1 A_0 B_1 \overline{B}_0$$
$$\qquad + A_1\overline{A}_0\overline{B}_1 \overline{B}_0 + A_1\overline{A}_0 \overline{B}_1 B_0 + A_1 A_0 \overline{B}_1 \overline{B}_0 + A_1 A_0 B_1 B_0 \tag{5.41}$$
$$= A_1 A_0 B_1 B_0 + A_1 \overline{B}_1 \overline{B}_0 + A_1 \overline{A}_0 \overline{B}_1$$
$$\qquad + \overline{A}_1 B_1 \overline{B}_0 + \overline{A}_1 A_0 \overline{B}_1 B_0 + \overline{A}_1 \overline{A}_0 B_1 \tag{5.42}$$

$$S_2 = \overline{A}_1 A_0 B_1 B_0 + A_1\overline{A}_0 B_1 \overline{B}_0 + A_1\overline{A}_0 B_1 B_0 + A_1 A_0 \overline{B}_1 B_0$$
$$\qquad + A_1 A_0 B_1 \overline{B}_0 + A_1 A_0 B_1 B_0 \tag{5.43}$$
$$= A_1 B_1 + A_1 A_0 B_0 + A_0 B_1 B_0 \tag{5.44}$$

图 5.28 给出了门水平的实现。

第二种方法：这种实现方法用两个一位加法器来构成一个两位加法器电路，这说明了一种重要的工程技巧，称作"划分——解决"。一位加法器称作**全加器**。如图 5.29 所示，一个全加器有三个输入：两个相加的一位数字（A_i 和 B_i），以及一个从低数位来的进位 C_i。全加器产生两个输出：一个和位 S_i 和一个到更高数位的进位 C_{i+1}。

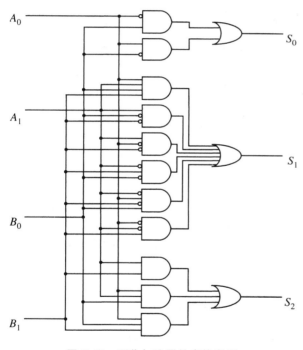

图 5.28 两位加法器的直接实现

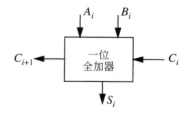

图 5.29 一位全加器

一位全加器的真值表如表 5.13 所示。

表 5.13 一位全加器的真值表

A_i	B_i	C_i	C_{i+1}	S_i
0	0	0	0	0
0	0	1	0	1
0	1	0	0	1

A_i	B_i	C_i	C_{i+1}	S_i
0	1	1	1	0
1	0	0	0	1
1	0	1	1	0
1	1	0	1	0
1	1	1	1	1

从表中可以得到和位 S_i 以及进位 C_{i+1} 的逻辑表达式为

$$S_i = \overline{A}_i\overline{B}_iC_i + \overline{A}_iB_i\overline{C}_i + A_i\overline{B}_i\overline{C}_i + A_iB_iC_i \tag{5.45}$$

$$C_{i+1} = \overline{A}_iB_iC_i + A_i\overline{B}_iC_i + A_iB_i\overline{C}_i + A_iB_iC_i \tag{5.46}$$

图 5.30 表示了基于 S_i 和 C_{i+1} 逻辑表达的门级全加器电路。

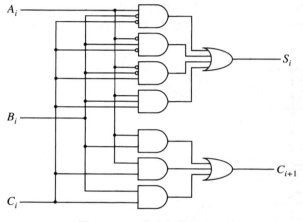

图 5.30 一位全加器的实现

我们可以将一个全加器输出进位(C_{i+1})连接到另一个加法器的输入进位(C_i),这样就实现了一个两位加法器。低位加法器的输入进位为 0。这样的两位加法器如图 5.31 所示。由于进位在加法器中会变化,因此这种类型的加法器电路称作进位变化加法器(ripple-carry adder)。类似地,我们可以用 n 个 1 位全加器构造一个 n 位加法器[①]。

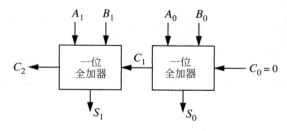

图 5.31 用两个全加器构成一个两位进位变化加法器

例 5.20 构造一个八位加法器 现在用图 5.31 所示的两位加法器电路作为基础构造一个能够使两

---

① 作为练习,读者可以尝试用两个半加器构造一个一位全加器。一个半加器有两个输入 A_i 和 B_i,产生的输出为和位 S_i 和进位 C_{i+1}。

个八位整数相加的加法器。首先,为了方便起见,可以将图 5.31 所示的电路抽象为进行一对两位整数相加的加法器模块,如图 5.32 所示。

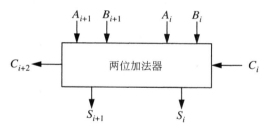

图 5.32　两位加法器模块

解　类似于我们将一位加法器进行结合的方法,可以将两位加法器模块级联以构成八位加法器,如图 5.33 所示。

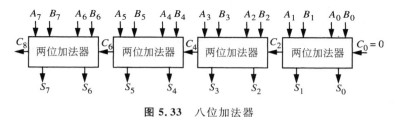

图 5.33　八位加法器

5.7　小结

- 本章介绍了数字抽象,它基于将信号值简化为两个值(高和低)的观点。数字电路比模拟电路抗干扰能力强。数字电路的噪声抗干扰能力由电路满足的静态原则的电压阈值来决定。

- 静态原则要求数字器件对于其输入和输出采用公共的表示方法,并且保证能够正确解释满足公共表示要求的有效逻辑输入信号。如果器件收到有效的逻辑输入,静态原则同时还要求器件能够产生有效的输出信号。通过满足公共表示要求,基于不同技术和由不同制造商生产的数字器件可以相互进行通信。公共表示可用四个电压阈值来规定:

  V_{OH}:数字器件输出为逻辑 1 时能够产生的电压值下限;

  V_{OL}:数字器件输出为逻辑 0 时能够产生的电压值上限;

  V_{IH}:数字器件能够将输入识别为逻辑 1 的最低输入电压值;

  V_{IL}:数字器件能够将输入识别为逻辑 0 的最高输入电压值。

- 与静态原则相关的电压阈值确定了噪声容限。逻辑 0 噪声容限为

$$NM_0 = V_{IL} - V_{OL}$$

逻辑 1 噪声容限为

$$NM_1 = V_{OH} - V_{IH}$$

- 我们还讨论了若干种数字逻辑的表示方法,包括真值表(列表表示),布尔表达(类似于代数表达)和组合门(图形化电路表示)。

练　　习

练习 5.1　写出下面陈述的布尔表达式："如果 X 或 Y 中任一为假,则 Z 为真,否则 Z 为假"。写出该表达的真值表。

练习 5.2　写出下面陈述的布尔表达:"如果 X 或 Y 中任一为假,则 Z 为假,否则 Z 为真"。写出该表达的真值表。

练习 5.3　写出下面陈述的布尔表达:"如果 W、X、Y 中为真的数量不超过两个,则 Z 为真,否则 Z 为假"。

练习 5.4　考虑陈述"如果 W、X、Y 中至少有两个为真,则 Z 为真,否则 Z 为假"。

(1) 写出上述陈述的布尔表达。

(2) 写出函数 Z 的真值表。

(3) 用与门、或门和非门实现 Z。输入有 W、X、Y。每个门可有任意数量的输入。(提示:考虑布尔表达式的乘积之和表示)

(4) 用与门、或门和非门实现 Z。每个门不超过两个输入。和前面一样,输入有 W、X、Y。

(5) 用与非和或非门实现 Z。(提示:与非门或或非门的所有输入连接在一起构成反相器)

(6) 仅用与非门实现 Z。(提示:用 De Morgan 律)

(7) 仅用或非门实现 Z。(提示:用 De Morgan 律)

(8) 重复(4)并试图用最小数量的门。

(9) 重复(4)并试图用最小数量的门,假设输入可为真值或补值。即除了 X、Y、Z 外,输入也可为 $\overline{X}$、$\overline{Y}$、$\overline{Z}$。

练习 5.5　将十进制数字 4 重新表示为一个无符号的三位二进制数字和一个无符号的四位二进制数字。无符号二进制数字没有符号位。比如,11110 就是十进制数字 30 的无符号二进制表示。

练习 5.6　考虑表 5.14 给出真值表的函数 $F(A,B,C)$ 和 $G(A,B,C)$。

(1) 写出与函数 $F(A,B,C)$ 和 $G(A,B,C)$ 对应的逻辑表达。

(2) 用逻辑门实现 $F(A,B,C)$。

(3) 仅用二输入门实现 $F(A,B,C)$。

(4) 仅用二输入与非门实现 $F(A,B,C)$。(提示:用 De Morgan 律)

(5) 对于函数 $G(A,B,C)$ 重复(2)至(4)。

表 5.14　练习 5.6 的真值表

A	B	C	$F(A,B,C)$	$G(A,B,C)$
0	0	0	1	0
0	0	1	0	0
0	1	0	0	0
0	1	1	0	1
1	0	0	1	0
1	0	1	1	1
1	1	0	0	1
1	1	1	1	1

练习 5.7　考虑下面的四个逻辑表达

$$(A+\overline{B})(\overline{A}\cdot\overline{B}+C)+\overline{C\cdot D}$$

$$(A \cdot \overline{C} + \overline{B \cdot D})(\overline{D + \overline{B} + A})$$

$$A + \overline{\overline{B} \cdot D} + A \cdot C \cdot \overline{D}$$

$$\overline{((\overline{A+\overline{C}}) + B + \overline{D}) + A \cdot \overline{C} \cdot D}$$

(1) 用逻辑门实现上述每个逻辑表达式。

(2) 写出这四个表达式的真值表。

(3) 假设已知 $A = 0$。在该条件下简化这四个表达式。

(4) 假设 A 和 B 的关系为 $A = \overline{B}$，简化这四个表达式。

练习 5.8　一个逻辑门遵循的静态原则具有下列电压阈值：$V_{IH} = 3.5\text{V}$，$V_{OH} = 4.3\text{V}$，$V_{IL} = 1.5\text{V}$，$V_{OL} = 0.9\text{V}$。(1) 在该原则规定下，怎样的电压范围将被视为无效？(2) 噪声容限是多少？

练习 5.9　考虑若干逻辑门遵循的静态原则具有下列电压阈值：$V_{IL} = 1.5\text{V}$，$V_{OL} = 0.5\text{V}$，$V_{IH} = 3.5\text{V}$，$V_{OH} = 4.4\text{V}$。

(1) 画出一个缓冲器满足上述电压阈值的传递函数。

(2) 画出一个反相器满足上述电压阈值的传递函数。

(3) 反相器输出为逻辑 0 的最高电压是多少？

(4) 反相器输出为逻辑 1 的最低电压是多少？

(5) 被接收方解释为逻辑 0 的最高电压是多少？

(6) 被接收方接收为逻辑 1 的最大电压是多少？

(7) 这种电压阈值的选择是否提供了抗噪声能力？ 如果是，确定噪声容限。

练习 5.10　考虑若干逻辑门遵循的静态原则具有下列电压阈值：$V_{IL} = V_{OL} = 0.5\text{V}$，$V_{IH} = V_{OH} = 4.4\text{V}$。

(1) 画出一个缓冲器满足上述电压阈值的传递函数。

(2) 画出一个反相器满足上述电压阈值的传递函数。

(3) 反相器输出为逻辑 0 的最高电压是多少？

(4) 反相器输出为逻辑 1 的最低电压是多少？

(5) 被接收方解释为逻辑 0 的最高电压是多少？

(6) 被接收方接收为逻辑 1 的最大电压是多少？

(7) 这种电压阈值的选择是否提供抗噪声能力？

问　　题

问题 5.1　写出图 5.34 中每个逻辑电路表示的运算的真值表和布尔表达式。

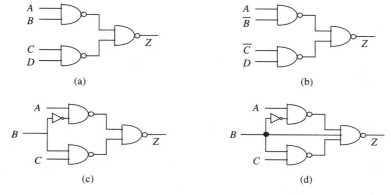

图 5.34　问题 5.1 图

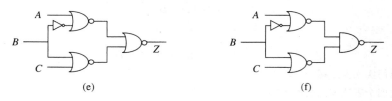

图 **5.34** （续）

问题 5.2 画出图 5.34(c)所示电路由图 5.35 所示输入电压波形得到的输出电压波形。假设电路中的门满足的静态原则为 $V_{OH}=4V, V_{IH}=3V, V_{OL}=1V, V_{IL}=2V$。

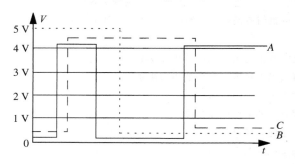

图 **5.35** 问题 5.2 图

问题 5.3 "1 的个数"电路的真值表如表 5.15 所示。该电路有四个输入：A, B, C 和 D，三个输出 OUT_0, OUT_1 和 OUT_2。输出 OUT_0, OUT_1 和 OUT_2 一起表示一个三位正整数 $OUT_2 OUT_1 OUT_0$。输出的正整数反映了输入的 1 的个数。仅用与非门，或非门和非门设计一个该电路的实现。每个门可以有任意数量的输入。

表 **5.15** "1 的个数"电路真值表

A	B	C	D	OUT_2	OUT_1	OUT_0
0	0	0	0	0	0	0
0	0	0	1	0	0	1
0	0	1	0	0	0	1
0	0	1	1	0	1	0
0	1	0	0	0	0	1
0	1	0	1	0	1	0
0	1	1	0	0	1	0
0	1	1	1	0	1	1
1	0	0	0	0	0	1
1	0	0	1	0	1	0
1	0	1	0	0	1	0
1	0	1	1	0	1	1
1	1	0	0	0	1	0
1	1	0	1	0	1	1
1	1	1	0	0	1	1
1	1	1	1	1	0	0

问题 5.4 一个四输入多路复用器(multiplexer)模块如图 5.36 所示。多路复用器有两个选择信号 S_1 和 S_0。选择信号的值决定了 A, B, C, D 哪个输入出现在输出端。如图所示，如果 $S_1 S_0$ 是 00，则选中 A，如

S_1S_0 是 01 则选中 B,如 S_1S_0 为 10 则选中 C,如 S_1S_0 为 11 则选中 D。写出用 S_1,S_0,A,B,C 和 D 表示的 Z 的布尔表达。仅用与非门实现多路复用器。

问题 5.5 一个四输出多路信号分离器(demultiplexer)模块如图 5.37 所示。多路信号分离器具有两个选择信号 S_1 和 S_0。选择信号决定了用哪一个输出(OUT_0,OUT_1,OUT_2,OUT_3)表示输入 IN。如图所示,如果 S_1S_0 是 00,则输入 IN 出现在 OUT_0;如 S_1S_0 是 01,则输入 IN 出现在 OUT_1;如 S_1S_0 是 10,则输入 IN 出现在 OUT_2;S_1S_0 是 11,则输入 IN 出现在 OUT_3。如果未被选中,则输出为 0。用 S_1,S_0 和 IN 表示每个输出的布尔表达。仅用与非门实现多路信号分离器。

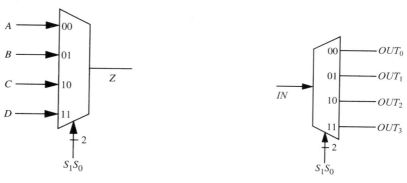

图 5.36 一个四输入多路复用器模块
选择信号线路旁边的"2"是一种简化表示方法,说明这里有两根线

图 5.37 问题 5.5 图

问题 5.6 用与非门实现图 5.38 所示的"大于"电路。A 和 B 各表示一位正整数。如果 A 大于 B 则输出 Z 为 1,否则 Z 为 0。

问题 5.7 用或非门实现图 5.39 所示的"奇校验"或"奇偶校验"电路。在该电路中,如果输入为高的数量为奇数,则输出 Z 为高,否则输出为低。如何用图 5.39 所示的四输入"奇校验"电路模块实现一个三输入"奇校验"电路? 如果无法实现,请解释原因。

图 5.38 问题 5.6 图

图 5.39 问题 5.7 图

问题 5.8 图 5.40 表示了一个四输入"多数"电路模块。如果多数输入为高,则输出 Z 为高。写出用 A_0,A_1,A_2 和 A_3 表示的 Z 的布尔表达式。如何用图 5.40 所示的四输入"多数"电路模块实现三输入多数电路和二输入多数电路? 如果上述电路有无法实现的,请解释原因。

问题 5.9 图 5.41 给出了一个二位格雷编码转换器。在输入 IN_0 和 IN_1 为 00 或 01 时,它的输出 OUT_0 和 OUT_1 等于对应的输入。但如果输入 IN_0 和 IN_1 为 10 和 11,则输出 OUT_0 和 OUT_1 分别为 11 和 10。用二输入与非门实现格雷编码转换器。

图 5.40 问题 5.8 图

图 5.41 问题 5.9 图

问题 5.10 图 5.42 给出了若干单输入单输出器件的输入输出电压传递函数。对于给定的电压阈值 V_{OL}，V_{IL}，V_{OH} 和 V_{IH}，哪些器件可以作为有效的反相器？

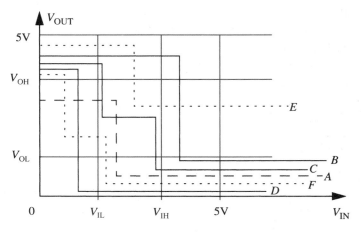

图 5.42 问题 5.10 图

问题 5.11 假设要做一个两位加法器电路(图 5.43)，该电路将一对两位正整数 A_1A_0 和 B_1B_0 作为输入，并产生一个两位和输出 S_1S_0 和一个进位输出 C_1。用输入的形式写出进位输出的真值表和布尔表达。

下面假设要做另一个两位加法器电路(图 5.44)，该电路将一对两位正整数 A_1A_0 和 B_1B_0 以及进位输入 C_0 作为输入，并产生一个两位和输出 S_1S_0 和一个进位输出 C_1。用输入的形式写出进位输出的真值表和布尔表达。

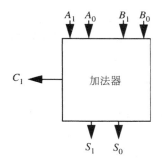

图 5.43 问题 5.11 图 1

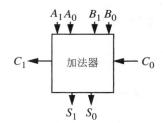

图 5.44 问题 5.11 图 2

问题 5.12 假设有两类逻辑器件 NTL 和 YTL。NTL 器件的逻辑门运行在下列电压阈值规定的静态原则下：$V_{IL}=1.5V$，$V_{OL}=1.0V$，$V_{IH}=3.5V$，$V_{OH}=4V$。而 YTL 器件的特征电压阈值为：$V_{IL}=0.8V$，$V_{OL}=0.3V$，$V_{IH}=3V$，$V_{OH}=4.5V$。YTL 反相器能否正确驱动 NTL 反相器的输入？请解释原因。NTL 反相器能否正确驱动 YTL 反相器的输入？请解释原因。

问题 5.13 考虑一类逻辑门，其运行的静态原则可用下面的电压阈值表示：$V_{OL}=0.5V$，$V_{IL}=1.6V$，$V_{OH}=4.4V$，$V_{IH}=3.2V$。

(1) 画出满足上述电压阈值的缓冲器的输入输出电压传递函数。

(2) 画出满足上述电压阈值的反相器的输入输出电压传递函数。

(3) 反相器逻辑 0 输出的最高电压是多少？

(4) 反相器逻辑 1 输出的最低电压是多少？

(5) 接收器解释为逻辑 0 的最高电压是多少？

（6）接收器解释为逻辑 1 的最低电压是多少？

（7）如果在有噪声的线路中传输信息，缓冲器可通过重置信号值来最小化传输误差。考虑数据传输需要通过的噪声线路每厘米产生最大 80mV 对称峰峰噪声的情况。在这种噪声环境中要传输信号距离为 2m，则需要多少个缓冲器？

（8）这类逻辑门中缓冲器的逻辑 0 和逻辑 1 噪声容限是多少？下面考虑串联连接的三个缓冲器，并将其看作一个缓冲器。这个新的缓冲器的噪声容限是多少？

问题 5.14　数字电路的许多制造缺陷可用固定故障（stuck-at-faults）来建模。如果无论输入是多少，输出总是逻辑 1，则称该门产生固定 1 故障。类似地，如果输出总是 0，则称该门产生固定 0 故障。

（1）考虑图 5.45 所示的具有一个或多个故障的电路。用输入变量的形式写出每个输出对于给定故障的表达。（提示：比如图 5.45(a) 的故障电路的输出将与输入变量 C 无关）

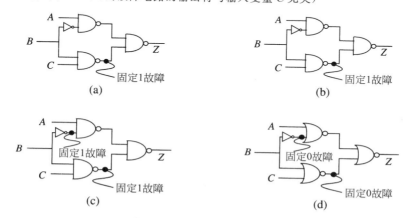

图 5.45　问题 5.14 图 1

（2）假设给定图 5.46(a) 所示的故障电路，其中与非门 N2 的输出有固定故障。但我们不知道它是固定 1 故障还是固定 0 故障。此外，假设我们仅能接触到三个输入 A,B,C 和输出 Z，如图 5.46(b) 所示。换句话说，我们无法直接观察故障与非门 N2 的输出 X。你怎么确定 N2 是固定 1 故障还是固定 0 故障？

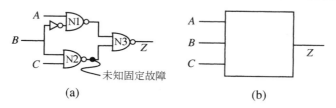

图 5.46　问题 5.14 图 2

第 6 章

MOSFET开关

本章介绍开关电路元件并说明如何用开关以及其他前面见过的基本电路元件构造数字逻辑门。本章还将讨论在 VLSI 技术中用一种叫做 MOSFET（金属氧化物半导体场效应晶体管）的元件来实现开关的常用方法。

6.1 开关

回忆图 1.4 所示的电气系统及其集总电路模型。这是常见的家庭电路。现在让我们在电流通道上添加一个开关以控制灯泡的开通和关断，如图 6.1(a) 所示。图 6.1(b) 给出了对应的集总电路模型。

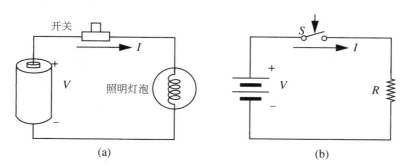

图 6.1　家庭照明电路及模型

(a) 带有开关的照明灯泡电路；(b) 集总电路模型

开关通常处于关断状态，此时其行为类似于开路。如果用力按开关，则它会闭合，并像导线那样导通电流。因此，开关可以像图 6.2 那样建模成一个三端元件。三个接线端包括控制端、输入端和输出端。开关的输入和输出端通常具有对称的性质。控制端加上真值或者逻辑 1 信号时，输入与输出间短路，此时开关处于开通（或导通）状态（ON）。否则，输入与输出间断路，开关处于关断状态（OFF）[①]。

开关的 $v\text{-}i$ 曲线如图 6.3 所示。到目前为止，我们已学会通过画二端元件的电压电流

---

① 在我们所举的例子中，为了建立直观印象，使用了力来表示在控制端上施加逻辑 1 信号。但也有其他类型的在控制端采用电信号的开关，这些开关在输入输出端口上的表现和本例一样。我们将在 6.3 节见到这种的开关例子。

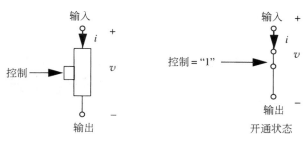
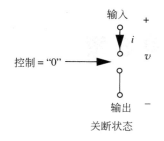

图 6.2 三端开关模型

关系来绘制其 v-i 曲线。类似地,对于三端开关,我们可以画其输入-输出端对的 v-i 曲线。控制端口的效果可通过对控制端口的每个值绘制不同 v-i 曲线来体现。这样,当控制输入为逻辑 0 时,输入-输出端对的 v-i 曲线表明流经开关的电流为 0,与电压无关。反过来,当控制输入为逻辑 1 时,输入和输出端表现出短路的性质,此时输入输出端上的电压为零,电流不受开关的约束(或者说它受到开关以外电路的约束)。

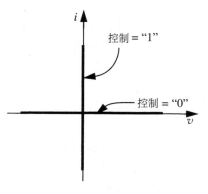

> 开关的 v-i 特性也可用代数形式表示,即
>
> 如控制为"0",$i = 0$ (6.1)
> 如控制为"1",$v = 0$

图 6.3 开关的 v-i 曲线

v 是开关输入和输出端上的电压,i 是流经相同端对的电流

虽然开关是非线性元件,但是包含一个开关和其他线性元件的电路也可以划分为两个线性子电路来进行分析,一个是开关处于开通状态时的子电路,另一个是开关处于关断状态时的子电路。这样就可以用标准的线性方法来分析每个子电路了。图 6.4 给出了我们照明灯泡电路的两个子电路。分析图 6.4(a)可看出开关关断时电流 I 是零。类似地,分析图 6.4(b),开关处于开通状态时电流由 $I=V/R$ 确定。

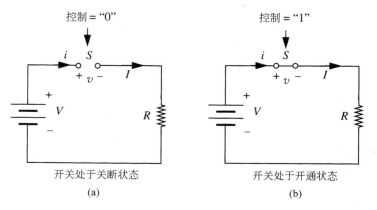

图 6.4 带有开关电路的分析

(a) 当开关处于关断状态时的线性子电路;(b) 当开关处于开通状态时的线性子电路

例 6.1　包含一个开关的电路　确定图 6.5(a)中流经电阻 R_1 的电流。

解　图 6.5(a)所示电路包含一个开关,因此是非线性电路。由于电路中唯一的非线性元件是开关,因此可以分析开关每个状态构成的子电路,从而达到分析电路的目的。

图 6.5(b)表示了开关处于开通状态时的线性子电路。可利用式(2.84)表示的分流公式得到开通状态电路中流过 R_1 的电流 i_{1a}。分流关系即流经两个并联电阻中一个的电流等于总电流乘以一个系数,该系数为另一个电阻与两个电阻之和的比值。因此(开关处于开通状态时)

$$i_{1a} = i \frac{R_2}{R_1 + R_2}$$

图 6.5(c)表示了开关处于关断状态时的线性子电路。在这种情况下,电流源流出的整个电流全部流经 R_1。这样(开关处于关断状态时)

$$i_{1b} = i$$

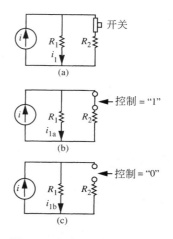

图 6.5　包含一个开关的电路
(a) 包含一个电流源、两个电阻和一个开关的电路;(b) 开关处于开通状态时构成的线性子电路;(c) 开关处于关断状态时构成的线性子电路

6.2　用开关实现逻辑函数

下面考虑两个开关串联(AND)连接的照明灯泡电路,如图 6.6(a)所示。只有同时闭合开关 A 和 B 才能开启照明灯泡。类似地,图 6.6(b)表示用并联(OR)结构连接开关的一个电路。在该结构中,闭合 A 或 B 开关中的任何一个均可开启照明灯泡。

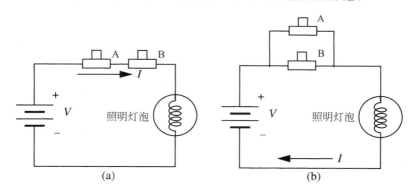

图 6.6　用开关实现逻辑函数
(a) 采用 AND 结构开关的照明灯泡电路;(b) 采用 OR 结构开关的照明灯泡电路

这两个例子为我们提供了用开关实现逻辑运算的方法:用串联连接的开关实现 AND 逻辑,用并联连接的开关实现 OR 逻辑。可将开关连接成 AND-OR 组合结构以实现更为复杂的逻辑。如上所述,开关实现了一种称作**操纵逻辑**(steering logic)的数字逻辑形式。这种形式中由开关来操纵某个值(比如高电压)的不同路径。随着讨论的继续,也将看到如何用开关来实现我们熟悉的组合逻辑门。

图 6.1 所示机械开关令人不满意的原因之一在于,它们的控制端需要机械力来操纵。这种情况下,由于逻辑电路中某个给定开关的输出电压有时需要转换为机械力来控制另一

个开关,因此这种需要机械力的方法在构造逻辑电路中不能被接受。更为适合的方法是采用电压响应的三端开关元件,这样可以仅用电压来构造开关电路。MOSFET 就是这样一种可用 VLSI 技术廉价实现的元件。

6.3 MOSFET 元件及其 S 模型

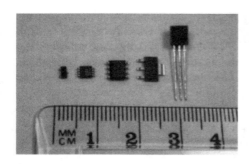

图 6.7 分立 MOSFET

最右侧有三个引脚的元件中包含一个 MOSFET,中间的封装包含了多个 MOSFET(感谢 Maxim 公司提供照片)

MOSFET 属于一类被称作晶体管的元件。MOSFET 是一个三端元件,有一个控制端,一个输入端和一个输出端(如图 6.7 所示)。我们将在 6.7 节讨论其物理结构。

MOSFET 的电路符号如图 6.8 所示。图 6.8 中 MOSFET 的控制端称作栅极(gate)G,输入端称作漏极(drain)D,输出端称作源极(source)S。在我们的应用中可将源极和漏极视为对称。其命名的原因来自于电流的方向。电流从漏极流向源极[1]。等效的说法是具有较高电压的接线端称作漏极。

如图 6.9 所示,设 MOSFET 栅极和源极之间的电压为 v_{GS},漏极和源极之间的电压为 v_{DS}。流经 G 端的电流称作 i_G,流经 D 端的电流称作 i_{DS}。

图 6.8 MOSFET 电路符号

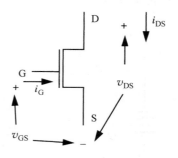

图 6.9 v_{GS}、v_{DS} 和 i_{DS} 的定义

一种特殊的 MOSFET 元件:N 沟道 MOSFET 的简单电路模型如图 6.10 所示[2]。这种模型基于简单的开关(称作 MOSFET 开关)模型(switch model),或简称为 S 模型[3]。当 v_{GS} 高于阈值电压 V_T 时,该元件处于开通(或导通)(ON)状态,否则关断(OFF)。N 沟道

---

① 读者可能奇怪为什么漏极和源极这两个名词看起来与从源极流入和从漏极流出的逻辑顺序相反。原因在于该命名来自于 MOSFET 内部的导通特性。在图示的 N 沟道 MOSFET 中电子是主要的载流体。S 是电子的源极,D 是电子的漏极。

② 以后将见到被称为 P 沟道晶体管的另一种 MOSFET 晶体管。

③ 我们将在以后的章节中逐渐介绍越来越复杂的 MOSFET 模型。那些模型描述了这个简单开关模型无法描述的其他方面性质。

MOSFET 的典型 V_T 值为 0.7V，但可随制造过程的不同而变化[1]。在 ON 状态，S 模型近似为连接漏极和源极之间的短路线。实际上此时在漏极和源极之间存在非零电阻，但我们在 S 模型中将其忽略。6.6 节将讨论开关-电阻模型（switch resistor model）（或 SR 模型），该模型将包含电阻。关断状态时漏极和源极间开路。如图 6.10 所示，栅极和源极之间、栅极和漏极之间始终开路，即永远有 $i_G = 0$。

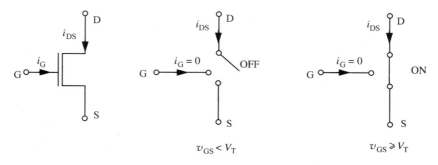

图 6.10　MOSFET 的 S 模型

　　和开关一样，可绘制出 MOSFETS 模型在不同 v_{GS} 下的 D 端和 S 端之间的 $v\text{-}i$ 特性，如图 6.11 所示。注意，曲线仅位于第一象限。由于我们定义漏极为具有较高电压的接线端，因此可知 v_{DS} 不可能为负[2]。因此不关心左边的象限。类似地，由于 v_{DS} 为正时 i_{DS} 为正，因此第四象限也无效。与 MOSFET 不同，如某元件特性曲线第四象限有值（如电池），则该元件可提供功率。类似于控制端为零的开关，MOSFET 在 $v_{GS} < V_T$ 时 D 端和 S 端开路（$i_{DS} = 0$）。与之相对，当 $v_{GS} \geqslant V_T$ 时 D 端和 S 端为短路（$v_{GS} = 0$）。

图 6.11　MOSFET S 模型的特性

> 可用代数形式将 MOSFET 的 S 模型的 $v\text{-}i$ 特性叙述为
> 如果 $v_{GS} < V_T$，　$i_{DS} = 0$

---

[1]　为了简化有关 MOSFET 例子的数值计算，本书通常令阈值为 1V。

[2]　在 VLSI 芯片的制造中，MOSFET 的物理结构是漏极和源极对称的（但要注意可用于面包板实验的分立 MOSFET 两端不对称），即漏极和源极相互交换不改变元件特性。因此如果漏极和源极之间的定义与两个接线端之间的电位差无关，则 MOSFET 的特性将为

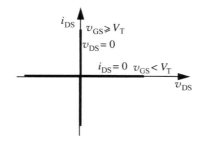

　　如图所示，如果 $v_{GS} < V_T$，则 D 和 S 之间为开路，如果 $v_{GS} \geqslant V_T$，则为短路。如果是开路情况，则 v_{DS} 可以是由外电路约束决定的任何值（正或负）。类似地，如果是短路情况，则 i_{DS} 可以不受限制。有趣的是，这里我们为元件选择的模型既取决于对元件的使用，也取决于元件的物理结构。

$$如果\ v_{GS} \geq V_T，\quad v_{GS} = 0 \tag{6.2}$$

到此为止,我们的讨论都将 MOSFET 视为一个三端元件。但注意到 MOSFET 是受到一对接线端(即 G 和 S)上电压的控制。类似地,我们也对 D 和 S 接线端间的电压和流经的电流感兴趣。正如 1.5 节讨论的那样,这种自然成对的接线端(terminal)提示了 MOSFET 的另一种端口(port)表示方法。如图 6.12 所示,我们可将 MOSFET 的 G 和 S 接线端对视为输入端口或控制端口,D 和 S 接线端对视为输出端口。

进一步注意到,如果我们的数字表示方法用大于 1V 的电压来表达逻辑 1,则 MOSFET 在其输入端口具有逻辑 1 信号时将像开关那样开通。图 6.13 表示了用 MOSFET 来实现 AND 开关逻辑的照明灯泡电路。该电路中,仅当 A 和 B 均为逻辑 1 时灯泡导通。

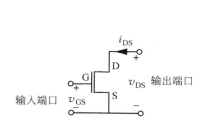 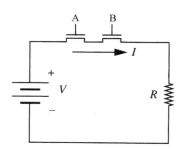

图 6.12 MOSFET 的端口表示   **图 6.13** 使用 MOSFET 的照明灯泡电路

6.4 逻辑门的 MOSFET 开关实现

现在用 MOSFET 来构造逻辑门。考虑图 6.14 所示电路,其中包括一个 MOSFET 和一个由电源 V_s 供电的负载电阻。电路的输入与 MOSFET 的栅极相连,源极接地,漏极通过串联的负载电阻 R_L 与 V_s 相连。可将该电路用电源和接地端的速记符号重绘于右侧。

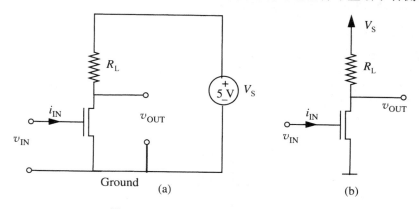

图 6.14 MOSFET 反相器及速记符号

(a)MOSFET 反相器;(b)用电源和接地速记符号重绘的反相器电路

图 6.15 表示基于 MOSFET 的反相器电路与抽象的反相器之间的接线端关系。

图 6.16 上半部分表示接到电源上的反相器抽象,下半部分表示具有隐含电源连接的反

相器抽象。注意反相器抽象隐藏了内部的电路细节并对反相器逻辑门用户提供了简单的使用模型。内部电路细节与门级逻辑设计者无关[①]。

让我们将 MOSFET 替换成等效的 S 模型来分析电路的性质。图 6.17 表示了图 6.14 所示电路的等效模型。假设逻辑高用 5V 来表示,逻辑低用 0V 来表示。

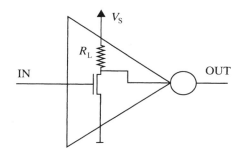

图 6.15　反相器抽象及其内部电路
用 v_{IN} 和 v_{OUT} 表示的 IN 和 OUT 逻辑值

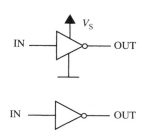

图 6.16　用明确和隐含电源连接表示的反相器

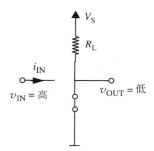

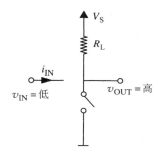

图 6.17　N 沟道 MOSFET 反相器的 S 电路模型

如图 6.17 所示,输入 v_{IN} 为高时,MOSFET 处于 ON 状态(假设高电压水平高于阈值 V_T),因此将输出电压下拉至低值[②]。相反地,输入为低时,MOSFET 处于 OFF 状态,输出由 R_L 上拉至高值。这里我们可以发现负载电阻[③] R_L 的作用:它在 MOSFET 关断时提供逻辑 1 的输出。进一步,R_L 通常取值较大,目的是限制 MOSFET 开通时的电流[④]。由于 MOSFET 的 S 模型中栅-源端口和漏-源端口间的电阻为无穷大,因此电流 i_{IN} 为 0。

可将输入-输出关系写成真值表,如表 6.1 所示。从表中容易看出,v_{IN} 和 v_{OUT} 表示的 IN 和 OUT 的逻辑值表现了反相器的行为。

表 6.1　MOSFET 电路的真值表

IN	OUT
0	1
1	0

---

①　如果复杂的逻辑电路设计者希望针对某些特定参数(比如速度或面积)优化其设计,但又无法用门水平抽象来实现怎么办?余下的章节将讨论如何用其他从内部电路获得的参数来扩充门水平抽象(比如门延迟和尺寸),这样可以使逻辑电路设计者在优化其门级电路时无须钻研逻辑门的内部细节。

②　由于图 6.14 中的 MOSFET 在其处于 ON 状态时会将输出电压下拉至低电平,因此该 MOSFET 有时被称为下拉 MOSFET。

③　由于该电阻将输出上拉至高电压水平,因此负载电阻有时被称为上拉电阻。

④　随着我们介绍越来越精确的 MOSFET 模型,会看到其他对 R_L 的约束。

图 6.18 给出了本电路的输入波形及其对应的输出波形。我们还可以将反相器电路的 v_{IN} 与 v_{OUT} 电压传递曲线绘制如图 6.19 所示。反相器的输入-输出传递曲线(也称作反相器特性)使我们能够判断反相器是否满足静态原则。6.5 节将讨论反相器的特性及其与静态原则的关系。

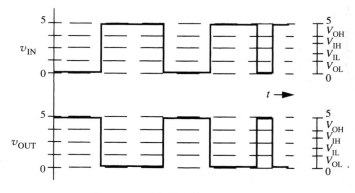

图 6.18　反相器的输入输出波形

我们还可以用类似的方法构造其他逻辑门。图 6.20 表示一个与非门电路,图 6.21 表示其对应的 S 电路模型。容易看出,仅当两个输入均为高时输出为 0。其他情况下,输出为高[1]。

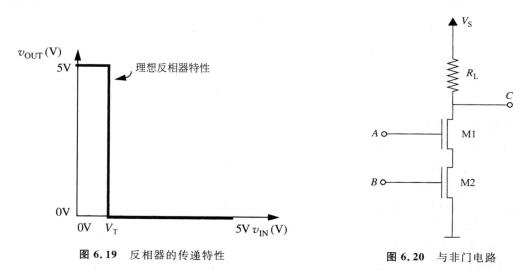

图 6.19　反相器的传递特性　　　　**图 6.20　与非门电路**

采用与两输入与非门电路类似的思路,我们可以构造多输入与非门和或非电路。图 6.22(a) 表示一个 n 输入或非门,图 6.21(b) 表示一个 n 输入与非门。在多输入或非门中,任何输入为高时输出均被下拉至地电位。相应地,在与非门中,只要有一个输入为低,则输出保持高电位。

---

① 注意,如果两个开关都关断,M1 和 M2 连接节点的电压看上去未定义。因此 M1 的 v_{GS} 也看起来未定义。但实际上,MOSFET 开关并非理想开路,而是在关断状态下在漏极和源极间有很高电阻。这样,M1 和 M2 之间的电压将由分压关系确定。在任何情况下,M1 的 v_{GS} 都不会影响门的输出电压。

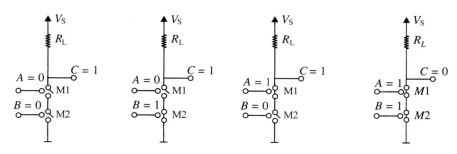

图 6.21　与非门的 S 电路模型

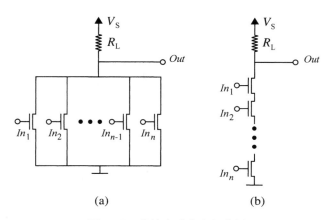

图 6.22　多输入或非和与非门

例 6.2　用 MOSFET 实现组合逻辑　回忆前面见过的两个组合逻辑表达式,我们见过它们的门级实现。

$$\overline{AB + C + D}$$

$$\overline{(A + B)CD}$$

解　在早先的例子中,我们用若干抽象逻辑门单元来实现这些表达式。既然我们已经了解如何用 MOSFET 和电阻来构造门电路,因此可以用 MOSFET 和电阻来构造简单的组合逻辑门,从而实现上述函数[①]。

让我们考虑第一个表达式 $\overline{AB+C+D}$。利用串联开关实现 AND 特性和并联开关实现 OR 特性的思想,我们可以实现第一个表达式,如图 6.23 所示。通过检查电路的真值表,可以放心地说该电路满足设计需求。

图 6.24 给出了第二个表达式 $\overline{(A+B)CD}$ 的电路。

例 6.3　用 MOSFET 实现更多的组合逻辑　现在用 MOSFET 来构造逻辑表达式 $\overline{(A+B)CD}$。

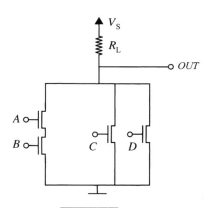

图 6.23　$\overline{AB+C+D}$ 的晶体管级实现

---

①　这种直接用晶体管实现的方法具有减少晶体管和电阻数量的潜在好处。读者可能会因此放弃门级抽象,而对直接用晶体管来实现逻辑函数感兴趣。但是需要指出,相对于门级实现来说,晶体管级实现复杂逻辑函数可能会非常困难。随着我们在 6.6 节进一步讨论更为实际的开关-电阻 MOSFET 模型,这种困难将体现出来。作为一般性的原则,设计者应该用最高级别抽象来实现设计。

解 由于 $(A+B)CD$ 就是 $\overline{(A+B)CD}$ 的补，因此可以将图 6.23 的输出进行反相从而得到 $(A+B)CD$，如图 6.25 所示。

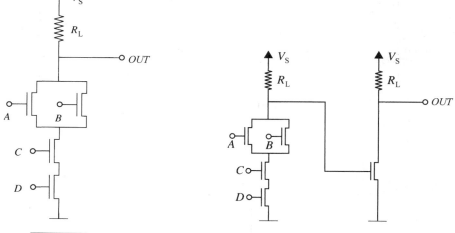

图 6.24 $\overline{(A+B)CD}$ 的晶体管级实现　　　**图 6.25** $(A+B)CD$ 的晶体管级实现

这里需要指出，MOSFET 成为构造门电路理想元件的两个重要特性。

（1）首先，注意到可以将多个门进行组合以实现更为复杂的电路，而不用担心门的内部电路。我们能够这样做的原因在于 MOSFET 的输出对于其输入没有影响。换句话说，虽然 G 的输入电压影响 MOSFET 的 D 和 S 接线端的行为，但 D 和 S 接线端的电压或电流对 G 没有影响。

（2）其次，MOSFET 栅极（G 接线端）的无穷大电阻使其对与 G 相连的另一个门的输出没有影响。MOSFET 的这个特性使我们能够在构造包含许多门的系统时不必考虑某个门对与其相连的其他门的逻辑性能的影响。这个特性被称为**可构性**（composability）。想想 MOSFET 的输入为零电阻会如何。如果那样，我们将无法将一个反相器的输出与另一个的输入相连并期望第一个反相器能够满足静态原则。

我们将在 6.9.1 节看到，包含 MOSFET 的器件可以进行放大，这也促成了 MOSFET 的可构性。

6.5　用 S 模型进行静态分析

图 6.19 所示的反相器输入-输出传递曲线（或反相器特性）包含了用来确定反相器是否满足给定静态原则的足够信息。

回忆起一个逻辑门的静态原则保证：如果门的输入满足输入约束，则其输出将满足原则规定的输出约束。进一步，静态原则及其相关电压阈值对于建立一个标准化表示方式来说是必须的。这样可使不同制造商生产的器件在一起正常工作。类似地，希望构造一个系统的用户可首先确定其采用的静态原则以及电压阈值，然后从满足静态原则的不同制造商中选择最佳的器件。

输出电压水平通常比输入电压水平更为严格（高于对应的输入高，低于对应的输入低），这样可以提供噪声容限。图 6.26 说明了输入和输出的不对称。在门的输入端,任何低于 V_{IL} 的电压将被视为有效低,任何高于 V_{IH} 的电压将被视为有效高。在其输出端,门要保证它产生的逻辑高输出电压高于 V_{OH},逻辑低输出电压低于 V_{OL}。

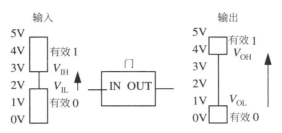

图 6.26 逻辑门的输入和输出电压阈值

V_{IL} 和 V_{IH} 间的电压在输入端是无效的,V_{OL} 和 V_{OH} 间的电压在输出端是无效的。由于输出电压水平比输入电压水平更为严格,因此静态原则提供了噪声容限。

基于反相器的特性(这里为了方便起见重复画于图 6.27),可以确定反相器是否满足给定的静态原则。举例来说,下面将讨论反相器是否满足具有电压阈值

$$V_{OH} = 4.5V, \quad V_{OL} = 0.5V, \quad V_{IH} = 4V, \quad V_{IL} = 0.9V$$

的静态原则。

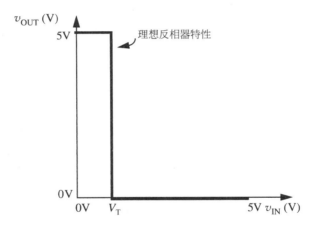

图 6.27 反相器的传递特性

图 6.28 将给定静态原则的电压阈值添加在反相器传递函数之上。下面来验证每个输出和输入阈值。

V_{OH}:反相器产生输出高为 5V。显然,该逻辑 1 的输出电压水平高于静态原则要求的 4.5V 输出高阈值[1]。

V_{OL}:反相器产生输出低为 0V。该输出电压低于静态原则要求的 0.5V 输出低阈值[2]。

V_{IH}:在给定的静态原则中,$V_{IH}=4V$。为了遵循静态原则,反相器必须将任何高于 4V

---

[1] 看起来这个反相器可以满足 V_{OH} 高达 5^-V 的静态原则。符号 5^- 表示稍微低于 5V 的电压。

[2] 注意到该反相器可以满足 V_{OL} 低达 0^+V 的静态原则。符号 0^+ 表示稍微高于 0V 的电压。

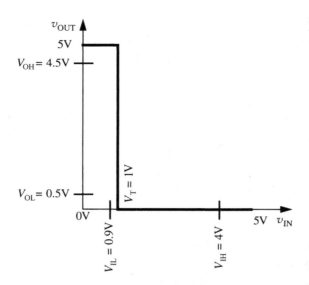

图 6.28 　与反相器静态原则相关的逻辑值和电平之间的映射

的电压解释为逻辑 1。这对于我们的反相器来说显然是成立的。反相器在输入电压大于 $V_T = 1V$ 后导通，将输出下拉至低电压。因此它将任何高于 1V 的电压解释为逻辑 1[①]。

V_{IL}：在给定的静态原则中，$V_{IL} = 0.9V$。这意味着要想遵循静态原则，反相器必须将任何低于 0.9V 的电压解释为逻辑 0。这对于我们的反相器是成立的。该反相器在其输入电压低于 $V_T = 1V$ 后关断，其输出为 5V。由于反相器对低于 0.9V 的输入电压产生有效的输出高电压，因此它满足静态原则[②]。

例 6.4　静态原则 　仅仅为了练习，让我们来验证该反相器是否满足 Disco System 公司的静态原则。假设 Disco System 所坚持的静态原则具有下列的电压阈值

$$V_{OH} = 4V, \quad V_{OL} = 1V, \quad V_{IH} = 3.5V, \quad V_{IL} = 1.5V$$

解 　为了能够在该静态原则下工作，我们知道反相器需要有如下的特性：

- 当输出为逻辑 1 时，它产生的输出电压必须不低于 $V_{OH} = 4V$。由于我们的反相器对于逻辑 1 产生 5V 的输出，因此满足该条件。
- 当输出为逻辑 0 时，它产生的输出电压必须不高于 $V_{OL} = 1V$。由于我们的反相器对于逻辑 0 产生 0V 的输出，因此轻松满足该条件。
- 在反相器的输入端，它必须将高于 $V_{IH} = 3.5V$ 的电压视为逻辑 1。由于我们的反相器将高于 1V 的电压视为逻辑 1，它满足该条件。
- 最后在其输入端，如果反相器服从 Disco System 的静态原则，则需要将低于 $V_{IL} = 1.5V$ 的电压视为逻辑 0。不幸的是，我们的反相器只能将低于 1V 的电压视为逻辑 0，这样就不能满足该条件。

于是我们的反相器无法用于 Disco System 的系统。

我们也可以进行 6.4 节中介绍的其他 MOSFET 逻辑电路的静态分析。由于采用了 MOSFET 的 S 模型，因此与非门电路和其他数字电路的输入和输出电压阈值与反相器的一

[①]　事实上，该反相器可以满足 V_{IH} 低达 1^+V 的静态原则，原因是反相器对任何高于 $V_T = 1V$ 的输入产生有效的低输出电压。

[②]　事实上，该反相器可以满足 V_L 高达 1^-V 的静态原则，原因是反相器对任何低于 $V_T = 1V$ 的输入产生有效的高输出电压。

样。于是对这些电路静态分析的结果与对反相器分析的结果一样。比如与非门电路满足具有下列电压阈值的静态原则：$V_{OH}=4.5V, V_{OL}=0.5V, V_{IH}=4V, V_{IL}=0.9V$。类似地，与非门无法满足具有下列电压阈值的静态原则：$V_{OH}=4V, V_{OL}=1V, V_{IH}=3.5V, V_{IL}=1.5V$。

6.6　MOSFET 的 SR 模型

到目前为止讨论的 MOSFET 的 S 模型实际上是对 MOSFET 实际特性的比较粗略的近似。特别地，实际的 MOSFET 在 ON 状态时 D 和 S 接线端上存在非零电阻[①]。如果考虑该电阻，就产生了 MOSFET 稍微准确一点的模型，该模型在 MOSFET 处于 ON 状态时在 D 和 S 间表现为一个电阻 R_{ON}，而不是短路。图 6.29 表示了 N 沟道 MOSFET 的开关-电阻（switch resistor）模型（或 SR 模型）。

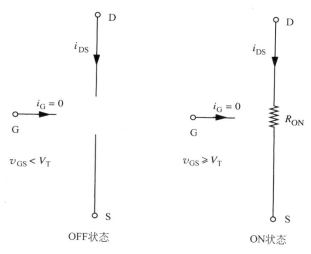

图 6.29　N 沟道 MOSFET 的开关-电阻模型

MOSFET 关断时在漏极和源极之间开路。如果栅极和源极之间的电压 v_{GS} 大于 V_T，则 MOSFET 开启，D 和 S 端之间表现为电阻 R_{ON}。和前面介绍的一样，MOSFET 的栅极和源极之间、栅极和漏极之间呈开路状态，即 $i_G=0$。

SR 模型比 S 模型更精确地表示了 MOSFET 的性质。容易看出，如果 $R_{ON}=0$，则 SR 模型还原为 S 模型。然而 SR 模型仍然是对 MOSFET 行为的大致描述。特别是当 $v_{DS}\ll v_{GS}-V_T$ 时，虽然 MOSFET 呈现出阻性性质，但电阻 R_{ON} 是变化的，而且是 v_{GS} 的函数。进一步说，当 v_{DS} 可比于或者大于 $v_{GS}-V_T$ 时，漏-源性质不再是电阻性的，而呈电流源性质。但固定电阻模型比较简单，可以在某些方面满足数字电路分析的要求（因为此时栅极电压仅为两个值：高或低）。电压为低时，MOSFET 关断；电压为高时，漏-源连接呈现出与栅极电压相关的电阻 R_{ON}。由于输入为高时栅极电压只有一个值（如 V_S），因此在模型中可用一个电阻值 R_{ON} 来表示。总起来说，仅当 $v_{DS}\ll v_{GS}-V_T$ 并且栅极输入电压仅有一个高值（如 $v_{GS}=V_S$）时，SR 模型成立。第 7 章将讨论 MOSFET 更为复杂的模型，该模型对于 v_{GS} 和

---

① 而且实际上，在 ON 状态时，所有开关在输入和输出端间均有非零电阻。

v_{DS}更为广泛的取值范围均成立。

MOSFET 的 SR 模型的特性如图 6.31 所示。该曲线可在图 6.30 所示的电路中通过测量不同电压和电流值而获得。

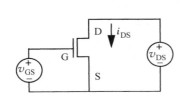

图 6.30　测量 MOSFET 特性的方法

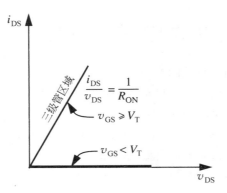

图 6.31　MOSFETS 的 SR 模型特性曲线

由于 6.3 节已经介绍的原因,第二、第三和第四象限没有表示出来。MOSFET 表现出阻性性质的区域叫做 MOSFET 工作的三极管区域,这将在第 7 章详细讨论

MOSFET 的 SR 模型也可用代数方式表示为

$$i_{DS} = \begin{cases} \dfrac{v_{DS}}{R_{ON}} & v_{GS} \geqslant V_T \\[2mm] 0 & v_{GS} < V_T \end{cases} \tag{6.3}$$

R_{ON}的出现使得分析更为实际,但也增加了逻辑门设计的复杂程度。我们将在 6.8 节进一步讨论这个问题。

6.7　MOSFET 的物理结构

MOSFET 的导通电阻取决于若干与 MOSFET 物理特性相关的参数,比如几何尺寸。该电阻的典型值从分立 MOSFET 的若干毫欧姆(mΩ)到 VLSI 技术实现 MOSFET 的若干千欧(kΩ)。下面让我们简要介绍一下 MOSFET 的物理结构,从而可以了解导通电阻和几何尺寸之间的内部关系。

MOSFET 是在一块平面单晶硅(称作晶片)上通过若干制造工艺来生产的。图 6.32 给出了若干在平面硅表面制造的矩形 MOSFET 的俯视图。晶片的直径可达几十厘米,典型的 MOSFET 所占的面积小于 $1\mu m^2$。1 微米(μm)也称作 1 微(μ)。这些制造工艺形成了晶片表面若干平面层相互叠放的结构。这些层可能是通过氧化部分晶片表面而形成的硅氧化物(SiO_2)构成的绝缘层,也可能是包含铝或铜等金属沉积的导电层,还可能是多晶硅和掺杂有高浓度自由电子或空穴材料的半导体层(空穴是正电荷成分,即没有电子的原子)。这种掺杂工艺由扩散或离子注入来实现。导电层由绝缘层分割开来。由绝缘材料分割开的不同层之间的连接通过在绝缘材料上刻蚀连接孔并经过连接孔"灌注"金属来实现。

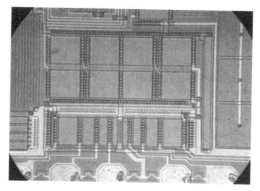

图 6.32　若干制造于芯片中的 N 沟道 MOSFET 的俯视图

图中中部正方形的 MOSFET 边长 $100\mu m$(感谢 Maxim 公司提供的照片)

　　掺杂有丰富电子材料的硅称作 **N 型半导体**。类似地,掺杂有丰富空穴材料的硅称作
P 型半导体。正如名字提示的那样,掺杂了 N 型或 P 型材料的硅是很好的电导体。下面分
别用符号 N^+ 和 P^+ 来表示掺杂有大量 N 型或 P 型材料的硅。N^+ 或 P^+ 型半导体的导电性
能更好。通常将 N 型或 P 型掺杂硅区域称作扩
散区域。

　　图 6.33 和 6.34 从两种不同视角表示了 N
型 MOSFET。N 型 MOSFET 在 P 型硅表面
(称作基层)上制造。两个由很小距离(比如数字
元件中可能为 $0.07\mu m$,模拟元件中可能更大些)
隔离开来的 N^+ 掺杂区域构成源极和漏极。隔
离源极和漏极的区域称作沟道区域。沟道区域
上面覆盖有一个由硅氧化物(通常称作栅极氧化
物)构成的薄绝缘层(厚度约为$0.01\mu m$)。栅极

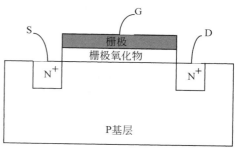

图 6.33　N 型 MOSFET 的简化横截面视图

氧化物层同时也被上面的导电多晶硅层和 P 型底层夹起来。栅极氧化物上面的多晶硅层
构成了 MOSFET 的栅极。

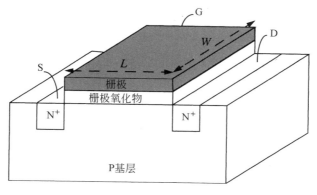

图 6.34　N 型 MOSFET 的三维视图

　　虽然 MOSFET 实际的工作原理超出了本书讨论的范围,但下面将给出其工作的直观理解。首先 N⁺ 型硅由其自由电子负责导电。让我们考虑 MOSFET 的栅极和源极均接地的情况,如图 6.35 所示。直观上可看出 $v_{GS}=0$。由于 N⁺ 型掺杂源极和漏极被 P 型基层隔开,因此在施加电压时($v_{DS}>0$)不能导通电流。

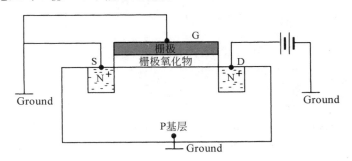

图 6.35　栅极接地时 MOSFET 的工作状态

　　但如果在元件的栅极施加正电压($v_{GS}>0$),负电荷将从临近的负电荷丰富的源极区域被吸引到表面(如图 6.36 所示),正电荷将被从表面排斥开。当然,由于栅极氧化物层的绝缘作用,栅极和基层之间不会有电流。随着栅极电压增加,更多的负电荷被吸引到表面上,直到形成了一个连接源极和漏极的 N 型导电沟道。当栅极电压高于阈值电压 V_T 时(换句话说,$v_{GS}>V_T$)导电沟道形成。如果在漏极和源极之间施加正电压($v_{DS}>0$),则会在漏极和源极之间有电流流通。由于我们例子中的 MOSFET 形成了 N 型沟道,因此被称作 N 沟道元件。

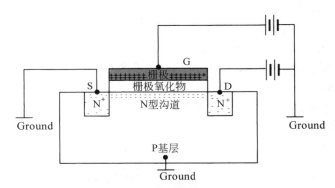

图 6.36　施加正栅极电压时 MOSFET 的运行

　　容易看出,MOSFET 的工作类似于源极和漏极之间的一个开关,当栅极电压超过阈值时开关开通。图 6.37 表示了如何将金属与 MOSFET 的 G、S、D 进行连接,这样可以使 MOSFET 与其他元件一起工作。如图所示,金属层被氧化物层(厚度不成比例)分割开来,这样就确保了金属层不会与该元件的其他部分接触①。在需要连接的层之间蚀刻连接洞并使金属注入其中。

―――――――――――――――――

　　①　如果半导体轻度掺杂,则金属与半导体连接的行为类似于一种称作二极管的电路元件;如果高度掺杂,则类似于短路。

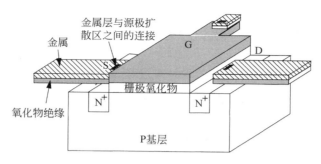

图 6.37 与 MOSFET 连接

上面讨论中 MOSFET 形成的导电 N 沟道并非理想导体,具有一定的电阻 R_{ON}。同时注意到该电阻与沟道的几何尺寸有关。设沟道长度(栅极长度)为 L,沟道宽度为 W。则电阻正比于 L/W。如果 R_N 表示 N 沟道 MOSFET 开通状态的单位面积电阻,则该沟道的电阻可表示为:

$$R_{ON} = R_N \frac{L}{W} \tag{6.4}$$

任何 VLSI 技术中都存在 MOSFET 沟道长度的最小制造值。显然,更小的尺寸意味着给定大小 VLSI 芯片可以容纳更多的逻辑门。后面将要介绍,更小的尺寸还导致更高的工作速度。VLSI 技术可用最小沟道长度来表征。比如 $0.2\mu m$ 加工工艺产生的沟道长度约为 $L = 0.2\mu m$。在过去的二十年中,每四年技术的进步使得沟道长度减小一半。从表 6.2 可以看出在作者参与的项目中观察到的变化。图 6.38 给出了 Intel $0.13\mu m$ 级逻辑晶体管的横截面视图。在本书撰写的时候,这种高速的技术进步并没有任何减慢的迹象。

表 6.2 对历年来沟道长度变化的观察

年 代	设 计 项 目	最小沟道长度
1981	Analog 的回声抵消器	$8\mu m$
1984	Telecom 的总线控制器	$4\mu m$
1987	RISC 微处理器	$2\mu m$
1994	微处理器通信控制器	$0.5\mu m$
2002	Raw 微处理器	$0.15\mu m$

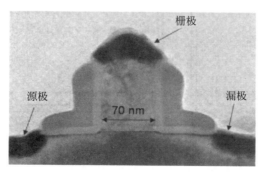

图 6.38 Intel $0.13\mu m$ 级逻辑晶体管的截面透射电子显微镜照片

(感谢 Intel 公司提供照片)

6.8 用 SR 模型进行静态分析

导通电阻 R_{ON} 的出现使得逻辑门的设计难度稍微增加了一点,但同时增加了更多的模型真实性。下面用 MOSFET 的 SR 模型来分析熟悉的反相器电路(图 6.14)。我们特别关注其输入输出传递特性。图 6.39 给出了 MOSFET SR 模型下反相器的电路模型。

如图 6.39 所示,输入为低时,MOSFET 关断,输出被上拉至高电压值。

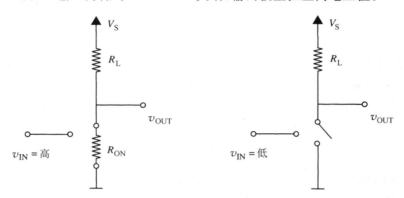

图 6.39 用 N 沟道 MOSFET 的 SR 模型得到的电路模型

但当输入 v_{IN} 为高时(高于阈值 V_T),MOSFET 导通,并在 D 端和 S 端表现为电阻 R_{ON},因此将输出电压下拉至低值。然而输出电压并非像 MOSFET 的 S 模型中的 0V。相反地,输出电压值由分压关系得到

$$v_{OUT} = V_S \frac{R_{ON}}{R_{ON} + R_L} \tag{6.5}$$

设 $V_S = 5V, V_T = 1V, R_{ON} = 1k\Omega, R_L = 14k\Omega$,则得到的反相器传递特性如图 6.40 所示。注意反相器的最低输出电压不是 0V,而是

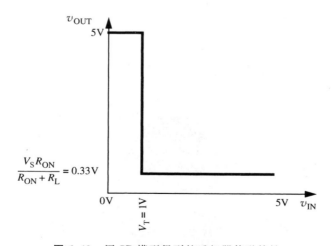

图 6.40 用 SR 模型得到的反相器传递特性

$$V_\text{S} \frac{R_\text{ON}}{R_\text{ON} + R_\text{L}} = 0.33\text{V}$$

在着手进行反相器的静态分析之前，让我们进行一个简单的电气开关分析以建立直观感觉。我们特别要分析 V_T，V_S，R_L 和 R_ON 与反相器开关性质之间的关系。当我们用发送反相器来驱动接收反相器时，发送反相器产生的高电压必须能够将接收反相器的 MOSFET 驱动至 ON 状态。类似地，当发送反相器产生低电压时，它必须能够将接收反相器的 MOSFET 驱动至 OFF 状态。

我们研究的反相器产生的高电压输出为 V_S，因此容易看出高输出可以使接收反相器驱动至 ON 状态（当然需要 $V_\text{S} > V_\text{T}$）。由于反相器产生非零的低输出，因此在选择阻值和 MOSFET 参数时需要比较小心。特别在反相器设计中，逻辑 0 的输出必须足够低，从而使接收反相器维持 OFF 状态。由于 MOSFET 在输入电压大于 V_T 时导通，因此当一个反相器要驱动另一个反相器的 MOSFET 至 OFF 状态时必须满足下面的条件

$$V_\text{S} \frac{R_\text{ON}}{R_\text{ON} + R_\text{L}} < V_\text{T} \tag{6.6}$$

式（6.6）表示了反相器之间的一个关键关系，由此可以判断它是否可以作为开关元件来使用。注意，由于电气元件必须既可作为发送器工作又可作为接收器工作，因此我们并不区分发送器和接收器的 MOSFET 和电阻值。

例 6.5　反相器的开关分析　假设反相器电路参数如下：$V_\text{S} = 5\text{V}$，$V_\text{T} = 1\text{V}$，$R_\text{L} = 10\text{k}\Omega$。进一步假设 MOSFET 的 $R_\text{N} = 5\text{k}\Omega$。确定 MOSFET 反相器的 W/L 值，以确保在逻辑 0 输出时它的输出能够使另一个反相器 MOSFET 处于 OFF 状态。

解　式（6.6）给出了反相器逻辑 0 输出能够关断另一个 MOSFET 的条件。从式（6.4）可知 MOSFET 处于 ON 状态的电阻为

$$R_\text{ON} = R_\text{N} \frac{L}{W}$$

将该关系代入式（6.6），得到关于反相器 MOSFET 的 W/L 比值的约束如下

$$V_\text{S} \frac{R_\text{N} \dfrac{L}{W}}{R_\text{N} \dfrac{L}{W} + R_\text{L}} < V_\text{T}$$

上式可简化为关于 W/L 比值的约束

$$\frac{W}{L} > \frac{R_\text{N}(V_\text{S} - V_\text{T})}{V_\text{T} R_\text{L}}$$

代入数值 $R_\text{N} = 5\text{k}\Omega$，$V_\text{S} = 5\text{V}$，$V_\text{T} = 1\text{V}$，$R_\text{L} = 10\text{k}\Omega$，得到

$$\frac{W}{L} > 2$$

对于给定的数值，这个结果表明该反相器 MOSFET 必须让 W/L 比值大于 2。

通常反相器满足上述开关判据还不够。实际系统中，反相器还要通过满足静态原则来提供足够的噪声容限。图 6.40 所示的反相器特性为我们分析反相器是否满足给定的静态原则提供了足够的信息。作为一个例子，让我们来检查该反相器是否满足具有下列电压阈值的静态原则

$$V_\text{OH} = 4.5\text{V}, \quad V_\text{OL} = 0.5\text{V}, \quad V_\text{IH} = 4\text{V}, \quad V_\text{IL} = 0.9\text{V}$$

图 6.41 将给定静态原则的电压阈值与反相器传递函数显示在一起。下面逐个检查输出和输入阈值。

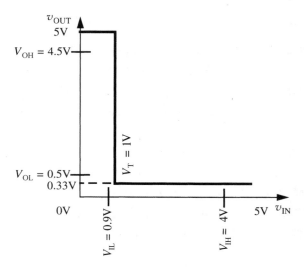

图 6.41 逻辑值和电压值之间的映射

反映了用 SR 模型分析的反相器与静态原则之间的关系

V_{OH}：反相器产生的输出高电压为 5V。显然表示逻辑 1 的输出电压水平大于静态原则要求的 4.5V 输出高阈值[1]。

V_{OL}：反相器产生的输出低电压为 0.33V。该输出电压低于静态原则要求的 0.5V 输出低阈值[2]。

V_{IH}：对于静态原则阈值 $V_{IH} = 4V$ 来说，反相器需要将任何高于 4V 的电压解释为逻辑 1。这对于我们的反相器显然成立[3]。

V_{IL}：对于静态原则阈值 $V_{IL} = 0.9V$ 来说，反相器需要将任何低于 0.9V 的电压解释为逻辑 0。这对于我们的反相器也成立[4]。

于是，在采用 SR 模型后，如果 $R_L = 14k\Omega$，$R_{ON} = 1k\Omega$，则该反相器满足电压阈值为：$V_{OH} = 4.5V$，$V_{OL} = 0.5V$，$V_{IH} = 4V$，$V_{IL} = 0.9V$ 的静态原则。

例 6.6 设计能够满足给定静态原则要求的反相器 假设给定具有下列电压阈值的静态原则：$V_{OH} = 4.5V$，$V_{OL} = 0.2V$，$V_{IH} = 4V$，$V_{IL} = 0.9V$。确定我们的反相器是否满足该静态原则的要求。如果不能满足要求，重新设计反相器使其能够满足要求。

解 让我们从比较反相器的传递函数和给定静态原则的电压阈值开始。如图 6.40 所示，回忆起反相器产生的高电压输出为 5V，低电压输出为 0.33V。它可将低于 $V_T = 1V$ 的（输入）电压解释为逻辑 0，可将高于 $V_T = 1V$ 的（输入）电压解释为逻辑 1。

(1) 如果输出逻辑 1，我们的反相器产生的电压必须大于 $V_{OH} = 4.5V$。由于我们的反相器在输出逻辑 1 时产生 5V 电压，因此满足该条件。

(2) 如果输出逻辑 0，我们的反相器产生的电压必须小于 $V_{OL} = 0.2V$。由于我们的反相器在输出逻辑 0 时产生 0.33V 电压，因此不满足该条件。

---

① 实际上，我们的反相器满足 V_{OH} 高达 5^- V 的静态原则。

② 注意我们的反相器满足 V_{OL} 低达 0.33^+ V 的静态原则。

③ 实际上，我们的反相器满足 V_{IH} 低达 $V_T^+ = 1^+$ V 的静态原则。

④ 实际上，我们的反相器满足 V_{IL} 高达 $V_T^- = 1^-$ V 的静态原则。

（3）在输入端,反相器必须将大于 $V_{\mathrm{IH}}=4\mathrm{V}$ 的电压视作逻辑 1。由于我们的反相器将大于 1V 的（输入）电压视作逻辑 1,因此满足该条件。

（4）最后在输入端,如果反相器满足静态原则,则它必须将小于 $V_{\mathrm{IL}}=0.9\mathrm{V}$ 的电压视作逻辑 0。我们的反相器也满足该条件。

由于我们的反相器输出低电压为 0.33V,高于所需的 $V_{\mathrm{OL}}=0.2\mathrm{V}$,因此该反相器不满足给定静态原则的要求。

那么如何重新设计反相器使其满足静态原则的要求呢? 注意到根据式（6.5）,反相器输入为高时输出电压为

$$v_{\mathrm{OUT}} = V_{\mathrm{S}}\frac{R_{\mathrm{ON}}}{R_{\mathrm{ON}}+R_{\mathrm{L}}}$$

对于 $V_{\mathrm{S}}=5\mathrm{V},R_{\mathrm{ON}}=1\mathrm{k}\Omega,R_{\mathrm{L}}=14\mathrm{k}\Omega$ 来说,v_{OUT} 为 0.33V。

我们需要反相器在高输入时产生的输出低于 0.2V。换句话说,

$$0.2\mathrm{V} > V_{\mathrm{S}}\frac{R_{\mathrm{ON}}}{R_{\mathrm{ON}}+R_{\mathrm{L}}} \tag{6.7}$$

我们有三种减小输出电压的方法:减小 V_{S},减小 R_{ON} 或增加 R_{L}。减小 V_{S} 也会减小输出为高时的电压,因此不是好办法。因此我们从电阻中想办法。

首先让我们试图增加 R_{L}。重新整理式（6.7）可以得到

$$R_{\mathrm{L}} > V_{\mathrm{S}}\frac{R_{\mathrm{ON}}}{0.2} - R_{\mathrm{ON}}$$

对于 $V_{\mathrm{S}}=5\mathrm{V},R_{\mathrm{ON}}=1\mathrm{k}\Omega$,有

$$R_{\mathrm{L}} > 24\mathrm{k}\Omega$$

换句话说,我们可以选择 $R_{\mathrm{L}}>24\mathrm{k}\Omega$,这将导致表示逻辑 0 的输出电压低于 0.2V。但是在 VLSI 技术中大电阻值难以实现。6.11 节介绍了如何用另一个 MOSFET 作为上拉电阻的方法。

另一种方法是通过增加 MOSFET 的 W/L 比值来减小 R_{ON}。现在来确定最小的 W/L 比值。

由式（6.7）可知,使输出低电压小于 0.2V 的 R_{ON} 应该满足

$$R_{\mathrm{ON}} < \frac{0.2R_{\mathrm{L}}}{V_{\mathrm{S}}-0.2\mathrm{V}}$$

对于 $V_{\mathrm{S}}=5\mathrm{V},R_{\mathrm{L}}=14\mathrm{k}\Omega$,有

$$R_{\mathrm{ON}} < 0.58\mathrm{k}\Omega$$

由于 $R_{\mathrm{ON}}=R_{\mathrm{N}}\dfrac{L}{W}$（见式（6.4））,假设我们的 MOSFET 有 $R_{\mathrm{N}}=5\mathrm{k}\Omega$,可以得到

$$5\mathrm{k}\Omega\frac{L}{W} < 0.58\mathrm{k}\Omega$$

换句话说,选择 $W/L>8.62$ 的 MOSFET 可以使其逻辑 0 的输出电压小于 0.2V。

用 SR 模型进行与非门的静态分析

我们也可以用类似的方法分析其他门。图 6.42 表示了图 6.20 所示的与非门在 MOSFET SR 模型下的等效电路。

此时,两个输入电压均为高时的输出电压为

$$v_{\mathrm{OUT}} = V_{\mathrm{S}}\frac{2R_{\mathrm{ON}}}{2R_{\mathrm{ON}}+R_{\mathrm{L}}}$$

下面来确定在 $V_{\mathrm{S}}=5\mathrm{V},R_{\mathrm{L}}=14\mathrm{k}\Omega$ 和 MOSFET 特性为 $R_{\mathrm{ON}}=1\mathrm{k}\Omega,V_{\mathrm{T}}=1\mathrm{V}$ 条件下,该与非门是否满足由下列电压阈值给定的静态原则

$$V_{\mathrm{OH}} = 4.5\mathrm{V},\quad V_{\mathrm{OL}} = 0.5\mathrm{V},\quad V_{\mathrm{IH}} = 4\mathrm{V},\quad V_{\mathrm{IL}} = 0.9\mathrm{V}$$

回忆起图 6.40 所示的反相器特性满足该静态原则。下面来检查与非门。图 6.43 将给

定静态原则的电压阈值与与非门传递函数画在一起。让我们来验证每个输出和输入阈值。

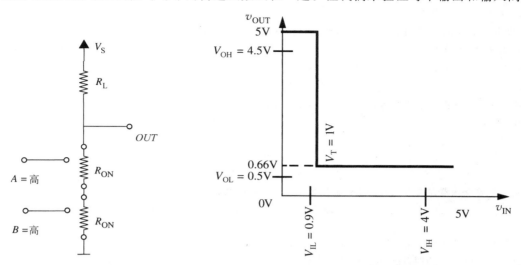

图 6.42 与非门的 SR 电路模型　**图 6.43** 将与静态原则对应的电压阈值和与非门的传递特性画在一起

类似于反相器,与非门产生的输出高电压为 5V,因此满足输出高电压阈值 4.5V 的要求。类似地,由于与非门将输入高于 4V 的电压解释为逻辑 1,将输入低于 0.9V 的电压解释为逻辑 0,因此满足 $V_{IH}=4V$ 和 $V_{IL}=0.9V$ 的要求。

下面来检查 V_{OL}。当输入为逻辑 0 时,与非门产生电压

$$v_{OUT} = V_S \frac{2R_{ON}}{2R_{ON} + R_L}$$

若 $V_S=5V$,$R_L=14k\Omega$,$R_{ON}=1k\Omega$,有 $v_{OUT}=0.625V$,大约是反相器逻辑 0 输出的两倍。由于在下拉网络中存在两个串联的 MOSFET,因此这个结果并不奇怪。由于该输出电压大于 $V_{OL}=0.5V$,我们可以得出结论:与非门无法满足静态原则的要求。

如何重新设计与非门使其满足静态原则?

一种方法是增加 R_L,使得

$$0.5V > V_S \frac{2R_{ON}}{2R_{ON} + R_L}$$

换句话说

$$R_L > V_S \frac{2R_{ON}}{0.5} - 2R_{ON}$$

给定 $V_S=5V$,$R_{ON}=1k\Omega$,有

$$R_L > 18k\Omega$$

这意味着如果我们选择与非门的 $R_L>18k\Omega$,可以使得逻辑 0 的输出电压低于 0.5V,因此满足静态原则。

例 6.7　与非门的开关分析　考虑图 6.42 所示的与非门。假设电路的参数如下:$V_S=5V$,$V_T=1V$,$R_L=10k\Omega$。进一步假设每个 MOSFET 的 $R_N=5k\Omega$。确定 MOSFET 的 W/L 比,从而使得与非门的输出能够开通或关断另一个反相器门中的 MOSFET。

解　由于与非门产生的高输出为 5V,将其输出加至另一个 MOSFET($V_T=1V$)栅极上显然会将该 MOSFET 驱动至 ON 状态。

下面来确定是否与非门的低输出可以关断 MOSFET。与非门逻辑 0 的输出电压为

$$v_{\text{OUT}} = V_{\text{S}} \frac{2R_{\text{ON}}}{2R_{\text{ON}} + R_{\text{L}}}$$

要使输出驱动的 MOSFET 处于 OFF 状态,需要有

$$v_{\text{OUT}} = V_{\text{S}} \frac{2R_{\text{ON}}}{2R_{\text{ON}} + R_{\text{L}}} < V_{\text{T}}$$

由式(6.4)可知,MOSFET ON 状态的电阻为

$$R_{\text{ON}} = R_{\text{N}} \frac{L}{W}$$

这样就可以写出两个 MOSFET 与非门的 W/L 比值约束

$$V_{\text{S}} \frac{2R_{\text{N}} \dfrac{L}{W}}{2R_{\text{N}} \dfrac{L}{W} + R_{\text{L}}} < V_{\text{T}}$$

将其简化可得 W/L 的约束为

$$\frac{W}{L} > \frac{2R_{\text{N}}(V_{\text{S}} - V_{\text{T}})}{V_{\text{T}}R_{\text{L}}}$$

将 $R_{\text{N}} = 5\text{K}, V_{\text{S}} = 5\text{V}, V_{\text{T}} = 1\text{V}, R_{\text{L}} = 10\text{k}\Omega$ 代入得到

$$\frac{W}{L} > 4$$

换句话说,两个 MOSFET 的尺寸必须满足其 W/L 之比大于 4。注意随着串联连接的 MOSFET 数量的增加,要想维持足够低的输出电压以确保与其相连的 MOSFET 能够在 OFF 状态,这个比值需要进一步提高。

6.9　信号重构、增益和非线性

在前面的章节中(图 5.7)我们看到,提供噪声容限使得噪声存在时通信不会产生差错。本节中将重新回顾图 5.7 以说明逻辑器件必须解决与增益(gain)和非线性的协同工作问题才能提供非零噪声容限[①]。

6.9.1　信号重构与增益

图 6.44 表示了一种类似于图 5.7 的情况,但更为具体化。该图将第一个逻辑门替换为反相器 I,第二个逻辑门替换为缓冲器 B。缓冲器与反相器类似,也有一个输入和一个输出。该器件执行恒等操作,即仅将输入复制到输出。现在我们将集中注意力到缓冲器的条件上。假设两个逻辑门都坚持相同的静态原则,其电压阈值为

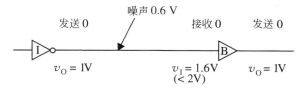

图 6.44　噪声容限和信号传输

---

① 我们将在第 7 章的模拟设计中重新见到增益的概念。

$$V_{\text{IL}} = 2\text{V}$$
$$V_{\text{IH}} = 3\text{V}$$
$$V_{\text{OL}} = 1\text{V}$$
$$V_{\text{OH}} = 4\text{V}$$

在我们的例子中,反相器通过使线路上的 $v_{\text{OUT}} = 1\text{V}$(对应着 V_{OL})发出逻辑 0 信号。图中表明有 0.6V 的噪声在传输通道中叠加至信号中。然而缓冲器能够正确将接收到的 1.6V 信号值解释为逻辑 0,原因是 1.6V 低于低输入电压阈值 $V_{\text{IL}} = 2\text{V}$。缓冲器然后执行信号的恒等运算,在其输出端产生逻辑 0。根据静态原则,缓冲器输出的电压水平为 1V,对应着 V_{OL}。

图 6.45 表示了相同的情形,不过将具体的电平替换为传输逻辑 0 和逻辑 1 的不同参数。

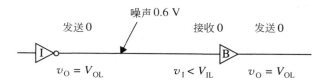

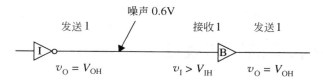

图 6.45 输入和输出的低阈值和高阈值

注意到图 6.44 中为了遵循静态原则,缓冲器必须将输入端的 1.6V 信号转换为输出端的 1V。事实上,缓冲器必须将其输入端低于 2V 的任何信号在其输出端重构为 1V 或更低。类似地,对应于逻辑高,缓冲器必须将其输入端高于 3V 的任何信号在其输出端重构为 4V 或更高。这种重构特性是我们能够使多个逻辑器件共同工作的关键所在。由于每级逻辑运算都重构信号或对信号进行整理,我们就可以将引入的噪声在每两级之间进行解耦。这种重构带来的噪声解耦的好处使我们能够建立复杂的多级逻辑系统。

如图 6.46 所示,逻辑器件必须将输入信号 $0\text{V} < v_{\text{I}} < V_{\text{IL}}$ 范围内的逻辑 0 或 $V_{\text{IH}} < v_{\text{I}} < 5\text{V}$ 范围内的逻辑 1 在其输出端分别限制为 $0\text{V} < v_{\text{O}} < V_{\text{OL}}$ 范围内的逻辑 0 或 $V_{\text{OH}} < v_{\text{O}} < 5\text{V}$ 范围内的逻辑 1。

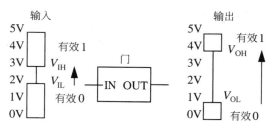

图 6.46 信号重构与放大

进一步观察到图 6.46 的重构意味着同相器件(如缓冲器或与门)必须将输入从低到高的跃迁($V_{IL} \to V_{IH}$)转换为输出从低到高的跃迁($V_{OL} \to V_{OH}$)。这种情况在图 6.46 中用箭头表示。相同的情形在图 6.47 中用波形来描述。从图中显然可以看出,提供非零噪声容限的静态原则需要逻辑器件能够提供增益。

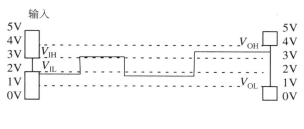

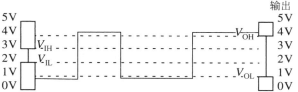

图 6.47 输入波形和重构的输出波形

从代数角度分析,非零噪声容限要求

$$V_{IL} > V_{OL} \tag{6.8}$$

以及

$$V_{OH} > V_{IH} \tag{6.9}$$

输入跃迁 $V_{IL} \to V_{IH}$ 的电压变化值为

$$\Delta v_I = V_{IH} - V_{IL}$$

对应的输出(最小)变化值为

$$\Delta v_O = V_{OH} - V_{OL}$$

因此,可将输入端 $V_{IL} \to V_{IH}$ 跃迁转换为输出端 $V_{OL} \to V_{OH}$ 跃迁的器件的增益为

$$增益 = \frac{\Delta v_O}{\Delta v_I} = \frac{V_{OH} - V_{OL}}{V_{IH} - V_{IL}}$$

由式(6.8)和式(6.9)的噪声容限不等式可知

$$V_{OH} - V_{OL} > V_{IH} - V_{IL}$$

因此输入端 $V_{IL} \to V_{IH}$ 跃迁的增益值必须大于 1。换句话说

$$增益 = \frac{V_{OH} - V_{OL}}{V_{IH} - V_{IL}} > 1 \tag{6.10}$$

类似地,反相器件(如反相器或与非门)必须将输入端从低到高的跃迁 $V_{IL} \to V_{IH}$ 转换为输出端从高到低的跃迁 $V_{OH} \to V_{OL}$。类似于同相的情形,输入端 $V_{IL} \to V_{IH}$ 跃迁的增益值条件保持不变。

回到缓冲器例子,$V_{IL} \to V_{IH}$ 跃迁增益为

$$增益 = \frac{V_{OH} - V_{OL}}{V_{IH} - V_{IL}}$$

$$= \frac{4V - 1V}{3V - 2V}$$

$$= 3$$

由于缓冲器和反相器采用相同的电压阈值,反相器输入端 $V_{IL} \rightarrow V_{IH}$ 跃迁增益也是 3。显然,噪声容限越大, $V_{IL} \rightarrow V_{IH}$ 跃迁所需的增益就越大。

6.9.2 信号重构与非线性

留心的读者可能已经注意到,虽然逻辑器件在输入从 V_{IL} 到 V_{IH} 跃迁时必须具有大于 1 的增益,但它们也需要在其他时候削弱信号。比如,图 6.48 表示了图 6.47 叠加一些噪声以后的情况。从图中容易看出,为了遵循静态原则,缓冲器需要将输入端 0V~2V 的噪声偏移衰减至输出端 0V~1V 的噪声偏移。

我们也可以用式(6.8)和式(6.9)表示的基本噪声容限表达式来验证这个事实。式(6.8)表明输入端任何 0 和 V_{IL} 之间的电压必须衰减至输出端 0 和 V_{OL} 之间的电压(见图 6.49)。根据式(6.8), $V_{IL} > V_{OL}$,因此电压传递率必须小于 1。换句话说,

$$\frac{V_{OL} - 0}{V_{IL} - 0} = \frac{V_{OL}}{V_{IL}} < 1$$

基于同样的推理,对应有效的高电压,由于 $V_{IH} < V_{OH}$,有

$$\frac{5 - V_{OH}}{5 - V_{IH}} < 1$$

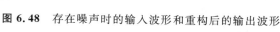

图 6.48 存在噪声时的输入波形和重构后的输出波形

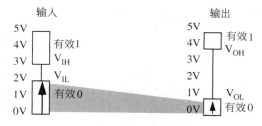

图 6.49 信号重构与衰减

从低到高以 $V_{IL} \rightarrow V_{IH}$ 形式跃迁时的放大要求和在其他区域的衰减要求使得逻辑门中必须使用非线性元件[①]。

---

① 作为练习,读者可能想仅用电阻构造一个具有非零噪声容限的简单逻辑门(比如缓冲器),这种尝试是不会成功的。

6.9.3　缓冲器的传递特性和静态原则

如果我们观察缓冲器的传递特性,就会对其中存在的增益和非线性看得非常清楚。图 6.50 绘出了可作为有效缓冲器的逻辑器件的传递特性。网格区域表示缓冲器传递曲线的有效区域。x 轴表示输入电压,y 轴表示输出电压。我们可从该图中看出若干有趣的性质。注意有效的输入导致有效的输出。比如,小于 V_{IL} 的输入电压产生小于 V_{OL} 的输出电压,大于 V_{IH} 的输入电压产生大于 V_{OH} 的输出电压。同时还可以注意到,在禁止区域中发生放大。换句话说,传递曲线的斜率在禁止区域中大于 1。

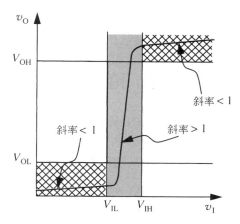

图 6.50　缓冲器特性

像前面讨论的一样,有效逻辑器件在禁止区域具有大于 1 的增益还不够。输入值在 0 V 和 V_{IL} 之间的传递特性还必须具有整体小于 1 的增益。因此,注意到图 6.50 所示的传递曲线衰减了位于有效输入低区间和有效输入高区间内的电压。

进一步观察到缓冲器的传递曲线通过禁止区域。是否这样就违背了我们一开始的前提:不允许禁止区域中的电压?回忆起静态原则要求逻辑门仅在有效输入时保证产生有效输出。因此当输入无效时输出位于禁止区域没有关系。

6.9.4　反相器的传递特性和静态原则

现在来检查一个虚拟(但是有效的)反相器的传递曲线,如图 6.51 所示。在图 6.51 中,如果输入电压低于 V_{IL},则要想满足静态原则,反相器必须确保产生高于 V_{OH} 的电压输出。类似地。对于高于 V_{IH} 的输入电压,反相器确保产生低于 V_{OL} 的电压输出。

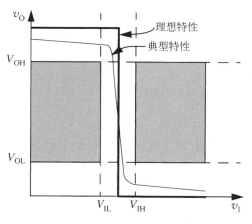

图 6.51　反相器特性

和非反相的缓冲器的讨论一样,禁止区间中传递曲线的斜率值大于 1。类似地,有效区域中曲线的斜率值均小于 1。

为了产生最大抗噪声能力,输出端 V_{OL} 和 V_{OH} 之间的差距应该尽可能大,输入端 V_{IL} 和

V_{IH} 之间的差距应该尽可能小。这等效于最大化图 6.51 中灰色矩形的面积。理想的反相器特性如图中粗线所示。

6.10 逻辑门的消耗功率

我们可以用 SR 模型来计算逻辑门的最大功率消耗。这里考虑简单的情况,在第 11 章进行更多讨论。参考图 6.52 可知,逻辑门的消耗功率为

$$\mathrm{Power} = V_{\mathrm{S}} I = \frac{V_{\mathrm{S}}^2}{R_{\mathrm{L}} + R_{\mathrm{pd}}} \tag{6.11}$$

消耗功率取决于负荷电阻和下拉电阻网络 R_{pd}。对于反相器,当输入为低时消耗功率为零。当输入为高时产生最大消耗功率,此时 $R_{\mathrm{pd}} = R_{\mathrm{ON}}$。

例 6.8 逻辑门的功率 图 6.53 中 OUT 用输入变量表达的布尔表达式为

$$OUT = \overline{A(B + \overline{C})}$$

确定 $A = 1, B = 1, C = 1$ 时的功率消耗。假设 MOSFET 开通状态电阻为 R_{ON}。

解 当所有输入为高时,相应的等效电路如图 6.54 所示。功率为

$$P = V_{\mathrm{S}}^2 \left(\frac{1}{2R_{\mathrm{ON}} + R_6} + \frac{1}{R_{\mathrm{ON}} + R_7} \right)$$

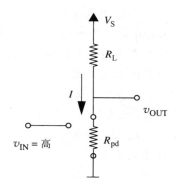

图 6.52 逻辑门的消耗功率

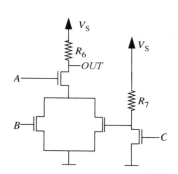

图 6.53 包含 MOSFET 开关和电阻的逻辑电路

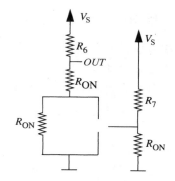

图 6.54 所有输入为高时的等效电路

WWW 6.11 有源上拉

WWW 例 6.9 设计上拉元件的尺寸
WWW 例 6.10 用 MOSFET 开关构成组合逻辑

6.12 小结

• 本章介绍了第一个三端元件,即一个开关。常见的三端元件使用方法是将接线端组成对(端口),从而构成控制端口和输出端口。

- 我们还介绍了 MOSFET 元件,它就是一个三端电路元件。虽然在第 7 章可以看出,MOSFET 具有较为复杂的特性,但还是可以大体上用开关来表征。我们介绍了 MOSFET 的 S 模型和 SR 模型,这些模型描述了基本的开关特性。
- 本章还研究了如何用 MOSFET 和电阻来构造数字门。我们讨论了如何设计数字电路,使其满足静态原则规定的电压阈值 V_{IH}, V_{OH}, V_{IL} 和 V_{OL} 的要求。我们还用电路模型估计了逻辑门的消耗功率。

练　　习

练习 6.1　给出一种下列逻辑函数的电阻-MOSFET 实现方法。在本练习中用 MOSFET 的 S 模型(换句话说,你可以假设 MOSFET 的导通状态电阻为 0)。

(1) $(A+B) \cdot (C+D)$

(2) $\overline{A} \cdot \overline{B} \cdot C \cdot D$

(3) $(\overline{Y \cdot W})(\overline{X \cdot W})(\overline{\overline{X} \cdot Y \cdot \overline{W}})$

练习 6.2　写出图 6.59 中每个电路所描述的布尔表达。

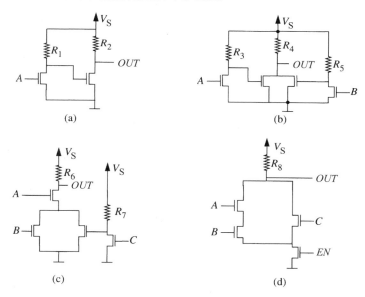

图 6.59　练习 6.2 图

练习 6.3　图 6.60 给出了用一个 MOSFET 和一个电阻构成的反相器。MOSFET 的阈值电压为 $V_T = 2V$。假设 $V_S = 5V$, $R_L = 10k\Omega$。在本练习中,用开关模型表示 MOSFET。换句话说,假设 MOSFET 的导通状态电阻为 0。

(1) 绘出反相器输入输出传递曲线。

(2) 反相器是否满足电压阈值为 $V_{OL} = 1V$, $V_{IL} = 1.5V$, $V_{OH} = 4V$, $V_{IH} = 3V$ 的静态原则? 请解释。(提示:为了满足静态原则,反相器必须将有效逻辑信号进行正确解释。此外,给定有效逻辑输入,反相器必须能够产生有效逻辑输出。有效逻辑 0 输入的意思是低于 V_{IL} 的电压,有效逻辑 1 输入的意思是高于 V_{IH} 的电压,有效逻辑 0 输出的意思是低于 V_{OL} 的电压,有效逻辑 1 输出的意思是高于 V_{OH} 的电压。)

(3) 如果 V_{IL} 的规定变为 $V_{IL} = 2.5V$,反相器是否还满足静态原则,请解释。

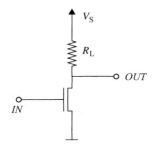

图 6.60 练习 6.3 图

（4）反相器能够满足静态原则的最大 V_{IL} 值是多少？

（5）反相器能够满足静态原则的最小 V_{IH} 是多少？

练习 6.4　重新考虑图 6.60 所示电路。MOSFET 的阈值为 $V_T = 2V$。假设 $V_S = 5V, R_L = 10k\Omega$。在本练习中，用开关-电阻模型表示 MOSFET。假设 MOSFET 的开通状态电阻为 $R_{ON} = 8k\Omega$。

（1）反相器是否满足电压阈值为 $V_{OL} = V_{IL} = 1V, V_{OH} = V_{IH} = 4V$ 的静态原则，请解释。

（2）反相器是否满足电压阈值为 $V_{OL} = V_{IL} = 2.5V, V_{OH} = V_{IH} = 3V$ 的静态原则，请解释。

（3）绘出反相器的输入输出电压传递曲线。

（4）是否存在使得反相器满足静态原则的 V_{IL}，请解释。

（5）现在假设 $R_{ON} = 1k\Omega$，重复（1），（2），（3）。

练习 6.5　考虑图 6.60 所示反相器最差情况的功率消耗。MOSFET 的阈值电压为 $V_T = 2V$。假设 $V_S = 5V, R_L = 10k\Omega$。用开关-电阻模型表示 MOSFET，假设 MOSFET 的导通状态电阻为 $R_{ON} = 1k\Omega$。

练习 6.6　重新考虑图 6.59 所示电路。用开关-电阻模型表示 MOSFET。选择图 6.59 电路中电阻的最小值，从而使得每个电路都满足电压阈值为 $V_{IL} = V_{OL} = V_S/10, V_{IH} = V_{OH} = 4V_S/5$ 的静态原则。假设 MOSFET 的开通状态电阻为 R_{ON}，其阈值电压为 $V_T = V_S/9$。

练习 6.7　考虑在电压阈值为 $V_{OL} = 0.5V, V_{IL} = 1.6V, V_{OH} = 4.4V, V_{IH} = 3.2V$ 静态原则下工作的一系列逻辑门。

（1）绘出满足上面给定电压阈值的缓冲器的输入-输出电压传递函数。

（2）反相器输出逻辑 0 的最高电压是多少？

（3）反相器输出逻辑 1 的最低电压是多少？

（4）接收器解释为逻辑 0 的最高电压是多少？

（5）接收器解释为逻辑 1 的最低电压是多少？

（6）该逻辑门系列的逻辑 0 噪声容限是多少？

（7）该逻辑门系列的逻辑 1 噪声容限是多少？

（8）缓冲器必须提供的禁止区域最小电压增益为多少？

问　　题

问题 6.1

（1）写出图 6.61 所示电路中用 A、$\overline{A}$、B、C 表示的输出 Z 的真值表和布尔表达式。

（2）假设图 6.61 所示电路存在制造误差，导致在一对线之间发生短路，如图 6.62 所示。写出这个电路用 A、$\overline{A}$、B、C 表示的输出 Z 的真值表和布尔表达式。

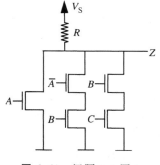

图 6.61　问题 6.1 图 1

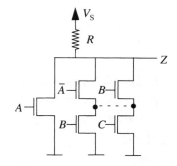

图 6.62　问题 6.1 图 2

问题 6.2　一种特别的 MOSFET 有 $V_T = -1V$。当 $v_{GS} \geqslant V_T$ 时，该 MOSFET 处于 ON 状态（漏极和源极短路）。当 $v_{GS} < V_T$ 时，该 MOSFET 处于 OFF 状态（漏极和源极开路）。

（1）绘出该 MOSFET 的 i_{DS} 和 v_{GS} 关系曲线。

（2）绘出该 MOSFET 在 $v_{GS} \geqslant V_T$ 和 $v_{GS} < V_T$ 条件下 i_{DS} 和 v_{DS} 关系曲线。

问题 6.3　考虑一类运行于电压阈值为 $V_{OL} = 1V$，$V_{IL} = 1.3V$，$V_{OH} = 4V$，$V_{IH} = 3V$ 静态原则下的逻辑门。研究图 6.63 所示的 N 输入与非门。在该设计中，$R = 100k\Omega$，MOSFET 的 R_{ON} 为 $1k\Omega$。MOSFET 的 V_T 为 $1.5V$。该与非门满足静态原则的最大 N 值是多少？对于这个 N 来说，最大的消耗功率是多少？

问题 6.4　考虑图 6.64 所示的 N 输入或非门。假设 MOSFET 开通状态电阻为 R_{ON}。哪种输入组合导致该门消耗最大的功率？计算这个最差情况功率。

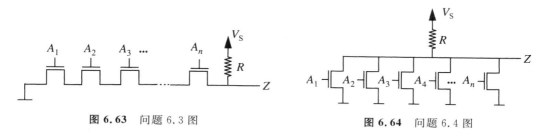

图 6.63　问题 6.3 图　　　　　　　　　图 6.64　问题 6.4 图

问题 6.5　考虑图 6.65 所示电路。我们希望设计的电路能够在电压阈值为 V_{OL}，V_{IL}，V_{OH}，V_{IH} 静态原则下工作。假设每个 MOSFET 导通状态电阻均为 R_{ON}，MOSFET 的电压阈值为 V_T。假设给定的值满足 $V_S \geqslant V_{OH}$，$V_{IL} < V_T$。n 和 m 为多少时该门可以在静态原则下工作？该电路的最差情况消耗功率是多少？

问题 6.6　考虑一类运行于电压阈值为 $V_{OL} = 0.5V$，$V_{IL} = 1V$，$V_{OH} = 4.5V$，$V_{IH} = 4.0V$ 静态原则下的逻辑门。

（1）绘出满足上述电压阈值反相器的输入-输出电压传递函数。

（2）使用 MOSFET 的开关-电阻模型，用一个 N 沟道 MOSFET 和一个电阻设计满足上述电压阈值的反相器。MOSFET 参数为 $R_N = 1k\Omega$，$V_T = 1.8V$。已知 $R_{ON} = R_N(L/W)$。假设 $V_S = 5V$，电阻的 $R_\square$ 为 500Ω。进一步假设反相器的面积由 MOSFET 面积和电阻面积之和确定。假设某元件的面积为 $L \times W$。反相器需要尽可能小的面积，而 L 或 W 的最小值为 $0.5\mu m$。绘出该反相器的输入-输出传递函数。反相器的总面积是多少，最大静态功率消耗是多少？

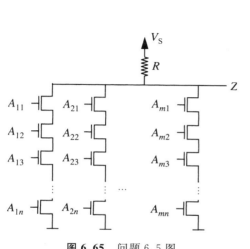

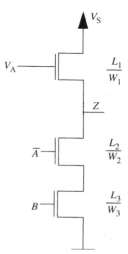

图 6.65　问题 6.5 图　　　　　　　　　图 6.66　问题 6.7 图

问题 6.7 考虑一类运行于电压阈值为 $V_{OL} = 0.5V, V_{IL} = 0.9V, V_{OH} = 4.5V, V_{IH} = 4V$ 静态原则下的逻辑门。使用 MOSFET 的开关-电阻模型,用 3 个 N 沟道 MOSFET 设计一个两输入与非门,使其满足上述电压阈值规定的静态原则,如图 6.66 所示(栅极与 V_A 相连,漏极与电压 V_S 相连的 MOSFET 用作上拉元件)。V_A 满足 $V_A > V_S + V_T$。MOSFET 参数为 $R_N = 1k\Omega, V_T = 1.8V$。已知 $R_{ON} = R_N(L/W)$。假设 $V_S = 5V$。进一步假设与非门的面积由三个 MOSFET 的面积之和确定。假设某元件的面积为 $L \times W$。与非门需要尽可能小的面积,而 L 或 W 的最小值为 $0.5\mu m$。与非门的总面积是多少?

问题 6.8 一个与非门可由两个 N 沟道 MOSFET 和一个上拉电阻 R_L 来实现,如图 6.67 所示。Penny-Wise 计算机公司在其计算机板卡上使用了这些与非门电路。在一次不幸的计算机板卡运输过程中,一对与非门电路的输出发生短路,从而导致了图 6.67 所示的电路 X。

(1) 电路 X 实现的逻辑函数是什么?绘出其真值表。

(2) 如果我们将 n 个相同与非门电路的输出并联构成图 6.68 所示的电路 Y,该电路表示的一般形式逻辑函数是什么?

(3) 每个 MOSFET 有 $R_{ON} = 500\Omega, R_L = 100k\Omega, V_T = 1.8V$。可将多少该与非门的输出并联而不违背电压阈值为 $V_{OL} = V_{IL} = 0.5V, V_{OH} = V_{IH} = 4.5V$ 的静态原则?

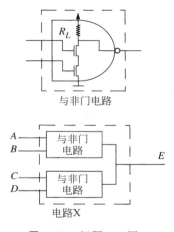

与非门电路

电路X

图 6.67 问题 6.8 图 1

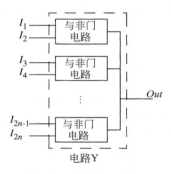

电路Y

图 6.68 问题 6.8 图 2

(4) 现在将 10 个相同的与非门电路输出相连,形成的电路 Y 满足(3)部分所示电压阈值规定的静态原则(其中 $R_L = 500\Omega$)。给出总 MOSFET 面积最小所需的对 MOSFET 尺寸的要求。假设某元件的面积为 $L \times W$。假设 $R_N = 1k\Omega$,电阻和 MOSFET 的任何尺寸都不能小于 $0.5\mu m$。何种输入导致电路 Y 消耗最大静态功率,该功率是多少?

(5) 现在假设静态原则的电压阈值为 $V_{OL} = 0.5V, V_{IL} = 1.6V, V_{OH} = 4.4V, V_{IH} = 3.2V$。每个 MOSFET 的 $R_{ON} = 500\Omega, R_L = 100k\Omega, V_T = 1.8V$。可将多少与非门电路的输出并联并满足该静态原则?

(6) 用(5)部分的电压阈值重复(4)部分。

问题 6.9 考虑一类运行于电压阈值为 $V_{OL} = 0.5V, V_{IL} = 1.6V, V_{OH} = 4.4V, V_{IH} = 3.2V$ 静态原则下的逻辑门。

(1) 绘出满足上述给定电压阈值静态原则的反相器的输入-输出电压传递函数。

(2) 采用 MOSFET 的开关-电阻模型,设计包含一个 N 沟道 MOSFET($R_N = 1k\Omega, V_T = 1.8V$)并满足上述电压阈值静态原则的反相器。已知 $R_{ON} = R_N(L/W)$。假设 $V_S = 5V$,电阻的 $R_\square = 500\Omega$。进一步假设反相器的面积由 MOSFET 和电阻的面积之和来确定。假设某元件的面积为 $L \times W$。反相器需要尽可能小的面积,而 L 或 W 的最小值为 $0.5\mu m$。绘出该反相器的输入-输出传递函数。该反相器的总面积是多少?静态消耗功率是多少?

第7章

MOSFET放大器

7.1 信号放大

本章介绍放大的概念。放大(或者增益)是模拟和数字信号处理的核心。6.9.2节讨论了数字系统中如何利用放大来实现对抗噪声能力。本章将讨论模拟电路。

放大器大量存在于我们日常生活的各种电器中,比如立体声音响、扬声器和移动电话。放大器可表示为图7.1所示的三端口器件,包括一个控制输入端口,一个输出端口和一个电源端口。每个端口包含两个接线端。用随时间变化电压或电流表示的输入信号施加在输入接线端上。放大后的信号(电压或者电流)出现在输出端。取决于内部结构的不同,放大器可能放大输入电流,也可能放大输入电压,或者二者都放大。如果输出端 $V \times I$ 的乘积超过输入端的乘积,则产生功率的增益。电源为功率放大提供能量。电源还为放大器内部的功率消耗提供能量。能够提供功率增益的器件才可称为放大器①。

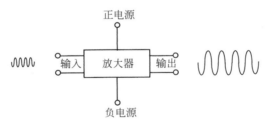

正电源

输入 放大器 输出

负电源

图 7.1 信号放大

在实际放大器设计中,输入和输出信号通常共用一个参考地(如图7.2所示)。相应地,每个端口都有一个接线端连接到公共的参考地上。此外,通常不明确表示电源端口。

除了用在通信中以克服通信媒介的损耗外(比如在扬声器或无线网络系统中),放大器主要用于信号传输过程中存在噪声的情况。图7.3和图7.4表示了两种信号传输的情况。在图7.3中,信号以原始形式进行传输,在接收端被噪声淹没。但在图7.4中,放大后的信号显然对噪声具有更强的耐受性。建议读者将这种情况与6.9.2节讨论的放大在数字系统噪声抑制中的应用进行对比。

放大器的另一个不是十分明显但同样非常重要的应用是缓冲。正如名字所表示的那

---

① 后面会出现一种称为变压器的器件,它提供电压增益,但不提供功率增益。

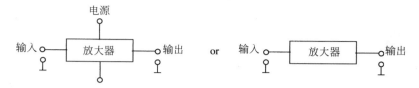

图 7.2 参考地和不绘出电源的电路表示方法

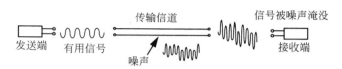

图 7.3 信号传输过程中出现噪声

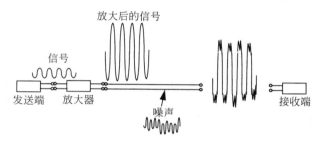

图 7.4 放大提供了对噪声的耐受性

样,缓冲器将一个系统与另一个系统隔离。缓冲器使单个构成部分之间相互隔离,因此可以用较小的模块组成复杂的系统。比如许多传感器产生电压信号,但却无法提供较大的电流(即其戴维南等效电阻较大)。但是后面的处理模块可能需要该器件提供相当数量的电流。如果流出较大数量的电流,则传感器内部电阻上较大数量的压降将严重削弱输出电压。在这种情况下,我们可以用一个缓冲器在其输出端复制传感器的电压信号,同时能够提供较大数量的电流。在这种缓冲应用中,我们经常可以发现放大器的电压增益小于1,但电流增益和功率增益大于1。

7.2 复习受控源

在进入正式的设计和分析放大器之前,让我们先复习一下受控源。由于放大器很自然地用受控源来建模,因此在放大器设计中迟早会用到带有受控源电路的分析。

受控源主要用来对能量或信息流的控制进行建模。第1章1.6节介绍过,对能量或信息流的控制是5个基本过程之一。图7.5表示了我们在第2章中熟悉的压控电流源。这种受控源在控制端口的少许能量可控制或驱驶其输出端口很大的能量,这一点下面马上就要讨论。

例 7.1 压控电流源电路 考虑图7.6所示电路。设 v_I 表示独立电压源的电压。受控电流源产生的电流 $i_O = f(x)$ 是电路中其他变量的函数。首先让我们来分析电流源的输出被一个电压控制的情况

$$i_O = f(v_I) = -g_m v_I$$

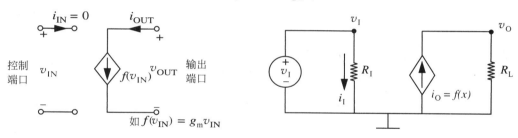

图 7.5　压控电流源　　　　　　　　**图 7.6**　包含压控电流源的电路

解　v_O **与** v_I **的关系**　现在来确定 v_O 和 v_I 的函数关系。图 7.6 画出了地节点的选择并用节点电压标注了节点。v_O 是唯一的未知节点电压。列写相应的节点方程,我们得到

$$\frac{v_O}{R_L} = i_O = f(v_I)$$

由于 $f(v_I) = -g_m v_I$,因此得到节点方程

$$\frac{v_O}{R_L} = -g_m v_I \tag{7.1}$$

式(7.1)表示了 v_O 和 v_I 之间的关系,同时也完成了求解过程。电压增益为

$$\frac{v_O}{v_I} = -g_m R_L$$

注意到,如果 $g_m R_L > 1$,则可以获得大于 1 的电压增益。于是图 7.6 所示电路在合理选择 R_L 值后就表现为一个放大器。换句话说,该电路在输出 v_O 端产生了对输入 v_I 的放大。7.4 节将介绍一种物理器件,它的性质就是压控电流源,我们还要基于这种器件开发出一个放大器。

i_O 与 i_I 的关系　接下来确定 i_O 与 i_I 的函数关系。将 $v_I = i_I R_I$ 和 $v_O = i_O R_L$ 代入式(7.1),可以得到

$$i_O R_L = -g_m R_L i_I R_I$$

简化上式得到

$$i_O = -g_m R_I i_I \tag{7.2}$$

因此电流增益为

$$\frac{i_O}{i_I} = -g_m R_I$$

注意到如果 $g_m R_I > 1$,则受控源提供大于 1 的电流增益。

P_O 与 P_I 的关系　现在来确定 P_O 与 P_I 的函数关系。将式(7.1)和式(7.2)的左边项和右边项分别相乘我们得到

$$v_O i_O = g_m^2 R_L R_I v_I i_I \tag{7.3}$$

换句话说

$$P_O = g_m^2 R_L R_I P_I$$

功率增益为

$$\frac{P_O}{P_I} = g_m^2 R_L R_I$$

于是,如果 $g_m^2 R_L R_I > 1$,则受控源提供大于 1 的功率增益。

例 7.2　流控电流源　现在重新考虑图 7.6 所示电路。假设电流源的输出受到电流的控制

$$i_O = f(i_I) = -\beta i_I$$

其中 β 是一个常数。和前面一样,我们要求 v_O 和 v_I 的函数关系。列写节点方程得到

$$\frac{v_O}{R_L} = i_O = f(i_I)$$

或

$$\frac{v_O}{R_L} = f(i_I)$$

将 $f(i_I) = -\beta i_I$ 代入得到所需的节点方程

$$\frac{v_O}{R_L} = -\beta i_I$$

由于 $i_I = v_I/R_I$,因此有

$$v_O = -\beta \frac{R_L}{R_I} v_I \qquad (7.4)$$

式(7.4)表示了 v_O 和 v_I 的关系,同时也完成了求解过程。

7.3 实际 MOSFET 特性

第 6 章介绍了 MOSFET 并用该元件构成了简单的数字逻辑电路。该章还用 MOSFET 的 S 模型和 SR 模型来分析数字逻辑电路。在 SR 模型中,如果 $v_{GS} \geqslant V_T$,则 D 和 S 接线端间连接有固定值的 R_{ON}。该模型仅在漏极电压小于栅极电压减去阈值电压时成立。换句话说,即

$$v_{DS} < v_{GS} - V_T \qquad (7.5)$$

由于 MOSFET 用于构造数字门时常用的工作模式就是栅极电压相对较高而且漏极电压相对较低,因此 SR 模型在设计和分析数字门电路时非常有用。比如,我们可能将 $V_{OH} = 4V$ 作为逻辑高输入施加在 MOSFET 构成的反相器栅极上(假设 MOSFET 的 V_T 为 1V),可能产生的相应逻辑低漏极电压为 $V_{OL} = 1V$。考虑这些值,$v_{DS} = 1V$,$v_{GS} = 4V$,由于 $V_T = 1V$,因此满足式(7.5)所示约束。

但是,在另外一些场合中,我们希望 MOSFET 在 ON 状态时漏极具有较高的电压。MOSFET 的 SR 模型对于这样的场合就不适用了。本节将首先说明为何当 $v_{DS} \geqslant v_{GS} - V_T$ 时 SR 模型失效。然后观察实际的 MOSFET 特性并在 $v_{DS} \geqslant v_{GS} - V_T$ 时研究建立 MOSFET 一种简单分段线性模型。

我们用图 7.7 所示电路结构来观察 MOSFET 的特性。从施加固定的较大 v_{GS} 开始,即

$$v_{GS} \geqslant V_T$$

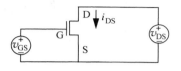

图 7.7 观察 MOSFET 特性的电路结构

观察 i_{DS} 的值随 v_{DS} 增加而产生的变化。如图 7.8 所示,我们观察到 v_{DS} 从 0V 开始增加时,i_{DS} 基本上以线性的方式增加。i_{DS} 和 v_{DS} 之间的近似线性关系在 v_{DS} 较小的时候成立,并且有

$$\frac{v_{DS}}{i_{DS}} = R_{ON}$$

i_{DS} 和 v_{DS} 之间的线性关系反映了 v_{DS} 较小时 D 和 S 之间的阻性性质,这种性质被 MOSFET 的 SR 模型描述得很准确。

现在保持 v_{GS} 的值固定不变,我们进一步增加 v_{DS},图 7.9 画出了观察到的特性。注意,在 v_{DS} 超过 $v_{GS} - V_T$ 以后,曲线弯曲,开始变平。换句话说,当 v_{DS} 超过 $v_{GS} - V_T$ 以后,电流

i_{DS}开始饱和。事实上,如图 7.10 所示,对于给定的 v_{GS},在 v_{DS}较大时 i_{DS}曲线变得很平坦。因此将 $v_{DS} \geqslant v_{GS} - V_T$ 的区域称作**饱和区域**。对应着 $v_{DS} < v_{GS} - V_T$ 的区域称作三极管区域。SR 模型仅在 MOSFET 运行的**三极管区域**中具有相当程度的准确性,这一点并不奇怪。在饱和区域中,由于 i_{DS} 不随 v_{DS} 的增加而增加,因此 MOSFET 就像一个电流源一样。(回忆在图 1.34 中,电流源的 v-i 曲线就是一条水平线。)

图 7.10 中的 i_{DS} 曲线是在保持 v_{GS} 固定为某个高于 V_T 值时测量得到的。可以发现,对于不同的 v_{GS} 值,i_{DS} 曲线也在不同的值上饱和。从图 7.11 可以看出,对每个 v_{GS} 值(比如 v_{GS1},v_{GS2} 等等),我们可以得到不同的 i_{DS} 与 v_{DS} 的关系曲线。这一族曲线表现了实际 MOSFET 的特性。注意,不同 v_{GS} 所对应每条曲线在三极管区域中的斜率也有所不同。

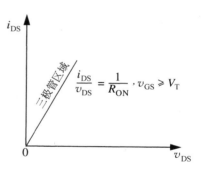

图 7.8 MOSFET 的 SR 模型

在 $v_{GS} \geqslant V_T$ 并且 v_{DS} 较小的时候(特别地,当 $v_{DS} < v_{GS} - V_T$ 时),对于固定的 v_{GS},MOSFET 特性与 SR 模型匹配

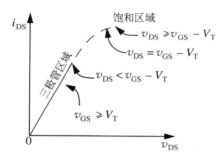

图 7.9 当 v_{DS} 超过 $v_{GS} - V_T$ 以后电流 i_{DS}开始饱和

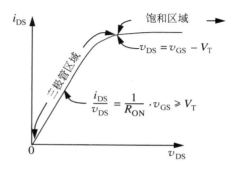

图 7.10 MOSFET 运行的饱和区域

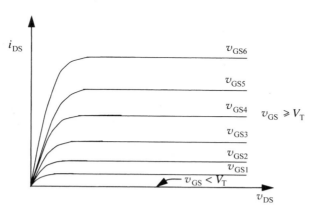

图 7.11 MOSFET 的实际特性

每个 v_{GS}值产生一条 i_{DS} 与 v_{DS}关系曲线

图 7.12 表示了实际 MOSFET 特性的三极管区域,饱和区域和截止区域(见章末注释 i)。图中的虚线表示满足

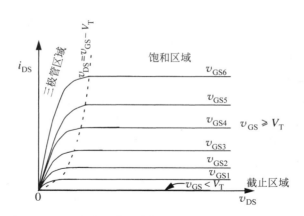

图 7.12 在 MOSFET 的实际特性中标明三极管区域、饱和区域和截止区域

$$v_{DS} = v_{GS} - V_T$$

的点的轨迹。当

$$v_{GS} < V_T$$

时 MOSFET 截止。MOSFET 在虚线左侧的范围内时位于三极管区域,这时满足

$$v_{DS} < v_{GS} - V_T \qquad v_{GS} \geqslant V_T$$

MOSFET 在虚线右侧范围内时位于饱和区域,这时满足

$$v_{DS} \geqslant v_{GS} - V_T \qquad v_{GS} \geqslant V_T$$

> MOSFET 在饱和区域中的运行:当下面两个条件满足时,MOSFET 运行于饱和区域
>
> $$v_{GS} \geqslant V_T \tag{7.6}$$
>
> 和
>
> $$v_{DS} \geqslant v_{GS} - V_T \tag{7.7}$$

考虑到 i_{DS} 与 v_{DS} 曲线在图 7.12 中虚线左边和右边的近似直线性质后,很自然就希望得到一种 MOSFET 分段线性模型。回忆起在 4.4 节中,分段线性建模用连续的直线段来表示非线性 v-i 特性,然后在每个直线段内用线性分析工具进行计算。图 7.13 表示了我们选择的直线段,由此对实际 MOSFET 特性进行建模。

在 $v_{DS} = v_{GS} - V_T$ 边界(表示为图 7.13 所示的虚线)的右边是饱和区域,我们用一系列水平直线(每条线对应一个 v_{GS} 值)来表示实际 MOSFET 的特性。直线表示的模型在图中用粗线来表示。在电路中,每条这样的直线都表示为一个电流源。此外,由于电流的值取决于 v_{GS} 的值,因此可以建模为一个压控电流源。于是我们得到了 MOSFET 的开关电流源(SCS)模型,该模型仅适用于 MOSFET 的饱和区域。我们将在 7.4 节对 MOSFET 的开关电流源模型进行深入讨论。

在 $v_{DS} = v_{GS} - V_T$ 边界的左边是三极管区域,这里一种可行的建模方案是用一条直线段来近似给定 v_{GS} 值后 i_{DS} 和 v_{DS} 的关系曲线。这种近似表示给定 v_{GS} 值后 i_{DS} 和 v_{DS} 关系的直线段在图中 $v_{DS} = v_{GS} - V_T$ 边界的左边用粗线表示。此时可以发现,这种对于给定的 v_{GS} 值用一条斜率为 $1/R_{ON}$ 的直线段来表示的方式就是我们在 6.6 节熟悉的 SR 模型。从直观上看,对于给定的 v_{GS} 值,直线段模型提示 MOSFET 的行为就像固定电阻 R_{ON} 一样,当然条件是

$v_{DS} < v_{GS} - V_T$ 和 $v_{GS} \geqslant V_T$。

当压缩 x 轴上的比例来绘制 MOSFET 曲线时（如图 7.14 所示），我们发现将 S 模型应用在三极管区域中也有道理，原因在于它表示了此时 MOSFET 的整体特性。

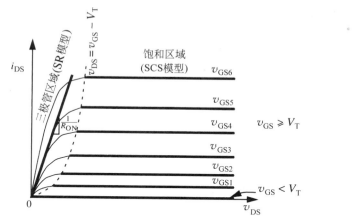

图 7.13　SR 模型和 SCS 模型

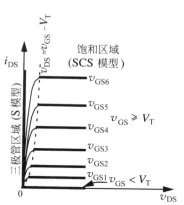

图 7.14　S 模型和 SCS 模型

当然也可以用更为复杂的非线性模型来描述 MOSFET 的完整性质（对任意给定的 v_{GS}）。这样就产生了开关统一模型（SU），我们将在 7.8 节讨论它。虽然 SU 模型描述了 MOSFET 的完整性质，但出于简单性的考虑，本书中将主要关注 SR 模型和 SCS 模型。因此除非特别指出，否则本书在分析数字电路时将一直用 SR 模型来描述 MOSFET 的三极管区域（由于我们在固定的较大的 v_{GS} 下工作，$v_{GS} \geqslant V_T$ 同时 $v_{DS} < v_{GS} - V_T$），在分析模拟系统时将一直用 SCS 模型来描述 MOSFET 的饱和区域（$v_{GS} \geqslant V_T$ 同时 $v_{DS} \geqslant v_{GS} - V_T$）。

作为对不同模型的最后一个讨论，注意到图 7.13 中三极管区域的 SR 模型和饱和区域的 SCS 模型所表示的 i_{DS} 与 v_{DS} 关系不连续。换句话说，如果 MOSFET 工作的电路中有 $v_{DS} = v_{GS} - V_T$，则两个模型将得到不同的值。如果我们不打算在同一个分析中使两种结果一致，则可以允许这种不连续的存在[①]。工程师必须根据特定场合来确定使用哪种模型。特别地，我们在 v_{GS} 固定并且 MOSFET 运行于三极管区域时使用 SR 模型，而在 MOSFET 运行于饱和区域时使用 SCS 模型。由于本书中讨论的数字电路具有反相的性质（比如我们熟悉的反相器），因此 SR 模型对于数字电路来说是合适的。由于数字电路中栅极电压高时漏极电压低，因此在 MOSFET 运行于三极管区域时 SR 模型适用。反过来，在设计放大器时，我们将建立饱和原则，从而使 MOSFET 一定运行于饱和区域，因此可以适用于 SCS 模型。

7.4　MOSFET 的开关电流源（SCS）模型

前节中我们发现当 MOSFET 的栅极电压高于阈值电压，并且漏极电压高于栅极电压与阈值电压之差（$v_{DS} \geqslant v_{GS} - V_T$）时，比较适合用压控电流源模型来表示 MOSFET。MOSFET 的开关电流源模型（switch current source，SCS）描述的就是这种性质，如图 7.15 所示。

---

①　在 7.8 节中讨论的 SU 模型将消除这种不连续性。

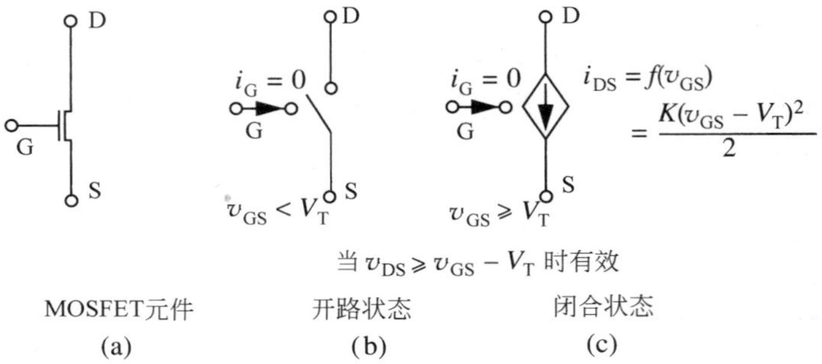

D

$i_G = 0$　D　　$i_G = 0$　D　$i_{DS} = f(v_{GS})$

G　　　　　　G　　　　　　G　　　　$= \dfrac{K(v_{GS} - V_T)^2}{2}$

S　　$v_{GS} < V_T$　S　　$v_{GS} \geqslant V_T$　S

当 $v_{DS} \geqslant v_{GS} - V_T$ 时有效

MOSFET元件　　　开路状态　　　闭合状态

(a)　　　　　(b)　　　　　(c)

图 7.15　MOSFET 的压控电流源模型

如图 7.15(b)所示,当 $v_{GS} < V_T$ 时,MOSFET 处于关断状态,漏极和源极之间表现为开路。在 SCS 模型中,流入栅极接线端的电流 i_G 为零。

当 $v_{GS} \geqslant V_T$ 并且满足 $v_{DS} \geqslant v_{GS} - V_T$ 时,电流源能够提供的电流值为

$$i_{DS} = \frac{K(v_{GS} - V_T)^2}{2} \tag{7.8}$$

其中 K 是一个常数,单位是 $\mathrm{A/V^2}$,K 的值与 MOSFET 的物理特性有关[①]。

关断状态下注入栅极接线端的电流 i_G 为零,反映出栅极与源极和栅极与漏极之间的开路关系。

如前所述,当 $v_{DS} \geqslant v_{GS} - V_T$ 时的运行区域称作饱和区域。$v_{DS} < v_{GS} - V_T$ 时的区域称作三极管区域。根据 SCS 模型,MOSFET 在饱和区域中的特性可总结如图 7.16 所示。请读者将该特性与图 6.31 所示的三极管区域中的 SR 模型特性进行比较。

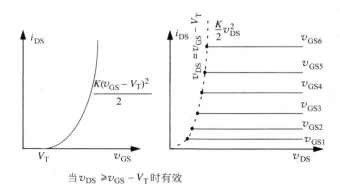

当 $v_{DS} \geqslant v_{GS} - V_T$ 时有效

图 7.16　MOS 元件在饱和区域中的特性

图 7.16 中区分三极管区域和饱和区域的约束曲线为

$$v_{DS} = v_{GS} - V_T \tag{7.10}$$

---

①　系数 K 的值与 MOSFET 物理特性的关系为

$$K = K_n \frac{W}{L} \tag{7.9}$$

式(7.9)中 W 是 MOSFET 的栅极宽度,L 是其栅极长度。K_n 是与其余 MOSFET 特性(比如栅极氧化物厚度)有关的一个常数。

上式也可以将 $v_{DS} = v_{GS} - V_T$ 代入式(7.8)并用 i_{DS} 和 v_{DS} 的关系表示出来,即

$$i_{DS} = \frac{K}{2}v_{DS}^2 \tag{7.11}$$

下面用代数形式总结了 MOSFET 的 SCS 模型。该模型在 MOSFET 运行于饱和区域时($v_{DS} \geq v_{GS} - V_T$)可应用。

$$i_{DS} = \begin{cases} \dfrac{K(v_{GS} - V_T)^2}{2} & v_{GS} \geq V_T \quad v_{DS} \geq v_{GS} - V_T \\ 0 & v_{GS} < V_T \end{cases} \tag{7.12}$$

例 7.3 MOSFET 电路 确定图 7.17 所示电路中的电流 i_{DS}。假设 MOSFET 的 $K = 1\mathrm{mA/V^2}, V_T = 1\mathrm{V}$。

解 容易看出图 7.17 中的 MOSFET 运行于饱和区域,原因在于漏极-源极电压(5V)大于 $v_{GS} - V_T$(2V−1V=1V)。因此我们可用 MOSFET 在饱和区域中的方程

$$i_{DS} = \frac{K(v_{GS} - V_T)^2}{2}$$

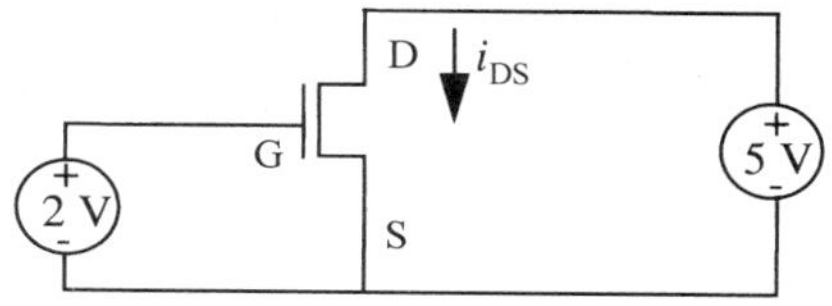

图 7.17 简单 MOSFET 电路

直接计算待求的电流。将 $v_{GS} = 2\mathrm{V}, K = 1\mathrm{mA/V^2}, V_T = 1\mathrm{V}$ 代入可知 $i_{DS} = 0.5\mathrm{mA}$。

例 7.4 饱和区域运行 设图 7.17 所示电路中栅极-源极电压为 2V,使 MOSFET 维持在饱和区域运行的最小漏极-源极电压 v_{DS} 是多少?

解 MOSFET 运行于饱和区域中,需满足约束

$$v_{GS} \geq V_T$$
$$v_{DS} \geq v_{GS} - V_T$$

由于已知 v_{GS} 等于 2V,V_T 等于 1V,因此第一个约束满足。将 v_{GS} 和 V_T 的值代入第二个约束,得到饱和区域运行时 v_{DS} 的约束如下

$$v_{DS} \geq 1\mathrm{V}$$

因此 v_{DS} 的最小值为 1V。

例 7.5 饱和区域运行 接下来保持图 7.17 所示电路中 MOSFET 漏极-源极电压为 5V,使 MOSFET 维持在饱和区域运行的 v_{GS} 范围是多少?

解 v_{GS} 的最小值是 1V,小于该值以后 MOSFET 将会关断。

v_{GS} 的最大值由下面的约束

$$v_{DS} \geq v_{GS} - V_T$$

确定。对于 $v_{DS} = 5\mathrm{V}, V_T = 1\mathrm{V}$,求得 v_{GS} 的最大值为 6V。如果 v_{GS} 超过 6V,则 MOSFET 进入三极管区域。

例 7.6 包含两个 MOSFET 的电路 确定图 7.18 所示 MOSFET 电路中的电压 v_O。已知两个 MOSFET 都工作于饱和区域。两个 MOSFET 相同,特性参数为:$K = 4\mathrm{mA/V^2}$,$V_T = 1\mathrm{V}$。

解 由于已知两个 MOSFET 都工作于饱和区域,并且两个 MOSFET 的 i_{DS} 相同,因此它们各自的栅极-源极电压一定相同。如果 MOSFET 饱和,则在 SCS 模型中漏极-源极电流独立于 v_{DS}。于是将两个 MOSFET M1 和 M2 的栅极-源极电压相等,我们得到

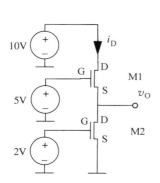

图 7.18 包含两个 MOSFET 的电路
已知两个 MOSFET 都工作于饱和区域

$$5\mathrm{V} - v_O = 2\mathrm{V}$$

换句话说,$v_O = 3V$. 容易验证 $v_O = 3V$ 意味着两个 MOSFET 实际上都运行于饱和区域。

进一步研究可发现,虽然流过两个元件的电流相同,但这两个可看做压控电流源的 MOSFET 漏极-源极电压并不相同。

7.5　MOSFET 放大器

MOSFET 放大器如图 7.19 所示。很明显,该电路与我们前面见过的反相器电路一样! 但与反相器的不同之处在于 MOSFET 放大器的输入输出电压进行了仔细的选择,使得 MOSFET 运行于饱和区域。在饱和区域中我们应用 SCS 模型来分析 MOSFET 放大器。 对输入进行约束以确保 MOSFET 始终运行于饱和区域,这样可以得到理想的放大器性质, 甚至可以明显简化分析过程。这种使用 MOSFET 放大器的约束也是我们在电路设计与分析中需要坚持的一个原则。该原则被称为饱和原则,我们将在 7.5.2 节对其进行进一步讨论。

现在来研究图 7.19 所示电路。我们将用图 7.15 所示的 SCS 模型替换图 7.19 中的 MOSFET,由此得到图 7.20 所示电路。我们首先要确定电路中 MOSFET 饱和的条件。当 MOSFET 以图示方式连接至电路中时,我们可以得到 MOSFET 电压和电路电压之间的下列关系

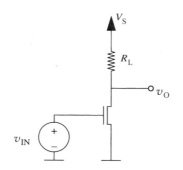

图 7.19　MOSFET 放大器
标记为 V_S 的上箭头表示通过电压源与地相连

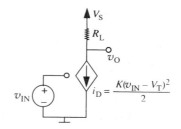

图 7.20　MOSFET 放大器的 SCS 电路模型
i_D 是 MOSFET 漏极-源极电流

$$v_{GS} = v_{IN}$$
$$v_{DS} = v_O$$

和

$$i_{DS} = i_D$$

因此,当下面的约束

$$v_{IN} \geqslant V_T$$

和

$$v_O \geqslant v_{IN} - V_T$$

满足时 MOSFET 饱和。回忆起 MOSFET 饱和时的漏极-源极电流可利用 MOSFET 参数由式(7.12)确定,即

$$i_{DS} = \frac{K(v_{GS} - V_T)^2}{2}$$

用放大器电流参数表示上式得到

$$i_{\mathrm{D}} = \frac{K(v_{\mathrm{IN}} - V_{\mathrm{T}})^2}{2} \tag{7.13}$$

接下来我们要回答这样的问题：放大器输出 v_{O} 及其输入 v_{IN} 之间是什么关系？该关系将描述放大器的增益。这里注意到饱和原则的一个好处：约束电路的输入使得 MOSFET 始终饱和，这种方法可让我们将注意力集中到 MOSFET 的饱和运行区域中，同时忽略其三极管区域和截止区域。

我们要将输出电压 v_{O} 表示为输入电压 v_{IN} 的函数。第 2 章和第 3 章介绍的任何方法都可以用于分析该电路。这里我们用节点法来分析。图 7.20 标注了地节点以及节点电压 $v_{\mathrm{O}}, v_{\mathrm{IN}}$ 和 V_{S}。由于流入 MOSFET 栅极的电流为零，因此电压为 v_{O} 的节点是电路中我们唯一感兴趣的节点。列写节点方程我们得到

$$i_{\mathrm{D}} = \frac{V_{\mathrm{S}} - v_{\mathrm{O}}}{R_{\mathrm{L}}}$$

等式两边都乘以 R_{L} 并整理一下得到

$$v_{\mathrm{O}} = V_{\mathrm{S}} - i_{\mathrm{D}} R_{\mathrm{L}}$$

换句话说，v_{O} 等于电源电压减去 R_{L} 上的电压降。当 $v_{\mathrm{IN}} \geqslant V_{\mathrm{T}}$ 并且 $v_{\mathrm{O}} \geqslant v_{\mathrm{IN}} - V_{\mathrm{T}}$ 时我们知道 MOSFET 饱和，可用 MOSFET 的 SCS 模型。代入式（7.13）中的 i_{D} 我们就得到了放大器的传递函数为

$$v_{\mathrm{O}} = V_{\mathrm{S}} - K\frac{(v_{\mathrm{IN}} - V_{\mathrm{T}})^2}{2}R_{\mathrm{L}} \tag{7.14}$$

该传递函数将输出电压与输入电压联系起来。因此放大器的增益为

$$\frac{v_{\mathrm{O}}}{v_{\mathrm{IN}}} = \frac{V_{\mathrm{S}} - K\dfrac{(v_{\mathrm{IN}} - V_{\mathrm{T}})^2}{2}R_{\mathrm{L}}}{v_{\mathrm{IN}}} \tag{7.15}$$

图 7.21 画出了 MOSFET 放大器的 v_{O} 与 v_{IN} 关系。这个明显的非线性关系称作放大器的传递函数。当 $v_{\mathrm{IN}} < V_{\mathrm{T}}$ 时，MOSFET 关断，输出电压为 V_{S}。换句话说，当 $v_{\mathrm{IN}} < V_{\mathrm{T}}$ 时 $i_{\mathrm{D}} = 0$。随着 v_{IN} 超过阈值电压 V_{T}，MOSFET 中开始流通电流。此时 v_{O} 随着 v_{IN} 的增加而快速减少。MOSFET 将一直工作于饱和区域，直到输出电压低于栅极电压减去阈值电压为止，此时 MOSFET 进入三极管区域（在图 7.21 中用虚线表示），此时饱和模型和式（7.14）都不再适用。

如图 7.22 所示，注意到曲线中某些区域内斜率的数值大于 1，因此这些区域中会对输

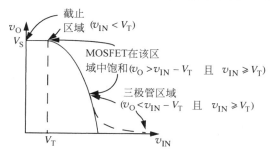

图 7.21　放大器的 v_{O} 和 v_{IN} 关系曲线

入信号进行放大。很快我们就会仔细研究如何将输入信号连接至放大器从而通过放大器传递函数的杠杆作用产生放大的效果。在这样做之前,让我们先用数值来分析一下传递函数以建立直观理解。

我们用下列参数来验证图 7.20 所示电路的 v_{IN} 与 v_O 关系。

$$V_S = 10V$$
$$K = 1mA/V^2$$
$$R_L = 10k\Omega$$
$$V_T = 1V$$

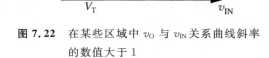

图 7.22 在某些区域中 v_O 与 v_{IN} 关系曲线斜率的数值大于 1

代入式(7.14),我们得到

$$v_O = V_S - K \frac{(v_{IN} - V_T)^2}{2} R_L \qquad (7.16)$$

$$= 10 - (10^{-3}) \frac{(v_{IN} - 1)^2}{2} 10 \times 10^3 \qquad (7.17)$$

$$= 10 - 5(v_{IN} - 1)^2 \qquad (7.18)$$

举例来说,将 $v_{IN} = 2V$ 代入式(7.18),我们得到 $v_O = 5V$。我们可计算出很多数值的输入输出电压关系并将其表示在表 7.1 中。

表 7.1 MOSFET 放大器的 v_{IN} 和 v_O 关系

v_{IN}	v_{OUT}	v_{IN}	v_{OUT}
1	10	2.1	4.0
1.4	9.2	2.2	2.8
1.5	8.8	2.3	1.6
1.8	6.8	2.32	1.3
1.9	6	2.35	0.9
2	5	2.4	～0

所有值的单位都是伏特。注意当 $v_{IN} > 2.3V$ 以后 MOSFET 放大器进入三极管区域,MOSFET 的 SCS 模型不再适用

我们观察表 7.1 得到一系列结论。首先,由于 1～2.4V 范围的输入产生了 10～0V 范围的输出,因此很明显放大器具有电压增益(输出电压的改变除以输入电压的改变)。

其次,增益是非线性的。从表 7.1 中可以看出,输入从 2V 变化为 2.1V 时,输出从 5V 变为 4V,表现出局部电压增益为 10。但是当输入从 1.4V 变化为 1.5V 时,输出只改变了 0.4V,表现出局部电压增益为 4。这个结论也可以从图 7.22 所示传递曲线在不同点具有不同斜率得到验证。

第三,仅当 v_{IN} 的值在 1V 和大约 2.3V 范围内时满足饱和原则。如果输入 v_{IN} 小于 1V,MOSFET 关断。类似地,当 v_{IN} 大于约 2.3V 以后,输出小于输入减去阈值。比如当 v_{IN} 为 2.32V 时,输出为 1.3V,小于输入电压减去一倍阈值电压。

例 7.7 MOSFET 放大器 考虑图 7.23 所示的 MOSFET 放大器。假设 MOSFET 工作于饱和区域。基于图中给定的参数确定输入电压 $v_{IN} = 2.5V$ 时的输出电压 v_O。从得到的 v_O 值来验证 MOSFET 事实上是饱和的。

解 根据式(7.14)我们知道,MOSFET 工作在饱和区域时输入电压与输出电压之间的关系为

$$v_{\mathrm{O}} = V_{\mathrm{S}} - K \frac{(v_{\mathrm{IN}} - V_{\mathrm{T}})^2}{2} R_{\mathrm{L}}$$

将 $K, V_{\mathrm{S}}, V_{\mathrm{T}}, R_{\mathrm{L}}$ 和 v_{IN} 代入上式就可以直接得到 v_{O} 的值为

$$v_{\mathrm{O}} = 5 - 0.5 \times 10^{-3} \times (2.5 - 0.8)^2 \times 10^3/2$$
$$= 4.28\mathrm{V}$$

要想使 MOSFET 饱和需要满足两个条件

$$v_{\mathrm{GS}} \geqslant V_{\mathrm{T}}$$
$$v_{\mathrm{DS}} \geqslant v_{\mathrm{GS}} - V_{\mathrm{T}}$$

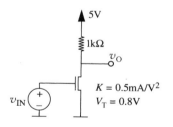

图 7.23 MOSFET 放大器例子

由于 $v_{\mathrm{GS}} = v_{\mathrm{IN}} = 2.5\mathrm{V}, V_{\mathrm{T}} = 0.8\mathrm{V}$,因此第一个条件满足。类似地,由于 $v_{\mathrm{DS}} = v_{\mathrm{O}} = 4.28\mathrm{V}, v_{\mathrm{GS}} - V_{\mathrm{T}} = 1.7\mathrm{V}$,因此第二个条件满足。于是 MOSFET 事实上工作于饱和区域。

例 7.8 MOSFET 源极跟随电路 另一个有用的 MOSFET 电路是图 7.24 所示的源极跟随器。源极跟随器也称作缓冲器,这样称呼的原因将在第 8 章讨论。假设 MOSFET 工作于饱和区域,给定输入电压 $v_{\mathrm{IN}} = 2\mathrm{V}$ 和图中所示的参数,确定输出电压 v_{OUT} 和电流 i_{D}。

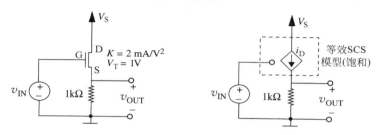

图 7.24 源极跟随电路

解 我们通过列写输出节点的节点方程求得 v_{OUT}

$$i_{\mathrm{D}} = \frac{v_{\mathrm{OUT}}}{1\mathrm{k}\Omega} \tag{7.19}$$

用 MOSFET 的 SCS 模型代入上式的 i_{D} 得到

$$2 \times 10^{-3} \frac{(2\mathrm{V} - 1\mathrm{V} - v_{\mathrm{OUT}})^2}{2} = \frac{v_{\mathrm{OUT}}}{1 \times 10^{-3}}$$

简化上式得到

$$v_{\mathrm{OUT}}^2 - 3v_{\mathrm{OUT}} + 1 = 0$$

这个方程的两个根约为 2.6 和 0.4。我们从这两个根中选择小的那个。原因在于要想在饱和区域中,解需要满足

$$v_{\mathrm{IN}} - v_{\mathrm{OUT}} \geqslant V_{\mathrm{T}}$$

换句话说

$$2.5\mathrm{V} - v_{\mathrm{OUT}} \geqslant 1\mathrm{V}$$

于是有 $v_{\mathrm{OUT}} = 0.4\mathrm{V}$。将其带入式(7.19)得到

$$i_{\mathrm{D}} = 0.4\mathrm{mA}$$

7.5.1 MOSFET 放大器的偏置

图 7.21 表示的 MOSFET 饱和区域仅为放大器传递曲线的一个特定区域。MOSFET 电路仅在这个区域中表现出放大器的性质。在表 7.1 中,这个区域的输入从 1V 到约

2.32V。为了确保放大器工作于曲线的这个区域中,我们必须合理地变换输入电压。如图 7.25 所示,一种可行的方法就是将希望放大的信号(比如 v_A)用一个 DC 偏移(即 V_X)提升,从而使得在输入信号有负值时放大器也工作于饱和区域。图 7.26 表示了将输入信号(v_A)与 DC 电压源(V_X)相串联以后得到的电路。换句话说

$$v_{IN} = V_X + v_A$$

其中 v_A 是实际输入信号。

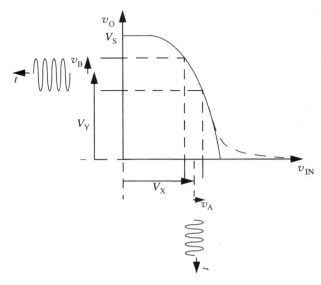

图 7.25 偏置电压示意

用合适的 DC 偏移来提升感兴趣的输入信号从而使得 MOSFET 在整个输入信号变化范围内都工作于饱和区域中

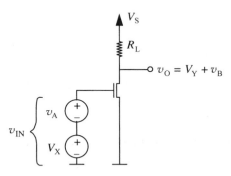

图 7.26 用合适的 DC 偏移(V_X)来提升输入信号(v_A)的电路

该电路使得 MOSFET 在整个输入信号变化范围内都工作于饱和区域中

注意到在图 7.25 中对应的输出电压 v_O 是一个 DC 偏移 V_Y 上面叠加了随时间变化输出电压 v_B 的信号。v_B 是输入信号 v_A 放大以后的信号。

读者可以将图 7.25 所示用合理 DC 偏移电压提升输入信号的情况与图 7.27 所示直接应用输入信号的情况相对比。如果输入信号没有 DC 偏移直接加在放大器上,则 MOSFET 在大多数输入信号值上处于截止区域,输出高度失真,波形与输入相同之处甚少。图 7.27 所示信号的失真形式被称为截断(clipping)失真。

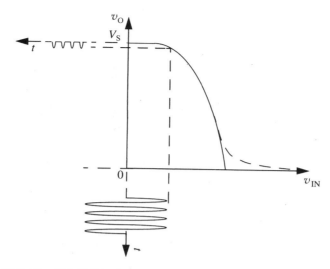

图 7.27　带有零偏置的正弦输入信号得到高度失真的输出信号

放大器带有 DC 偏移（并导致一个输出偏移）非常重要，因此值得我们用一个新的术语来描述它。应用于放大器输入端的 DC 偏移（比如 V_X）也被称作 DC 偏置（bias）。输入端使用 DC 偏移电压建立了放大器的工作点。工作点有时也称为偏置点。例如，图 7.26 中放大器输入和输出电压的工作点值分别为 V_X 和 V_Y。我们可用不同的输入偏移电压值来为放大器选择不同的工作点。7.7 节将讨论选择工作点的不同方法。

现在对放大器进行最后一点讨论。输入信号叠加了 DC 偏移以后，虽然 v_B 是输入电压 v_A 放大后的信号，但 v_B 和 v_A 的关系不是线性的。从式（7.14）可以注意到，其至在 MOSFET 工作于饱和区域时放大器也是非线性的。幸运的是，对于小信号来说，MOSFET 放大器的性质可近似为线性放大器。换句话说，如果输入信号 v_A 非常小，则 MOSFET 放大器可近似为线性放大器。我们将放大器小信号分析推迟到第 8 章进行。因此，现在和本章的其余部分中，我们都不假设输入是小信号，而是假设施加在放大器上的输入 v_{IN} 既包括用户感兴趣的信号成分（可能是较大值的信号），也包括 DC 偏移（或 DC 偏置）。为了简单起见，所有的计算都针对这种提升以后的信号来进行。

7.5.2　放大器抽象与饱和原则

我们希望 MOSFET 放大器的用户能够将其视为图 7.28 所示的抽象实体，忽略内部的电路细节。这个抽象的放大器在其输入端口具有 v_{IN} 和 i_{IN}，在其输出端口具有 v_O 和 i_O，可以提供功率增益。这种器件的细节（比如电源等）对于用户来说隐藏起来了。图中所示的放大器在输入端口和输出端口上均用参考地作为隐含的第二个接线端。这种形式的放大器也被称为单端放大器。

和门电路抽象与静态原则（它规定了施加的输入信号以及期望的输出信号的有效范围）相配合一样，放大器抽象也与饱和原则（它规定了施加的输入信号以及期望的输出信号的有效范围）相配合。饱和原则简单地说就是使放大器工作于 MOSFET 的饱和区域。我们马上就要看到，这样定义饱和原则的原因在于，放大器在饱和区域中提供了相当好的功率增

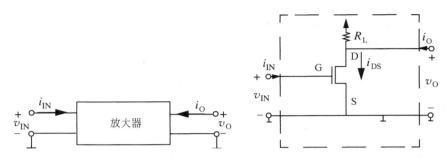

图 7.28 MOSFET 放大器抽象

益,因此是一个性能良好的放大器。

规范饱和原则有两个目的。首先,它描述了关于如何使用器件的约束。其次,它建立了器件的一系列设计判据。放大器抽象和与其相关的使用原则可比喻成软件系统中对过程的抽象。软件中的过程是对其内部函数实现的功能的抽象。软件中的过程也可以与一个使用原则相配合,这个原则通常在过程(所在文件)的头部用注释的方式进行说明。7.6 节将重点讨论在饱和原则下如何确定有效的使用范围。

7.6 MOSFET 放大器的大信号分析

对于放大器有两种形式的分析:大信号分析和小信号分析。大信号分析处理输入电压有较大改变时(改变的程度和放大器的工作点参数可以比拟)放大器的性质。大信号分析还要确定放大器在饱和原则下运行的输入范围,原因如 7.5.1 节所示。本节讨论大信号分析。下一章讨论小信号分析。

> 大信号分析试图回答下面两个与放大器设计有关的问题:
>
> 1. 在饱和区域中放大器输出 v_O 和输入 v_{IN} 的关系如何?我们用分析方法得到的式(7.14)总结了对这个问题的答案。本节中将讨论如何用图形方法来确定相同的关系。
>
> 2. 放大器在饱和原则下有效输入值的范围是什么,相应的输出值范围是什么?

图 7.29 表示了 MOSFET 放大器,图 7.30 用其等效电路模型替换了 MOSFET。本节中我们用分析非线性电路的图形方法(4.3 节介绍)来回答上面提出的问题。

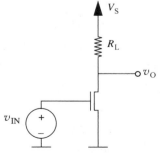

图 7.29 MOSFET 放大器电路

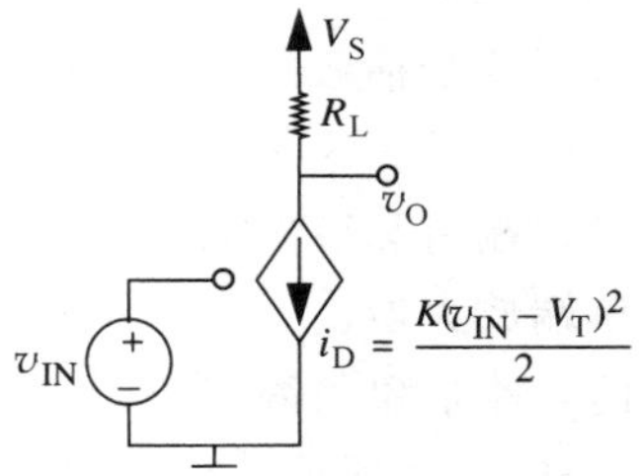

图 7.30 MOSFET 放大器——大信号模型
$$i_D = \frac{K(v_{IN} - V_T)^2}{2}$$

对于图示参数,v_{IN} 等于 v_{GS},v_O 等于 v_{DS},类似地 i_{DS} 等于 i_D

特别地,7.6.1 节将讨论第一个问题,7.6.2 节将讨论第二个问题。

7.6.1 饱和区域中 v_{IN} 与 v_{OUT} 的关系

列写输出节点的节点方程得到 i_{DS} 与 v_{DS} 的关系为

$$v_{DS} = V_S - i_{DS}R_L \tag{7.20}$$

在电路中,v_{IN} 等于 v_{GS},v_O 等于 v_{DS},i_{DS} 等于 i_D,其中 v_{IN},v_O 和 i_D 是放大器电路的变量,而 v_{GS},v_{DS} 和 i_{DS} 是 MOSFET 的变量。

前面用分析方法求解了非线性放大器问题。我们根据式(7.12)将 i_{DS} 代入式(7.20)中得到了输入电压和输出电压之间的关系如式(7.14)所示。

现在我们用图形方法来获得相同的关系。首先将式(7.20)写为

$$i_{DS} = \frac{V_S}{R_L} - \frac{v_{DS}}{R_L} \tag{7.21}$$

如式(7.21)所示,负载电阻构成了 i_{DS} 和 v_{DS} 之间的仿射关系(见章末注释 ii)。图 7.31 画出了这种仿射关系。这条线表示由负载电阻确定的输出电流和电压之间的仿射关系,被称作负载线。这条线的斜率反比于负载电阻。

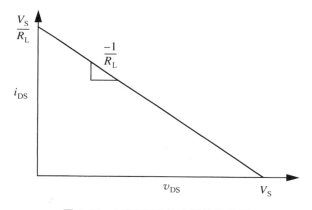

图 7.31 MOSFET 放大器的负载线

同时注意,MOSFET 的 SCS 模型可用式(7.8)规定的关系来表示,即

$$i_{DS} = \frac{K(v_{GS} - V_T)^2}{2}$$

图 7.16 画出了输入电压 v_{GS} 与 MOSFET 电流 i_{DS} 之间关系的曲线。输出的电流和电压必须满足负载线约束以及 MOSFET 的 v_{DS} 与 i_{DS} 关系。我们可将负载线与 MOSFET 的 i_{DS} 与 v_{DS} 关系曲线的饱和区域图画在一起,并由此求解出输出电压,如图 7.32 所示。

图 7.33 说明了如何确定放大器的传递曲线(即 v_{IN} 与 v_O 曲线)。对于某个给定的输入电压 $v_{IN} = v_{GSi}$,我们可以寻找由 R_L 负载线和给定 v_{GSi} 确定的输出电流 i_{DSi} 线之间的交点,从而确定 $v_O = v_{DSi}$。然后我们可以将这些值画在图中以获得图 7.21 所示的传递函数。

图 7.34 和图 7.35 进一步说明了偏移为 1.5V 的峰峰值为 0.2V 的正弦输入如何放大为以 3.75V 为中心的峰峰值为 1V 的输出。系统的参数如下

$$R_L = 10k\Omega \tag{7.22}$$

$$K = 1mA/V^2 \tag{7.23}$$

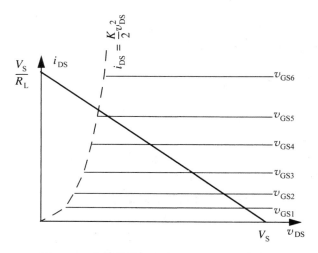

图 7.32 负载线叠加在 MOSFET 特性曲线上

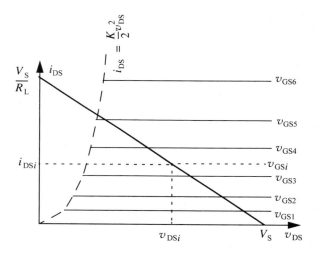

图 7.33 用图形方法确定放大器的传递曲线

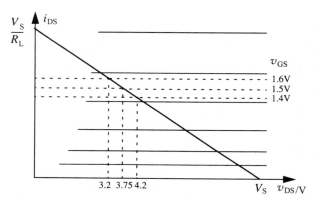

图 7.34 用图形方法确定信号放大

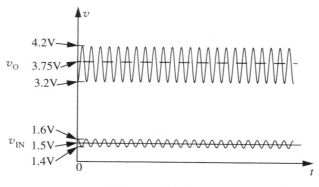

图 7.35　信号放大

$$V_S = 5V \tag{7.24}$$

$$V_T = 1V \tag{7.25}$$

我们注意到,输出并非输入那样的理想正弦,原因在于放大器不是线性的。

到这里就结束了基于 MOSFET 放大器的第一部分,大信号分析,即确定输入与输出电压之间的关系。在我们进行大信号分析第二部分之前,值得用少量时间来比较一下图形方法和直接分析方法。首先,大多数场合中两种方法均可用。直接分析方法在元件性能表达式比较简单时很有用,比如我们讨论的 MOSFET 放大器。但本节讨论的图形方法在元件的特性是从物理元件中测量得到的情况下更为精确。比如你在实验室遇到的分立元件经常带有描述其 v-i 关系的数据列表。

7.6.2　有效输入和输出范围

现在来回答大信号分析的第二个问题,即放大器在饱和原则下的有效输入和输出电压范围是什么? 该范围将提供对图 7.35 所示输入信号的电压限制。这个限制还可以提供对输入信号中心的偏置电压选择的深入理解。换句话说如何选择放大器的工作点。

> **有效电压范围**:我们定义有效电压范围为使电路中的 MOSFET(或电路中的多个 MOSFET)运行于饱和区域的输入电压范围(以及对应的输出电压范围)。

如果将该范围内的电压作为输入信号,则放大器能够在不截断输入信号也不引入明显失真的同时放大该信号。(当放大器输出无法超过某电压或电流值时会发生信号截断。)

让我们先观察一般情况下对电流和电压的限制,由此获得一些深入理解。观察到 i_{DS} 的变化范围为 $0 \to V_S/R_L$。当 i_{DS} 为 0 时,输出电压为 V_S。i_{DS} 为零意味着输入电压小于 V_T。类似地,当电流为 V_S/R_L 时输出电压为 0,此时输入电压是某个大于 V_T 的高值。在电流 i_{DS} 从 0 到 V_S/R_L 的变化范围中可找到对饱和区域运行的限制。

输入电压的有效范围具有下限和上限。输入电压的下限容易确定。

1. 最低有效输入电压

从图 7.36 中可以观察到输入电压必须大于 V_T 以确保 MOSFET 离开截止区域。当输入电压为 V_T 时,MOSFET 离开其截止区域,放大器的输出电压为 V_S。当输入电压等于 V_T 时,任意正的 v_{DS} 将导致 MOSFET 工作于饱和区域。由于我们设计放大器时有 $V_S > 0$,同时

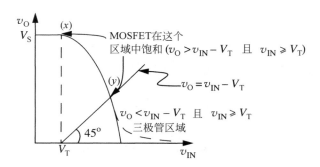

图 7.36 饱和原则对应的有效电压

饱和原则对应的最低有效输入电压标记为点 x,饱和原则对应的最高有效输入电压标记为点 y

由于此时 $v_{DS} = V_S$,因此 MOSFET 将进入饱和区域。由于 V_T 是 MOSFET 进入饱和区域的最低输入电压,我们有

$$最低输入电压 = V_T \tag{7.26}$$

对应的输出电压值为 V_S。图 7.36 中标记为 x 的点对应着放大器 v_{IN} 和 v_O 传递曲线中的点 (V_T, V_S),它表示了有效输入电压范围的下限。

2. 最高有效输入电压

接下来我们确定 MOSFET 满足饱和原则对应的最高输入电压值。注意到当输出电压 v_O 跌落至输入电压 v_{IN} 减去阈值电压时 MOSFET 进入三极管区域,即

$$v_O = v_{IN} - V_T$$

因此有效的高输入电压 v_{IN} 就是超过以后就要使 MOSFET 进入三极管区域的那个值。

为了建立直觉理解,我们首先用图形来确定输出电压进入三极管区域时的输入电压。参考图 7.36,与 v_{IN} 轴截距为 V_T,斜率为 45° 的直线表示 v_{IN} 和 v_O 平面中满足下式的点的集合

$$v_O = v_{IN} - V_T$$

当然我们需要假设图中的 v_{IN} 轴和 v_O 轴具有相同的坐标比例。于是这条 45° 直线与 v_{IN} 和 v_O 传递曲线的交点 y 就是有效输入电压范围的上限。

我们也可以用分析方法确定这个上限。图 7.36 中直线为

$$v_O = v_{IN} - V_T \tag{7.27}$$

式(7.14)确定的传递曲线为

$$v_O = V_S - K \frac{(v_{IN} - V_T)^2}{2} R_L \tag{7.28}$$

这两条曲线的交点在图 7.36 中标记为 y 点。将式(7.27)中 v_O 的表达式代入式(7.28)得到

$$v_{IN} - V_T = V_S - K \frac{(v_{IN} - V_T)^2}{2} R_L \tag{7.29}$$

整理上式得到

$$R_L \frac{K}{2} (v_{IN} - V_T)^2 + (v_{IN} - V_T) - V_S = 0 \tag{7.30}$$

求解式(7.30)得到的值 v_{IN} 就是 MOSFET 运行于饱和区域对应的最高输入电压。

将 $v_{IN} - V_T$ 作为变量求解得到

$$v_{\text{IN}} - V_{\text{T}} = \frac{-1 + \sqrt{1 + 2V_{\text{S}}R_{\text{L}}K}}{R_{\text{L}}K} \tag{7.31}$$

换句话说

$$v_{\text{IN}} = \frac{-1 + \sqrt{1 + 2V_{\text{S}}R_{\text{L}}K}}{R_{\text{L}}K} + V_{\text{T}} \tag{7.32}$$

这个 v_{IN} 的值就是满足饱和原则的最高输入电压值,对应着图 7.36 中的点 y。

总结一下,最大的有效输入电压范围是

$$V_{\text{T}} \sim \frac{-1 + \sqrt{1 + 2V_{\text{S}}R_{\text{L}}K}}{R_{\text{L}}K} + V_{\text{T}}$$

最大的有效输出电压范围是

$$V_{\text{S}} \sim \frac{-1 + \sqrt{1 + 2V_{\text{S}}R_{\text{L}}K}}{R_{\text{L}}K}$$

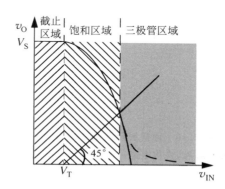

如图 7.37 所示,当输入电压小于 V_{T} 时,MOSFET 进入截止区域;当输入电压大于 $(-1 + \sqrt{1 + 2V_{\text{S}}R_{\text{L}}K})/(R_{\text{L}}K) + V_{\text{T}}$ 时,MOSFET 进入三极管区域。对应的漏极电流范围是

$$0 \sim \frac{K}{2}(v_{\text{IN}} - V_{\text{T}})^2$$

上式中的 v_{IN} 为 $\dfrac{-1 + \sqrt{1 + 2V_{\text{S}}R_{\text{L}}K}}{R_{\text{L}}K} + V_{\text{T}}$。

图 7.37 MOSFET 放大器运行的截止区域、饱和区域与三极管区域

到此就完成了大信号分析的第二步。

例 7.9 放大器的有效输入输出范围 根据下列电路参数确定放大器的有效输入电压范围和相应的输出电压范围。

$$R_{\text{L}} = 10\text{k}\Omega \tag{7.33}$$

$$K = 1\text{mA/V}^2 \tag{7.34}$$

$$V_{\text{S}} = 5\text{V} \tag{7.35}$$

$$V_{\text{T}} = 1\text{V} \tag{7.36}$$

解 根据式(7.26)我们知道 $V_{\text{T}} = 1\text{V}$ 是有效输入范围的下限。相应的 v_{O} 值为 $V_{\text{S}} = 5\text{V}$,电流 i_{D} 为 0。

接下来我们要确定 MOSFET 放大器在饱和区域运行的输入电压最高值。将上面的参数值代入式(7.32)得到

$$最高有效输入电压 = V_{\text{T}} + \frac{-1 + \sqrt{1 + 2V_{\text{S}}R_{\text{L}}K}}{R_{\text{L}}K}$$

$$= 1 + \frac{-1 + \sqrt{1 + 2 \times 5 \times 10 \times 10^3 \times 10^{-3}}}{10 \times 10^3 \times 10^{-3}}$$

$$\approx 1.9\text{V}$$

换句话说,1.9V 是确保放大器运行于饱和区域的最高输入电压值。我们可以根据式(7.27)和式(7.8)分别求解出相应的 v_{O} 和 i_{D} 为

$$v_{\text{O}} = v_{\text{IN}} - V_{\text{T}} = 1.9 - 1 = 0.9\text{V}$$

$$i_{\text{D}} = \frac{K}{2}(v_{\text{IN}} - V_{\text{T}})^2 = 0.41\text{mA}$$

总结一下,输入电压变化的最大范围是

$$1V\sim1.9V$$

输出电压变化的最大范围是

$$5V\sim0.9V$$

相应的漏极电流的范围是

$$0mA\sim0.41mA$$

我们可以将这些值画在图 7.38 所示的放大器负载线与 MOSFET 元件特性曲线中。

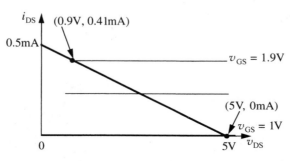

图 7.38 有效输入和输出电压范围

例 7.10 源极跟随器电路的有效范围 现在来求图 7.24 所示源极跟随器电路的有效工作范围。为了方便起见，将该电路重画为图 7.39。假设 $V_S=10V$。

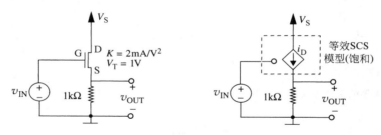

图 7.39 源极跟随器电路

解 有效输入电压范围定义为 MOSFET 在饱和原则下运行的输入电位范围。MOSFET 需要满足两个条件以确保饱和。

$$v_{GS} \geqslant V_T \tag{7.37}$$

和

$$v_{DS} \geqslant v_{GS} - V_T \tag{7.38}$$

第一个条件要求 $v_{IN} - v_{OUT} \geqslant V_T$，或者

$$v_{IN} \geqslant v_{OUT} + V_T$$

由于 v_{OUT} 的最小值为 0V，因此 MOSFET 运行于饱和区域时 v_{IN} 的最小值为

$$v_{IN} = V_T = 1V$$

第二个条件要求

$$v_{DS} \geqslant v_{GS} - V_T$$

这意味着

$$V_S - v_{OUT} \geqslant v_{IN} - v_{OUT} - V_T$$

整理上式并化简得到

$$v_{IN} \leqslant V_S + V_T$$

换句话说，v_{IN} 的最大值为

$$v_{\mathrm{IN}} = 10\mathrm{V} + 1\mathrm{V} = 11\mathrm{V}$$

总结一下,有效输入范围为

$$1\mathrm{V} \sim 11\mathrm{V}$$

相应的输出电压范围很容易确定。在有效范围的下限,我们知道 $v_{\mathrm{IN}} = 1\mathrm{V}$ 时 $v_{\mathrm{OUT}} = 0$。在有效范围的上限,可列写输出节点的节点方程并用 $v_{\mathrm{IN}} = 11\mathrm{V}$ 代入,然后求得 v_{OUT}。我们知道

$$i_{\mathrm{D}} = \frac{v_{\mathrm{OUT}}}{1\mathrm{k}\Omega}$$

用 MOSFET 的 SCS 模型代替 i_{D} 得到

$$2 \times 10^{-3}\,\frac{(11 - 1 - v_{\mathrm{OUT}})^2}{2} = \frac{v_{\mathrm{OUT}}}{1 \times 10^3}$$

简化上式得到

$$v_{\mathrm{OUT}}^2 - 21 v_{\mathrm{OUT}} + 100 = 0$$

该方程的两个根为 13.7 和 7.3。我们选择较小的那个。即

$$v_{\mathrm{OUT}} = 7.3\mathrm{V}$$

有效输出电压范围为

$$0\mathrm{V} \sim 7.3\mathrm{V}$$

相应的有效电流范围可将输出电压极限点的数值除以 $1\mathrm{k}\Omega$ 电阻得到,即

$$0/10^3 \sim 7.3/10^3$$

或

$$0 \sim 7.3\mathrm{mA}$$

7.6.3　用另一种方法求解有效输入和输出范围

7.6.2 节介绍了如何用放大器的传递曲线来确定放大器工作于饱和原则下的有效范围。同样地,我们还可以根据图 7.40 中的负载线和 MOSFET 元件特性用图形方法求得相同的限制。

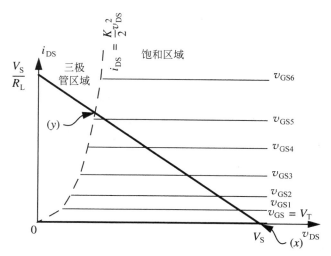

图 7.40　根据放大器负载线和 MOSFET 元件特性来确定有效输入输出电压范围

注意到在饱和原则下,使输出电压 v_{O} 有效的最低值就在区分三极管区域和饱和区域的约束曲线与负载曲线的交点上。约束曲线为

$$i_{DS} = \frac{K}{2} v_{DS}^2 \tag{7.39}$$

负载曲线为

$$i_{DS} = \frac{V_S}{R_L} - \frac{v_{DS}}{R_L} \tag{7.40}$$

图 7.40 中交点用 y 来表示。考虑到电流 i_{DS} 与输出电压 v_O（在我们放大器电路中等于 v_{DS}）在 KVL 的关系构成了负载线。将式(7.39)中的 i_{DS} 代入式(7.40)，整理并乘以 R_L 得到

$$R_L \frac{K}{2} v_{DS}^2 + v_{DS} - V_S = 0 \tag{7.41}$$

观察式(7.41)可知如果将 v_{DS} 替换为 $v_{IN} - V_T$，则与式(7.30)一样。由于在负载线与饱和区域边界的交点上满足

$$v_{DS} = v_{IN} - V_T \tag{7.42}$$

因此两个方程一致。

式(7.41)的正值解给出了交点的 v_{DS} 值

$$v_{DS} = \frac{-1 + \sqrt{1 + 2V_S R_L K}}{R_L K} \tag{7.43}$$

这个 v_{DS} 的值是 MOSFET 工作于饱和区域时 v_O 的最低值。相应的最高有效输入电压可由式(7.42)得到，即 $v_{IN} = v_O + V_T$。换句话说，在图 7.40 中的 y 点上，v_{IN} 为 $(-1 + \sqrt{1 + 2V_S R_L K})/(R_L K) + V_T$，$v_O$ 为 $(-1 + \sqrt{1 + 2V_S R_L K})/(R_L K)$。

接下来我们要确定有效输入电压的最低值，在图 7.40 中用点 x 表示。该点是负载线与 $v_{GS} = V_T$ 时的 i_{DS} 与 v_{DS} 曲线的交点。在该点上有 $v_O = v_{DS} = V_S$，而且 $v_{IN} = v_{GS} = V_T$。

到此就完成了我们关于 MOSFET 放大器大信号分析的讨论。大信号分析要确定放大器的输入输出传递曲线并求出使放大器工作于饱和原则下的输入电压限制。特别地，放大器的大信号分析包含如下步骤：

(1) 推导饱和原则下 v_{IN} 和 v_O 之间的关系。注意一般来说，该过程可能是线性或非线性的分析。

(2) 求饱和工作所对应的有效输入电压范围和有效输出电压范围。当 MOSFET 进入截止区域或三极管区域时可求得有效范围的极限值。在复杂电路中，这一步可能需要数值分析。

大信号分析所求得的限制在确定放大器合理工作点时很有用。下面我们就来讨论这个问题。

7.7 选择工作点

我们通常对放大随时间变化的信号感兴趣。由于放大器在输入电压小于 V_T 时关断，因此需要在随时间变化的输入信号中加上合适的 DC 偏移电压从而使得放大器在整个输入电压变化范围内始终处于饱和区域。该 DC 偏移电压定义了放大器的工作点。DC 偏移电压必须慎重选择，因为如果选得过大，则放大器会被推入三极管区域；而如果选得过小，则放大器会滑入截止区域。那么如何选择工作点呢？

图 7.35 所示的随时间变化的信号可用其峰峰电压及其 DC 偏移来表征。比如图 7.35

所示的正弦信号具有峰峰值 2V,DC 偏移 1.5V。由于 MOSFET 放大器是非线性的,因此我们定义输出偏移为当输入仅为 DC 偏移电压时的 v_O 值。如 7.5.1 节讨论的那样,虽然我们对于随时间变化的那部分信号感兴趣,但 DC 偏移也是非常重要的,它可以确保放大器运行于饱和区域。

　　输入偏移电压也称作输入偏置电压或输入工作电压。相应的输出电压和输出电流定义了放大器的输出工作点。输入偏置电压、相应的输出电压以及输出电流一起定义了放大器的工作点。我们将 v_{IN},v_O 和 i_D 在工作点的值分别表示为 V_{IN},V_O 和 I_D。如图 7.41 所示,负载线在 x 点与 y 点之间任意点都是有效工作点。

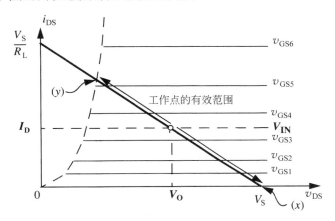

图 7.41　饱和原则下工作点的有效范围

　　有若干因素决定工作点参数的选择。比如,工作点规定了使得 MOSFET 在饱和区的输入信号的正偏移和负偏移的最大动态范围。如式(7.15)所示,工作点的输入电压值也影响了放大器的增益。本节将关注如何最大化输入信号范围,并据此选择工作点。在第 8 章的 8.2.3 节将讨论放大器增益与工作点的关系。

　　现在假设输入信号以 DC 偏移为中心有峰峰对称的变化。换句话说,我们假设随时间变化的信号以其 DC 偏移为中心具有相等幅值的正偏移和负偏移,即图 7.35 中输入信号 v_{IN} 的情况(但是输出信号 v_O 不是这样)。为了获得最大的有用输入范围,我们希望将输入偏置电压选择在放大器有效输入电压范围的中间,如图 7.42 所示。

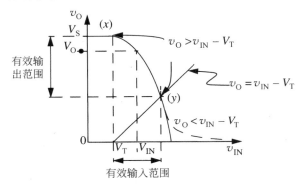

图 7.42　输入工作点的选择

下面利用我们一直使用的放大器参数

$$R_L = 10k\Omega \tag{7.44}$$

$$K = 1mA/V^2 \tag{7.45}$$

$$V_S = 5V \tag{7.46}$$

$$V_T = 1V \tag{7.47}$$

由于在饱和原则下放大器的输入电压范围是 $1V \sim 1.9V$,我们可以将输入工作点电压选择为这个范围的中心,即 $V_{IN} = 1.45V$。这种选择如图 7.43 所示,图中表示了 i_{DS} 与 v_{DS} 的关系。我们也将这种选择表示在图 7.44 中,图中表示了 v_{IN} 和 v_{OUT} 的关系。正如我们所预料的那样,输入在 $1V \sim 1.9V$ 之间的变化导致输出在 $5V \sim 0.9V$ 之间的变化。

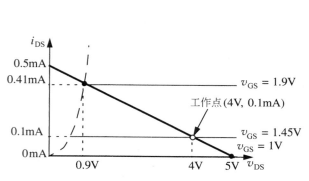

图 7.43　工作点和有效输入与输出电压范围

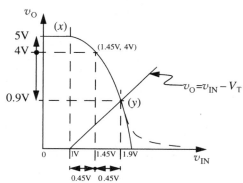

图 7.44　输入工作点

现在来仔细研究一下放大器在给定输入偏置电压下的性质,我们通过确定相应的输出工作点来进行研究。对于给定的输入工作点电压 V_{IN},可以根据式(7.14)来确定工作点输出电压 V_O,然后可根据 MOSFET 的 SCS 模型的式(7.8)来确定工作点输出电流 I_D。将电路参数代入式(7.14)得到

$$V_O = V_S - K\frac{(V_{IN} - V_T)^2}{2}R_L = 5 - 10^{-3} \times \frac{(1.45 - 1)^2}{2} \times 10^4 = 4V$$

从式(7.8)可以得到 I_D

$$I_D = \frac{K(V_{GS} - V_T)^2}{2} = \frac{10^{-3}(1.45 - 1)^2}{2} = 0.1mA$$

于是该放大器的工作点为

$$V_{IN} = 1.45V$$

$$V_O = 4V$$

$$I_D = 0.1mA$$

该工作点使放大器运行于饱和原则下时输入电压摆动的峰峰值最大。

这个放大器的工作点及其有效输入和输出电压范围如图 7.43 所示。对于所选的这个工作点,正偏移的最大输入电压范围为 $1.45V \sim 1.9V$,负偏移的最大电压范围为 $1.45V \sim 1V$。相应的输出电压范围分别为 $4V \sim 0.9V$ 和 $4V \sim 5V$。

虽然我们将工作点选择在有效输入范围的中间,但可以注意到输出电压范围并不关于输出工作点对称。这种非对称关系来自 MOSFET 放大器的非线性增益。下一章将讨论如

何将 MOSFET 放大器当做线性放大器来处理。我们也可以依据所希望的输入和输出电压摆动以及放大器的增益为其选择别的工作点。选择工作点的其余判据可能包括对稳定性和消耗功率的考虑,但这些考虑超出了我们讨论的范围。

例 7.11　MOSFET 源极跟随器电路的工作点　在图 7.24 所示源极跟随器电路中加入输入偏置电压使其输入电压摆动最大。假设 $V_S = 10V$。

图 7.45 表示了偏置后的电路,其中 V_B 是偏置电压,v_A 是输入信号。总信号 v_{IN} 是偏置电压与实际输入之和。输入偏置电压(V_B)用于提升输入信号(v_A),确保 MOSFET 在输入信号的最大正偏移和负偏移范围内始终处于饱和区域。

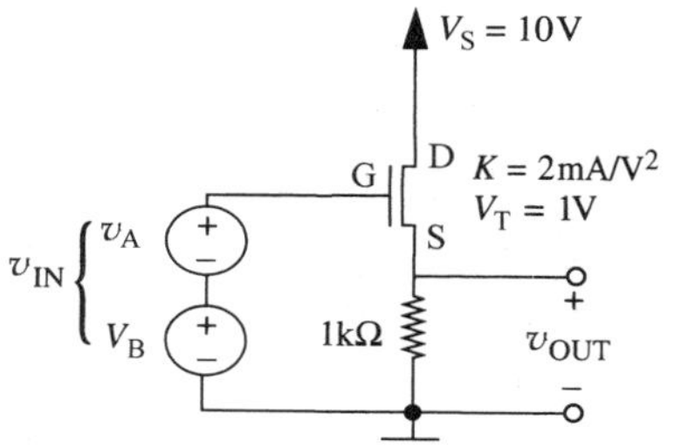

从例 7.10 可知,总输入 v_{IN} 的有效范围是

$$1V \sim 11V$$

我们可以将输入偏置选择为输入有效范围的中心,以使输入信号在饱和区域的变化范围最大。换句话说,我们可以选择

$$V_B = 6V$$

这种输入偏移电压的选择使得输入信号 v_A 可具有 10V 的峰峰摆动。

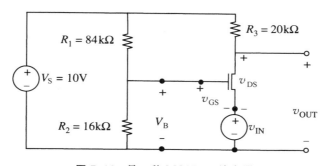

图 7.45　带有输入偏置的源极跟随器电路

例 7.12　另一个 MOSFET 放大器的大信号分析　图 7.46 所示电路为 MOSFET 放大器。要求确定该放大器的大信号输入输出特性。同时还要确定使 MOSFET 维持在饱和区中工作的 v_{IN} 范围。本例中假设 MOSFET 的参数为 $V_T = 1V$,$K = 1mA/V^2$。

图 7.46　另一种 MOSFET 放大器

其输入连至源极,由电阻 R_1 和 R_2 构成的分压器提供偏置

解　用电阻 R_1 和 R_2 构成的分压器由 V_S 在 MOSFET 栅极建立了恒定的偏置电压 V_B。该偏置电压为 $V_B = 1.6V$。

接下来应用 KVL 有 $v_{GS} = V_B - v_{IN}$。由此得到

$$v_{OUT} = V_S - \frac{R_3 K}{2}(V_B - v_{IN} - V_T)^2$$

代入值有

$$v_{OUT} = 10 - 10 \times (0.6 - v_{IN})^2$$

因此,如 $v_{IN} = 0V$,则 $v_{OUT} = 6.4V$。

接下来确定使 MOSFET 维持在饱和区中工作的 v_{IN} 范围。MOSFET 的电压必须满足 $v_{DS} \geq v_{GS} - V_T \geq 0$。由图 7.46 所示电路可知,这等效于

$$v_{OUT} - v_{IN} \geq V_B - v_{IN} - V_T \geq 0$$

如果违背第一个约束,MOSFET 进入三极管区域;如果违背第二个约束,MOSFET 进入截止区域。代入数值可知

$$-0.3695\text{V} \leqslant v_{\text{IN}} \leqslant 0.6\text{V}$$

对应着

$$0.6\text{V} \leqslant v_{\text{OUT}} \leqslant 10\text{V}$$

因此,v_{IN}的正负值均可使该 MOSFET 保持在饱和区域中。

　　例 7.13　双极结晶体管(Bipolar junction transistor,BJT)　图 7.47(a)表示另一种通常用于 VLSI 电路中的三端元件,称作双极结晶体管(BJT)。BJT 的三个接线端分别称为基极(B),集电极(C)和发射极(E)。图 7.47(b)在元件上标记了相关的电压和电流参数。

　　在这个例子中,我们把 BJT 的实际特性与其预期的简单分段线性模型进行比较。BJT 的实际特性(i_{C}与 v_{CE}在不同 i_{B} 条件下的曲线)如图 7.48 所示。i_{C} 和 v_{CE}关系中的水平线标志着当基极电流 $i_{\text{B}} > 0$ 和集电极-发射极电压(v_{CE})大于约 0.2V 时该元件的性质是一个受控电流源。电流源提供的典型电流值是基极电流的约 100 倍。虽然这些曲线从定性的角度看类似于 MOSFET 的曲线,但也存在一些区别。首先注意到我们将 BJT 的基极电流 i_{B} 选作控制参数(MOSFET 的控制参数是栅极-源极电压,栅极电流为零)。其次集电极电流与基极电流线性相关(MOSFET 虽然也可以看作电流源,但漏极电流与栅极-源极电压的平方成正比)。

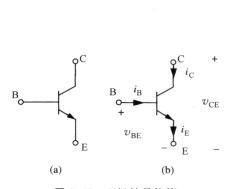

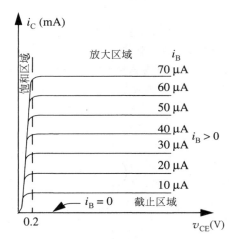

图 7.47　双极结晶体管　　　　　　图 7.48　双极结晶体管的实际特性曲线

　　BJT 的性质表明它在三个区域中工作。

　　(1) $i_{\text{B}} > 0$ 同时 $v_{\text{CE}} > 0.2\text{V}$ 时,BJT 处于放大区域(active region)。在这个区域中,水平的集电极电流曲线表现出电流源的性质。我们马上就要看到,放大区域是模拟电路设计最感兴趣的区域。

　　(2) $i_{\text{B}} = 0$ 时,BJT 处于截止区域(cutoff region)。

　　(3) 最后,$i_{\text{B}} > 0$ 同时 $v_{\text{CE}} \leqslant 0.2\text{V}$(即图 7.47 中垂直虚线左边的区域),此时集电极电流迅速下降,BJT 处于饱和区域(saguration region)[①]。

　　图 7.49(b)用包含流控电流源和一对二极管(一个基极-发射极二极管和一个基极-集电极二极管)的 BJT 的模型。受控源提供的电流是 $i_{\text{B}'}$ 的 β 倍。参数 β 是一个常数,其典型值约为 100。(我们不久就要看到,在我们感兴趣的 BJT 运行区域中,基极电流 $i_{\text{B}} = i_{\text{B}'}$)。

　　虽然可以直接分析图 7.49(b)所示电路,但采用二极管简单的分段线性模型还是能够明显简化分析过

---

　　① 　BJT 的饱和区域与 MOSFET 的饱和区域完全无关。事实上,一般要避免让 BJT 运行于饱和区域中。该术语的重复(一个表示 MOSFET 的感兴趣的运行区域,另一个表示 BJT 的需要避免的运行区域)可能引起误解,但不幸的是这种术语在电子电路中已经普及了。

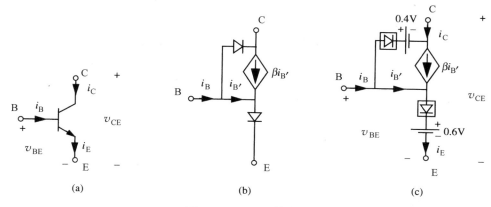

图 7.49　BJT 及其模型

（a）双极结晶体管；（b）BJT 的模型；（c）BJT 的分段线性模型

程。图 7.49(c)表示了这样的 BJT 分段线性模型,其中用简单的包含一个理想二极管与一个电压源串联（图 4.33(a)）的二极管分段线性模型来替换二极管。在图 7.49(c)所示模型中,受控电流源对 BJT 的水平放大区域曲线进行建模。

两个二极管的状态（同时导通,同时关断,一个关断一个导通）导致 BJT 不同的分段线性区域。图 7.49(c)中两个二极管均为关断是对截止区域建模:基极电流为零,两个二极管均关断,因此电流源置零。图 7.50(a)表示了截止区域中 BJT 的模型。观察到在截止区域中有

$$i_{\mathrm{B}} = i_{\mathrm{B}'}$$

原因在于基极-集电极二极管关断。

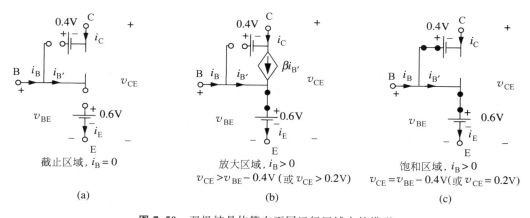

图 7.50　双极结晶体管在不同运行区域中的模型

当 $i_{\mathrm{B}} > 0$ 同时

$$v_{\mathrm{CE}} > v_{\mathrm{BE}} - 0.4\mathrm{V} \tag{7.48}$$

时,发射极二极管导通,集电极二极管关断,导致晶体管运行于放大区域。在这个运行区域中,如图 7.50(b)所示,基极和发射极的理想二极管开通并表现出短路的性质。0.6V 的电源模型表示了对应的 0.6V 二极管压降。进一步观察到在放大区域中由于基极-集电极二极管关断,因此有

$$i_{\mathrm{B}} = i_{\mathrm{B}'}$$

在放大区域中,基极电流 $i_{\mathrm{B}} > 0$,BJT 在基极和发射极接线端上表现出大约为 0.6V 的恒定压降（这个因素在图 7.48 所示的特性曲线中没有表现出来）。

条件 $v_{CE} > v_{BE} - 0.4\text{V}$ 确保了基极-集电极二极管处于关断状态。将集电极电压必须高于基极电压与 0.4V 之差作为条件的原因在于,如果该条件不成立,基极-发射极二极管将导通[①]。在放大区域中受控电流源将基极提供的电流放大 β 倍,因此集电极电流就是

$$i_C = \beta i_B$$

联系在放大区域中有 $i_B = i_{B'}$,因此发射极电流为

$$i_E = i_B(\beta + 1)$$

在放大区域中,BJT 的分段线性模型可以总结为

$$i_C = \begin{cases} \beta i_B & i_B > 0 \text{ 且 } v_{CE} > v_{BE} - 0.4\text{V} \\ 0 & \text{其余情况} \end{cases} \tag{7.49}$$

图 7.49(c) 中的基极-集电极二极管有助于对进入饱和区域的过程进行建模。特别地,当基极-集电极二极管和基极-发射极二极管都导通时导致饱和。当 $i_B > 0$ 但式 (7.48) 所示条件不满足时,比如当下式满足

$$v_{CE} = v_{BE} - 0.4\text{V}$$

或等效地如果式

$$v_{BC} = 0.4\text{V} \text{ 或 } v_{CE} = 0.2\text{V}$$

满足,则基极-集电极二极管也导通,于是导致 BJT 运行于饱和区域。BJT 的饱和区域模型如图 7.50(c) 所示。在 BJT 的饱和区域中,BJT 模型不再像电流源,而是在基极到集电极和基极到发射极上表现出很低阻值的通路(由于一对正向偏置二极管的作用)。由于低阻值的原因,电流由外部电路来确定。沿着 E,B,C 路径求电压我们就发现集电极-发射极电压固定为 0.2V,与电流 i_C 无关。

这个模型尚不完整。还有另一种状态,如果基极-集电极电压为 0.4V 同时基极-集电极电压小于 0.6V,则发射极二极管关断,同时集电极二极管导通。该运行区域称为反向注入区域(reverse injection region)。在这个区域中 BJT 的性质就像一个基极与集电极之间正向偏置的二极管,发射极开路。

为简单起见,在我们的讨论中不会研究反向注入区域和饱和区域。因此 BJT 电路的设计也需要完全避免这些区域。

在本例的余下部分,我们将讨论图 7.49(c) 所示的 BJT 的分段线性模型,并将根据该模型得到的预期性能与图 7.48 所示实际测量性能(不同 i_B 对应的 i_C 与 v_{CE} 关系)进行比较。我们将在 $\beta = 100$ 的条件下画出分段线性模型的特性曲线。

为了画出特性曲线,我们需要将 BJT 的运行确定在两个感兴趣的分段线性运行区域中,即图 7.50 中的截止区域和放大区域。我们首先观察到如果 BJT 关断(当 $i_B = 0$ 时),则 i_C 为零,如图 7.50(a) 所示。图 7.51 中用标记为"截止区域"的曲线来描述这种情况。

接下来当 $i_B > 0$ 以及 $v_{CE} > v_{BE} - 0.4\text{V}$(或等效地 $v_{CE} > 0.2\text{V}$)时,集电极电流固定为基极电流的 β 倍,如图 7.50(b) 所示。在图 7.51 所示的 i_C 与 v_{CE} 关系中,这些固定的电流曲线用水平线来表示。由于 β 是一个常数,因此 i_C 与 i_B 的关系是线性的,因此 i_B 相同增量对应的水平线具有相同的距离。

最后,当 $i_B > 0$ 以及 $v_{CE} = v_{BE} - 0.4\text{V}$(或等效地 $v_{CE} = 0.2\text{V}$)时进入模型的饱和区域,如图 7.50(c) 所示。图中正确地将 v_{CE} 固定在 0.2V 上。与 i_C 相对应的 $v_{CE} = 0.2\text{V}$ 的垂直线表示一种类似短路的行为,此

---

① 虽然运行于放大区域的条件为

$$v_{CE} > v_{BE} - 0.4\text{V}$$

等效于另一个更为简单的约束

$$v_{BC} < 0.4\text{V} \quad \text{或} \quad v_{CE} > 0.2\text{V}$$

但对图 7.49(c) 所示模型应用电压形式的 KVL 就可以发现,我们用前一种表示方法的原因在于 MOSFET 在饱和区域中运行时我们将漏极-源极电压约束表示为

$$v_{DS} > v_{GS} - V_T$$

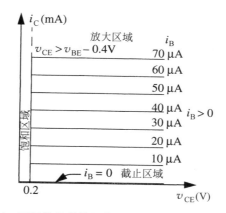

图 7.51　双极结晶体管用分段线性模型描述的特性曲线

时集电极电流仅由外部电路约束确定。

图 7.48 和图 7.51 中曲线的相似表明,我们的简单分段线性模型与 BJT 的性质吻合得很好。

最后再讨论一点。虽然 BJT 的分段线性模型一下子看起来有点复杂,但是常用的模拟电路设计使得 BJT 始终在放大区域中运行,基极-集电极二极管始终关断[①]。我们可在正常运行时让基极-集电极电压始终不超过 0.4V 来达到这一效果,即 $v_{BC} < 0.4V$ 或等效地 $v_{CE} > v_{BE} - 0.4V$。这个假设在本书所有关于 BJT 的电路中都成立,因此集电极二极管始终可以被忽略。最后得到简化的 BJT 模型如图 7.52 所示。

例 7.14　BJT 电路参数　图 7.53 表示了在一个电路中测量出的 BJT 的 i_B 和 v_{CE} 值。用包括两个理想二极管和两个电压源的 BJT 模型(图 7.49(c))来求相应的 v_{BE}、i_C 和 i_E 的值

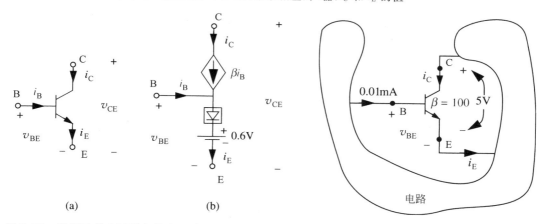

（a）　　　　　　　　　　（b）

图 7.52　适用于截止区域和放大区域的简化 BJT 模型　　　　**图 7.53**　电路中的双极结晶体管

解　由于 $i_B > 0$ 同时 $v_{CE} > 0.2V$,可以说明 BJT 运行于放大区域中。换句话说,图 7.49(c)中的发射极二极管一定开通,集电极二极管一定关断(参见图 7.50(b)所示的放大区域 BJT 模型)。由于发射极二极管导通,因此表现出短路的性质,即

$$v_{BE} = 0.6V$$

---

①　这种设计上的选择和我们在 MOSFET 中遇到的一样,在那里需要选择电路的参数从而使得 MOSFET 总是运行于饱和区域中。

基于图 7.50(b)所示的放大区域模型,由于 $i_B = 0.01\text{mA}$,因此

$$i_C = \beta i_B = 1\text{mA}$$

将基极和集电极流入的电流相加得到

$$i_E = i_B + i_C = 1.01\text{mA}$$

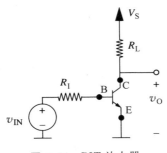

图 7.54 BJT 放大器

例 7.15 BJT 放大器 图 7.54 表示一个基于 BJT 的放大器电路。这种 BJT 放大器结构被称为共射放大器,原因在于输入端口和输出端口共用 BJT 的发射极接线端。用 BJT 的分段线性模型来确定 v_O 和 v_{IN} 的关系。假设 BJT 元件工作于放大区域中。根据得到的关系来确定 v_{IN} 分别等于 1V,1.1V 和 1.2V 时的 v_O。已知 $R_I = 100\text{k}\Omega$,$R_L = 10\text{k}\Omega$,$\beta = 100$,$V_S = 10\text{V}$。

解 图 7.55 表示了将 BJT 替换为分段线性模型以后得到的放大器等效电路。注意到,由于已知 BJT 运行于放大区域,因此我们可以放心地忽略集电极二极管,使用图 7.52 所示的简化 BJT 模型。图 7.56 进一步表示了放大器的放大区域子电路。

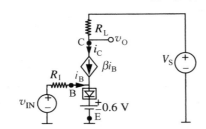

图 7.55 BJT 放大器的等效电路

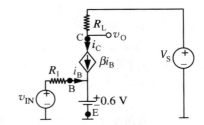

图 7.56 BJT 放大器的放大区域子电路

可根据放大区域子电路比较容易地求得 v_O 与 v_{IN} 的关系。流经 R_I 的电流就是电阻上的电压差除以电阻

$$i_B = \frac{v_{IN} - 0.6\text{V}}{R_I} \tag{7.50}$$

一旦知道 i_B,我们就可以通过列写电压为 v_O 的节点电压方程确定输出电压,即

$$\frac{V_S - v_O}{R_L} = \beta i_B$$

将式(7.50)中的 i_B 代入上式并化简可以得到 v_O 与 v_{IN} 关系

$$v_O = V_S - \frac{v_{IN} - 0.6\text{V}}{R_I} \beta R_L \tag{7.51}$$

接下来将 $R_I = 100\text{k}\Omega$,$R_L = 10\text{k}\Omega$,$\beta = 100$,$V_S = 10\text{V}$ 代入得到

$$v_O = 16\text{V} - 10 v_{IN}$$

对于 v_{IN} 分别等于 1V,1.1V 和 1.2V,v_O 分别等于 6V,5V 和 4V。

此外我们还要验证一下 BJT 在最大输入电压时是否真正位于放大区域内。(考虑到基极电压越高,则图 7.49(c)中的集电极二极管越容易导通。因此我们只需要检查最高的输入电压即可。)

本例中的最高输入电压是 1.2V,对应的集电极电压 $v_O = 4\text{V}$。由于在该电路中 $v_O = v_{CE} = 4\text{V}$,因此基极-集电极电压为

$$v_{BC} = v_{BE} - v_{CE} = 0.6\text{V} - 4\text{V} = -3.4\text{V}$$

由于图 7.49(c)中集电极二极管上的电压 v_{BC} 小于 0.4V,因此集电极二极管关断。(等效地,由于 $v_{CE} > 0.2\text{V}$,我们可以直接说集电极二极管关断)。于是我们验证了 BJT 在放大区域中运行。

例 7.16 BJT 放大器的大信号分析 对图 7.54 所示 BJT 放大器进行大信号分析。假设 $R_I = 100\text{k}\Omega$,

$R_L = 10\text{k}\Omega, \beta = 100, V_S = 10\text{V}$。

解　对于输入为 v_{IN}，输出为 v_O 的 BJT 电路来说，大信号分析需要回答下面两个问题：

（1）放大区域中 v_O 与 v_{IN} 的函数关系是什么？

（2）确保 BJT 在放大区域运行的有效输入信号范围是什么，对应的输出信号范围是什么？

根据例 7.15 中的式（7.51）我们知道 BJT 放大器的 v_O 与 v_{IN} 关系为

$$v_O = V_S - \frac{v_{IN} - 0.6\text{V}}{R_I}\beta R_L$$

于是就完成了大信号分析的第一步。

接下来求 BJT 运行于放大区域的输入信号范围。我们首先需要画出 v_O 与 v_{IN} 关系曲线，这样可以获得对不同输入电压值所对应的放大器性质的直观理解。当 $v_{IN} = 0$ 时，我们知道 $i_B = 0$，因此 BJT 截止。BJT 放大器的截止区域子电路如图 7.57 所示。在截止区域中，两个二极管和电流源都开路。容易从图 7.57 中看出

$$v_O = V_S$$

观察图 7.55 所示放大器的等效电路可知，如果 $v_{IN} < 0.6\text{V}$，则 i_B 一定为零（理想二极管保持关断）。因此只要 $v_{IN} < 0.6\text{V}$，则 v_O 一定保持 V_S。这个事实用图 7.58 中 $v_{IN} < 0.6\text{V}$ 时的水平直线来表示。

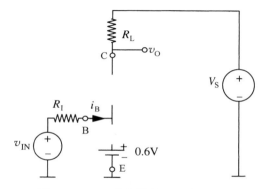

图 7.57　BJT 放大器截止区域子电路

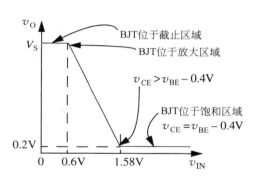

图 7.58　BJT 放大器的 v_O 与 v_{IN} 关系曲线

当 v_{IN} 稍微超过 0.6V 时[①]，理想二极管开通，电流开始流经电阻 R_I。在这种情况下得到图 7.56 所示的放大区域等效电路。在放大区域中，v_O 由下式确定

$$v_O = V_S - \frac{v_{IN} - 0.6\text{V}}{R_I}\beta R_L \tag{7.52}$$

该关系在图 7.58 的 v_O 与 v_{IN} 关系中表现为一条斜率为 $-\beta R_L / R_I$ 的直线。于是

$$v_{IN} = 0.6\text{V}$$

和

$$i_B = 0$$

是放大区域输入参数的下界。

放大区域中 v_O 与 v_{IN} 关系表明，v_O 随着 v_{IN} 的增加而线性降低。只要 BJT 在放大区域中工作，这个线性关系就成立。当 v_{IN} 较大，v_O 较小时下式不再满足

$$v_{CE} > v_{BE} - 0.4\text{V}$$

此时输入电压达到放大区域的上界。

由于 $v_{CE} = v_O$，v_{BE} 固定为 0.6V（根据图 7.56 所示的放大区域放大器子电路），因此当式

---

① 如果 v_{IN} 比 0.6V 大得多，BJT 可能进入饱和区域。我们马上就要讨论饱和区域边界。

$$v_\text{O} = 0.6\text{V} - 0.4\text{V} = 0.2\text{V}$$

满足时 v_O 达到放大区域的边界点。对应的 i_C 值为

$$i_\text{C} = \frac{V_\text{S} - 0.2\text{V}}{R_\text{L}} = 980\mu\text{A}$$

对应于该输出电压的输入电压可通过求解式(7.52)得到,即

$$0.2\text{V} = 10\text{V} - \frac{v_\text{IN} - 0.6\text{V}}{100\text{k}\Omega} \times 100 \times 10\text{k}\Omega$$

求解上式得到

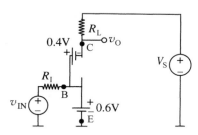

$$v_\text{IN} = 1.58\text{V}$$

这个关于 v_IN 的放大区域上界已经标记在图 7.58 中。相应的 i_B 值为

$$i_\text{B} = \frac{v_\text{IN} - 0.6\text{V}}{R_\text{I}} = 9.8\mu\text{A}$$

一旦 BJT 离开放大区域而进入饱和区域($v_\text{IN} > 1.58\text{V}$),则应用图 7.50(c)所示的 BJT 饱和模型,图 7.59 所示的等效子电路很好地表示了此时放大器在饱和区域中的运行性质。直接应用 KVL 可以得到 v_O

$$v_\text{O} = 0.6\text{V} - 0.4\text{V} = 0.2\text{V}$$

图 7.59　BJT 放大器的饱和区域子电路

换句话说,如果输入电压 v_IN 超过 1.58V,则 BJT 在饱和区域中,此时 v_O 固定为 0.2V。这个事实在图 7.57 中用 $v_\text{O} = 0.2\text{V}$ 的水平线来表示。

总结一下,放大区域运行对输入的限制为

$$0.6\text{V} < v_\text{IN} < 1.58\text{V}$$

和

$$0 < i_\text{B} < 9.8\mu\text{A}$$

相应的输出限制为

$$10\text{V} > v_\text{O} > 0.2\text{V}$$

应用 $i_\text{C} = \beta i_\text{B}$ 得到

$$980\mu\text{A} > i_\text{C} > 0\text{A}$$

例 7.17　为 BJT 放大器选择工作点　为例 7.16 中的放大器选择工作点,从而使输入电压变化范围最大。相应的输出工作点和输出电压变化范围是多少? 输出电压摆动是否关于输出工作点对称?

解　将图 7.54 所示 BJT 放大器电路重绘于图 7.60 以明确表明输入电压 v_IN 等于偏置电压 V_B 与信号 v_A 之和。第一个任务是求输入工作点 (V_B, I_B)。我们复习一下例 7.16 就可以完成这一步。

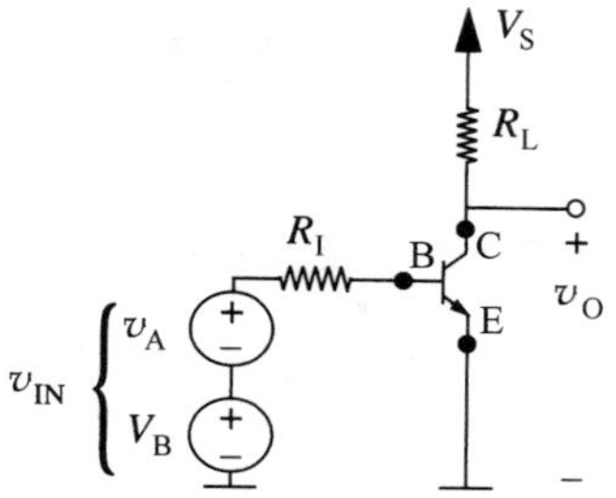

在例 7.16 中我们知道,确保 BJT 在放大区域运行的总输入电压 v_IN 的有效范围是

$$0.6\text{V} < v_\text{IN} < 1.58\text{V}$$

相应的输入电流范围是

图 7.60　明确表示输入偏置电压的 BJT 放大器

$$0 < i_\text{B} < 9.8\mu\text{A}$$

我们可以将输入偏置设在输入有效范围的中点来使输入在放大区域中的变化范围最大。换句话说,我们选择

$$V_\text{B} = 1.09\text{V}$$

和

$$I_\text{B} = 4.9\mu\text{A}$$

相应输出工作点 V_O 的值可通过式(7.52)求得

$$v_O = V_S - \frac{(v_{IN} - 0.6\text{V})}{R_I}\beta R_L = 5.1\text{V}$$

类似地,输出工作点电流 I_C 由式

$$i_C = \beta i_B = 490\mu\text{A}$$

给定。

从例 7.16 我们可以知道输出电压在放大区域的变化范围为

$$10\text{V} > v_O > 0.2\text{V}$$

我们选择的工作点 5.1V 落在该范围的中心,因此输出变化范围关于工作点 5.1V 对称。这种对称性的原因在于 BJT 在线性区域中的线性。请读者将这个结果与 MOSFET(7.7 节)的结果进行比较。MOSFET 的输出变化范围不对称,原因在于 MOSFET 在其饱和区域中的非线性。

WWW 例 **7.18**　更好的 **BJT** 模型

例 **7.19**　差分放大器的大信号分析　本例研究图 7.62 所示的差分放大器。差分放大器在模拟信号处理中得到广泛应用,是运算放大器的核心部分。对差分放大器应用的讨论比较适合在小信号分析中展开,因此我们把详细的介绍放入第 8 章。此外例 7.21 将详细讨论运算放大器电路,而运算放大器的应用则放到第 15 章。因此当前我们仅仅把图 7.62 所示电路作为 MOSFET 放大器的另一个例子。

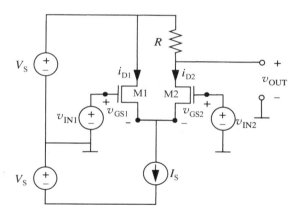

图 **7.62**　差分放大器

图 7.62 所示电路有两个输入电压 v_{IN1} 和 v_{IN2},一个输出电压 v_{OUT}。本例需要确定 v_{OUT} 和 v_{IN1}、v_{IN2} 的函数关系。电源 V_S 和 I_S 仅用于向放大器提供偏置,设为恒定值。

首先假设两个 MOSFET 完全一样,因此均工作于饱和区域中,有

$$i_{D1} = \frac{K}{2}(v_{GS1} - V_T)^2 \tag{7.53}$$

$$i_{D2} = \frac{K}{2}(v_{GS2} - V_T)^2 \tag{7.54}$$

接下来在 MOSFET 与电流源相交的节点上应用 KCL 得到

$$i_{D1} + i_{D2} = I_S \tag{7.55}$$

在通过两个 MOSFET 和地的回路中应用 KVL 得到

$$v_{IN1} - v_{GS1} + v_{GS2} - v_{IN2} = 0 \tag{7.56}$$

最后,对于放大器的输出来讲有

$$v_{OUT} = V_S - Ri_{D2} \tag{7.57}$$

其中假设 $i_{OUT} = 0$。可通过联立求解式(7.53)至式(7.57)得到 v_{OUT} 和 v_{IN1}、v_{IN2} 的函数关系。接下来我们采

用两步法完成这项工作。首先可求解式(7.53)至式(7.56)，从而确定 i_{D2} 和 v_{IN1}、v_{IN2} 的函数关系，然后应用式(7.57)根据 i_{D2} 确定 v_{OUT}。

为了确定 i_{D2}，首先将式(7.53)代入式(7.55)以消去 i_{D1}，然后将式(7.56)代入结果中以消除 v_{GS1}，最后在结果中代入式(7.54)以消除 v_{GS2}，从而得到

$$I_S = i_{D2} + \frac{K}{2}\left(v_{IN1} - v_{IN2} + \sqrt{\frac{2i_{D2}}{K}}\right)^2 \tag{7.58}$$

式(7.58)是关于 $\sqrt{2i_{D2}/K}$ 的二次方程，可重写为

$$2\left(\sqrt{\frac{2i_{D2}}{K}}\right)^2 + 2(v_{IN1} - v_{IN2})\sqrt{\frac{2i_{D2}}{K}} + (v_{IN1} - v_{IN2})^2 - \frac{2I_S}{K} = 0 \tag{7.59}$$

由式(7.58)和式(7.59)可知，MOSFET 工作于饱和区域时 i_{D2} 仅与 $v_{IN1} - v_{IN2}$ 有关。这就是该电路被称为差分放大器的原因。

式(7.59)的解为

$$i_{D2} = \frac{K}{8}\left(\sqrt{\frac{4I_S}{K} - (v_{IN1} - v_{IN2})^2} - (v_{IN1} - v_{IN2})\right)^2 \tag{7.60}$$

注意式(7.60)是式(7.59)带有正号的解，原因在于 $\sqrt{2i_{D2}/K}$ 必须是正值。最后将式(7.60)代入式(7.57)得到

$$v_{OUT} = V_S - \frac{RK}{8}\left(\sqrt{\frac{4I_S}{K} - (v_{IN1} - v_{IN2})^2} - (v_{IN1} - v_{IN2})\right)^2 \tag{7.61}$$

由于对称性，i_{D1} 的解为

$$i_{D1} = \frac{K}{8}\left(\sqrt{\frac{4I_S}{K} - (v_{IN2} - v_{IN1})^2} - (v_{IN2} - v_{IN1})\right)^2 \tag{7.62}$$

由式(7.60)和式(7.62)可知，差分电压 $v_{IN1} - v_{IN2}$ 的符号控制总电流 I_S 向 i_{D1} 和 i_{D2} 的分流。

只有当 MOSFET 在饱和区域中工作时式(7.60)至式(7.62)才成立。工作于饱和区域的一个条件是 $|v_{IN1} - v_{IN2}|$ 不能太大从而使得某个 MOSFET 截止。即 $2i_{D2}/K$ 的开方和 $2i_{D1}/K$ 的开方必须为正。根据式(7.53)和式(7.54)，这等效于 $v_{GS1} > V_T$ 和 $v_{GS2} > V_T$。根据式(7.60)和式(7.62)，只要下式满足，则可避免截止。

$$\frac{2I_S}{K} > (v_{IN1} - v_{IN2})^2 \tag{7.63}$$

此外，MOSFET 均不允许进入三极管区域。只要选择足够大的 V_S，或者进一步限制 v_{IN1} 和 v_{IN2} 范围就可实现这个要求。

例 7.20　更多关于差分放大器的讨论　接下来用数值例子来讨论例 7.19 所示差分放大器。本例中 $V_S = 10V$，$I_S = 0.5mA$，$K = 1mA/V^2$，$V_T = 1V$，$R_1 = 10k\Omega$。

解　给定这些参数后，式(7.61)可写为

$$v_{OUT} = 10V - 1.25V^{-1}\left(\sqrt{2V^2 - (v_{IN1} - v_{IN2})^2} - (v_{IN1} - v_{IN2})\right)^2 \tag{7.64}$$

当 $v_{IN1} = v_{IN2}$ 时，$i_{D1} = i_{D2} = I_S/2 = 0.25mA$，$v_{OUT} = 7.5V$。

进一步根据式(7.63)可知，为避免截止，需要

$$|v_{IN1} - v_{IN2}| < 1V \tag{7.65}$$

相应的输出电压会从 10V（根据 $v_{IN1} - v_{IN2} = 1V$ 知此时 MOSFET M2 截止）变化到 5V（根据 $v_{IN2} - v_{IN1} = 1V$ 知此时 MOSFET M1 截止）。

例 7.21　运算放大器的大信号分析　图 7.62 所示的差分放大器在 $v_{IN1} = v_{IN2}$ 时输出 v_{OUT} 不等于零，因此不太适合应用于运算放大器中，这一点在第 15 章将详细讨论。如果再加上一个 P 沟道 MOSFET 共源极放大器，则可满足需求，如图 7.63 所示。共源极放大器移动了输出电平，使得在 $v_{IN1} = v_{IN2}$ 时输出 $v_{OUT} = 0$。该电路还提供更大的电压增益。因此图 7.63 所示电路构成了简单的运算放大器。

P 沟道 MOSFET 的特性镜像类似于 N 沟道 MOSFET。饱和区域中的 v_{GS}、v_{DS} 和 i_D 均为负值。此外

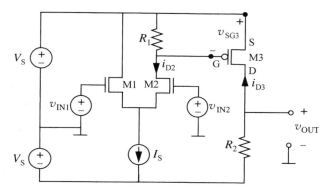

图 7.63 用差分放大器和 P 沟道 MOSFET 构成的运算放大器

V_T 的典型值也是负的。只有 K 参数是正值。因此对于 P 沟道 MOSFET 来说,在饱和区域中有

$$i_D = -\frac{K}{2}(v_{GS} - V_T)^2 \tag{7.66}$$

$$v_{DS} \leqslant v_{GS} - V_T \leqslant 0 \tag{7.67}$$

通常人们习惯于使用正数。因此式(7.66)和式(7.67)可改写为

$$-(-i_D) = \frac{K}{2}(v_{SG} + V_T)^2 \tag{7.68}$$

$$v_{SD} \geqslant v_{SG} + V_T \geqslant 0 \tag{7.69}$$

式(7.68)和式(7.69)中,v_{SG}、v_{SD}、$-i_D$ 和 K 均为正值。只有 V_T 是负值。这里采用第二种表示方法。

为了将运算放大器的 v_{OUT} 表示为 v_{IN1} 和 v_{IN2} 的函数,我们继续假设两个 N 沟道 MOSFET 完全相同,三个 MOSFET 均工作于饱和区域中。为了把 N 沟道 MOSFET 和 P 沟道 MOSFET 区分开,我们用 K_N 和 V_{TN} 来表示 N 沟道 MOSFET 的参数,而用 K_P 和 V_{TP} 来表示 P 沟道 MOSFET 的参数。除了 V_{TP} 外所有参数均为正值。

例 7.19 已经分析过运算放大器的差分部分。特别是根据例 7.19 的式(7.60)可知

$$v_{SG3} = R_1 i_{D2} = \frac{R_1 K_N}{8}\left(\sqrt{\frac{4I_S}{K_N} - (v_{IN1} - v_{IN2})^2} - (v_{IN1} - v_{IN2})\right)^2 \tag{7.70}$$

由 P 沟道 MOSFET 构成的共源极放大器的特性为

$$v_{OUT} = -V_S + R_2(-i_{D3}) = -V_S + \frac{R_2 K_P}{2}(v_{SG3} + V_{TP})^2 \tag{7.71}$$

将式(7.70)代入式(7.71)得到

$$v_{OUT} = \frac{R_2 K_P}{2}\left\{\frac{R_1 K_N}{8}\left[\sqrt{\frac{4I_S}{K_N} - (v_{IN1} - v_{IN2})^2} - (v_{IN1} - v_{IN2})\right]^2 + V_{TP}\right\}^2 - V_S \tag{7.72}$$

最后,为了满足 $v_{IN1} = v_{IN2}$ 时输出 $v_{OUT} = 0$,需要

$$V_S = \frac{R_2 K_P}{2}\left(\frac{R_1 I_S}{2} + V_{TP}\right)^2 \tag{7.73}$$

一般来说,还需要求出所有 MOSFET 处于饱和区域的条件。为了简洁起见,这里没有继续推导。

例 7.22 运算放大器电路的数值分析 下面来进行例 7.21 中运算放大器的数值分析。和例 7.20 一致,设 $V_S = 10V$,$I_S = 0.5mA$,$K_N = 1mA/V^2$,$V_{TN} = 1V$,$R_1 = 10k\Omega$。进一步设 $K_P = 1mA/V^2$,$V_{TP} = -1.5V$。

解 根据式(7.73),为了满足 $v_{IN1} = v_{IN2}$ 时输出 $v_{OUT} = 0$,需要 R_2 为 $20k\Omega$。由式(7.72)得到无负载时运算放大器的输入输出关系(假设所有的 MOSFET 均工作于饱和区)。

$$v_{OUT} = 10V^{-1}\{1.25V^{-1}\left[\sqrt{2V^2 - (v_{IN1} - v_{IN2})^2} - (v_{IN1} - v_{IN2})\right]^2 - 1.5V\}^2 - 10V \tag{7.74}$$

式(7.74)是比较复杂的非线性方程。但第 8 章可知,该方程在小信号条件下可明显简化,得到线性关系。

7.8 MOSFET 的开关统一(SU)模型

本节介绍一种 MOSFET 更为精细的模型,忽略本节不失本书的连续性。

图 7.12 所示 MOSFET 的实际特性表明,MOSFET 在三极管区域中具有很有趣的性质。对于固定的 v_{GS},我们用 SR 模型的线性电阻来近似这种性质。显然如果我们改变 v_{GS},则 SR 模型无法描述 MOSFET 的特性。更糟糕的是,即使对于给定的 v_{GS} 值来说,当 v_{DS} 值接近 $v_{GS}-V_T$ 时 SR 模型也不再准确。为了达到更精确的目的,我们提出一种 MOSFET 在三极管区域运行时更为精确的模型。这种更为精细的模型放弃了分段线性方法,而将 MOSFET 在三极管区域中的性质表示为非线性电阻,其阻值受 v_{GS} 的控制。在与饱和区域的 SCS 模型结合后,三极管区域中的非线性电阻模型得到了若干连续的 MOSFET 曲线。最终得到的这种结合三极管区域和饱和区域的模型被称为 MOSFET 的开关统一(switch unified)模型或 SU 模型。

SU 模型可总结为下面的表达式

$$i_{DS} = \begin{cases} K\left[(v_{GS}-V_T)v_{DS} - \dfrac{v_{DS}^2}{2}\right] & v_{GS} \geqslant V_T \text{ 且 } v_{DS} < v_{GS}-V_T \\ \dfrac{K(v_{GS}-V_T)^2}{2} & v_{GS} \geqslant V_T \text{ 且 } v_{DS} \geqslant v_{GS}-V_T \\ 0 & v_{GS} < V_T \end{cases} \tag{7.75}$$

MOSFET 的 SU 模型特性曲线如图 7.64 所示。如前所述,注意到,图中三极管区域和饱和区域的曲线是连续的,这对图 7.11 所示 MOSFET 实际特性曲线提供了很好的近似。

例 7.23 用 SU 模型进行分析 求图 7.65 所示 MOSFET 电路中的电压 v_O。已知 MOSFET M1 工作于饱和区域,而 MOSFET M2 工作于三极管区域。MOSFET 的参数如图 7.65 所示。

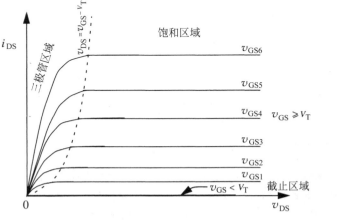

图 7.64 MOSFET 元件 SU 模型的特性

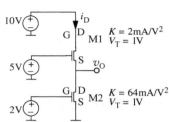

图 7.65 包含两个 MOSFET 的电路
已知 M1 工作于饱和区域而 M2 工作于三极管区域

解　对图 7.65 所示的 MOSFET 电路,两个 MOSFET 的 i_{DS} 相同。因此我们可列写两个 MOSFET 的 i_{DS} 表达式并令其相等,这样就可以求出 v_O。已知 M1 工作于饱和区域,因此可以用饱和区域方程。因此对应 MOSFET M1 来说有

$$i_D = K \frac{(v_{GS} - V_T)^2}{2}$$

将 $v_{GS} = 5\mathrm{V} - v_O$,$V_T = 1\mathrm{V}$ 和 $K = 2\mathrm{mA/V^2}$ 代入得到

$$i_D = 10^{-3}(4 - v_O)^2 \tag{7.76}$$

接下来由于已知 M2 工作于三极管区域,因此我们知道

$$i_D = K\left[(v_{GS} - V_T)v_{DS} - \frac{v_{DS}^2}{2}\right]$$

将 $v_{GS} = 2\mathrm{V} - 1\mathrm{V}$,$V_T = 1\mathrm{V}$,$v_{DS} = v_O$ 和 $K = 64\mathrm{mA/V^2}$ 代入并化简得到

$$i_D = 64 \times 10^{-3}\left(v_O - \frac{v_O^2}{2}\right) \tag{7.77}$$

令式(7.76)和式(7.77)右边项相等,经过化简可以得到下面的 v_O 方程

$$33v_O^2 - 72v_O + 16 = 0$$

可求解出

$$v_O = 0.25\mathrm{V}$$

当 $v_O = 0.25\mathrm{V}$ 时,容易看出 M1 实际上就是工作于饱和区域,M2 实际上就是工作于三极管区域。

7.9　小结

- 在前面的两章中逐渐深入地讨论了 MOSFET 的若干模型。本节对这些模型进行总结并讨论每种模型适用的场合。

- MOSFET 最简单的模型是 S 模型。这种开关模型对 MOSFET 的导通-关断性质进行建模。因此当设计者仅考虑包含 MOSFET 电路逻辑性质时 S 模型适用。换句话说,当感兴趣的电压值仅为高或者低时适用。因此 S 模型通常用于实现某个给定逻辑函数的数字电路。S 模型在某些模拟电路场合也有用,此时 MOSFET 除了导通-关断性质以外对电路的运行没有其他影响。将 MOSFET 用作开关的很多电源电路属于这一种情况。

- 在 MOSFET 的 SR 模型中,当 MOSFET 处于 ON 状态并且 v_{GS} 固定时,将 MOSFET 的性质描述为一个电阻。SR 模型对大多数涉及数字电路的简单分析(比如有关静态原则的电平计算,简单的功率计算和下面章节将要讨论的传输延迟计算)来说是合适的。虽然从理论上讲仅当 MOSFET 处于三极管区域时(即当 $v_{DS} < v_{GS} - V_T$ 时)SR 模型才适用,但为了简单起见,在数字电路中我们忽略这个限制,不考虑漏极电压的值。这样做的原因在于此时对 MOSFET 性质进行总的简化是第一位的。

- SCS 模型描述了 MOSFET 在饱和区域的性质。在设计满足饱和原则的模拟电路时,SCS 模型适于大多数模拟应用(比如放大器和模拟滤波器)。

- SU 模型在三极管区域和饱和区域都是 MOSFET 的精确模型,但更为复杂。在饱和区域中,该模型与 SCS 模型一样。因此对于满足饱和原则的模拟电路来说,它的使用和 SCS 模型一样。当设计者希望对 MOSFET 可在三极管区域和饱和区域工

作的数字或模拟电路进行精确分析时,SU 模型很适用。为了分析包含 MOSFET 的电路,设计者首先猜测 MOSFET 运行的区域(三极管、饱和或截止)。然后设计者为每个 MOSFET 选择合适的元件方程,列写电路的节点方程。求解方程得到节点电压和支路电流以后,设计者必须验证其关于 MOSFET 状态的初始假设是否与最终求得的节点电压一致。我们将对 SU 模型的深入讨论留到高级电路课程进行。在本书的其余部分我们将关注 S 模型、SR 模型和 SCS 模型。

- 本章还介绍了 MOSFET 放大器。放大器是一种非线性电路。我们在饱和原则要求下选择放大器的工作区间,使其提供对输入信号的电压增益,同时使得 MOSFET 仅在其饱和区域运行,这样可以应用 SCS 模型。我们还讨论了如何用 DC 偏移电压在放大器输入端提升感兴趣的信号,从而使得 MOSFET 在输入信号变化的动态范围内均在饱和区域运行。DC 偏移的应用为放大器建立了 DC 工作点。

- 我们介绍了放大器的大信号分析。大信号分析总结了输入信号为较大波动信号时放大器的性质,需要回答下面两个问题。

  ① 在饱和区域中放大器输出 v_O 及其输入 v_{IN} 的函数关系是什么?

  ② 使放大器满足饱和原则运行的有效输入信号范围是什么,相应的有效输出信号范围是什么?

- 下一章将讨论放大器的小信号分析。当输入信号在工作点上的扰动很小时适于进行小信号分析。

练　习

练习 7.1　已知 $i=f(v)=K/v^2$,确定图 7.66 所示电路中压控电流源上的电压 v_O。

练习 7.2　考虑图 7.67 中包含受控电流源的电路

(1) 如果 $i_D=K_1 v_B$,用 v_I 表示 v_O。K_1 的单位是什么?

(2) 如果 $i_D=K_2 i_B$,用 v_I 表示 v_O。K_2 的单位是什么?

(3) 如果 $i_D=K_3 v_B^2$,用 v_I 表示 v_O。K_3 的单位是什么?

(4) 如果 $i_D=K_4 i_B^2$,用 v_I 表示 v_O。K_4 的单位是什么?

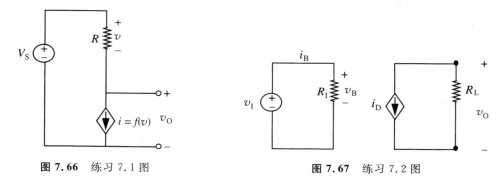

图 7.66　练习 7.1 图　　　　**图 7.67**　练习 7.2 图

练习 7.3　图 7.68 所示电路中的电阻 R 受控于电阻 R_B 上的电压,如果

$$R = \frac{K}{v_B}$$

求 v_B。

练习 7.4 MOSFET 在饱和区域中的性质为

$$i_{DS} = \frac{K}{2}(v_{GS} - V_T)^2$$

当满足条件

$$v_{DS} \geqslant v_{GS} - V_T, \quad v_{GS} \geqslant V_T$$

时,MOSFET 工作于饱和区域。用 i_{DS} 和 v_{DS} 作为变量来表示约束 $v_{DS} \geqslant v_{GS} - V_T$。

练习 7.5 根据 MOSFET 的 SCS 模型,图 7.69 所示的 MOSFET 在饱和区域中的特性方程为

$$i_{DS} = \frac{K}{2}(v_{GS} - V_T)^2$$

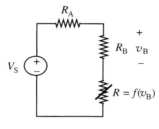

图 7.68 练习 7.3 图

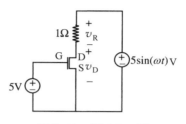

图 7.69 练习 7.5 图

当满足条件

$$v_{DS} \geqslant v_{GS} - V_T, \quad v_{GS} \geqslant V_T$$

时,MOSFET 工作于饱和区域。当满足条件

$$v_{DS} < v_{GS} - V_T, \quad v_{GS} \geqslant V_T$$

时,MOSFET 工作于三极管区域。假设三极管区域中 MOSFET 用 SR 模型来表示。换句话说,在三极管区域有

$$i_{DS} = \frac{v_{DS}}{R_{ON}}$$

假设 R_{ON} 对于 i_{DS} 和 v_{DS} 来说是一个常数,但是 v_{GS} 的函数。进一步假设当 $v_{GS} < V_T$ 时 $i_{DS} = 0$。

(1) 给定 $v_{GS} = 5V$,多大的 R_{ON} 值将使得 MOSFET 的 i_{DS} 与 v_{DS} 关系曲线在三极管区域和饱和区域交界处连续?

(2) 画出图 7.69 所示电路的 v_R 与 v_D 关系。该电路在求 MOSFET 特性时很有用。假设 $K = 1mA/V^2$,$V_T = 1V$。使用(1)中计算得到的 R_{ON} 值。图中 v_D 的变化范围为 V,v_R 的变化范围为 mV。

练习 7.6 考虑图 7.70 所示的 MOSFET 放大器。假设放大器工作在饱和原则下。在饱和区域中,MOSFET 的特性为

$$i_{DS} = \frac{K}{2}(v_{GS} - V_T)^2$$

其中 i_{DS} 是漏极-源极电流,v_{GS} 是栅极-源极电压。

(1) 画出基于 MOSFET SCS 模型的等效电路。

(2) 求 v_O 与 i_{DS} 关系的表达式。

(3) 求 i_{DS} 与 v_I 关系的表达式。

(4) 求 v_O 与 v_I 关系的表达式。

(5) 假设某输入电压 V_I 产生某输出电压 V_O。V_I 增加(或减少)多少才能使得输出电压加倍?

(6) 再次假设某输入电压 V_I 产生某输出电压 V_O。进一步假设我们希望输出电压为 $2V_O$。假设输入电压和 MOSFET 都不变,求所有实

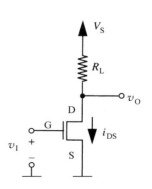

图 7.70 练习 7.6 图

现输出电压加倍的可能方式。

（7）图 7.67 所示 MOSFET 放大器的功率消耗为 $V_S i_{DS}$。假设 v_O 接线端没有电流流出。（5）和（6）部分中哪种方式使得 V_O 加倍的方法将导致更低的消耗功率？

练习 7.7 再次考虑图 7.70 所示 MOSFET 放大器。假设放大器工作在饱和原则下。将这个 MOSFET 的阈值电压修改为 0。换句话说，该 MOSFET 饱和区域中的特性方程为

$$i_{DS} = \frac{K}{2} v_{GS}^2$$

其中 i_{DS} 是漏极-源极电流，v_{GS} 是栅极-源极电压。下面的问题是关于放大器大信号分析的。

（1）求输出电压 v_O 和输入电压 v_I 的关系。

（2）求有效输入电压的范围。在饱和原则下，有效输入电压是使得放大器在饱和区域工作的电压。求相应的输出电压(v_O)和输出电流(i_{DS})范围。

（3）假设我们希望放大 AC 输入信号 v_i。假设 v_i 具有零 DC 偏移。用电路图来表示如何用一个单独的 DC 输入电压 V_I 来偏置放大器，使其在 v_i 的正向和反向偏移时均处于饱和区域。假设 v_i 具有对称的正和负变化，如何选择放大器的输入工作点从而使 v_i 的峰峰值范围最大。相应输出工作点(v_O 和 i_{DS})的值是多少？

练习 7.8 图 7.71(a)所示的三端元件称作双极结晶体管(BJT)。图 7.71(b)表示了这种元件的分段线性模型，其中 β 是一个常数。当

$$i_B > 0$$

和

$$v_{CE} > v_{BE} - 0.4\text{V}$$

时，发射极二极管短路，集电极二极管开路，集电极电流为

$$i_C = \beta i_B$$

在上述约束下，BJT 工作于放大区域中。在本练习的余下部分中假设 $\beta = 100$。

（1）已知基极电流 $i_B = 1\mu\text{A}$，$v_{CE} = 2\text{V}$ 用图 7.71(b)所示模型求集电极电流 i_C。

（2）对于 $i_B = 1\mu\text{A}$，用图 7.71(b)所示模型画出 i_C 与 v_{CE} 关系图。在图中假设当条件

$$v_{CE} \leqslant v_{BE} - 0.4\text{V}$$

满足时电流源关断。

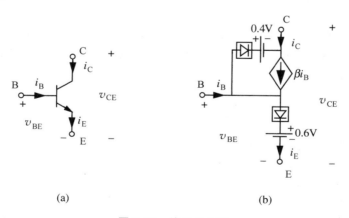

(a)　　　　　　　　(b)

图 7.71 练习 7.8 图

（a）双极结晶体管，B 表示基极，E 表示发射极，C 表示集电极；（b）BJT 的分段线性模型

练习 7.9 考虑图 7.72 所示双极结晶体管(BJT)放大器。假设 BJT 的特性可用练习 7.8 中的大信号模型来表示，BJT 工作于其放大区域中。进一步假设 $V_S = 5\text{V}$，$R_L = 10\text{k}\Omega$，$R_I = 500\text{k}\Omega$，$\beta = 100$。

（1）画出基于练习 7.8 中 BJT 大信号模型的 BJT 放大器等效
电路。

（2）求 v_O 与 i_C 关系的表达式。

（3）求 i_C 与 v_I 关系的表达式。

（4）求 i_E 与 i_B 关系的表达式。

（5）求 v_O 与 v_I 关系的表达式。

（6）如果输入电压 $v_I = 0.7\mathrm{V}$，则 v_O 的值是多少，相应的 i_B，i_C 和
i_E 值是多少？

练习 7.10　本练习中将进行图 7.72 所示 BJT 放大器电路的大
信号分析。假设 BJT 的特性可用练习 7.8 中的大信号模型来表示，进一步假设 $V_S = 5\mathrm{V}$，$R_L = 10\mathrm{k}\Omega$，$R_I = 500\mathrm{k}\Omega$，$\beta = 100$。

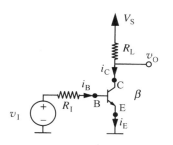

图 7.72　练习 7.9 图

（1）求 v_O 与 v_I 关系的表达式。

（2）BJT 工作于放大区域条件下输入电压 v_I 的最小值是多少，相应的 i_B，i_C 和 v_O 值是多少？

（3）BJT 工作于放大区域条件下输入电压 v_I 的最大值是多少，相应的 i_B，i_C 和 v_O 值是多少？

（4）根据上面得到的参数画出 v_O 与 v_I 关系曲线。

问　　题

问题 7.1　考虑图 7.73 所示的 MOSFET 分压器电路。假设两个 MOSFET 都工作于饱和区域中。将
输出电压 V_O 表示为电源电压 V_S，栅极电压 V_A、V_B 和 MOSFET 几何尺寸 L_1、W_1、L_2、W_2 的函数。假设
MOSFET 的阈值电压为 V_T，而且 $K = K_N W / L$。

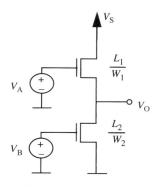

图 7.73　问题 7.1 图

（1）对于 $0 \leqslant v_{IN}$，求 v_{OUT} 与 v_{IN} 的函数关系。

问题 7.2　图 7.74 表示了 MOSFET 反相放大器以及 MOFET 的
$v_{DS} - i_{DS}$ 特性。该特性比本章介绍的 SCS 简单。该特性就是将标准
MOSFET 特性中三极管区域压缩到 y 轴以后得到的结果。

这种特性可看作对饱和漏极-源极电流的理想开关行为的建模。换句
话说，如果 $v_{GS} < V_T$，MOSFET 表现为开路，$i_{DS} = 0$。如果 $v_{GS} \geqslant V_T$，同时
$i_{DS} < \dfrac{K}{2}(v_{GS} - V_T)^2$，则在 $v_{DS} = 0$ 处，MOSFET 表现为短路。一旦 i_D 达到
$\dfrac{K}{2}(v_{GS} - V_T)^2$（即 MOSFET 对于给定 v_{GS} 能够提供的最大电流），MOSFET
就进入饱和区域，表现出电流源的性质，电流值为 $\dfrac{K}{2}(v_{GS} - V_T)^2$。饱和区
域中工作可用图 7.74 所示的饱和模型来描述。

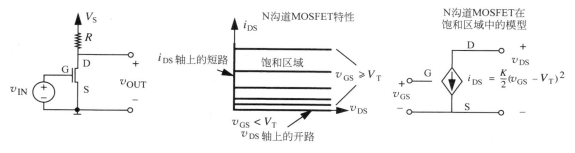

图 7.74　问题 7.2 图

（2）使 $v_{OUT}=0$ 对应的 v_{IN} 的最小值是多少？

（3）假设 $V_S=15V$，$R=15k\Omega$，$V_T=1V$，$K=2mA/V^2$。在 $0V \leqslant v_{IN} \leqslant 3V$ 的范围内画出 v_{OUT} 与 v_{IN} 的关系。

（4）在输入输出关系图中，标明 MOSFET 表现为开路，短路和饱和性质的区域。

问题 7.3 一个两级放大器如图 7.75 所示。通过级联两个问题 7.2 中的单级放大器得到这样的两级放大器。在分析这个放大器时采用问题 7.2 介绍的 MOSFET 模型，如图 7.74 所示。

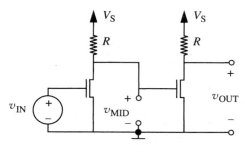

图 7.75 问题 7.3 图

（1）第二级放大器与第一级放大器相连不会改变第一级放大器的工作，即 v_{MID} 和 v_{IN} 的关系与问题 7.2 中 v_{OUT} 与 v_{IN} 的关系一样。为什么？如果要想使这个论断不成立，则第二个 MOSFET 的接线端特性需要怎样改变？

（2）已知 $0 \leqslant v_{IN}$，求 v_{MID} 和 v_{IN} 的关系。已知 $0 \leqslant v_{MID} \leqslant V_S$，求 v_{OUT} 与 v_{MID} 的关系。提示：参考问题 7.2。

（3）已知 $0 \leqslant v_{IN}$，求 v_{OUT} 和 v_{IN} 的关系。

（4）确定使两个 MOSFET 都在饱和区域工作的输入电压范围。对应的 v_{MID} 和 v_{OUT} 范围是什么？

（5）用问题 7.2 给出的参数画出 v_{OUT} 与 v_{IN} 在 $0 \leqslant v_{IN} \leqslant 3V$ 范围内的关系图。将该图与问题 7.2 的输入输出关系图进行比较并解释区别。

问题 7.4 考虑图 7.75 所示的两级放大器。假设 MOSFET 在饱和区域中的特性为

$$i_{DS} = \frac{K}{2} v_{GS}^2$$

换句话说，阈值电压 $V_T=0V$。此外，当条件

$$v_{DS} \geqslant v_{GS}, \quad v_{GS} \geqslant 0$$

满足时，MOSFET 运行于饱和区域。

说明只有一个输入电压能使两级放大器均在饱和原则下运行。这个输入电压是什么？

问题 7.5 考虑图 7.76 所示的"源极跟随器"或"缓冲器"。用 MOSFET 的 SCS 模型（带有参数 V_T 和 K）来进行该电路的大信号分析。

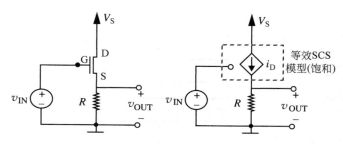

图 7.76 问题 7.5 图

(1) 假设 MOSFET 在饱和区域工作,证明 v_{OUT} 与 v_{IN} 的关系为

$$v_{OUT} = \left[\frac{\sqrt{(2/RK) + 4(v_{IN} - V_T)} - \sqrt{(2/RK)}}{2} \right]^2$$

(2) 求维持 MOSFET 在饱和区域工作的 v_{IN} 的范围。对应的 v_{OUT} 的范围是多少?

问题 7.6 本问题研究用一种类似于 MOSFET 的虚拟元件 ZFET 来构造放大器,如图 7.77 所示。ZFET 当 $v_{DS} > 0$ 和 $v_{GS} \geqslant 0$ 时工作于饱和区域。在该区域中的漏-源极关系为 $i_{DS} = K v_{GS}^3$。其中 K 是一个常数,单位为 A/V^3。当 $v_{DS} = 0$ 时,ZFET 在漏极和源极之间短路,不在饱和区域中运行。类似地,如果 $v_{GS} < 0$,则 ZFET 开路,同样在饱和区域之外运行。最后,栅极接线端总是开路。上述特性在图 7.77 中 ZFET 符号的下面进行了总结。

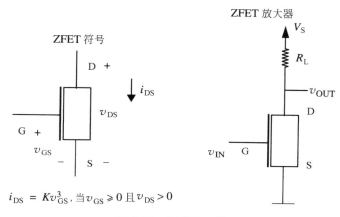

图 7.77 问题 7.6 图

(1) 假设 ZFET 饱和工作,求 v_{OUT} 与 v_{IN} 的函数关系。

(2) 使 ZFET 在饱和区域工作的 v_{IN} 范围是多少?

(3) 假设 $V_S = 10V, R_L = 1k\Omega, K = 0.001 A/V^3$。在 $-1V \leqslant v_{IN} \leqslant 3V$ 的范围内画出并清楚标明 v_{OUT} 与 v_{IN} 的函数。

(4) 给定(3)部分的参数,这个放大器能否用作一个有效输出高电压阈值为 $V_H = 7V$ 的反相器。为什么? 假设 $V_L = 2V$。

(5) 给定(3)部分的参数,这个放大器能否用作一个有效输出高电压阈值为 $V_H = 7V$ 的反相器。为什么? 这次假设 $V_L = 1V$。

问题 7.7 考虑图 7.78 所示的差分放大器电路。注意到差分放大器用 $+V_S$ 和 $-V_S$ 电源供电。假设所有 MOSFET 均工作在饱和原则下,除非特别说明,元件的特性参数均为 K 和 V_T。

(1) 求图 7.78(a)中 v_O 和 v_S。图中 MOSFET 的栅极接地。

(2) 考虑图 7.78(b)所示的差分放大器。图中用一个由 MOSFET 实现的电流源替换了图 7.78(a)中的抽象电流源。求使该电路等效于图 7.78(a)所示电路的 V_B 和 W/L 值。

(3) 图 7.78(c)所示的差分放大器由两个输入电压 v_{IA} 和 v_{IB} 驱动。假设输入电压始终满足约束 $v_{IA} = -v_{IB}$。求 v_{OA}、v_{OB}、v_O 与 v_{IA} 的函数关系。

问题 7.8 考虑图 7.79 所示的放大器电路。该放大器用 $+V_S$ 和 $-V_S$ 电源供电。

(1) 在饱和原则下,求 v_O、i_D 与 v_I 的函数关系。假设已知 MOSFET 的参数 K 和 V_T。

(2) 求饱和区域工作对应的有效输入电压范围。求相应的 v_O 和 i_D 的有效输出范围。

(3) 当输入接地时($v_I = 0$)求输出电压。

(4) 要实现 $v_I = v_O$,用 V_S、R_L 和 MOSFET 参数来表示所需的 v_I。

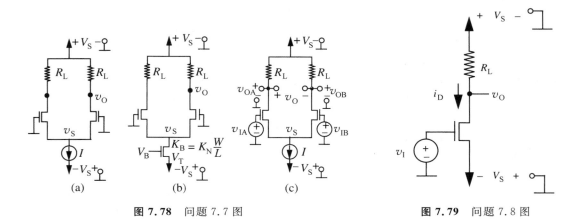

图 7.78 问题 7.7 图　　　　　　　　　图 7.79 问题 7.8 图

问题 7.9 考虑图 7.80 所示电流镜像电路。

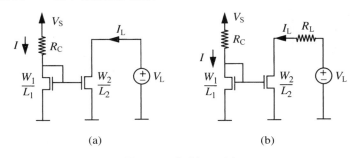

图 7.80 问题 7.9 图

(1) 参考图 7.80(a)，假设两个 MOSFET 都在饱和原则下工作，求 I_L 与 I 的函数关系。两个 MOSFET 有相同的 K_N 和 V_T。如果 V_L 变化，I_L 是否变化？满足 $I_L = I$ 的条件是什么？

(2) 现在考虑图 7.80(b)所示电路。可通过增加 V_S 或减小 R_C 来增加电流 I。假设 V_S 和 R_C 都可以改变，$W_1/L_1 = W_2/L_2 = W/L$，确定使两个 MOSFET 都在饱和原则下工作的 I 的范围。假设两个 MOSFET 有相同的 K_N 和 V_T。

问题 7.10 考虑图 7.81 所示电路。假设 MOSFET 在饱和原则下工作。

(1) 将 MOSFET 用其 SCS 模型替换，画出上面电路的 SCS 等效电路。

(2) 用 R_D，R_S，V_S 和 MOSFET 的参数 K，V_T 来表示 v_O 和 i_D。

问题 7.11 考虑图 7.82 所示的"共栅极放大器"电路。假设 MOSFET 在饱和原则下工作。

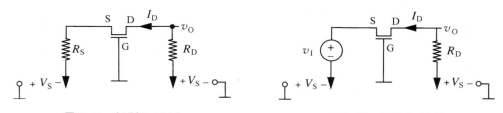

图 7.81 问题 7.10 图　　　　　　　　　图 7.82 问题 7.11 图

(1) 将 MOSFET 用其 SCS 模型替换，画出上面电路的 SCS 等效电路。

(2) 用 v_I，R_S，V_S 和 MOSFET 的参数 K，V_T 来表示 v_O 和 i_D。

(3) 求使 MOSFET 在饱和原则下工作的 v_I 的范围，相应的 v_O 范围是什么？

问题 7.12 考虑图 7.83 所示电路。用其他电路参数来表示 v_O。假设 MOSFET 在饱和区域工作,其特性中的参数为 K 和 V_T。

问题 7.13 考虑图 7.84 所示电路。用其他电路参数来表示 v_O。假设 MOSFET 在饱和区域工作,其特性中的参数为 K 和 V_T。

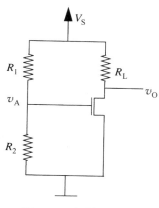

图 7.83 问题 7.12 图

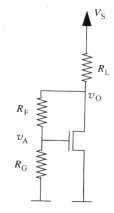

图 7.84 问题 7.13 图

问题 7.14 图 7.85 表示用一个 MOSFET 放大器来驱动一个负载电阻 R_E。MOSFET 在饱和区域工作,其特性中的参数为 K 和 V_T。求给定电路的 v_O 与 v_I 函数关系。

问题 7.15 求图 7.86 所示电路中 v_O 与 v_I 的函数关系。假设 MOSFET 在饱和区域工作,其特性中的参数为 K 和 V_T。当 $v_I = 0$ 时,v_O 的值是多少?

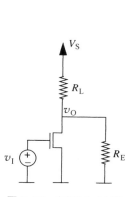

图 7.85 问题 7.14 图

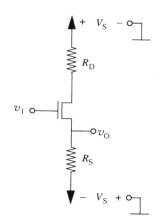

图 7.86 问题 7.15 图

问题 7.16 求图 7.87 所示电路中 v_O 与 v_I 的函数关系。假设 MOSFET 在饱和区域工作,其特性中的参数为 K 和 V_T。当 $v_I = 0$ 时,v_O 的值是多少?

问题 7.17 求图 7.88 所示电路中 v_O 与 v_I 的函数关系。假设 MOSFET 在饱和区域工作,其特性中的参数为 K 和 V_T。

问题 7.18 考虑图 7.89 中称为"共集放大器"的 BJT 电路。这种 BJT 放大器结构也称作电压跟随器电路。在这个问题中,采用练习 7.8 所示的 BJT 分段线性模型。假设 BJT 在其放大区域工作。

(1) 将图中的 BJT 用其分段线性模型替换,画出 BJT 电压跟随器在放大区域中的等效电路。

(2) 假设在放大区域运行,用 v_I,R_I,R_E 和 BJT 参数 β 来表示 v_O。

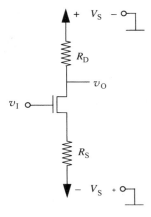

图 7.87 问题 7.16 图

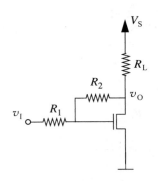

图 7.88 问题 7.17 图

(3) 如果 $\beta R_E \gg R_I$，则 v_O 的值是多少？

(4) 当 $v_I = 3V, R_I = 10k\Omega, R_E = 100k\Omega, \beta = 100, V_S = 10V$ 时计算 v_O 的值。

(5) 根据(4)部分给定的参数求使 BJT 工作于放大区域的 v_I 的范围。相应的 v_O 范围是什么？

问题 7.19 考虑图 7.90 中将两个 BJT 连接成为复合三端元件的电路结构。三个接线端分别标记为 C', B' 和 E'。两个 BJT 完全相同，每个都有 $\beta = 100$。假设每个 BJT 都工作于放大区域。

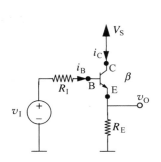

图 7.89 问题 7.18 图

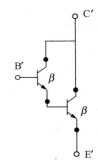

图 7.90 问题 7.19 图

(1) 用练习 7.8 所示的 BJT 分段线性模型来替换复合 BJT 中的每个 BJT，从而得到复合 BJT 的放大区域等效电路。明确标注 C', B' 和 E' 接线端。

(2) 在图示结构中，复合元件的性质类似于 BJT。求该复合 BJT 的电流增益 β' 值。

(3) 当基极电流 $i_{B'} > 0$ 时，求 B' 和 E' 接线端间的电压。

---

i 译者注：我国教材中通常将 Triode region 译为可变电阻区，意指该区域等效为电阻，其阻值随 v_{GS} 变化；将 Saturation region 译为恒流区，意指该区域输出电流恒定。

ii 译者注：如果 $y = ax + b$，其中 a 和 b 是常数，则我们称变量 y 与变量 x 之间构成仿射关系。

第8章

小信号模型

8.1 非线性 MOSFET 放大器综述

第 7 章中讨论的 MOSFET 放大器有一个不很理想的特性就是非线性输入输出关系。如图 8.1 所示，MOSFET 放大器的输入输出关系如下

$$v_O = V_S - i_D R_L \tag{8.1}$$

用饱和原则下 MOSFET 输入电压来表示 i_D，然后代入上式得到下面的 v_I 与 v_O 之间的非线性关系

$$v_O = V_S - K \frac{(v_I - V_T)^2}{2} R_L \tag{8.2}$$

输入输出之间的非线性关系如图 8.2 所示。这种非线性关系增加了我们对放大器电路分析和设计的难度。

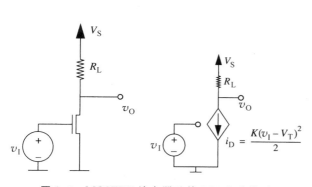

图 8.1 MOSFET 放大器及其 SCS 电路模型

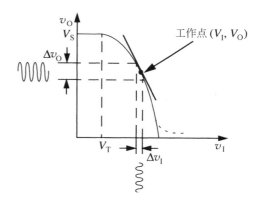

图 8.2 放大器的 v_O 和 v_I 曲线

8.2 小信号模型

许多诸如音频放大器之类的应用需要线性的放大器，如图 8.3 所示。图中所示的放大器具有恒定的增益 A，该增益与输入电压无关。是否这就意味着我们无法将 MOSFET 应用于这样的线性应用中？事实上，在音频放大器这一类应用的输入端上用于表示信号的总变量通常包括两个成分：一个 DC 偏移（或平均值）加上一个具有零平均值并随时间变化的

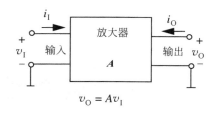

$$v_O = Av_I$$

图 8.3 具有常数增益 A 的
线性放大器抽象

成分。我们将要说明如果随时间变化的成分很小,则 MOSFET 放大器在由输入 DC 偏移定义的工作点上对随时间变化成分提供的增量放大可近似为线性的。根据 4.5 节的讨论,这个结论可推广至任意非线性电路:电路在一个工作点上对一个小扰动的响应是线性的。因此如果我们感兴趣的信号可表示为关于工作点的小扰动,则任意非线性电路对该小扰动的响应都是线性的。在 4.5 节中我们建立了一种关于这种电路的强制性规定,即将信号限制为关于工作点的小扰动,此时电路的响应是线性的,我们称这种规定为小信号原则。

如果总变量为 DC 工作点值和工作点上的小扰动之和,电路对于扰动的响应的模型将是线性的,因此非常易于分析。但是这种增量或者小信号模型只能在工作点的小范围内应用。相反地,前面一章讨论的模型描述了放大器在大范围内的性质,但模型相对复杂。在那里,我们将不同区域中的模型结合在一起以获得整体的性质。此外该模型是非线性的。这种在模型的复杂性和有效应用范围之间的折中对于系统建模来说很常见。在工程实践中,两种极端模型都很有用:复杂的精确模型和简单的近似模型。本章讨论小信号模型,这是一种简单模型,但应用范围有限。除了这种限制之外,简单模型甚至在应用于有效区域之外时也是非常有用的工程工具。

4.5 节介绍了下面的符号,用于区分总变量、平均 DC 值和在平均值附近的增量变化。我们用小写字母和大写下标表示总变量,用大写字母和大写下标表示平均 DC 值,用小写字母和小写下标表示增量值。于是 v_I 表示总输入电压,V_I 表示 DC 偏移,v_i 表示增量成分。由于总变量是两个成分之和,因此有

$$v_I = V_I + v_i$$

现在来复习一下图 8.2 所示的放大器传递曲线。在传递曲线工作点 (V_I, V_O) 附近一个很小的范围考虑问题。图中表示了该曲线段的斜率。如图 8.4 所示,如果我们关注如图所示的小曲线段,则它看起来基本上是线性的。我们将用这种直觉来导出放大器在输入电压在很小范围内变化时的线性性质。

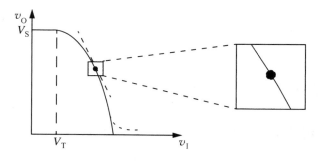

图 8.4 v_O 与 v_I 曲线上的一小段

最基本的观点就是放大器的传递函数在输入电压对给定偏置点上的小扰动表现出线性性质。我们也可以用直接分析的方法得到相同的结论。假设放大器的偏置点为 (V_I, V_O)。

现在假设我们在 V_I 上添加了一个小信号 $\Delta v_I = v_i$,如图 8.5 所示。图 8.6 表示叠加了随时间变化信号的 DC 信号。

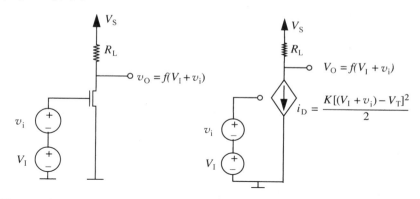

图 8.5　在 MOSFET 放大器输入端的 DC 偏置电压上叠加小信号(可能随时间变化)以及混合输入信号相应的 SCS 电路模型

我们从 MOSFET 的 SCS 模型(式(7.8))可以知道,MOSFET 流经的电流与其栅极电压的关系为

$$i_{DS} = \frac{K(v_{GS} - V_T)^2}{2} \tag{8.3}$$

对于图 8.5 所示的组合输入信号来说,流经 MOSFET 的 i_D 是两个成分之和:偏置电流 I_D 和输入信号增量 v_i 产生的变化量 i_d。如图 8.7 所示,可代入 v_{GS} 的组合得到该混合电流的表达式为

$$i_D = f(V_I + v_i) = I_D + i_d = \frac{K\big[(V_I + v_i) - V_T\big]^2}{2} \tag{8.4}$$

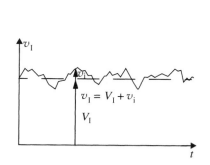

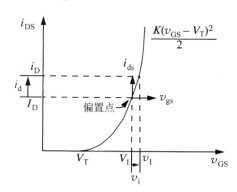

图 8.6　随时间变化的小信号与 DC 偏移电压相叠加　　**图 8.7**　MOSFET 组合输入电压对应的输出电流

因为我们知道 v_i 与 V_I 相比起来很小,因此可采用下面的小信号方法来获得组合的信号响应:仅在偏置点 V_I 附近对 MOSFET 的性质进行精确建模而抛弃曲线的其余部分。泰勒级数展开是完成这一任务的自然选择。

函数 $y = f(x)$ 在 $x = X_o$ 附近的泰勒级数展开为

$$y = f(x) = f(X_o) + \frac{\mathrm{d}f}{\mathrm{d}x}\bigg|_{X_o}(x - X_o) + \frac{1}{2!}\frac{\mathrm{d}^2 f}{\mathrm{d}x^2}\bigg|_{X_o}(x - X_o)^2 + \cdots$$

我们的目的是用泰勒级数展开方法来展开式(8.4)所示的,在偏置电压 V_I 附近组合电压的 MOSFET 方程。在接下来的泰勒展开中,V_I 对应着 X_o,x 对应着 $V_I + v_i$,或 $x - X_o$ 对应着 v_i,y 对应着 $i_D = I_D + i_d$。对式(8.4)在 V_I 点上应用泰勒级数展开得到

$$i_D = f(V_I + v_i) = \frac{K[(V_I + v_i) - V_T]^2}{2} \tag{8.5}$$

$$= \frac{K(V_I - V_T)^2}{2} + K(V_I - V_T)v_i + \frac{K}{2}v_i^2 \tag{8.6}$$

如果增量信号 v_i 足够小,使得我们能够忽略泰勒展开的第二项(以及可能存在的高阶项),则可以得到简化结果

$$i_D = \frac{K(V_I - V_T)^2}{2} + K(V_I - V_T)v_i \tag{8.7}$$

我们知道输出电流由 DC 成分 I_D 和小扰动 i_d 组成。因此可以写成

$$I_D + i_d = \frac{K(V_I - V_T)^2}{2} + K(V_I - V_T)v_i \tag{8.8}$$

分别令等式两边 DC 项和增量项相等得到

$$I_D = \frac{K(V_I - V_T)^2}{2} \tag{8.9}$$

$$i_d = K(V_I - V_T)v_i \tag{8.10}$$

注意 I_D 就是与 DC 输入电压 V_I 有关的 DC 偏置电流。由于工作点值满足式(8.3)(MOSFET 方程),因此式(8.9)描述的 DC 项 I_D 与 V_I 之间的关系成立。从式(8.8)中消除 DC 项就得到了式(8.10)所示的增量关系。

注意,如果 v_i 与 V_I 相比很小,则输出电流 i_d 与输入电压 v_i 线性相关。需要指出,式(8.9)是精确的,原因在于小信号模型在工作点上表示了完整的模型。但是式(8.10)是近似的,原因在于我们进行了线性化操作。

该结果的图形解释提供了进一步的直观理解。如图 8.8 所示,式(8.8)表示通过 DC 工作点 (V_I, I_D) 并与曲线在该点相切的直线。用切线来计算信号在工作点上的增量变化等价于将实际曲线替换为切线。显然,这样的切线近似仅在工作点附近的点上是有效的。如果加上被我们忽略的式(8.6)中高阶项(即在模型中加入二次项),则模型就是完整的。

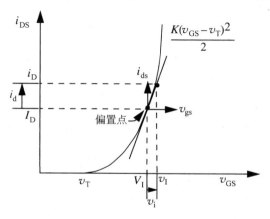

图 8.8 MOSFET 输入电压的小变化对应着输出电流的增量变化

现在回到 MOSFET 输出电流增量与输入电压增量的关系上来

$$i_d = K(V_I - V_T)v_i \tag{8.11}$$

上式中的 $K(V_I - V_T)$ 项表示了 MOSFET 的输入电压与输出电流之间的关系。注意对于给定的 DC 偏置,$K(V_I - V_T)$ 项是常数。由于式(8.11)的形式类似于导纳的 v-i 关系,因此 $K(V_I - V_T)$ 项被称为 MOSFET 的增量跨导 g_m。因此我们有

$$i_d = g_m v_i \tag{8.12}$$

其中

$$g_m = K(V_I - V_T) \tag{8.13}$$

在我们的例子中,$V_{GS} = V_I$。

回到放大器中,我们可以将总输出电压 v_O 表达为输出工作点电压 V_O 与电压增量 v_o 之和

$$v_O = V_O + v_o$$

根据式(8.1)得到

$$v_O = V_S - i_D R_L \tag{8.14}$$

将 v_O 和 i_D 用其 DC 与增量成分之和替换得到

$$V_O + v_o = V_S - (I_D + i_d)R_L \tag{8.15}$$

$$= V_S - I_D R_L - i_d R_L \tag{8.16}$$

因此

$$V_O = V_S - I_D R_L \tag{8.17}$$

$$v_o = -i_d R_L \tag{8.18}$$

$$= -g_m v_i R_L \tag{8.19}$$

换句话说

$$小信号增益 = \frac{v_o}{v_i} = -g_m R_L = A \tag{8.20}$$

从式(8.20)中注意到小信号增益是常数 $-g_m R_L$。但需要看到 g_m 和增益都取决于放大器工作点的选择。式(8.19)说明对于 DC 工作点上的小偏移得到线性放大器的结果!该结果构成了小信号模型的基础。

对于可微的电路响应方程(基本上包括了所有物理上可实现的模拟电路)用基本的微积分可得到电压或电流的小信号响应。函数 $y = f(x)$ 在 x_0 点的导数就是函数在该点的斜率(或 $f'(x_0)$)。如图 8.9 所示,给定 x_0 点上的小改变 Δx,我们就可以根据该点斜率与 Δx 的乘积计算出相应的改变。换句话说

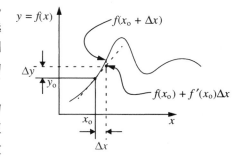

图 8.9 增量响应

$$f(x_0 + \Delta x) = f(x_0) + \left.\frac{\mathrm{d}f(x)}{\mathrm{d}x}\right|_{x_0} \Delta x$$

于是输出的增量变化为

$$\Delta y = \frac{\mathrm{d}y}{\mathrm{d}x}\bigg|_{x_0} \Delta x \qquad (8.21)$$

特别地,我们可以从电压传递函数直接计算增益,而不需要首先确定输出电流增量。MOSFET 放大器的输入-输出电压关系为

$$v_O = f(v_I) = V_s - K\frac{(v_I - V_T)^2}{2}R_L$$

同前,设 $v_i = \Delta v_I$ 表示输入电压的小变化,设 $v_o = \Delta v_O$ 表示相应的输出电压变化。则

$$v_o = \frac{\mathrm{d}f(v_I)}{\mathrm{d}v_I}\bigg|_{v_I = V_I} v_i = -K(v_I - V_T)R_L\bigg|_{v_I = V_I} v_i$$

$$= -K(V_I - V_T)R_L v_i = -g_m R_L v_i$$

毫无疑问,该结果与前面得到的一样。

总结一下,小信号模型是对电路的一种特殊线性化分析方法的表达,在电路的响应可表示为 DC 工作点上的小扰动时适用。换句话说,它是对使用小信号模型的一种特殊约束:小信号原则。该原则使得我们能够在工作点的小变化范围内从非线性电路中获得线性性质。

> 小信号模型:电路在已知 DC 工作点上对增量变化的响应是线性的。这是一种很好的近似。

基于前面的讨论可知,求增量信号响应的系统过程包括如下两步:

> (1) 用 DC 值和元件的完整性质求电路的 DC 工作点。确定输入对应的大信号响应(可能是非线性的)。
>
> (2) 对大信号响应用泰勒展开得到小信号响应。此外,也可以用泰勒展开将大信号电路替换为相应的小信号模型,从而获得小信号响应,8.2.1 节将详细讨论这一点。

小信号分析是对所有具有可微特性的物理系统均适用的分析方法。从本质上讲,它表示在小信号原则下,任意物理系统对小扰动的响应都是线性的! 于是这样的线性系统可用各种线性分析方法来求解,比如叠加方法。

举例来说,考虑一个二端传感器 S,它的性质类似于温控电压源,其接线端电压 v_S 和温度 t_S 满足非线性关系

$$v_S = Bt_S^3$$

其中 B 是某个常数。如果周围环境温度为 T_S,相应的电压为 V_S,则我们可以将接线端电压增量 v_s 与温度增量 t_s 之间的关系用式(8.21)表示为

$$v_s = 3Bt_S^2\bigg|_{t_S = T_S} t_s$$

换句话说

$$v_s = 3BT_S^2 t_s$$

在某个给定环境温度下工作时,$3BT_S^2$ 是常数。因此传感器针对在环境温度附近少许温度变化产生的电压响应是线性的。

8.2.1　小信号电路表示

只包括电路中小信号变量并仅描述该电路小信号性质的模型会极大地促进小信号分

析。幸运的是,执行下面的过程就可以比较简单地得到小信号模型。

> 　　(1) 取每个电源值为工作点值,确定电路中每个元件支路电压和电流的工作点。这一步可能是本过程中最漫长的一步。
>
> 　　(2) 在工作点上线性化每个电路元件的性质。即求每个元件的线性化的小信号性质,然后选择一个线性元件来表示该性质。小信号元件的参数通常依赖于工作点电压或电流。
>
> 　　(3) 用线性化的元件替换电路中的原始元件,用小信号支路变量重新标记电路。这样得到的就是小信号模型。

　　上述过程得到的电路就是所需的小信号电路模型,等价于让式(8.8)等号两边的小信号项相等从而得到式(8.10)所示的方程。此外,这是个线性电路,因此线性电路分析方法(如叠加法和戴维南等效模型)都可以用于电路分析。

　　现在需要讨论为什么上面介绍的过程是正确的步骤。首先需要认识到电路的工作由两套方程来描述:KVL 和 KCL 表示的电路连接关系和描述单个电路元件性质的构成定律。认识到这一点以后,电路的小信号分析可用下面介绍的更为直接的数学过程来描述。

　　(1) 设每个电源值为工作点值,联立方程以确定电路的工作点。这从本质上与前面介绍的过程是相同的一步。

　　(2) 回到原来得到的方程组。对于每个方程中的每个变量,将总变量替换为工作点值与小信号值之和。然后假设小信号项很小,在工作点附近线性化方程。

　　(3) 从线性化得到的方程中消除工作点变量从而得到描述小信号之间关系的线性方程组。由于线性化是在工作点进行的,因此消除工作点变量一定可以进行。这一步和式(8.10)中让工作点变量与增量变量分别相等类似[①]。

　　(4) 电源用小信号输入来表示,联立线性化的方程以确定所需的线性化变量。于是就完成了线性化分析。

　　现在我们来更加细致地研究一下最后一步。注意到在第(2)步中只需要线性化描述电路单个元件性质的构成定律,原因在于 KVL 和 KCL 都是线性方程。正是因为这个原因使得这一个过程被称为构成定律的线性化。此外,由于 KVL 和 KCL 构成了若干线性方程,因此这些方程在线性化过程中不会变化。由于 KVL 和 KCL 包含了原始电路拓扑结构的信息,因此这个观点很重要。即 KVL 和 KCL 表示哪些支路与哪些节点相连,哪些支路之间构成回路。由于 KVL 和 KCL 不受线性化过程的影响,因此在线性化过程中保持了拓扑结构的信息。正是因为这样才使得小信号电路模型与原始电路具有相同的拓扑结构。即由严格数学过程得到的描述小信号电路中变量性质的线性方程组包括原来的 KVL 和 KCL 方程以及线性化的元件构成定律。于是构成小信号电路模型只需要求等效的线性化电路元

---

　　① 　换句话说,我们一开始得到若干用工作点变量定义的工作点方程,比如

$$V_O = AV_I$$

然后线性化,得到若干用工作点变量与增量变量之和表示的新方程,比如

$$V_O + v_o = AV_I + Av_i$$

由于前面定义工作点的方程(即我们例子中的 $V_O = AV_I$)与小信号变量仅仅是相加的关系,因此它们可以被消去。在我们的例子中得到

$$v_o = Av_i$$

件，然后将其替换电路中对应的原始电路元件即可。

不同元件的小信号电路模型如图 8.10 所示。

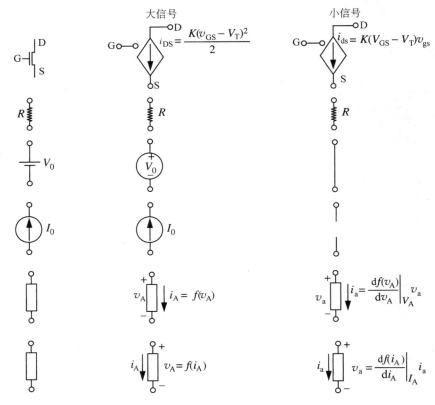

图 8.10 小信号等效模型

- 独立 DC 电压源的小信号等效模型是短路，原因在于其输出电压不随电流的任何扰动而变化。特别地，我们电路中大多数标为 V_S 的电源在小信号电路中都与地短路。
- 独立 DC 电流源的小信号模型是开路。
- 电阻对大信号和小信号性质相同。因此它的小信号模型与大信号模型也相同。
- 对于 MOSFET 来说，式(8.11)所示的求导结果表示了漏极-源极电流增量 i_{ds} 与栅极-源极电压增量 v_{gs} 的关系。
- 根据定义，输入信号 v_I 包含增量成分 v_i 和 DC 成分 V_I。
- 一般来说，如果一个元件变量 x_B 依赖于某个其他变量 x_A，即

$$x_B = f(x_A)$$

则 x_A 中小变化对应的增量变化为

$$x_b = \left. \frac{\mathrm{d}f(x_A)}{\mathrm{d}x_A} \right|_{x_A = X_A} x_a \tag{8.22}$$

其中 X_A 是 x_A 的工作点值。

例 8.1 将 MOSFET 栅极与漏极连接在一起 现在来求将 MOSFET 栅极与漏极连接在一起的增量模型，如图 8.11 所示。当 MOSFET 的 G 接线端与 D 接线端连接在一起时，我们得到了一个二端元件。用 D 和 S 来分别表示两个接线端。由于该元件的栅极-源极电压与漏极-源极电压相同，因此流经元件的电流

i_{DS} 与元件上电压 v_{DS} 的关系为

$$i_{DS} = K \frac{(v_{GS} - V_T)^2}{2}$$

由于栅极与漏极相连，$v_{GS} = v_{DS}$。因此有

$$i_{DS} = K \frac{(v_{DS} - V_T)^2}{2}$$

MOSFET 的大信号模型如图 8.12 所示。

下面来求 v_{DS} 中的小变化产生的 i_{DS} 的变化。设 v_{DS} 的 DC 值为 V_{DS}，变化值为 v_{ds}。i_{DS} 中相应的 DC 值为 I_{DS}，变化值为 i_{ds}。于是有

$$i_{ds} = \frac{di_{DS}}{dv_{DS}} \bigg|_{V_{DS}} v_{ds} = K(v_{DS} - V_T) \bigg|_{V_{DS}} v_{ds} = K(V_{DS} - V_T) v_{ds}$$

换句话说

$$v_{ds} = \frac{i_{ds}}{K(V_{DS} - V_T)}$$

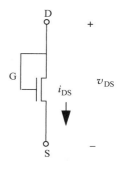

图 8.11 将 MOSFET 的 G 端与 D 端连接在一起

注意到由于 $1/K(V_{DS} - V_T)$ 是常数，因此 v_{ds} 与 i_{ds} 线性相关，这表示了一个电阻的关系。即将 G 接线端与 D 接线端连接在一起的 MOSFET 在小信号电路中的性质是一个阻值为 $1/K(V_{DS} - V_T)$ 的电阻。

上述元件的小信号等效电路如图 8.13 所示。由于 MOSFET 在小信号电路中具有电阻的性质，同时由于高阻值的 MOSFET 比高阻值的电阻容易制造，因此 MOSFET 经常用作放大器中的负载电阻。

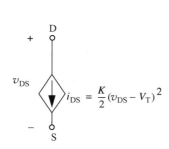

图 8.12 将 MOSFET 的 G 端与 D 端连接在一起的大信号模型

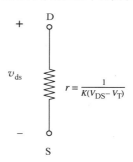

图 8.13 将 MOSFET 的 G 端与 D 端连接在一起的小信号模型

8.2.2 MOSFET 放大器的小信号电路

现在来研究图 8.14 所示 MOSFET 放大器的小信号等效电路。考虑导出小信号模型包括下列步骤：

（1）取每个电源值为工作点值，确定电路中每个元件支路电压和电流的工作点。

（2）确定每个元件的线性化的小信号性质，选择一个线性元件来表示该性质。

（3）用线性化的元件替换电路中的原始元件，用小信号支路变量重新标记电路。这样得到的就是小信号模型。

下面进行第（1）步，我们用图 8.15 所示的大信号 SCS 电路模型来确定 MOSFET 放大器工作点的偏置电压。假设输入偏置电压为 V_I，我们可确定输出工作点电流 I_D 和输出工作点电压 V_O。图中明确表示电压源 V_S 的原因是便于获得小信号模型。

可根据 MOSFET 性质方程直接计算出工作点输出电流 I_D。

$$I_D = \frac{K}{2} (V_I - V_T)^2$$

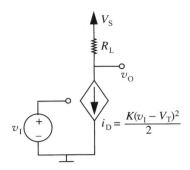

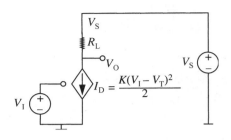

图 8.14　MOSFET 放大器　　图 8.15　基于大信号 SCS 模型计算 MOSFET 放大器的工作点

在包含电源、MOSFET 和 R_L 的回路中应用 KVL 的得到输出工作点电压。

$$V_O = V_S - I_D R_L \tag{8.23}$$

$$= V_S - \frac{K}{2}(V_I - V_T)^2 R_L \tag{8.24}$$

在第(2)步中我们确定每个元件的线性化小信号模型。参考图 8.10 我们发现 DC 电源的小信号模型是短路。电阻的小信号模型与大信号模型相同。最后，MOSFET 的线性化小信号模型是压控电流源，其小信号电流与小信号栅极-源极电压成正比

$$i_{ds} = K(V_{GS} - V_T) v_{gs}$$

注意到大信号的偏置决定了小信号电路的参数(比如小信号电流源参数 $K(V_I - V_T)$ 取决于输入偏置电压 V_I)

在第(3)步中我们用线性化元件替换电路中的原始元件并用小信号支路变量 v_i、v_o 和 i_d 重新标注电路，如图 8.16 所示。

分析这个小信号电路模型可确定小信号产生的电路响应。比如，我们可以用图 8.16 来确定 MOSFET 放大器的小信号增益。在输出端应用 KVL 得到

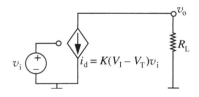

$$v_o = -i_d R_L \tag{8.25}$$

$$= -K(V_I - V_T) v_i R_L \tag{8.26}$$

图 8.16　MOSFET 放大器的
小信号电路模型

于是小信号增益为

$$\frac{v_o}{v_i} = -K(V_I - V_T) R_L \tag{8.27}$$

$$= -g_m R_L \tag{8.28}$$

其中

$$g_m = K(V_I - V_T) \tag{8.29}$$

是 MOSFET 的跨导。

下面练习一个例子，根据下列放大器参数

$$V_S = 10V$$

$$K = 1mA/V^2$$

$$R_L = 10k\Omega$$

$$V_T = 1V$$

计算小信号增益。

同时假设输入偏置电压为 $V_I = 2V$。根据式（8.24）可知

$$V_O = V_S - \frac{K}{2}(V_I - V_T)^2 R_L$$

代入给定参数得到 $V_O = 5V$。

现在可以计算电压增益的幅值为

$$\left| \frac{v_o}{v_i} \right| = K(V_I - V_T)R_L = 10$$

8.2.3 选择工作点

小信号工作要求总的输入电压表现为 DC 偏移上的小扰动。输入的 DC 偏移建立了放大器的工作点。7.7 节讨论了大信号的工作点设置问题，提出了一种以最大化输入信号范围为目的的选择工作点的方法。特别地，7.7 节建议将工作点选择在放大器工作于饱和原则下有效输入电压范围的中点。这样考虑是有道理的，原因在于如果输入信号很大，最大的输入范围使得放大器可处理可能输入的最大信号。

在处理小输入信号时，在选择工作点这个问题上其他要求比获得最大输入信号变化范围更为重要。其中一种要求是放大器的小信号增益。根据式（8.27），放大器的小信号增益取决于输入工作点电压 V_I。小信号增益的数值为

$$\left| \frac{v_o}{v_i} \right| = K(V_I - V_T)R_L \qquad (8.30)$$

图 8.17 表示了不同 V_I 值对应的增益的数值。从图中可见，放大器增益随着 V_I 的增加而增加。

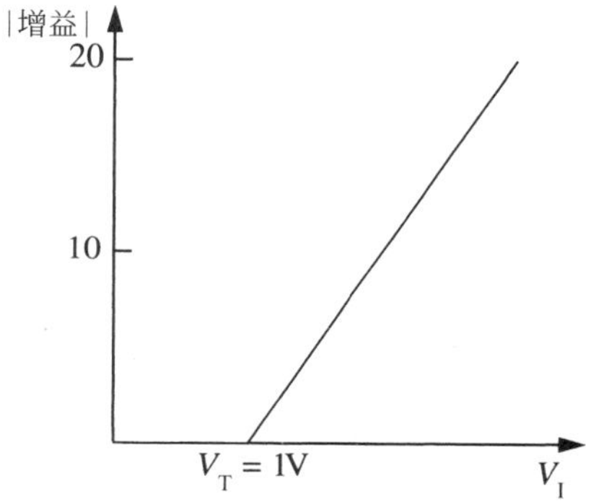

作为一个例子，假设放大器的参数为

$$V_S = 10V$$
$$K = 1mA/V^2$$
$$R_L = 10k\Omega$$
$$V_T = 1V$$

下面来确定使得增益为 12 的输入电压值。

图 8.17 不同输入偏置电压 V_I 值对应的放大器小信号增益

将所需的增益代入式（8.30）得到

$$12 = 1 \times 10^{-3} \times (V_I - 1) \times 10 \times 10^3$$

求解上式得到 $V_I = 2.2V$。这意味着输入 DC 偏移为 2.2V 将导致小信号增益数值为 12。

现在假设输入信号为叠加在 DC 偏移 2.2V 之上的正弦小信号，我们来确定正弦的最大有效峰峰值。我们需要参考 7.6.2 节来回答这个问题。根据 7.6.2 节，我们知道在饱和原则下，输入电压的最大有效范围为 $V_T \sim (-1 + \sqrt{1 + 2V_S R_L K})/(R_L K) + V_T$

对于给定参数，输入电压的有效范围是 1V～2.32V。换句话说，低于 1V 的输入电压将导致 MOSFET 工作于截止区域，高于 2.32V 的输入电压将导致 MOSFET 工作于三极管区域。在截止区域和三极管区域中工作都将导致严重的信号失真。

由于输入偏移为 2.2V，而最大有效输入电压为 2.32V，因此 MOSFET 在饱和区域运行的最大正变化为 2.32V－2.2V = 0.12V。因此输入正弦的最大峰峰值为 $2 \times 0.12 =$

0.24V。请注意我们在增益与输入信号变化范围之间进行的折中。为了增加增益,我们需要选择具有较高输入电压的放大器偏置,这样就接近了有效输入电压范围的高限。高的输入偏置电压限制了信号的正向变化。

另一个判据是输出工作点电压。如果放大器需要驱动另一级电路,则放大器输出工作点电压确定了下一级的输入工作点电压。在这种情况下,这个判据很重要。

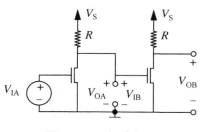

图 8.18 两级放大器

比如考虑图 8.18 所示的两级放大器。在该电路中,V_{IA} 为第一级提供 DC 偏置。第一级的输出 V_{OA} 为第二级提供 DC 偏置,即 $V_{\text{OA}} = V_{\text{IB}}$。

假设放大器参数为

$$V_{\text{S}} = 10\text{V}$$
$$K = 1\text{mA/V}^2$$
$$R_{\text{L}} = 10\text{k}\Omega$$
$$V_{\text{T}} = 1\text{V}$$

假设第一级的偏置为 $V_{\text{IA}} = 2.2\text{V}$ 以实现小信号增益为 12。现在来确定是否第一级的输出工作点电压可为第二级提供有效的输入偏置。

第一级偏置为 $V_{\text{IA}} = 2.2\text{V}$ 时,可根据式(8.24)计算出第一级的工作点输出电压 V_{OA}。代入本电路的参数可知

$$
\begin{aligned}
V_{\text{OA}} &= V_{\text{S}} - \frac{K}{2}(V_{\text{IA}} - V_{\text{T}})^2 R \\
&= 10 - 1 \times 10^{-3} \times (2.2 - 1)^2 \times 10 \times 10^3 / 2 \\
&= 2.8\text{V}
\end{aligned}
$$

根据 7.6.2 节可知第二级在饱和原则下工作的最大有效输入电压范围是 $V_{\text{T}} \sim (-1 + \sqrt{1 + 2V_{\text{S}}R_{\text{L}}K})/(R_{\text{L}}K) + V_{\text{T}}$。代入电路参数得到第二级的有效输入范围是 1V～2.32V。由于 V_{OA} 超过上界(2.8V＞2.32V),我们得到结论:如果第一级输入偏置为 2.2V,则第一级无法为第二级提供有效输入偏置电压。可通过增加 V_{IA} 或增加第一级的 R 来解决这个问题。

8.2.4 输入与输出电阻、电流与功率增益

我们同时可以根据小信号等效电路确定其余重要的电路参数,比如小信号输入电阻,输出电阻,电流增益和功率增益。由于放大器对于小信号来说表现为线性网络,因此可在从任意给定端口看进去时使用戴维南等效。根据戴维南等效可以方便地求得输入和输出电阻。下面用图 8.16 所示的 MOSFET 放大器小信号电路来求这些值。由于这些参数都是外部观察量,因此它们都根据放大器抽象的外部端口来定义。于是明确定义小信号放大器的输入和输出端口就很重要。图 8.19 表示了放大器电路外部端口与小信号模型之间的关系。注意到我们将输入偏置电压包含在小信号放大器抽象中,因此放大器用户无需提供合适的输入偏置电压。用户只需提供小信号输入信号并观察叠加在 DC 偏移之上的输出信号即可。

1. 输入电阻 r_{i}

增量输入电阻定义为输入电压变化与输入电流变化之比。

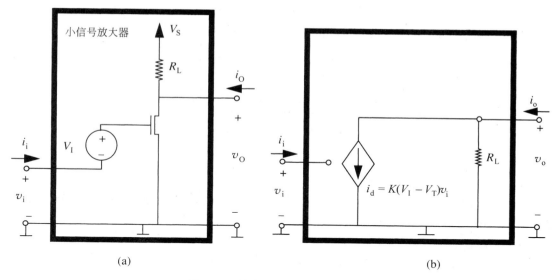

(a) (b)

图 8.19 放大器的输入和输出端口

（a）放大器电路；（b）小信号模型。在放大器电路中可以看到，我们将输入偏置电压包含在小信号放大器抽象中

因此，如图 8.20 所示，我们在输入端施加小测试电压 v_{test}，测量相应的电流 i_{test}，然后来计算输入电阻。其他所有独立小信号电压源或 DC 电压源都短路。类似地其他所有独立的小信号电流源或 DC 电流源都开路。

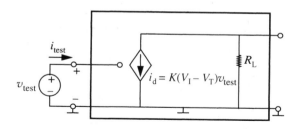

图 8.20 测量输入电阻

MOSFET 放大器的输入电阻为

$$r_{\text{i}} = \frac{v_{\text{test}}}{i_{\text{test}}} = \frac{v_{\text{test}}}{0} = \infty \tag{8.31}$$

在 MOSFET 的 SCS 模型中，栅极不吸收任何电流（$i_{\text{test}} = 0$），因此输入电阻为无穷大。

2. 输出电阻 r_{out}

> 增量输出电阻定义为输出电压变化与输出电流变化之比。

当然我们需要知道电路已被正确偏置。如图 8.21 所示，我们在输出端施加小测试电压 v_{test}，测量相应的电流 i_{test}，然后来计算输出电阻。同前，其他所有独立小信号电压源或 DC 电压源都短路。因此小信号输入电压 v_{i} 置为 0。类似地其他所有独立的小信号电流源或 DC 电流源都开路。

输出电阻为

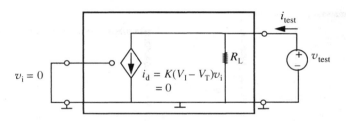

图 8.21 测量输出电阻

$$r_{\text{out}} = \frac{v_{\text{test}}}{i_{\text{test}}} = R_{\text{L}} \qquad (8.32)$$

由于输入小信号电压为零,因此流经 MOSFET 的电流为零。换句话说,MOSFET 开路。于是小信号输出电阻就是 R_{L}。

3. 电流增益

类似于电压增益,我们可定义放大器对外提供电流的电流增益。

增量电流增益定义为对于给定的外部负载电阻,输出电流与输入电流之比。

如图 8.22 所示,我们可在输入施加小测试电压,然后测量输入电流 i_{test} 和输出电流 i_{o}。比率 $i_{\text{o}}/i_{\text{test}}$ 就是电流增益。注意输出电流不是流经受控电流源的电流,而是流经外部负载电阻 R_{O} 的电流。由于电流增益取决于负载电阻的值,因此电流增益都针对给定负载电阻来定义的。引入外部负载电阻同时减小了放大器的电压增益,原因在于外部负载电阻与内部负载电阻 R_{L} 并联。

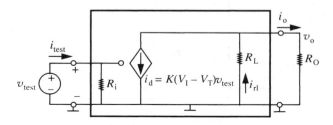

图 8.22 测量电流增益

作为一个例子,我们在输入接线端与地之间放一个电阻 R_{i}。对于 MOSFET 来说,$R_{\text{i}} = \infty$

外部负荷电阻 R_{O} 对应的电流增益为

$$\text{电流增益} = \frac{i_{\text{o}}}{i_{\text{test}}} \qquad (8.33)$$

现在假设存在一个有限的输入电阻 R_{i}(如图 8.22 所示),让我们来确定例子中的 i_{o} 值。将 i_{o} 和 i_{test} 用各自的电压分别代入得到

$$\text{电流增益} = \frac{\dfrac{v_{\text{o}}}{R_{\text{O}}}}{\dfrac{v_{\text{test}}}{R_{\text{i}}}} \qquad (8.34)$$

$$= \frac{v_{\text{o}}}{v_{\text{test}}} \frac{R_{\text{i}}}{R_{\text{O}}} \qquad (8.35)$$

式(8.35)表明电流增益与电压增益和输入电阻、输出电阻之比的乘积成正比。

我们可用电流 i_d 和 R_L 与 R_O 的并联电阻值代入上式来确定电压增益 v_o/v_{test}

$$\frac{v_o}{v_{test}} = -\frac{K(V_I - V_T)v_{test}(R_L \parallel R_O)}{v_{test}}$$

换句话说

$$\frac{v_o}{v_{test}} = -K(V_I - V_T)(R_L \parallel R_O) \tag{8.36}$$

注意,带有外部负载的放大器电压增益小于无负载时放大器的电压增益。将上式代入式(8.35)中得到电流增益的表示为

$$\text{电流增益} = -K(V_I - V_T)(R_L \parallel R_O)\frac{R_i}{R_O} \tag{8.37}$$

由于 MOSFET 的 $R_i = \infty$,因此相应的电流增益也是无穷大。

4. 功率增益

> 增量功率增益定义为放大器向外部负载提供的功率与输入信号向放大器提供的功率之比。

参考图 8.22,我们可以用下面的方法来计算功率增益:在输入端施加小测试电压并测量输入电流 i_{test}。我们同时测量相应的带有外部负载电阻条件下的输出电压 v_o 和输出电流 i_o。输入信号提供的功率为 $v_{test}i_{test}$。类似地,向外部负载提供的功率为 $v_o i_o$。与电流增益中的讨论一样,我们假设放大器具有输入电阻 R_i。功率增益为

$$\text{功率增益} = \frac{v_o i_o}{v_{test} i_{test}} = \frac{v_o}{v_{test}}\frac{i_o}{i_{test}} \tag{8.38}$$

我们根据式(8.36)和式(8.37)可分别知道电压增益和电流增益。将其代入上式得到

$$\text{功率增益} = \frac{v_o}{v_{test}}\frac{i_O}{i_{test}} \tag{8.39}$$

$$= \left[-K(V_I - V_T)(R_L \parallel R_O)\right]\left[-K(V_I - V_T)(R_L \parallel R_O)\frac{R_i}{R_O}\right] \tag{8.40}$$

$$= \left[-K(V_I - V_T)(R_L \parallel R_O)\right]^2 \frac{R_i}{R_O} \tag{8.41}$$

由于 MOSFET 放大器的 $R_i = \infty$,因此其功率增益也是无穷大。在实际电路中总有输入电阻,因此功率增益是有限的。

例 8.2　压控电流源　现在来进行图 8.23 所示的压控电流源的小信号分析。参考图 8.23 可知电流 i_O 与电压 v_I 之间的依赖关系为

$$i_O = \frac{1}{L(v_I - 1)}$$

其中 $v_I > 1$,L 是某个常数。v_I 和 v_O 的工作点值分别为 V_I 和 V_O 时,v_I 的改变所对应的 v_O 的变化是什么?

解　为了求 v_I 的增量变化,我们执行 8.2.1 介绍的三步过程。我们首先求 v_O 与 v_I 之间的大信号关系

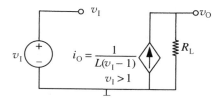

图 8.23　受控电流源电路

$$v_O = i_O R_L \tag{8.42}$$

$$= R_L \frac{1}{L(v_I - 1)} \tag{8.43}$$

代入工作点值得到

$$V_O = R_L \frac{1}{L(V_I - 1)} \tag{8.44}$$

接下来进行元件的线性化。总的输入电压 v_I 用小信号电压 v_i 替代，电阻保持不变。受控电流源的小

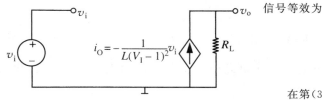

信号等效为

$$i_o = \frac{\mathrm{d}i_O}{\mathrm{d}v_I}\bigg|_{V_I} v_i$$

$$= -\frac{1}{L(V_I - 1)^2} v_i$$

图 8.24 受控电流源的小信号电路模型

在第(3)步中，我们用每个元件的小信号模型替换其大信号模型。相应的小信号电路如图 8.24 所示。

现在可根据小信号电路，通过列写输出回路的 KVL 来求得输入电压的小变化导致的输出电压的变化。

$$v_o = i_o R_L = -\frac{1}{L(V_I - 1)^2} v_i R_L$$

我们也可以直接根据式 (8.43) 所示的 v_O 与 v_I 关系求得输入电压的小变化导致的输出电压变化

$$v_o = \frac{\mathrm{d}v_O}{\mathrm{d}v_I}\bigg|_{V_I} v_i = -\frac{1}{L(V_I - 1)^2} v_i R_L$$

例 8.3 差分放大器的小信号分析 差分放大器是高质量放大器的基本组成部分，常用于处理小信号。当信号带有噪声时，直接使用放大器会同时放大信号和噪声。但是在一定条件下，我们马上就要看到差分放大器可使信号的增益比噪声大得多。差分放大器也可用于构造运算放大器，对相应电路的讨论见例 7.19 和例 8.10。

假设可以用差分的形式得到信号。换句话说，假设可以用一对接线端 A 和 B 上的相对输出电压 ($v_A - v_B$) 表示信号。比如磁带录音机的磁头输出，另外某些仪器或者传感器的输出也是这样。这种传感器通常与一种基本元件（比如可变电阻）类似。该元件可在其接线端上产生与某个外部待测参数（比如温度、气体浓度和磁场强度）相关的电压。通常，传送信号的一对线会经过噪声环境，导致两根线中都产生基本上相同数量的噪声 (v_n)，如图 8.25 所示[①]。在其余情况中，这两条线可能同时带有公共的 DC 偏置。此时差分放大器要能够仅放大差分信号成分而忽略公共的噪声成分。

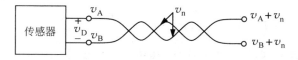

图 8.25 差分信号

差分放大器抽象如图 8.26 所示。这是个二端口器件，有一个差分输入端口和一个差分输出端口。输入端口有两个接线端。"＋"输入端被称作同相输入，而"－"输入端被称作反相输入。输出端口电压为 v_O。

我们可根据差分输出的差分放大器建立单端差分放大器，如图 8.27 所示。

差分放大器的性质可用与两个成分 v_A 与 v_B 相关的信号来表示：

(1) 信号的差模成分

$$v_D = v_A - v_B \tag{8.45}$$

(2) 信号的共模成分

$$v_C = \frac{v_A + v_B}{2} \tag{8.46}$$

---

① 事实上，这两个导线经常缠绕在一起以确保如果存在噪声则对两根线的影响一样。

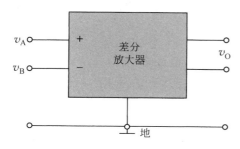

图 8.26 差分放大器的框图表示

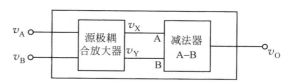

图 8.27 单端差分放大器结构

差分放大器的输出是差模成分和共模成分的函数

$$v_O = A_D v_D + A_C v_C \tag{8.47}$$

其中 A_D 称为差模增益,而 A_C 称为共模增益。使用差分放大器的关键是将有用的信号用差模成分来表示,而将噪声用共模形式来表示。如果我们使 A_D 大而使 A_C 小,则实现了抑制噪声的目的。通常我们选择共模抑制比(CMRR)来描述放大器拒绝共模噪声的能力:

$$CMRR = \frac{A_D}{A_C} \tag{8.48}$$

用 MOSFET 来实现差分放大器

现在来研究用 MOSFET 实现的差分放大器。放大器由一对匹配晶体管构成,称作源极耦合对。源极耦合放大器如图 8.28 所示。v_A 和 v_B 是输入,v_X 和 v_Y 是输出。假设 v_A 和 v_B 都是测量到的相对于地的电压。同时假设 v_a 和 v_b 是输入中的小变化,v_x 和 v_y 是相应的输出中的小变化。源极耦合对与 DC 电流源通过高内阻 R_i 串联连接。(我们可将一个 MOSFET 偏置到饱和区域以实现一个电流源。但这里并不是这样做。为了简单起见,我们用一个抽象的非理想电流源。换句话说,电流源具有有限电阻 R_i。)设 DC 电流源提供的电流为 I。

现在用图 8.29 所示的小信号模型来研究差分放大器。注意到在考虑增量变化时,理想的电流源类似于开路,但具有内部诺顿等效电阻 R_i 的电流源在其接线端增量变化时表现为一个电阻。MOSFET 用其小信号等效电流源来替代。电压 v_{gs1} 和 v_{gs2} 是输入两个 MOSFET 的栅极和源极之间的小信号电压,表示输入电压 v_A 和 v_B 的小变化。

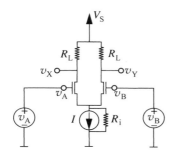

图 8.28 源极耦合差分放大器
所有电压都相对于地节点测量

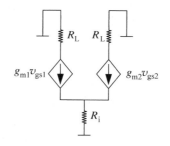

图 8.29 源极耦合差分放大器的
小信号模型

MOSFET 的增益参数 g_{m1} 和 g_{m2} 取决于流经 MOSFET 的工作点电流。假设流经 R_i 的电流可忽略,根据对称性,可发现两个 MOSFET 均匀等分电流 I。于是每个的工作点电流均为 $I/2$。根据 MOSFET 的 SCS 模型,给定 V_T 和 K 以后,我们可以用 I 来表示偏置输入电压 V_{GS1} 和 V_{GS2}。从而可用 V_{GS1} 和 V_{GS2}(都是 I 的函数)来表示相应的增益 g_{m1} 和 g_{m2}。

考虑到

- 信号的差模成分

$$v_D = v_A - v_B$$

- 信号的共模成分

$$v_C = \frac{v_A + v_B}{2}$$

因此我们可将输入信号用差模和共模成分解耦。

$$v_A = \frac{v_C + v_D}{2}$$

$$v_B = \frac{v_C - v_D}{2}$$

我们将分别讨论每种模式,然后总结整个放大器的性质。

差模模型　我们首先仅分析输入的差模部分。参考图 8.30 所示电路及其小信号模型。假设两个 MOSFET 具有相同的性质:$g_{m1} = g_{m2} = g_m$。在电源与两个 MOSFET 连接的节点(换句话说,小信号电源 v_s 的节点)上应用 KCL 得到

$$g_m v_{gs1} + g_m v_{gs2} = \frac{v_s}{R_i} \tag{8.49}$$

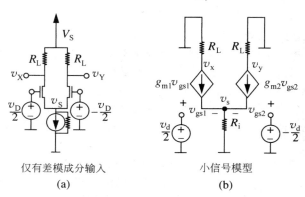

仅有差模成分输入　(a)　　　小信号模型　(b)

图 8.30　差模模型

所有电压都相对于地节点测量

根据图 8.30 可知

$$\frac{v_d}{2} - v_{gs1} = v_s$$

$$-\frac{v_d}{2} - v_{gs2} = v_s$$

将 v_{gs1} 和 v_{gs2} 用 v_d 来表示,然后代入式(8.49)得到

$$g_m \left(\frac{v_d}{2} - v_s \right) + g_m \left(\frac{-v_d}{2} - v_s \right) = \frac{v_s}{R_i} \tag{8.50}$$

$$-2 g_m v_s = \frac{v_s}{R_i} \tag{8.51}$$

由于 g_m 和 R_i 彼此相互独立,因此 $v_s = 0$。该结果大大简化了电路,从而得到图 8.31 所示电路。将其转换为戴维南等效模型得到图 8.32 所示电路。

我们发现

$$v_x = -\frac{g_m R_L v_d}{2}$$

和

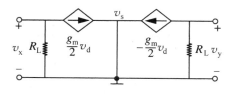

图 8.31　差模简化模型

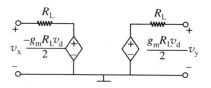

图 8.32　差模戴维南等效模型

$$v_y = \frac{g_m R_L v_d}{2}$$

因此输出接线端对上的小信号输出电源为

$$v_o = v_x - v_y = -g_m R_L v_d$$

于是得到了差模小信号增益为

$$A_d = \frac{v_o}{v_d} = -g_m R_L$$

共模模型　我们现在来分析共模输入电路的性质。电路及其小信号模型如图 8.33 所示。共模输入的小信号变化用 v_c 来表示。观察到 $v_{gs1} = v_{gs2} = v_g$，$g_{m1} = g_{m2} = g_m$ 以及 $v_{gs} = v_c - v_s$。在 v_c 节点再次应用 KCL 得到

$$g_m v_{gs} + g_m v_{gs} = \frac{v_s}{R_i} \tag{8.52}$$

$$2 g_m v_{gs} = \frac{v_c - v_{gs}}{R_i} \tag{8.53}$$

$$v_{gs} = \frac{1}{2 g_m R_i + 1} v_c \tag{8.54}$$

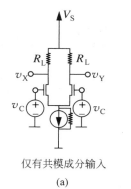

仅有共模成分输入

(a)

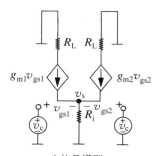

小信号模型

(b)

图 8.33　共模模型

假设 R_i 很大，因此 $2 g_m R_i \gg 1$，可简化式(8.54)得到

$$v_{gs} \approx \frac{1}{2 g_m R_i} v_c$$

因此两个受控电流源的值均为 $v_c / (2R_i)$。简化后的电路如图 8.34 所示。将该电路转换为戴维南等效电路如图 8.35 所示。

根据戴维南等效电路可知

$$v_x = v_y = -\frac{R_L v_c}{2 R_i}$$

因此得到

$$v_o = v_x - v_y = 0$$

即共模小信号增益为 0。

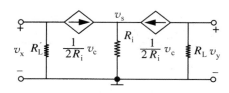

图 8.34 共模简化模型

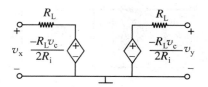

图 8.35 共模戴维南等效电路

整体性质 为了将两个部分整合起来,我们将图 8.32 所示小信号差模电路与图 8.35 所示小信号共模放大电路合并,得到图 8.36 所示电路。注意到由于小信号电路的线性性质,因此我们能够利用叠加原理实现这一过程。差分放大器的输出是 v_x 与 v_y 之差,差模增益为 $-g_m R_L$,共模增益为 0。

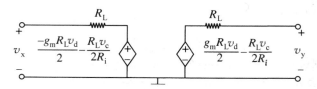

图 8.36 差分放大器的戴维南等效电路

输入和输出电阻 计算差分放大器的输入和输出电阻很容易。我们应用小信号输入 v_a 和 v_b 时,没有任何电流流入 MOSFET,因此它们具有无穷大的输入电阻。

为了计算从一个输出端口的接线端看进去的小信号输出电阻,我们通过使 $v_a = 0$ 和 $v_b = 0$ 将所有独立源置零,事实上就是将 v_c 和 v_d 置零。我们在待求输出端引入测试电压,将另一输出端接地。因此将整个电路转换为图 8.37 所示电路。于是从 v_x 和 v_y 端口看进去的输出电阻都是 R_L。

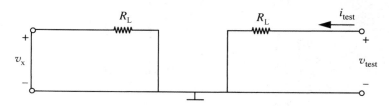

图 8.37 差分放大器的输出电阻

例 8.4 源极跟随器 我们前面见过的一个有用电路[①]是图 8.38 所示的源极跟随器。图中所示的源极跟随器驱动一个外部负载电阻 R_L。假设总输入电压 v_I 包括合适的 DC 偏置电压以满足饱和原则的要求。源极跟随器的小信号等效电路如图 8.39 所示。我们来计算该电路的小信号增益,从而达到分析电路的目的。

解 小信号输出 v_o 可用电路参数表示为

$$v_o = g_m v_{gs}(R_L \parallel R_S)$$

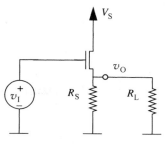

图 8.38 源极跟随器

其中 v_{gs} 是 MOSFET 的栅源电压。利用 KVL 可观察到 $v_{gs} = v_i - v_o$。因此可以得到

$$v_o = g_m(v_i - v_o)(R_L \parallel R_S) \quad (8.55)$$

$$v_o\left(\frac{1}{R_L \parallel R_S} + g_m\right) = g_m v_i \quad (8.56)$$

---

① 参见第 7 章例 7.8 和问题 7.5。

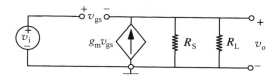

图 8.39 源极跟随器的小信号模型

MOSFET 的跨导 g_m 由 $K(V_{GS} - V_T)$ 确定,其中 V_{GS} 是 MOSFET 栅极-源极工作点电压。关于如何计算源极跟随器的工作点参数,请参考第 7 章例 7.8 和问题 7.5

$$v_o = \frac{R_L R_S g_m}{R_L + R_S + R_L R_S g_m} v_i \tag{8.57}$$

$$\frac{v_o}{v_i} = \frac{R_L R_S g_m}{R_L + R_S + R_L R_S g_m} \tag{8.58}$$

于是增益稍小于 1。上面的方程有一个非常重要的特例,即当 R_L 非常大的时候($R_L \rightarrow \infty$)有

$$\frac{v_o}{v_i} = \frac{R_S g_m}{1 + R_S g_m} \tag{8.59}$$

当 g_m 很大的时候,无论 R_L 和 R_S 的值是多少都可以由式(8.58)得到

$$\frac{v_o}{v_i} \approx 1$$

那么为什么这个电路很有用? 我们来计算源极跟随器的输入和输出电阻。

小信号输入和输出电阻 输入电阻 r_i 容易计算。由于没有电流流入 MOSFET,因此输入电阻是无穷大。

计算输出电阻还需要一些工作。如图 8.40 所示,将独立源置零,在输出接线端施加一个测试电压 v_{test},测量相应的电流 i_{test}。输出电阻为 $r_{out} = v_{test}/i_{test}$。

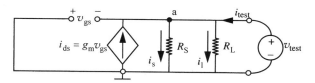

图 8.40 源极跟随器输出电阻

为了计算 r_{out},我们在图 8.40 中的 a 节点上应用 KCL。受控电流源的电流值 i_{ds} 被 v_{gs} 控制,v_{gs} 等于 $-v_{test}$。因此有

$$i_{ds} + i_{test} = i_s + i_l \tag{8.60}$$

$$-g_m v_{test} + i_{test} = \frac{v_{test}}{R_L \parallel R_S} \tag{8.61}$$

整理上式并化简得到

$$v_{test}\left(g_m + \frac{1}{R_L \parallel R_S}\right) = i_{test}$$

由此得到

$$r_{out} = \frac{v_{test}}{i_{test}} = \frac{R_L R_S}{g_m R_L R_S + R_L + R_S}$$

当 g_m、R_L 和 R_S 都很大时,$R_L + R_S$ 可忽略(与 $g_m R_L R_S$ 相比)。因此上式可简化为

$$r_{out} \approx 1/g_m$$

由于 g_m 可以做得很大,因此输出电阻可以很小。源极跟随器的小输出电阻使其作为缓冲器来说很有用。缓冲器可提供很大的电流增益。

例 8.5 另一个 MOSFET 的小信号分析 本例要进行例 7.12 中图 7.46 所示电路的小信号分析。该电路对于 v_{IN} 的正值和负值均可工作。我们在小信号分析中将输入偏置电压设为 $V_{\text{IN}} = 0\text{V}$。从而有

$$v_{\text{IN}} \equiv V_{\text{IN}} + v_{\text{in}} = v_{\text{in}}$$

接下来确定该放大器其余的偏置电压。设 $v_{\text{in}} = 0\text{V}$，导致 $v_{\text{IN}} = 0\text{V}$。根据例 7.12 的结果可知，偏置电压为 $V_{\text{OUT}} = 6.4\text{V}, V_{\text{GS}} = 1.6\text{V}$。

接下来采用 8.2 节的方法构造图 8.41 所示的小信号电路模型。分析该小信号电路模型得到

$$v_{\text{out}} = R_3 K(V_{\text{GS}} - V_{\text{T}}) v_{\text{in}} = 12 v_{\text{in}}$$

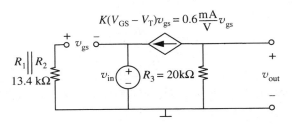

图 8.41 图 7.46 所示电路的小信号模型

因此在偏置电压为 $V_{\text{IN}} = 0\text{V}$ 时小信号增益为 12。利用例 7.12 的结果并采用下式可得到相同的结果。

$$\left. \frac{\mathrm{d}v_{\text{OUT}}}{\mathrm{d}v_{\text{IN}}} \right|_{v_{\text{IN}}=0}$$

例 8.6 BJT 的小信号模型 在这个例子中，我们将通过线性化例 7.13 中图 7.49(c)所示的 BJT 分段线性模型来推导出 BJT 的小信号模型。图 8.42(b)给出了 BJT 在放大区域中运行的大信号模型（根据图 7.49(c)）。在放大区域中运行时，图 7.49(c)所示的基极-集电极二极管开路，因此可以在接下来的分析中放心地将其忽略。

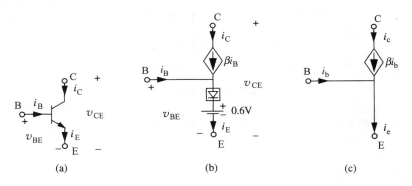

图 8.42 BJT 的小信号模型

(a) BJT 符号；(b) 假设 BJT 在放大区域中得到的大信号模型；(c) BJT 小信号模型

图 8.42(c)表示了基于图 8.42(b)中分段线性模型的 BJT 小信号模型。在放大区域中，图 8.42(b)中的理想二极管短路。此外在增量分析中 0.6V 电压源短路。最后，由于放大区域中 i_{B} 与 i_{C} 之间是线性关系，即

$$i_{\text{C}} = \beta i_{\text{B}}$$

因此增量信号 i_{c} 和 i_{b} 之间的关系是

$$i_{\text{c}} = \beta i_{\text{b}}$$

此外，我们可根据式(8.22)从数学上得到基极电流的小变化导致集电极电流的变化为

$$i_c = \frac{\mathrm{d}i_C}{\mathrm{d}i_B}\bigg|_{i_B = I_B} i_b = \frac{\mathrm{d}(\beta i_B)}{\mathrm{d}i_B}\bigg|_{i_B = I_B} i_b = \beta i_b$$

接下来我们将在余下的例子中使用 BJT 的小信号模型。

例 8.7 BJT 放大器的小信号分析 在这个例子中,我们将研究图 7.54 所示 BJT 共集电极放大器的小信号性质。我们将该图重绘于图 8.43 中以表示总输入 v_{in} 是 DC 偏移电压 V_{IN} 和小信号电压 v_{in} 之和。为了与通常使用的小信号表示方法一致,输出的总信号、工作点信号和小信号分别表示为 v_O, V_O 和 v_o。假设放大器工作于放大区域中,计算放大器的小信号增益。已知 $R_I = 100\mathrm{k}\Omega$,$R_L = 10\mathrm{k}\Omega$,$V_S = 10\mathrm{V}$。假设 BJT 的电流增益参数 β 是 100,输入工作点电压选择为 $V_{IN} = 1\mathrm{V}$。

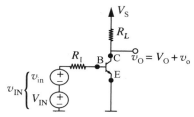

图 8.43 表示小信号和偏置输入电压的 BJT 放大器

现在开始 BJT 放大器的小信号分析。小信号分析的第一步是确定电路的工作点变量。虽然不是非常必要[1],我们还是进行工作点分析以验证对于给定的参数,BJT 正是工作于放大区域。根据式(7.51)所示的传递函数关系我们知道

$$V_O = V_S - \frac{V_{IN} - 0.6\mathrm{V}}{R_I} \beta R_L$$

用给定的参数值代入可知

$$V_O = 6\mathrm{V}$$

由于 $V_{CE} = V_O = 6\mathrm{V}$,$V_{BE} = V_{IN} = 1\mathrm{V}$,容易看出满足 BJT 放大在区域运行的约束条件。

$$V_{CE} > V_{BE} - 0.4\mathrm{V}$$

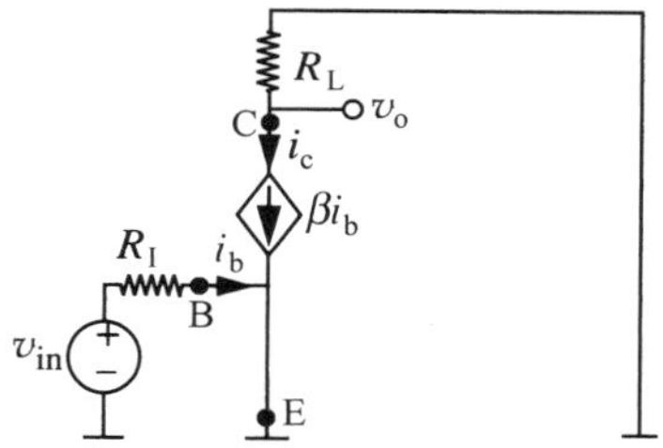

第二步是确定每个电路元件的小信号模型。这一步在本例中很容易,原因在于所有元件都是线性的(包括 BJT 在内,由于给定它在放大区域中运行)。DC 电源的小信号等效是短路,线性电阻的小信号等效就是电阻本身。最后,我们使用图 8.42(c)所示运行于放大区域的 BJT 小信号模型(从例 8.6 推导出)。

下面进行小信号分析的第三步。图 8.44 表示了放大器的小信号电路,其中的元件都用其线性化等效元件替换了,而且用小信号支路变量替换了总变量。

列写输出节点的节点方程可得到小信号增益

$$\frac{v_o}{R_L} = -\beta i_b$$

用 $i_b = v_{in}/R_I$ 代入上式得到

$$\frac{v_o}{R_L} = -\beta \frac{v_{in}}{R_I}$$

简化上式得到 BJT 放大器的小信号增益为

$$\text{小信号增益} = \frac{v_o}{v_{in}} = -\beta \frac{R_L}{R_I} \tag{8.62}$$

这里需要注意如果 BJT 运行于放大区域中,则 BJT 的增益独立于工作点。对应给定的 BJT 元件(即具有固定的 β 值),可通过增加 R_L 或减小 R_I 来增加增益。

最后用 $R_I = 100\mathrm{k}\Omega$,$R_L = 10\mathrm{k}\Omega$,$\beta = 100$ 代入得到

图 8.44 BJT 放大器的小信号电路模型

---

[1] 我们的例子中这一步不是非常必要的原因在于所有元件都是线性的(包括 BJT,由于我们已知它在放大区域中运行)。对于线性元件,小信号模型与其工作点无关。比较式(8.62)所示 BJT 和式(8.10)所示 MOSFET 的小信号关系可以证实这一点。

$$\text{小信号增益} = -10$$

于是就结束了分析过程。

例 8.8　BJT 放大器的小信号输入和输出电阻　现在来计算共射极 BJT 放大器的小信号输入和输出电阻。求输入和输入电阻的一般方法是置零所有独立源，在输入或输出端口施加测试电压源（或电流源），然后测量相应的电流（或电压）。电压与电流之比得到所需的电阻。

输入电阻容易计算。对于施加的测试电压 v_{in}（图 8.45），流入输入 B 接线端的电流 i_b 为

$$i_b = \frac{v_{test}}{R_I}$$

因此输入电阻 r_i 为 R_I。

如图 8.46 所示，我们将所有独立源置零，在输出端口施加小测试电压 v_{test}，测量相应的电流 i_o，由此计算出输出电阻。输出电阻为 v_{test}/i_o。

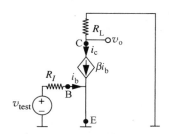

图 8.45　在 BJT 放大器的输入端口施加小信号测试电压来计算小信号输入电阻

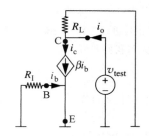

图 8.46　在 BJT 放大器的输出端口施加小信号测试电压来计算小信号输出电阻

为了计算 r_{out}，我们在图 8.46 中标记为 C 的节点上应用 KCL。将所有流入 C 节点的电流相加得到

$$i_o - \frac{v_{test}}{R_L} - \beta i_b = 0$$

由于 $i_b = 0$（R_I 上的电压为零），我们得到

$$r_{out} = \frac{v_{test}}{i_o} = R_L$$

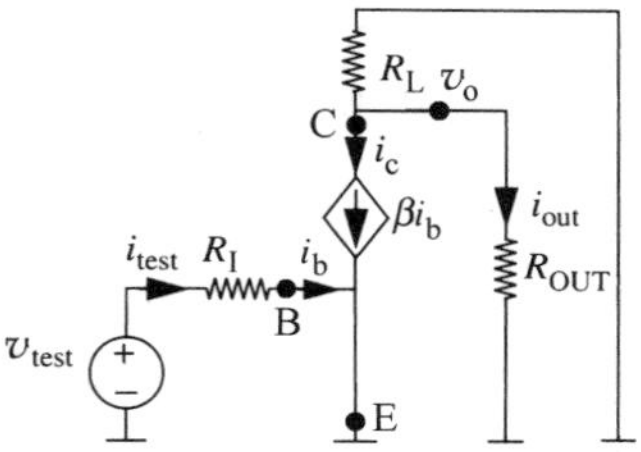

例 8.9　BJT 放大器的小信号电流增益和功率增益　在这个例子中，我们来计算 BJT 共集电极放大器的小信号电流增益和功率增益。电流增益和功率增益的定义为向外部负载提供的电流或功率与输入源提供的电流或功率之比。因此如图 8.47 所示，需要在电路中添加一个外部负载电阻 R_{OUT} 来实现电流和功率增益的计算。

电流增益定义为对于给定的外部负载电阻，输出电流（i_{out}）的变化除以输入电流（i_{test}）的变化。我们列写 C 节点的节点方程

$$i_{out} + i_c + \frac{v_o}{R_L} = 0 \tag{8.63}$$

如果用 i_{test} 来表示 i_c 和 v_o，则可得到所需的 i_{out} 与 i_{test} 的关系。根据 BJT 关系我们知道

$$i_c = \beta i_b = \beta i_{test} \tag{8.64}$$

现在希望 i_{test} 来表示 v_o，观察到 v_o 是 R_L 与 R_{OUT} 并联电阻上的电压。换句话说

$$v_o = -i_c (R_L \parallel R_{OUT})$$

替换上式的 i_c 得到我们所需的 v_o 与 i_{test} 之间的关系

$$v_o = \beta i_{test}(R_L \parallel R_{OUT}) \tag{8.65}$$

图 8.47　包括一个外部负载电阻以实现电流和功率增益计算的 BJT 放大器小信号

将式(8.64)表示的 i_c 和式(8.65)表示的 v_o 代入式(8.63)得到

$$i_{\text{out}} + \beta i_{\text{test}} - \beta i_{\text{test}}\, \frac{(R_{\text{L}} \parallel R_{\text{OUT}})}{R_{\text{L}}} = 0$$

在等号两边都除以 i_{test} 并化简可得到电流增益为

$$\text{电流增益} = \frac{i_{\text{out}}}{i_{\text{test}}} = -\beta\, \frac{R_{\text{L}}}{R_{\text{L}} + R_{\text{OUT}}} \tag{8.66}$$

采用直观方法可用简单的两步得到相同的电流增益结果。首先注意到电流 i_c 就是 i_{test} 乘以系数 β。其次,流入 R_{OUT} 的那一部分放大电流 βi_{test} 可根据式(2.84)所示的分流关系得到,即另一个电阻 R_{L} 除以两个电阻之和 $(R_{\text{L}} + R_{\text{OUT}})$。

接下来,功率增益定义为对于给定的外部负载电阻提供给输出电阻的功率 $(v_o i_{\text{out}})$ 与输入信号提供的功率 $(v_{\text{test}} i_{\text{test}})$ 之比。如式(8.38)所示,BJT 放大器的功率增益等于电流增益与电压增益的乘积。

对包含了一个输出负载电阻的 BJT 放大器来说,电流增益为式(8.66)所示。基于马上就要知道的原因,我们用 R_{L} 与 R_{OUT} 并联的形式重写电流增益

$$\frac{i_{\text{out}}}{i_{\text{test}}} = -\beta\, \frac{R_{\text{L}} \parallel R_{\text{OUT}}}{R_{\text{OUT}}} \tag{8.67}$$

将输出负载电阻 R_{OUT} 的作用包含在式(8.62)所示 BJT 电压增益方程中就得到了最终的电压增益。可通过将式(8.62)中的 R_{L} 替换为 R_{L} 和 R_{OUT} 的并联电阻得到电压增益。

$$\frac{v_o}{v_{\text{test}}} = -\beta\, \frac{R_{\text{L}} \parallel R_{\text{OUT}}}{R_{\text{I}}} \tag{8.68}$$

将式(8.67)所示的电流增益乘以式(8.68)所示的电压增益并化简得到

$$\text{功率增益} = \beta^2\, \frac{(R_{\text{L}} \parallel R_{\text{OUT}})^2}{R_{\text{OUT}} R_{\text{I}}}$$

例 8.10　运算放大器电路的小信号　本例研究例 7.21 中图 7.63 所示运算放大器电路的小信号模型。然后用该模型来求放大器的小信号增益。下面基于偏置条件 $V_{\text{IN1}} = V_{\text{IN2}} = 0\text{V}$ 来求小信号模型和增益。在该偏置条件下有 $I_{\text{D1}} = I_{\text{D2}} = I/2$。

图 8.48 给出了图 7.63 所示运算放大器电路的小信号模型。图 8.48 中三个 MOSFET 的跨导 g_1,g_2 和 g_3 尚未确定。

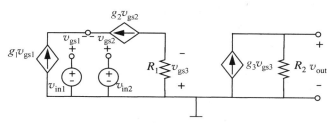

图 8.48　运算放大器电路的小信号模型

根据图 8.10 的结论,N 沟道 MOSFET 的小信号跨导为

$$g_1 = K_{\text{N}}(V_{\text{GS1}} - V_{\text{T}}) \tag{8.69}$$

$$g_2 = K_{\text{N}}(V_{\text{GS2}} - V_{\text{T}}) \tag{8.70}$$

此外,工作点的选择满足

$$I_{\text{D1}} = \frac{I}{2} = \frac{K_{\text{N}}}{2}(V_{\text{GS1}} - V_{\text{T}})^2 \tag{8.71}$$

$$I_{\text{D2}} = \frac{I}{2} = \frac{K_{\text{N}}}{2}(V_{\text{GS2}} - V_{\text{T}})^2 \tag{8.72}$$

将式(8.71)和式(8.72)代入式(8.69)和式(8.70)得到

$$g_1 = g_2 = \sqrt{K_{\mathrm{N}} I} \tag{8.73}$$

采用 8.2 节的方法可得到 P 沟道 MOSFET 的小信号模型。特别地，在式(7.68)偏置点处取斜率得到

$$-(-i_{\mathrm{d}}) \approx K(V_{\mathrm{SG}} + V_{\mathrm{T}}) v_{\mathrm{sg}} \tag{8.74}$$

因此从 v_{sg} 到 $-i_{\mathrm{d}}$ 的跨导为

$$g = K(V_{\mathrm{SG}} + V_{\mathrm{T}}) = \sqrt{2K(-I_{\mathrm{D}})} \tag{8.75}$$

上式中第二个等式使用了 P 沟道 MOSFET 的大信号偏置条件。将上式应用于图 8.48 所示电路得到

$$g_3 = \sqrt{2K_{\mathrm{P}}(-I_{\mathrm{D3}})} \tag{8.76}$$

现在可用小信号模型来确定运算放大器的小信号增益。首先求第一部分，即仅考虑差分放大器的小信号模型。在两个 N 沟道 MOSFET 相交节点使用 KCL 得到

$$i_{\mathrm{d1}} + i_{\mathrm{d2}} = g_1 v_{\mathrm{gs1}} + g_2 v_{\mathrm{gs2}} = 0 \tag{8.77}$$

因此运算放大器某个漏极电流的增加势必导致另一个漏极电流相同数量的减少，原因在于二者之和为 I。接下来在包含两个 MOSFET 与地节点的回路中应用 KVL 得到

$$v_{\mathrm{in1}} - v_{\mathrm{in2}} = v_{\mathrm{gs1}} - v_{\mathrm{gs2}} \tag{8.78}$$

最后，由图 8.48 观察出 $v_{\mathrm{sg3}} = R_1 g_2 v_{\mathrm{gs2}}$，联立式(8.73)、式(8.77)和式(8.78)得到差分放大器的小信号增益为

$$v_{\mathrm{sg3}} = -\frac{R_1 \sqrt{K_{\mathrm{N}} I}}{2}(v_{\mathrm{in1}} - v_{\mathrm{in2}}) \tag{8.79}$$

接下来考虑 P 沟道 MOSFET 构成的共源极小信号电路部分。在该部分电路中，小信号模型表明

$$v_{\mathrm{out}} = R_2 \sqrt{2K_{\mathrm{P}}(-I_{\mathrm{D3}})} \, v_{\mathrm{sg3}} \tag{8.80}$$

其中用到式(8.76)替代 g_3。由于本部分电路是从 v_{sg3} 到 v_{out} 的增益，因此增益为正。

最后联立式(8.79)和式(8.80)可得到无负载情况下运算放大器的小信号增益为

$$v_{\mathrm{out}} = \frac{R_1 R_2 \sqrt{2K_{\mathrm{N}} K_{\mathrm{P}} I(-I_{\mathrm{D3}})}}{2}(v_{\mathrm{in2}} - v_{\mathrm{in1}}) \tag{8.81}$$

根据式(8.81)，在第 15 章的讨论中可以发现 v_{in1} 和 v_{in2} 分别表示为 v_- 和 v_+。

  例 8.11 更多运算放大器电路小信号模型的讨论 现在设 $-I_{\mathrm{D3}} = 0.5\mathrm{mA}$（其余参数见例 7.22），数值计算例 8.10 所示的运算放大器。

将 $-I_{\mathrm{D3}}$ 代入例 8.10 的式(8.81)可知

$$v_{\mathrm{out}} = 50\sqrt{2}(v_{\mathrm{in2}} - v_{\mathrm{in1}}) \tag{8.82}$$

该运算放大器的小信号增益约为 71。

8.3 小结

- 本章拓展了对小信号模型的讨论，关注三端元件和放大器。和 4.5 节中介绍的一样，在元件与电路可能是非线性的情况下，如果工作于非常窄的范围内，则可以使用小信号分析。小信号分析寻求窄工作范围内符合精度要求的分段线性模型。小信号模型的主要贡献在于小信号变量在窄工作范围内表现出线性的 $v\text{-}i$ 关系，因此我们能够使用所有线性分析方法（如叠加方法、戴维南等效和诺顿等效）来求解电路。

- 本章还介绍了小信号电路模型。仅包含小信号变量并且保持原始大信号电路拓扑的电路即小信号电路，可利用该电路进行小信号分析。小信号电路可通过执行下列

过程而从原始电路中获得。

① 取每个电源值为工作点值,确定电路中每个元件支路电压和电流的工作点。这一步可能包括非线性的大信号分析。

② 确定每个元件在工作点上的线性化小信号性质,然后选择一个线性元件来表示该性质。

③ 用线性化的元件(也称作小信号模型)替换电路中的原始元件,用小信号支路变量重新标记电路。这样得到的就是小信号模型。

- 独立 DC 电压源的小信号等效模型是短路,独立 DC 电流源的小信号等效模型是开路。电阻的小信号等效模型就是电阻本身。MOSFET 的小信号模型如图 8.10 所示。

练　　习

练习 8.1　考虑图 8.49 所示放大器。MOSFET 工作在饱和区域中,特性参数为 V_T 和 K。输入电压 v_I 为 DC 偏置电压 V_I 与具有 $v_i = A\sin(\omega t)$ 形式的正弦信号之和。假设 A 与 V_I 比较起来很小。设输出电压 v_O 包括 DC 偏置项 V_O 和小信号响应项 v_o。

(1) 确定输入偏置 V_I 对应的输出工作点电压 V_O。

(2) 确定放大器的小信号增益。

(3) 将输入电压和输出电压画成时间的函数,清楚地表示 DC 和随时间变化的成分。

练习 8.2　将 MOSFET 的栅极与漏极连接起来得到一个二端元件,求该元件的小信号模型。MOSFET 工作在饱和原则下,参数为 V_T 和 K。

练习 8.3　在 MOSFET 的栅极和源极之间连接一个 2V 的 DC 电压($V_{GS} = 2V$),这样形成一个由漏极与源极构成的二端元件,求其小信号模型。假设 MOSFET 工作在饱和原则下,参数为 V_T 和 K。

练习 8.4　考虑图 8.50 所示 MOSFET 放大器。假设放大器运行于饱和原则下。在 MOSFET 的饱和区域中的性质为

$$i_{DS} = \frac{K}{2}(v_{GS} - V_T)^2$$

其中 i_{DS} 是漏极-源极电流,v_{GS} 是施加在栅极和源极接线端上的电压。

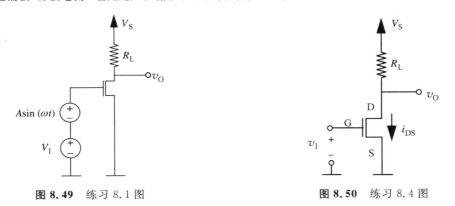

图 8.49　练习 8.1 图　　　　　**图 8.50**　练习 8.4 图

(1) 求 v_O 与 v_I 的关系表达式。给定输入工作点电压为 V_I 后求输出工作点电压 V_O。求相应的工作点电流 I_{DS}。

(2) 假设输入工作点电压为 V_I，根据 v_O 与 v_I 的关系导出小信号输出电压 v_o 与小信号输入电压 v_i 之间的关系表达式。放大器在输入工作点 V_I 上的增益是多少？

(3) 假设输入工作点电压为 V_I，画出放大器基于 MOSFET 的 SCS 模型的小信号等效电路。

(4) 根据小信号等效电路求放大器小信号增益的表达式。验证这样求出的小信号增益表达式与(2)部分求出的表达式一样。

(5) R_L 变化多少会使得放大器的小信号增益加倍，相应的输出偏置电压会变化多少？

(6) V_I 变化多少会使得放大器的小信号增益加倍，相应的输出偏置电压会变化多少？

练习 8.5　考虑图 8.50 所示的 MOSFET 放大器。假设 MOSFET 运行于饱和原则下，参数为 V_T 和 K。

(1) 放大器有效输入电压范围是什么，相应的有效输出电压范围是什么？

(2) 假设我们希望用形式为 $A\sin(\omega t)$ 的 AC 电压作为放大器的输入，求放大器能够在饱和原则下使输入变化范围最大的输入偏置点电压 V_I，相应的输出偏置点电压 V_O 是多少？

(3) 在(2)部分得到的工作点电压上能够维持饱和状态运行的 A 的最大值是多少？

(4) 在(2)部分确定的放大器偏置点上的小信号增益是多少？

(5) 假设 A 相比 V_I 来说很小。求小信号输出电压 v_o 与(2)部分求得的偏置点之间的关系表达式。

练习 8.6　再一次考虑图 8.50 所示的 MOSFET 放大器。假设 MOSFET 工作于饱和原则下，参数为 V_T 和 K。

(1) 假设输入偏置电压为 V_I，用放大器的小信号电路模型来确定放大器的小信号输出电阻。即在 $v_i = 0$ 的条件下确定放大器小信号模型在输出端的等效电阻。

(2) 求从输出端看进去的放大器小信号戴维南等效模型。

(3) 输入电阻是多少，即确定放大器小信号模型在输入端的等效电阻。

练习 8.7　考虑图 8.51 所示的共发射极 BJT 放大器。输入电压 v_I 为 DC 偏置电压 $V_I = 0.7V$ 与正弦形式电压 $v_i = A\sin(\omega t)$（其中 $A = 0.001V$）之和。对于给定的值，可以认为 A 与 V_I 比起来很小。可以进一步假设 BJT 始终工作于放大区域中。图 8.52 给出了工作于放大区域 BJT 的小信号模型。设输出电压 v_O 包含 DC 偏置项 V_O 和小信号相应项 v_o。

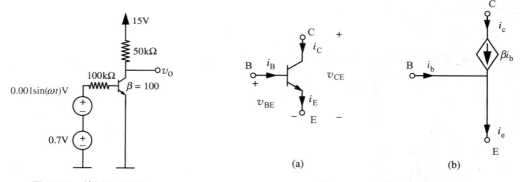

图 8.51　练习 8.7 图 1

图 8.52　练习 8.7 图 2
（a）BJT 元件；（b）小信号模型

(1) 确定输入偏置为 $V_I = 0.7V$ 时的工作点输出端电压 V_O。

(2) 画出该放大器的小信号等效电路。

(3) 确定该放大器的小信号增益。

(4) 给定小信号输入如图 8.51 所示，求输出中的小信号成分 v_o。

(5) 确定放大器的小信号输入和输出电阻。

（6）假设放大器驱动一个负载 $R_O = 50\mathrm{k}\Omega$，它连接在输出节点与地之间，确定放大器的小信号电流增益和功率增益。

问　　题

问题 8.1　本问题研究前一章问题 7.3（图 7.75）讨论的 MOSFET 放大器的小信号分析。

（1）首先考虑放大器的偏置。求使 v_{OUT} 偏置为 $V_{OUT}(0 < V_{OUT} < V_S)$ 的 v_{IN} 偏置成分 V_{IN}。在求解过程中求 v_{MID} 的偏置 V_{MID}。

（2）接下来设 $v_{IN} = V_{IN} + v_{in}$，其中 v_{in} 考虑为 v_{IN} 中在 V_{IN} 附近的小扰动。将 v_{IN} 代入 v_{IN} 与 v_{OUT} 的关系表达式，并线性化得到的结果。答案需要具有 $v_{OUT} = V_{OUT} + v_{out}$ 的形式，其中 v_{out} 具有 $v_{out} = G v_{in}$ 的形式。注意 v_{out} 是小信号输出，G 是小信号增益。导出 G 的表达式。

（3）求使 v_{OUT} 偏置为 $V_{OUT} = V_S/2$ 的 V_{IN} 值。对于这个 V_{IN} 值，用前一章问题 7.3 给出的数值参数计算出 G_m。你会发现这个增益是前一章问题 7.3 得到的输入-输出曲线在工作点上的斜率。

问题 8.2　考虑前一章问题 7.5（图 7.76）讨论的缓冲器。用下面的步骤对该电路进行小信号分析。假设 MOSFET 工作于饱和区域中，用 MOSFET 的 SCS 模型，参数为 V_T 和 K。

（1）画出缓冲器的小信号电路模型。

（2）证明 MOSFET 的小信号跨导 g_m 为

$$g_m = K(V_{IN} - V_{OUT} - V_T)$$

其中 V_{IN} 和 V_{OUT} 分别是偏置（或工作点）输入和输出电压。

（3）确定缓冲器的小信号增益，即求比例 v_{out}/v_{in}。

（4）确定缓冲器的小信号输出电阻。即设 $v_{in} = 0$，确定缓冲器小信号模型从输出端看进去的等效电阻。

（5）假设 $V_T = 1\mathrm{V}, K = 2\mathrm{mA/V^2}, R = 1\mathrm{k}\Omega, V_S = 10\mathrm{V}$。在该假设下，设计输入偏置电压以满足下列两个目标。首先，对于 $|v_{in}| < 0.25\mathrm{V}$，MOSFET 必须确保在饱和区域中。其次需要小信号模型的输出电阻最小。

（6）再次假设 $V_T = 1\mathrm{V}, K = 2\mathrm{mA/V^2}, R = 1\mathrm{k}\Omega, V_S = 10\mathrm{V}$。对于 $V_{IN} = 3\mathrm{V}$，计算小信号增益和输出电阻。

（7）确定缓冲器的小信号输入电阻。即确定缓冲器小信号模型从输入端看进去的等效电阻。

问题 8.3　本问题研究前一章问题 7.6（图 7.77）中 ZFET 放大器的小信号分析。假设放大器的输入偏置电压为 V_{IN}，使得 ZFET 工作于饱和区域中。相应的输出偏置电压为 V_{OUT}。确定放大器的小信号电压增益 v_{out}/v_{in}。

问题 8.4　图 8.53 所示电路中虽然电源带有噪声，但可以向负荷提供几乎恒定的电流。噪声用叠加在恒定电源电压 V_S 上的小信号来建模。即 V_S 和 v_s 分别是总电源电压 v_S 的大信号成分和小信号成分。I_L 和 i_l 分别是负载电流 i_L 的大信号成分和小信号成分。电源电压中的噪声满足 $v_s \ll V_S$，v_s 在 i_L 中产生 i_l。

电流源包含一个工作于饱和区域的 MOSFET，$i_{DS} = K(v_{GS} - V_T)^2/2$。电流源还包含一个非线性电阻，其接线端性质如图所示。假设 $V_S > V_N > V_T$。

（1）假设 $v_s = 0$。用 R_B, R_N, V_N 和 V_S 来表示 v_{GS} 的大信号成分 V_{GS}。

（2）根据（1）部分得到的结果用 R_B, R_N, V_N, V_S 和 K 来表示 I_L。

（3）现在假设 $v_s \neq 0$。画出包含电源、电流源和负载的组合电路的小信号电路模型，从中根据 v_s 求 i_l。清楚地标明电路模型中每个元件的值。

（4）用（3）部分的小信号模型确定比例 i_l/v_s。

问题 8.5 图 8.54 表示了一个双极结晶体管(BJT)。BJT 的三个接线端称为基极(B),集电极(C)和发射极(E)。图 8.54 也表示了 BJT 工作于放大区域的另一种小信号模型。该模型与本章中讨论的小信号模型稍许有所不同,它包含了一个基极电阻 R_B。在如图所示的模型中,β 是一个常数。

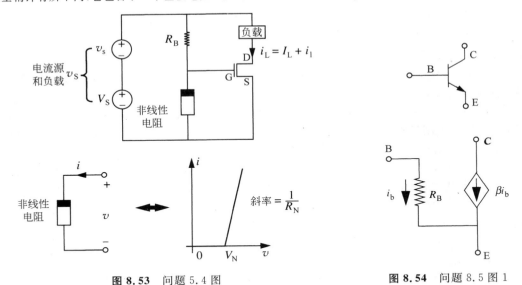

图 8.53 问题 5.4 图   图 8.54 问题 8.5 图 1

(1) 画出图 8.55 所示电路的小信号等效电路。用这个小信号等效电路导出放大器的小信号增益。

(2) 画出图 8.56 所示电路的小信号等效电路。注意电阻分压器提供了必要的偏置电压。用得到的小信号等效电路导出放大器的小信号增益。

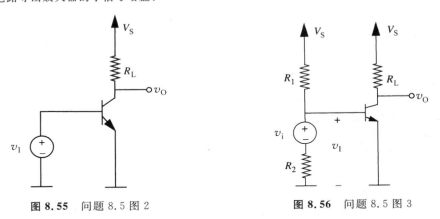

图 8.55 问题 8.5 图 2   图 8.56 问题 8.5 图 3

问题 8.6 考虑前一章问题 7.8(图 7.79)中基于 MOSFET 的放大器电路。假设输入偏置电压为 V_I,画放大器的小信号等效电路。确定放大器的小信号增益。假设 MOSFET 始终工作于饱和区域。

问题 8.7 再一次考虑前一章问题 7.8(图 7.79)中基于 MOSFET 的放大器电路。假设放大器的偏置使得在工作点上有 $v_I = v_O$。画放大器在这个工作点上的小信号等效电路。确定放大器在这个工作点上的小信号增益。假设 MOSFET 始终工作于饱和区域。

问题 8.8 考虑前一章问题 7.11(图 7.82)表示的共栅极放大器电路。假设 MOSFET 工作于饱和区域中,参数为 V_T 和 K。

(1) 通过将 MOSFET 替换为 SCS 模型画出 SCS 等效电路。

(2) 用输入工作点电压 V_{IN} 来表示输出工作点电压 V_{OUT} 和工作点电流 I_D。

（3）假设输入偏置电压为 V_{IN}，画出放大器的小信号模型。

（4）确定放大器的小信号增益 v_{out}/v_{in}。

（5）确定放大器的小信号输出电阻。即设 $v_{in}=0$，确定缓冲器小信号模型从输出端看进去的等效电阻。将该小信号输出电阻与图 8.50 所示共源放大器的小信号输出电阻进行比较（看哪个大）。

（6）确定放大器的小信号输入电阻。即确定缓冲器小信号模型从输入端看进去的等效电阻。将该小信号输入电阻与图 8.50 所示共源极放大器的小信号输入电阻进行比较（看哪个大）。

问题 8.9　考虑前一章问题 7.15（图 7.86）表示的电路。假设 MOSFET 工作于饱和区域中，参数为 V_T 和 K。

（1）通过将 MOSFET 替换为 SCS 模型画出 SCS 等效电路。

（2）用输入工作点电压 V_I 来表示输出工作点电压 V_O 和工作点电流 I_D。

（3）假设输入偏置电压为 V_I，画出放大器的小信号模型。

（4）确定放大器的小信号增益 v_o/v_i。

（5）确定放大器的小信号输出电阻。

（6）确定放大器的小信号输入电阻。

问题 8.10　考虑前一章问题 7.16（图 7.87）表示的电路。假设 MOSFET 工作于饱和区域中，参数为 V_T 和 K。

（1）通过将 MOSFET 替换为 SCS 模型画出 SCS 等效电路。

（2）用输入工作点电压 V_I 来表示输出工作点电压 V_O 和工作点电流 I_D。

（3）假设输入偏置电压为 V_I，画出放大器的小信号模型。

（4）确定放大器的小信号增益 v_o/v_i。

（5）确定放大器的小信号输出电阻。

（6）确定放大器的小信号输入电阻。

问题 8.11　本问题研究前一章问题 7.14（图 7.85）所示放大器的小信号分析。假设 MOSFET 工作于饱和区域中，参数为 V_T 和 K。

（1）假设输入偏置电压为 V_I，画放大器驱动负载电阻 R_E 时的小信号等效电路。

（2）确定放大器驱动负载 R_E 时的小信号增益。

问题 8.12　本问题研究前一章问题 7.17（图 7.88）所示放大器的小信号分析。假设 MOSFET 工作于饱和区域中，参数为 V_T 和 K。

（1）假设输入偏置电压为 V_I，画放大器的小信号等效电路。MOSFET 在给定偏置条件下的 g_m 值是多少？

（2）确定放大器的小信号增益 v_o/v_i。当 g_mR_1，g_mR_2 和 g_mR_L 都远大于 1 时 v_o/v_i 的简化表达是什么？

问题 8.13　本问题研究前一章问题 7.18（图 7.89）所示 BJT 共集极放大器的小信号分析。假设 BJT 在本问题中始终工作于放大区域中。

（1）用输入工作点电压 V_I 来表示输出工作点电压 V_O 和工作点电流 I_E。

（2）假设输入工作点电压为 V_I，画出共集极放大器的小信号模型。

（3）确定放大器的小信号增益 v_o/v_i。

（4）确定共集极放大器的小信号输出电阻。将该小信号输出电阻与练习 8.7 中图 8.51 所示共射极放大器的小信号输出电阻进行比较。

（5）确定共集极放大器的小信号输入电阻。将该小信号输入电阻与练习 8.7 中图 8.51 所示共射极放大器的小信号输入电阻进行比较。

（6）确定共集极放大器的小信号电流增益和功率增益。假设放大器驱动的输出电阻 R_O 连接在输出节点与地之间。

问题 8.14 继续分析前一章问题 7.19(图 7.90)用两个 BJT 构成的复合三端元件。本问题有关该元件的小信号分析。假设两个 BJT 相同,对每一个 $\beta=100$,每个 BJT 都工作于放大区域中。

(1) 将每个 BJT 都用练习 7.8 中给出的分段线性(大信号)模型替换,得到复合 BJT 的放大区域等效电路。清楚地标注 C',B' 和 E' 接线端。

(2) 通过线性化(1)部分的电路模型并进行合理简化导出复合元件包含一个受控电流源的小信号模型。

第 9 章

储能元件

到目前为止,在我们所学的电子电路中,时间并不是一个重要的因素。我们迄今所做的分析和设计都是静态的。电路在任一给定时刻的所有响应仅仅取决于该电路在那一时刻的输入。这一结论的一个重要推论就是电路对输入的变化可以无限快地响应。当然,这在实际电路中是不可能发生的。实际电路对于输入产生响应总是需要时间的,而这种延迟常常是非常重要的。

图 9.1 所示两个级联的反相器就是一个电路延迟的例子。该例体现了时间对于描述电路响应的重要性。根据到目前为止我们对电子电路的分析,第一个反相器的理想响应如图 9.2 所示。输入方波信号产生了一个极性相反的输出方波信号。然而,在实际电路中,更有可能产生的响应如图 9.3 所示。它是一个更为复杂的时间函数。这个例子我们会在 10.4 节中详细讨论。在那里我们会总结出:图 9.3 中所示复杂的时域性质会直接关系到电路的工作速率。在这一章中,我们将为后面的讨论打下基础。

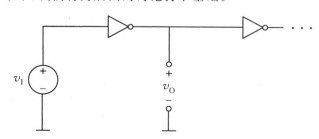

图 9.1 两个级联的反相器

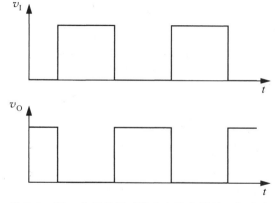

图 9.2 第一个反相器对输入方波信号的理想响应

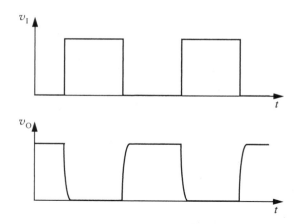

图 9.3　第一个反相器对输入方波信号的响应

　　为了解释图 9.3 中所示电路的暂态响应,我们必须介绍两种新元件:电容和电感。我们将会发现正是由于 MOSFET 的内部电容导致了图 9.3 所示的反相器的非理想响应。为了简单起见,在前面的章节中没有对 MOSFET 的这种特性建模,但我们将在 9.3.1 节中开始这样做。

　　电容或电感还会通过其他多种途径降低电路的响应速度,图 9.4 所示就是其中的一种情况。图中所示是两个反相器通过一对很长的导线连接在一起。正如我们在第 1 章中讨论的:在集总电路抽象中,这种连接是理想的。明确地说,根据集总电路抽象的定义(见 1.2 节),连接元件的导线是无电阻的。而且,根据集总电路抽象的基础——集总事物原则,导线和其他电路元件都不储存电荷,在元件外部也没有链接磁通。然而,实际电路并不是这样的,而且在某些情况下,这种差别非常重要。如图 9.4 所示,任何与周围环境存在电势差的连接,实际上就会储存电荷 q,从而在电荷和它的镜像电荷之间产生电场 E。而且,为了提供此电荷,在整个相连回路中就必须流过电流 i。这个电流又会产生一个被回路链接的磁通密度 B。因此,实际的连接导线既储存了电荷,也链接了外磁通,因此似乎破坏了集总事物原则。而且它们的电阻也不为 0。所有这些因素都可以导致整个电路响应速度的降低,在有些时候研究这些影响是很重要的。

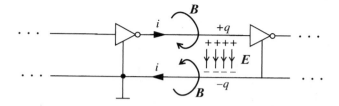

图 9.4　两个反相器之间实际连接导线的性质

　　现在实际电路呈现给我们一个两难的选择:一方面我们希望在集总电路抽象的框架里进行分析,这样我们所研究的电路都处于这个容易处理的框架内;另一方面,我们又无法漠视对实际电路性能产生了重大影响的一些因素,在这个例子中如寄生电阻、电容和电感。解决这种两难选择的方法就是用在第 1 章中提到的建模折中。第 1 章图 1.27 用一根理想导线与一个集总电阻的串联来对一根具有寄生电阻的实际导线建模。类似地,我们将引入集总电容和集总电感来对电荷和磁通效应建模。如图 9.5 所示,由一对平行极板组成的电容,极板上分别聚集了正电荷和负电荷,就可以有效地模拟分布电荷效应。注意到由于电容极板上含有等量的正电荷和负电荷,电容元件内部的净电荷为 0,因此是满足集总事物原则的,从而可以将这个电容看成是一个集总参数元件。用类似的方式,我们将引入一个集总参数的电感来模拟与导线链接的磁通的效应,如图 9.6 所示。由于磁通完全被包含在集总电感内部,元件外部的净磁通为 0,因此也是满足集总事物原则的。

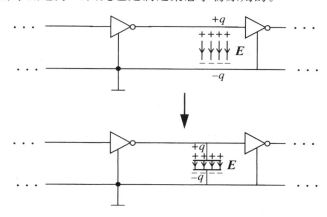

图 9.5　电容模拟了分布电荷效应

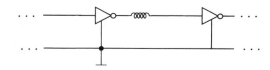

图 9.6　电感模拟了磁通效应

如图 9.7 所示,通过利用集总电阻、电容和电感模拟电路中与实际导线相关的电阻、电荷和磁通,在扩展以后的电路模型中导线仍然是理想的,满足集总电路抽象。图中相连的电阻值、电容值和电感值分别为 R_1、C_1 和 L_1。

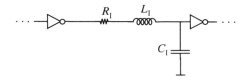

图 9.7　分别利用电阻、电容和电感来描述电阻、电荷和磁通的寄生效应
电感和电容在 9.1 节中正式介绍

图 9.7 代表了模拟实际连接的最简单的电路模型之一。为了获得更高的精度,我们可以使用更多的集总参数元件,从而无限逼近分布参数模型这一极限,虽然一般来说没有必要这样做。例如,图 9.8 中的两个模型就可以更好地模拟实际电路。图 9.8(a)表示的是一个 Ⅱ 型互连电路模型,电阻和电感被放置在分裂开的电容之间;图 9.8(b)表示的则是一个 T 型互连电路模型,电容被放置在分裂开的电阻和电感之间。正如 9.3.1 节中将要讨论的,采

用一个类似的集总参数模型来模拟 MOSFET 内部的工作电容。

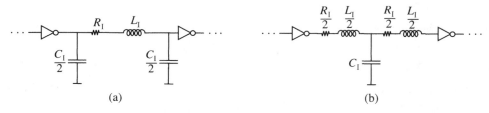

图 9.8 用以说明连接电阻、电容和电感的两种不同的互连集总参数模型

从前面的讨论看来,电容和电感似乎只寄生于电路中,引起不希望的延迟。事实远非如此。它们不仅以这种方式存在于电路中,还经常被有目的地引入到电路中,如面包板和印刷电路板中的分立器件,或芯片中集成电路的组成部分(见图 9.9 和图 9.10,分别是电容和电感的例子)。它们是存储器、滤波器、采样器和能量处理电路的基础,在后面的章节中我们也将会看到许多这种例子。因此,我们有充分的理由来学习电容和电感。

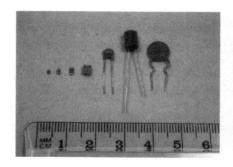
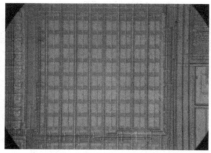

图 9.9 分立电容和集成电路电容的例子

右边的图显示的是 Maxim MAX1062 模数转换芯片上的一小块区域,是一个多硅电容阵列,每个的尺寸是 $15.9\mu m \times 15.9\mu m$(照片由 Maxim 公司授权使用)

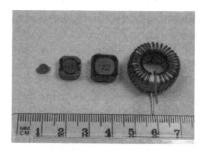

图 9.10 分立电感的例子

(照片由 Maxim 公司授权使用)

9.1 元件方程

在这一节中我们正式介绍电容和电感,并推导出与它们的支路变量相关的元件方程。电容和电感在电磁特性上是互相对偶的,它们在许多重要方面都不同于电阻。最重要的是,

它们的支路变量之间不再是代数关系,而是包含了时域的微分和积分。因此,分析含有电容和电感的电路就必须用到时域的微分方程。为了强调这一点,在这一章中我们将会明确地给出所有变量对时间的关系。

9.1.1　电容

为了理解电容的特性,并且阐述在何种情况下可以用一个集总参数模型来表示它,我们先考虑一个理想的二端线性电容,如图 9.11 所示。在这个电容中,每个端钮都连接到一块导电极板上,两块极板平行,二者间距为 l,两块极板的面积均为 A。注意:如果电容的几何尺寸发生变化,这些参数都将是时间的函数。极板间隙充满了介电常数为 ε 的线性绝缘介质。

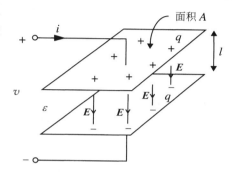

当电流流进电容的正端时,它就将电荷 q 传送到相应的极板上;电荷的单位是库仑(C)。同时,同样的电流会从电容的负端流出,等量的电荷也会从另一块极板上被送出。因此,尽管在电容内部电荷是隔开的,但没有净电荷在电容内部聚集,满足在第 1 章中讨论的集总事物原则对集总参数电路元件的要求。

图 9.11　一个理想的平行极板电容

正极板上的电荷 q 和它在负极板上的镜像电荷 $-q$ 在电介质中产生电场。根据麦克斯韦方程和线性电介质的性质,电场的强度 E 为

$$E(t) = \frac{q(t)}{\varepsilon A(t)} \tag{9.1}$$

电场的方向是从正极板指向负极板。对电场强度从正极板到负极板穿过电介质积分,可以得出

$$v(t) = l(t)E(t) \tag{9.2}$$

联立式(9.1)和式(9.2)可以得出

$$q(t) = \frac{\varepsilon A(t)}{l(t)}v(t) \tag{9.3}$$

我们定义

$$C(t) = \frac{\varepsilon A(t)}{l(t)} \tag{9.4}$$

其中,C 是电容的容值,单位是库仑/伏(C/V),或法[拉](F)。将电容值代入式(9.3),得到

$$q(t) = C(t)v(t) \tag{9.5}$$

与电阻支路的电流和电压具有代数关系相比,电容并不具有这种关系,而是其支路电压和储存的电荷具有代数关系。如果电介质不是线性的,这种关系也将是非线性的。尽管有些电容具有这种非线性性质,但我们只着重讨论线性电容。

电荷传送到电容正极板的速率为

$$\frac{\mathrm{d}q(t)}{\mathrm{d}t} = i(t) \tag{9.6}$$

从式(9.6)可以看出,安培等价于库仑/秒。联立式(9.5)和式(9.6)得到

$$i(t) = \frac{\mathrm{d}(C(t)v(t))}{\mathrm{d}t} \tag{9.7}$$

这就是理想线性电容的元件定律。除非特别声明,我们假定在本书中讨论的电容都是线性非时变的。对于线性非时变电容,式(9.5)和式(9.7)分别简化为

$$q(t) = Cv(t) \tag{9.8}$$

$$i(t) = C\frac{\mathrm{d}v(t)}{\mathrm{d}t} \tag{9.9}$$

后者就是线性非时变电容的元件定律。[①]

图9.12是一个理想线性电容的电路符号,用它可以表示图9.11中的平行极板电容。图9.12中还给出了表示电容支路电压和它储存的电荷关系的图形。

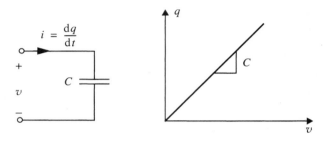

图 9.12 理想线性电容的电路符号和电压-电荷关系

电容的元件定律是 $i = C\dfrac{\mathrm{d}v(t)}{\mathrm{d}t}$

电容的重要性质之一就是它的记忆性质。事实上,正是由于这个性质,才使得电容在所有集成电路中成为了主要的记忆元件。为了看清这一性质,我们对式(9.6)积分,得到

$$q(t) = \int_{-\infty}^{t} i(t)\mathrm{d}t \tag{9.11}$$

或者将式(9.8)代入,得到

$$v(t) = \frac{1}{C}\int_{-\infty}^{t} i(t)\mathrm{d}t \tag{9.12}$$

式(9.12)表明,电容的支路电压取决于它的支路电流在过去所有时间里的变化过程,这就是记忆的本质。这一点与电阻(无论线性还是非线性)形成了鲜明的对比,电阻是没有这种记忆性质的。

乍看起来,为了实现式(9.11)和式(9.12)的积分,似乎必须知道电流在过去所有时间里的详细的变化过程。事实并非如此。例如,式(9.11)可重写为

---

① 尽管在本书中将主要着眼于线性非时变电容,我们还是注意到一些有趣的变换器用时变电容来建模比较恰当。例如电麦克风和扬声器以及其他电传感器和激励器等。类似地,电子器件中使用的大部分电容(纸电容、云母电容、陶瓷电容等)都是线性的,但一般随着温度在一个小数量范围(每摄氏度 10^{-4} 库仑)内变化。但也有许多是非线性的。例如,与一个反向偏置的半导体二极管相关的电荷随着电压的2/3次方变化,因为空间电荷层的有效宽度 d 是电压的函数

$$q = K\left[\varphi_0^{2/3} - (\varphi_0 - v)^{2/3}\right] \tag{9.10}$$

其中,接触电势 φ_0 为几十分之一伏。根据上面的方程可以得出,反向偏置二极管的电容值随着 $v^{-1/3}$ 变化。

$$q(t_2) = \int_{-\infty}^{t_2} i(t)\,\mathrm{d}t$$

$$= \int_{t_1}^{t_2} i(t)\,\mathrm{d}t + \int_{-\infty}^{t_1} i(t)\,\mathrm{d}t \tag{9.13}$$

$$= \int_{t_1}^{t_2} i(t)\,\mathrm{d}t + q(t_1)$$

后一个等式表明 $q(t_1)$ 完美地概括了(或者说记忆了)电流 $i(t)$ 在 $t \leqslant t_1$ 时的整个积聚过程。因此,如果 $q(t_1)$ 已知,只需知道电流 $i(t)$ 在时间段 $t_1 \leqslant t \leqslant t_2$ 里的变化就足以确定 $q(t_2)$。由于这个原因,q 又被称为电容的状态变量。对于线性非时变电容,v 也可以很方便地用做状态变量,因为 v 是和电荷 q 成正比的,比例系数是常数 C。因此式(9.12)可重写为

$$v(t_2) = \frac{1}{C} \int_{-\infty}^{t_2} i(t)\,\mathrm{d}t$$

$$= \frac{1}{C} \int_{t_1}^{t_2} i(t)\,\mathrm{d}t + \frac{1}{C} \int_{-\infty}^{t_1} i(t)\,\mathrm{d}t \tag{9.14}$$

$$= \frac{1}{C} \int_{t_1}^{t_2} i(t)\,\mathrm{d}t + v(t_1)$$

由此我们看到 $v(t_1)$ 也记忆了电流 $i(t)$ 在 $t \leqslant t_1$ 时的整个积聚过程,因此也可以作为电容的状态变量。

与表示记忆能力相关的是它的能量存储性质,这在能量处理电路中经常被加以利用。为了确定电容中储存的电场能量 w_E,我们认为功率 iv 是能量通过端口传送到电容的速率。因此

$$\frac{\mathrm{d}w_E(t)}{\mathrm{d}t} = i(t)v(t) \tag{9.15}$$

接着,将电流 i 用式(9.6)代入,抵消对时间的微分,并且省略时间参变量,得到

$$\mathrm{d}w_E = v\,\mathrm{d}q \tag{9.16}$$

式(9.16)就是电容中储能增量的表达式。它表明将电荷增量 $\mathrm{d}q$ 从电容的负极板克服电位差 v 传送到正极板,电容内部储能将增加 $\mathrm{d}w_E$。为了得到总的电场储能,我们必须将 v 看成是 q 的函数,然后对式(9.16)积分,得到

$$w_E = \int_0^q v(x)\,\mathrm{d}x \tag{9.17}$$

其中,x 是虚构的积分变量。最后,将式(9.8)代入并积分,得到

$$储存的能量 = w_E(t) = \frac{q^2(t)}{2C} = \frac{Cv^2(t)}{2} \tag{9.18}$$

这就是电容中储存的电场能量。能量的单位是焦耳(J),或瓦特·秒。与电阻不同,电容储存能量而不是消耗能量。

电容值的范围非常大。例如,将两根长约一英寸的绝缘导线缠绕在一起时,它们之间的电容约 $1\mathrm{pF}(10^{-12}\mathrm{F})$。一个直径一英寸、长数英寸的低压电源电容,它的电容值可达 100000 微法($0.1\mathrm{F}$;1 微法是 $10^{-6}\mathrm{F}$,简写为 $\mu\mathrm{F}$)。

一个实际电容器的性质要比这里描述的丰富得多。例如,电介质中会有漏电流流过,这种漏电流的实际意义就是电容上储存的电荷最终会全部漏掉。因此,一个实际的电容器最终会丧失记忆。幸运的是,电容器的漏电流可以做得非常小(换言之,电阻非常大),因此它

仍然是一种性能卓越的长期记忆器件。然而,如果电介质的漏电流足够大,那么电容器就应该用一个电阻与电容的并联模型来表示。

其他的非理想因素包括分散的串联电阻,甚至串联电感,尤其在金属薄片卷成的电容中会产生这些现象。这些特性限制了一个实际电容的功率维持能力,以及一个实际电容可以看成一个理想电容的频率范围。它们一般可以明确地分别用单个串联电阻和电感来模拟。

例 9.1 平行极板电容 假定图 9.11 所示的平行极板电容为边长 1m 的正方形,间距 $1\mu m$,并且充满了电导率为 $2\varepsilon_0$ 的电介质,真空电导率 $\varepsilon_0 \approx 8.854 \times 10^{-12}$ F/m。求它的电容值是多少? 当它的端电压等于 100V 时,储存了多少电荷和能量?

解 电容值根据式(9.4)来确定,$\varepsilon \approx 1.8 \times 10^{-11}$ F/m,$A = 1m^2$,$l = 10^{-6}$ m,电容为 $18\mu F$。电荷由式(9.8)可以确定:当 $v = 100$V 时,电荷为 1.8mC。最后,储存的能量可以由式(9.18)得出,为 90mJ。

9.1.2 电感

正如我们在 9.1.1 节中看到的那样,从对电气系统建模的角度来看,电容是模拟电场效应的电路元件。相对应地,电感是模拟磁场效应的。为了了解电感的性质,并且说明在何种情况下可以用集总参数模型来表示它,我们考虑图 9.13 的理想二端线性电感。在这个电感中,线圈每端有一个接线端,共有 N 匝,绕在一个由绝缘材料制成的环形芯体上,介质的磁导率为 μ。环形芯体的周长为 l,横截面积为 A。注意:如果电感的几何尺寸发生变化,这些参数都将是时间的函数。

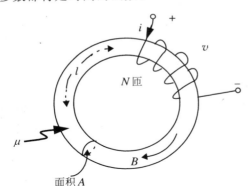

图 9.13 一个理想的环形电感

线圈中的电流在电感中产生磁通。理想情况下,这磁通不会显著偏离芯体,因此元件外的磁通是可以忽略的。因此,电感满足第 1 章中讨论的集总事物原则,可以看成一个集总参数的电路元件。根据麦克斯韦方程和导磁材料的性质,磁通密度 B 为

$$B(t) = \frac{\mu N i(t)}{l(t)} \qquad (9.19)$$

它的方向是环绕芯体的。磁通密度在芯体截面上积分得到

$$\Phi(t) = A(t)B(t) \qquad (9.20)$$

其中,Φ 是穿过芯体的总磁通,因此也是穿过一匝线圈的磁通。由于磁通 Φ 被 N 匝线圈链接了 N 次,所以线圈链接的总磁通为

$$\lambda(t) = N\Phi(t) = NA(t)B(t) \qquad (9.21)$$

磁通链的单位是韦伯(Wb)。联立式(9.19)和式(9.21),可以得出

$$\lambda(t) = \frac{\mu N^2 A(t)}{l(t)} i(t) \qquad (9.22)$$

定义电感的电感值 L 为

$$L(t) = \frac{\mu N^2 A(t)}{l(t)} \qquad (9.23)$$

L 的单位是韦伯/安培,或亨利(H)。也就是说,电感值就等于每安培链接的磁通量。将 L

代入式(9.22)，可以得到下述关系式，来表示电感链接的总磁通

$$\lambda(t) = L(t)i(t) \tag{9.24}$$

与电阻支路的电流和电压具有代数关系相比，电感并不具有这种关系。与电容相似，电感支路的电流和它所产生的磁通链具有代数关系。如果芯体不是线性磁介质，那么这种关系就是非线性的。虽然绝大多数电感在 B 足够大时都呈现出非线性性质，我们将只着重讨论线性电感。

再次根据麦克斯韦方程，电感中建立起磁链的速率为

$$\frac{\mathrm{d}\lambda(t)}{\mathrm{d}t} = v(t) \tag{9.25}$$

从式(9.25)我们看到伏特等价于韦伯/秒。联立式(9.24)和式(9.25)得到

$$v(t) = \frac{\mathrm{d}(L(t)i(t))}{\mathrm{d}t} \tag{9.26}$$

这就是理想线性电感的元件定律。对于非时变电感，式(9.24)和式(9.26)可以分别简化为

$$\lambda(t) = Li(t) \tag{9.27}$$

$$v(t) = L\frac{\mathrm{d}i(t)}{\mathrm{d}t} \tag{9.28}$$

后者就是线性非时变电感的元件定律。本书将着重讨论线性非时变电感。虽然如此，许多有趣的变换器，例如电动机、发电机和其他磁传感器以及励磁器，利用时变电感来建模更适当些。

图 9.14 是理想线性电感的电路符号，它用来表示绕制成图 9.13 所示电感的线圈。图 9.14 中还给出了表示电感支路电流和磁链关系的图形。

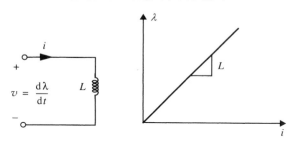

图 9.14 理想线性电感的电路符号和电流-磁链关系

电感的元件定律是 $v(t) = L\dfrac{\mathrm{d}i(t)}{\mathrm{d}t}$

电感的重要性质之一是它的记忆性质。为了看清这一性质，我们对式(9.25)积分，得到

$$\lambda(t) = \int_{-\infty}^{t} v(t)\mathrm{d}t \tag{9.29}$$

或者，将式(9.27)代入，得到

$$i(t) = \frac{1}{L}\int_{-\infty}^{t} v(t)\mathrm{d}t \tag{9.30}$$

式(9.30)表明，电感电流取决于它支路电压在过去所有时间里的变化，这就是记忆的本质。和电容一样，这一点与理想电阻形成了鲜明的对比，电阻是没有记忆性质的。

乍看起来,为了实现式(9.29)和式(9.30)的积分,似乎必须知道电压 v 在过去所有时间里的详细的变化过程。再次和电容类似,事实并非如此。例如,式(9.29)可重写为

$$
\begin{aligned}
\lambda(t_2) &= \int_{-\infty}^{t_2} v(t)\mathrm{d}t \\
&= \int_{t_1}^{t_2} v(t)\mathrm{d}t + \int_{-\infty}^{t_1} v(t)\mathrm{d}t \\
&= \int_{t_1}^{t_2} v(t)\mathrm{d}t + \lambda(t_1)
\end{aligned}
\tag{9.31}
$$

后一个等式表明 $\lambda(t_1)$ 完美地概括了(或记忆了) $v(t)$ 在 $t \leqslant t_1$ 时的整个变化过程。因此,如果 $\lambda(t_1)$ 已知,只需知道电压 v 在时间段 $t_1 \leqslant t \leqslant t_2$ 里的变化就足以确定 $\lambda(t_2)$。由于这个原因,λ(线圈链接的总磁通)就称为电感的状态变量。对于线性非时变电感,i 也可以很方便地用做状态变量,因为 i 是和 λ 成正比的,比例系数是常数 L。据此,式(9.30)可重写为

$$
\begin{aligned}
i(t_2) &= \frac{1}{L}\int_{-\infty}^{t_2} v(t)\mathrm{d}t \\
&= \frac{1}{L}\int_{t_1}^{t_2} v(t)\mathrm{d}t + \frac{1}{L}\int_{-\infty}^{t_1} v(t)\mathrm{d}t \\
&= \frac{1}{L}\int_{t_1}^{t_2} v(t)\mathrm{d}t + i(t_1)
\end{aligned}
\tag{9.32}
$$

式(9.32)表明 i 也可以作为电感的状态变量。

和电容一样,与表示记忆能力相关的是电感的能量存储性质,这在能量处理电路中经常被加以利用。为了确定电感中储存的磁场能量 w_M,我们认为功率 iv 是通过端口传送能量到电感的速率。因此

$$
\frac{\mathrm{d}w_\mathrm{M}(t)}{\mathrm{d}t} = i(t)v(t)
\tag{9.33}
$$

接着,将电压 v 用式(9.25)代入,消去对时间的微分,并且省略时间参变量,得到

$$
\mathrm{d}w_\mathrm{M} = i\mathrm{d}\lambda
\tag{9.34}
$$

式(9.34)就是电感中储能增量的表达式。为了得到储存的总磁场能量,我们必须对式(9.34)积分,并将 i 看成是 λ 的函数,得到

$$
w_\mathrm{M} = \int_0^\lambda i(x)\mathrm{d}x
\tag{9.35}
$$

其中,x 是虚构的积分变量。最后,将式(9.27)代入并积分,得到

$$
\text{储存的能量} = w_\mathrm{M}(t) = \frac{\lambda^2(t)}{2L} = \frac{Li^2(t)}{2}
\tag{9.36}
$$

这就是储存在电感中的磁场能量。与电阻不同,而与电容相似,电感储存能量而不消耗能量。

一个实际电感器呈现出的性质要比这里描述的丰富得多。例如,它会有较大的线圈电阻,这个电阻的实际意义意味着它最终会将电感中储存的能量全部消耗掉。不幸的是,这种电阻一般是比较大的,因此电感器是一种比较差的记忆器件。当有必要对这种能量损失建模时,线圈电阻可以用一个与理想电感串联的电阻来表示。

其他非理想因素包括芯体损耗和匝间电容。这些特性限制了一个实际电感器的功率维持能力,以及可将一个实际电感器看成一个理想电感的频率范围。它们通常可分别用一个

并联的电阻和电容来模拟。

　　例 9.2　环形电感　假定图 9.11 所示的环形电感的横截面积为 1cm^2，环的周长为 10cm，线圈有 100 匝，线圈内是真空，真空磁导率 $\mu_0 = 4\pi \times 10^{-7}\,\text{H/m}$。它的电感值是多少？线圈链接的总磁通是多少？如果端电流是 0.1A，它储存的能量是多少？

　　解　根据式(9.23)，当 $\mu_0 = 4\pi \times 10^{-7}\,\text{H/m}$，$A = 10^{-4}\,\text{m}^2$，$l = 0.01\text{m}$，$N = 100$ 时，电感可以确定为 $13\mu\text{H}$。根据式(9.24)，当电流 $i = 0.1\text{A}$ 时，总磁通为 $1.3\mu\text{Wb}$。最后，根据式(9.36)，储存的能量为 $0.065\mu\text{J}$。

9.2　串联和并联

　　在 2.3.4 节中，我们看到串联的电阻电阻值相加，并联的电阻电导值相加。因此，串联或并联的电阻可以用具有适当电阻值的单个电阻来表示。这种相加规则后来成为简化电路和分析电路时一种非常有用的方法。这一节中我们将会看到，对电容和电感也可以推导出类似的规则，它们也同样非常有用。

9.2.1　电容

　　首先考虑图 9.15 所示两个串联的电容；这里我们假定两个电容在它们连接时都没有充电。因为两个电容流过相同的电流，根据式(9.11)它们储存有等量的电荷 q，如图 9.15 所示。因此，根据式(9.8)

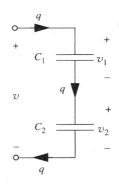

$$q(t) = C_1 v_1(t) = C_2 v_2(t) \qquad (9.37)$$

接着，应用 KVL，我们得到

$$v(t) = v_1(t) + u_2(t) \qquad (9.38)$$

最后，由于两个串联电容的等效电容值为 q/v，它遵循

$$\frac{1}{C} = \frac{v(t)}{q(t)} = \frac{1}{C_1} + \frac{1}{C_2}$$

图 9.15　两个串联的电容

或

$$C = \frac{C_1 C_2}{C_1 + C_2} \qquad (9.39)$$

其中，第二个等式可以将式(9.38)和式(9.37)代入推导得到。由此我们看到，串联电容的总电容值的倒数等于每个电容值倒数的和。这与式(9.4)给出的电容值的物理意义是一致的，因为将电容串联本质上是增加了它们的极板间距。

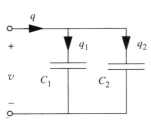

图 9.16　两个并联的电容

　　现在考虑图 9.16 所示的两个电容的并联。由于两个电容具有相同的电压 v，根据式(9.8)得到

$$v(t) = \frac{q_1(t)}{C_1} = \frac{q_2(t)}{C_2} \qquad (9.40)$$

接着，应用 KCL 和式(9.11)，我们得到

$$q(t) = q_1(t) + q_2(t) \qquad (9.41)$$

最后，由于两个并联电容的等效容值为 q/v，它遵循

$$C=\frac{q(t)}{v(t)}=C_1+C_2 \tag{9.42}$$

其中,第二个等式可以将式(9.41)和式(9.40)代入推导得到。由此我们看到,并联电容的总电容值等于所有电容值的和。这与式(9.4)给出的电容值的物理意义是一致的,因为将电容并联本质上是增加了它们重叠的极板面积。

例 9.3　电容组合　将三个 $1\mu F$ 的电容串联或并联,可以得到什么等效电容?

解　图 9.17 给出了利用最多三个电容所有可能的组合。利用式(9.39)可以求出串联组合的结果,利用式(9.40)可以确定并联组合的结果。由此得出等效电容值为:(a)$1\mu F$;(b)$2\mu F$;(c)$0.5\mu F$;(d)$3\mu F$;(e)$1.5\mu F$;(f)$0.667\mu F$;(g)$0.333\mu F$。

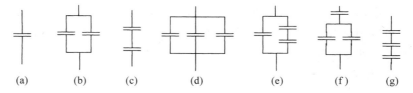

(a)　　(b)　　(c)　　(d)　　(e)　　(f)　　(g)

图 9.17　最多包含三个电容的不同组合方式

9.2.2　电感

考虑图 9.18 所示两个串联的电感;这里我们假定两个电感在它们连接时都没有充电。因为两个电感流过相同的电流 i,根据式(9.27)有

$$i(t)=\frac{\lambda_1(t)}{L_1}=\frac{\lambda_2(t)}{L_2} \tag{9.43}$$

接着,应用 KVL 和式(9.29)得到

$$\lambda(t)=\lambda_1(t)+\lambda_2(t) \tag{9.44}$$

最后,由于两个串联电感的等效电感值为 λ/i,它遵循

$$L=\frac{\lambda(t)}{i(t)}=L_1+L_2 \tag{9.45}$$

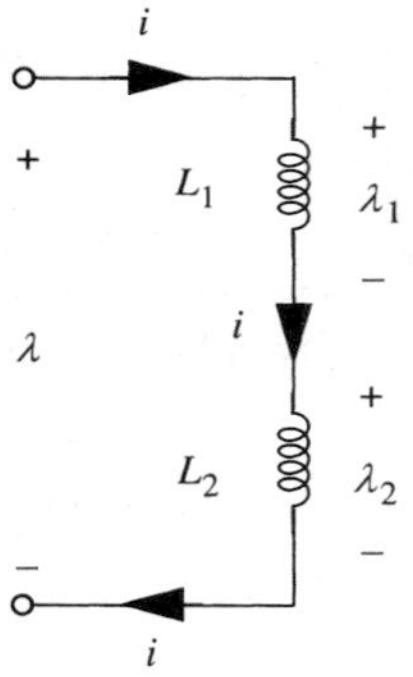

图 9.18　两个串联的电感

其中,第二个等式可将式(9.44)和式(9.43)代入推导得到。由此我们看到,串联电感的总电感值等于所有电感值的和。这与式(9.23)给出的电感值的物理意义是一致的,因为将电感串联本质上是增加了平行线匝缠绕着的芯体的总长度。

现在考虑图 9.19 所示两个并联的电感。由于两个电感具有相同的电压,根据式(9.29)可知它们具有相同的磁链 λ,如图 9.19 所示。根据式(9.27)有:

$$\lambda(t)=L_1 i_1(t)=L_2 i_2(t) \tag{9.46}$$

接着,应用 KCL 得到

$$i(t)=i_1(t)+i_2(t) \tag{9.47}$$

最后,由于两个并联电感的等效电感值为 λ/i,它遵循

$$\frac{1}{L}=\frac{i(t)}{\lambda(t)}=\frac{1}{L_1}+\frac{1}{L_2}$$

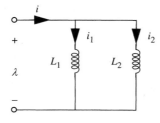

图 9.19　两个并联的电感　　或

$$L=\frac{L_1 L_2}{L_1+L_2} \qquad\qquad (9.48)$$

其中,第二个等式可将式(9.47)和式(9.46)代入推导得到。由此我们看到,并联电感的总电感值的倒数等于每个电感值倒数的和。这与式(9.23)给出的电感值的物理意义是一致的,因为将电感并联本质上是增加了线圈缠绕着的芯体的截面积。

例 9.4 电感组合 将三个 $1\mu H$ 的电感串联或并联,可以得到什么等效电容?

解 图 9.20 给出了利用最多三个电容所有可能的连接。利用式(9.45)可以得到串联组合的结果,利用式(9.48)可以得到并联组合的结果。由此得到的等效电感值分别为:(a)$1\mu H$;(b)$0.5\mu H$;(c)$2\mu H$;(d)$0.333\mu H$;(e)$0.667\mu H$;(f)$1.5\mu H$;(g)$3\mu H$。

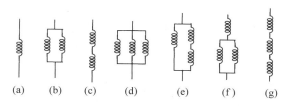

图 9.20 最多包含三个电感的不同组合方式

9.3 特别的例子

这一节我们研究几种在集成电路内部以及它们与其他电路元件相连的外部连接线中经常遇到的寄生电容和电感。这种讨论有使大家以为电容和电感似乎主要就是电路中的寄生效应的风险,事实当然不是这样。更确切地说,我们这里讨论寄生电容或电感主要是由于兴趣所致,因为在以后的章节中它们将提供一些有趣而重要的电路例子。

9.3.1 MOSFET 栅极电容

现在让我们更仔细地研究一下 MOSFET 的结构和工作原理,以便更好地理解其动态行为。图 9.21 回顾了 N 沟道 MOSFET 的结构。图中标明了它的 N^+ 型源极和漏极,P 型基层,沟道区域,栅极导体以及将栅极与沟道分隔开的硅氧化物绝缘体。

图 9.22 显示了同样的 N 沟道 MOSFET,它的源极和基层接地,栅极和漏极加了正电压。因为加了正的栅极电压,电子从源极流入沟道,并在栅极底部积聚。当栅极电压超过 MOSFET 的阈值电压时,栅极下部的电子密度足够高,就将沟道从 P 型翻转成 N 型。因此,在源极和漏极之间就形成了一个连续的 N 型沟道,正的漏极电压使得电子从源极流到漏极,即电流从漏极流到源极。

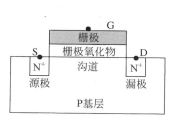

图 9.21 MOSFET 结构

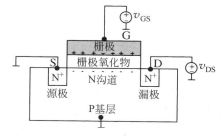

图 9.22 相对于源极和基层,栅极加了正电压的 MOSFET

这里从图 9.22 中有一个重要的发现,就是在 MOEFET 发生沟道反转、导致自身导通的过程中,它实际上在它的栅极和沟道之间形成了一个平行极板电容。这在图 9.23 中被强调出来了,图中显示出硅氧化物中的电场 E 从栅极的正电荷发出,终止于沟道中的负电荷。将此图与图 9.11 相比较,我们得到(根据式(9.4))栅极与沟道间的电容大约为

$$\frac{\varepsilon_{OX}LW}{d}$$

其中,$\varepsilon_{OX} = 3.9\varepsilon_0$ 是硅氧化物的介电常数,d 是硅氧化物的厚度,L 是沟道长度,W 是沟道宽度。乘积 LW 是栅极的面积。

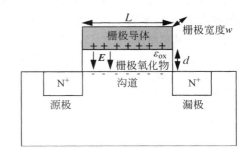

图 9.23 相对于源极和基层,栅极加了正电压的 MOSFET 内部的电荷和电场

因为沟道中充满的电子是从源极产生的,而且因为它们的镜像电荷聚集在栅极上,因此我们在图 9.22 和图 9.23 中标出的栅极与沟道间的电容从 MOSFET 的端钮看起来就出现在栅极与源极之间。正是由于这个原因,该电容值通常被称为是 MOSFET 栅极与源极之间的电容值 C_{GS}。换句话说

$$C_{GS} = \frac{\varepsilon_{OX}LW}{d} \tag{9.49}$$

通常,将比值 ε_{OX}/d 称为 C_{OX},就是 MOSFET 栅极与沟道之间单位栅极面积的电容值。换言之

$$C_{OX} = \frac{\varepsilon_{OX}}{d}$$

这种认识也导致了图 9.24 所示的 MOSFET 的开关-电阻-电容(SRC)模型。这里在SR 模型基础上加了一个集总参数的电容,用以说明为使 MOSFET 导通而必须提供至栅极和沟道的电荷。因此,我们就发展出了这样一个模型,它既描述了 MOSFET 的性质,也仍然满足集总事物原则。

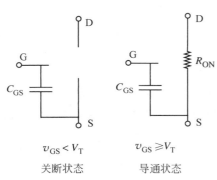

图 9.24 MOSFET 的开关-电阻-电容(SRC)模型

因为 MOSFET 的 SRC 模型中包含一个栅极与源极之间的电容,因此当 MOSFET 的栅极到源极的电压变化时,就会有一个电流从模型的栅极端流入、源极端流出。这个电流传送 MOSFET 内部积聚的电荷,如图 9.22 和 9.23 所示。根据式(9.9),电流值为

$$i_C = C_{GS} \frac{dv_{GS}}{dt} \tag{9.50}$$

其中

$$C_{GS} = C_{OX}LW \tag{9.51}$$

根据式(9.50),现在开始我们能够理解图 9.3 中观察到的反相器行为的原因。栅极电流传送电荷至栅极是需要时间的,因此栅极电压上升也需要时间。因此,反相器将信号从它的输入传送到输出就需要时间。在 10.4 节中我们将对此做更多讨论。

最后,要认识到一个实际的 MOSFET 的行为要比这里描述的复杂得多,这一点很重要。在现实中,一个 MOSFET 实际上有许多很重要的内部电容,包括栅极与漏极、栅极与源极、栅极与基层、漏极与源极、漏极与基层和源极与基层之间的电容。此外,这些电容绝大多数都是 v_{GS} 和 v_{DS} 的函数。我们将主要讨论 C_{GS} 并且假定它是一个恒定的电容。

　　例 9.5　MOSFET 的栅极电容　图 9.25 给出了在某个集成电路里制作的几种矩形的 MOEFET 栅极的顶部视图。我们假定硅氧化物电介质的 $C_{ox} \approx 4\text{fF}/\mu\text{m}^2$,求每个 MOSFET 的栅极电容值。

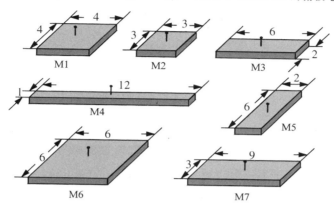

图 9.25　不同尺寸的 MOSFET 栅极
图中所有尺寸单位为 μm

　　解　为此,我们利用式(9.51)。首先注意到 MOSFET M3、M4 和 M5 肯定具有相同的电容值,因为它们具有同样的面积 $12\mu\text{m}^2$。因此,它们的电容值为 48fF。MOSFET M6 的面积最大,为 $36\mu\text{m}^2$,因此它的电容值最大,为 144fF;而 MOSFET M2 的面积最小,为 $9\mu\text{m}^2$,因此它的电容值最小,为 36fF。M1 和 M7 的电容值分别为 64fF 和 108fF。

9.3.2　导线回路电感

　　最常见的寄生电感就是与导线回路相关的电感。在集总电路抽象中,除非在电路中另用一个集总参数电感来明确地模拟,这种电感是被忽略的。为了估计一个导线回路的电感,考虑图 9.26 所示真空中的圆形导线回路。回路半径为 R,导线半径为 A,它的电感大约为[1]

$$L = \mu_0 R \left[\ln\left(\frac{8R}{A}\right) - 2 \right] \qquad (9.52)$$

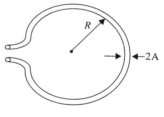

图 9.26　一个导线回路

这个表达式也可以用于估计许多非圆形回路的电感。

　　例 9.6　导线回路电感　假定真空中一导线回路直径为 5mm,导线直径为 200μm。它的电感是多少?
　　解　根据式(9.52),当 $R = 2.5 \times 10^{-3}\text{m}$,$A = 10^{-4}\text{m}$,$\mu_0 = 4\pi \times 10^{-7}\text{H/m}$ 时,导线的回路电感为 10nH。

9.3.3　集成电路的导线电容和电感

　　现在我们重新回到图 9.4,并且对图中集成电路内部的电容和电感进行建模。集成

---

　　[1]　见 Ramo, Whinnery and Van Duzer. Fields and Wave in Communication Electronics. John Wiley. 1965:311

电路内部的许多导体都可以用一个位于导电基层（或底平面）之上的扁平导体来模拟,如图 9.27 所示。

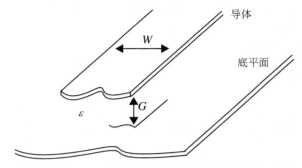

图 9.27 位于底平面之上的扁平导体

图中导体宽度为 W,它位于底平面上方距离为 G 处。这种导体一般被绝缘介质包围,介质的电导率 $\varepsilon > \varepsilon_0$,磁导率为 μ_0。假定 $W \gg G$,我们可以忽略导体边缘处的电场和磁场的边缘效应。在此条件下,沿长度方向单位长度导体的电容 $\widetilde{C}$ 和电感 $\widetilde{L}$ 大致为

$$\widetilde{C} = \frac{\varepsilon W}{G} \tag{9.53}$$

$$\widetilde{L} = \frac{\mu_0 G}{W} \tag{9.54}$$

然而,在有些情况下导体的宽度与它和底平面之间的距离相比并不大。这种情况的一个例子就是狭窄的印刷电路板线路。在这种情况下,导体可以用一个位于底平面上方的圆柱导体来模拟,如图 9.28 所示。

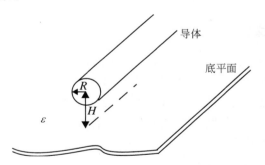

图 9.28 位于导电底平面之上的圆柱导体

图 9.28 中导体半径为 R,中心位于底平面上方距离为 H 处。导体沿长度方向单位长度的电容 $\widetilde{C}$ 和电感 $\widetilde{L}$ 大致为

$$\widetilde{C} = \frac{2\pi\varepsilon}{\ln\left(\dfrac{H}{R} + \sqrt{\dfrac{H^2}{R^2} - 1}\right)} \tag{9.55}$$

$$\widetilde{L} = \frac{\mu_0}{2\pi}\ln\left(\frac{H}{R} + \sqrt{\frac{H^2}{R^2} - 1}\right) \tag{9.56}$$

应用图 9.27 和图 9.28 所示的导体可以用来模拟非常多的电路连接。

最后,注意到上述两种连接都有

$$\widetilde{C}\,\widetilde{L} = \varepsilon\mu_0$$

它遵循麦克斯韦方程,对于任何沿长度方向截面积不变的两根导线的连接都是成立的。因此,任何企图降低 $\widetilde{C}$ 或 $\widetilde{L}$ 的努力必定导致另一个量的增加。

例 9.7　集成电路的互连电容　考虑集成电路中如图 9.27 所示的一种连接,$W=2\mu\mathrm{m}$,$G=0.1\mu\mathrm{m}$,$\varepsilon=3.9\varepsilon_0$。单位长度的电容和电感是多少?

解　根据式(9.53)和式(9.54),$\widetilde{C}=690\mathrm{pF/m}=0.69\mathrm{fF}/\mu\mathrm{m}$,$\widetilde{L}=63\mathrm{nH/m}=63\mathrm{fF}/\mu\mathrm{m}$。

例 9.8　印刷电路板线路　对一个印刷电路板线路用图 9.28 所示的位于底平面上方的圆柱形导体来模拟,$R=0.5\mathrm{mm}$,$H=2\mathrm{mm}$,$\varepsilon=\varepsilon_0$。单位长度的电容和电感是多少?

解　根据式(9.55)和式(9.56),$\widetilde{C}=27\mathrm{pF/m}$,$\widetilde{L}=410\mathrm{nH/m}$。

9.3.4　变压器

变压器是一个二端口元件,例如可在电感上绕第二个线圈以构成变压器,如图 9.13 所示。令第一个线圈(原边)匝数为 N_1,第二个线圈(副边)匝数为 N_2。具有这种结构的理想变压器的电路符号如图 9.29 所示。两点表明两个线圈的这两端是以相同方向缠绕的。

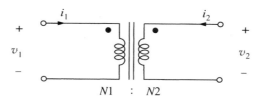

图 9.29　理想变压器的电路符号

在理想变压器中,线圈相互之间绕制得非常紧密,它们每一匝都链接着相同的磁通 $\Phi(t)$。根据式(9.25)和(9.21),有

$$v_1 = N_1 \frac{\mathrm{d}\Phi(t)}{\mathrm{d}t} \tag{9.57}$$

$$v_2 = N_2 \frac{\mathrm{d}\Phi(t)}{\mathrm{d}t} \tag{9.58}$$

因此

$$\frac{v_1(t)}{N_1} = \frac{v_2(t)}{N_2} \tag{9.59}$$

在理想变压器中,芯体是完全导磁的,即 $\mu=\infty$。对通过有限磁通 $\Phi(t)=\lambda(t)/N$ 的单线圈电感,式(9.22)表明流过线圈芯体的总安匝数 $Ni(t)$ 必然为零(原因在于 μ 变为无穷大)。在理想变压器中,总安匝数类似地也会变为零,因此

$$N_1 i_1(t) + N_2 i_2(t) = 0 \tag{9.60}$$

或者

$$N_1 i_1(t) = -N_2 i_2(t) \tag{9.61}$$

式(9.59)或式(9.61)就是理想变压器的构成方程。

联合式(9.59)和式(9.61),可以观察到

$$v_1(t)i_1(t) = -v_2(t)i_2(t) \qquad (9.62)$$

因此,从理想变压器的一个端口流入的功率必须立刻从第二个端口流出。换一种说法,理想变压器不能储存能量。这与芯体磁导率无穷大是一致的。

理想变压器的一个非常有用的模型如图 9.30 所示。这个模型用两个受控源来满足式(9.59)和式(9.61)。压控电压源满足式(9.59),流控电流源满足式(9.61)。

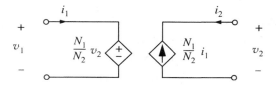

图 9.30 理想变压器的一个有用的模型

例 9.9 变压器 某变压器可以将 120V(有效值)的电源电压转换成一个可以为 5V 直流负载供电的电压。为此,变压器的匝数比大约为多少?

解 如果变压器的原边连接到电源上,那么

$$v_1 = 120\sqrt{2}\sin(120\pi t)$$

其中电源电压的频率是 60Hz(或每秒 60 个周期),或每秒 120π 弧度。因此,原边的电压峰值约为 170V。在副边期望 v_2 的峰值为 5V,因此匝数比大约为

$$N_1/N_2 = 34$$

事实上为这种应用设计的实际变压器的匝数比要略小一些。因此,理想的 v_2 将比 5V 稍大一些,从而允许线圈电阻上的电压降以及并联器件中的漏电感。

9.4 简单的电路例子

为了完善对电容和电感的介绍,现在我们研究它们在图 9.31 至图 9.34 所示的简单电路中的特性。这些电路和图 2.25、图 2.26 基本是一样的,不同之处在于后两个电路中的电阻被前几个电路中的电容或电感代替了。因为这两组电路是如此相似,所以可以使用分析第 2 章中图 2.25 和图 2.26 所示电路的同样方法来分析图 9.31 至图 9.34 所示电路。还有一种选择是可以应用 3.3 节中推导出的节点法。然而,由于这里所讨论的电路非常简单,我们将采用在 2.4 节末尾概括出的更为直观的方法,并且为在以后的章节中分析更复杂的电路积累一些公式。

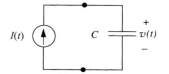

图 9.31 电流源驱动电容

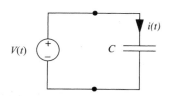

图 9.32 电压源驱动电容

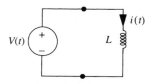

图 9.33 电压源驱动电感

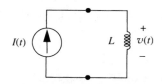

图 9.34 电流源驱动电感

首先考虑图 9.31 所示电路。在这个电路中,电流源发出的电流 I 必须通过电容形成回路。因此,流经两个元件的电流就知道了。接着,根据式(9.12),电容两端的电压 v 也就是电流源两端的电压,为

$$v(t) = \frac{1}{C}\int_{-\infty}^{t} I(t)\,\mathrm{d}t \tag{9.63}$$

所有支路变量现在就全部知道了。

再考虑图 9.32 所示的电路。在这个电路中,电压源的电压 V 必须也出现在电容两端。因此,两个元件的端电压就知道了。接着,根据式(9.9),流经电容和电压源的回路电流为

$$i(t) = C\frac{\mathrm{d}V(t)}{\mathrm{d}t} \tag{9.64}$$

所有支路变量现在也全部知道了。

现在考虑图 9.33 所示电路。在这个电路中,电压源的电压 V 必须也出现在电感两端,正如图 9.32 中出现在电容两端一样。因此,根据式(9.30)流经电感和电压源的回路电流为

$$i(t) = \frac{1}{L}\int_{-\infty}^{t} V(t)\,\mathrm{d}t \tag{9.65}$$

所有支路变量现在就全部知道了。

最后,考虑图 9.34 所示电路。在这个电路中,电流源发出的电流 I 必须通过电感形成回路,正如图 9.31 中流经电容一样。因此,根据式(9.28),电感和电流源两端的电压为

$$v(t) = L\frac{\mathrm{d}I(t)}{\mathrm{d}t} \tag{9.66}$$

所有支路变量现在也全部知道了。

在下面的小节中,我们将考虑几个特殊的关于电流源 I 和电压源 V 的例子。然而,在此之前,值得注意一下我们刚刚研究过的四个电路的分析方法之间的相似性。因为电容和电感是互相对偶的,我们发现上述电路之间也是对偶的。例如,图 9.31 和图 9.33 所示电路就是对偶的。对比式(9.63)和式(9.65)可以看到,把电容和电感互换,电流和电压互换可得到相应的公式。类似地,图 9.32 和图 9.34 所示电路是对偶的。再对比式(9.64)和式(9.66)可以看到,把电容和电感互换,电流和电压互换可得到相应的公式。

我们还注意到另一个有趣的现象,图 9.31 至图 9.34 所示电路在产生支路电压或电流时分别是对电源电流或电源电压的积分或微分。因此,如果从这个角度看每个电路都可以看成是一个积分器或微分器。在以后的章节中,当我们构建滤波器或其他信号处理电路时将要利用到电容和电感的这种性质。

WWW 9.4.1 正弦输入

9.4.2 阶跃输入

阶跃函数以及它们的积分和微分组成了电子电路的另一类重要的输入信号。因此,作为图 9.31 所示电路(为了方便起见,这里重画如图 9.36 所示)的阶跃输入的一个例子,考虑电源的阶跃函数为

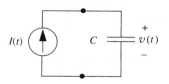

图 9.36 电流源驱动电容

$$I(t) = \begin{cases} 0 & t \leqslant 0 \\ I_o & t > 0 \end{cases} \tag{9.75}$$

注意：电源在 $t \leqslant 0$ 时为 0，而在 $t > 0$ 时不为 0，因此它在 $t = 0$ 时能有效导通。图 9.37(a)画出了电流阶跃输入的示意图。

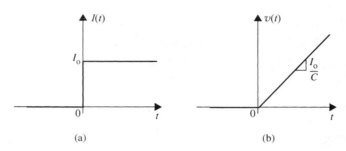

图 9.37 图 9.36 所示电路中的电流和电压

为了完成对电路的分析，我们将相应的电源函数式(9.75)代入式(9.63)，并执行所需要的积分[①]。对图 9.36 所示电路，将式(9.75)代入式(9.63)得到

$$v(t) = \begin{cases} 0 & t \leqslant 0 \\ \dfrac{I_o t}{C} & t > 0 \end{cases} \tag{9.76}$$

这个结果如图 9.37(b)所示。

现在让我们更仔细地研究一下图 9.36 所示电路的工作情况。一旦电流源的值跳变到 I_o，它就开始以恒定的速率向电容传送电荷。然后电荷就在电容上线性地积聚，与水龙头以恒定的速率向玻璃杯中注入水，水在杯中积聚的情形非常相似。因为对于线性非时变电容来说，电荷与电压是成比例的，比例常数为电容值 C，因此电容两端的电压也会线性增长，如图 9.37 所示。

图 9.37 还阐明了非常重要的另一点，即电容上储存的电荷以及电容两端的电压都是时间的连续函数。即使 I 阶跃在 $t = 0$ 时是不连续的，v 却不是；状态变量 q 以及电压 v 是连续的。v 发生不连续跳变的唯一途径是电流源在零时间内传送不为零的电荷，这需要一个无穷大的电流。这在现实中当然是不可能的，尽管我们将会看到在数学上构造这样一个函数可以用来非常有效地模拟某些物理现象。

图 9.37 中看到的性质也开始解释图 9.3 中看到的延迟，尽管我们在第 10 章中将会看到一些细节会有所不同。正如我们从图 9.37 中看到的那样，一个有限大的电流源对电容充电从而使它电压升高是需要时间的。对于图 9.1 所示的两个反相器的情形，第一个反相器改变第二个反相器的输入电压是需要时间的，这是因为第一个反相器对第二个反相器中的 MOSFET 的栅极与源极之间的电容进行充放电是需要时间的。这个电压超越 MOSFET 阈值电压所需的时间就是最后造成第二个反相器输出延迟的原因。

例 9.10　MOSFET 的栅极与源极之间的电容　假定一个特殊的 MOSFET 的栅极与源极之间的电容

---

①　积分相对容易一些，但我们很快会看到，当电路包含微分时是需要做一些考虑的。

C_{GS} 为 100fF。在 10ns 之内将该 MOSFET 的栅极与源极之间的电压从 0V 提高到 5V 需要多大的恒定的栅极电流?

解 这个问题可以用图 9.31 来很好地模拟,其中 I 是一个阶跃电流。因此,式(9.76)和图 9.37 适用。因为电压斜率是 10ns 内 5V,或 5×10^8 V/s,并且因为电容是 100fF,电流必然是 $50\mu A$。

求解这个问题的第二种方法是利用式(9.8)确定在 $C = 100$fF 和 $v = 5$V 时栅极电流必须传送 500fC 电荷。因为电荷在 10ns 这段时间内以恒定速率流动,因此电流必然为 $50\mu A$。

例 9.11 阶跃电压输入到电感 作为下一个例子,考虑图 9.33(这里重画于图 9.38)所示电路有阶跃形式的电压输入

$$V(t) = \begin{cases} 0 & t \leqslant 0 \\ V_0 & t > 0 \end{cases} \tag{9.77}$$

电压阶跃输入的示意图见图 9.39(a)。

因为图 9.38 所示电路和图 9.36 所示电路是对偶的,所以这两个电路的工作情况非常相似。一旦电压源的值跳变到 V_0,流过电感的电流就开始线性增加。更正式一些,将式(9.77)代入式(9.65)得到

$$i(t) = \begin{cases} 0 & t \leqslant 0 \\ \dfrac{V_0 t}{L} & t > 0 \end{cases} \tag{9.78}$$

如图 9.39(b)所示。

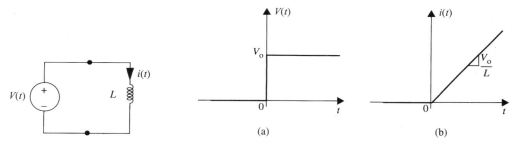

图 9.38 电压源驱动电感   **图 9.39** 图 9.38 所示电路的电流和电压

图 9.39 还阐明了很重要的另一点,即电感链接的磁通是时间的连续函数,因而流过电感的电流同样如此。即使电压 V 在 $t = 0$ 时发生了跳变,是不连续的,但电流 i 却不是;状态变量 λ 和 i 都是连续的。电流发生不连续跳变的唯一途径是电压源在零时间内传送不为零的磁链,这需要一个无穷大的电压。这在现实中当然是不可能的,尽管我们将会发现在数学上构造这样一个函数可以用来非常有效地模拟某些物理现象。

例 9.12 继电器 继电器是用于打开和闭合机械开关的电磁器件。假设这个电磁器件可以用一个电感值为 10mH 的电感来模拟。进一步假设它的电流达到 10mA 时,就闭合机械开关。欲使继电器在 $100\mu s$ 内闭合开关,必须加多大的阶跃电压?

解 这个问题可以用图 9.33 来很好地模拟,其中 V 是一个阶跃电压。因此,式(9.78)和图 9.39 适用。因为电流斜率是 $100\mu s$ 内 10mA,或 100A/s,并且因为电容值为 10mH,电压必然是 1V。

求解这个问题的第二种方法是利用式(9.27)确定在 $L = 10$mH 和 $i = 10$mA 时电压源必须传送的磁链为 10^{-4}Wb。因为这个磁链是在 $100\mu s$ 内以恒定速率传送的,因此电压必然为 1V。

现在让我们回到图 9.32 所示的电路上(这里重画如图 9.40)。分析它在不连续的阶跃电压源作用下的工作过程,此阶跃电源表示为

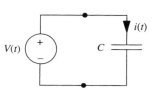

图 9.40 电压源驱动电容

$$V(t) = \begin{cases} 0 & t \leqslant 0 \\ V_{\circ} & t > 0 \end{cases} \tag{9.79}$$

示意图如图 9.45(a)所示。

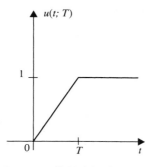

图 9.41 带斜坡的单位阶跃函数 $u(t;T)$

为了分析它在发生不连续的跳变电源作用下的工作过程,我们用到式(9.64),并且注意到我们必须对付在 $t=0$ 时阶跃函数的微分。我们可以借助于图 9.41 所示的带斜坡的单位阶跃函数 $u(t;T)$ 来理解这种微分。其中,$u(t;T)$ 是时间 t 的函数,有一个参数是斜坡持续时间 T。

注意 $u(t;T)$ 中的斜坡,它发生在 $0 \leqslant t \leqslant T$ 时间段内,当斜坡宽度 T 接近 0 时,斜坡就会变得越来越陡。事实上,当极限 $T \to 0$ 时,$u(t;T)$ 就简化为 $u(t)$,如图 9.42 所示。注意理想的单位阶跃就是式(9.79)表示的函数。认识到这种极限性质,我们处理阶跃微分的方法将走一条更迂回的,但却是更简单的路径:我们将计算电路对带斜坡的单位阶跃函数的响应,然后取极限 $T \to 0$。因此我们可以将式(9.79)重写为用单位阶跃函数表示的形式

$$V(t) = V_{\circ} \lim_{T \to 0} u(t;T) \equiv V_{\circ} u(t) \tag{9.80}$$

对带斜坡的单位阶跃函数 $u(t;T)$ 微分得到单位面积脉冲函数 $\delta(t;T)$,如图 9.43 所示。当 $T \to 0$ 时,该函数就变得越来越窄、越来越高,但在此过程中,它始终保持单位面积,就像图 9.44 描述的那样。在 $T \to 0$ 的极限情况下,$\delta(t;T)$ 就变成了单位冲激函数(见图 9.44 中最右边的图,我们简单地用 $\delta(t)$ 来表示)。

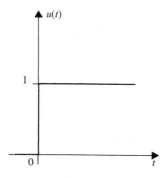

图 9.42 单位阶跃函数 $u(t)$

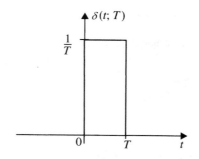

图 9.43 对带斜坡的单位阶跃函数 $u(t;T)$ 微分得到的单位面积脉冲函数 $\delta(t;T)$

本书关注单位冲激[①]的几个重要性质,分别是

---

① $u(t)$ 和 $\delta(t)$ 通常分别用于表示单位阶跃函数和单位冲激函数。有时也使用下面的符号:$u_0(t)$ 表示在 $t=0$ 时刻的单位冲激。符号 $u_n(t)$ 表示对冲激微分 n 次得到的函数,符号 $u_{-n}(t)$ 表示对冲激积分 n 次得到的函数。因此,$u_{-1}(t)$ 表示 $t=0$ 时刻的单位阶跃,$u_{-2}(t)$ 表示 $t=0$ 时刻的斜坡,$u_1(t)$ 表示 $t=0$ 时刻的冲激偶。

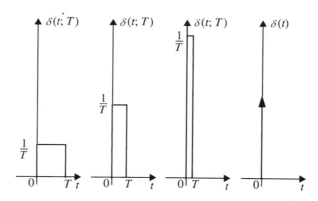

图 9.44 单位面积脉冲函数在极限 $T \rightarrow 0$ 时变为单位冲激函数

$$\delta(t) = 0 \quad t \neq 0 \tag{9.81}$$

$$\int_{-\infty}^{t} \delta(t)\mathrm{d}t = u(t) \iff \delta(t) = \frac{\mathrm{d}u(t)}{\mathrm{d}t} \tag{9.82}$$

$$\int_{-\infty}^{\infty} \delta(t)\mathrm{d}t = 1 \tag{9.83}$$

这些性质中的每一条都可以从 $\delta(t;T)$ 在极限 $T \rightarrow 0$ 时的性质推导出来。最后,注意依照图 9.43,$\delta(t)$ 的单位是时间的倒数。

现在手头已经有了 $u(t;T)$ 和 $\delta(t;T)$ 的定义以及它们的极限解释,我们就可以完成对图 9.40 所示在不连续的阶跃电源作用下的电路的分析。假定图中的电压源产生的带斜坡的阶跃电压为

$$V(t) = V_{\circ}u(t;T) \tag{9.84}$$

将式(9.84)代入式(9.64)得到

$$i(t) = CV_{\circ}\delta(t;T) \tag{9.85}$$

式(9.85)表明:在 $0 \leqslant t \leqslant T$ 时间段内,当电压源使电容电压从 0 沿斜坡增至 $V_{\circ}$ 时,产生的电流为 $CV_{\circ}/T$;注意在这段时间内 $\delta(t;T) = 1/T$。在使电容电压沿斜坡增至 $V_{\circ}$ 的过程中,依照式(9.8),电源传送给电容的电荷为 $CV_{\circ}$。这一点可以将电流 i 在 $0 \leqslant t \leqslant T$ 时间段内积分而得到证明。

现在考虑式(9.84)和式(9.85)所描述的电路在极限 $T \rightarrow 0$ 时的性质。在这种情况下,V 变成了式(9.79)和式(9.80)所描述的不连续的阶跃电压,而电流 i 则变为

$$i(t) = CV_{\circ}\delta(t) \tag{9.86}$$

这就是期望的对不连续的阶跃电压源产生的响应。图 9.32 所示电路的阶跃形式的输入电压和冲激形式的电流响应如图 9.45 所示。

这个响应也可以将式(9.80)代入式(9.64),然后利用式(9.82)直接得到。乍看起来,$CV_{\circ}\delta(t)$ 好像并没有电流的单位,但它确实有,因为 $CV_{\circ}$ 有电荷的单位,而 $\delta(t)$ 的单位是时间的倒数。事实上,$CV_{\circ}$ 就是冲激电流传送的总电荷。

根据我们对冲激的极限解释,可发现式(9.86)中的 i 是这样一个电流:它在 $t=0$ 的瞬时将电荷 $CV_{\circ}$ 传送给电容,因此在 $t=0$ 时电容中储存的电荷发生了跳变,由此由电源驱动

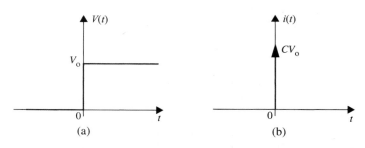

图 9.45 图 9.32 所示电路输入为阶跃电压时,电路中的电压和电流

产生的电压也发生了跳变。这阐述了我们先前得出的一个重要结论,即要想使电容储存的电荷以及由此产生的电容两端的电压发生不连续跳变,需要一个无穷大的电流。因此,除无穷大电流这种不寻常情况外,电容的状态变量是时间的连续函数。

例 9.13 阶跃电流输入到电感 这一个例子考虑下述形式的阶跃电流(示意图见图 9.47(a))输入到图 9.34 所示电路上(这里重画如图 9.46)。阶跃电流为

$$I(t) = \begin{cases} 0 & t \leqslant 0 \\ I_\circ & t > 0 \end{cases} \tag{9.87}$$

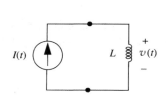

图 9.46 电流源驱动电感

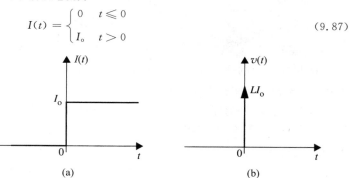

图 9.47 图 9.46 所示电路在以阶跃电流为输入时电路中的电流和电压

因为图 9.46 和图 9.40 所示电路是对偶的,因此它们的性质也是相似的。假定图中的电流源产生的带斜坡的阶跃电流为

$$I(t) = I_\circ u(t;\, T) \tag{9.88}$$

将式(9.88)代入式(9.66)得到

$$u(t) = LI_\circ \delta(t;\, T) \tag{9.89}$$

式(9.89)表明在 $0 \leqslant t \leqslant T$ 时间段内当电流源使电感电流从 0 沿斜坡增至 $I_\circ$ 时,产生的电压为 $LI_\circ/T$;再次注意在这段时间内 $\delta(t;\, T) = 1/T$。依据式(9.27),在电感电流沿斜坡增至 $I_\circ$ 的过程中,电源传送的磁链为 $LI_\circ$。这一点可以将电压 v 在 $0 \leqslant t \leqslant T$ 时间段内积分而得到证明。

现在考虑式(9.88)和式(9.89)所描述的电路在极限 $T \rightarrow 0$ 时的性质。在这种情况下,I 变成了式(9.87)所描述的不连续的阶跃电流

$$I(t) = I_\circ \lim_{T \rightarrow 0} u(t;\, T) \equiv I_\circ u(t) \tag{9.90}$$

而电压 v 则变为

$$v(t) = LI_\circ \delta(t) \tag{9.91}$$

这就是所期望的不连续的阶跃电流源产生的响应。图 9.47 表示了图 9.46 所示电路的阶跃形式的输入电流和冲激形式的电压响应。

该响应也可以将式(9.90)代入式(9.66),然后利用式(9.82)而直接得到。乍看起来,$LI_\circ \delta(t)$ 好像并没

有电压的单位,但它确实有,因为 LI_o 有磁链的单位,而 $\delta(t)$ 的单位是时间的倒数。事实上,LI_o 就是冲激电压传送的总磁链。

根据我们对冲激的极限解释,可以看到式(9.91)中的 v 是这样一个电压:它在 $t=0$ 的瞬间将磁链 LI_o 传送给电感,因此在 $t=0$ 时电感链接的磁链发生了跳变,由此电源激励产生的电流也发生了跳变。这阐述了我们先前得出的一个重要结论,即要想使电感链接的磁链以及由此产生的流过电感的电流发生不连续跳变,需要一个无穷大的电压。因此,除无穷大电压这种不寻常情况外,电感的状态变量是时间的连续函数。

9.4.3　冲激输入

在前一节中我们已经介绍了冲激函数。回顾一下,冲激函数 $\delta(t)$ 具有下列性质

$$\delta(t) = 0 \quad t \neq 0 \tag{9.92}$$

$$\int_{-\infty}^{t} \delta(t)\mathrm{d}t = u(t) \quad \Leftrightarrow \quad \delta(t) = \frac{\mathrm{d}u(t)}{\mathrm{d}t} \tag{9.93}$$

$$\int_{-\infty}^{\infty} \delta(t)\mathrm{d}t = 1 \tag{9.94}$$

换句话说,冲激函数 $\delta(t)$ 只有在 $t=0$ 时是不为 0 的;它的积分是阶跃函数;它的面积是 1。

再回顾图 9.44 所示的单位面积的脉冲函数在极限 $T \to 0$ 时变成单位冲激函数。

图 9.48(a)表示的是一个单位冲激电流,图 9.48(b)表示的则是一个面积为 Q 的冲激电流。换言之,对图 9.48(a)所示电流有

$$\int_{-\infty}^{\infty} i(t)\mathrm{d}t = \int_{-\infty}^{\infty} \delta(t)\mathrm{d}t = 1 \tag{9.95}$$

对图 9.48(b)所示电流则有

$$\int_{-\infty}^{\infty} i(t)\mathrm{d}t = \int_{-\infty}^{\infty} Q\delta(t)\mathrm{d}t = Q \tag{9.96}$$

在强度为 Q 的输入冲激电流作用下,我们分析图 9.31(为方便起见,重画于图 9.49 中)所示电路。换言之,输入电流的形式为

$$I(t) = Q\delta(t)$$

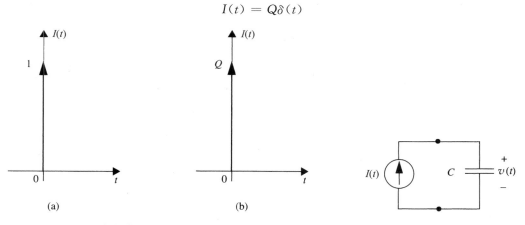

图 9.48　单位冲激 $\delta(t)$ 和面积为 Q 的冲激　　图 9.49　电流源驱动电容

回顾一下,求解电路就意味着要求出所有支路变量的值。电路中未知的一个支路变量就是电压 $v(t)$。通过对流过电容的电流积分,我们可以得到 $v(t)$ 为

$$v(t) = \frac{1}{C} \int_{-\infty}^{t} I(t)\, dt$$

$$= \frac{1}{C} \int_{-\infty}^{t} Q\delta(t)\, dt \qquad (9.97)$$

$$= \frac{1}{C} Q u(t)$$

因此,在 t 时刻产生的强度为 Q 的冲激电流在电容上积累的电荷为 Q。这电荷就会导致电容电压在 t 时刻跳变到 Q/C,如图 9.50 所示。

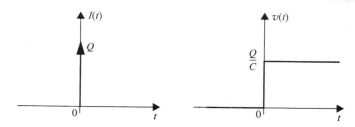

图 9.50 图 9.32 所示电路在以冲激电流为输入时电路中的电流和电压

在结束这一小节之前,非常有必要评论一下冲激电源。因为冲激是数学上的一种定义,而不是物理上的实际现象,这似乎限制了它的实用价值。然而事实并非如此。我们经常会遇到一些产生非常窄的脉冲的电压源或电流源。如果这些脉冲足够窄,以致我们并不真正关心有关它们形状的细节时,我们就可以用一个具有相等面积的冲激函数来简单地模拟它们。从数学的角度看,这么做带来很大的方便,因为处理一个冲激电源要比处理一个具有复杂形状的脉冲电源要容易得多。因此,冲激函数实际上是非常有用的建模工具。

WWW 9.4.4   角色颠倒[*]

9.5 能量、电荷和磁链守恒

在 9.2 节中我们研究了无储存电荷电容的并联,以及无磁链电感的串联。在这一节中,我们扩展到考虑在有初始电荷和磁链时的连接。

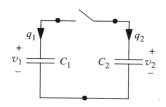

图 9.51 两个电容通过开关并联

考虑图 9.51 所示两个有初始电荷的电容的并联;当开关闭合时,它们发生连接。我们要求开关闭合后电容的状态。对电路底部的节点应用 KCL 得到

$$\frac{dq_1(t)}{dt} + \frac{dq_2(t)}{dt} = \frac{d}{dt}(q_1(t) + q_2(t)) = 0 \qquad (9.98)$$

式(9.98)表明两个电容上的总电荷 $q_1 + q_2$ 是不变的,因此在任何时候都是守恒的,即使在开关闭合时也一样。现在,令开关在 $t=0$ 时闭合。开关闭合后,即 $t>0$ 时,对图 9.51 所示回路应用 KVL,得

$$v_1(t) = v_2(t) \qquad (9.99)$$

借助式(9.8),有

$$\frac{q_1(t)}{C_1} = \frac{q_2(t)}{C_2} \qquad (9.100)$$

现在我们可以利用式(9.98)和式(9.100)来求电容电荷。借助式(9.8),还可以确定开关闭合后的电容电压。首先,我们将开关闭合之前两个电容上的电荷记为 Q_1 和 Q_1,然后,根据式(9.98)可得

$$q_1(t) + q_1(t) = Q_1 + Q_2 \tag{9.101}$$

接着,式(9.100)和式(9.101)联立求解得 $t > 0$ 时

$$q_1(t) = \frac{C_1}{C_1 + C_2}(Q_1 + Q_2) \tag{9.102}$$

$$q_2(t) = \frac{C_2}{C_1 + C_2}(Q_1 + Q_2) \tag{9.103}$$

最后,将式(9.102)和式(9.103)代入式(9.8)得

$$u_1(t) = \frac{q_1(t)}{C_1} = \frac{Q_1 + Q_2}{C_1 + C_2} \tag{9.104}$$

$$u_2(t) = \frac{q_2(t)}{C_2} = \frac{Q_1 + Q_2}{C_1 + C_2} \tag{9.105}$$

同样 $t > 0$。根据式(9.102)和式(9.103),两个电容分得的总电荷与它们的电容值成正比。

有趣的是,在开关闭合过程中尽管电荷是守恒的,能量却不守恒。利用式(9.18),开关闭合之前两个电容中储存的总能量为

$$w_E(t < 0) = \frac{Q_1^2}{2C_1} + \frac{Q_2^2}{2C_2} \tag{9.106}$$

利用式(9.102)、式(9.103)和式(9.18),开关闭合后储存的总能量为

$$w_E(t > 0) = \left[\frac{C_1(Q_1 + Q_2)}{C_1 + C_2}\right]^2 \frac{1}{2C_1} + \left[\frac{C_2(Q_1 + Q_2)}{C_1 + C_2}\right]^2 \frac{1}{2C_2} = \frac{(Q_1 + Q_2)^2}{2(C_1 + C_2)} \tag{9.107}$$

这两个能量是不相等的。进一步进行一些数学处理,可以看到

$$w_E(t < 0) - w_E(t > 0) = \frac{1}{2}\frac{C_1 C_2}{C_1 + C_2}\left(\frac{Q_1}{C_1} - \frac{Q_2}{C_2}\right)^2 \geqslant 0 \tag{9.108}$$

因此,能量在开关闭合过程中总是有损失的(除开关闭合之前 v_1 等于 v_2 的特殊情况外)。因为图9.51所示电路是一理想情况,因此无法看出损失的能量到哪里去了。也许能量消耗在用于连接两个电容和开关的导线中了,或者也许消耗在开关闭合时产生的电弧里了,甚至有可能以辐射电磁能的形式损失掉了。不管怎样,它确实损失了。本章末的问题之一将进一步探究这种损失。

最后,我们注意到对串联连接的电感也可做与上面相似的讨论。相应的电路如图9.52所示。最初,开关闭合,每个电感可以流过任意的电流;然后,开关打开,这样两个有着不同的初始电流的电感就被串联连接起来了。利用与前面类似的分析,就有可能确定开关打开以后电感的电流和磁链。然后很直接地就可以得出在开关打开过程中能量也损失了。

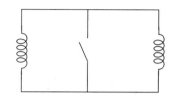

图 9.52 两个电感通过一开关串联

例 9.14 电容上的电荷分配 图9.51中,假定 $C_1 = 1\mu F$,$C_2 = 10\mu F$,还假定在开关闭合前 $v_1 = 10V$,$v_2 = 1V$。在开关闭合前,两个电容上储存了多少能量,在开关闭合过程中损失了多少能量,开关闭合后电容上共同的电压是多少?

解 首先,求出开关闭合之前每个电容上的电荷。利用式(9.8),得 $Q_1 = 10\mu C$,$Q_2 = 10\mu C$。接着,利用

式(9.102)和式(9.103),确定开关闭合后 $q_1 = 20/11\mu C$,$q_2 = 200/11\mu C$。再利用式(9.103)或式(9.104),求出开关闭合后 $v_1 = v_2 = 20/11V$。最后,利用式(9.106)和式(9.108),得出初始储能为 $55\mu J$,损失的能量大约为 $36.8\mu J$。

9.6 小结

- 在这一章中,我们介绍了电容和电感,并从更为基本的具有分布参数的物理学中导出了它们的集总参数元件定律。因为这些元件定律中含有时间导数或时间积分,因此在这一章中时间成为了一个非常重要的变量。这与以前各章的情况是不一样的,因为在那些章节中我们所研究的电路只有电源、电阻和理想 MOSFET,所有这些元件的元件定律都是纯代数形式。因为时间是这一章中的一个重要变量,我们开始考虑一类更丰富的用作电路输入信号的电源函数。这些函数包括正弦函数、阶跃函数和冲激函数。电子电路中过渡过程的第一批例子就是电路对这些输入的响应。

- 当我们第一次介绍电容和电感时,我们是从寄生电容和电感对电子电路性能的影响着手的。这反过来又导致我们去重新评价我们的集总事物原则,因为在这个原则下,根据定义,这些寄生现象并不存在。最终我们建立了一个折中的电路模型,它既保持了集总事物原则,又承认了这些重要的寄生现象的存在。这种折中的电路模型是在原电路中增加一些集总参数元件来模拟重要的寄生现象,并且认为扩展后的电路模型也遵循集总事物原则。尽管这理所当然是很重要的一方面,但认识到电容和电感除了用于对寄生现象建模以外也非常有用这一点很重要。在以后的章节中将会看到,我们会经常有意地使用它们。

- 通过对电容、电感以及几个包含电容或电感的简单电路的分析,我们看到这些元件具有记忆性并且存储的能量是可逆的。一个简单的实验可以说明这一点。如图 9.53 所示,将电容连接到一个电源上对其进行充电(位置(1)),然后断开电源(位置(2))。如果电容的品质很好,它会"记"住电源电压长达数小时。用电阻做类似的实验就不会产生记忆,一旦电源断开,电阻电压会立刻降为 0。

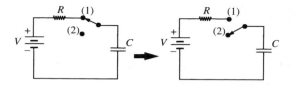

图 9.53 电容在很长时间内保持电压

- 然而对电感做相应的实验得到的结果却没有如此令人兴奋。利用图 9.54 所示电路,当开关在位置(1)时,可以对电感建立电流;然后将开关切换到位置(2)(在断开之前)。电流将会在几分之一秒内衰减到 0,因为磁场中储存的能量将被线圈的内电阻迅速消耗掉。

- 记忆性和储存能量的可逆性是和元件状态相关的性质:对电容而言是电荷,对电感而言是磁链。这和理想电阻的性质是截然不同的。理想电阻没有记忆性,它消耗的能量也不可逆。

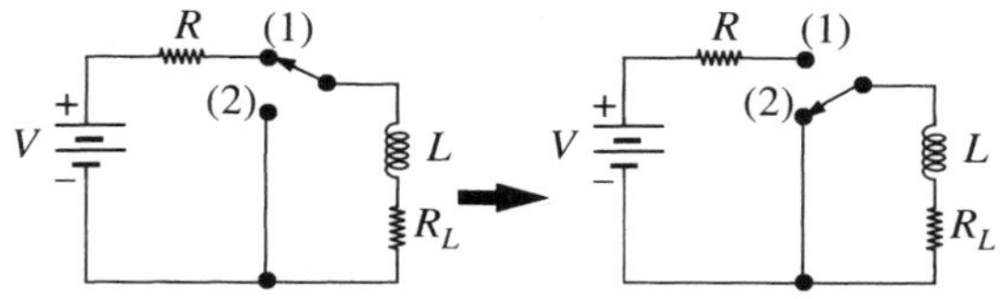

图 9.54 电感很短时间内保持电流

- 电容的元件定律是

$$i = C \frac{\mathrm{d}v}{\mathrm{d}t}$$

电感的元件定律是

$$v = L \frac{\mathrm{d}i}{\mathrm{d}t}$$

- 电容中储存的能量为

$$w_{\mathrm{E}}(t) = \frac{q^2(t)}{2C} = \frac{Cv^2(t)}{2}$$

电感中储存的能量为

$$w_{\mathrm{M}}(t) = \frac{\lambda^2(t)}{2L} = \frac{Li^2(t)}{2}$$

- 最后,在引入电容和电感的过程中,我们为不同的物理量定义了电路符号和单位。这些定义在表 9.1 中加以总结,这些单位可以用表 1.3 中列出的工程乘子进行进一步的修改。

表 9.1 电气工程量、单位及其符号

量	电路符号	单位	单位符号
时间	t	秒	s
电荷	q	库仑	C
电容值	C	法	F
磁链	λ	韦伯	Wb
电感值	L	亨	H
能量	W	焦耳	J

练 习

练习 9.1 求图 9.55 中每个电路两个端钮之间的等效电容。

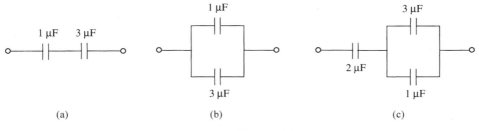

(a)   (b)   (c)

图 9.55 练习 9.1 图

练习 9.2 求图 9.56 中每种情形的等效电容或等效电感。

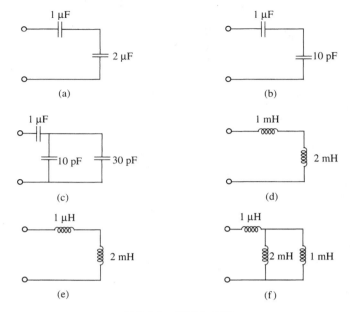

图 9.56 练习 9.2 图

练习 9.3 考虑某计算机主板上的一根电源线宽为 2.5mm，并且与它下面的信号地相距 25μm。分隔介质的电导率和磁导率分别为 $2\varepsilon_0$ 和 μ_0。求：每 10cm 长导线的电容和电感分别为多少？

如果导线上的电压为 5V，每 10cm 长导线的电容储存的能量是多少？如果导线上流过的电流是 1A，每 10cm 长导线的电感储存的能量是多少？

练习 9.4 图 9.57 所示电路中电流源驱动电容。$0 \leqslant t \leqslant T$ 时，电源电流如图 9.58 所示。如果在 $t = T$ 时电容电压为 V_0，那么它在 $t = 0$ 时为多少？

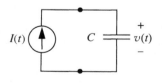

图 9.57 电流源驱动电容

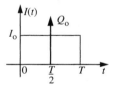

图 9.58 电源电流

练习 9.5 图 9.59 所示电路中电压源驱动电感。$0 \leqslant t \leqslant T$ 时，电源电压如图 9.60 所示。如果在 $t = T$ 时电感电流为 I_0，那么它在 $t = 0$ 时为多少？

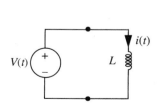

图 9.59 电压源驱动电感

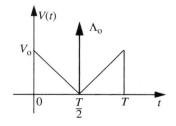

图 9.60 电源电压

练习 9.6　图 9.61 给出了 4 个电路,记为(1)到(4),同时还给出了每个电路中的电源波形。图中还给出了 4 个支路变量的波形,记为(a)到(d),它们对应于电路中标注出的支路电流 i 或支路电压 v。为支路变量波形找出相匹配的电路及电源波形。

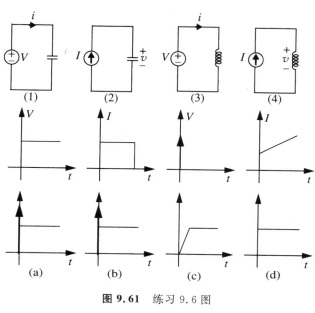

图 9.61　练习 9.6 图

问　　题

问题 9.1　图 9.62 所示电路中电压源与两个电容串联。电源电压 $V(t)=5u(t)\text{V}$,波形如图所示。如果所示电流 i 和电压 v 为 $i(t)=4\delta(t)\mu\text{C}$ 和 $v(t)=1u(t)\text{V}$,求 C_1、C_2 是多少?

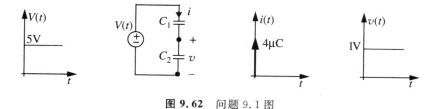

图 9.62　问题 9.1 图

问题 9.2　图 9.63 所示电路中电流源与两个电感并联。电源电流 $I(t)=400tu(t)\text{A}$,波形如图所示。如果所示电流 i 和电压 v 为 $i(t)=100tu(t)\text{A}$ 和 $v(t)=0.3u(t)\text{V}$,求 L_1、L_2 是多少?

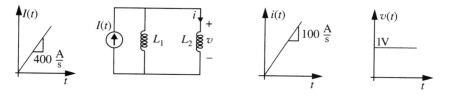

图 9.63　问题 9.2 图

问题 9.3　图 9.64 所示电路中电流源驱动串联的电容和电感。$I(t)=I_\circ\sin(\omega t)u(t)$,并且假定电容和电感在 $t=0$ 之前都没有初始储能。求 $t\geqslant0$ 时的电压 v。$I_\circ$、ω、C 和 L 之间是否存在某种关系使得 $t\geqslant0$ 时

v 为常数？如果存在，列出这种关系，并求出 v。

问题 9.4 图 9.65 所示电路中电压源驱动并联的电容和电感。$V(t)=V_0\sin(\omega t)u(t)$，并且假定电容和电感在 $t=0$ 之前无初始储能。求 $t\geqslant 0$ 时的电流 i。V_0、ω、C 和 L 之间是否存在某种关系使得 $t\geqslant 0$ 时 i 为常数？如果存在，列出这种关系，并求出 i。

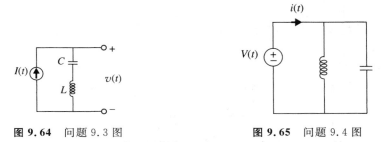

图 9.64　问题 9.3 图　　　　　　图 9.65　问题 9.4 图

问题 9.5 如图 9.66 所示，数值为 V 的恒定电压源驱动时变电容。时变电容可表示为 $C(t)=C_0+C_1\sin(\omega t)$。求电容电流 $i(t)$。

问题 9.6 如图 9.67 所示，数值为 I 的恒定电流源驱动时变电感。时变电感可表示为 $L(t)=L_0+L_1\sin(\omega t)$。求电感电压 $v(t)$。

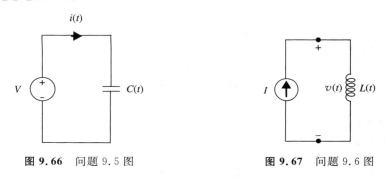

图 9.66　问题 9.5 图　　　　　　图 9.67　问题 9.6 图

问题 9.7 考虑图 9.68 所示的平行极板电容，假定介质是真空，因此 $\varepsilon=\varepsilon_0$。

假设给电容充电至电压 V，求这种情况下电容中储存的电荷和电场能量。

电容与充电电源断开，因此它储存的能量保持不变。然后，将两极板拉开至原距离的 2 倍，即现在的极板间距为 $2l$。在此新结构下，求电容电压以及它储存的能量，并解释储存的能量是如何变化的。

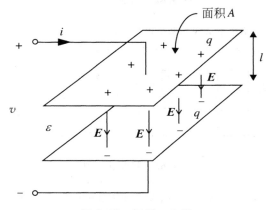

图 9.68　问题 9.7 图

问题 9.8　图 9.69 给出了两个容性的二端口网络。一个是 Ⅱ 型网络,另一个是 T 型网络。对 Ⅱ 型网络,用 v_{1P}、v_{2P} 的函数表示 i_{1P} 和 i_{2P};对 T 型网络,用 v_{1T}、v_{2T} 的函数表示 i_{1T} 和 i_{2T}。

C_{1P}、C_{2P} 和 C_{3P} 与 C_{1T}、C_{2T} 和 C_{3T} 之间应该具有怎样的关系才能使两个网络具有相同的端口关系?

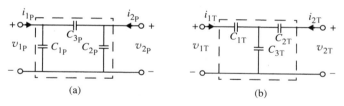

图 9.69　问题 9.8 图

(a) 容性的 T 型二端口网络;(b) 容性的 Ⅱ 型二端口网络

问题 9.9　图 9.70 给出了两个感性的二端口网络。一个是 Ⅱ 型网络,另一个是 T 型网络。对 Ⅱ 型网络,用 i_{1P}、i_{2P} 的函数表示 v_{1P} 和 v_{2P};对 T 型网络,用 i_{1T}、i_{2T} 的函数表示 v_{1T} 和 v_{2T}。

L_{1P}、L_{2P} 和 L_{3P} 与 L_{1T}、L_{2T} 和 L_{3T} 之间应该具有怎样的关系才能使两个网络具有相同的端口关系?

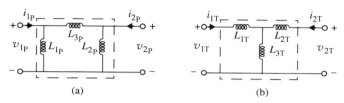

图 9.70　问题 9.9 图

(a) 感性的 T 型二端口网络;(b) 感性的 Ⅱ 型二端口网络

问题 9.10　这个问题更详细地研究了图 9.71 所示电路中开关闭合时为什么会有能量损失。为此我们要研究在开关闭合过程中电路的过渡过程。作为准备,令开关开始闭合的时间为 $t=0$,令电路到达稳态的时间为 $t=T$。开关闭合前两个电容上的电荷分别为 Q_1 和 Q_2。

再令 $q_1(t)$ 为定义在 $0 \leqslant t \leqslant T$ 时间段上的任何函数,它满足

$$q_1(0) = Q_1$$

$q_1(T)$ 是稳态时电容上储存的电荷,为

$$q_1(T) = \frac{C_1}{C_1 + C_2}(Q_1 + Q_2)$$

这样,函数 q_1 是在开关闭合过程中满足初始电荷和最终电荷的任意的过渡过程。

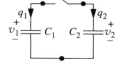

图 9.71　问题 9.10 图

(1) 利用电荷守恒关系

$$q_1(t) + q_2(t) = Q_1 + Q_2$$

在 $0 \leqslant t \leqslant T$ 时用 q_1 表示 q_2。然后利用式

$$\frac{\mathrm{d}q(t)}{\mathrm{d}t} = i(t)$$

确定 i_1 和 i_2,在 $0 \leqslant t \leqslant T$ 时再用 q_1 表示。最后,利用式

$$q(t) = Cv(t)$$

求出 v_1 和 v_2,在 $0 \leqslant t \leqslant T$ 时仍然用 q_1 表示。现在,整个的过渡过程就可以用任意函数 q_1 来描述了。

(2) 在过渡过程中,v_1 和 v_2 的差值肯定会出现在电路中的某个或某些元件上,这是 KVL 决定的。例如,它可能出现在导线电阻或开关上,或二者同时出现。无论如何,当电流流过这个电压差时,能量就损失了。如果我们把电压差记为 $v_1 - v_2$(而不是反过来),那么流入这个电压差正极的就是电流 i_2。为

什么？

（3）乘积 $i_2(v_1-v_2)$ 就是过渡过程中消耗的功率。$0 \leqslant t \leqslant T$ 时，求该功率，用 q_1 表示。

（4）对（3）中求出的功率在 $0 \leqslant t \leqslant T$ 时间段内积分，就得到过渡过程中损失的能量。还可以发现，损失的能量等于电容储存的能量差，为

$$w_E(t<0) - w_E(t>0) = \frac{1}{2}\frac{C_1 C_2}{C_1+C_2}\left(\frac{Q_1}{C_1} - \frac{Q_2}{C_2}\right)^2 \geqslant 0$$

很显然，损失的能量与选为 q_1 的函数的内部细节无关。因为这些细节只是等价于损失机理的细节，而能量损失的多少显然与它是怎么损失的无关。

第 10 章

线性电气网络的一阶暂态过程

正如在第 9 章中阐述的那样,电容和电感会对电路的行为产生影响。在高速数字电路中电容和电感的效应是非常显著的。我们在第 6 章中基于静态原则建立的简单数字抽象已经不足以用来分析过渡过程中的信号了。因此,理解含有电容和电感的电路的行为是非常重要的。这一章将会特别地利用延迟的概念来扩展数字抽象,从而将电容和电感的影响考虑进来。

从积极的角度看,由于电容和电感可以储存能量,因此它们呈现出记忆性质,并且具有纯电阻电路所没有的信号处理的可能性。将一个方波电压加到一个有多个电阻组成的线性电路中,网络中所有的电压和电流都将会有同样的方波波形。但是如果在电路中加入一个电容,那么就会出现各种不同的波形,如指数波形、毛刺波形、锯齿波等。图 10.1 给出了这些波形的一个例子,电路就是第 9 章中图 9.1 所示的两个反相器系统。本书前面介绍的一些线性分析方法,如节点法、叠加定理等,足以建立起适当的网络方程来分析这些电路。但是,方程将是微分方程,而不是代数方程,因此完成分析需要更多的技巧。

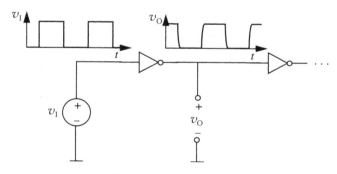

图 10.1 第一个反相器对方波输入的响应

这一章我们只讨论含有单个储能元件的系统,即单个电容或单个电感。这样的系统可以用简单的一阶微分方程来加以描述。第 12 章将讨论含有两个储能元件的系统。含有两个储能元件的系统可以用二阶微分方程来描述[1]。还有可能出现更高阶的系统,这在第 12 章中将会简要地讨论一下。

---

[1]   然而,如果电路中的两个储能元件可以用一个等效的储能元件代替,它仍然是一阶电路。例如,并联的一对电容可以用电容值为两个电容值之和的一个电容代替。

本章首先分析含有一个电容、一个电阻和一个电源的简单电路,然后分析含有一个电感和一个电阻的电路。10.4 节中将会详细讨论图 10.1 所示的两个反相器的电路。

10.1 *RC* 电路分析

我们利用几个包含一个电阻、一个电容和一个电源的简单例子来阐述一阶系统。首先分析电流源驱动的并联 *RC* 电路。

10.1.1 阶跃输入的并联 *RC* 电路

图 10.2(a)所示是一个简单的电源-电阻-电容电路。根据 3.6.1 节中讨论的戴维南等效和诺顿等效,对含有多个电源、多个电阻和一个电容的复杂电路,如图 10.3 所示,进行诺顿变换就可以得到图 10.2 所示电路。假定我们想要得到电容电压 v_C,可用第 3 章中介绍的节点法来求解。如图 10.2(a)所示,取底部节点为地,就只剩下一个与顶部节点对应的未知节点电压。顶部节点电压与电容电压相同,因此我们就用 v_C 作为未知量继续讨论。接下来,根据节点法的第(3)步,对图 10.2(a)的顶部节点列写 KCL 方程,并代入式(9.9)给出电容的电压电流关系,得

$$i(t) = \frac{v_C}{R} + C\frac{\mathrm{d}v_C}{\mathrm{d}t} \tag{10.1}$$

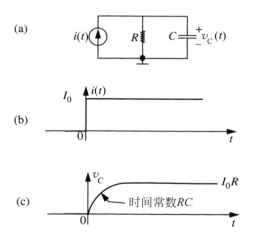

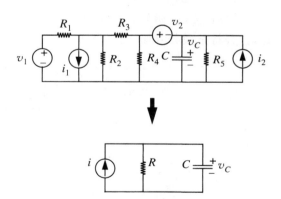

图 10.2 电容充电的暂态过程

图 10.3 一个更复杂的电路可以用诺顿变换得到图 10.2(a)所示的简单电路

或者重写为

$$\frac{\mathrm{d}v_C}{\mathrm{d}t} + \frac{v_C}{RC} = \frac{i(t)}{C} \tag{10.2}$$

正如所期望的那样,这个问题可以用一个方程来描述。但要求出 $v_C(t)$,必须求解一个非齐次线性一阶常微分方程。这并不困难,可使用任何一种求解微分方程的方法来系统地完成。

我们利用求齐次解和特解的方法来求解这个方程,因为这种方法可以很容易地推广到更高次的方程。首先回顾一下,求齐次解和特解的方法起源于微分方程的一个基本理论。

该方法表明非齐次微分方程的解等于齐次解和特解之和。更具体地说,令 $v_{CH}(t)$ 是与非齐次方程式(10.2)相关的齐次微分方程

$$\frac{\mathrm{d}v_C}{\mathrm{d}t} + \frac{v_C}{RC} = 0 \tag{10.3}$$

的任意解。令原来非齐次方程中的驱动函数(在这个例子中是 $i(t)$)为 0 就可以得到相应的齐次方程。再令 $v_{CP}(t)$ 是式(10.2)的任意解。然后,将两个解相加,

$$v_C(t) = v_{CH}(t) + v_{CP}(t)$$

就是式(10.2)的一般解或全解。$v_{CH}(t)$ 称为齐次解,$v_{CP}(t)$ 称为特解。就电路响应而言,齐次解也可称为电路的自由响应,因为它仅仅取决于电路的内部储能性质,与外部输入无关。特解也称之为强制响应或强制解,因为它是由电路的外部输入决定的。

现在让我们重新回到求解式(10.2)的问题上。为使问题更明确,假定电流源是一个阶跃函数

$$i(t) = I_0 \quad t > 0 \tag{10.4}$$

如图 10.2(b)所示。现在我们进一步假定在阶跃电流加上之前,电容电压为 0。从数学的角度看,这就是初始条件

$$v_C = 0 \quad t < 0 \tag{10.5}$$

> 求齐次解和特解的方法分三步进行:
> (1) 求齐次解 v_{CH};
> (2) 求特解 v_{CP};
> (3) 全解就是齐次解和特解之和,利用初始条件求得其余的常数。

第(1)步是解齐次方程,它是把原来非齐次方程中的驱动函数置 0 而得到的。任何求解齐次方程的方法都可以使用。在这个例子中齐次方程是

$$\frac{\mathrm{d}v_{CH}}{\mathrm{d}t} + \frac{v_{CH}}{RC} = 0 \tag{10.6}$$

我们假定解的形式为

$$v_{CH} = Ae^{st} \tag{10.7}$$

因为任何线性常系数微分方程的齐次解都是这种形式。现在我们必须确定常数 A 和 s。将它代入式(10.6)得到

$$Ase^{st} + \frac{Ae^{st}}{RC} = 0 \tag{10.8}$$

从这个方程中无法确定 A 的值,但抛弃 $A = 0$ 这一特殊情况,我们得到

$$s + \frac{1}{RC} = 0 \tag{10.9}$$

因为对于有限的 s 和 t,e^{st} 永远不会为 0,因此这一因子可以被消去。从而有

$$s = -\frac{1}{RC} \tag{10.10}$$

式(10.9)称为系统的特征方程,$s = -1/(RC)$ 是这个特征方程的根。特征方程概括了一个电路基本的动态性质,在后面的章节中我们将会对它做更多的讨论。因为某些原因(这些原

因将会在第 12 章中解释），特征方程的根 s 也称为系统的**自然频率**。

现在我们知道齐次解具有这样的形式

$$v_{CH} = Ae^{-t/RC} \tag{10.11}$$

乘积 RC 具有时间的量纲，称为电路的时间常数。

第（2）步是求出一个特解，也就是求满足原微分方程的任意一个解 v_{CP}。它不必满足初始条件。也就是说，我们要求的是满足方程

$$I_0 = \frac{v_{CP}}{R} + C\frac{dv_{CP}}{dt} \tag{10.12}$$

的任意一个解。

因为电源 I_0 在 $t>0$ 时是一常数，因此一个可以接受的特解也是一个常数

$$v_{CP} = K \tag{10.13}$$

为了证明这一点，我们将它代入式（10.12），有

$$I_0 = \frac{K}{R} + 0 \tag{10.14}$$

$$K = I_0R \tag{10.15}$$

因为式（10.14）可以求出 K，所以我们确信我们关于特解形式，即式（10.13）的"猜想"是正确的[①]。因此特解为

$$v_{CP} = I_0R \tag{10.16}$$

全解就是齐次解（式（10.11））与特解（式（10.16））之和

$$v_C = Ae^{-t/RC} + I_0R \tag{10.17}$$

余下的唯一未知的常数是 A，我们可以利用初始条件来确定它。式（10.5）适用于 $t<0$，而我们的解即式（10.17）适用于 $t>0$。解的这两部分通过从式（9.9）推导出的**连续条件**连接起来：**电容电压的瞬时跳变需要一个无穷大的脉冲电流**，因此对于有限的电流，电容电压必须是连续的。该电路不能提供无穷大的电容电流（因为 $i(t)$ 是有限的，无穷大的电流将只能来自于电阻，而这是不可能的），因此我们可以合理地假定 v_C 是连续的，从而令正时间段的解和负时间段的解在 $t=0$ 时刻是相等的

$$0 = A + I_0R \tag{10.18}$$

因此

$$A = -I_0R \tag{10.19}$$

$t>0$ 时的全解是

$$v_C = -I_0Re^{-t/RC} + I_0R$$

或

$$v_C = I_0R(1 - e^{-t/RC}) \tag{10.20}$$

---

① 作为选择，猜想

$$u_{CP} = Kt$$

将是不正确的，其中 K 是一个与 t 无关的常数。因为代入式（10.12）得到

$$I_0 = \frac{Kt}{R} + CK$$

它不能求解得到一个与时间无关的 K。

画出它的图形,如图 10.2(c)所示。

此处做一些注释有助于加深理解。首先,注意到电容电压在 $t=0$ 时从 0 开始经过很长的时间 t 后到达它的终值 I_0R。从 0 到 I_0R 的增长过程有一个时间常数 RC。电容电压的终值 I_0R 表明电流源发出的所有电流都流过电阻,电容看起来就像开路一样(t 很大时)。

第二,电容电压的初值为 0 表明在 $t=0$ 时刻电流源发出的所有电流都必须从电容流过,而电阻上没有电流,因此电容在 $t=0$ 时刻看起来就像瞬时短路。

第三,现在可以看出时间常数 RC 的物理意义。如图 10.4 所示,它是一个表征暂态性质的因子,决定了过渡过程结束的速度。

最后,这样一个简单问题的解看起来似乎不可能像上面给出的那么复杂。完全正确。这个问题以及绝大多数阶跃激励下的一阶系统都可以用观察法求解(见 10.3 节)。但这里我们是在试图建立一种一般的方法,并选择了一个最简单的电路来阐述这种方法。

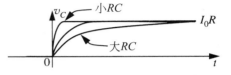

图 10.4　时间常数 RC 的意义

10.1.2　*RC* 放电电路

电容现在已经充好电了,假定电流源被突然置 0,如图 10.5(a)所示。为方便起见,图中对时间轴重新定义,使得电流源在 $t=0$ 时刻被关断。现在用来分析 RC 关断或放电暂态过程的电路只含有一个电阻和一个电容,如图 10.5(c)所示。实验开始时电容上的电压用初始条件描述为

$$v_C = I_0R \quad t<0 \tag{10.21}$$

这种情况下的 RC 放电与含有一个电阻和一个电容、并且电容电压初值 $v_C(0)=I_0R$ 的电路是一样的。

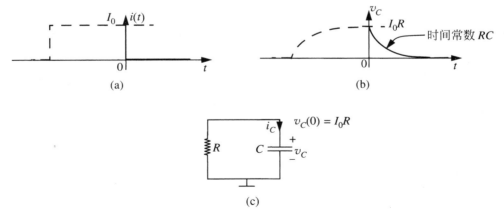

图 10.5　*RC* 放电暂态过程

因为驱动电流为 0,因此 $t>0$ 时的微分方程为

$$0 = \frac{v_C}{R} + \frac{C\mathrm{d}v_C}{\mathrm{d}t} \tag{10.22}$$

和前面一样,齐次解为

$$v_{CH} = Ae^{-t/RC} \qquad (10.23)$$

但是现在特解为 0,因为没有强制输入,因此式(10.23)就是全解。换言之

$$v_C = v_{CH} = Ae^{-t/RC}$$

令式(10.21)和式(10.23)在 $t=0$ 时刻相等,我们得到

$$I_0 R = A \qquad (10.24)$$

因此 $t>0$ 时电容电压的波形为

$$v_C = I_0 R e^{-t/RC} \qquad (10.25)$$

解的示意图如图 10.5(b)所示。

一般而言,由一个电阻和一个电容组成的电路,如果电容电压初值为 $v_C(0)$,那么在 $t>0$ 时电容电压的波形为

$$v_C = v_C(0)e^{-t/RC} \qquad (10.26)$$

指数的性质

因为在简单的 RC 和 RL 的暂态问题的解中衰减指数会经常出现,因此在这里对这些函数的某些性质加以讨论会有助于画出它们的图形。

- 一般的指数函数形式为

$$x = Ae^{-t/\tau} \qquad (10.27)$$

指数的起始斜率为

$$\left.\frac{dx}{dt}\right|_{t=0} = \frac{-A}{\tau}$$

因此以曲线的起始斜率向时间轴作直线,与时间轴相交于 $t=\tau$,与 A 的值无关,如图 10.6(a) 所示。

- 此外,注意到当 $t=\tau$ 时,式(10.27)中函数变为

$$x(t=\tau) = \frac{A}{e}$$

换言之,函数到达它初始值的 $1/e$,而与 A 的值无关。图 10.6(b)中在指数曲线上描述出了这一点。

- 因为 $e^{-5}=0.0067$,一般假定在 t 大于 5 个时间常数即

$$t > 5\tau$$

时,函数基本上已经为 0 了(见图 10.6(a)),也就是说,我们假定暂态过程已经结束了。

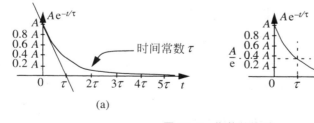

图 10.6 指数的性质

我们在后面将会看到时间常数 τ 的这些性质对于大致估计指数增长或衰减的持续时间是非常有用的。

10.1.3　阶跃输入的串联 *RC* 电路

现在让我们把图 10.2 中的诺顿等效电路变换成图 10.7 中的戴维南等效电路,并求电容电压的时间函数。假定输入波形 v_S 是一个幅值为 V 的阶跃电压,在 $t=0$ 时加到电路上。但这一次假定电容电压在阶跃之前为 V_O[①],即电路的初始条件为

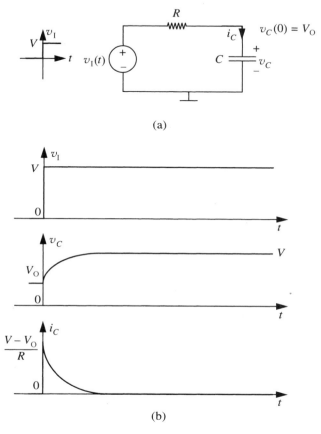

(a)

(b)

图 10.7　有阶跃输入的 *RC* 串联电路

(a) 电路;(b) 波形

---

① 为了求 $t \geqslant 0$ 时的响应,电容电压在 $t=0$ 时是如何变为 V_O 的(或者电容电压在 $t<0$ 时的值)其实并不重要。不过,下面是一个可能的电路,它可以实现电容的给定初始条件和阶跃输入。

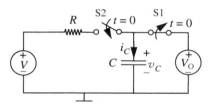

在该电路中,值为 V_O 的 DC 电源通过开关 S1 加到电容两端。DC 电源强制电容电压为 V_O。如图所示,DC 电源在 $t=0$ 时被断开,另一个电压为 V 的 DC 电源利用开关 S2 接入。这个动作将一个幅值为 V 的阶跃电压加到电容上,该电容在 $t=0$ 时有一个初始电压 V_O。

$$v_C = V_O \quad t < 0 \tag{10.28}$$

利用节点法可以得出微分方程。对电压为 v_C 的节点应用 KCL 得到

$$\frac{v_C - v_I}{R} + C \frac{\mathrm{d}v_C}{\mathrm{d}t} = 0$$

方程两边除以 C，并整理得到

$$\frac{\mathrm{d}v_C}{\mathrm{d}t} + \frac{v_C}{RC} = \frac{v_I}{RC} \tag{10.29}$$

齐次方程为

$$\frac{\mathrm{d}v_{CH}}{\mathrm{d}t} + \frac{v_{CH}}{RC} = 0 \tag{10.30}$$

正如我们所期望的那样，该式和表示诺顿等效电路的式(10.6)是一样的，因为诺顿等效电路和戴维南等效电路是等效的。借用式(10.6)的齐次解，我们有

$$v_{CH} = A e^{-t/RC} \tag{10.31}$$

其中 RC 是电路的时间常数。

现在来求特解。因为输入是一个幅值为 V 的阶跃信号，特解满足方程

$$\frac{\mathrm{d}v_{CP}}{\mathrm{d}t} + \frac{v_{CP}}{RC} = \frac{V}{RC} \tag{10.32}$$

因为电源是一个阶跃函数，在 t 很大时是一个常数，我们假定特解的形式为

$$v_{CP} = K \tag{10.33}$$

代入式(10.32)，我们得到

$$\frac{K}{RC} = \frac{V}{RC}$$

这就说明 $K = V$。因此特解为

$$v_{CP} = V \tag{10.34}$$

将 v_{CH} 和 v_{CP} 相加，我们得到全解为

$$V_C = V + A e^{-t/RC} \tag{10.35}$$

现在可以利用初始条件来确定 A。因为电容电压在 $t = 0$ 时刻必须是连续的，我们得到

$$v_C(t = 0) = V_O$$

因此，在 $t = 0$ 时，由式(10.35)可以得出

$$A = V_O - V$$

$t > 0$ 时电容电压的全解为

$$v_C = V + (V_O - V) e^{-t/RC} \tag{10.36}$$

其中，V 是 $t > 0$ 时的输入驱动电压，V_O 是电容上的初始电压。接下来做一个快速的正确性检查，将 $t = 0$ 代入，我们得到 $v_C(0) = V_O$；将 $t = \infty$ 代入，我们得到 $v_C(\infty) = V$。两个边界条件都是我们所期望的，电容电压的初值是 V_O，而经过很长一段时间后，电源电压必然全部加到电容两端。

对式(10.36)中的各项进行重新整理，可以写成下面的等效形式

$$v_C = V_O e^{-t/RC} + V(1 - e^{-t/RC}) \tag{10.37}$$

最后，根据式(9.9)，流过电容的电流为

$$i_C = C \frac{\mathrm{d}v_C}{\mathrm{d}t} = \frac{V - V_O}{R} \mathrm{e}^{-t/RC} \tag{10.38}$$

i_C 的表达式也符合我们的期望,因为当 t 很大时,i_C 肯定为 0；而在 $t=0$ 时电容就像是一个电压为 V_O 的电压源,因此 $t=0$ 时的电流必然为 $(V-V_O)/R$。

这些波形如图 10.7(b)所示。

如果我们期望求电阻电压 v_R,可以应用 KVL 很容易地得到它

$$v_R = v_I - v_C$$

其中,取电阻的输入端作为 v_R 的正参考方向。或者我们取电流和电阻的乘积也可以得到电阻电压 v_R

$$v_R = i_C R$$

我们感兴趣的最后一点是,式(10.36)是在假定初始条件(V_O)和输入(阶跃 V)都不为 0 的情况下得到的。

将 $V=0$ 代入式(10.36),我们得到所谓的**零输入响应**(ZIR)

$$v_C = V_O \mathrm{e}^{-t/RC} \tag{10.39}$$

将 $V_O=0$ 代入式(10.36),我们得到所谓的**零状态响应**(ZSR)

$$v_C = V - V\mathrm{e}^{-t/RC} \tag{10.40}$$

换言之,零输入响应就是在初始条件不为 0,而输入为 0 情况下的响应。与之相对比,零状态响应就是初始状态为 0,即所有电容电压和电感电流初始值都为 0 时电路的响应。

也注意到全响应就是零输入响应和零状态响应之和,将式(10.39)和式(10.40)的右边相加,并与式(10.36)的右边作比较即可证明这一点。在 10.5.3 节中我们将对 ZIR 和 ZSR 作更多的讨论。

10.1.4　方波输入的串联 *RC* 电路

研究图 10.5(a)和 10.5(b)中的波形表明:电容的存在改变了输入方波的形状。当一个方波脉冲加到 *RC* 电路上时,会得到一个肯定不是方波的脉冲,它缓慢上升又缓慢下降。电容使得我们可以做一定的波形整形。这个概念可以通过方波驱动电路的实验来进一步建立。

在该实验中,我们将用图 10.8 所示的戴维南等效电路。电源可以是一个标准的实验室用方波发生器。输入方波在图 10.8 中用 a 加以标注。根据驱动方波的周期和网络的时间常数 *RC* 的关系,可以得到几种截然不同的 $v_C(t)$ 的波形。这些波形都是在前面小节中得到的解的各种变化。

当电路时间常数与方波周期相比非常短时,指数函数衰减的速度相对要快一些,如图 10.8 中波形 b 所示。电容波形除了在拐角处有一些小小的圆角外,与输入波形非常相似。

如果时间常数占脉冲长度的相当大部分,那么解的波形如图 10.8 中波形 c 所示。注意图形表明暂态过程仍然是几乎要结束了,因此要适用这个解,*RC* 的乘积有一个上限。和上面指出的一样,假定简单的暂态过程在时间大于 5 倍时间常数后就结束了,*RC* 的乘积必须小于脉冲长度的 1/5,或方波周期的 1/10,才能适用这个解。

当电路的时间常数远远大于方波周期时,得到的波形如图 10.8 中波形 d 所示。这种情

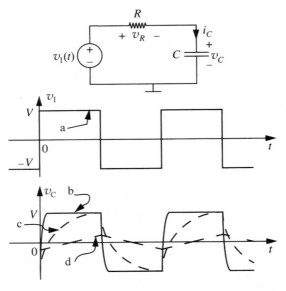

图 10.8 对方波的响应

况下,暂态过程显然没有结束。实际上,只看到了指数函数的第一部分。波形看起来几乎像一个三角波,即输入波形的积分。这一点可以从描述电路的微分方程中看出来。应用 KVL 有

$$v_I = i_C R + v_C \tag{10.41}$$

将电容的电压-电流关系,即式(9.9)代入,我们得到微分方程

$$v_I = RC \frac{\mathrm{d}v_C}{\mathrm{d}t} + v_C \tag{10.42}$$

显然,根据式(10.42)或图 10.8,当电路的时间常数变大时,电容电压 v_C 必然变小。对于波形 d,时间常数 RC 足够大,v_C 远远小于 v_I,因此在这种情况下,式(10.41)可近似写为

$$v_I \approx i_C R \tag{10.43}$$

从物理意义上讲,电流现在仅仅取决于驱动电压和电阻,因为电容电压几乎为 0。假定 v_C 可以忽略,对式(10.42)两边积分得到

$$v_C \approx \frac{1}{RC} \int v_I \mathrm{d}t + K \tag{10.44}$$

其中,积分常数 K 为 0。因此当 RC 很大时,电容电压就近似是输入电压的积分。这是一条非常有用的信号处理性质。在第 15 章中我们将会看到给此电路加上一个运算放大器就会得到一个与理想积分器非常接近的积分器。

欲求图 10.8 所示电路中电阻的电压是一件非常容易的事情,因为我们利用式(9.9)可以由电容电压求出电流

$$v_R = i_C R = RC \frac{\mathrm{d}v_C}{\mathrm{d}t}$$

以充电时间段为例,假定暂态过程已经结束,由式(10.20)得

$$v_C = V(1 - \mathrm{e}^{-t/RC})$$

因此

$$v_R = V\mathrm{e}^{-t/RC}$$

如果输入信号 v_I 的平均值为 0,即如果 v_I 在 $-V/2$ 和 $+V/2$ 之间变化,则图 10.8 中的波形几乎不发生变化。更明确地说,v_C 的平均值也是 0。如果暂态过程结束,如 b 和 c 所示,偏移量将为 $-V/2$ 和 $+V/2$。

10.2　*RL* 电路分析

图 10.9 可以用来描述含有一个电感的电路的暂态过程(见 10.6.1 节中分析电感暂态过程的一个实际应用的例子)。假定输入波形 v_s 是在 $t=0$ 时刻加上的一个阶跃电压(如图 10.9(a)所示),在此之前的电感电流假定为 0。也就是说,电路的初始条件为

$$i_L = 0 \quad t < 0 \tag{10.45}$$

假设我们感兴趣的是电流 i_L。和前面一样,可以得到一个包含未知节点电压 v_L 的方程,然后再利用式(9.28)给出的电感电压电流关系,将 v_L 用感兴趣的变量(即 i_L)代替。然而,为了有所变化,我们应用 KVL 可以得到同样的关于 i_L 的微分方程

$$-v_\mathrm{s} + i_L R + L\frac{\mathrm{d}i_L}{\mathrm{d}t} = 0 \tag{10.46}$$

齐次方程为

$$L\frac{\mathrm{d}i_{L\mathrm{H}}}{\mathrm{d}t} + i_{L\mathrm{H}}R = 0 \tag{10.47}$$

假设解的形式为

$$i_{L\mathrm{H}} = A\mathrm{e}^{st} \tag{10.48}$$

因此

$$LsA\mathrm{e}^{st} + RA\mathrm{e}^{st} = 0 \tag{10.49}$$

当 A 不为 0 时($A=0$ 是一个无意义的解(平凡解)),

$$Ls + R = 0 \tag{10.50}$$
$$s = -R/L \tag{10.51}$$

式(10.50)是电路的特征方程,式(10.51)给出了自然频率。

因此,齐次解为

$$i_{L\mathrm{H}} = A\mathrm{e}^{-(R/L)t} \tag{10.52}$$

其中,此例中时间常数为 L/R。

特解可以通过解方程

$$i_{L\mathrm{P}}R + L\frac{\mathrm{d}i_{L\mathrm{P}}}{\mathrm{d}t} = v_\mathrm{s} \tag{10.53}$$

得到。

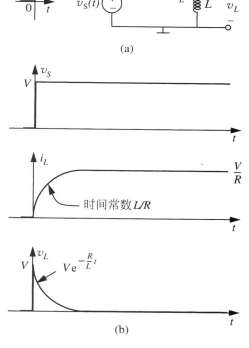

图 10.9　电感电流的建立
(a) 电路;(b) 波形

因为驱动是一个阶跃信号,在 t 很大时是一个常数,因此又可以合理地假设特解的形式为

$$i_{LP} = K \tag{10.54}$$

将它代入式(10.53),并注意到在 t 很大时有 $v_S = V$,我们得到

$$KR = V$$

或者

$$K = \frac{V}{R} \tag{10.55}$$

因此,根据式(10.54)可以得到特解为

$$i_{LP} = \frac{V}{R} \tag{10.56}$$

全解的形式为

$$i_L = \frac{V}{R} + A e^{-(R/L)t} \tag{10.57}$$

应用初始条件和连续条件可以确定 A 的值。根据式(9.28)可以得到电感电流的连续条件。如果能够说明电路中的电感电压不可能无穷大,那么 di/dt 就肯定是有限的,因此**电感电流就必然是连续的**。对于这个特定的电路,v_S 是有限的,我们可以肯定 v_L 是有限的,因此可以求出式(10.57)中的 i_L 在 $t=0$ 时的值,并令它等于式(10.45)中的初始值

$$\frac{V}{R} + A = 0 \tag{10.58}$$

电感电流在 $t>0$ 时的全解为

$$i_L = \frac{V}{R}(1 - e^{-(R/L)t}) \tag{10.59}$$

再根据式(9.28),电感电压为

$$v_L = L\frac{di_L}{dt} = V e^{-(R/L)t} \tag{10.60}$$

图 10.9(b)中给出了这些波形。注意电感电流的初值为 0,终值为 V/R。因此对于 $t=0$ 的阶跃输入电压,电感在 $t=0$ 时刻看起来像瞬时开路,而在 t 很大时像短路。相应地,v_L 在 $t=0$ 时为 V,t 很大时为 0。

图 10.10 中给出了方波输入的响应。

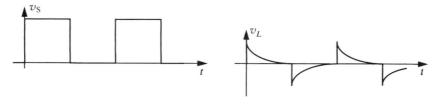

图 10.10 方波输入的响应

10.3 直觉分析

前面几小节阐述了分析线性 RC 和 RL 电路的一般方法。我们前面研究的几个以阶跃函数为驱动的例子表明这些电路的解的范围是非常有限的。我们看到两种基本的形式为

e^{-at} 和 $(1-e^{-at})$。因此,对于简单的激励如阶跃和冲激,可以利用一些直觉很容易地给出一阶系统的响应。

我们以图 10.11(a) 的 RC 串联电路的阶跃响应为例来进行讨论。我们将着眼于最一般的情况,也就是初始状态和输入都不为 0。那些表面上精心布置的开关只不过是为了给电容提供初始电压 V_{O},以及在 $t=0$ 时幅值为 V 的阶跃输入电压,与 10.1.3 节中的情形类似。为了画出结果的示意图,进一步假定 $V>V_{\mathrm{O}}$。如图 10.11(a) 所示,开始时开关 S1 闭合,S2 打开,导致电压 V_{O} 直接加到电容上。在 $t=0$ 之前的一瞬间,即在 $t=0^{-}$ 时,S1 打开(S2 保持打开状态)。然后在 $t=0$ 时,S2 闭合(S1 保持打开)。S2 闭合、S1 打开形成了一个 RC 串联电路,并且在 $t=0$ 时加上了一个幅值为 V 的阶跃电压。

假设我们的兴趣在于画出电压 v_C 以时间为变量的函数图形[①]。通过确定图 10.11(d) 所示电路工作的三个阶段,我们可以直觉地勾画出电路响应的形式:起始阶段,在 $t=0^+$(即

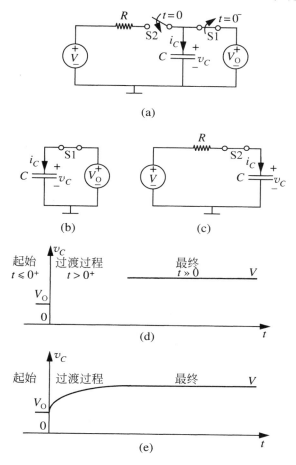

图 10.11 RC 串联电路的阶跃响应

开关的设置为电容提供了初始电压 V_{O},$t=0$ 时阶跃电压幅值为 V;

(a) 电路;(b) $t<0^{-}$;(c) $t\gg0$,最终阶段;(d) 起始阶段、过渡过程和最终阶段;(e) 全响应

---

① 电路中其他的支路变量,如 i_C 和 v_R,具有同样的形式,可以用类似的方式推导出来。

$t=0$ 之后的瞬间)时刻之前；暂态阶段，在 $t=0^+$ 时刻之后；最终阶段，在 S2 闭合和 S1 打开很长时间之后。

通过观察电容电压的在起始时间段和最终时间段的值，可以很快勾画出全响应。

起始阶段($t \leqslant 0^+$) 在这个阶段，当 S1 闭合时($t < 0^-$)，有效电路如图 10.11(b)所示，一个电压为 V_O 的直流电源加在电容两端。因此在 $t < 0^-$ 时电容电压为 V_O。

接着，注意在 $t=0^-$ 和 $t=0$ 之间这段很短的时间，仍然在起始阶段内，电容不与其他任何电路相连接(回忆 S1 在 $t=0^-$ 时打开，在此之后的瞬间 $t=0$ 时，S2 立刻闭合)。假定电容是理想的，它保持着电荷，因此它的电压也维持在 V_O，直到开关 S2 闭合。

然后，在 $t=0$ 时 S2 闭合，幅值为 V 的有限的阶跃电压接到 RC 串联电路中，电容上已有电压 V_O。现在我们来确定 $t=0^+$ 时的电容电压，即在阶跃刚刚发生之后。根据电容的元件定律(式(9.7))，我们知道电容电压的瞬时跳变需要一个无穷大的尖峰电流(即冲激电流)。因为加到电阻上的有限的阶跃电压不能提供一个无穷大的尖峰电流，因此我们可以得出结论：电容电压不能突变，它肯定是连续的。因此，电容电压在 $t=0^+$ 时也肯定为 V_O。这就是电容电压的初始条件。

粗略画出起始阶段($t \leqslant 0^+$)的电容电压，如图 10.11(d)所示。

最终阶段($t \gg 0$) 接下来我们把注意力转移到最终阶段。为了确定最终的电容电压，我们观察到我们的条件与图 10.11(c)中一个电压为 V 的直流电源加到 RC 串联组合上是一样的。因为电容电流与电容电压的变化率成正比(式(9.7))，因此在直流条件下，当所有暂态过程都结束时，流过电容的电流必然是 0。换言之，在直流条件下，电容电压维持在某个固定值，因此电容电流为 0。从效果上看，对于直流电源来说，电容相当于开路。因为没有电流流过，电阻上的压降必然是 0。因此，为满足 KVL，电容电压必然等于 V，即直流电源电压。图 10.11(d)中粗略画出了最终阶段的这个值。

过渡过程($t > 0^+$) 现在我们已经画出了电容电压的初值和终值。$t > 0^+$ 时的过渡过程还有待分析。在这个阶段，由于连续性条件电容电压不能从 V_O 瞬时跳变到 V。明确地说，我们从 RC 电路齐次方程的解得知过渡过程遵循指数形式，或者是上升的($1-e^{-\alpha t}$)，或者是下降的 $e^{-\alpha t}$，时间常数是 RC(相应的电感-电阻电路，时间常数是 L/R)。在我们这个例子中，因为 $V > V_O$，过渡过程将是一个上升的指数。

全响应 图 10.11(e)粗略画出了三个阶段的全响应。

相应的满足初值和终值，并且指数为时间常数 RC、$t \geqslant 0$ 时的电容电压等式为

$$v_C = V + (V_O - V)e^{-t/RC}$$

换言之，在 $t \geqslant 0$ 时

$$v_C = 终值 + (初值 - 终值)e^{-t/时间常数} \tag{10.61}$$

或重新排列一下，等价于

$$v_C = 初值\, e^{-t/时间常数} + 终值(1 - e^{-t/时间常数}) \tag{10.62}$$

你也许想确认一下利用式(10.61)以及适当的边界条件可以得到和前面小节中通过求解微分方程得到相同的结论。例如，10.1.2 小节中 RC 放电的过渡过程的例子，电容电压的初值为 $v_C(0)$，终值为 0，将 $V_O = v_C(0)$ 和 $V=0$ 代入式(10.61)，有

$$v_C = v_C(0)e^{-t/RC}$$

这与式(10.26)中的表达式是一样的。

在这里值得花一点时间来做几个其他有用的观察。有时我们希望得到电容电流的响应。可以很容易地从电压响应以及电容的元件定律求得电容电流;然而,电流响应也可以用我们求电压响应的同样的观察方法直接得到。这里,我们要找出电流的初值和终值。在这个例子中,当所有过渡过程都结束后,电容电流的终值为 0。电流的初值(在 $t=0$ 时)也可以很容易地确定。因为电容电压在 $t=0$ 时是 V_O,因此在 $t=0$ 时刻流过电容的瞬时电流为

$$i_C(t=0) = \frac{V-V_O}{R}$$

它等于电阻电压$(V-V_O)$除以电阻值(R)。因此,在开关 S2 闭合的瞬间,电容看起来就像一个电压为 V_O 的**瞬时电压源**。类似地,如果电容的初始电压为 0(即 $V_O=0$),那么电容看起来就会像**瞬时短路**。注意在上述的任一情况下,电容电流都不必是连续的。只有状态变量才必须连续。在这个例子中,电容电流在 $t=0$ 时从 0 跳变至$(V-V_O)/R$。电流以时间常数 RC 按指数规律从 $t=0$ 时刻的初值衰减到终值 0。绘出电流响应,如图 10.12 所示。

电感可以用类似的方法处理。关键区别在于电感的状态变量是其电流。相应地,电感电流是连续的(回忆式(9.26),电感电流的瞬时跳变需要一个无穷大的尖峰电压,即冲激电压)。为了确定电感电流的初值和终值,记住电感对于直流电流源来说相当于长期短路,而对于突然的过渡过程,则相当于瞬时开路[①]。含有一个电感和一个电阻的电路,其时间常数为 L/R。有了这些定义,式(10.61)同样适用于电感-电阻电路。

作为一个电感-电阻电路的例子,将图 10.9(a)重画于图 10.13,考虑这个 RL 串联电路的电流响应。如图 10.13 所示,电感电流的初值为 0;由于电感就像长期短路,因此流过它的最终的电流为 V/R。电路的时间常数是 L/R。将这些代入式(10.61),我们得到

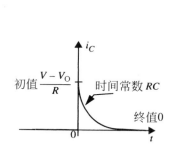

图 10.12 RC 串联电路对阶跃输入的电流响应

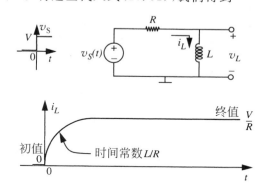

图 10.13 通过直觉分析 RL 串联电路求得的阶跃响应

$$i_L = \frac{V}{R} + \left(\frac{V}{R} - 0\right)e^{-\frac{t}{L/R}}$$

或

$$i_L = \frac{V}{R}\left(1 - e^{-\frac{t}{L/R}}\right)$$

[①] 如果电感电流不为 0,那么对于突然的过渡过程,它则表现得像一个瞬时电流源。

这与式(10.59)是一样的。

这一节说明了如何利用直觉分析快速地勾画出电路的阶跃响应。类似的方法也适用于冲激响应。对冲激响应的直觉分析将在10.6.4节中进一步讨论。

10.4　传播延迟和数字抽象

迄今为止,我们看到的RC的影响就是数字电路中延迟的来源,并且是产生第9章中图9.3或者本章中图10.1所示波形的原因。考虑图10.14中所示的两个反相器的电路,其中反相器A驱动反相器B。输入v_{IN1}驱动反相器A,输出是v_{OUT1}。图10.15中将反相器用其内部电路替代,由MOSFET和电阻组成。

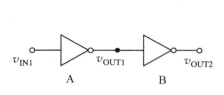

图 10.14　串联的反相器

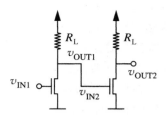

图 10.15　反相器的内部电路

让我们从回顾基本的反相器电路开始。假定两个MOSFET的阈值电压都是1V。当v_{IN1}为低时(小于1V),MOSFET A关断,从它的漏极到源极没有电流流过。输出电压v_{OUT1}为高。反之,当v_{IN1}为高时,MOSFET A导通。它的输出电压v_{OUT1}由分压关系$R_{ON}/(R_{ON}+R_L)$给定。

理想情况下,输入v_{IN1}(与图10.16中所示形式相应的一个1和0序列)将产生理想的输出v_{OUT1}(理想的)。如图10.16所示,理想反相器的输出将与输入在同一时刻发生变化,而且输出将是与输入一样的理想方波。

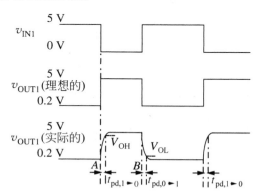

图 10.16　理想的和实际的反相器的特性

然而,在实际中,如果我们通过一个示波器观察输出v_{OUT1},将会发现输出的变化不是瞬间发生的,而是在一小段时间内从一个有效的电压水平(例如,逻辑0)比较慢地变化到另一个有效的电压水平(例如,逻辑1),如图10.16中标记为v_{OUT1}(实际的)的信号显示的那样。

这个缓慢的跃迁是如何影响数字电路的行为的呢?

回想信号 v_{OUT1} 代表一个数字信号,因此它必须达到 V_{OH},从而使得产生此信号的门满足静态原则。并获得非零的噪声容限。如图 10.16 中最下方的信号表示的那样,注意到在输入从逻辑 1 变化到逻辑 0 后一段时间 $t_{pd,1\to0}$ 后输出才达到 V_{OH}。从而有效地证明了在输入变化到逻辑 0 的时刻与输出变化到有效逻辑 1 的时刻之间存在着一个延迟 $t_{pd,1\to0}$。

这一段时间被称为反相器 A 输入从逻辑 1 到逻辑 0 的跃迁产生的传播延迟[①],并记为 $t_{pd,1\to0}$。

如图 10.16 中最下方的信号表示的那样,反相器还有一个特征是从逻辑 0 到逻辑 1 的传播延迟,这个延迟记为 $t_{pd,0\to1}$。

延迟 $t_{pd,1\to0}$ 和 $t_{pd,0\to1}$ 不必相等。为简单起见,我们经常用单一的延迟来表征数字门,称为它的传播延迟 t_{pd},并选择

$$t_{pd} = \max(t_{pd,1\to0}, t_{pd,0\to1}) \tag{10.63}$$

10.4.1　传播延迟的定义

下面是有多个输入和输出的数字门的传播延迟更全面的定义。希望了解反相器 t_{pd} 计算的读者可以跳过这一小节,直接看 10.4.2 节,而不会丧失连续性。

$t_{pd,1\to0}$:对一个组合数字电路给定的输入端和给定的输出端,我们定义 $t_{pd,1\to0}$ 为当输入端发生从高到低的瞬时跃迁时信号从输入端到输出端的传播延迟。更准确地说,一对输入-输出端之间的 $t_{pd,1\to0}$ 就是输入从逻辑 1 变到逻辑 0 的时刻与输出达到一个相应的有效电压水平(V_{OH} 或 V_{OL})的时刻之间的时间间隔。

$t_{pd,0\to1}$:类似地,对一个组合数字电路给定的输入端和给定的输出端,我们定义 $t_{pd,0\to1}$ 为当输入端发生从低到高的瞬时跃迁时信号通过输入-输出端的传播延迟。更准确地说,一对输入-输出端之间的 $t_{pd,0\to1}$ 就是输入从逻辑 0 变到逻辑 1 的时刻与输出达到一个相应的有效电压水平(V_{OH} 或 V_{OL})的时刻之间的时间间隔。

输入-输出端对的 t_{pd}:定义组合电路中输入端和输出端之间的传播延迟为

$$t_{pd} = \max(t_{pd,1\to0}, t_{pd,0\to1})$$

其中,$t_{pd,1\to0}$ 和 $t_{pd,0\to1}$ 是同一输入-输出端对相应的从逻辑 1 到逻辑 0 和从逻辑 0 到逻辑 1 的延迟。

一个组合门的传播延迟 t_{pd}:如果 $t_{pd}^{i,j}$ 是数字门的输入端 i 和输出端 j 之间的传播延迟,那么门的传播延迟就给定为

$$t_{pd} = \max_{i,j} t_{pd}^{i,j}$$

即所有输入到输出通路的最大延迟,该传播延迟也称为门延迟。

在图 10.16 所示的简单例子中,对于输入端的一个从低到高的跃迁,通过反相器的传播延迟 $t_{pd,0\to1}$ 也等于反相器输出的上升时间。类似地,$t_{pd,1\to0}$ 也等于反相器输出的下降时间。上升时间和下降时间都是电路输出端的性质,而传播延迟则度量了电路的输入和输出之间

---

① 传播延迟有时也定义为从输入信号转变 50% 的那一点到输出信号转变 50% 那一点之间的时间间隔。

有关的信号转变时间。上升时间和下降时间定义如下①：

> **上升时间**：一般来说，输出的上升时间定义为从它的最低值上升到该输出端的有效高值(V_{OH})的延迟。
>
> **下降时间**：输出的下降时间定义为从它的最高值下降到该输出端的有效低值(V_{OL})的延迟。

一般来说，传播延迟和上升/下降时间是不相等的。一个数字电路的 0→1 的传播延迟是在输入从逻辑 0 到逻辑 1 跃迁（假定输入跃迁是瞬间发生的）与相应的输出跃迁之间的时间间隔。假定只有当输出电压越过适当的输出电压阈值时输出跃迁才完成。当数字电路由多级组成时，传播延迟和上升/下降时间通常是不相等的。当电路由多级组成时，输出的上升/下降时间通常只是输出级电路性质的函数。然而，传播延迟则是每级传播延迟的总和。

传播延迟是如何影响我们的数字抽象的呢？注意到缓慢上升的反相器输出在无效的输出电压范围内（即 $V_{IL} \sim V_{IH}$）消耗了一段不为 0 的时间。这似乎破坏了静态原则。回忆静态原则要求当提供有效的输入电压时，设备输出满足输出阈值的有效的输出电压。反相器的输出最终越过了有效的输出阈值，我们解决了这个问题。而且，注意到静态原则并不涉及到时间。换句话说，它并不要求当输入发生变化时，门立刻产生有效的输出。因此，为了使这个事实更清楚，我们可以修改静态原则的陈述，要求当提供有效的输入电压时，设备能够在有限的时间内提供满足输出阈值的有效的输出电压。

修改后的静态原则：静态原则是数字器件的一种规范。静态原则要求器件正确解释在输入阈值范围内(V_{IL} 和 V_{IH})的电压。如果对器件提供有效输入，该原则要求器件在有限的时间内产生满足输出阈值(V_{OL} 和 V_{OH})的有效输出电压。

我们也可以改进组合门抽象，使之包含传播延迟的概念，从而使得当存在正在转变的信号时，抽象保持有效。回忆在前面 5.3 节中定义的组合门的性质：(1)门的输出只是其输入的函数；(2)门必须满足静态原则。当存在有限的门延迟时，在输入转变后有一小段时间，在这段时间内输出不反映新的输入，而是反映旧的输入。因此，前面定义的门抽象就被破坏了。我们通过在门抽象中引入一个时间规范来协调这种不一致性。

修改后的组合门抽象：组合门是电路的抽象表示，该电路满足这些性质：

(1)在其输入发生瞬时跃迁后，不迟于 t_{pd} 其输出也将变为有效；

(2)在输入变化的一段时间(不大于 t_{pd})后，其输出只是它输入的函数；

(3)它满足静态原则。

现在我们已经在器件的抽象规范中包含了传播延迟，由此带来了一个附加的好处：门级电路现在传送的信息将包括其逻辑函数和速度。一个有多个门的逻辑电路沿一条路径从任一个输入到任一个输出的延迟的大致估计值就等于这条路径中每一个门的传播延迟的总和。因此，例如，反相器的 t_{pd} 为 1ns，或门的 t_{pd} 为 2ns，那么在第 5 章图 5.16 所示电路中，从

---

① 上升和下降时间的定义有时有一点细小的差别。例如，某个节点从低电压跃迁至高电压的上升时间可以定义为信号在那个节点电压从 5% 上升到 95% 所需的时间。另一种选择，上升时间还可定义为信号在那个节点从一个有效低值 V_{OL} 到一个有效高值 V_{OH} 所需的时间。还有一种可能性，上升时间可定义为信号从它的最小值上升压差的 50% 所需的时间。对下降时间相应的定义也存在。只有制造商对这些定义细节感兴趣。对于我们来说，重要的是要学会如何计算任何一对信号值之间的时间间隔。

输入 A 到输出 C 的延迟将是 2ns，而从输入 B 到输出 C 的延迟将是 3ns。如果数字电路的设计者对由多个器件组成的电路需要更为准确的时间信息，或者他们需要推导出单个设备的 t_{pd}，那么他们必须使用在后续章节中讨论的分析方法。

10.4.2　根据 MOSFET 的 SRC 模型计算 t_{pd}

现在来计算传播延迟的大小。我们利用 9.3.1 节中介绍的 MOSFET 的开关-电阻-电容（SRC）模型来确定这个延迟。前面我们用栅极到源极的电容扩充了 MOSFET 的 SR 模型，从而产生了 MOSFET 的 SRC 模型，如图 10.17 所示。

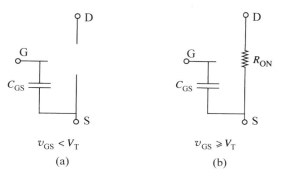

图 10.17　MOSFET 的开关-电阻-电容模型
（a）关断状态；（b）导通状态

传播延迟是当电路的输入发生变化时，输出从一个有效的电压水平转变到另一个有效的电压水平需要的时间。输出的缓慢转变归因于 RC 的影响。图 10.18 将反相器用其 MOSFET 和电阻组成的内部电路替代。图 10.19 进一步将 MOSFET 用其 SRC 电路模型替代，加到反相器 A 的 v_{IN1} 对应于逻辑 1。对这个 v_{IN1}，反相器 A 中的 MOSFET 将导通，反相器 B 中的 MOSFET 将关断。类似地，图 10.20 表示了当加到反相器 A 的 v_{IN1} 对应于逻辑 0 时的电路模型。对这个 v_{IN1}，反相器 A 中的 MOSFET 将关断，反相器 B 中的 MOSFET 将导通。因此，当交替变化的逻辑 1 和逻辑 0 加到反相器对的输入端，并且所有反相器在每一次转变发生后都能到达稳态时，等效电路模型交替为图 10.19 和 10.20 的两个电路。

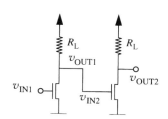

图 10.18　反相器的内部电路

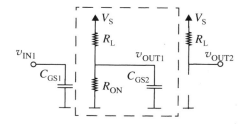

图 10.19　当输入为高时，串联的反相器的 SRC 电路模型

首先让我们定性地分析电路。考虑 v_{IN1} 为高很长时间后的情形，并着重于分析图 10.19 中虚线框里的那一部分电路，它包括负载电阻、反相器 A 的 R_{ON} 和反相器 B 的栅极到源极电容。由于电路处于稳态，电容表现为开路，因此电容上的电压可以由电源 V_{S}、电阻 R_{L} 和 R_{ON} 组成的分压器子电路建立起来。假设 $R_{\mathrm{L}} \gg R_{\mathrm{ON}}$，电容电压将是一个非常小的值（接近 0V）。

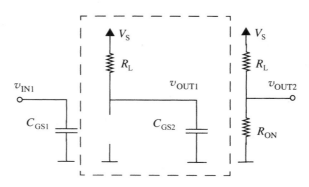

图 10.20　当输入为低时,串联的反相器的 SRC 电路模型

接下来,关注输入电压 v_{IN1} 从高向低切换(例如,从 5V 到 0V),关断第一个 MOSFET 的那一瞬间。在这个转变的瞬间,电容 C_{GS2} 上几乎没有电荷(假定反相器 $R_{\text{L}} \gg R_{\text{ON}}$)。因此,电容 C_{GS2} 上的电压,对应于反相器 A 的输出电压 v_{OUT1},初始值接近 0V。图 10.16 中将这一时刻描述为时刻 A。

第一个 MOSFET 关断后,图 10.20 适用。再次关注虚线框中的那部分电路。很容易可以看出虚线框中的电路是一阶 RC 电路。记住,电容 C_{GS2} 上的电压开始时很低。现在,V_{S} 开始通过电阻 R_{L} 对 C_{GS2} 充电。框中元件的等效 RC 电路如图 10.21 所示。当电容充电时,反相器 A 的输出电压上升。这个电压必须上升超过有效的逻辑输出高阈值(即 V_{OH}),这样才能满足静态原则。注意到尽管当 v_{OUT1} 越过其 V_{T} 阈值(例如 1V)时,第二个 MOSFET 将导通,我们仍需要 v_{OUT1} 达到 V_{OH} 以得到一个适度的噪声容限。注意到电容 C_{GS2} 的存在使得 v_{OUT1} 需要一段有限的时间上升到要求的电压阈值 V_{OH}。正如我们在前面看到的,这一段时间**称为输入从高到低转变时反相器的传播延迟**,记为 $t_{\text{pd},1\to0}$。正如早先讨论的,输出电容的**充电时间也称为反相器的上升时间**。

接下来,让我们考虑当输入电压 v_{IN1} 从 0V 切换到 5V,第一个 MOSFET 导通的那一瞬间。让我们假定这一从 0V 到 5V 的跃迁发生在足够长时间以后,因此 C_{GS2} 初始时被充电到它的稳定值 5V。当第一个门导通时,C_{GS2} 开始放电。RC 电路和它放电时的戴维南等效电路如图 10.22 所示。对于输入从逻辑 0 到逻辑 1 的转变,反映到反相器 A 的输出端,C_{GS2} 两端的电压需要下降到有效的逻辑输出低阈值 V_{OL} 以下。和前面一样,尽管当 v_{OUT1} 下降到 1V 以下时,MOSFET B 将关断,我们仍要求 v_{OUT1} 下降到 V_{OL} 以下从而得到适度的噪声容限。反相器中输出电容放电的时间也称为输入从低到高转变时反相器的传播延迟,记为 $t_{\text{pd},0\to1}$。而且,正如前面所陈述的,输出电容的放电时间也称为反相器 A 的下降时间。

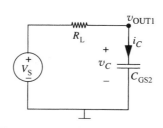

图 10.21　C_{GS2} 充电时的等效电路

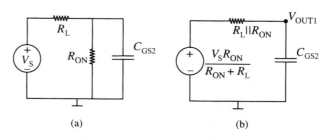

图 10.22　C_{GS2} 放电时的等效电路
(a) RC 电路模型;(b) 戴维南等效网络

反相器 A 的传播延迟 t_{pd} 就是 $t_{\mathrm{pd},0\to1}$ 和 $t_{\mathrm{pd},1\to0}$ 二者中的最大值。

在此值得讨论一下数字门抽象和计算传播延迟的物理现实之间一点细微的不匹配。从数字门抽象的角度看,传播延迟 t_{pd} 是数字门的一个性质。因此,我们可以说一个反相器(例如,一个与反相器 A 相同的反相器)总是有 2ns 的传播延迟。然而,迄今为止讨论的例子表明一个反相器的传播延迟不仅取决于其内部组成的特性,还取决于它驱动的电容的值,因此反相器的传播延迟可以随环境而变化。特别地,在我们的例子中,反相器 A 的传播延迟取决于反相器 B 的输入电容。因此,严格来说,孤立地定义一个器件的传播延迟是没有意义的。然而,为了方便起见,我们将用单一的 t_{pd} 来表征器件,而不考虑它的周围环境,因此当多个门连接在一起时,用这个简单的器件模型可以得到对数字电路延迟的快速估计。因此,除非明确说明,否则器件库或产品目录对一个门定义 t_{pd} 都是假定它驱动一个"典型"负载——一般是四个最小尺寸的反相器[①]。

计算 $t_{\mathrm{pd},0\to1}$

现在让我们定量地确定反相器的输入从低到高转变时的传播延迟。假定在这个例子的余下所有内容中,有效的输出低电压(V_{OL})是 1V,而有效的输出高电压(V_{OH})是 4V。并假定 R_{ON} 为 1kΩ,MOSFET 的导通阈值电压是 1V。还假定 R_{L} 为 10kΩ。

在这种情况下,正如前面讨论的,C_{GS2} 初始时充电至 5V。我们需要确定电容电压从 5V 降落到 $V_{\mathrm{OL}}=1$V 所用的时间。

当输入为高时,图 10.22 显示了其等效电路。我们将戴维南等效电阻 $R_{\mathrm{L}} \parallel R_{\mathrm{ON}}$ 记为 R_{TH},戴维南等效电压 $V_{\mathrm{S}}R_{\mathrm{ON}}/(R_{\mathrm{ON}}+R_{\mathrm{L}})$ 记为 V_{TH}。让我们也将电容电压 v_{OUT1} 记为 v_C,并将电路电流记为 i_C,如图 10.23 所示。

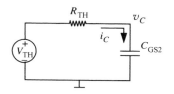

图 10.23　C_{GS2} 放电时的等效电路

利用节点电压法,我们得到

$$\frac{v_C - V_{\mathrm{TH}}}{R_{\mathrm{TH}}} + C_{\mathrm{GS2}}\,\frac{\mathrm{d}v_C}{\mathrm{d}t} = 0$$

重新整理

$$R_{\mathrm{TH}}C_{\mathrm{GS2}}\,\frac{\mathrm{d}v_C}{\mathrm{d}t} + v_C = V_{\mathrm{TH}} \tag{10.64}$$

解式(10.64),得

$$v_C(t) = V_{\mathrm{TH}} + A\mathrm{e}^{-t/R_{\mathrm{TH}}C_{\mathrm{GS2}}} \tag{10.65}$$

代入初始条件 $v_C(0)=V_{\mathrm{S}}$,我们得到最终的解为

$$v_C(t) = V_{\mathrm{TH}} + (V_{\mathrm{S}} - V_{\mathrm{TH}})\mathrm{e}^{-t/R_{\mathrm{TH}}C_{\mathrm{GS2}}} \tag{10.66}$$

v_C 降落到 1V 以下需要多长时间呢? 为了得到这段时间,我们必须求出 t 的值使之满足

$$V_{\mathrm{TH}} + (V_{\mathrm{S}} - V_{\mathrm{TH}})\mathrm{e}^{-t/R_{\mathrm{TH}}C_{\mathrm{GS2}}} < 1\mathrm{V}$$

换句话说

$$t > -R_{\mathrm{TH}}C_{\mathrm{GS2}}\ln\left(\frac{1\mathrm{V} - V_{\mathrm{TH}}}{V_{\mathrm{S}} - V_{\mathrm{TH}}}\right)$$

---

①　有时用于表征处理技术速度的公制单位称为四扇出(或 FO4)延迟。某个处理技术的 FO4 延迟就是一个最小尺寸的反相器驱动另外 4 个同样大小的反相器的传播延迟。

当 $R_L=10\mathrm{k}\Omega, R_{ON}=1\mathrm{k}\Omega$ 时，$R_{TH}=10000/11\Omega, V_{TH}=V_S/11$。代入 $V_S=5\mathrm{V}$ 和 $V_{TH}=5/11\mathrm{V}$，时间 t 的值必须满足

$$t > -R_{TH}C_{GS2}\ln\left(\frac{3}{25}\right)$$

代入 R_{TH} 的值，时间 t 的值必须满足

$$t > -\frac{10000}{11}C_{GS2}\ln\left(\frac{3}{25}\right) \tag{10.67}$$

假定门电容 $C_{GS2}=100\mathrm{fF}$，那么我们得到

$$t > -\frac{10}{11}\times 10^3\times 100\times 10^{-15}\times\ln\left(\frac{3}{25}\right)$$

或

$$t > 0.1928\mathrm{ns} \tag{10.68}$$

因此，$t_{pd,0\to1}=0.1928\mathrm{ns}$。

计算 $t_{pd,1\to0}$

当输入 v_{IN1} 变低时，适用的电路模型如图 10.21 所示。在这种情况下，我们知道电容上的初始电压 V_{C0} 由分压关系确定

$$V_{C0}=\frac{V_S R_{ON}}{R_{ON}+R_L}=5/11\mathrm{V}$$

我们的目标是求电容充电至 $V_{OH}=4\mathrm{V}$ 所需的时间。

再次使用节点法（用 v_C 代替 v_{OUT1}），我们得到下面的式子

$$\frac{v_C-V_S}{R_L}+C_{GS2}\frac{\mathrm{d}v_C}{\mathrm{d}t}=0$$

重新整理，我们得到

$$R_L C_{GS2}\frac{\mathrm{d}v_C}{\mathrm{d}t}+v_C=V_S \tag{10.69}$$

解式（10.69），得

$$v_C(t)=V_S+Ae^{-t/R_L C_{GS2}} \tag{10.70}$$

利用初始条件，我们得到

$$v_C(t)=V_S+(V_{C0}-V_S)e^{-t/R_L C_{GS2}} \tag{10.71}$$

代入 $V_{C0}=5/11\mathrm{V}$ 和 $V_S=5\mathrm{V}$，得

$$v_C(t)=5-(50/11)e^{-t/R_L C_{GS2}} \tag{10.72}$$

v_C 从初始值 $5/11\mathrm{V}$ 上升到 $V_{OH}=4\mathrm{V}$ 以上需要多长时间呢？为了确定这个延迟，我们必须求出 t 的值使之满足

$$5-(50/11)e^{-t/R_L C_{GS2}}>4$$

化简得到

$$t > -R_L C_{GS2}\ln\left(\frac{11}{50}\right) \tag{10.73}$$

换句话说

$$t > -10\times 10^3\times 100\times 10^{-15}\times\ln\left(\frac{11}{50}\right)$$

$$t > 1.5141\mathrm{ns} \tag{10.74}$$

因此,延迟 $t_{\mathrm{pd},1\to 0}$ 是 1.5141ns。

注意式(10.73)中的 $R_{\mathrm{L}}C_{\mathrm{GS2}}$ 因子。在典型的电路中,延迟估计值的范围可以简单地取为电容和它充电通过的有效电阻的乘积。在我们的例子中,$t_{\mathrm{pd},1\to 0}\approx R_{\mathrm{L}}C_{\mathrm{GS2}}=10\times 10^{3}\times 100\times 10^{-15}=1\mathrm{ns}$。类似地,$t_{\mathrm{pd},0\to 1}$ 的估计值范围是 $t_{\mathrm{pd},0\to 1}\approx R_{\mathrm{TH}}C_{\mathrm{GS2}}=10/11\times 10^{3}\times 100\times 10^{-15}=0.09\mathrm{ns}$。

计算 t_{pd}

根据定义,门的传播延迟 t_{pd} 是上升延迟和下降延迟中较大的一个。换句话说

$$t_{\mathrm{pd}} = \max(t_{\mathrm{pd},0\to 1},t_{\mathrm{pd},1\to 0})$$

因此,$t_{\mathrm{pd}}=1.5141\mathrm{ns}$。

例 10.1 VLSI 芯片上的导线长度 在这个例子中,我们将研究在 VLSI 芯片设计中导线长度是如何成为一个重要问题的。考虑图 10.14 中的反相器对电路。假定两个反相器位于芯片相反的两端,芯片边长 1cm。由此产生的连接它们的长导线将不能再视为无电阻和无电容的理想导体。我们必须用一个和理想电阻和理想电容相结合的理想导线来代替实际导线。产生的 RC 延迟可能会显著高于用短导线相互连接的反相器的 RC 延迟。

图 10.24 用图形描述了 VLSI 芯片上连接两个反相器的导线。假定导线长为 L,宽为 W。MOSFET 的门长度为 L_{g},门宽度为 W_{g}。因为导线长度非常重要,我们需要对它谨慎建模。令导线电阻记为 R_{wire},导线电容为 C_{wire}。考虑了导线寄生参数的反相器对的电路模型如图 10.25 所示。

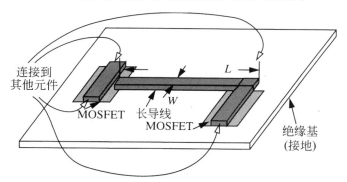

图 10.24 VLSI 芯片上的长导线

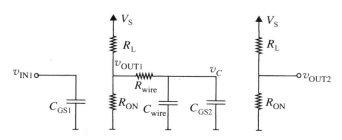

图 10.25 VLSI 芯片上长导线的电路模型

这里我们假定第 9 章图 9.7 模型中导线的寄生电感为 0。

如果导线的表面电阻为 $R_{\square}$(见式(1.10)和式(1.9)),我们知道

$$R_{\mathrm{wire}} = (L/W)R_{\square}$$

类似地,如果导线单位面积的电容是 C_{o}(在导线、绝缘与接地基层之间形成),我们知道

$$C_{\text{wire}} = LWC_o$$

显然,导线越长,它的电容和电阻越大。回想延迟是与 RC 时间常数相关的,注意到导线的 RC 乘积是

$$R_{\text{wire}} C_{\text{wire}} = (L/W) R_\square \times LWC_o = L^2 R_\square C_o$$

RC 乘积中 L^2 项表明导线的延迟随导线长度的平方而增长。假定导线是 $1\mu m$ 宽,$1000\mu m$ 长,而且假定 $R_\square$ 是 2Ω,C_o 是 $2\text{fF}/\mu m^2$。因此

$$R_{\text{wire}} = 1000 \times 2\Omega = 2\text{k}\Omega$$

和

$$C_{\text{wire}} = 1000 \times 2\text{fF} = 2\text{pF}$$

导线的 RC 时间常数为

$$R_{\text{wire}} C_{\text{wire}} = 2 \times 10^3 \times 2 \times 10^{-12} = 4\text{ns}$$

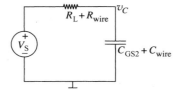

图 10.26 和 10.27 表示了相应的对导线电容 C_{wire} 和门电容 C_{GS2} 充电和放电的电路模型。让我们假定 V_{OL} 和 V_{OH} 的值与 10.4.2 节中使用的相同,换句话说,$V_{\text{OH}} = 4\text{V}$,$V_{\text{OL}} = 1\text{V}$。

当输入 v_{IN1} 从高向低跃迁时,图 10.26 适用,我们可以利用 10.4.2 节中得到的结果,用 $(R_L + R_{\text{wire}})$ 代替 R_L,用 $(C_{\text{GS2}} + C_{\text{wire}})$ 代替 C_{GS2} 计算传播延迟 $t_{\text{pd},1\to0}$。因此,$R_L = 10\text{k}\Omega$,$R_{\text{ON}} = 1\text{k}\Omega$,$C_{\text{GS2}} = 100\text{fF}$ 时传播延迟为

图 10.26 VLSI 芯片上的导线电容充电

$$t_{\text{pd},1\to0} = -(R_L + R_{\text{wire}}) \times (C_{\text{GS2}} + C_{\text{wire}}) \ln(11/50)$$

$$= -(10 + 2) \times 10^3 \times (100 + 2000) \times 10^{-15} \times \ln(11/50)$$

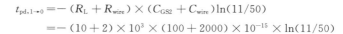

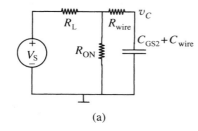

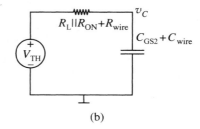

图 10.27 VLSI 芯片上的导线电容放电
(a) RC 电路模型;(b) 戴维南等效网络

因此

$$t_{\text{pd},1\to0} = 38.15\text{ns} \tag{10.75}$$

当输入 v_{IN1} 从低向高跃迁时,图 10.27 适用,我们可以利用 10.4.2 节中得到的结果,用 $(R_L \parallel R_{\text{ON}} + R_{\text{wire}})$ 代替 R_{TH},用 $(C_{\text{GS2}} + C_{\text{wire}})$ 代替 C_{GS2} 计算传播延迟 $t_{\text{pd},0\to1}$。因此,$R_L = 10\text{k}\Omega$,$R_{\text{ON}} = 1\text{k}\Omega$,$C_{\text{GS2}} = 100\text{fF}$ 时,我们得到

$$t_{\text{pd},0\to1} = -(R_L \parallel R_{\text{ON}} + R_{\text{wire}}) \times (C_{\text{GS2}} + C_{\text{wire}}) \ln(3/25)$$

$$= -\left(\frac{10}{11} + 2\right) \times 10^3 \times (100 + 2000) \times 10^{-15} \times \ln(3/25)$$

或

$$t_{\text{pd},0\to1} = 12.9\text{ns} \tag{10.76}$$

因此,我们看到 $t_{\text{pd},0\to1} = 12.9\text{ns}$,它明显高于不包括导线影响时的延迟。

选择上升延迟和下降延迟中的较大者得到 $t_{\text{pd}} = 38.15\text{ns}$。显然,导线延迟使电路延迟增加了不止一个数量级。

10.5　状态和状态变量

10.5.1　状态的概念

　　电容和电感可以从不同的角度进行讨论,一种是侧重于元件的**记忆性质**,就像 9.1.1 节中式(9.13)介绍的那样。这一节介绍一种基于状态的分析电容和电感电路的方法,并且说明这种表示方法有助于电路的计算机分析,尤其是在电路为非线性或含有大量的储能元件时,这种方法特别有用。

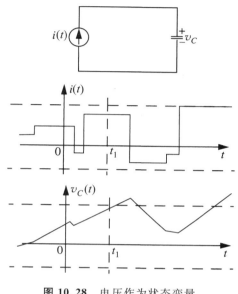

图 10.28　电压作为状态变量

　　首先回顾一下状态的概念。如果给电容加上一个任意的电流波形,如图 10.28 所示,那么电容电荷以及由此产生的电容电压就应该是那个电流的积分。

$$q(t) = \int_{-\infty}^{t} i(t)\,\mathrm{d}t \qquad (10.77)$$

　　乍看起来要实现这个积分,需要知道从 $t = -\infty$ 开始的全部电流波形。事实并非如此。我们所需要的只是某一时刻的电荷(或电压,因为 $q = Cv$)以及从那以后的电流波形。如果 t_1 时刻的电荷是 $q(t_1)$,那么根据式(10.77),在大于 t_1 的某一时刻 t_2 时的电荷为

$$q(t_2) = \int_{-\infty}^{t_1} i(t)\,\mathrm{d}t + \int_{t_1}^{t_2} i(t)\,\mathrm{d}t \qquad (10.78)$$

$$= q(t_1) + \int_{t_1}^{t_2} i(t)\,\mathrm{d}t \qquad (10.79)$$

　　电路在 t_1 时刻以前的所有历史都被 $q(t_1)$ 一个值概括了。具有这种性质的变量就称为状态变量。因此式(10.79)表明如果我们知道某一时刻状态变量的值,以及从那以后的输入变量的值,我们就能够确定从那以后的状态变量的值。

　　对于线性非时变电容,电容电压也是一个状态变量,因为

$$q = Cv$$

　　对于一个电感,它的基本状态变量是电感链接的总磁链 λ。回忆式(9.32),如果电感是线性非时变的,用电流作状态变量也同样适当,因为它和 λ 有线性关系

$$i = \frac{\lambda}{L}$$

　　从这一点来看,RC 和 RL 电路的一阶微分方程,式(10.2)、式(10.42)和式(10.46)都可以写成状态方程

$$\frac{\mathrm{d}}{\mathrm{d}t}(\text{状态变量}) = f(\text{状态变量,输入变量}) \qquad (10.80)$$

对于线性电路,f 是一个线性函数,因此式(10.80)变为

$$\frac{d}{dt}(状态变量) = K_1(状态变量现在的值) + K_2(输入变量) \tag{10.81}$$

例如,考虑图 10.2(a)所示电路的方程,式(10.2)重写为

$$\frac{dv_C}{dt} + \frac{v_C}{RC} = \frac{i(t)}{C}$$

这个方程写成式(10.81)的状态方程形式就是

$$\frac{dv_C}{dt} = -\frac{v_C}{RC} + \frac{i(t)}{C} \tag{10.82}$$

其中唯一的状态变量是 v_C。

10.5.2　利用状态方程进行计算机分析

状态方程的一个优点是即使在非线性的情况下,方程也可以很容易地用计算机进行求解[①]。如果输入信号和状态变量的初值都已知,那么从式(10.81)可以求出状态变量的斜率,即

$$\frac{d}{dt}(状态变量)$$

现在利用标准的数值方法(欧拉法,龙格-库塔法等)就可以估计出状态变量在 $t + \Delta t$ 时刻的值。重复该过程直至求出全部波形。

继续式(10.82)所示例子。假定所有时间内的输入信号 $i(t)$ 已知,并假定状态变量在 $t = t_0$ 时刻的值即 $v_C(t_0)$ 也已知,那么用欧拉法[②]估计状态变量在 $t = t_0 + \Delta t$ 时刻的值为

$$v_C(t_0 + \Delta t) = v_C(t_0) - \frac{v_C(t_0)}{RC}\Delta t + \frac{i(t_0)}{C}\Delta t \tag{10.83}$$

v_C 在 $t + 2\Delta t$ 时刻的值可以用类似的方法根据 $v_C(t + \Delta t)$ 和 $i(t + \Delta t)$ 的值求出来。v_C 后面的值可以用同样的过程加以确定。通过选择足够小的 Δt 的值,计算机可以确定满足任意精度要求的 $v_C(t)$ 的波形。这个过程说明了一个事实,即初始状态包含了必备的信息。这些信息可以和在这之后的输入共同确定电路将来的行为。

这个过程甚至对含有很多电容和电感的线性或非线性电路也适用。因为这些高阶电路可以用类似式(10.80)的一组一阶状态方程来表示。网络中每个储能元件都有一个状态方程(有独立的状态变量)。第 12 章 12.10.1 节讨论了这样一个例子。

10.5.3　零输入和零状态响应

状态变量观点的另一个优点是它允许我们用叠加法求解暂态问题。明确地说,我们先求零输入响应,即输入为零、由初始条件产生的响应;然后我们再求零状态响应,即初始状态为零(所有电容电压和电感电流起始值都为零)时电路的响应。全响应就是零输入响应(ZIR)和零状态响应(ZSR)之和。

把这些思想与式(10.81)相联系,求零输入响应就是要利用状态变量的初始条件求

---

① 为了建立直觉,这里我们将描述一种简单的计算方法。然而,我们要注意实际中会采用其他一些更有效的方法。
② 欧拉法是基于下面的离散近似值的

$$\frac{dv_C}{dt} \approx \frac{v_C(t + \Delta t) - v_C(t)}{\Delta t}$$

解式

$$\frac{\mathrm{d}}{\mathrm{d}t}(\text{状态变量}) = K_1(\text{状态变量现在的值}) \tag{10.84}$$

求零状态响应就要把状态变量的初值置零后求解式

$$\frac{\mathrm{d}}{\mathrm{d}t}(\text{状态变量}) = K_1(\text{状态变量现在的值}) + K_2(\text{输入变量}) \tag{10.85}$$

让我们用一个例子来说明该观点。图 10.29(a)所示电路含有一个开关,它在 $t=0$ 时从位置(1)切换到位置(2)。如果开关已经在位置(1)停留了很长时间,电容电压将会被充电至 V_1。也就是说电路的初始条件为

$$v_C = V_1 \quad t < 0 \tag{10.86}$$

当开关切换到位置(2)时,就会有一个充电(或放电)的过渡过程,直到电容电压到达一个新的稳态。

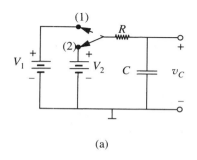
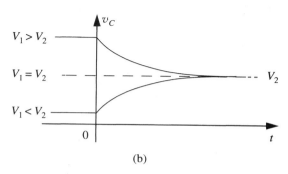

(a)　　　　　　　　　　　　　　　(b)

图 10.29　电容有初始电荷的过渡过程

微分方程和前面的电容例子相同,即 10.1.4 节中式(10.42)

$$v_I = RC\frac{\mathrm{d}v_C}{\mathrm{d}t} + v_C \tag{10.87}$$

将同一个等式写成标准的状态方程形式,我们得到

$$\frac{\mathrm{d}v_C}{\mathrm{d}t} = -\frac{v_C}{RC} + \frac{v_I}{RC} \tag{10.88}$$

首先,先通过求解齐次解和特解的方法直接求出电容电压,然后再通过求 ZIR 和 ZSR 的方法导出电容电压。

齐次解是

$$v_C = A\mathrm{e}^{-t/RC} \tag{10.89}$$

通过观察式(10.89),特解必然为

$$v_C = V_2 \tag{10.90}$$

全解是这二者的和

$$v_C = A\mathrm{e}^{-t/RC} + V_2 \tag{10.91}$$

式(10.92)在 $t=0$ 时等于给出的初始条件,即式(10.86)

$$v_{C0} = V_1 = A + V_2 \tag{10.92}$$

$$A = V_1 - V_2 \tag{10.93}$$

因此 $t > 0$ 时的全解为

$$v_C = V_2 + (V_1 - V_2)e^{-t/RC} \tag{10.94}$$

图 10.29(b)绘出了这个结果的波形。如图所示,响应取决于 V_1 和 V_2 的相对大小。一种特殊情况是当 $V_1 = V_2$ 时,电路没有过渡过程,从物理上考虑这是很显然的。

式(10.94)中的第一项是特解,第二项是齐次解。

接下来,深入分析零输入响应和零输入响应。将式(10.94)做一点小小的改写,得到

$$v_C = V_1 e^{-t/RC} + V_2(1 - e^{-t/RC}) \tag{10.95}$$

第一项是对初始状态的响应,在这个例子中是电容的初始电压,没有输入。我们把它称为零输入响应(ZIR)。第二项是对外部输入的响应,电容没有初始电荷,即零状态响应(ZSR)[①]。为证明这一点,现在让我们用叠加法直接求出 ZIR 和 ZSR。

求 ZIR 的子电路如图 10.30(a)所示。如前所述,开始时电容充电至 V_1,但这里在 $t > 0$ 时输入为零,因此在开关换到位置 2 后电容只是简单地放电到电压为零。形式上,求 ZIR 的相应的方程为

$$\frac{\mathrm{d}v_C}{\mathrm{d}t} = -\frac{v_C}{RC} \tag{10.96}$$

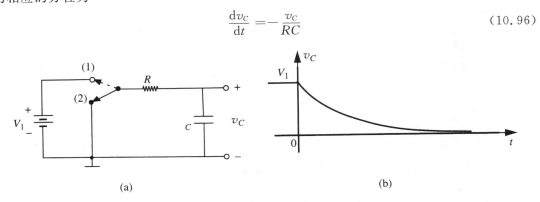

(a)   (b)

图 10.30 零输入响应的子电路

电容电压的初始条件是 V_1。

齐次解是

$$v_C = V_1 e^{-t/RC} \tag{10.97}$$

因为特解为 0,这就是完整的零输入响应。

求零状态响应的子电路如图 10.31(a)所示。

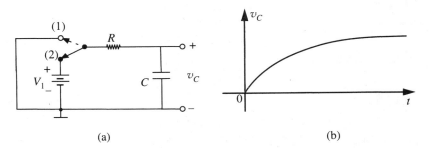

(a)   (b)

图 10.31 零状态响应的子电路

---

① 注意它和式(10.62)之间的相似性。

求 ZSR 的相应的方程为

$$\frac{\mathrm{d}v_C}{\mathrm{d}t} = -\frac{v_C}{RC} + \frac{v_I}{RC} \tag{10.98}$$

电容电压的初始条件为 0。

齐次解如式(10.89)所示,特解又是 V_2,因此解的形式为

$$v_C = A\mathrm{e}^{-t/RC} + V_2 \tag{10.99}$$

这一次根据定义初始条件为 0,因此在开关刚刚切换后有

$$0 = A + V_2 \tag{10.100}$$

在 $t>0$ 时完整的零状态响应为

$$v_C = V_2(1 - \mathrm{e}^{-t/RC}) \tag{10.101}$$

全响应就是式(10.101)和式(10.97)的 ZSR 和 ZIR 之和

$$v_C = V_1\mathrm{e}^{-t/RC} + V_2(1 - \mathrm{e}^{-t/RC}) \tag{10.102}$$

可以看到,式(10.102)和式(10.94)是一致的。

注释:

- 特解和齐次解是求解微分方程中的术语。
- 将一个电路问题划分为两个更简单的子问题,从而引出了零输入响应和零状态响应。每个子电路都可以用求齐次解和特解的方法进行求解。
- 对于 ZIR,它的特解根据定义应是 0,因此所有零输入响应都是齐次解。
- 但并不是所有的零状态响应都是特解,因为和 ZSR 相关的也有齐次解。式(10.101)中的 $\mathrm{e}^{-t/RC}$ 项就是这样一个例子。
- 状态变量观点的最大好处是任意一个 ZIR 都可以和我们计算出的任意一个 ZSR 相加。因此任意零初始条件的过渡过程都可以很容易地推广到具有任意初始条件的情况。这个概念将在 10.6 节的例子中加以阐述。

WWW **10.5.4　通过积分算子求解**

10.6　其他例子

10.6.1　数字电路中导线电感的影响

10.4 节讨论了数字电路中 RC 的影响会导致传播延迟。事实上,当存在寄生电感时,RL 的影响也会是传播延迟的来源。考虑图 10.32(a)所示的反相器电路。假定一个很差的设计导致 MOSFET 的漏极与反相器的输出之间有一根很长的导线相连。图 10.32(b)显示了一个带有导线寄生电感的反相器的电路模型。

假定反相器的初始条件是输入为零。MOSFET 处于关断状态,流过电感 L 的电流 i_L 为零,电感电压 v_L 也是零。现在假定一个从 0V 到 V_s 的阶跃电压加到反相器的输入上,如图 10.32(a)所示。假定我们的目的是要确定电感电流 i_L 和电感电压 v_L 的时间函数。

反相器的阶跃输入产生了一个相应的阶跃 V_s,被加到反相器输出端的 RL 电路上,如图 10.32(c)所示。根据初始条件,$t=0$ 时,i_L 和 v_L 都是零。从这一点看,与 10.2.1 节中讨论的 RL 过渡过程的初始条件是一样的,只是将 V 换成了 V_s。因此 10.2.1 节中的分析仍

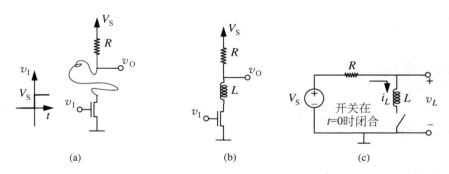

图 10.32 含有寄生电感的反相器电路

(a) 反相器的输出端通过一根长导线连接到 MOSFET 的漏极；(b) 电路模型；(c) v_I 端有阶跃输入的电路

然适用。

推测一下图 10.32 中的开关打开后很长时间将会发生什么会是一件很有趣的事情。当开关打开后，电感电流不会立刻到 0。因为一个实际的打开的开关其行为就像一个非常大的电阻，流过电感的电流会在开关上产生一个巨大的尖峰电压，有可能损坏开关。

10.6.2 斜坡输入与线性

当我们讨论的不再是简单的阶跃输入时，求解变得有点更复杂了。考虑 RC 串联电路加上一个斜坡电压驱动的情形，即

$$v_I = S_1 t \quad t > 0 \tag{10.113}$$

其中 S_1 的单位是伏/秒。电路和输入波形如图 10.33(a) 和 (b) 所示。让我们首先求零状态响应，即假定电容初始时没有充电。根据前面的讨论，微分方程为

$$v_I = S_1 t = RC \frac{\mathrm{d}v_C}{\mathrm{d}t} + v_C \tag{10.114}$$

我们用通常的求齐次解和特解的方法解这个方程。齐次解具有一般的形式为

$$v_C = A e^{-t/RC} \tag{10.115}$$

图 10.33(c) 画出了齐次解的图形。现在我们必须找一个适合于斜坡输入的特解。因为输入是一个斜坡，第一个猜测是与输入有着相同斜率的斜坡函数

$$v_C = K_2 t \tag{10.116}$$

将它代入微分方程，式(10.114)，得到

$$S_1 t = RCK_2 + K_2 t \tag{10.117}$$

因为除非 $RC = 0$，否则 K_2 无解，因此我们最初对特解的猜测不正确。在解中我们还需要另外一个自由度，因此第二个猜测是

$$v_C = K_2 t + K_3 \tag{10.118}$$

根据式(10.114)有

$$S_1 t = RCK_2 + K_2 t + K_3 \tag{10.119}$$

因此

$$S_1 = K_2 \tag{10.120}$$

$$K_3 = - S_1 RC \tag{10.121}$$

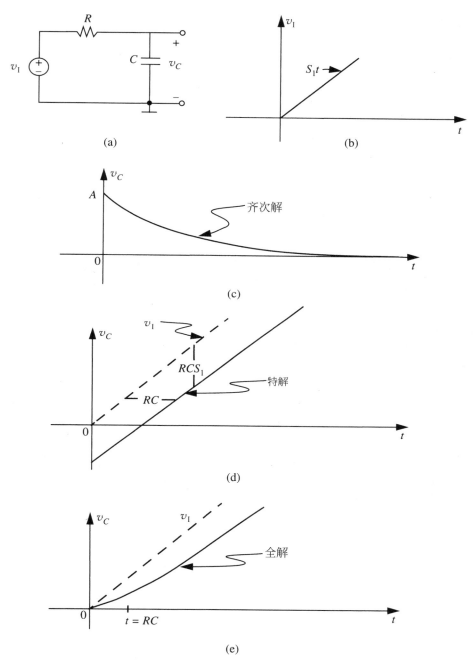

图 10.33 RC 电路对斜坡输入的响应

(a) 电路；(b) 输入；(c) 齐次解；(d) 特解；(e) 全解

特解就是

$$v_C = S_1(t - RC) \tag{10.122}$$

这是一个与输入斜坡有着同样斜率的斜坡函数，不同的是有一个时间常数的时间延迟，如图 10.33(d)所示。

全解的形式为

$$v_C = A\mathrm{e}^{-t/RC} + S_1(t - RC) \quad t > 0 \tag{10.123}$$

因为我们在求零状态响应，根据定义初始条件为零，因此求式（10.123）在 $t=0$ 时刻的值，我们得到

$$A = S_1 RC$$

因此 $t>0$ 时的全响应是

$$v_C = S_1(t - RC) + S_1 RC\mathrm{e}^{-t/RC} \tag{10.124}$$

如图 10.33(e) 所示。

图 10.33(b) 和图 10.33(e) 的波形与图 10.2(b) 和(c)的波形有一种特殊的联系。首先，这个问题的输入是图 10.2 中输入信号（假定是一个戴维南电源）的积分。现在如果我们处理的是零状态响应，则根据图 10.33(e) 和图 10.2(c)，或式（10.124）和式（10.20），输出信号也是图 10.2 中输出信号的积分[①]。

> 一般来说，只要把积分操作限定在 t 大于 0 时，那么一个信号的积分信号的零状态响应就等于该信号的零状态响应的积分。

如果认为积分是一个求和的过程，用叠加的方法可以得到这个结论。等同于交换两个线性算子。对微分这也同样是成立的。

> 对一个输入进行微分所得信号的响应可以对原信号输出求微分得到。

让我们从这个例子再前进一步。考虑在斜坡信号加上之前，$t=0$ 时电容有初始电压 V_0 的情况。形式上，现在的初始条件是

$$v_C = V_0 \quad t < 0 \tag{10.125}$$

这一次因为电容上有初始电压，我们要处理的不再仅仅是零状态响应，因此不能简单地进行积分。一种方法是注意到式（10.124）只对零状态响应有效，因此如果能够求出式（10.125）的初始条件对应的零输入响应，那么全响应就应该是这两个响应的和。从前面的例子或式（10.97）可知，初始电压为 V_0 的 RC 电路的 ZIR 为

$$v_C = V_0 \mathrm{e}^{-t/RC} \tag{10.126}$$

因此 $t>0$ 时的全解是

$$v_C = V_0 \mathrm{e}^{-t/RC} + S_1 t - S_1 RC(1 - \mathrm{e}^{-t/RC}) \tag{10.127}$$

图 10.34 给出了这个解的一种可能的形式，这个例子阐明了状态变量法的优点之一。一旦我们找到了零初始条件下某个输入波形的解，那么任意初始条件下同样输入的解就可以通过加上适当的 ZIR 而得到。

例 10.2　电视偏转系统　大部分电视在阴极射线显像管中都应用了磁偏转。为了得到对图像的光

---

① 注意，如果我们对式（10.20）中阶跃激励作用下的响应 v_C

$$I_0 R(1 - \mathrm{e}^{-t/RC})$$

积分，得到斜坡激励作用下的响应

$$v_C = I_0 R t + I_0 R R C\mathrm{e}^{-t/RC} + K_1$$

其中，为达到 v_C 的零初始条件，令积分常数 $K_1 = -I_0 R R C$，因此有

$$v_C = I_0 R(t - RC) + I_0 R R C\mathrm{e}^{-t/RC}$$

这就是式（10.124）的戴维南形式。

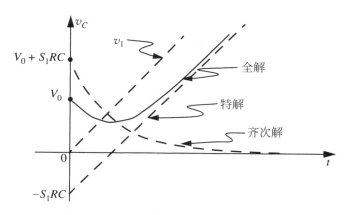

图 10.34　电容有初始电荷时的斜坡响应

栅扫描,有必要产生一个流过偏转线圈的斜坡电流,如图 10.35 所示。我们希望求出产生电流斜坡所需要的 v_I 波形。图 10.35 中用电阻 R 模拟线圈的损耗。

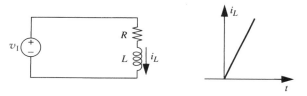

图 10.35　电视偏转线圈

解　根据 KVL,电路的微分方程是

$$v_I = iR + L\,\frac{\mathrm{d}i}{\mathrm{d}t} \tag{10.128}$$

在 $t>0$ 时,我们想得到斜坡形式的电流波形

$$i = S_1 t \tag{10.129}$$

因此,在 $t>0$ 时

$$v_I = S_1 R t + S_1 L \tag{10.130}$$

于是,要想在电感中产生一个斜坡电流,我们需要用一个斜坡和一个阶跃的和来驱动。

WWW 例 10.3　利用积分算子求解

10.6.3　*RC* 电路对窄脉冲的响应和冲激响应

10.1.4 节中已经阐明当 *RC* 电路的时间常数远大于一个周期性输入信号的周期时,电容电压就开始接近输入信号的积分。让我们通过求图 10.36 中 *RC* 电路的响应来更详细地研究这种性质,其中输入是一个幅值为 V_p,持续时间为 t_p 的窄脉冲。

我们已经看到了好几个这种类型的问题,因此电容电压的一般形式可以通过观察写出来。假定电容没有初始充电,脉冲持续期间电容充电,它的响应是

$$v_C = V_p(1 - \mathrm{e}^{-t/RC}) \quad 0 \leqslant t \leqslant t_p \tag{10.135}$$

如果 t_p 足够长,过渡过程能够结束,那么在 $t = t_p$ 即脉冲结束时,电容电压将是 V_p。脉冲结束之后,电容放电,因此响应是

$$v_C = V_p \mathrm{e}^{-(t-t_p)/RC} \quad t \geqslant t_p \gg RC \tag{10.136}$$

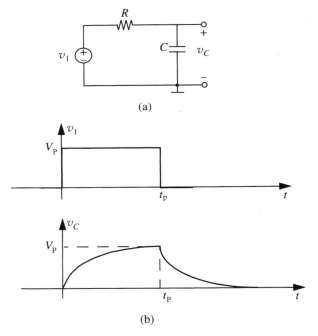

(a)

(b)

图 10.36 *RC* 电路对脉冲的响应

(a) 电路;(b) 波形

指数中的 $(t-t_\text{p})$ 因子表明波形的开始时间有一延迟 t_p。解的波形如图 10.36(b) 所示。

如果让脉冲持续时间短于图 10.36 所示,那么充电的过渡过程就不能结束,如图 10.37(a) 所示。式(10.135)对充电阶段仍然适用,但响应不再能达到 V_p。在 $t=t_\text{p}$ 时它达到最大值

$$v_C = V_\text{p}(1 - \text{e}^{-t_\text{p}/RC}) \tag{10.137}$$

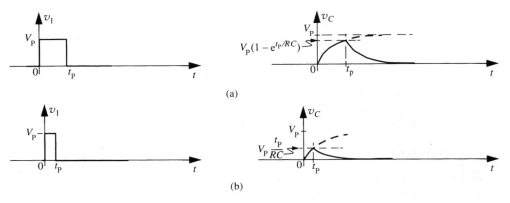

(a)

(b)

图 10.37 *RC* 电路对窄脉冲的响应

现在放电过程本质上和前面具有同样的形式,但是要小一些。当 $t > t_\text{p}$ 时电容电压为

$$v_C = [V_\text{p}(1 - \text{e}^{-t/RC})]\text{e}^{-(t-t_\text{p})/RC} \tag{10.138}$$

如果让脉冲变得更窄,如图 10.37(b) 所示,图形实际上变得更简单了。充电部分的波形看起来几乎像一条直线。可以从数学上说明这一点,把指数展开成一个级数

$$e^{-x} = 1 - x + \frac{x^2}{2!} \cdots \tag{10.139}$$

当电容充电时，根据式（10.135）有

$$v_C = V_p \left[\frac{t}{RC} - \frac{1}{2} \left(\frac{t}{RC} \right)^2 + \cdots \right] \tag{10.140}$$

当时间远远小于时间常数 RC，即 $t \ll RC$ 时，我们可以舍弃所有高次项，只留下

$$v_C \approx V_p \frac{t}{RC} \tag{10.141}$$

这就是在图 10.37(b) 的第一部分观察到的直线的方程。

从本质上讲，当脉冲很窄时，电容电压总是远小于脉冲电压幅值，因此在脉冲期间电流近似是一个常数，其值为

$$i_C \approx \frac{V_p}{R} \tag{10.142}$$

电容电压是这个电流的积分，因此是一个斜坡函数

$$v_C = \frac{1}{C} \int i_C \, \mathrm{d}t \tag{10.143}$$

$$\approx V_p \frac{t}{RC} \tag{10.144}$$

在脉冲结束时，电容电压到达其最大值

$$v_C(t_p) \approx \frac{V_p t_p}{RC} \tag{10.145}$$

因此在 t 大于 t_p 时的放电波形是

$$v_C \approx \frac{V_p t_p}{RC} e^{-(t-t_p)/RC} \tag{10.146}$$

这个等式的重要特征是现在响应与输入脉冲的面积 $V_p t_p$（而不是高度 V_p）成正比。换言之

$$v_C \approx \frac{脉冲的面积}{RC} e^{-(t-t_p)/RC} \tag{10.147}$$

对于非常窄的脉冲（即 $t_p \ll RC$），甚至连指数中的时间延迟都可以忽略，响应就简化为

$$v_C \approx \frac{脉冲的面积}{RC} e^{-t/RC} \tag{10.148}$$

因为在极限时（$t_p \ll RC$），一个具有很大幅值但面积保持常数的窄脉冲就变成了一个冲激（见 9.4.3 节），式（10.148）又常常被称为电路的冲激响应。换句话说，如果我们有一个面积（或强度）为 A 的冲激电压

$$v_I(t) = A\delta(t)$$

则响应就是

$$v_C = \frac{A}{RC} e^{-t/RC} \tag{10.149}$$

图 10.38 画出了冲激电压输入和由式（10.148）得出的相应的响应。

冲激响应是描述线性系统特征的一种非常方便的方法，因为表达式中包含了系统动态过程的所有本质信息。这个概念在信号与系统课程中会做更深层次的讨论。

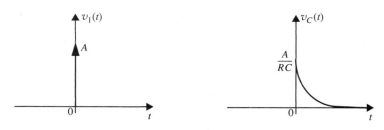

图 10.38 RC 串联电路的冲激响应

10.6.4 求冲激响应的直觉方法

10.3 节中讨论的直觉方法同样适用于冲激响应。图 10.39(a) 所示图形是我们熟悉的来自于图 10.2(a) 的电源-电阻-电容并联电路。假设输入电流如图 10.39(b) 所示，是一个在 $t=0$ 时刻加上的面积为 Q 的冲激。假定我们要求的是电容电压 v_C。

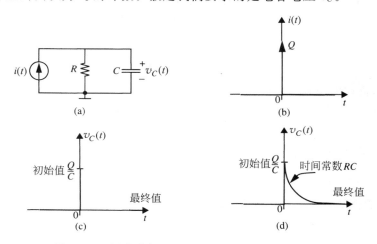

图 10.39 用直觉方法画出并联 RC 电路的冲激响应

正如 10.3 节中讨论的那样，我们首先画出起始阶段 $(t<0^+)$ 和最终阶段 $(t\gg 0)$ 的响应。

让我们首先考虑起始阶段。当 $t<0$ 时，电流源的输出电流为 0，因此看起来就像开路。假定这种情形存在了很久，电容上将没有电荷，因此 v_C 将为 0。（如果电容电压不为 0，将会有一电流流过 R。这个电流将会消耗掉电容上的电荷，直至没有电荷存在。）

其次，在 $t=0$ 时出现电流冲激。对电流冲激来说，电容看起来像瞬时短路，因此电流更喜欢从电容流过，而不是电阻。在 $t=0$ 时全部冲激电流都流过电容，在其上积累了电荷 Q。根据式(9.8)，对应于电容上出现的电荷 Q，电容电压瞬时跳变至

$$v_C(0) = \frac{Q}{C}$$

因此，在 $t=0^+$ 时电容电压为 Q/C。观察到冲激有效地在电路中建立起了初始条件。

这就完成了我们对起始阶段的直觉分析。图 10.39(c) 画出了这一阶段中的 v_C。

接着，我们研究最终阶段 $(t\gg 0)$。因为 $t>0$ 时电流为 0，我们又可以将电流源用开路代替。很长时间之后，等同于直流情形，电容电压将为 0。图 10.39(c) 也画出了在 $t\gg 0$ 时 v_C

为 0 的情形。

最后,在过渡过程阶段电容电压遵循一般的指数响应形式,时间常数为 RC。图 10.39(d) 画出了完整的曲线。

10.6.5　时钟信号和时钟扇出

在大多数数字系统中,要为系统的不同模块提供时钟信号。典型的时钟信号是 0V 到电源电压之间的一个方波。时钟信号提供了全局的时间基准,用于描述系统中什么时候发生了动作。使用时钟试图解决在一个通信数字系统中接收者面临的问题:如何确定一个由发送者提供的信号什么时候是有效的。或者反过来说,如何辨识一个信号什么时候处于向新数据转变的过程中。例如,我们可以使用稳定的高电平时钟原则。发送者承诺以这种原则提供输出信号:信号在时钟波形的高电平部分就保持稳定。换言之,信号只允许在时钟的低电平部分发生转变。相应地,接收者承诺只在时钟信号为高电平时观测引入的信号。因此,接收电路保证了在提供有效输入的前提下,其输出在时钟信号为高电平时是稳定的。

图 10.40 所示的数字系统可以作为说明时钟电路好处的一个例子。我们考虑两个数字电路互相连接在一起。提供给它们的是同样的时间基准或时钟。输入信号以这样的方式提供给第一个电路:只在时钟信号的低电平部分输入发生转变。如图所示,假定一个输入序列 011 输入给电路 1。类似地它产生一个在时钟的高电平部分保持稳定的输出信号(例如 101)。因为提供给两个电路的时钟信号相同,数字电路 2 只有在信号有效时才能观测信号。

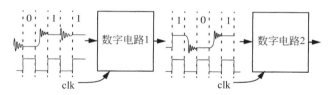

图 10.40　有时钟的数字系统

现在假设不使用时钟信号。正如我们在前面看到的那样,RC 的延迟导致信号在它从一个值转变到另一个值时,会在有限的一段时间内经过无效的信号电平。如果没有时钟及其相关原则的一些机制,第二个电路就无法判断什么时候接受的是一个有效信号。我们在后面的章节中将会看到,当信号具有振荡性质时,将一个有效信号与一个过渡期内的信号区分开是非常困难的。

时钟原则的应用给出了一个时间离散化的例子。把整块的时间分为有效的阶段和无效的阶段提供了时钟数字抽象,并且显著地简化了电路模块之间的通信节奏。之所以可以将时间分块,是因为只要在有效时段采样,则我们并不关心信号采样的精确时刻。

图 10.41 显示了一个时钟数字系统,其中用唯一的时钟元件为几个模块提供全局的时间基准。一个方法是简单地用长导线将时钟信号发生器连接到所有模块上。由于长导线的 RC 延迟以及被驱动模块的输入电容,这种天真的方法一般是无效的。图 10.42 给出了时钟分布系统的一个电路模型。我们将导线的电阻集总化为单个电阻 R_{wire}。尽管图 10.42 中没有出现驱动时钟的门电阻,但实际上它是存在的,并与导线的电阻串联。门电容就像是导线上的一个并联负载,因此一起加起来,得到有一个大的等效电容

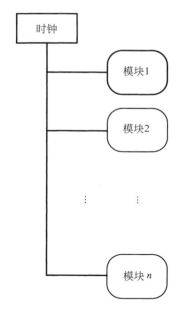

图 10.41 数字模块的时钟信号

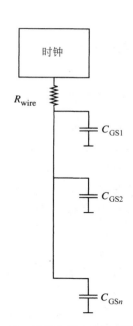

图 10.42 对门电容充电的时钟信号

$$C_{eq} = \sum_{i=1}^{n} C_{GSi}$$

从前面的例子我们知道,电路输出端的缓慢上升的时间和下降的时间导致了信号延迟。上升时间和下降时间正比于时间常数 RC。C 值很大就会导致长的上升时间和下降时间,从而限制了时钟频率。如图 10.43 所示,注意为了得到一个有效的时钟信号,时钟信号的周期 T 必须大于时钟信号的上升时间和下降时间的和。例如,我们定义上升时间 t_r 为时钟信号从有效的输出低电压(V_{OL})上升到有效的输出高电压(V_{OH})所需的时间。同时定义下降时间 t_f 为时钟信号从有效的输出高电压(V_{OH})下降到有效的输出低电压(V_{OL})所需的时间。从图 10.43 中显然可以看到,为了得到一个有效的数字时钟信号,时钟周期必须满足约束

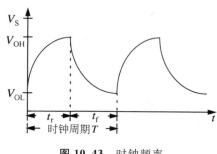

图 10.43 时钟频率

$$T > t_r + t_f$$

图 10.44 表示了解决时钟分配问题的一般方法——它通过建立一个扇出(fanout)缓冲树,限制信号要驱动的门电容的数目。图 10.44 所示电路的扇出为 3。

作为一个简单的练习,我们来确定一个频率为 333MHz 的时钟信号最大扇出数。假定时钟信号由图 10.45 所示的反相器驱动,反相器的参数为 $R_L = 1k\Omega$, $R_{ON} = 100\Omega$, $C_{GS} = 100fF$。我们还假定期望得到一个对称的时钟信号。因此时钟周期 T 必须大于反相器输出信号的上升时间和下降时间二者中较大项的两倍。由于负载电阻 R_L 远大于 MOSFET 的导通电阻,上升时间将大于下降时间。因此我们就着重计算上升时间 t_r。如前定义,令 C_{eq} 表示时钟反相器驱动的总电容。

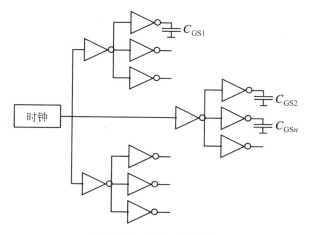

图 10.44　输出时钟信号

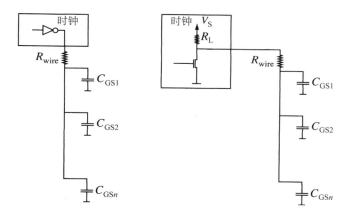

图 10.45　给门电容充电的时钟反相器

现在来计算 t_r。t_r 是时钟信号从 V_{OL} 上升到 V_{OH} 所需的时间。计算 t_r 的等效电路如图 10.46 所示。电路示意了电源 V_S 通过电阻 R_L 和 R_{wire} 对等效电容充电。我们用下式表示：$R_{eq} = R_L + R_{wire}$。电容的初始电压为 $V_{C0} = V_{OL}$。

对图 10.46 所示电路应用节点法得到

$$\frac{v_C - V_S}{R_{eq}} + C_{eq}\frac{\mathrm{d}v_C}{\mathrm{d}t} = 0$$

重新整理得到微分方程

$$R_{eq}C_{eq}\frac{\mathrm{d}v_C}{\mathrm{d}t} + v_C = V_S \qquad (10.150)$$

解式（10.150）得到

$$v_C(t) = V_S + A\mathrm{e}^{-t/R_{eq}C_{eq}} \qquad (10.151)$$

我们知道电容电压在 $t=0$ 时为 V_{OL}。利用这个初始条件，可求 A 并得到

$$v_C(t) = V_S - (V_S - V_{OL})\mathrm{e}^{-t/R_{eq}C_{eq}} \qquad (10.152)$$

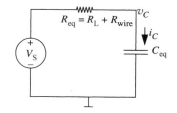

图 10.46　确定时钟上升时间的等效电路

可以通过式

$$V_{OH} = V_S - (V_S - V_{OL})e^{-t_r/R_{eq}C_{eq}} \tag{10.153}$$

得出 v_C 从初始值 V_{OL} 上升到 V_{OH} 所用的时间,即 t_r。换言之

$$t_r = -R_{eq}C_{eq}\ln\left(\frac{V_S - V_{OH}}{V_S - V_{OL}}\right) \tag{10.154}$$

假定 $V_{OL} = 1V, V_{OH} = 4V, V_S = 5V$,得

$$t_r = -R_{eq}C_{eq}\ln\left(\frac{1}{4}\right)$$

因为 $R_L = 1k\Omega, R_{wire} \approx 0$,可知

$$t_r = 1.386 \times 10^3 C_{eq}$$

为了得到大于 $333MHz$ 的频率,周期 T 必须小于 $1/333MHz = 3ns$。相应地,因为 $t_r < T/2 = 1.5ns$,即

$$1.5 \times 10^{-9} > 1.386 \times 10^3 C_{eq}$$

换句话说

$$C_{eq} < 1.08pF$$

因此,总的被驱动电容必须小于 $1.08pF$。假定时钟缓冲树所用的反相器都与产生时钟所用的反相器相同,即如果每个门电容是 $100fF$,则扇出小于 $1080fF/100fF$。因此最大扇出为 10。

WWW 10.6.6 *RC* 对衰减指数的响应

10.6.7 正弦输入的串联 *RL* 电路

图 10.48 表示了一个在 $t = 0$ 时刻用正弦电压源驱动的 *RL* 串联电路。其中

$$v_I = V\sin(\omega t) \quad t > 0 \tag{10.167}$$

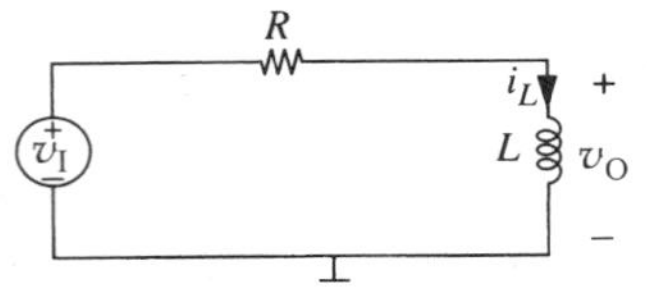

假设电感是理想的,求电感上的电压。为简单起见,我们初始状态为零

$$i_L = 0 \quad t < 0 \tag{10.168}$$

沿着回路应用 KVL

$$v_I = i_L R + L\frac{di_L}{dt} \tag{10.169}$$

图 10.48 正弦驱动的 *RL* 电路

根据 10.2.1 节中的式(10.52),齐次解为

$$i_L = Ae^{-(R/L)t} \tag{10.170}$$

因为输入是正弦波,对特解的第一个合理的猜想是

$$i_L = K\sin(\omega t) \tag{10.171}$$

根据式(10.169),在 $t > 0$ 时

$$V\sin(\omega t) = KR\sin(\omega t) + L\omega K\cos(\omega t) \tag{10.172}$$

从这个等式无法求出 K,除非 L 为 0,因此我们的第一个猜想不正确。我们需要在解中有另外一个自由度,因此试试

$$i_L = K_1\sin(\omega t) + K_2\cos(\omega t) \tag{10.173}$$

现在式(10.169)变为

$$V\sin(\omega t) = K_1 R\sin(\omega t) + K_2 R\cos(\omega t) + L\omega K_1 \cos(\omega t) - L\omega K_2 \sin(\omega t) \tag{10.174}$$

让含正弦和余弦的项分别相等,可以发现

$$V = K_1 R - K_2 L\omega t \tag{10.175}$$

$$0 = K_1 L\omega + K_2 R \tag{10.176}$$

应用克莱姆法则(见附录 D),得到

$$K_1 = V\frac{R}{R^2 + \omega^2 L^2} \tag{10.177}$$

$$K_2 = V\frac{-\omega L}{R^2 + \omega^2 L^2} \tag{10.178}$$

全解的形式为

$$i_L = A\mathrm{e}^{-(R/L)t} + V\frac{R}{R^2 + \omega^2 L^2}\sin(\omega t) - V\frac{\omega L}{R^2 + \omega^2 L^2}\cos(\omega t) \quad t \geqslant 0 \tag{10.179}$$

A 的值可以在 $t=0$ 时对式(10.179)应用初始条件式(10.168)求出

$$A = \frac{V\omega L}{R^2 + \omega^2 L^2} \tag{10.180}$$

解如图 10.49 所示。

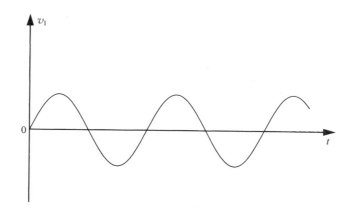

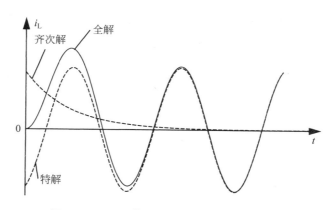

图 10.49　正弦信号驱动下 RL 电路的波形

式(10.179)非常容易解释。当 t 足够大时,指数项就渐渐衰减完了。如果驱动信号的频率非常低,例如

$$\omega \ll \frac{R}{L} \tag{10.181}$$

那么电流就简化为

$$i_L \approx \frac{V}{R}\sin\omega t \tag{10.182}$$

也就是说,在低频时,电流仅仅由电阻决定,电感看起来就像短路。

在频率很高时,即

$$\omega \gg \frac{R}{L} \tag{10.183}$$

式(10.179)简化为

$$i_L \approx \frac{-V}{\omega L}\cos(\omega t) \tag{10.184}$$

在这种情况下电流几乎仅仅由电感决定。注意电流仍然是正弦的,但是现在与所加电压源有 $90°$ 的相位差,而且当所加正弦波形的频率增加时,电流的幅值变得越来越小。

令人失望的是,如此简单的电路竟然要用到这样复杂的代数运算。但幸运的是,对于线性电路可以使用一种更加简单的方法。我们将在第 13 章中讨论这种将所有的微分方程简化成代数表达式的方法。

10.7 数字存储

本章前面证明的用状态变量的概念形式化了的电容和电感的记忆性质在模拟领域提供了很多用途。同样的记忆性质也可以被利用在数字领域,类比数字状态的概念以实现数字存储器。数字存储器不仅仅是电容的一个重要应用,本身即具有重要意义。

10.7.1 数字状态的概念

使用存储器的一个常见的例子就是数字计算器。假设我们要计算表达式 $(a\times b)+(c\times d)$ 的值,可以首先计算 a 乘以 b,并将 $(a\times b)$ 的结果存储在存储器中;然后我们可以计算 c 乘以 d,并将得到的结果 $(c\times d)$ 与 $(a\times b)$ 相加,后者的值可以从存储器中取出来。观察到计算器的关键是将一个给定的值明确地存储到存储器中。进一步观察到一旦一个值被存储到存储器中,它可以从存储器中被读出任意多次,而不会影响其在存储器中的值。事实上,它会一直保持有效,直到另一个值被明确地存储到此存储器中或它被擦除掉。擦除意味着将现有的值用零值代替。

存储器有许多用途。在这个例子中,存储器用做中间结果寄存器来存储部分结果。存储器用来存储外部世界输入到系统的值也很有用。存储器使得短期存在的外部输入能够在更长的一段时间内被系统电路获取。

存储器在使得资源能够被更好地利用这一点上也很有用。假设我们希望将三个数 A_0 至 A_2 相加。加法可以用如下的两个加法器电路实现:第一和第二个数输入第一个加

法器,第一个加法器的结果和第三个数输入第二个加法器。第二个加法器的输出就得到和 S。

　　作为另一种选择,我们可以利用存储器通过一个加法器来实现三个数的相加,方法如下:第一和第二个数输入加法器,将这局部结果存储到存储器中;然后再将存储器中的局部结果和第三个数输入到同一个加法器。加法器的输出就是所期望的结果。

　　同样的概念可以推广到一长序列数的相加。在任一给定的瞬间,存储器中存储着到那一瞬间为止已经出现的所有数字对应的局部结果。对于我们的加法例子,注意到未来的结果不仅取决于存储器中存储的值,还有未来的输入。未来的结果并不取决于存储器中准确的时间序列是什么样的,仅仅取决于它的最终状态。这个观察是从我们前面看到的"状态变量"的概念衍生出来的。存储器中存储的值只是一个简单的数字状态变量,与储存在电容上的模拟状态变量类似。

　　下一节讨论如何用电容来建立数字存储器。

10.7.2　一个抽象的数字存储元件

　　在讨论如何实现存储器之前,让我们首先定义一个抽象的存储元件,并且理解如何在一个小系统中利用它。图 10.50 显示了一个可以存储一位数字的抽象的存储元件。它有一个输入 d_{IN}、一个输出 d_{OUT} 和一个控制输入记为 Store。如图 10.50 中的波形所示,当 Store 信号为高时,输入 d_{IN} 被拷贝到存储器中。存储器中存储的值可以被访问,读出到输出 d_{OUT}。如果没有新的值被写入到存储器中,最后写进去的值就被一直保存下来。如果在写存储器的同时读存储器(即当 Store 信号为高时),那么输出就简单地反映输入端的值。

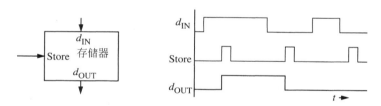

图 10.50　一个抽象的一位存储元件

　　例 10.4　重新讨论运动检测器电路　让我们在一个简单的数字设计中使用刚刚定义的存储器元件。回顾第 5 章中的运动检测器电路。如果不是在白天,当来自运动传感器的信号 M 为高时,要求运动检测器电路产生信号 L 来打开灯。假定在白天时光线传感器产生信号 D。我们已经写出了 L 的逻辑表达式

$$L = M\overline{D}$$

　　这种设计的一个问题是应 M 要求打开的灯在 M 不要求[①]时就会熄灭。让我们考虑一个更有用的设计,要求即使在运动信号 M 消失以后,仍然使得灯处于打开状态。为了实现这一点,我们需要某种存储器来在 M 信号消失以后还记住 M 的要求。该电路利用了一个存储元件,如图 10.51 所示。在这个电路中,信号 M 连接到存储元件的保存输入端上,而信号 $\overline{D}$ 连接到存储元件的 d_{IN} 输入端上。如图 10.51 中信号

---

　　① "要求"就是将值设为逻辑 1,而"不要求"就是将值设为逻辑 0。

波形里描述的那样,即使当 D 为假时①,如果检测到运动,存储器的输出就会保持为高。

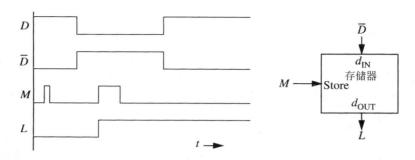

图 10.51 使用存储器的运动检测器电路

10.7.3 设计数字存储元件

如何实现存储元件呢?设计出的存储元件必须存储写入其中的任何值。回顾电容具有同样的性质。如果它的放电路径具有很高的时间常数,电容可以长时间地储存电荷。更进一步,我们可以用一个开关使得能够从一个给定的输入对电容充电。

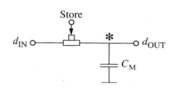

图 10.52 存储元件的电路实现

基于这种直觉,考虑由一个电容和一个理想开关组成的简单的存储元件的电路,如图 10.52 所示。开关由 Store 输入来控制,电路模型如图 10.53 所示。当电路如图 10.52 所示时,假设 Store 输入的一个逻辑高值将开关切换到导通状态,而 Store 输入的一个逻辑低值将开关切换到关断状态。

正如在 6.1 节中讨论的那样,含有一个开关的电路可以分成两个线性子电路来分析:一个是开关处于导通状态(见图 10.54),另一个是开关处于关断状态(见图 10.56)。Store端的高电平使得开关导通,得到的电路如图 10.54 所示。当开关导通时,电容充电(或放电)至 d_{IN} 端的输入电压值。记住:开关的输入端和输出端是对称的。因此,举例来说,如果 d_{IN} 端对应着逻辑 1,有一个高电压(比如是由一个电压源产生的,如图 10.55 所示),那么当 Store 信号有效时,电容将在用星号标记的节点处提供一个高电压。在这种情况下,理想的外部电压源立刻通过理想开关对电容充电(假设电容初始时有一个低电压)。另一种情况,如果 d_{IN} 端对应着逻辑 0 有一个低电压,那么当保存信号有效时,电容将在用星号标记的节

---

① 图 10.51 中所示电路有另一个问题。灯是如何关断的呢?根据电路,很显然,当白天检测到运动时 L 将回到 0。然而,依靠白天时的信号 M 的出现来关灯是不能满足要求的。一种解决方法是修改我们的存储器抽象,使之包含一个复位信号,如下所述:当复位信号为高时,存储器中的值被置 0(我们的存储器抽象可以包括一个附加的性质,当复位信号和存储信号二者同时为高时,复位信号优先于存储信号)。现在,运动检测器电路的输出 L 可以依存储器复位信号的要求来关断。存储器的复位端可以连接到信号 D,这样在白天的任意时刻存储器中的内容就会置 0,灯保持关闭。

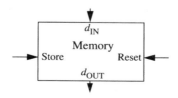

点处提供一个低电压。在后一种情况下,电容立刻通过理想开关和理想外部电压源放电(假设电容初始时有一个高电压),并且达到与电压源一样的电压。

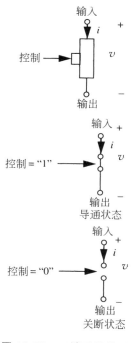

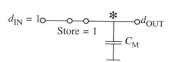

图 10.54　当保存信号为高时,对存储器电容充电

图 10.55　当保存信号为高时,包括外部驱动电源
的存储元件电路模型

图 10.53　三端开关模型

反过来,当 Store 信号变低时,开关关断(见图 10.56)。结果导致电容的 d_{OUT} 端开始悬空,先前积聚在电容上的电荷被保持。因此,举例来说,如果电容上先前储存了一个高电压,那么即使在保存信号变低时电容的 d_{OUT} 端也会出现一个高电压。在理想情况下,如果 d_{OUT} 端与地之间的电阻无穷大,电容将会永远保持这些电荷。

基于以下的理想化假设,图 10.50 所示波形适用于图 10.52 所示的存储电路:当 Store 信号为高时,与电容电路相关的 RC 时间常数可以忽略;而当 Store 信号为低时,与电容电路相关的 RC 时间常数无穷大。当 Store 信号为高时,电路的 RC 时间常数等于 C_M 与开关和驱动元件的导通电阻和的乘积。类似地,当 Store 信号为低时,电路的 RC 时间常数等于 C_M 与从电容看过去的电阻[①]的乘积。

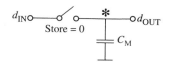

图 10.56　当保存信号为低时,电荷
储存在存储电容上

---

①　我们也可以对存储元件电路做如下修改,使之包含一个 Reset 信号。在该电路中,当 Reset 信号为高时,用第二个开关让电容对地放电。另外,为了实现这项功能,必须使用非理想开关。非理想开关的性质是这样的:Reset 开关的导通电阻值远低于 Store 开关的导通电阻值。通过这些措施,我们可以确保当 Reset 和 Store 同时为高时,Reset 优先于 Store。

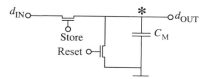

然而,在我们的存储元件电路中还留有一个问题。回顾一下静态原则,它要求数字电路元件(例如逻辑门)可以重构信号。换句话说,为了得到正的噪声容限,门输出端的电压阈值要求将比输入端严格。例如,静态原则要求门输入端的 V_{IH} 到输出端被重构成 V_{OH}。为了得到一个正的噪声裕量,要求 $V_{OH} > V_{IH}$。为了使数字存储元件能够与数字门在一起工作,我们要求数字存储元件满足同样的一套电压阈值。

不幸的是,图 10.52 描述的数字存储电路是不可重构的。换句话说,如果对应着有效 1 的电压 V_{IH} 被加到其输入上,存储元件的输出不会重构到 V_{OH},它将也是 V_{IH}。

一个简单的修改可以使我们的存储器电路实现可重构信号,如图 10.57 所示。这个设计在我们先前的存储元件电路的输出端加了一对串联的反相器(或缓冲器)。缓冲器可以将电容端的 V_{IH} 电压重构为 d_{OUT} 端的 V_{OH} 电压。有趣的是,当存储元件电路中包含一个缓冲器时,我们就不需要一个专门的电容来保持电荷了。缓冲器的门电容 C_{GS} 更适合构成存储器电容 C_M。

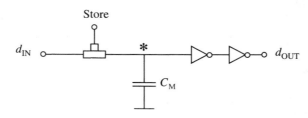

图 10.57 信号可重构的存储元件的电路实现

缓冲器将电容与读存储值的电路隔离开来,这样就提供了更多的好处。如图 10.58 所示,读取储存在电容上的值的设备也许会有相对较低的电阻,那么就会使我们最初不含缓冲器的存储器电路中的电容放电。与之相对比,图 10.59 所示带有缓冲器设计的存储器电路防止了电容通过外部电路放电。通过仔细设计存储元件,缓冲器的输入电阻可以做得非常大,从而保证了一个很大的放电时间常数。

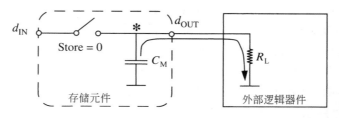

图 10.58 不带缓冲器的存储元件,由于负载电阻,存储器电容放电

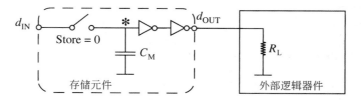

图 10.59 带缓冲器的存储元件,存储电容上的电荷被保护了

实际上,由于寄生电阻,电容上的电荷会随着时间漏失。假定电容通过寄生电阻 R_P 逐渐放电(见图 10.60)。在这种情况下,当保存信号为低后,电容上储存的值将会保持有效多长时间呢?

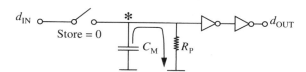

图 10.60　带缓冲器的存储元件,存储电容上的电荷泄露

有两种情况需要考虑。第一,如果电容上储存的是 0,那么即使有一个小的寄生电阻,0 值也将被无限保持。注意当电容对地放电时,其上保存的 0 将仍然保持为 0。

第二种情况更有趣一些。在这种情况下,电容上写入的是 1。假定与 1 对应的电压是 V_S。缓冲器读出的存储在电容上的值将是一个有效的 1,直到它达到电压阈值 V_{IH}。因此,存储元件保存有效 1 的时段就是电压从 V_S 降落到 V_{IH} 的时间。可以根据电容放电的动态特性(如式(10.26))来计算这段持续时间。当一个初始电压为 V_S 的电容 C_M 通过电阻 R_P 放电时,其电压 v_C 的时间函数可以表示为

$$v_C = V_S e^{-t/R_P C_M}$$

v_C 从 V_S 降落到 V_{IH} 所需时间为

$$t_{V_S \to V_{IH}} = -R_P C_M \ln \frac{V_{IH}}{V_S}$$

作为一个例子,假设 $C_M = 1\text{pF}, R_P = 10^9 \Omega, V_S = 5\text{V}, V_{IH} = 4\text{V}$,那么 $t_{V_S \to V_{IH}} = 0.22\text{ms}$。

10.7.4　静态存储元件

迄今为止我们讨论的一位存储元件称为动态一位存储元件或动态数字闭锁(D-latch)。它只能将写入的值保存一段有限的时间(由于实际实现时寄生电阻不为零),在这个意义上它是动态的。静态一位存储元件或静态数字闭锁是另一种存储元件,它和动态数字闭锁具有同样的逻辑性质,但它可以将写入的值无限存储下去。

图 10.61 给出了静态存储元件的一个可能的电路。在这个电路中,一个具有非常大的导通电阻的非理想开关连接在电源和存储元件的保存节点之间。当存储元件的输出是逻辑 1 时,该开关导通,并引入一个小的电流至保存节点来弥补所有漏电电荷。因为它向节点中滴入电荷,因此称它为滴流开关。与存储开关的导通电阻相比,滴流开关的导通电阻做得非常大,

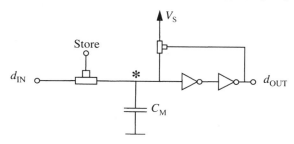

图 10.61　利用滴流开关实现的静态存储元件电路

因此滴流输入可以很容易地被输入 d_{IN} 超越。关于静态闭锁详细的电路设计超出了本书的范围,感兴趣的读者可以参考 Weste 和 Eshraghian 所著的"Principles of CMOS VLSI Design"。

10.8 小结

- 对含有电源、电阻和一个储能元件的网络应用 KVL 和 KCL 得到的一阶微分方程可以用节点法或第 3 章中描述的其他方法推导出来。这些微分方程可以用齐次解和特解的方法进行求解。

- RC 电路的响应类似于时间常数为 RC 的上升或衰减的指数。例如,$t=0$ 时刻幅值为 V_1 的阶跃电压驱动的 RC 串联电路,在 $t>0$ 时电容电压为

$$v_C(t) = V_1 + (V_0 - V_1)\mathrm{e}^{-t/RC}$$

  其中 V_0 是电容的初始电压。

- 一般来说,一阶电路(RC 或 RL)的响应具有这样的形式

$$v_C(\text{或 } i_L) = \text{终值} + (\text{初值} - \text{终值})\mathrm{e}^{-t/\text{时间常数}}$$

  其中,时间常数对于电阻-电容电路是 RC,而对于电阻-电感电路则是 L/R。RC 或 RL 电路中的这种响应形式也适用于其他支路变量,例如电容或电感的电流以及电阻电压。

- 含有电容的电路在直流电压源驱动下,电容看起来就像开路。反过来,当输入信号发生突然变化时(例如阶跃),电容看起来就像瞬时短路。(如果电容电压不为零,那么对于突然变化电容就像一个电压源)

- 含有电感的电路在直流电流源驱动下,电感看起来就像短路。反过来,当输入信号发生突然变化时(例如阶跃),电感看起来就像瞬时开路。(如果电感电流不为零,那么对于突然变化电感就像一个电流源)

- 零输入响应是在假定没有驱动的情况下,系统对初始储能的响应。

- 零状态响应是在没有初始储能的情况下,对所加驱动信号的响应。

- 当输入信号是一个窄脉冲时(与电路的时间常数比很窄),响应与所加信号的面积成比例,而不是它的高度或形状。

- 一般将一个含有储能元件的问题分为两部分是很方便的。首先计算零输入响应,即在假定没有驱动的情况下,系统对初始储能的响应;然后计算零状态响应,即在没有初始储能的情况下,系统对所加驱动信号的响应。

- 如果我们限定积分操作在 t 大于 0 范围内,那么某个输入信号的积分信号的零状态响应就等于这个输入信号的零状态响应的积分。对于微分也同样正确:对输入信号的微分信号的响应就等于输出信号的微分。

- 一个输出节点的上升时间定义为该输出从最低值上升到一个有效高值(V_{OH})的延迟。

- 一个输出节点的下降时间定义为该输出从最高值下降到一个有效低值(V_{OL})的延迟。

- 门的一对输入-输出端之间的延迟 $t_{\text{pd},1\to0}$ 就是从输入发生由逻辑 1 到逻辑 0 的转变那一刻到输出达到相应的有效输出电压水平(V_{OH} 或 V_{OL})的时刻之间的时间。

- 门的一对输入-输出端之间的延迟 $t_{\text{pd},0\to1}$ 就是从输入发生由逻辑 0 到逻辑 1 的转变那一刻到输出达到相应的有效输出电压水平(V_{OL} 或 V_{OH})的时刻之间的时间。

练　习

练习 10.1　利用叠加定理,求图 10.62 所示网络的电流 $i_1(t)$。网络在 $t<0$ 时处于松弛状态。

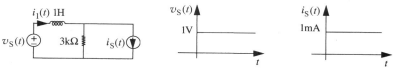

图 10.62　练习 10.1 图

练习 10.2　求图 10.63 所示电路在 $t>0$ 时的零状态响应,并画出示意图。i_S 是 $t=0$ 时的一个 10mA 阶跃。

练习 10.3　图 10.64 所示电路中,$0<t<1$s 时 $i(t)=100\mu A$,其余时间为 0。在 $t=2$s 时,电压 $v_C=5V$。求 $t=-1$ 秒时 v_C 是多少?

图 10.63　练习 10.2 图　　　　　　**图 10.64**　练习 10.3 图

练习 10.4　图 10.65 所示电路中,开关在 $t=0$ 时合上,在 $t=1$s 时打开。画出 $v_C(t)$ 在所有时间内的图形。

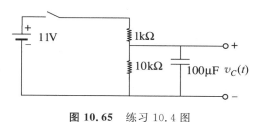

图 10.65　练习 10.4 图

练习 10.5　根据给定的初始条件,求图 10.66 中每个网络在 $t>0$ 时的零输入响应,并画出示意图。

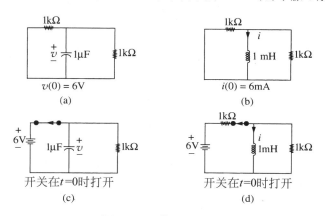

图 10.66　练习 10.5 图

练习 10.6 求图 10.67 中每个网络在 $t>0$ 时的响应,并画出示意图。假定给出的是 $t>0$ 时的输入,并且假定初始状态为零(换言之求的是零状态响应)。

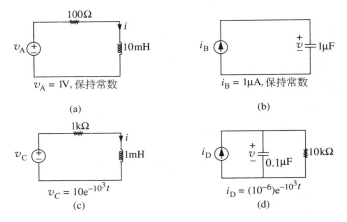

图 10.67 练习 10.6 图

练习 10.7 假定图 10.68 所示电路中的电流源 i_S 是一个幅值为 I_0 安、持续时间为 t_0 秒的单个矩形脉冲。

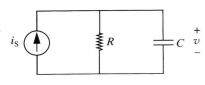

图 10.68 练习 10.7 图

(1) 求由 i_S 引起的零状态响应;

(2) 画出下列情况下的零状态响应波形:

① $t_0 \gg RC$

② $t_0 = RC$

③ $t_0 \ll RC$

(3) 说明在 $t_0 \ll RC$ 时(窄脉冲情况),$t>t_0$ 时的响应仅仅取决于脉冲的面积($I_0 t_0$),而不是分别地取决于 I_0 或 t_0。

练习 10.8 确定图 10.69 中每个网络的状态变量,写出相应的状态方程,并求出时间常数。

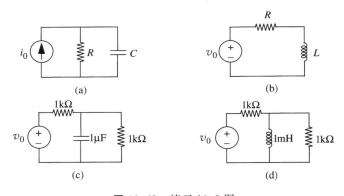

图 10.69 练习 10.8 图

练习 10.9 图 10.70 所示电路中,$0<t<1\text{s}$ 时,$v(t)=5\text{mV}$,其余时间为 0。在 $t=4\text{s}$ 时,$i(t)=7\text{A}$。求 $t=-1\text{s}$ 时 $i(t)$ 是多少?

练习 10.10 为图 10.71 所示网络确定合适的状态变量,并写出状态方程。

练习 10.11 图 10.72 中,$R_1=1\text{k}\Omega$,$R_2=2\text{k}\Omega$,$C=10\mu\text{F}$。驱动电压在 $t<0$ 时 $v_\text{S}=0$。假定 v_S 是 $t=0$ 时的一个 3V 阶跃。画出 $t>0$ 时 $v_C(t)$ 的示意图。注意标出电压和时间轴的单位,并用适当的表达式确定波形的特征。

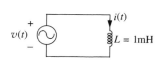

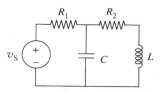

图 **10.70**　练习 10.9 图　　　　　图 **10.71**　练习 10.10 图

练习 10.12　对图 10.73 所示电路确定状态变量并写出状态方程。

$$v_S = \begin{cases} 0 & (t < 0) \\ 3V & (t \geqslant 0) \end{cases}$$

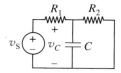

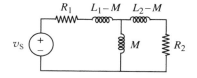

图 **10.72**　练习 10.11 图　　　　　图 **10.73**　练习 10.12 图

练习 10.13　如图 10.74 所示,在开关闭合之前,电容充电至电压 $v_C = 2V$。开关在 $t = 0$ 时闭合,求 $t > 0$ 时 $v_C(t)$ 的表达式,并画出 $v_C(t)$。

练习 10.14　求图 10.75 所示电路的时间常数。

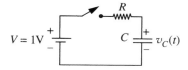

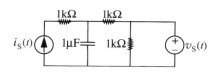

图 **10.74**　练习 10.13 图　　　　　图 **10.75**　练习 10.14 图

练习 10.15　图 10.76 所示是一个有两个输入的 RC 电路。((1)、(2)和(3)是独立的问题)

(1) 你应该意识到在这个问题中电容"桥"可以用单个电容来代替。单个等效电容的值是多少?

(2) 若 $t \geqslant 0$ 时 $i_1(t) = 0, v_1(t) = 0$。已知 $t = 0$ 时 $v_0(t)$ 是 1V,求 $t > 0$ 时的 $v_0(t)$。

(3) 另一个不同的约束是在 $t < 0$ 时电源 $i_1(t)$ 和 $v_1(t)$ 都是 0,并且 $v_0(0) = 0$。电源 $i_1(t)$ 和 $v_1(t)$ 在 $t = 0$ 时刻分别跳变到 +1mA 和 +1V。求所有时刻的 $v_0(t)$。

练习 10.16　图 10.77 所示电路中,$R_1 = 1k\Omega, R_2 = 2k\Omega, C = 3\mu F$。假定初始状态为 0,并且假定在 $t = 0$ 时刻 v_1 有 6V 的阶跃。求 $t > 0$ 时的 $v_2(t)$,画出示意图并标注关键点。

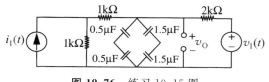

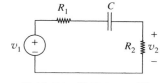

图 **10.76**　练习 10.15 图　　　　　图 **10.77**　练习 10.16 图

练习 10.17　考虑图 10.78 所示电路,$i_1(t)$ 是一阶跃信号,如图 10.79 所示。假定 $t < 0$ 时 $v_0 = 0$。画出 $v_0(t)$ 的示意图,并标注关键点。

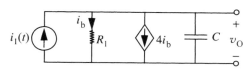

图 **10.78**　练习 10.17 图 1

练习 10.18 电路如图 10.80 所示,假定电容起始时充电至 1V,求特征方程和零输入响应,作图并标注关键点。

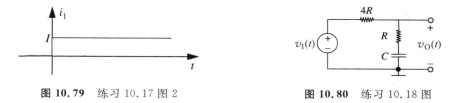

图 **10.79** 练习 10.17 图 2   图 **10.80** 练习 10.18 图

练习 10.19 图 10.81 中所有 4 个电路的激励函数都是

$$v_S(t) = 0 \qquad t < 0$$
$$v_S(t) = 10\text{V} \quad t \geqslant 0$$

对每个电路,从右侧的时间函数中为输出 $v_O(t)$ 选择相应的幅值和形状。假定所有电容和电感的初始状态为 0(状态变量在 t 小于 0 时为 0)。如果没有匹配的响应存在,请做简要的解释。所有响应都是由"直线"和"指数曲线"组成的。对同一个时间函数你可以选择不止一次。(注意(d)部分表示了一个运算放大器,运算放大器将在后面的章节中加以讨论。)

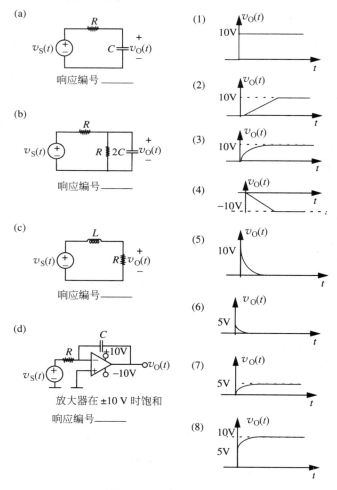

图 **10.81** 练习 10.19 图

练习 10.20 RC 网络如图 10.82 所示。在所有时间内电压 v 和电流 i 都是常数。$t=0$ 之前开关闭合,电路处于平衡状态。在 $t=0$ 时,开关打开,一段时间后又重新合上。观察到的 $v_C(t)$ 的波形如图 10.83 所示。τ_1、τ_2 和终值 V_1 是多少?(注意:图可能不是严格按比例画的。)

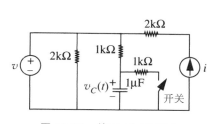

图 10.82 练习 10.20 图 1

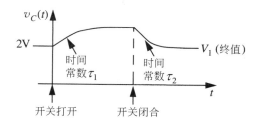

图 10.83 练习 10.20 图 2

练习 10.21 图 10.84 所示两个电路中,输入 $v_{IN}(t) = 10u_{-1}(t)$,在 $t=0$ 时有一个 10V 的阶跃[①]。对每个电路求:

(1) 电路的时间常数;

(2) 信号 $v_{OUT}(t)$ 的时间函数解析表达式;

(3) 信号 $v_{OUT}(t)$ 的时间函数示意图,并标注关键点。注意注明时间和电压的单位。

练习 10.22 对下面的每一种情况,通过观察给出:

① 时间常数 τ 的表达式;

② 信号对时间的示意图;

③ 用 τ 和其他必要的参数表示信号的解析表达式。

(1) 图 10.85,$i(t=0) = I_0$,求 $t > 0$ 时的 $v(t)$。

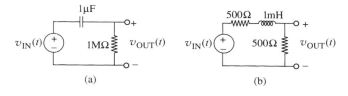

(a)   (b)

图 10.84 练习 10.21 图

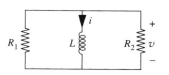

图 10.85 练习 10.22 图 1

(2) 图 10.86,$i_1(t=0) = I_0/2$,求 $i_2(t)$。

(3) 图 10.87,开关在 $t=0$ 时从①切换到②,求 $t > 0$ 时的 $v(t)$。

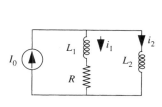

图 10.86 练习 10.22 图 2

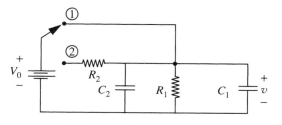

图 10.87 练习 10.22 图 3

---

① 回顾标记 $u_0(t)$ 表示 t 时刻的一个冲激。标记 $u_n(t)$ 表示对冲激微分 n 次得到的函数,$u_{-n}(t)$ 表示对冲激积分 n 次得到的函数。因此,$u_{-1}(t)$ 表示 t 时刻的单位阶跃函数,$u_{-2}(t)$ 是斜坡函数,$u_1(t)$ 是 t 时刻的冲激偶。单位阶跃函数 $u_{-1}(t)$ 通常也表示为 $u(t)$,而单位冲激函数 $u_0(t)$ 则表示为 $\delta(t)$。

练习 10.23 图 10.88 所示电路中，$t=0$ 时电容上没有电荷。如果给定 $v_I(t)=Atu_{-1}(t)$，那么 $v_C=[A(t-\tau)+A\tau e^{-t/\tau}]u_{-1}(t)$，如图 10.89 所示。注意 $u_{-1}(t)$ 代表在 $t=0$ 时的单位阶跃。求：

（1）当输入和上面的相同但 $v_C(0)=V_0$ 时的 $v_C(t)$。

（2）当 $v_C(0)=0$ 并且 $v_I(t)=Bu_{-1}(t)$ 时的 $v_C(t)$。注意 $u_{-1}(t)$ 代表在 $t=0$ 时的单位阶跃。

（3）当 $v_C(0)=0$ 并且

$$v_I(t)=\begin{cases} 0 & t\leqslant 0 \\ At & 0\leqslant t\leqslant T \\ AT & T\leqslant t \end{cases}$$

时，$t\geqslant T$ 时的 $v_C(t)$。

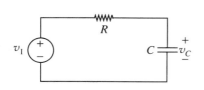

图 10.88 练习 10.23 图 1

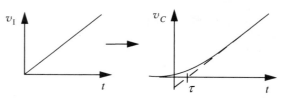

图 10.89 练习 10.23 图 2

练习 10.24 一个数字存储元件的实现如图 10.90 所示。当输入信号如图 10.91 所示时，画出存储元件输出的波形。假设开关是理想的，并且存储元件初始时储存的值为 0。

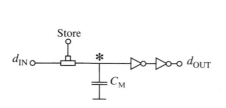

图 10.90 练习 10.24 图 1

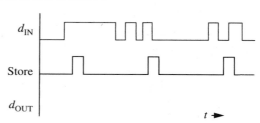

图 10.91 练习 10.24 图 2

问 题

问题 10.1 图 10.92(a) 表示的是一个反相器 INV1 驱动另一个反相器 INV2。这对反相器相应的等效电路如图 10.92(b) 所示。A、B 和 C 代表逻辑值，v_A、v_B 和 v_C 代表电平。基于 MOSFET SRC 模型的反相器等效电路模型如图 10.93 所示。

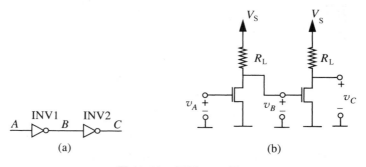

图 10.92 问题 10.1 图 1

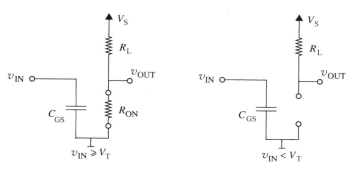

图 10.93　问题 10.1 图 2

（1）对图 10.92 所示电路结构,写出 INV1 的上升时间和下降时间的表达式。假定反相器满足静态原则,电压阈值 $V_{IL}=V_{OL}=V_L$,$V_{IH}=V_{OH}=V_H$。

（提示：INV1 的上升时间是当输入 v_A 从 V_S 到 0V 发生跃迁时,v_B 从它能到达的最低电压（由分压器 R_L 和 R_{ON} 决定）转变到 V_H 所需的时间。类似地,INV1 的下降时间是当输入 v_A 从 0V 到 V_S 发生跃迁时,v_B 从它能到达的最高电压（即 V_S）转变到 V_L 所需的时间。）

（2）图 10.92 所示电路结构中,当 $R_{ON}=1{\rm k}\Omega$,$R_L=10R_{ON}$,$C_{GS}=1{\rm nF}$,$V_S=5{\rm V}$,$V_L=1{\rm V}$,$V_H=3{\rm V}$ 时,INV1 的传播延迟 t_{pd} 是多少?

问题 10.2　问题 10.1 中研究的由 INV1 和 INV2 组成的反相器对（见图 10.92）驱动另一个反相器 INV3,如图 10.94(a) 所示。从逻辑上讲,串联连接的反相器对 INV1 和 INV2 起一个缓冲器的作用,如图 10.94(b) 所示。驱动 INV3 的缓冲器电路的等效电路如图 10.94(c) 所示。对这个问题,使用图 10.93 所示的基于 MOSFET SRC 模型的反相器等效电路模型。进一步假定每个反相器都满足静态原则,电压阈值 $V_{IL}=V_{OL}=V_L$,$V_{IH}=V_{OH}=V_H$。再假定 MOSFET 的电压阈值为 V_T。（注意:为满足静态原则,下式成立: $V_L<V_T<V_H$）

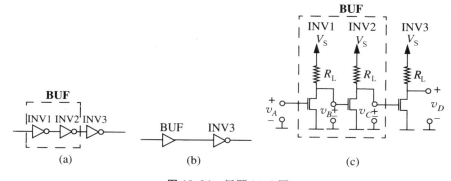

图 10.94　问题 10.2 图

（1）对图 10.94(c),假定缓冲器的输入 v_A 在 $t=0$ 时发生从 0V 到 V_S 的阶跃变化,写出对于 v_A 的阶跃变化在 $t \geqslant 0$ 时 $v_B(t)$ 的表达式。（提示:参考问题 10.1(1) 中下降时间的计算）。画出 $t \geqslant 0$ 时 v_B 的示意图。

（2）对图 10.94(c),假定缓冲器的输入 v_A 在 $t=0$ 时发生从 0V 到 V_S 的阶跃变化,写出对于 v_A 的阶跃变化在 $t \geqslant 0$ 时 $v_C(t)$ 的表达式。（提示:参考(1)中 v_B 的示意图,INV2 中的 MOSFET 在 $v_B \geqslant V_T$ 时保持导通,在 $v_B<V_T$ 时关断）画出 $t \geqslant 0$ 时 $v_C(t)$ 的示意图。

（3）对图 10.94(c) 所示电路结构,写出缓冲器上升时间的表达式。（提示:参考(2)中 v_C 的示意图。缓冲器的上升时间是当输入 v_A 发生从 0V 到 V_S 的阶跃变化时,v_C 从它能到达的最低电压转变到 V_H 所需的时间。注意缓冲器的上升时间包括了缓冲器内部的下降延迟，即 v_B 从 V_S 转变到 V_T 所用的时间，以及 v_C 从它的最低电压转变到 V_H 所用的时间）。

（4）对图 10.94(c)，假定缓冲器的输入 v_A 在 $t=0$ 时发生从 V_S 到 0V 的阶跃变化，写出对于 v_A 的阶跃变化在 $t\geqslant0$ 时 $v_B(t)$ 的表达式。画出 $t\geqslant0$ 时 v_B 的示意图。

（5）对图 10.94(c)，假定缓冲器的输入 v_A 在 $t=0$ 时发生从 V_S 到 0V 的阶跃变化，写出对于 v_A 的阶跃变化在 $t\geqslant0$ 时 $v_C(t)$ 的表达式。（提示：参考(4)中 v_B 的示意图，INV2 中的 MOSFET 在 $v_B<V_T$ 时保持关断，在 $v_B\geqslant V_T$ 时导通）画出 $t\geqslant0$ 时 $v_C(t)$ 的示意图。

（6）对图 10.94(c)所示电路结构，写出缓冲器下降时间的表达式。（提示：参考(5)中 v_C 的示意图。缓冲器的下降时间是当输入 v_A 发生从 V_S 到 0V 的阶跃变化时，v_C 从 V_S 转变到 V_L 所需的时间。注意缓冲器的下降时间是两部分的和：①缓冲器内部的上升延迟，即 v_B 从它的最低电压转变到 V_T 所用的时间，②v_C 从 V_S 转变到 V_L 所用的时间）

（7）假定 $R_{ON}=1k\Omega$，$R_L=10R_{ON}$，$C_{GS}=1nF$，$V_S=5V$，$V_L=1V$，$V_H=3V$，计算缓冲器的上升时间和下降时间。

（8）如图 10.94(c)所示，当缓冲器的输出通过一根理想导线连接到单个反相器时，缓冲器的传播延迟 t_{pd} 是多少？

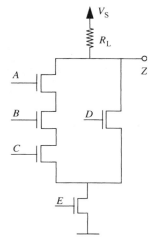

图 10.95 问题 10.3 图

（9）注意与问题 10.1 中的延迟计算不同，我们需要 V_T 的值来得到缓冲器的延迟。为什么在缓冲器情况下它是必需的？

（10）可以将单个反相器的延迟翻倍得到缓冲器延迟的一个大概值。利用问题 10.1(2)中计算出的反相器的延迟估计缓冲器的延迟。与该问题(9)中计算出的精确的缓冲器延迟相比，这个估计值的误差百分数是多少？

问题 10.3 图 10.95 电路实现了一个逻辑功能：$Z=\overline{(ABC+D)E}$。假设这个电路的输出驱动一个门电容为 C_{GS} 的反相器。假定电路中的 MOSFET 的导通电阻为 R_{ON}，高压阈值和低压阈值分别为 $V_{IH}=V_{OH}=V_H$ 和 $V_{IL}=V_{OL}=V_L$。

（1）什么样的逻辑输入组合会导致电路的下降时间出现最坏的情况？

（2）对最坏情况推导出用 V_S、R_L、R_{ON}、V_L 和 V_H 表示的下降时间的表达式。注意你的答案中要出现所有变量。

（3）对最坏情况推导出上升时间的表达式。

问题 10.4 图 10.96 表示在一块 VLSI 芯片上反相器 INVA 通过一根长为 l 的导线连接到另一个反相器 INVB。

图 10.97 表示的是在 VLSI 芯片上长度为 l 的(非理想)导线的集总电路模型，图 10.98 表示的是用非理想导线连接的反相器基于 MOSFET SRC 模型的等效电路模型。假定逻辑器件满足静态原则，电压阈值为 $V_{IL}=V_{OL}=V_L$ 和 $V_{IH}=V_{OH}=V_H$，电源电压为 V_S。

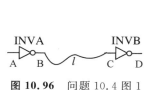

图 10.96 问题 10.4 图 1

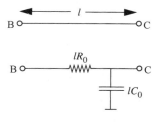

图 10.97 问题 10.4 图 2

假定 INVA 的输入(用 v_{INA} 表示)在 $t=0$ 时从 0 转变到 1，求此时 INVA 产生的传播延迟 $t_{pd,0\rightarrow1}$。回顾我们对 $t_{pd,0\rightarrow1}$ 的定义，它是随着 INVA 的输入从逻辑 0 转变到逻辑 1，INVB 的输入 v_{INB} 从 V_S 下降到 V_L 所

用的时间。用 V_S、V_L、R_{ON}、C_{GS}、导线长度 l 和导线的模型参数表示你的答案。当导线长度 l 增加到 2 倍时，延迟增加多少？

　　问题 10.5　图 10.99 表示的是一个反相器 INVA 驱动 n 个其他的反相器，从 INV1 到 INVn。与问题 10.1 中相同，每个反相器都是由一个 MOSFET 和一个电阻 R_L 构成的，并且所有反相器满足静态原则，电压阈值为 $V_{IL} = V_{OL} = V_L$ 和 $V_{IH} = V_{OH} = V_H$。如问题 10.1 中所述（见图 10.93），用 SRC 模型对 MOSFET 建模，MOSFET 的导通电阻为 R_{ON}，门电容为 C_{GS}。

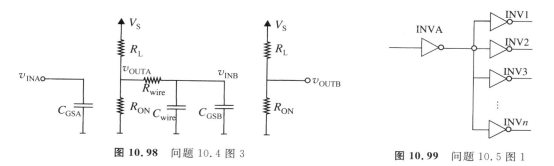

图 10.98　问题 10.4 图 3　　　　　　　　　　　图 10.99　问题 10.5 图 1

　　(1) INVA 的上升和下降时间是多少？（提示：将每个反相器的输入电容相加得到总值，利用问题 10.1 中得到的答案求解这个问题）当被驱动的反相器数目 n 增加时，上升时间是如何增加的？

　　(2) 图 10.99 所示电路结构中，当 $R_{ON} = 1\text{k}\Omega$，$R_L = 10R_{ON}$，$C_{GS} = 1\text{nF}$，$V_S = 5\text{V}$，$V_L = 1\text{V}$，$V_H = 3\text{V}$ 时，INVA 的传播延迟 t_{pd} 是多少？

　　(3) 现在假定图 10.100 中连接 INVA 的输出从 INV1 到 INVn 的每个反相器的导线都不是理想的。用图 10.101 所示的模型对每根导线建模。假定 INVA 的输入发生从 1 到 0 的阶跃，求 INVA 驱动的任意一个反相器 INVi 的输入上升时间。

图 10.100　问题 10.5 图 2　　　　　　　　　　　图 10.101　问题 10.5 图 3

　　(4) 利用下列参数计算 (3) 中求出的上升时间的值：$R_{ON} = 1\text{k}\Omega$，$R_L = 10R_{ON}$，$C_{GS} = 1\text{nF}$，$R_w = 100\Omega$，$V_S = 5\text{V}$，$V_L = 1\text{V}$，$V_H = 3\text{V}$。

　　问题 10.6　从问题 10.4 的答案中可以看出，长导线会对延迟产生非常严重的负面影响。消除导线延迟问题的一个方法是当驱动长导线时引入一个缓冲器，如图 10.102 所示。假定缓冲器的结构如图 10.94(c) 所示，由一对与本问题中相同的反相器组成。换言之，缓冲器的输入对地电容是 C_{GS}，缓冲器的输出与反相器的输出有相同的驱动特性。对于本问题，可忽略缓冲器的内部延迟（见问题 10.2 中 (3) 和 (6) 对缓冲器内部延迟的定义）。换句话说，缓冲器驱动的输出电容为 0 时延迟为 0。

　　通过引入缓冲器，反相器 INVA 或者缓冲器驱动的导线的有效长度都是 $l/2$。当 l 很大时，给定导线长度和延迟之间的非线性关系，驱动两个 $l/2$ 长的导线段的延迟总和小于驱动单个 l 长的导线段的延迟。

　　(1) 计算图 10.102 所示电路中 INVA 的输入和 INVB 的输入之间的传播延迟。假定反相器或缓冲器的输出端上升转变时间长于下降转变时间。

（提示：从 INVA 的输入到 INVB 的输出的总延迟等于下面两个量的和：①INVA 驱动长度为 $l/2$ 的导线段和缓冲器的门电容 C_{GS} 产生的传播延迟；②缓冲器驱动第 2 个长度为 $l/2$ 的导线段和 INVB 的门电容 C_{GS} 产生的传播延迟。记住：当缓冲器驱动的输出电容为 0 时，它的延迟为零）

（2）图 10.103 电路中，在 INVA 和 INVB 之间引入了 $n-1$ 个缓冲器。INVA 和每一个缓冲器都驱动一段长度为 l/n 的导线。计算这种情况下 INVA 的输入和 INVB 的输入之间的传播延迟。

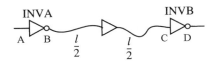

图 10.102 问题 10.6 图 1

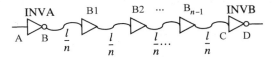

图 10.103 问题 10.6 图 2

（3）确定缓冲器的个数，使得图 10.103 所示电路的传播延迟最小。

问题 10.7 图 10.104 表示了一个驱动大电容负载 C_L 的缓冲器 BUF1。缓冲器是由图 10.94(c) 中所示的反相器对构成的。缓冲器中每个 N 沟道 MOSFET 的宽度和长度比为 W/L，电阻值为 R_L。相应地，从缓冲器输入端看进去的门电容为 $(W/L)C_{GS}$。缓冲器满足静态原则，电压阈值为 $V_{IL}=V_{OL}=V_L$ 和 $V_{IH}=V_{OH}=V_H$。电源电压为 V_S。假定缓冲器的内部延迟为 0（如问题 10.2(3) 中定义的那样）。假定在 $t=0$ 时输入端 A 有一个从逻辑 0 到逻辑 1 的跃迁。

（1）当输入端 A 有一个上升的跃迁时，计算驱动负载 C_L 的缓冲器 BUF1 的传播延迟。

（2）现在考虑图 10.105。图中表示在第一个缓冲器和负载电容之间又接入了第二个缓冲器，它具有更大的晶体管和更小的负载电阻值（$x>1$）。计算当输入 A 发生上升跃迁时，与 BUF2 串联驱动负载 C_L 的缓冲器 BUF1 的传播延迟。假定 C_L 远远大于两个缓冲器输入端的门电容，并且 $x>1$。计算出的延迟是大于还是小于(1)中计算出的延迟？

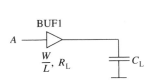

图 10.104 问题 10.7 图 1

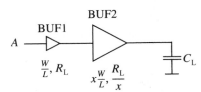

图 10.105 问题 10.7 图 2

（3）考虑图 10.106。该图表示的是 n 个缓冲器的串联，其中缓冲器 BUFi 的晶体管的宽度是 BUF$i-1$ 的 x 倍，而它的电阻是 BUF$i-1$ 小 $1/x$。选取 n 使得 C_L 是 BUFn 门电容的 x 倍。换言之，n 满足方程

$$C_L = x^n \frac{W}{L} C_{GS}$$

当输入 A 发生上升跃迁时，依次计算驱动负载 C_L 的 n 个缓冲器的传播延迟。如前所述，假定 C_L 大于每个缓冲器的输入端的门电容，并且 $x>1$。

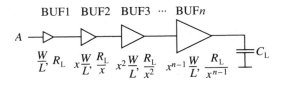

图 10.106 问题 10.7 图 3

（4）确定 x 的值，使得(2)中计算出的传播延迟最小。

问题 10.8 在这个问题中将研究在 VLSI 封装中寄生电感的影响。VLSI 芯片被封装在塑料或陶瓷

包中,连接到内部电路中的某些节点(例如电源、地、输入节点和输出节点)需要延伸到封装的外部。这种延伸一般是这样实现的:首先将内部节点连接到 VLSI 芯片上的一个金属垫上;然后,用一根导线将此金属垫连接到封装的"引脚"端。该导线一端连到金属垫上,另一端连到引脚上。延伸到封装外的引脚一般通过 PC 主板与外部线路相连。

封装的引脚、连接的导线、芯片内部的导线合起来可用一个不为 0 的寄生电感表示。在本问题中,我们将研究与电源连接相关的寄生电感的影响。图 10.107 为这个条件给出了一个模型。带有负载电阻 R_1 和 R_2、MOSFET 的宽度长度比分别为 W_1/L_1 和 W_2/L_2 的两个反相器连接到芯片上的同一个电源节点上,用电压 v_p 表示。理想情况下这个芯片上的电源节点将通过一根理想导线延伸到芯片外,与外电源 V_S 相连,如图 10.107 所示。然而,在芯片上的电源节点(用电压 v_p 表示)与外部电源节点(用电压 V_S 表示)之间引入了寄生电感 L_P。

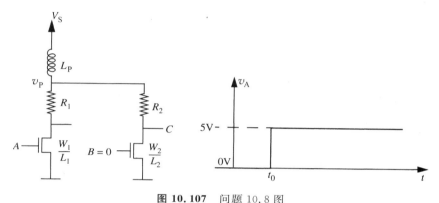

图 10.107 问题 10.8 图

假定输入 B 在任何时候都是 0V。进一步假定输入 A 在起始时为 0V。在 $t=t_0$ 时,输入 A 有一个 5V 的阶跃。画出时间函数 v_p 的波形。要求明确表示出 v_p 在 t_0 前一瞬间和 t_0 后一瞬间的值。假定 MOSFET 的导通电阻由关系 $\frac{W}{L}R_N$ 给定,而且 MOSFET 的阈值电压 $V_T < V_S$。还假定 $V_T < 5V$。

问题 10.9 图 10.108 中,一个只含有线性元件(不含独立源)的盒子与电流源相连。电流波形 $i(t)$ 如图 10.109 所示。在所有 $t<0$ 时,电压 v 为 0;$0<t<2s$ 时是 1V。从 $t=2s$ 到 $t=5s$ 这段时间内,v 是多少?给出盒子中一种可能的简单电路。

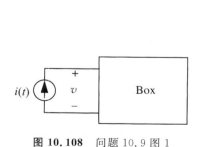

图 10.108 问题 10.9 图 1

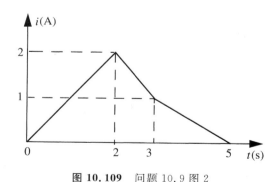

图 10.109 问题 10.9 图 2

问题 10.10 如图 10.110 所示,可以用一个电容和一个电阻来过滤或平滑从半波整流器得到的波形,从而在输出段得到一个更接近于直流的电压,可以用作电源。

为简单起见,假定电源电压 v_S 是一个方波。假定 $t=0$ 时,$v_0=0$,即电路处于松弛状态。现在假定 R 足够小,从而电路的时间常数远远小于 t_1 或 t_2。计算在输入的每半周期内的电压波形。当 $t_1 = t_2$ 时,求输

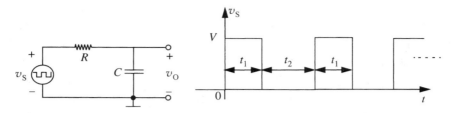

图 10.110 问题 10.10 图

出电压 v_O 的平均值,并仔细画出波形。当如此选择 R 时,显然没有起到有效的平滑作用。

问题 10.11 当 R 远远大于问题 10.10 中所选的值时,电路的时间常数就会远远大于 t_1 或 t_2(因此指数就可以近似为直线)。计算在 v_S 的第一个半周期内时的 v_O,以及第二个半周期内时的 v_O,画出结果。注意一个周期后解答并没有回到 $v_O=0$ 的起始点,因此还不是在"稳态"。

问题 10.12 从问题 10.10 可以看出,在电路时间常数 $\tau\gg t_1$ 和 t_2 的情况下,当 v_S 为正时,电容电压从某一个值 V_{min} 开始增加;然后当 v_S 为 0 时,v_O 从某一个值 V_{max} 开始减小。根据定义,电路的"稳态"是指当 v_O 从 V_{min} 充电到 V_{max} 时,放电就是从 V_{max} 到相同的 V_{min}。假定 $t_1=t_2$,画出稳态时 v_O 的波形。

求电压 v_O 的平均值。问题 10.11 也许会给你一点提示,解释你的答案。将波形 v_S 看做是由一个直流电压 $V/2$ 和一个值在 $+V/2$ 和 $-V/2$ 之间变化的对称方波组成的,也许会有所帮助。

问题 10.13 这个问题(见图 10.111)包括一个电容和两个开关。开关被一个频率为 f_0 的外部时钟控制信号周期性地驱动,首先 S_1 闭合 S_2 打开 $1/2f_0$ 时间,然后 S_2 闭合 S_1 打开 $1/2f_0$ 时间。

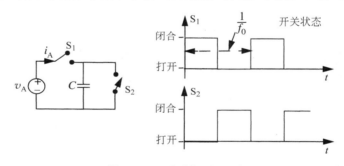

图 10.111 问题 10.13 图

可以假定时钟驱动信号是无重迭的,即在同一时刻 S_1 和 S_2 不会都闭合。S_2 闭合前一瞬间 S_1 打开,S_1 闭合前一瞬间 S_2 打开。

(1) 通过求几个时钟周期内电荷传递的平均速率求平均电流 i_A。假设 $v_A=A\cos(\omega t)$,其中 $\omega\ll 2\pi f_0$。在同一坐标中画出 i_A 和 v_A。

(2) 检查(1)中 i_A 和 v_A 的结果,它们应该同相,并且 i_A 的幅值应该和 v_A 的幅值成比例。这是一个有趣的"电阻"形式,"电阻"的值是多少?v_A 提供的能量实际去哪儿了?

(注释:这种类型的电路现在普遍应用于一种 MOS 集成电路中,用于制造可以模拟具有精确的、可控数值的电阻元件。这种元件的价值在于,MOS 集成电路中,对电容尺寸和时钟频率的精确控制是很容易的,而对电阻值的精确控制是很困难的。)

问题 10.14 多种物理系统的行为均可以用状态变量来描述。对下面的每一个例子,试确定:

① 描述系统所需的状态变量的个数,即有多少个状态变量?

② 哪些物理量可以用做状态变量?

③ 状态方程的形式,包括输入量的确定。

④ 可以代表该系统的简单电路(电气模拟)。

下面是例子:

(1) 一个曲棍球以速度 v_0 离开运动员的球棍沿冰面滑行,直至它停下来。(假定是一个非常大的曲棍球场,或是一次比较弱的击球)

(2) 每天早晨你淋浴到一半时,水温会突然降至冰点,大概是因为你的室友起得更早,已经先淋浴过了。

(3) 一个简单的钟摆从静止状态开始摆动,初始角度偏移为 Δ_0。它来回摆动直到最后又恢复到静止状态。

(注释:如果你只关注速度,例子(1)是很容易的,但如果你把位置也考虑进来,用电路模拟的方法就会变的比较困难。例子(2)和(3)则可以很好地进行电路模拟。)

问题 10.15 图 10.112 表示了一个滤波扼流圈的用法。

假定(1)和(2)部分的 v_S 的波形是一系列从 $t=0$ 开始的方波脉冲。如图 10.113 所示。

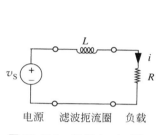

图 10.112 问题 10.15 图 1

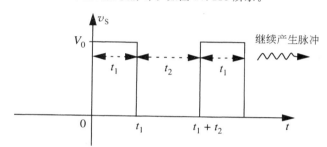

图 10.113 问题 10.15 图 2

假定(3)和(4)部分的 v_S 的波形是半波整流的正弦波,如图 10.114 所示。

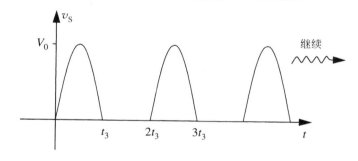

图 10.114 问题 10.15 图 3

(1) 假定初始松弛条件是在 $t=0^-$ 时刻,并且假定与网络的时间常数相比,t_1 和 t_2 都很长。确定下列各量:

① 计算第一个周期($0 \leqslant t < t_1 + t_2$)、第二个周期$[(t_1 + t_2) \leqslant t < 2(t_1 + t_2)]$ 以及到达稳态后的一个典型周期内的电流波形。

② 需要多少个周期才能从初始松弛状态到达稳态?

③ 稳态时,求负载电流的平均值、一个周期内负载电流变化的幅值、电感中储存的平均能量,以及储存的平均能量与一个完整周期中负载消耗的能量的比值。

(2) 当 t_1 和 t_2 与网络的时间常数相比都很短时,重复(1)中的每一种情况。

(3) 现在假定作为一个滤波器设计者,你面临的问题是:选择电感值,要求使得脉动很大的电压源(如图中所示的半波整流正弦波)在负载中产生相对平滑的、无纹波的电流。对于给定的负载电流变化的最大值,你用什么方法来确定电感的值,从而达到这一目的? 为什么说一个远大于所需值的特别大的 L 是一个差的设计?

(4) 动手做一个设计:假定电源波形是一个半波整流的 $60\mathrm{Hz}$、$115\mathrm{V}$ 的交流,负载电阻是 16.2Ω,期望负载电流纹波为负载电流平均值的 5%。给出合理的近似值。

问题 10.16 考虑图 10.115 所示电路。

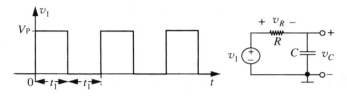

图 10.115 问题 10.16 图

(1) 在给定的输入波形下,画出几个周期内的 v_R 和 v_C。假定 RC 时间常数是 $10t_1$。

(2) 在开始的几个周期内,v_C 的波形不会重复,但过一段时间后,v_C 就是周期的了。求出并画出这个周期波形,标注出关键数值。

问题 10.17 如图 10.116,$v_I = Kt$,即一个从 $t=0$ 时刻开始的斜坡信号,求 v_R 和 v_L 的表达式。画出波形。

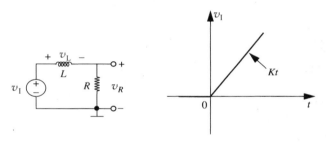

图 10.116 问题 10.17 图

问题 10.18 如图 10.117,已知电感电流的初始值 $i_L(0)=1\mathrm{mA}$,求 v_R 和 v_L 的表达式。画出波形。

问题 10.19 这个问题的目的是阐述一个重要事实:尽管一个线性电路的零状态响应是它的输入的线性函数,全响应却不是。考虑图 10.118 所示的线性电路。

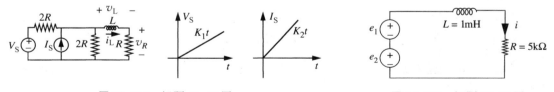

图 10.117 问题 10.18 图 　　**图 10.118** 问题 10.19 图

(1) 令 $i(0)=2\mathrm{mA}$。再令 i_1 和 i_2 是电压 e_1 和 e_2 产生的响应,一次只加载一个电压。

$$e_1 = \begin{cases} 0 & t < 0 \\ 10\mathrm{V} & t \geqslant 0 \end{cases} \tag{10.185}$$

$$e_2 = \begin{cases} 0 & t < 0 \\ 20\mathrm{V} & t \geqslant 0 \end{cases} \tag{10.186}$$

画出 i_1 和 i_2 作为 t 的函数。在所有 $t \geqslant 0$ 时,$i_2(t)=2i_1(t)$ 成立吗?

（2）现在考虑由 e_1 和 e_2 产生的零状态响应，记做 $i_1'(t)$ 和 $i_2'(t)$。画出 $i_1'(t)$ 和 $i_2'(t)$ 作为时间 t 的函数。在所有 $t \geqslant 0$ 时，$i_2'(t) = 2i_1'(t)$ 成立吗？

问题 10.20　在图 10.119 所示电路中，开关在 $t=0$ 时打开。画出 $i_L(t)$ 和 $v_L(t)$ 的示意图，并标注关键点。已知 $v_1 = 5\text{V}, v_2 = 3\text{V}, R_1 = 2\text{k}\Omega, R_2 = 3\text{k}\Omega, L = 4\text{mH}$。

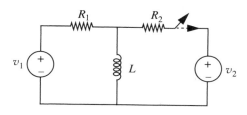

图 10.119　问题 10.20 图

问题 10.21　如图 10.120 所示是有两个输入的 RC 电路。

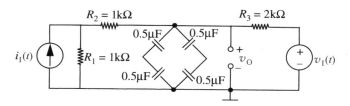

图 10.120　问题 10.21 图

考虑 $t \geqslant 0, i_1(t)=0, v_1(t)=0$ 时电路的工作情况。已知电压 $v_O(t)$ 在 $t=0$ 时为 1V。求 $t>0$ 时的 $v_O(t)$。

另一个不同的约束是在 $t<0$ 时电源 $i_1(t)$ 和 $v_1(t)$ 为 0，并且 $v_O(0)=0$。电源 $i_1(t)$ 和 $v_1(t)$ 在 $t=0$ 时分别发生 +1mA 和 +1V 的阶跃。求所有时刻的 $v_O(t)$。

问题 10.22　图 10.121 所示电路中的氖灯具有如下性质：在灯泡电压 v 到达阈值电压 $V_T = 65\text{V}$ 之前，灯泡保持断开，就像开路一样。一旦 v 达到 V_T，就会发生放电，灯泡就像一个简单的电阻，阻值 $R_N = 1\text{k}\Omega$。只要灯泡电流 i 保持在维持放电所需的电流值 $I_S = 10\text{mA}$ 之上（即使电压 v 下降到 V_T 之下），放电就会继续。i 一下降到 10mA 以下，灯泡就重新变为开路。

（1）画出 $v(t)$ 和 $i(t)$ 的示意图，并标出单位，表示出第一个和第二个充电时间段。

（2）估计闪光速率。

问题 10.23　由于示波器存在输入电阻和输入电容，实验室对暂态过程的观察（例如图 10.122 所示 R_1-C_1 电路的阶跃响应）可能会存在一些错误。

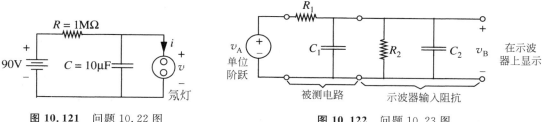

图 10.121　问题 10.22 图　　　　**图 10.122**　问题 10.23 图

（1）假定将被测电路连接到示波器产生的影响可以用图 10.122 中增加的 R_2 和 C_2 来表示。求上述电路在 v_B 观察到的阶跃响应，并画出示意图。把你的结果与理想示波器（$R_2 \to \infty, C_2 \to 0$）情况下将观察到的波形相比较，讨论由示波器引入的误差。假定初始状态为零。

（2）处理（1）中误差的一个一般的方法是与示波器串联一个补偿衰减器（见图 10.123）。为简单起见，我们研究将补偿过的示波器直接连接（1）中的单位阶跃信号（而不是 R_1-C_1 电路）时观察到的情况。假定在加载阶跃之前初始状态为零。

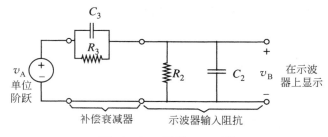

图 10.123 问题 10.23 图

① 在阶跃加载之后的瞬间，即 $t=0^+$ 时 v_B 是多少？

② 当 $t \to \infty$ 时，v_B 是多少？

③ 利用你的结果，求所有 t 时的 v_B。

④ 若要使得 $v_B(t)$ 中没有自由响应成分，即没有暂态，R_2、C_2、R_3 和 C_3 必须满足什么条件？这种情况下，v_B 是多少？

问题 10.24 图 10.124 所示电路由一斜坡信号驱动，$t>0$ 时，$v_I(t)=K_1t$，$t<0$ 时，$v_I(t)=0$。

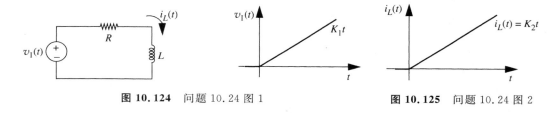

图 10.124 问题 10.24 图 1　　　　　　　　**图 10.125** 问题 10.24 图 2

（1）假定 $i_L(0^-)=0$，画出电流 $i_L(t)$ 的示意图，并求出 $i_L(t)$ 的解析表达式。

（2）在某些应用中，如为磁偏转阴极射线管产生一个线性扫描，我们希望 $i_L(t)$ 是如图 10.125 所示的线性斜坡信号。

求新的输入波形 $v_I(t)$，使得 $i_L(t)=K_2t$，$t>0$。画出 $v_I(t)$，标出所有的值和斜坡。

问题 10.25 对图 10.126 所示的 RL 电路，画出 $t>0$ 时 v_R 对时间的示意图，并标注关键点。假定 $i_L(t<0)=0$，并且 T_1 是电路时间常数的 5 倍。

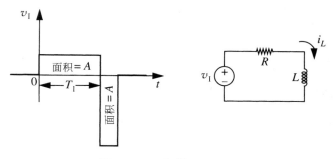

图 10.126 问题 10.25 图

问题 10.26 电容初始时处于松弛状态（$v_C(0)=0$），并且连接断开。开关在 $t=0$ 时合向位置①，如图 10.127 所示。

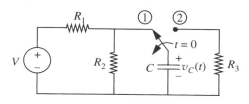

图 10.127 问题 10.26 图

(1) 画出 $t>0$ 时 $v_C(t)$ 的示意图。在图上标注出所有相关的点,并计算时间常数。

(2) 在某一时刻 $T>0$(至少 5 个时间常数以后),开关掷向(瞬时地)位置②。画出 $t>T$ 时 $v_C(t)$ 的示意图,在图上标注出所有相关的点。

(3) 当 $R_1=R_2=R_3$ 时,(1)中的时间常数大于、小于、还是等于(2)中的时间常数?

问题 10.27 对图 10.128 所示电路,画出 v_R 对时间的示意图,并标注关键点。假定在 $t=0$ 之前很长时间 $v_I=K_1$,如图所示。

注意这个问题可以用许多简单的步骤来求解:将它分解为许多部分,然后对每一部分求解。分解也有许多种方法,各种方法的难易大致相当。

问题 10.28 给你一个如图 10.129 所示的 RC 电路。

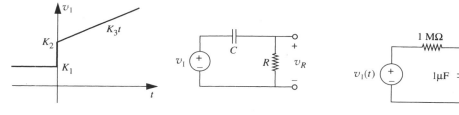

图 10.128 问题 10.27 图 图 10.129 问题 10.28 图 1

(1) 假定你观察到的 $v_O(t)$ 是一个三角波,如图 10.130 所示。求产生这个输出信号所需的 $v_I(t)$,并画出波形。标出时间、幅值以及函数的重要参数。

(2) 现在改变输入信号。利用一个在 $t=0$ 时刻开始的斜坡函数 $v_I(t)=tu_{-1}(t)$ 作为输入信号 $v_I(t)$。(注意 $u_{-1}(t)$ 代表一个 $t=0$ 时刻的单位阶跃)画出 $0<t<5\mathrm{s}$ 时的输出信号 $v_O(t)$,并标注关键点。

(3) 给出你在(2)中画出的输出信号 $v_O(t)$ 的解析表达式。

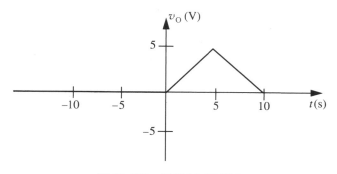

图 10.130 问题 10.28 图 2

问题 10.29 考虑图 10.131 所示的数字存储元件。保存节点的对地电压记为 v_M。图中还显示了一个从保存节点到地之间的杂散电阻 R_P。这个电阻将导致存储器里的电荷发生泄露。

信号 A 被加到反相器上,该反相器驱动存储元件的输入 d_{IN}。图 10.131 中所有反相器的负载电阻都

是 R_L，并且每个反相器中下拉 MOSFET 的导通电阻都是 R_{ON}。假设由 Store 信号驱动的开关的导通电阻也是 R_{ON}。电源电压为 V_S，MOSFET 的阈值电压是 V_T。在处理这个问题时，假设 R_P 远远大于 R_{ON} 和 R_L。

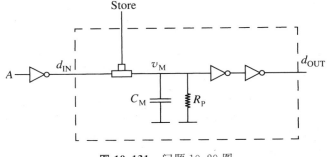

图 10.131 问题 10.29 图

（1）假设一个从 0V 到 V_S 的阶跃在 $t=0$ 时刻加到存储元件的保存输入端。画出 $t \geqslant 0$ 时 $v_M(t)$ 的示意图，假设 $v_M(t=0)=0$，并且 A 始终为 0V。假设 $R_{ON} \ll R_P$，v_M 能够达到的最大值是多少？

（2）现在假设一个高度为 V_S 的矩形脉冲加到存储元件的保存输入端，并且 A 始终为 0V。脉冲的上升跃迁发生在 $t=0$，下降跃迁发生在 $t=T$。求能够使 v_M 充电至 V_H 的最小脉冲宽度 T，其中 $V_H=V_{IH}=V_{OH}$，是静态原则的高电压阈值。假设 $v_M(t=0)=0$，$V_H<V_S$，$V_H>V_T$。

（3）现在让我们考虑 A 始终为 V_S，并且 $v_M(t=0)=V_S$ 的情况。当一个从 0V 到 V_S 的阶跃在 $t=0$ 时刻加到存储元件的保存输入端时，画出 $t \geqslant 0$ 时 $v_M(t)$ 的示意图。v_M 能够达到的最小值是多少？

（4）现在假设一个高度为 V_S 的矩形脉冲加到存储元件的保存输入端，脉冲的上升跃迁发生在 $t=0$，下降跃迁发生在 $t=T$。求能够使 v_M 从 V_S 放电至 V_L 的最小脉冲宽度 T，其中 $V_L=V_{IL}=V_{OL}$，是静态原则的低电压阈值。进一步假设 $V_L<V_T$，并且 V_L 大于 v_M 能够达到的最小值。

（5）假设存储元件在 $t=0$ 时刻存储的是"1"，并且 Store$=0$。假设不再有保存信号产生，求使得存储元件的输出（d_{OUT}）有效的周期时间。（提示：当 d_{OUT} 从"1"切换到"0"时，输出变为无效）

第 11 章

数字电路的能量和功率

数字电路构成了我们每天生活中大量以电池供电的应用的基础,包括手机、寻呼机、电子表、计算器和笔记本计算机等。一个给定重量和尺寸的电池存储了固定数量的能量。在要求更换或重新充电之前,电池能够持续的时间取决于设备消耗的能量。类似地,设备产生的热量取决于它消耗能量的速率,或功率消耗。因此,设备消耗的能量和能量消耗的速率都是电路设计中的关键问题。

11.1 简单 RC 电路的功率和能量关系

让我们首先研究图 11.1 所示简单 RC 电路的功率和能量关系。假定连接电压源和 RC 网络的开关在 $t=0$ 时闭合。进一步假定电容上没有初始电荷。

我们知道如果一个二端元件在任意给定时刻 t,它两端的电压为 $v(t)$,流过它的电流为 $i(t)$,那么传递给它的功率为

$$p(t) = v(t)i(t) \qquad (11.1)$$

其中,电流如果从电压的正极流进元件,那么就定义它为正。如果 $i(t)$ 为正,功率就传递给元件,例如一个电阻或充电的电容。电阻消耗能量,而电容储存能量。如果 $i(t)$ 为负,元件就释放功率,例如电池或放电的电容。

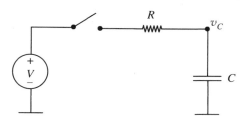

对于图 11.1,当开关闭合时,电压源通过电阻 R 开始对电容 C 充电。从电压源汲取的瞬时功率是多少呢? 从电压源汲取的瞬时功率为

图 11.1 简单 RC 电路从电源汲取能量

$$p(t) = Vi(t) \qquad (11.2)$$

其中

$$i(t) = \frac{V - v_C(t)}{R} \qquad (11.3)$$

利用 10.4 节中从电容充电的动态过程推导出的方程,我们可以写出

$$v_C(t) = V(1 - e^{\frac{-t}{RC}}) \qquad (11.4)$$

将 v_C 的表达式(11.4)代入式(11.3),再将 $i(t)$ 的表达式(11.3)代入式(11.2),我们得到

$$p(t) = \frac{V^2}{R} \mathrm{e}^{\frac{-t}{RC}} \tag{11.5}$$

如果开关已经闭合了很长时间,由电压源提供的总能量是多少呢? 因为功率是提供能量的速率,在 $0 \rightarrow T$ 时间间隔内提供的能量 w 为

$$w = \int_0^T p(t)\,\mathrm{d}t \tag{11.6}$$

当 T 趋于 ∞ 时,取极限可以得到电压源提供的总能量。

因此,当 T 趋于 ∞ 时,电压源提供的总能量为

$$w = \int_{t=0}^{t=\infty} \frac{V^2}{R} \mathrm{e}^{\frac{-t}{RC}}\,\mathrm{d}t = -\frac{V^2}{R} RC \mathrm{e}^{\frac{-t}{RC}}\,\Big|_{t=0}^{t=\infty} = CV^2$$

当 T 趋于 ∞ 时,电容中储存的能量是多少呢? 很长一段时间后,电容将充电至电压 V。根据式(9.18),电压为 V 的电容中储存的能量为 $CV^2/2$。

电阻中消耗的能量是多少呢? 因为电压源提供的能量等于 CV^2,而电容中储存的能量是 $CV^2/2$,电压源提供的余下一半能量肯定在电阻中消耗掉了。如下所示,我们可以通过明确计算电阻中消耗的能量来证明这一点。给出电阻的瞬时功率为

$$p(t) = i(t)^2 R = \left(\frac{V}{R} \mathrm{e}^{\frac{-t}{RC}}\right)^2 R = \frac{V^2}{R} \mathrm{e}^{\frac{-2t}{RC}}$$

在 $t=0$ 到 $t=\infty$ 的时间间隔内电阻中消耗的能量是

$$w = \int_{t=0}^{t=\infty} \frac{V^2}{R} \mathrm{e}^{\frac{-2t}{RC}}\,\mathrm{d}t = -\frac{V^2}{R} \frac{RC}{2} \mathrm{e}^{\frac{-2t}{RC}}\,\Big|_{t=0}^{t=\infty} = \frac{1}{2} CV^2$$

11.2　RC 电路的平均功率

现在让我们推导出图 11.2 中描述的稍微复杂一点的电路消耗的平均功率,它由两个电阻和一个电容通过开关连接到电压源上组成。假设开关由周期为 T 的方波信号 S 控制,如图 11.2 所示。开关先闭合 T_1 时间,然后打开 T_2 时间,依次类推。当开关闭合时,电压源

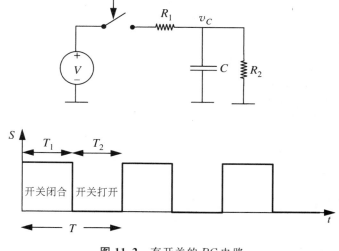

图 11.2　有开关的 RC 电路

对电容充电。当开关打开时,电容通过电阻 R_2 放电。我们对这样一种特殊情况尤其感兴趣,即时间段 T_1 和 T_2 足够长,电容电压在每个时间段 T_1 和 T_2 中都到达了其各自的稳态值。

当电流流过电阻时,能量就被消耗掉了。然而,电容不消耗能量。当开关闭合时,它仅仅储存能量(在 T_1 期间),开关打开时它又将这储存的能量提供出来(在 T_2 期间)。我们可以推导出电路中消耗的瞬时功率的时间函数 $p(t)$。我们也可以推导出电路中消耗的平均功率 $\bar{p}$。

> 平均功率定义为某一段时间内消耗的总能量 w 除以时间段的长度 T。

换句话说

$$\bar{p} = \frac{w}{T}$$

更明确地说,如果 w_1 是在时间段 T_1 内消耗的能量,w_2 是在时间段 T_2 内消耗的能量,那么电路中消耗的平均功率为

$$\bar{p} = \frac{w_1 + w_2}{T} \tag{11.7}$$

我们还将利用这个事实:某个时间段内消耗的能量就是这个时间段内瞬时功率对时间的积分。例如,在时间段 T 内消耗的能量是

$$w_T = \int_{t=0}^{t=T} p(t)\,\mathrm{d}t \tag{11.8}$$

11.2.1　在时间段 T_1 内消耗的能量

让我们首先考虑开关闭合时的情形,推导出 w_1 的值。当开关闭合时,图 11.3 所示电路适用。

为了计算电路消耗的能量,我们首先需要求出流过电阻 R_1 和 R_2 的电流。为了使电流的计算容易一些,我们首先求出 v_C。为了简化 v_C 的计算,可将图 11.3 所示电路变换成它的戴维南等效电路,如图 11.4 所示。假定时间 t 从 0 开始,此时,信号 S 从低到高跃迁。根据图 11.4 中的电路,可以写出电压 v_C 的表达式是

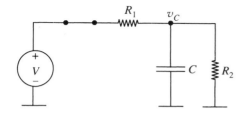

图 11.3　开关闭合时的等效电路　　图 11.4　开关闭合时的戴维南等效电路

$$v_C = V_{\mathrm{TH}}\left(1 - \mathrm{e}^{\frac{-t}{R_{\mathrm{TH}}C}}\right)$$

我们对 $t \to \infty$ 的特殊情形尤其感兴趣。当 $t \to \infty$ 时,$v_C \to V_{\mathrm{TH}}$。

现在已经可以求出开关闭合时电路中消耗的瞬时功率。一般来说,我们不能用戴维南等效电路求原电路中消耗的功率,因为功率的计算不是一个线性的过程。因此,回到图 11.3

中的电路, 开关闭合时电路消耗的瞬时功率是电阻 R_1 和 R_2 中消耗的功率的和。回忆起电压为 v、阻值为 R 的电阻中消耗的功率是 v^2/R, 我们可以写出

$$p(t) = R_1 \text{ 中的功率} + R_2 \text{ 中的功率}$$

$$= \frac{(V - v_C)^2}{R_1} + \frac{v_C^2}{R_2}$$

$$= \frac{\left[V - V_{\text{TH}}(1 - e^{\frac{-t}{R_{\text{TH}}C}})\right]^2}{R_1} + \frac{\left[V_{\text{TH}}(1 - e^{\frac{-t}{R_{\text{TH}}C}})\right]^2}{R_2}$$

现在我们利用式(11.8)的关系式能够推导出电路中消耗的能量

$$w_1 = \int_{t=0}^{t=T_1} \left(\frac{\left[V - V_{\text{TH}}(1 - e^{\frac{-t}{R_{\text{TH}}C}})\right]^2}{R_1} + \frac{\left[V_{\text{TH}}(1 - e^{\frac{-t}{R_{\text{TH}}C}})\right]^2}{R_2} \right) dt$$

由此导出

$$w_1 = \frac{V_{\text{TH}}^2}{R_2}\left[t - \frac{R_{\text{TH}}C}{2}e^{\frac{-2t}{R_{\text{TH}}C}} + 2R_{\text{TH}}Ce^{\frac{-t}{R_{\text{TH}}C}} \right]_{t=0}^{t=T_1}$$

$$+ \frac{1}{R_1}\left[(V - V_{\text{TH}})^2 t - V_{\text{TH}}^2 \frac{R_{\text{TH}}C}{2}e^{\frac{-2t}{R_{\text{TH}}C}} - 2(V - V_{\text{TH}})V_{\text{TH}}R_{\text{TH}}Ce^{\frac{-t}{R_{\text{TH}}C}} \right]_{t=0}^{t=T_1}$$

$$= \frac{V_{\text{TH}}^2}{R_2}\left(T_1 - \frac{R_{\text{TH}}C}{2}e^{\frac{-2T_1}{R_{\text{TH}}C}} + 2R_{\text{TH}}Ce^{\frac{-T_1}{R_{\text{TH}}C}} \right) - \frac{V_{\text{TH}}^2}{R_2}\left(-\frac{R_{\text{TH}}C}{2} + 2R_{\text{TH}}C \right)$$

$$+ \frac{1}{R_1}\left[(V - V_{\text{TH}})^2 T_1 - V_{\text{TH}}^2 \frac{R_{\text{TH}}C}{2}e^{\frac{-2T_1}{R_{\text{TH}}C}} - 2(V - V_{\text{TH}})V_{\text{TH}}R_{\text{TH}}Ce^{\frac{-T_1}{R_{\text{TH}}C}} \right]$$

$$- \frac{1}{R_1}\left[-V_{\text{TH}}^2 \frac{R_{\text{TH}}C}{2} - 2(V - V_{\text{TH}})V_{\text{TH}}R_{\text{TH}}C \right]$$

分离出包含 T_1 因子的项, 可以得到

$$w_1 = \frac{V^2 T_1}{R_1 + R_2} + \frac{V_{\text{TH}}^2}{R_2}\left(-\frac{R_{\text{TH}}C}{2}e^{\frac{-2T_1}{R_{\text{TH}}C}} + 2R_{\text{TH}}Ce^{\frac{-T_1}{R_{\text{TH}}C}} \right) - \frac{V_{\text{TH}}^2}{R_2}\left(-\frac{R_{\text{TH}}C}{2} + 2R_{\text{TH}}C \right)$$

$$+ \frac{1}{R_1}\left[-V_{\text{TH}}^2 \frac{R_{\text{TH}}C}{2}e^{\frac{-2T_1}{R_{\text{TH}}C}} - 2(V - V_{\text{TH}})V_{\text{TH}}R_{\text{TH}}Ce^{\frac{-T_1}{R_{\text{TH}}C}} \right]$$

$$- \frac{1}{R_1}\left[-V_{\text{TH}}^2 \frac{R_{\text{TH}}C}{2} - 2(V - V_{\text{TH}})V_{\text{TH}}R_{\text{TH}}C \right]$$

重新整理并简化得

$$w_1 = \frac{V^2 T_1}{R_1 + R_2} + \frac{CV_{\text{TH}}^2}{2}(1 - e^{\frac{-2T_1}{R_{\text{TH}}C}})^2 \tag{11.9}$$

当 $T_1 \gg R_{\text{TH}}C$ 时, 可以假设电容充电到它的稳态 V_{TH}, 并且 $e^{\frac{-2T_1}{R_{\text{TH}}C}} \to 0$。在这种条件下, 上面的 w_1 的表达式简化为

$$w_1 = \frac{V^2}{R_1 + R_2}T_1 + \frac{V_{\text{TH}}^2 C}{2} \tag{11.10}$$

其中

$$V_{\text{TH}} = \frac{VR_2}{R_1 + R_2}$$

11.2.2 在时间段 T_2 内消耗的能量

现在我们考虑第二个时间段 T_2, 这期间开关断开。在 T_2 期间, 电容通过电阻 R_2 放电。

为简单起见,我们采取前一节中考虑的 $T_1 \gg R_{\text{TH}}C$ 的特殊情形。在这种情形下,在第二个时间段开始的时候,电容上将有一个初始电压 V_{TH}。

与前一节中一样,我们首先求 v_C。当开关断开时,图 11.5 所示电路适用。在推导中假设时间 t 从 0 开始,此时,信号 S 从高向低跃迁。因为电容的初始电压是 V_{TH},求出电压 v_C 为

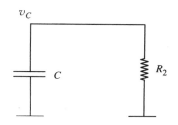

$$v_C = V_{\text{TH}} e^{\frac{-t}{R_2 C}}$$

注意当 $t \to \infty$ 时,$v_C \to 0$。

图 11.5　开关打开时的等效电路

现在已经可以求出开关断开时电路中消耗的瞬时功率。电阻 R_2 中消耗的瞬时功率为

$$p(t) = \frac{v_C^2}{R_2}$$

$$= \frac{1}{R_2}(V_{\text{TH}} e^{\frac{-t}{R_2 C}})^2$$

相应的在 T_2 期间消耗的能量为

$$w_2 = \int_{t=0}^{t=T_2} p(t)\,\mathrm{d}t \tag{11.11}$$

$$= \int_{t=0}^{t=T_2} \frac{V_C^2}{R_2}\,\mathrm{d}t \tag{11.12}$$

$$= \int_{t=0}^{t=T_2} \frac{1}{R_2}(V_{\text{TH}} e^{\frac{-t}{R_2 C}})^2\,\mathrm{d}t \tag{11.13}$$

$$= \frac{-1}{2R_2}V_{\text{TH}}^2 R_2 C e^{\frac{-2t}{R_2 C}}\Big|_{t=0}^{t=T_2} \tag{11.14}$$

$$= \frac{V_{\text{TH}}^2 C}{2}(1 - e^{\frac{-2T_2}{R_2 C}}) \tag{11.15}$$

当 $T_2 \gg R_2 C$ 时,可以忽略上式中的第二项,写成

$$w_2 = \frac{V_{\text{TH}}^2 C}{2} \tag{11.16}$$

11.2.3　消耗的总能量

结合式(11.10)和式(11.16),在 $T_1 \gg R_{\text{TH}}C$ 和 $T_2 \gg R_2 C$ 的情况下,我们得到一个周期 T 内消耗的总能量为

$$w = w_1 + w_2 = \frac{V^2}{R_1 + R_2}T_1 + \frac{V_{\text{TH}}^2 C}{2} + \frac{V_{\text{TH}}^2 C}{2}$$

合并化简后得到

$$w = \frac{V^2}{R_1 + R_2}T_1 + V_{\text{TH}}^2 C$$

除以 T 后得到平均功率 $\bar{p}$

$$\bar{p} = \frac{V^2}{R_1 + R_2}\frac{T_1}{T} + \frac{V_{\text{TH}}^2 C}{T} \tag{11.17}$$

对于一个对称方波,$T_1 = T/2$,因此上式简化为

$$\bar{p} = \frac{V^2}{2(R_1 + R_2)} + \frac{V_{\text{TH}}^2 C}{T} \tag{11.18}$$

式(11.18)表明平均功率是两项的和。第一项与方波的时间周期无关,称为**静态功率** p_{static}。它可以通过从电路中移去所有电容和电感独立计算(换言之,将电容用开路替代,电感用短路替代)。第二项涉及到电容的充电和放电,并取决于方波的时间周期。这一项称为**动态功率** p_{dynamic}。换句话说

$$p_{\text{static}} = \frac{V^2}{2(R_1 + R_2)} \tag{11.19}$$

$$p_{\text{dynamic}} = \frac{V_{\text{TH}}^2 C}{T} \tag{11.20}$$

注意,如果开关保持闭合很长时间后,在稳态时不消耗动态功率。进一步注意到,消耗的动态功率与电容值、开关频率和方波电压的平方成正比,而与电阻值无关。

11.3 逻辑门的功率消耗

现在我们计算逻辑门消耗的功率,利用反相器作为一个例子。图 11.6 中,反相器驱动一个电容负载。电容负载 C_L 是导线电容和被反相器驱动的元件的栅极电容之和。

与前面提到的一样,图 11.6 中所示类型的 MOSFET 反相器消耗的功率有两种不同的形式——静态功率和动态功率。

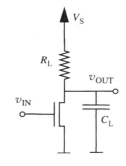

图 11.6 带负载电容的反相器

- 静态功率消耗 p_{static} 是由从电源汲取的静态的或持续的电流造成的功率损失。它与信号跃迁的速率无关。(然而,它可能取决于输入信号的状态。)
- 动态功率消耗 p_{dynamic} 是由电容充电和放电所需的开关电流造成的功率损失。正如我们前面看到的,功率的这个成分取决于信号跃迁的速率。

11.3.1 静态功率消耗

我们首先计算反相器中的静态功率消耗。从电路中移去所有的容性和感性元件(记住,这意味着我们将电容用开路替代,电感用短路替代),可以求出静态功率。因此,要想计算静态功率,不妨假设 $C_L = 0$。当反相器中的 MOSFET 导通时,电源和地之间存在电阻性通路。因此,流过 R_L 和 MOSFET 导通电阻 R_{ON} 的电流导致了静态功率消耗。

$$p_{\text{static}} = \frac{V_S^2}{R_L + R_{\text{ON}}} \tag{11.21}$$

注意只有在导通的门中才消耗静态功率[①]。当反相器中的 MOSFET 关断时,消耗的静态功率为零。因此,式(11.21)反映了静态功率消耗的最坏情形。

电路的静态功率消耗取决于特定的输入。当输入未知时,有几种方法可以估计静态功

[①] 实际上,静态功率损失还有另一个来源,例如漏电流,但为了简单起见,我们将忽略这些情形。

率消耗。一种方法试图计算电路中功率消耗的最坏情形。这种方法选择一组输入使电路产生的功率消耗最大。对反相器来说，就是当输入为逻辑 1，MOSFET 导通时消耗的功率，如式(11.21)中计算的那样。另一种估计是统计性的，求所有可能的输入组合的功率消耗的数学期望。为每种输入组合指定一个发生概率，求出该输入组合的功率。然后，将每种输入组合的功率用该组合输入的发生概率进行加权平均，就计算出了功率消耗的数学期望。还有另一种估计假设电路的每个输入都是由交替变换的逻辑 1 和逻辑 0 序列组成的方波。

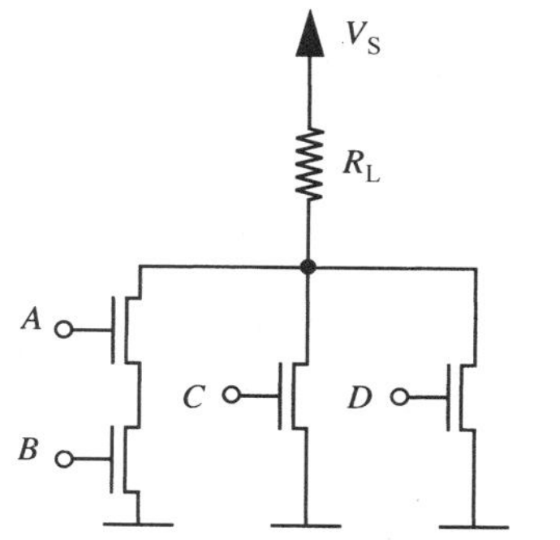

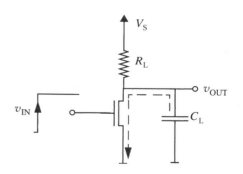

图 11.7　在逻辑门中静态功率消耗的最坏情形

例 11.1　静态功率消耗　下面来计算图 11.7 中逻辑门的静态功率消耗的最坏情形。功率消耗的最坏情形发生在所有输入为高的时候。假定 $R_L = 100\text{k}\Omega$，每个 MOSFET 的 $R_{ON} = 10\text{k}\Omega$。此外还假设 $V_S = 5\text{V}$。

解　当所有输入为高时，电源和地之间的有效电阻 R_{eff} 是

$$R_{eff} = R_L + (2R_{ON} \parallel R_{ON} \parallel R_{ON})$$

换句话说，$R_{eff} = 104\text{k}\Omega$。静态功率消耗的最大值是

$$p_{static} = \frac{V_S^2}{R_{eff}} = 0.24\text{mW} = 240\mu\text{W} \tag{11.22}$$

11.3.2　总功率消耗

现在我们计算当输入一个时变信号时，反相器中消耗的总功率。总功率包括静态功率和动态功率。动态功率消耗由流过电阻对电容充电或放电的暂态电流产生，如图 11.8 和图 11.9 所示。

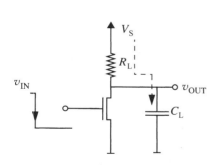

图 11.8　负载电容充电

图 11.9　负载电容放电

假定有一个代表交替变换的逻辑 1 和逻辑 0 序列的方波信号输入到反相器。令方波的时间周期为 T。因此，方波的频率为 $f = 1/T$。如图 11.8 中所述，当输入电压为低时，MOSFET 关断，电源通过电阻 R_L 将负载电容 C_L 充电至 V_S。当输入信号为高时，MOSFET 导通，电容通过 MOSFET 的导通电阻放电，如图 11.9 所示。很长一段时间后，负载电容上的电压将到达稳态值 $V_S R_{ON}/(R_{ON}+R_L)$。假设输入方波的周期足够长，电容可以完全充电和放电。

和 11.2 节中的例子一样，我们将推导出反相器消耗的总功率的平均值。设输入信号为高的时间段为 T_1，信号为低的时间段为 T_2。类似地，令 w_1 是 T_1 内消耗的能量，w_2 是 T_2

内消耗的能量。那么电路中消耗的平均功率是

$$\bar{p} = \frac{w_1 + w_2}{T}$$

在时间段 T_1 内消耗的能量

先考虑 MOSFET 开关的输入为高,开关闭合时的情形,并推导出 w_1 的值。当开关闭合时,该情形与图 11.9 中所示相应,图 11.10 所示电路适用。图 11.11 显示了这个电路的戴维南等效电路。

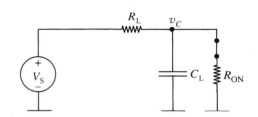

图 11.10　MOSFET 开关闭合时反相器的
　　　　　等效电路

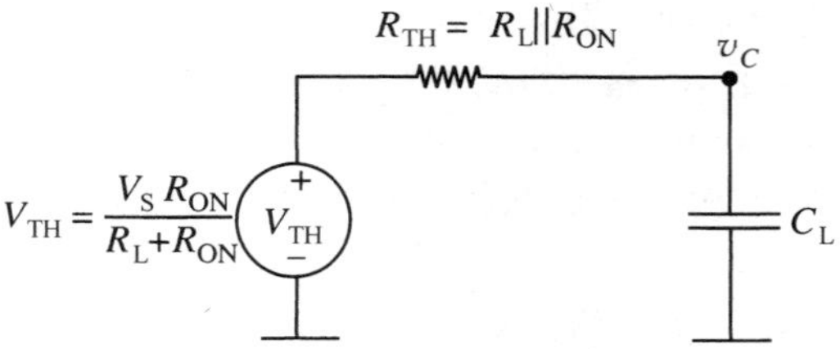

图 11.11　开关闭合时反相器的戴维南等效电路

对图 11.11 所示电路,v_C 由下面的表达式给出(假定时间 t 从 0 开始,此时,输入信号从低到高跃迁)

$$v_C = V_{TH} + (V_S - V_{TH})\mathrm{e}^{\frac{-t}{R_{TH}C_L}}$$

代入 $t = 0$,我们可以确认当 MOSFET 刚刚导通时,电容初始时被充电至 V_S。类似地,代入 $t = \infty$,我们可以确认电容的最终电压是 V_{TH}。

对 w_1 的推导的余下部分遵循 11.2 节中的步骤。当 $T_1 \gg R_{TH}C_L$ 时,我们得到下面的 w_1 简化后的表达式

$$w_1 = \frac{V_S^2}{R_L + R_{ON}}T_1 + \frac{V_S^2 R_L^2 C_L}{2(R_L + R_{ON})^2} \tag{11.23}$$

在时间段 T_2 内消耗的能量

现在来研究第二个时间段 T_2,这期间输入信号为低,开关关断。在 T_2 期间,电容通过 R_L 充电。电容上的初始电压为 V_{TH}。

和前一节中一样,让我们首先求 v_C。当开关关断时,图 11.12 所示电路适用。因为电容上的初始电压为 V_{TH},最终电压为 V_S,我们可以写出 v_C 的表达式

$$v_C = V_S + (V_{TH} - V_S)\mathrm{e}^{\frac{-t}{R_L C_L}}$$

注意当 $t \to \infty$ 时,电容电压 $v_C \to V_S$。类似地,当 $t = 0$ 时,电容电压为 V_{TH}。

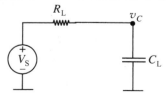

图 11.12　开关打开时反相器的
　　　　　等效电路

根据 11.2 节中的推导,当 $T_2 \gg R_L C_L$ 时,我们得到 w_2 的表达式

$$w_2 = \frac{V_S^2 R_L^2 C_L}{2(R_L + R_{ON})^2}$$

消耗的总能量

结合 w_1 和 w_2 的表达式,我们得到反相器一个周期内消耗的总能量为

$$w = w_1 + w_2 = \frac{V_S^2}{R_L + R_{ON}}T_1 + \frac{V_S^2 R_L^2 C_L}{2(R_L + R_{ON})^2} + \frac{V_S^2 R_L^2 C_L}{2(R_L + R_{ON})^2}$$

换言之

$$w = \frac{V_S^2}{R_L + R_{ON}}T_1 + \frac{V_S^2 R_L^2 C_L}{(R_L + R_{ON})^2}$$

将上式除以 T,得到平均功率 $\overline{p}$

$$\overline{p} = \frac{V_S^2}{R_L + R_{ON}}\frac{T_1}{T} + \frac{V_S^2 R_L^2 C_L}{(R_L + R_{ON})^2 T} \tag{11.24}$$

对于对称方波,$T_1 = T/2$,因此式(11.24)简化为

$$\overline{p} = \frac{V_S^2}{2(R_L + R_{ON})} + \frac{V_S^2 R_L^2 C_L}{(R_L + R_{ON})^2 T} \tag{11.25}$$

和预期的一样,上面的等式表明平均功率是一个静态成分[①]和一个动态成分的和,用下面的等式表示

$$p_{\text{static}} = \frac{V_S^2}{2(R_L + R_{ON})} \tag{11.26}$$

$$p_{\text{dynamic}} = \frac{V_S^2 R_L^2 C_L}{(R_L + R_{ON})^2 T} \tag{11.27}$$

注意消耗的动态功率与输入信号的频率成比例。因此,时钟频率很高的高性能芯片消耗很大功率就不足为奇了。也要注意到功率与电源电压的平方有关。当 VLSI 芯片的时钟速度增加时,出于功率的考虑使得生产商持续地降低电源电压。尽管 20 世纪 80 年代的标准是 5V 电源,20 世纪 90 年代的标准电压已接近 3V,2000 年以后接近 1.5V 的电压已经是很常见的了。

这里比较一下静态功率和动态功率的相对值非常有益。为此,我们写出静态功率和动态功率的比值

$$\frac{p_{\text{static}}}{p_{\text{dynamic}}} = \frac{V_S^2}{2(R_L + R_{ON})} \times \frac{(R_L + R_{ON})^2 T}{V_S^2 R_L^2 C_L}$$

化简并整理得

$$\frac{p_{\text{static}}}{p_{\text{dynamic}}} = \frac{R_L + R_{ON}}{R_L} \times \frac{T}{2 R_L C_L} \tag{11.28}$$

因为对于一般数字门的运行有 $T \gg R_L C_L$,我们看到 $p_{\text{static}} \gg p_{\text{dynamic}}$。因此,使静态功率最小势在必行。

例 11.2 动态功率消耗 让我们在下列条件下利用式(11.27)计算图 11.7 中逻辑门的动态功率消耗的最坏情形:

- 由门的输出驱动的负载电容的值为 $C_L = 0.01\text{pF}$。
- 时钟频率,即信号变换的频率,$f = 1/T$ 是 10MHz。换句话说,输入变化的速率不能大于 10MHz。
- 电源电压 V_S 是 5V。
- $R_L = 100\text{k}\Omega$,每个 MOSFET 的 $R_{ON} = 10\text{k}\Omega$。

---

① 这里计算的反相器的静态功率(式(11.26))是式(11.21)中的一半,因为这里我们假设输入是一个对称方波,而式(11.21)代表的是最坏情形。

解 当 $T/2\gg R_{\text{TH}}C_L$ 和 $T/2\gg R_L C_L$ 时,式(11.27)适用。首先,让我们确认这些关系式成立。因为 R_L 大于 R_{TH},只要证明 $T/2\gg R_L C_L$ 就足够了。对于提供的参数,$T/2=1/(20\times10^6)=50\text{ns}$ 和 $R_L C_L=100\times 10^3\times0.01\times10^{-12}=1\text{ns}$。显然,电路的时间常数远远小于信号持续的时间。

为了得到动态功率消耗的最坏情形,我们假设电容在每个周期被充电和放电。在这些条件下,式(11.27) 给出了动态功率最坏情形的公式(将 R_{ON} 用 R_{ONpd} 代替,其中 R_{ONpd} 是下拉网络的阻值)。这里我们重新写出这个等式,将等式中的 R_{ON} 用下拉网络的阻值 R_{ONpd} 代替。

$$p_{\text{dynamic}} = \frac{V_S^2 R_L^2 C_L}{(R_L + R_{\text{ONpd}})^2 T}$$

根据公式,显然当 R_{ONpd} 最小时,动态功率最大。假设当时钟信号变为高时,所有下拉 MOSFET 导通。因此,如果一个 MOSFET 的导通电阻是 R_{ON},R_{ONpd} 必须使用下面的值

$$R_{\text{ONpd}} = 2R_{\text{ON}} \parallel R_{\text{ON}} \parallel R_{\text{ON}}$$

我们还假设所有输入信号按时钟频率变换。因此,功率消耗的最坏情形是

$$p_{\text{dynamic}} = \frac{5^2 \times (100\times10^3)^2 \times 0.01\times10^{-12}\times10\times10^6}{(100\times10^3 + 4\times10^3)^2}$$

$$= 2.3\mu W$$

观察到在这个例子中,静态功率消耗(根据式(11.22))比动态功率消耗大了将近 100 倍。

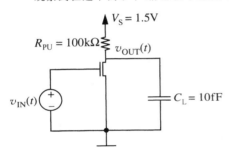

图 11.13 一个反相器驱动一个负载电容

例 11.3 一个 MOSFET 反相器中总功率消耗 图 11.13 中的反相器驱动一个负载电容 C_L,它表示下游电路栅极—源极间电容和互连电容。希望估计当输入电压 v_{IN} 是 100MHz 的方波时反相器消耗的平均功率。在此过程中,假设 MOSFET 的导通电阻 R_{ON} 满足 $R_{\text{ON}}\ll R_{\text{PU}}$。

解 由于 $R_{\text{ON}}\ll R_{\text{PU}}$,输出电压上升要比它下降慢得多。上升暂态过程的时间常数为 $R_{\text{PU}}C_L=1\text{ns}$,远远小于输入方波的半个周期。因此,所有反相器的暂态过程都可以完全结束,反相器中消耗的功率可以近似为静态损耗和动态损耗之和。

静态损耗发生在 MOSFET 导通的时候。由于 $R_{\text{ON}}\ll R_{\text{PU}}$,这种损耗的瞬时值近似为 $V_S^2/R_{\text{PU}}=22.5\mu W$。然而,由于 MOSFET 只有一半时间导通,平均静态功率损耗为 $11.25\mu W$。

动态损耗是由 C_L 的反复充放电引起的。电容充电和放电过程中损失的能量为 $C_L V_S^2/2$,因此动态损耗为 $C_L V_S^2 f=1.125\mu W$,其中 $f=100\text{MHz}$,是输入电压的频率。

最终,消耗的平均功率为 $12.375\mu W$。在此损耗中,静态损耗是决定性的成分。

11.4 NMOS 逻辑

迄今为止在数字门中使用的上拉元件(见前面 6.11 节)都是电阻(例如,见图 11.6 中的反相器)。实际上,我们并不使用电阻,因为它们会占用太大的面积。正如图 11.14 所示,我们宁可使用另一个栅极连接到第二个电压源 V_A 的 MOSFET,其中 V_A 至少比电压源 V_S 高一倍阈值电压。此时,如果上拉 MOSFET 的源极电压在 0 到 V_S 之间,则该 MOSFET 始终保持导通状态。

这种通过用 N 沟道 MOSFET 构建上拉或下拉元件从而生

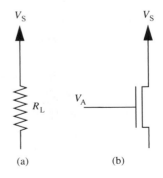

图 11.14 MOS 上拉元件

成逻辑门的方法称为 **NMOS 逻辑**[①]。上拉 MOSFET 的 R_{ON} 用做负载电阻。上拉 MOSFET 比下拉 MOSFET 的栅极长度相对更大,因此满足静态原则(见 6.11 节)。在分析时将上拉 MOSFET 的 R_{ON} 替代负载电阻 R_L,则 11.3 节中的功率和能量计算仍然适用于 NMOS 元件。

11.5 CMOS 逻辑

NMOS 逻辑家族中的逻辑门即使在电路空闲时也会消耗静态功率。在前面讨论的例子中,静态功率几乎比与信号变化相关的功率大 100 倍。因为上拉 MOSFET 总是导通的,静态功率损耗的原因就是下拉 MOSFET 导通时从电源到地的电阻性通路。在这一节中,我们介绍另一种类型的逻辑,称为 CMOS 或互补型 MOS,它没有静态功率损耗。由于 CMOS 逻辑的静态功率损耗很低[②],它在现代 VLSI 芯片中几乎取代了 NMOS。

CMOS 逻辑使用一个另一种 MOSFET,称为 **P 沟道 MOSFET** 或 **PFET**[③]。迄今为止我们涉及的 N 沟道 MOSFET 就称为 NFET。NFET 和 PFET 的电路符号以及它们的 SR 电路模型分别如图 11.15 和图 11.16 所示。与 6.6 节中讨论的一样,当 $v_{GS} \geq V_{TN}$ 时,NFET 导通。当它导通时,在它的漏极和源极之间出现一个电阻值 R_{ONN}。与之相比,当 $v_{GS} \leq V_{TP}$ 时,PFET 导通。V_{TP} 一般是负的(例如 $-1V$)。当它导通时,在它的漏极和源极之间出现一个电阻值 R_{ONP}。选择 PFET 的漏极接线端作为与低电压的接线端。与之相比,NFET 与高电压的接线端标记为漏极。

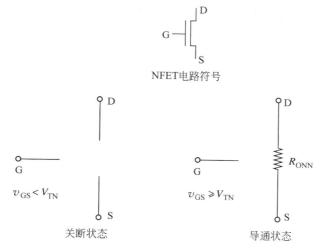

图 11.15 N 沟道 MOSFET 或 NFET 的开关-电阻模型

---

① NMOS 逻辑家族实际上使用一种特殊的阈值电压为负的上拉 MOSFET,称为耗尽型 MOSFET。迄今为止我们讨论的 MOSFET 都称为增强型 MOSFET。使用耗尽型 MOSFET 时,它的栅极连接到源极,而不是连接到电源。这样做的好处之一是不再需要另一个电源。

② 尽管 CMOS 的静态功率显著低于 NMOS,静态功率损耗的来源依然存在,例如漏电流。

③ 在第 7 章例 7.7 运算放大器的上下文中简要讨论了 P 沟道 MOSFET,这里我们将侧重于它在数字电路中的应用。

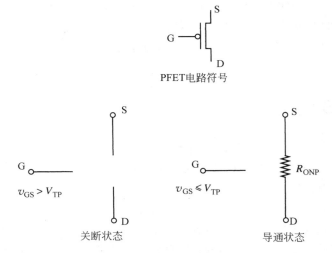

图 11.16 P 沟道 MOSFET 或 PFET 的开关-电阻模型

作为一个例子,阈值电压 $V_{TN}=1V$ 的 NFET,当它的栅极和源极之间的电压上升到 1V 之上时导通。阈值电压 $V_{TP}=-1V$ 的 PFET,当它的栅极和源极之间的电压下降到 $-1V$ 之下时导通。换句话说,当它的源极和栅极之间的电压上升到 1V 之上时,PFET 导通。

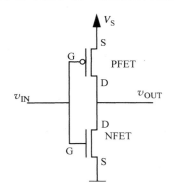

图 11.17 CMOS 反相器电路

图 11.17 显示了一个 CMOS 反相器。当输入电压为高时($v_{IN}=V_S$),NFET 导通,PFET 关断,产生低输出电压。当输入电压为低时($v_{IN}=0$),NFET 关断,PFET 导通,产生高输出电压。

CMOS 逻辑无静态功率损耗。以图 11.17 为例,如果输入 v_{IN} 为 V_S 或 0,则两个互补型 MOSFET 永远不会同时导通,这样就永远没有从电源到地的直接的电阻性通路。因此没有静态功率损耗。

例 11.4 CMOS 反相器中的功率损耗 让我们计算 CMOS 反相器中的动态功率损耗。CMOS 反相器无静态功率损耗,因为在任何时刻,或者是上拉元件关断,或者是下拉元件关断,从而排除了任何连续的电流流动。

对 PFET 和 NFET 使用 MOSFET 的 SR 模型,反相器的电路模型如图 11.18 所示。正如模型所示,无论是高的还是低的输入信号,没有电流直接从 V_S 流向地。

假设有一个方波信号(例如时间周期为 T 的时钟信号)加到反相器的输入端,如图 11.19 所示。进一步假设反相器驱动一个负载电容 C_L。我们将计算对这个信号反相器消耗的功率。每个周期都变化的信号将导致动态功率损耗的最坏情形。

在第一个半周期内,负载电容 C_L 放电;在第二个半周期内,它又充电至电源电压。因为在 CMOS 元件中静态和动态电流不是同时流动的,我们可以用下面的非常简单的方法计算消耗的平均动态功率。

回顾消耗的平均功率定义为一个周期中消耗的能量除以周期时间 T。在输入信号为低的半周期内,数量等于 Q_L 的电荷从电源传送到电容上。假设输入信号的周期时间足够大,电容被充电至电源电压,则 Q_L 为

$$Q_L = C_L V_S$$

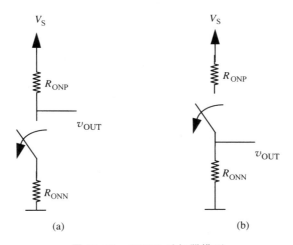

图 11.18　CMOS 反相器模型

（a）低 v_{IN}；（b）高 v_{IN}

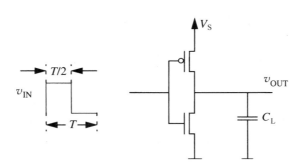

图 11.19　CMOS 反相器的功率损耗

　　然后，在第二个半周期内，同样的电荷从电容传送到地。因此每个周期中都有电荷 Q_L 从电源传送到地。在这种传送中损失的能量数量由 $V_S Q_L$ 给出。我们将这个数值除以 T 得到平均功率。因此

$$p_{dynamic} = V_S Q_L / T \tag{11.29}$$

$$= V_S C_L V_S / T \tag{11.30}$$

$$= f C_L V_S^2 \tag{11.31}$$

其中，f 是方波信号的频率。

　　我们也可以从下面的第一个原则推导出同样的答案。消耗的动态功率的平均值是电源电压和由电源电压提供的平均电流的乘积。换句话说

$$p_{dynamic} = V_S \frac{1}{T} \int_0^T i(t) \, dt$$

其中 V_S 是直流电源电压，$i(t)$ 是由电源提供的电流，是时间的函数。

　　图 11.20 显示了输入信号为低（第二个半周期），负载电容通过 PFET 的导通电阻充电的情形。图 11.21 显示了输入信号为高（第一个半周期），负载电容通过 NFET 的导通电阻对地放电的情形。

　　因为上拉电阻在第一个半周期（输入为高时）内关断，注意电源只在第二个半周期（输入为低时）内直接提供电流。因此，电源只在时间段 $T/2 \sim T$ 内传送功率。因此

$$p_{dynamic} = V_S \frac{1}{T} \int_{T/2}^T i(t) \, dt \tag{11.32}$$

　　如果用 $Q(t)$ 表示电容上的电荷，则

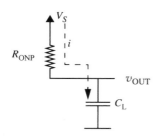

图 11.20 负载电容充电

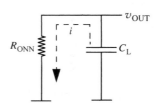

图 11.21 负载电容放电

$$i(t) = \frac{\mathrm{d}Q(t)}{\mathrm{d}t}$$

因此

$$p_{\text{dynamic}} = V_S \frac{1}{T} \int_{T/2}^{T} \frac{\mathrm{d}Q(t)}{\mathrm{d}t} \mathrm{d}t \tag{11.33}$$

此外，我们知道

$$Q(t) = C_L v_{\text{OUT}}(t)$$

其中，时间函数 $v_{\text{OUT}}(t)$ 是负载电容上的电压。两边对 t 求微分，我们得到

$$\frac{\mathrm{d}Q(t)}{\mathrm{d}t} = C_L \frac{\mathrm{d}v_{\text{OUT}}(t)}{\mathrm{d}t}$$

将 $\mathrm{d}Q(t)/\mathrm{d}t$ 代入式(11.33)，并观察到在第二个半周期内 v_{OUT} 从 0 上升到 V_S，我们得到

$$p_{\text{dynamic}} = V_S C_L \frac{1}{T} \int_{0}^{V_S} \mathrm{d}v_{\text{OUT}} \tag{11.34}$$

$$= V_S C_L \frac{1}{T} V_S \tag{11.35}$$

$$= \frac{V_S^2 C_L}{T} \tag{11.36}$$

因此，CMOS 反相器消耗的动态功率为 $V_S^2 C_L / T$。

由于 $T = 1/f$，CMOS 反相器消耗的动态功率为 $f V_S^2 C_L$。

实际上，要得到瞬时的输入上升和下降时间是很困难的。当上升和下降时间为有限值时，在输入转换时间段中间（例如，$v_{\text{IN}} = 2.5\text{V}$ 时），将有一段很短的时间两个 MOSFET 都导通，从而导致从电源到地存在电流通路。这种暂态开关电流 i_T，如图 11.22 所示，是动态功率损耗的另一个来源，但我们在分析过程中把它忽略了。

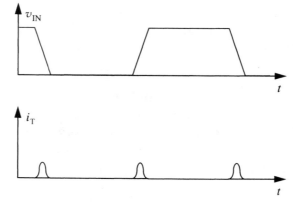

图 11.22 由于信号上升和下降时间不为 0 引起的静态功率损失

例 11.5　另一个 CMOS 反相器中的功率损耗　电路如图 11.23 所示，除了图 11.23 中的反相器是 CMOS 反相器外，其他都与图 11.13 所示相同。和例 11.3 一样，我们希望估计当输入电压 v_{IN} 是 100MHz 的方波时反相器中消耗的平均功率。再次假设两个 MOSFET 的导通电阻足够小，使得反相器转换的暂态过程可以完全结束。

由于图 11.23 中的两个 MOSFET 不会同时导通，CMOS 反相器不消耗静态功率。这是 CMOS 逻辑相对于 NMOS 逻辑最大的优点。唯一的损耗就是动态损耗，这和例 11.3 中的反相器是一样的，因为 V_S、C_L 和 f 都是一样的。因此 CMOS 中的平均功率损耗为 $1.125\mu W$。

例 11.6　微处理器消耗的功率　在这个例子中，我们将基于式(11.31)给出的简单公式来估算微处理器消耗的平均功率。MIT 设计的 RAW 微处理器，使用了 IBM 的 180nm、SA27E CMOS 工艺。它有大约 300 万个门（假设每个门等效为有两个输入端的与非门），时钟频率为 425MHz。假设每个门都提供了一个约 30nF 的负载电容，额定电源电压为 1.5V。进一步假设在一个给定周期内大约有 25% 的门改变了数值。

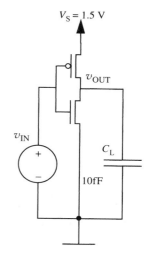

图 11.23　驱动负载电容的
CMOS 反相器

将 RAW 微处理器的数值代入式(11.31)，可得整个芯片消耗的动态功率为

$$改变部分 \times 门数 \times fC_L V_S^2 = 0.25 \times (3 \times 10^6) \times (425 \times 10^6) \times (30 \times 10^{-15}) \times 1.5^2 = 21.5W$$

CMOS 逻辑门设计

我们如何使用 CMOS 技术来构造像与非门和或非门那样的逻辑门呢？让我们看几个例子，然后推广到任意的逻辑函数。我们已经讨论了一个例子——反相器。CMOS 反相器包括一个下拉 NFET 和一个上拉 PFET。

CMOS 与非门

读者可以证明，图 11.24 所示电路实现了一个真值表如表 11.1 所示的逻辑函数。这是一个与非门的真值表。注意含有两个串联 NFET 的下拉电路与 NMOS 逻辑实现中的一样。上拉电路执行一个补函数，由并联的 PFET 组成。换句话说，当上拉电路导通时，下拉电路关断，反之亦然。在这个门中，没有静态功率损耗。

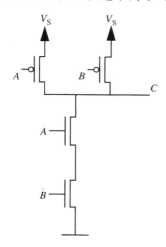

图 11.24　CMOS 与非门

表 11.1　真值表

A	B	C
0	0	1
0	1	1
1	0	1
1	1	0

CMOS 或非门

类似地,我们可以证明图 11.25 中的电路实现了表 11.2 所示的或非门的真值表。

两个下拉 NFET 并联,这一点与相应的 NMOS 实现中一样。PFET 上拉电路串联,形成一个补网络。

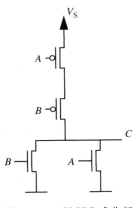

图 11.25 CMOS 或非门

表 11.2 真值表

A	B	C
0	0	1
0	1	0
1	0	0
1	1	0

其他的逻辑函数

根据前面的例子,显然,CMOS 逻辑门可以想象为由两个互补的模块组成:我们熟悉的由 NFET 构成的下拉电路和使用 PFET 的上拉补模块。如果我们要实现逻辑函数 f,NFET 下拉网络可以这样设计:当 f 为假时,它提供一个短路;当 f 为真时,它提供一个开路。类似地,PFET 上拉网络可以这样设计:当 f 为真时,它提供一个短路;当 f 为假时,它提供一个开路。因此,逻辑函数 f 的 CMOS 实现将呈现图 11.26 所示的形式。图中,$\overline{f}$ 是 f 的补。换句话说

$$\overline{f} = \mathrm{NOT} f$$

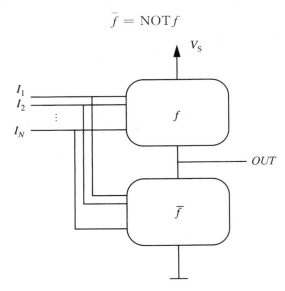

图 11.26 实现逻辑函数 f 的 CMOS 框架

我们为函数
$$f(A,B,C) = (\overline{A} + \overline{B})C$$
构造一个 CMOS 电路。假定输入的真和它们的补形式都可得到。在 CMOS 电路中,当 f 为假时,下拉网络必须导通。类似地,我们必须构造一个上拉补电路 $\overline{f}$,当 f 导通时,$\overline{f}$ 必须关断。首先我们推导出 $\overline{f}$ 的表达式。

$$\overline{f(A,B,C)} = \overline{(\overline{A} + \overline{B})C} \qquad (11.37)$$

$$= \overline{(\overline{AB})\overline{C}} \qquad (11.38)$$

$$= \overline{\overline{AB} + \overline{C}} \qquad (11.39)$$

$$= AB + \overline{C} \qquad (11.40)$$

应用图 11.26 中的思想,得出图 11.27 中的电路。通过写出其真值表并与 f 的真值表相比较,可以证明该电路确实正确地实现了逻辑。

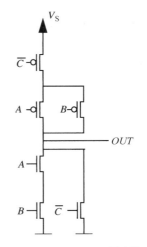

图 11.27　$f(A,B,C) = (\overline{A} + \overline{B})C$ 的 CMOS 实现

11.6　小结

- 这一章开始时我们分析了由阶跃电压输入驱动的一阶电阻-电容网络中的功率和能量损耗。利用这个分析结果求出了 NMOS 逻辑门的损耗。更重要的是,观察到如果 NMOS 逻辑门的暂态过程能够最终稳定下来,那么门消耗的平均功率可以分为两部分:静态损耗和动态损耗。当上拉电阻通过一个或多个闭合的 MOSFET 连接到电源上时就产生了静态损耗。动态损耗则是由对 MOSFET 的栅极-源极电容反复充放电产生的,因此随着开关频率线性增加。我们进一步观察到在考虑开关暂态过程的 NMOS 逻辑门中,静态损耗总是远远大于动态损耗。最后,这种观察导致了 CMOS 逻辑门的发展,它没有静态损耗。因此,CMOS 逻辑比 NMOS 逻辑要节能得多。

- 一个由另一个 CMOS 门驱动的 CMOS 门的动态损耗为
$$CV^2 f$$
其中,C 是下游电路的总电容,V 是电源电压,f 是开关频率。由于数字电路越来越快,这种损耗随着 f 线性增加。因此,为了降低动态损耗,从而减少相应的散热问题,由 MOSFET 构建成的 CMOS 逻辑电路减小了栅极-源极电容,并且降低了工作电源电压[①]。而且,现在一般都关断暂时不使用的电路,以避免动态损耗。

练　习

练习 11.1　用一个 NMOS 晶体管和一个电阻 R_L 构成的反相器来驱动电容 C_L。电源电压是 V_S,MOSFET 的导通电阻是 R_{ON}。MOSFET 的阈值电压是 V_T。假定 0V 代表逻辑 0,V_S 代表逻辑 1。

---

① 　例如,就 2004 年而言,常见的工艺使用的电源电压为 1～1.5V。

(1) 当输入为 0 时,求反相器消耗的稳态功率。

(2) 当输入为 1 时,求反相器消耗的稳态功率。

(3) 当形如 01010101⋯的一个序列加到输入时,求反相器消耗的静态功率和动态功率。假定每 T 秒发生信号转变(0 到 1,或 1 到 0)。进一步假定 T 远远大于电路的时间常数。

(4) 利用(3)中的输入,如果①T 增加为原值的 2 倍,②V_S 减小为原值的 1/2,③C_L 减小为原值的 1/2,用哪种因素可以使动态功率减小?

(5) 假设反相器必须满足静态原则:高压和低压阈值为 V_H 和 V_L。给你一个导通电阻为 R_{ON}、阈值电压为 V_T 的 MOSFET。假定 $V_L < V_T < V_H < V_S$。要使得反相器消耗的功率最小,确定用其他的电路参数表示的 R_L。

练习 11.2　求下列函数的 $\overline{f}$。将答案表达成简化的乘积之和的形式。(提示:利用 De Morgan 定理)

(1) $f = \overline{A \cdot B}$

(2) $f = \overline{A + B}$

(3) $f = A + B$

练习 11.3　给出下列逻辑函数的 CMOS 实现。(只使用 NMOS 和 PMOS 晶体管)。在做这些练习时,需要知道 MOSFET 的导通电阻值吗?为什么需要或为什么不需要?

(1) $\overline{A \cdot B}$

(2) $\overline{A + B}$

(3) $A + B$

练习 11.4　写出图 11.28 中每个数字电路的真值表和布尔表达式。

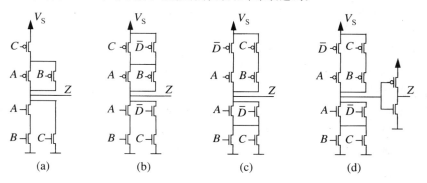

(a)　　　　(b)　　　　(c)　　　　(d)

图 11.28　练习 11.4 图

问　　题

问题 11.1　这个问题研究一个小的数字逻辑电路消耗的功率。电路如图 11.29 所示,由一个串联的反相器和或非门组成。电路有两个输入 A 和 B,和一个输出 Z。假定输入是周期性的,周期为 T_4,如图 11.29 所示。假定每个 MOSFET 的 R_{ON} 是 0。

(1) 画出 $0 \leqslant t \leqslant T_4$ 时输出 Z 的波形,并清楚地标注关键点。假定 C_G 和 C_L 都是 0。

(2) 推导出用 V_S、R_L、T_1、T_2、T_3 和 T_4 表示的电路消耗的静态功率的时间平均值。这里,功率的时间平均定义为门在 $0 \leqslant t \leqslant T_4$ 时段内消耗的总能量除以 T_4。

(3) 现在假定 C_G 和 C_L 不为 0。推导出用 V_S、R_L、T_1、T_2、T_3 和 T_4 表示的电路消耗的动态功率的时间平均。这么做时,假定电路的时间常数都远远小于 T_1、$T_2 - T_1$、$T_3 - T_2$ 和 $T_4 - T_3$。

(4) 当 $V_S = 5V$,$R_L = 10k\Omega$,$C_G = 100fF$,$C_G = 1pF$,$T_1 = 100ns$,$T_2 = 200ns$,$T_3 = 300ns$ 和 $T_4 = 600ns$

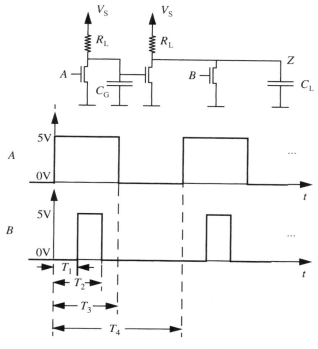

图 11.29　问题 11.1 图

时,求静态功率和动态功率的时间平均值。

（5）采用（4）中的参数,电路在 1 分钟内消耗的能量是多少?

（6）如果电源电压下降 30%,总的时间平均的功率消耗下降百分之多少?

问题 11.2　只使用 NMOS 晶体管实现逻辑函数 $Z=\overline{A+B+CD}$。换句话说,使用一个 NMOS 晶体管取代上拉电阻。你的实现必须满足静态原则,低压和高压阈值给定为 V_L 和 V_H,其中 $0<V_L<V_T<V_H<V_S$。V_S 是电源电压。答案要给出上拉和下拉晶体管的 W/L 的值。

对怎样的输入组合,电路消耗的静态功率最大? 求对于这个输入组合的静态功率消耗。

问题 11.3　一个电路由 N 个反相器组成,其中 $N\gg1$。每个反相器都由一个 NMOS 晶体管和一个电阻 R_L 构成。电源电压是 V_S,MOSFET 的导通电阻是 R_{ON}。MOSFET 的阈值电压是 V_T。

（1）假设我们不知道反相器相互之间或与电路的输入输出之间是如何连接的,怎样才能估计出电路可能消耗的静态功率?

（2）假设已知反相器像一条长链那样串联。估计出该电路消耗的静态功率。

问题 11.4　考虑图 11.30 中表示的数字存储元件。假定反相器是利用一个导通电阻为 R_{ON} 的下拉 NMOS 晶体管和一个上拉电阻 R_L 实现的。电源电压是 V_S。当存储元件保存逻辑 1 时,它消耗的瞬时功率是多少? 当存储元件保存逻辑 0 时,它消耗的瞬时功率是多少?

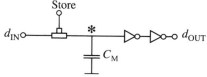

图 11.30　问题 11.4 图

问题 11.5　给出下列逻辑函数的 CMOS 实现。（只使用 NMOS 和 PMOS 晶体管）

（1）$(A+B)\cdot(C+D)$

（2）$\overline{(A+B)\cdot(C+D)}$

（3）$\overline{A}\cdot\overline{B}\cdot C\cdot D$

（4）$(\overline{Y\cdot W})(\overline{X\cdot W})(\overline{X\cdot Y\cdot W})$

问题 11.6

(1) 对于给定的 $F = A\overline{B} + C\overline{D}$,用简化的乘积之和形式来表示 $\overline{F}$。

(2) 用 NMOS 数字逻辑电路实现逻辑函数 $F = A\overline{B} + C\overline{D}$,该电路服从由低电平和高电平逻辑阈值分别为 V_L 和 V_H 定义的静态原则。假定电源电压是 V_S,NMOS 导通状态的阻值是 R_{ON}。用 R_{ON}、V_S、V_L 和 V_H 表示使电路服从静态原则的上拉电阻 R_{PU} 的最低值(不是所有的变量都必须出现在表达式中)。

(3) 用 CMOS 数字逻辑电路实现逻辑函数 $F = A\overline{B} + C\overline{D}$。提示:使用从(1)得到的结果。

(4) 假设上面的 NMOS 和 CMOS 电路驱动电容 C_L。假定 NMOS 和 CMOS 晶体管的导通电阻都是 R_{ON}。对 NMOS 和 CMOS 电路求输出上升时间的最坏情形。本题中假设输出上升时间的最坏情形是输出从 0 上升到 V_H 所需的时间。画出 NMOS 和 CMOS 电路输出形式的示意图。

(5) 假设输入为 $B = 1$,$C = 0$ 和 $D = 1$,并且一个 0V 到 5V 的方波信号施加到输入 A 上。假定方波的周期时间是 T,并且 T 足够大,输出在下降和上升变化时都趋于其稳态值。在这些条件下,计算 NMOS 和 CMOS 电路驱动电容 C_L 负载时消耗的功率。

第 12 章

二阶电路的暂态过程

常见的呈现振荡性质的物理系统几乎都是二阶系统,如钟摆、汽车悬浮系统、收音机中的调谐滤波器、芯片内部的数字联络等。也就是说,它们的动态特性可以用二阶微分方程来很好地描述。二阶电路中含有两个状态独立的储能元件。例如,一个二阶电路中可以含有两个独立的电容、或两个独立的电感、或一个电容和一个电感。与之相比,在第 10 章中研究的电路只含有一个储能元件,即一个电容或一个电感。因此,其动态特性是用一阶微分方程来描述的。在这一章中我们将会看到,一阶电路和二阶电路的动态特性是截然不同的。

为了阐述二阶电路的典型性质,并激发对它们的研究兴趣,考虑图 12.1 中两个级联的反相器。对第一个反相器,在 v_{IN1} 端给定一个方波输入,我们期望在 v_{OUT1} 和 v_{IN2} 看到方波输出,如图 12.2 所示。然而,在第 9 章中已经讨论过,由于第二个反相器中 MOSFET 寄生栅极电容的存在导致了一个较慢的输出波形,如图 9.3 所示。在 10.4 节中我们详细分析了这个波形,发现它含有一个衰减指数。这个衰减指数就是由第一个反相器的戴维南等效电路和

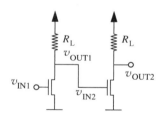

图 12.1　两个级联的反相器

第二个反相器的 MOSFET 栅极电容组成的一阶电路的齐次响应。现在假定两个反相器之间的连接线很长,这样其寄生电感就也变得很重要了。在这种情况下,级联反相器的性质发生了相当大的变化,v_{IN2} 的波形就呈现出二阶性质,如图 12.3 所示。

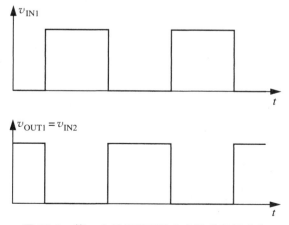

图 12.2　第一个反相器对输入方波的理想响应

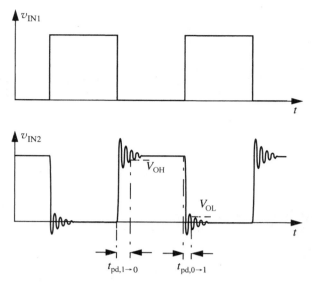

图 12.3　级联反相器对输入方波的二阶响应

　　由于含有第二个反相器中 MOSFET 的栅极电容 C_{GS2}，以及两个反相器之间的连接电感 L_1，图 12.1 所示电路就变成了图 12.4 所示电路。该电路中含有一个电容和一个电感，因此它是二阶电路。注意现在 v_{OUT1} 和 v_{IN2} 不再相等。新电路的二阶本质从图 12.5 中可以更容易地看出，它是从图 12.4 中在 v_{IN1} 输入为低电平的情况下提取出来的。图 12.5 所示电路含有电阻 R_L、电容 C_{GS2} 和电感 L_1 的串联。正是由于这三个元件的相互作用才导致了图 12.3 中所观察到的振荡波形。我们将在 12.5 节中对这个二阶电路做更详细的研究。

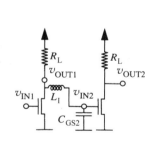

图 12.4　具有寄生导线电感和门电容
　　　　　的级联反相器

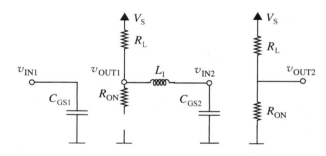

图 12.5　当 v_{IN1} 输入为低电平时级联反相器的电路模型

　　仔细研究图 12.3 所示 v_{IN2} 的波形可发现，级联反相器的正确动作和速度取决于两个反相器间电容-电感-电阻电路的二阶性质。v_{IN2} 每一次上升和下降的振荡波形被称为**振铃**。从图 12.3 可以看出，第二个反相器接收到的第一个反相器的输出只有在振铃暂态过程停留在上升暂态高于 V_{OH}、下降暂态低于 V_{OL} 时才有效。由于需要等待振铃稳定到输入阈值范围内才能使第二个反相器动作，这导致了信号的传播延迟 $t_{pd,1\to0}$ 和 $t_{pd,0\to1}$。将在 12.5 节中详细讨论这个问题。

　　在这一章的余下部分，我们将研究多种与图 12.5 所示相类似的二阶电路。从只含有一个电容和一个电感的最简单的电路着手。随后研究含有多个电阻和电源的更为复杂的电路。我们将会看到有许多这样的二阶电路。幸运的是,其性质都非常相似,因此只需详细研究其中的几种。我们也要研究由两个电容和两个电感组成的二阶电路的性质。最后,我们以说明对研究二阶电路和高阶电路具有普遍重要性的几个问题作为结束。

12.1　无驱动的 *LC* 电路

最简单的二阶电路是只含有一个电容和一个电感的没有驱动的电路,如图 12.6 所示。因为它不含有消耗能量的元件,因此是无损的。也就是说,它不含有电阻。因为它没有独立源来提供外部激励,所以是无驱动的。这样就给我们一个机会,可以集中研究电路本身内部的或齐次的性质。没有驱动的响应也就是电路的零输入响应(ZIR)。当然,有人会问:没有电源电路是怎么开始工作的呢? 我们暂时推迟对这个问题的回答,并简单地假设某一瞬间它的支路电压和电流不全为 0。

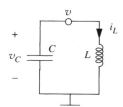

图 12.6　简单二阶电路

为了研究图 12.6 所示电路的性质,应用第 3 章中给出的节点电压法。因为图中已经选定了接地点,并且另一个节点的未知电压已经用节点电压 v 标注出来,节点电压法的步骤(1)和(2)就完成了。注意 v 将是节点电压法的主要未知量。

除了节点电压 v 以外,两个电路元件的状态也是我们感兴趣的。它们是电容电压 v_C 和电感电流 i_L,也都已经在图上标注出来了。这些状态量与 v 的关系是

$$v_C(t) = v(t) \tag{12.1}$$

$$i_L(t) = \frac{1}{L} \int_{-\infty}^{t} v(\tilde{t}) \mathrm{d}\tilde{t} \tag{12.2}$$

其中 $\tilde{t}$ 是一个虚拟的积分变量。式(12.1)遵循了一个事实,即 v 和 v_C 代表的是同一个电压;式(12.2)遵循的是式(9.30)给出的电感的元件定律。因此,一旦确定了节点电压 v,v_C 和 i_L 就可以分别根据式(12.1)和式(12.2)很容易地确定。

从式(12.1)可以观察到,我们为同一个电压选择了两个单独的符号,它们是 v 和 v_C。我们这么做是为了区分节点电压 v 和支路电压 v_C,它们恰好是相同的。将来在这种情况下为简单起见,将只使用一个符号。

现在重新回到节点电压法,通过对 v 所定义的节点列写用 v 表示的 KCL 方程来完成第(3)步,得到

$$C\frac{\mathrm{d}v}{\mathrm{d}t} + \frac{1}{L}\int_{-\infty}^{t} v(\tilde{t})\mathrm{d}\tilde{t} = 0 \tag{12.3}$$

式(12.3)中的第一项是电容电流,根据式(9.9)给出的电容的元件定律得到。式(12.3)中的第二项是电感电流。因为电路中含有一个电感,因此式(12.3)中含有一个时域积分。为了消去这个积分,我们将式(12.3)对时间求导,并且除以 C,得到

$$\frac{\mathrm{d}^2v}{\mathrm{d}t^2} + \frac{1}{LC}v(t) = 0 \tag{12.4}$$

上式更容易处理一些。

为了完成节点电压法,我们通过求解式(12.4)得到 v,再利用它确定 i_L 和 v_C 来完成步

骤(4)和(5)。式(12.4)是一个二阶线性常微分方程。就像我们在10.1.1节中处理一阶系统那样,求二阶微分方程的一般解可以利用下述步骤:

(1) 求出齐次解。要求出齐次解,就要把驱动置为0。

(2) 求出特解。

(3) 全解就是齐次解和特解之和。利用初始条件求余下的常数。

式(12.4)本身就没有驱动,因此式(12.4)是一个齐次方程。因此,齐次解也就是特解。为了求出齐次解,我们像10.1.1节中求解一阶齐次方程那样试探。我们预期线性常系数二阶常微分方程(式(12.4))的齐次解是两个具有形式

$$Ae^{st}$$

的分量之和。其中,A 是系数,s 是频率。将这个候选项代入式(12.4)得到

$$As^2 e^{st} + A \frac{1}{LC} e^{st} = 0 \tag{12.5}$$

提取出因数 A 和 e^{st} 之后,它变为

$$A\left(s^2 + \frac{1}{LC}\right)e^{st} = 0 \tag{12.6}$$

因为 st 为有限值时,e^{st} 绝不为0,并且 $A=0$ 是一个平凡解,它只能导致 $v=0$,因此从式(12.6)得到

$$s^2 + \frac{1}{LC} = 0 \tag{12.7}$$

该方程的两个根是

$$s_1 = +j\omega_o$$
$$s_2 = -j\omega_o \tag{12.8}$$

其中

$$\omega_o = \sqrt{\frac{1}{LC}} \tag{12.9}$$

其中 j 表示 $\sqrt{-1}$。因此,v 的解是函数 $e^{s_1 t}$ 和 $e^{s_2 t}$ 的线性组合,并且具有这样的形式

$$v(t) = A_1 e^{s_1 t} + A_2 e^{s_2 t} \tag{12.10}$$

其中,A_1 和 A_2 到现在为止还是未知的常数,它们等于将式(12.4)两次积分以求出 v 得到的两个积分常数。将式(12.8)中的 s_1 和 s_2 代入,v 的解变成形式为

$$v(t) = A_1 e^{+j\omega_o t} + A_2 e^{-j\omega_o t}$$

然而,与其处理这两个复指数函数,不如处理它们的加权和与差更为直观,即 $\cos(\omega_o t)$ 和 $\sin(\omega_o t)$[①]。因此,我们可以将解 v 写成

$$v(t) = K_1 \cos(\omega_o t) + K_2 \sin(\omega_o t) \tag{12.11}$$

其中,K_1 和 K_2 仍然是未知的常数。

式(12.7)被称为电路的**特征方程**,因为它概括了电路的内部动态特征。特征方程的根

---

① 根据欧拉关系式,$e^{j\omega_o t} = \cos(\omega_o t) + j\sin(\omega_o t)$,因此 $e^{j\omega_o t} + e^{-j\omega_o t} = 2\cos(\omega_o t)$,以及 $e^{j\omega_o t} - e^{-j\omega_o t} = 2j\sin(\omega_o t)$。更详细的内容参见附录C和B。

s_1 和 s_2 被称为电路的**自然频率**,因为它们指出了在没有强制驱动存在的情况下这个电路的振荡频率(见式(12.8)和式(12.11))。我们已经在以前的一阶电阻-电容和电阻-电感电路中看到了类似的方程和频率。例如,在第 10 章中,一阶 RC 电路的特征方程的形式为

$$s + \frac{1}{RC} = 0$$

一阶 RL 电路的特征方程形式为

$$s + \frac{R}{L} = 0$$

它们的根就是自然频率,分别是 $-1/RC$ 和 $-R/L$,相应的时间常数为 RC 和 L/R,这是一阶电路的特征。

为了完成对式(12.4)的求解,我们必须确定未知常数 K_1 和 K_2。为此需要关于 v 的一些特殊信息。从数学上讲,就是要确定在某一特定时间的 v 和 dv/dt。也就是说,我们要提供一个初始条件,式(12.4)从初始点开始积分。然而,在处理电子电路时,更为常见的是知道电路在初始时的状态,必须利用这个信息来求出在该时刻的 v 和 dv/dt。不过,我们暂时仍然假设知道初始时的 v 和 dv/dt,并完成对 v 的求解;然后会回到初始状态上来。不失一般性,选择初始时刻为 $t=0$。换言之,假设知道的初始条件是

$$v(0) \text{ 和 } v'(0)$$

求式(12.11)在 $t=0$ 时的值,可知

$$v(0) = K_1 \tag{12.12}$$

求式(12.11)的微分在 $t=0$ 时的值,可知

$$\frac{dv}{dt}(0) = \omega_0 K_2 \tag{12.13}$$

求解式(12.12)和式(12.13)得

$$K_1 = v(0) \tag{12.14}$$

$$K_2 = \frac{1}{\omega_0} v'(0) \tag{12.15}$$

两个未知常数现在就用初始条件表示。最后,结合式(12.11)、式(12.14)和式(12.15)得

$$v(t) = v(0)\cos(\omega_0 t) + \frac{1}{\omega_0} v'(0)\sin(\omega_0 t) \tag{12.16}$$

这就是根据给定的在 $t=0$ 时 v 和 dv/dt 的已知值求出的 v 的解。它同时满足式(12.4)和初始条件。

尽管式(12.16)是 v 的解,但它并不是用 $t=0$ 时的状态变量 i_L 和 v_C 表示的,后者一般更有用。为了做到这一点,我们必须确定用 i_L 和 v_C 表示 v 和 dv/dt 的关系式。根据式(12.1)马上可以确定用 v_C 表示的 v。因此求 $t=0$ 时 $v(t)$ 的值,得到

$$v(0) = v_C(0) \tag{12.17}$$

接下来,结合式(12.2)和式(12.3)可以得到用 i_L 表示的 dv/dt,依据

$$C\frac{dv(t)}{dt} = -i_L(t) \tag{12.18}$$

因此,求 $t=0$ 时 $dv(t)/dt$ 的值,可知

$$v'(0) = -\frac{1}{C}i_L(0) \tag{12.19}$$

然后,结合式(12.16)、式(12.17)和式(12.19)得到

$$v(t) = v_C(0)\cos(\omega_o t) - \sqrt{\frac{L}{C}}i_L(0)\sin(\omega_o t) \tag{12.20}$$

这就是根给定的在 $t=0$ 时电路的状态变量求出的 v 的全解。简化这个结果时也用到了式(12.9)。

对图12.6所示电路进行分析的最后一步是确定状态变量。从式(12.20)和式(12.1)我们发现

$$v_C(t) = v_C(0)\cos(\omega_o t) - \sqrt{\frac{L}{C}}i_L(0)\sin(\omega_o t)$$

$$= \sqrt{v_C^2(0) + \frac{L}{C}i_L^2(0)}\cos\left(\omega_o t + \tan^{-1}\left(\sqrt{\frac{L}{C}}\frac{i_L(0)}{v_C(0)}\right)\right) \tag{12.21}$$

并且,从式(12.20)和式(12.18)我们发现

$$i_L(t) = \sqrt{\frac{C}{L}}v_C(0)\sin(\omega_o t) + i_L(0)\cos(\omega_o t)$$

$$= \sqrt{\frac{C}{L}}\sqrt{v_C^2(0) + \frac{L}{C}i_L^2(0)}\sin\left(\omega_o t + \tan^{-1}\left(\sqrt{\frac{L}{C}}\frac{i_L(0)}{v_C(0)}\right)\right) \tag{12.22}$$

式(12.21)和式(12.22)中的第二个等式都是通过应用三角恒等式得到的[①]。而且,又一次用到式(12.9)来简化结果。我们也可以利用式(12.2)来确定 i_L,依据

$$i_L(t) = i_L(0) + \frac{1}{L}\int_0^t v(\bar{t})\,\mathrm{d}\bar{t} \tag{12.23}$$

将式(12.20)代入式(12.23)就会得到式(12.22)。但利用式(12.18)更容易些。注意式(12.23)显示出了电感的记忆性质,这在式(9.33)中就首先被发现了。

仔细观察式(12.21)和式(12.22)发现,不管选择什么样的初始条件,i_L 和 v_C 都是相位互差四分之一 π 的正弦函数。初始条件仅仅影响它们的幅值和相位。因此,在不妨碍理解的情况下,我们可以考虑一种特殊情况来阐述电路的性质,例如

$$i_L(0) \equiv 0$$

由 $i_L(0)\equiv0$ 推出的 i_L 和 v_C 的表达式给出如下,图12.7表示了 i_L 和 v_C 相应的变化

$$v_C(t) = v_C(0)\cos(\omega_o t) \tag{12.24}$$

$$i_L(t) = \sqrt{\frac{C}{L}}v_C(0)\sin(\omega_o t) \tag{12.25}$$

图12.7说明了几个重点。正如前面提到的,无论是支路变量还是状态变量都是时间的正弦函数。一个状态的峰值就出现在另一个状态的零点处。这种性质是图12.3所示振铃

---

① 相关的恒等式为

$$a\cos(x) - b\sin(x) = \sqrt{a^2 + b^2}\cos(x + \tan^{-1}(b/a))$$

和

$$a\sin(x) + b\cos(x) = \sqrt{a^2 + b^2}\sin(x + \tan^{-1}(b/a))$$

在附录 B 中有更进一步的讨论。

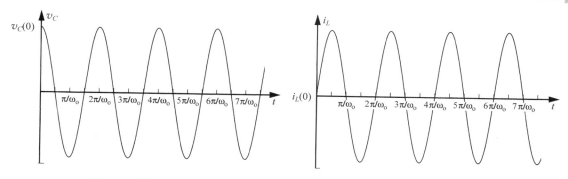

图 12.7　图 12.6 所示无驱动的 LC 电路在 $i_L(0)=0$ 特殊情况下的 i_L 和 v_C

现象的基础。该性质与其他许多无损耗的二阶振荡器是一样的,例如一个弹簧和物体或一个线性的钟摆。在这两种情况下,物体的位置和速度是两个状态。根据图 12.6,观察 i_L 和 v_C 正值出现的先后可以发现,v_C 领先 i_L 四分之一个周期。因此,i_L 中最大的正斜率出现在 v_C 的正的峰值处,i_L 中最大的负斜率则出现在 v_C 的负的峰值处,这与电感的元件定律是一致的。类似地,v_C 中最大的正斜率出现在 i_L 的负的峰值处,v_C 中最大的负斜率则出现在 i_L 的正的峰值处,这与电容的元件构成定律是一致的。因此,每个状态都驱动着另一个状态的增长。

对图 12.7 还有一个重要的能量解释。这就是由于 i_L 和 v_C 的振荡导致了能量在电容和电感间的反复交换。事实上,每个元件的状态驱动另一个元件的状态增长的代价就是消耗它所存储的能量。为了看清这一点,假定电容中储存的能量为 w_E,电感中储存的能量为 w_M,它们储存的总能量为 w_T。将式(12.21)和式(12.22)代入式(9.18)和式(9.36),得

$$w_E = \left(\frac{1}{2}Cv_C^2(0) + \frac{1}{2}Li_L^2(0)\right)\cos^2\left(\omega_\text{o}t + \tan^{-1}\left(\sqrt{\frac{L}{C}}\frac{i_L(0)}{v_C(0)}\right)\right) \tag{12.26}$$

$$w_M = \left(\frac{1}{2}Cv_C^2(0) + \frac{1}{2}Li_L^2(0)\right)\sin^2\left(\omega_\text{o}t + \tan^{-1}\left(\sqrt{\frac{L}{C}}\frac{i_L(0)}{v_C(0)}\right)\right) \tag{12.27}$$

因此 w_T 为

$$w_T = w_E + w_M = \frac{1}{2}Cv_C^2(0) + \frac{1}{2}Li_L^2(0) \tag{12.28}$$

总能量 w_T 在时间域上是一个常数。这种情况是因为电路中没有消耗能量的电阻。还要注意到由于 w_E 和 w_M 周期性地到达零点,能量在两个元件之间实现了完全交换。这种性质与其他许多无损耗的二阶机械振荡器也是一样的,在这些振荡器中动能和势能反复交换。为了说明这一点,图 12.8 给出了 $i_L(0)=0$ 特殊情况下的 w_E、w_M 和 w_T。注意因为 i_L 和 v_C 在一个周期 $2\pi/\omega_\text{o}$ 内两次到达零点,因此能量交换的频率为 $2\omega_\text{o}$。

在结束这一小节时,让我们总结一下三个重要的观察结果。第一个观察结果是二阶电容-电感电路能够振荡。这与一阶电阻-电容和电阻-电感电路形成了对比。第二个观察结果是我们发现,除一阶 RC 电路的时间常数 RC 和一阶 RL 电路时间常数 L/R 外,还有第三个时间常数,即 $\sqrt{LC}$。它是与二阶 LC 电路相关的时间常数。第三个观察结果是二阶 LC 电路中比值 $\sqrt{L/C}$ 的含义。这个比值是储能的一个特征。因为 w_E 和 w_M 可以完全交换,从式(12.21)和式(12.22)得

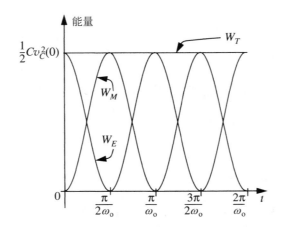

图 12.8 图 12.6 所示电路在 $i_L(0)=0$ 特殊情况下的 w_E、w_M 和 w_T

$$\frac{C}{2}v_{C_{Peak}}^2 = \frac{L}{2}i_{L_{Peak}}^2 \quad \Rightarrow \quad \frac{v_{C_{Peak}}}{i_{L_{Peak}}} = \sqrt{\frac{L}{C}} \tag{12.29}$$

其中，$v_{C_{Peak}}$ 和 $i_{L_{Peak}}$ 分别是 i_L 和 v_C 的峰值。因此，比值 $\sqrt{L/C}$ 起源于对能量的考虑，是两个状态量的峰值的比值，它具有电阻的量纲。比值 $\sqrt{L/C}$ 称为**特性阻抗**。在后面的小节中，我们将会看到参数 $\sqrt{L/C}$ 对于表示有阻尼的二阶电路的动态特征也是很有帮助的。

例 12.1　无驱动 LC 电路　对于图 12.6 所示电路，假设 $C=1\mu F$，$L=100\mu H$。i_L 和 v_C 的振荡频率是多少？进一步假设在某一时刻，$i_L=0.5A$，$v_C=10V$。i_L 和 v_C 的峰值将是多少？

解　根据式(12.9)，当 $C=1\mu F$，$L=100\mu H$ 时

$$\omega_o = \sqrt{\frac{1}{LC}} = 10^5\,\text{rad/s}$$

或近似为 15.9kHz。在测量 i_L 和 v_C 的时刻

$$w_E = 50\mu J, \quad w_M = 12.5\mu J$$

因此

$$w_T = 62.5\mu J$$

当这个能量完全储存在电感中时，i_L 就会出现峰值。换言之

$$\frac{1}{2}Li_{L_{Peak}}^2 = w_T = 62.5\mu J$$

因此

$$i_{L_{Peak}} \approx 1.12A$$

类似地，当这个能量完全储存在电容中时，v_C 就会出现峰值。换言之

$$\frac{1}{2}Cv_{C_{Peak}}^2 = w_T = 62.5\mu J$$

因此

$$v_{C_{Peak}} \approx 11.2V$$

还要注意 C、L、$v_{C_{Peak}}$ 和 $i_{L_{Peak}}$ 满足式(12.29)。相应地

$$\sqrt{L/C} = 10\Omega$$

例 12.2　另一个无驱动 LC 电路　对于图 12.6 所示的电路，和前一个例子中一样，假设 $C=1\mu F$，$L=100\mu H$。进一步假设在 $t=0$ 时电感电流 $i_L=0$，电容电压 $v_C=1V$。画出 i_L 和 v_C 在 $t>0$ 时的波形。

解　因为

$$\omega_{\circ} = \frac{1}{\sqrt{LC}} = 10^5 \, \mathrm{rad/s}$$

我们知道电压和电流的波形将是角频率为 $\omega_{\circ} = 10^5 \, \mathrm{rad/s}$ 的正弦函数。

更进一步地,因为电流的初值为 0,我们从式(12.24)和式(12.25)得到

$$v_C(t) = v_C(0)\cos(\omega_{\circ}t) = 1.0\cos(10^5 t)\,\mathrm{V}$$

$$i_L(t) = \sqrt{\frac{C}{L}}\,v_C(0)\sin(\omega_{\circ}t) = 0.1 \times \sin(10^5 t)\,\mathrm{A}$$

波形画于图 12.9 中。

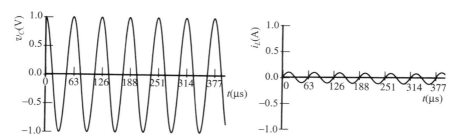

图 12.9　图 12.6 所示无驱动 LC 电路在 $i_L(0)=0$ 和 $v_C(0)=1\mathrm{V}$ 时的 i_L 和 v_C

例 12.3　弹簧-质量块振荡器　图 12.10 所示的弹簧-质量块振荡器也是一个无损耗的二阶系统。它的运动可以描述为

$$M\frac{\mathrm{d}x(t)}{\mathrm{d}t^2} + Kx(t) = 0 \qquad (12.30)$$

其振荡频率是多少?

解　弹簧-质量块振荡器的运动方程与式(12.3)和式(12.4)一样,只不过用 M 代替了 C,x 代替了 v。因此,仿照式(12.9),其振荡频率为

$$\sqrt{K/M}$$

我们对电容电感电路所做的分析的每个方面都可以做类似的模拟。

例 12.4　理想开关电源　在这个例子中,我们将分析一个理想的开关充电泵,如图 12.11 所示。用这种充电泵可以将一个 DC 电压转换成另一个 DC 电压(例如,从 1.5V 电池到一个需要 3V DC 供电的电子放大器)。充电泵的目的是将能量无损失地从电压源经电感转移到电容中去。在这个过程中,它对电容充电,并在电容两端建立电压。

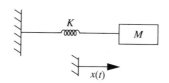

图 12.10　二阶弹簧-质量块振荡器

注意这个图中的线圈部分是一个弹簧,而不是一个电感

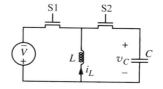

图 12.11　理想的开关充电泵

如图 12.12 所示,充电泵周期性地工作。当一个周期开始时,开关 S1 闭合并持续 T,使得电感中的电流沿斜坡上升。在这段时间内,开关 S2 保持断开,因此电容电荷和电压保持为常数。接着,开关 S1 断开,开关 S2 闭合。这组开关动作将电感与电源断开,因为电感电流不能突变,它将使电感电流改道,使之流入电容。电感电流现在将下降,同时电容电压将上升。最后,当电感电流第一次到达零点时开关 S2 断开,并且两个开关都保持断开状态直到下一个周期开始。

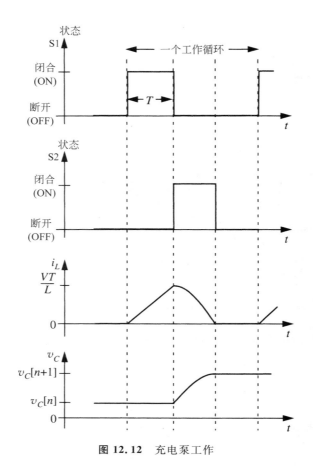

图 12.12   充电泵工作

我们的目标是确定电容电压的时间函数。为此,将依次分析在每一个时间段内电路的性质。首先,求出在每一个周期的开始阶段沿斜坡上升的电感电流 i_L。

S1 闭合,S2 断开   在这个初始阶段,因为 S1 是闭合的,S2 是断开的,DC 电压 V 直接加到电感两端,电感电流 i_L 沿斜坡上升。充电泵工作的这方面内容已经在 9.4.2 小节中分析过了。特别地,如果我们定义周期的开始时间为 $t=0$,那么在 $0 \leqslant t \leqslant T$ 时,i_L 就由式(9.78)给出。因此,i_L 按照斜坡函数建立起来。

现在假定我们希望求出在第 n 个周期结束时的电容电压 v。从能量的角度考虑,这个问题非常容易解决。由式(9.36)可知在每个电流斜坡结束时

$$i_L = \frac{VT}{L} \tag{12.31}$$

因此,根据式(9.36),在每个电流斜坡结束时电感中储存的能量 w_M 为

$$w_M = \frac{L}{2}\left(\frac{VT}{L}\right)^2 = \frac{V^2 T^2}{2L} \tag{12.32}$$

S1 断开,S2 闭合   在周期的下一个阶段,S2 闭合,S1 断开,这个能量完全转移到电容上。实际上,当 i_L 刚刚到达零点时,S2 就打开了,第二个阶段就结束了,能量转移也完成了。

S1 断开,S2 断开   周期结束时 S1 和 S2 都是断开的。现在所有能量都储存在电容中。这个动作顺序在每个周期中都会重复。

因此,在第 n 个周期结束时电容中储存的能量 w_E 增长到

$$w_E[n] = w_E[n-1] + \frac{V^2 T^2}{2L} \tag{12.33}$$

其中符号[n]用于表示周期索引,而不是连续的时间。初始储能为

$$w_E[0] = 0 \qquad\qquad (12.34)$$

解式(12.33)和式(12.34)得到

$$w_E[n] = n\frac{V^2 T^2}{2L} \qquad\qquad (12.35)$$

上式清楚地表达了在第 n 个周期结束时电容中储存的能量。最后,结合式(9.18)和式(12.35),我们发现

$$v_C[n] = V\sqrt{n\frac{T^2}{LC}} \qquad\qquad (12.36)$$

因此,电容电压与输入电源的电压 V 有关,并且随着 n 的平方根增长。在这一章的后面部分还会再次讨论这个例子,将更为清楚地建立它作为一个 DC-DC 变换器的工作过程。

最后,假设我们希望求出在第 n 个振铃周期中详细的 i_L 和 v_C,在这个周期中 S1 断开,S2 闭合。在这种情况下,要对式(12.21)和式(12.22)做一点修改和几个替代。修改是两个方程中 i_L 的符号都必须反过来,因为图 12.6 和图 12.11 中定义的 i_L 的方向相反。替代是用 $-VT/L$ 代替 $i_L(0)$,用 $v_C[n]$ 代替 $v_C[0]$,以及用 $t-T$ 代替 t,因为当开关 S1 闭合时,一个周期开始,$t=0$。

WWW 例 12.5　图形解释

12.2　无驱动的串联 *RLC* 电路

对二阶电路的下一步研究是引进一个损耗机制,因此电路中储存的能量将被消耗掉。二阶电路产生损耗有两个原因。第一,实际电容和实际电感都是有损耗的。一个电容中常见的损耗机理是电介质的泄漏,这可以用一个并联的电阻来模拟。一个电感中常见的损耗机理是线圈中的电阻损失,这可以用一个串联的电阻来模拟。第二,为了改变电路的特性,我们可以有目的地在电路中引入一个损耗。例如,我们也许希望抑制图 12.3 中所见的振荡。这可以通过在电路中引入一个或多个电阻来实现。

在这一节中我们着重研究加了单个电阻的无驱动的二阶电容-电感电路。有两种方法在图 12.6 所示电路中加上一个电阻。得到的两个电路如图 12.14 所示。这里我们将更详细地研究串联 *RLC* 电路,12.4 节则研究相应的并联电路。很快就会发现,在这些电路中电阻的存在以及由此产生的相应损耗明显地改变了原电路的性质。更重要的是,电路中储存的能量不再是一个常数,而是随时间衰减的。因而,电路的状态也是随时间衰减的。

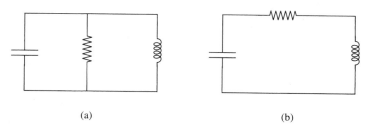

(a)　　　　　　　　　　　　　　(b)

图 12.14　各含有一个电阻的两个二阶电路
(a) 并联 *RLC* 电路；(b) 串联 *RLC* 电路

现在我们研究图 12.14(b)所示无驱动串联 *RLC* 电路的性质,重画于图 12.15。为了分析这个电路的性质,可以再次使用节点法,而且这种分析与 12.1 节中的分析是非常相似的。因为图 12.15 中已经选定了接地节点,并且未知节点电压已经标注为 v_1 和 v_2,因此可以立

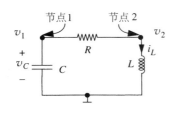

图 12.15　图 12.14(b)所示串联
二阶电路

刻进行节点法的第(3)步。这里,我们对节点 1 和节点 2
写出用 v_1 和 v_2 表示的 KCL 方程。对节点 1 得

$$C \frac{dv_1(t)}{dt} + \frac{v_1(t) - v_2(t)}{R} = 0 \tag{12.37}$$

对节点 2 得

$$\frac{v_2(t) - v_1(t)}{R} + \frac{1}{L} \int_{-\infty}^{t} v_2(\tilde{t}) d\tilde{t} = 0 \tag{12.38}$$

为了同时处理这两个方程,首先利用式(12.37)求出用 v_1
表示的 v_2,然后将结果代入式(12.38)得到用 v_1 表示的一个二阶微分方程。由此得出

$$v_2(t) = RC \frac{dv_1(t)}{dt} + v_1(t) \tag{12.39}$$

$$\frac{d^2 v_1(t)}{dt^2} + \frac{R}{L} \frac{dv_1(t)}{dt} + \frac{1}{LC} v_1(t) = 0 \tag{12.40}$$

注意,为了得到式(12.40),我们将式(12.38)除以 C,并将它对时间求微分。

我们求解式(12.40)得到 v_1,并利用它确定 v_2 和其他感兴趣的支路变量,这样就完成了
节点分析的第(4)步和第(5)步。式(12.40)是一个二阶线性常系数齐次微分方程。因此,它
的齐次解也就是它的全解。因而,我们估计它的解也是形式为 Ae^{st} 的两项的叠加。将这个
候选项代入式(12.40)得

$$A\left(s^2 + \frac{R}{L}s + \frac{1}{LC}\right)e^{st} = 0 \tag{12.41}$$

由此推出

$$s^2 + \frac{R}{L}s + \frac{1}{LC} = 0 \tag{12.42}$$

式(12.42)就是电路的特征方程。由于有一项与 s 成比例,它比式(12.7)稍微复杂一些。我
们很快将会看到,这一项是形成衰减和能量损失的原因。为了简化式(12.42),使它变成一
个二阶电路的更标准的形式,我们把它写成

$$s^2 + 2\alpha s + \omega_o^2 = 0 \tag{12.43}$$

其中

$$\alpha \stackrel{\text{def}}{=} \frac{R}{2L} \tag{12.44}$$

$$\omega_o \stackrel{\text{def}}{=} \frac{1}{\sqrt{LC}} \tag{12.45}$$

注意式(12.45)与式(12.9)相同。式(12.43)是有两个根的二次方程,它的根为

$$s_1 = -\alpha + \sqrt{\alpha^2 - \omega_o^2} \tag{12.46}$$

$$s_1 = -\alpha - \sqrt{\alpha^2 - \omega_o^2} \tag{12.47}$$

因此,v_1 的解是 $e^{s_1 t}$ 和 $e^{s_2 t}$ 这两个函数的线性组合,形式为

$$v_1(t) = A_1 e^{s_1 t} + A_2 e^{s_2 t} \tag{12.48}$$

其中,A_1 和 A_2 仍然是未知的常数,它们等于将式(12.40)两次积分以求出 v_1 过程中遇到的

两个积分常数。注意 s_1 和 s_2 是电路的两个自然频率[①]。

为了完成对式(12.40)的求解,必须确定 A_1 和 A_2。为此需要 v 的一些特殊信息,我们将再次通过确定初始时刻的 v_1 和 $\mathrm{d}v_1/\mathrm{d}t$ 来提供这些信息。初始时刻再次选定为 $t=0$。正如前面所说,实际上更为常见的是知道初始时刻的 i_L 和 v_C,因此必须利用这个信息首先确定初始时刻的 v_1 和 $\mathrm{d}v_1/\mathrm{d}t$,然后再求出 A_1 和 A_2。因为 v_1 和 v_C 代表同一个电压

$$v_C(t) = v_1(t) \tag{12.49}$$

因此

$$v_1(0) = v_C(0) \tag{12.50}$$

接着,根据电容的元件定律有

$$i_L(t) = -C\frac{\mathrm{d}v_1}{\mathrm{d}t}(t) \tag{12.51}$$

因此

$$v_1'(0) = -\frac{1}{C}i_L(0) \tag{12.52}$$

接着,我们求式(12.48)及其微分在 $t=0$ 时的值,并令结果等于式(12.50)和式(12.52),得

$$v_1(0) = A_1 + A_2 = v_C(0) \tag{12.53}$$

$$v_1'(0) = s_1 A_1 + s_2 A_2 = -\frac{1}{C}i_L(0) \tag{12.54}$$

式(12.53)和式(12.54)对 A_1 和 A_2 联立求解,得

$$A_1 = \frac{Cs_2 v_C(0) + i_L(0)}{C(s_2 - s_1)} \tag{12.55}$$

$$A_2 = \frac{Cs_1 v_C(0) + i_L(0)}{C(s_1 - s_2)} \tag{12.56}$$

将它代入式(12.48)得

$$v_1(t) = \frac{Cs_2 v_C(0) + i_L(0)}{C(s_2 - s_1)}e^{s_1 t} + \frac{Cs_1 v_C(0) + i_L(0)}{C(s_1 - s_2)}e^{s_2 t} \tag{12.57}$$

最后,将式(12.57)代入式(12.49)和式(12.51)得

$$v_C(t) = \frac{Cs_2 v_C(0) + i_L(0)}{C(s_2 - s_1)}e^{s_1 t} + \frac{Cs_1 v_C(0) + i_L(0)}{C(s_1 - s_2)}e^{s_2 t} \tag{12.58}$$

$$i_L(t) = -s_1\frac{Cs_2 v_C(0) + i_L(0)}{s_2 - s_1}e^{s_1 t} - s_2\frac{Cs_1 v_C(0) + i_L(0)}{s_1 - s_2}e^{s_2 t} \tag{12.59}$$

因此我们确定了串联电路状态变量的时间函数。这就完成了图 12.15 所示电路的完整分析

---

① 在此,值得在两个自然频率 s_1 和 s_2 上稍作停留,并写出几个和它们相关的有用的等式。将式(12.46)和式(12.47)相加得

$$s_1 + s_2 = -2\alpha$$

将它们相减得

$$s_1 - s_2 = 2\sqrt{\alpha^2 - \omega_0^2}$$

将它们相乘得

$$s_1 s_2 = \omega_0^2$$

因为它们是根,所以 s_1 和 s_2 都满足特征方程,即式(12.42)或它的更一般的形式即式(12.43)。

过程[①]。

现在让我们研究一下式(12.58)和式(12.59)所表达的 v_C 和 i_L 的动态性质。为此,可以根据 α 和 ω_o 的相对大小很方便地考虑三种独立情况,它们是:

$$\alpha < \omega_o \Rightarrow 欠阻尼$$
$$\alpha = \omega_o \Rightarrow 临界阻尼$$
$$\alpha > \omega_o \Rightarrow 过阻尼$$

在下面的三小节中我们将会看到,在这三种情况下,图12.15所示电路的动态性质是截然不同的[②]。

12.2.1 欠阻尼

欠阻尼情形的特征是

$$\alpha < \omega_o$$

或者将式(12.44)和式(12.45)代入后得

$$R/2 < \sqrt{L/C}$$

当 R 减小时,相应的电阻就趋于短路,因而图12.15所示电路就趋于图12.6所示电路。因此,可以预期欠阻尼情况在本质上是振荡的。我们很快就会看到,事实确实如此。

因为 $\alpha < \omega_o$,式(12.46)和式(12.47)中根号里的值为负,因此,s_1 和 s_2 是复数。为了简化问题,同时也为了使 s_1 和 s_2 的复杂特性清楚一些,我们定义 ω_d 为

$$\omega_d \overset{\text{def}}{=} \sqrt{\omega_o^2 - \alpha^2} \tag{12.60}$$

因此式(12.46)和式(12.47)变为

---

① 图12.14中所示的两个电路是互相对偶的,因此其中一个的响应可以直接由另一个的响应构造出来。为了看清这一点,在图12.15所示电路的唯一回路中应用KVL得

$$\frac{d^2 i_L}{dt^2} + \frac{R}{L}\frac{di_L}{dt} + \frac{i_L}{LC} = 0$$

由电容的元件定律得

$$i_L(t) = -C\frac{dv_C}{dt}$$

类似地,对图12.14(a)所示电路中上面的节点应用KCL得

$$\frac{d^2 v_C}{dt^2} + \frac{G}{C}\frac{dv_C}{dt} + \frac{v_C}{LC} = 0$$

由电感的元件定律得

$$v_C = L\frac{di_L}{dt}$$

其中 v_C 是电容电压,定义在上面的节点处为正;i_L 是电感电流,定义向下的方向为正;G、C、L 分别是电导值、电容值和电感值。比较这两组方程可以发现,第二组方程可以直接由第一组构造出来,只需将 i_L 用 v_C 替代,$-v_C$ 用 i_L 替代,R 用 G 替代,L 用 C 替代,C 用 L 替代。因此,图12.14(a)所示电路的齐次响应可以用同样的方法直接由式(12.58)和式(12.59)构造出来,参见式(12.100)和式(12.101)。实际上,12.4节中的所有结果都可以用同样的方法从12.2节中的结果推导出来。更进一步,当图12.14(a)所示电路扩展含有一个并联电流源,图12.14(b)所示电路扩展含有一个串联电压源时,对偶性仍然成立。因此,12.6节中的所有结果都可以直接从12.5节中的结果推导出来。

② 有趣的是,在12.4节中我们将会看到,在所有三种情况下,并联 RLC 电路的动态特征与串联电路本质上是相同的,除了电阻的角色发生了颠倒。两个电路之所以具有相同的动态特征,是因为当用式(12.43)所示的标准形式表示时,它们具有相同的特征方程。

$$s_1 = -\alpha + j\omega_d \qquad (12.61)$$

$$s_2 = -\alpha - j\omega_d \qquad (12.62)$$

s_1 和 s_2 的实部和虚部现在变得更直观了。

因为 s_1 和 s_2 是复数,式(12.58)和式(12.59)中的指数也是复数。因此,v_C 和 i_L 都会呈现出振荡和衰减的性质。为了看到这一点,我们将式(12.61)和式(12.62)代入式(12.58)和式(12.59),利用欧拉关系式

$$e^{j\omega_d t} = \cos(\omega_d t) + j\sin(\omega_d t)$$

以及 $LCs_1 s_2 = 1$ 得

$$v_C(t) = v_C(0) e^{-\alpha t} \cos(\omega_d t) + \left(\frac{\alpha C v_C(0) - i_L(0)}{C\omega_d} \right) e^{-\alpha t} \sin(\omega_d t)$$

$$= \sqrt{v_C^2(0) + \left(\frac{\alpha C v_C(0) - i_L(0)}{C\omega_d} \right)^2} \; e^{-\alpha t} \cos\left(\omega_d t - \tan^{-1}\left(\frac{\alpha C v_C(0) - i_L(0)}{C\omega_d v_C(0)} \right) \right)$$

$$(12.63)$$

$$i_L(t) = i_L(0) e^{-\alpha t} \cos(\omega_d t) + \left(\frac{v_C(0) - \alpha L i_L(0)}{L\omega_d} \right) e^{-\alpha t} \sin(\omega_d t)$$

$$= \sqrt{i_L^2(0) + \left(\frac{v_C(0) - \alpha L i_L(0)}{L\omega_d} \right)^2} \; e^{-\alpha t} \sin\left(\omega_d t + \tan^{-1}\left(\frac{L\omega_d i_L(0)}{v_C(0) - \alpha L i_L(0)} \right) \right)$$

$$(12.64)$$

v_C 和 i_L 的表达式更加清楚地呈现了电路状态的振荡和衰减性质。图 12.16 画出了 $i_L(0) = 0$ 的特殊情况下 v_C 和 i_L 的示意图。从图 12.16 中我们看到,当电感电流为零时,电容电压近似为最大值,反之亦然。然而,更仔细地研究式(12.63)和式(12.64)发现,电路状态并不像它们在图 12.6 电路中那样是严格的积分关系(指相位差为 $\pi/2$,译者注)。事实上,研究式(12.63)和式(12.64)表明,例如当 $i_L(0) = 0$ 时 v_C 领先 i_L 的角度减少了 $\varphi = \tan^{-1}(\alpha/\omega_d)$。虽然如此,$v_C$ 的峰值仍然出现在 i_L 几乎为 0 时,反之亦然。这表明能量是来回交换的,首先储存在电容的电场中,然后又存储在电感的磁场中。所有欠阻尼二阶系统都具有这个性质。一个简单的钟摆就是一个明显的例子。这里是动能和势能之间的交换:当势能为 0 时,动能最大,反之亦然。我们把对能量的更详细的分析推迟到第 12.3 节中。

当 $R \to 0$ 即相应的电阻趋于短路时,根据式(12.44)和式(12.60)显然有 $\alpha \to 0$,$\omega_d \to \omega_o$。因此,当 $R \to 0$ 时,$\omega_o = 1/\sqrt{LC}$,式(12.63)和式(12.64)就分别简化为式(12.21)和式(12.22)。这是可以预料到的,因为当 $R \to 0$ 时图 12.15 简化成了图 12.6。类似这样的极限情况经常可以用来检验分析的正确性。

现在就有可能利用式(12.63)和式(12.64)从物理上解释图 12.15 所示电路的 α、ω_o 和 ω_d 参数。因子 $e^{-\alpha t}$ 在 v_C 和 i_L 中产生衰减或阻尼,因此 α 被称为电路的**衰减因子**。α 值越大,电路状态变量衰减越快。

没有阻尼时,相应的电路中也没有能量消耗,即 $R = 0$,因此 $\alpha = 0$,电路状态的振荡频率为

$$\omega_o = \frac{1}{\sqrt{LC}}$$

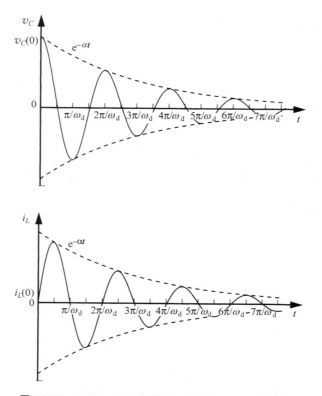

图 12.16 $i_L(0) = 0$ 时串联 RLC 电路 v_C 和 i_L 的波形

就像它们在图 12.6 所示电路中那样。因此,ω_o 被称为**无阻尼自然频率**或**无阻尼谐振频率**。

有阻尼时,电路状态的振荡频率低一些,为 ω_d,因此 ω_d 被称为**有阻尼自然频率**。当阻尼足够大时,ω_d 趋于 0,电路停止振荡。下面的两小节中将研究这种情况。

因为 ω_o、ω_d 和 α 都直接与特征方程的根 s_1 和 s_2(见式(12.60)、式(12.61)和式(12.62))相关,因此此时就很清楚为什么 s_1 和 s_2 被称为系统的自然频率。

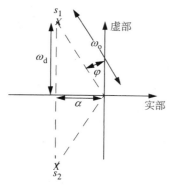

图 12.17 s_1 和 s_2 在复平面上的位置

式(12.60)表明 α、ω_d 和 ω_o 分别形成了一个直角三角形的两条直角边和斜边。事实上,这就是特征方程的根在复平面的位置。根据式(12.61)和式(12.62),这些位置如图 12.17 所示。注意当 R 变化时,α 和 ω_d 跟着变化,而 ω_o 保持为常数,因此在欠阻尼情况下,s_1 和 s_2 到复平面上原点的距离保持为常数 ω_o。

与 12.1 节中研究的电路的性质相比,式(12.63)和式(12.64)以两个重要的速率或频率为特征。第一个频率是 ω_d,它决定了状态变量振荡的速率;第二个频率是 α,它决定了状态变量衰减的速率。因而,式(12.63)和式(12.64)所描述的电路性质的另一个重要特征是 α 对于 ω_o 的相对大小。这一般用电路的品质因数 Q 来表示,定义为

$$Q \stackrel{\mathrm{def}}{=} \frac{\omega_{\mathrm{o}}}{2\alpha} \qquad\qquad (12.65)$$

对于图 12.15 所示的串联电路，将式(12.44)和式(12.45)代入式(12.65)就可以求出 Q 的值，得

$$Q = \frac{1}{R}\sqrt{\frac{L}{C}} \qquad\qquad (12.66)$$

如果衰减因子 α 与 ω_{o} 相比很小，作为欠阻尼电路的一个特征，Q 就会很大，电路就会以接近 ω_{o} 的频率振荡很长时间。对于串联电路，当 R 很小即相应的电阻接近短路时就达到这种情况。反之，为了有目的地阻尼振荡，使之变得慢一些，就必须使 R 变大。

根据前面的讨论可提出对 Q 的一种有趣的解释。从式(12.63)和式(12.64)可以发现，电路状态的振荡周期为 $2\pi/\omega_{\mathrm{d}}$。因此 Q 个振荡周期就是 $2\pi Q/\omega_{\mathrm{d}}$。在后一段时间内同样的方程表明当 $\omega_{\mathrm{d}} \approx \omega_{\mathrm{o}}$ 时电路状态变量幅值的衰减系数为

$$\mathrm{e}^{-2\pi Q\alpha/\omega_{\mathrm{d}}} \approx \mathrm{e}^{-\pi}$$

因此，如图 12.18 所示，一个欠阻尼电路的状态变量幅值在 Q 个振荡周期内将衰减为它的原始值的 4%[1]。

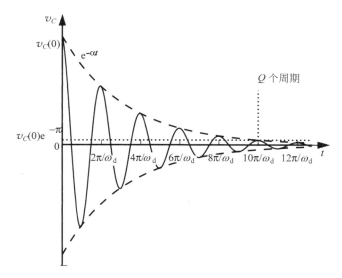

图 12.18　$i_L(0) = 0, Q = 5$ 的情况下无驱动并联 RLC 电路的 v_C 的波形

12.2.2　过阻尼

过阻尼情形的特征是

$$\alpha > \omega_{\mathrm{o}}$$

或者将式(12.44)和式(12.45)代入后得

$$R/2 > \sqrt{L/C}$$

---

[1]　或在 $Q/2$ 个周期内近似为原始值的 20%。

在这种情形下,式(12.46)和式(12.47)根号里的值是正的,因此 s_1 和 s_2 都是实数。于是,式(12.58)和式(12.59)表示的 v_C 和 i_L 的动态行为不呈现出振荡,而是包括两个以不同速率衰减的实指数函数。

在 $i_L(0)=0$ 时,从式(12.58)和式(12.59)得到过阻尼情形下 v_C 和 i_L 的表达式,即

$$u_C(t) = \frac{s_2 v_C(0)}{s_2 - s_1} e^{s_1 t} + \frac{s_1 v_C(0)}{s_1 - s_2} e^{s_2 t} \tag{12.67}$$

$$i_L(t) = -s_1 \frac{C s_2 v_C(0)}{s_2 - s_1} e^{s_1 t} - s_2 \frac{C s_1 v_C(0)}{s_1 - s_2} e^{s_2 t} \tag{12.68}$$

因为过阻尼电路 $\alpha > \omega_o$,注意上面两个等式中的 s_1 和 s_2 都是实数。

图 12.19 比较了 $i_L(0)=0$ 时欠阻尼、过阻尼和临界阻尼情形下 v_C 和 i_L 的波形。在下一小节中我们将研究临界阻尼电路。注意只有对欠阻尼情形电路显示出振荡性质。

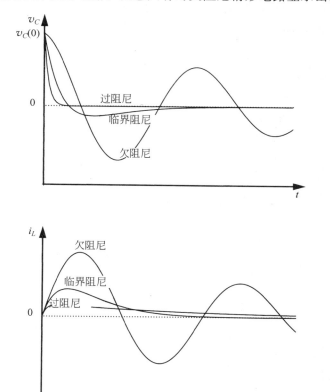

图 12.19　无驱动的串联 RLC 电路在 $i_L(0)=0$ 时欠阻尼、过阻尼和临界阻尼情形下 v_C 和 i_L 的波形

当 R 变大时,特别是大于 $2\sqrt{L/C}$ 时,它变成了电容和电感之间一个有重要意义的开路。在这种情况下,它吸收了在 R 值很小时电容和电感分享的振荡电压。结果在电容和电感之间交换的能量被终止了,电路停止振荡。取而代之的是,它的行为更像是一个独立电容和一个独立的电感通过电阻放电。为了验证这一点,我们求当 R 变大(α 变大)时 s_1 和 s_2 的渐近值。

$$s_1 = \alpha + \sqrt{\alpha^2 - \omega_o^2} = \alpha\left(1 + \sqrt{1 - \left(\frac{\omega_o}{\alpha}\right)^2}\right) \approx 2\alpha = \frac{R}{L} \tag{12.69}$$

$$s_2 = \alpha - \sqrt{\alpha^2 - \omega_o^2} = \alpha\left(1 - \sqrt{1 - \left(\frac{\omega_o}{\alpha}\right)^2}\right) \approx \alpha\frac{\omega_o^2}{2\alpha^2} = \frac{1}{RC} \tag{12.70}$$

正如所预料的,相应的时间常数趋于 L/R 和 RC,即独立 RL 电路和独立 RC 电路的时间常数。注意,对于过阻尼动态,$\alpha > \omega_o$,由此推导出时间常数 L/R 更快一些,时间常数 RC 更慢一些。

12.2.3　临界阻尼

临界阻尼情形的特征是

$$\alpha = \omega_o$$

在这种情形下,再次由式(12.46)和式(12.47)得到

$$s_1 = s_2 = -\alpha$$

特征方程,式(12.43),有两个重根。因此,$e^{s_1 t}$ 和 $e^{s_2 t}$ 不再是独立的函数,这样 v_1 的通解也不再是式(12.48)给出的这样两个函数的叠加。更确切地说,它是重复的指数函数 $e^{s_1 t} = e^{s_2 t} = e^{-\alpha t}$ 和 $t e^{-\alpha t}$ 的叠加。根据这个观察以及式(12.49)和式(12.51),得到 v_C 和 i_L 将呈现出类似的性质。

也许求临界阻尼情形下 v_C 和 i_L 的最简单的方法是求式(12.63)和式(12.64)在这种条件下的值。为此,观察式(12.60)得到,对临界阻尼 $\omega_o = \alpha$,因此 $\omega_d = 0$。于是,我们可以通过求式(12.63)和式(12.64)在极限 $\omega_d \to 0$ 时的值,得到临界阻尼情形下的 v_C 和 i_L。这导致

$$v_C(t) = v_C(0)e^{-\alpha t} - \frac{\alpha C v_C(0) - i_L(0)}{C} t e^{-\alpha t} \tag{12.71}$$

$$i_L(t) = i_L(0)e^{-\alpha t} + \frac{v_C(0) - \alpha L i_L(0)}{L} t e^{-\alpha t} \tag{12.72}$$

由式(12.71)和式(12.72)可以发现,v_C 和 i_L 既含有衰减指数函数 $e^{-\alpha t}$,又有函数 $t e^{-\alpha t}$,这和预料的一样。

例 12.6　串联 *RLC* 电路的零输入响应　假设图 12.20 所示无驱动串联 *RLC* 电路中电感和电容的初始状态不为零,暂态响应的一般形状是什么样的?

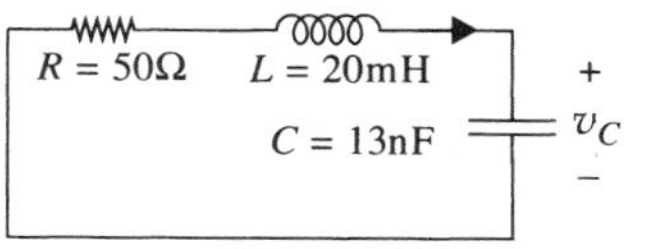

解　图 12.20 所示电路是一个无驱动串联 *RLC* 电路,与 12.2 节中讨论的一样。它的衰减因子为

$$\alpha = \frac{R}{2L} = 1250\,\text{rad/s}$$

无阻尼谐振频率为

$$\omega_o = \sqrt{\frac{1}{LC}} = 62\,017\,\text{rad/s}$$

或 9.8704kHz。由于

$$\alpha < \omega_o$$

得出结论:电路欠阻尼,因此将产生一个衰减振荡的正弦响应。

根据式(12.66),它的 Q 为 $\sqrt{L/C}/R$,数值大约为 25。

根据 12.2.1 节中讨论的对 Q 的解释,电路中任何支路变量的暂态响应都将是一个衰减的正弦,它的幅值在振荡的 25 个周期内衰减至 4%。

振荡频率由式(12.60)给出,为

图 12.20　无驱动串联 *RLC* 电路

$$\omega_{\mathrm{d}} = \sqrt{\omega_{\mathrm o}^2 - \alpha^2} = 62005 \mathrm{rad/s}$$

或 9.8684kHz。

假设 $v_C(0)=1\mathrm{V}, i_L(0)=0, v_C$ 的波形示意图如图 12.21 所示。

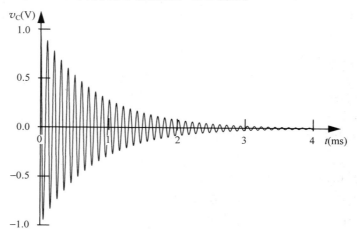

图 12.21　无驱动串联 RLC 电路的响应

12.3　暂态串联 RLC 电路中储存的能量

现在来分析串联 RLC 电路中储存的能量。明确地说,要分析在前面讨论过的 12.2.1 节中欠阻尼 RLC 串联电路(见图 12.22)中储存能量的衰减。欠阻尼情形在

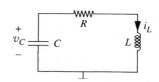

图 12.22　串联 RLC 电路的储能分析

$$\alpha < \omega_{\mathrm o}$$

时适用。为了简化问题,我们进一步假定 $Q \gg 1$。因为 $Q \gg 1$, $\alpha \ll \omega_{\mathrm o}$,因此 $\omega_{\mathrm d} \approx \omega_{\mathrm o}, \alpha \ll \omega_{\mathrm d}$。

由式(12.63)和式(12.64)得到这种特殊情形下的电压和电流的表达式,并简化为

$$v_C(t) \approx \sqrt{v_C^2(0) + \frac{L}{C} i_L^2(0)}\, \mathrm e^{-at} \cos\left(\omega_{\mathrm d} t + \tan^{-1}\left(\sqrt{\frac{L}{C}}\,\frac{i_L(0)}{v_C(0)}\right)\right) \tag{12.73}$$

$$i_L(t) \approx \sqrt{\frac{C}{L}}\,\sqrt{v_C^2(0) + \frac{L}{C} i_L^2(0)}\, \mathrm e^{-at} \sin\left(\omega_{\mathrm d} t + \tan^{-1}\left(\sqrt{\frac{L}{C}}\,\frac{i_L(0)}{v_C(0)}\right)\right) \tag{12.74}$$

电容中储存的能量为

$$w_{\mathrm E} = \frac{1}{2} C v_C(t)^2$$

电感中储存的能量为

$$w_{\mathrm M} = \frac{1}{2} L i_L(t)^2$$

代入 v_C 和 i_L,得到

$$w_{\mathrm E}(t) \approx \left(\frac{1}{2} C v_C^2(0) + \frac{1}{2} L i_L^2(0)\right) \mathrm e^{-2at} \cos^2\left(\omega_{\mathrm d} t + \tan^{-1}\left(\sqrt{\frac{L}{C}}\,\frac{i_L(0)}{v_C(0)}\right)\right) \tag{12.75}$$

$$w_{\mathrm{M}}(t) \approx \left(\frac{1}{2}Cv_C^2(0) + \frac{1}{2}Li_L^2(0) \right) \mathrm{e}^{-2\alpha t} \sin^2 \left(\omega_{\mathrm{d}}t + \tan^{-1} \left(\sqrt{\frac{L}{C}} \frac{i_L(0)}{v_C(0)} \right) \right) \quad (12.76)$$

电路中储存的总能量是电容和电感中能量的和,为

$$w_{\mathrm{T}}(t) = w_{\mathrm{E}}(t) + w_{\mathrm{M}}(t) \approx \left(\frac{1}{2}Cv_C^2(0) + \frac{1}{2}Li_L^2(0) \right) \mathrm{e}^{-2\alpha t} \quad (12.77)$$

下面来研究一下电容中储存的能量表达式(式(12.75))。这个表达式由三个因子组成:第一个因子,$\left(\frac{1}{2}Cv_C^2(0) + \frac{1}{2}Li_L^2(0) \right)$,是系统的初始储能($w_{\mathrm{T}}(0)$)。第二个因子代表能量随时间的衰减。最后,将第三个因子重写为

$$\cos^2 \left(\omega_{\mathrm{d}}t + \tan^{-1} \left(\sqrt{\frac{L}{C}} \frac{i_L(0)}{v_C(0)} \right) \right) = \frac{1 + \cos 2 \left(\omega_{\mathrm{d}}t + \tan^{-1} \left(\sqrt{\frac{L}{C}} \frac{i_L(0)}{v_C(0)} \right) \right)}{2}$$

我们看到能量在电容和电感之间来回交换,每个暂态振荡周期中两次。

通过与 12.1 节中的结果相比较,我们还看到,对于很大的 Q,即对一个接近短路的 R 以及因此产生的弱阻尼来说,在电路中引入电阻会导致状态和储能的指数衰减。图 12.23 显示了 $u_C(0) = 0$ 情形下能量随时间变化的示意图。

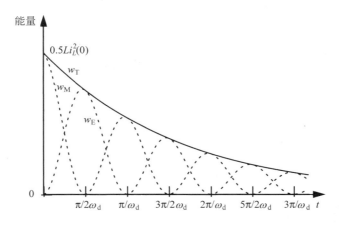

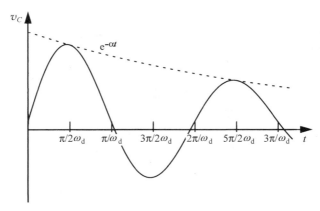

图 12.23 RLC 暂态过程中的能量

下面来计算储能衰减的时间长度。显然,式(12.77)中的控制函数是指数项 e^{-2at},利用式(12.65)可以将它重写为

$$衰减 = e^{-\omega_o t/Q} \tag{12.78}$$

对于很大的 Q 有 $\omega_d \approx \omega_o$,因此在 Q 个周期内

$$\omega_d t \approx \omega_o t = 2\pi Q$$

因此在 Q 个周期后衰减项为

$$衰减 = e^{-2\pi} \tag{12.79}$$

它远远小于1。由此我们得出下面的结论:

> 暂态过程的能量在大约 Q 个周期内衰减到一个非常小的值(大约为 0.2%)。

再次注意 Q 的重要性。

前面的讨论还暗示了对 Q 的另一种解释。根据式(12.77),显然在一个振荡周期内电路中储存的能量大约为 $w_T(0)e^{-2at}$。根据式(12.73)和式(12.77)又显然可见,在同样的周期内 v_C^2 的平均值大约为 $w_T(0)e^{-2at}/C$。因此电阻在这个周期中消耗的能量为 $2\pi w_T(0)e^{-2at}/RC\omega_d$。用储存的能量除以消耗的能量得出结论

$$Q \approx 2\pi \frac{一个振荡周期中储存的能量}{一个振荡周期中消耗的能量} \tag{12.80}$$

这就是 Q 的能量解释。这种解释适用于所有欠阻尼二阶系统。

WWW 12.4　无驱动的并联 RLC 电路

WWW 12.4.1　欠阻尼

WWW 12.4.2　过阻尼

WWW 12.4.3　临界阻尼

12.5　有驱动的串联 RLC 电路

在接下来的两小节中,我们将前面几节的结果结合起来,研究既有阻尼又有外部输入的二阶电路的行为。在这一小节中,我们研究在图 12.15 中引入一个串联电压源得到的串联电路。在 **WWW** 12.6 节中,我们研究在 **WWW** 图 12.24 中引入一个并联电流源得到的并联电路。通过使用戴维南和诺顿等效,结果实际上也可适用于许多其他电路。

现在考虑图 12.26 所示电路。和这一章的前面几节一样,我们将从节点法的第(3)步开始分析这个电路的行为。为此,我们将依据与 12.2 节中采用的类似分析方法,利用 v_C 和 v_O 作为未知节点电压。

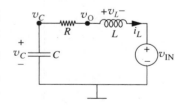

图 12.26　电阻、电容、电感和电压源组成的串联二阶电路

我们从节点法的第(3)步开始。为此,对定义为 v_C 和 v_O 的节点列写用 v_C 和 v_O 表示的 KCL 方程。对定义为 v_C 的节点有

$$C \frac{\mathrm{d}v_C(t)}{\mathrm{d}t} + \frac{v_C(t) - v_O(t)}{R} = 0 \qquad (12.116)$$

对定义为 v_O 的节点

$$\frac{v_O(t) - u_C(t)}{R} + \frac{1}{L} \int_{-\infty}^{t} (v_O(\bar{t}) - v_{IN}(\bar{t})) \mathrm{d}\bar{t} = 0 \qquad (12.117)$$

为了同时处理这两个方程,我们首先利用式(12.116)求出用 v_C 表示的 v_O,然后将结果代入式(12.117)得到用 v_C 表示的一个二阶微分方程。这一过程得出

$$v_O(t) = RC \frac{\mathrm{d}v_C(t)}{\mathrm{d}t} + v_C(t) \qquad (12.118)$$

$$\frac{\mathrm{d}^2 v_C(t)}{\mathrm{d}t^2} + \frac{R}{L} \frac{\mathrm{d}v_C(t)}{\mathrm{d}t} + \frac{1}{LC} v_C(t) = \frac{1}{LC} v_{IN}(t) \qquad (12.119)$$

注意,为了得到式(12.119),我们将式(12.117)除以 C,并将它对时间求微分。与式(12.4)不同,式(12.119)是一个非齐次的微分方程,因为它被外部信号 v_{IN} 驱动。

我们通过解式(12.119)得到 v_C,并利用它来确定 i_L 和其他感兴趣的支路变量来完成节点分析的第(4)步和第(5)步。因为电容和电感具有相同的电流,特别地,i_L 可以根据

$$i_L(t) = -C \frac{\mathrm{d}v_C(t)}{\mathrm{d}t} \qquad (12.120)$$

得到。这里的负号由电容电流和电感电流的相反定义得到。

为了解式(12.119),我们采用解微分方程的一般方法:

(1) 求齐次解 $v_{CH}(t)$;

(2) 求特解 $v_{CP}(t)$;

(3) 全解就是齐次解和特解的和

$$v_C(t) = v_{CH}(t) + v_{CP}(t)$$

然后利用初始条件求余下的常数。

式(12.119)的齐次解 $v_{CH}(t)$ 通过令 $v_{IN} = 0$ 并解这个微分方程得到。因为 $v_{IN} = 0$,图 12.26 所示电路与图 12.15 所示电路是一样的,因此两个电路有同样的齐次方程。因而,借用式(12.48)的齐次解,可以写出

$$v_{CH}(t) = K_1 e^{s_1 t} + K_2 e^{s_2 t} \qquad (12.121)$$

其中,K_1 和 K_2 仍然是未知的常数,在形成全解后可以从初始条件求得。s_1 和 s_2 是特征方程

$$s^2 + 2\alpha s + \omega_o^2 = 0 \qquad (12.122)$$

的根。其中,α 和 ω_o 为

$$\alpha \stackrel{\mathrm{def}}{=} \frac{R}{2L} \qquad (12.123)$$

$$\omega_o \stackrel{\mathrm{def}}{=} \frac{1}{\sqrt{LC}} \qquad (12.124)$$

它的根为

$$s_1 = -\alpha + \sqrt{\alpha^2 - \omega_o^2} \tag{12.125}$$

$$s_2 = -\alpha - \sqrt{\alpha^2 - \omega_o^2} \tag{12.126}$$

与 12.2 节中无驱动的串联 *RLC* 电路一样，电路呈现出欠阻尼、过阻尼和临界阻尼行为，这取决于 α 和 ω_o 的相对值

$$\alpha < \omega_o \Rightarrow 欠阻尼$$

$$\alpha = \omega_o \Rightarrow 临界阻尼$$

$$\alpha > \omega_o \Rightarrow 过阻尼$$

为简练起见，本节的余下部分将假定

$$\alpha < \omega_o$$

因此电路呈现欠阻尼动态。对于欠阻尼情形，s_1 和 s_2 是复数，可以写成

$$s_1 = -\alpha + \mathrm{j}\omega_d$$

$$s_2 = -\alpha - \mathrm{j}\omega_d$$

其中，与 12.2.1 节中一样

$$\omega_d \stackrel{\text{def}}{=} \sqrt{\omega_o^2 - \alpha^2} \tag{12.127}$$

因为 s_1 和 s_2 是复数，式(12.121)的指数也是复数。为了揭示由此产生的振荡和衰减行为，我们可以利用式(12.127)中 s_1 和 s_2 的复数符号和欧拉关系式，将式(12.121)中的齐次解重写为一个更加直观的形式

$$v_{\mathrm{CH}}(t) = A_1 \mathrm{e}^{-\alpha t} \cos(\omega_d t) + A_2 \mathrm{e}^{-\alpha t} \sin(\omega_d t) \tag{12.128}$$

其中，ω_d 的定义如式(12.127)所示，A_1 和 A_2 是未知常数，我们将在后面根据电路的初始条件求值。

接下来需要求 $v_{\mathrm{CP}}(t)$。知道了它以后，我们就可以写出全解为

$$v_C(t) = v_{\mathrm{CP}}(t) + v_{\mathrm{CH}}(t) = v_{\mathrm{CP}}(t) + A_1 \mathrm{e}^{-\alpha t} \cos(\omega_d t) + A_2 \mathrm{e}^{-\alpha t} \sin(\omega_d t) \tag{12.129}$$

至此，只有 v_{CP}、A_1 和 A_2 仍然未知。

现在我们继续求两种情形 v_{IN}（阶跃和冲激）作用下的 v_{CP}，然后再求 A_1 和 A_2。也就是说，我们将求电路的阶跃响应和冲激响应。为了简化问题，继续假定电路是欠阻尼的，并且阶跃和冲激都在 $t = 0$ 时发生，电路在此之前初始时处于松弛状态。后一个假设表明我们感兴趣的是零状态响应[①]，并为在阶跃和冲激发生后，即 $t > 0$ 时，解式(12.119)所需的这些初始条件

$$v_C(0) = 0$$

$$i_L(0) = 0$$

任意的初始条件将只改变 A_1 和 A_2。

12.5.1 阶跃响应

令 v_{IN} 是阶跃电压

---

① 回顾零状态响应就是电路初始状态为零时的响应。

$$v_{\text{IN}}(t) = V_o u(t) \qquad (12.130)$$

如图 12.27 所示。

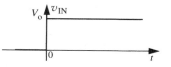

图 12.27 阶跃电压输入

为求出 v_{CP},我们将式(12.130)代入式(12.119)得到 $t >$
0 时有

$$\frac{\text{d}^2 v_C(t)}{\text{d}t^2} + \frac{R}{L}\frac{\text{d}v_C(t)}{\text{d}t} + \frac{1}{LC}v_C(t) = \frac{1}{LC}V_o \qquad (12.131)$$

任何 $t > 0$ 时满足式(12.131)的函数都是可接受的 v_{CP}。可知下面的函数就具有这样的性质

$$v_{\text{CP}}(t) = V_o \qquad (12.132)$$

这样,我们就得到了阶跃输入的一个特解。将齐次解(式(12.128))和特解(式(12.132))相加得到全解为

$$v_C(t) = V_o + A_1 e^{-at}\cos(\omega_d t) + A_2 e^{-at}\sin(\omega_d t) \qquad (12.133)$$

仍然是对 $t > 0$ 成立。另外,将式(12.133)代入式(12.120)得

$$i_L(t) = (\alpha C A_1 - \omega_d C A_2)e^{-at}\cos(\omega_d t) + (\alpha C A_2 + \omega_d C A_1)e^{-at}\sin(\omega_d t) \qquad (12.134)$$

也是对 $t > 0$ 成立。现在只有 A_1 和 A_2 仍然未知。

在第 9 章中我们看到电容电压是连续的,除非通过它的电流含有一个冲激。我们也看到流过电感的电流是连续的,除非它两端的电压含有一个冲激。因为 v_{IN} 不含有冲激,因此可以假设 v_C 和 i_L 在通过 $t = 0$ 的阶跃时是连续的。因为两个状态变量在 $t \leqslant 0$ 时都是 0,因此式(12.133)和式(12.134)在 $t \rightarrow 0$ 时都必须等于 0。这个观察使得我们可以用初始条件确定 A_1 和 A_2。求两个等式在 $t \rightarrow 0$ 时的值,再代入初始条件,得到

$$v_C(0) = V_o + A_1 \qquad (12.135)$$

$$i_L(0) = \alpha C A_1 - \omega_d C A_2 \qquad (12.136)$$

解式(12.135)和式(12.136)得

$$A_1 = v_C(0) - V_o \qquad (12.137)$$

$$A_2 = \frac{\alpha v_C(0) - \alpha V_o - i_L(0)/C}{\omega_d} \qquad (12.138)$$

因为已经给定 $v_C(0) = 0$ 和 $i_L(0) = 0$,所以有

$$A_1 = -V_o \qquad (12.139)$$

$$A_2 = -\frac{\alpha}{\omega_d}V_o \qquad (12.140)$$

最后,将式(12.139)和式(12.140)代入式(12.133)和式(12.134)得[①]

$$v_C(t) = V_o\left(1 - \frac{\omega_o}{\omega_d}e^{-at}\cos\left(\omega_d t - \tan^{-1}\left(\frac{\alpha}{\omega_d}\right)\right)\right)u(t) \qquad (12.141)$$

$$i_L(t) = -\frac{V_o}{\omega_d L}e^{-at}\sin(\omega_d t)u(t) \qquad (12.142)$$

---

① 我们也可以将 A_1 和 A_2 的表达式用例如式(12.137)和式(12.138)给出的非零初始条件代入式(12.133)得到一个更一般形式的解

$$v_C(t) = V_o + (v_C(0) - V_o)e^{-at}\cos\omega_d t + \frac{(\alpha v_C(0) - \alpha V_o - i_L(0)/C)}{\omega_d}e^{-at}\sin\omega_d t$$

代入 $v_C(0) = 0$ 和 $i_L(0) = 0$,可以从这个一般解得到 ZSR。反过来,代入 $V_o = 0$,并为状态变量选适当的初始条件,可以得到 ZIR。

在得到上述结果的简化过程中用到了式(12.124)和式(12.127)。注意,式(12.141)和式(12.142)中引入了单位阶跃函数 $u(t)$,因此它们对任何时间有效。通过观察式(12.141)和式(12.142)在任何时间分别满足初始条件以及式(12.119)和式(12.120),可以验证其正确性。正因为如此,关于 $t=0$ 时状态变量连续的假设是正确的。

图 12.28 显示了式(12.141)和式(12.142)给出的 v_C 和 i_L。注意在暂态过程的起始阶段,v_C 超过了输入电压 V_o。尽管在暂态过程中 v_C 的平均值接近 V_o,但它的峰值近似为 $2V_o$。

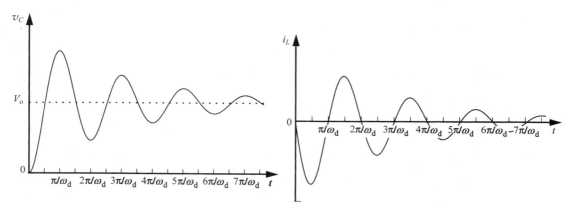

图 12.28 图 12.26 所示串联 RLC 电路在阶跃输入 $v_{\rm IN}$ 时的 v_C 和 i_L

和预料的一样,在 $t \to \infty$ 时两个状态变量的振荡都衰减了。这个衰减可以用 **www** 式(12.108)中的定义以及紧跟其后讨论的品质因数 Q 来很好地表征。事实上,因为图 12.16 和图 12.26 中显示的电路具有同样的齐次响应,因此 12.2 节中给出的对 α、ω_d 和 ω_o 的所有讨论这里也适用。

此外,我们还关注电路的短时行为。在第 10 章中已经看到,一个未充电的电容在暂态过程早期阶段的暂态性质可以看成是短路,而相应地一个未充电的电感的暂态性质可以看成是开路。这种特点从图 12.28 中可以看到,因为在暂态过程开始时 $v_{\rm IN}$ 完全降在电感两端(v_C 为零),相应地 i_L 增加。

类似地,另一方面关注电路的长时行为。在第 10 章中也曾讨论过,当 $t \to \infty$ 时电容的暂态性质看成是开路,相应地电感的暂态性质看成是短路。这种性质从图 12.28 中也可以看到,因为在 $t \to \infty$ 时,$v_C \to V_o$,$v_{\rm IN}$ 完全降在电容两端。

图 12.28 也解释了图 12.3 中看到的振荡暂态。这是因为图 12.28 所示响应是从图 12.26 推导出来的,它在本质上与图 12.5 所示含有电感 L_1 的子电路是一样的。

例 12.7 串联 RLC 电路的阶跃响应 在这个例子中,我们计算图 12.29 所示电路的阶跃响应,其中 $R=50\Omega$,$L=20$mH,$C=13$pF。假设 $v_{\rm IN}$ 在 $t=0$ 时从 0 跳变到 V_o,$V_o=1$V。换言之,$v_{\rm IN}=V_o u(t)=u(t)$V,其中 $u(t)$ 是单位阶跃函数。假设我们感兴趣的是求出 i_L、v_R、v_C 和 v_L。

解 分别依据式(12.123)、式(12.124)和式(12.127),电路可以用 $\alpha=1.25\times10^3$rad/s,$\omega_o=62.017\times10^3$rad/s 和 $\omega_d=62.005\times10^3$rad/s 来表征。

根据式(12.142)

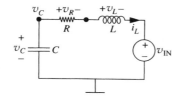

图 12.29 有驱动的串联 RLC 电路

$$i_L(t) = -0.8064 \times e^{-(1250 s^{-1} \times t)} \sin(62005 \mathrm{rad/s} \times t) u(t) \mathrm{mA}$$

将这个结果乘以 50Ω，得

$$v_R(t) = -40.32 \times e^{-(1250 s^{-1} \times t)} \sin(62005 \mathrm{rad/s} \times t) u(t) \mathrm{mA}$$

根据式（12.141）

$$v_C(t) = (1 - 1.0002 e^{-(1250 s^{-1} \times t)} \cos(62005 \mathrm{rad/s} \times t - 20.14 \times 10^{-3} \mathrm{rad})) u(t) \mathrm{V}$$

最后，利用 $v_L = L \mathrm{d}i_L/\mathrm{d}t$ 得

$$v_L(t) = -1.0002 e^{-(1250 s^{-1} \times t)} \cos(62005 \mathrm{rad/s} \times t - 20.14 \times 10^{-3} \mathrm{rad}) u(t) \mathrm{V}$$

因为 i_L 对图 12.29 中的四个电路元件是共同的，因此求出了所有支路变量。最后，快速检查一下结果，注意到根据前面求出的结果有 $v_C - v_R - v_L = v_{IN} = u(t) \mathrm{V}$，这正是沿着电路中的回路应用 KVL 所要求的。

12.5.2 冲激响应

令 v_{IN} 是一冲激

$$v_{IN} = \Lambda_o \delta(t) \tag{12.143}$$

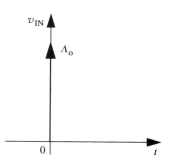

如图 12.30 所示。因为 v_{IN} 是一冲激，在 $t > 0$ 时它就消失了。因此，式（12.119）在 $t > 0$ 时简化为齐次方程。因此电路的冲激响应本质上是齐次响应，这个响应与在 12.2 节中研究的是一样的。事实上，正如在 10.4.6 节中对一阶电路观察到的那样，冲激的角色是为其后的齐次响应建立初始条件。

与在前面几种情形下观察到的一样，在暂态的早期阶段一个未充电电容的暂态性质可以看作短路，相应地，一个未

图 12.30 电压冲激 v_{IN}

充电电感的暂态性质可以看作开路。因为电感在突然跃迁时表现为开路，$t = 0$ 时 v_{IN} 中的冲激全部降落在电感两端，而 v_C 保持为 0。由此产生的一个重要的结果是 v_{IN} 传送的磁链 Λ_o 完全传送给了电感，因此 $t = 0$ 时 i_L 阶跃到 $-\Lambda_o/L$。这就建立了冲激后的初始条件。换句话说，我们下面分析的初始条件是

$$i_L(0) = -\frac{\Lambda_o}{L}$$

$$v_C(0) = 0$$

因为式（12.119）简化为一个齐次方程，最简单合理的特解是

$$v_{CP} = 0 \tag{12.144}$$

将这个特解加上式（12.128）所述的齐次解，得到全解为

$$v_C(t) = v_{CH}(t) + v_{CP}(t) = A_1 e^{-at} \cos(\omega_d t) + A_2 e^{-at} \sin(\omega_d t) \tag{12.145}$$

仍然是对 $t > 0$ 成立。此外，因为电容和电感享有同样的电流，将式（12.145）代入

$$i_L(t) = -C \frac{\mathrm{d}v_C(t)}{\mathrm{d}t} \tag{12.146}$$

得到 i_L 为

$$i_L(t) = (-\omega_d C A_2 - \alpha C A_1) e^{-at} \cos(\omega_d t) - (\omega_d C A_1 + \alpha C A_2) e^{-at} \sin(\omega_d t) \tag{12.147}$$

也是对 $t > 0$ 成立。

现在我们根据初始条件确定未知的 A_1 和 A_2

$$v_C(0) = A_1 = 0 \tag{12.148}$$

$$i_L(0) = -\omega_d C A_2 - \alpha C A_1 = -\frac{\Lambda_o}{L} \tag{12.149}$$

重新整理式(12.148)和式(12.149)得

$$A_1 = 0 \tag{12.150}$$

$$A_2 = \frac{\Lambda_o}{LC\omega_d} - \frac{\alpha v_C(0)}{\omega_d} = \frac{\Lambda_o}{LC\omega_d} \tag{12.151}$$

最后,将式(12.150)和式(12.151)代入式(12.145)和式(12.147)得

$$v_C(t) = \left(\frac{\Lambda_o}{LC\omega_d}\right) e^{-\alpha t} \sin(\omega_d t) u(t) \tag{12.152}$$

$$i_L(t) = -\left(\frac{\Lambda_o}{L}\right) e^{-\alpha t} \cos(\omega_d t) - \left(\frac{\alpha \Lambda_o}{L\omega_d}\right) e^{-\alpha t} \sin(\omega_d t) u(t) \tag{12.153}$$

其中,式(12.152)和式(12.153)引入了单位阶跃函数 $u(t)$,因此它们对所有时间成立。

最后,我们也可以根据 KCL 求 v_L。依据

$$v_L(t) = v_C(t) - v_{IN}(t) \tag{12.154}$$

注意,式(12.152)和式(12.153)满足由冲激建立的初始条件,并且它们在所有时间内分别满足式(12.119)和式(12.120)。正因为如此,证明了我们对 $t=0$ 时电路行为的解释是正确的。

因为电路的冲激响应本质上是齐次响应,这个响应与在 12.2 节中研究的是一样的。事实上,将 $v_C(0)$ 用 0、$i_L(0)$ 用 $-\Lambda_o/L$ 代入式(12.63)和式(12.64)后,它们与式(12.152)和式(12.153)是一样的。

此外,我们也可以简单地将式(12.224)和式(12.225)中给出的阶跃响应微分就得到冲激输入时电路的响应。我们通过应用算子 $(\Lambda_o/V_o) \mathrm{d}/\mathrm{d}t$ 来求冲激响应,原因是冲激输入可以通过对阶跃输入应用同样的算子推导出来,这一点 12.6 节会继续讨论。算法如下

$$(\Lambda_o/V_o) \frac{\mathrm{d}}{\mathrm{d}t} V_o u(t) = \Lambda_o \delta(t)$$

这导致

$$v_C(t) = \frac{\Lambda_o}{V_o} \frac{\mathrm{d}}{\mathrm{d}t} \left[V_o \left(1 - \frac{\omega_o}{\omega_d} e^{-\alpha t} \cos\left(\omega_d t - \tan^{-1}\left(\frac{\alpha}{\omega_d}\right)\right)\right) u(t) \right]$$

$$= \omega_o \Lambda_o e^{-\alpha t} \sin\left(\omega_d t - \tan^{-1}\left(\frac{\alpha}{\omega_d}\right)\right) u(t) - \frac{\alpha \omega_o \Lambda_o}{\omega_d} e^{-\alpha t} \cos\left(\omega_d t - \tan^{-1}\left(\frac{\alpha}{\omega_d}\right)\right) u(t)$$

$$+ \Lambda_o \left(1 - \frac{\omega_o}{\omega_d} e^{-\alpha t} \cos\left(\omega_d t - \tan^{-1}\left(\frac{\alpha}{\omega_d}\right)\right)\right) \delta(t)$$

$$= \Lambda_o \frac{\omega_o^2}{\omega_d} e^{-\alpha t} \sin(\omega_d t) u(t) \tag{12.155}$$

$$i_L(t) = \frac{\Lambda_o}{V_o} \frac{\mathrm{d}}{\mathrm{d}t} \left(-\frac{V_o}{\omega_d L} e^{-\alpha t} \sin(\omega_d t) u(t)\right)$$

$$= -\frac{\Lambda_o}{L} e^{-\alpha t} \cos(\omega_d t) u(t) + \frac{\alpha \Lambda_o}{\omega_d L} e^{-\alpha t} \sin(\omega_d t) u(t) - \frac{\Lambda_o}{\omega_d L} e^{-\alpha t} \sin(\omega_d t) \delta(t)$$

$$= -\frac{\Lambda_o}{L} \frac{\omega_o}{\omega_d} e^{-\alpha t} \cos\left(\omega_d t + \tan^{-1}\left(\frac{\alpha}{\omega_d}\right)\right) u(t) \tag{12.156}$$

注意式(12.155)和式(12.156)中包括冲激 δ 的项消失了,因为 δ 本身除了 $t=0$ 以外处处为

0,并且在两个方程中 $t=0$ 时冲激的系数都是 0[①]。

例 12.8 阶跃驱动的串联 *LC* 电路 考虑图 12.31 所示有驱动的串联 *LC* 电路。电路与图 12.26 所示串联 *RLC* 电路的区别在于串联电阻为 0。假设我们感兴趣的是电路在一个电压阶跃驱动

$$v_{\text{IN}}(t) = V_o u(t)$$

下的 ZSR。这个电路的零状态响应可以从串联 *RLC* 电路的 ZSR（式(12.141)和式(12.142)）得到,假定 $R=0$ 即可。当电阻为零时

$$\alpha = 0$$

和

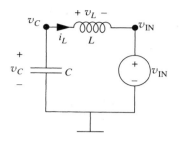

图 12.31 有驱动的串联 *LC* 电路

$$\omega_d = \omega_o$$

（见式(12.123)和式(12.127)）。因此,式(12.141)和式(12.142)简化为

$$v_C(t) = V_o(1 - \cos(\omega_o t))u(t) \tag{12.157}$$

$$i_L(t) = \frac{V_o}{\omega_o L}\sin(\omega_o t)u(t) \tag{12.158}$$

图 12.32 显示了式(12.157)和式(12.158)给出的 v_C 和 i_L。注意两个状态变量中的振荡都不衰减,并且无限期延伸,因为电路中没有电阻阻尼它们的响应。类似地,这里的 v_C 承受两倍于激励的电压。同时 v_C 的平均值为 V_o。

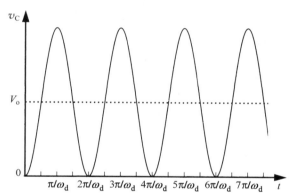

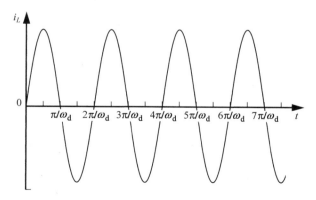

图 12.32 串联 *LC* 电路在 v_{IN} 阶跃输入情形下的 v_C 和 i_L

---

① 注意图 12.17 对简化含有 α、ω_d 和 ω_o 的三角等式很有帮助。

例 12.9 级联的反相器 现在,我们对一个实际问题应用这一章的结果,即研究图 12.1 中显示、图 12.4 中建模的级联反相器,后一个图中新增了两个反相器之间导线的寄生电感,这使得电路成为一个二阶电路。正如 9.3.2 小节和 9.3.3 小节中讨论的那样,所有导线都存在寄生电感。在某些情形下寄生电感不能忽略。这时,如果系统本质上是二阶系统的,一般来说 Q 值很大。

计算机芯片中门之间较长的时钟线和数据线会有显著的寄生电感,也许差不多每毫米几十个 pH。当时钟频率增加时,该电感变得愈加重要。类似地,计算机芯片和印刷电路板上的长电源线(见图 12.33)也有显著的寄生电感。如果为了节省功率以及减少在不起作用时的热损耗而动态地导通和关断电路,则这个电感变得愈加重要。最后,当数据线通过芯片边界时,产生了由芯片内的连接线(见图 12.34)和芯片间的连接线产生的寄生电感。这个电感可以高达几十个 nH 或更大。

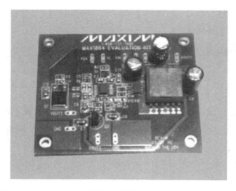

图 12.33 显示了导线路径的印刷电路板例子
照片由 Maxim 公司授权使用

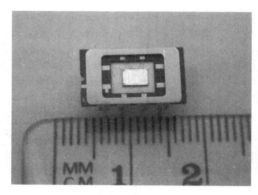

图 12.34 连接集成电路与其封装外壳上管脚间的搭接线
照片由 Maxim 公司授权使用

为了便于讨论,考虑图 12.4,其中第一个反相器担当衬垫缓冲器,驱动信号从一块芯片到另一块芯片上的第二个反相器的输入。为方便起见,图 12.5 所示相应的电路模型这里重画于图 12.35。我们同样假设作为驱动的反相器的特征是

$$R_{\mathrm{L}} = 900\,\Omega$$

$$R_{\mathrm{ON}} = 100\,\Omega$$

$$V_{\mathrm{S}} = 5\mathrm{V}$$

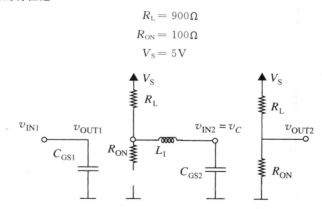

图 12.35 当 v_{IN1} 的输入为低时级联反相器的电路模型

我们还假设用于接收的反相器的特征为

$$C_{\mathrm{GS2}} = 0.1\mathrm{pF}$$

寄生的导线电感用

$$L_1 = 100\mathrm{nH}$$

来建模。给定这个系统的结构和参数后,我们来研究 v_C 上出现的暂态电压,其中

$$v_C = v_{\text{IN2}}$$

是接收反相器的栅极电压,求出它对传播延迟的影响。这里有两种独立的情形,即电压为 v_C 的节点处的上升暂态和下降暂态。

我们通过用戴维南等效电路对驱动反相器建模,这样处理后续的上升和下降暂态的复杂性就大大降低了,图 12.36 中总结了这一过程。这反过来又导致了一个更简单的表示互连的模型,如图 12.37 所示。图 12.36 显示当驱动反相器在上升暂态中产生高输出时,有

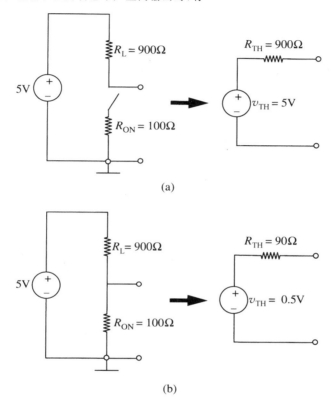

(a)

(b)

图 12.36 在上升和下降跃迁时驱动反相器的戴维南等效

(a) 上升暂态;(b) 下降暂态

$$v_{\text{TH}} = 5\text{V}$$
$$R_{\text{TH}} = 900\Omega$$

类似地,当驱动反相器在下降暂态中产生低输出时,有

$$v_{\text{TH}} = 0.5\text{V}$$
$$R_{\text{TH}} = 90\Omega$$

对图 12.36,有两个我们迄今为止还没有研究的复杂因素。第一个复杂因素是对于上升和下降暂态 R_{TH} 是不同的。然而,这个复杂因素并不困难,因为 R_{TH} 是分段常数。因此,我们可以单独分析 $R_{\text{TH}} = 900\Omega$ 时的上升暂态和 $R_{\text{TH}} = 90\Omega$ 时的下降暂态。也要注意尽管 R_{TH} 是时变的,电路仍然保持线性。

第二个复杂因素是 v_{TH} 不是阶跃到 0V 或从 0V 阶跃。更确切地,对下降跃迁,它从 5V 下降到 0.5V;对上升跃迁则从 0.5V 上升到 5V。

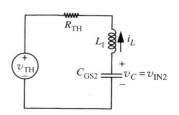

图 12.37 两个反相器电路的等效电路

因为图 12.37 所示电路是线性的,我们可以用叠加法将这个电路分成两个更简单的问题。相应地,我们将 v_{TH} 分成两个串联的电压源,如图 12.38 所示。第一个成分 $\overline{v}_{TH}$ 是一个 0.5V 的常数。第二个成分 $\widetilde{v}_{TH}$ 上升跃迁时从 0V 跳变到 4.5V,下降跃迁时从 4.5V 跌落到 0V。将电路对这两个成分的响应叠加就得到全响应。我们将 v_C 对 $\overline{v}_{TH}$ 的响应表示为 $\overline{v}_C$,相应的对 $\widetilde{v}_{TH}$ 的响应表示为 $\widetilde{v}_C$。类似地,我们将响应 i_L 表示为 $\overline{i}_L$ 和 $\widetilde{i}_L$。

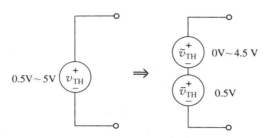

图 12.38 将 v_{TH} 分成两个相加的成分,通过叠加定理将每一个的响应加起来得到全响应

观察图 12.37 中的电容和电感在很长一段时间后分别表现为开路和短路,就很容易确定电路对常压 $\overline{v}_{TH}$ 的响应。因此

$$\overline{v}_C(t) = 0.5\text{V} \tag{12.159}$$

$$\overline{i}_L(t) = 0\text{A} \tag{12.160}$$

现在我们来求 $\widetilde{v}_C$ 和 $\widetilde{i}_L$,然后求总的 v_C 和 i_L。首先求下降暂态,然后求上升暂态。在每个暂态的分析过程中,我们假设前一个暂态已经完全结束了。

下降暂态

在下降暂态开始之前,假设 v_{TH} 已经等于 5V 很长时间了。因为电容和电感在很长一段时间后分别表现为开路和短路,电路的状态在暂态前将停留在 $v_C = 5\text{V}$ 和 $i_L = 0$。这些就是下降暂态的初始条件。为简单起见,假设下降暂态在 $t=0$ 时开始。因此电路状态中的变化分量从

$$\widetilde{v}_C(t) = v_C(t) - \overline{v}_C(t) = 5.0\text{V} - 0.5\text{V} = 4.5\text{V} \tag{12.161}$$

$$\widetilde{i}_L(t) = i_L(t) - \overline{i}_L(t) = 0\text{A} - 0\text{A} = 0\text{A} \tag{12.162}$$

开始一个下降暂态。这个暂态类似于 12.2 节中研究的一个电容上有初始电压的无驱动的 RLC 串联电路。为确定电路究竟是欠阻尼、过阻尼还是临界阻尼,我们首先计算描述响应的参数,即

$$\alpha = \frac{R_{TH}}{2L_1} = 4.5 \times 10^8 \text{rad/s} \tag{12.163}$$

$$\omega_o = \frac{1}{\sqrt{L_1 C_{GS2}}} = 1.0 \times 10^{10} \text{rad/s} \tag{12.164}$$

$$\omega_d = \sqrt{\omega_o^2 - \alpha^2} = 0.999 \times 10^{10} \text{rad/s} \tag{12.165}$$

$$Q = \frac{\omega_o}{2\alpha} = 11 \tag{12.166}$$

因为 $\alpha < \omega_o$,电路是欠阻尼的,因此我们可以利用式(12.63)和式(12.64)求下降暂态的响应。

将式(12.161)、式(12.162)、式(12.163)和式(12.165)代入式(12.63)和式(12.64),下降暂态中的变化分量为

$$\widetilde{v}_C(t) = 4.504 e^{-(4.5 \times 10^8 t)} \cos(0.999 \times 10^{10} t - 0.045)\text{V} \tag{12.167}$$

$$\widetilde{i}_L(t) = 4.504 \times 10^{-3} e^{-(4.5 \times 10^8 t)} \sin(1.0 \times 10^{10} t)\text{A} \tag{12.168}$$

然后将单个响应求和就得到全响应,即

$$v_C(t) = 0.5 + 4.504 e^{-(4.5 \times 10^8 t)} \cos(0.999 \times 10^{10} t - 0.045)\text{V} \tag{12.169}$$

$$i_L(t) = 4.504 \times 10^{-3} e^{-(4.5 \times 10^8 t)} \sin(1.0 \times 10^{10} t) \, \text{A} \tag{12.170}$$

v_C 暂态如图 12.39 所示。

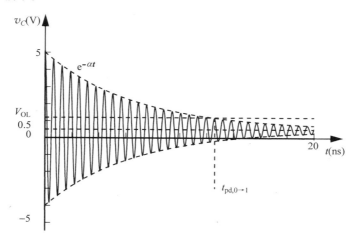

图 12.39 下降暂态中的 v_C 暂态

有趣的是,当暂态过程中发生振荡时,计算传播延迟就不像在 RC 情形下那么直接。在 RC 情形下,驱动反相器的传播延迟就是简单的输出电压下降至有效输出低阈值 V_{OL} 以下所需的时间(见 10.4.2 节)。对于这里的讨论,我们假设当涉及连接导线的电感时,与驱动反相器相关的延迟既包括电感 L_1 又包括栅极电容 C_{GS2} 的影响。相应地,从图 12.37 中的电路模型可以看到,与计算驱动反相器的传播延迟相关的输出节点是 $v_{IN2} = v_C$。对于下降跃迁中的振荡行为,只有当振荡保持低于 V_{OL} 阈值时,这个输出才是有效的低电压。在图 12.39 中,相应的传播延迟 $t_{pd,0 \to 1}$ 可以表述为:对于反相器来说 $t_{pd,0 \to 1}$ 是输入从低到高跃迁,因而也是输出从高到低跃迁时反相器的延迟。

最后,如果振荡阻尼足够小,那么 v_C 可以一次或多次下降到 V_{OL} 以下,然后又上升到 V_{OH} 以上。然而,这种行为没有破坏组合门抽象,因为延迟存在时组合门的定义(见 10.4.1 节)没有约束在输入跃迁之后,在长度等于传播延迟的时间段内逻辑门的动作。

上升暂态

在上升暂态开始之前,假定 v_{TH} 已经等于 0.5V 很长时间了。因为电容和电感在很长一段时间后分别表现为开路和短路,电路的状态在暂态前将停留在 $v_C = 0.5$V 和 $i_L = 0$。这些就是上升暂态的初始条件。再次为简单起见,我们假设上升暂态在 $t = 0$ 时开始。因此电路状态中的变化分量从

$$\tilde{v}_C(t) = v_C(t) - \bar{v}_C(t) = 0.5\text{V} - 0.5\text{V} = 0\text{V} \tag{12.171}$$

$$\tilde{i}_L(t) = i_L(t) - \bar{i}_L(t) = 0\text{A} - 0\text{A} = 0\text{A} \tag{12.172}$$

开始一个上升暂态。这个暂态类似于 12.5 节中研究的一个 4.5V 电压阶跃驱动的、初始时松弛的 RLC 串联电路。我们首先计算描述响应的参数,即

$$V_o = \tilde{v}_{TH} = 4.5\text{V} \tag{12.173}$$

$$\alpha = \frac{R_{TH}}{2L_1} = 4.5 \times 10^9 \, \text{rad/s} \tag{12.174}$$

$$\omega_o = \frac{1}{\sqrt{L_1 C_{GS2}}} = 1.0 \times 10^{10} \, \text{rad/s} \tag{12.175}$$

$$\omega_d = \sqrt{\omega_o^2 - \alpha^2} = 8.9 \times 10^9 \, \text{rad/s} \tag{12.176}$$

$$Q = \frac{\omega_o}{2\alpha} = 1.1 \tag{12.177}$$

因为 $\alpha < \omega_o$,电路是欠阻尼的,因此我们可以利用式(12.141)和式(12.142)求上升暂态的响应。将

式(12.173)至式(12.176)代入式(12.141)和式(12.142),求得上升暂态中的变化分量为

$$\tilde{v}_C(t) = 4.5(1 - 1.1e^{-(4.5\times10^9 t)}\cos(8.9\times10^9 t - 0.47))\text{V} \tag{12.178}$$

$$\tilde{i}_L(t) = 5.1\times10^{-3}e^{-(4.5\times10^9 t)}\sin(8.9\times10^9 t)\text{A} \tag{12.179}$$

则全响应为

$$v_C(t) = 0.5 + 4.5(1 - 1.1e^{-(4.5\times10^9 t)}\cos(8.9\times10^9 t - 0.47))\text{V} \tag{12.180}$$

$$i_L(t) = 5.1\times10^{-3}e^{-(4.5\times10^9 t)}\sin(8.9\times10^9 t)\text{A} \tag{12.181}$$

暂态如图 12.40 所示。我们再次看到尽管由于 R_{TH} 增加而产生了更大的阻尼,暂态仍然发生了振荡。对于这个振荡行为,只有当振荡保持高于 V_{OH} 阈值时,该输出才是有效的。相应的 $t_{pd,1\to0}$ 如图 12.40 所述。

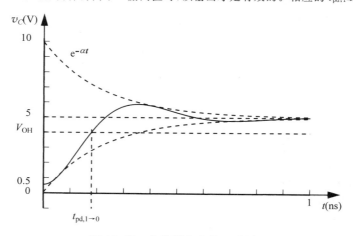

图 12.40 上升暂态中的 v_C 暂态

例 12.10 另一个开关电源 在这个例子中,我们将分析图 12.41 所示的开关电源电路的行为。这个电路的目的是将直流输入 V 转换为一个不同的输出电压 v_{OUT}。电路中的 MOSFET 用做开关,MOSFET 的方波输入如图 12.42 所示。这个例子中的开关电源电路与前面图 12.11 中讨论的电路在开关的位置上有一些细微的差别。进一步假设开关导通时有电阻。假设 MOSFET 有 $R_{ON} = R$,电感 L,电容 C。我们还假设不考虑 MOSFET 的寄生电容。电路的性质是怎样的? 特别地,v_{OUT} 如何随时间变化?

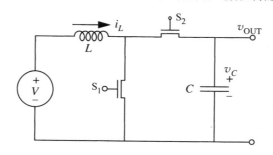

图 12.41 有开关的 RLC 电路

直觉 我们首先为电路的性质提供一个直觉解释。当开关 S_1 导通、S_2 关断时,我们得到一个如图 12.43 所示的 RL 串联电路。这个电路中流过电感的电流将随着时间逐渐增大,最终到达 V/R。

接着,当 S_1 关断、S_2 导通时我们得到一个如图 12.44 所示的 RLC 串联谐振电路。当所有暂态结束后,电容将和电压源有同样的电压(V),没有电流流过电感。

让我们首先考虑 S_1 保持导通和 S_2 保持关断很长一段时间后的情形。在 S_1 关断和 S_2 导通的瞬间,流过电感的电流等于 V/R。因为流过电感的电流不能突变,同样的电流通过闭合的开关 S_2 流进电容。电容

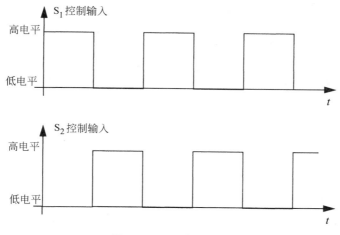

图 12.42 开关的输入

充电时,它的电压上升,电流减少。一段时间后,电流到达 0。如果电容足够小,或者它的起始电压足够大,它的电压值就可能大于电源电压 V。我们假设这种情况发生。因为电容电压到达一个大于 V 的值,它开始提供能量,电流开始反方向流过电感。当能量在电感和电容之间振荡时,这个过程就继续下去。如果开关保持这个状态很长时间,则由于电阻消耗能量,振荡会消失。

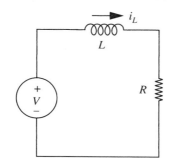

图 12.43 S_1 导通和 S_2 关断时的 RL 等效电路
R 是 MOSFET 开关的导通电阻。很长一段时间后,流过电感的电流终值将是 V/R

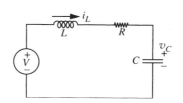

图 12.44 S_2 导通和 S_1 关断时的等效电路

现在来考虑 S_1 保持关断和 S_2 保持导通只有很短时间的情形。这个情形开始时与前面的情形一样。换句话说,在 S_1 关断和 S_2 导通的瞬间,流过电感的电流等于 V/R。因为流过电感的电流不能突变,同样的电流通过导通的开关 S_2 流进电容。电容充电时,它的电压上升超过了 V(再次假设电容足够小,或者它的起始电压足够大)。

现在,如果我们在电容电压上升超过 V 之后、但电流减少到 0 之前导通 S_1 并关断 S_2,一个有趣的情节就发生了。因为 S_2 关断了,电容没有放电通路,因此将保留它的电压终值。然后,当 S_1 再次关断和 S_2 再次导通时,电感电流进一步对电容充电,因而进一步增加它的电压。如果重复这个过程,注意电容电压将随着时间一直上升。

然而,如果在电容的输出端加上一个电阻性负载,如图 12.48 所示,它的输出就不会一直保持增加,而是会放电(究竟是全部放电还是部分放电取决于相关的充电和放电时间常数)。通过调整电容充电和放电的开关的时间间隔,我们可以在电路的输出端达到某个范围内的电压平均值(包括高于和低于输入电压的值)。这个性质构成了 DC/DC 变换器电源的基础。

下面更为详细地分析电路的性质,假设输出没有负载电阻。我们将考虑两种情形:(a)S_1 导通,S_2 关断,形成 RL 串联电路;(b)S_1 关断,S_2 导通,形成 RLC 串联电路。

S_1 导通,S_2 关断:RL 串联电路 当 S_1 导通并且 S_2 关断时,得到如图 12.43 所示的 RL 串联电路。假设 S_1 导通时间足够长,暂态已经结束。因此,流过电感的电流在 S_1 关断之前将到达 V/R。

S_1 关断,S_2 导通:RLC 串联电路 当 S_1 关断并且 S_2 导通时,得到如图 12.44 所示的有驱动的 RLC 串联电路,它与图 12.26 中的电路是一样的。这一次,我们将采用 12.2 节中给出的方法来分析。首先收集驱动电压和初始条件的信息。我们知道电路的驱动电压是 V。

现在我们求初始条件。为方便起见,取 $t=0$ 作为 S_1 关断和 S_2 导通的时刻。$t=0$ 时电路的状态为

$$i_L(0) = \frac{V}{R} \tag{12.182}$$

$$u_C(0) = v_0 \tag{12.183}$$

其中,v_0 是 $t=0$ 时的电容电压。就在 S_1 关断和 S_2 导通之前,流过电感电流为 V/R,电容电压为 v_0。因此,这些就是初始条件。当电路从松弛开始时,电容的初始电压 v_0 将是 0。如果没有负载电阻连接到电容上,那么这个电压就是前一个充电周期内电容电压的终值。

我们知道齐次解(v_{CH} 和 i_{LH})和特解(v_{CP} 和 i_{LP})的和就是全解。根据式(12.121)可知齐次解为

$$v_{CH} = K_1 e^{s_1 t} + K_2 e^{s_2 t} \tag{12.184}$$

进一步利用

$$i_{LH} = C \frac{\mathrm{d} v_{CH}}{\mathrm{d} t}$$

得到电流的齐次解为

$$i_{LH} = K_1 C s_1 e^{s_1 t} + K_2 C s_2 e^{s_2 t} \tag{12.185}$$

在上面的式子中,s_1 和 s_2 为

$$s_1 = -\alpha + \sqrt{\alpha^2 - \omega_o^2}$$

$$s_2 = -\alpha - \sqrt{\alpha^2 - \omega_o^2}$$

其中

$$\alpha \stackrel{\text{def}}{=} \frac{R}{2L}$$

$$\omega_o \stackrel{\text{def}}{=} \sqrt{\frac{1}{LC}}$$

如果等待的时间足够长,直到所有暂态都消失了,电感中将没有电流流过,电容电压将和电压源一样。因此可得到下面的特解

$$i_{LP} = 0 \tag{12.186}$$

$$v_{CP} = V \tag{12.187}$$

于是全解为

$$v_C = K_1 e^{s_1 t} + K_2 e^{s_2 t} + V \tag{12.188}$$

$$i_L = K_1 C s_1 e^{s_1 t} + K_2 C s_2 e^{s_2 t} \tag{12.189}$$

现在利用初始条件可以求 K_1 和 K_2,如下

$$v_0 = K_1 + K_2 + V \tag{12.190}$$

$$\frac{V}{R} = K_1 C s_1 + K_2 C s_2 \tag{12.191}$$

对 K_1 和 K_2 求解,得

$$K_1 = \frac{(v_0 - V)C s_2 - \dfrac{V}{R}}{C(s_2 - s_1)} \tag{12.192}$$

$$K_2 = \frac{(v_0 - V)Cs_1 - \dfrac{V}{R}}{C(s_1 - s_2)} \tag{12.193}$$

将前面的 K_1 和 K_2 的表达式代入式(12.188)和式(12.189),我们得到全解为

$$v_C = \frac{(v_0 - V)Cs_2 - \dfrac{V}{R}}{C(s_2 - s_1)}e^{s_1 t} + \frac{(v_0 - V)Cs_1 - \dfrac{V}{R}}{C(s_1 - s_2)}e^{s_2 t} + V \tag{12.194}$$

$$i_L = \frac{(v_0 - V)Cs_2 - \dfrac{V}{R}}{C(s_2 - s_1)}Cs_1 e^{s_1 t} + \frac{(v_0 - V)Cs_1 - \dfrac{V}{R}}{C(s_1 - s_2)}Cs_2 e^{s_2 t} \tag{12.195}$$

假设在开关电源电路中我们选择的元件值使得

$$\alpha < \omega_o$$

那么电路将是欠阻尼的,s_1 和 s_2 将是复数。现在 s_1 和 s_2 可以写成

$$s_1 = -\alpha + j\omega_d$$

$$s_2 = -\alpha - j\omega_d$$

其中

$$\omega_d = \sqrt{\omega_o^2 - \alpha^2}$$

与 12.5 节中讨论的一样,对复数 s_1 和 s_2,式(12.195)中的解可以利用欧拉关系式重写成下列形式

$$v_C = V + A_1 e^{-\alpha t}\sin(\omega_d t) + A_2 e^{-\alpha t}\cos(\omega_d t) \tag{12.196}$$

$$i_L = A_3 e^{-\alpha t}\sin(\omega_d t) + A_4 e^{-\alpha t}\cos(\omega_d t) \tag{12.197}$$

v_C 和 i_L 的波形如图 12.45 和图 12.46 所示。图中的波形假设 S_1 保持关断和 S_2 保持导通很长时间了。

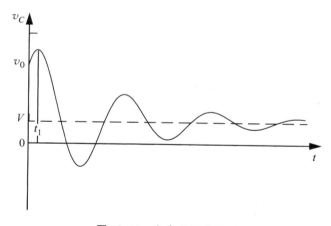

图 12.45　电容电压波形

注意图 12.45 中的电压波形首先增加,图 12.46 中的电流波形首先减小。这与我们早先的电感电流的方向不能突变的观察相符。因此,如果我们快速导通 S_1 和关断 S_2(例如,就像在图 12.46 中看到的,在电感电流到达 0 的时刻 t_1 之前),就可在每个周期中在电容上聚集更多的电压。在这种情况下,电容电压 v_{OUT}(其中 $v_{OUT} = v_C$)的波形看起来就如图 12.47 所示。

在第 n 个周期结束时,电压 v_{OUT} 的值可以通过迭代计算出来。令 $v_{OUT}[n]$ 表示第 n 个周期结束时 v_{OUT} 的值。在第一次迭代中,我们将 $v_0 = 0$ 和 $t = t_1$ 代入式(12.196)计算出 $v_{OUT}[1] = v_C$。在第二次迭代中,我们将 $v_0 = v_{OUT}[1]$ 和 $t = t_1$ 代入式(12.196)计算出 $v_{OUT}[2]$。利用这个迭代过程,我们可以求出 n 个周期后输出电压的值。

此外,如果只对输出电压在每个周期末的最大值感兴趣,并且不关心准确的波形,我们可以使用在

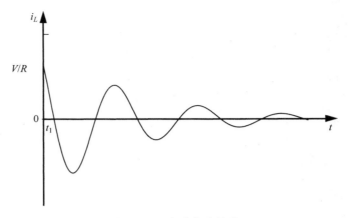

图 12.46 电感电流波形

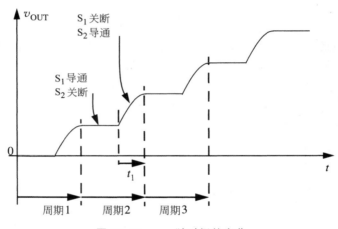

图 12.47 v_{OUT} 随时间的变化

例 12.4 中讨论的简单得多的能量法。只有一个区别,在我们的例子中,因为开关具有有限电阻,并且我们假设 S_1 导通和 S_2 关断了很长时间,式(12.31)中的 i_L 计算出来就不一样,为

$$i_L = \frac{V}{R}$$

电容通过负载电阻充电和放电　让我们在输出端口增加负载电阻 R_L,使电路变得更有趣一点,如图 12.48 所示。这个新电路的性质是怎样的呢?

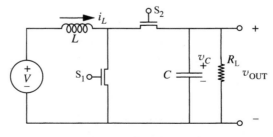

图 12.48　修改过的电路

输出电压波形的表达式是很复杂的,因此这里不做赘述。取而代之的是,我们将对电路性质做一个定性的讨论。首先,当 S_2 导通和 S_1 关断时,得到一个稍微复杂的 RLC 电路,它的性质与原电路相似。本质上,电感电流将电容充电到一个更高的电压。

现在,当 S_1 导通和 S_2 关断时,我们得到两个工作的子电路。第一个电路是与原电路相同的 RL 串联电路,第二个电路是电容通过负载电阻 R_L 放电的 RC 电路。我们可能在输出端口得到图 12.49 所示与充电和放电电路的时间常数有关波形。图中的波形假设 $R_L C \gg t_0$,其中 t_0 是开关 S_2 关断的时间间隔。

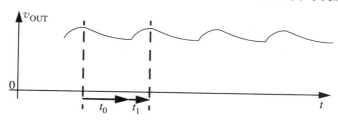

图 12.49　输出端口的波形

WWW 12.6　有驱动的并联 RLC 电路

WWW 12.6.1　阶跃响应

WWW 12.6.2　冲激响应

12.7　二阶电路的直觉分析

当二阶电路的驱动是简单的输入时,例如阶跃或冲激,可以对其进行快速的直觉分析,与一阶电路非常相似(见 10.3 节)。为了说明这一点,我们将给出如何通过观察画出图 12.55 所示 RLC 串联电路中的电容电压 v_C。假设有下列元件值

$$L = 100 \mu\text{H}$$
$$C = 100 \mu\text{F}$$
$$R = 0.2 \Omega$$

$t = 0$ 时电路的初始状态为

$$v_C(0) = 0.5\text{V}$$
$$i_L(0) = -0.5\text{A}$$

电路被直流电压源驱动

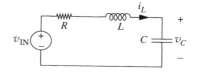

图 12.55　有驱动的 RLC 串联电路

$$v_{\text{IN}} = 1\text{V}$$

基于初始条件和驱动,我们立刻可以求出 v_C 的初值和终值。根据初始条件,我们知道

$$v_C(0) = 0.5\text{V}$$
$$i_L(0) = -0.5\text{A}$$

在稳态时,电容表现为开路,因此输入驱动出现在电容上。因此

$$v_C(\infty) = v_{\text{IN}} = 1\text{V}$$
$$i_L(\infty) = 0$$

图 12.56(a)中画出了 v_C 的初值和终值。

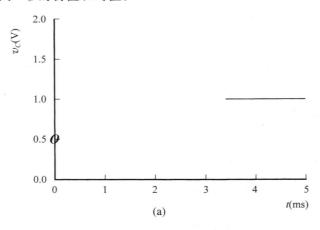

(a)

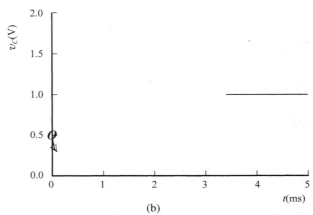

(b)

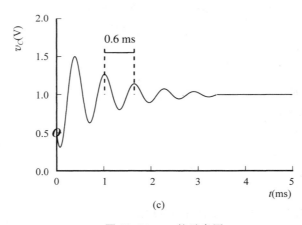

(c)

图 12.56 v_C 的示意图

接下来,通过写出电路的特征方程得到更多的信息。第 14 章 14.1.2 节和 14.2 节中将讨论一种通过观察写特征方程的简单的方法。那种方法基于第 13 章和第 14 章中将要讨论的阻抗法。目前只能基于现有的方法进行讨论。通过写出系统的微分方程,并将驱动置为

0 得到特征方程。

$$\frac{\mathrm{d}^2 v_C(t)}{\mathrm{d}t^2} + \frac{R}{L}\frac{\mathrm{d}v_C(t)}{\mathrm{d}t} + \frac{1}{LC}v_C(t) = 0$$

然后代入候选项 Ae^{st}，并除以 Ae^{st}

$$s^2 + \frac{R}{L}s + \frac{1}{LC} = 0$$

与特征方程的标准形式

$$s^2 + 2\alpha s + \omega_\circ^2 = 0$$

相比较，我们得到描述二阶系统性质的其他参数

$$\alpha = \frac{R}{2L} = 10^3\,\mathrm{rad/s}$$

$$\omega_\circ = \sqrt{\frac{1}{LC}} = 10^4\,\mathrm{rad/s}$$

因为

$$\alpha < \omega_\circ$$

可得出结论：系统是欠阻尼的。振荡频率为

$$\omega_\mathrm{d} = \sqrt{\omega_\circ^2 - \alpha^2} \approx 9950\,\mathrm{rad/s} \approx 1584\,\mathrm{Hz}$$

品质因数为

$$Q = \frac{\omega_\circ}{2\alpha} = 5$$

因为 $Q=5$，我们也就知道了系统将振荡大约 5 个周期。

为了完成图形，现在我们必须将图 12.56(a) 中显示的边界值与一个大约经过 5 个周期衰减结束的正弦结合起来。为此，我们需要确定从初值 0.5V 开始的电容电压的初始轨线（增加或减少）。我们可以通过观察另一个记忆元件（即电感）的初始状态来得到这个信息。初始电感电流给定为 -0.5A。没有冲激驱动时，这个电流的幅值不能突变，并且初始电流的给定方向趋向于给电容放电。于是我们可以得出结论：电容电压将趋于减少。图 12.56(b) 画出了电容电压减少的初始轨线。

知道了初始轨线，我们可以将一个大约经过 5 个周期衰减结束的正弦与正确的初始轨线连接起来。图 12.56(c) 中画出了最终得到的示意图。注意，这种简单的直觉方法需要获得图 12.56(c) 中曲线的下列参数值：

(1) 初始值

(2) 终值

(3) 曲线的初始轨线

(4) 振荡频率

(5) 振荡持续的大致时间长度

不幸的是，上面的清单中不包括控制着正弦衰减的包络线的最大幅值，将这个参数与衰减速率 α 相结合可以使我们的示意图更精确。尽管我们可以求这个值，但它使分析明显变复杂了，因此我们将不试图求出一般形式的解。然而，当初始状态和驱动电压都不存在时，最大值的计算将大大简化。我们将通过计算下面的例子来阐述这个事实。

例 12.11 直觉分析的例子 这个例子显示了当初始状态和驱动电压都不存在时,如何简单地计算出衰减正弦的最大初始幅值。我们令图 12.55 电路中的电压驱动为 0,但其他条件保持不变。换句话说,假设

$$L = 100\mu H$$
$$C = 100\mu F$$
$$R = 0.2\Omega$$

此外,假定 $t=0$ 时电路的初始状态为

$$v_C(0) = 0.5V$$
$$i_L(0) = -0.5A$$

然而,输入驱动为

$$v_{IN} = 0$$

就像我们在 12.8 节中做的那样,我们很快可以猜到下面的值:

(1) 电容电压的初始值为

$$v_C(0) = 0.5V$$

(2) 因为没有驱动,并且电路中有一个消耗性的元件,因此电容电压的终值为

$$v_C(\infty) = 0V$$

图 12.57(a)中画出了这些初值和终值;

(3) 初始时电容电压趋于减少,因为初始电感电流趋于给电容放电。图 12.57(b)表示了电容电压减少的初始轨线;

(4) 振荡频率 $\omega_d \approx 9950 rad/s$;

(5) 因为 $Q=5$,振荡将持续大约 5 个周期。

此外,我们可以用能量的观点确定限制着电容电压衰减的包络线。回想只要系统能量全部驻留在电容中,电容电压的幅值就到达峰值,电感电流就为 0。$t=0$ 时,如果所有能量都储存在电容中,电容电压将获得一个最大值绝对,我们用 V_{CM} 表示。相应地,电容电压的衰减将限制在一对指数曲线(正的和负的)之间。这对曲线在 $t=0$ 时初值为 $+V_{CM}$ 和 $-V_{CM}$,并且在大约 5 个周期内衰减至 0,如图 12.57(c)中的点线所示。根据系统在 $t=0$ 时的总能量可以求出 V_{CM} 的值如下

$$\frac{1}{2}Cv_C(0)^2 + \frac{1}{2}Li_L(0)^2 = \frac{1}{2}CV_{CM}^2$$

代入 $v_C(0)$ 和 $i_L(0)$,得到

$$V_{CM} \approx 0.7V$$

现在就可以完成衰减正弦的波形,如图 12.57(c)所示。

例 12.12 直觉分析例子:冲激响应 在这个例子中,我们将用直觉法画出图 12.58 所示 *RLC* 并联电路中 v_C 的示意图,电路的驱动是一个冲激电流

$$i_{IN} = Q_o\delta(t)$$

冲激强度为

$$Q_o = 10^{-4}C$$

假设

$$L = 100\mu H$$
$$C = 100\mu F$$
$$R = 50\Omega$$

并且电路初始时处于松弛状态(即在冲激之前电容电压和电感电流都为零)。

回顾一下,冲激用于建立电路的初始条件,我们首先求冲激作用之后瞬间状态变量的值,即 $v_C(0^+)$ 和 $i_L(0^+)$。对于电流冲激,电容看起来就像瞬时短路,因此电流完全通过电容,在其上积聚了 $Q_o = 10^{-4}C$ 的电荷。因此

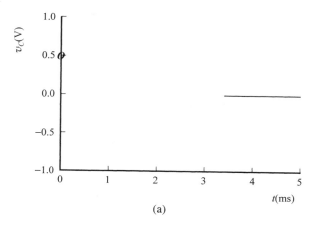

(a)

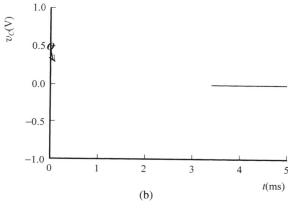

(b)

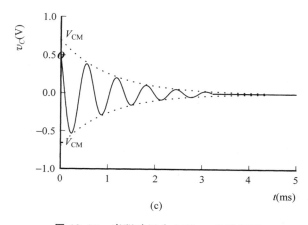

(c)

图 12.57   当驱动置为 0 时 v_C 的示意图

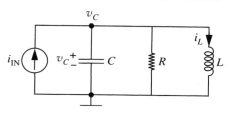

图 12.58   由电阻、电容、电感和电流源组成的并联二阶电路

$$v_C(0^+) = \frac{Q_o}{C} = 1\text{V}$$

并且 $i_L(0^+) = 0$。

和我们在 12.7 节中做的一样,我们现在可以确定下列数值:

(1) 电容电压的初始值为 1V。

(2) 因为没有驱动,并且电路中有一个耗能元件,因此电容电压的终值为

$$v_C(\infty) = 0\text{V}$$

(3) 开始时电容电压趋于减小,因为所有能量开始时都储存在电容中。因为没有驱动,电容电压的最大值也是 1V。

(4) 因为我们研究的是一个并联 RLC 电路

$$\alpha = \frac{1}{2RC} = 10^3\,\text{rad/s}$$

$$\omega_o = \sqrt{\frac{1}{LC}} = 10^4\,\text{rad/s}$$

振荡频率为

$$\omega_d = \sqrt{\omega_o^2 - \alpha^2} \approx 10^4\,\text{rad/s}$$

(5) 品质因数为

$$Q = \frac{\omega_o}{2\alpha} = 5$$

因此振荡大约持续 5 个周期。

v_C 的波形示意图如图 12.59 所示。

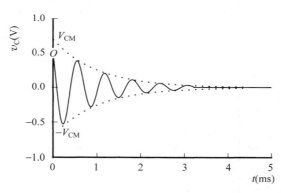

图 12.59 由冲激电流源驱动的并联 RLC 电路的 v_C 的波形示意图

12.8 两个电容或两个电感的电路

在这一章前面几小节中,我们着重研究含有一个电容和一个电感的二阶电路。用两个电容或两个电感构造二阶电路也是有可能的。在这一节中,我们将主要研究这种电路的性质和分析方法。

将图 12.60 所示的电路作为两个电容电路的例子。为了分析这个电路,我们再次利用节点法,还是从第(3)步开始。为此,我们对节点 1 和节点 2 写出用 v_1 和 v_2 表示的 KCL 方程。对节点 1 有

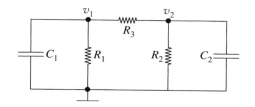

图 12.60 含有两个独立电容的二阶电路

$$C_1 \frac{\mathrm{d}v_1(t)}{\mathrm{d}t} + \frac{1}{R_1}v_1(t) + \frac{1}{R_3}(v_1(t) - v_2(t)) = 0 \tag{12.238}$$

对节点 2 有

$$C_2 \frac{\mathrm{d}v_2(t)}{\mathrm{d}t} + \frac{1}{R_2}v_2(t) + \frac{1}{R_3}(v_2(t) - v_1(t)) = 0 \tag{12.239}$$

为了同时处理这两个方程,我们首先利用式(12.238)求出用 v_1 表示的 v_2,然后将结果代入式(12.239)得到用 v_1 表示的一个二阶微分方程。这一过程得出

$$v_2(t) = R_3 C_1 \frac{\mathrm{d}v_1(t)}{\mathrm{d}t} + \left(1 + \frac{R_3}{R_1}\right)v_1(t) \tag{12.240}$$

$$\frac{\mathrm{d}^2 v_1(t)}{\mathrm{d}t^2} + \left(\frac{1}{R_1 C_1} + \frac{1}{R_2 C_2} + \frac{1}{R_3 C_1} + \frac{1}{R_3 C_2}\right)\frac{\mathrm{d}v_1(t)}{\mathrm{d}t}$$

$$+ \left(\frac{1}{R_1 R_2 C_1 C_2} + \frac{1}{R_1 R_3 C_1 C_2} + \frac{1}{R_2 R_3 C_1 C_2}\right)v_1(t) = 0 \tag{12.241}$$

式(12.241)是一个二阶常系数线性齐次常微分方程,与这一章前几节中推导出的方程类似。

我们接下来通过解式(12.241)得到 v_1,并利用它确定 v_2 和其他感兴趣的支路变量,从而完成节点分析的第(4)步和第(5)步。根据式(12.241)的形式,我们期望它的解是两项 $A e^{st}$ 形式的叠加。将这个候选项代入式(12.241)得

$$s^2 + 2\alpha s + \omega_o^2 = 0 \tag{12.242}$$

这就是电路的特征方程,其中

$$\alpha \overset{\mathrm{def}}{=} \frac{1}{2}\left(\frac{1}{R_1 C_1} + \frac{1}{R_2 C_2} + \frac{1}{R_3 C_1} + \frac{1}{R_3 C_2}\right) \tag{12.243}$$

$$\omega_o^2 \overset{\mathrm{def}}{=} \frac{1}{R_1 R_2 C_1 C_2} + \frac{1}{R_1 R_3 C_1 C_2} + \frac{1}{R_2 R_3 C_1 C_2} \tag{12.244}$$

除了 α 和 ω_o 的细节以外,式(12.242)和这一章中迄今为止见到的所有其他特征方程是一样的。因为式(12.242)是一个二次式,它有两个根,即

$$s_1 = -\alpha + \sqrt{\alpha^2 - \omega_o^2} \tag{12.245}$$

$$s_2 = -\alpha - \sqrt{\alpha^2 - \omega_o^2} \tag{12.246}$$

因此,v_1 的解是两个函数 $e^{s_1 t}$ 和 $e^{s_2 t}$ 的线性组合,具有形式

$$v_1(t) = A_1 e^{s_1 t} + A_2 e^{s_2 t} \tag{12.247}$$

其中,A_1 和 A_2 是两个未知常数,取决于两个电容的初始状态。为了求出 A_1 和 A_2,需要两个等式。第一个等式来自于求式(12.247)中 v_1 在初始时的值。第二个等式来自于将式(12.247)代入式(12.240)求出 v_2,并紧跟着求 v_2 在初始时的值。解这两个等式得到 A_1

和 A_2，这里我们不再详述。

表面上，含有两个独立电容的二阶电路的分析和行为看起来与含有一个电容和一个电感的二阶电路一样。研究含有两个独立电感的电路也可得到同样的结论。虽然这个结论在很大程度上是正确的，但含有两个电容或两个电感的二阶电路与含有一个电容和一个电感的二阶电路还是有一个很重要的区别。这个区别在于后一种电路可以呈现出欠阻尼的振荡行为，而前两种电路不能。也就是说，对含有两个独立电容或两个独立电感的电路，s_1 和 s_2 总是非正的实数。事实上，无需证明，我们就可以将这个陈述扩展到更高阶的电路[①]。只含有电阻和电容，或只含有电阻和电感的电路的特征方程只有非正的实数根。因此，这样的电路不能振荡。它们的状态变量只有最多 $N-1$ 个零点，其中 N 是电路的阶数。实际上，零点的准确数值取决于电路的初始条件。

为了确认式(12.245)和式(12.246)中给出的 s_1 和 s_2 总是负实数，我们研究根号里的项。将式(12.243)和式(12.244)代入，这一项变为

$$\alpha^2 - \omega_o^2 = \frac{1}{4}\left(\frac{1}{R_1 C_1} + \frac{1}{R_3 C_1} - \frac{1}{R_2 C_2} - \frac{1}{R_3 C_2}\right)^2 + \frac{1}{R_3^2 C_1 C_2} \tag{12.248}$$

它总是正的。因此，s_1 和 s_2 总是负实数，电路只呈现出过阻尼动态。

例 12.13 数值例子 画出图 12.60 所示电路的 v_1 和 v_2，给定

$$R_1 = R_2 = R_3 = 1\text{M}\Omega \quad C_1 = C_2 = C_3 = 1\mu\text{F}$$

电容的初始状态给定为

$$v_1(0) = 0$$

$$v_2(0) = 1\text{V}$$

将这些数值代入式(12.241)，得到求解 v_1 所必需的二阶微分方程为

$$\frac{\text{d}^2 v_1(t)}{\text{d}t^2} + 4\frac{\text{d}v_1(t)}{\text{d}t} + 3v_1(t) = 0$$

将候选项 Ae^{st} 代入上述方程，得到特征方程

$$s^2 + 4s + 3 = 0$$

与下面显示的二阶电路标准形式的特征方程的相应项比较

$$s^2 + 2\alpha s + \omega_o^2 = 0$$

可以写出

$$\alpha = 2\text{rad/s}$$

$$\omega_o = \sqrt{3}\,\text{rad/s}$$

特征方程的两个根为

$$s_1 = -1 \quad s_2 = -3$$

因此，v_1 的解是两个函数 e^{-t} 和 e^{-3t} 的线性组合，具有形式

$$v_1(t) = A_1 e^{-t} + A_2 e^{-3t}$$

根据式(12.240)，相应的 v_2 的解与 v_1 有关，为

$$v_2(t) = \frac{\text{d}v_1(t)}{\text{d}t} + 2v_1(t) = A_1 e^{-t} - A_2 e^{-3t}$$

将初始条件($v_1(0)=0$ 和 $v_2(0)=1\text{V}$)代入 v_1 和 v_2 的表达式，得到

$$A_1 + A_2 = 0$$

---

① 证明的要点见 W. M. Siebert. Circuits, Signals and Systems. (MIT Press, 1986)中的问题 4.6。

$$A_1 - A_2 = 1$$

解上面两个等式,得到

$$A_1 = \frac{1}{2}$$

$$A_2 = -\frac{1}{2}$$

因此, v_1 和 v_2 的解是

$$v_1(t) = \frac{1}{2}e^{-t} - \frac{1}{2}e^{-3t}$$

$$v_2(t) = \frac{1}{2}e^{-t} + \frac{1}{2}e^{-3t}$$

画出 v_1 和 v_2 如图 12.61 所示。

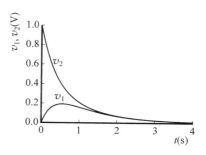

图 12.61 两个电容电路的 v_1 和 v_2

12.9 状态变量法

在这一章的前面几小节中,我们用节点法来分析各种二阶电路的性质。这种分析方法会得出电路中用时间函数表示的节点电压。然而,正如更早时候注意到的,一般我们对电路的状态变量比对节点电压更感兴趣。这种情况下,必须利用节点电压来求状态变量,这就需要更多工作。我们很快将会看到,当电路状态变量是主要兴趣之所在时,存在另一种可供选择的特别有用的方法。我们把这种方法称为**状态变量法**。它的主要优点在于提供了一种更直接的方法,可以得到支配状态变量演变的方程,因而是一种求状态变量本身的更直接的方法。当然,从状态变量法的结果求节点电压也需要额外的工作。因此,当对状态和节点电压都感兴趣时,也许对分析方法而言没有最好的选择。

状态变量法的第一步是推导出明确地支配了电路状态变量演变过程的微分方程。第二步是解这些**状态方程**得到状态变量的时间函数。然后可以利用状态变量求任何其他感兴趣的支路变量。这里,我们将只集中研究第一步,因为状态方程的求解可以用这一章前面采用的同样的方法,或 12.10 节中将要讨论的方法。

状态方程要将每个状态变量的微分表达成状态变量自身以及通过独立源引入的其他外部信号的函数。现在我们将看到,有一种相对简单的方法可推导出这些方程。为了探索出这种方法,考虑电容和电感的元件定律,即式(9.9)和式(9.28),它们分别可以写成

$$\frac{dv_C(t)}{dt} = \frac{1}{C}i_C(t) \tag{12.249}$$

$$\frac{di_L(t)}{dt} = \frac{1}{L}v_L(t) \tag{12.250}$$

从这些方程中我们看到电容电压的微分与电容电流成比例,电感电流的微分与电感电压成比例。因此,要确定状态变量微分的表达式,可等价于求电容电流和电感电压的表达式。这些表达式可根据状态变量和所有的外部信号推导出来。这揭示了一种推导出状态方程的方法。

首先,我们将每个电容用电压等于相应的电容状态的独立电压源替代。另外,将每个电感用电流等于相应的电感状态的独立电流源替代。第二,分析这个只含有电源和电阻的新电路,求出电容电流和电感电压。这个分析可以用第 3 章中推导出的节点法来进行。节点

法可得到关于新电路中独立源(即原电路的独立源和代表电路状态的独立源)的表达式。最后,我们将电容电流和电感电压的表达式代入形如式(12.249)和式(12.250)的方程,就得到了期望的状态方程。

为了说明如何对状态变量法分析一个电路,考虑对 **www** 图 12.50 所示电路的分析。为了分析这个电路,我们将电容用电压源、电感用电流源替代,如图 12.62 所示。接着我们分析这个电路求出 i_C 和 v_L,得

$$i_C(t) = i_{IN}(t) - i_L(t) - \frac{v_C(t)}{R} \tag{12.251}$$

$$v_L(t) = v_C(t) \tag{12.252}$$

最后,将式(12.251)和式(12.252)分别代入式(12.249)和式(12.250),得

$$\frac{\mathrm{d}v_C(t)}{\mathrm{d}t} = \frac{1}{C}i_{IN}(t) - \frac{1}{C}i_L(t) - \frac{1}{RC}v_C(t) \tag{12.253}$$

$$\frac{\mathrm{d}i_L(t)}{\mathrm{d}t} = \frac{1}{L}v_C(t) \tag{12.254}$$

式(12.253)和式(12.254)就是期望的状态方程。

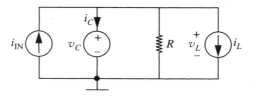

图 12.62　用状态变量法分析 **www** 图 12.50 所示电路的等效电路

状态变量法并没有引入新的规律。更确切地说,它只是提供了另一种分析电路的可选方法。对前一个例子,为了看到这一点,注意到将式(12.254)代入式(12.253),消去 v_C 就得到了 **www** 式(12.201)。因此,状态方程描述的电路性质与前面 12.6 节求出的相同。

在结束这一节时,讨论一下节点法和状态变量法的异同是很有价值的。首先,非常重要的是再次强调对任何给定电路,两种分析方法揭示了同样的性质。两种方法的主要区别是它们在分析时采用了不同的变量组和不同的数学技巧。节点法用节点电压表示,一般得到单个的高阶微分方程。状态变量法用状态变量表示,得到一组有联系的一阶微分方程。由于这个原因,如果一个电路分析的初始条件是用状态变量表示的,那么状态变量法使用这些条件就容易一些。此外,一组有联系的一阶微分方程更有可能方便地利用现成的数值分析包来求解。另一方面,在实验中经常是相对于一个公共接地端定义的节点电压更容易测量。因此,两组变量都是有用的。

www 12.10　状态空间分析 *

www 12.11　高阶电路 *

12.12　小结

- 这一章的主要目标是研究至少含有一个电容和一个电感的二阶电路的性质。为了分析这些以及其他二阶电路,我们再次采用节点法。这种分析方法的机理除了与一阶相对的二阶微分方程的求解细节外,本质上与第 10 章没有变化。

- 通过对二阶电路的分析,观察到其性质与一阶电路的行为截然不同。最重要的是,含有一个电容和一个电感的电路可以呈现出振荡,这对应于电容和电感之间的能量交换。毫不奇怪,当存在能量损失时(例如,当电路中引入一个电阻时),这种振荡会衰减。为了表征这种振荡行为,我们介绍了几个关键的参数:

  无阻尼自然频率(或无阻尼谐振频率,或简单谐振频率)

  $$\omega_\circ \overset{\text{def}}{=} 1/\sqrt{LC}$$

  衰减因子

  $$\alpha$$

  有阻尼自然频率

  $$\omega_\mathrm{d} \overset{\text{def}}{=} \sqrt{\omega_\circ^2 - \alpha^2}$$

  品质因数

  $$Q \overset{\text{def}}{=} \omega_\circ/2\alpha$$

  具体的 α 取决于电路的拓扑。对并联谐振电路

  $$\alpha = \frac{1}{2RC}$$

  对串联谐振电路

  $$\alpha = \frac{R}{2L}$$

- 二阶电路的响应可以分成欠阻尼、临界阻尼和过阻尼三类,依据为

  $$\alpha < \omega_\circ \Rightarrow \text{欠阻尼动态}$$

  $$\alpha = \omega_\circ \Rightarrow \text{临界阻尼动态}$$

  $$\alpha > \omega_\circ \Rightarrow \text{过阻尼动态}$$

- 当系统欠阻尼时,参数 ω_d 决定了状态变量振荡的速率,α 决定了状态变量衰减的速率。$\omega_\circ$ 是无阻尼时的振荡频率。Q 大致决定了电路呈现出的振荡个数,也就是 RLC 电路中能量可以认为衰减到 0 的大约周期数。

- 零输入响应(ZIR)就是系统对初始储能的响应,假设没有驱动。

- 零状态响应(ZSR)就是没有初始储能时对加上的驱动信号的响应。

- 欠阻尼二阶系统的零输入响应类似于一个幅值随时间衰减的正弦。作为一个例子,欠阻尼二阶并联谐振电路中电容的初始电压为 $V_\circ$,电感的初始电流为 0,它的电容电压的 ZIR 为

  $$v_C(t) = V_\circ \frac{\omega_\circ}{\omega_\mathrm{d}} e^{-\alpha t} \cos(\omega_\mathrm{d} t + \varphi)$$

电感电流为

$$i_L(t) = \frac{V_{\text{o}}}{\omega_{\text{d}} L} e^{-\alpha t} \sin(\omega_{\text{d}} t)$$

都是对 $t>0$ 成立。在上式中

$$\varphi = \tan^{-1} \frac{\alpha}{\omega_{\text{d}}}$$

• 为了使对二阶电路的分析更容易,我们还讨论了两种分析电路的新方法,即状态变量法和状态空间法。引入状态变量法作为与节点法的另一种选择。当我们对电路的状态变量而不是节点电压感兴趣时该方法尤其有用。引入状态空间法作为求解由状态变量法得到的一阶微分方程组的方法。同时我们也看到它可以用做解由节点法产生的微分方程的方法。最后,我们简要地研究了高阶电路的分析。研究的重要发现是高阶电路的分析可以用与二阶电路完全相同的方式进行。

练　　习

练习 12.1

(1) 图 12.64 所示电路的零输入响应是欠阻尼、过阻尼还是临界阻尼?

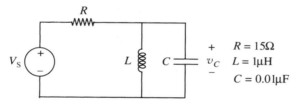

$R = 15\Omega$
$L = 1\mu H$
$C = 0.01\mu F$

图 12.64　练习 12.1 图 1

(2) 该电路的零输入响应(v_C)是什么样子? 画一个大致的示意图。

(3) 比较零输入响应的包络线和图 12.65 所示 RC 电路的零输入响应的衰减速率。它们的区别是什么?

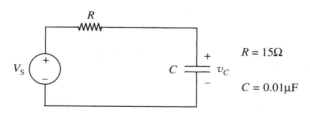

$R = 15\Omega$
$C = 0.01\mu F$

图 12.65　练习 12.1 图 2

练习 12.2　对图 12.66 中每个电路,求出与指定的初始条件相应的零输入响应,并画示意图。

(1) 图 12.66 中,求 v_2,假定 $v_1(0)=1V, v_2(0)=0$。

(2) 图 12.67 中,求 v,假定 $i(0)=0, v(0)=0$。

(3) 重复(2),但是电阻变为 5Ω。

练习 12.3　图 12.68 所示电路中,$t=0$ 时加上一个 10V 的恒定电压源。求 $t=0^+$ 和 $t=\infty$ 时所有支路电压和支路电流。给定 $i_1(0^-)=2A$ 和 $v_4(0^-)=4V$。

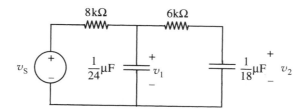

图 12.66　练习 12.2 图 1

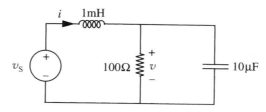

图 12.67　练习 12.2 图 2

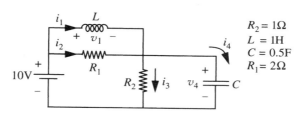

图 12.68　练习 12.3 图

练习 12.4　图 12.69 所示电路的零输入响应是欠阻尼、过阻尼还是临界阻尼的？（为你的答案提供一些理由，或者是计算，或者是解释性的语句）其中，$L_1 = 1\mu H$，$C = 0.01\mu F$，$R_1 = R_2 = 15\Omega$。

练习 12.5　图 12.70 电路中，电感电流和电容电压被一些外部因素强制设为 $i_L = 5A$，$v_C = -6V$。$t = 0$ 时，去掉外部约束，电路产生自然响应。求状态变量的初始斜率。

练习 12.6

（1）用状态变量的形式写出图 12.71 所示电路的微分方程。

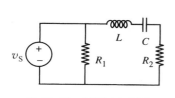

图 12.69　练习 12.4 图

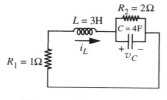

图 12.70　练习 12.5 图

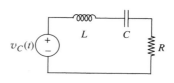

图 12.71　练习 12.6 图

（2）假定 $v_C(0) = 0$，画出 $v_C(t)$ 对一个高度为 v_i 的非常窄的脉冲的响应示意图。不必计算出结果，只要画出波形。

练习 12.7　求 $t > 0$ 时，对指定的输入和初始值，下列一阶状态方程组的解。

（1）

$$\frac{dx_1}{dt} = -3x_1 + x_2$$

$$\frac{\mathrm{d}x_2}{\mathrm{d}t} = x_1 - 3x_2$$

$$x_1(0) = 2$$

$$x_2(0) = 0$$

(2)

$$\frac{\mathrm{d}x_1}{\mathrm{d}t} = -4x_2$$

$$\frac{\mathrm{d}x_2}{\mathrm{d}t} = 4x_1$$

$$x_1(0) = 2$$

$$x_2(0) = 0$$

练习 12.8 求图 12.72 中每个网络的特征多项式的根(通常称为网络自然频率)。其中,$R_1 = 10\Omega$,$L = 10\mu H$,$C = 10\mu F$,$R_2 = 2\Omega$。

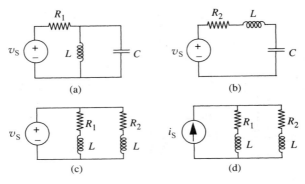

图 12.72 练习 12.8 图

问　　题

问题 12.1 电气网络经常用于对被线性微分方程支配的物理系统建模。在这个建模过程中最重要的问题是精确性和简单性之间的相互影响。通常,知道什么时候可以安全地忽略某些影响从而简化模型和其后的分析是很重要的。通过了解做简化假设带来的结果可以得到这种知识。

图 12.73 中显示了两个可以用于模拟声学系统的网络。已知电感 L 很小(明确地说,$L \ll (R^2 C)/4$),但不知道没有电感的电路模型是否适当的。需要你通过分析两个电路的电容电压 v_C 响应的区别来帮助回答这个问题。明确假设

$$i_S(t) = Iu_{-1}(t) \qquad \text{(一个幅值为 } I \text{ 的阶跃)}$$

$$v_C(0^-) = 0$$

$$i_L(0^-) = 0$$

对两个电路求 $t > 0$ 时的 $v_C(t)$。你要确定电感对响应中的这些特征的影响,例如自然频率、t 很小时的大致

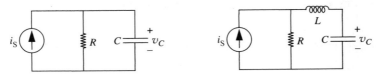

图 12.73 问题 12.1 图

行为和 t 很大时的渐近行为。

根据从泰勒定理推导出的一些结论可大大简化你的结果形式。对 $x \ll 1$

$$\sqrt{1-x} \approx 1 - x/2 \tag{12.297}$$

和

$$e^{-x} \approx 1 - x \tag{12.298}$$

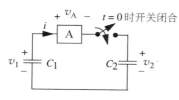

图 12.74　问题 12.2 图

问题 12.2　电容 C_1 的初始电压 $v_1(0)=V$,电容 C_2 初始时没有充电,$v_2(0)=0$。当时间趋于无穷时,元件 A 上的电压趋于 0。在 $t=0$ 时,开关闭合,见图 12.74。

（1）计算系统的初始电荷。

（2）求开关闭合很长时间后两个电容上的电压。注意,系统的总电荷必须守恒。

（3）求很长时间后系统中储存的能量。

（4）求最终储能与初始能量的比值,余下的能量到哪里去了?

（5）假定元件 A 是一个电阻 R。求它的电压或电流,并据此求出其上损失的能量。

（6）求损失的能量与初始能量的比值。是你所预料的吗,它取决于 R 吗?

（7）如果与 R 串联一个电感,会发生什么? 画出电路行为的示意图(无需计算)。

问题 12.3　图 12.75 显示的是变压器的一个可能的电路模型,该模型在原边和副边有一个公共地时可以使用。假定 $L_1=2.5\text{H}$,$L_2=0.025\text{H}$,$M=k\sqrt{L_1 L_2}$,其中 $k<1$,$R_1=1\text{k}\Omega$,$R_2=10\Omega$。

（1）用 i_1 和 i_2 作为状态变量,并利用给出的电路模型,写出表示变压器的状态方程。

（2）求网络的自然频率,它是耦合系数 k 的函数。特别地,当 k 小到极限 0 和 k 趋于单位值 1 即所谓的紧密耦合极限时,自然频率是什么样的?

（3）假定 v_S 是一个 5s 长的 1V 方波。求 $k=0.98$ 时的 $v_2(t)$。输出是方波脉冲的很好的复制吗? 或者与方波脉冲图形有明显的不同吗?

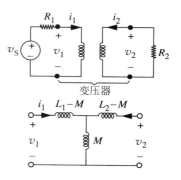

图 12.75　问题 12.3 图

问题 12.4　假定 $y(t)=Be^{st}$,对每个微分方程求出特解和齐次解的一般形式。在复平面内画出自然频率。

假定 τ、α、$\omega_\circ$ 是常数。不必担心右边的维数。假定 B 总有适当的值。

（1）$\dfrac{\mathrm{d}x}{\mathrm{d}t} + \dfrac{x}{\tau} = y$

（2）$\dfrac{\mathrm{d}x}{\mathrm{d}t} + \dfrac{x}{\tau} = \dfrac{\mathrm{d}y}{\mathrm{d}t}$

（3）$\dfrac{x}{\tau} = \dfrac{y}{\tau} + \dfrac{\mathrm{d}y}{\mathrm{d}t}$

（4）$\dfrac{\mathrm{d}^2 x}{\mathrm{d}t^2} + \omega_\circ^2 x = y$

对(5)和(6),假设 α 和 $\omega_\circ$ 都是正数。

（5）$\dfrac{\mathrm{d}^2 x}{\mathrm{d}t^2} + 2\alpha \dfrac{\mathrm{d}x}{\mathrm{d}t} + \omega_\circ^2 x = y$,假设 $\alpha > \omega_\circ$

（6）$\dfrac{\mathrm{d}^2 x}{\mathrm{d}t^2} + 2\alpha \dfrac{\mathrm{d}x}{\mathrm{d}t} + \omega_\circ^2 x = \dfrac{\mathrm{d}y}{\mathrm{d}t}$,假设 $\alpha < \omega_\circ$

问题 12.5　图 12.76 所示电路是一个温度控制系统的电路模拟图。

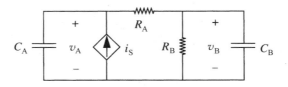

图 12.76 问题 12.5 图

假设 $C_A = 1F, C_B = 4F, R_A = 1\Omega, R_B = 4\Omega, i_S = K(V_o - v_B)^2$，其中 $K = 25A/V^2, V_o = 1.1V$。

（1）写出这个网络的状态形式的动态方程。用 v_A 和 v_B 作为状态变量。

（作为对你的状态方程的一种检查，v_B 的稳态值是 1V。即当 $v_B = 1V$ 时，将有 $dv_A/dt = dv_B/dt = 0$）

（2）现在假定 $v_A = V_A + v_a$ 和 $v_B = V_B + v_b$，其中 V_A 和 V_B 是稳态值，v_a 和 v_b 是小的变化量。求以 v_a 和 v_b 为状态变量的小信号的线性电路模型。

（3）小信号电路的零输入响应是欠阻尼、过阻尼还是临界阻尼？

问题 12.6 图 12.77 所示电路中，所有 $t < 0$ 时刻开关在位置 1。在 $t = 0$ 时，开关投向位置 2（并在 $t > 0$ 时保持在那里）。求 $t > 0$ 时的 $v_C(t)$ 和 $i_L(t)$，并画出示意图。

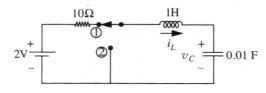

图 12.77 问题 12.6 图

问题 12.7 图 10.107（问题 10.8）阐述了与 VLSI 封装管脚相关的寄生电感。图 12.78 是对图 10.107 的修改，显示了一个与 VLSI 芯片中电源节点相关的集总的寄生电容 C_P。在这个问题中，我们将研究寄生电感 L_P 和寄生电容 C_P 的联合影响。

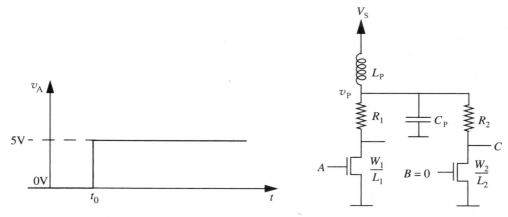

图 12.78 问题 12.7 图

假定输入 B 在任何时候都是 0。再假定输入 A 初始时加上的是 0V。在 $t = t_0$ 时，一个 5V 的阶跃加到输入 A 上。画出在欠阻尼和过阻尼情形下时间函数 v_P 的波形，假设 $t < t_0$ 时，$v_P = V_S$。清楚地显示出在 t_0 前一瞬间和 t_0 后一瞬间 v_P 的值。假定 MOSFET 的导通电阻由关系式 $(W/L)R_N$ 给出，并且 MOSFET 的阈值电压 $V_T < V_S$。还假设 $V_T < 5V$。将这个结果与问题 10.8（图 10.107）中电感单独作用时计算出的结果相比较。

第 13 章

正弦稳态：阻抗和频率响应

13.1 概述

这一章在电路分析的观点上出现了很大变化,因此需要回顾一下我们已经讨论过的内容并展望即将开始介绍的内容。在前面几章讨论的分析方法有四个基本步骤:

(1) 画出问题的电路模型。

(2) 写出微分方程。

(3) 解这些方程。如果方程是线性的,那么求出它的齐次解和特解;如果方程是非线性的,一般需要使用数值方法。

(4) 利用初始条件求齐次解中的常数。

这种方法用图表示出来如图 13.1 顶部所示。它是基本的,同时也是强有力的,因为线性和非线性的问题都可以处理。但是如果驱动信号不同于简单的冲激、阶跃和斜坡,则这种方法一般涉及大量的数学运算。因而,我们有相当大的动机去寻找一种更简单的解决方法,即使这些方法在应用中有一定限制。事实上,如果系统是线性非时变的,并且我们假设正弦

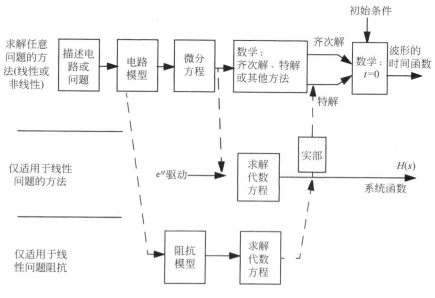

图 13.1 分析方法

驱动,并着重研究它的稳态性质,那么使用简单的方法是有可能的。因为在许多设计应用中(例如音频放大器、示波器垂直放大器、运算放大器等),线性是一个最基本的设计约束。线性或至少是增量线性系统代表了很大很重要的一类应用,因此值得加以特别关注。此外,更复杂的输入信号,例如方波,可以看成是许多正弦之和,因此这些问题就可以用叠加的方法来解决。

同样重要的是,我们经常用频率响应(也就是正弦响应)来表征系统。这样的例子包括我们的听觉、音频设备、基于超声的害虫抑制、无线网络接收器等。这些系统中,与频率有关的性质和它们的时域性质一样重要。因此,正弦稳态响应是很有用的,它是描述线性系统性质的一种自然而方便的方法。

在这一章中,通过假设电路具有图 13.1 中部所示的 e^{st} 形式的驱动,可大大简化线性电路问题的求解。主要原因是在这种假设下微分方程变换成了代数方程,而且正弦驱动的响应可以直接从 e^{st} 驱动的响应得到。这就更进一步地导出了一种快速解决方法,这种方法包括了**阻抗**的概念。利用阻抗,从电路模型就可以直接写出代数方程,而根本无需写出微分方程,如图 13.1 最下端所示。

下面来讨论我们为何关注 e^{st}(其中 $s = j\omega$)形式的驱动。我们希望求的是系统对 $\cos(\omega t)$ 形式的正弦输入的稳态响应[①]。我们将要说明的是,直接求解具有正弦输入的系统的微分方程将会频繁使用三角恒定变换,非常复杂(在 10.6.7 节中你已经看到了一个直接求解正弦驱动下的 RL 电路的例子)。取而代之的是,我们采用下面的数学技巧

$$e^{j\omega t} = \cos\omega t + j\sin\omega t \tag{13.1}$$

(欧拉公式),我们首先相对轻松地求出电路对一个虚拟的 $e^{j\omega t}$ 形式的驱动的响应。得到的响应将包含实部和虚部。对于实际的线性系统,根据叠加法,响应的实部应归因于输入的实部(即 $\cos\omega t$),响应的虚部应归因于输入的虚部(即 $j\sin\omega t$)。因此,取 $e^{j\omega t}$ 响应的实部,就得到了对一个形如 $\cos(\omega t)$ 的实际正弦输入的响应。类似地,取 $e^{j\omega t}$ 响应的虚部,我们就得到了对一个形如 $\sin(\omega t)$ 的输入的响应。

为了讨论正弦稳态的求解方法方法,我们举一个这种类型问题的例子。该例子它可以轻松地用上述方法来求解。假设构造一个线性的小信号放大器,如图 13.2 所示,它由第 8 章讨论过的两个单级 MOSFET 放大器连接而成。选择直流电压 V_1 使第一级获得适当的偏置,第一级的输出电压 V_O 的直流值又为第二级提供了偏置。此外,图 13.2 中还表示了在第二级的输入节点上存在电容 C_{GS}(例如,表示第二级 MOSFET 的栅极电容)。

假设现在希望求的是第一级的输出电压 v_o,它是对加到放大器输入端的一个小正弦信号 v_i 的响应。我们特别感兴趣的是电容 C_{GS} 的存在怎样改变了第一级放大器的放大作用。此外,假设我们并不关心初始时的暂态过程,更感兴趣的是当所有暂态过程都结束时电路的稳态性质。在输入端加上一个实验用正弦信号,测量响应 v_o,当输入频率值从低到高扫描时响应会呈现出截然不同的性质。我们将会观察到,对于低频信号,第一级的增益与我们先前在第 8 章中没有 C_{GS} 存在时的计算结果没有区别。然而,我们也将观察到由于电容的存在使得放大器的增益在高频时迅速下降。

---

① 有趣的是,取 $s = j\omega$ 可求出电路的正弦稳态响应。尽管这本书中没有包含,但是利用拉普拉斯变换,即取 $s = \sigma + j\omega$ 就可得到全响应。

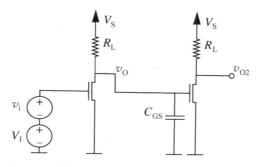

图 13.2 含有 MOSFET 栅极电容的两级 MOSFET 放大器

前几章学过的解析分析法提示我们对含有电阻 R_L 和电容 C_{GS} 的电路写微分方程，并求对所加正弦信号的强制响应。如 10.6.7 节的例子中示范的那样。这种分析方法是非常麻烦的。与之相比，我们在这一章中将要学习的方法会使这个问题变得轻而易举。特别地，13.3.4 节中将详细分析图 13.2 所示电路，解释观察到的电路性质。

13.2 复指数驱动时的分析法

为了介绍这种新的方法，我们分析图 13.3 所示简单的一阶线性 RC 电路，并且假设我们要求的是电容电压 v_c 对一个在 $t=0$ 时突然加上的余弦波的响应，通常称为一个**猝发音**。电路的微分方程是

$$v_i = v_c + RC\frac{\mathrm{d}v_c}{\mathrm{d}t} \tag{13.2}$$

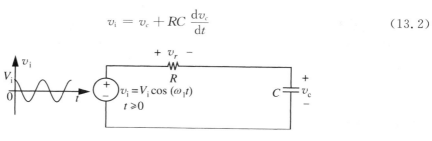

图 13.3 输入猝发音的 RC 电路，输入波形的幅值是 V_i，其中 V_i 是实数

我们试图通过求它的齐次解和特解之和来求解这个微分方程。回顾一下，当处理电路响应时，齐次解也叫做自然响应，特解也叫做强制响应。再回顾一下强制响应取决于电路的外部输入。我们用 v_{ch} 表示电路的齐次解，用 v_{cf} 表示特解或强制解。那么全解就是

$$v_c = v_{ch} + v_{cf}$$

13.2.1 齐次解

根据式(13.2)，齐次解可以通过求解方程

$$RC\frac{\mathrm{d}v_{ch}}{\mathrm{d}t} + v_{ch} = 0 \tag{13.3}$$

得到。我们在第 10 章中已经看到，这个方程的齐次解为

$$v_{ch} = K_1 e^{-t/RC} \tag{13.4}$$

其中，K_1 是一个常数，可以根据初始条件确定。

13.2.2 特解

求特解或强制解的最直接的方法就是求微分方程的任意解。

$$v_i = v_{cf} + RC\frac{\mathrm{d}v_{cf}}{\mathrm{d}t} \tag{13.5}$$

因为输入 v_i 给定为

$$v_i = V_i\cos\omega_1 t$$

其中 V_i 是实数，等价于求出方程

$$V_i\cos\omega_1 t = v_{cf} + RC\frac{\mathrm{d}v_{cf}}{\mathrm{d}t} \tag{13.6}$$

的任意解。显然，强制响应 v_{cf} 必须是正弦项和余弦项的组合，因此我们假设

$$v_{cf} = K_2\sin\omega t + K_3\cos\omega t \tag{13.7}$$

或等价于

$$v_{cf} = K_4\cos(\omega t + \varphi) \tag{13.8}$$

这种方法没错，但会纠缠到三角恒定变换中。因此，我们舍弃这条路径。

取而代之，让我们向一个稍有不同的方向拓展。欧拉关系式

$$\mathrm{e}^{\mathrm{j}\omega t} = \cos\omega t + \mathrm{j}\sin\omega t \tag{13.9}$$

表明，$\mathrm{e}^{\mathrm{j}\omega t}$ 含有我们想要的余弦项，还有不想要的正弦项。因此，通过一种逆叠加的观点，我们将实际的电源 v_i 替换为这种形式的电源

$$\tilde{v}_i = V_i\mathrm{e}^{s_1 t} \tag{13.10}$$

稍后再恢复整理出余弦和正弦部分。在这个式子中，我们将 $\mathrm{j}\omega$ 简记为 s_1，并且在 v_i 上方加上一个"~"，表明这不是一个真正的驱动电压。为了一致性，我们将对所有与这个虚拟驱动电压相关的变量都使用同样的标记。现在求 $\tilde{v}_i$ 的强制解的微分方程变为

$$\tilde{v}_i = V_i\mathrm{e}^{s_1 t} = \tilde{v}_{cp} + RC\frac{\mathrm{d}\tilde{v}_{cp}}{\mathrm{d}t} \tag{13.11}$$

显然，对强制解的一个合理假设是

$$\tilde{v}_{cp} = V_c\mathrm{e}^{st} \tag{13.12}$$

我们要求出 V_c 和 s。将假设的强制解代入式(13.11)，得到

$$V_i\mathrm{e}^{s_1 t} = V_c\mathrm{e}^{st} + RCsV_c\mathrm{e}^{st} \tag{13.13}$$

首先注意到 s 必须等于 s_1，否则式(13.13)不能在任意时间均成立。现在，由于 t 为有限值时，e^{st} 永远不可能为，因此可以消掉 $\mathrm{e}^{s_1 t}$ 项，得到一个与电压的复幅值相关的代数方程

$$V_i = V_c + V_cRCs_1 \tag{13.14}$$

而不是与电压的时间函数相关的微分方程。解之得到，当 $s_1 \neq -1/RC$ 时

$$V_c = \frac{V_i}{1 + RCs_1} \tag{13.15}$$

在这种情况下，约束显然满足，因为 $s_1 = \mathrm{j}\omega_1$，其中 ω_1 是一个实数。式(13.15)变为

$$V_c = \frac{V_i}{1 + \mathrm{j}\omega_1 RC} \tag{13.16}$$

或根据式(13.12)，虚拟输入 $\tilde{v}_i$ 的特解为

$$\tilde{v}_{cp} = \frac{V_i}{1 + j\omega_1 RC} e^{j\omega_1 t} \tag{13.17}$$

至此读者将要抗议了，没有哪个实验室测得的波形会含有"j"。之所以产生这个问题是因为我们使用的是一个复驱动而不是一个实驱动。也就是说，我们解的是图 13.4(a)所示的电路，而不是图 13.3。复指数驱动 $\tilde{v}_i$ 利用欧拉关系式可以表示为两个电源的和，如图 13.4(a) 所示。如果电路是线性的，这个双电源电路可以用叠加法求解，如图 13.4(b) 和 图 13.4(c)。明确地说，电压 $\tilde{v}_i$ 可以通过求解图(b)得到 $V_i \cos\omega t$ 的响应与求解图(c)得到 $V_i \sin\omega t$ 的响应的 j 倍的和得到

$$\tilde{v}_{cp} = v_{cp1} + j v_{cp2} \tag{13.18}$$

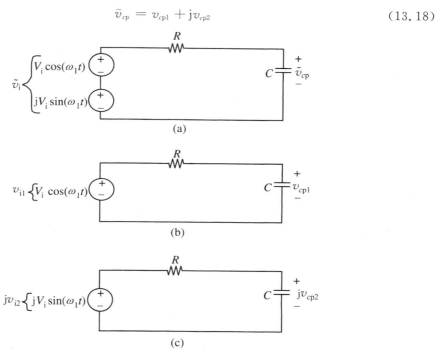

图 13.4　指数 e^{st} 驱动下的 RC 电路

（a）指数函数驱动的电路；（b）只有余弦驱动的子电路；（c）只有正弦驱动的子电路

从图 13.3 可以看出，我们已经在式(13.18)中计算出了响应 $\tilde{v}_{cp}$，而真正想要的是 v_{cp1}。注意 v_{cp1} 不是别的，正是我们最初要求的 v_{cp}，即式(13.6)的解。因此想对图 13.4(a)中的两个电源进行"逆叠加"。因为有 j 标志，所以容易处理：v_{cp1} 就是 $\tilde{v}_{cp}$ 的实部。

那么下面的任务就是寻找一种简单的方法来计算复数表达式的实部。那些对复数运算，尤其是直角形式与极坐标形式转换比较模糊的读者此时应该复习一下有关复数的附录，或适当的数学课本。在这个特定的问题中，我们必须求出表达式 $\tilde{v}_{cp}$，即式(13.17)的实部。困难在于表达式含有两个因子，一个是笛卡儿坐标形式或直角坐标形式，另一个是极坐标形式。然而，如果两个因子都是极坐标形式的话，计算会比较简单。因此我们将式(13.7)重写成极坐标形式为

$$\tilde{v}_{cp} = \frac{V_i}{\sqrt{1 + (\omega RC)^2}} e^{j\varphi} e^{j\omega_1 t} \tag{13.19}$$

其中

$$\varphi = \tan^{-1}\left(\frac{-\omega RC}{1}\right) \tag{13.20}$$

现在,为求出 $\tilde{v}_{cp}$ 的实部,我们利用欧拉关系式将式(13.19)重写为

$$\tilde{v}_{cp} = \frac{V_i}{\sqrt{1+(\omega RC)^2}}\cos(\omega_1 t + \varphi) + j\,\frac{V_i}{\sqrt{1+(\omega RC)^2}}\sin(\omega_1 t + \varphi)$$

通过观察,可知 $\tilde{v}_{cp}$ 的实部为

$$v_{cp1} = \frac{V_i}{\sqrt{1+(\omega RC)^2}}\cos(\omega_1 t + \varphi) \tag{13.21}$$

这就是式(13.6)的特解。

13.2.3　全解

电容电压对余弦猝发音的响应的完整表达式是特解(v_{cp1})与前面在式(13.4)中求出的齐次解(v_{ch})之和

$$v_c = K_1 e^{-t/RC} + \frac{V_i}{\sqrt{1+(\omega RC)^2}}\cos(\omega_1 t + \varphi) \tag{13.22}$$

求未知常数 K_1 的一般方法是通过令 t 等于 0,利用初始条件求出。然而,就像我们很快就会看到的那样,通常我们并不关心第一项。

13.2.4　正弦稳态响应

在正弦驱动下,我们几乎总是对电容电压的稳态值感兴趣,这可以通过假定式(13.22)中的 t 非常大而很容易地得到。当 t 很大时,式(13.22)简化为

$$v_c = \frac{V_i}{\sqrt{1+(\omega RC)^2}}\cos(\omega_1 t + \varphi) \tag{13.23}$$

它很简单,就是余弦输入的特解(与式(13.21)相比较)。对于余弦输入,它的稳态响应一般称为**余弦响应**。相应的全响应术语称为**余弦激励作用下的全响应**,包括齐次解和特解。在式(13.23)中,因子 $V_i/\sqrt{1+(\omega RC)^2}$ 给出了响应的振幅(或大小),φ 是初相角。初相角是输出和输入余弦的角度差。注意,响应的幅值和初相角(见式(13.20))都是与频率有关的。

式(13.22)实际上是非常一般化的,它给出了对任意幅值、任意频率余弦激励下电容电压的动态变化过程。例如,很显然在低频时(即 ω_1 较小时),暂态过程结束以后

$$v_c \approx V_i \cos(\omega_1 t) \tag{13.24}$$

因此,当暂态过程结束以后,输出看起来几乎和输入一样。我们推断当 ω_1 很小时,电容看起来就像开路。更进一步地,当 ω_1 很大即高频时,暂态过程消失以后

$$v_c \approx \frac{V_i}{\omega_1 RC}\cos\left(\omega_1 t - \frac{\pi}{2}\right) \tag{13.25}$$

因此输出将是一个正弦,与输入相位相差 $\pi/2$,而且幅值非常小。那么在高频时电容电压的幅值就变得非常小,因此我们就可以说电容看起来就像短路。

从这个特殊的例子中可以得出四个一般性的结论:

(1) 利用驱动 e^{st} 将微分方程简化成了代数方程,因而也简化了求解。求解过程用复代数取代了三角等式,这是一个明智的变换。

（2）从式（13.17）到式（13.22）的推导，尽管从完整性来讲是必需的，但没有增加任何有关电路性质的新见解。例如，根据式（13.17）（甚至根据式（13.16）的复幅值 V_c），可以同样的求出 v_c 在稳态时的波形信息，或者它在低频或高频时的值，与从式（13.21）求解同样容易，并没有涉及"实部"计算[①]。

例如，v_c 的稳态值（或特解，或强制响应）可以根据 V_c 的值确定，为

$$v_c = \mathrm{Re}\left[V_c \mathrm{e}^{\mathrm{j}\omega_1 t}\right] \tag{13.26}$$

或等价于

$$v_c = |V_c| \cos(\omega t + \angle V_c) \tag{13.27}$$

图 13.5 画出了输入余弦和输出响应的示意图，并且标出了不同的幅值和相位。注意，复幅值 V_c 用一种易于理解的方式同时携带了响应的幅值和相位的信息（分别为 $|V_c|$ 和 $\angle V_c$）。因此，至式（13.16）我们的分析就可以结束了。

（3）V_c 表达式（式（13.15））的分母与求齐次解时的特征多项式具有相同的形式（见第 10 章，例如式（10.9）），因此齐次解中 s 的值可以从这个分母求得，而不必对齐次方程做任何正式的求解。这是个一般性的结论，可通过检查两种推导过程来验证。

（4）V_c 的表达式（式（13.15））看起来与分压器的表达式非常相似，特别是如果我们除以 Cs_1 以后得到

$$V_c = \frac{1/Cs_1}{R + 1/Cs_1} V_i \tag{13.28}$$

这暗示了一种非常简单的从电路直接求复幅值 V_c 的方法：重画电路，电阻用 R 盒子代替，电容用 $1/Cs_1$ 盒子代替，余弦电源用其幅值代替，本例中为 V_i，如图 13.6 所示。现在 V_c 一步就可以求出。但是这些盒子是什么呢？V_c 又是什么呢？

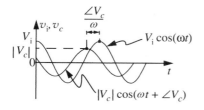

图 13.5 与输入正弦 v_i 相比，响应 v_c 的幅值和相位

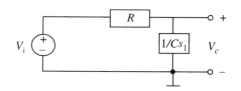

图 13.6 式 13.15 的电路解释

13.3 盒子：阻抗

为了更好地认识图 13.6 中的盒子的含义，让我们研究一些简单的情况，如图 13.7 所示。在图 13.7(a)中，电压源 $V_i \cos(\omega_1 t)$ 连接到电容两端，因此

$$i = C \frac{\mathrm{d}v}{\mathrm{d}t} \tag{13.29}$$

基于 13.1 节的研究，假设电压和电流的形式为

---

① 回顾式（13.16），V_c 是虚拟输入 $\tilde{v}_i = V_i \mathrm{e}^{\mathrm{j}\omega_1 t}$ 的强制响应的复幅值。

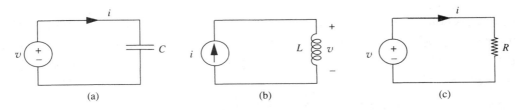

图 **13.7** 阻抗计算

$$v = Ve^{st} \tag{13.30}$$

$$i = Ie^{st} \tag{13.31}$$

其中,和以前一样,我们用 s 作为 $j\omega$ 的速记符号。

将这些关系式代入式(13.29),并除以 e^{st}(s 和 t 有限时永远不会为 0),我们发现

$$I = CsV \tag{13.32}$$

或

$$V = \frac{1}{Cs}I \tag{13.33}$$

对电感和电阻进行类似的计算得到

$$V = LsI \tag{13.34}$$

$$V = IR \tag{13.35}$$

这些等式表明对于线性的 R、L 或 C,每个元件的电压的复幅值与它的电流的复幅值之间都是非常简单的代数关系,这就是广义的欧姆定律。式(13.33)、式(13.34)和式(13.35)中 V 和 I 关联的常数称为**阻抗**,这些等式就是用阻抗形式表示的 C、L 和 R 的构成关系。图 13.8 总结了这些元件以及电压源和电流源的构成关系。

正如我们用 R 来表示电阻值一样,我们一般用字母 Z 来表示阻抗。

因此,电感、电容和电阻的阻抗分别为

$$Z_L = sL = j\omega L \tag{13.36}$$

$$Z_C = \frac{1}{sC} = \frac{1}{j\omega C} \tag{13.37}$$

和

$$Z_R = R \tag{13.38}$$

此外,正如电导是电阻的倒数那样,我们定义导纳是阻抗的倒数。

一般来说,阻抗是一个复数。它们也取决于频率。图 13.9 画出了作为频率函数的电感、电容和电阻的阻抗的幅值。图中的曲线再次强调了第 10 章中讨论的、并在 10.8 节中总结的下述直觉:

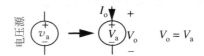
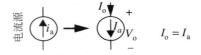
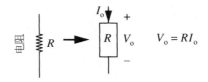
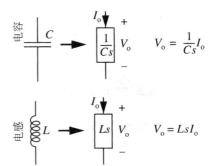

图 **13.8** 电压源、电流源、电阻、电感和电容的阻抗形式的构成关系

注意 V_o 和 I_o 是端口变量,而 V_a 和 I_a 是元件参数,也要注意 $s = j\omega$

电感对直流（或频率非常低时）行为就像短路，而频率非常高时就像开路；电容对直流（或频率非常低时）行为就像开路，而频率非常高时就像短路。

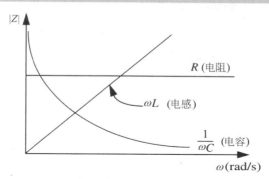

图 13.9　电感、电容和电阻的阻抗的频率依赖性

现在，归纳一下这些结果，如果将（正弦）电源用其复幅值替代，电阻用 R 替代，电容用 $1/Cs$ 替代，电感用 Ls 替代，则可求出任意线性 RLC 网络的电压和电流复幅值之间的关系。结果得到的图就称为电路的**阻抗模型**。电路中的复电压和复电流可以用标准的线性电路的分析方法得到，如节点方程、戴维南定理等。

阻抗遵循和电阻一样的组合规则，如串联阻抗相加，尽管这里的相加指的是复数运算。

因此，基于串联和并联简化电路的直觉方法仍然适用。

我们注意到阻抗表示法并未改变电路的拓扑，元件只是简单地用它们相应的画成盒子状的阻抗替代了。原因是对一个给定的电路来说，KVL 和 KCL 与驱动的形式无关。换言之，不管电压和电流是正弦、直流或其他任何形式，KVL 和 KCL 都是适用的。阻抗形式简单地假设了正弦驱动和响应，并且在驱动为正弦时，用一种很方便的形式描述了每个元件的性质。因此，由于对正弦驱动来说 KVL 和 KCL 方程不变，电路的拓扑也就保持不变。

如果需要，可以通过将相应的复变量乘以 $e^{j\omega t}$ 并取其实部，这样就可得到实际的电压和电流的表达式，如第 10 章中的特解或强制解。

例如，为了从相应的复变量 $V_x(j\omega)$ 得到实际的电压 $v_x(t)$，我们利用

$$v_x(t) = \mathrm{Re}\big[V_x(j\omega)e^{j\omega t}\big] \tag{13.39}$$

或等价的

$$v_x(t) = |V_x|\cos(\omega t + \angle V_x) \tag{13.40}$$

来计算。然而，我们再次强调这一步一般是不必要的，因为复幅值的表达式包含了有关电路性质的全部关键信息。

在此有必要明确地为电压和电流引入一个符号，从而将复幅值与时间函数清楚地区分开来。在这个问题上我们遵守国际标准：

- 直流或工作点变量：有大写下标的大写字符（如 V_A）
- 总瞬时变量：有大写下标的小写字符（如 v_A）
- 瞬时增量：有小写下标的小写字符（如 v_a）
- 复幅值或复幅值的增量：有小写下标的大写字符（如 V_a）

概括来说,阻抗法使得我们可以轻松地确定任何线性 RLC 网络的正弦输入稳态响应。该方法利用电压和电流的复幅值作为变量,一般步骤如下:

(1) 首先,将(正弦)电源用其复幅值(或实部)代替。例如,输入电压 $v_A = V_a\cos\omega t$ 用它的幅值 V_a 代替。

(2) 将电路元件用其阻抗代替,即电阻用 R 代替,电感用 Ls 代替,电容用 $1/Cs$ 代替。这里 $s = j\omega$。结果得到的图形就称为网络的阻抗模型。

(3) 现在,用任意标准线性电路的分析方法——节点法、戴维南方法、基于串联和并联简化的直觉方法等,确定电路中电压和电流的复幅值。

(4) 尽管这一步一般是不必要的,然后我们就可以从复幅值得到时间变量。例如,节点电压 V_o 相应的时间变量为

$$v_O(t) = |V_o|\cos(\omega t + \angle V_o) \tag{13.41}$$

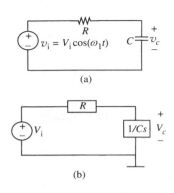

图 13.10 RC 电路正弦输入的阻抗模型

(a) 电路;(b) 阻抗模型

例 13.1 重新讨论 RC 的例子 为了体现刚刚介绍的阻抗方法的威力,我们重新讨论图 13.3 所示的 RC 电路(为了方便起见,这里重画于图 13.10(a)),并且用阻抗方法分析它。和前面一样,假设希望求出电容电压 v_C 对形如 $v_i = V_i\cos\omega_1 t$ 的输入的稳态响应(译者注:此处的 V_i 为实数,表余弦幅值。)

图 13.10(b)给出了相应的阻抗模型。在此模型中,根据阻抗法的第一步,注意我们已经将输入电压 v_i 用其实幅值 V_i 替代,电容电压 v_C 用其复幅值 V_c 替代。进一步根据阻抗法的第二步,我们将电阻用 R,电容用 $1/Cs$ 替代。和前面一样,s 是 $j\omega$ 的一种简写。

在图 13.10(b)的阻抗模型中应用推广的分压关系式,我们得到 V_c 的表达式为

$$V_c = \frac{Z_C}{Z_R + Z_C}V_i \tag{13.42}$$

其中 Z_R、Z_C 分别是电阻和电容的阻抗。代入实际的阻抗值,我们得

$$V_c = \frac{1/Cs}{R + 1/Cs}V_i = \frac{1}{RCs + 1}V_i \tag{13.43}$$

因为 s 是 $j\omega$ 的简写,对于特定的频率 ω_1 有

$$V_c = \frac{1}{1 + j\omega_1 RC}V_i \tag{13.44}$$

得到了 V_c 的表达式,即所期望的电压的复幅值,我们就完成了阻抗法的第三步。令人惊讶的是,我们通过几步很容易的步骤就得到了和式(13.16)一样的结果。

尽管并不总是必要的,我们继续进行阻抗法的第四步,求出实际电压 v_C 的时间函数。为此,我们可以将 V_c 的幅值和相位以及输出的频率代入式(13.41),得

$$v_C(t) = |V_c|\cos(\omega_1 t + \angle V_c)$$
$$= \frac{V_i}{\sqrt{1 + (\omega_1 RC)^2}}\cos(\omega_1 t + \tan^{-1}(-\omega_1 RC))$$

毫不奇怪,$v_C(t)$ 的这个表达式和式(13.23)一样,但求解过程明显容易多了。

最后注意一点,这是对余弦驱动的强制响应。如果激励是一个猝发音,那么必须加上齐次解才能得到全解。

13.3.1 例子:串联 RL 电路

接下来,为了进一步阐述阻抗的概念,让我们求图 13.11 所示 RL 电路中电阻两端的电

压。假设 $v_i = V_i \cos \omega_1 t$，图 13.11(b)给出了相应的阻抗模型。

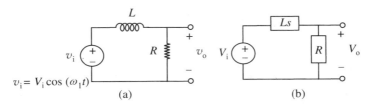

图 13.11 RL 电路的阻抗模型

(a) 电路；(b) 阻抗模型

图 13.11(b)的阻抗模型中，对 V_o 应用一般形式的分压关系为

$$V_o = \frac{Z_R}{Z_R + Z_L} V_i \tag{13.45}$$

其中，Z_R 和 Z_L 分别是电阻和电感的阻抗。代入实际阻抗值，我们得到

$$V_o = \frac{R}{R + Ls} V_i \tag{13.46}$$

回顾式(13.10)，我们曾经用 s 作为 $j\omega$ 的速记，因此，在任何频率 ω_1 下

$$V_o = \frac{R}{R + j\omega_1 L} V_i \tag{13.47}$$

式(13.47)右边的分母是在频率 ω_1 时从电压源看过去的阻抗。换句话说

$$Z(j\omega_1) = R + j\omega_1 L$$

为了求出作为时间函数的实际输出电压 v_o，将式(13.47)转换为极坐标形式，并代入式(13.39)

$$V_o = \frac{R}{\sqrt{R^2 + \omega_1^2 L^2}} e^{-j\varphi} V_i \tag{13.48}$$

其中

$$\varphi = \tan^{-1}(-\omega_1 L / R) \tag{13.49}$$

根据式(13.39)，时间函数为

$$v_O(t) = \frac{R}{\sqrt{R^2 + \omega_1^2 L^2}} V_i \cos(\omega_1 t + \varphi) \tag{13.50}$$

这就是余弦驱动下的强制响应。如果激励是一个猝发音，那么必须加上齐次解才能得到全解。比较式(13.50)和式(13.48)，我们得出结论：式(13.48)中的复幅值是一个复数，它包含了余弦输出波形 $v_O(t)$ 在任意频率下的幅值和相位信息。

无论驱动频率 ω_1 是高还是低，求出 $v_O(t)$ 都是很容易的。在低频(ω_1 很小)时，根据式(13.50)和式(13.49)可注意到 $\varphi = 0$，并且

$$V_O = V_i \tag{13.51}$$

因此当暂态过程消失以后，$v_O(t) \approx v_i(t)$。也就是说，电阻电压看起来就像驱动电压。电感在低频时看起来肯定就像短路，因为在 ω 很小时它的阻抗趋于 0。

在高频时，明确地说，当 ω_1 满足 $(\omega_1 L)^2 \gg R^2$ 时

$$|V_O| \approx \frac{R}{\omega_1 L} |V_i| \tag{13.52}$$

并且 φ 趋于 $90°$。因此在这个频率范围内，$v_O(t)$ 的幅值随着频率的增加变得越来越小，并且落后 v_i 将近 $90°$。

在此，我们也看一下图 13.11 中每个元件（Z_L 和 Z_R）的阻抗，并且从分压关系推导出对于电路性质的定性结论。例如，当 ω_1 很小时，电感的阻抗很小，因此 $V_O = V_i$。类似地，高频时电感的阻抗变得远远大于电阻得阻抗，因此 V_O 变得非常小。

例 13.2 带数值的 RL 例子 让我们重新计算图 13.11 的例子，并且这一次要利用数值求出 v_O 的幅值。假设

$$L = 1\text{mH}$$
$$R = 1\text{k}\Omega$$
$$v_i = V_i \cos(2\pi ft)，其中 V_i = 10\text{V}$$

我们将考虑频率 f 的三个取值：100kHz，1MHz 和 10MHz。

利用阻抗和分压关系式

$$V_O = \frac{Z_R}{Z_R + Z_L} V_i \tag{13.53}$$

$$= \frac{1000}{1000 + 0.001s} V_i \tag{13.54}$$

$$= \frac{1000}{1000 + 0.001s} 10 \tag{13.55}$$

$$= \frac{10}{1 + 0.000001s} \tag{13.56}$$

其中 $s = j2\pi f$。

我们也可将式（13.54）写成传递函数 $H(s)$ 的形式，将复输出电压与复输入电压相关联

$$H(s) = \frac{V_O}{V_i} = \frac{1000}{1000 + 0.001s} \tag{13.57}$$

因为

$$v_O = |V_O| \cos(2\pi f + \angle V_O)$$

利用式（13.56），我们得到

$$v_O 的幅值 = |V_O|$$

$$= \left| \frac{10}{1 + j0.000001 \times 2\pi f} \right|$$

$$= \frac{10}{\sqrt{1 + 3.9 \times 10^{-11} f^2}}$$

现在让我们代入 f 的三个值，得出在那些频率下响应的幅值。
$f = 100\text{kHz}$

$$v_O 的幅值 = \frac{10}{\sqrt{1 + 3.9 \times 10^{-11} (100000)^2}}$$
$$= 8.5\text{V}$$

$f = 1\text{MHz}$

$$v_O 的幅值 = \frac{10}{\sqrt{1 + 3.9 \times 10^{-11} (1000000)^2}}$$
$$= 1.6\text{V}$$

$f = 10\text{MHz}$

$$v_O 的幅值 = \frac{10}{\sqrt{1 + 3.9 \times 10^{-11} (10000000)^2}}$$
$$= 0.16\text{V}$$

数值清楚地表明当频率增加时，电感的阻抗也增加。在相对低的频率 100kHz 时，电感的低阻抗导致

响应的幅值近似于输入信号的幅值(8.5V 对 10V)。相反,在相对高的频率 10MHz 时,响应的幅值远远小于输入的幅值(0.16V 对 10V)。

到目前为止,在这个例子中,我们计算了在三个特定频率下 v_0 的幅值。一般来说,我们也可以用图表示出任何感兴趣的参数对频率的函数。通常我们作图表示传递函数 V_o/V_i 的幅值和相位以角频率 ω 为变量的函数(式(13.57))。尽管表面看起来这么做有点困难,我们在 13.4 节中将学习一种简便的方法。图 13.12 表示的是由计算机产生的 V_o/V_i 的幅值和相位对角频率的图形。同样的幅值图在图 13.13 中用对数坐标表示就更加富有启发作用。相应的相位图也用对数坐标画出来了。注意图 13.13 中幅值和相位与角频率相关的有趣行为。对数图形揭露出高频信号被严重削弱,而低频信号无衰减地通过了。在 13.4 节中,我们将从变化的频率角度对响应做更多的描述。

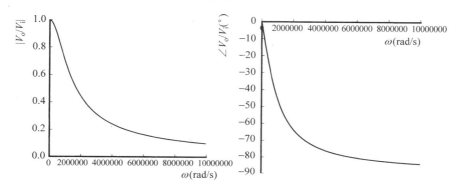

图 13.12　V_o/V_i 对角频率 ω 的幅值和相位

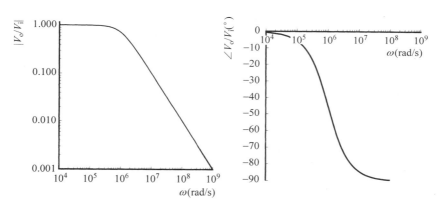

图 13.13　在对数坐标系中 V_o/V_i 对角频率 ω 的幅值和相位

13.3.2　例子：另一个 *RC* 电路

现在让我们研究另一个带数值的例子。图 13.14(a)是一个由正弦电压 $v_i = 10\cos(1000t)$ V 驱动的 *RC* 电路。求当频率 $\omega = 100$ rad/s 时从电压源看过去的阻抗为 Z,并求出电阻上的电压 V_r。

图 13.14(b)给出了电路的阻抗模型。因为电容和电阻是串联的,从电源看过去的阻抗 Z 应是电容和电阻的阻抗的和,即

$$Z = 500 \times 10^3 \Omega + \frac{1}{1 \times 10^{-9} s} \Omega$$

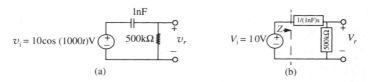

图 13.14 RC 电路的阻抗模型

(a) 电路；(b) 阻抗模型

其中，我们用 s 作为 $j\omega$ 的速记符号。因为 $\omega = 1000\text{rad/s}$，我们得到

$$Z = 500 \times 10^3 \Omega + \frac{1}{1 \times 10^{-9}\text{j}1000}\Omega$$

或

$$Z = (0.5 - \text{j})\text{M}\Omega$$

接下来，我们求 V_r。在阻抗模型中对 V_r 应用分压关系式，得

$$V_r = \frac{500 \times 10^3}{500 \times 10^3 + \dfrac{1}{1 \times 10^{-9}s}}V_i \tag{13.58}$$

代入 $s = \text{j}1000$ 和 $V_i = 10$，我们得到

$$V_r = \frac{500 \times 10^3}{500 \times 10^3 + \dfrac{1}{1 \times 10^{-9}\text{j}1000}}10\text{V} \tag{13.59}$$

化简为

$$V_r = \frac{0.5}{0.5 - \text{j}}10\text{V}$$

或

$$V_r = \frac{5}{0.5 - \text{j}}\text{V}$$

到此阻抗分析就可以结束了，因为 V_r 的表达式包含了时间函数 v_r 的幅值和相位的所有信息。然而，让我们再做额外的一步，写出 v_r

$$v_r = \text{Re}\left[\frac{5}{0.5 - \text{j}}e^{\text{j}1000t}\right]$$

化简，并将上面的表达式写成极坐标形式

$$v_r = \text{Re}\left[4.47e^{\text{j}1.1}e^{\text{j}1000t}\right]$$

取实部得到

$$v_r = 4.47\cos(1000t + 1.1)\text{V}$$

注意，根据式(13.59)，如果输入的频率从 1000rad/s 增加到 10^6rad/s，$V_r \approx 10\text{V}$。这就是说在高频的时候，电容产生的阻抗与电阻的阻抗相比非常小，整个的输入电压全部落在电阻两端。

另一方面，如果输入频率从 1000rad/s 减小到 1rad/s，$V_r \approx 0\text{V}$。这就是说在低频的时候，电容产生的阻抗与电阻的阻抗相比非常大，几乎所有的输入电压都落在电容两端，从而 $V_r \approx 0\text{V}$。

13.3.3 例子：有两个电容的 RC 电路

考虑图 13.15(a)所示的含有电阻和电容的二阶电路。电路的阻抗模型如图 13.15(b)

所示。

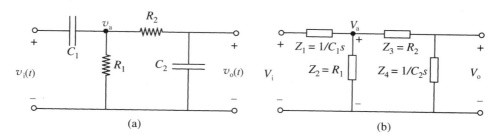

图 13.15　一个二阶电路的例子

（a）电路；（b）阻抗模型

假设我们感兴趣的是在输入 $v_i(t) = V_i\cos\omega t$ 时推导出 $v_o(t)$。观察到

$$v_i(t) = \mathrm{Re}[V_i\mathrm{e}^{j\omega t}]$$

常用的方法是求出由输入 $V_i\mathrm{e}^{j\omega t}$ 产生的输出响应 $V_o\mathrm{e}^{j\omega t}$，然后再利用下式确定实际的输出电压 $v_O(t)$

$$v_O(t) = \mathrm{Re}[V_o\mathrm{e}^{j\omega t}]$$

为方便起见，我们将和过去一样，用 s 代替 $j\omega$。

我们首先用阻抗法求出输出电压的复幅值 V_o，它是输入电压幅值 V_i 的函数。我们将使用 2.4 节中串并联化简的方法来完成这一步。注意，电压 V_a 可以用在 $1/C_1s$ 和 $R_1 \parallel (R_2 + 1/C_2s)$ 之间的分压关系式来得到。然后，电压 V_o 又可以从 R_2 和 $1/C_2s$ 之间的分压关系式得到。据此，我们有

$$V_a = \frac{\left(R_2 + \dfrac{1}{C_2 s}\right) \parallel R_1}{\left(R_2 + \dfrac{1}{C_2 s}\right) \parallel R_1 + \dfrac{1}{C_1 s}} V_i \tag{13.60}$$

$$V_o = \frac{\dfrac{1}{C_2 s}}{R_2 + \dfrac{1}{C_2 s}} V_a \tag{13.61}$$

$$= \frac{\left(R_2 + \dfrac{1}{C_2 s}\right) \parallel R_1}{\left(R_2 + \dfrac{1}{C_2 s}\right) \parallel R_1 + \dfrac{1}{C_1 s}} \frac{\dfrac{1}{C_2 s}}{R_2 + \dfrac{1}{C_2 s}} V_i \tag{13.62}$$

化简得

$$V_o = \frac{R_1 C_1 s}{R_1 R_2 C_1 C_2 s^2 + (R_1 C_1 + R_1 C_2 + R_2 C_2)s + 1} V_i \tag{13.63}$$

据式（13.63）写成复输出电压与复输入电压相关的传递函数 $H(s)$ 的形式为

$$H(s) = \frac{V_o}{V_i} = \frac{R_1 C_1 s}{R_1 R_2 C_1 C_2 s^2 + (R_1 C_1 + R_1 C_2 + R_2 C_2)s + 1} \tag{13.64}$$

我们假设下列参数：$R_1 = 1\mathrm{k}\Omega, R_2 = 1\mathrm{k}\Omega, C_1 = 1\mathrm{mF}, C_2 = 1\mathrm{mF}$。对于这些参数，我们得到

$$V_o = \frac{s}{s^2 + 3s + 1} V_i \tag{13.65}$$

因式分解分母多项式,得

$$V_o = \frac{s}{\left(s - \dfrac{-3-\sqrt{5}}{2}\right)\left(s - \dfrac{-3+\sqrt{5}}{2}\right)} V_i \tag{13.66}$$

观察到分母多项式有两个实根:$(-3-\sqrt{5})/2$ 和 $(-3+\sqrt{5})/2$。

代入 $s = j\omega$,我们得到复幅值 V_o 在给定频率 ω 时是 V_i 的函数

$$V_o = \frac{j\omega}{\left(j\omega - \dfrac{-3-\sqrt{5}}{2}\right)\left(j\omega - \dfrac{-3+\sqrt{5}}{2}\right)} V_i \tag{13.67}$$

一般来说,V_i 和 V_o 都是复幅值[①]。通过将复幅值乘以 $e^{j\omega t}$ 并对结果表达式取实部,我们可以确定实际的随时间变化的电压。因此,式(13.67)给出的复幅值 V_o 包含了实际正弦输出 $v_O(t)$ 的所有幅值和相位的信息。因此,我们在这一步就可以结束。然而,作为一个练习,让我们再前进一步,确定实际输出电压。

实际输出电压 $v_O(t)$ 为

$$v_O(t) = \mathrm{Re}[V_o e^{j\omega t}] = \mathrm{Re}\left[\frac{j\omega}{\left(j\omega - \dfrac{-3-\sqrt{5}}{2}\right)\left(j\omega - \dfrac{-3+\sqrt{5}}{2}\right)} V_i e^{j\omega t}\right]$$

化简得

$$v_O(t) = \mathrm{Re}\left[A_1 A_2 A_3 V_i e^{j(\varphi_1 - \varphi_2 - \varphi_3)} e^{j\omega t}\right] \tag{13.68}$$

其中

$$A_1 = \omega, A_2 = \frac{1}{\sqrt{\omega^2 + \dfrac{7+3\sqrt{5}}{2}}}, A_3 = \frac{1}{\sqrt{\omega^2 + \dfrac{7-3\sqrt{5}}{2}}}$$

并且

$$\varphi_1 = \frac{\pi}{2}, \varphi_2 = \tan^{-1}\frac{2\omega}{3+\sqrt{5}}, \varphi_3 = \tan^{-1}\frac{2\omega}{3-\sqrt{5}}$$

注意式(13.68)中,从括号里去掉 $e^{j\omega t}$ 项后就得到复幅值 V_o 的极坐标表示。换句话说

$$V_o = A_1 A_2 A_3 V_i e^{j(\varphi_1 - \varphi_2 - \varphi_3)} \tag{13.69}$$

式(13.69)中,$A_1 A_2 A_3 V_i$ 是 V_o 的幅值,而 $(\varphi_1 - \varphi_2 - \varphi_3)$ 是它的相位。

现在,为求出 $v_O(t)$,我们化简式(13.68)得到

$$v_O(t) = A_1 A_2 A_3 V_i \cos(\omega t + \varphi_1 - \varphi_2 - \varphi_3) \tag{13.70}$$

上面的 $v_O(t)$ 的表达式就是由给定的激励 $v_i(t) = V_i\cos(\omega t)$ 产生的实际的强制解,也是电路对余弦波激励的稳态响应。为了得到全解,我们必须加上式(13.22)所示的齐次解。

图 13.16 是用计算机画出的 V_o/V_i(式(13.69))的幅值和相位对频率的波形。同样的幅值图用对数坐标画于图 13.17 中更有启发意义。相应的相位图也画于对数坐标中了。注意图 13.17 中幅值和相位与频率相关的有趣的行为。对数图形揭露出无论是低频信号还是高频信号都被严重削弱了。

---

① 在这个例子中,我们知道 V_i 是一个实数,因为我们选择了
$$v_i(t) = \mathrm{Re}[V_i e^{j\omega t}] = V_i\cos\omega t$$

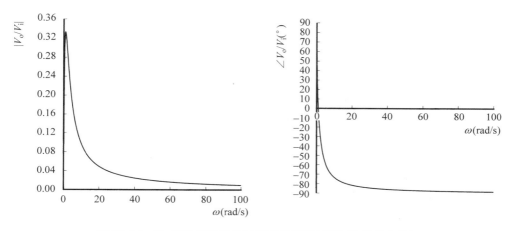

图 13.16 V_o 的幅值和相位对频率的图形（假定 V_i 为单位值）

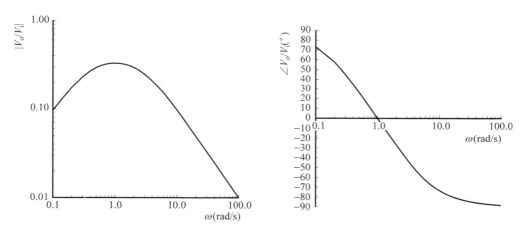

图 13.17 在对数坐标中 V_o 的幅值和相位对频率的图形（假定 V_i 为单位值）

例 13.3 阻抗的节点分析法 再次考虑图 13.15(a)所示电路以及图 13.15(b)中其阻抗模型。当用阻抗取代电阻，复幅值取代电源的时间函数时，节点法同样能很好地适用。让我们用节点法确定作为输入电压幅值 V_i 函数的 V_o。

作为节点法的第一步和第二步，图 13.18 表示了选择的接地点以及在这种选择下标注出的节点电压。

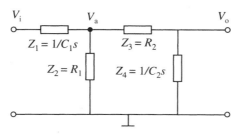

图 13.18 阻抗模型的节点法

作为节点法的第三步，对节点用未知的节点电压写 KCL 方程。对电压为 V_a 的节点，我们有

$$\frac{V_i - V_a}{Z_1} - \frac{V_a}{Z_2} - \frac{V_a - V_o}{Z_3} = 0$$

代入阻抗值

$$\frac{V_i - V_a}{\frac{1}{C_1 s}} - \frac{V_a}{R_1} - \frac{V_a - V_o}{R_2} = 0$$

或化简为

$$V_i - \left(1 + \frac{1}{R_1 C_1 s} + \frac{1}{R_2 C_1 s}\right)V_a + \frac{1}{R_2 C_1 s}V_o = 0 \qquad (13.71)$$

并且,对电压为 V_o 的节点,我们有

$$\frac{V_a - V_o}{R_2} - \frac{V_o}{1/C_2 s} = 0$$

化简得

$$\frac{1}{R_2 C_2 s}V_a - \left(1 + \frac{1}{R_2 C_2 s}\right)V_o = 0 \qquad (13.72)$$

从式(13.71)和式(13.72)中消去 V_a,求解得到用 V_i 表示的 V_o。

$$\frac{V_o}{V_i} = \frac{R_1 C_1 s}{R_1 R_2 C_1 C_2 s^2 + (R_1 C_1 + R_1 C_2 + R_2 C_2)s + 1} \qquad (13.73)$$

毫不奇怪,式(13.73)中 V_o 的解和式(13.64)是一样的。

13.3.4 例子:带容性负载的小信号放大器的分析

考虑图 13.19 所示的两级 MOSFET 放大器。当偏置合适时,电路对小信号的作用就像一个线性放大器。这个例子在 13.1 节(图 13.2)中已经用过,那时是为了促进对基于正弦稳态的分析方法的研究。我们曾经做了一个实验性的观察,发现电容 C_{GS} 的存在使得放大器的增益在高频时迅速衰减。现在我们来解释为什么。

我们分析当放大器第一级的输出以第二级的门电容 C_{GS} 为负载时,第一级对一个加在它输入端的正弦小信号的稳态响应。换句话说,我们的目标是求出存在电容 C_{GS} 并且 $v_i = V_i \cos(\omega t)$ 时 v_O 和 v_i 的关系。

首先为第一级构造一个包含负载电容的小信号电路模型。因为 MOSFET 的输入电阻无穷大,所以我们可以忽略第二级。可以很容易地看出,小信号电路模型可以在图 8.16 中所示电路加上一个负载电容 C_{GS} 得到,如图 13.20 所示。

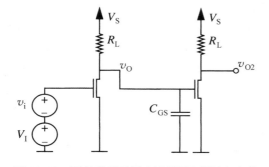

图 13.19 两级的显示了 MOSFET 栅极电容的 MOSFET 放大器

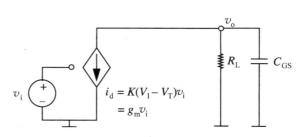

图 13.20 含负载电容的 MOSFET 放大器的小信号电路模型

如果 C_{GS} 不存在,我们得到一般放大器的响应关系

$$v_o = -K(V_I - V_T)R_L v_i = -g_m R_L v_i$$

当 $v_i = V_i \cos(\omega t)$ 并且 $C_{GS} = 0$ 时，输出只不过是输入的放大，为

$$v_o = -g_m R_L V_i \cos \omega t \tag{13.74}$$

为求出存在电容时 v_o 和 v_i 的关系。我们首先画出电路的阻抗模型，如图 13.21(a) 所示，并且在计算放大器响应时用有效负载阻抗 Z_L 代替负载电阻值 R_L。如图 13.21(b) 所示，负载阻抗 Z_L 为

$$Z_L = R_L \parallel \frac{1}{sC_{GS}} = \frac{R_L}{1 + sR_L C_{GS}}$$

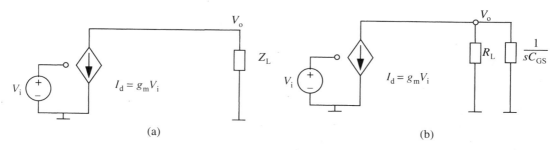

图 13.21　阻抗模型

根据图 13.21(a) 所示电路，我们对输出的复幅值写出下面的表达式

$$V_o = -g_m Z_L V_i = -g_m \frac{R_L}{1 + sR_L C_{GS}} V_i$$

代入 $s = j\omega$，响应变为

$$V_o = -g_m \frac{R_L}{1 + j\omega R_L C_{GS}} V_i \tag{13.75}$$

和往常一样，把复幅值 V_o 乘以 $e^{j\omega t}$ 并取其实部，我们就可以求出输出电压的时域值 v_o。换句话说

$$v_o = \mathrm{Re}[V_o(j\omega) e^{j\omega t}] \tag{13.76}$$

为了简化分析，我们首先将 V_o 转换为极坐标形式。

$$V_o = -g_m \frac{R_L}{\sqrt{1 + (\omega R_L C_{GS})^2}} V_i e^{-j\varphi}$$

其中，$\varphi = \tan^{-1}(\omega R_L C_{GS})$。将极坐标形式的 $V_o(j\omega)$ 代入式(13.76)，我们得到

$$v_o = \mathrm{Re}\left[-g_m \frac{R_L}{\sqrt{1 + (\omega R_L C_{GS})^2}} V_i e^{j(\omega t - \varphi)} \right] \tag{13.77}$$

$$= -g_m \frac{R_L}{\sqrt{1 + (\omega R_L C_{GS})^2}} V_i \cos(\omega t - \varphi) \tag{13.78}$$

其中，$\varphi = \tan^{-1}(\omega R_L C_{GS})$。

让我们分析在频率变化时的响应。式(13.78)表明在低频时($\omega \to 0$) v_o 的表达式与式(13.74)没什么区别。因此对直流或频率很低的正弦的响应与电容不存在时的响应类似。这是不足为奇的，因为在频率很低时，电容就像开路。

然而，注意当输入正弦频率增加时，输出正弦的幅值会下降。事实上，频率非常高时($\omega \gg 1/R_L C_{GS}$)，v_o 的幅值趋于 0。高频时电路性质背后的本质是电容在高频时就像开路。由此产生的零阻抗将放大器的增益减小为 0。

13.4　频率响应：幅值和相位与频率的关系

我们用一个网络的频率响应来表征其行为。

> **传递函数**　也称为系统函数,是网络输出复幅值与输入复幅值的比值。
> **频率响应**　网络传递函数的幅值和相位作为频率的函数的图形。

式(13.57)是一个系统函数的例子,图13.13则是系统函数的幅值和相位对频率的函数的图形,也就是频率响应。

频率响应包含系统的很多信息。它包括幅值图形和相位图形,二者都是频率的函数。网络传递函数的幅值就是输出和输入幅值的比值,表明了作为频率函数的系统增益。相位则是输出和输入正弦的角度差。

网络的频率响应在考虑问题的观点上与前面的章节有非常大的差别。前几章介绍的时域分析的重点是对一个给定的明确表示为时间函数的输入信号,求出作为时间函数的输出信号值。例如,如图10.2所示,RC网络的阶跃响应画出了RC网络对一个阶跃输入的输出电压的时间函数。与之相比,频率响应代表的频域分析,输出行为被表示为输入信号频率的函数。在频域分析中,目标是确定对一个给定频率的正弦信号,输出的幅值和相位的稳态响应。

借助于计算机画出一个网络传递函数的频率响应是非常容易的,如图13.13所示。不过,能够通过观察大致画出频率响应的示意图仍然是有用的。我们已经看到,对频率响应在低频和高频时的性质有所理解是一件比较简单的事情,如13.3.1节中式(13.51)和式(13.52)所讨论的那样。然而,在中间频率时,输出和输入的关系就稍微有点复杂了,特别是对一个含有多个电感或电容的网络。这一节将会显示如何通过观察画出一阶电路的频率响应的一般形状的示意图。第15章会对一类重要的二阶电路做同样的讨论。对于其他的电路我们将借助于计算机分析[①]。

13.4.1节从回顾电阻、电感和电容的频率响应开始。这个简单的过程有助于我们建立一些直觉,然后在13.4.2节中利用它们来推导出一种通过观察画出含有单个储能元件和一个电阻的电路频率响应示意图的更一般的方法。

13.4.1　电容、电感和电阻的频率响应

电阻、电感和电容在传递函数中产生这样的形式:s、$1/s$ 和常数。回忆13.3节中,用电压和电流表示的电阻、电感和电容的元件定律分别是

$$电阻：V_o = RI_o。$$

$$电感：V_o = sLI_o = j\omega LI_o。$$

$$电容：V_o = \frac{1}{sC}I_o = \frac{1}{j\omega C}I_o。$$

我们可以将上面的表达式重写为传递函数 V_o/I_o 的形式,它将电压的复幅值与电流的

---

① 确实存在不使用计算机就可以画出任意电路的频率响应的示意图的方法。13.4.3节中讨论的波特图法就是其中之一。然而,由于计算机的广泛使用,这些方法近来已经不再流行了。

复幅值相关联,是频率的函数

$$电阻：\frac{V_o}{I_o} = H(j\omega) = R$$

$$电感：\frac{V_o}{I_o} = H(j\omega) = j\omega L$$

$$电容：\frac{V_o}{I_o} = H(j\omega) = \frac{1}{j\omega C}$$

这里每一个传递函数就是一个阻抗。上面的传递函数是复数。它们也是取决于频率的。相应的幅值和相位是

$$电阻：\left|\frac{V_o}{I_o}\right| = R \quad 和 \quad \angle \frac{V_o}{I_o} = 0$$

$$电感：\left|\frac{V_o}{I_o}\right| = \omega L \quad 和 \quad \angle \frac{V_o}{I_o} = 90°$$

$$电容：\left|\frac{V_o}{I_o}\right| = \frac{1}{\omega C} \quad 和 \quad \angle \frac{V_o}{I_o} = -90°$$

图 13.22 画出了电阻、电感和电容的频率响应,元件值为

$$R = 1\Omega$$
$$L = 1\mu H$$
$$C = 1\mu F$$

如图 13.22 所示,频率响应就是传递函数的幅值和相位与频率关系的图形。

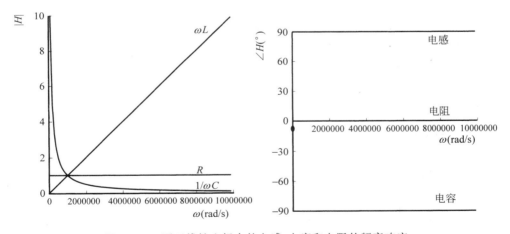

图 13.22 画于线性坐标中的电感、电容和电阻的频率响应

频率响应图一般用对数坐标画出。我们很快将会看到,采用对数坐标使得在图形中由于电容和电感引起的响应幅值看起来就像一条直线。采用对数坐标还使得我们可以在频率范围内观察幅值变化范围涵盖多个数量级的响应,而不必在幅值和相位轴上压缩掉响应的低频性质(接近 0rad/s)。电阻、电感和电容的频率响应画于对数坐标系中[①],其关系式为

---

① 这里和将来在推导出对数关系的过程中,假设方程的左边和右边在取对数之前都除以一个适当单位的常数,因此对对数函数的讨论都是不带单位的。

$$\text{电阻：} \lg \left| \frac{V_\circ}{I_\circ} \right| = \lg R$$

$$\text{电感：} \lg \left| \frac{V_\circ}{I_\circ} \right| = \lg \omega L = \lg \omega + \lg L$$

$$\text{电容：} \lg \left| \frac{V_\circ}{I_\circ} \right| = \lg \frac{1}{\omega C} = -\lg C - \lg \omega$$

图 13.23 给出了相应的图形。我们可以对图形做一些观察。第一组观察涉及到对数图的一般本质。

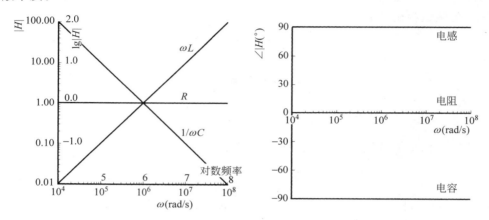

图 13.23　画于对数坐标中的电感、电容和电阻的频率响应

- 如果 x 是使用对数坐标时需要画出的变量，那么沿着坐标轴每个固定长度的增量，x 要乘以一个固定因子。与之相比，在线性坐标中，沿着坐标轴每个固定长度的增量，x 加上一个固定的数量。例如，在线性坐标中，沿频率轴相等长度的增量对应的值可以为 $0, 2 \times 10^6, 4 \times 10^6, 6 \times 10^6, 8 \times 10^6$ 等等。另一方面，在对数坐标中，沿频率轴相等长度的增量对应的值则为 $10^4, 10^5, 10^6, 10^7$ 等等[①]。

- 画对数函数有两种等效的方法

  ① 在线性坐标中画出 $\lg x$

  ② 在对数坐标中画出 x

图 13.23 中，我们用两种方法画出了幅值函数。换句话说，对于横坐标，我们在线性坐标中画出了 $\lg \omega$，而在对数坐标中画出了 ω。对于纵坐标，画 R、ωL 和 $1/\omega C$ 也使用了两种方法。将来我们将选择在对数坐标中画出 x[②]。在相位图中，水平坐标是对数的，而垂直坐标是线性的。

---

① 在历史上，曾用八度音阶来表示频率的 2 倍变化。例如，在频率上 2kHz 是从 1kHz 的一个音阶的增长。类似地，4kHz 是从 1kHz 的二个音阶的增长，8kHz 是从 1kHz 的三个音阶的增长。类似的方式，500Hz 是从 1kHz 的一个音阶的下降。

另一个有用的术语是十倍频。十倍频就是这样一个频率范围，它的最高频率是最低频率的 10 倍。例如，从 1kHz 到 10kHz 的范围就是一个十倍频，从 1kHz 到 100kHz 的范围就是两个十倍频。

② 在文献中，用分贝(dB)画出响应的幅值也是很常见的，定义为

$$\text{响应的比值(用 dB 表示)} = 20\lg |H(j\omega)| \tag{13.79}$$

- 对于函数

$$|H| = \omega$$

如果对数坐标中横轴和纵轴比例一样，则表现为斜率为 +1 的直线，因为随着 ω 增加 10 倍，它也增加 10 倍。

- 相应地

$$|H| = 1/\omega$$

在对数坐标中画出来是一条斜率为 -1 的直线。（注意：$\lg|H| = \lg 1/\omega = -\lg\omega$）

- $|H| = \omega L$ 中 L 的值确定了偏移量。写出

$$\lg|H| = \lg L + \lg\omega$$

因此，当 $\lg L = -\lg\omega$ 或当 $\omega = 1/L$ 时，$\lg|H| = 0$。写成另一种方式：当 $\omega = 1/L$ 时，$|H| = 1$。

第二组观察涉及到三个传递函数的幅值和相位曲线。

- 注意在图 13.23 中电感的幅值曲线在对数–对数坐标中是一条斜率为 +1 的直线。这意味着传递函数的幅值（或电感的阻抗）随着频率的增加而增加。

因为 $L = 1\mu H$，所以电感的幅值曲线以 $\omega = 1/L = 10^6\,\mathrm{rad/s}$ 通过对数坐标的 1。

- 与之相比，电容的幅值曲线在对数–对数坐标中看起来是一条斜率为 -1 的直线。这意味着传递函数的幅值随着频率的增加而减小。

因为 $C = 1\mu F$，所以电容的幅值曲线以 $\omega = 1/C = 10^6\,\mathrm{rad/s}$ 通过对数坐标的 1。

- 电阻的幅值曲线是一条水平线。

- 电感的相位曲线说明电感产生一个固定的 $90°$ 的相移，而电容则产生一个 $-90°$ 的相移，电阻不产生任何相移。

下面我们将会看到，电阻、电容和电感的这些简单的图形为画出含有一个电阻和一个储能元件的电路的频率响应提供了非常必要的基础。

13.4.2　根据直觉画出 RC 和 RL 电路的频率响应示意图

现在我们研究含有单个储能元件和单个电阻的电路的频率响应。这是一类非常重要的一阶电路，看看怎样通过观察画出它们响应的示意图。这类电路在传递函数中产生这样的形式：$1/(s+a), (s+a), s/(s+a), (s+a)/s$，其中 a 是某个常数。我们将用 13.3.1 节中图 13.11 所示的 RL 串联电路作为一个例子来阐述这种方法。

对图 13.11 所示的 RL 串联电路，输入–输出的关系是输入驱动频率 ω 的函数

$$V_{\mathrm{o}} = \frac{R}{R + sL} V_{\mathrm{i}} \tag{13.80}$$

（见式（13.47）），除以 V_{i}，我们得到其传递函数为

$$H(\mathrm{j}\omega) = \frac{V_{\mathrm{o}}}{V_{\mathrm{i}}} = \frac{R}{R + sL} \tag{13.81}$$

由于某些很快就会清楚的原因，我们将它重写成一个更为标准的形式

$$H(\mathrm{j}\omega) = \frac{V_{\mathrm{o}}}{V_{\mathrm{i}}} = \frac{R/L}{R/L + s} \tag{13.82}$$

传递函数的幅值为

$$|H(\mathrm{j}\omega)| = \left| \frac{R/L}{R/L + \mathrm{j}\omega} \right| \tag{13.83}$$

它的相位是

$$\angle H(\mathrm{j}\omega) = \tan^{-1}\frac{\omega L}{R} \tag{13.84}$$

前面的图 13.13 已经给出了在横轴和纵轴都取对数坐标时的频率响应。这里我们在图 13.24 中重复由计算机画出的同样的响应图形。(和前面一样,假设 $L=1\mathrm{mH}$,$R=1\mathrm{k}\Omega$,因此 $R/L=10^6\mathrm{rad/s}$)

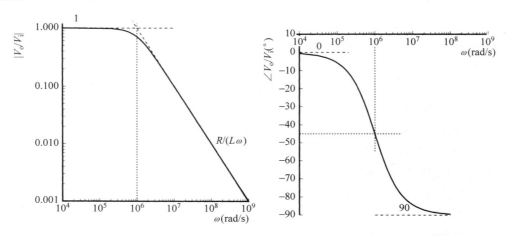

图 13.24 在对数坐标中 $V_\mathrm{o}/V_\mathrm{i}$ 的幅值和相位与频率的关系

通过下面对幅值和相位图的观察,也可以很容易地画出同样的频率响应示意图。我们首先处理幅值图。观察图 13.24 看出,幅值图渐近于两条直线。在低频时($\omega\rightarrow 0$),幅值变为

$$|H(\mathrm{j}\omega)| \approx 1 \tag{13.85}$$

因此,在低频时幅值是单位值,因此呈现为一条水平线。

在高频时($\omega\rightarrow\infty$),ω 项在分母表达式中起主导作用,幅值变为

$$|H(\mathrm{j}\omega)| = \frac{R/L}{\omega} \tag{13.86}$$

根据我们对 13.4.1 节中对数图形的观察,可知式(13.86)中表达式的对数图形在横轴和纵轴比例一致时将会是一条斜率为 -1 的直线,并且当 $\omega=R/L$ 时通过点 $|H|=1$。

显然两条渐近线相交于

$$\omega = \frac{R}{L} = 10^6\mathrm{rad/s}$$

称为转折频率或拐角频率。在转折频率处,$H(\mathrm{j}\omega)$ 真正的幅值为

$$|H(\mathrm{j}\omega)| = |10^6/(10^6 + \mathrm{j}10^6)| = \frac{1}{\sqrt{2}} = 0.707$$

因此转折频率也称为 0.707 频率。在这个频率点处,函数的实部和虚部相等[①]。

---

① 因为 0.707 用分贝表示是 $20\lg 0.707 = -3\mathrm{dB}$,因此转折频率也称为 $-3\mathrm{dB}$ 频率。因为 $0.707^2 = 0.5$,转折频率也称为半功率点。当幅值曲线在转折频率后开始跌落时,转折频率也称为截止频率。

显然,根据图 13.24,低频和高频渐近线非常好地近似了频率响应曲线。

现在我们转到相位图上。与幅值图相似,相位图也可以用低频和高频渐近线近似。在低频时,相位变为

$$\angle H(j\omega) \approx 0 \tag{13.87}$$

而在高频时相位是

$$\angle H(j\omega) \approx -90° \tag{13.88}$$

注意相位曲线平滑地从 $\omega=0$ 时的 $0°$ 变到 $\omega=\infty$ 时的 $-90°$。在转折点处,式(13.83)的实部和虚部是相等的,因此 $H(j\omega)$ 在这个频率时的角度为 $-45°$。

研究式(13.16)和式(13.47)(或相应的时间函数式(13.21)和式(13.50)),表明图 13.3 中的 RC 电路和图 13.11 中的 RL 电路具有同样形式的频率响应图形:低频时单位幅值和零相位,高频时相位下降为 $1/\omega$(在对数-对数图中斜率为 -1),相移为 $-90°$。这些函数称为低通滤波器,因为在信号处理期间它们通过了低频而拒绝了高频。换言之,它们不影响低频,而高频时增益很低。然而,在许多电路应用中期望相反的效果。我们希望除去低频,而通过高频。放大器的级间解耦(使得一级的直流偏移不会影响下一级)就是这样一个例子。在 13.5 节中我们将会更详细地研究这些要求以及其他的滤波器。

概括来说,含有单个储能元件和单个(戴维南)电阻电路的频率响应具有这样的形式:$1/(s+a)$,$(s+a)$,$s/(s+a)$,$(s+a)/s$,其中 a 是某个常数,并且可以依下列各条直觉地画出示意图:

- 幅值图
  ① 画出低频渐近线
  ② 画出高频渐近线。两条渐近线在转折频率 a 处相交。
- 相位图
  ① 画出低频渐近线
  ② 画出高频渐近线
  ③ 在转折频率处,相位将是 $45°$ 或 $-45°$。从低频渐近线开始画一条平滑的曲线,在转折频率处穿过 $45°$ 或 $-45°$,最后终止于高频渐近线。

例 13.4　RC 电路频率响应的示意图　我们画出图 13.14 所示 RC 电路中,涉及到 V_r 和 V_i 表示的传递函数的频率响应示意图。

解　根据式(13.58),我们立即可以写出传递函数为

$$\frac{V_r}{V_i} = H(s) = \frac{500 \times 10^3}{500 \times 10^3 + \dfrac{1}{1 \times 10^{-9} s}} \tag{13.89}$$

化简得

$$H(s) = \frac{s}{s + 2000}$$

代入 $s = j\omega$,得

$$H(j\omega) = \frac{j\omega}{j\omega + 2000} \tag{13.90}$$

因此,传递函数的形式为 $s/(s+a)$,我们可以应用直觉方法画出频率响应的示意图。

- 幅值图
  ① 画出低频渐近线

低频渐近线($\omega \ll 2000\,\mathrm{rad/s}$)为

$$|H| = \frac{\omega}{2000}$$

② 画出高频渐近线。两条渐近线在转折频率处相交。

高频渐近线($\omega \gg 2000\,\mathrm{rad/s}$)为

$$|H| = 1$$

两条渐近线相交于转折频率

$$\omega = 2000\ \mathrm{rad/s}$$

图 13.25 幅值图中的虚线就表示这两条渐近线。它们相交于 $\omega = 2000\,\mathrm{rad/s}$。图中也显示了由计算机画出的幅值对频率的图形。总的来看,渐近线是幅值曲线的一个相当好的近似。

• 相位图

① 画出低频渐近线

相位的低频渐近线为

$$\angle H = 90°$$

② 画出高频渐近线

相位的高频渐近线为

$$\angle H = 0°$$

图 13.25 相位图中的虚线就表示这两条渐近线。

③ 表示在转折频率处的点($2000, 45°$)也标注出来了。真正的相位曲线也显示了,从低频渐近线开始,穿过转折频率处的 $45°$,最后终止于高频渐近线。

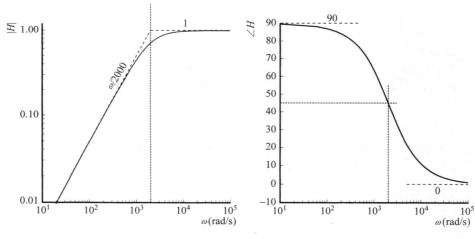

图 13.25 频率响应

WWW **13.4.3 波特图:画出一般函数的频率响应**

WWW 例 13.5 *RL* 串联电路的波特图

WWW 例 13.6 另一个波特图的例子

13.5 滤波器

前几节中考虑的几种电路的频率响应表明了它们的频率选择性(例如,图 13.11 所示的 *RL* 电路或图 13.15 所示的 *RC* 电路)。我们可以利用这种电路依据频率来处理信号。这样

使用的电路就称为滤波器。滤波器是频域分析的一类重要应用。滤波器的信号处理性质是所有电视、收音机和移动电话接收器工作的基础，它们必须从接收天线中存在的大量信号中选取出欲传输的信号。

图 13.11 所示 *RL* 电路的频率响应图（见图 13.24）显示出它拒绝（即衰减）高频，通过（即不影响）低频，因此行为表现就像一个低通滤波器。图 13.15 所示 *RC* 电路行为表现就像一个带通滤波器，因为它只通过落在某一确定频带内的频率，而非常低和非常高的频率都拒绝了（见图 13.17）。一般来说，我们也可以构建许多其他类型的滤波器。图 13.30 表示了几种抽象的滤波器频率响应的幅值曲线。

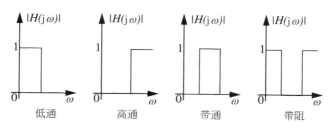

图 13.30　各种形式的滤波器

这一节从滤波器的角度分析电路。我们从对一个简单 *RC* 电路的详细分析开始，着眼于利用它作为一个滤波器。为了阐述滤波的概念，我们求出图 13.31(a) 所示简单 *RC* 电路中电容两端的电压，假设 $v_i = V_i \cos \omega t$。特别地，我们希望求出当输入信号的频率 ω 变化时输出信号的幅值。

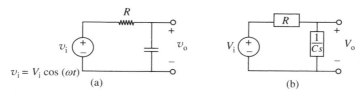

图 13.31　简单 *RC* 滤波电路及其阻抗模型

(a) 电路；(b) 阻抗模型

图 13.31(b) 阻抗模型中对 V_o 应用分压关系得到

$$V_o = \frac{\dfrac{1}{Cs}}{R + \dfrac{1}{Cs}} V_i = \frac{1/RC}{s + 1/RC} V_i \tag{13.101}$$

回顾式 (13.10)，我们曾经用 s 作为 $j\omega$ 的速记符号。因此，对于任何频率 ω，复输出电压为

$$V_o = \frac{1/RC}{j\omega + 1/RC} V_i \tag{13.102}$$

相应的系统函数为

$$H(j\omega) = \frac{V_o}{V_i} = \frac{1/RC}{j\omega + 1/RC} \tag{13.103}$$

很容易看出系统函数的幅值在低频时接近单位值。另一方面，在高频时，系统函数的幅值趋于 0。因为这个电路通过了低频，而拒绝或削弱了高频，因此是低通滤波器。

图 13.32 画出了 RC 电路的频率响应,假设电路的时间常数 $RC=1/20$s。幅值图的形状就表示是一个低通滤波器。转折频率是 20rad/s。这就是说,当输入信号的频率在接近 20rad/s 时,滤波器开始抵制信号。当频率增加超过转折频率时,衰减水平增加。

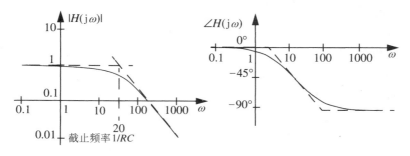

图 13.32　简单 RC 滤波电路的频率响应

在接近转折频率时,频率开始被截止。因此,转折频率也称为截止频率。这样,我们就可以通过选择合适的 RC 时间常数来设计具有任何截止频率的 RC 低通滤波器。如图 13.33 所示,RC 的值越大,滤波器的截止频率越低。

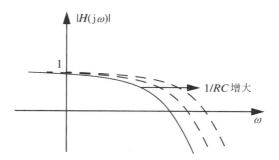

图 13.33　设计滤波器的截止频率(或转折频率)

最后,注意到式(13.75)和式(13.103)具有同样的形式,我们可以得出结论:图 13.32 也反映了图 13.21 所示电路的频率响应。事实上,图 13.21 所示电路是图 13.31 所示电路的诺顿等效电路。

13.5.1　滤波器设计例子:调音网络

Jeb 正在设计一个立体声放大器系统,他需要一些帮助。如图 13.34 所示,Jeb 需要提取出 CD 播放器的输出,并且由于某些缘故需要把它分解成高频和低频两部分,然后让每一部分信号通过 MOSFET 放大器,再将放大过的高频和低频信号分别发送给高音扩音器和低音扩音器。高音扩音器和低音扩音器一起形成了扬声器系统。

Jeb 向他的自然老师寻求帮助。自然老师告诉他:"将一个电阻和一个电感串联。然后从一个元件上提取出高频,从另一个提取出低频",然后就跑去上课了。不幸的是,Jeb 忘了问哪个元件接到低频的低音用扩音器,哪个元件接到高频的高音用扩音器。

Jeb 去向他的一个朋友 Nina 寻求帮助,并且画出了自然老师建议的网络示意图(图 13.35)。Nina 刚刚在电子课上学过滤波器,自信能很快解决这个问题。

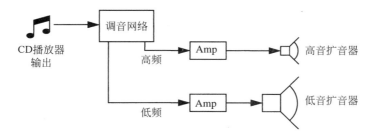

图 13.34   放大器的调音系统

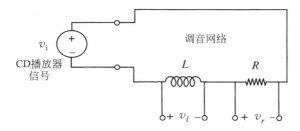

图 13.35   调音网络电路

第一步,Nina 画出了电路的阻抗模型,如图 13.36 所示。

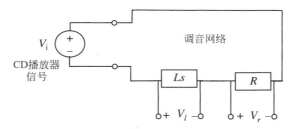

图 13.36   调音网络的阻抗模型

然后,她写出了对应于电感和电阻输出的传递函数,如下

$$\frac{V_l}{V_i} = -\frac{Ls}{Ls+R}$$

$$\frac{V_r}{V_i} = -\frac{R}{Ls+R}$$

代入 $s = j\omega$,得

$$\frac{V_l}{V_i} = -\frac{j\omega L}{j\omega L + R}$$

$$\frac{V_r}{V_i} = -\frac{R}{j\omega L + R}$$

取极限 $\omega \to 0$,Nina 观察到通过电感的信号 V_l 趋于 0。类似地,当 $\omega \to \infty$ 时,V_l 趋于 V_i。因此,Nina 得出结论:通过电感的信号的传递函数类似于一个高通滤波器。

与之相比,通过电阻的信号 V_r 在 $\omega \to 0$ 时趋于 V_i。当 $\omega \to \infty$ 时,它趋于 0。因此,通过电阻的信号的传递函数类似于一个低通滤波器。

Nina 画出了两个传递函数的图形,如图 13.37 所示,并且基于她的分析,建议 Jeb 将电感上的信号接至高音扩音器,电阻上的信号接至低音扩音器。

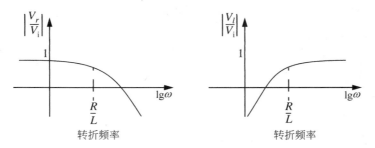

图 13.37 调音网络的两个信号的传递函数的幅值

然后,Jeb 请 Nina 陪他一起去一个电子商店,eShack Inc,选购一些合适的电阻和电感。因为人耳的响应频率最高为 20kHz[①],Nina 为滤波器确定了一个合适的转折频率 $f_{break} = 5kHz$。转折频率用弧度表示为

$$\omega_{break} = 2\pi \times 5000 rad/s = 10000\pi rad/s$$

或者 31416rad/s。因此,Nina 开始寻找一个值为 L 的电感和一个值为 R 的电阻,并且 $R/L = 31416rad/s$。她找到一个阻值为 100Ω 的电阻和一个感值为 3.2mH 的电感,这样就解决了 Jeb 的设计问题。

13.5.2 放大器级间解耦

在这一节中,我们将讨论 RC 滤波器的某种应用。回顾第 8 章中讨论的 MOSFET 放大器电路。图 13.38(a)显示了同样的电路。电路有一个输入端口和一个输出端口。图 13.38(b)表示有直流偏置电压为 V_I 和小信号输入为 v_i 的相同的放大器电路。与直流偏置不同,小信号输入 v_i 一般是时变电压,例如正弦波。相应地,输出电压 v_O 就是直流输出偏置 V_O 与小信号输出 v_o 之和。

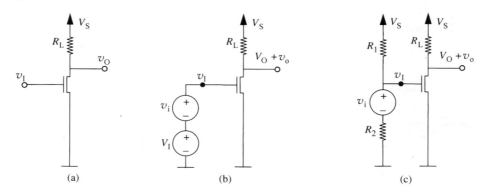

图 13.38 第 8 章中讨论的放大器电路

[①] 事实上,只有年轻人的耳朵响应频率才能高达 20kHz。从十几岁开始,当人长大、变老时,会以大约每天 1Hz 的速率丧失对高频的灵敏度。过于喧闹的音乐会加速这种灵敏度丧失!

图 13.38(a)所示放大器电路的一个问题是它不能很容易地进行级联。换句话说，由于某一级的偏置会影响级联各级的偏置，因此放大器 A 的输出端口不能很容易地连接到另一个放大器 B 的输入。但如果一个设计者想要构建一个增益大于单级放大器增益的放大器，这种级联方式还是很有用的。注意在图 13.38 中，放大器的输出是直流输出偏置 V_O 与小信号输出 v_o 的和。此外，还注意到图 13.38 中，放大器（称为放大器 A）的输出不能直接接到另一个放大器 B 的输入，因为 B 工作在饱和区时需要一个偏置量。如果放大器 A 的输出直接流入到放大器 B 的输入，那么 A 的输出偏置电压就成为 B 的输入偏置电压，而通常放大器的设计需求在输出和输入偏置电压值上是矛盾的。

现在我们将讨论基于输入耦合电容的另一种放大器电路实现方法，如图 13.39(a)所示。这个电路利用了这样一个事实：绝大多数感兴趣的小信号输入都是时变信号。正如图 13.39(b)所示，一个小信号输入可以直接连接到图 13.39(a)所示的放大器的输入端口，即使这个小信号是叠加在某个直流偏置电压上的。我们很快就会看到，电容 C 和电阻 R_1、R_2 滤掉了与小信号叠加的任何直流偏置电压，而通过了时变的小信号。而且，我们还会看到由 R_1 和 R_2 形成的电阻分压器提供了必要的直流偏置电压。

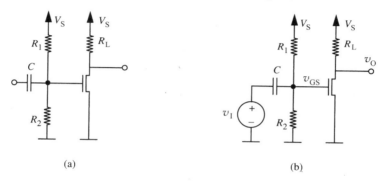

(a)   （b)

图 13.39 有解耦电容的新放大器电路

现在来求 MOSFET 的栅极电压 v_{GS}，它是放大器输入电压 v_i 的函数，如图 13.39(b)所示。我们将使用阻抗法解决这个问题。目标是求 v_{GS} 作为频率的函数，从而我们可以看到电路在直流和时变信号作用下是如何工作的。因为 MOSFET 的栅极输入是开路，计算 v_{GS} 的相关子电路如图 13.40 所示。相应的阻抗模型如图 13.41 所示。

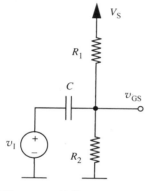

图 13.40 计算 v_{gs} 的子电路

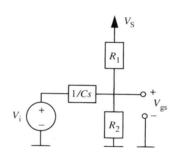

图 13.41 与计算 V_{gs} 相关的阻抗模型

图 13.41 表明 V_{gs} 是两个输入的函数：V_i 和 V_S。我们使用叠加法计算它们的总效果。令 V_{gsi} 是由 V_i 产生的成分，V_{gss} 是由 V_S 产生的成分。

为了求出 V_S 单独作用的结果，即 V_{gss}，我们将 V_i 短路，得到的等效电路如图 13.42(a) 所示。MOSFET 的输入电阻无穷大，因此在计算 V_{gss} 时不考虑它（为简单起见，我们忽略了 MOSFET 的门电容）。现在就可以通过简单的分压器关系求出 V_{gss}。

$$V_{gss} = \frac{(1/Cs) \parallel R_2}{R_1 + (1/Cs) \parallel R_2} V_S \tag{13.104}$$

$$= \frac{R_2}{R_1 R_2 Cs + (R_1 + R_2)} V_S \tag{13.105}$$

$$= \frac{R_2}{R_1 R_2 Cj\omega + (R_1 + R_2)} V_S \tag{13.106}$$

因为 V_S 是一个直流电压，我们知道它的频率为 0。因此

$$V_{gss} = \frac{R_2}{R_1 + R_2} V_S \tag{13.107}$$

注意 V_{gss} 不取决于 C。

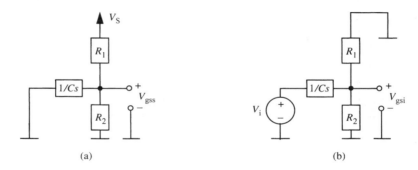

图 13.42 计算 V_{gs} 的子电路
(a) 计算由 V_S 产生的 V_{gss} 的等效电路；(b) 计算由 V_i 产生的 V_{gsi} 的等效电路

现在让我们短路 V_S 计算 V_{gsi}。相关的等效电路如图 13.42(b) 所示。再次通过简单的分压关系可以求出电压 V_{gsi}。

$$V_{gsi} = \frac{R_1 \parallel R_2}{1/Cs + R_1 \parallel R_2} V_i \tag{13.108}$$

$$= \frac{R_{eq}}{R_1 R_2 Cs + R_{eq}} V_i \tag{13.109}$$

$$= \frac{R_{eq} Cs}{1 + R_{eq} Cs} V_i \tag{13.110}$$

其中，$R_{eq} = R_1 \parallel R_2$。代入 $s = j\omega$

$$V_{gsi} = \frac{R_{eq} Cj\omega}{1 + R_{eq} Cj\omega} V_i \tag{13.111}$$

我们也可以写出将复输入电压与 V_{gsi} 相关联的传递函数 $H(j\omega)$，如下

$$H(j\omega) = \frac{V_{gsi}}{V_i} = \frac{R_{eq} Cj\omega}{1 + R_{eq} Cj\omega} \tag{13.112}$$

现在来分析式(13.112)在低频和高频时的情况：

- 当 ω 很小时，$H(j\omega)$ 接近于 0。特别地，对直流信号，$\omega = 0$，$H(j\omega) = 0$。这表明电路将滤掉输入信号叠加其上的所有直流偏置量。因此，输入携带的任何直流偏置电压都不会影响节点电压 v_{GS}，这意味着图 13.39 中 MOSFET 的偏置是独立于输入 v_i 的。我们稍后将更详细地讨论偏置的问题。
- 当 ω 很大时，$H(j\omega)$ 接近单位值。因此高频就无衰减地通过了。

上述系统函数的频率响应图的幅值部分如图 13.43 所示。很容易看出图形类似于高通滤波器。频率显著大于转折频率 $1/R_{eq}C$ 的信号将会通过，而频率显著小于转折频率 $1/R_{eq}C$ 的信号就会被削弱。

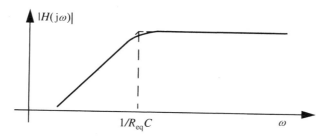

图 13.43　由 C、R_1 和 R_2 形成的高通滤波器的频率响应图（只有幅值）

接下来，为研究级联的影响，假设输入 V_i 由一个直流成分 V_{i0} 和一个时变成分 $V_{i\omega}$ 组成，就像将前一级放大器的输出用作下一级放大器的输入的情况。换言之，假设

$$V_i = V_{i0} + V_{i\omega}$$

然后，根据式 (13.111)

$$V_{gsi} = \frac{R_{eq}Cj\omega}{1 + R_{eq}Cj\omega}V_i \tag{13.113}$$

$$= \frac{R_{eq}Cj\omega}{1 + R_{eq}Cj\omega}V_{i0} + \frac{R_{eq}Cj\omega}{1 + R_{eq}Cj\omega}V_{i\omega} \tag{13.114}$$

因为 V_{i0} 是一个直流信号，上面等式中的第一项就消失了，因此

$$V_{gsi} = \frac{R_{eq}Cj\omega}{1 + R_{eq}Cj\omega}V_{i\omega} \tag{13.115}$$

因此，如果我们选择比输入信号中感兴趣的最低频率成分大得多的 $R_{eq}C$（$\omega \gg 1/R_{eq}C$），可以得到

$$V_{gsi} \approx V_{i\omega} \tag{13.116}$$

这就完成了 V_{gsi} 的推导。V_{gsi} 的表达式证明输入信号中的直流成分不会影响 V_{gsi}。

为了完成分析，我们将 V_S 和 V_i 的贡献相加，得到

$$V_{gs} = V_{gss} + V_{gsi} = \frac{R_1}{R_1 + R_2}V_S + \frac{R_{eq}Cj\omega}{1 + R_{eq}Cj\omega}V_{i\omega} \tag{13.117}$$

而且，选择一个值很大的 $R_{eq}C$，这样输入信号的最低频率成分（ω）就远远大于 $1/R_{eq}C$，我们得到

$$V_{gs} = \frac{R_2}{R_1 + R_2}V_S + V_{i\omega} \tag{13.118}$$

式 (13.118) 表明 MOSFET 的栅极电压是两个成分之和：一个直流偏置电压，$R_2 V_S/(R_1 + R_2)$，

和输入的时变成分 $V_{i\omega}$。选择 R_1 和 R_2 的值就可以达到期望的输入直流偏置。因此,从使放大器偏置的角度看,多级放大器可以独立设计,然后级联,某一级的输出偏置不会影响下一级的输入偏置,如图 13.44 所示[①]。解耦电容滤除了输入直流偏置成分,从而允许多个放大器直接连接。

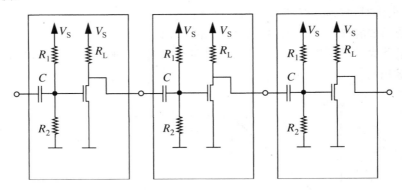

图 13.44 级联在一起的多个放大器

13.6 利用分压器例子进行的时域、频域分析比较

在这一节中,我们用补偿的衰减器(或补偿的分压器)作为例子,对频域分析和时域分析进行比较。在 2.3.4 节中讨论过的简单分压器在高频时不能很好地工作。大部分电路中都存在着一些寄生的并联电容,如图 13.45(a)中用电容 C_2 表示。如果驱动是一个低频的正弦波,分压器的衰减就是期望的 $R_2/(R_1+R_2)$,但在高频时,电容使得这个衰减增加,偏离了期望值。这种影响可以用分压器的频域分析很容易地表示。

13.6.1 频域分析

频域分析从构建电路的阻抗模型开始,如图 13.45(b)所示。推广的分压关系为

$$V_o = \frac{R_2 \parallel (1/C_2 s)}{R_1 + R_2 \parallel (1/C_2 s)} V_i \tag{13.119}$$

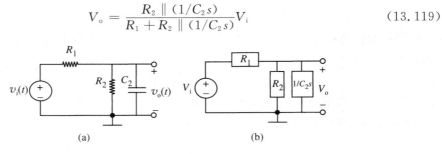

图 13.45 含寄生电容的分压器
(a) 电路;(b) 阻抗模型

---

① 然而必须注意,每级放大器的小信号增益取决于它后面的放大器提供的负载。明确地说,计算小信号增益时,假定对某个感兴趣的频率电容表现为短路,那么从放大器的第一级和第二级看到的负载就不仅仅是 R_L,而是 R_L 与 R_1 和 R_2 的并联。13.3.4 节中我们看到了一个负载影响的例子,明确地说,是容性负载的影响。

可简化为

$$V_o = \frac{R_2}{R_1 + R_2 + R_1 R_2 C_2 s} V_i \qquad (13.120)$$

在高频时（ω 很大，并且 $s = j\omega$），这个表达式简化为

$$V_o \approx \frac{1}{j\omega R_1 C_2} V_i \qquad (13.121)$$

因此，$v_o(t)$ 就是一个小的正弦，落后于输入正弦波 $90°$。因此分压器的衰减就不像期望的那样是固定不变的，而是随着频率的增加而增加。如果试图在示波器的输入端利用两个兆欧级的电阻 R_1 和 R_2 构造一个 $2:1$ 的分压器，就很容易观察到这种影响。在此将会产生两个问题：示波器的输入电阻在低频时将会改变期望的衰减，而示波器的输入电容将会导致衰减随频率变化，从式（13.120）可以看到这一点。

为了矫正电容的问题，有必要增加一个与串联电阻并联的小电容，如图 13.46 所示。所有好的示波器探针都使用了这种设计。分析阻抗模型得到

$$V_o = \frac{R_2 \parallel (1/C_2 s)}{R_1 \parallel (1/C_1 s) + R_2 \parallel (1/C_2 s)} V_i \qquad (13.122)$$

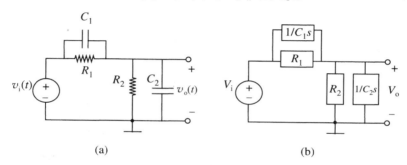

图 13.46　补偿后的分压器
（a）电路；（b）阻抗模型

可展开为

$$V_o = \frac{R_2(R_1 C_1 s + 1)}{R_1(R_2 C_2 s + 1) + R_2(R_1 C_1 s + 1)} V_i \qquad (13.123)$$

如果我们选择一个特殊的值 C_1，使得

$$R_1 C_1 = R_2 C_2 \qquad (13.124)$$

那么式（13.123）简化为

$$V_o = \frac{R_2}{R_1 + R_2} V_i \qquad (13.125)$$

因此真正的输出时间函数为

$$v_o(t) = \frac{R_2}{R_1 + R_2} v_i(t) \qquad (13.126)$$

与频率无关！现在就补偿了分压器中 C_2 的影响。让我们更详细地检查一下式（13.123），并且画出在欠补偿、正确补偿和过补偿时的频率响应图。出于这个目的，重新整理式（13.123）有助于得到标准形式的系统函数

$$H(s) = \frac{V_o}{V_i} = \frac{C_1}{C_1 + C_2} \frac{s + \dfrac{1}{R_1 C_1}}{s + \dfrac{R_1 + R_2}{R_1 R_2 (C_1 + C_2)}} \tag{13.127}$$

我们假设

$$\frac{C_1}{C_1 + C_2} = 0.025$$

$$R_1 C_1 = 1\text{ms}$$

和

$$\frac{R_1 + R_2}{R_1 R_2 (C_1 + C_2)} = 100$$

因此,式(13.127)用标准形式表示为

$$H(s) = \frac{V_o}{V_i} = \frac{0.025(1000 + j\omega)}{100 + j\omega} \tag{13.128}$$

欠补偿情况(C_1 非常小)下的频率响应如图 13.47 中实线所示。图形中也用虚线显示了正确补偿和过补偿的情况。当衰减是与频率无关的常数时,电路就适当地被补偿了。

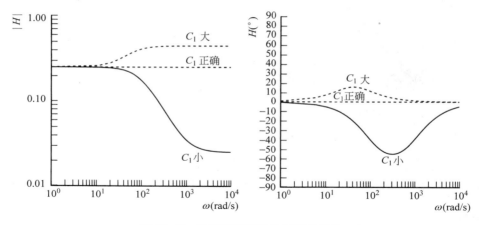

图 13.47 补偿后衰减器的幅值和相位

13.6.2 时域分析

再回到第 10 章中涉及的分析方法,现在我们计算衰减器对一个阶跃电压的响应,如图 13.48 所示。首先注意尽管有两个电容,系统仍然是一阶的,我们确信这一点是因为不可能指定两个独立的初始条件,只有一个。

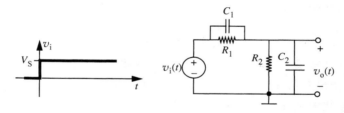

图 13.48 补偿后的衰减器,阶跃驱动

假设电容 C_2 初始时没有充电，因此初始条件为

$$v_o(t = 0) = 0 \tag{13.129}$$

如果假设 t 小于 0 时 $v_i = 0$，就可得出 C_1 上的初始电压肯定也为 0。适当的齐次解的形式为

$$v_o = K e^{st} \tag{13.130}$$

（注意此处 s 不是 $j\omega$ 的简写）但是正如在 13.2 节中注意到的，我们已经解决了这个问题：特征多项式就是系统函数的分母，这种情况下就是式（13.127）的分母。令特征多项式为 0，我们求出

$$s = \frac{-1}{(R_1 \parallel R_2)(C_1 + C_2)} \tag{13.131}$$

通过观察，在暂态过程消失以后满足微分方程的特解为

$$v_o = \frac{R_2}{R_1 + R_2} V_s \tag{13.132}$$

其中，V_s 是所加阶跃的高度。因此全解的形式为

$$v_o = K e^{-t/[(R_1 \parallel R_2)(C_1 + C_2)]} + \frac{R_2}{R_1 + R_2} V_s \quad t > 0 \tag{13.133}$$

常数 K 不能用一般的方法求值（即 $t = 0$ 时令 $v_o = 0$，求解 K），原因在于两个电容与电压源形成了回路。因此，当加上阶跃时，理论上瞬间流过无穷大电流，电容电压瞬间发生跳变。因此，阶跃后瞬间，即 $t = 0^+$ 时，v_o 的初始条件就不会为 0。

取而代之的是，我们可以进行下面的操作求 $t = 0^+$ 时的初始条件。因为每个电容流过了同样的电流，它们接收到相等的电荷

$$q = C_1 v_{C1} = C_2 v_o \tag{13.134}$$

并且

$$v_i = v_{C1} + v_o \tag{13.135}$$

因此，阶跃后瞬间，$t = 0^+$ 时

$$v_o = \frac{C_1}{C_1 + C_2} V_s \tag{13.136}$$

这就是要利用的初始条件。

现在令式（13.133）中的 t 为 0，并等于式（13.136）中给出的电压，就可以求出 K 的值，方程为

$$\frac{C_1}{C_1 + C_2} V_s = K + \frac{R_2}{R_1 + R_2} V_s \tag{13.137}$$

因此

$$K = \left(\frac{C_1}{C_1 + C_2} - \frac{R_2}{R_1 + R_2} \right) V_s \tag{13.138}$$

图 13.49 画出了 C_1 很小、适当和很大时全解的示意图。显然，正确的选择使得式（13.138）中的 K 等于 0，这样就没有暂态过程了。这等价于使得 $t = 0^+$ 时的电容电压（即式（13.136））等于从特解推导出的最终的电容电压，即式（13.132）。如前所述，这些条件都要求

$$R_1 C_1 = R_2 C_2 \tag{13.139}$$

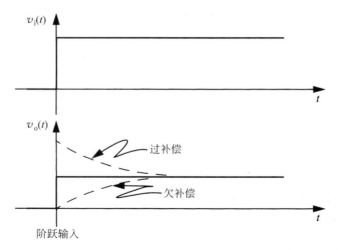

图 13.49 补偿后衰减器对阶跃输入的时间响应

13.6.3 时域分析和频域分析比较

通过假定驱动波形是一个方波就有可能将时域解和前面的频域解结合在一起。此时，过补偿情况（C_1 很大）下的时域解看起来如图 13.50 所示。特别地，注意在跃迁点处输出信号相对较高的值。

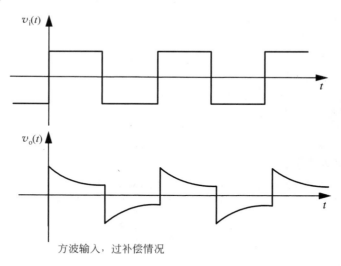

图 13.50 补偿过的衰减器对方波输入的时间响应

在频域方面，方波驱动可以看成是正弦波的和[①]：一个与方波周期相同的正弦波，一个三倍于这个频率、三分之一幅值的正弦波，另一个五倍于这个频率、五分之一幅值的正弦波，等等。高频率的正弦波称为谐波。通过检查适当的频率响应图可以相对容易地、形象地看

[①] 这种将波形分解为正弦的理论可以在任何涉及傅里叶级数的书中找到，例如 Alan V. Oppenheim and Alan S. Willsky. Signal and Systems. Prentice Hall Publishers

出这些成分通过衰减器时是如何被改变的。再看一下过补偿的情况（C_1 很大），图 13.47 的幅值图显示，与低频谐波相比，高频谐波大于假想的结果，而同一图中的相位图则显示它们产生了相移。

在频域中我们观察到，高频谐波具有较大幅值，这一点与时域中信号跃迁刚发生时输出具有较大的值是有关的。

从这两种截然不同的分析方法得到的重要结论是：

- 两种分析对同一个电路提供了互补的认识；
- 一般在实验条件下，通过看方波响应的时域方法调整 C_1 实现正确补偿更容易一些。与频域观点更一致的另一种可供选择的方法是首先应用一个低频的正弦波，然后一个高频的正弦波，并且确认响应的幅值在两种情况下是一样的。

13.7　阻抗中的功率和能量

在这一节中我们将着眼于讨论关于 RLC 电路中流动的功率和能量的一些问题。就像在第 11 章中讨论的那样，功率和能量是设计电路中的关键问题。器件运行一段时间所需的电池容量与器件的能量效率是相关的。类似地，器件对散热的要求取决于器件消耗的功率。

13.7.1　任意阻抗

首先研究正弦电源传递给任意一个阻抗 $Z = R + jX$ 的功率，如图 13.51 所示。X 的值一般称为电路的电抗。

一般的正弦驱动可以写成

$$v_i(t) = |V_i| \cos(\omega t + \varphi) \tag{13.140}$$

因此，电压和电流的复幅值是

$$V_i = |V_i| e^{j\varphi} \tag{13.141}$$

$$I_i = \frac{V_i}{Z} = \frac{|V_i| e^{j\varphi}}{R + jX} \tag{13.142}$$

$$= \frac{|V_i| e^{j(\varphi - \theta)}}{\sqrt{R^2 + X^2}} \tag{13.143}$$

$$= |I_i| e^{j(\varphi - \theta)} \tag{13.144}$$

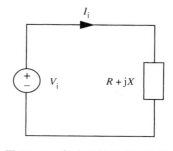

图 13.51　任意阻抗的功率计算

其中

$$\theta = \tan^{-1} \frac{X}{R} \tag{13.145}$$

根据定义，传递给阻抗的功率应是 $v(t)$ 和 $i(t)$ 的乘积。

> 因为功率**不是** v 和 i 的线性函数，我们在使用阻抗的概念计算功率时必须小心。

下面从时间表达式开始（例如式（13.140）），而不是复幅值。根据式（13.143），电流的时间函数是

$$i(t) = \mathrm{Re}[I_i e^{j\omega t}] \tag{13.146}$$

$$= \frac{|V_i|}{\sqrt{R^2 + X^2}} \cos(\omega t + \varphi - \theta) \tag{13.147}$$

因此,根据式(13.140)和式(13.147),瞬时功率为

$$p(t) = vi = \frac{|V_i|^2}{\sqrt{R^2 + X^2}}\cos(\omega t + \varphi)\cos(\omega t + \varphi - \theta) \quad (13.148)$$

$$= \frac{1}{2}\frac{|V_i|^2}{\sqrt{R^2 + X^2}}(\cos(2\omega t + 2\varphi - \theta) + \cos\theta) \quad (13.149)$$

因此,一般来说,正弦驱动的瞬时功率有一个两倍于输入信号频率的正弦成分和一个直流成分。不久我们将研究在某些简单情况下的这个表达式,但是首先让我们通过计算平均功率来完成一般推导,因为这个值决定了你每月从电力公司收到的账单。

因为 $\cos(\omega t)$ 的平均值是 0,流入任意阻抗的平均功率恰好就是式(13.149)中的直流项

$$\bar{p} = \frac{1}{2}\frac{|V_i|^2}{\sqrt{R^2 + X^2}}\cos\theta \quad (13.150)$$

根据式(13.141)和式(13.143),它可以写成

$$\bar{p} = \frac{1}{2}|V_i\|I_i|\cos\theta \quad (13.151)$$

其中,V_i 和 I_i 分别是电压和电流的复幅值,θ 是它们的夹角。$\cos\theta$ 一般称为功率因数。

用电压和电流的复幅值表示的平均功率是两个幅值的乘积再乘以它们之间夹角余弦的一半。

平均功率也可以根据复电压和复电流直接写出。再次根据式(13.141)和式(13.143)

$$\bar{p} = \frac{1}{2}\text{Re}[V_i I_i^*] \quad (13.152)$$

$$= \frac{1}{2}\text{Re}[V_i^* I_i] \quad (13.153)$$

其中,I_i^* 是 I_i 的复共轭,V_i^* 是 V_i 的复共轭。利用这个概念,$VI^*/2$ 一般称为复功率,复功率的实部就是平均功率,即"有功"功率,如式(13.151),而虚部称为无功功率。

13.7.2 纯电阻

为了推导出关于功率和能量流的一些结论,让我们来研究一些特殊情况。首先,假定图 13.51 中的阻抗是一个纯电阻 R。也就是说,$X=0$。此外,为简单起见,我们假定选择的时间原点使得电压驱动是一个余弦波,即式(13.140)中的 $\varphi=0$。则式(13.149)简化为

$$p(t) = \frac{V_i^2}{2R}(1 + \cos2(\omega t)) \quad (13.154)$$

我们又得到了一个两倍频率项和一个直流项。图 13.52 显示了电阻情况下功率作为时间函数的图形。根据图形或根据式(13.154),对于正弦驱动,电阻消耗的平均功率为

$$\bar{p} = \frac{V_i^2}{2R} \quad (13.155)$$

根据 1.8.1 节,记住它严格地等于同样幅值的直流电压传递的功率的一半。仍然是回顾 1.8.1 节,电压的一种表示方式为方均根电压,缩写为 rms,它等于正弦波的峰值除以 $\sqrt{2}$

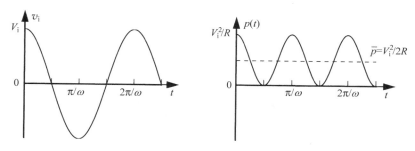

图 13.52　纯电阻中的功率流

$$V_{rms} = \frac{V_i}{\sqrt{2}} \qquad (13.156)$$

平均功率用 rms 电压表示为

$$\bar{p} = \frac{(V_{rms})^2}{R} \qquad (13.157)$$

恰好与直流功率一样。对于非正弦电压，顾名思义，rms 电压的一般定义为

$$V_{rms} = \sqrt{\overline{(v(t))^2}} \qquad (13.158)$$

大多数交流电压都以 rms 值的形式提供，除非明确指出是峰值。因此，从墙上的插座引出的 115V 交流电源是 115V 的 rms，或者 $115\sqrt{2} = 162.6V$ 的峰值。

13.7.3　纯电抗

接下来，我们研究图 13.51 中的阻抗只有电感和/或电容组成的情形，即 $R = 0$。不管电路结构如何，在任一给定频率下，阻抗看起来肯定要么是一个纯电感，要么是一个纯电容（尽管当我们经过谐振频率时，它会从一种情况变到另一种情况）。如果电路是感性的，那么根据式(13.145)，$\theta = \pi/2$。又假设驱动是一余弦电压（$\varphi = 0$），式(13.149)简化为

$$p(t) = \frac{V_i^2}{2X}\cos(2\omega t - \pi/2) \qquad (13.159)$$

$$= \frac{V_i^2}{2X}\sin(2\omega t) \qquad (13.160)$$

如果电路在感兴趣的频率处是容性的，那么式(13.134)中的 X 肯定等于 $-1/\omega C$，因此根据式(13.145)，$R = 0$，$\theta = -\pi/2$，并且

$$p(t) = -\frac{V_i^2}{2X}\sin(2\omega t) \qquad (13.161)$$

图 13.53 显示了两种情形下作为时间函数的功率流。注意两种情形下平均功率都是 0。因此只有电感和电容而没有电阻的电路不消耗任何功率。L 和 C 在每个周期的两个四分之一段吸收功率，在另两个四分之一段将功率又传送回电源。电力公司不乐意发生这种状况，因为他们仍然必须提供功率，即使他们几个毫秒之后又会收回这些功率，如图 13.53 所示。问题是即使用户消耗的平均功率为 0，与这些瞬时功率相关的电流在传输线上仍产生了 i^2R 的功率损耗，电力公司必须承担这个功率损失。

尽管在正弦稳态时没有为这个无损电路提供平均功率，一般来说还是会储有能量。例

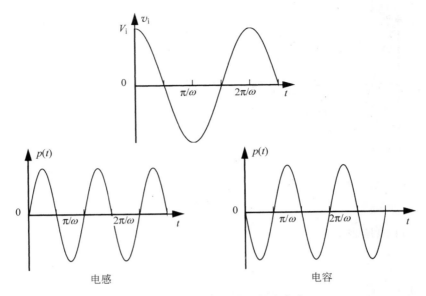

图 13.53 电感和电容中的功率流

电感和电容的 $p(t)$ 的最大值为 $V_i^2/(2X)$

如,对电容来说,根据式(9.18),储存的能量为

$$W_C = \frac{1}{2}Cv(t)^2 \tag{13.162}$$

对于正弦 $v(t)$

$$W_C = \frac{1}{2}C(V_i\cos(\omega t))^2 \tag{13.163}$$

$$= \frac{1}{2}CV_i^2\left(\frac{1}{2} + \frac{1}{2}\cos(2\omega t)\right) \tag{13.164}$$

又是一个直流项和一个两倍频率项。因此储存的平均能量为

$$\overline{W}_C = \frac{1}{4}CV_i^2 \tag{13.165}$$

对电感,类似的推导得到

$$\overline{W}_L = \frac{1}{4}LI_i^2 \tag{13.166}$$

电感电流的形式为

$$i_L(t) = I_i\cos(\omega t) \tag{13.167}$$

对于网络含有电阻、电容和电感的一般情况,功率流的形式介于图 13.52 和图 13.53 之间。假定电路在感兴趣的频率上为感性,那么 θ 为正,但小于 $\pi/2$,式(13.149)($\varphi=0$)变为

$$p(t) = \frac{1}{2}\frac{|V_i|^2}{\sqrt{R^2 + X^2}}(\cos(2\omega t - \theta) + \cos\theta)$$

功率的波形如图 13.54 所示。

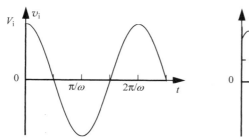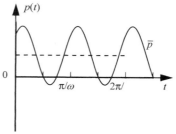

图 13.54　感性电路中的功率流

平均规律为 $\bar{p} = \dfrac{1}{2} V_{\mathrm{i}}^2 \cos\theta / \sqrt{R^2 + X^2}$，$p(t)$ 的最大值为 $\dfrac{1}{2} V_{\mathrm{i}}^2 (\cos\theta + 1) / \sqrt{R^2 + X^2}$，最小值为 $\dfrac{1}{2} V_{\mathrm{i}}^2 (\cos\theta - 1) / \sqrt{R^2 + X^2}$

13.7.4　例子：*RC* 电路中的功率

让我们研究一个既有电阻又有电抗的电路，即图 13.55 所示的 *RC* 电路。为了根据式(13.151)或式(13.152)计算平均功率，我们必须求出电流的复幅值。通过观察图 13.55，得

$$I_{\mathrm{i}} = \frac{V_{\mathrm{i}}}{Z} = \frac{V_{\mathrm{i}}}{R + 1/(\mathrm{j}\omega C)} \tag{13.168}$$

$$= \frac{V_{\mathrm{i}}}{\sqrt{R^2 + (1/\omega C)^2}} \mathrm{e}^{-\mathrm{j}\theta} \tag{13.169}$$

其中

$$\theta = \tan^{-1} \frac{1}{\omega RC} \tag{13.170}$$

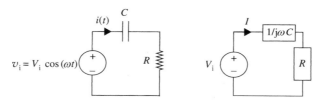

图 13.55　串联 *RC* 电路

现在根据式(13.151)，电路中消耗的平均功率为

$$\bar{p} = \frac{1}{2} \frac{V_{\mathrm{i}}^2}{\sqrt{R^2 + (1/\omega C)^2}} \cos\theta \tag{13.171}$$

$$= \frac{1}{2} \frac{V_{\mathrm{i}}^2}{|Z|} \cos\theta \tag{13.172}$$

注意，根据式(13.171)，如果我们选择 ω 使得

$$R = \frac{1}{\omega C} \tag{13.173}$$

也就是说在电路的转折频率或拐角频率处，那么

$$\bar{p} = \frac{1}{2} \frac{V_{\mathrm{i}}^2}{2R} \tag{13.174}$$

式(13.174)所示平均功率值是式(13.171)中电容短路时求出的平均功率值的一半，因此频率 $\omega = 1/RC$ 又称为阻抗的半功率频率。还要注意，因为电容不消耗平均功率，电阻中

消耗的平均功率必须与电源提供给阻抗的平均功率相同。

WWW 例 13.7 利用变压器进行最大功率传输

WWW 例 13.8 非理想变压器

13.8 小结

- 正弦稳态是线性系统的重要特征。它由频率响应组成,包括增益图和相位图,二者都是频率的函数。

- 阻抗法提供了一种分析正弦输入电路的方法,它把电路的性质表示为频率的函数,与第 12 章讨论的时域计算互补。

- 对于线性非时变电路,通过假定复指数驱动取代正弦驱动,描述电路性质的微分方程简化成了代数方程。

- 这些代数方程可以利用阻抗直接得出。涉及复幅值的 R、L 和 C 的要素关系为

$$V = IR$$
$$V = LsI$$

和

$$V = (1/Cs)I$$

其中,s 是 $j\omega$ 的简写。据此,电感的阻抗为 sL,电容的阻抗为 $1/sC$,电阻的阻抗为 R。

- 我们扩展了变量标记约定用于区别全变量、直流作用值、小信号变量和复幅值。

  我们用小写字母加大写下标标记全变量,例如 v_D;

  直流工作点处的变量都用大写,例如 V_D;

  小信号变量都用小写字母,如 v_d;

  复幅值用大写字母加小写下标,例如 V_d。

- 对于直流(或非常低的频率),电感的行为表现就像短路,而对非常高的频率就像开路。

  对于直流(或非常低的频率),电容的行为表现就像开路,而对非常高的频率就像短路。

- 将相应的复幅值乘以 $e^{j\omega t}$ 并取实部,就可以求出实际电压或电流的稳态值(时间函数)。例如,v_C 的稳态值可以由 V_c 的值确定

$$v_C = \text{Re}[V_c e^{j\omega t}]$$

或等价于

$$v_C = |V_c| \cos(\omega t + \angle V_c)$$

- 阻抗法允许我们很容易地确定任何线性 RLC 网络对正弦输入的稳态响应。该方法利用电压和电流的复幅值作为变量,一般有下列步骤:

  ① 首先,将(正弦)电源用其复(或实数)幅值取代。例如,输入电压 $v_A = V_a \cos \omega t$ 用它的幅值 V_a 代替。

  ② 将电阻用 R、电感用 Ls、电容用 $1/Cs$ 代替。得到的图形称为网络的阻抗模型。

  ③ 现在,利用任何标准线性电路的分析方法——节点法、戴维南方法等,确定电路

中电压和电流的复幅值。

④ 尽管这一步一般不是必需的,我们可以从复幅值得出时间变量。

- 频率响应表征了作为频率函数的网络性质。网络的频域分析是通过研究网络的系统函数实现的,系统函数是网络输出的复幅值与输入复幅值的比值。

- 频率响应图是描述网络性质(是频率的函数)的一种简便方法。频率响应图有两个图形:

  依据对数频率画出的系统函数的对数幅值;

  依据对数频率画出的系统函数的相角。

- $|H(j\omega)|=\omega$ 在横坐标和纵坐标一致的对数坐标中画出来是一条斜率为 $+1$ 的直线。相应地,$|H(j\omega)|=1/\omega$ 在对数坐标中画出来是一条斜率为 -1 的直线。

- 含有单个储能元件和单个(戴维南)电阻的电路产生的系统函数的频率响应形式为 $1/(s+a)$,$(s+a)$,$s/(s+a)$,$(s+a)/s$,其中 a 是某个常数。这种响应可以依下所述直觉地画出来。

  画出低频和高频渐近线就可以得到幅值图的示意图。两条渐近线相交于转折频率 a。

  画出低频和高频渐近线也可以得到相位图的示意图。在转折频率处,相位是 $45°$ 或 $-45°$。

- 用电压和电流的复幅值表示的平均功率是两个幅值的乘积再乘以它们之间夹角余弦的一半。

练　习

练习 13.1　求下列每个表达式的幅值和相位。

(1) $(8+j7)(5e^{j30°})(e^{-j39°})(0.3-j0.1)$

(2) $\dfrac{(8.5+j34)(20e^{-j25°})(60)(\cos10°+j\sin10°)}{(25e^{j20°})(37e^{j23°})}$

(3) $(25e^{j30°})(10e^{j27°})(14-j13)(1-j2)$

(4) $(13e^{j30(15°+j1.5)})(6e^{(1-j30°)})$

练习 13.2　求下列表达式的实部和虚部。

(1) $(3+j5)(4e^{j50°})(7e^{-j20°})$

(2) $(10e^{j50°})(e^{j20°})$

(3) $(10e^{j50°})(e^{j\omega t})$

(4) $Ee^{j\omega t}$,其中 $E=|E|e^{j\theta}$

练习 13.3　求图 13.62 所示网络的系统函数 V_L/I。然后求稳态条件下 $i(t)=I\cos\omega t$ 时的响应 $v_L(t)$。

练习 13.4　对于图 13.63,给定 $i(t)=I_0\cos\omega t$,其中 $I_0=3\text{mA}$,$\omega=10^6\text{rad/s}$。求正弦稳态时的 $v(t)$。假定 $R=1\text{k}\Omega$,$L=1\text{mH}$。

练习 13.5　图 13.64 所示二端线性网络只含有两个元件。阻抗函数的幅值如图所示,(对数-对数坐标)。画出一个两元件电路,阻抗幅值函数如示意图所示。确定每个元件的数值。

练习 13.6　对图 13.65 中显示的每个电路,选出能够表示其系统函数(例如,阻抗、导纳或传递函数)的频率响应幅值。不必将临界频率与电路参数联系起来,同时一个幅值响应可以选择多次。注意除了(7)之外的幅值响应都是画在对数-对数坐标中的,并且标出了斜率。

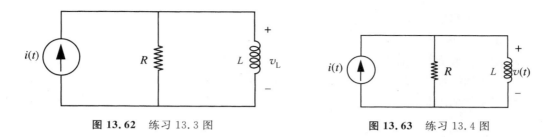

图 **13.62** 练习 13.3 图   图 **13.63** 练习 13.4 图

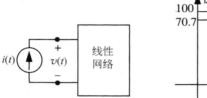
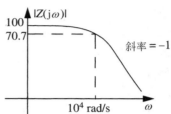

图 **13.64** 练习 13.5 图

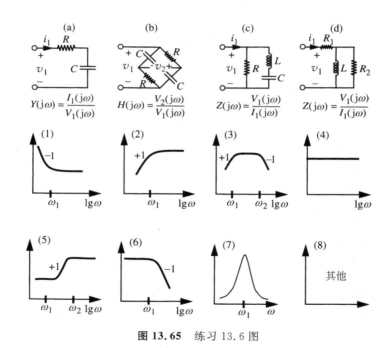

图 **13.65** 练习 13.6 图

练习 13.7 一个线性网络的激励是正弦电压 $u_1(t) = \cos\left(t - \dfrac{5\pi}{8}\right)$，如图 13.66 所示。

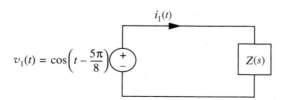

图 **13.66** 练习 13.7 图

（1）在正弦稳态条件下观察到的电流是 $i_1(t) = \sqrt{2}\sin\left(t + \dfrac{\pi}{8}\right)$。

（2）网络在频率为 1rad/s 的激励下的阻抗 $Z(s=j)$ 是多少？

练习 13.8　求图 13.67 中正弦稳态时的 $v_2(t)$。假定 $L = 10\text{H}, R_1 = 120\Omega, R_2 = 60\Omega$。

练习 13.9　一个正弦测试信号加到由两个电路元件构成的线性网络上，如图 13.68 所示。

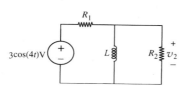

图 13.67　练习 13.8 图

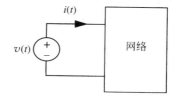

图 13.68　练习 13.9 图 1

阻抗 $z(j\omega) = \dfrac{V(j\omega)}{I(j\omega)}$ 的波特图的幅值部分如图 13.69 所示。画出网络，并求元件的值。

练习 13.10　图 13.70 所示电路是一个功率传输系统高度简化的模型。

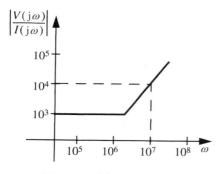

图 13.69　练习 13.9 图 2

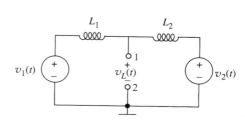

图 13.70　练习 13.10 图

其中，$v_1(t)$ 和 $v_2(t)$ 是两个发电机的电压：

$$v_1 = V\cos\omega t, \quad v_2 = V\cos(\omega t + \varphi)$$

求这个电路在端钮 1-2 处的戴维南等效，用复幅值 V_{oc} 和戴维南复阻抗 Z_{th} 表示。

练习 13.11　写出图 13.71 中四种情况下 $H(j\omega) = V_o/V_i$ 的幅值 $|H(j\omega)|$ 和相位角 $\angle H(j\omega)$ 的表达式。

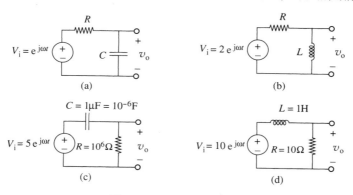

图 13.71　练习 13.11 图

练习 13.12 画出下面的频率函数的对数幅值和相位,频率用对数坐标。

$$H(j\omega) = \frac{1 - j\omega}{1 + j\omega}$$

标出所有重要的渐近线、斜率和转折点。

练习 13.13 图 13.72 所示网络中,$R = 1k\Omega$,$C_1 = 20\mu F$,$C_2 = 20\mu F$。

(1) 求传递函数 $H(j\omega)$ 为 V_o/V_i 时的幅值和相位。

(2) 给定 $v_i(t) = \cos 100t + \cos 10000t$,求正弦稳态输出电压 $v_o(t)$。

练习 13.14 对图 13.73 所示电路,求正弦稳态时的 $v_2(t)$。其中,$L = 10H$,$R_1 = 120\Omega$,$R_2 = 60\Omega$。

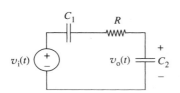

图 13.72 练习 13.13 图

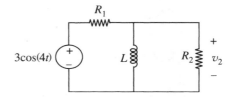

图 13.73 练习 13.14 图

练习 13.15 对图 13.74 所示电路。

(1) 写出传递函数 $V_o(s)/V_i(s)$。

(2) 写出传递函数 $I_a(s)/V_i(s)$。

练习 13.16 写出图 13.75 中电路的传递函数 $V_o(s)/V_i(s)$,$I_a(s)/V_i(s)$。

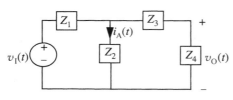

图 13.74 练习 13.15 图

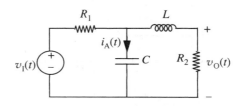

图 13.75 练习 13.16 图

练习 13.17 对图 13.76 所示电路,写出传递函数 $I_a(s)/V_i(s)$。

练习 13.18 求图 13.77 中电路的 I_a/I_s。

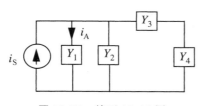

图 13.76 练习 13.17 图

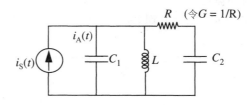

图 13.77 练习 13.18 图

问 题

问题 13.1 对图 13.78 中显示的每个网络:

(1) 求指定的复阻抗或传递函数的表达式。

(2) 画出指定量作为频率函数的幅值和相位的示意图。你可以使用线性坐标或对数-对数坐标,但是建议你学会使用两种坐标。

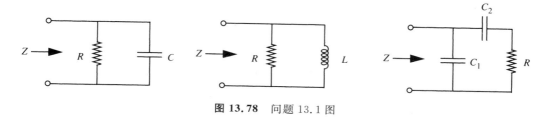

图 13.78　问题 13.1 图

问题 13.2　图 13.79 表示了一种可能的变压器电路模型,可在原边和副边有公共地时使用该模型。假定: $L_1 = 2.5\mathrm{H}, L_2 = 0.025\mathrm{H}, M = k\sqrt{L_1 L_2}$,其中 $k < 1, R_1 = 1\mathrm{k\Omega}, R_2 = 10\Omega$。

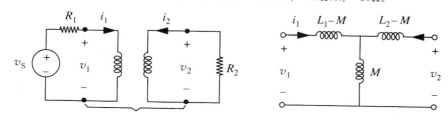

图 13.79　问题 13.2 图

(1) 求正弦稳态时传递函数 V_2/V_s 的表达式。

(2) 在紧耦合的极限,$k \to 1$,两个自然频率相距甚远(见前一章的问题 12.3)。对这种特殊情况,在对数-对数坐标中画出传递函数的幅值和相位的示意图。

问题 13.3　一个电气系统传递函数为

$$H(\mathrm{j}\omega) = \frac{Y(\mathrm{j}\omega)}{X(\mathrm{j}\omega)} = \frac{10^5 (10 + \mathrm{j}\omega)(1000 + \mathrm{j}\omega)}{(1 + \mathrm{j}\omega)(100 + \mathrm{j}\omega)(10000 + \mathrm{j}\omega)}$$

(1) 画出用分贝表示的与对数频率表示的 $H(\mathrm{j}\omega)$ 的幅值,标出所有 3dB 点。

(2) 画出对数频率表示的 $H(\mathrm{j}\omega)$ 的相位。

(3) ω 为何值时,$H(\mathrm{j}\omega)$ 的幅值等于 0dB? 在这些频率处,$X(\mathrm{j}\omega)$ 和 $Y(\mathrm{j}\omega)$ 的幅值之间是什么关系?

(4) 列出 $H(\mathrm{j}\omega)$ 的相位等于 45° 的频率。

问题 13.4　这个问题涉及图 13.80。假定 $R_1 = 1\mathrm{k\Omega}, L_1 = 10\mathrm{mH}$。

(1) 求传递函数 $H(\mathrm{j}\omega) = V_1/V_0$。

(2) 求 R 使得直流增益为 $1/10$。

(3) 求 L 的一个值,使得高频时的响应等于直流时的响应。

(4) 当 R 和 L 取上面求得的值时,画出与 $\lg\omega$ 表示的 $H(\mathrm{j}\omega)$(幅值和相位)。

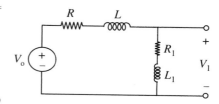

图 13.80　问题 13.4 图

问题 13.5　这个问题研究家庭中通常使用的门铃电路(图 13.81)。

图 13.81 中变压器的数据给出如下:$L_1 = 2.5\mathrm{H}, L_2 = 0.025\mathrm{H}, M = k\sqrt{L_1 L_2}$,其中 $k < 1$。

(1) 极限 $k \approx 1$ 时,按钮开关没有按下(打开)时,电压 V_2 是多少? 你应该对所有量使用均方根值。电源的均方根值给定为 120V。

(2) 通过按下接触点,门铃就工作了,通常可以在 60Hz 时建模为 10Ω 的电阻。求 $k \approx 1$ 极限条件下,门铃正常工作(按钮闭合,门铃阻抗 10Ω 时),原边电流 I_1 的均方根值。

(3) 这种电路的一个重要的安全措施是防火,如果门铃意外地保持接触闭合,那么就变成了短路。防火措施可以通过调整 k 的值来实现。在按钮按下,门铃表现为短路时,求 k 的值,使原边电流的均方根值限制在 500mA。

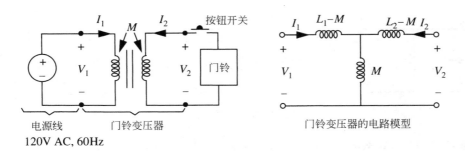

图 13.81 问题 13.5 图

问题 13.6 图 13.82 所示电路中,开关已在位置(1)停留了很长时间。$t=0$ 时,开关切换到位置(2)。对这个电路的特定参数,在大于 0 的所有时间内,完整的输出波形是

$$v_C(t) = |V_c| \cos(\omega t + \varphi)$$

(1) 求用 V_1、ω、R 和 C 表示的 $|V_c|$ 和 φ。

(2) 求产生 $v_C(t)$ 波形所需的 V_o,用 $|V_C|$、ω、R 和 C 表示。

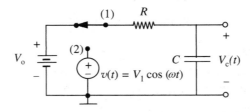

图 13.82 问题 13.6 图

第 14 章

正弦稳态：谐振

第 12 章显示了含有一个电容和一个电感的电路在电路欠阻尼时能呈现出振荡行为。这一章将显示当系统函数有复根时就会发生振荡行为。这样的系统称为**谐振系统**。谐振电路的性质可用其品质因数和谐振频率等参数来表征。这一章从阻抗和频率的角度重新研究了谐振电路。

在模拟设计中构造高选择性滤波器（例如收音机调谐器和无线网络中手机的信道选择器等）时，谐振电路是非常有用的。谐振电路还用于构造振荡器来产生给定频率的正弦波。同样的振荡器也构成了数字设计中时钟发生器的基础。

许多物理系统也可以用二阶谐振电路来模拟。因为在二阶谐振电路的谐振频率点或接近谐振频率点处，即使是一个非常小量级的能量注入也会引起一个非常大的且能维持住的响应，于是诸如建筑、桥梁等物理结构的建模和设计过程中必须避免这种情况。事实上，谐振器在谐振频率下可看成是能量聚积器，它们持续地从激励中获取并储存能量。在这种情况下，它们的响应幅值的唯一限制是内部损耗以及由大幅值响应的应力产生的非线性。这种响应最臭名昭著的情形是 Tacoma 峡谷大桥灾难。在桥的谐振频率处，往复的风在桥结构中注入了足够的能量，因而使整个桥陷入了谐振并开始摇摆，最后就崩塌了。14.5.2 和 14.6 节将为这种谐振行为提供更多的解释。

14.1 并联 RLC，正弦响应

第 12 章中计算了二阶系统，明确地说是图 14.1 所示的 RLC 并联系统，对短暂脉冲和阶跃的响应。现在我们希望从阻抗的角度研究同一个系统，从而揭示这样的电路是如何被用做滤波器的。特别地，我们将讨论影响滤波器选择性的因素。重新依据第 12 章中的计算，让我们首先计算当电路被某个频率为 ω_1 的猝发音驱动时的时域全响应 $v(t)$。

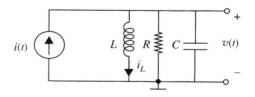

图 **14.1** 并联 RLC 电路

$$i(t) = I_0 \cos\omega_1 t \quad t > 0 \tag{14.1}$$

必须承认求正弦激励下的全响应几乎是不必要的，因为我们更感兴趣的是正弦的强制响应（或特解）。因此，读者可以直接跳到 14.1.2 节，然后到 14.2 节，而不会失去连续性。然而，为了完整起见，我们将尽力求出全响应。

对上面的节点应用 KCL 得到

$$i(t) = C\frac{\mathrm{d}v}{\mathrm{d}t} + \frac{v}{R} + i_L \tag{14.2}$$

电感的构成关系是

$$v = L\frac{\mathrm{d}i_L}{\mathrm{d}t} \tag{14.3}$$

求式(14.2)的微分,并将式(14.3)代入,我们得到一个描述系统的二阶微分方程:

$$\frac{1}{C}\frac{\mathrm{d}i}{\mathrm{d}t} = \frac{\mathrm{d}^2 v}{\mathrm{d}t^2} + \frac{1}{RC}\frac{\mathrm{d}v}{\mathrm{d}t} + \frac{1}{LC}v \tag{14.4}$$

和过去一样,我们将通过分别求齐次解和特解(v_h 和 v_p)来求解这个微分方程。

14.1.1 齐次解

第 12 章中详细地计算出了这个方程的齐次解,因此这里只做简要的回顾。齐次方程是

$$\frac{\mathrm{d}^2 v}{\mathrm{d}t^2} + \frac{1}{RC}\frac{\mathrm{d}v}{\mathrm{d}t} + \frac{1}{LC}v = 0 \tag{14.5}$$

假定一种齐次解的形式为

$$v_\mathrm{h} = K\mathrm{e}^{st} \tag{14.6}$$

特征方程是

$$s^2 + \frac{1}{RC}s + \frac{1}{LC} = 0 \tag{14.7}$$

为了简化表示,将它写成标准形式为

$$s^2 + 2\alpha s + \omega_\mathrm{o}^2 = 0 \tag{14.8}$$

其中

$$\omega_\mathrm{o}^2 = \frac{1}{LC}$$

和

$$\alpha = \frac{1}{2RC}$$

在第 12 章中我们看到系统是谐振的,也就是说,当它欠阻尼时呈现出振荡行为。12.2.1 节中进一步讨论了欠阻尼系统可以用这个条件

$$\omega_\mathrm{o} > \alpha \tag{14.9}$$

表征。因为这一章中着重研究谐振系统,我们将假定系统是欠阻尼的,即 $\omega_\mathrm{o} > \alpha$。在这种假设下,特征方程有这样的两个根

$$s_\mathrm{a} = -\alpha + \mathrm{j}\omega_\mathrm{d} \tag{14.10}$$

$$s_\mathrm{b} = -\alpha - \mathrm{j}\omega_\mathrm{d} \tag{14.11}$$

其中

$$\omega_\mathrm{d}^2 = \alpha^2 - \omega_\mathrm{o}^2 \tag{14.12}$$

根据我们的假设 $\omega_\mathrm{o} > \alpha$ 得到式(14.10)和式(14.11)中给出的两个根是复数。此外,两个根形成一个共轭复数对。换句话说,谐振系统可以用一对共轭复根来表征。

因此,齐次解是

$$u_\mathrm{h}(t) = \mathrm{e}^{-\alpha t}(K_\mathrm{a}\mathrm{e}^{\mathrm{j}\omega_\mathrm{d}t} + K_\mathrm{b}\mathrm{e}^{-\mathrm{j}\omega_\mathrm{d}t}) \tag{14.13}$$

$$= Ke^{-\alpha t}\cos(\omega_d t + \theta) \tag{14.14}$$

其中，K 和 θ 是在全解表达式写出之后，要根据猝发音之前电感电流和电容电压两个初始条件确定的常数。

14.1.2　特解

现在让我们用阻抗法求这个系统的特解。特解是系统对余弦信号 $I_o\cos(\omega_1 t)$ 的稳态响应 $v_p(t)$。图 14.2 显示了从原电路（图 14.1）推导出的阻抗模型。图中的复常数 I_o 和 V_p 通过下面的表达式与原来的时间变量相关（译者注，$I_o\cos(\omega_1 t)$ 中的 I_o 为实数，表示幅值，式（14.17）中的 I_o 为复数）

$$i(t) = \mathrm{Re}[I_o e^{s_1 t}] = I_o\cos\omega_1 t \tag{14.15}$$

$$v_p = \mathrm{Re}[V_p e^{s_1 t}] \tag{14.16}$$

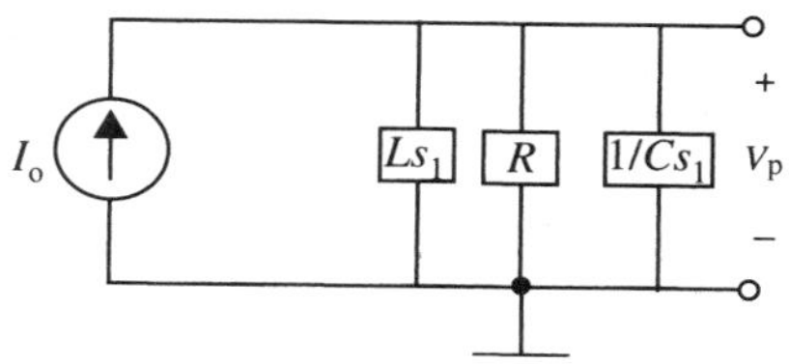

对阻抗模型中顶部的节点直接应用 KCL 得到

$$I_o = \frac{V_p}{Ls_1} + \frac{V_p}{R} + \frac{V_p}{1/Cs_1} \tag{14.17}$$

图 14.2　并联 RLC 的阻抗模型

求解 V_p，我们发现

$$V_p = \frac{I_o}{1/Ls_1 + 1/R + Cs_1} \tag{14.18}$$

$$= \frac{I_o s_1/C}{s_1^2 + s_1/RC + 1/LC} \tag{14.19}$$

注意我们可以利用这个系统函数的分母而不用写出微分方程就可以得到特征方程（14.7）。

现在可以根据式（14.16）和式（14.18）求出这个系统的特解

$$v_p(t) = |V_p|\cos(\omega_1 t + \angle V_p) \tag{14.20}$$

在 14.1.3 节中还将继续这个例子，在那里将齐次解和特解相加得到全解。

14.1.3　并联 RLC 电路的全解

现在我们能够计算全解，或完整的时间函数 $v(t)$，即由余弦猝发音引起的电容电压响应。对余弦猝发音驱动的全解是齐次解 v_h（式（14.14））和特解 v_p（式（14.20））的和

$$v(t) = Ke^{-\alpha t}\cos(\omega_d t + \theta) + |V_p|\cos(\omega_1 t + \angle V_p) \tag{14.21}$$

其中 k 和 θ 要满足 i_L 和 v 的初始条件。

式（14.21）给出了并联电路对频率为 ω_1 的余弦猝发音的全响应。当 t 变大时，第一项渐渐消失，只保留了第二个频率为 ω_1 的余弦项。因此，第二项就是对频率为 ω_1 的余弦的稳态响应。

式（14.21）进一步表明：一般来说，这个表达式中两个余弦项的频率不同。第一项是自然响应，频率为 ω_d，是系统的阻尼自然频率。第二项是强制响应，为输入信号的频率 ω_1。因此可以预期这两个成分之间会发生干扰。由计算机根据式（14.21）生成的 $v(t)$ 的图形（如图 14.3 所示）清楚地显示了 $\omega_1 \approx \omega_d$ 时的干扰效果。观察任何一个高 Q 值的谐振电路[①]对稍微偏移谐振频率的阶跃余弦的响应将发现这种干扰。

[①]　Q（12.4.1 节中介绍的式（12.65））的突然出现提示这样一个事实：我们将在 14.2 节中从频率的角度对 Q 进行详述。目前，理解了高 Q 值谐振电路的阻尼因子 α 的值很小，因而电路的自然响应将持续很长时间就足够了。

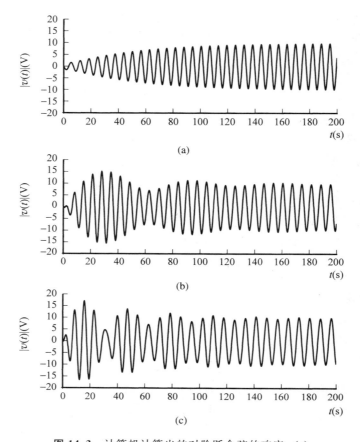

图 14.3 计算机计算出的对阶跃余弦的响应 $v(t)$

（a）驱动频率为 $\omega_d(\omega_d=\omega_1=1\text{rad/s})$；（b）驱动频率略低于 $\omega_d(\omega_d=1\text{rad/s},\omega_1=0.9\text{rad/s})$；（c）驱动频率更低（$\omega_d=1\text{rad/s},\omega_1=0.8\text{rad/s}$）

接着，图 14.4 显示了 $\omega_1\ll\omega_d$ 和 $\omega_1\gg\omega_d$ 时 $v(t)$ 的图形。当驱动频率非常低时（例如图 14.4(b)），响应看起来像阶跃函数一样。

这一节分析了谐振电路的全响应。然而，正如早先提到的，我们倾向于对全响应不太感兴趣，而是更关心特解或稳态响应。因此，14.2 节将更详细地分析式(14.19)的稳态响应。

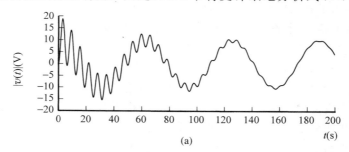

图 14.4 计算机计算出的对阶跃余弦的响应 $v(t)$

（a）驱动频率远远低于 ω_d，即 $\omega_1\ll\omega_d(\omega_d=1\text{rad/s},\omega_1=0.1\text{rad/s})$；（b）接近直流驱动（$\omega_d=1\text{rad/s},\omega_1=0.004\text{rad/s}$）；（c）驱动频率远远高于 $\omega_d(\omega_d=0.1\text{rad/s},\omega_1=3\text{rad/s})$

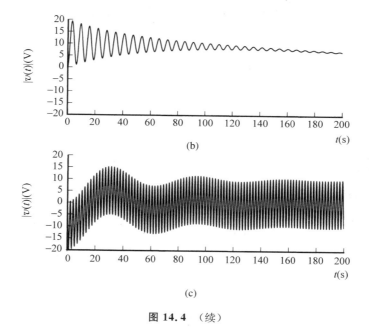

图 **14.4**　（续）

它也会显示如何画出二次方程式的根的频率响应图,并从频率的角度回顾二阶系统的关键参数 Q、α、$\omega_{\circ}$ 和 ω_{d}。并联谐振电路的频率响应图生动地显示了当信号通过谐振电路时发生的过滤现象。

14.2　谐振系统的频率响应

　　前一节通过解微分方程求出了并联 RLC 电路对正弦输入的全响应,这往往是一种相当蹩脚的计算。但是正如前面说明过的,我们往往对正弦输入时电路的稳态响应更感兴趣。和第 13 章中介绍的一样,画出频率响应是一种很方便的途径,它可以形象地揭示电路在稳态时对不同频率正弦做出的响应。研究一个网络的频率响应需画出两个图形

- 对数频率表示的网络系统函数的幅值;
- 对数频率表示的网络系统函数的相角。

网络的系统函数是输出的复幅值与输入的复幅值的比值。

　　让我们研究并联 RLC 谐振电路的频率响应。它的阻抗模型如图 14.5 所示。用 14.1.2 节中阐述的阻抗法,通过观察可以写出其系统函数。对图 14.5,我们可以写出输出 V_{p} 和输入 $I_{\circ}$ 间的表达式如下

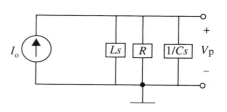

图 **14.5**　并联 RLC 的阻抗模型

$$V_{p} = \frac{I_{\circ}}{1/Ls_{1} + 1/R + Cs_{1}}$$

因此,系统函数为

$$H(s) = \frac{V_{p}}{I_{\circ}} = \frac{1}{1/Ls + 1/R + Cs} \tag{14.22}$$

$$= \frac{s/C}{s^2 + s/RC + 1/LC} \tag{14.23}$$

注意式(14.23)的分母既计算了并联 RLC 电路的稳态响应,又是特征方程,它在某些条件下得到一对复数根。根据式(14.9),我们知道当

$$\omega_\circ > \alpha$$

时,或者明确地说,当

$$\sqrt{\frac{1}{LC}} > \frac{1}{2RC}$$

时根是复数。我们预计频率响应看起来会与我们迄今为止看到的那些响应有很大不同。这一节的余下部分将着重讨论有复根的系统函数的频率响应。这种讨论将扩展我们对原先讨论过的所有系统函数的认识,包括有实根的一阶和二阶系统函数(第 13 章)。

为具体起见,让我们研究具有下列元件值

$$L = 0.5\mu H$$
$$C = 0.5\mu F$$
$$R = 4\Omega$$

的电路的频率响应。根据这些值,系统函数变为

$$H(s) = \frac{2 \times 10^6 s}{s^2 + 0.5 \times 10^6 s + 4 \times 10^{12}} \tag{14.24}$$

对于我们选择的元件值,式(14.24)的分母确实产生了一对复数根,因此系统是谐振的。图 14.6 显示了由计算机产生的相应的频率响应的图形。幅值图清楚地显示了电路的频率敏感行为:低频和高频都被削弱了,这表明该响应具有带通滤波器的特征。

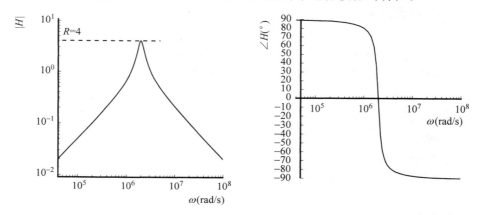

图 14.6　计算机产生的频率响应的幅值和相位的图形

更有趣的是,观察幅值图和相位图在频率为 $2 \times 10^6 \,\text{rad/s}$ 时的行为。在这个频率处,幅值图显示了一个尖峰,相位图显示了一个突然的相位跃迁。这一节的余下部分将为这个响应提供更多的认识,并且将讨论我们如何快速猜测出具有复根的系统函数的频率响应的形式。14.2.1 节将进一步显示幅值和相位在谐振频率处的急剧变化直接与复数根有关。14.4 节继续讨论如何不使用计算机画出谐振系统函数响应的完整示意图。

为了得到对谐振系统函数的认识,让我们从研究式(14.23)的系统函数开始。为了方便

起见,这里重复一下

$$H(s) = \frac{V_p}{I_o} = \frac{s/C}{s^2 + s/RC + 1/LC}$$

观察到系统函数的分母可以写成二阶系统的下列标准形式

$$s^2 + 2\alpha s + \omega_o^2 \qquad (14.25)$$

其中

$$\omega_o = \sqrt{\frac{1}{LC}} \qquad (14.26)$$

和

$$\alpha = \frac{1}{2RC} \qquad (14.27)$$

这与二阶系统的特征多项式相同(见第 12 章中式(12.85))。这个二阶多项式的根可以是实数或复数,这取决于 α 和 ω_o 的相对大小。我们很快将会显示系统响应的行为严重依赖于这些根的种类,并且 ω_o 和 α 的值提供了对频率响应图形式的实质性认识。我们还将研究 α 和 ω_o 的频域解释与在第 12 章中的时域解释的一致性。

作为认识系统函数与频率响应关系的第一步,我们将式(14.25)除以 s/C,并重写为

$$H(s) = \frac{1}{1/Ls + 1/R + Cs} \qquad (14.28)$$

为了进一步简化,我们令 $G=1/R$,将 s 写成 $j\omega$,$1/j\omega$ 写成 $-j/\omega$,得到

$$H(j\omega) = \frac{1}{G + j(\omega C - 1/\omega L)} \qquad (14.29)$$

无需任何复杂的计算,某些特征已经非常明显。在一个特殊的频率时,分母中含 L 的项和含 C 的项互相抵消,$|H|$ 为最大值。这种抵消发生在

$$\omega C = 1/\omega L \qquad (14.30)$$

这个特殊的频率为

$$\omega = \omega_o = \frac{1}{\sqrt{LC}} \qquad (14.31)$$

这个频率称为系统的谐振频率 ω_o。在第 12 章求时域齐次解的讨论中,它被称为无阻尼的谐振频率。还要注意,这个频率正是通过将系统函数写成如式(14.25)所示的标准形式得到的 ω_o。

在我们的例子中,$L=0.5\mu H$,$C=0.5\mu F$,因此

$$\omega_o = \sqrt{\frac{1}{LC}} = 2 \times 10^6 \text{rad/s}$$

在这个频率时,$H(s)$ 的值出现尖峰,看图 14.6 中的幅值图可以验证这一点。

接下来,让我们着重于电路在这个谐振频率时的行为。在谐振频率时

$$|H(j\omega_o)| = R \qquad (14.32)$$

因此,电容电压的复幅值简化为

$$V_p = I_o/G = I_o R \qquad (14.33)$$

从而在这个特殊频率时的电容电压(时间函数)为

$$v_p(t) = I_o R \cos \omega_o t \qquad (14.34)$$

因此,谐振时电感抵消了电容的影响,电路看起来像一个纯电阻。

用另一种方法说,电感和电容的并联为频率 $\omega = \omega_o$ 的输入信号提供了无限大阻值。

接下来,让我们研究在频率非常小和非常大时的行为。当 ω 非常小时,式(14.29)表明

$$H(j\omega) \approx j\omega L \tag{14.35}$$

或者

$$V_p \approx j\omega L I_o \tag{14.36}$$

因此

$$v_p(t) \approx \omega L I_o \cos(\omega t + \pi/2) \tag{14.37}$$

也就是说,电路看起来像一个电感。再联系到频率响应,式(14.35)进一步暗示幅值图的低频渐近线与电感的类似。

类低地,当 ω 非常大时,我们发现

$$H(j\omega) \approx \frac{1}{j\omega C} \tag{14.38}$$

或者

$$V_p \approx \frac{I_o}{j\omega C} \tag{14.39}$$

因此

$$v_p(t) \approx \frac{I_o}{\omega C} \cos(\omega t - \pi/2) \tag{14.40}$$

电路看起来似乎只包含一个电容。在频率响应方面,式(14.38)暗示幅值图的高频渐近线与电容的类似。

此时,尽管还没有得到对频率响应的完整理解(例如,某些二阶系统出现峰值的原因),通过确定一些约束,我们知道的已经足够画出响应的形式。明确地说,式(14.32)、式(14.35)和式(14.38)建立了图 14.7 所示的频率响应的基本结构。如图所示,系统函数的幅值的低频和高频渐近线分别是 ωL 和 $1/\omega C$。根据式(14.29)和式(14.30),这些渐近线相交于谐振频率 ω_o。此外,我们知道当频率 $\omega = \omega_o$ 时,系统函数 $H(j\omega) = R$。图 14.7 显示了这三个约束。合起来,三个约束就指出了实际幅值曲线的形状,如图 14.8 所示。

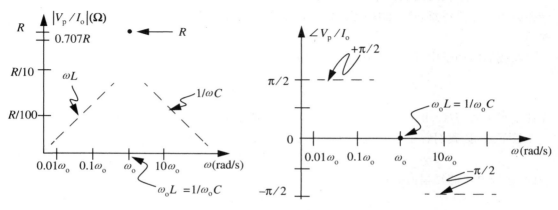

图 14.7　并联 RLC 电路的频率响应渐近线

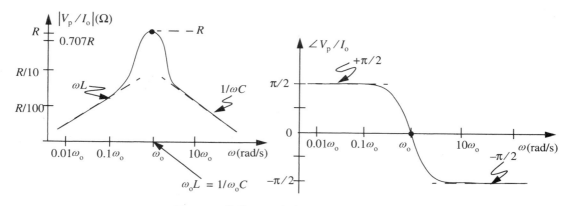

图 14.8 并联 RLC 电路的频率响应的形式

$H(\mathrm{j}\omega)$ 的相位相对比较容易猜测。根据式(14.35)和式(14.38)，很容易看出相位的低频和高频渐近线分别是 $+90°$ 和 $-90°$。谐振时，因为

$$H(\mathrm{j}\omega_o) = R$$

相位为 0。图 14.7 中显示了这三个约束。请比较图 14.7 中的这三个约束与画于图 14.8 中的实际曲线。

上面讨论的猜测式(14.23)的频率响应的过程可以推广到其他的谐振系统，并且可以总结如下：

- 幅值图约束
  ① 标出低频渐近线
  ② 标出高频渐近线
  ③ 标出在频率 ω_o 时系统函数的幅值 $|H(\mathrm{j}\omega_o)|$。频率 ω_o 可以通过写标准形式的系统函数(式(14.25))求出。
- 相位图约束
  ① 标出低频渐近线
  ② 标出高频渐近线
  ③ 标出在频率 ω_o 时系统函数的角度 $\angle H(\mathrm{j}\omega_o)$。

例 14.1 并联 RLC 电路的传递函数 求图 14.9 所示并联 RLC 电路的传递函数 $H_c = V_c/I$。给定

$$i(t) = 0.1\cos(2\pi ft)$$

$$L = 0.1\mathrm{mH}$$

$$C = 1\mu\mathrm{F}$$

$$R = 10\Omega$$

画出频率响应的幅值和相位的渐近线的示意图。求 Q、ω_o、α、两个 0.707 频率、带宽的值。写出 $f = 1\mathrm{MHz}$ 时 v_C 的稳态值的时域表达式。

解 我们可以将电流 I 乘以 RLC 并联组合的阻抗得到 V_c 为

$$V_c = I \frac{1}{1/Ls + 1/R + sC}$$

传递函数为

$$H_c = \frac{V_c}{I} = \frac{1}{1/Ls + 1/R + sC}$$

或写成标准形式

$$H_c = \frac{V_c}{I} = \frac{s/C}{1/LC + s/RC + s^2}$$

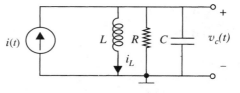

图 14.9 并联谐振电路的例子

将实际元件值代入得

$$H_c = \frac{10^6 s}{10^{10} + 10^5 s + s^2} \tag{14.41}$$

代入 $s = j\omega$,得到的频率响应为

$$H_c(j\omega) = \frac{j10^6 \omega}{(10^{10} - \omega^2) + j10^5 \omega}$$

为了求频率响应的幅值的形式,我们必须求出低频和高频渐近线以及响应在 ω_o 时的值。低频渐近线是

$$H_c(j\omega) = \frac{j\omega}{10^4}$$

高频渐近线是

$$H_c(j\omega) = \frac{10^6}{j\omega}$$

将式(14.41)的分母与标准形式 $s^2 + 2\alpha s + \omega_o^2$ 比较,我们得到

$$\omega_o = 10^5 \,\mathrm{rad/s}$$

和

$$|H_c(j\omega_o)| = 10\Omega$$

相应的低频和高频的相位渐近线分别是 $90°$ 和 $-90°$。相位在 ω_o 时是 $0°$。

图 14.10 中的虚线显示了低频和高频渐近线,ω_o 时的值用 X 符号标记。实线显示了实际的图形。

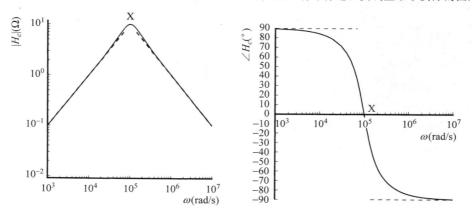

图 14.10 频率响应的幅值和相位图

最后,为了求出 v_C 的时域表达式,我们知道

$$V_c = H_c I$$

其中,因为 $i(t) = 0.1\cos(2\pi f t)$

$$I = 0.1\mathrm{A}$$

因此,稳态值 v_C 的时域表达式为

$$v_C(t) = |0.1 H_c(\omega)| \cos(\omega t + \angle H_c(\omega))$$

当 $f=1\mathrm{MHz}$ 或 $\omega=2\pi\times10^6\,\mathrm{rad/s}$ 时,这个表达式变为 $v_C(t)=0.1005\cos(2\pi10^6t-84°)$。

频率响应的谐振区域

现在我们将更仔细地研究图 14.6 中幅值和相位都有急剧变化的频率响应的谐振区域。特别地,我们将求出谐振尖峰的宽度以及影响其尖锐程度的因素。

为了能够表示图 14.6 中的谐振宽度,需要求出两个频率点(计算过程很容易),它们是 $|H(\mathrm{j}\omega)|$ 下降到其最大值的 0.707(或 $1/\sqrt{2}$)时的频率[①]。从式(14.29)可以很容易地计算出频率 $\omega_{0.707}$,原因在于当分母变为 $G(1\pm\mathrm{j}1)$ 时, $|H|$ 将是其最大值的 0.707 倍。也就是说,当

$$G+\mathrm{j}(\omega_{0.707}C-1/\omega_{0.707}L)=G(1\pm\mathrm{j}1)$$

化简得

$$G=\pm(\omega_{0.707}C-1/\omega_{0.707}L) \tag{14.42}$$

这是一个 $\omega_{0.707}$ 的二次方程式

$$\omega_{0.707}^2\pm\frac{G}{C}\omega_{0.707}-\frac{1}{LC}=0 \tag{14.43}$$

解 $\omega_{0.707}$

$$\omega_{0.707}=\pm\frac{G}{2C}\pm\sqrt{\left(\frac{G}{2C}\right)^2+\frac{1}{LC}} \tag{14.44}$$

得两个正根,即

$$\omega_{0.707}=+\frac{G}{2C}+\sqrt{\left(\frac{G}{2C}\right)^2+\frac{1}{LC}} \tag{14.45}$$

和

$$\omega_{0.707}=-\frac{G}{2C}+\sqrt{\left(\frac{G}{2C}\right)^2+\frac{1}{LC}} \tag{14.46}$$

图 14.11(a)画出了这两个根在线性频率坐标下的位置,指出了两个 0.707 频率之间的宽度是 G/C,通常称为带宽。换句话说

$$带宽=\frac{G}{C}=\frac{1}{RC}$$

比较式(14.25)和二阶电路的标准形式,式(14.25)我们可以写出

$$\frac{1}{RC}=2\alpha=带宽$$

回想在第 12 章式(12.85)中,根据时域的观点,我们也遇到过这个同样的阻尼因子。那时在时域的观点中,阻尼因子是一个表示自然响应消失有多快的指标。注意在并联 RLC 电路的时域响应式(14.21)中存在一个包含 α 的衰减指数项。

还要注意根据图 14.11(a),0.707 频率一般不是关于 ω_0 对称的,而是关于

$$\sqrt{\left(\frac{G}{2C}\right)^2+\frac{1}{LC}}$$

[①] 使 $|H(\mathrm{j}\omega)|$ 下降到其最大值的 $1/\sqrt{2}$ 或 0.707 的频率称为 0.707 频率或 $\omega_{0.707}$。如在第 13 章一阶电路中定义的那样,这样一个频率也称为半功率频率。由于 0.707 用分贝表示是 $20\log0.707=-3\mathrm{dB}$,它也被称为 $-3\mathrm{dB}$ 频率。

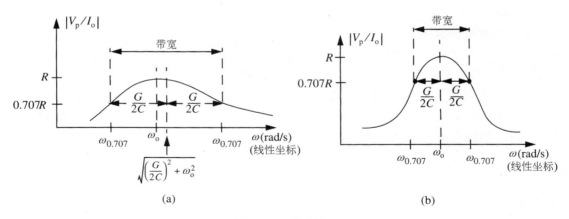

图 14.11 带宽计算

(a) 低 Q；(b) 高 Q。图中，$G=1/R$

或

$$\sqrt{\alpha^2 + \omega_o^2}$$

对称的。然而，对于数值比较小的 G，这个值与谐振频率非常接近。因此，中心频率和谐振频率是可以互换使用的。

响应尖锐程度的一种有用的度量方式是中心频率与带宽的比值

$$\frac{\text{中心频率}}{\text{带宽}} = \frac{\omega_o}{G/C} = Q = \omega_o RC = \frac{R}{\omega_o L} \tag{14.47}$$

第 12 章（式(12.65)和式(12.66)）中从完全不同的角度介绍的恰恰也是这个品质因数。那里从时域的角度看，Q 指出的是电路被阶跃输入激励时，电路将振荡的时间长度。如果我们知道了品质因数 Q 和频率 ω_o，我们可以推出带宽为

$$\text{带宽} = \frac{\omega_o}{Q} \tag{14.48}$$

式(14.45)和式(14.46)中根号里的两项的相对重要性可以根据式(14.31)来评估，即

$$\frac{1}{LC} = \omega_o^2 \tag{14.49}$$

将式(14.45)和式(14.46)根号部分除以 ω_o^2，然后用式(14.47)代入，我们得到

$$\omega_{0.707} = +\frac{G}{2C} + \omega_o \sqrt{1 + \frac{1}{4Q^2}} \tag{14.50}$$

和

$$\omega_{0.707} = -\frac{G}{2C} + \omega_o \sqrt{1 + \frac{1}{4Q^2}} \tag{14.51}$$

当 Q 大于 5 时，两个 0.707 频率的表达式中的根号在 0.5% 之内。在这种情况下，忽略这个小的偏移量是合理的，并且假定谐振曲线关于 ω_o 对称，如图 14.11(b) 所示，并可总结成下面的等式

$$\omega_{0.707} \approx +\frac{G}{2C} + \omega_o \tag{14.52}$$

和

$$\omega_{0.707} \approx -\frac{G}{2C} + \omega_o \qquad (14.53)$$

现在已经知道了 5 个关于 RLC 并联谐振的约束，即两个 0.707 频率、中心频率、低频和高频渐近线，我们可以猜测出比图 14.8 中更精确的频率响应的形式。图 14.12 中连同实际曲线一起显示了这 5 个约束。

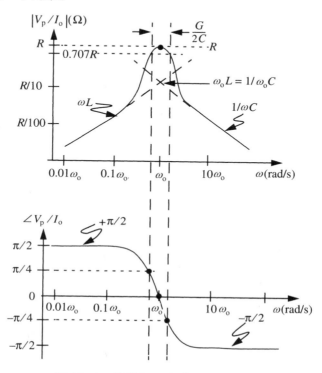

图 14.12 并联 RLC 电路的频率示意图
给出了 5 个约束，即两个 0.707 频率、中心频率 ω_o、低频和高频渐近线

$H(j\omega)$ 的相位也可以相对比较容易地画出。在 0.707 频率处，式(14.29)中分母的实部和虚部相等(见式(14.42))，因此低于谐振频率时相位肯定是 $+45°$，高于谐振频率时肯定是 $-45°$。这两个约束，连同分别为 $+90°$ 和 $-90°$ 的低频和高频渐近线一起，还有谐振时的零相位形成了 5 个约束，使得我们可以画出一个相当精确的相位图，如图 14.12 所示。

此时，比较适合进行一些讨论。回顾式(14.47)，$Q = R/\omega_o L$，因此，很显然，根据 Q 的表达式和图 14.12，Q 是曲线的峰值高度与渐近线交点的高度的比值。因此，Q 是频率响应曲线的尖锐程度的一个指标。图 14.13 和图 14.14 中显示了几个幅值和相位图，举例说明了尖锐程度和 Q 之间的关系。

接下来，涉及到时域(见第 12 章中围绕(12.65)的讨论)，因为

$$Q = \frac{\omega_o}{2\alpha} \qquad (14.54)$$

一个高的 Q 值意味着与 ω_o 相比，衰减因子 α 很小，当被一个阶跃或冲激激励时，电路将振荡

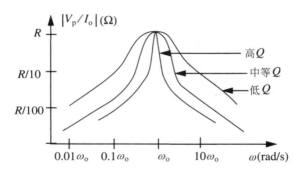

图 14.13 高 Q 与低 Q 电路的幅值

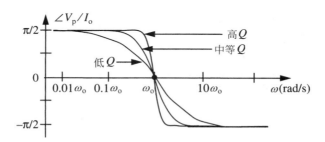

图 14.14 高 Q 和低 Q 电路的相位

很长时间[1]。

一个高的 Q 值,不仅暗示了与 α 相比 ω_0 很大,还意味着特征多项式的根是复数。注意特征多项式的根(式(14.25))为

$$-\alpha + \sqrt{\alpha^2 - \omega_0^2} \quad \text{和} \quad -\alpha - \sqrt{\alpha^2 - \omega_0^2}$$

从式(14.54)我们还看到当 $Q>0.5$ 时,根将是复数,因为此时

$$\alpha < \omega_0$$

此外,根据我们在 12.4.1 节中的观察,注意到当 $\alpha<\omega_0$ 时电路是欠阻尼的。现在我们看到了复数根、谐振电路、欠阻尼和频率响应的尖峰程度之间清楚的相互关系。

最后,利用图 14.11 或图 14.12 中的频率响应图,基于式(14.20),可以比较简单地用形象的语言描述信号通过谐振电路时发生的变化。所有谐振频率附近的频率成分将相对无削弱地通过系统,但所有其他的频率成分都被削弱,并产生相移。例如,如果滤波器的输入是一个 990Hz 的方波,并且滤波器谐振频率是 3000Hz,输出几乎是一个 2970Hz 的正弦,因为滤波器将通过这个方波的三次谐波成分,而舍弃了基波和其他谐波成分。正如前面提到的,滤波器的信号处理性质是电视、收音机和手机接收器工作的基础,它必须从存在于接收器天线的许多信号中选择出一个被传输的信号。

例 14.2 求关键参数 求例 14.1 中图 14.9 所示电路的 Q、ω_0、α、两个 $\omega_{0.707}$ 频率和带宽的值。给定

$$i(t) = 0.1\cos(2\pi f t)$$
$$L = 0.1\text{mH}$$

---

[1] 事实上,可以看出 Q 本身是振荡次数的一种大致量度。

$$C = 1\mu\text{F}$$
$$R = 10\Omega$$

解　对上面的元件值，在对数坐标和线性坐标中画出幅值和相位曲线。另外，保持中心频率和峰值不变，画出 $Q = 0.5, 0.75, 1, 2, 4, 8$ 和 16 时的频率响应图。

和例 14.1 中所做的一样，图 14.9 所示电路的传递函数写成标准形式为

$$H_c = \frac{s/C}{1/LC + s/RC + s^2} = \frac{10^6 s}{10^{10} + 10^5 s + s^2} \tag{14.55}$$

将式 (14.55) 的分母与标准形式 $s^2 + 2\alpha s + \omega_0^2$ 比较，我们得到

$$\omega_0 = \sqrt{\frac{1}{LC}} = 10^5 \text{ rad/s}$$

$$\alpha = \frac{1}{2RC} = \frac{10^5}{2} \text{ rad/s}$$

$$Q = \frac{\omega_0}{2\alpha} = R\sqrt{\frac{C}{L}} = 1 \tag{14.56}$$

由式 (14.45) 和式 (14.46) 给出的两个 $\omega_{0.707}$ 频率为[①]

$$\omega_{0.707} = +\frac{G}{2C} + \sqrt{\left(\frac{G}{2C}\right)^2 + \frac{1}{LC}} = 1.618 \times 10^5 \text{ rad/s}$$

和

$$\omega_{0.707} = -\frac{G}{2C} + \sqrt{\left(\frac{G}{2C}\right)^2 + \frac{1}{LC}} = 0.618 \times 10^5 \text{ rad/s}$$

带宽为

$$1.618 \times 10^5 - 0.618 \times 10^5 = 10^5 \text{ rad/s}$$

带宽和谐振频率 ω_0 标记于幅值图（图 14.15，对数坐标）中。图 14.16 在线性坐标中画出的幅值图也标记出了带宽和谐振频率。在对数坐标和线性坐标中的相位分别画于图 14.17 和图 14.18 中。

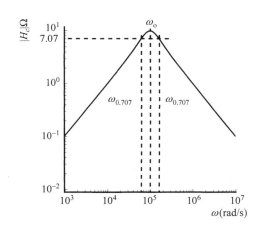

图 14.15　对数坐标中频率响应的幅值

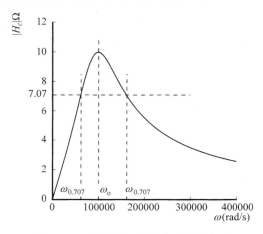

图 14.16　线性坐标中频率响应的幅值

图 14.19 和图 14.20 显示了对于不同 Q 值的频率响应，保持中心频率和峰值不变。为了保持峰值相同，我们保持 R 为 10Ω。类似地，为了保持中心频率相同，我们保持 $\sqrt{1/LC}$ 为一常数 10^5 rad/s。我们通过选择不同的 C/L 比值得到不同的 Q 值（式 (14.56)），而保持 R 和 LC 不变。因此，例如

①　其中 $G = 1/R$。

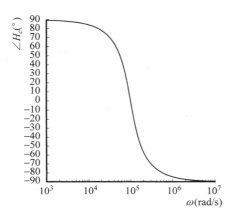

图 14.17 对数坐标中频率响应的相位

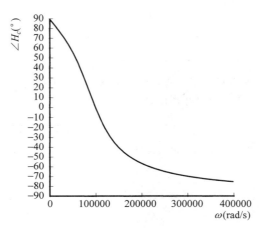

图 14.18 线性坐标中频率响应的相位

$$L = 0.1\text{mH}$$
$$C = 1\mu\text{F}$$
$$R = 10\Omega$$

得到 $Q=1$。

$$L = 0.05\text{mH}$$
$$C = 2\mu\text{F}$$
$$R = 10\Omega$$

得到 $Q=2$。

$$L = 0.2\text{mH}$$
$$C = 0.5\mu\text{F}$$
$$R = 10\Omega$$

得到 $Q=0.5$。

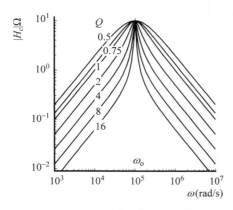

图 14.19 不同 Q 值时的幅值

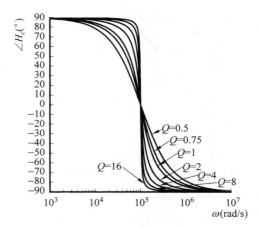

图 14.20 不同 Q 值时的相位

14.3 串联 *RLC*

图 14.21 中显示了一种 *RLC* 电路的二阶拓扑——串联谐振电路。直接分析图 14.21(b)的阻抗模型,得到

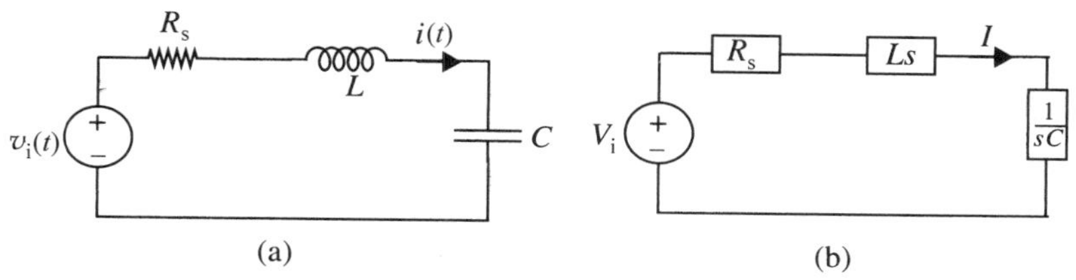

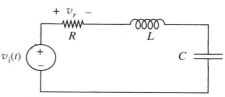

图 14.21　串联谐振电路

（a）电路；（b）阻抗模型

$$I = \frac{V_i}{R_s + Ls + 1/Cs} \tag{14.57}$$

$$= \frac{(s/L)V_i}{s^2 + sR_s/L + 1/LC} \tag{14.58}$$

因此

$$H(s) = \frac{I}{V_i} = \frac{s/L}{s^2 + sR_s/L + 1/LC} \tag{14.59}$$

我们又得到了一个与式(14.23)形式相同的表达式,因此这也是一个谐振电路。这一次的区别在于电流是输出变量,因此这里在谐振时电流为最大值,而对于图 14.1 的并联电路,电压在谐振时是最大值。通过比较两个推导过程中相应的项,可知对这个串联电路

$$谐振频率 = \omega_o = \frac{1}{LC} \tag{14.60}$$

$$带宽 = \frac{R_s}{L} \tag{14.61}$$

将这个带宽表达式与我们在对串联 *RLC* 电路的时域分析中得出的阻尼因子 α 的表达式(见 12.12 节)相比,我们可以写出

$$带宽 = 2\alpha$$

此外,因为本章中定义的 *Q* 是中心频率与带宽的比值,对串联电路为

$$Q = \frac{\omega_o L}{R_s} \tag{14.62}$$

在第 12 章中我们通过研究对窄脉冲的响应得到了同样的关系(式(12.109))。与并联 *RLC* 电路中相应的表达式相比显示出,在并联谐振电路中对高 *Q* 值 *R* 应该很大,而在串联情形下,R_s 应该很小。虽然容易混淆,但结论是正确的。

图 14.12 的 $H(j\omega)$ 相对于 ω 的幅值和相位也适用于这个电路,只是现在系统函数定义为

$$H(j\omega) = \frac{I}{V_i} \tag{14.63}$$

例 14.3　串联 *RLC* 电路的传递函数　求图 14.22 所示串联 *RLC* 电路的传递函数 $H_r = V_r / V_i$,给定

$$v_i(t) = 0.1\cos(2\pi ft)$$

$$L = 0.1\text{mH}$$

$$C = 1\mu\text{F}$$

$$R = 5\Omega$$

图 14.22　串联谐振电路例子

画出频率响应的幅值和相位的渐近线的示意图。求 Q、ω_o 和 α 的值。写出 $f=1\mathrm{MHz}$ 时 v_r 的稳态值的时域表达式。

解 对于阻抗模型,我们得到

$$H_r = \frac{V_r}{V_i} = \frac{R}{Ls + R + \dfrac{1}{sC}} \tag{14.64}$$

分子、分母都乘以 s/L,得到

$$H_r = \frac{\dfrac{sR}{L}}{s^2 + s\dfrac{R}{L} + \dfrac{1}{LC}}$$

代入实际元件值

$$H_r = \frac{5 \times 10^4 s}{s^2 + 5 \times 10^4 s + 10^{10}} \tag{14.65}$$

代入 $s = \mathrm{j}\omega$,得到的频率响应为

$$H_r(\mathrm{j}\omega) = \frac{\mathrm{j}5 \times 10^4 \omega}{(10^{10} - \omega^2) + \mathrm{j}5 \times 10^4 \omega}$$

为了求出频率响应幅值的形式,我们必须求出低频渐近线和高频渐近线以及响应在 ω_o 时的值。低频渐近线是

$$H_r(\mathrm{j}\omega) = \frac{\mathrm{j}\omega}{2 \times 10^5}$$

高频渐近线是

$$H_r(\mathrm{j}\omega) = \frac{5 \times 10^4}{\mathrm{j}\omega}$$

将式(14.65)的分母与标准形式 $s^2 + 2\alpha s + \omega_o^2$ 比较,我们得到

$$\omega_o = 10^5 \,\mathrm{rad/s}$$

$$\alpha = 2.5 \times 10^4 \,\mathrm{rad/s}$$

和

$$Q = \frac{\omega_o}{2\alpha} = 2$$

在 $\omega = \omega_o$ 时,

$$\mid H_r(\mathrm{j}\omega_o) \mid = 1$$

相应的低频和高频的相位渐近线分别是 $90°$ 和 $-90°$。相位在 ω_o 时是 $0°$。

图 14.23 中的虚线显示了低频和高频渐近线,ω_o 时的值用 X 符号标记。实线显示了实际的图形。

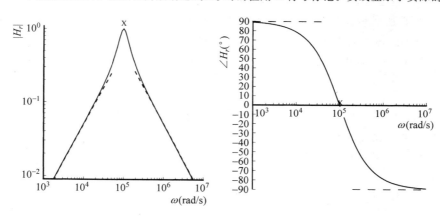

图 14.23 频率响应的幅值和相位图

最后，根据

$$V_r = H_r V_i$$

其中，$V_i = 0.1\text{V}$，我们得到稳态时 v_r 的时域表达式为

$$v_r(t) = |0.1 H_r(\omega)| \cos(\omega t + \angle H_r(\omega))$$

当 $f = 1\text{MHz}$ 或 $\omega = 2\pi \times 10^6 \text{rad/s}$ 时，这个表达式变为

$$v_r(t) = 0.005\cos(2\pi \times 10^6 t - 87°)$$

例 14.4　利用谐振电路构成的金属检测器　图 14.24 所示电路可以用做一个金属检测器。为此，电感被绕成一个大的扁平线圈。当附近有金属存在时，线圈的电感就发生改变，因此 v_{OUT} 也随之改变。假设我们在正弦稳态时可以检测 v_{OUT} 幅值 0.1mV 的变化。可以检测到的电感变化的最小值是多少？如何选择频率 ω 使得金属检测器的灵敏度最大？

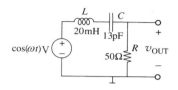

图 14.24　金属检测器电路

　　解　为了分析金属检测器，我们首先计算正弦稳态时 v_{OUT} 的复幅值 V_{out}。V_{out} 的模就是正弦稳态时 v_{OUT} 的幅值。因此，利用阻抗模型得

$$|V_{out}| = \frac{\omega R C}{\sqrt{(1 - \omega^2 LC)^2 + (\omega RC)^2}}$$

这也是 v_{OUT} 的幅值。接下来，我们将 v_{OUT} 的幅值对 L 求微分来确定灵敏度，得到

$$\frac{\mathrm{d}|V_{out}|}{\mathrm{d}L} = \frac{\omega^3 RC^2(1 - \omega^2 RC)}{\left[(1 - \omega^2 LC)^2 + (\omega RC)^2\right]^{3/2}}$$

根据图 14.24 中给定的参数，灵敏度的绝对值在接近 62.920krad/s（或 10.014kHz）处达到最大。这略大于谐振频率

$$\omega_o = \sqrt{1/LC} = 62.017\text{krad/s}$$

　　在此频率处，灵敏度峰值大约为 -483.4V/H。因此，设可测量的电压幅值的最小变化为 0.1mV，则最小可测量的电感变化为 $0.2\mu\text{H}$，或者大约为线圈电感的 0.001%。

　　例 14.5　另一个 *RLC* 电路的例子　图 14.25 中二阶电路的输入 v_i 是一个正弦。求阻抗 Z，并求电路的 ω_o、α、ω_d 和 Q。说明电路对所给的元件值是谐振的。画出系统函数 I_z/V_z 作为频率函数的幅值和相位图，并画出低频渐近线和高频渐近线的示意图。

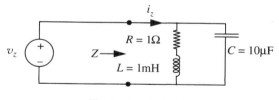

图 14.25　二阶电路

　　解　利用阻抗模型，阻抗 Z 可以求出为

$$Z = \frac{1}{\dfrac{1}{R + Ls} + sC} = \frac{\dfrac{s}{C} + \dfrac{R}{LC}}{s^2 + s\dfrac{R}{L} + \dfrac{1}{LC}}$$

系统函数是导纳 $I_z/V_z = 1/Z$，为

$$H(s) = \frac{I_z}{V_z} = \frac{1}{Z} = \frac{s^2 + s\dfrac{R}{L} + \dfrac{1}{LC}}{\dfrac{s}{C} + \dfrac{R}{LC}} \tag{14.66}$$

将下式

$$s^2 + s\frac{R}{L} + \frac{1}{LC}$$

和标准形式

$$s^2 + 2\alpha s + \omega_o^2$$

比较,可知

$$\omega_o = \sqrt{\frac{1}{LC}}$$

和

$$\alpha = \frac{R}{2L}$$

因此,可以计算出

$$\omega_d = \sqrt{\omega_o^2 - \alpha^2}$$

和

$$Q = \frac{\omega_o}{2\alpha}$$

对于

$$L = 1\text{mH}$$
$$C = 10\mu\text{F}$$
$$R = 1\Omega$$

来说,得到

$$\omega_o = 10^4\,\text{rad/s}$$
$$\alpha = 500\text{rad/s}$$
$$\omega_d = 9998\text{rad/s}$$

和

$$Q = 10$$

因为 $Q > 0.5$ 或等价于 $\omega_o > \alpha$,特征方程的根是复数,电路是谐振的。

将数值代入我们的系统函数,我们得到

$$H(s) = \frac{s^2 + 1000s + 10^8}{10^5 s + 10^8} \tag{14.67}$$

现在求低频渐近线和高频渐近线以及在谐振频率时响应的幅值和相位。对于低频,式(14.67)中的系统函数简化为

$$H(s) = 1\Omega^{-1}$$

这直接得到了幅值的低频渐近线。相应的低频相位渐近线是 0°。这条渐近线暗示导纳与 1Ω 电阻的类似。

对于高频,系统函数变为

$$H(s) = 10^{-5}s$$

这给出了我们的高频渐近线。这条渐近线暗示在高频时导纳与 $10\mu\text{F}$ 电容的类似。

将 $\omega = 10^4\,\text{rad/s}$ 代入式(14.67)得到响应在 $\omega_o = 10^4\,\text{rad/s}$ 时的幅值和相位是

$$|H(j\omega_o)| \approx 0.01\Omega^{-1}$$

和

$$\angle H(j\omega_o) = 6°$$

图 14.26(a)和图 14.27(a)中分别画出了幅值和相位的这 3 个约束。图 14.26(b)和图 14.27(b)包含了由计算机画出的系统函数相对于频率的幅值和相位的图形。

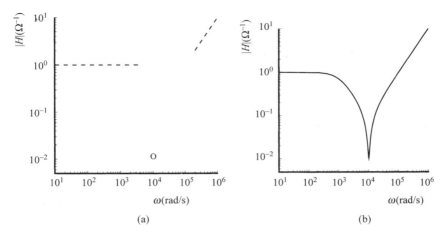

图 14.26　幅值相对于频率

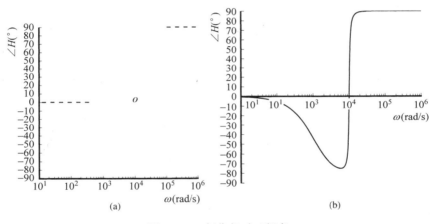

图 14.27　相位相对于频率

www 14.4　谐振函数的波特图

www 例 14.6　波特图例子

14.5　滤波器例子

串联和并联 RLC 谐振电路可以通过确定不同的输出端,用做不同类型的高选择性的滤波器。Q 越高,选择性越好。这里,我们重温串联谐振电路(图 14.32(a)),并且示范怎样用同一个基本电路得到不同类型的滤波器。

图 14.32(b)显示了串联 RLC 电路的阻抗模型。应用阻抗法,我们得到电流复幅值 I 和输入电压 V_i 之间的下列关系

$$I = \frac{V_i}{R + Ls + 1/Cs} \tag{14.68}$$

$$= \frac{(s/L)V_i}{s^2 + sR/L + 1/LC} \tag{14.69}$$

我们也可以将 I 的表达式的分母重写成一般的形式为

$$I = \frac{(s/L)V_i}{s^2 + 2\alpha s + \omega_o^2} \tag{14.70}$$

其中,串联谐振电路的 ω_o 和 α 为

$$\omega_o = \sqrt{\frac{1}{LC}}$$

$$\alpha = \frac{R}{2L}$$

相应的涉及 I 和 V_i 的系统函数是

$$H(s) = \frac{I}{V_i} \tag{14.71}$$

$$= \frac{s/L}{s^2 + sR/L + 1/LC} \tag{14.72}$$

$$= \frac{s/L}{s^2 + 2\alpha s + \omega_o^2} \tag{14.73}$$

现在我们将说明,图 14.32(b)中每个元件两端的电压与输入电压之比构成的系统函数代表不同类型的滤波器。为了具体起见,我们用下列元件值画出结果。

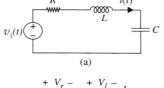

(a)

(b)

图 14.32 谐振的串联 RLC 电路

（a）电路；（b）阻抗模型

$$L = 1\,\mu H$$

$$C = 1\,\mu F$$

$$R = 1\,\Omega$$

这些元件值导致

$$\omega_o = 10^6\,\text{rad/s}$$

用 Hz 表示,谐振频率为 $10^6/2\pi = 159154\,\text{Hz}$。

衰减因子是

$$\alpha = 5 \times 10^5\,\text{rad/s}$$

品质因数是

$$Q = \frac{\omega_o}{2\alpha} = 1$$

14.5.1　带通滤波器

首先,让我们看一下电阻两端的电压 V_r 的行为。将式(14.70)中电流的表达式乘以阻抗 R,我们得到

$$V_r = IR = \frac{\dfrac{sR}{L}V_i}{s^2 + 2\alpha s + \omega_o^2}$$

这导致了涉及 V_r 和 V_i 的系统函数如下

$$H_r(s) = \frac{V_r(s)}{V_i(s)} = \frac{sR/L}{s^2 + 2\alpha s + \omega_o^2}$$

因为 $\alpha = \dfrac{R}{2L}$,我们可以将电阻电压的系统函数写成

$$H_r(s) = \frac{2\alpha s}{s^2 + 2\alpha s + \omega_o^2}$$

将 $s=j\omega$ 代入，并求 $H_r(s)$ 的幅值和相位，这样可以画出这个系统函数的频率响应。图 14.33 显示了与上面的系统函数相应的由计算机计算的频率响应。

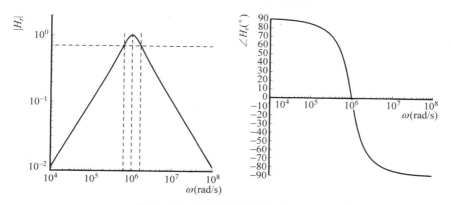

图 14.33　带通滤波器的频率响应

根据图 14.33，显然，图中 H_r 代表一个带通滤波器，与我们在 14.2 节中讨论的一样。也正如 14.2 节中讨论的，注意带通系统函数的幅值在 $\omega=\omega_o=10^6$ rad/s 时为单位值。

带宽为

$$带宽 = \frac{\omega_o}{Q} = \frac{10^6}{1}10^6 \text{rad/s}$$

根据图 14.33，求幅值下降到峰值的 $1/\sqrt{2}$ 时高频和低频的差值也可以验证这个带宽。

通过选择不同的 R 值，画出由此得到的不同 Q 值的频率响应是很有益的（见图 14.34）。对于串联谐振电路，因为

$$Q = \frac{\omega_o L}{R}$$

我们可以保持 L 和 C 的值不变，选择电阻值为 2Ω、1Ω、0.1Ω 和 0.01Ω，得到 Q 分别为 0.5、1、10 和 100。从图 14.34 很容易看到 Q 值越高，曲线的尖锐程度或选择性越好。还要注意当 Q 增加时，相位曲线显示了一个相应的急剧跃迁。

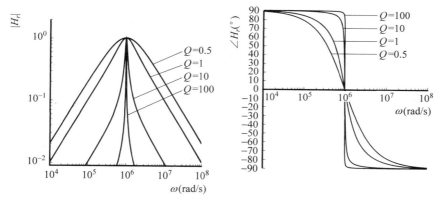

图 14.34　对几个不同的 Q 值，带通滤波器的频率响应

14.5.2   低通滤波器

现在让我们看一下电容上的电压 V_c。将式(14.70)中电流的表达式乘以阻抗 $1/sC$，我们得到

$$V_c = \frac{I}{sC} = \frac{\frac{1}{LC} V_i}{s^2 + 2\alpha s + \omega_o^2}$$

这导致了 V_c 和 V_i 的系统函数

$$H_c(s) = \frac{V_c(s)}{V_i(s)} = \frac{\frac{1}{LC}}{s^2 + 2\alpha s + \omega_o^2}$$

因为 $\omega_o^2 = \dfrac{1}{LC}$，我们可以将电容电压的系统函数写成

$$H_c(s) = \frac{\omega_o^2}{s^2 + 2\alpha s + \omega_o^2}$$

H_c 的频率响应如图 14.35 所示。因为它让低频信号无削弱地通过了，H_c 代表一个低通滤波器。

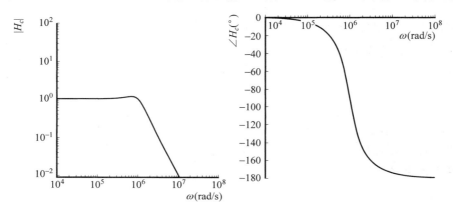

图 14.35 $Q=1$ 时，低通滤波器的频率响应

图 14.36 显示了若干 Q 值频率响应的幅值曲线。与带通例子中一样，可以通过减小电阻值 R 来增加 Q 的值。注意当驱动频率 ω 接近 ω_o 时，响应曲线显示了一些非常有趣的行为。明确地说，对于很大的 Q，当驱动频率 $\omega = \omega_o$ 时，电容电压的幅值可以远远大于输入驱动电压。这与电阻电压的幅值形成了鲜明的对比，电阻电压永远不会超过输入驱动电压（见图 14.34）。此外，和带通滤波器一样，Q 值越高，曲线接近 ω_o 时的尖锐程度越大。

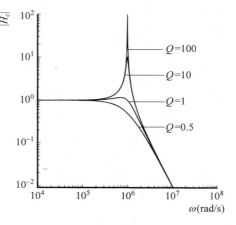

现在来推导出在 ω_o 时 Q 和响应的幅值之间的关系。我们知道

图 14.36   对几个不同的 Q 值，低通滤波器的频率响应的幅值曲线

$$V_c(s) = \frac{\omega_o^2 V_i}{s^2 + 2\alpha s + \omega_o^2}$$

为了得到对任何频率 ω 的响应，我们将 $s = j\omega$ 代入如下

$$V_c = \frac{\omega_o^2 V_i}{(j\omega)^2 + 2\alpha j\omega + \omega_o^2}$$

代入 $\omega = \omega_o$ 并化简，我们得到下面的谐振时的响应

$$V_c = \frac{j\omega_o V_i}{2\alpha}$$

取幅值并代入 $Q = \omega_o/2\alpha$，得到

$$|V_c| = QV_i \qquad (14.74)$$

这说明在串联谐振电路中电容电压的幅值是输入电压的 Q 倍！例如，如果 Q 为 100 的一个串联谐振电路连接到一个 10V 的正弦电源，那么在谐振时电容电压将是 1000V。换一种方法说，在二阶电路中，当激励的频率接近电路的谐振频率时，即使是很小的激励也可能导致很大的响应。现在就得到了对 Tacoma 峡谷大桥灾难的一些认识。因为往复的风的频率接近桥的谐振频率，桥开始摇摆，最终崩溃了。在 14.6 节中，我们会更多地讨论 Q 和谐振电路的响应。

例 14.7　高 Q 驱动电路的谐振响应　图 14.37 所示电路是一个由 1V 余弦电压源驱动的谐振电路。我们希望求：(1)电容电压 v_c 幅值最大时的频率，并求该幅值；(2)电路的无阻尼谐振频率(或者，简单说就是谐振频率)，以及在此频率处 v_c 的幅值；(3)电路的有阻尼谐振频率，以及在此频率处 v_c 的幅值；(4)在频率为 1kHz 时，v_c 的幅值；(5)在频率为 100kHz 时 v_c 的幅值。为了完成分析，我们首先求 v_c 的复幅值 V_c，然后取模。V_c 的模就是正弦稳态时 v_c 的幅值。利用阻抗法，复幅值 V_c 的模为

$$|V_c(\omega)| = \frac{1}{\sqrt{(1 - \omega^2 RC)^2 + (\omega RC)^2}}$$

这就是正弦稳态时 v_c 的幅值。v_c 的相位就是 V_c 的角度。

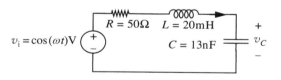

图 14.37　串联谐振电路

(1) 为了求最大幅值，我们求导并且求出导数为零时的 ω。这样做以后，我们就求出 v_c 在图 14.37 给定的参数下

$$\omega = \sqrt{\frac{1}{LC} + \frac{R^2}{2L^2}}$$

或 $\omega = 61.992 \text{krad/s}$ 或频率为 9.8664kHz 时幅值最大。在此频率处，v_c 的幅值为 24.8120V，远大于 1V 驱动的幅值！

(2) 将谐振频率 $\omega_o = \sqrt{1/LC}$ 作为 ω 代入前面 $|V_c|$ 的表达式，我们得到

$$|V_c(\omega_o)| = \frac{1}{\omega_o RC} = \frac{\sqrt{L/C}}{R} = Q \times 1V$$

回顾对于串联谐振电路有 $Q = \omega_o L/R = (\sqrt{L/C})/R$。从前面的等式注意到，在谐振频率点处输出幅值是输入幅值的 Q 倍！对于图 14.37 中的参数，谐振频率 $\omega_o = 62.017 \text{krad/s}$ 或频率为 9.8704kHz。在此谐振频

率处,v_C 的幅值为 24.8069V,并不是最大幅值,但非常接近。同样注意到 $Q=24.8069$。

(3) 有阻尼谐振频率为 $\omega_d = \sqrt{\omega_o^2 - \alpha^2} = \sqrt{(1/LC) - (R/2L)^2}$。这是齐次响应的振荡频率,因而也是零输入响应的振荡频率。对于图 14.37 中的参数,$\omega_d = 62.005\text{krad/s}$ 或频率为 9.8684kHz。在此频率处,v_C 的幅值为 24.8107V,这又和最大值非常接近。

(4) 在频率为 1kHz 时,v_C 的幅值为 1.01V。显然,在此频率处,输入无衰减地通过到输出。然而,幅值显著低于前面推导出的在谐振频率附近的幅值。

(5) 在更高的频率 100kHz 处,v_C 的幅值为 0.01V,显著低于输入的幅值。

因此,这个电路的行为就像一个低通滤波器,因为它无衰减地通过低频,而显著削弱高频。然而,由于电路的品质因数 Q 非常高,它很有可能并不能作为一个有用的低通滤波器,因为当驱动接近它的谐振频率时,它会产生一个显著高于输入的电压。如果希望在低频(从直流到接近谐振频率)时得到一个或多或少平坦一些的响应,电路设计者必须改变电路的参数,得到一个值小一些的 Q,例如 $Q=1$。

最后一点值得注意的是,图 14.37 中的电路参数构造了一个高 Q 的电路,$Q \approx 25$。在这种情况下,无阻尼谐振频率、有阻尼谐振频率和 v_C 幅值取得最大值时的频率非常接近,几乎相等。更进一步说,这三个频率点处的幅值几乎都是输入幅值的 Q 倍。

14.5.3 高通滤波器

将电流 I 乘以电感的阻抗 sL 得到电感上的电压为

$$V_l = IsL = \frac{s^2 V_i}{s^2 + 2\alpha s + \omega_o^2}$$

这导致了 V_l 和 V_i 的系统函数

$$H_l(s) = \frac{V_l(s)}{V_i(s)} = \frac{s^2}{s^2 + 2\alpha s + \omega_o^2}$$

H_l 的频率响应如图 14.38 所示。因为高频信号无削弱地通过了,H_l 代表一个高通滤波器。

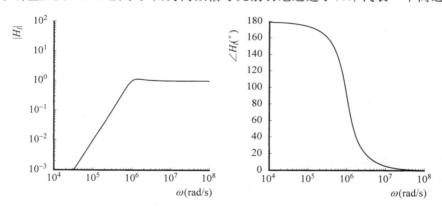

图 14.38 高通滤波器的频率响应

14.5.4 凹槽滤波器

凹槽滤波器也称为带阻滤波器。它滤除了凹槽频率附近范围内的频率。如下所示,与电压 V_n 相应的系统函数形成了一个凹槽滤波器。将 I 乘以电感和电容组合成的串联阻抗,我们得到

$$V_n = I\left(sL + \frac{1}{sC}\right) = \frac{\left(s^2 + \dfrac{1}{LC}\right)V_i}{s^2 + 2\alpha s + \omega_o^2}$$

这导致了 V_n 和 V_i 的系统函数

$$H_n(s) = \frac{V_n(s)}{V_i(s)} = \frac{\left(s^2 + \dfrac{1}{LC}\right)}{s^2 + 2\alpha s + \omega_o^2}$$

图 14.39 所示的频率响应清楚地证明了 H_n 的行为表现为一个凹槽滤波器。事实上，在 ω_o 处，H_n 变为 0。

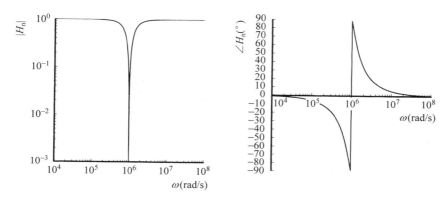

图 14.39　凹槽滤波器的频率响应

图 14.40 中总结了利用谐振 RLC 电路构成的四种类型的滤波器。通过观察滤波器在低频、中频和高频时每个电路元件的行为可以很快推导出每个滤波器的一般行为。例如，由于电容在低频时就像开路，高频时就像短路，很容易可以看出取电容电压作为输出的电路是一个低通滤波器。

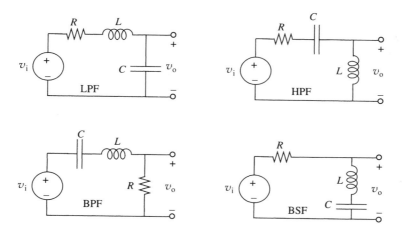

图 14.40　利用 RLC 谐振电路构成的滤波器
包括低通滤波器（LPF）、高通滤波器（HPF）、带通滤波器（BPF）和带阻滤波器（BSF）

14.6 谐振电路中储存的能量

现在来研究图 14.32 所示串联谐振电路中流动的能量,得到对该电路在接近谐振时对输入频率的高度敏感性质的更多认识,和式(14.74)可以相互印证。假定余弦电压源为

$$v_i = V_i \cos(\omega t)$$

(其中 V_i 是实数),电流的复幅值是

$$I = \frac{V_i}{R + j(\omega L - 1/\omega C)} \tag{14.75}$$

如果假定该电路的驱动电源具有谐振频率,即

$$\omega = \omega_o = \frac{1}{\sqrt{LC}} \tag{14.76}$$

那么

$$I = \frac{V_i}{R} \tag{14.77}$$

因此,如果串联电路被其谐振频率驱动,即 $\omega = \omega_o$ 时,我们看到

$$V_c = \frac{I}{j\omega_o C} = \frac{V_i}{j\omega_o RC} = -jV_i \frac{\omega_o L}{R} \tag{14.78}$$

$$V_l = j\omega_o L I = jV_i \frac{\omega_o L}{R} \tag{14.79}$$

利用串联谐振电路的 Q 的表达式(式(14.62)),我们发现

$$|V_c| = |V_l| = QV_i \tag{14.80}$$

也就是说,串联谐振电路中,当电路被谐振频率驱动时,电容或电感上的电压是输入电压的 Q 倍。

然而,根据式(14.78)和式(14.79),注意到电感和电容电压之和为 0。因此,两个元件的组合看起来像一个短路。但我们并不能从这个事实任何安慰,因为对于高 Q 的谐振电路,电容或电感上的电压仍然是巨大的,如果超过了元件的额定电压就会损坏它[①]。从更积极的角度看,这个原则可以用在测量电感的 Q 值的仪器中。

接下来,为了更好地理解电容和电感在谐振时的表现,让我们研究谐振时储存的能量。根据式(14.78)

$$v_C = \text{Re}[V_c e^{j\omega_o t}] \tag{14.81}$$

$$= \text{Re}[-jV_i Q e^{j\omega_o t}] \tag{14.82}$$

$$= V_i Q \sin(\omega_o t) \tag{14.83}$$

因此,根据式(13.162),储存的能量为

$$w_C = \frac{1}{2} C V_i^2 Q^2 \sin^2 \omega_o t \tag{14.84}$$

[①] 注意产生有害的响应并不一定严格需要电路被其谐振频率的正弦信号所驱动。任何一个信号,哪怕只有很小的谐振频率分量,也会引起巨大的、持续的响应。

$$= \frac{1}{4} C V_i^2 Q^2 (1 - \cos 2\omega_o t) \tag{14.85}$$

对于电感

$$i_L = \mathrm{Re}[I e^{j\omega_o t}] \tag{14.86}$$

$$= \frac{V_i}{R} \cos(\omega_o t) \tag{14.87}$$

$$w_L = \frac{1}{4} \frac{L}{R^2} V_i^2 (1 + \cos 2\omega_o t) \tag{14.88}$$

将式(14.62)和式(14.76)代入式(14.85)，电容中储存的能量可以写成一个与式(14.88)接近的形式

$$w_L = \frac{1}{4} \frac{L}{R^2} V_i^2 (1 - \cos 2\omega_o t) \tag{14.89}$$

现在，很显然，谐振时系统储存的总能量是一个常数

$$w_{\text{total}} = w_L + w_C = \frac{1}{2} \frac{L}{R^2} V_i^2 \tag{14.90}$$

能量首先存在电感中，然后到电容中，以两倍于输入的频率来回交换。

如果电路不是被它的谐振频率驱动，储存的能量将不再保持不变。w_{total} 将与时间有关，需要从电源获取无功功率。

谐振时有可能基于储存的能量和消耗的能量定义品质因数 Q

$$Q = \frac{\text{储存的能量}}{\text{每弧度消耗的平均能量}} \tag{14.91}$$

因为谐振时 $I = V_i/R$，电阻中消耗的平均功率是

$$\bar{p} = \frac{V_i^2}{2R} \tag{14.92}$$

每弧度消耗的平均能量是这个值除以用弧度每秒表示的频率

$$w_{\text{diss}} = \frac{V_i^2}{2R\omega_o} \tag{14.93}$$

将式(14.90)和式(14.93)代入式(14.91)，我们得到

$$Q = \frac{L V_i^2 / 2R^2}{V_i^2 / 2R\omega_o} = \frac{\omega_o L}{R} \tag{14.94}$$

和前面的一样。

现在我们已经看到了谐振电路的品质因数 Q 的三种定义。第 12 章中遇到的第一种基于暂态激励的无阻尼谐振频率和阻尼系数的比值(式 13.63)

$$Q = \frac{\omega_o}{2\alpha} \tag{14.95}$$

这一章中得出的第二种(式(14.47))基于正弦激励频率响应谐振峰的宽度

$$Q = \frac{\omega_o}{\omega_2 - \omega_1} \tag{14.96}$$

其中 $\omega_2 - \omega_1$ 是带宽，ω_1 和 ω_2 是响应的幅值下降到峰值的 0.707 倍时的频率。

第三种是用储存的能量和消耗的能量表示的关系，式(14.91)

$$Q = \frac{储存的能量}{每弧度消耗的平均能量} \qquad (14.97)$$

对于二阶电路,这些定义都可简化到同一个值,但在高阶电路中它们会产生出稍有区别的值。

例 14.8 高品质因数的 RLC 电路的时域和频域性质 这个例子利用品质因数 Q 推导出图 14.37 所示电路的频域响应和时域响应的一般形式。我们将着重研究 v_C,并且考虑两种情况:$R=50\Omega$ 和 $R=500\Omega$。

解 利用阻抗模型,与 V_c、V_i 相关的系统函数的幅值为

$$|H_c(\omega)| = \frac{1}{\sqrt{(1-\omega^2 RC)^2 + (\omega RC)^2}}$$

串联谐振电路的品质因数 Q 为

$$Q = \frac{1}{R}\sqrt{\frac{L}{C}}$$

当 $R=50\Omega$ 时,$Q=25$。对这个很大值的 Q,根据 14.5.2 节中对 Q 的讨论,我们期望看到一个尖锐的频率响应,观察图 14.41(a)中 H_c 频率响应的幅值图证实了这一点。图 14.41(a)中的频率响应图还显示出峰值为 25。

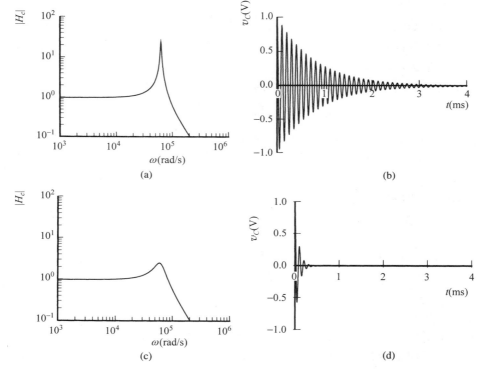

图 14.41 RLC 电路的时域和频域性质

(a) $Q=25(R=50\Omega)$ 时的频率响应;(b) $Q=25(R=50\Omega)$ 时的暂态响应;(c) $Q=2.5(R=500\Omega)$ 时的频率响应;(d) $Q=2.5(R=500\Omega)$ 时的暂态响应

在时域中,根据 12.2.1 节中对 Q 的解释,高 Q 值意味着如果输入置为 0,电容有初始电压时电路将振荡很多个周期。图 14.41(b)显示了 $v_C(0)=1V$ 时该电路的零输入响应。图 14.41(b)中的时域图形还显示出电路在衰减到图形中几乎观察不出的水平前大约振荡 25 个周期。

对于 $R=500\Omega$,$Q=2.5$,一个相当适中的值。因此,我们在频率响应中看不到显著的尖峰,观察图 14.41(c)可以证实这一点。

类似地,从时域的观点看,电路也不会振荡很多个周期。我们更期望看到的是由电容初始电压引起的暂态很快衰减完毕。图 14.41(d)证实了这个观察。

14.7　小结

- 谐振系统的特征是其系统函数中有一个有复根的二次方程式(形式为 $s^2 + 2\alpha s + \omega_o^2$)。有复根的系统函数意味着系统出现振荡行为。
- 阻抗法提供了一种分析谐振电路的方法,它通过揭示电路作为一个高选择性滤波器的性质与第 12 章的时域计算互补。滤波器的选择性与电路的品质因数 Q 有关。
- 谐振电路的性能可以总结为它的频率响应。频率响应包括随频率变化的幅值图和相位图。
- 下面的约束为谐振二阶系统的频率响应(包括幅值和相位)的形状提供了直觉:
  ① 低频渐近线
  ② 高频渐近线
  ③ 响应在谐振频率时的幅值和相位
- 品质因数 Q,谐振频率 ω_o 和衰减因子 α 是三个表征谐振系统行为的重要参数。这三个参数可以通过观察标准形式的谐振系统函数来确定,因此 $s^2 + 2\alpha s + \omega_o^2$ 形式的二次方程式是可确认的。参数 ω 和 ω_o 可以从二次方程式的项直接确定,而 Q 可以从

$$Q = \frac{\omega_o}{2\alpha}$$

得到。带宽和有阻尼谐振频率 ω_d 是谐振系统的两个重要参数,分别给定为

$$\text{带宽} = 2\alpha$$

和

$$\omega_d = \sqrt{\omega_o^2 - \alpha^2}$$

ω_d 是谐振电路的实际振荡频率。对于高 Q 电路,ω_d 的值与 ω_o 很接近。

- 对于并联谐振,并联组合的电压在谐振频率

$$\omega_o = 1/\sqrt{LC} \qquad\qquad (14.98)$$

时达到最大值。衰减因子为

$$\alpha = \frac{1}{2RC}$$

品质因数为

$$Q = \frac{\omega_o}{2\alpha} = R\sqrt{\frac{C}{L}}$$

并联谐振的带宽是

$$\text{带宽} = 2\alpha = \frac{1}{RC}$$

- 在串联谐振中,通过元件的电流在谐振频率

$$\omega_o = 1/\sqrt{LC}$$

时达到最大值。衰减因子为

$$\alpha = \frac{R}{2L}$$

品质因数为

$$Q = \frac{\omega_0}{2\alpha} = \frac{1}{R}\sqrt{\frac{L}{C}}$$

串联谐振的带宽是

$$带宽 = 2\alpha = \frac{R}{L}$$

- 带宽通过品质因数与谐振频率发生联系:

$$Q = \frac{谐振频率}{带宽} \tag{14.99}$$

因此高 Q 值意味着窄带宽(或高选择性)。

- Q 的其他等价的定义为

$$Q = \frac{\omega_0}{2\alpha} \tag{14.100}$$

和谐振时

$$Q = \frac{储存的能量}{每弧度消耗的平均能量} \tag{14.101}$$

- 利用 Q 作为一个共同的参数,电路的时域阶跃响应可以从电路的频率响应中得到,反之亦然。例如,频率图中一个"尖峰的"增益意味着阶跃响应中的振荡,而没有尖峰则意味着阶跃响应的迅速衰减。
- 谐振电路是二阶滤波器的基础,包括 LPF、HPF、BPF 和 BSF。
- 在后面的章节中,我们将看到许多 RC 有源滤波器的拓扑,它们无需电感就呈现出谐振[①]。

练　习

练习 14.1

(1) 对图 14.42 中的电路,假定一个固定频率 ω_0 的正弦稳态。求用电阻 R' 和适当的电感 L' 串联表示的 RL 并联组合的等效电路(Z_1)。

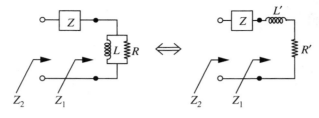

图 14.42 练习 14.1 图

(2) 求必须与阻抗 Z_1 串联的阻抗 Z,使得总阻抗 Z_2 在频率 ω_0 时等价于一个纯电阻。这个电阻的阻值是多少?

练习 14.2　一个并联的 RLC 网络有 $R = 1\text{k}\Omega$, $L = 1/12\text{H}$, $C = 1/3\mu\text{F}$,求 ω_0、α、Q_0、ω_d、ω_1、ω_2 和 $\beta =$

---

① 由于集成电路中难以制造电感,因此我们对这一点很感兴趣。

$\omega_2-\omega_1(\omega_1$ 和 ω_2 是半功率频率)。

练习 14.3 RLC 并联谐振(见图 14.43)被一个电流源 $0.2\cos(\omega t)$(单位:安培)驱动,当 $\omega=2500\text{rad/s}$ 时电压响应幅值的最大值为 80V,$\omega=2200\text{rad/s}$ 时为 40V。求 R、L 和 C。

练习 14.4 对于输入电压 $V\cos(\omega t)$,求使电桥(见图 14.44)平衡即 $v_1-v_2=0$ 的 L 的值的表达式。

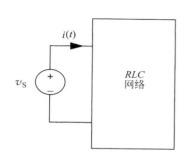 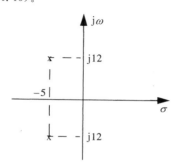

图 **14.43**　练习 14.3 图　　　　　　　　图 **14.44**　练习 14.4 图

练习 14.5 下面关于图 14.45 中二阶 RLC 网络所做的陈述中的一个或两个与余下的不一致。圈出不一致的陈述。

(1) 这个电路的自然频率 s_1 和 s_2 如复平面中所示(见图 14.46)。

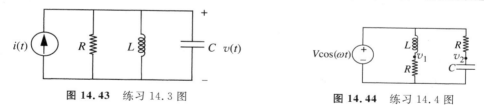

图 **14.45**　练习 14.5 图 1　　　　　　　图 **14.46**　练习 14.5 图 2

(2) $Q=1.2$。

(3) 导纳函数

$$Y(\text{j}\omega)=I(\text{j}\omega)/V_s(\text{j}\omega)=\text{j}2\omega/[(169-\omega^2)+\text{j}10\omega]$$

(4) $t>0$ 时阶跃响应的形式为

$$i(t)=A\text{e}^{-5t}\cos(12t+\varphi)\tag{14.102}$$

(5) $v_s(t)=B\cos(25t)$ 产生的稳态响应的形式为

$$i(t)=C\cos(25t+\varphi)\tag{14.103}$$

练习 14.6 考虑图 14.47 所示的网络。

(1) 说明通过选择适当的 L 值,阻抗 $\dfrac{V_i(s)}{I_i(s)}=Z_i(s)$ 可以与 s 无关。L 是什么值时满足这个条件?

(2) L 取(1)中求得的值,Z_i 的值是多少?

(3) 假定 $t<0$ 时电容电压和电感电流都是 0。求当 $v_1(t)$ 是一个单位阶跃时,$t>0$ 时的 $i_C(t)$。

练习 14.7 下面的每一部分都对二阶系统做出了一个陈述,指出陈述是否正确。

(1) 图 14.48 所示的网络(R 和 C 都是正的)都可呈现出 $\text{e}^{-at}\sin\omega t$ 形式的自然响应。

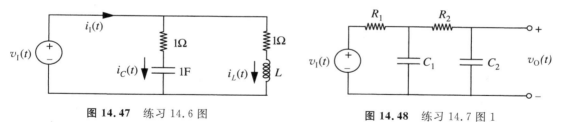

图 **14.47**　练习 14.6 图　　　　　　　图 **14.48**　练习 14.7 图 1

(2) RLC 网络的自然响应是：$v_{o}(t)=25\mathrm{e}^{-5t}\cos(12t+\pi/7)$，网络的 Q 值是 1.2。

(3) 对于图 14.49 所示的电路，正弦稳态条件下的输出电压是 0。

(4) 图 14.50 所示电路含有三个储能元件，因此有三个自然频率。

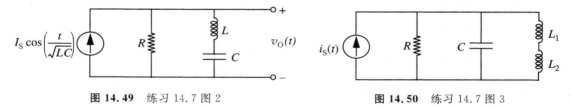

图 14.49　练习 14.7 图 2　　　　　　　　　　图 14.50　练习 14.7 图 3

练习 14.8　某个网络的电压传递函数的波特图形式如图 14.51 所示。
这个传递函数可以表示成这样的形式

$$\frac{V_{o}(s)}{V_{i}(s)}=\frac{Ks}{(s^{2}+s\omega_{o}/Q+\omega_{o}^{2})(\tau s+1)} \tag{14.104}$$

求参数 K、Q、ω_{o} 和 τ。

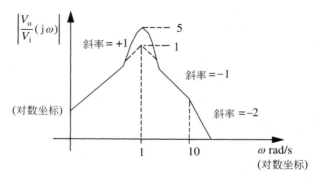

图 14.51　练习 14.8 图

练习 14.9　(1) 在图 14.52 的电路中，求暂态消失以后，V_{o} 的复幅值作为 V_{i} 的函数的表达式，假定 v_{i} 是一个正弦：$v_{i}=V_{i}\cos\omega t$。

(2) 求频率 $\omega_{o}=1/\sqrt{LC}$ 时的 $v_{O}(t)$。

练习 14.10　图 14.53 所示网络的阻抗为 $2\mathrm{k}\Omega$，在任何频率时都是纯实数。如图所示，电感的值是 $1\mathrm{mH}$。R 和 C 的值是多少？

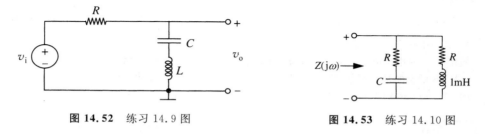

图 14.52　练习 14.9 图　　　　　　　　　　图 14.53　练习 14.10 图

问　　题

问题 14.1　对于图 14.54 中的串联谐振电路，画出阻抗模型，并求传递函数 V_{o}/V_{i}。通过勾画出渐近线，然后勾画出图形的方法，求这个函数相对于对数频率的波特图的示意图。这是一个二阶低通滤波器。

对于这个拓扑,最大幅值并不出现在谐振频率 ω_0(证明这一点,但不用给出所有数学过程)。然而,除了 Q 很低的情况,这只是一个很小的影响。求谐振频率的表达式(定义为分母中 s^2 和 s^0 系数抵消时的频率)和 Q。

问题 14.2　考虑图 14.55 中的电路。

(1) 当 $R=1\Omega$,$L=1H$,$C=1F$ 时,画出 $|Z(\omega)|$ 的波特图。谐振频率是多少?

(2) 当 $R=1\Omega$,$L=2H$,$C=2F$ 时,画出 $|Z(\omega)|$ 的波特图。谐振频率是多少?

(3) 解释(1)和(2)的结果。

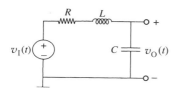

图 **14.54**　问题 14.1 图

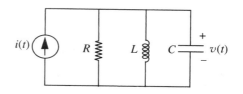

图 **14.55**　问题 14.2 图

问题 14.3　图 14.56 所示电路的输入电压 $v_{in1}(t)=V_1\cos(120\pi t)$,并且 $L=500mH$,$C=80\mu F$,$R=50\Omega$。

(1) 计算传递函数 $H(s)=V_o(s)/V_{in1}(s)$。

(2) 令 $v_{in1}(t)=0$,V_o 与地之间等效复阻抗是多少?

(3) (1)和(2)也许或导致你认为戴维南定理也适用于复阻抗。如果这是正确的,那么我们可以将 V_o 与地之间的电路用一个戴维南复阻抗(Z_{th})和一个复开路电压(V_{oc})替代。取 $v_{in1}(t)=10\cos(200\pi t)$,计算 Z_{th} 和 V_{oc}。

(4) 将电路用它的戴维南等效表示后,我们将它连接到另一个电路上,$v_{in2}(t)=10\cos(200\pi t)$,如图 14.57 所示。

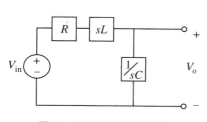

图 **14.56**　问题 14.3 图 1

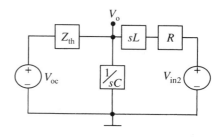

图 **14.57**　问题 14.3 图 2

① 这种方法有没有问题? 如果有,清楚地陈述出理由。

② 对这个电路,计算复幅值 V_o。

③ 现在令 $v_{in1}(t)=v_{in2}(t)=10\cos(200\pi t)$,求这种情况下 V_o 的值。

④ 如果 $v_{in1}(t)=v_{in2}(t)=10\cos(12\pi t)$,计算实输出电压 $v_O(t)$。

问题 14.4

(1) 求图 14.58 中每个电路的 ω_o、α、ω_d 和 $Q_1(Q_1=\omega_o/2\alpha)$。

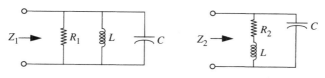

图 **14.58**　问题 14.4 图

(2) 假定 $L=1\mathrm{mH}$，$C=10\mu\mathrm{F}$。求 R_1 和 R_2 的值，使得 $Q_1=10$。R_1 和 R_2 的比值是多少？

(3) 对 L 和 R_2 的串联组合构造一个 L' 和 R' 的并联等效电路，并利用这个等效电路计算(2)中 R_1 和 R_2 的什么比值，使得两个电路的 $Q_1=10$。如果有差异，差异是多少？

(4) 利用(2)中求出的 R_1 和 R_2 的值，画出 $|Z_1|$ 和 $|Z_2|$ 相对于频率以及 $\angle Z_1$ 和 $\angle Z_2$ 相对于频率的图形。确定你的图形中的下列特征：

① 阻抗的最大值。产生这个最大值的 ω_r，和 ω_r 时的相位。

② $|Z_1|$ 最大值 $1/\sqrt{2}$ 时的频率 ω_1 和 ω_2，以及 ω_1 和 ω_2 时的相位。计算数值 $Q=\omega_r/(\omega_2-\omega_1)$。

(5) 现在假设恰好给你一个"并联谐振"电路 Z，但你不知道它是 Z_1 的形式还是 Z_2 的形式。提出一种基于测量频率函数 $|Z|$（也许包括 $\angle Z$）的实验程序，来确定。

① 这两种形式的并联谐振电路哪个是最好的模型？

② 三个元件的明确的 R、L 和 C 值。

问题 14.5

(1) 写出描述图 14.59 中电路的微分方程。

(2) 写出传递函数 $V_o(s)/V_i(s)$。

(3) 假定 $v_1(t)=\cos(\omega t)$，求 $i_1(t)$（令 $\omega=1$）。

(4) 在复平面中画出特征多项式（根据(2)）的根（假定 $R^2C^2<4CL$）。

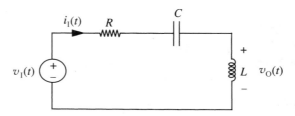

图 14.59 问题 14.5 图

问题 14.6

(1) 图 14.60 的电路中，给定 $v_S=V_S\cos(\omega t)$，其中 $\omega=10^6\,\mathrm{rad/s}$。设计包含一个电感和一个电容的无损的耦合网络，使得在频率 ω 时传输到天线上的功率最大。

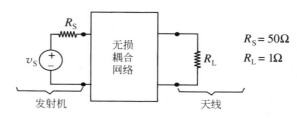

图 14.60 问题 14.6 图

(2) 现在假设 $v_S=V_S\cos(\omega t)+\varepsilon\cos(3\omega t)$，其中 ε 代表由发射机某处的非线性引入的一个很小数量的三次谐波畸变。因为联邦通信委员会（FCC）禁止了谐波的传播，于是检查耦合网络有没有在不经意中将谐波耦合到发射机是很重要的。对你在(1)中的设计，计算有多少三次谐波到达了天线。

问题 14.7 对这个问题，参考图 14.61 中的图。

一个物理的储能元件的 Q 值可以定义为

$$Q=\frac{\mathrm{Im}(Z)}{\mathrm{Re}(Z)}$$ (14.105)

其中，Z 是元件的接线端阻抗。Q 也可以用能量表示，定义为

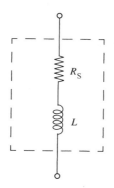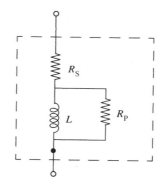

实际电感的简单模型　　　　　　　　　　更复杂的模型

图 14.61　问题 14.7 图

$$Q = \frac{2\pi < W >}{E_{\text{diss/cycle}}} \qquad (14.106)$$

其中 $<W>$ 是平均储存的能量，$E_{\text{diss/cycle}}$ 是每周期消耗的能量。

（1）对于简单的电感模型，计算并比较频率函数 Q_1 和 Q_2。

（2）对于更复杂的模型，假定 $R_P \gg R_S$，做一些合理的近似，画出 Q_1 作为 ω 的函数的示意图。

问题 14.8

通讯接收机需要高 Q 电路使得邻近频道中广播的信号能够被分离开来。由于有损耗（用并联电阻 r 模拟），用无源元件实现的 Q 有一个极限。在图 14.62 的运算放大器电路中，加了一个变化的电阻 R_F，它有增加无源调谐电路的 Q 的效果。

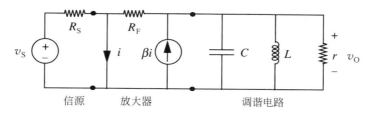

信源　　　放大器　　　　　　　调谐电路

图 14.62　问题 14.8 图

图中，$R_S = 1\text{k}\Omega$，$r = 10000\Omega$，$L = \dfrac{100}{\pi}\mu\text{H}$，$\beta = 11$，$R_F$ 和 C 可变。

（1）考虑第一个调谐电路本身，将它与放大器断开。如果选择 C 使得电路的谐振频率为 1MHz，它的 Q 值是多少？

（2）求整个的传递函数 $H(s) = V_o/V_s$。

（3）选择 C 和 R_F 的值，使得整个的频率响应在频率 1MHz 时出现峰值，并且半功率带宽为 2kHz。（注意，半功率带宽 $= 2\alpha$）。这种情况下，Q 是多少？

问题 14.9

（1）考虑图 14.63 中的两个电路。求传递函数

$$H_1(s) = I_1/I_s \quad 和 \quad H_2(s) = I_2/I_s$$

（2）给定 $i_s(t) = u_{-1}(t)$，画出它们在稳态时的电路。（回顾 $u_{-1}(t)$ 代表在 $t = 0$ 时的一个单位阶跃）。强制响应 i_1^F 和 i_2^F 是什么？

（3）计算自然响应 i_1^N 和 i_2^N。假定：

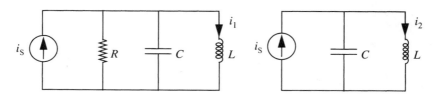

图 14.63 问题 14.9 图

$$i_L(0) = 0, \quad v_C(0) = 0, \quad R \gg \sqrt{L/4C}$$

为什么 i_2^F 不是第二个电路的完整的稳态响应？

(4) 写出用 ω_o 和 Q 表示的阶跃响应 $i_1 = i_1^F + i_1^N$ 和 $i_2 = i_2^F + i_2^N$。

答案为

$$i_1(t) = 1 - e^{-\omega_o t/2Q} \left(\frac{1}{2Q} \sin(\omega_o T) + \cos(\omega_o t) \right)$$

$$i_2(t) = 1 - \cos\omega_o t$$

(5) 在 $t = n\pi/\omega_o, n = 0, 1, 2, \cdots$ 时，$i_2(t)$ 达到最大/最小值。n 取什么值使得 $i_1^N(n\pi/\omega_o) = i_2^N(n\pi/\omega_o)/5$。对于 $Q = 5, 50, 500$，计算

$$\frac{i_1^N\left(\dfrac{2\pi}{\omega_o}\right)}{i_2^N\left(\dfrac{2\pi}{\omega_o}\right)} \tag{14.107}$$

画出 $Q = 50$ 时，$i_1(t)$ 的示意图。

问题 14.10 图 14.64(a)中的电路将被用做带通滤波器，它的幅值曲线如图 14.64(b)所示(线性坐标)。输入电压是

$$v_s(t) = V_s \cos(\omega t)$$

已知

$$\omega_c = 1 \times 10^6 \, \text{rad/s}$$

$$\omega^+ = 1.05 \times 10^6 \, \text{rad/s}$$

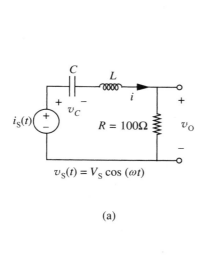

(a)

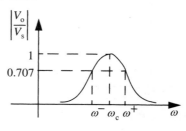

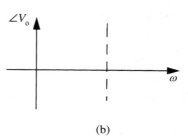

(b)

图 14.64 问题 14.10 图

$$\omega^- = 0.95 \times 10^6\,\text{rad/s} \tag{14.108}$$

求 L 和 C 的适当值,并解决下列问题。

（1）画出 $\angle V_0$ 对于 ω 的示意图。

（2）令 $v_s(t) = 10\cos(10^6 t)$,计算 $v_C(t)$、$i(t)$、$v_O(t)$。

（3）对于 $v_s(t) = 10\cos(10^6 t)$,求储存的总能量 W_s 和随时间消耗的平均功率。

问题 14.11　RLC 电路如图 14.65 所示。测量出 $\dfrac{I_i}{V_i}(j\omega)$ 的幅值并画在图 14.66 中(对数-对数坐标)。

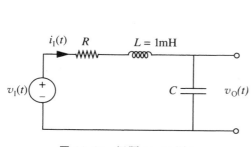

图 14.65　问题 14.11 图 1

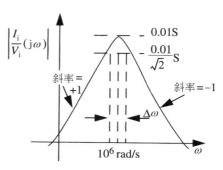

图 14.66　问题 14.11 图 2

（1）C 的值是多少?

（2）R 的值是多少?

（3）$\Delta\omega$ 的值是多少?

（4）现在电路的激励是一个单位阶跃电压。在 $t = 0$ 之前,$i_1(t)$ 和 $v_O(t)$ 的值是 0。

画出 $t > 0$ 时信号 $v_O(t)$ 的示意图,标注出重要特征。

问题 14.12　对这个问题,参考图 14.67。其中,$v_A = A\cos(400t)$,$A = 141\text{kV}$,$L = 0.25\text{H}$。

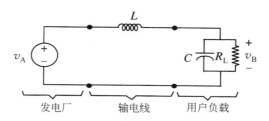

图 14.67　问题 14.12 图

这个问题研究电力系统的一个简单模型。电源 v_A 代表电网中的发电机。电感 L 代表所有电力线和变压器的净效果。用户负载用电阻 R_L 代表,并联一个电容 C。

（1）没有电容 C 时。$R_L = 100\Omega$。求 v_B 的幅值和 R_L 消耗的平均功率。

（2）为了改善(1)中的情况,用户在负载上并联一个电容。他发现 $25\mu\text{F}$ 的电容工作得很好。求 $R_L = 100\Omega$ 和 $C = 25\mu\text{F}$ 时 v_B 的幅值和 R_L 消耗的功率。

（3）用户现在非常高兴。然而,在晚上回家之前,他关掉了 90% 的负载,(使 $R_L = 1\text{k}\Omega$),此时仍然连接在输电线上的设备中出现了火花和烟。用户把你作为一个顾问请来澄清这件事情:

① 当用户打算关掉负载时为什么会出现火花?

② 假定 R_L 在范围 $100\Omega \leqslant R \leqslant 1000\Omega$ 内变化。为用户提供一个用于计算正确的 C 值的简单公式,使得 v_B 的幅值总是等于 141kV。

问题 14.13　对这个问题,参考图 14.68。已知 $\dfrac{R}{2L} = 1$,$\dfrac{1}{LC} = 2$,$R = 5$,$\dfrac{1}{RC} = 1$。

(1) 假定 $t>0$ 时 $i(t)=0$，并且 $i_L(0)=0,v_C(0)=V_o$。求 $t>0$ 时的 $v_C(t)$。化简你的答案，显示 $v_C(t)$ 的大致轮廓，说明其性质。

(2) 求 $V(s)$ 和 $I(s)$ 的传递函数（系统函数）。

(3) 当 $i(t)=2e^{-3t}$ 时，已知电压 $v(t)$ 可以表示为

$$v(t) = Ae^{s_1 t} + Be^{s_2 t} + De^{-3t} \tag{14.109}$$

求 s_1、s_2 和 D。（你无需求出 A 和 B）。

问题 14.14 对这个问题，参考图 14.69。已知 $V_T=1V,K=1mA/V^2$。

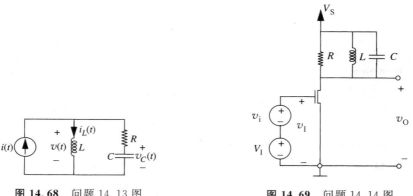

图 14.68 问题 14.13 图   **图 14.69** 问题 14.14 图

对于很小的正弦电压 $v_i(t)$，选择 V_I、R、L 和 C，得到在 $\omega=10^5\,rad/s$ 时的谐振，使 $Q=10$，而且在谐振时的增量增益 v_o/v_i 是 -2。提示：使用增量模型。

问题 14.15 图 14.70 中显示的两个网络在正弦稳态时被电压 $v_i(t)=V_I\cos(\omega t)$ 驱动。它们的输出具有形式 $v_o(t)=V_O\cos(\omega t+\varphi)$。

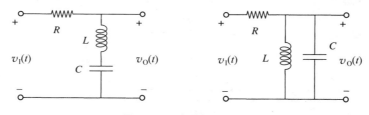

图 14.70 问题 14.15 图

(1) 对两个网络，用阻抗法求 V_1 和 ω 的函数 V_O 和 φ。

(2) 对两个网络，令 $R=1000\Omega,L=47mH,C=4.7nF$。在 $2\pi\times10^3\,rad/s\leqslant\omega\leqslant2\pi\times10^5\,rad/s$ 时，画并清楚地标注出 V_O/V_I；V_O/V_I 用线性坐标，ω 用对数坐标。你只需画出足够的点，勾画出 V_O/V_I 对于 ω 关系的轮廓。

(3) 描述每个网络的滤波性质，并说明每个网络是如何实现其功能的。

问题 14.16 这个问题研究 AM 收音机的一个非常简单的调谐器，如图 14.71 所示。这里，调谐器是并联的电感和电容。通过天线注入调谐器的收音机信号用一个电流源来模拟，而与收音机的余下部分并联的天线的诺顿阻值用一个电阻来模拟（你将在以后的电磁波课程中学习天线的建模）。AM 收音机的频带从 540kHz 延伸到 1600kHz。每个无线电台发射的信息都约束在其中心频率的 $\pm5kHz$ 范围内。（你将在信号与系统课程中学习 AM 无线电传输）为了防止邻近电台的频率重叠，每个电台的中心频率限定为 10kHz 的整倍数。因此，调谐器的目标就是让所选择电台中心频率 5kHz 范围内的所有频率通过，而削弱其他所有频率。

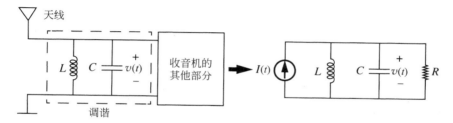

图 14.71 问题 14.16 图

(1) 假定 $I(t) = I\cos(\omega t)$，求 $v(t)$，其中 $v(t) = V\cos(\omega t + \varphi)$，并且 V 和 φ 都是 ω 的函数。注意 $v(t)$ 是调谐器的输出，即通过后到收音机余下部分的信号。

(2) 对一个给定的 I、C、L 和 R 的组合，在什么频率时 V 最大?

(3) 假定 $L = 365\mu\text{H}$，C 的电容值必须在什么范围内变化才会使 V/I 最大的频率的信号可以在整个 AM 频带内收听到? 注意调整使 V/I 最大的频率至某个电台的中心频率就收听到了那个电台。

(4) 作为通过中心频率 5kHz 内的所有频率和舍弃这个频带外的所有频率之间的一种折中，设计 R，使得调谐器调整到 1MHz 时有 $V(1\text{MHz} \pm 5\text{kHz})/V(1\text{MHz}) \approx 0.25$。

(5) 根据你设计的 R，求 $V(1\text{MHz} \pm 10\text{kHz})/V(1\text{MHz})$，以及调谐器调整到 1MHz 时，调谐器的 Q 及其负载电阻。

第 15 章

运算放大器抽象

15.1 概述

本章介绍一种称作运算放大器的功能强大的放大器抽象模型。就像门电路抽象构成了许多数字电路的基础一样,运算放大器是许多电子电路设计的基础。

运算放大器是多级双输入差动放大器,它被设计为接近理想的控制器件,具体说就是电压控制的电压源。运算放大器的抽象表示如图 15.1 所示,它是一个四端口器件,四个端口分别是一个输入端口、一个输出端口和一对电源端口。正电压 $+V_S$(例如 $+15\text{V}$)被施加在正电源端口,负电压 $-V_S$(例如 -15V)被施加在负电源端口。输入电压(控制信号)作用在运放的同相输入端和反相输入端之间,它被放大许多倍后由输出端输出。在运算放大器抽象中,输入端口的输入阻抗为无穷大,输出端口的输出阻抗为零。增益(输入电压被放大的倍数)也是无穷大。

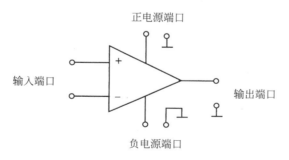

正电源端口

输入端口

输出端口

负电源端口

图 15.1 运算放大器抽象

本章用运放的简单抽象模型构成较复杂的电路。从内部看,运放是中等规模的电路(例如,图 15.2 所示),它的设计已超出了本书的范围。简单地说,它所含有一个输入级,但不同于第 7 章例 7.21,或第 8 章例 8.3 所讨论的差动放大器。这种差动放大级使运算放大器有高输入电阻和高增益。它还可以将差动输入电压转换为单端输出[①]。典型的运放也有类似第 7 章例 7.21 所示的第二级,它可提供附加的放大和电平移动,从而使得当两输入相等时,输出电压为零。运放可能还有类似于第 8 章图 8.40 所示的缓冲器的输出级。缓冲级使运

---

① 具有单端输入的运放也是有用的,例 15.1 讨论了这样一个电路。

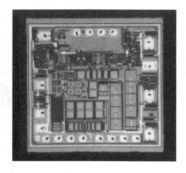

图 15.2　Maxim Integrated Products 的 MAX406 运放芯片照片
该芯片边长约 2mm(感谢 Maxim 公司提供照片)

放有低输出阻抗。

在本章中,首先讨论由运放和电阻构成的电路。在熟悉了运算放大器用作受控源和负反馈的基本概念之后,将介绍含有电阻和电容的电路。

历史回顾

运算放大器的名称起源于过去的模拟计算机年代(1940 年—1960 年)。在模拟计算机中,微分方程中的常数用放大器的增益表示。这些由特殊制造的真空管平衡对构成的放大器必须有可靠的、已知的和固定的增益。由于与真空管相比,晶体管受温度的影响更大,因此,早期人们认为无法造出满意的晶体管运算放大器。但是,1964 年人们发现通过将对称晶体管对紧密地制作在一块晶片上以减小热梯度,温度问题是可以克服的。这样很快就成功生产出了703 和 709,之后又有了用途广泛的 741。现在运算放大器几乎已不再用于模拟计算机,而是成了各种模拟电路的基本构造单元。

15.2　运算放大器的器件特性

运算放大器的符号和标准标注如图 15.3(a)所示。尽管在运放的电路符号中不需将两个外接电源标出,但为清楚起见还是在图中表明。除了相对于接地端的几个节点电压外,图中还标出了全部 5 个电流。在这个简单电路中,电压 v_i 用来控制输出电压 v_o。我们来仔细看看这个控制功能的控制范围及付出的代价,即输入源 v_i 控制输出端 v_o 一定量的功率需多少功率。为解决第一个问题,我们构建了如图 15.3 所示的电路。设输入电压 v_i 是较低频率的正弦波,测量输出电压 v_o。输出电压既是时间的函数,又是输入电压 v_i 的函数。测量结果如图 15.3(b)和图 15.3(c)所示。从图中电压轴的比例差别可以看出,输出电压约相当于输入电压的 300000 倍。$v_o \sim v_i$ 曲线表明在原点附近输出电压 v_o 几乎与输入电压 v_i 成线性关系,但超出此范围很大的区域,控制作用便无效了,此时输出电压 v_o 保持一固定电压,或说是饱和了,其值是 $+12V$ 或 $-12V$,它取决于输入电压 v_i 的极性。这条曲线即使对同一类型的运放也会因不同的样本而有所不同。

另外对器件的测量(图 15.3 中未画出)表明 741 型运放的最大输出电流 i_o 约为 10mA,输入电流 i^+ 和 i^- 极小,为 10^{-7} A 数量级。很显然,无需任何严格计算便可发现,控制作用所需的输入功率在数量级上小于受控的输出端功率。

图 15.3(c)所示的输出电压与输入电压的关系曲线是非线性的。但是我们也注意到器件有非常大的电压增益,定义为 $\Delta v_o / \Delta v_i$。我们肯定希望牺牲实际的增益值来换取线性度的改善。幸运的是,仅给运放添加两个电阻便可完全得到这样的折中。图 15.4 说明一种可能的电路结构及 v_o 和 v_i 的关系。15.3.1 节将对该电路作进一步讨论。

运放模型

为了了解图 15.4 所示的电路是如何工作的,我们首先需要建立电路模型来模拟图 15.3 所示运放特性。在前面分析的基础上,我们指定节点电压如图 15.3(a)所示,并对此电路应

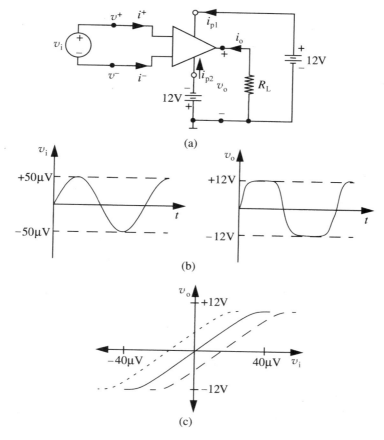

图 15.3 运算放大器特性

图(c)中虚线说明,同一型号的不同器件可以有不同的特性。特性还与温度有关

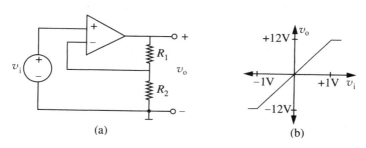

图 15.4 同相运算放大器

图(b)中特性为 $R_1/R_2 = 11$ 的情况

用 KCL。电流定律方程在这里并非很有帮助。但要搞清楚它为什么帮助不大,所以我们将其列出。由图 15.3(a),得

$$i^+ + i^- + i_{p1} + i_{p2} + i_o = 0 \tag{15.1}$$

式(15.1)中,i^+ 和 i^- 约比输出电流 i_o 小 4 个数量级,所以

$$i_o \approx -i_{p1} - i_{p2} \tag{15.2}$$

但 i_{p1} 和 i_{p2} 都是电源电流,因此式(15.2)仅说明输出电流 i_o 来自电源。这很重要,但对于分析输入输出关系来说并不很有用(除非要计算电源的功率消耗)。

图 15.3(c)给出了更多本质特性。可以看到,在特性曲线的中心,输出电压近似与输入电压成正比,或更确切地说,是与 v^+ 和 v^- 之差成正比。(注意 v^+ 和 v^- 是电压符号,它们的值均可正可负,这取决于具体电路。)如果将输出电压与输入电压的关系理想化为线性的,则结果如图 15.5 中的曲线所示。该曲线的数学表达式为

$$v_o = A(v^+ - v^-) \tag{15.3}$$

这是压控电压源的数学表达式,控制量是 $(v^+ - v^-)$。就这个具体器件而言,常数 A,即电压增益是 300000。

图 15.6 中的模型是式(15.3)的电路表示。像前面一样,为了清楚地区分受控源与独立源,所有的受控源都用菱形符号表示。图中左侧分开的导线初看有些不习惯,但它仅仅表明输入到这个理想压控电压源的电流定义为零,即 $i^+ = i^- = 0$。

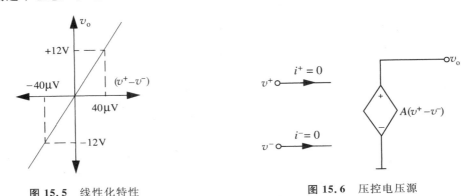

图 15.5　线性化特性　　　　　　　图 15.6　压控电压源

图 15.6 所示的受控源本身很明显不是运放的完善的模型。图 15.3(c)所清楚显示的饱和效应在图 15.5 中的特性和图 15.6 中的模型中丢掉了,同时忽略的还有温度的影响。为了简化最初的讨论,我们忽略运放的饱和效应,根据是假设运放总是工作在放大器特性的中间线性部分,而此时电路是线性的。在 15.7 节,我们将专门讨论运放的饱和效应。

图 15.6 所示运放理想化模型的特性可归纳如下:

- 输出电压为

$$v_o = A(v^+ - v^-)$$

式中增益 $A \to \infty$。输出电阻为零。

- 输入电流 $i^+ = 0$ 和 $i^- = 0$。相应地,输入电阻为无穷大。

15.3　简单运算放大器电路

15.3.1　同相放大器

现在我们要得到图 15.4 所示电路中 v_o 与 v_i 之间的解析表达式。将运放用如图 15.6 所示的线性模型代替,得到图 15.7 所示的电路模型,然后用第 3 章的方法来分析这个线性

电路。图 15.7 中所定义的电压变量实际上是电路中的节点电压,所以可以用节点法导出联系三个未知电压的三个独立方程。

首先,有

$$v^+ = v_i \tag{15.4}$$

v_i 是 v^+ 与地节点之间的支路电压。

其次,利用输入电流为零的假设,即 $i^- \approx 0$,可以写出 v^- 节点的节点方程为

$$\frac{v^-}{R_2} = \frac{v_o - v^-}{R_1}$$

或

$$v^- = \frac{R_2}{R_1 + R_2} v_o \tag{15.5}$$

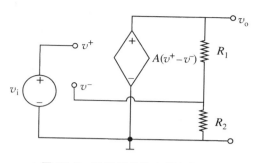

图 15.7　同相运放放大器的模型

利用受控源模型可以得到第三个方程

$$v_o = A(v^+ - v^-) \tag{15.6}$$

代入并求解,得

$$v_o = \frac{A v_i}{1 + A \dfrac{R_2}{R_1 + R_2}} \tag{15.7}$$

注意 A 的值很大(本例中是 300000),所以若分压器不会引入太大的衰减,则

$$\frac{A R_2}{R_1 + R_2} \gg 1 \tag{15.8}$$

于是,可以忽略方程 15.7 分母中"1"这一项而得到近似结果

$$v_o \approx \frac{R_1 + R_2}{R_2} v_i \tag{15.9}$$

这是一个重要结果。它说明 v_o 与 v_i 之间的关系总是**与原运放的有点不太可靠的增益常数 A 无关的**。

换句话说,因为电阻值是稳定的、可靠的及对温度很不敏感的,所以可以预计该电路中 v_o 是 v_i 的稳定可靠的函数。但这个可靠性是有代价的:现在增益比运放本身的增益小很多——其值约在 1～1000 之间,它取决于 R_1 和 R_2 的值(但不超过 1000,否则式(15.8)的不等式将不再成立)。

由此例可得出几个重要结论:
* 由高增益运放和一对电阻可以构造具有已知固定增益的可靠放大器。这种特殊结构称作同相接法。
* 负反馈。

在这个电路的基本结构中,输出信号的一部分被回馈到电路的输入端,并与输入信号进行比较,这被称作负反馈。

在简单的运放电路中要形成负反馈,衰减的输出信号必须回馈到 v^- 端。如果输出信号被回馈到 v^+ 输入端,后面我们会看到,结果会大不相同。本章将研究这种接法的一阶结果。

更复杂的稳定和振荡问题将在信号与系统的书籍中涉及。

- 我们已选择建立运放的模型如图 15.6 中的受控源所示,显然,这是压控电压源。
- 尽管＋12V 和－12V 直流电源对运放工作显然是必须的(它们为压控电压源提供功率),但在电路模型中包含它们并不很有帮助(KCL 计算并不会产生有用的关系)。计算通过电压源的电流几乎不会提供有用的结果,因为电压源可提供任何电流。

这种用反馈来建立稳定可靠系统的方式与我们的日常生活联系非常紧密,但我们往往未注意到它。熟知的例子如家用锅炉控制、巡航控制和轿车的刹车防抱死系统。

15.3.2 第二个例子:反相接法

另一个很常用的运放电路——反相接法如图 15.8 所示。作为负反馈,来自输出端的信号必须找到一条路径连至所示运放的反相输入端。

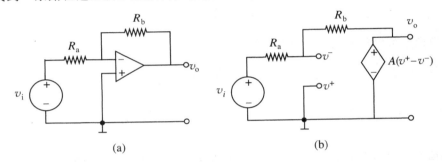

图 15.8 反相放大器

如果利用图 15.6 中的运放模型(后面将其称作理想运放模型),则反相放大器的电路模型如图 15.8(b)所示。与前面的分析方法相同,我们可以导出联系三个未知节点电压 v^+, v^- 和 v_o 之间关系的三个独立方程。观察可得

$$v^+ = 0$$

设运放的 v^- 端不吸收电流,在 v^- 节点对电流求和,有

$$\frac{v_i - v^-}{R_a} + \frac{v_o - v^-}{R_b} = 0 \tag{15.10}$$

整理得

$$v^- = \frac{R_b}{R_a + R_b} v_i + \frac{R_a}{R_a + R_b} v_o$$

运放的输入-输出关系为

$$v_o = A(v^+ - v^-) \tag{15.11}$$

代入并求解可得

$$v_o = \frac{-AR_b/(R_a + R_b)}{1 + AR_a/(R_a + R_b)} v_i \tag{15.12}$$

如前所述,如果设 A 是 10^5 数量级,$R_a/(R_a + R_b)$ 不小于 0.001,则

$$\frac{AR_a}{R_a + R_b} \gg 1 \tag{15.13}$$

式(15.12)可以近似为

$$v_\text{o} \approx -\frac{R_\text{b}}{R_\text{a}} v \tag{15.14}$$

我们又得到了一个与不可靠增益 A 无关，而仅取决于电阻比值的输入与输出电压之间的关系。但这次输出信号相对输入信号是反相的，如式中的"—"号所示。反相接法的式(15.14)及同相接法的式(15.9)是我们经常遇到的关系，以至于它们就像分压器和分流器一样，很快成了电路分析问题的基本单元。

有人可能试图在图 15.8(b)中将叠加定理应用在 v_i 和受控源 $A(v^+ - v^-)$ 来求 v^-，但正如 3.5.1 节所述，这是有害的尝试。问题在于受控源的值是受电路中某个其他变量的控制，因此，我们不能简单地将电源置零。

应遵循的最安全的规则是：在叠加计算时不要将受控源置零。

例 15.1　单端放大器　含有单端输入放大器的电路可用与含运放电路非常相似的方法来分析，如本例所示。考虑图 15.9 所示电路，它含有增益为 $-A$ 的单输入反相放大器。除增益为有限值外，放大器可设为是理想的。这样，它的输入电流为零，可导出 $v_\text{OUT} = -Av_\text{MID}$，且负反馈使电路是稳定的。

根据节点法，有

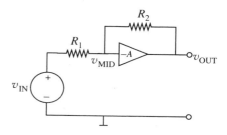

图 15.9　反馈回路中的单端放大器
注意运放的电源和地接线端未画出

$$0 = \frac{v_\text{MID} - v_\text{IN}}{R_1} + \frac{v_\text{MID} - v_\text{OUT}}{R_2}$$

同时有

$$v_\text{OUT} = -Av_\text{MID}$$

联立两个方程可得

$$v_\text{OUT} = \frac{-A(R_2/R_1)}{A + 1 + (R_2/R_1)} v_\text{IN}$$

上式与由运放构成的反相放大器所得到的结果是相同的。例如，取 $R_1 = 1\text{k}\Omega, R_2 = 100\text{k}\Omega, A = 10^5$，则 $v_\text{OUT} = -99.9 v_\text{IN}$。进一步假设，取极限 $A \to \infty$，有

$$v_\text{OUT} = -\frac{R_2}{R_1} v_\text{IN}$$

15.3.3　灵敏度

更精确地研究当运放的增益 A 变化时 v_o 的独立程度是很有帮助的。令 G 是运放电路的增益 v_o/v_i。例如，对于同相接法，由式(15.7)有

$$G = \frac{v_\text{o}}{v_\text{i}} = \frac{A}{1 + A\dfrac{R_2}{R_1 + R_2}} \tag{15.15}$$

设 A 有微小变化，而 R_1 和 R_2 为常数，则取微分得

$$\text{d}G = \frac{1}{\left(1 + A\dfrac{R_2}{R_1 + R_2}\right)^2} \text{d}A \tag{15.16}$$

由式(15.15)，电路增益的相对变化为

$$\frac{\text{d}G}{G} = \frac{1}{1 + A\dfrac{R_2}{R_1 + R_2}} \frac{\text{d}A}{A} \tag{15.17}$$

这样,对于负反馈,运放增益 A 的一定百分比的变化量产生小得多的总电路增益 G 的相对变化量,减小的系数为 $1/[1+AR_2/(R_1+R_2)]$。从式(15.7)看到,这恰恰是应用反馈而使增益减小的系数。观察图 15.7,增益项 $AR_2/(R_1+R_2)$ 表示信号经过全部反馈回路的增益:经过运放具有增益 A,再经过反馈电阻网络具有增益 $R_2/(R_1+R_2)$。(因此,称其为回路增益)一般来说,对于负反馈,增益的变化减小一个系数(1+回路增益),而总增益也减小这样一个相同的系数。

15.3.4 一个特例:电压跟随器

将一个电气系统与另一个电气系统隔离的一种有用的电路是图 15.10 所示的电压跟随器。与图 15.4(a)比较表明,这个电路是同相接法的简化结果,即 $R_1=0$ 及 $R_2=\infty$。因此,由式(15.9),电压跟随器的输入输出关系为

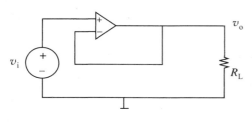

图 15.10 电压跟随器

$$v_o \approx v_i \qquad (15.18)$$

就是说,在大约 10^{-5} 误差范围内,输出电压等于输入电压。有一个明显的问题是:为什么不就用一段铜线来获得式(15.18)中的增益 1?为回答这个问题,我们只需看一下电流。必须由输入电源提供的电流是 i^+,大约是几 nA。由运放输出电路提供负载的最大电流为几 mA。这样,对于 1V 级的信号,电路从信号源吸收的功率大约 10^{-8}W,但可向负载电阻 R_L 传递 10^{-3}W 的功率。而一段铜线很显然不能产生这样的功率增益。换言之,运放提供了电路输入与输出之间的隔离。实际上,负载电阻值可以在若干个数量级上变化,对应的输出电流也会变化相应的数量级,但输出电压和输入电流基本不变。这样的隔离被称作缓冲。

15.3.5 附加约束:$v^+-v^-\approx 0$

在所有前面的运放计算中,我们已作了一个近似,由于分母中的所谓回路增益远大于1,"1"这一项可以忽略。这个近似在运放的计算中几乎总是有效的。正是因子(1+回路增益)决定了运放增益 A 变化时电路的非敏感程度(参见式(15.17)),因此我们希望有大的回路增益。如果回路增益总是很大,则总是在电路计算的最后一步才考虑这个因素显得有些繁琐(尽管显然是正确的)。人们希望改变这种后见之明,在电路计算的开始阶段,就利用"大回路增益"的假设,从而简化数学计算。让我们再回顾一下图 15.8(b)所示的电路。

我们知道,对多数运放,A 将达 100000 或更大,v_o 可产生的最大值约为 12V(见图 15.3(c))。因此,在线性区(v^+-v^-)的最大值约为 0.12mV,这个电压的数量级既小于输入电压,也小于输出电压。在此基础上,如前面一样,假设 $i^+\approx 0$ 和 $i^-\approx 0$ 是合理的,但要**包含一个附加约束**

$$v^+-v^-\approx 0 \qquad (15.19)$$

它不是等于零,仅仅是比电路中其他电压小。当这三个约束应用到图 15.8(a)所示电路时,有

$$v^+=0$$

$$v^- \approx 0$$

因此，在 v^- 节点由 KCL 得

$$\frac{v_i}{R_a} + \frac{v_o}{R_b} \approx 0 \tag{15.20}$$

（请与式(15.10)比较）解得 v_o 为

$$v_o \approx -\frac{R_b}{R_a} v_i \tag{15.21}$$

与前面相比，这一次计算要简单得多，这是因为近似零电压和近似零电流的联合约束是相当有效的。例如，对图 15.7 所示的同相电路，利用电压分压关系可以写出

$$v_i = v^+ \approx v^- = \frac{R_2}{R_1 + R_2} v_o \tag{15.22}$$

整理得

$$v_o \approx \frac{R_1 + R_2}{R_2} v_i \tag{15.23}$$

结果与前面相同。式(15.19)的电压约束方程也称作"虚接地约束"[①]，其物理含义可以解释如下：具有有负反馈电路的输出必须自身调节来强制 $(v^+ - v^-)$ 接近于零，因为这个接近于零的电压又要乘以增益 100000 来变成输出电压。

> $v^+ - v^- \approx 0$ 的约束仅在运放没有饱和并应用于负反馈的情况下，即来自输出端的反馈信号必须回馈到反相输入端。

15.4　输入和输出电阻

15.4.1　反相放大器的输出电阻

负反馈对电路的戴维南等效输入和输出电阻有重要影响。为说明问题，首先计算简单的反相运放的戴维南输出电阻，设运放工作在放大区（非饱和区），即如图 15.8(b) 所示电路。显然，如果将运放用理想运放模型代替，运放的戴维南等效输出电阻无论有无反馈均定义为零。为了表示所有的影响，必须用如图 15.11 所示更准确的器件模型，该模型含有与受控源串联的有限值电阻。计算戴维南输出电阻的方法之一是在如图 15.11 所示的输出端施加测试电流 i_t，然后计算所产生的电压 v_t，条件是所有其他的独立源均置零（本例中 v_i 置零）。

> 在求戴维南等效电阻时，不可随意将受控源置零，因为它们的值是由电路中其他变量来确定的，这些变量可能为零，也可能不为零。

v_t 的计算很简单，可用节点法。为方便起见，用电导代替电阻。或者说，可得 $g_i = 1/r_i$，$G_s = 1/R_s$，$G_f = 1/R_f$，$g_t = 1/r_t$。对有未知节点电压的节点应用 KCL，得到如下三个独立方程

$$v^+ = 0 \tag{15.24}$$

[①]　或更准确地说，是虚短路约束，或虚节点约束，因为反相和同相输入并不需要总是零电位。

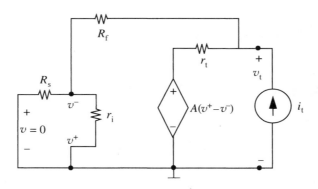

图 15.11　输出电阻的计算

$$v^- = \frac{G_f}{G_f + G_s + g_i} v_t \tag{15.25}$$

$$i_t + [A(v^+ - v^-) - v_t]g_t + (v^- - v_t)G_f = 0 \tag{15.26}$$

为简化数学计算,假设 r_i 无穷大($g_i = 0$),因为它的值总是比 R_s 和 R_f 大得多。现在从式(15.26)中消去 v^+ 和 v^-,得

$$\frac{i_t}{v_t} = G_o = \frac{AG_f g_t}{G_f + G_s} + g_t + \frac{G_f G_s}{G_f + G_s} \tag{15.27}$$

这样,输出电导是三个电导的和。第一项是反馈的影响,第二项是运放本身的输出电导,第三项用电阻表示为 $R_s + R_f$(表示运放不存在时的反馈电阻)。对于很大的增益 A,最后一项无关紧要,因此有反馈时的戴维南输出电导为

$$\frac{i_t}{v_t} = G_o \approx g_t\left(1 + \frac{AG_f}{G_f + G_s}\right) \tag{15.28}$$

或写成更熟悉的形式

$$G_o \approx g_t\left(1 + \frac{AR_s}{R_s + R_f}\right) \tag{15.29}$$

因此,电路的戴维南输出电阻为

$$R_o \approx \frac{r_t}{1 + A\dfrac{R_s}{R_s + R_f}} \tag{15.30}$$

当回路增益很大时,有

$$R_o \approx \frac{r_t}{A\dfrac{R_s}{R_s + R_f}} \tag{15.31}$$

在没有反馈时,运放本身的戴维南输出电阻 r_t 的典型值是 1000Ω,因此,对于很大的增益值 A 及合理的电阻 R_s 和 R_f 值,这个电路拓扑的总戴维南输出电阻是不到 1Ω。

式(15.30)实际上是一般结果。对于任何反馈电阻取输出节点电压信号(而不是输出电流)的线性电路,有反馈的戴维南等效输出电阻等于无反馈时输出电阻除以系数(1+回路增益),这个系数同样出现在增益计算及改变增益常数 A 的灵敏度计算中。

15.4.2　反相接法的输入电阻

为了计算反相运放电路的戴维南等效输入电阻,在输入端加一试验电源,测量所产生的

响应。(内部的独立源不要置零。)在图 15.12 中,选择激励为试验电压 v_t,计算所产生的电流 i_t。如前所述,加一试验电流源,计算所产生的电压同样可以。如果考虑电路拓扑,计算将大大简化。输入端有两个元件串联,即电阻 R_s 和一个复杂支路,该支路将减小运放电路其余部分戴维南等效电阻。考虑到这一点,首先可以计算 R_s 右侧的电阻(只是将图 15.12 中的 R_s 置零),然后再加上 R_s 可得到总的结果。令 R_s 右侧运放电路的电阻为 R_i,包含 R_s 的总输入电阻为 R_i'。

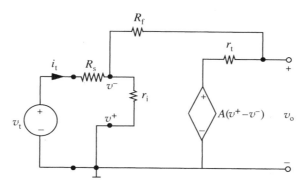

图 15.12 输入电阻计算电路

因为选择了试验电压,并将 R_s 置零,控制量可以直接约束为

$$v^+ = 0 \tag{15.32}$$

$$v^- = v_t \tag{15.33}$$

在输入节点应用 KCL,得

$$i_t = \frac{v_t}{r_i} + \frac{v_t - A(v^+ - v^-)}{R_f + r_t} \tag{15.34}$$

由此可得

$$\frac{i_t}{v_t} = G_i = \frac{1}{r_i} + \frac{1}{R_f + r_t} + \frac{A}{R_f + r_t} \tag{15.35}$$

上式同样是三项电导之和。因此所对应的电路戴维南输入电阻的表达式是三项电阻的并联结果

$$R_i = r_i \parallel (R_f + r_t) \parallel \left(\frac{R_f + r_t}{A} \right) \tag{15.36}$$

三项电阻分别为运放的输入电阻,反馈电阻加运放的输出电阻及由反馈所产生的等效电阻。若增益很大,则

$$R_i \approx \frac{R_f + r_t}{A} \tag{15.37}$$

由此可以预计,输入电阻将很小。如典型情况下,取 $R_f = 10\text{k}\Omega$,$r_t = 1000\Omega$,$A = 10^5$,则在 v^- 端测得的输入电阻将是 0.1Ω。简单的物理解释可以说明这个结果。如果假设在输入端施加一个小电压信号,比如 0.1mV,那么运放将立即使输出到 $-A$ 倍的 0.1mV,即 -10V。因此电阻 R_f 两端有一个大电压,从而有一个大电流流过。这个大电流必须由输入源提供,并且会是小输入电压的 10^5 倍。大电流小电压意味着有效输入电阻会很小,实际约为反馈电阻 R_f 除以 A。

与最初的假设一致,包括电阻 R_s 的反相器的总输入电阻是

$$R'_i = R_i + R_s \tag{15.38}$$

上式可以从图 15.12 直接计算包括电阻 R_s 的输入电阻而得到验证。因 R_i 很小,所以

$$R'_i \approx R_s \tag{15.39}$$

15.4.3 同相放大器的输入和输出电阻

同相运放电路的放大区输出电阻可以用和反相器中基本相同的方法来计算。将独立源置零,在输出端施加试验电流源,如图 15.13 所示,计算 v_t。同样,应用节点法得到三个独立方程。首先找出 v^+ 和 v^- 的表达式,然后写出输出节点的 KCL 方程。仍假设 r_i 比 R_2 大得多,以简化计算。三个独立方程为

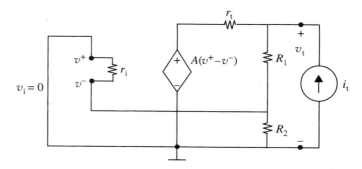

图 15.13 同相电路输出电阻的计算

$$v^+ = 0 \tag{15.40}$$

$$v^- = v_t \frac{R_2}{R_1 + R_2} \tag{15.41}$$

$$i_t - \frac{v_t}{R_1 + R_2} - \frac{v_t - A(v^+ - v^-)}{r_t} = 0 \tag{15.42}$$

整理得

$$\frac{i_t}{v_t} = G_o = \frac{1}{R_1 + R_2} + \frac{1}{r_t} + \frac{AR_2}{(R_1 + R_2)r_t} \tag{15.43}$$

当 A 值很大,且合理选择 R_1 和 R_2,则

$$R_o \approx \frac{r_t}{A \dfrac{R_2}{R_1 + R_2}} \tag{15.44}$$

这是运放自身的戴维南输出电阻除以回路增益,或更准确地说(式(15.43)),除以(1+回路增益)。与前面结果一样,输出电阻是很小的。

放大区(非饱和区)的输入电阻可从图 15.14 所示的电路得到。如前所述,需要 v^+ 和 v^- 的表达式及包含 i_t 的 KCL 方程

$$v^+ = v_t \tag{15.45}$$

$$v^- = v_t - i_t r_i \tag{15.46}$$

对节点 1 应用 KCL,得

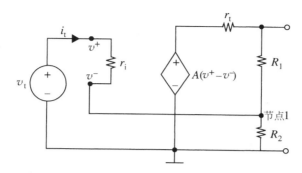

图 15.14 同相运放电路输入电阻的计算

$$i_t + \frac{A(v^+ - v^-) - v^-}{R_1 + r_i} - \frac{v^-}{R_2} = 0 \tag{15.47}$$

代入求解（设 A 值很大），得

$$R_i = \frac{v_t}{i_t} \approx r_i \frac{AR_2}{R_1 + r_t + R_2} \tag{15.48}$$

此式表明与式（15.37）所示的反相器结果比较，对于同相器，在放大区的有效输入电阻很大（约为运放的输入电阻 r_i 乘以回路增益）。其物理意义是，如果在输入端施加电压 v_t，输出电压便调节自身以使 v^- 近似等于 v_t，所以在 r_i 两端只有很小的电压，从而其中仅流过比我们预期的要小得多的电流。因此电路输入电阻很大。这一性质使同相接法在缓冲应用中找到了用武之地。

这一点也提供了一种不同的方法来计算输入电阻。如果开始便设定 $v^+ - v^- \approx 0$，则

$$v_t \approx A(v^+ - v^-) \frac{R_2}{R_2 + R_1 + r_t} \tag{15.49}$$

尽管 $(v^+ - v^-)$ 很小，但对有限值的 r_t，它不一定为零

$$v^+ - v^- = i_t r_i \tag{15.50}$$

当将式（15.50）代入式（15.49），所得 R_i 与前面式（15.48）相同。

www 15.4.4 输入电阻的一般结论*

15.4.5 例子：运放构成的电流源

我们已经说明反相和同相运放接法都有很低的输出电阻，即它们近似为理想电压源。但在某些电路应用中，可能想让运放像一个电流源，即希望有很大的输出电阻。从 15.4.1 节最后的讨论得知，这样的设计是可以通过改变输出电路的拓扑来实现。

从已经讨论的两个电路中可知，反馈网络将正比于输出电压 v_o 的信号回馈至反相输入端。这样电路便使该变量趋于稳定，因此便产生了电压源。类似地，要产生一个电流源，必须设法在电路中产生一个这样的反馈信号，该信号正比于由运放驱动的输出电流。一种可能的拓扑如图 15.15（a）所示。该电路初看像是图 15.15（b）中的同相接法，但有一重要差别。在这个新拓扑中，负载电阻 R_L 是分压器反馈网络的一部分。这样在图 15.15（a）中，利用电阻 R_s 来对流过 R_L 的电流进行采样。而在图 15.15（b）中，R_1 和 R_2 是对 R_L 两端的电压进行采样。开始可能觉得差别是细微的，但当改变电阻 R_L 的值，或它是非线性时，则很

明显看出两个拓扑有本质的差别。

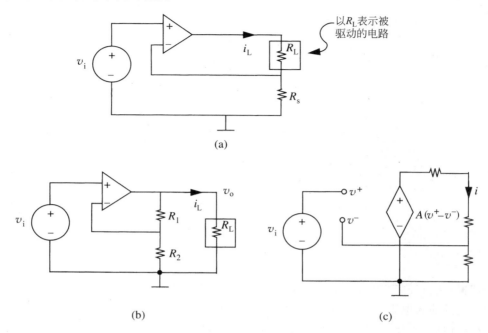

(a)

(b)　　　　　　　　　　　　　　　　(c)

图 15.15　运放构成的电流源

（a）电流源结构；（b）标准同相结构

一旦理解了拓扑，电路分析倒是简单的。设 $v^+ \approx v^-$，由图 15.15(a)或图 15.15(c)，有

$$v^+ \approx v_i \tag{15.51}$$

$$v^- = i_L R_s \tag{15.52}$$

$$v^+ \approx v^- \tag{15.53}$$

所以

$$i_L \approx \frac{v_i}{R_s} \tag{15.54}$$

与 R_L 的值无关。

流过 R_L 的电流与 R_L 的值无关说明运放电路看起来是一个电流源。要更为正式地证明它很容易：用一试验电源代替 R_L 来求电路的戴维南输出电阻。在此，选取一试验电流源 i_t，如图 15.16 所示。可列出如下方程

$$v^- = -i_t R_s \tag{15.55}$$

$$v^+ = 0 \tag{15.56}$$

$$v_t = A(v^+ - v^-) + i_t r_o - v^- \tag{15.57}$$

$$= (1 + A)i_t R_s + i_t r_o \tag{15.58}$$

$$R_o = \frac{v_t}{i_t} = (1 + A)R_s + r_o \tag{15.59}$$

对于合理的电路参数，R_o 可达数 MΩ。

此结果又可以归纳成反馈对电路有效输出电阻影响的一般结论。如果运放、负载电阻

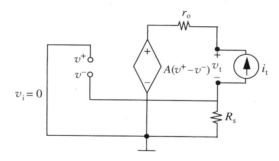

图 15.16　电流源的输出电阻

R_L 和反馈网络在一个回路中以串联的形式出现,因此它们共有同一电流,则输出电阻高。如果运放、R_L 和反馈电路接到同一节点而以并联的形式出现,它们共有同一电压,则输出电阻低。

15.5　附加例子

本节介绍其他一些运放电路的例子。这些既可说明运放作为电路设计构造模块的多功能性,又作为本章前面介绍的分析方法的回顾与拓展。

15.5.1　加法器

将两个信号加在一起的运放电路如图 15.17 所示。如果假设 $v^+ \approx v^-$,则对 v^- 节点应用 KCL,得

$$\frac{v_1}{R_1} + \frac{v_2}{R_2} + \frac{v_o}{R_3} \approx 0 \qquad (15.60)$$

整理得

$$v_o \approx -\left(\frac{R_3}{R_1}v_1 + \frac{R_3}{R_2}v_2\right) \qquad (15.61)$$

此式表示两个输入信号的加权和[①]。注意在 $v^+ - v^- \approx 0$ 的电压约束的精度范围内,两个输入信号无交叉耦合,即没有电流从 v_2 流向 R_1,反之亦然。所以此电路是一个理想加法器。

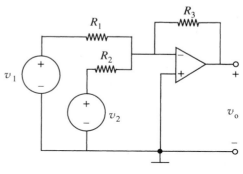

图 15.17　加法器

15.5.2　减法器

如果想要取两个信号的差,那么图 15.18 的电路是适用的。对独立源直接应用叠加定理可得图 15.18(b)和图 15.18(c)所示的分电路。在图 15.18(b)中,电源 v_2 被置零。在 $i^+ \approx 0$ 的假设下,将没有电流流过 R_3 和 R_4,所以 $v^+ \approx 0$,则该电路拓扑可视作反相放大器。所以

---

① 由于运放模型是线性的,所以用叠加定理可导出同样的结果。

$$v_{oa} = -\frac{R_2}{R_1}v_1 \tag{15.62}$$

当电源 v_1 置零,并将电路略作调整,于是出现了如图 15.16(c)所示的同相拓扑结构,在输入端有一个分压器。所以

$$v_{ob} = \left(\frac{R_1+R_2}{R_1}\right)\left(\frac{R_4}{R_3+R_4}\right)v_2 \tag{15.63}$$

总输出电压是两个电压 v_{oa} 和 v_{ob} 的和。为了实现减法器,式(15.62)和式(15.63)中的电阻比值应相等,可以令 $R_3=R_1$,$R_4=R_2$。则

$$v_o = \frac{R_2}{R_1}(v_2-v_1) \tag{15.64}$$

结果 v_o 正比于两个输入电压之间的差值。

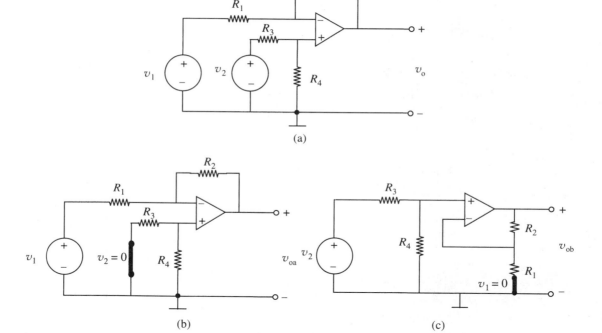

图 15.18 减法器
(a) v_1 子电路;(b) v_2 子电路

15.6 含运放的 *RC* 电路

15.6.1 运放积分器

图 15.19 所示电路给出了比第 10 章讨论的简单 *RC* 电路更接近理想积分器的近似。下面的分析表明这是很直观的结果。设运放工作在线性区,并用图 15.19(b)所示用受控源模型代替,然后用节点法分析所得到的线性电路。在 v^- 节点应用 KCL,得

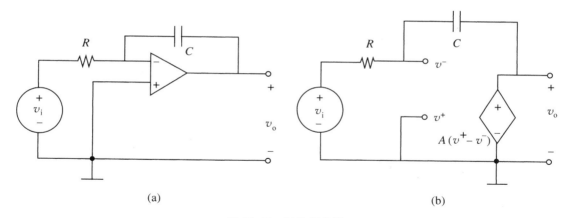

图 15.19 运放积分器

（a）电路；（b）放大区域子电路

$$\frac{v_i - v^-}{R} + C\frac{\mathrm{d}(v_o - v^-)}{\mathrm{d}t} = 0 \tag{15.65}$$

如果开始便假设运放增益 A 足够大，可以保证

$$v^+ \approx v^- \tag{15.66}$$

由于 $v^+ = 0$，式（15.65）简化为

$$\frac{v_i}{R} + C\frac{\mathrm{d}v_o}{\mathrm{d}t} \approx 0 \tag{15.67}$$

或

$$v_o \approx -\frac{1}{RC}\int v_i \mathrm{d}t \tag{15.68}$$

即电路对输入电压作积分运算（带负号）。

较准确的计算应将运放的方程

$$v_o = A(v^+ - v^-) \tag{15.69}$$

代入式（15.65）（注意 $v^+ = 0$），得

$$\frac{v_i}{R} - \frac{v^-}{R} - CA\frac{\mathrm{d}v^-}{\mathrm{d}t} - C\frac{\mathrm{d}v^-}{\mathrm{d}t} = 0 \tag{15.70}$$

整理得

$$(1 + A)RC\frac{\mathrm{d}v^-}{\mathrm{d}t} + v^- = v_i \tag{15.71}$$

电路的等效时间常数（例如，与式（10.150）类似）为

$$\tau = (1 + A)RC \tag{15.72}$$

这样该时间常数等于无源元件的时间常数乘以运放的增益。这通常被称为密勒效应，它源于早期的真空管中，一个很小的输入-输出之间的电容就会严重影响放大器电路的频率响应这一事实。对于适当的元件值，时间常数可以做得很大。例如，如果 RC 时间常数是 1s，而 A 是 10^5 或更大，则有效的时间常数以数日计。在此时间尺度下，任何持续时间约小于 1 分钟的波形都可视作"窄脉冲"。这样，10.6.3 节的分析方法是可用的，且在分钟的时间尺

度下,电路的作用相当于积分器。

积分器的基本测试是施加一小的电压阶跃,幅值为 V,然后看看积分器输出与斜坡函数的接近程度。由式(15.69)和式(15.71),得

$$(1+A)RC\frac{\mathrm{d}v_{\mathrm{o}}}{\mathrm{d}t}+v_{\mathrm{o}}=-AV \qquad (15.73)$$

对于一个很小固定值 V 的 v_{i},在 $t=0$ 之后,v_{o} 将按通常的指数曲线充电至$(-AV)$(例如式(10.101)所示)。即

$$v_{\mathrm{o}}=-AV(1-\mathrm{e}^{-t/[(1+A)RC]}) \qquad (15.74)$$

该曲线画在图 15.20 中,它是基于时间常数 RC(无运放)约为 1s 时画出的。显然,在分钟的时间尺度下,电路看起来就像一个完美的积分器,前提当然是运放总工作在放大区。

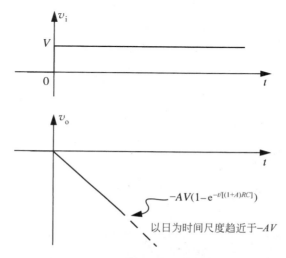

图 15.20 积分器波形

15.6.2 运放微分器

图 15.21 所示的运放微分器是积分器的补电路。由于 $v^{+}\approx v^{-}$ 和 $v^{+}=0$,则可给出流过电容的电流 i_{1} 为

$$i_{1}=C\frac{\mathrm{d}v_{\mathrm{i}}}{\mathrm{d}t}$$

由于假设没有电流流进运放,则 $i_{1}=i_{2}$,所以

$$v_{\mathrm{o}}=-Ri_{1}$$

从前面两个方程消去 i_{1},得

$$v_{\mathrm{o}}=-RC\frac{\mathrm{d}v_{\mathrm{i}}}{\mathrm{d}t} \qquad (15.75)$$

即该电路计算输入电压的时间导数(带负号)。

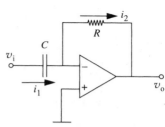

图 15.21 微分电路

微分器输入和输出电压的例子如图 15.22 所示。对于图示的方波输入,输出是在输入发生跳变时刻出现的一对冲激。正如例中所说明的那样,微分电路经常用来检测波形的跳变。

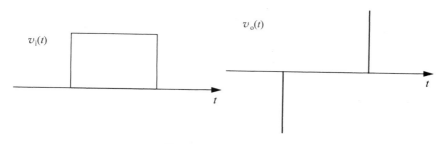

图 15.22　微分器波形

15.6.3　一个 RC 有源滤波器

运放嵌入一个较复杂 RC 电路的例子如图 15.23(a)所示。这是一个 RC 有源滤波器，它具有电容电感电路所有的有用的谐振特性。为了说明这一点，我们来计算用 v_i 表示的输出电压 v_o。首先作出如图 15.23(b)所示的有受控源的线性区模型。然后写出节点方程,取流入节点的电流为正。设 $v^+ - v^- \approx 0$,由于此电路中 v^+ 为零,则电路的约束变为 $v^- \approx 0$。对 v_1 节点有

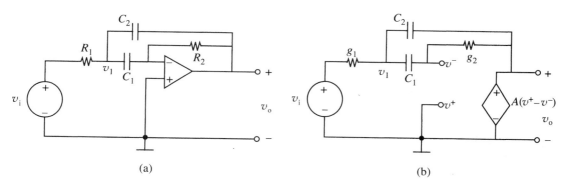

(a)　　　　　　　　　　　(b)

图 15.23　运放 RC 有源滤波器

$$(v_i - v_1)g_1 - C_1 \frac{\mathrm{d}v_1}{\mathrm{d}t} + C_2 \frac{\mathrm{d}(v_o - v_1)}{\mathrm{d}t} = 0 \tag{15.76}$$

对节点 v^- 有

$$C_1 \frac{\mathrm{d}v_1}{\mathrm{d}t} + v_o g_2 = 0 \tag{15.77}$$

整理得

$$v_i g_1 = g_1 v_1 + (C_1 + C_2) \frac{\mathrm{d}v_1}{\mathrm{d}t} - C_2 \frac{\mathrm{d}v_o}{\mathrm{d}t} \tag{15.78}$$

$$0 = C_1 \frac{\mathrm{d}v_1}{\mathrm{d}t} + v_o g_2 \tag{15.79}$$

可对两个方程两边均求导来求解这些方程,然后由式(15.79)和式(15.79)的导数代入消去 v_1 及其导数项。结果是得到了关于 v_o 的二阶微分方程

$$\frac{\mathrm{d}^2 v_o}{\mathrm{d}t^2} + g_2 \frac{C_1 + C_2}{C_1 C_2} \frac{\mathrm{d}v_o}{\mathrm{d}t} + \frac{g_1 g_2}{C_1 C_2} v_o = -\frac{g_1}{C_2} \frac{\mathrm{d}v_i}{\mathrm{d}t} \tag{15.80}$$

这个方程形式上与 RLC 谐振器相同(见式 12.119),但这个电路却不含电感。电感效应是通过有源元件来实现的,此例中是运放和电容,因此才将其称为 RC 有源滤波器。RC 有源滤波器(此例仅是一种实现方法,类似的电路还有很多)的优点是它不同于 RLC 网络,可以提供功率增益,并不需要电感。由于电感在 VLSI 技术中是难以实现的,因此这对集成电路是重要的设计优势。此外,电感不是一个很理想的元件,特别是在低频应用中(例如,频率大约低于 $100\mathrm{kHz}$)。这样在这个频率范围内,谐振电路通常由运放、电阻和电容构成。

滤波电路的特性在前面第 10 章及第 13 章中研究过。正如在第 13 章中的做法一样,图 15.23 所示的电路也可以用阻抗的方法来分析,可设电容的阻抗值分别为 $1/sC_1$ 和 $1/sC_2$(见 15.6.4 节)。在本章后面会看到其他用阻抗方法分析运放电路的例子。

由于式(15.80)在形式上是与描述 RLC 电路的式(12.119)相同的,所以可以确定 RC 有源滤波器的特性。注意运放 RC 有源滤波器的输出响应 v_o 对应 12.5 节中的电容电压 v_C。对应的 12.5 节中 RLC 串联电路的方程是

$$\frac{\mathrm{d}^2 v_C}{\mathrm{d}t^2} + \frac{R}{L}\frac{\mathrm{d}v_C}{\mathrm{d}t} + \frac{1}{LC}v_C = \frac{1}{LC}v_{\mathrm{IN}} \tag{15.81}$$

它具有衰减系数 $\alpha = \dfrac{R}{2L}$ 和无阻尼谐振频率 $\omega_o = \dfrac{1}{\sqrt{LC}}$。

这样,对应运放电路的衰减系数为

$$\alpha = g_2 \frac{C_1 + C_2}{2C_1 C_2} \tag{15.82}$$

而无阻尼谐振频率为

$$\omega_o = \sqrt{\frac{g_1 g_2}{C_1 C_2}} \tag{15.83}$$

15.6.4　RC 有源滤波器——阻抗分析法

现在来分析 15.6.3 节的运放有源滤波器在正弦激励下的响应。由于运放是线性器件(即 VCVS),可用阻抗法来分析。

上述的电路结构重画在图 15.24(a)中。它的阻抗模型如图 15.24(b)所示。电路较复杂,建议用节点法。

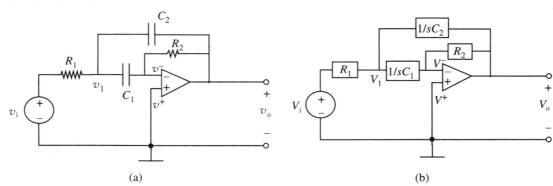

(a)　　　　　　　　　　　　　　　　　(b)

图 15.24　用阻抗法分析 RC 有源滤波器

(a)电路;(b)阻抗模型

设 $v^+ \approx v^-$，对节点 V_1 有

$$(V_i - V_1)g_1 + (V_o - V_1)sC_2 - V_1sC_1 = 0 \qquad (15.84)$$

其中 $g_1 = 1/R_1$。在节点 V^- 有

$$V_1sC_1 + V_og_2 = 0 \qquad (15.85)$$

其中 $g_2 = 1/R_2$。

现在可用克莱姆法则求出 V_o。首先，将上述方程整理，电源项放在左边，有

$$V_ig_1 = V_1[g_1 + s(C_1 + C_2)] - V_osC_2 \qquad (15.86)$$
$$0 = V_1sC_1 + V_og_2 \qquad (15.87)$$

（这些方程可与式(15.78)和式(15.79)所对应的微分方程比较）。解复幅值 V_o。

$$V_o = \frac{-g_1sC_1V_i}{[g_1 + s(C_1 + C_2)]g_2 + s^2C_1C_2} \qquad (15.88)$$

$$= \frac{-g_1sC_1V_i}{g_1g_2 + s(C_1 + C_2)g_2 + s^2C_1C_2} \qquad (15.89)$$

$$= \frac{-s(g_1/C_1)V_i}{s^2 + s\dfrac{C_1 + C_2}{C_1C_2}g_2 + \dfrac{g_1g_2}{C_1C_2}} \qquad (15.90)$$

式(15.90)恰与式(14.19)的形式相同（除去负号），因此电路等价于并联 RLC 滤波器。通过与第 12 章中对应项比较，得

$$谐振角频率 = \omega_o = \sqrt{\frac{g_1g_2}{C_1C_2}} \qquad (15.91)$$

$$带宽 = g_2\frac{C_1 + C_2}{C_1C_2} \qquad (15.92)$$

用这些比例系数，图 14.12 的频率响应图及其他所有在 14.1 节讨论过的性质均可直接用到本电路（除去相位附加 $180°$）。

WWW **15.6.5　Sallen-Key 滤波器**

15.7　工作在饱和区的运算放大器

到目前为止，我们是在放大区使用运放。在放大区，图 15.6 所示的压控电压源模型是适用的。此外，当引入负反馈，且运放工作在放大区时，可以利用输入电压约束 $v^+ \approx v^-$。然而，压控电压源模型和输入电压约束在运放输出到达饱和区的时候将不再适用。在饱和区，运放的输出将接近电源的电压，例如 $+12V$ 或 $-12V$。在正向饱和区，输出将接近 $+12V$，而在反向饱和区，输出将接近 $-12V$。

当外部的输入使得运放的输出要超出 $+12V$ 和低于 $-12V$ 时，运放离开放大区而进入饱和区。作为一个例子，如果一个运放的工作电压是 $+12V$ 和 $-12V$ 时，那么如果将 2V 电压作用到增益为 10 的同相运放电路的输入端时，则运放将达到正向饱和区。类似地，如果 $-2V$ 的电压作用到同一放大器输入，则运放将进入负饱和区。

运放在饱和区如何建模呢？当运放进入正向饱和区时，则在运放的输出端与正电源之间形成了接近短路的状态。类似地，当运放进入反向饱和区时，运放输出端与负电源之间近

似短路。相应地,简单的运放的正向和反向饱和模型由图 15.28 说明。正常情况下的受控源在饱和模型中没有出现,因为运放的输出达到了电源电压的极限,因此它便成为一个简单的电压源。

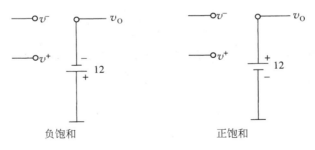

负饱和 正饱和

图 15.28 运放的饱和模型

饱和状态时的运放积分器

如果图 15.19 所示的运放积分器工作在负饱和区,则合理的等效子电路如图 15.29 所示。若是负饱和区的运放模型,v_o 是一个固定在接近负电源电压的值,比如说 $-12\mathrm{V}$。由于运放工作在饱和区时,在输出端相当于一个 12V 的电池,则受控源在计算时将不再考虑,因此,电路简化为简单 RC 串联结构,如图 15.29(b)所示。

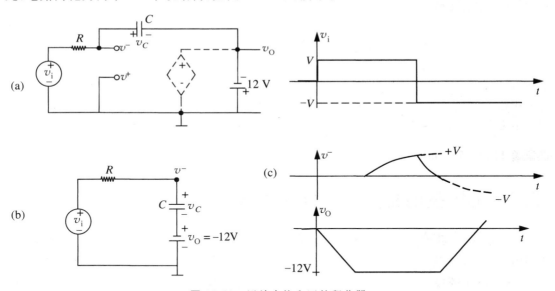

图 15.29 运放在饱和区的积分器

设阶跃输入 v_i 如图 15.29(c)所示,则求解 v_C 和 v^- 可用 10.5.3 节的方法。电压 v_C 进入饱和区前瞬间的值是

$$v_{\mathrm{init}} = +12\mathrm{V} \tag{15.103}$$

由于运放约束关系,v^- 在此点几乎为零。如果暂态就此结束,则电容电压的终值将是

$$v_{\mathrm{final}} = V + 12\mathrm{V} \tag{15.104}$$

所以,由式(10.62),设进入饱和的瞬间是时间起点,则

$$v_C = 12\mathrm{e}^{-t/RC}\,\mathrm{V} + (V+12\mathrm{V})(1-\mathrm{e}^{-t/RC}) \tag{15.105}$$

$$= V(1 - \mathrm{e}^{-t/RC}) + 12\mathrm{V} \tag{15.106}$$

（这是一个恒压源与电容的串联电路的一般结果：可用叠加定理求解该问题。可先求没有恒压源的解，然后再将恒压电压加进去。换句话说，暂态部分是不受恒压源影响的。）从而得到

$$v^- = V(1 - \mathrm{e}^{-t/RC}) \tag{15.107}$$

（可根据已经分析过的 RC 电路的结果直接写出）。这些方程对应的波形如图 15.29(c) 所示。

电路响应的一个重要问题是电路从饱和状态恢复到放大状态需要多长时间？为此，设将输入阶跃反极性。运放由于在 v^- 端很高的正电压而继续维持在饱和区，直到 v^- 衰减至接近零。图 15.29(b) 仍是此时间段合理的电路描述。这样对于 $v_i = -V$，有

$$v^- = -V + 2V\mathrm{e}^{-t/RC} \tag{15.108}$$

$$v_o = -12\mathrm{V} \tag{15.109}$$

其中，现在的时间起点被定义为 v_i 的负跳变的时刻。相应的波形如图 15.29(c) 所示。如上所述，此饱和状态一直维持至 v^- 衰减至几乎为零。只有这时，运放才退出饱和区，由积分趋向于零，如图 15.29(c) 所示。

总之，使运放进入饱和区对积分器有两个严重的后果。首先，运放饱和时，积分波形会变成平顶波。其次，当输入波形变负时，在电路恢复之前会有持续一段的延时，恢复后才开始起到积分器的作用。

15.8 正反馈

到目前为止，所讨论的每一个运放电路中，反馈网络都是从运放输出端接至运放的反相输入端。这样的联接提供了负反馈，这样的用法使电路趋于更线性化、对温度更不敏感和更稳定。一个明显的问题是如果像图 15.30(a) 所示的那样，将反馈接至运放的同相端，结果会是什么？

图 15.30(b) 中 v_o 与 v_i 之间的完整关系同时显示了饱和和滞回效应。为理解电路行为，设 v_o 初值为正，而 v_i 的初值为负。则由于反馈，v^+ 仍然是 $+6\mathrm{V}$。

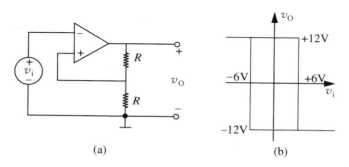

图 15.30 正反馈

为了使运放脱离饱和区，必须使 v_i 变为足够大的正值以使 $(v^+ - v^-)$ 近似到零，因此 v_i 必须接近为 $+6\mathrm{V}$。如果 v_i 略高于 $+6\mathrm{V}$，将迫使 v_o 变负，因此 v^+ 将变负，使 v_o 变为更小的

负值。因此，v_0 经过新的跳变至 -12V。而后使 v_i 比 -6V 更小，可产生到 $+12\text{V}$ 的新跳变。滞回区域的宽度受反馈电阻比例的控制。

这个电路很显然已不再是线性放大器：正反馈强化而不是抑制了原来运放的基本的非线性特性。这个电路的用途之一是作为数字比较器，或将连续模拟信号转化为两状态的数字信号。

RC 振荡器

图 15.31 所示的是另一个利用正反馈的运放电路。设电源电压是 V_S 和 $-V_S$。这个电路的功能是振荡器，利用正反馈使运放饱和运行在正负电源电压值 V_S 之间。我们来研究这个振荡器的工作原理。

首先，参考图 15.33 中 v_C 和 v_0 的波形对电路作定性分析。正如图 15.33 中所描绘的那样，设系统从松弛状态开始，因此电容电压 $v_C = 0$。这样运放的反相端 v^- 是 0V。还假设开始输出处在正饱和区，换句话说，输出为正电源电压 V_S。由于输出反馈到同相输入端，所以有

$$v^+ = \frac{V_S R_1}{R_1 + R_2}$$

这个在同相输入端的正电压将导致运放输入端口（v^+ 和 v^- 之间）有一个正电压差，结果是输出将不断被驱动到正饱和电压，即 V_S。等效电路如图 15.32 所示。电容 C 开始通过电阻 R_3 充电至 V_S。因为没有电流流进 v^- 端，因此充电的暂态过程与简单 RC 电路相同。

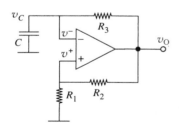

图 15.31 RC 振荡器电路

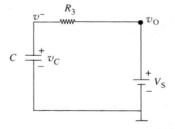

图 15.32 当运放在正饱和区时，RC 振荡器的等效电路

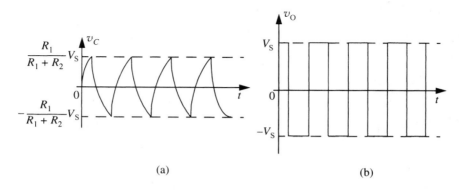

(a)   (b)

图 15.33 振荡器工作状况

随着电容的充电，最终电容电压 v_C 会超过 $v^+ = V_S R_1/(R_1 + R_2)$，结果使运放输入端口的有效电压（即 v^+ 与 v^- 两端之间的电压）变负。运算放大器放大了这个在输入端的负电压

差,使在输出端输出更大的负电压。由于输出端的负电压通过由 R_1 和 R_2 形成的分压器反馈到运放的同相输入端,同相输入端的电压变负,从而使运放输入端的压差更负,这又使输出电压进一步降低。这个正反馈过程持续进行,直到输出达到负饱和电压 $-V_s$。在这一点,有

$$v^+ = -\frac{V_sR_1}{R_1+R_2}$$

注意输出电压从 V_s 跳至 $-V_s$ 是在电容电压 v_C 超过 $-V_sR_1/(R_1+R_2)$ 的瞬间迅速完成的。

因此,在瞬间输出达到了 $-V_s$,而 v^+ 跳变至 $V_sR_1/(R_1+R_2)$。可以设电容电压值仍约为 $V_sR_1/(R_1+R_2)$,因为电容两端电压的变化要慢得多。

现在,由于电容电压 v_C 高于输出电压,电容开始通过 R_3 放电。图 15.34 给出了此时适用的等效电路。当电容电压降到低于 $-V_sR_1/(R_1+R_2)$ 时,电压 v^- 将低于电压 v^+,使运放输入端的电压差为正。运放将这个正电压差放大为输出端的正电压,当将其再反馈到同相输入端时,会导致运放输入端有更大的正电压。不断的正反馈过程使运放输出达到正向饱和。这样输出电压到达 V_s,而 v^+ 端又变成

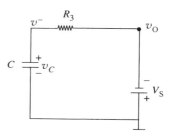

图 15.34 运放在反向饱和区时 RC 振荡器的等效电路

$$v^+ = \frac{V_sR_1}{R_1+R_2}$$

正如开始状态,电容电压现在低于输出,电容开始充电。这个周期不断重复,使运放输出产生方波。

现在来导出图 15.31 所示振荡器的时间周期。设开始时刻 T_1,v_o 从 V_s 跳到 $-V_s$,如图 15.35 所示。已知 T_1^- 时,$v_o = V_s$,且根据分压关系可知,$v^+ = V_sR_1/(R_1+R_2)$。另还已知 T_1^- 时,v^- 低于 v^+,电容电压在增加。

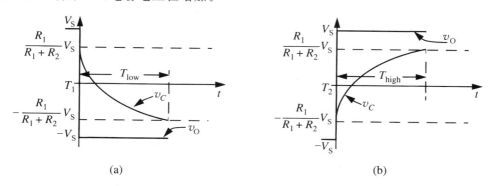

图 15.35 计算振荡器的时间周期

(a) v_C 从高到低;(b) v_C 从低到高

T_1^+ 时,v^- 变得略大于 v^+。或者说,$v^- \approx V_sR_1/(R_1+R_2)$。输出 v_o 实际上瞬间跳变至 $-V_s$,而 v^+ 变为 $-V_sR_1/(R_1+R_2)$。现在电容开始放电,而 v^- 开始减小。已知当 v^- 降到低于 $v^+ = -V_sR_1/(R_1+R_2)$ 时,v_o 将从低跳到高。

这样区间 T_{low} 是电容从初值 $V_sR_1/(R_1+R_2)$ 放电到终值 $-V_sR_1/(R_1+R_2)$ 所用的时

间。电容放电的动态过程遵循简单的一阶微分方程,它的解为

$$v_C = -V_s + \left(\frac{R_1}{R_1 + R_2} + 1 \right) V_s e^{-t/RC} \tag{15.110}$$

我们需要求出 T_{low},即 v_C 按式(15.110)降到低于 $-V_s R_1/(R_1 + R_2)$ 所用的时间。或者说,解出满足下式的时间

$$v_C = -V_s + \left(\frac{R_1}{R_1 + R_2} + 1 \right) V_s e^{-t/RC} < -\frac{R_1}{R_1 + R_2} V_s \tag{15.111}$$

因此

$$-V_s + \left(\frac{R_1}{R_1 + R_2} + 1 \right) V_s e^{-T_{low}/RC} = -\frac{R_1}{R_1 + R_2} V_s$$

解得

$$T_{low} = R_3 C \ln\left(1 + \frac{2R_1}{R_2} \right) \tag{15.112}$$

容易证明上升过程的持续时间 T_{high} 恰等于下降过程的持续时间。因此,振荡器的周期 T 为

$$T = 2 R_3 C \ln\left(1 + \frac{2R_1}{R_2} \right)$$

www 15.9 二端口 *

15.10 小结

- 运算放大器是一种用途广泛的放大器抽象,它是许多电子电路设计的基础。运放器件是由晶体管和电阻这样的基本电路元件构成的。
- 运放是四端口器件。这四个端口包括一个两端分别标作 v^+ 与 v^- 的输入口,一个两端分别是标作 v_o 与接地端的输出口,一个相对于地施加的电压为 $+V_s$ 的正电源端口和一个相对于地施加的电压为 $-V_s$ 的负电源端口。尽管接地端在运放的符号中不明显标出,但它是所有运放的一个很重要的部分。
- 运放的作用就像一个压控电压源。它的输入-输出关系可用数学表达式表示为

$$v_o = A(v^+ - v^-)$$

其中 A 称作运放的开环增益,是一个很大的值。在许多运放的实际应用中,A 被视作无穷大。
- 多数有用的运放电路接成负反馈形式,即将运放输出信号的一部分回馈至 v^- 输入端。以这种方式构成的运放电路的例子包括反相放大器、同相放大器、缓冲器、加法器、积分器和微分器。
- 如果运放工作在非饱和区和在负反馈条件下,在分析运放电路时,通常利用下面的约束。

$$v^+ \approx v^-$$

- 运放电路有时用正反馈连接构成,这时运放输出信号的一部分被回馈至运放的 v^+ 输入端。这样的运放电路例子包括振荡器和比较器。

练　习

练习 15.1　求图 15.41 所示电路的戴维南等效电路。电路含两个电阻和一个受控电流源。

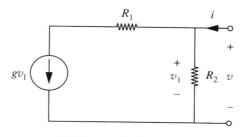

图 15.41　练习 15.1 图

练习 15.2　计算图 15.42 中，用 I_1, V_1 和 V_2 表示的 v_o。设运算放大器有理想特性。

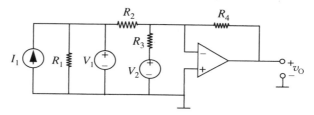

图 15.42　练习 15.2 图

练习 15.3　反相放大器如图 15.43 所示。计算增益的灵敏度 dG/G，它是运算放大器相对增益变化 dA/A 的函数。

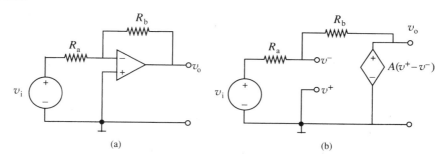

(a)　　　　　　　　　　　　　(b)

图 15.43　反相运算放大器

练习 15.4　图 15.44 所示的电路称作差动放大器。

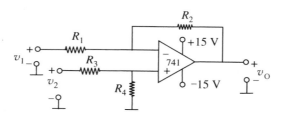

图 15.44　练习 15.4 图

(1) 利用理想运放模型,导出用 v_1,v_2,R_1,R_2,R_3 和 R_4 表示的输出电压 v_0。

(2) 在输出端和地之间接一负载电阻 R_L 会改变上面 v_0 的表达式吗,为什么?

(3) 令 $v_1 = v_2$,$R_1 = 1\text{k}\Omega$,$R_2 = 30\text{k}\Omega$,$R_3 = 1.5\text{k}\Omega$。求使 $v_0 = 0$ 的 R_4 的值。

(4) 令 $v_2 = 0$,$v_1 = 1\text{V}$。利用上面的电阻值(包括计算出的 R_4),求 v_0。

练习 15.5 图 15.45 所示电路中,D 是硅二极管,其特性为 $i = I_S(\text{e}^{qv/nkT} - 1)$,其中 $kT/q = 26\text{mV}$,n 在 1 和 2 之间。

(1) 求用 v_1 和 R_1 表示的 v_0。

(2) 定性画出(1)中解答的草图。

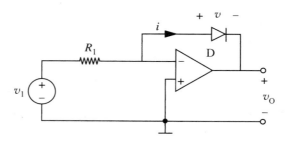

图 15.45 练习 15.5 图

练习 15.6 本题电路见图 15.46。已知 $v_S = 2\cos(\omega t)$ (V)。试画出 $v_0(t)$ 一个整周期的草图。要标出电压轴和时间轴的刻度,并使特性波形形状对应合适的表达式。(基于你的实验室经验作合理的假设。)

练习 15.7 电路如图 15.47 所示。二极管的特性为 $i_D = I_S(\text{e}^{qv_D/nkT} - 1)$,其中 $I_S = 10^{-12}\text{A}$,$kT/q = 25\text{mV}$。当 $|v_1| < 575\text{mV}$ 时,如何选取电阻 R 的值使运放工作在线性区?作合理近似。

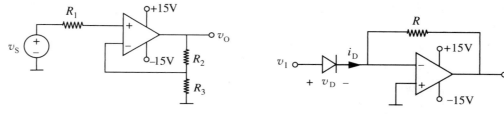

图 15.46 练习 15.6 图   **图 15.47** 练习 15.7 图

练习 15.8 求图 15.48 所示电路 aa′端口左侧的诺顿等效电路。

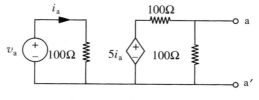

图 15.48 练习 15.8 图

练习 15.9 图 15.49 所示的电路图(a)和图(b)中,运放是理想的,并且增益为无穷大。如果每个放大器的输入均为 $v_1 = 1\text{V}$,则图(a)和图(b)的输出电压 v_0 分别为多少?

练习 15.10 电路联接如图 15.50 所示。设运算放大器工作在线性区,有很高的增益和输入电阻,低输出电阻。输入信号如图 15.51 所示的波形。

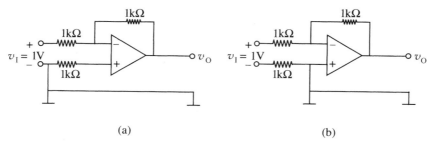

图 15.49　练习 15.9 图

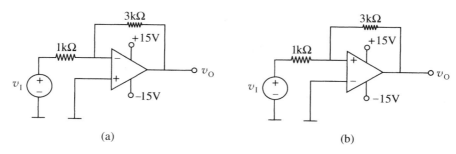

图 15.50　练习 15.10 图 1

（1）当 $A=1\text{V}$ 时，画出图 15.50(a)所示电路的输出电压 v_o 的波形图。注意：在图中要标出峰值点和信号突变的时间。

（2）当 $A=10\text{V}$ 时，画出图 15.50(a)所示电路的输出电压 v_o 的波形图。

（3）当 $A=10\text{V}$ 时，画出图 15.50(b)所示电路的输出电压 v_o 的波形图。

练习 15.11　对图 15.52 所示电路（含有一个电压控制的电压源），求：

（1）输入电阻 v_I/i_I。

（2）ab 端的戴维南等效电阻。

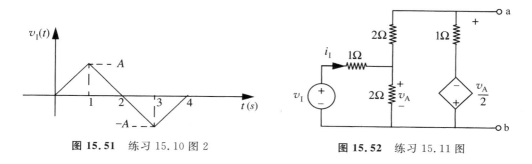

图 15.51　练习 15.10 图 2　　　　　　　**图 15.52**　练习 15.11 图

练习 15.12　求并画出图 15.53 所示电路的戴维南等效电路。

练习 15.13　求图 15.54 所示线性网络中用电压 v 表示的电流 i。设运算放大器是理想的。

练习 15.14　求图 15.55 所示电路 aa′端口左侧的戴维南等效电路。电路中含一个电流控制电压源。

练习 15.15

（1）画出图 15.56 所示的运放电路的电路模型。

（2）列写关于节点 v_a 和 v^- 的节点方程，方程数要足够确定 v_o 和 v_i 之间的关系，不求解。

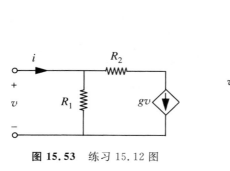

图 15.53 练习 15.12 图

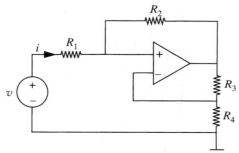

图 15.54 练习 15.13 图

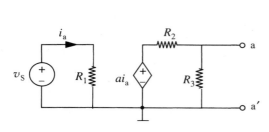

图 15.55 练习 15.14 图

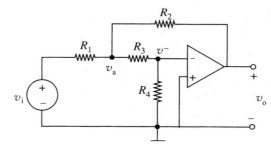

图 15.56 练习 15.15 图

练习 15.16 电路如图 15.57 所示。求用 v_1，v_2，R_a 和 R_b 表示的 v_{out}。设运放增益很高，输入电阻 $r_i = \infty$，输出电阻 $r_t = 0$，非饱和区工作。

练习 15.17 电路如图 15.58 所示。求用 v_i，R_1，R_2 及运放增益 A 表示的电流 i_1。设运放输入电阻 $r_i = \infty$，输出电阻 $r_t = 0$，非饱和区工作。

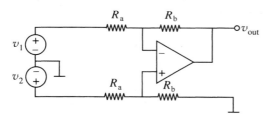

图 15.57 练习 15.16 图

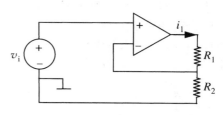

图 15.58 练习 15.17 图

练习 15.18 考虑图 15.59 所示电路。设运算放大器是理想的，它的输入电阻 r_i 很大，输出电阻 r_t 可以忽略，因此有 $i^+ \approx 0$，$i^- \approx 0$。$v_o = A(v^+ - v^-)$，增益 A 很大，且工作在线性范围。

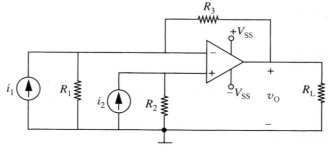

图 15.59 练习 15.18 图

（1）画出该电路适用于运放工作在线性范围的线性等效电路。

（2）导出作为 i_1，i_2 和电路中电阻函数的 v_o 表达式。

练习 15.19　在图 15.60 所示电路中，求电压增益 $G = v_o / v_i$。

（1）当端子 x 联接到端子 a。

（2）当端子 x 联接到端子 b。

设运放是理想的。

练习 15.20　对于图 15.61 所示的放大器，求电流传输比 i_o / i_S。设运放是理想的。

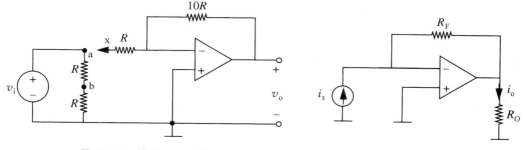

图 **15.60**　练习 15.19 图　　　　图 **15.61**　练习 15.20 图

练习 15.21　求图 15.62 所示电路的戴维南输出电阻。即求由端口 XX 看进去的电阻，此端口驱动负载电阻 R_L。（计算时电阻 R_L 不计在内）。不要假设 $v^+ \approx v^-$，否则将出现矛盾。最后说明 R_S 的取值范围，以使得该电路的作用相当于一个电流源驱动 R_L。

练习 15.22　考虑图 15.63 中电路。

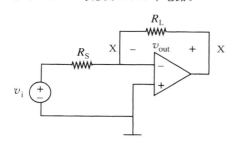　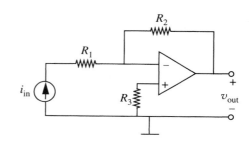

图 **15.62**　练习 15.21 图　　　　图 **15.63**　练习 15.22 图

（1）设运放是理想的（增益 A 很大，输出电阻为零，输入电阻为无穷大，工作在线性区），求作为 i_{in}，R_1，R_2 和 R_3 函数的 v_{out}。

（2）画出电路模型。设运放增益 A 为有限值，其他假设同（1）。

（3）分析电路，求出作为 i_{in}，R_1，R_2，R_3 和有限增益 A 函数的 v_{out} 的表达式。

练习 15.23　如图 15.64 所示的运算放大器电路由斜坡函数 $v_I(t)$ 驱动

$$v_I(t) = \begin{cases} 0 & t < 0 \\ 10^3 t \, \text{V} & t > 0 \end{cases}$$

可以设运算放大器有无穷大开环增益，零输出电阻和无穷大输入电阻。电容电压在 $t < 0$ 时为零。问 $t = 0^+$ 和 $t = 2\text{ms}$ 时电压 $v_o(t)$ 的值是多少？

练习 15.24　一运算放大器接成如图 15.65 所示电路。

（1）当 $\omega = 0$ 时，放大器的增益是多少？

（2）求表达式 $V_o(j\omega) / V_i(j\omega)$。

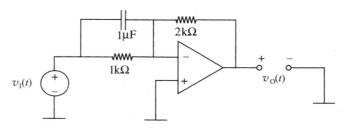

图 15.64 练习 15.23 图

（3）在什么频率下，$|V_o|$ 降到其低频时的 0.707 倍。

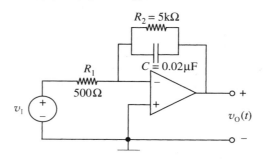

图 15.65 练习 15.24 图

练习 15.25 对图 15.66 所示电路，求用 $V_{in}(s)$ 表示的 $V_{out}(s)$。

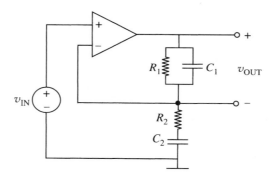

图 15.66 练习 15.25 图

练习 15.26 电路如图 15.67 所示。已知 $R_1=R_2=20\Omega$，$C=2.4\mu F$，$L=0.25mH$。求系统函数 $H(s)=V_b(s)/V_a(s)$。

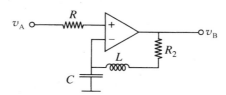

图 15.67 练习 15.26 图

练习 15.27 对于图 15.68 所示电路，从给定的系统函数的频率响应的幅度特性选出符合电路的特性。不必将转折频率与电路参数建立联系。请注意除（7）之外的幅度响应都是用的对数-对数坐标。

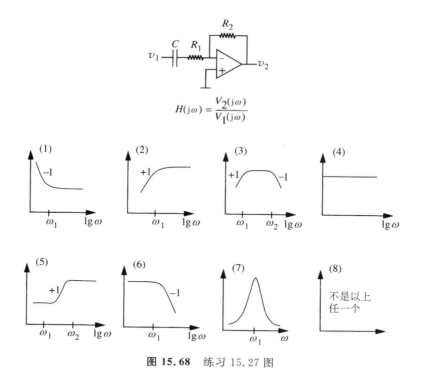

$$H(j\omega) = \frac{V_2(j\omega)}{V_1(j\omega)}$$

图 15.68 练习 15.27 图

问 题

问题 15.1 图 15.69 所示电路除了外接电阻 R_L 外,非常类似标准同相放大器。我们感兴趣的是无论 R_L 的值多大,流过 R_L 的电流几乎为常数,即电路像是一个电流源驱动 R_L。

(1) 利用理想运放的大增益、零输出电阻和无穷大输入电阻的假设条件,说明 i_L 作为 v_i 的函数与 R_L 无关(或弱关联)。

(2) 为更直接证明"电流源"作用,求端口 AA' 以左部分电路的戴维南等效电阻(R_L 开路)。

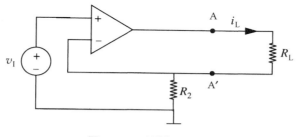

图 15.69 问题 15.1 图

问题 15.2 齐纳二极管常用来建立电源中的稳定的参考电压、消除电源偏移及交流信号纹波。

(1) 对于图 15.70 中所示的特性,求 v_a。设 v_A 是 15V 的纯直流电压。

(2) 求 v_o 对 v_A 的灵敏度,即求 dv_o/dv_A。如果 v_A 有 0.1V 左右的直流偏移或 120Hz 的交流纹波,那么 v_o 有多少偏移或纹波?

问题 15.3 考虑图 15.71 所示的电路。求 v_o。设所有运放均是理想的,且工作在线性区。

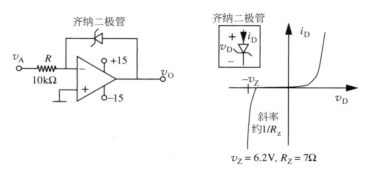

图 15.70 问题 15.2 图

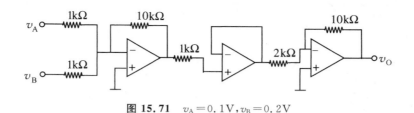

图 15.71 $v_A = 0.1\text{V}, v_B = 0.2\text{V}$

问题 15.4 有时可能面临建立电流变送器的问题,即强制负载电流为 i_L 的电路。该电流是在电压源的精确控制下,而与负载电阻的变化无关。对这个问题的设计要求是

$$i_L = -Kv_S$$

其中,当 $|v_S| < 1\text{V}, R_L < 1\text{k}\Omega$ 时,$K = 10\text{mA/V}$。

通过查阅实用电路手册,你可能碰到图 15.72 的电路作为上述问题的解决方案。问题是它的工作原理是什么?

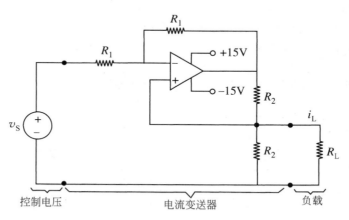

图 15.72 问题 15.4 图

(1) 首先,分析上述电路的工作原理,明确说明它是否能完成所期望的功能。

(2) 其次,确定在选择电阻 R_1 和 R_2 的值来满足上述特殊应用时是否会有什么问题,你应该借鉴关于运放限制方面的经验。你能满足这些要求吗?

问题 15.5 求图 15.73 所示电路从 A 和 A′ 端钮看入的诺顿等效电路。

问题 15.6 设计一个如图 15.74 所示的电路,使输出电压 v_o 等于 v_1 和 v_2 的加权和。例如

$$v_o = 3v_1 + 5v_2$$

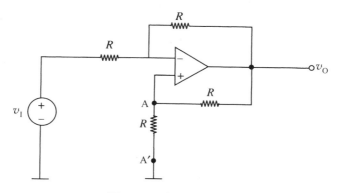

图 15.73 问题 15.5 图

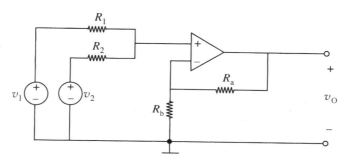

图 15.74 问题 15.6 图

已知 v_1 和 v_2 的幅值永远不大于 1V。

（1）为使电路完成上述求和功能，求电阻 R_1，R_2，R_a 和 R_b 的值。

（2）已知电源是从 +15V 至 −15V，输出电流在 +1mA 和 −1mA 之间。如有必要重新设计以满足这些附加设计约束。

（3）怎样改变设计来完成下面的求和？

$$v_0 = -3v_1 - 5v_2$$

仅使用一个运放（给定如图 15.74）。双运放设计显然是繁琐的，而且无必要。

问题 15.7 对于图 15.75 所示电路，设理想运放增益 A 很大。

（1）计算用 v_1 和电阻值表示的 v_0。

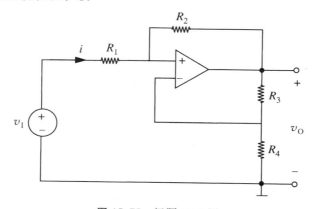

图 15.75 问题 15.7 图

(2) 求用 v_1 和电阻值表示的 i。

(3) (1)中电阻为何值时电压增益为无穷大,用一句话解释其原因。

(4) 指出由于用理想运放而对(1)和(2)中解答的限制。

问题 15.8 选择图 15.76 中 $R_1 \sim R_5$ 的值,使

$$v_o = 2v_1 - 5v_2 - v_3 - 3v_4$$

设运算放大器有理想特性。

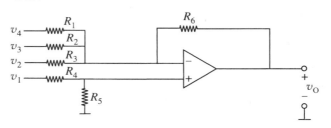

图 15.76 问题 15.8 图

问题 15.9 对于图 15.77 所示电路,求用 v_1 表示的 v_O。先用电阻符号值表示,然后代入电阻值: $R_1 = R_2 = R_3 = 10\text{k}\Omega, R_4 = 100\text{k}\Omega$。

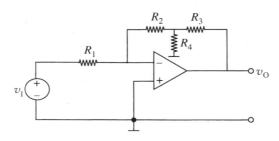

图 15.77 问题 15.9 图

问题 15.10 本题与图 15.78 所示的电路有关。运算放大器是一个高增益单元($A = 10^5$),具有高输入电阻 r_i 和可忽略的低输出电阻 r_t,并设运放工作在线性区。已知 $v_S = 1\text{V}, i^+ = 10\text{pA} = 10^{-11}\text{A}, R_L = 1\text{k}\Omega$。

(1) 求 v_O(精确到 1%)。

(2) 电源 v_S 发出的功率是多少,负载电阻 R_L 消耗的功率是多少?

(3) 负载电阻 R_L 消耗的功率大于由电源 v_S 提供的功率。那么,这附加的功率来自何处?

问题 15.11 一放大器的等效电路如图 15.79 所示。

(1) 求从输入端 aa' 处电流源看进去的输入电阻。

(2) 求从输出端 bb' 看进去的输出电阻(电流源断开)。

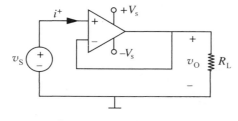

图 15.78 问题 15.10 图

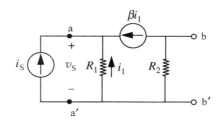

图 15.79 问题 15.11 图

问题 15.12　对于图 15.80 所示电路,求用 v_1 和 v_2 表示的 v_O。分析时可利用理想运放模型。

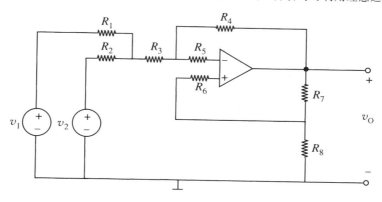

图 15.80　问题 15.12 图

问题 15.13　一运算放大器电路如图 15.81 所示。设运算放大器有理想特性,包括零输入电流和零输出电阻,并可进一步作简化假设开环增益为无穷大。同时设放大器不饱和。

(1) 当 $v_2 = 0$ 时,增益值 $v_O/v_1 = ?$

(2) 令 $v_2 = 3\text{V}$,画出 $v_O \sim v_1$ 特性曲线。标出重要值和斜率。

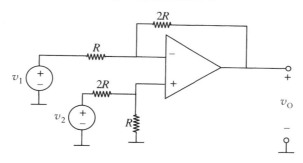

图 15.81　问题 15.13 图

问题 15.14　将运放与 RC 电路结合可组成能完成基本数学运算的电路,如积分和微分运算。图 15.82 所示电路在一定范围内是一个积分器。

(1) 利用理想运放模型确定由此电路完成的理想函数功能。

(2) 基于对运放限制的了解,指出为了取得满意的运算功能,R 和 C 的合理取值。设输入是角频率为 ω、峰值为 A 的正弦波。

对于电压限制所施加的影响将答案表示成 RC 乘积形式的约束;而对电流限制所产生的影响表示成其他约束。

(3) 实用中,R 的值通常不应大于 $1\text{M}\Omega$。当电路工作在 20Hz 以上和峰值 $A = 1\text{V}$ 时,试计算满足上述电压约束的电容 C 的值。

问题 15.15　在题 15.14(3) 中计算所得的电容值比在 VLSI 芯片上能制造出的最大电容大很多。因此,图 15.82 所示电路通常须用运放、分立电阻和电容元件构成。为了将该电路放在一个芯片上,电阻用开关电容代替,这样便可产生很大的"等效电阻",而电容取合理值。该电路如图 15.83 所示。

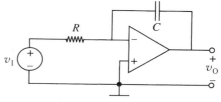

图 15.82　问题 15.14 图

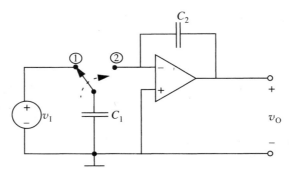

图 15.83 问题 15.15 图

在 $t=t_1$ 时刻,开关合向位置①,电容瞬时充电至电压 $v_1(t_1)$。然后在 t_2 时刻,开关合向位置②,电容 C_1 对 C_2 放电。设常用的运放近似条件 $v^+ - v^- \approx 0$ 仍可利用,可计算一个周期"放掉的"电荷,进而得平均电流(是电压 v_1 和开关频率 f_c 的函数),从而得开关电容的等效电阻。同时表明联系 v_O 与 v_1 的总系统方程与题 15.14 中相同。

问题 15.16 图 15.83 中,由运放的电压、电流所产生的关于 C_1 和 C_2 的约束关系是什么?试计算电路工作在 20 Hz 以上时,C_1, C_2 及 f_c 的合理值。如果将开关用 MOS 晶体管代替,且 $C_{max}=100$ pF 时,该电路能否做在一个 IC 芯片上?

问题 15.17 设计一由 RC 电路和运放组成的微分器。计算如问题 15.14(3)中的约束条件。

问题 15.18 本题与问题 15.15 中所涉及的开关电容电路有关。参照图 15.84,设在 $1/(2f_0)$ 时间内两个 S_1 闭合,S_2 断开;而另 $1/(2f_0)$ 时间内 S_2 闭合,S_1 断开。设无重叠,即开关 S_1 和 S_2 从不会同时闭合。

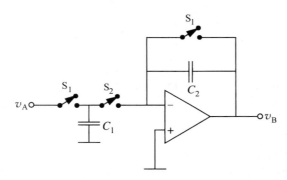

图 15.84 问题 15.18 图

(1) 当 $v_A = A$ V(常数)时,在一个完整周期中,确定每个电容上的电荷及每个节点的电压。

(2) 设 $v_A = A\cos(\omega t)$($\omega \ll 2\pi f_0$)。画出 v_B 的略图。如电路中所示,v_B 在半个周期内为零。在另半个周期,v_B 和 v_A 的关系由简单的增益表达式联系,就像在常规的反相放大器中一样。那么,这个"增益"是多少?

问题 15.19 图 15.85 为开关电容电路的一个实际的实现(参考题 15.15)。正如前题所述,研究一个时钟周期内的"平均 v_B"的特性是有用的。

(1) 如果 $v_A = 1$ V(常数),说明 v_B 在一个周期的平均值等于 $-(C_1/C_2)A$ 的稳态值。换句话说,对低频信号,电路就像是一个具有增益 $-(C_1/C_2)$ 的同相放大器一样。

(2) 如果 v_A 是一个幅值为 A 的阶跃函数,v_B 的初值为零,那么,v_B 以时间常数 $\tau = C_3/(f_0 C_2)$ "充电"到它的稳态值。即说明 v_B 遵循时间常数为 $C_3/(f_0 C_2)$ 的一阶线性微分方程。

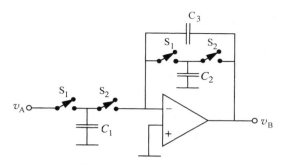

图 15.85 问题 15.19 图

问题 15.20

(1) 利用理想运放模型求图 15.86 所示电路实现的理想功能。

(2) 基于运放限制的约束,讨论电路实现预想功能的准确性。或指出为取得满意的运行结果而给元件 R 和 C 的值所加的约束。设输入分别如下:

① 角频率为 ω 和峰值为 A 的正弦波。

② 周期为 T 和峰值为 A 的三角波。

③ 周期为 T 和峰值为 A 的方波。

(3) 实际电容的损耗可以用一个大电阻与一个理想电容的并联模型表示。那么,电容的损耗对电路行为的影响是什么?

问题 15.21

(1) 利用理想运算放大器假设,即无穷大增益,无穷大输入电阻和零输出电阻,求图 15.87 中 $v_O(t)$ 与 $v_I(t)$ 之间的关系。

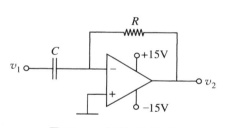

图 15.86 问题 15.20 图

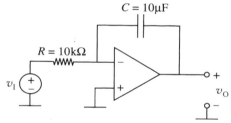

图 15.87 问题 15.21 图 1

(2) 如果信号 $v_I(t)$ 是图 15.88 所示的方波,定性画出 $v_O(t)$ 的波形图($t>0$)。设 $v_O(0)=0$。

问题 15.22 用一运算放大器接成图 15.89 所示电路。已知

$$v_I(t)=\begin{cases} 2V & 0<t<1ms \\ 0 & 其他 \end{cases}$$

设 $t<0$ 时,$v_O=0$。试定性画出 v_O 的波形图($t>0$)。

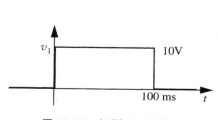

图 15.88 问题 15.21 图 2

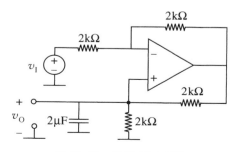

图 15.89 问题 15.22 图

问题 15.23 研究图 15.90 所示的两个电路。用运放模型求两个电路的传递函数 v_O/v_1。

设运放仅有中等增益(如 100),这样 $v^+ = v^-$ 的假设不成立。那么与 C_1 相比,C_2 取多大的值才能使两个电路的作用相同呢?由于放大器增益使得 C_1 的等效值增加被称作"密勒效应",它在运放的设计中得到应用。

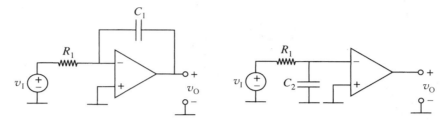

图 15.90 问题 15.23 图

问题 15.24 设有理想运放(大增益,$v^+ \approx v^-$,r_{in} 为无穷大,r_{out} 为零,但考虑饱和效应。)

(1) 对图 15.91 所示电路,当 v_{IN} 在 $-20V \sim +20V$ 之间,试画出 $i_{IN} \sim v_{IN}$ 曲线。设 $R_2 = R_3$。坐标比例自定。

(2) 图 15.92 中,电容开始被充电到 1V(开关在位置①),然后在 $t=0$ 接到电路(开关在位置②)。按比例定性画出 $v_C(t)$ 的波形图($t>0$)。

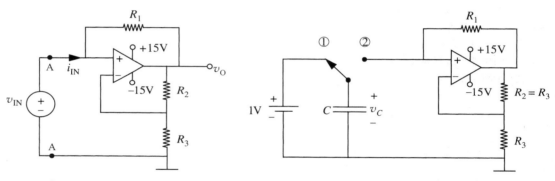

图 15.91 问题 15.24 图 1   **图 15.92** 问题 15.24 图 2

问题 15.25 一运算放大器接成图 15.93 所示电路。

(1) 设运算放大器有无穷大增益、无穷大输入电阻和零输出电阻,试确定 $v_O(t)$ 与 $v_1(t)$ 之间的关系。

(2) 若信号 $v_1(t)$ 是图 15.94 所示的方波,并设 $v_O(0)=0$,试定性画出 $v_O(t)$ 的波形($t>0$)。

(3) 运算放大器现接成图 15.95 所示电路。$t<0$ 时电压 $v_O(t)$ 维持在零(借助图中未画出的方法)。开关开始在上面位置,连接 $10k\Omega$ 电阻至一恒定电压 V_F。在 $t=100ms$ 时,开关投到下面位置。观察到的电压 $v_O(t)$ 结果示于图 15.96 中。试确定 V_F 与 τ 之间的关系,τ 是电压 $v_O(t)$ 回到零时所需的时间。

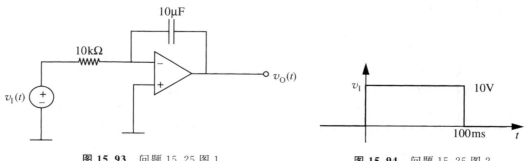

图 15.93 问题 15.25 图 1   **图 15.94** 问题 15.25 图 2

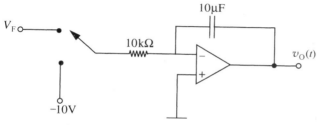

图 **15.95**　问题 15.25 图 3

图 **15.96**　问题 15.25 图 4

问题 15.26　设图 15.97 所示电路的作用非常类似于 RLC 电路。

(1) 写出关于 v_2 和 v_3 的节点方程。

(2) 利用运放的假设条件($v^+ \approx v^-$)简化方程。若 C_1 与 C_2 是可比的(下面须检验此假设),则与 v_4 项相比,v_3 可忽略;与 $\dfrac{\mathrm{d}v_2}{\mathrm{d}t}$ 和 $\dfrac{\mathrm{d}v_4}{\mathrm{d}t}$ 项相比,$\dfrac{\mathrm{d}v_3}{\mathrm{d}t}$ 可忽略。

(3) 求特征方程,并与 RLC 电路比较。

(4) 若给定 $C_1 = C_2 = 0.01 \mu\mathrm{F}$,$R_1 = 10\Omega$,$R_2 = 1\mathrm{k}\Omega$,试问电路是欠阻尼、过阻尼还是临界阻尼,该电路的 Q 值是多少?

问题 15.27　图 15.98 所示的网络中,联系 v_0 与 v_1 之间关系的微分方程是什么? 设运放是理想的。

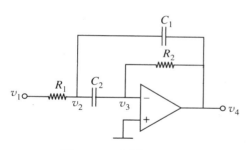

图 **15.97**　问题 15.26 图

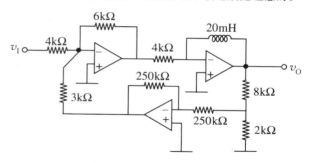

图 **15.98**　问题 15.27 图

问题 15.28　图 15.99 所示电路的作用非常类似于 RLC 电路。

(1) 写出节点方程。

(2) 设 $v_\mathrm{A} = V_\mathrm{a}\mathrm{e}^{st}$,$v_\mathrm{B} = V_\mathrm{b}\mathrm{e}^{st}$,求其特征方程。

(3) 求用 C_1,C_2,G_1 和 G_2 表示的 α 和 ω_0。

问题 15.29　图 15.100 中,已知 $R_1 = 10\mathrm{k}\Omega$,$R_2 = 1\mathrm{k}\Omega$,$C_1 = 1\mu\mathrm{F}$,$C_2 = 0.01\mu\mathrm{F}$。

(1) 求 $H_1(s) = V_1/V_\mathrm{S}$。画出 $\lg|H_1| \sim \lg\omega$ 和 $\angle H_1 \sim \lg\omega$ 曲线,并标出坐标值。

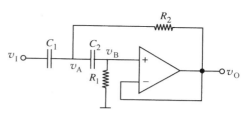

图 **15.99**　问题 15.28 图

(2) 求 $H_2(s) = V_2/V_1$。画出 $\lg|H_2| \sim \lg\omega$ 和 $\angle H_2 \sim \lg\omega$ 曲线,并标出坐标值。

(3) 求 $H_t(s) = V_2/V_\mathrm{S} = H_1(s)H_2(s)$。画出 $\lg|H_t| \sim \lg\omega$ 和 $\angle H_t \sim \lg\omega$ 曲线,并标出坐标值。并与(1)和(2)中得到的曲线作比较。

问题 15.30

(1) 求图 15.101 所示网络的传递函数。

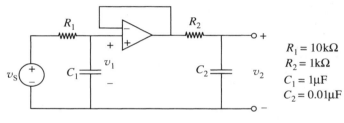

图 15.100　问题 15.29 图

（2）利用图 15.101 电路综合出函数 $\dfrac{V_O}{V_{IN}} = -\dfrac{s+4}{s+6}$，即求出 R_1, R_2, C_1 和 C_2 的值使之满足 V_O/V_{IN}。可令电容为 1μF。

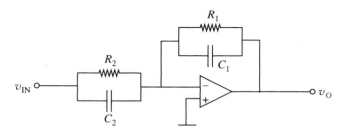

图 15.101　问题 15.30 图

问题 15.31　图 15.102 所示电路是一电容乘法器。它可以嵌入到一个需要很大实际电容但又不易实现的电路。设运算放大器有理想特性。

（1）求从电路 AA' 端看进去的阻抗 Z。

（2）说明右侧的模型与（1）中得到的阻抗等效。

（3）若 $R_1 = R_2 = 10\text{M}\Omega, R_3 = 1\text{k}\Omega$，则 C 的等效值 C_{eq} 是多少？

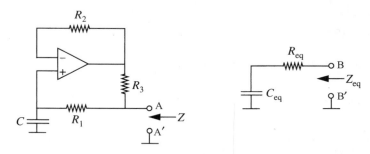

图 15.102　问题 15.31 图

问题 15.32　说明图 15.103 所示运放电路有与问题 14.1（示于图 15.103 中的左侧）相同形式的传递函数。求出谐振频率和 Q 的表达式。

问题 15.33　图 15.104 所示电路是开关电容滤波器。开关 S_1 和 S_2 是由如问题 15.15 所示的不重叠的时钟驱动的。在 $1/(2f_c)$ 时间内两个 S_1 闭合，S_2 断开；在另 $1/(2f_c)$ 时间内 S_2 闭合，S_1 断开。$v_{in} = A\cos(\omega t)$，$\omega \ll 2\pi f_0$。

（1）求正弦稳态形式的传递函数 V_3/V_2 和 V_2/V_1。开关的处理方法见问题 15.15。注意 C_1 和 C_2 两端没有开关。

（2）求出描述运放 1 工作的简化方程，即求出用 V_2, V_{in} 和 V_3 表示的 V_1。（注意在所有阻抗的计算中，

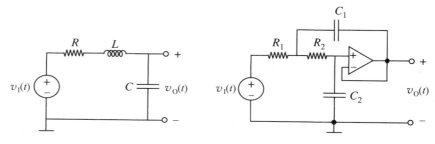

图 **15.103**　问题 15.32 图

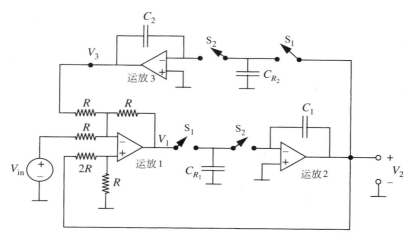

图 **15.104**　问题 15.33 图

显然已假设电压复幅值 V 之间的关系是与时间变量 $v(t)$ 之间的关系相同的)

（3）将（1）代入（2）求总传递函数 V_2/V_{in}。求用电路参数表示的谐振频率 ω_o 和带宽 $\Delta\omega$ 的表达式。解决这一问题的最简单的方法是将传递函数变成如下形式

$$V_O = \frac{K_s V_{IN}}{s^2 + 2\alpha s + \omega_o^2} \tag{15.121}$$

并与并联 RLC 电路对比。谐振频率与时钟频率 f_c 的关系是什么？

　　问题 15.34　图 15.105 所示电路的作用与 RLC 电路相同。

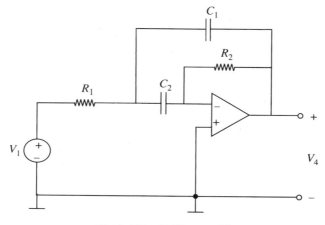

图 **15.105**　问题 15.34 图

（1）求传递函数 V_4/V_1。（可设运放是理想的，即 $V^+ = V^-$ 以简化计算）

（2）作出传递函数的幅度 $|V_4/V_1|$ 与频率的函数曲线。说明出现峰值的频率，峰值点的传递函数值及谐振的 Q 值。电路参数为：$C_1 = C_2 = 0.01\mu F, R_1 = 10\Omega, R_2 = 1k\Omega$。

（3）此电路称作有源滤波器。它是低通、高通还是带通滤波器？用 R_1, C_1 等参数表示的带宽的表达式是什么？带宽即 $B = \omega_2 - \omega_1$，其中 ω_2 和 ω_1 是半功率频率。

问题 15.35 （1）求图 15.106 所示有源滤波器的复幅值比 V_o/V_i 的表达式，作出波特图：$|V_o/V_i| \sim \omega$ 及 $V_o/V_i \sim \omega$。已知 $R_2 = 10R_1$。

（2）可以作出一个等效滤波器如图 15.107 所示。求 C_x 值，使该滤波器与（1）中的滤波器等效。设 R_1 和 R_2 与（1）中相同。与（1）中滤波器的 C 值相比，C_x 的值是多少？

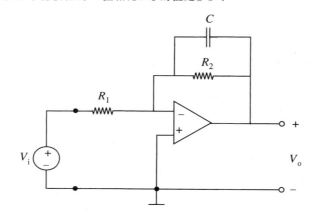

图 15.106 问题 15.35 图 1

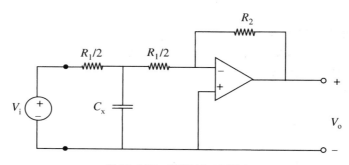

图 15.107 问题 15.35 图 2

问题 15.36 图 15.108 所示电路的作用非常类似于 RLC 电路。

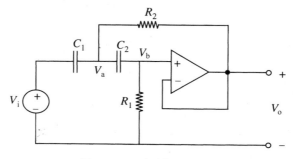

图 15.108 问题 15.36 图

（1）以 V_a 和 V_b 为变量,写出正弦稳态下复幅值形式的节点方程。

（2）用（1）中的结果解出 V_o/V_i。注意 $V_o = V_b$。

（3）设电路是欠阻尼的,作出传递函数的幅频特性 $|V_a/V_b| \sim \omega$。标出峰值处的频率和传递函数的峰值,及谐振时的 Q 值。

问题 15.37 画出图 15.109 所示有源滤波器的频率响应（幅度和相位）曲线。设运放是理想的。

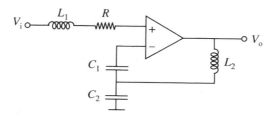

图 15.109 问题 15.37 图

问题 15.38 图 15.110 所示电路会发生类似于 RLC 电路的谐振。

（1）写出关于 V_2 和 V_3 的正弦稳态方程。

（2）利用（1）中结果解出 V_4/V_1。注意 $V_3 = -V_4/A$,其中可假设运放增益 A 很大。

（3）设 $C_1 = C_2 = 0.1\mu F$, $R_1 = 10\Omega$, $R_1 = 1k\Omega$。画出传递函数的幅频特性曲线 $|V_4/V_1| \sim \omega$。说明峰值点的频率,传递函数的峰值及谐振的 Q 值。

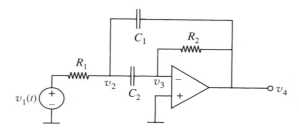

图 15.110 问题 15.38 图

问题 15.39 对于图 15.111 所示电路:

（1）列写可以解出 V_o/V_i 的方程组。

（2）设如果解上述方程,可以得

$$\frac{V_o}{V_i} = \frac{(j\omega C_1)(j\omega C_2)}{G_1 G_2 + j\omega(C_1 + C_2) + (j\omega)^2 C_1 C_2} \tag{15.122}$$

求使得电路欠阻尼的谐振频率（ω_o）。

（3）求 V_o/V_i 的低频渐近线的表达式。（零不是所需答案）

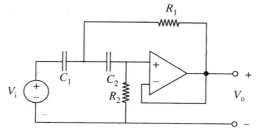

图 15.111 问题 15.39 图

(4) 求 V_o/V_i 的高频渐近线的表达式。（零不是所需答案）

(5) 设 $Q=1/2$，画出 V_o/V_i 的幅频和相频特性曲线。指定坐标，标出关键特性。

问题 15.40 Tech Hi-Fi 发布了一套轿车立体声系统，它可以向 4Ω 的扬声器提供 $10W$ 平均功率。假如你熟练掌握了电子学内容，就可以用一个功率运放组成这样一个系统。为了把主要精力放在接收器的设计上，可以用一个小晶体管 AM-FM 收音机作为信号源。

所尝试的电路如图 15.112 所示。在下面的分析中，可以假设功率运放有很高的开环增益，零输出电阻，无穷大输入电阻及其他良好特性。

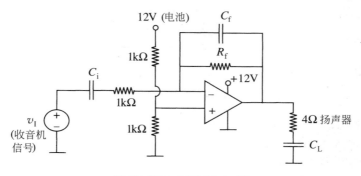

图 15.112 问题 15.40 图

(1) 运算放大器输出端电压工作点的值是多少？

(2) C_L 的作用是什么？

(3) 设来自收音机的最大信号峰峰值是 $1V$。R_f 的最大值是多少可以保证运算放大器工作在线性区？

(4) 若 v_I 是幅值为常数的正弦量，则可以提供给 4Ω 扬声器的最大功率是多少？

(5) 抛开(2)和(3)中的答案，设选电阻 $R_f=10k\Omega$，电容 C_L 的值很大。为了减少低频噪音，可将下半功率频率设为 $100 \mathrm{rad/s}$，则电容 C_i 的值应选为多少？若还要滤去高频噪音，可以将上半功率频率设为 $10^5 \mathrm{rad/s}$，则电容 C_f 的值应选为多少？

问题 15.41 (1) 用理想运放假设，写出图 15.113 所示电路的关于复数电压的节点方程，并解出 V_o。

(2) 设 V_o 具有如下形式

$$V_o = \frac{sKV_i}{s^2 + 2as + \omega_o^2} \tag{15.123}$$

如果电路施加一窄脉冲，则在窄脉冲作用之后，输出电压为

$$v_O(t) = 3e^{-100t}\sin(1000t + 20°)\,\mathrm{V} \tag{15.124}$$

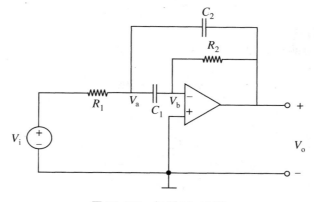

图 15.113 问题 15.41 图

当 $K=400\text{s}^{-1}$ 时,求在幅值为 1V 的谐振频率余弦波作用下的稳态响应 $v_O(t)$。余弦波电压为

$$v_1(t) = \cos(\omega_o t)\text{V} \tag{15.125}$$

(求出 ω_o 等数值)

(3) 如果 1V 余弦波的频率为下 0.707 频率 ω_1,重求(2)。

问题 15.42

(1) 对图 15.114 所示电路,写出求 $V_o(s)$(用 $V_i(s)$ 表示)所需的方程。把答案整理成左端为电源项,右端为未知变量的形式,且用电导 $g(=1/R)$ 表示。

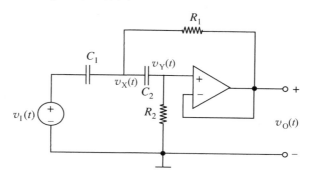

图 15.114 问题 15.42 图

(2) 解上述方程。当 $C_1=C_2$,可得

$$V_o(s) = \frac{s^2 V_i}{s^2 + \dfrac{2}{R_2 C}s + \dfrac{1}{R_1 R_2 C^2}} \tag{15.126}$$

当 $R_1=1\text{k}\Omega$,求 R_2 和 C 的值使 $Q=10$ 和谐振角频率为 $\omega_o=1000\text{rad/s}$。谐振频率定义为式(15.126),分母中 s^2 与 s^0 项正好抵消时的频率。

问题 15.43 对图 15.115 所示的网络:

(1) 求传递函数 V_o/V_i 的表达式。

(2) 定性画出幅频特性和相频特性曲线。

既可以用线性-对数坐标,也可以用对数-对数坐标,但建议用两种。

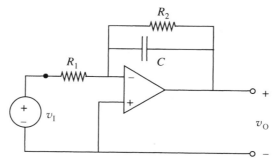

图 15.115 问题 15.43 图

第 16 章

二极管

16.1 概述

在第 4 章中我们将二极管作为非线性元件的例子已有所介绍。利用它的非线性 v-i 特性建立了几种分析非线性电路的方法。二极管是特别有用的非线性器件,值得进行详细的研究。图 16.1 显示了几种分立的二极管元件。本章研究几种有用的二极管电路,并建立另一些专用于分析二极管的方法。

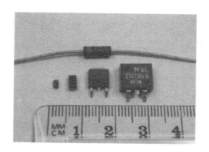

图 16.1　分立二极管元件
（感谢 Maxim 公司提供照片）

16.2 半导体二极管特性

我们将考虑用硅制造的半导体二极管。回忆一下,前面已见过称作 MOSFET 的硅器件的例子。首先简要回顾一下硅和半导体的性质。硅是元素周期表中第四族立体结晶类元素(与锗同组)。在纯硅晶体中,每一原子与它的最近的原子形成共价键,使得在室温下,几乎所有的价电子都被束缚在共价键中,极少有电子在晶体中自由运动。室温下纯硅是电的不良导体。

然而,如果有极少量的杂质通过高温扩散或离子注入等方法掺到硅中,则它的电特性将显著改变。将百万分之一的第五组中的元素(如磷)加到第四族元素硅中,就可以得到一种有许多未被束缚在共价键中的"自由"电子的晶体。于是这样的材料现在就是一个良导体。我们称这种材料为 N 型硅(N 代表负,表示自由移动的负电荷载体,即电子)。类似地,如果添加少量的第三族元素(如铝)到纯硅中,则产生的晶体在键结构中将存在大量的电子空额。

将这种效应形象化的有效方法是想象不是产生了负电荷的空额,而是产生了我们称之为空穴的多余正电荷(空穴是表示缺少电子的便捷方法)。这种材料被称作 P 型硅,意味着是自由正电荷的载体。N 型硅和 P 型硅都是电中性的,因为它的成分是电中性的。但不像纯硅,二者都是电的相对良导体。读者可以回忆一下 N 型硅和 P 型硅在 MOSFET 结构中的用法。

制造二极管的方法之一是用金相学原理制作包含毗邻的 N 型硅和 P 型硅的硅晶片。例如,在 N 沟道 MOSFET 中,N 沟道毗邻 P 沟道便形成了一个二极管。图 16.2 中二极管的电路符号便强调了这种结构的不对称性,图中用箭头表示 P 区,而用线表示 N 区。如果用一个电池和一个电阻接到二极管使二极管 P 区相对于 N 区为正电位,如图 16.3(a)所示,将有大电流流过。这种状况被称作正向偏置。但是如果电池换一个方向联接(图 16.2(b)),而使得 N 区相对于 P 区为正电位,从而使二极管反向偏置,则此时几乎没有电流通过。这种电特性的整体不对称性是半导体二极管的基本特征。

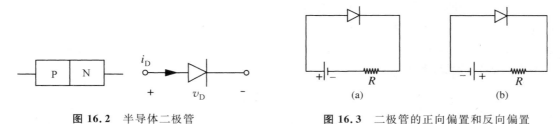

图 16.2 半导体二极管

图 16.3 二极管的正向偏置和反向偏置
(a)正向偏置;(b)反向偏置

一个二极管电压 v_D 和电流 i_D 之间关系的解析表达式可根据半导体物理学导出为

$$i_D = I_S(e^{v_D/V_{TH}} - 1) \tag{16.1}$$

其中参数 $V_{TH} = kT/q$ 称作热电压,常数 I_S 为饱和电流。对于硅,I_S 的典型值为 10^{-12}A。q 是一个电子的电量[①],k 是玻尔兹曼常数[②],T 是绝对温度[③]。室温下,kT/q 近似为 0.025V。

典型的硅二极管 v-i 测量特性如图 16.4 所示。如果用图 16.4(a)所示的皮安(10^{-12}A)的电流尺度作图,则会出现如图所示的指数曲线。但如果我们用更典型的毫安尺度来作图(图 16.4(b)),则曲线看起来有很大不同。电流在电压达 0.6V 之前看起来为零,而在电压达 0.6V 时,电流迅速上升。这个明显的拐点完全是由于指数函数的数学特性所致,而非器件实际相关的阈值。因此,在毫安尺度下,硅二极管好像有一个 $0.6\sim0.7$V 的阈值(锗二极管为 0.2V)。这个阈值对于半导体电路设计有重要意义。有时是有害的,而有时又有重大价值。例如回顾第 6 章中我们看到,此阈值的存在对数字逻辑有决定性的影响。

例 16.1 基于二极管的温度测量电路的分析 为了最大可能地发挥计算能力,笔记本和服务器中的微处理器均工作在变频的时钟下。时钟越快,微处理器每秒所能完成的运算次数越多。然而,随着时钟频率的增加,微处理器就会变得越来越热,其原因如第 11 章所讨论的那样。一般微处理器的温度应限制在

① 电子电荷 $q = 1.602 \times 10^{-9}$C。
② 波尔兹曼常数 $k = 1.380 \times 10^{-23}$J/K。
③ 绝对温度可以由摄氏温度得到,如下式:
$$T[K] = T[℃] + 273.15$$

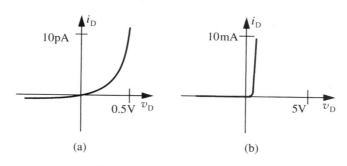

图 16.4　硅二极管的 v-i 特性

约 110℃。为提高性能,就要提高微处理器的时钟频率,直到受到散热的限制。那么,如何确定微处理器的温度呢?

在微处理器中可以用二极管来作温度传感器。例如,MAXIM 的 MAX1617 装置就是通过迫使两个不同的电流流过二极管,并比较所产生的电压来测量温度的。对于足够大的电压,二极管方程可近似为

$$i_D = I_S e^{q v_D / kT}$$

所以,二极管两端电压可近似给出

$$v_D = \frac{kT}{q} \ln\left(\frac{i_D}{I_S}\right)$$

为测量温度,MAX1617 首先使电流 i_{D1} 流过二极管,然后再使电流 i_{D2} 流过二极管。所产生的电压分别为 v_{D1} 和 v_{D2},它们的差为

$$v_{D1} - v_{D2} = \frac{kT}{q} \ln\left(\frac{i_{D1}}{i_{D2}}\right)$$

若电流 i_{D1} 与 i_{D2} 的比确定,则上式中的电压差就正比于绝对温度。

设 $i_{D1} = 100\mu A$, $i_{D2} = 10\mu A$。则当 $T = 300K$ 或 27℃时,电压差为 59.5mV。如果温度上升到 $T = 383K$ 或 110℃,则电压差上升到 76.0mV。

16.3　二极管电路分析

已知式(16.1)所示的二极管特性的解析表达式,如何计算图 16.5 所示的简单电路中的电压和电流呢? 根据要求,可以利用第 4 章中建立的分析非线性电路的四种方法之一,这四种方法是:(1)解析法;(2)图解法;(3)分段线性化法;(4)增量法。然而,当电路有多个二极管和其他元件时,问题马上会变得很复杂,且直接分析变得不可能。幸运的是,我

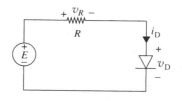

图 16.5　含二极管的电路

们可以利用二极管在正向偏置和反向偏置时的不同特性将较复杂的二极管电路分解为简单子电路,每一子电路可用上述四种方法之一单独求解。这种分解方法称作假设二极管状态法。

假设状态法

回顾图 16.6 所示的图形结构(同时见式(16.2)和式(16.3)所规定的理想二极管的最初定义),理想二极管有两个彼此独立的状态,即导通状态和截止状态。在导通状态下,二极管电压 v_D 为零(二极管短路);而在截止状态下,二极管电流 i_D 为零(二极管开路)。这样就提

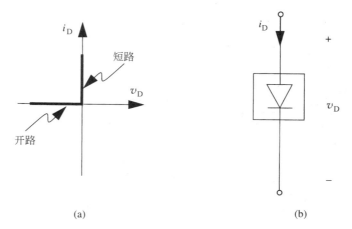

图 16.6 理想二极管模型

出了一个很简单的分析方法:对应二极管的两个工作状态作两个子电路,然后分析每一个子电路。由于在每个子电路中,二极管要么是短路,要么是开路,所以电路是线性的。于是线性分析方法又可以用来求输出电压。有时将这两部分结果结合在一起从而形成完整的解答。

> 二极管导通:$v=0,i$ 为正　　　(16.2)
> 二极管截止:$i=0,v$ 为负　　　(16.3)

　　为说明问题,考虑第 4 章讨论过的半波整流电路(重画在图 16.7 中)。我们用假设状态法来分析这个电路。二极管的分段线性化模型如图 16.6所示。

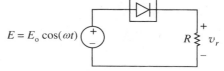

图 16.7　利用理想二极管模型的半波整流电路

　　对应二极管的两个状态,半波整流电路的两个子电路分别如图 16.8(a)和图 16.8(b)所示。一个电路用于二极管截止状态,另一个用于二极管导通状态。此时这两个电路的分析是很简单的。二极管截止时(图 16.8(a)),$v_{ra}=0$。二极管导通时(图 16.8(b)),$v_{rb}=v_i$。现在我们必须用式(4.34)和式(4.35)的二极管约束条件来分析这些波形的哪一部分是有效的。导通电路仅适用于 i_D 为正时,因此只在 v_i 为正时才适用(如图中粗线部分所示)。截止电路仅适用于 v_D 为负时,即 v_i 为负时,因此 v_r 波形的有效部分也用粗线标出。这两部分解答合在一起就得到了输出波形的完整解答,如图 16.8(c)所示。

　　由此简单例子可归纳出用假设状态法分析二极管电路的一般方法:

　　(1)对二极管的每一个可能状态画出子电路。若有 n 个二极管,则有 2^n 个这样的状态,因此有 2^n 个子电路。

　　(2)分析每一个得到的线性电路,求出待求输出变量的表达式。由于在每一子电路中,二极管或是短路或是开路,这样子电路便是线性的。所以线性电路的分析方法都可以利用。

　　(3)确定步骤(2)中得到的每一表达式的有效范围,然后将各部分综合在一起形成完整的输出波形。

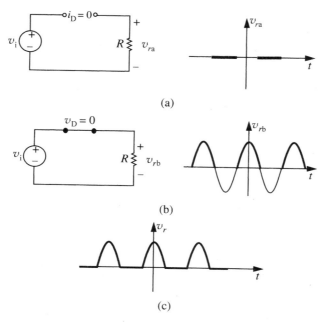

图 16.8 假设二极管状态法分析

（a）二极管截止；（b）二极管导通

例 16.2 具有改进分段线性二极管模型的假设状态法 假设状态法还可以用于其他二极管模型和分析方法。为了说明问题,用由图 16.9 所示的由理想二极管,0.6V 电压源和电阻 R_d 构成的二极管模型(细节见 4.4.1 节),来重新分析图 16.7 所示的半波整流电路。

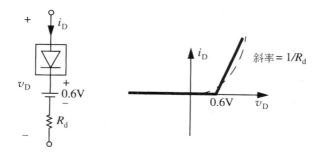

图 16.9 由理想二极管、0.6V 电压源和电阻构成的二极管模型

对应的电路模型如图 16.10(a)所示。二极管的导通和截止状态的子电路如图 16.10(b)和图 16.10(c)所示。由于两个子电路都是线性的(根据定义),所以分析是容易的。

对于导通状态,有

$$v_{ra} = (v_i - 0.6V) \frac{R}{R + R_d} \tag{16.4}$$

对于截止状态,$v_r = 0$。

对于这些波形的有效区域可由式(16.2)和式(16.3)的理想二极管约束方程得出。导通子电路适用于电流 i_D 为正时,因此 v_{ra} 的有效范围是大于零的部分。截止子电路一定会填补空缺。更正式地讲,是截止电路适用于二极管两端电压为负的情况,即 v_i 小于 0.6V 时。综合结果如图 16.10(d)所示。

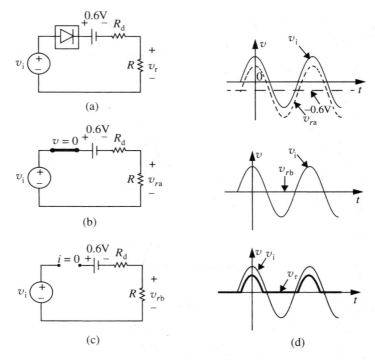

图 16.10 用较准确模型分析

（a）电路；（b）导通状态子电路；（c）截止状态子电路

16.4 含 *RL* 和 *RC* 的非线性电路分析

含一个储能元件（电容或电感）和电阻性非线性元件（如二极管、运放和 MOSFET 等）的电路在电子系统中是很常见的，如示波器或电视机中的扫描电路，各种设备中的整流电路等。幸运的是这些电路可以用已经讨论过的两种方法的综合来分析与设计。如果用分段线性模型来表示每一个非线性元件，则电路可以用两个或更多子电路表示，每一个代表一个二极管状态。由定义，这些子电路都是线性的，且含有一个电感或一个电容，因此可以用第 10 章的方法求解。

16.4.1 峰值检测器

一个简单的例子如图 16.11 所示，除了加进一个电容以外，其余与已经讨论的半波整流电路是相同的。此电路的输出波形将跟随输入波形的正峰值，所以是将 AC 转变为 DC 的有效方法。节点 v_C 的节点方程为

$$i_D = \frac{v_C}{R} + C\frac{dv_C}{dt} \tag{16.5}$$

半导体二极管的 $v\text{-}i$ 关系可以用 v_C 表示为

$$v_D = v_i - v_C \tag{16.6}$$

所以

$$i_{\mathrm{D}} = I_{\mathrm{S}}(\mathrm{e}^{q(v_{\mathrm{i}}-v_{C})/kT} - 1) \tag{16.7}$$

将式(16.7)代入式(16.5),并整理成状态方程形式

$$\frac{\mathrm{d}v_C}{\mathrm{d}t} = -\frac{v_C}{RC} + \frac{I_{\mathrm{S}}}{C}(\mathrm{e}^{q(v_{\mathrm{i}}-v_C)/kT} - 1) \tag{16.8}$$

此式可以用标准的数值方法求解,但较深刻的理解可从分段线性化解而获得。

如果用理想二极管作为二极管模型,则得到两个线性 RC 子电路,一个表示二极管导通状态,另一个表示截止状态,如图 16.11(b)和图 16.11(c)所示。

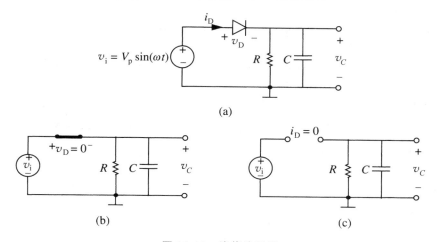

图 16.11　峰值检测器
(a) 电路;(b) 二极管导通子电路;(c)二极管截止子电路

对于二极管导通情况,有

$$v_C = v_{\mathrm{i}} \tag{16.9}$$

对于二极管截止情况,激励与电容断开,所以 v_C 是零输入响应,其形式为

$$v_C = K\mathrm{e}^{-t/RC} \tag{16.10}$$

决定每个解的有效范围的约束条件由二极管的状态条件导出。将 4.4 节出现的该条件重写如下

$$二极管导通:v_{\mathrm{D}} = 0, i_{\mathrm{D}} \ 为正 \tag{16.11}$$

$$二极管截止:i_{\mathrm{D}} = 0, v_{\mathrm{D}} \ 为负 \tag{16.12}$$

将式(16.12)用于截止电路,得到使 v_{D} 为零的条件为

$$v_{\mathrm{i}} < v_C \tag{16.13}$$

在导通状态,式(16.11)要求 i_{D} 为正。由式(16.5)得

$$i_{\mathrm{D}} = \frac{v_C}{R} + C\frac{\mathrm{d}v_C}{\mathrm{d}t} > 0 \tag{16.14}$$

对于 v_{i} 为正弦波时的解可以做出示意图如图 16.12 所示。在第一个四分之一周期,电源给电容充电,i_{D} 为正,二极管导通。正弦波从峰值下降,电容开始放电,但根据式(16.14),这将使电流 i_{D} 降到零,二极管变为截止状态。一个简单的指数放电规律具有式(16.10)所给出的形式。在这期间的某一点,输入电压上升至电容电压值,式(16.13)的约束将不再满足,二极管转换到导通状态。

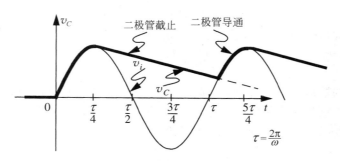

图 16.12 峰值检测器波形

要计算二极管状态转换时的准确电压或时间有些棘手。但通常在非线性电路的设计中,电路的基本设计要求不必作这种准确计算。例如对于整流器应用来说,后面会看到,通常希望 RC 时间常数比正弦波周期长得多。在这种情况下,二极管变到截止状态仅在超过波形峰值相位的几度范围内便完成了。因此二极管截止状态 v_C 的起始幅值大约为输入正弦波的峰值,截止状态的波形为

$$v_C \approx V_p \mathrm{e}^{-\frac{t-\tau/4}{RC}} \tag{16.15}$$

注意,正弦波的峰值出现在 $t=\tau/4$,这里 τ 是周期时间。对于时间常数很长的情况,放电近似为线性规律

$$v_C \approx V_p \left(1 - \frac{t-\tau/4}{RC}\right) \tag{16.16}$$

当 $v_i = v_C$,电路又回到导通状态,即

$$V_p \sin(\omega t) = V_p \left(1 - \frac{t-\tau/4}{RC}\right), \quad 2\pi < \omega t \leqslant \frac{5\pi}{2} \tag{16.17}$$

这仍然是一个超越方程,但它在计算器上便可求解。

通常我们只对电路处于"稳态"(即波形变为重复的)时 v_C 波形的纹波大小的上界感兴趣。此时图 16.12 中的第一个四分之一周期不予考虑,而关注后面的重复波形。该电路可能被用作整流器,将 60 Hz 交流信号转化为直流电源来为运放和 MOSFET 供电。我们不解式(16.17)来得到导通时间,然后计算导通点的电容电压,而是简单认为设整个正弦周期内都处于暂态。此计算会给出比实际值稍大的纹波值,因此,基于此近似的设计是保守的。实际上,我们假设式(16.16)适用于输入正弦波的整个周期 τ,且在周期的末端,v_C 瞬间跳到 V_p,然后又开始下降。在此假设下,根据式(16.16),纹波的峰-峰值为

$$\text{纹波峰峰值} \approx V_p \frac{\tau}{RC} \tag{16.18}$$

例如,如果 RC 时间常数是正弦波周期的 10 倍,纹波峰峰值将是输入正弦波峰值 V_p 的 10%。由整流器得到的直流电压是 v_C 的平均值。这可以通过从图 16.12 中的 v_C 波形看出。假设正弦周期内 v_C 均处于暂态,得

$$v_C = \frac{1}{\tau} \int_0^T V_p \left(1 - \frac{t}{RC}\right) \mathrm{d}t \tag{16.19}$$

$$= V_p (1 - \tau/2RC) \tag{16.20}$$

若 $RC = 10\tau$,则直流电压为 $0.95 V_p$。

16.4.2　例子：箝位电路

一个简单的二极管箝位电路如图 16.13 所示。设二极管可用理想模型，则导通和截止两个子电路有非常简单的形式，如图 16.13(b)和图 16.13(c)所示。在导通状态，有

$$v_C = v_i \tag{16.21}$$

$$v_o = 0 \tag{16.22}$$

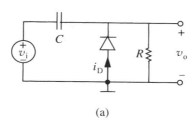

(a)

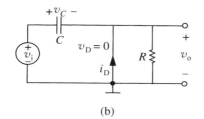 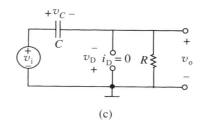

(b)　　　　　　　　　　　　　　(c)

图 16.13　二极管箝位电路

(a) 全电路；(b) 二极管导通子电路；(c) 二极管截止子电路

在任意时刻，只要 v_i 小于 v_C，电路将进入导通状态。在这种状态下，用具有零电阻的模型则会产生一些麻烦。考虑加一个与电源相联的小电阻，或加一个正向偏置的二极管。现在保持二极管导通，二极管电流必须为正，所以

$$v_i < v_C \tag{16.23}$$

在截止状态，电路简化为第 10 章中讨论过的线性 RC 电路。如果假设 v_i 是方波来简化问题，则在此状态下 v_C 为

$$v_C = V_{\text{init}}\, e^{-t/RC} + V_{\text{final}}(1 - e^{-t/RC}) \tag{16.24}$$

电阻电压可由电容电压求出

$$v_o = i_C R \tag{16.25}$$

$$= RC\, \frac{\mathrm{d}v_C}{\mathrm{d}t} \tag{16.26}$$

对于方波输入，它可由式(16.24)导出

$$v_o = (V_{\text{final}} - V_{\text{init}})\, e^{-t/RC} \tag{16.27}$$

为使电路保持截止状态，v_D 必须为负，因此由 KVL，有

$$v_C - v_i = v_D < 0 \tag{16.28}$$

所以电路约束为

$$v_C < v_i \tag{16.29}$$

现在可以定性画出波形图了。设电容初始未充电，输入电压在第一个半周开始变为

+10V,如图 16.14 所示,则根据式(16.29),初始电路状态为截止状态。因此电容将充电至 +10V。这里 $V_{init}=0$, $V_{final}=10V$,所以

$$v_C = 10(1 - e^{-t/RC}) \tag{16.30}$$

同时

$$v_o = 10e^{-t/RC} \tag{16.31}$$

图 16.14 表明,这些波形图表示暂态只完成一部分的情况,即此时 RC 时间常数大于方波周期。

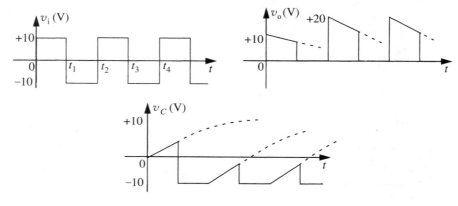

图 16.14　二极管箝位波形

输入波形在 t_1 时发生突变,在第一个半周结束时变为 $-10V$。由于 v_C 为正,式(16.23)适用,电路被强制导通。实际上,二极管一导通,电容便被直接联接在 v_i 两端,v_o 为零。注意,对于这个过于理想化的电路,电容电压被强制在瞬间由某一正电压变为与输入电压跳变所对应的 $-10V$。一个较实际的包含二极管正向电阻或与电源相联的电阻的模型会消除这种异常现象,此时 v_C 发生迅速转移,而不是瞬间跳变。

从波形图中可以看出,导通状态一直持续到输入电压再次跳变回 $+10V$。一旦 v_i 脱离 $-10V$,式(16.29)的约束便满足,电路将被强制到截止状态。电容电压开始为 $-10V$,然后会充电到 $+10V$,条件是输入维持 $+10V$ 电压时间足够长。由式(16.24)得

$$v_C = 10 - 20e^{-t/RC} \tag{16.32}$$

而由式(16.27),输出电压应为

$$v_o = 20e^{-t/RC} \tag{16.33}$$

从电路的物理意义上说,就在状态转移发生后的瞬间,电容电压仍然是 $-10V$,电源电压为 $+10V$,在此点电阻两端电压为 20V。如果不发生状态转移,电阻电压会衰减到零,因此才有式(16.33)。

在 t_3 时刻,v_i 迅速变到 $-10V$,强制二极管进入前面的导通状态。从此刻开始,波形开始重复。

图 16.14 中所画的波形中,电容在每半周略有放电。这只是为了清楚起见而实际无影响。当这个电路用作于电视机的直流复位器时,RC 时间常数正常情况下会选得比输入波形的周期长得多。在这样的设计中,输出波形与输入波形相同(除发生偏使其总为正外)。此时输入波形的负值部分被箝位在 0V。

16.6　小结

- 下式是二极管电压 v_D 和电流 i_D 之间关系的解析表达式

$$i_D = I_S(e^{v_D/V_{TH}} - 1)$$

  其中参数 $V_{TH} = kT/q$ 称作热电压常数，I_S 对于硅的典型值为 $10^{-12}\,A$，q 是一个电子的电量，k 是玻尔兹曼常数，T 是绝对温度。室温下，kT/q 近似为 $0.025V$。

- 一个二极管的理想模型用两段直线来近似其 $v\text{-}i$ 特性

  二极管导通：$v = 0$，i 为正

  二极管截止：$i = 0$，v 为负

- 较精确的二极管模型由理想二极管与电压源串联构成，其特性如下

  二极管导通（垂直部分）：$v_D = 0.6V$，$i_D > 0$

  二极管截至（水平部分）：$i_D = 0$，$v_D < 0.6V$

- 更精确的二极管模型由理想二极管与电压源和电阻串联构成。其特性为

  二极管导通（垂直部分）：$v_D = 0.6V + i_D R_d$，　$i_D > 0$

  二极管截止（水平部分）：$i_D = 0$，$v_D < 0.6V$

- 分析二极管电路的假设状态法有如下步骤：

  ① 画出每一可能的状态（导通或截止）的子电路。一个二极管对应两个子电路。对 n 个二极管，有 2^n 个状态，因此有 2^n 个子电路。

  ② 分析每一个得到的线性电路，得到所希望输出变量的表达式。由于在每一个子电路中，二极管或短路，或开路，这样子电路便是线性的。所以线性电路的分析方法都可以利用。

  ③ 确定步骤②中得到的每一表达式的有效范围，然后将各部分综合在一起形成完整的输出波形。

练　习

练习 16.1　求图 16.27 所示网络端口的 $v\text{-}i$ 关系,并画出其波形图。设二极管是理想的。

练习 16.2　电路如图 16.28 所示。求在下面两种二极管模型下的 v_{OUT} 与 v_{IN} 的函数关系,并画其曲线。图中明确标明相邻分段线性区的断点。此外,指出图中与二极管导通和截止状态所对应的区域。

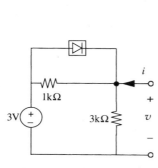

图 16.27　练习 16.1 图

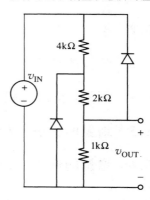

图 16.28　练习 16.2 图 1

(1) 设各二极管是理想的;

(2) 二极管模型为图 16.29 所示的理想二极管与 0.6V 的电压源串联。

练习 16.3　图 16.30 所示电路中的二极管是理想的。已知 $v_{IN}(t) = \sin(200\pi t)$V,求 v_{OUT},并画图($0 \leqslant t \leqslant 20$ms)。

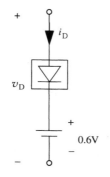

图 16.29　练习 16.2 图 2

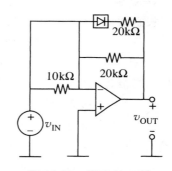

图 16.30　练习 16.3 图

练习 16.4　求图 16.31 所示电路中 v_{OUT} 与 v_{IN} 的函数关系,并画其曲线。为此,设二极管的模型如图 16.29 所示,运放是理想的。此外,比较图 16.31 所示电路的输入-输出关系与本章非线性分析所研究的半波整流电路的特性。

练习 16.5　本练习研究将叠加定理用于分析含二极管的网络。为此设图 16.32 所示电路中的理想二极管。

(1) 令 $v_{IN2} = 0$,求 v_{OUT} 与 v_{IN1} 的函数关系。

(2) 令 $v_{IN1} = 0$,求 v_{OUT} 与 v_{IN2} 的函数关系。

(3) 求一般情况下的 v_{OUT},此时 v_{IN1} 和 v_{IN2} 均不为零。

(4) (3)中的答案应不是(1)和(2)两部分的答案的叠加。为什么?

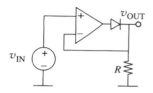

图 16.31　练习 16.4 图

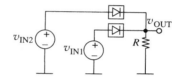

图 16.32　练习 16.5 图

问　　题

问题 16.1　对图 16.33 所示的两个电路,求 v_{OUT} 与 v_{IN} 的函数关系,并画出其曲线。设二极管和运放是理想的。

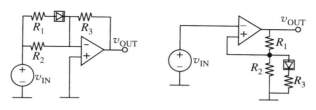

图 16.33　问题 16.1 图

问题 16.2　图 16.34 所示电路中的网络是理想的。两个网络均由幅度为 V_o、持续时间为 T 的脉冲电压源激励。$t=0$ 时,两个网络均为零状态。

（1）求 $v_C(t)$ 和 $i_L(t)$,$0 \leqslant t \leqslant T$。

（2）求 $v_C(t)$ 和 $i_L(t)$,$T \leqslant t$。

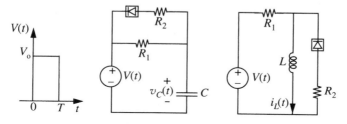

图 16.34　问题 16.2 图

问题 16.3　图 16.35 所示网络中的二极管是理想的。两个网络均由幅度为 I_o、持续时间为 T 的脉冲电流源激励。$t=0$ 时,两个网络均为零状态。

（1）求 $v_C(t)$ 和 $i_L(t)$,$0 \leqslant t \leqslant T$。

（2）求 $v_C(t)$ 和 $i_L(t)$,$T \leqslant t$。

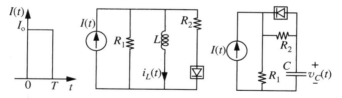

图 16.35　问题 16.3 图

问题 **16.4**   本题研究用二极管和运放构建的乘法器、除法器和指数器。本题始终假设二极管的特性为 $i_D = I_S e^{qv_D/kT}$，运放是理想的。

（1）对图 16.36 所示的两个电路，求 v_{OUT} 与 v_{IN} 的函数关系，并考虑描述二极管性质的近似特性，说明上述分析 v_{IN} 的适用范围。

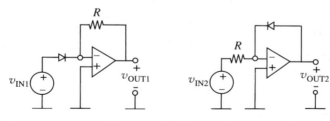

图 **16.36**   问题 16.4 图

（2）乘法运算可以用对数相加来实现。利用这一结果，构建一电路使产生的输出电压正比于两个输入电压的乘积。说明电路的输入-输出关系，并说明电路作为乘法器时，输入电压的适用范围。

（3）除法可以用对数相减来实现。利用这一结果，构建一电路使产生的输出电压正比于两个输入电压的商。说明电路的输入-输出关系，并说明电路作为除法器时，输入电压的适用范围。

（4）指数运算可以用对数的比例来实现。利用这一结果，构建电路使产生的输出电压分别正比于输入电压的平方和立方。说明电路的输入-输出关系，并说明电路作为指数器时，输入电压的适用范围。

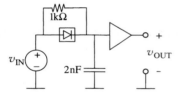

图 **16.37**   问题 16.5 图

问题 **16.5**   求图 16.37 所示电路中的 v_{OUT}。已知 v_{IN} 是频率为 100kHz、幅值在 0～5V 之间的方波。电路中的缓冲器使输入电压在 2.5V 以下时，输出为 0；在输入电压在 2.5V 以上时，输出电压为 5V。设二极管是理想的。

问题 **16.6**   图 16.38 所示的电路是一带电阻性负载的电源电路。若电容 C 的值足够大，它可从 60Hz 的输入电压 $v_{IN} = 10\cos(120\pi t)\,\mathrm{V}$ 得到一合适的恒定电压 v_{OUT}。

（1）图 16.38 中还画出了 v_{IN} 和 v_{OUT} 的波形。设 $C = 10^3\,\mu\mathrm{F}$。求 T_1 和 T_2，即分别为 v_{OUT} 离开和回到 v_{IN} 的时间（如图中所示）。并求 v_{OUT} 的最小值 $v_{OUT}(T_2)$。

（2）当 $C = 10^4\,\mu\mathrm{F}$ 时，重求（1）。

（3）如果 v_{OUT} 下降不超过 0.1V，则 C 的值大概应取多大？

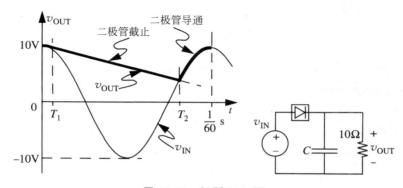

图 **16.38**   问题 16.6 图

附录 A　麦克斯韦方程和集总事物原则

本附录建立集总事物原则的约束条件,并说明利用这些约束可以将麦克斯韦方程简化为代数方程。

A.1　集总事物原则

集总参数电路由用理想导线连接起来的集总参数元件构成。集总参数元件具有由唯一定义的端电压 $V(t)$ 和电流 $I(t)$ 构成的关系。如图 A.1 所示,对于一个两端元件,V 是元件两端的电压,I 是流过元件的电流。稍后我们将说明,仅在统称为集总事物原则的约束条件下,可定义电路中一个元件或两点之间的电压和电流。

下面以大家熟悉的灯泡为例来导出将一段物体看做电子电路中集总元件的条件。为了讨论方便,假设灯泡由长度为 l、截面积为 a 的圆柱状细丝制成,如图 A.2 所示。

如图 A.3 所示,设灯丝的端面分别标为 x 和 y,且端面是等位面。我们来确定一组条件,使:①可以定义 x 和 y 之间唯一的电压;②可以定义流过 x 和 y 的唯一的电流。

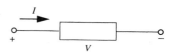

图 A.1　一个集总电路元件

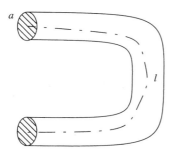

图 A.2　电阻性灯丝示意图

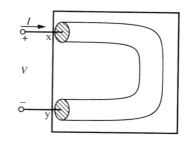

图 A.3　定义灯丝两端的电压和电流

A.1.1　集总事物原则第一约束

先讨论电压。根据下式将电压定义为电场强度 E 的线积分[①]:

$$V_{yx} = -\int_{x}^{y} \boldsymbol{E} \cdot \mathrm{d}\boldsymbol{l}$$

注意上式中 $\boldsymbol{E}$ 是矢量。如图 A.4 所示,上式说明电压取决于路径 x→y。然而,对于所需的集总参数抽象来说,要求 x 和 y 两端之间可赋予唯一的电压。显然,这个电压不能是 x 和 y 两点之间特定路径的函数。在试图应用集总参数 V 和 I 建立集总参数元件抽象时,我们似乎遇到了一点麻烦。

---

① 或者,可看式

$$qV_{yx} = -\int_{x}^{y} q\boldsymbol{E} \cdot \mathrm{d}\boldsymbol{l}$$

在 y 点测量到的相对于 x 点电压 V_{yx} 也可以定义为移动具有单位电荷的质点克服从 x 点到 y 点的电场力所需的能量。

换一种方法,从麦克斯韦方程(整理在表 A.1 中)我们知道

$$\oint \boldsymbol{E} \cdot \mathrm{d}\boldsymbol{l} = -\frac{\partial \Phi_B}{\partial t}$$

式中 $\boldsymbol{E}$ 是电场强度,Φ_B 是通过积分路径所包围的面积的磁通量,如图 A.5 所示。我们还知道上式是法拉第电磁感应定律。注意如果选 x 和 y 是同一点,则积分 $\int_x^y \boldsymbol{E} \cdot \mathrm{d}\boldsymbol{l} = \oint \boldsymbol{E} \cdot \mathrm{d}\boldsymbol{l}$ 可得到非零值。在这种情况下,好像我们定义电位差或电压便无实际意义了。然而,是否存在可定义唯一电压的约束条件?

表 A.1 真空中的麦克斯韦方程

微 分 形 式	积 分 形 式	通 用 名 称
$\nabla \cdot \boldsymbol{E} = \dfrac{\rho}{\varepsilon_0}$	$\oint \boldsymbol{E} \cdot \mathrm{d}\boldsymbol{S} = \dfrac{q}{\varepsilon_0}$	高斯电定律
$\nabla \cdot \boldsymbol{B} = 0$	$\oint \boldsymbol{B} \cdot \mathrm{d}\boldsymbol{S} = 0$	高斯磁定律
$\nabla \times \boldsymbol{E} = -\dfrac{\partial \boldsymbol{B}}{\partial t}$	$\oint \boldsymbol{E} \cdot \mathrm{d}\boldsymbol{l} = -\dfrac{\partial \Phi_B}{\partial t}$	法拉第电磁感应定律
$\nabla \times \boldsymbol{B} = \mu_0 \varepsilon_0 \dfrac{\partial \boldsymbol{E}}{\partial t} + \mu_0 \boldsymbol{J}$	$\oint \boldsymbol{B} \cdot \mathrm{d}\boldsymbol{l} = \mu_0 \varepsilon_0 \dfrac{\partial \Phi_E}{\partial t} + \mu_0 i$	安培定律(推广)
$\nabla \cdot \boldsymbol{J} = -\dfrac{\partial \rho}{\partial t}$	$\oint \boldsymbol{J} \cdot \mathrm{d}\boldsymbol{S} = -\dfrac{\partial q}{\partial t}$	连续性方程

第 5 个方程是麦克斯韦方程中所隐含的连续性方程。它可以由对第 1 个方程求时间导数和对第 4 个方程取散度结合而得到。$\boldsymbol{E}$ 是电场强度,$\boldsymbol{B}$ 是磁通密度,ρ 是电荷密度(注意它不是求电阻元件电阻时所用的电阻率),$\boldsymbol{J}$ 是电流密度,ε_0 是真空中的介电常数,μ_0 是真空中的磁导率,Φ_E 是磁通。Φ_E 定义为 $\boldsymbol{E}$ 的面积分,Φ_B 定义为 $\boldsymbol{B}$ 的面积分。

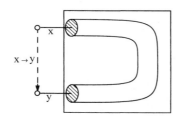

图 A.4 x 和 y 之间的电压

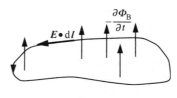

图 A.5 $\oint \boldsymbol{E} \cdot \mathrm{d}\boldsymbol{l}$ 的图示

当不存在时变磁通时,可写出

$$\oint \boldsymbol{E} \cdot \mathrm{d}\boldsymbol{l} = 0$$

上式说明当不存在时变磁通时,沿着一个闭合回路 $\boldsymbol{E}$ 的线积分为零。设所选的闭合回路包含 x 点和 y 点(如图 A.6 所示),则有

$$\int_x^y \boldsymbol{E} \cdot \mathrm{d}\boldsymbol{l} + \int_x^y \boldsymbol{E} \cdot \mathrm{d}\boldsymbol{l} = 0$$
$$\text{路径 1} \qquad \text{路径 2}$$

或

$$\int_x^y \boldsymbol{E} \cdot \mathrm{d}\boldsymbol{l} = -\int_x^y \boldsymbol{E} \cdot \mathrm{d}\boldsymbol{l}$$
$$\text{路径 1} \qquad \text{路径 2}$$

或

$$\int_x^y \boldsymbol{E} \cdot \mathrm{d}\boldsymbol{l} = \int_x^y \boldsymbol{E} \cdot \mathrm{d}\boldsymbol{l}$$
$$\text{路径 1} \qquad \text{路径 2}$$

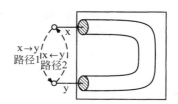

图 A.6 $\boldsymbol{E}$ 经过包含 x 和 y 点的闭合回路的线积分

注意此等式中,当路径1和路径2独立选取时仍然成立,每个积分必与路径无关。由此可知,任意两点 x 和 y 之间由积分 $-\int_x^y \boldsymbol{E} \cdot \mathrm{d}\boldsymbol{l}$ 计算出的电压 V_{yx} 是与路径无关的[①]。因此,我们就得到了所期望的结果:描述两端子 x 和 y 之间的电位差或电压是唯一的,条件是

$$\frac{\partial \Phi_B}{\partial t} = 0$$

此外,假设任何时刻磁通的变化率为零,所以电压可以唯一地定义为时间的函数。这样便直接得出集总事物原则的第一个约束。

集总原则第一约束 选择集总元件边界,使在任何时刻,经过元件外的任意闭合路径有

$$\frac{\partial \Phi_B}{\partial t} = 0$$

由于假设任何时刻磁通的变化率为零,且因任何磁通的建立都要求磁通的变化率非零,所以磁通也一定为零[②]。

A.1.2 集总事物原则第二约束

现在讨论电流 I。流过灯丝某一点 z 的截面(S_z)的电流 I 为

$$I = \int_{S_z} \boldsymbol{J} \cdot \mathrm{d}\boldsymbol{S}$$

式中 $\boldsymbol{J}$ 是灯丝中给定点的电流密度($\boldsymbol{J}$ 为矢量)。如果选端点 x 处的灯丝截面 S_x,则可得到流入灯丝的电流。或者,如果选端点 y 处的灯丝截面 S_y,则可以得到流出灯丝的电流。那么,关于流入或流出灯丝的电流我们有何结论呢?

它说明 $\boldsymbol{J}$ 可以是位置的复杂函数。由此我们利用连续性方程(由麦克斯韦方程导出)来试着回答上述问题,它将给出下面流出一个闭合面电流的面积分与由此闭合面所包围的电荷的时间导数的关系式(见图 A.7):

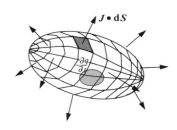

图 A.7 积分 $\oint \boldsymbol{J} \cdot \mathrm{d}\boldsymbol{S}$ 的图示

$$\oint \boldsymbol{J} \cdot \mathrm{d}\boldsymbol{S} = -\frac{\partial q}{\partial t}$$

上式中,q 是闭合面中的总电荷量。如果选择图 A.8 所示的包围全部灯丝的闭合面,则 q 将是所包围体积中的总电荷。设 x 端和 y 端的面是电流的唯一流入和流出点,且元件外没有电荷。显然,从上式可以看出,当元件内存在时变的总电荷时,流入元件的电流将不等于流出的电流。结果使得当在内部存在时变总电荷的情况下,定义流过元件的电流是毫无意义的。

然而,当考虑元件内部不存在时变电荷的情形时,或者说,考虑下列情况

$$\frac{\partial q}{\partial t} = 0$$

将这个元件看作一个整体。在此情况下,我们可以得到一个很好的结果,即

---

① 注意元件的内部行为可能很复杂,但在端部电压、电流之间的特定关系将可以完全描述该元件接到的任意电路时的行为。

② 可以用不同的方法得到相同的性质。方法如下:一个从外部到元件的非零常值磁通可以是元件内部流动的电流产生的结果,或者说,是由外部电源产生的结果。

如果是内部电流产生了一定量的磁通,那么,时变的电流将产生时变的磁通——这是我们明确不允许的情况。因此,由内部电流产生的磁通一定可以忽略。如果磁通不能忽略,则我们可以引入称作电感的新的集总元件。它将磁通包含在其中,从而满足约束。

其次,考虑有外部电源产生短时常值磁通的情况。显然,即使当元件在移动时,我们也想要定义一个在元件两端确定的电压。然而,由于移动的元件会产生与时变磁通相同的效应——这是一种我们不允许的情况,因此,外部磁通一定为零。

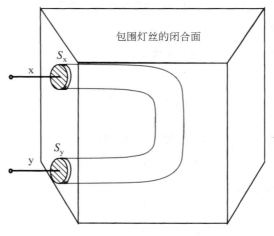

包围灯丝的闭合面

S_x

x

S_y

y

图 A.8　$\boldsymbol{J}$ 的闭合面积分

$$\oint \boldsymbol{J} \cdot \mathrm{d}\boldsymbol{S} = 0$$

简言之,当元件内没有时变总电荷时,流入元件的总电流为零。回到灯丝的例子,如果没有电流流过弯曲的圆柱形灯丝面,就可以将流进元件的总电流重写成流进 x 端面的电流与流进 y 端面的电流之差,即

$$\oint \boldsymbol{J} \cdot \mathrm{d}\boldsymbol{S} = -\int_{S_x} \boldsymbol{J} \cdot \mathrm{d}\boldsymbol{S} + \int_{S_y} \boldsymbol{J} \cdot \mathrm{d}\boldsymbol{S} = 0$$

由于电流的两个分量的和一定为零,所以两项一定相等。这样,当在元件内部不存在总时变电荷时,我们便可以定义一个流过元件的有意义的电流。这就直接产生了集总事物原则的第二个约束。

集总原则第二约束　选择集总元件边界,使得在元件内无时变总电荷。或者说,选择元件边界,使得

$$\frac{\partial q}{\partial t} = 0$$

其中 q 是元件内的总电荷。

要注意的是,我们已经明确假定任何时刻电荷的变化率为零,以保证电流是时间的任意函数。由于已经假定任何时刻电荷的变化率为零,且由于任何电荷的建立都要求电荷的变化率非零,任何元件内的净电荷一定为零[①]。

A.1.3　集总事物原则第三约束

最后,我们考虑电磁波传播速度的实际情况。集总元件近似要求能够定义在元件的一对端子间的电压 V 和流过端子对的电流 I。定义流过元件的电流意味着流进的电流必须等于流出的电流。现在考虑按下面的想法做一个实验。时刻 t 在灯丝的 x 端施加一电流脉冲,然后在很接近 t 的时刻 $t + \mathrm{d}t$ 观察流入 x 端和流出 y 端的电流。如果灯丝足够长,或 $\mathrm{d}t$ 足够小,则有限速度的电磁波将导致流入和流出的电流有测量差值。

我们添加第三个约束条件来修正由电磁波的有限传播速度所带来的问题。该约束是说在所涉及的问题中,我们所关心的时间尺度比电磁波经过元件所造成的延时大得多,或者说,所涉及的集总元件的尺寸比与 V 和 I 信号有关的电磁波波长小得多[②]。

---

①　如果元件确实储存有电荷,则我们将得到一个称作电容的新的集总元件,它将带有等量异号电荷。从而使得在元件内部没有净电荷。

②　更确切地讲,我们所说的波长是信号所发射的电磁波的波长。

在上述速度约束下,电磁波可看作是瞬间通过集总元件。忽略传播效应,集总元件近似就类似于将其简化为一个质点,这样我们就能略去许多元件的物理特性,如它们的长度、形状、尺寸和位置。

集总原则第三约束 集总元件工作在其中的信号的时间尺度比电磁波在其两端造成的传播延时大得多的情形。

A.1.4 集总事物原则应用于电路

电路是由理想导线连接起来的集总元件的集合。在两个或两个以上的元件接线端的连接点便形成一个节点。设导线遵从集总事物原则,所以导线本身也是集总元件。由于集总元件的电压和电流是有意义的,所以应用于集总元件的集总事物原则也应用于整个电路。换句话说,由于电路中任意两点间的电压和流过导线的电流是有定义的,所以电路的任何部分也一定遵循类似于对集总元件的一组约束。

相应地,对电路的集总事物约束可以说明如下:

(1)与电路任何部分交链的磁通的变化率任何时刻一定为零。

(2)电路中任何节点处的电荷变化率任何时刻一定为零。节点是电路中的任一点,该点是用导线连接起来的两个或两个以上元件的连接点。

(3)信号的时间尺度必须比通过电路的电磁波的传播延时大得多。

注意,前两个约束直接由应用于集总元件的相应约束导出。记住节点是一组本身也是集总元件的导线的连接点。因此,前两个约束没有超出对集总元件所假设的约束条件[①]。然而,电路的第三个约束对信号的时间尺度施加了一个比对元件强得多的限制,因为一个电路可能有比单个元件大得多的物理尺度。第三约束说明在感兴趣的最高工作频率下,电路的几何尺寸要比光的波长小得多。

A.2 基尔霍夫定律的推导

这一节利用集总事物原则由麦克斯韦方程来导出基尔霍夫定律。为了说明基本概念,假设所感兴趣的问题是导出图 A.9 所示电路中每个元件两端的电压和流过其中的电流。

一般讲,我们可借助于麦克斯韦方程及连续性方程来求解此电路。有关方程如下

$$\oint \boldsymbol{E} \cdot \mathrm{d}\boldsymbol{l} = -\frac{\partial \Phi_{\mathrm{B}}}{\partial t}$$

和

$$\oint \boldsymbol{J} \cdot \mathrm{d}\boldsymbol{S} = -\frac{\partial q}{\partial t}$$

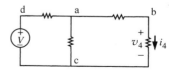

图 A.9 简单电阻网络

回顾前面根据集总事物原则所给出的对电路范围的约束,对于闭合回路,有

$$\frac{\partial \Phi_{\mathrm{B}}}{\partial t} = 0$$

而对于电路节点,有

$$\frac{\partial q}{\partial t} = 0$$

在这样的约束条件下,一般方程可以简化为

$$\oint \boldsymbol{E} \cdot \mathrm{d}\boldsymbol{l} = 0 \tag{A.1}$$

和

---

① 正如第 9 章所见,电路中的电压和电流将产生电场或磁场,这样好像与我们要求遵循的一组约束相矛盾。在多数情况下,这些可以忽略。然而,当这些影响不能忽略时,我们将用称电容和电感的元件来构造它们的模型。

$$\oint \boldsymbol{J} \cdot \mathrm{d}\boldsymbol{S} = 0 \qquad\qquad (\mathrm{A}.2)$$

式(A.1)表明,电场沿任一闭合回路的线积分一定等于零。类似地,式(A.2)说明电流在任一闭合面的面积分为零。当然式(A.1)和式(A.2)仅在集总事物原则下才有效。

将式(A.1)应用于由图 A.10 中所示的由三边 a→b,b→c 和 c→a 所定义的闭合回路,可得

$$\oint \boldsymbol{E} \cdot \mathrm{d}l = \int_a^b \boldsymbol{E} \cdot \mathrm{d}l + \int_b^c \boldsymbol{E} \cdot \mathrm{d}l + \int_c^a \boldsymbol{E} \cdot \mathrm{d}l = 0$$

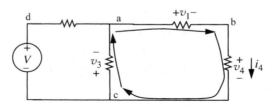

图 A.10 网络中沿闭合回路的线积分

由于已知 $\oint \boldsymbol{E} \cdot \mathrm{d}l$ 沿一理想导线为零,且一个元件 xy 两端的电位差由下式给出

$$V_{xy} = \int_x^y \boldsymbol{E} \cdot \mathrm{d}l$$

由此可以写出

$$\int_a^b \boldsymbol{E} \cdot \mathrm{d}l + \int_b^c \boldsymbol{E} \cdot \mathrm{d}l + \int_c^a \boldsymbol{E} \cdot \mathrm{d}l = v_1 + v_4 + v_3 = 0$$

或者说,电路中沿任一闭合路径电压的代数和为零。由此可以得到基尔霍夫电压定律:

> **KVL** 网络中沿任一闭合路径所有电压的代数和为零。

现在我们推导基尔霍夫电流定律。将式(A.2)应用于图 A.11 中所示的盒状的闭合面。注意到电流仅流经 S_a,S_b 和 S_c 面。因此

$$\oint \boldsymbol{J} \cdot \mathrm{d}\boldsymbol{S} = \int_{S_a} \boldsymbol{J} \cdot \mathrm{d}\boldsymbol{S} + \int_{S_b} \boldsymbol{J} \cdot \mathrm{d}\boldsymbol{S} + \int_{S_c} \boldsymbol{J} \cdot \mathrm{d}\boldsymbol{S} = 0$$

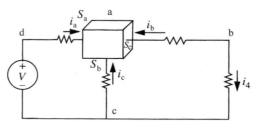

图 A.11 网络中沿闭合面的面积分

由于电流被限制在流进三个面的导线中,所以有

$$\int_{S_a} \boldsymbol{J} \cdot \mathrm{d}\boldsymbol{S} + \int_{S_b} \boldsymbol{J} \cdot \mathrm{d}\boldsymbol{S} + \int_{S_c} \boldsymbol{J} \cdot \mathrm{d}\boldsymbol{S} = -i_a - i_b - i_c = 0$$

或者说,流进任意闭合面的电流的和为零。简单讲,上述说明意味着电荷守恒。现在我们可以写出基尔霍夫电流定律:

> **KCL** 流出任一连接点或节点的电流一定等于流入节点的电流。即流进任一节点的电流的代数和为零。

A.3　一段材料的电阻的推导

一段材料的电阻取决于其几何结构。如图 A.12 所示，设该电阻有一个截面为 a，长度为 l 和电阻率为 ρ 的导电通路。该通路用形成电阻两端的两个导电端面来限定。

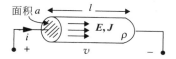

图 A.12　一圆柱形导线电阻

对于既服从欧姆定律，又满足集总事物原则的集总元件来讲，可以从欧姆定律的微观形式得到一个集总电阻值

$$E = \rho J \tag{A.3}$$

其中 J 是电流密度，ρ 是电阻率，E 是电阻内任一点的电场强度。

当电流 i 流入电阻的一端，它沿着通路均匀地传播。此电流可由下式给出

$$i = \int J \cdot \mathrm{d}S$$

上式适用于任意截面①。

电阻两端的电压②定义为

$$v = \int E \cdot \mathrm{d}l$$

将上述 v 和 i 的表达式代入欧姆定律，得

$$R = \frac{v}{i} = \frac{\int E \cdot \mathrm{d}l}{\int J \cdot \mathrm{d}S} \tag{A.4}$$

对于一个具有截面积为 a，长度为 l 和圆形端面的圆柱形电阻（图 A.12），根据圆柱的对称性，式（A.4）可以简化为

$$R = \frac{El}{Ja}$$

式中 E 和 J 分别是电场强度 E 和电流密度 J 的幅值。由式（A.3）已知 $E/J = \rho$，所以

$$R = \rho \frac{l}{a} \tag{A.5}$$

类似地，一个长为 l，宽为 w 和高为 h 的长方体电阻的阻值为

$$R = \rho \frac{l}{wh} \tag{A.6}$$

wh 为端面的面积。

---

① 我们可用这种方式直接得到电流 i，将其作为第二个约束的结果。
② 我们知道，根据集总原则第一约束，这个电压是唯一的。

附录 B　三角函数及其恒等式

　　本附录简要复习一下三角函数 $\cos\theta$, $\sin\theta$ 和 $\tan\theta$, 及其有关的各种恒等式。这些函数在线性二阶电路的暂态分析和任一线性电路的正弦稳态分析中经常遇到。

　　考虑 xy 平面中位于单位圆上的一点。如果圆上点的角度位置是从 x 轴算起的角度 θ, 则点的 x 和 y 坐标分别为 $\cos\theta$ 和 $\sin\theta$。这便定义了函数 $\cos\theta$ 和 $\sin\theta$, 如图 B.1 所示。此外, 我们考虑这两个函数之比, 即 $\tan\theta=\sin\theta/\cos\theta$。所有这三个函数如图 B.2 所示。

　　在以下的恒等式中, θ 看作是常数角, 用弧度表示①。然而无论 θ 角是否是常数, 恒等式均成立。它也可以是时间或任意其他变量的函数。实际上, 它通常是时间的函数。

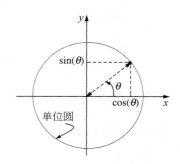

图 B.1　$\cos\theta$ 和 $\sin\theta$ 分别作为 xy 平面中单位圆上的点的 x 坐标和 y 坐标的定义

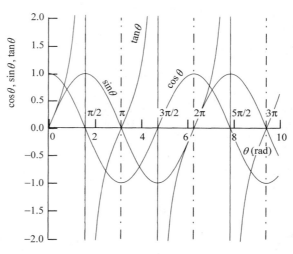

图 B.2　函数 $\cos\theta$, $\sin\theta$ 和 $\tan\theta$

B.1　负角度公式

$$\cos(-\theta)=\cos\theta \tag{B.1}$$

$$\sin(-\theta)=-\sin\theta \tag{B.2}$$

$$\tan(-\theta)=-\tan\theta \tag{B.3}$$

---

　　①　用度表示的角度可用下式变成弧度

$$\theta_{弧度}=\frac{2\pi}{360}\theta_{度}$$

注意, 2π 弧度等于 360 度, 或一个周期。

B.2 相移公式

$$\cos\left(\theta \pm \frac{\pi}{2}\right) = \cos\left(\theta \mp \frac{3\pi}{2}\right) = \mp\sin\theta \tag{B.4}$$

$$\sin\left(\theta \pm \frac{\pi}{2}\right) = \sin\left(\theta \mp \frac{3\pi}{2}\right) = \pm\cos\theta \tag{B.5}$$

$$\tan\left(\theta \pm \frac{\pi}{2}\right) = \frac{-1}{\tan\theta} \tag{B.6}$$

$$\cos(\theta \pm \pi) = -\cos\theta \tag{B.7}$$

$$\sin(\theta \pm \pi) = -\sin\theta \tag{B.8}$$

$$\tan(\theta \pm \pi) = \tan\theta \tag{B.9}$$

$$\cos(\theta \pm 2\pi) = \cos\theta \tag{B.10}$$

$$\sin(\theta \pm 2\pi) = \sin\theta \tag{B.11}$$

$$\tan(\theta \pm 2\pi) = \tan\theta \tag{B.12}$$

B.3 和差化积公式

$$\cos(\theta_1 \pm \theta_2) = \cos\theta_1\cos\theta_2 \mp \sin\theta_1\sin\theta_2 \tag{B.13}$$

$$\sin(\theta_1 \pm \theta_2) = \sin\theta_1\cos\theta_2 \pm \cos\theta_1\sin\theta_2 \tag{B.14}$$

$$\tan(\theta_1 \pm \theta_2) = \frac{\tan\theta_1 \pm \tan\theta_2}{1 \mp \tan\theta_1\tan\theta_2} \tag{B.15}$$

B.4 积化和差公式

$$\cos\theta_1\cos\theta_2 = \frac{1}{2}(\cos(\theta_1 - \theta_2) + \cos(\theta_1 + \theta_2)) \tag{B.16}$$

$$\sin\theta_1\cos\theta_2 = \frac{1}{2}(\sin(\theta_1 - \theta_2) + \sin(\theta_1 + \theta_2)) \tag{B.17}$$

$$\sin\theta_1\sin\theta_2 = \frac{1}{2}(\cos(\theta_1 - \theta_2) - \cos(\theta_1 + \theta_2)) \tag{B.18}$$

B.5 半角和倍角公式

$$\cos(\theta/2) = \pm\sqrt{\frac{1 + \cos\theta}{2}} \tag{B.19}$$

$$\sin(\theta/2) = \pm\sqrt{\frac{1 - \cos\theta}{2}} \tag{B.20}$$

$$\tan(\theta/2) = \frac{1 - \cos\theta}{\sin\theta} = \frac{\sin\theta}{1 + \cos\theta} = S\sqrt{\frac{1 - \cos\theta}{1 + \cos\theta}} \tag{B.21}$$

$$S = \begin{cases} +1 & \theta/2 \text{ 在第一或第三象限} \\ -1 & \theta/2 \text{ 在第二或第四象限} \end{cases}$$

$$\cos(2\theta) = \cos^2\theta - \sin^2\theta \tag{B.22}$$

$$\sin(2\theta) = 2\sin\theta\cos\theta \tag{B.23}$$

$$\tan(2\theta) = \frac{2\tan\theta}{1 - \tan^2\theta} \tag{B.24}$$

B.6 平方公式

$$\cos^2\theta = \frac{1}{2}(1+\cos(2\theta)) \tag{B.25}$$

$$\sin^2\theta = \frac{1}{2}(1-\cos(2\theta)) \tag{B.26}$$

$$\cos^2\theta + \sin^2\theta = 1 \tag{B.27}$$

B.7 其他

正弦函数的比例之和、比例之差也是我们常用的公式。由下列各式可看出正弦量(同频率)的比例和、比例差也是正弦量。

$$A_1\cos\theta + A_2\sin\theta = \sqrt{A_1^2+A_2^2}\cos\left(\theta - \tan^{-1}\frac{A_2}{A_1}\right) \tag{B.28}$$

$$= \sqrt{A_1^2+A_2^2}\sin\left(\theta + \tan^{-1}\frac{A_1}{A_2}\right) \tag{B.29}$$

$$A_1\cos\theta - A_2\sin\theta = \sqrt{A_1^2+A_2^2}\cos\left(\theta + \tan^{-1}\frac{A_2}{A_1}\right) \tag{B.30}$$

$$= \sqrt{A_1^2+A_2^2}\cos\left(\theta - \tan^{-1}\frac{A_1}{A_2}\right) \tag{B.31}$$

B.8 泰勒级数展开

$$\cos\theta = 1 - \frac{\theta^2}{2!} + \frac{\theta^4}{4!} - \frac{\theta^6}{6!}\cdots \tag{B.32}$$

$$\sin\theta = \frac{\theta}{1!} - \frac{\theta^3}{3!} + \frac{\theta^5}{5!} - \frac{\theta^7}{7!}\cdots \tag{B.33}$$

$$\tan\theta = \theta + \frac{\theta^3}{3} + \frac{2\theta^5}{15} + \frac{17\theta^7}{315} + \frac{62\theta^9}{2835}\cdots \tag{B.34}$$

B.9 关于 $e^{j\theta}$ 的关系式

$$e^\theta = 1 + \frac{\theta}{1!} + \frac{\theta^2}{2!} + \frac{\theta^3}{3!} + \frac{\theta^4}{4!} + \frac{\theta^5}{5!}\cdots \tag{B.35}$$

$$e^{j\theta} = 1 + \frac{j\theta}{1!} - \frac{\theta^2}{2!} - \frac{j\theta^3}{3!} + \frac{\theta^4}{4!} + \frac{j\theta^5}{5!}\cdots$$

$$= \left(1 - \frac{\theta^2}{2!} + \frac{\theta^4}{4!}\cdots\right) + j\left(\frac{\theta}{1!} - \frac{\theta^3}{3!} + \frac{\theta^5}{5!}\cdots\right) \tag{B.36}$$

$$= \cos\theta + j\sin\theta$$

式(B.36)称作欧拉公式。

$$\cos\theta = \frac{e^{j\theta}+e^{-j\theta}}{2} \tag{B.37}$$

$$\sin\theta = \frac{e^{j\theta}-e^{-j\theta}}{2} \tag{B.38}$$

$$\tan\theta = \frac{e^{j\theta}-e^{-j\theta}}{e^{j\theta}+e^{-j\theta}} \tag{B.39}$$

附录 C 复　　数

一个复数,例如用 z 表示,可以表示为

$$z = a + \mathrm{j}b \tag{C.1}$$

其中,a 和 b 均为实数,j 是虚数单位,它定义为

$$\mathrm{j}^2 = -1 \tag{C.2}$$

这里,a 称作复数 z 的实部,b 称作 z 的虚部。这两部分可以分别用实部函数 Re[ ] 和虚部函数 Im[ ] 提取出来。这样,可以写出

$$a = \mathrm{Re}[z] \tag{C.3}$$

$$b = \mathrm{Im}[z] \tag{C.4}$$

更一般的表示为

$$z = \mathrm{Re}[z] + \mathrm{jIm}[z] \tag{C.5}$$

如果 $\mathrm{Im}[z]=0$,则 z 是纯实数。如果 $\mathrm{Re}[z]=0$,则 z 是纯虚数。否则,z 是一个复数。

C.1　幅值与相位

一个复数可以看作是二维复平面中的一个点,图 C.1 是式(C.1)所给出的复数 z 的图形表示。从原点至所示点的距离 r 表示 z 的幅值,而从实轴到复数点所在半径所夹的角度 θ 称作 z 的辐角或相位。由此写出

$$r = |z| \tag{C.6}$$

$$\theta = \angle z \tag{C.7}$$

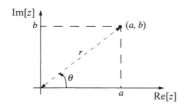

图 C.1　复数 z 在复平面中的位置

距离 r 是 z 的幅值,角度 θ 称作 z 的辐角或相位

C.2　极坐标表示

类似地,一个复数可以看成是复平面中的一个矢量。这时,它的分量 a 和 b,或 $\mathrm{Re}[z]$ 和 $\mathrm{Im}[z]$,也可用它的幅值和方向分别表示为 r 和 θ,或 $|z|$ 和 $\angle z$。

由图 C.1 的几何关系显然有

$$r = \sqrt{a^2 + b^2} \tag{C.8}$$

$$\theta = \arctan\left(\frac{b}{a}\right) \tag{C.9}$$

式(C.9)中,函数 arctan( ) 是正切函数的反函数,它的取值范围为 $0 \leqslant \angle z < 2\pi$,或 $-\pi \leqslant \angle z < \pi$,范围的选择视方便而定。我们可将式(C.8)和式(C.9)等价为更一般的表达式

$$|z| = \sqrt{\text{Re}[z]^2 + \text{Im}[z]^2} \tag{C.10}$$

$$\angle z = \arctan\left(\frac{\text{Im}[z]}{\text{Re}[z]}\right) \tag{C.11}$$

式(C.10)和式(C.11)用 $\text{Re}[z]$ 和 $\text{Im}[z]$ 表示 $|z|$ 和 $\angle z$。这些可反过来表示。仍由图 C.1 的几何关系,有

$$a = r\cos\theta \tag{C.12}$$

$$b = r\sin\theta \tag{C.13}$$

由此可得到等价的一般表达式

$$\text{Re}[z] = |z|\cos(\angle z) \tag{C.14}$$

$$\text{Im}[z] = |z|\sin(\angle z) \tag{C.15}$$

总之,$\text{Re}[z]$ 和 $\text{Im}[z]$ 是复平面中 z 的笛卡儿坐标表示,而 $|z|$ 和 $\angle z$ 是 z 在同一平面中的极坐标表示。与此相对应,式(C.10)和式(C.11)是笛卡儿坐标到极坐标的变换,而式(C.14)和式(C.15)是极坐标到笛卡儿坐标的变换。

现在我们可以用极坐标作出另一种复数的表达式。以式(C.1)所给出的 z 的表达式为基础,有

$$z = a + jb = r\cos\theta + jr\sin\theta = r(\cos\theta + j\sin\theta) = re^{j\theta} \tag{C.16}$$

式(C.16)中的第一等式是将式(C.12)和式(C.13)代入的结果。最后一个等式是由欧拉公式代入的结果。欧拉公式即

$$\cos\theta + j\sin\theta = re^{j\theta} \tag{C.17}$$

上述结果是在式(B.36)中对函数 $e^{()}$,$\cos()$ 和 $\sin()$ 利用泰勒级数展开而导出的。由式(C.16),可以得到更一般的表达式为

$$z = |z|e^{j\angle z} \tag{C.18}$$

式(C.18)是式(C.5)的极坐标等效。以后我们将交替使用这两个表达式,具体用哪一个将取决于应用时的情况。例如,我们后面马上会看到,复数的加法和减法用直角坐标较方便,而乘法、除法和求幅值则用复数的极坐标形式较容易计算。

C.3　加法和减法

复数的数学运算与实数运算完全相同。例如,两个复数 $(a_1 + jb_1)$ 和 $(a_2 + jb_2)$ 的加法和减法运算如下

$$(a_1 + jb_1) + (a_2 + jb_2) = a_1 + jb_1 + a_2 + jb_2 = (a_1 + a_2) + j(b_1 + b_2) \tag{C.19}$$

$$(a_1 + jb_1) - (a_2 + jb_2) = a_1 + jb_1 - a_2 - jb_2 = (a_1 - a_2) + j(b_1 - b_2) \tag{C.20}$$

这样,就像矢量的分量运算一样,复数的实部和虚部可分别作加、减运算。这是因为实部和虚部是被分别定义为沿复平面的正交坐标轴方向。正因为这样,复数的加、减法用极坐标形式是不太方便的。

C.4　乘法和除法

复数的乘法和除法运算可以像加、减法一样直接进行。唯一的差别是当出现 j^2 时,用 -1 代替,其根据是式(C.2)。例如两个复数 $(a_1 + jb_1)$ 和 $(a_2 + jb_2)$ 的乘法和除法可按计算如下

$$
\begin{aligned}
(a_1 + jb_1)(a_2 + jb_2) &= a_1a_2 + ja_1b_2 + jb_1a_2 + j^2b_1b_2 \\
&= (a_1a_2 - b_1b_2) + j(a_1b_2 + a_2b_1)
\end{aligned} \tag{C.21}
$$

$$
\begin{aligned}
\frac{a_1 + jb_1}{a_2 + jb_2} &= \frac{a_1 + jb_1}{a_2 + jb_2} \cdot \frac{a_2 - jb_2}{a_2 - jb_2} = \frac{(a_1a_2 + b_1b_2) + j(b_1a_2 - a_1b_2)}{a_2^2 + b_2^2} \\
&= \frac{a_1a_2 + b_1b_2}{a_2^2 + b_2^2} + j\frac{b_1a_2 - a_1b_2}{a_2^2 + b_2^2}
\end{aligned} \tag{C.22}
$$

要特别注意,式(C.22)中 $(a_2 - jb_2)$ 的用法是要消去分母中含 j 的项。然而,复数的乘、除法在直角坐标中

是不方便的,而用复数的极坐标形式则要简单得多。例如

$$r_1 e^{j\theta_1} r_2 e^{j\theta_2} = r_1 r_2 e^{j(\theta_1 + \theta_2)} \tag{C.23}$$

$$\frac{r_1 e^{j\theta_1}}{r_2 e^{j\theta_2}} = \frac{r_1}{r_2} e^{j(\theta_1 - \theta_2)} \tag{C.24}$$

式(C.23)和式(C.24)表明复数的乘、除法运算时,分别是模相乘和相除,而辐角是相加和相减。复数的幂运算同样是用极坐标方便。

C.5 共轭复数

z 的共轭复数(用 z^* 表示)定义为

$$\text{Re}[z^*] = \text{Re}[z] \tag{C.25}$$

$$\text{Im}[z^*] = -\text{Im}[z] \tag{C.26}$$

对于式(C.1)中给定的 z,有

$$z^* = a - jb \tag{C.27}$$

而对于式(C.16)中给定的 z,则

$$z^* = re^{-j\theta} \tag{C.28}$$

一般 z^* 可由 z 导出,即将 z 中的 j 用 $-j$ 代替。

将 z^* 与 z 结合在一起可得到一些有用的关系。特别有

$$zz^* = |z|^2 \tag{C.29}$$

$$\frac{z + z^*}{2} = \text{Re}[z] \tag{C.30}$$

$$\frac{z - z^*}{j2} = \text{Im}[z] \tag{C.31}$$

$$\frac{1}{z} = \frac{z^*}{zz^*} = \frac{z^*}{|z|^2} \tag{C.32}$$

上述每一个关系式都可用式(C.1)和式(C.27)代入来证明。当 z 用直角坐标表示时,式(C.29)是计算 $|z|$ 的特别有用的方法。实际上,它在式(C.22)中用来消去分母中含 j 的项。

C.6 $e^{j\theta}$ 的性质

在式(C.16)和式(C.17)中,我们引入了复数 $e^{j\theta}$。后面马上会看到,它对我们是很重要的。它有几个重要性质。首先

$$|e^{j\theta}| = 1 \tag{C.33}$$

$$\angle e^{j\theta} = \theta \tag{C.34}$$

此结果可将 $e^{j\theta}$ 与式(C.17)比较看出,或将式(C.18)代入式(C.29)而得到。其次

$$\text{Re}[e^{j\theta}] = \cos\theta \tag{C.35}$$

$$\text{Im}[e^{j\theta}] = \sin\theta \tag{C.36}$$

上式可比较式(C.18)和式(C.5)而得到。

C.7 旋转

最后,一个复数乘以 $e^{j\theta}$ 就像是这个数在复平面上旋转了角度 θ。为此考虑运算

$$(r_1 e^{j\theta_1})(e^{j\theta_2}) = r_1 e^{j(\theta_1 + \theta_2)} \tag{C.37}$$

这里，$r_1 e^{j\theta_1}$ 乘以 $e^{j\theta_2}$，模 r_1 保持不变，而角度 θ_2 加到 θ_1。因此，复数 $r_1 e^{j\theta_1}$ 就在复平面上旋转了角度 θ_2。

C.8 复时间函数

至此，我们对复数的讨论还只限于复常数。然而，讨论并未限制 z 是常数。的确，所有的讨论均可用于复时间函数，特别是时间函数 $e^{j\omega t}$（作了 $\theta = \omega t$ 的替换）。这个时间函数是我们研究线性电子电路正弦稳态运行的关键。根据式(C.33)～式(C.36)，有

$$|e^{j\omega t}| = 1 \tag{C.38}$$

$$\angle e^{j\omega t} = \omega t \tag{C.39}$$

$$\text{Re}[e^{j\omega t}] = \cos\omega t \tag{C.40}$$

$$\text{Im}[e^{j\omega t}] = \sin\omega t \tag{C.41}$$

式(C.38)和式(C.39)表明 $e^{j\omega t}$ 在复平面上是一个以角频率 ω 旋转的单位矢量。式(C.40)和式(C.41)分别是这个矢量在实轴和虚轴上的投影。以每秒弧度表示的角频率 ω 与用 $\omega/2\pi$ 表示每秒周期数的角频率是等价的。

C.9 数值例子

我们选几个数值的例子作为本附录的结尾。在这些例子中，令

$$z_1 = -2 + j2 \tag{C.42}$$

$$z_2 = 1 + j\sqrt{3} \tag{C.43}$$

可以用式(C.25)和式(C.26)得到 z_1 和 z_2 的共轭复数，有

$$z_1^* = -2 - j2 \tag{C.44}$$

$$z_2^* = 1 - j\sqrt{3} \tag{C.45}$$

可以通过式(C.5)的关系得到 z_1 和 z_2 的实部和虚部，或由式(C.30)和式(C.31)也可得到。由其中任一方法，有

$$\text{Re}(z_1) = -2, \quad \text{Im}[z_1] = 2 \tag{C.46}$$

$$\text{Re}(z_2) = 1, \quad \text{Im}[z_2] = \sqrt{3} \tag{C.47}$$

可以利用式(C.10)式(C.11)得到 z_1 和 z_2 的模和幅角，有

$$|z_1| = 2\sqrt{2}, \quad \angle z_1 = \frac{3\pi}{4} \tag{C.48}$$

$$|z_2| = 2, \quad \angle z_2 = \frac{\pi}{3} \tag{C.49}$$

可以由式(C.18)得到 z_1 和 z_2 的极坐标形式

$$z_1 = 2\sqrt{2}\, e^{j\frac{3\pi}{4}} \tag{C.50}$$

$$z_2 = 2e^{j\frac{\pi}{3}} \tag{C.51}$$

由式(C.19)和式(C.20)，z_1 和 z_2 的和与差分别为

$$z_1 + z_2 = -1 + j(2 + \sqrt{3}), \quad z_1 - z_2 = -3 + j(2 - \sqrt{3}) \tag{C.52}$$

由式(C.21)和式(C.22)，z_1 和 z_2 的积和商分别为

$$z_1 z_2 = -(2\sqrt{3} + 2) - j(2\sqrt{3} - 2), \quad \frac{z_1}{z_2} = \left(\frac{\sqrt{3}}{2} - \frac{1}{2}\right) + j\left(\frac{\sqrt{3}}{2} + \frac{1}{2}\right) \tag{C.53}$$

或者，根据式(C.23)和式(C.24)，z_1 和 z_2 的积和商分别为

$$z_1 z_2 = 4\sqrt{2}\, e^{j\frac{3\pi}{12}}, \quad \frac{z_1}{z_2} = \sqrt{2}\, e^{j\frac{5\pi}{12}} \tag{C.54}$$

附录 D 解联立线性方程组

在电子电路分析过程中,经常需要求解联立线性代数方程组。当然,用数值分析软件对一些具体问题进行分析是很容易的。但有时由解析分析得到的结果将更有价值。为此,本附录回顾下述方程组

$$Mx = y$$

的解析解的求法。其中 M 是已知矩阵,y 是已知向量,x 是未知向量[①]。首先,设方程有唯一解,所以 M 是一个方阵,且 $\det(M) \neq 0$。

考虑两个方程和两个变量的情况。此时

$$\begin{bmatrix} M_{11} & M_{12} \\ M_{21} & M_{22} \end{bmatrix} \begin{bmatrix} x_1 \\ x_2 \end{bmatrix} = \begin{bmatrix} y_1 \\ y_2 \end{bmatrix} \tag{D.1}$$

式(D.1)的解为

$$\begin{bmatrix} x_1 \\ x_2 \end{bmatrix} = \frac{1}{\Delta} \begin{bmatrix} M_{22} & -M_{12} \\ -M_{21} & M_{11} \end{bmatrix} \begin{bmatrix} y_1 \\ y_2 \end{bmatrix} \tag{D.2}$$

$$\Delta = M_{11}M_{22} - M_{12}M_{21} \tag{D.3}$$

其中,$\Delta = \det(M)$。式(D.2)的正确性可将其直接代入式(D.1)而得到证明。下面考虑三个方程和三个变量的情况。此时

$$\begin{bmatrix} M_{11} & M_{12} & M_{13} \\ M_{21} & M_{22} & M_{23} \\ M_{31} & M_{32} & M_{33} \end{bmatrix} \begin{bmatrix} x_1 \\ x_2 \\ x_3 \end{bmatrix} = \begin{bmatrix} y_1 \\ y_2 \\ y_3 \end{bmatrix} \tag{D.4}$$

式(D.4)的解为

$$\begin{bmatrix} x_1 \\ x_2 \\ x_3 \end{bmatrix} = \frac{1}{\Delta} \begin{bmatrix} M_{22}M_{33} - M_{23}M_{32} & M_{32}M_{13} - M_{12}M_{33} & M_{12}M_{23} - M_{22}M_{13} \\ M_{31}M_{23} - M_{21}M_{33} & M_{11}M_{33} - M_{31}M_{13} & M_{21}M_{13} - M_{11}M_{23} \\ M_{21}M_{32} - M_{31}M_{22} & M_{31}M_{12} - M_{11}M_{32} & M_{11}M_{22} - M_{21}M_{12} \end{bmatrix} \begin{bmatrix} y_1 \\ y_2 \\ y_3 \end{bmatrix} \tag{D.5}$$

$$\Delta = M_{11}M_{22}M_{33} + M_{12}M_{23}M_{31} + M_{13}M_{21}M_{32} - M_{31}M_{22}M_{13} - M_{32}M_{23}M_{11} - M_{33}M_{21}M_{12} \tag{D.6}$$

同样有,$\Delta = \det(M)$。式(D.5)的正确性可将其直接代入式(D.4)而得到证明。

最后,对高阶方程,我们可转而使用消去法,或克莱姆法则[②],当然,这两种方法的代数运算量都很大。克莱姆法则表明

$$x_n = \frac{\det(B_n)}{\det(M)} \tag{D.7}$$

其中 B_n 是将 M 的第 n 列用 y 代替后所形成的矩阵。

---

① 若需详细分析,请读者参考:G. Strang. Linear Algebra and its Applications. Academic Press,1988
② 同样可参考:G. Strang. Linear Algebra and its Applications. Academic Press,1988

部分练习和问题的答案

第 1 章

练习 1.1 $R = 12\Omega$

练习 1.3 $\dfrac{V_{DC}^2}{R}$

第 2 章

练习 2.1 (1) 2.5Ω；(2) 1Ω；(3) $2R$

练习 2.3 (1) 10Ω；(2) 1Ω；(3) 2Ω；(4) 2Ω

练习 2.5 (1) $R_1 + R_2 + R_3$；(2) $\dfrac{R_1 R_2 + R_3(R_1 + R_2)}{R_1 + R_2}$

(3) $\dfrac{R_1(R_2 + R_3)}{R_1 + R_2 + R_3}$；(4) $\dfrac{R_1 R_2}{R_1 + R_2} + \dfrac{R_3 R_4}{R_3 + R_4}$；(5) $\dfrac{(R_1 + R_2)(R_3 + R_4)}{R_1 + R_2 + R_3 + R_4}$

练习 2.7 R_2 和 R_3

练习 2.9 (2) 2；(3) 3

(4)（根据所选取的支路变量不同,答案可能不同）KVL：$V_A + V_E + V_C + V_B = 0$，$V_C - V_D = 0$ KCL：$i_B - i_C - i_D = 0$，$i_A - i_B = 0$，$-i_A + i_E = 0$；

(5) $i_A = i_B = i_E = 0.2A$，$i_C = 1A$，$i_D = -0.8A$；

(6) $V_D = -2V$，$V_C = -2V$，$V_E = 2V$，$V_B = 1V$，$V_A = -1V$

问题 2.1 0.5Ω

问题 2.3 $\dfrac{4}{5}\Omega$

问题 2.5 (1) $R_T = R_1 + R_2 + R_3$；(2) $R_T = \dfrac{R_1 R_2 R_3}{R_1 R_2 + R_1 R_3 + R_2 R_3}$；(3) $R_T = \dfrac{R_1 R_2 + R_1 R_3}{R_1 + R_2 + R_3}$；

(4) $R_T = R_1 + \dfrac{R_2 R_3}{R_2 + R_3}$；(5) $R_T = \dfrac{R_1 R_3 + R_1 R_4 + R_2 R_3 + R_2 R_4}{R_1 + R_2 + R_3 + R_4}$

问题 2.7 $i_3 = -\dfrac{vR_2}{R_1 R_2 + R_1 R_3 + R_2 R_3}$

问题 2.9 功率＝2W

问题 2.13 (1) $i_1 = \dfrac{v_A R_2 + v_A R_3 - v_B R_2}{R_1 R_2 + R_2 R_3 + R_1 R_3}$，$i_2 = \dfrac{v_A R_3 + v_B R_1}{R_1 R_2 + R_2 R_3 + R_1 R_3}$，$i_3 = \dfrac{v_B R_2 + v_B R_1 - v_A R_2}{R_1 R_2 + R_2 R_3 + R_1 R_3}$

问题 2.15 $v_4 = \dfrac{v R_2 R_4 + I R_1 R_2 R_4 + I R_1 R_3 R_4 + I R_2 R_3 R_4}{R_1 R_2 + R_1 R_3 + R_1 R_4 + R_2 R_3 + R_2 R_4}$

问题 2.17 $v_C = 225V$

第 3 章

练习 3.1 $8/53A$

练习 3.3 左边：$V_{OC} = I_S R_2$，$R_T = R_1 + R_2$，右边：$V_{OC} = \dfrac{I_S R_2 R_3}{R_1 + R_2 + R_3}$，$R_T = R_3 \parallel (R_1 + R_2)$

练习 3.5 $1/3V$

练习 3.7 $I_{SC} = 1mA$，$R_T = 8k\Omega$

练习 3.9　(1) $i(t) = \dfrac{1}{4}(v_1(t) + v_2(t))$；(2) 能量 $= \dfrac{1}{16}\displaystyle\int_{T_1}^{T_2}(v_1(t) + v_2(t))^2\,\mathrm{d}t$；

(3) $\displaystyle\int_{T_1}^{T_2} v_1 \cdot v_2 \cdot \mathrm{d}t \equiv 0$

练习 3.11　$R_T = 2\Omega, V_{OC} = 6V$

练习 3.13　$R_T = R_2, v_T = I_3 \cdot R_2 + V_3$

练习 3.15　(1) $(g_1 + g_3 + g_5)v_a - g_3 \cdot v_b + 0 \cdot v_c = g_1 \cdot V$；

(2) $-g_3 \cdot v_a + (g_3 + g_4)v_b - g_4 \cdot v_c = I$；

(3) $0 \cdot v_a - g_4 \cdot v_b + (g_2 + g_4 + g_6) \cdot v_c = g_2 \cdot V$

练习 3.17　$R_T = \dfrac{R_1(R_2 + R_3)}{R_1 + R_2 + R_3}, V_{OC} = \dfrac{R_1 R_2 \cdot I + (R_2 + R_3)V}{R_1 + R_2 + R_3}$

练习 3.19　$R_T = 100\Omega, V_{OC} = 50/3V, I_{SC} = 1/6A$

练习 3.22　(1) $R_T = R_6 + R_7 + R_8, V_{OC} = I \cdot R_6$；(2) $R_T = R_4 \parallel (R_1 + R_3), I_{SC} = V/(R_2 + R_3)$

练习 3.24　$R_T = 5k\Omega, V_{OC} = 49V$

练习 3.26　$V \cdot g_1 = v_a(g_1 + g_2 + g_4) - v_b \cdot g_4, V \cdot g_3 - I = +v_a(-g_4) + v_b(g_3 + g_4)$

问题 3.1　15A

问题 3.3　8.57V

问题 3.5　(1) $R_{eq} = R$；(2) $v_{TH} = 0.125V, R_{TH} = 1\Omega$

问题 3.7　(1) 0；(2) ① $V\left(\dfrac{R}{R + R_1} - \dfrac{1}{2}\right)$，② $\dfrac{V(R - R_1)}{3R + 5R_1}$；(3) $R_{TH} = R, V_{TH} = 0$

问题 3.9　$\dfrac{A_0}{2} - 4V$

问题 3.13　(1) $R_{TH} = 100k\Omega, v_T = -10\beta V_S$；(2) $R_L = R_T$

第　4　章

练习 4.3　$i_D = 4.7mA, v_D = 5.7V$

练习 4.5　(1) $i = 2 \cdot I_S(e^{q \cdot V_D/kT} - 1)$；(2) $i = I_S(e^{q \cdot V_D/2kT} - 1)$

练习 4.7　二极管导通：$i(t) = (V_1(t) + 5V)/R$；二极管截止：$i(t) = 0$

问题 4.1　(1) $i_A = \dfrac{2Rc_2 v_1 + Rc_1 + 1 - \sqrt{(Rc_1 + 1)^2 - 4Rc_2(Rc_0 - v_1)}}{2R^2 c_2}, v_1 \geqslant Rc_0$；$i_A = 0$，其他

$v_A = \dfrac{\sqrt{(Rc_1 + 1)^2 - 4Rc_2(Rc_0 - v_1)} - (Rc_1 + 1)}{2Rc_2}, v_1 \geqslant Rc_0$；$v_A = v_1$，其他；

(2) $V_A = \dfrac{\sqrt{(Rc_1 + 1)^2 - 4Rc_2(Rc_0 - V_1)} - (Rc_1 + 1)}{2Rc_2}$，

$I_A = \dfrac{2Rc_2 V_1 + Rc_1 + 1 - \sqrt{(Rc_1 + 1)^2 - 4Rc_2(Rc_0 - V_1)}}{2R^2 c_2}$；

(3) $\dfrac{\Delta i_a}{\Delta v_1} = \dfrac{1}{R}\left(1 - \dfrac{1}{\sqrt{(Rc_1 + 1)^2 + 4R^2 c_0 c_2 + 4Rc_2 V_1}}\right)$；

(4) $1 - \dfrac{1}{\sqrt{(Rc_1 + 1)^2 + 4R^2 c_0 c_2 + 4Rc_2 V_1}}$；

(5) $\Delta i_A = \dfrac{1}{1.02R}\left(v_1 - \dfrac{\sqrt{(1.02Rc_1 + 1)^2 - 4.08Rc_2(1.02Rc_0 - v_1)} - (1.02Rc_1 + 1)}{2c_2(1.02R)^2}\right)$

$\qquad - \dfrac{1}{R}\left(v_1 - \dfrac{\sqrt{(Rc_1 + 1)^2 - 4Rc_2(Rc_0 - v_1)} - (Rc_1 + 1)}{2c_2 R^2}\right)$；

(6) $\dfrac{\mathrm{d}i_A}{\mathrm{d}v_A} = 2c_2 V_A + c_1, V_A \geqslant 0$；

(7) $r_N = \dfrac{1}{2c_2 V_A + c_1}$，$i_a = \dfrac{v_0 \cos\omega t}{R + \dfrac{R}{\sqrt{(Rc_1+1)^2 - 4Rc_2(Rc_0 - V_1)} - 1}}$；

(8) ① $I_A = \dfrac{20Rc_2 + Rc_1 + 1 - \sqrt{(Rc_1+1)^2 - 4Rc_2(Rc_0 - 10)}}{2R^2 c_2}$，

② $i_a = \dfrac{1}{R + \dfrac{R}{\sqrt{(Rc_1+1)^2 - 4Rc_2(Rc_0 - 10)} - 1}}$，

③ $i_A = \dfrac{20Rc_2 + Rc_1 + 1 - \sqrt{(Rc_1+1)^2 - 4Rc_2(Rc_0 - 10)}}{2R^2 c_2} + \dfrac{1}{R + \dfrac{R}{\sqrt{(Rc_1+1)^2 - 4Rc_2(Rc_0 - 10)} - 1}}$，

④ $i_A = \dfrac{22Rc_2 + Rc_1 + 1 - \sqrt{(Rc_1+1)^2 - 4Rc_2(Rc_0 - 11)}}{2R^2 c_2}$，

⑤ $i_a = \dfrac{2Rc_2 - \sqrt{(Rc_1+1)^2 - 4Rc_2(Rc_0 - 11)} + \sqrt{(Rc_1+1)^2 - 4Rc_2(Rc_0 - 10)}}{2R^2 c_2}$，

⑥ $\dfrac{1}{R + \dfrac{R}{\sqrt{(Rc_1+1)^2 - 4Rc_2(Rc_0 - 10)} - 1}} - \dfrac{2Rc_2 - \sqrt{(Rc_1+1)^2 - 4Rc_2(Rc_0 - 11)} + \sqrt{(Rc_1+1)^2 - 4Rc_2(Rc_0 - 10)}}{2R^2 c_2}$

问题 4.3 (1) $i \approx 1.4\text{A}, v \approx 2.8\text{V}$；(2) $i \approx 1.9\text{A}, v \approx 2.9\text{V}$；(4) $i \approx 1\text{A}, v \approx 3\text{V}$

问题 4.5 (1) $v_O = 0.024\Delta v$；(2) DC：4.5V AC：1.2mV；(3) 25Ω

问题 4.7 设 $I_{pss} = 5\text{mA}$ 且 $V_p = 5\text{V}$。(1) $i = \dfrac{2V_S - \left(\dfrac{V_P^2}{RI_{DSS}} + 2V_P\right) + \sqrt{\left(\dfrac{V_P^2}{RI_{DSS}} + 2V_P\right)^2 - \dfrac{4V_P^2 V_S}{RI_{DSS}}}}{2R}$，

$V_S < V_P + I_{DSS}R$；

(2) $V_S = 5\text{V}, i_{average} = 3.1\text{mA}, V_S = 10\text{V}$；$i_{average} = 5\text{mA}, V_S = 15\text{V}, i_{average} = 5\text{mA}$

问题 4.9 (1) ②如果 S 是电流源则为①；(2) 1A

问题 4.11 (1) $R_{TH} = 0.5\text{k}\Omega, V_{OC} = \dfrac{1}{4}v_1$；(2) $v_D = 0.6\text{V}, i_D = 0.8\text{mA}$；

(3) $r_d = \dfrac{V_{TH}}{I_S}\exp\left(\dfrac{-V_D}{V_{TH}}\right) = 9.44 \times 10^{-4}\,\Omega$；

(4) $v_d = 7.55 \times 10^{-9}\cos(\omega t)$

问题 4.13 $v_{out} = \dfrac{R}{R + 500}10^{-3}\sin(\omega t)$

第 5 章

练习 5.1 $Z = \overline{X} + \overline{Y}$

练习 5.3 $Z = \overline{WXY}$

练习 5.5 $100, 0100$

练习 5.7 (3) $\overline{B}\overline{C}\overline{D}, B\overline{D}, B + \overline{D}, \overline{B}CD$；(4) $\overline{B}C\overline{D}, 0, 1, \overline{B}CD$

练习 5.9 (3) 0.5V；(4) 4.4V；(5) 1.5V；(6) 3.5V；(7) 是，$NM_0 = 1\text{V}, NM_1 = 0.9\text{V}$

问题 5.1 (1) $AB + CD$；(2) $A\overline{B} + \overline{C}D$；(3) $A\overline{B} + BC$；(4) $\overline{B} + C$；(5) $AB + AC + \overline{B}C$；(6) 1

问题 5.3 $OUT_2 = ABCD, OUT_1 = \overline{A}CD + B\overline{C}D + BC\overline{D} + A\overline{B}C + A\overline{B} \cdot \overline{C}D + AB\overline{C} \cdot \overline{D}, OUT_0 = \overline{A} \cdot \overline{B} \cdot \overline{C}D + \overline{A} \cdot BC\overline{D} + \overline{A}B\overline{C} \cdot \overline{D} + \overline{A}BCD + A\overline{B} \cdot \overline{C} \cdot \overline{D} + A\overline{B}C\overline{D} + AB\overline{C}D + ABC\overline{D}$

问题 5.5 $OUT_0 = IN \cdot \overline{S_1} \cdot \overline{S_2}, OUT_1 = IN \cdot \overline{S_1} \cdot S_0, OUT_2 = IN \cdot S_1 \cdot \overline{S_0}, OUT_3 = IN \cdot S_1 \cdot S_0$

问题 5.7 $Z = \overline{A3} \cdot \overline{A2} \cdot \overline{A1} \cdot A0 + \overline{A3} \cdot \overline{A2} \cdot A1 \cdot \overline{A0} + \overline{A3} \cdot A2 \cdot \overline{A1} \cdot \overline{A0} + $

$A3 \cdot \overline{A2} \cdot \overline{A1} \cdot \overline{A0} + A3 \cdot \overline{A2} \cdot A1 \cdot A0 + A3 \cdot A2 \cdot \overline{A1} \cdot \overline{A0} + A3 \cdot A2 \cdot A1 \cdot \overline{A0}$

问题 5.9　$OUT0 = IN0, OUT1 = \overline{IN0} \cdot IN1 + IN0 \cdot \overline{IN1}$

问题 5.11　$C_1 = \overline{A_1} A_0 B_1 B_0 + A_1 \overline{A_0} \overline{B_1} B_0 + A_1 B_1 + B_1 B_0 C_0 + A_1 A_0 C_0 + A_1 B_0 C_0 + A_0 B_1 C_0$

问题 5.13　(3) $0.5V$；(4) $4.4V$；(5) $1.6V$；(6) $3.2V$；(7) 8；(8) $NM_0 = 1.1V, NM_1 = 1.2V$,不变

第 6 章

练习 6.3　(2) 是；(3) 否；(4) 2；(5) 2

练习 6.5　$2.27mW$

练习 6.7　(2) 0.5；(3) 4.4；(4) 1.6；(5) 3.2；(6) 1.1；(7) 1.2；(8) 2.4

问题 6.1　(1) $Z = \overline{A+B}$；(2) $Z = \overline{ABC}$

问题 6.3　$N = \dfrac{100k}{(V_S^{-1})R_{ON}}, P_{MAX} = \dfrac{V_S^2}{100k + NR_{ON}}$

问题 6.5　$n \leqslant \dfrac{V_{OL} R}{(V_S - V_{OL})R_{ON}}, m$ 任意,当 m 特别大时 $P_{MAX} = \dfrac{V_S^2}{R}$

问题 6.7　面积 $= \dfrac{1}{12\sqrt{2}} + \dfrac{3}{2\sqrt{2}}$

第 7 章

练习 7.1　$v_O = V_S - (RK)^{\frac{1}{3}}$

练习 7.3　$v_B = \dfrac{R_B V_S - K}{R_A + R_B}$

练习 7.5　(1) $R_{ON} = \dfrac{2}{K(5 - V_T)}$

练习 7.7　(1) $v_O = V_S - \dfrac{KR_L v_I^2}{2}$；(2) $0 \leqslant i_{DS} \leqslant \dfrac{1 + KR_L V_S - \sqrt{1 + 2KR_L V_S}}{KR_L^2}$；

(3) $V_I = \dfrac{\sqrt{1 + 2KR_L V_S} - 1}{2KR_L}$,

$V_O = \dfrac{3KR_L V_S - 1 + \sqrt{1 + 2KR_L V_S}}{4KR_L}, I_{DS} = \dfrac{1 + KR_L V_S - \sqrt{1 + 2KR_L V_S}}{4KR_L^2}$

练习 7.9　(2) $v_O = V_S - i_C R_L$；(3) $i_C = \beta \dfrac{v_I - 0.6V}{R_I}$；(4) $i_E = i_B(\beta + 1)$；(5) $v_O = 6.2 - 2v_I$；

(6) $v_O = 4.8V, i_B = 0.2\mu A, i_C = 20\mu A, i_E = 20.2\mu A$

问题 7.1　$V_O = V_A - V_T - \sqrt{\dfrac{W_2 L_1}{L_2 W_1}(V_B - V_T)^2}$

问题 7.3　(4) $\sqrt{\dfrac{2V_S}{KR} - \dfrac{2V_T}{KR} + \dfrac{2}{K^2 R^2} - \sqrt{\dfrac{4}{K^4 R^4} + \dfrac{8V_S}{K^3 R^3}}} \leqslant v_{IN} \leqslant v_T + \sqrt{\dfrac{2V_S}{KR} - \dfrac{2V_T}{KR}}$

问题 7.5　$V_T \leqslant v_{IN} \leqslant V_S + V_T$

问题 7.7　(1) $v_S = -V_T - \sqrt{\dfrac{1}{K}}, v_O = V_S - \dfrac{R_L I}{2}$；(2) $\dfrac{W}{L} = \dfrac{2K}{K_N}, V_B = V_T + \sqrt{\dfrac{1}{K}} - V_S$

问题 7.9　(2) $\dfrac{V_S - V_T}{R_C} \geqslant I \geqslant \dfrac{V_S - V_T - V_L}{R_C - R_L}$

问题 7.11　(2) $i_D = \dfrac{K}{2}(V_S - v_{IN} - V_T)^2, v_{OUT} = V_S - \dfrac{KR_D}{2}(V_S - v_{IN} - V_T)^2$；(3) $-V_T \leqslant v_{OUT} \leqslant V_S$

问题 7.15　$v_{OUT} = v_{IN} - V_T + \dfrac{1}{KR_S} - \sqrt{\dfrac{2(v_{IN} + V_S - V_T)}{KR_S} + \dfrac{1}{K^2 R_S^2}}$

问题 7.19 (2) $\beta' = (\beta+2)\beta$; (3) 1.2V

第 8 章

练习 8.1 (1) $V_O = V_S - \dfrac{KR_L}{2}(V_I - V_T)^2$; (2) $\dfrac{dv_O}{dv_I}\bigg|_{v_I = V_I} = -KR_L(V_I - V_T)$

练习 8.3 电流源 $i_{DS} = \dfrac{K}{2}$, 所以小信号模型是开路

练习 8.5 (1) $v_I - V_T \leqslant V_S - \dfrac{KR_L}{2}(v_I - V_T)^2$, $\dfrac{\sqrt{1+2KR_LV_S}-1}{KR_I} \leqslant v_O \leqslant V_S$;

(2) $V_I = V_T + \dfrac{\sqrt{1+2KR_LV_S}-1}{2KR_L}$, $V_O = \dfrac{3KR_LV_S + \sqrt{1+2KR_LV_S}-1}{4KR_L}$;

(3) $\dfrac{\sqrt{1+2KR_LV_S}-1}{2KR_L}$; (4) $\dfrac{1-\sqrt{1+2KR_LV_S}}{2}$

(5) $v_O = \dfrac{A}{2}\left(1-\sqrt{1+2KR_LV_S}\right)\sin(\omega t)$

练习 8.7 (1) $V_O = 10V$; (3) -50; (4) $v_O = -0.05\sin(\omega t)$; (5) $r_i = 100k\Omega, r_o = 50k\Omega$;

(6) $\dfrac{i_o}{i_b} = -50$, $\dfrac{v_o}{v_i}\dfrac{i_o}{i_b} = 1250$

问题 8.1 (1) $V_{MID} = \sqrt{\dfrac{2(V_S - V_{OUT})}{KR}} + v_T$, $V_{IN} = \sqrt{\dfrac{2(V_S - V_{MID})}{KR}} + v_T$;

(2) $G_m = K^2R^2[V_S - 0.5KR(V_{IN} - v_T)^2 - v_T](V_{IN} - v_T)$;

(3) 136

问题 8.3 $-3RKV_{IN}^2$

问题 8.5 (1) $\dfrac{v_O}{v_i} = \dfrac{-\beta R_L}{R_B}$; (2) $\dfrac{v_O}{v_i} = \dfrac{-\beta R_L R_1}{R_B(R_1 + R_2)}$

问题 8.7 $\sqrt{2V_SKR - 2V_TKR}$

问题 8.9 (2) $V_{OUT} = \dfrac{1}{KR_S} + V_I - V_T - \sqrt{\dfrac{2}{KR_S}(V_{IN} + V_S - V_T) + \dfrac{1}{K^2R_S^2}}$;

(4) $\dfrac{dV_{OUT}}{dV_{IN}} = 1 - [2KR_S(V_{IN} + V_S - V_T) + 1]^{-\frac{1}{2}}$;

(5) $\dfrac{v_{test}}{i_{test}} = R_S$; (6) 无穷大

问题 8.11 (2) $-\dfrac{R_L R_E}{R_L + R_E}K(V_{IN} - V_T)$

问题 8.13 (1) $V_O = \dfrac{V_I - 0.6}{1 + \dfrac{R_I}{(\beta+1)R_E}}$, $I_E = \dfrac{V_I - 0.6}{R_E + \dfrac{R_I}{\beta+1}}$;

(3) $\dfrac{v_o}{v_i} = \dfrac{1}{1 + \dfrac{R_I}{(\beta+1)R_E}}$;

(4) $r_o = (R_E \parallel R_I)\bigg/\left(1 + \beta\dfrac{R_E \parallel R_I}{R_I}\right)$, $r_i = R_I + \beta R_E$;

(6) $\dfrac{i_o}{i_b} = (\beta+1)\dfrac{R_E}{R_E + R_O}$, 功率增益 $= (\beta+1)^2 \dfrac{R_E^2}{(R_E + R_O)^2}\dfrac{1}{R_I + (\beta+1)R_E \parallel R_O}$

第 9 章

练习 9.1 (1) $3/4\mu F$; (2) $4\mu F$; (3) $4/3\mu F$

第　10　章

练习 10.1　$i_1(t)=\dfrac{4}{3}(1-e^{t/\tau})\mathrm{mA},t\geqslant0$；$\tau=\dfrac{1}{3}\mathrm{ms}$

练习 10.3　$-5\mathrm{V}$

练习 10.5　(1) $v=6e^{-t/\tau},\tau=500\mu\mathrm{s}$；

(2) $i=(6\times10^{-3})e^{-t/\tau},\tau=2\mu\mathrm{s}$；

(3) $v=6e^{-t/\tau},\tau=1\mathrm{ms}$；

(5) $i=(6\times10^{-3})e^{-t/\tau},\tau=1\mu\mathrm{s}$

练习 10.7　(1) 当 $0\leqslant t\leqslant t_0$ 时，$v=RI_0(1-e^{-t/RC})$，当 $t>t_0$ 时，$v=RI_0(1-e^{-t_0/RC})e^{-(t-t_0)}/RC$

练习 10.9　$2\mathrm{A}$

练习 10.11　$v_C=2(1-e^{-t/\tau}),\tau=\dfrac{20}{3}\mathrm{ms}$

练习 10.13　$v_C=1+e^{-t/\tau}$

练习 10.15　(1) $C_{\mathrm{EQ}}=1\mu\mathrm{F}$；

(2) $\tau=1\mathrm{ms},v_0(t)=1\cdot e^{-t/\tau}$；

(3) $v_O(t)=(1-e^{-t/\tau}),\tau=1\mathrm{ms},t>0$

练习 10.17　$v_O(t)=\dfrac{I_1R_1}{5}(1-e^{-t/\tau}),\tau=\dfrac{R_1C}{5}$

练习 10.19　(1) $v_O(t)=10(1-e^{-t/\tau})\mathrm{V},\tau=R\cdot C$；(2) $v_O(t)=10\left(\dfrac{R}{R+R}\right)(1-e^{-t/\tau})\mathrm{V},\tau=R\cdot C$；

(3) $v_O(t)=10(1-e^{-t/\tau})\mathrm{V},\tau=L/R$；(4) $v_O=\dfrac{-10}{RC}t$

练习 10.21　(1) ① $\tau=1\mathrm{s}$，② $v_O=10e^{-t/\tau},\tau=1\mathrm{s}$；(2) ①$\tau=1\mu\mathrm{s}$，②$v_O(t)=5(1-e^{-t/\tau}),\tau=1\mu\mathrm{s}$

练习 10.23　(1) $v_C=[A(t-RC)+(V_0+ARC)e^{-t/RC}]u_{-1}(t)$；(2) $v_C=B(1-e^{-t/RC})$；

(3) $v_C(t)=AT+[ARC(e^{-T/RC}-1)]e^{-(t-T)/RC}$

问题 10.1　(1) $t_{\mathrm{rise}}=-\tau\ln\left(\dfrac{V_S-V_H}{V_S-V_S\dfrac{R_{\mathrm{ON}}}{R_{\mathrm{ON}}+R_L}}\right),\tau=R_LC_{\mathrm{GS}},t_{\mathrm{fall}}=-\tau\ln\left(\dfrac{V_L-V_S\dfrac{R_{\mathrm{ON}}}{R_{\mathrm{ON}}+R_L}}{V_S-V_S\dfrac{R_{\mathrm{ON}}}{R_{\mathrm{ON}}+R_L}}\right)$，

$\tau=C_{\mathrm{GS}}\dfrac{R_{\mathrm{ON}}R_L}{R_{\mathrm{ON}}+R_L}$；(2) $t_{\mathrm{pd}}=8.2\mu\mathrm{s}$

问题 10.3　(1) A,B,C 和 E 为高且 D 为低；(2)$t_{\mathrm{fall}}=-\tau_{\mathrm{fall}}\ln\left(\dfrac{V_L-V_S\dfrac{4R_{\mathrm{ON}}}{4R_{\mathrm{ON}}+R_L}}{V_S-V_S\dfrac{4R_{\mathrm{ON}}}{4R_{\mathrm{ON}}+R_L}}\right)$，

$\tau_{\mathrm{fall}}=C_{\mathrm{GS}}\dfrac{4R_{\mathrm{ON}}R_L}{4R_{\mathrm{ON}}+R_L}$；(3) $t_{\mathrm{rise}}=-\tau_{\mathrm{rise}}\ln\left(\dfrac{V_S-V_H}{V_S-V_S\dfrac{2R_{\mathrm{ON}}}{2R_{\mathrm{ON}}+R_L}}\right)$

问题 10.5　(1) $t_{\mathrm{rise}}=-\tau\ln\left(\dfrac{V_S-V_H}{V_S-V_S\dfrac{R_{\mathrm{ON}}}{R_{\mathrm{ON}}+R_L}}\right),\tau=nC_{\mathrm{GS}}R_L$；(2) $t_{\mathrm{rise}}=n8.2\mu\mathrm{s}$；

(3) $t_{\mathrm{rise}}=-\tau\ln\left(\dfrac{V_S-V_H}{V_S-V_S\dfrac{R_{\mathrm{ON}}}{R_{\mathrm{ON}}+R_L}}\right),\tau=(C_w+C_{\mathrm{GS}})(nR_L+R_w)$；(4) $t_{\mathrm{rise}}=(0.9+n90.3)\mu\mathrm{s}$

问题 10.9　$v=-1\mathrm{V},2<t<3$；$v=-1/2\mathrm{V},3<t<5$

问题 10.11　$0<t<t_1,v_O(t)=\dfrac{V}{RC}t$；$t_1<t<t_1+t_2,v_O(t)=\dfrac{Vt_1}{RC}-\dfrac{Vt_1}{(RC)^2}(t-t_1)$

问题 10.13 (1) $i_{AVG} = CV_A f_0$;

(2) $R = \dfrac{v_A}{i_A} = \dfrac{1}{Cf_0}$

问题 10.17 $v_L = \tau K(1 - e^{-t/\tau})$, $v_R = Kt - \tau K(1 - e^{-t/\tau})$, $\tau = L/R$

问题 10.19 (1) 不成立;(2) 成立

问题 10.21 第一问:$v_O = e^{-t/\tau}$;第二问:$v_O = 1 - e^{-t/\tau}$,$\tau = 0.5\text{ms}$

问题 10.23 (1) $v_B = v_A \dfrac{R_2}{R_1 + R_2}(1 - e^{-t/\tau})$,$\tau = \dfrac{R_1 R_2 (C_1 + C_2)}{R_1 + R_2}$;

(2) ① $v_B(0^-) = 0$,② $v_B(t \to \infty) = v_A \dfrac{R_2}{R_3 + R_2}$

问题 10.27 $v_R = (K_2 - K_1)e^{-t/\tau} + K_3\tau(1 - e^{-t/\tau})$

问题 10.29 (1) V_S;(2) $T_{min} = -C_M(R_L + R_{ON})\ln\left(1 - \dfrac{V_H}{V_S}\right)$;

(3) $\dfrac{R_{ON}}{R_{ON} + R_L}V_S$;

(4) $T_{min} = -C_M\left(R_{ON} + \dfrac{R_{ON}R_L}{R_{ON} + R_L}\right)\ln\left(\dfrac{V_L - \dfrac{R_{ON}}{R_{ON} + R_L}V_S}{\dfrac{R_L}{R_{ON} + R_L}V_S}\right)$;

(5) $-C_M R_P \ln\left(\dfrac{V_r}{V_S}\right)$

第 11 章

练习 11.1 (1) $P_{\text{steady-state},0} = 0$;

(2) $P_{\text{steady-state},1} = \dfrac{V_S^2}{R_{ON} + R_L}$;

(3) $P_{\text{static}} = \dfrac{V_S^2}{2(R_L + R_{ON})}$,$P_{\text{dynamic}} = \dfrac{V_S^2 R_L^2 C_L}{(R_L + R_{ON})^2 T}$;

(4) ① 为原值 $1/2$,② 为原值 $1/4$,③为原值 $1/2$

问题 11.1 (2) $\dfrac{V_S^2}{R_L}\left(\dfrac{-T_1 + T_2 + T_4}{T_4}\right)$;(3) $\dfrac{V_S^2}{T_4}(C_G + 2C_L)$;

(4) $P_{\text{static}} = 2.9\text{mW}$,$P_{\text{dynamic}} = 87.5\mu\text{W}$;(5) 0.18J;(6) 51%

问题 11.3 (2) $P_{\text{static}} = \dfrac{N}{2} \cdot \dfrac{V_S^2}{R_L + R_{ON}}$

第 12 章

练习 12.1 (1) $2\alpha = \dfrac{1}{RC}$,$\omega_o^2 = \dfrac{1}{LC}$,因 $\alpha < \omega_o$,欠阻尼;(2) $v_C = Ke^{-\alpha t}\cos(\omega_d t + \varphi)$,$\omega_d = \sqrt{\omega_o^2 - \alpha^2}$,

$\varphi = \tan^{-1}\left(\dfrac{\alpha}{\omega_d}\right)$,$\omega_o = 10 \times 10^6$,$\alpha = 3.33 \times 10^6$;(3) v_C 在 RC 电路中按 $e^{-t/RC}$ 衰减,当 v_C 在 RLC 电路中的衰减曲线包络为 $e^{-t/2RC}$

练习 12.3 $t = 0^+$:$i_1 = 2\text{A}$,$v_1 = 6\text{V}$,$i_2 = 3\text{A}$,$v_2 = 6\text{V}$,$i_3 = 4\text{A}$,$v_3 = 4\text{V}$,$i_4 = 1\text{A}$,$v_4 = 4\text{V}$。$t = \infty$:$i_1 = 10\text{A}$,$v_1 = 0$,$i_2 = 0$,$v_2 = 0$,$i_3 = 10\text{A}$,$v_3 = 10\text{V}$,$i_4 = 0$,$v_4 = 10\text{V}$

练习 12.5 $\left.\dfrac{dv_C}{dt}\right|_{t=0^+} = 2\text{V/s}$,$\dfrac{di_L}{dt} = \dfrac{1}{3}\text{A/s}$

练习 12.7 (1) $x_1 = e^{-2t} + e^{-4t}$,$x_2 = e^{-2t} - e^{-4t}$;(2) $x_1 = 2\cos(4t)$,$x_2 = 2\sin(4t)$

问题 12.1 小电感情况:$v_C(t) = IR - \dfrac{LIR}{L - R^2 C}e^{-\frac{R}{L}t} + \dfrac{IR^3 C}{L - R^2 C}e^{\frac{-t}{RC}}$,无电感情况:$v_C(t) = IR(1 - e^{\frac{-t}{RC}})$

问题 12.3 （1）$i_1' = \dfrac{L_2}{M^2 - L_1 L_2} R_1 i_1 - \left(\dfrac{R_2}{M} + \dfrac{R_2 L_1 L_2}{M(M^2 - L_1 L_2)}\right) i_2 - \dfrac{L_2}{M^2 - L_1 L_2} v_{\mathrm{S}}$，$i_2' = \dfrac{-M}{M^2 - L_1 L_2} R_1 i_1 +$

$\dfrac{R_2 L_1}{M^2 - L_1 L_2} i_2 + \dfrac{M}{M^2 - L_1 L_2} v_{\mathrm{S}}$；（3）$v_2(t) = (0.05\mathrm{e}^{-20202t} - 0.05\mathrm{e}^{-20000t}) u(t) - (0.05\mathrm{e}^{-20202(t-0.005)} - $

$0.05\mathrm{e}^{-20000(t-0.005)}) \times u(t-0.005)$

问题 12.5 （1）$C_{\mathrm{A}} \dfrac{\mathrm{d}v_{\mathrm{A}}}{\mathrm{d}t} + \dfrac{v_{\mathrm{A}} - v_{\mathrm{B}}}{R_{\mathrm{A}}} = K(V_0 - v_{\mathrm{B}})^2$，$C_{\mathrm{B}} \dfrac{\mathrm{d}v_{\mathrm{B}}}{\mathrm{d}t} + \dfrac{v_{\mathrm{B}}}{R_{\mathrm{B}}} = \dfrac{v_{\mathrm{A}} - v_{\mathrm{B}}}{R_{\mathrm{A}}}$；

（2）$i_{\mathrm{s}} = -2K(V_0 - V_{\mathrm{B}}) v_b$；

（3）过阻尼

第 13 章

练习 13.1 （1）幅度 = 16.8，相位 = 13.75°；

（2）幅度 = 45.47，相位 = 18°；

（3）幅度 = 2136，相位 = 78°；

（4）幅度 = 47.3，相位 = −15°

练习 13.3 $\dfrac{V_L}{I} = \dfrac{RLs}{Ls + R}$，$v_L(t) = \dfrac{RLI\omega}{\sqrt{(L\omega)^2 + R^2}} \cos(\omega t + \varphi)$，$\varphi = \tan^{-1}\left(\dfrac{R}{\omega L}\right)$

练习 13.5 $Z = \dfrac{R}{\mathrm{j}\omega RC + 1}$，$\dfrac{1}{RC} = 10^4\,\mathrm{rad/s}$，$R = 100\,\Omega$，$C = 1\,\mu\mathrm{F}$

练习 13.7 $Z_{s=\mathrm{j}} = \dfrac{1}{\sqrt{2}} \mathrm{e}^{-(\pi/4)\mathrm{j}}$

练习 13.9 $\dfrac{R}{L} = 2\times 10^6\,\mathrm{rad/s}$，$\dfrac{v(\mathrm{j}\omega)}{I(\mathrm{j}\omega)} = R + L\omega \mathrm{j}$

练习 13.11 （1）$\dfrac{V_o}{V_i} = \dfrac{1}{\sqrt{(\omega RC)^2 + 1}} \mathrm{e}^{\mathrm{j}\varphi}$，$\varphi = \tan^{-1}(-RC\omega)$；

（2）$\dfrac{V_o}{V_i} = \dfrac{\omega L}{\sqrt{(\omega L)^2 + R^2}} \mathrm{e}^{\mathrm{j}\varphi}$，$\varphi = \tan^{-1}\left(\dfrac{R}{\omega L}\right)$；

（3）$\dfrac{V_o}{V_i} = \dfrac{RC\omega}{\sqrt{(RC\omega)^2 + 1}} \mathrm{e}^{\mathrm{j}\varphi}$，$\varphi = \tan^{-1}\left(\dfrac{1}{RC\omega}\right)$；

（4）$\dfrac{V_o}{V_i} = \dfrac{R}{\sqrt{(\omega L)^2 + R^2}} \mathrm{e}^{\mathrm{j}\varphi}$，$\varphi = \tan^{-1}\left(-\dfrac{\omega L}{R}\right)$

练习 13.13 （1）$\dfrac{V_o}{V_i} = \dfrac{1}{\sqrt{1 + \dfrac{\omega^2}{100^2}}} \left(\dfrac{1}{2}\right) \mathrm{e}^{\mathrm{j}\varphi}$，$\varphi = \tan^{-1}\left(-\dfrac{\omega}{100}\right)$；

（2）$v_o(t) = \dfrac{1}{2\sqrt{2}} \cos(100t - 45°) + \dfrac{1}{200.01} \cos(10000t - 89.4°)$

练习 13.15 （1）$\dfrac{V_o}{V_i} = \dfrac{Z_2 \cdot Z_4}{(Z_2 + Z_3 + Z_4) \cdot Z_1 + (Z_3 + Z_4) \cdot Z_2}$；

（2）$\dfrac{I_a(s)}{V_i(s)} = \dfrac{Z_3 + Z_4}{(Z_3 + Z_4) Z_2 + Z_1 (Z_2 + Z_3 + Z_4)}$

练习 13.17 $\dfrac{I_a(s)}{I_s(s)} = \dfrac{Y_{\parallel}}{Y_{\parallel} + Y_1}$；$Y_{\parallel} = \dfrac{Y_2(Y_3 + Y_4)}{Y_2 + Y_3 + Y_4}$

问题 13.1 （1）① $Z = \dfrac{R}{1 + \mathrm{j}\omega RC}$，② $Z = \dfrac{\mathrm{j}\omega RL}{R + \mathrm{j}\omega L}$，③ $Z = \dfrac{\mathrm{j}\omega RC_2 + 1}{\mathrm{j}\omega C_1 - \omega^2 C_1 C_2 R + \mathrm{j}\omega C_2}$

问题 13.3 （3）$\omega = 10^5$ 时 $H(\mathrm{j}\omega) = 0\mathrm{dB}$；（4）$1, 10, 100, 1000, 10000$

问题 13.5 （1）12；（2）$I = \dfrac{\sqrt{409}}{25}$；（3）$k = \sqrt{\dfrac{13}{5}}$

第 14 章

练习 14.1 (1) $L' = \dfrac{R^2 L}{(L\omega_o)^2 + R^2}$, $R' = \dfrac{\omega_o^2 L^2 R}{(L\omega_o)^2 + R^2}$; (2) $C = \dfrac{R^2(\omega_o L)^2}{R^2 \omega_o^2 L}$

练习 14.3 $R = 400\,\Omega$, $L = 23.7\,\text{mH}$, $C = 6.7\,\mu\text{F}$

练习 14.5 (2) 与其他陈述不符, 实际上 $Q = 1.3$

练习 14.7 (1) 错 (只有负实根); (2) 错 ($Q = 1.3$); (3) 正确 $\left(\text{当 } s = \dfrac{\text{j}}{\sqrt{LC}} \text{ 时}, |H(\text{j}\omega)| = 0\right)$;

(4) 错 (系统是二阶的)

练习 14.9 (1) $V_o(s) = \dfrac{1 + LCs^2}{1 + RCs + LCs^2} V_i(s)$; (2) $v_o(t) = 0$

问题 14.1 $\dfrac{V_O}{V_L} = \dfrac{1}{(1 - \omega^2 LC) + \text{j}\omega RC}$, $\omega_o = \dfrac{1}{\sqrt{LC}}$, $Q = \dfrac{1}{R}\sqrt{\dfrac{L}{C}}$

问题 14.3 (1) $\dfrac{1}{(1 - \omega^2 LC) + \text{j}\omega RC}$; (2) $Z_{\text{eq}} = \dfrac{R + \text{j}\omega L}{(1 - \omega^2 LC) + \text{j}\omega RC}$;

(3) $V_{\text{oc}} = 2.03 e^{\text{j}(120\pi t + 0.311)}$, $Z_{\text{th}} = 39.6 e^{\text{j}(1.622)}$

问题 14.5 (1) $\dfrac{1}{L} v_I'(t) = i'' + \dfrac{R}{L} i' + \dfrac{1}{LC} i$; (2) $\dfrac{LCs^2}{LCs^2 + RCs + 1}$;

(3) $i(t) = \dfrac{C}{\sqrt{(1 - LC)^2 + R^2 C^2}} \cos\left[t + \arctan\left(\dfrac{1 - LC}{RC}\right)\right]$;

(4) $-\dfrac{R}{2L} \pm \text{j}\sqrt{\dfrac{1}{LC} - \dfrac{R^2}{4L^2}}$

问题 14.7 (1) $Q_1 = \dfrac{L\omega}{R_{\text{S}}}$, $Q_2 = \dfrac{L\omega}{2R_{\text{S}}}$;

(2) $Q_1 \approx \dfrac{R_{\text{P}} L\omega}{R_{\text{S}} R_{\text{P}} + L^2 \omega^2}$

问题 14.9 (1) $H_1(s) = \dfrac{R}{R + RLs + RLCs^2}$, $H_2(s) = \dfrac{1}{1 + LCs^2}$;

(2) $i_1^{\text{F}} = 1$, $i_2^{\text{F}} = 1$; (3) $i_1^{\text{N}} = -e^{-\alpha t}\left(\dfrac{1}{2Q}\sin(\omega_o t) + \cos(\omega_o t)\right)$, $i_2^{\text{N}} = -\cos(\omega_o t)$;

(4) $i_1(t) = 1 - e^{-\omega_o t/2Q}\left(\dfrac{1}{2Q}\sin(\omega_o t) + \cos(\omega_o t)\right)$, $i_2(t) = 1 - \cos(\omega_o t)$

问题 14.11 (1) $C = 10^{-9}\,\text{F}$; (2) $R = 100\,\Omega$; (3) $\Delta\omega = 100000\,\text{rad/s}$;

(4) $v_O(t) = 1 - e^{-5000t}(0.005\sin(988749t) + \cos(988749t))$

问题 14.13 (1) $v_C = \dfrac{4V_o}{3} e^{-2t} - \dfrac{V_o}{3} e^{-8t}$; (2) $\dfrac{RLCs^2 + Ls}{LCs^2 + RCs + 1}$; (3) $s_1 = -2$, $s_2 = -8$, $D = -42$

问题 14.15 (1) ① $V_O = \left(\dfrac{1 - LC\omega^2}{\sqrt{(1 - LC\omega^2)^2 + (\omega RC)^2}}\right) V_I$, $\varphi = \arctan\left(\dfrac{\omega RC}{1 - LC\omega^2}\right)$,

② $V_O = |V_O(\text{j}\omega)| = \left(\dfrac{\omega L}{\sqrt{R^2(1 - LC\omega^2)^2 + (\omega L)^2}}\right) V_I$, $\varphi = \angle V_O(\text{j}\omega) = \dfrac{\pi}{2} - \arctan\left(\dfrac{\omega L}{R(1 - LC\omega^2)}\right) =$

$\arctan\left(\dfrac{R(1 - LC\omega^2)}{\omega L}\right)$

(3) ① 梳状, ② 带通

第 15 章

练习 15.1 $R_{\text{th}} = \dfrac{R_2}{gR_2 + 1}$, $v_{\text{th}} = 0$

练习 15.3　$\dfrac{dG}{G} = \dfrac{1}{1 + AR_A/(R_A + R_B)} \dfrac{dA}{A}$

练习 15.5　$v_O = \dfrac{-nkT}{q} \ln\left(\dfrac{v_1}{I_S R_1} + 1\right)$

练习 15.7　$R \leqslant 1539\Omega$

练习 15.9　(1) $v_O = -v_I$；(2) $v_O = -\dfrac{1}{2} v_I$

练习 15.11　(1) 2Ω；(2) $2/3\Omega$

练习 15.13　$i = V\left(\dfrac{R_3}{R_1 R_3 - R_2 R_4}\right)$

练习 15.15　$(v_i - v_a)g_1 + (v^- - v_a)g_3 + (v_O - v_a)g_2 = 0$，$(v_a - v^-)g_3 + (0 - v^-)g_4 = 0$，与 $v_O = A(v^+ - v^-)$ 和 $v^+ = 0$，或 $v^+ \approx v^-$ 和 $v^+ = 0$

练习 15.17　$i_1 = \dfrac{A}{R_1 + (1 + A)R_2} v_i$

练习 15.19　(1) $v_O = -10 v_i$；(2) $v_O = -\dfrac{10}{3} v_i$

练习 15.21　$R_{TH} = (1 + A)R_S$，$R_S(1 + A) \gg R_L$

练习 15.23　$v_o(t = 0^+) = -2\text{V}$ 和 $v_o(t = 1\text{ms}) = -4\text{V}$

练习 15.25　$V_{out} = \dfrac{R_1 C_2 s}{(R_1 C_1 s + 1)(R_2 C_2 s + 1)} V_{in}$

练习 15.27　(2)

问题 15.1　(1) $i_L = \dfrac{A v_I}{A R_2 + R_2 + R_L} \approx \dfrac{v_I}{R_2}$

问题 15.3　1.5V

问题 15.5　$i_N = \dfrac{v_1}{R}$，$R_{TH} = R$

问题 15.7　(1) $v_{OUT} = v_{IN} \dfrac{R_2(R_3 + R_4)}{-R_1(R_3 + R_4) + R_4(R_1 + R_2)}$；

(2) $i = v_{IN} \dfrac{R_3}{-R_1(R_3 + R_4) + R_4(R_1 + R_2)}$；(3) $R_1 R_3 = R_2 R_4$

问题 15.9　$\dfrac{V_{OUT}}{v_{IN}} = -\dfrac{(R_2 \parallel R_4) + R_3}{R_1} = -1.9091$

问题 15.11　(1) $R_{IN} = \dfrac{R_1}{1 + \beta}$；(2) $R_{OUT} = R_2$

问题 15.13　(1) $\dfrac{v_O}{v_1} = -2$

问题 15.17　$C < \dfrac{I_L}{A\omega}$；$RC < \dfrac{V_L}{A\omega}$，其中 I_L、V_L 分别是电流、电压限制。

问题 15.21　(1) $v_O = -10\displaystyle\int v_1 dt$

问题 15.23　$C_2 = C_1(A + 1)$

问题 15.25　(3) $\tau = \dfrac{v_F}{100}$

问题 15.27　$v_O - 2 * 10^{-6} \dfrac{dv_O}{dt} = 7.5 * 10^{-6} \dfrac{dv_I}{dt}$

问题 15.33　(1) $\dfrac{V_2}{V_1} = \dfrac{-1}{R_1 C_1 s}$，$\dfrac{V_3}{V_2} = \dfrac{-1}{R_2 C_2 s}$；

(2) $V_1 = V_2 - V_3 - V_{IN}$；

（3）$\dfrac{V_2}{V_{IN}} = \dfrac{R_2 C_2 s}{R_1 R_2 C_1 s^2 - R_2 C_2 s + 1}$，

$\Delta\omega = \dfrac{1}{R_1 C_1}$，$\omega_0 = \sqrt{\dfrac{1}{R_1 R_2 C_1 C_2}}$

问题 15.35 （1）$\dfrac{V_O}{V_I} = \dfrac{-10}{10 R_1 C s + 1}$；

（2）$C_x = 40C$

问题 15.37 $V_o = V_i \dfrac{C_2 L_2 s^2 + 1}{C_2 L_2 s^2}$

问题 15.39 （1）$\dfrac{V_O}{V_I} = \dfrac{R_1 R_2 C_1 C_2 s^2}{R_1 R_2 C_1 C_2 s^2 + R_1 (C_1 + C_2) s + 1}$；

（2）$\omega_o = \sqrt{\dfrac{G_1 G_2}{C_1 C_2}}$；

（3）$\left| \dfrac{V_o}{V_i} \right| = 2(\omega - \omega_o) + 1$；

（4）$\left| \dfrac{V_o}{V_i} \right| = 1$

问题 15.41 （1）$\left| \dfrac{V_o}{V_I} \right| = \dfrac{-R_2 C_1 s}{R_1 R_2 C_1 (C_1 + C_2) s^2 + R_1 C_2 s + 1}$；

（2）$v_O(t) = 2\cos(1005t)$；

（3）$v_O(t) = 1.3758\cos(1005t - 47.5°)$

问题 15.43 （1）$\dfrac{V_o}{V_i} = \dfrac{-R_2}{j\omega R_1 R_2 C + R_1}$